经典与广义连续介质力学

Classical and Generalized Continuum Mechanics

黄宝宗　编著

北　京
冶 金 工 业 出 版 社
2023

内 容 提 要

连续介质力学的经典理论（经典连续介质力学）是近代力学的重要分支，它以统一的观点、严格的理论体系研究一般连续介质的变形和运动，是众多应用力学的理论框架和依据，也是解决复杂力学相关问题的理论基础。连续介质力学的高阶理论（广义连续介质力学）是近年来经典理论的扩展，已成为研究微结构材料、微结构、局部变形等有尺寸效应的力学问题的必要理论基础，得到广泛应用。张量理论是近代力学和物理学的重要数学工具，也是本书的数学基础。

本书包括三部分内容：一是简要、系统的张量理论基础；二是系统的经典连续介质力学理论（几何学、运动学和应力的状态描述，守恒定律，本构理论与本构方程）及其在应用力学中的应用；三是近年来发展的广义连续介质力学理论，即微极介质力学、偶应力理论、非局部介质理论、应变梯度弹性理论以及若干实际应用。本书系统、完整，注重基础性及应用，深入浅出，便于自学与理解，书中还附有典型例题、习题和应用实例。

本书可作为力学及相关工程科学的研究生、高年级本科生的教材或参考书，也可供有关科技工作者阅读参考。

图书在版编目(CIP)数据

经典与广义连续介质力学 / 黄宝宗编著. —北京：冶金工业出版社, 2023.9
ISBN 978-7-5024-9566-4

Ⅰ. ①经… Ⅱ. ①黄… Ⅲ. ①连续介质力学—研究 Ⅳ. ①O33

中国国家版本馆 CIP 数据核字(2023)第 137089 号

经典与广义连续介质力学

出版发行	冶金工业出版社	**电　　话**	（010）64027926
地　　址	北京市东城区嵩祝院北巷 39 号	**邮　　编**	100009
网　　址	www.mip1953.com	**电子信箱**	service@mip1953.com

责任编辑　王　双　程志宏　美术编辑　吕欣童　版式设计　郑小利
责任校对　王永欣　李　娜　责任印制　禹　蕊
三河市双峰印刷装订有限公司印刷
2023 年 9 月第 1 版，2023 年 9 月第 1 次印刷
787mm×1092mm　1/16；31.25 印张；756 千字；482 页
定价 169.00 元

投稿电话　（010）64027932　投稿信箱　tougao@cnmip.com.cn
营销中心电话　（010）64044283
冶金工业出版社天猫旗舰店　yjgycbs.tmall.com
（本书如有印装质量问题，本社营销中心负责退换）

前　言

连续介质是各种实际物质的简化模型，它不考虑物质中每个分子和原子的运动，而是将物质作为连续体，用各种连续的场变量 (可以含有限个间断面) 描述其变形、运动和物理性质。大量的应用表明，这种物质模型可以有效地解决各种实际力学问题，而仅研究少数分子运动的分子动力学，很难用于有大量分子的实际物质。连续介质力学就是把物质当作连续介质，以统一的观点研究其变形、运动等宏观力学行为的连续场理论。连续介质力学的内容包括连续介质的几何状态、运动状态和受力状态的描述、连续介质必须满足的一般规律 (守恒定律)、与具体物质特性相关的本构理论与本构关系以及这些基本理论在各应用力学分支中的应用。连续介质力学不仅是许多力学分支的理论基础，也是解决各种复杂力学问题的理论工具，因此具有重要应用价值。

本构关系是位移随位置的变化及随时间变化率的函数。在许多情况下，本构关系中只需考虑位移的一阶梯度及其各阶变化率，以此为基础的连续介质力学理论称为经典连续介质力学 (通常简称为连续介质力学，也叫一阶理论)，现已较为成熟，得到广泛应用。但是，在用于各种带有微结构的材料 (微极介质)、微纳米材料与结构 (MEMS 等) 和变形局部化时，一阶理论因为无法考虑尺寸效应，不能得到合理的结果，因而必须在本构关系中考虑位移的二阶梯度及其各阶变化率的影响，以不同形式考虑这种影响的连续介质力学理论称为广义连续介质力学 (也称为高阶理论)。1909 年 Cosserat 兄弟首次提出微极介质概念并开始高阶理论研究，但长期未受到关注。在 1958 年及以后近 10 年期间，Eringen A C、Mindlin R D、Tiersten H F、Toupin R A 等学者进一步研究建立了更广泛的高阶理论，包括微极介质力学、非局部理论、应变梯度理论和偶应力理论，广义连续介质力学基本形成，但由于理论复杂以及当时的需求和计算能力所限，很少实际应用。21 世纪初以来，随着新材料和微结构的发展，广义连续介质力学越来越受到重视并且也更加完善和简化，得到日益广泛的应用，同时自身也在发展之中。

本书包括三部分内容。

第一篇为简明、完整的张量理论 (第 1 章)，是本书的数学基础，也是近代力学和物理学的重要数学工具，这部分内容相对独立，便于学习，可以作为张量初学者的简明教材。

第二篇介绍系统的经典连续介质力学 (第 2 章 ～ 第 8 章)，其中第 2 章 ～ 第 4 章是连续介质精确、普适的几何、运动、受力状态描述及守恒定律，第 5 章是建立本构关系的基本原理和一阶简单物质本构方程的一般形式和特殊形式，第 6 章 ～ 第 8 章是经典连续介质力学在非线性固体、黏弹性体、流体中的应用，本部分内容是根据作者的教学讲义和作者编著的《张量和连续介质力学》(冶金工业出版社，2012) 编写的，是力学及相关专业的本科生、研究生和科技工作者深入学习和科研的重要理论基础。

第三篇系统介绍广义连续介质力学 (第 9 章 ～ 第 12 章)，包括微极介质力学、偶应力理论、非局部理论和应变梯度弹性理论以及理论的某些典型应用，这部分内容是作者根据该领域的最新发展，加以综合、理解和分析编写的，据作者所知目前国内外鲜见比较系统的此类著作，本部分可供关心这一领域的读者借鉴、应用和参考。

在编写过程中，作者主要参考著作为文献 [1～10，47～49，68] 等，此外还有戴天民教授编写的讲义《广义连续介质力学》(应用数学和力学讲座，1981)，从上述文献和其他文献中获得了很多有价值的启发和借鉴。书中也引入了作者的一部分研究成果。

鉴于连续介质力学偏于抽象，“相当难于阐释” (钱伟长语)，本书的表述注重基本理论、基本概念物理意义的说明和公式的详细推导，力求深入浅出，以便于读者理解和自学。

作者的恩师清华大学黄克智院士曾仔细审阅过本书前两篇内容，并提出许多宝贵意见。对于老师的悉心指导和多年来给予的帮助，作者由衷地表示感谢。作者还要感谢多位专家和同事的指导、帮助和鼓励。需要特别提到的是，北京理工大学范天佑教授在张量和准晶软物质等方面的讨论和建议，西澳大利亚大学 Hu X-Z 教授关于尺寸效应的分析与讨论，大连理工大学陈浩然教授对于本书的支持和鼓励。此外，作者非常感谢加拿大英属哥伦比亚大学黄晴博士、东北大学侯家宏博士和李东教授在查阅大量文献方面提供的热情帮助。冶金工业出版社程志宏在本书选题、立项、写作等诸多方面给予的宝贵建议，作者一并表示衷心感谢，对冶金工业出版社为本书出版给予的支持深表谢意。

限于作者水平，书中存在不妥和疏漏之处，恳请读者和专家批评指正。

黄宝宗
2022 年 11 月

目　录

第一篇　张量基础

第二篇　经典连续介质力学

第三篇 广义连续介质力学

PART ONE

第一篇

张量基础

张量理论是连续介质力学的重要数学基础和基本数学工具，无论是状态描述还是理论推导都要借助张量及其性质和运算。而连续介质力学是张量理论的理想应用对象并促进了张量的发展，可以说学习连续介质力学的过程也是熟练运用张量理论的过程。另一方面，近年来张量日益成为力学研究与应用中必不可少的常用数学工具，因此系统掌握张量知识是力学工作者不可缺少的数学基础。

本篇 (第 1 章) 简明且完整地介绍三维欧几里得空间中一般张量的基本理论以及三维欧氏空间中二维曲面上的张量理论，但不涉及四维时空张量。

本篇可自成系统，阐述详细，内容相对独立，可单独作为学习张量的简明教材。

第 1 章　张量理论基础

张量理论是本书的数学基础。本章将简要且完整地介绍三维欧氏空间和二维曲面的张量理论，内容主要包括：(1) 坐标系基础 (第 1.2、1.3、1.5、1.13、1.14 节)，即斜角直线坐标系和一般曲线坐标系的基向量、度量张量、基向量的代数运算和导数、坐标变换，由于张量分量依赖坐标系，所以坐标系是张量理论和应用的基础；(2) 张量定义和代数运算 (第 1.4~1.7 节)，即一般张量的定义、表示法和代数运算；(3) 二阶张量的性质 (第 1.8~1.12 节)，即实对称二阶张量、反对称二阶张量和正交张量的基本性质、任意二阶张量的加法分解和正则张量的极分解；(4) 张量场的导数和积分 (第 1.15~1.20 节)，即协变导数、梯度、散度、旋度、Laplace 运算、微分算子、曲率张量、积分定理及张量分析在正交曲线坐标系中的应用；(5) 张量函数 (第 1.21、1.22 节)，即张量函数和各向同性张量函数的定义、各向同性张量函数的表示定理、二阶张量的幂函数及其简化、Cayley-Hamilton 定理和张量函数导数的定义及运算规则；(6) 两点张量 (第 1.23 节)；(7) 曲面张量 (第 1.24 节)。此外，还有张量随参数 (例如时间) 的变化 (物质导数)，由于这部分内容与连续介质运动学关系密切，所以放在第 2.10 节介绍。

1.1　指标，符号

作为预备知识，本节首先给出张量理论中需要遵循的指标规则和部分常用符号。

1.1.1　求和约定、哑指标和自由指标

考虑下列和式

$$S = a_1x^1 + a_2x^2 + \cdots + a_nx^n = \sum_{i=1}^{n} a_ix^i$$

式中, $1, 2, \cdots, n$ 为上指标或下指标，n 是指标变化范围，称为变程。在三维空间曲线坐标系中张量分量的上指标称为逆变指标，下指标称为协变指标，变程为 3。上式可以进一步缩写，对于给定的变程，略去求和记号，则

$$S = a_ix^i, \quad i = 1, 2, 3, \cdots, n$$

规定在一项中凡重复一次且仅重复一次的上、下字符指标 (字符指标多使用拉丁字母或希腊字母)，表示在整个变程内求和，这一规定称为 Einstein 求和约定。显然，求和指标 i 也可以同时换成其他任意字母符号，如 $j, k, \cdots$，即

$$S = a_ix^i = a_jx^j = a_kx^k = \cdots$$

这种在一项中重复一次且仅重复一次、上下成对的字符指标，称为哑指标 (在直角坐标系中指标可在同一高度)。哑指标可以任意更换字母，以后主要讨论三维空间中的张量，所以如无特殊说明，变程均为 3。

利用上述求和约定，还可以表示更复杂的和式，例如

$$\sum_{i=1}^{3}\sum_{j=1}^{3}A_{ij}x^iy^j=A_{ij}x^iy^j,\quad \sum_{i=1}^{3}\sum_{j=1}^{3}\sum_{k=1}^{3}A_{ijk}x^iy^jz^k=A_{ijk}x^iy^jz^k,\quad \cdots$$

上式所示分别为 3^2 项和 3^3 项求和，如果一项中包含 m 对哑指标，则为 3^m 项之和。应该特别指出，按求和约定，哑指标的重复不得多于一次，因此诸如下列各式被认为是没有意义的：

$$a_ib^ix_i,\quad D_{ij}x^iy^iz^j,\quad \cdots$$

此外，在非直角坐标系中，规定哑指标必须一上一下，这是与张量的点积运算结果相一致的，不能违背，否则表明运算有误。但在直角坐标系中，指标不需要区分上下，所以一对哑指标可以在同一高度。

以上规定了一个和式的简单记法和哑指标，下面引入另一种指标。考虑一组方程

$$y_1=A_{11}x^1+A_{12}x^2+A_{13}x^3=A_{1j}x^j$$

$$y_2=A_{21}x^1+A_{22}x^2+A_{23}x^3=A_{2j}x^j$$

$$y_3=A_{31}x^1+A_{32}x^2+A_{33}x^3=A_{3j}x^j$$

上式可以进一步简写为

$$y_i=A_{ij}x^j,\quad i=1,2,3$$

式中，指标 i 在方程的每项中只出现一次，它分别取 1,2,3 时则得到前面的 3 个方程。这种在方程或表达式的每项中同一高度出现一次且只出现一次的文字指标称为自由指标，指标的变程表示方程或表达式的个数。例如向量方程 $\boldsymbol{g}'_i=Q_i^m\boldsymbol{g}_m$ 表示方程组

$$\boldsymbol{g}'_1=Q_1^m\boldsymbol{g}_m=Q_1^1\boldsymbol{g}_1+Q_1^2\boldsymbol{g}_2+Q_1^3\boldsymbol{g}_3$$

$$\boldsymbol{g}'_2=Q_2^m\boldsymbol{g}_m=Q_2^1\boldsymbol{g}_1+Q_2^2\boldsymbol{g}_2+Q_2^3\boldsymbol{g}_3$$

$$\boldsymbol{g}'_3=Q_3^m\boldsymbol{g}_m=Q_3^1\boldsymbol{g}_1+Q_3^2\boldsymbol{g}_2+Q_3^3\boldsymbol{g}_3$$

同一方程中可以有多个自由指标，例如 $A_{ij}=B_{ip}C_{jq}D^{pq}$ 表示 9 个方程，每个方程的右端为 9 项和，i 和 j 为自由指标，p 和 q 为哑指标，$i=1, j=2$ 时的展开式为

$$\begin{aligned}A_{12}=&B_{11}C_{21}D^{11}+B_{12}C_{21}D^{21}+B_{13}C_{21}D^{31}+\\&B_{11}C_{22}D^{12}+B_{12}C_{22}D^{22}+B_{13}C_{22}D^{32}+\\&B_{11}C_{23}D^{13}+B_{12}C_{23}D^{23}+B_{13}C_{23}D^{33}\end{aligned}$$

应该特别指出，同一方程组中的同一自由指标必须用同一字母，每项中必须出现一次，且仅出现一次。因此，按约定诸如下列各式是无意义的：

$$a_i+b_j=c_i,\quad T_{ij}=T_{ik},\quad \cdots$$

规定同一自由指标必须出现在同一高度，是与张量加减规则相一致的。但在直角坐标系中，由于不需要区分指标的上下位置，所以同一自由指标可以在不同高度。

指标的应用不仅使繁冗的公式变得简捷、紧凑，而且也是很方便的运算工具，本书后续章节将会遇到许多“指标运算”。在张量的指标运算中，必须严格遵守哑指标和自由指标的规定，因为这些规定是以张量的运算法则为基础的，一旦违反就会导致运算错误。

1.1.2 Kronecker 符号与 Ricci 符号

Kronecker 符号的定义为

$$\delta_j^i = \begin{cases} 1 & \text{当 } i = j \\ 0 & \text{当 } i \neq j \end{cases} \tag{1.1}$$

如果用矩阵形式表示，则 δ_j^i 为单位矩阵 (若 i 为行号，j 为列号)

$$\begin{bmatrix} \delta_1^1 & \delta_2^1 & \delta_3^1 \\ \delta_1^2 & \delta_2^2 & \delta_3^2 \\ \delta_1^3 & \delta_2^3 & \delta_3^3 \end{bmatrix} = \begin{bmatrix} 1 & 0 & 0 \\ 0 & 1 & 0 \\ 0 & 0 & 1 \end{bmatrix}$$

利用求和约定和定义式 (1.1)，可以给出下列关系

$$\delta_i^i = \delta_1^1 + \delta_2^2 + \delta_3^3 = 3$$

$$\delta_m^i a^m = a^i, \quad \delta_m^i a^{mj} = a^{ij}$$

$$\delta_m^i \delta_j^m = \delta_j^i, \quad \delta_m^i \delta_j^m \delta_k^j = \delta_k^i$$

可见，Kronecker 符号在指标运算中可以用新的指标取代原来指标，所以也称为取代算子。例如，要想把 a^i、b_{ij} 的指标 i 换成 m，只需将它们表示成为 $\delta_m^i a^m$、$\delta_i^m b_{mj}$ 即可。这种代换在指标运算是常用的。

Ricci 符号 (或置换符号) e_{ijk} 及 e^{ijk} 的定义为

$$e_{ijk} \text{ 及 } e^{ijk} = \begin{cases} 1 & \text{当 } i,j,k \text{ 形成 1, 2, 3 的偶次置换} \\ -1 & \text{当 } i,j,k \text{ 形成 1, 2, 3 的奇次置换} \\ 0 & \text{其余情况，即 } i,j,k \text{ 中至少有两个是相同的} \end{cases} \tag{1.2}$$

Ricci 符号各有 27 个分量，每组中只有 6 个是非零的，其余为零，即

$$e_{123} = e_{231} = e_{312} = 1, \quad e_{132} = e_{321} = e_{213} = -1, \quad e_{111} = e_{112} = \cdots = 0,$$

$$e^{123} = e^{231} = e^{312} = 1, \quad e^{132} = e^{321} = e^{213} = -1, \quad e^{111} = e^{112} = \cdots = 0$$

显然，由定义可得 $e_{ijk} = e_{jki} = e_{kij} = -e_{ikj} = -e_{jik} = -e_{kji}$。

1.1.3 行列式的指标表示

利用置换符号可以简化表示三阶行列式的展开式。例如，行列式

$$|a_n^m| = \det(a_n^m) = \begin{vmatrix} a_1^1 & a_2^1 & a_3^1 \\ a_1^2 & a_2^2 & a_3^2 \\ a_1^3 & a_2^3 & a_3^3 \end{vmatrix}$$

$$= a_1^1 a_2^2 a_3^3 + a_1^3 a_2^1 a_3^2 + a_1^2 a_2^3 a_3^1 - a_1^3 a_2^2 a_3^1 - a_1^1 a_2^3 a_3^2 - a_1^2 a_2^1 a_3^3$$

可以用 3 个哑指标表示成 3^3 项之和，其中非零项为上述 6 项，即

$$\det(a_n^m) = a_1^r a_2^s a_3^t e_{rst} = a_i^1 a_j^2 a_k^3 e^{ijk} \tag{1.3}$$

式 (1.3) 还可以进一步改写。不难验证

$$e_{ijk}\left|a_n^m\right| = e_{rst} a_i^r a_j^s a_k^t \tag{1.3a}$$

两端乘以 e^{ijk}，注意到 $e^{ijk}e_{ijk} = 6 = 3!$，则有

$$\det(a_n^m) = \frac{1}{3!} e^{ijk} e_{rst} a_i^r a_j^s a_k^t \tag{1.3b}$$

对上式应用求导规则，可以得到行列式对某一元素 a_q^p 的导数，即行列式对于该元素的代数余子式

$$\begin{aligned}
\frac{\partial\left|a_n^m\right|}{\partial a_q^p} &= \frac{1}{3!} e^{ijk} e_{rst}\left[\frac{\partial a_i^r}{\partial a_q^p} a_j^s a_k^t + a_i^r \frac{\partial a_j^s}{\partial a_q^p} a_k^t + a_i^r a_j^s \frac{\partial a_k^t}{\partial a_q^p}\right] \\
&= \frac{1}{3!} e^{ijk} e_{rst}\left[\delta_p^r \delta_i^q a_j^s a_k^t + a_i^r \delta_p^s \delta_j^q a_k^t + a_i^r a_j^s \delta_p^t \delta_k^q\right] \\
&= \frac{1}{3!}\left[e^{qjk} e_{pst} a_j^s a_k^t + e^{iqk} e_{rpt} a_i^r a_k^t + e^{ijq} e_{rsp} a_i^r a_j^s\right]
\end{aligned}$$

将式中第二项哑指标 i、r 换成 j、s，将第三项哑指标 i、r 换成 k、t，可见括号内的三项是相同的，因此得到

$$\frac{\partial\left|a_n^m\right|}{\partial {a^p}_q} = \frac{1}{2!} e^{qjk} e_{pst} a_j^s a_k^t = \operatorname{cofactor}(a_q^p) \tag{1.4}$$

式中，$\operatorname{cofactor}(a_q^p)$ 表示行列式 $\left|a_n^m\right|$ 中元素 a_q^p 的代数余子式。可以看到，式 (1.4) 符合指标约定 (其中 m, n 只表示行列式的元素)，这是运算正确的必要条件，当然不是充分条件。

1.2 斜角直线坐标系的基向量和度量张量

1.2.1 斜角直线坐标系

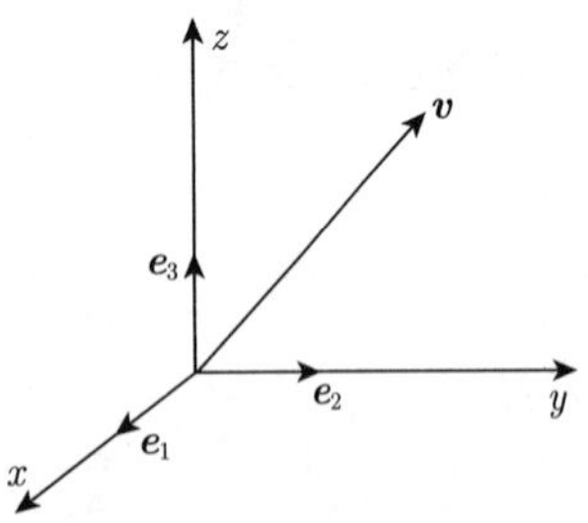

图 1.1 三维空间直角坐标系

先回顾一下三维欧氏空间中的直角坐标系 (亦称笛卡儿坐标系或卡氏坐标系)。取与坐标轴 x, y, z 平行的单位向量 $\boldsymbol{e}_i (i = 1, 2, 3$，对应 x, y, z，见图 1.1) 作为基向量，称为标准正交基，它们满足熟知的关系

$$\boldsymbol{e}_1 \cdot \boldsymbol{e}_1 = 1, \quad \boldsymbol{e}_1 \cdot \boldsymbol{e}_2 = 0, \quad \boldsymbol{e}_1 \cdot \boldsymbol{e}_3 = 0, \quad \cdots$$

$$\boldsymbol{e}_1 \times \boldsymbol{e}_1 = 0, \quad \boldsymbol{e}_1 \times \boldsymbol{e}_2 = \boldsymbol{e}_3, \quad \boldsymbol{e}_2 \times \boldsymbol{e}_1 = -\boldsymbol{e}_3, \quad \cdots$$

$$\boldsymbol{e}_1 \times \boldsymbol{e}_2 \cdot \boldsymbol{e}_3 = \boldsymbol{e}_3 \times \boldsymbol{e}_1 \cdot \boldsymbol{e}_2 = \cdots = 1, \quad \boldsymbol{e}_2 \times \boldsymbol{e}_1 \cdot \boldsymbol{e}_3 = \cdots = -1$$

或用上节规定的指标和符号简记为

$$\boldsymbol{e}_i \cdot \boldsymbol{e}_j = \delta_{ij} \tag{1.5a}$$

$$\boldsymbol{e}_i \times \boldsymbol{e}_j = e_{ijk}\boldsymbol{e}_k \tag{1.5b}$$

$$\boldsymbol{e}_i \times \boldsymbol{e}_j \cdot \boldsymbol{e}_k = e_{ijk} \tag{1.5c}$$

在直角坐标系中，指标不需要区分上、下，所以全部用下标。任意向量 $\boldsymbol{v}$ 可以通过三个分量 v_i 表示

$$\boldsymbol{v} = v_1\boldsymbol{e}_1 + v_2\boldsymbol{e}_2 + v_3\boldsymbol{e}_3 = v_i\boldsymbol{e}_i \tag{1.6}$$

现在引入斜角直线坐标系。在空间曲线坐标系中每点对应三个坐标，保持一个坐标不变，改变另两个坐标，形成的曲面称为坐标面；保持两个坐标不变，只改变一个坐标，形成的曲线称为坐标线；过每一点有三个坐标面和三条坐标线，坐标线是坐标面的交线。如果坐标面和坐标线是三族平行平面和三族平行线，两族之间不正交，这样的坐标系称为斜角直线坐标系 (也称为仿射坐标系)。它是空间曲线坐标系的特殊情况，也是直角坐标系的推广。曲线坐标系将在第 1.13 节进一步介绍。

需要说明的是，描述各种场量及其变化离不开坐标系，所以关于坐标系的基本概念和基本关系在张量分析中非常重要。一般的坐标系是三维曲线坐标系，其特点是各点坐标线的方向不同，坐标线的“刻度”也不一定是单位长度 (例如可以用无量纲的弧度)。直角坐标系最简单常用，但不具备一般性，影响张量的某些普遍表示。斜角直线坐标系的特点，除坐标线是平行直线和比较简单之外，在非正交和非单位长度刻度方面与曲线坐标系相同，因此在一点处讨论张量的基本性质和代数运算时 (不涉及张量的空间变化)，与曲线坐标系并无区别。这是我们先引入斜角直线坐标系以后再讨论曲线坐标系的原因。

1.2.2 协变基向量和逆变基向量

考虑任一斜角直线坐标系 (x^1, x^2, x^3)，沿三个坐标线的正方向 (即坐标值增加的方向) 取三个基向量 $\boldsymbol{g}_1, \boldsymbol{g}_2, \boldsymbol{g}_3$，假定为右手系 (见图 1.2 实线，也可以是左手系)。显然，$\boldsymbol{g}_i$ 应该是非共面的，即线性无关的。与 $\boldsymbol{e}_i$ 不同，$\boldsymbol{g}_i$ 可以不互相垂直，也不一定是单位向量。$\boldsymbol{g}_i$ 称为协变基向量，三个协变基向量的组合称为协变标架。斜角直线坐标系 (仿射坐标系) 由空间中的一点 O (原点) 和基向量 $\boldsymbol{g}_1, \boldsymbol{g}_2, \boldsymbol{g}_3$ 定义。

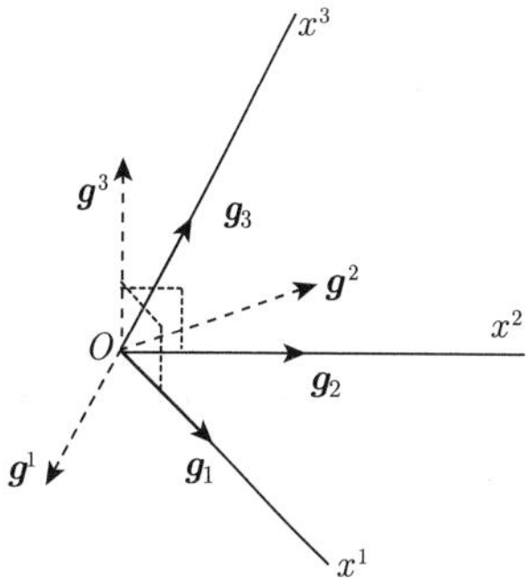

图 1.2 三维空间斜角直线坐标系

由于协变标架不垂直，使坐标系中的运算复杂化，为了便于运算，可以利用协变基向量 $\boldsymbol{g}_i$ 引入另一组向量 $\boldsymbol{g}^i$，由下式定义：

$$\boldsymbol{g}^i \cdot \boldsymbol{g}_j = \delta^i_j \tag{1.7}$$

$\boldsymbol{g}^i$ 称为逆变基向量，其组合称为逆变标架 (图 1.2 中虚线)。式 (1.7) 说明逆变基向量 $\boldsymbol{g}^i$ 与协变基向量 $\boldsymbol{g}_j$ 构成的坐标面垂直。以 $\boldsymbol{g}^3$ 为例，$\boldsymbol{g}^3 \cdot \boldsymbol{g}_1 = 0$ 和 $\boldsymbol{g}^3 \cdot \boldsymbol{g}_2 = 0$，因而 $\boldsymbol{g}^3$ 垂直 $\boldsymbol{g}_1\boldsymbol{g}_2$ 坐标面，再加上右手系规定，便确定了 $\boldsymbol{g}^3$ 的方向，而 $\boldsymbol{g}^3 \cdot \boldsymbol{g}_3 = 1$ 可给出它的大小。所以，逆变标架完全由协变标架确定，反之协变标架也可以由逆变标架求出，两者以式 (1.7) 为对偶条件。

任意向量 v 既可以在协变标架也可以在逆变标架中分解

$$\boldsymbol{v} = v^i \boldsymbol{g}_i = v_i \boldsymbol{g}^i = v_1 \boldsymbol{g}^1 + v_2 \boldsymbol{g}^2 + v_3 \boldsymbol{g}^3 \tag{1.8}$$

式中，v_i 和 v^i 分别称为向量 $\boldsymbol{v}$ 的协变分量和逆变分量。

1.2.3 度量张量

现将协变基向量沿逆变基向量分解

$$\boldsymbol{g}_i = g_{ij} \boldsymbol{g}^j \tag{1.9}$$

式中，系数 g_{ij} 是 9 个量，称为协变度量张量。同样地，将逆变基向量沿协变基向量分解，得到

$$\boldsymbol{g}^i = g^{ij} \boldsymbol{g}_j \tag{1.10}$$

式中，系数 g^{ij} 称为逆变度量张量。1.6 节将证明 g_{ij}、g^{ij} 与 δ^i_j 其实是同一张量 (度量张量) 的不同分量。观察式 (1.9) 和式 (1.10) 发现，从形式上看，g_{ij} 可以使 $\boldsymbol{g}^j$ 的指标下降，而 g^{ij} 可以使 $\boldsymbol{g}_j$ 指标上升。在第 1.1.2 小节中指出用 δ^j_i 可以进行指标代换，而这里 g^{ij} 和 g_{ij} 则能使指标升降，所以度量张量在指标运算中经常使用。

将式 (1.9) 和式 (1.10) 中的哑标 j 改为 k (避免重复)，代入下式，注意到式 (1.7)，得到

$$\boldsymbol{g}_i \cdot \boldsymbol{g}_j = g_{ik} \boldsymbol{g}^k \cdot \boldsymbol{g}_j = g_{ik} \delta^k_j = g_{ij} \tag{1.11a}$$

$$\boldsymbol{g}^i \cdot \boldsymbol{g}^j = g^{ik} \boldsymbol{g}_k \cdot \boldsymbol{g}^j = g^{ik} \delta^j_k = g^{ij} \tag{1.11b}$$

式 (1.11) 说明 $\sqrt{g_{11}}$ 是 $\boldsymbol{g}_1$ 的长度，$g_{12}/\sqrt{g_{11} g_{12}}$ 是 $\boldsymbol{g}_1$、$\boldsymbol{g}_2$ 夹角的余弦，$\cdots$。所以度量张量 g_{ij} 和 g^{ij} 可以分别表示基向量 $\boldsymbol{g}_i$ 和 $\boldsymbol{g}^i$ 的长度与夹角。由于点积的对称性，式 (1.11a,b) 表明 g_{ij} 和 g^{ij} 具有指标对称性

$$g_{ij} = g_{ji}, \quad g^{ij} = g^{ji} \tag{1.12}$$

将式 (1.9) 和式 (1.10) 适当改变哑指标，代入式 (1.7)，得到

$$g^{ik} g_{kj} = \delta^i_j \tag{1.13}$$

将 g^{ik}、g_{kj} 和 δ^i_j 用矩阵表示，第 1 个指标为行数，第 2 个指标为列数，依照矩阵运算规则，上式可以表示为矩阵形式

$$\begin{bmatrix} g^{11} & g^{12} & g^{13} \\ g^{21} & g^{22} & g^{23} \\ g^{31} & g^{32} & g^{33} \end{bmatrix} \begin{bmatrix} g_{11} & g_{12} & g_{13} \\ g_{21} & g_{22} & g_{23} \\ g_{31} & g_{32} & g_{33} \end{bmatrix} = \begin{bmatrix} 1 & 0 & 0 \\ 0 & 1 & 0 \\ 0 & 0 & 1 \end{bmatrix}$$

式 (1.13) 给出了协变度量张量与逆变度量张量所满足的方程，即互逆关系。在第 1.3 节将证明行列式 $|g_{ij}|$ 和 $|g^{ij}|$ 不等于零，因此由 g_{ij} 可以唯一地解出 g^{ij}，反之亦然。

1.3 基向量的点积、叉积和混合积，置换张量

1.3.1 基向量的点积、叉积和混合积

第 1.2 节已经给出协变基向量和逆变基向量的点积，即

$$\boldsymbol{g}_i \cdot \boldsymbol{g}^j = \delta_i^j,\quad \boldsymbol{g}_i \cdot \boldsymbol{g}_j = g_{ij},\quad \boldsymbol{g}^i \cdot \boldsymbol{g}^j = g^{ij} \tag{1.11c}$$

如果 $\boldsymbol{g}_i$ 是互相垂直的单位向量，则上式与直角坐标系式 (1.5a) 相同。下面讨论斜角直线坐标系基向量的叉积、混合积和置换张量。

协变基向量的混合积记作

$$\begin{aligned}[\boldsymbol{g}_1\boldsymbol{g}_2\boldsymbol{g}_3] &= \boldsymbol{g}_1 \times \boldsymbol{g}_2 \cdot \boldsymbol{g}_3 = \boldsymbol{g}_2 \times \boldsymbol{g}_3 \cdot \boldsymbol{g}_1 = \boldsymbol{g}_3 \times \boldsymbol{g}_1 \cdot \boldsymbol{g}_2\\ &= -\boldsymbol{g}_2 \times \boldsymbol{g}_1 \cdot \boldsymbol{g}_3 = -\boldsymbol{g}_3 \times \boldsymbol{g}_2 \cdot \boldsymbol{g}_1 = -\boldsymbol{g}_1 \times \boldsymbol{g}_3 \cdot \boldsymbol{g}_2\end{aligned}$$

由于 $\boldsymbol{g}_i$ 是三个非共面向量，而且构成右手系，所以 $[\boldsymbol{g}_1\boldsymbol{g}_2\boldsymbol{g}_3] > 0$，表示以 $\boldsymbol{g}_1$、$\boldsymbol{g}_2$、$\boldsymbol{g}_3$ 为邻边的平行六面体的体积，可令

$$[\boldsymbol{g}_1\boldsymbol{g}_2\boldsymbol{g}_3] = \sqrt{g} \tag{1.14}$$

利用式 (1.7)，不难验证：

$$\boldsymbol{g}^1 = \boldsymbol{g}_2 \times \boldsymbol{g}_3/[\boldsymbol{g}_1\boldsymbol{g}_2\boldsymbol{g}_3],\quad \boldsymbol{g}^2 = \boldsymbol{g}_3 \times \boldsymbol{g}_1/[\boldsymbol{g}_1\boldsymbol{g}_2\boldsymbol{g}_3],\quad \boldsymbol{g}^3 = \boldsymbol{g}_1 \times \boldsymbol{g}_2/[\boldsymbol{g}_1\boldsymbol{g}_2\boldsymbol{g}_3] \tag{1.15a}$$

$$\boldsymbol{g}_1 = \boldsymbol{g}^2 \times \boldsymbol{g}^3/\left[\boldsymbol{g}^1\boldsymbol{g}^2\boldsymbol{g}^3\right],\quad \boldsymbol{g}_2 = \boldsymbol{g}^3 \times \boldsymbol{g}^1/\left[\boldsymbol{g}^1\boldsymbol{g}^2\boldsymbol{g}^3\right],\quad \boldsymbol{g}_3 = \boldsymbol{g}^1 \times \boldsymbol{g}^2/\left[\boldsymbol{g}^1\boldsymbol{g}^2\boldsymbol{g}^3\right] \tag{1.15b}$$

上式可以用于由协变基向量表示或计算逆变基向量，或者相反。另一种方法是由式 (1.11a) 用 $\boldsymbol{g}_i$ 求 g_{ij}，再利用式 (1.13) 求 g^{ij}，然后代入式 (1.10) 求 $\boldsymbol{g}^i$；类似地可由 $\boldsymbol{g}^i$ 求 $\boldsymbol{g}_i$。

利用置换符号 e_{ijk}、e^{ijk} 和式 (1.15)，可以得到基向量的叉积

$$\boldsymbol{g}_i \times \boldsymbol{g}_j = \varepsilon_{ijk}\boldsymbol{g}^k,\quad \boldsymbol{g}^i \times \boldsymbol{g}^j = \varepsilon^{ijk}\boldsymbol{g}_k \tag{1.16}$$

式中，$\varepsilon_{ijk} = [\boldsymbol{g}_1\boldsymbol{g}_2\boldsymbol{g}_3]\, e_{ijk}$，$\varepsilon^{ijk} = \left[\boldsymbol{g}^1\boldsymbol{g}^2\boldsymbol{g}^3\right] e^{ijk}$。在直角坐标系中标架形成的立方体的体积为 $\sqrt{g} = 1$，式 (1.16) 退化为式 (1.5b)。

下面讨论混合积 $[\boldsymbol{g}_1\boldsymbol{g}_2\boldsymbol{g}_3]$ 和 $\left[\boldsymbol{g}^1\boldsymbol{g}^2\boldsymbol{g}^3\right]$ 的关系。首先证明一个向量混合积的恒等式

$$[\boldsymbol{abc}]\,[\boldsymbol{uvw}] = \begin{bmatrix} \boldsymbol{a}\cdot\boldsymbol{u} & \boldsymbol{a}\cdot\boldsymbol{v} & \boldsymbol{a}\cdot\boldsymbol{w}\\ \boldsymbol{b}\cdot\boldsymbol{u} & \boldsymbol{b}\cdot\boldsymbol{v} & \boldsymbol{b}\cdot\boldsymbol{w}\\ \boldsymbol{c}\cdot\boldsymbol{u} & \boldsymbol{c}\cdot\boldsymbol{v} & \boldsymbol{c}\cdot\boldsymbol{w} \end{bmatrix} \tag{1.17}$$

$\boldsymbol{a}$、$\boldsymbol{b}$、$\boldsymbol{c}$ 和 $\boldsymbol{u}$、$\boldsymbol{v}$、$\boldsymbol{w}$ 为两组非共面向量。式 (1.17) 与坐标系无关，所以可以在直角坐标系中证明，再用于任意坐标系，向量的混合积可以表为分量的行列式

$$[\boldsymbol{abc}] = \begin{vmatrix} a_1 & a_2 & a_3\\ b_1 & b_2 & b_3\\ c_1 & c_2 & c_3 \end{vmatrix},\quad [\boldsymbol{uvw}] = \begin{vmatrix} u_1 & u_2 & u_3\\ v_1 & v_2 & v_3\\ w_1 & w_2 & w_3 \end{vmatrix} = \begin{vmatrix} u_1 & v_1 & w_1\\ u_2 & v_2 & w_2\\ u_3 & v_3 & w_3 \end{vmatrix}$$

利用行列式的乘法运算，即 $(\det \boldsymbol{A})(\det \boldsymbol{B}) = \det(\boldsymbol{AB})$ (其中，$\boldsymbol{A}, \boldsymbol{B}$ 为 3×3 矩阵)，以及向量点积的分量形式 (例如 $\boldsymbol{a}\cdot\boldsymbol{u} = a_i u_i$)，即可证明式 (1.17)。

令 $[\boldsymbol{abc}] = [\boldsymbol{g}_1\boldsymbol{g}_2\boldsymbol{g}_3]$、$[\boldsymbol{uvw}] = \left[\boldsymbol{g}^1\boldsymbol{g}^2\boldsymbol{g}^3\right]$，代入式 (1.17)，得到

$$[\boldsymbol{g}_1\boldsymbol{g}_2\boldsymbol{g}_3]\left[\boldsymbol{g}^1\boldsymbol{g}^2\boldsymbol{g}^3\right] = 1$$

将式 (1.14) 代入上式，得

$$\left[\boldsymbol{g}^1\boldsymbol{g}^2\boldsymbol{g}^3\right] = \frac{1}{\sqrt{g}} \tag{1.18}$$

取 $[\boldsymbol{abc}] = [\boldsymbol{uvw}] = [\boldsymbol{g}_1\boldsymbol{g}_2\boldsymbol{g}_3]$ 或 $\left[\boldsymbol{g}^1\boldsymbol{g}^2\boldsymbol{g}^3\right]$，则有

$$\det(g_{ij}) = g, \quad \det(g^{ij}) = \frac{1}{g} \tag{1.19}$$

可见，行列式 $\det(g_{ij})$ 和 $\det(g^{ij})$ 是正值，分别等于协变和逆变标架平行六面体体积的平方，且互为倒数。

1.3.2 置换张量、置换张量与 Kronecker $\boldsymbol{\delta}$ 的关系

在式 (1.16) 中引入的记号

$$\left.\begin{aligned} \varepsilon_{ijk} &= [\boldsymbol{g}_1\boldsymbol{g}_2\boldsymbol{g}_3]\, e_{ijk} = [\boldsymbol{g}_i\boldsymbol{g}_j\boldsymbol{g}_k] \\ \varepsilon^{ijk} &= \left[\boldsymbol{g}^1\boldsymbol{g}^2\boldsymbol{g}^3\right] e^{ijk} = \left[\boldsymbol{g}^i\boldsymbol{g}^j\boldsymbol{g}^k\right] \end{aligned}\right\} \tag{1.20}$$

称为置换张量 (或 Eddington 张量)。可以证明 (见 1.6 节)，ε_{ijk} 和 ε^{ijk} 是同一张量的不同分量，而置换符号 e_{ijk} 和 e^{ijk} 不是张量。ε_{ijk} 和 ε^{ijk} 各有 3^3 个分量，即

$$\varepsilon_{123} = \varepsilon_{231} = \varepsilon_{312} = \sqrt{g}, \quad \varepsilon_{213} = \varepsilon_{321} = \varepsilon_{132} = -\sqrt{g}, \quad \text{其余为零} \tag{1.20a}$$

$$\varepsilon^{123} = \varepsilon^{231} = \varepsilon^{312} = 1/\sqrt{g}, \quad \varepsilon^{213} = \varepsilon^{321} = \varepsilon^{132} = -1/\sqrt{g}, \quad \text{其余为零} \tag{1.20b}$$

在式 (1.17) 中取 $[\boldsymbol{abc}] = \left[\boldsymbol{g}^i\boldsymbol{g}^j\boldsymbol{g}^k\right]$ 及 $[\boldsymbol{uvw}] = [\boldsymbol{g}_i\boldsymbol{g}_j\boldsymbol{g}_k]$，可以建立置换张量与 Kronecker $\boldsymbol{\delta}$ 的关系。由式 (1.20) 和式 (1.17)，得到

$$\begin{aligned} \varepsilon^{ijk}\varepsilon_{rst} = e^{ijk}e_{rst} = \left[\boldsymbol{g}^i\boldsymbol{g}^j\boldsymbol{g}^k\right][\boldsymbol{g}_r\boldsymbol{g}_s\boldsymbol{g}_t] &= \begin{vmatrix} \delta^i_r & \delta^i_s & \delta^i_t \\ \delta^j_r & \delta^j_s & \delta^j_t \\ \delta^k_r & \delta^k_s & \delta^k_t \end{vmatrix} \\ &= \delta^i_r\delta^j_s\delta^k_t + \delta^i_s\delta^j_t\delta^k_r + \delta^i_t\delta^j_r\delta^k_s - \delta^i_t\delta^j_s\delta^k_r - \delta^i_s\delta^j_r\delta^k_t - \delta^i_r\delta^j_t\delta^k_s \end{aligned} \tag{1.21}$$

式 (1.21) 表示 3^6 个数，由式 (1.20a) 和式 (1.20b) 可知它们只能等于 ±1 或 0。在式 (1.21) 中，令 $k = t$，注意到 $\delta^t_t = 3$，$\delta^t_s\delta^i_t = \delta^i_s \cdots$，则有

$$\varepsilon^{ijt}\varepsilon_{rst} = e^{ijt}e_{rst} = \delta^i_r\delta^j_s - \delta^i_s\delta^j_r \tag{1.22}$$

式 (1.22) 是数组 $\varepsilon^{ijk}\varepsilon_{rst}$ 中一部分元素的和，共 3^4 个数。

类似地，如果式 (1.22) 中令 $j=s$，则得

$$\varepsilon^{ist}\varepsilon_{rst}=e^{ist}e_{rst}=2\delta_r^i \tag{1.23}$$

式 (1.23) 中进一步令 $i=r$，得到

$$\varepsilon^{rst}\varepsilon_{rst}=e^{rst}e_{rst}=2\delta_r^r=6 \tag{1.24}$$

式 (1.21) ~ 式 (1.24) 给出了置换张量与 Kronecker $\boldsymbol{\delta}$ 的关系，这些关系在张量运算中很有用。

由于 $\varepsilon^{ijk}\varepsilon_{rst}=e^{ijk}e_{rst}$，式 (1.3b) 给出的行列式表达式可以写成更常用的形式

$$\det(a_n^m)=|a_n^m|=\frac{1}{3!}\varepsilon^{ijk}\varepsilon_{rst}a_i^r a_j^s a_k^t \tag{1.25}$$

本节和第 1.2 节给出了斜角直线坐标系基向量的基本关系，即式 (1.11c)、式 (1.16) 和式 (1.20)，它们同样适用于曲线坐标系。在直角坐标系中，由于协变基向量与逆变基向量重合且为单位向量，这些关系归结为熟知的式 (1.5a)、式 (1.5b) 和式 (1.5c)。基向量的运算是向量和张量运算的基础，应能熟练应用。

1.4 向量的代数运算、并积

如前所述，向量可以表为不同的分量形式

$$\boldsymbol{v}=v^i\boldsymbol{g}_i=v_i\boldsymbol{g}^i$$

将上式点乘 $\boldsymbol{g}_i$ 或 $\boldsymbol{g}^j$，有 $v^i\boldsymbol{g}_i\cdot\boldsymbol{g}_j=v_i\boldsymbol{g}^i\cdot\boldsymbol{g}_j$、$v^i\boldsymbol{g}_i\cdot\boldsymbol{g}^j=v_i\boldsymbol{g}^i\cdot\boldsymbol{g}^j$，利用式 (1.7) 和式 (1.11)，可以得到逆变分量 v^i 与协变分量 v_i 的关系

$$v_j=v^i g_{ij},\quad v^j=v_i g^{ij} \tag{1.26}$$

式 (1.26) 说明分量 v^i 和 v_i 可以相互表示。在物理上这是很自然的，因为它们表示同一向量。

向量的代数运算包括加、减、点积、叉积和并积，这些运算可以在给定坐标系中用分量形式表示，也可以不借助坐标系以符号形式给出。

1.4.1 加、减

两个向量 $\boldsymbol{u}$、$\boldsymbol{v}$ 相加，可以按平行四边形法则，求得和向量 $\boldsymbol{c}$；$\boldsymbol{u}$ 减 $\boldsymbol{v}$ 定义为 $\boldsymbol{u}$ 加 $-\boldsymbol{v}$，即 $\boldsymbol{c}=\boldsymbol{u}\pm\boldsymbol{v}$。若 $\boldsymbol{u}$、$\boldsymbol{v}$、$\boldsymbol{w}$ 是向量，a、b 是实数，向量加法满足下列关系：

$$\boldsymbol{u}+\boldsymbol{v}=\boldsymbol{v}+\boldsymbol{u}\ (\text{交换律})$$

$$(\boldsymbol{u}+\boldsymbol{v})+\boldsymbol{w}=\boldsymbol{u}+\boldsymbol{v}+\boldsymbol{w}\ (\text{结合律})$$

$$(a+b)\,\boldsymbol{u}=a\boldsymbol{u}+b\boldsymbol{u}\ (\text{分配律})$$

如果将向量 $\boldsymbol{u}$、$\boldsymbol{v}$ 在协变或逆变标架中分解，则和或差为

$$\left.\begin{aligned}\boldsymbol{c}=c^i\boldsymbol{g}_i=u^i\boldsymbol{g}_i\pm v^i\boldsymbol{g}_i=\left(u^i\pm v^i\right)\boldsymbol{g}_i,\quad c^i=u^i\pm v^i\\ \boldsymbol{c}=c_i\boldsymbol{g}^i=u_i\boldsymbol{g}^i\pm v_i\boldsymbol{g}^i=\left(u_i\pm v_i\right)\boldsymbol{g}^i,\quad c_i=u_i\pm v_i\end{aligned}\right\}\tag{1.27}$$

式 (1.27) 表明，自由指标必须在同一高度。

1.4.2 点积

两个向量 $\boldsymbol{u}$ 和 $\boldsymbol{v}$ 的点积定义为 $\boldsymbol{u}\cdot\boldsymbol{v}=|\boldsymbol{u}|\,|\boldsymbol{v}|\cos(\boldsymbol{u},\boldsymbol{v})$ 。点积满足下列关系：

$$\boldsymbol{u}\cdot\boldsymbol{v}=\boldsymbol{v}\cdot\boldsymbol{u}\ (\text{交换律})$$

$$\boldsymbol{u}\cdot(\alpha\boldsymbol{v}+\beta\boldsymbol{w})=\alpha\boldsymbol{u}\cdot\boldsymbol{v}+\beta\boldsymbol{u}\cdot\boldsymbol{w}\ (\text{分配律})$$

$$|\boldsymbol{u}\cdot\boldsymbol{v}|\leqslant|\boldsymbol{u}|\,|\boldsymbol{v}|\ (\text{Schwatz 不等式})$$

式中，$\boldsymbol{u}$、$\boldsymbol{v}$ 和 $\boldsymbol{w}$ 为向量，α 和 β 为实数。

向量 $\boldsymbol{u}$ 的模为 $|\boldsymbol{u}|=\sqrt{\boldsymbol{u}\cdot\boldsymbol{u}}$；模为 0 的向量称为零向量，记作黑体字 $\mathbf{0}$。

若 $\boldsymbol{u}$、$\boldsymbol{v}$ 分别用逆变分量和协变分量表示，它们的点积为

$$\boldsymbol{u}\cdot\boldsymbol{v}=\left(u^i\boldsymbol{g}_i\right)\cdot\left(v_j\boldsymbol{g}^j\right)=u^iv_j\delta_i^j=u^iv_i\tag{1.28a}$$

$$\boldsymbol{u}\cdot\boldsymbol{v}=\left(u_i\boldsymbol{g}^i\right)\cdot\left(v^j\boldsymbol{g}_j\right)=u_iv^j\delta_j^i=u_iv^i\tag{1.28b}$$

若 $\boldsymbol{u}$、$\boldsymbol{v}$ 同时采用协变或逆变分量，由式 (1.10)，有

$$\boldsymbol{u}\cdot\boldsymbol{v}=\left(u^i\boldsymbol{g}_i\right)\cdot\left(v^j\boldsymbol{g}_j\right)=u^iv^jg_{ij}\tag{1.28c}$$

$$\boldsymbol{u}\cdot\boldsymbol{v}=\left(u_i\boldsymbol{g}^i\right)\cdot\left(v_j\boldsymbol{g}^j\right)=u_iv_jg^{ij}\tag{1.28d}$$

式 (1.28a) ~ 式 (1.28d) 是点积四种等价的分量形式，可用度量张量升降指标。式 (1.28a) 和式 (1.28b) 为 3 项和，与在直角坐标系中一样简单，而式 (1.28c) 和式 (1.28d) 为 9 项和，可见逆变标架的引入能使运算简化。点积运算表明，哑指标必然一上一下成对出现，而且上下位置可以互换。

1.4.3 叉积

向量 $\boldsymbol{u}$ 和 $\boldsymbol{v}$ 的叉积为一向量 $\boldsymbol{c}=\boldsymbol{u}\times\boldsymbol{v}$，其方向垂直于 $\boldsymbol{u}$、$\boldsymbol{v}$，符合右手法则 (从 $\boldsymbol{u}$ 到 $\boldsymbol{v}$ 转角小于 180°)，大小为 $|\boldsymbol{c}|=|\boldsymbol{u}|\,|\boldsymbol{v}|\sin(\boldsymbol{u},\boldsymbol{v})$。叉积具有下列性质

$$\boldsymbol{u}\times\boldsymbol{v}=-\boldsymbol{v}\times\boldsymbol{u}$$

$$\boldsymbol{u}\times(\boldsymbol{v}+\boldsymbol{w})=\boldsymbol{u}\times\boldsymbol{v}+\boldsymbol{u}\times\boldsymbol{w}$$

$$(\alpha\boldsymbol{u})\times(\beta\boldsymbol{v})=(\alpha\beta)\,\boldsymbol{u}\times\boldsymbol{v}$$

$$\boldsymbol{u}\times\boldsymbol{u}=0$$

利用上述性质和基向量的叉积式 (1.16)，可以得到叉积的分量形式

$$\boldsymbol{c}=\boldsymbol{u}\times\boldsymbol{v}=(u^i\boldsymbol{g}_i)\times(v^j\boldsymbol{g}_j)=(u_i\boldsymbol{g}^i)\times(v_j\boldsymbol{g}^j)=u^iv^j\varepsilon_{ijk}\boldsymbol{g}^k=u_iv_j\varepsilon^{ijk}\boldsymbol{g}_k$$

$$c_k=u^iv^j\varepsilon_{ijk},\quad c^k=u_iv_j\varepsilon^{ijk} \tag{1.29}$$

或

$$\boldsymbol{u}\times\boldsymbol{v}=\sqrt{g}\begin{vmatrix}\boldsymbol{g}^1 & \boldsymbol{g}^2 & \boldsymbol{g}^3\\ u^1 & u^2 & u^3\\ v^1 & v^2 & v^3\end{vmatrix}=\frac{1}{\sqrt{g}}\begin{vmatrix}\boldsymbol{g}_1 & \boldsymbol{g}_2 & \boldsymbol{g}_3\\ u_1 & u_2 & u_3\\ v_1 & v_2 & v_3\end{vmatrix}\ (\text{行列式表示}) \tag{1.29a}$$

进行叉积运算时，两个向量都用协变或都用逆变分量比较方便，因为可以直接应用基向量的叉积公式 (1.16)。

例 1.1 证明向量恒等式 $(\boldsymbol{a}\times\boldsymbol{b})\times\boldsymbol{c}=(\boldsymbol{a}\cdot\boldsymbol{c})\,\boldsymbol{b}-(\boldsymbol{b}\cdot\boldsymbol{c})\,\boldsymbol{a}$。

证：将各向量写成分量形式 $\boldsymbol{a}=a^i\boldsymbol{g}_i,\boldsymbol{b}=b^j\boldsymbol{g}_j,\boldsymbol{c}=c_k\boldsymbol{g}^k$，代入等式，则

$$\begin{aligned}\text{左端}\ &=\left(\varepsilon^{ijm}a_ib_j\boldsymbol{g}_m\right)\times\left(c^k\boldsymbol{g}_k\right)=\varepsilon^{ijm}\varepsilon_{mkn}a_ib_jc^k\boldsymbol{g}^n=\varepsilon^{ijm}\varepsilon_{knm}a_ib_jc^k\boldsymbol{g}^n\\ &=\left(\delta_k^i\delta_n^j-\delta_n^i\delta_k^j\right)a_ib_jc^k\boldsymbol{g}^n=\left(a_kc^k\right)b_n\boldsymbol{g}^n-\left(b_kc^k\right)a_n\boldsymbol{g}^n\\ &=\text{右端 (等式成立)}\end{aligned}$$

上述证明中，利用了基向量的叉积式 (1.16) 和置换张量与 $\boldsymbol{\delta}$ 的关系式 (1.22)。

1.4.4 混合积

三个向量的混合积为一标量，其绝对值等于三个向量所构成的平行六面体的体积，如图 1.3 所示 (高度 $h=\pm|\boldsymbol{w}|\cos(\boldsymbol{u}\times\boldsymbol{v},\boldsymbol{w})$)。

$$\boldsymbol{u}\times\boldsymbol{v}\cdot\boldsymbol{w}=|\boldsymbol{u}\times\boldsymbol{v}|\,|\boldsymbol{w}|\cos(\boldsymbol{u}\times\boldsymbol{v},\boldsymbol{w})$$

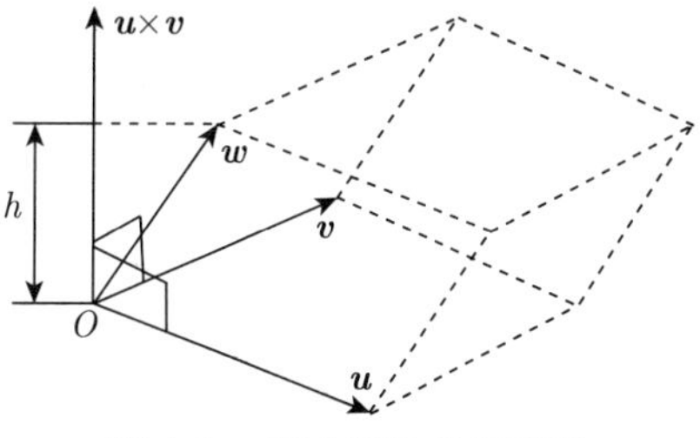

图 1.3 混合积的几何表示

当 $\boldsymbol{w}$ 与 $\boldsymbol{u}\times\boldsymbol{v}$ 夹锐角时混合积为正，夹钝角时为负。

若三个向量采用逆变分量形式 $\boldsymbol{u}=u^i\boldsymbol{g}_i$、$\boldsymbol{v}=v^j\boldsymbol{g}_j$、$\boldsymbol{w}=w^k\boldsymbol{g}_k$，混合积为

$$\boldsymbol{u}\times\boldsymbol{v}\cdot\boldsymbol{w}=[\boldsymbol{uvw}]=u^iv^jw^k\left(\boldsymbol{g}_i\times\boldsymbol{g}_j\right)\cdot\boldsymbol{g}_k=u^iv^jw^k\varepsilon_{ijk} \tag{1.30a}$$

若用协变分量表示，则为

$$\boldsymbol{u}\times\boldsymbol{v}\cdot\boldsymbol{w}=u_iv_jw_k\varepsilon^{ijk} \tag{1.30b}$$

注意到 (1.3a)，混合积可用行列式表示为

$$\boldsymbol{u}\times\boldsymbol{v}\cdot\boldsymbol{w}=[\boldsymbol{g}_1\boldsymbol{g}_2\boldsymbol{g}_3]\begin{vmatrix}u^1 & v^1 & w^1\\ u^2 & v^2 & w^2\\ u^3 & v^3 & w^3\end{vmatrix}=\left[\boldsymbol{g}^1\boldsymbol{g}^2\boldsymbol{g}^3\right]\begin{vmatrix}u_1 & v_1 & w_1\\ u_2 & v_2 & w_2\\ u_3 & v_3 & w_3\end{vmatrix} \tag{1.30c}$$

1.4.5 并积

两个向量 $\boldsymbol{u}$、$\boldsymbol{v}$ 的并积记作 $\boldsymbol{u}\otimes\boldsymbol{v}$ 或简记为 $\boldsymbol{uv}$，本书采用后一记法。并积定义为一个变换，当 $\boldsymbol{uv}$ 作用于 (点乘于) 一个向量 $\boldsymbol{a}$ 时，得到另一个与 $\boldsymbol{u}$ 平行的向量，该向量是 $\boldsymbol{u}$ 的 $(\boldsymbol{v}\cdot\boldsymbol{a})$ 倍，即

$$\boldsymbol{uv}\cdot\boldsymbol{a}=\boldsymbol{u}\,(\boldsymbol{v}\cdot\boldsymbol{a}) \tag{1.31}$$

向量的并积也称为两个向量的并矢。

显然并矢不是向量 (后面将会证明并矢是二阶张量)。并积是张量分析中定义的新运算。每一种运算都有一定的物理背景，例如点积可以表示力在位移上做的功，叉积表示力对点的矩。下面我们以应力为例，说明并积的物理意义。

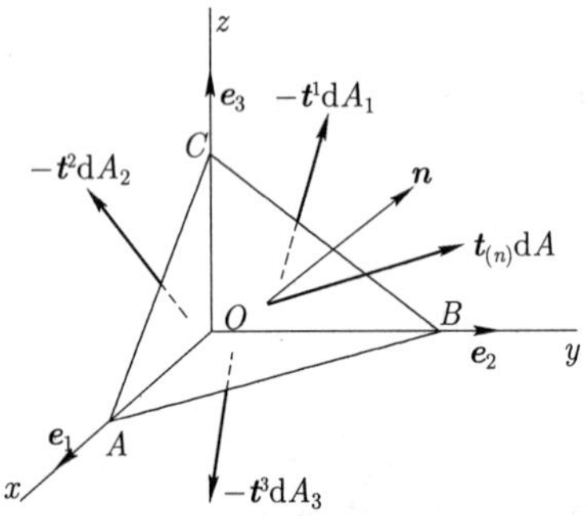

图 1.4 应力的并矢表示

在物体中某一点处，沿直角坐标系坐标面用斜面截取一个微小四面体，如图 1.4 所示。$\boldsymbol{n}$ 是斜面 ΔABC 的外法线单位向量。若 ΔABC 的面积和应力向量为 $\mathrm{d}A$ 和 $\boldsymbol{t}_{(n)}$，斜面的投影面 ΔBOC, ΔCOA, ΔAOB 面积和各面的应力向量分别为 $\mathrm{d}A_i=\mathrm{d}A\boldsymbol{e}_i\cdot\boldsymbol{n}$ 和 $-\boldsymbol{t}^i\ (i=1,2,3)$。四面体的平衡条件是

$$\boldsymbol{t}_{(\boldsymbol{n})}\mathrm{d}A-\boldsymbol{t}^1\mathrm{d}A_1-\boldsymbol{t}^2\mathrm{d}A_2-\boldsymbol{t}^3\mathrm{d}A_3=\boldsymbol{0}$$

或

$$\boldsymbol{t}_{(\boldsymbol{n})}=\boldsymbol{t}^i\boldsymbol{e}_i\cdot\boldsymbol{n}$$

其中，并矢的和 $\boldsymbol{t}^i\boldsymbol{e}_i$ 即是第 3 章中定义的应力张量。可见，表示应力的量不仅需要应力向量，还需要用作用面的法线向量，两者组成并矢。

由两个向量的并积，可以类似地定义三个向量的并积 $\boldsymbol{uvw}$:

$$(\boldsymbol{uvw})\cdot\boldsymbol{a}=\boldsymbol{uv}\,(\boldsymbol{w}\cdot\boldsymbol{a})$$

依此类推。

利用并积的定义，不难证明下列性质：

$$\left.\begin{aligned}(\alpha\boldsymbol{u})\,\boldsymbol{v}&=\boldsymbol{u}\,(\alpha\boldsymbol{v})=\alpha\boldsymbol{uv}\\(\boldsymbol{uv})\,\boldsymbol{w}&=\boldsymbol{u}\,(\boldsymbol{vw})=\boldsymbol{uvw}\\\boldsymbol{u}\,(\boldsymbol{v}+\boldsymbol{w})&=\boldsymbol{uv}+\boldsymbol{uw}\\(\boldsymbol{u}+\boldsymbol{v})\,\boldsymbol{w}&=\boldsymbol{uw}+\boldsymbol{vw}\end{aligned}\right\} \tag{1.32}$$

式中，$\boldsymbol{u}$、$\boldsymbol{v}$、$\boldsymbol{w}$ 为向量，α 为标量。式 (1.32) 说明并积满足分配律，但一般情况下，不满足交换律，即 $\boldsymbol{uv}\neq\boldsymbol{vu}$。

可以用向量的分量和基向量表示并积

$$\boldsymbol{uv}=u^iv^j\boldsymbol{g}_i\boldsymbol{g}_j=u_iv_j\boldsymbol{g}^i\boldsymbol{g}^j \tag{1.33}$$

例 1.2 若向量 $\boldsymbol{u},\boldsymbol{v}$ 非 $\boldsymbol{0}$，证明 $\boldsymbol{uv}=\boldsymbol{vu}$ 的充分必要条件是两者平行。

证：由并矢的定义，对于任意向量 $\boldsymbol{a}$，有

$$(\boldsymbol{uv}-\boldsymbol{vu})\cdot\boldsymbol{a}=(\boldsymbol{uv})\cdot\boldsymbol{a}-(\boldsymbol{vu})\cdot\boldsymbol{a}=\boldsymbol{u}(\boldsymbol{v}\cdot\boldsymbol{a})-\boldsymbol{v}(\boldsymbol{u}\cdot\boldsymbol{a})$$

$(\boldsymbol{v}\cdot\boldsymbol{a})$、$(\boldsymbol{u}\cdot\boldsymbol{a})$ 是标量，所以上式等于 $\boldsymbol{0}$ 的必要条件是 $\boldsymbol{u},\boldsymbol{v}$ 同向 (平行)。令 $\boldsymbol{u}=\alpha\boldsymbol{v}$，代入上式，可见必要条件也是充分条件。

1.5 坐标变换、向量分量的坐标变换公式、向量的解析定义

同一物理量可以在不同的坐标系中描述，即进行坐标变换。现在考虑两个斜角直线坐标系，原来坐标系基向量为 $\boldsymbol{g}_i$ 和 $\boldsymbol{g}^i$，新的坐标系基向量为 $\boldsymbol{g}_{i'}$ 和 $\boldsymbol{g}^{i'}$。任一向量都可以沿基向量分解，如果将 $\boldsymbol{g}_{i'}$ 沿原标架的协变基向量 $\boldsymbol{g}_i$ 分解，将 $\boldsymbol{g}^{i'}$ 沿原标架的逆变基向量 $\boldsymbol{g}^i$ 分解，可以得到两者之间的关系

$$\boldsymbol{g}_{i'}=A_{i'}^{i}\boldsymbol{g}_i,\quad \boldsymbol{g}^{i'}=A_i^{i'}\boldsymbol{g}^i \tag{1.34}$$

式中，系数 $A_{i'}^{i}$ 和 $A_i^{i'}$ 为两组量，每组 9 个分量，称为坐标变换系数。用原坐标系的协变基向量表示新坐标系协变基向量的系数 $A_{i'}^{i}$ 称为正变换系数，由原坐标系的逆变基向量表示新坐标系逆变基向量的系数 $A_i^{i'}$ 称为逆变换系数，它们给出了两个坐标系标架之间的关系。将式 (1.34) 中的指标适当替换，代入新坐标系的式 (1.7)，有

$$\delta_{i'}^{k'}=\boldsymbol{g}_{i'}\cdot\boldsymbol{g}^{k'}=\left(A_{i'}^{i}\boldsymbol{g}_i\right)\cdot\left(A_l^{k'}\boldsymbol{g}^l\right)=A_{i'}^{i}A_l^{k'}\delta_i^l=A_{i'}^{i}A_i^{k'} \tag{1.35}$$

式 (1.35) 给出了 $A_{i'}^{i}$ 和 $A_i^{i'}$ 的关系，可用于由一组系数计算另一组系数。上式的矩阵形式为

$$\left[A_{i'}^{i}\right]\left[A_i^{k'}\right]^{\mathrm{T}}=\begin{bmatrix}A_{1'}^1 & A_{1'}^2 & A_{1'}^3\\ A_{2'}^1 & A_{2'}^2 & A_{2'}^3\\ A_{3'}^1 & A_{3'}^2 & A_{3'}^3\end{bmatrix}\begin{bmatrix}A_1^{1'} & A_1^{2'} & A_1^{3'}\\ A_2^{1'} & A_2^{2'} & A_2^{3'}\\ A_3^{1'} & A_3^{2'} & A_3^{3'}\end{bmatrix}=\begin{bmatrix}1&0&0\\0&1&0\\0&0&1\end{bmatrix} \tag{1.35a}$$

即两个变换系数矩阵是互逆的。注意式 $(1.34)_2$ 用矩阵表示时上标 i' 是行数，而上式中上标 k' 是列数，所以必须转置。由式 (1.35a) 中两个互逆矩阵交换位置，可以得到两组系数互逆关系的另一形式

$$A_k^{i'}A_{i'}^{i}=\delta_k^i \tag{1.36}$$

由式 (1.34) 分别乘以 $A_k^{i'}$ 和 $A_{i'}^{k}$，得到 $\boldsymbol{g}_k$ 和 $\boldsymbol{g}^k$ 沿新标架的协变基向量和逆变基向量分解的表达式

$$A_k^{i'}\boldsymbol{g}_{i'}=A_k^{i'}A_{i'}^{i}\boldsymbol{g}_i=\delta_k^i\boldsymbol{g}_i=\boldsymbol{g}_k,\quad A_{i'}^{k}\boldsymbol{g}^{i'}=\boldsymbol{g}^k \tag{1.37}$$

借助坐标变换系数，可以建立任一向量 $\boldsymbol{v}$ 在两个斜角直线坐标系中分量间的关系。令

$$\boldsymbol{v}=v_i\boldsymbol{g}^i=v^i\boldsymbol{g}_i=v_{i'}\boldsymbol{g}^{i'}=v^{i'}\boldsymbol{g}_{i'}$$

将式 (1.34) 代入，得到 $v_i\boldsymbol{g}^i=v_{i'}A_i^{i'}\boldsymbol{g}^i$，$v^i\boldsymbol{g}_i=v^{i'}A_{i'}^{i}\boldsymbol{g}_i$，故

$$v_i=A_i^{i'}v_{i'},\quad v^i=A_{i'}^{i}v^{i'} \tag{1.38a}$$

上两式右端哑指标 i' 改为 k'，两式再分别乘以 $A^i_{i'}$ 和 $A^{i'}_i$，利用式 (1.35)，得到

$$v_{i'} = A^i_{i'} v_i, \quad v^{i'} = A^{i'}_i v^i \tag{1.38b}$$

式 (1.38a, b) 称为向量的坐标转换关系。任一向量 $\boldsymbol{v}$ 的分量 v^i 和 v_i 与坐标系有关，在不同坐标系中有不同的值，但必须满足关系式 (1.38)。如果某一向量 $\boldsymbol{v}$ 已知，则它在任一给定坐标系中的分量 v^i (或 v_i) 已知，那么由式 (1.38) 可以求出任何其他坐标系中的分量，只需给出坐标变换系数。因此向量 $\boldsymbol{v}$ 与其分量 v^i 或 v_i 等价。

既然向量等价于它的分量，那么三维空间中的向量也可以定义为：由三个有序数量 (称为分量) 组成的一组量，当坐标系改变时，它的分量满足坐标转换关系。这一定义称为向量的解析定义，它等价于三维欧氏空间中不依赖坐标系的向量定义，即具有大小和方向、满足平行四边形求和等规则的量。

坐标变换可以有无限多个，其中满足一定性质的坐标变换集合组成相应的坐标变换群。例如，以后将要用到的正交变换群，就是所有坐标系之间的坐标变换系数矩阵均为正交矩阵。

有些物理量只对一定的坐标变换群满足向量转换关系，即式 (1.38)，所以是向量；而对于这个群之外的变换不满足式 (1.38)，也就是说，这些物理量的向量性依赖于一定的坐标变换群。对于任意坐标变换保持不变的向量称为绝对向量 (或极向量)，在坐标系进行反射变换时改变符号的向量称为伪向量 (或轴向量)。所以伪向量在包括反射变换的坐标变换群内，不具有向量性。

例 1.3 证明绝对向量 $\boldsymbol{a}, \boldsymbol{b}$ 的叉积 $\boldsymbol{c} = \boldsymbol{a} \times \boldsymbol{b}$ 是伪向量。

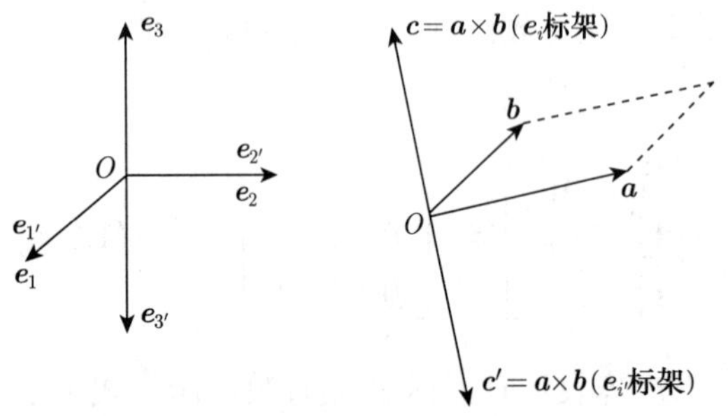

图 1.5 右手和左手坐标系中的叉积

若坐标变换为 1-2 坐标面的反射 (图 1.5)，正变换系数为

$$[A^i_{i'}] = \begin{bmatrix} 1 & 0 & 0 \\ 0 & 1 & 0 \\ 0 & 0 & -1 \end{bmatrix}$$

由坐标变换，得到两个坐标系的标架及分量关系

$$\boldsymbol{e}_{1'} = \boldsymbol{e}_1, \quad \boldsymbol{e}_{2'} = \boldsymbol{e}_2, \quad \boldsymbol{e}_{3'} = -\boldsymbol{e}_3$$

$$a_{1'} = a_1, \quad a_{2'} = a_2, \quad a_{3'} = -a_3$$

$$b_{1'} = b_1, \quad b_{2'} = b_2, \quad b_{3'} = -b_3$$

利用叉积公式 (1.29)，有

$$c_1 = a_2 b_3 - a_3 b_2, \quad c_2 = a_3 b_1 - a_1 b_3, \quad c_3 = a_1 b_2 - a_2 b_1$$

$$c_{1'} = a_{2'} b_{3'} - a_{3'} b_{2'} = -c_1, \quad c_{2'} = a_{3'} b_{1'} - a_{1'} b_{3'} = -c_2, \quad c_{3'} = a_{1'} b_{2'} - a_{2'} b_{1'} = c_3$$

所以

$$\boldsymbol{c} = \boldsymbol{a} \times \boldsymbol{b} = c_k \boldsymbol{e}_k, \quad \boldsymbol{c}' = \boldsymbol{a}' \times \boldsymbol{b}' = c_{k'} \boldsymbol{e}_{k'} = -\boldsymbol{c}$$

可见向量的叉积在反射变换的两个坐标系中符号相反，即为伪向量。

类似的分析可知，坐标系从右手系变为左手系时 (图 1.5)，叉积也是伪向量 (见习题 1-7)。

1.6 张量的定义，张量性证明

现在将第 1.5 节中向量的解析定义推广。张量的普遍定义如下：满足下列坐标变换关系的一组量 ${\varphi^{i\cdots j}}_{k\cdots l}$ 称为张量，即

$$ {\varphi^{i'\cdots j'}}_{k'\cdots l'} = A_i^{i'}\cdots A_j^{j'}A_{k'}^k\cdots A_{l'}^l{\varphi^{i\cdots j}}_{k\cdots l} \tag{1.39} $$

式中，$A_i^{i'}\cdots$、$A_{k'}^k\cdots$ 为坐标变换系数；$A_i^{i'}\cdots$ 为逆变换系数，与上标变换对应；$A_{k'}^k\cdots$ 为正变换系数，与下标变换对应。

该组量中的每个量称为张量的分量，张量是全部分量的有序整体。指标的变程为张量的维，指标的个数为张量的阶，上标称为逆变指标，下标称为协变指标，若上标有 r 个，下标有 s 个，则称为 $r+s$ 阶张量。只有逆变指标的分量称为逆变分量，只有协变指标的分量称为协变分量，既有逆变也有协变指标的分量称为混合分量。

根据上述定义，标量和向量可以认为是零阶张量和一阶张量。在三维空间中的张量，指标变程为 3，称为三维张量，n 阶三维张量有 3^n 个分量；二维空间 (曲面) 中的张量指标变程为 2，称为二维张量，n 阶二维张量的分量个数为 2^n。

正如向量分量 v^i 和 v_i 的指标可以升降一样，张量分量指标的上下位置可以升降，不同的上下位置不是本质差别，仍为同一张量 (见下节)。但是，指标的前后位置是严格的，不能随意改变，否则一般说来将会变为另一张量。张量的分量随坐标系而变化，但张量本身作为分量的整体与坐标系无关，在不同坐标系中由坐标变换关系得到的不同分量代表同一张量。

仿效向量，张量可以用分量和基向量的并矢表示，称为并矢记法，例如

$$ \begin{aligned} \boldsymbol{\varphi} &= {\varphi^{i\cdots j}}_{k\cdots l}\boldsymbol{g}_i\cdots\boldsymbol{g}_j\boldsymbol{g}^k\cdots\boldsymbol{g}^l = {\varphi_{i\cdots j}}^{k\cdots l}\boldsymbol{g}^i\cdots\boldsymbol{g}^j\boldsymbol{g}_k\cdots\boldsymbol{g}_l \\ &= \varphi^{i\cdots jk\cdots l}\boldsymbol{g}_i\cdots\boldsymbol{g}_j\boldsymbol{g}_k\cdots\boldsymbol{g}_l = \varphi_{i\cdots jk\cdots l}\boldsymbol{g}^i\cdots\boldsymbol{g}^j\boldsymbol{g}^k\cdots\boldsymbol{g}^l = \cdots \end{aligned} \tag{1.40} $$

式 (1.40) 在任何坐标系中都有相同的形式。例如，将式 (1.37) 代入式 (1.40)，得到

$$ \begin{aligned} {\varphi^{i\cdots j}}_{k\cdots l}\boldsymbol{g}_i\cdots\boldsymbol{g}_j\boldsymbol{g}^k\cdots\boldsymbol{g}^l &= {\varphi^{i\cdots j}}_{k\cdots l}A_i^{i'}\cdots A_j^{j'}A_{k'}^k\cdots A_{l'}^l\boldsymbol{g}_{i'}\cdots\boldsymbol{g}_{j'}\boldsymbol{g}^{k'}\cdots\boldsymbol{g}^{l'} \\ &= {\varphi^{i'\cdots j'}}_{k'\cdots l'}\boldsymbol{g}_{i'}\cdots\boldsymbol{g}_{j'}\boldsymbol{g}^{k'}\cdots\boldsymbol{g}^{l'} \end{aligned} \tag{1.41} $$

如果指标个数为 m，则并矢由 m 个基向量组成，每一个基向量可以是逆变或协变基向量，所以一个 m 阶张量有 2^m 种并矢形式。

张量的并矢记法式 (1.40) 也可以代替式 (1.39) 作为张量的定义，即凡是可以在任意坐标系中能写成类似式 (1.40) 那样并矢形式的量必为张量。根据张量的并矢定义式 (1.40)，很容易得到张量分量的坐标转换关系式 (1.39)，所以上述两个定义是等价的，它们都可以用来鉴别一组量的张量性。张量的分量形式和并矢形式都可用于张量运算。

应该指出，像每种分量形式中的指标具有严格的次序和位置一样，每种并矢记法中分量指标的次序必须与基向量的次序相同 (否则变为别的张量)，并且满足哑指标约定。除分量记法 (或指标记法，例如 $\varphi^{i\cdots j}{}_{k\cdots l}$) 和并矢记法 ($\varphi^{i\cdots j}{}_{k\cdots l}\boldsymbol{g}_i\cdots\boldsymbol{g}_j\boldsymbol{g}^k\cdots\boldsymbol{g}^l$) 两种表示法之外，张量也可以单独用黑体字母 (例如 $\boldsymbol{\varphi}$) 表示，称为抽象记法 (或不变性记法)。张量的三种表示法中，抽象记法与坐标系无关，符合张量的“不变性”本质，而且运算形式最简捷，在理论推导中应用日益增多；但在研究实际问题时，通常需要采用坐标系来描述，所以尽管形式复杂一些，目前分量形式和并矢形式仍然很常用。特别是并矢记法，既在总体上有不变性特点，又包含了标架和分量，因此更便于初学者在张量运算中应用。文献 [11] 对抽象记法和指标记法的优点和弱点给出了评论。

以二阶张量 $\boldsymbol{A}$ 为例，$\boldsymbol{A}$ 即是它的抽象记法，其并矢记法有四种形式：

$$\boldsymbol{A}=a^{ij}\boldsymbol{g}_i\boldsymbol{g}_j=a_{ij}\boldsymbol{g}^i\boldsymbol{g}^j=a_i{}^j\boldsymbol{g}^i\boldsymbol{g}_j=a^i{}_j\boldsymbol{g}_i\boldsymbol{g}^j \tag{1.42}$$

式中，a^{ij}、a_{ij}、$a_i{}^j$、$a^i{}_j$ 称为 $\boldsymbol{A}$ 的逆变分量、协变分量和两种混合分量，也是 $\boldsymbol{A}$ 的四种分量记法。

为了避免前后位置的混淆，有时也用“点代替空位”表示混合分量 (本书采用空位)

$$a_i^{\cdot j}\equiv a_i{}^j,\quad a_{\cdot j}^i\equiv a^i{}_j$$

$\boldsymbol{A}$ 的分量的坐标转换关系是一组具有规律性的关系式，形式为

$$\left.\begin{aligned}
a^{i'j'}&=a^{ij}A_i^{i'}A_j^{j'},\quad & a^{ij}&=a^{i'j'}A_{i'}^iA_{j'}^j\\
a_{i'j'}&=a_{ij}A_{i'}^iA_{j'}^j,\quad & a_{ij}&=a_{i'j'}A_i^{i'}A_j^{j'}\\
a_{i'}{}^{j'}&=a_i{}^jA_{i'}^iA_j^{j'},\quad & a_i{}^j&=a_{i'}{}^{j'}A_i^{i'}A_{j'}^j\\
a^{i'}{}_{j'}&=a^i{}_jA_i^{i'}A_{j'}^j,\quad & a^i{}_j&=a^{i'}{}_{j'}A_{i'}^iA_j^{j'}
\end{aligned}\right\} \tag{1.43}$$

证明一组量是否为张量的基本方法是根据张量定义，如果一组量在不同坐标系中的分量满足坐标转换关系式 (1.39)，或者能够表为并矢形式式 (1.40)，则这组量为张量。

张量性的另一种证明方法是用商法则，即：如果一组量在任意坐标系中与一个张量的点积运算，得到另一张量，则这组量也是张量。例如，若

$$T(i,j,k)\,a_{ij}=b^k \tag{a}$$

(左端为双重点积，见第 1.7 节) 已知 a_{ij}、b^k 是二阶张量和向量，则 $T(i,j,k)=T^{ijk}$ 为三阶张量。为了证明商法则的正确性，考虑另一坐标系，在该坐标系中

$$T(i',j',k')\,a_{i'j'}=b^{k'} \tag{b}$$

将 $\boldsymbol{a}$、$\boldsymbol{b}$ 的坐标转换关系代入式 (a)，有

$$T(i,j,k)\,A_i^{i'}A_j^{j'}a_{i'j'}=A_{r'}^kb^{r'} \tag{c}$$

两端乘以 $A_k^{k'}$，利用互逆关系式 (1.36)，得到

$$T(i,j,k)\,A_i^{i'}A_j^{j'}A_k^{k'}a_{i'j'}=b^{k'} \tag{d}$$

由式 (b) 与式 (d) 相减，注意到 $\boldsymbol{a} \neq 0$，得到

$$T(i', j', k') = A_i^{i'} A_j^{j'} A_k^{k'} T(i, j, k)$$

所以 $T(i,j,k)$ 是三阶张量的逆变分量。可见，商法则可作为张量性的证明。

此外，以后定义的各种张量运算所得到的结果，仍然是张量。

作为例子，以下用张量的定义来证明度量张量 g_{ij}，置换张量 ε_{ijk} 和并矢 $a_i b_j$ 的张量性。

例 1.4 度量张量的张量性。

将式 (1.34) 代入 $g_{i'j'} = \boldsymbol{g}_{i'} \cdot \boldsymbol{g}_{j'}$，得到

$$g_{i'j'} = (A_{i'}^i \boldsymbol{g}_i) \cdot (A_{j'}^j \boldsymbol{g}_j) = A_{i'}^i A_{j'}^j \boldsymbol{g}_i \cdot \boldsymbol{g}_j = A_{i'}^i A_{j'}^j g_{ij}$$

可见 g_{ij} 是二阶张量的协变分量，其并矢记法为 $\boldsymbol{I} = g_{ij} \boldsymbol{g}^i \boldsymbol{g}^j$。

由式 (1.10) 用协变基向量表示 $\boldsymbol{I}$ 中的 $\boldsymbol{g}^i$ 和 $\boldsymbol{g}^j$：

$$\boldsymbol{I} = g_{ij} \boldsymbol{g}^i \boldsymbol{g}^j = g_{ij} (g^{ik} \boldsymbol{g}_k)(g^{jl} \boldsymbol{g}_l) = \delta_j^k g^{jl} \boldsymbol{g}_k \boldsymbol{g}_l = g^{kl} \boldsymbol{g}_k \boldsymbol{g}_l$$

所以逆变度量张量 g^{ij} 是 $\boldsymbol{I}$ 的逆变分量。用协变基向量表示 $\boldsymbol{I}$ 中的 $\boldsymbol{g}^i$ 或 $\boldsymbol{g}^j$，有

$$\boldsymbol{I} = g_{ij} (g^{ik} \boldsymbol{g}_k) \boldsymbol{g}^j = \delta_j^k \boldsymbol{g}_k \boldsymbol{g}^j, \quad \boldsymbol{I} = g_{ij} \boldsymbol{g}^i (g^{jl} \boldsymbol{g}_l) = \delta_i^l \boldsymbol{g}^i \boldsymbol{g}_l$$

所以度量张量的混合分量为 ${g^i}_j = {g_j}^i = \delta_j^i$，度量张量可以记作

$$\boldsymbol{I} = g_{ij} \boldsymbol{g}^i \boldsymbol{g}^j = g^{ij} \boldsymbol{g}_i \boldsymbol{g}_j = \delta_j^i \boldsymbol{g}_i \boldsymbol{g}^j = \delta_i^j \boldsymbol{g}^i \boldsymbol{g}_j = \boldsymbol{g}^i \boldsymbol{g}_i = \boldsymbol{g}_j \boldsymbol{g}^j \tag{1.44}$$

下节将表明，任何张量与 $\boldsymbol{I}$ 的点积，只是指标的升降或代换，不改变张量本身，所以 $\boldsymbol{I}$ 也称为单位张量。

例 1.5 置换张量的张量性。

由置换张量的定义式 $(1.20)_1$，利用基向量的坐标变换关系，有

$$\varepsilon_{i'j'k'} = (\boldsymbol{g}_{i'} \times \boldsymbol{g}_{j'}) \cdot \boldsymbol{g}_{k'} = (A_{i'}^i \boldsymbol{g}_i) \times (A_{j'}^j \boldsymbol{g}_j) \cdot (A_{k'}^k \boldsymbol{g}_k) = A_{i'}^i A_{j'}^j A_{k'}^k (\boldsymbol{g}_i \times \boldsymbol{g}_j) \cdot \boldsymbol{g}_k = A_{i'}^i A_{j'}^j A_{k'}^k \varepsilon_{ijk}$$

可见 ε_{ijk} 满足张量转换关系，是三阶张量 (记作 $\boldsymbol{E}$) 的协变分量。

将 $\varepsilon_{ijk} = [\boldsymbol{g}_i \boldsymbol{g}_j \boldsymbol{g}_k]$ 代入 $\boldsymbol{E}$ 的并矢形式，由式 (1.10)，有

$$\begin{aligned}
\boldsymbol{E} &= [\boldsymbol{g}_i \boldsymbol{g}_j \boldsymbol{g}_k] \boldsymbol{g}^i \boldsymbol{g}^j \boldsymbol{g}^k = [\boldsymbol{g}_i \boldsymbol{g}_j \boldsymbol{g}_k] (g^{ir} \boldsymbol{g}_r)(g^{js} \boldsymbol{g}_s)(g^{kt} \boldsymbol{g}_t) \\
&= [(g^{ir} \boldsymbol{g}_i)(g^{js} \boldsymbol{g}_j)(g^{kt} \boldsymbol{g}_k)] \boldsymbol{g}_r \boldsymbol{g}_s \boldsymbol{g}_t = [\boldsymbol{g}^r \boldsymbol{g}^s \boldsymbol{g}^t] \boldsymbol{g}_r \boldsymbol{g}_s \boldsymbol{g}_t = \varepsilon^{rst} \boldsymbol{g}_r \boldsymbol{g}_s \boldsymbol{g}_t
\end{aligned}$$

所以 ε^{ijk} 是 $\boldsymbol{E}$ 的逆变分量。置换张量的并矢记法为

$$\boldsymbol{E} = \varepsilon_{ijk} \boldsymbol{g}^i \boldsymbol{g}^j \boldsymbol{g}^k = \varepsilon^{ijk} \boldsymbol{g}_i \boldsymbol{g}_j \boldsymbol{g}_k \tag{1.45}$$

应该指出，Ricci 符号 e_{ijk} 不满足张量转换关系，因而不是张量。由式 (1.20)，注意到 ε_{ijk} 满足张量转换关系

$$e_{i'j'k'} = \frac{\varepsilon_{i'j'k'}}{[\boldsymbol{g}_{1'} \boldsymbol{g}_{2'} \boldsymbol{g}_{3'}]} = A_{i'}^i A_{j'}^j A_{k'}^k \frac{\varepsilon_{ijk}}{[\boldsymbol{g}_{1'} \boldsymbol{g}_{2'} \boldsymbol{g}_{3'}]} = A_{i'}^i A_{j'}^j A_{k'}^k e_{ijk} \frac{[\boldsymbol{g}_1 \boldsymbol{g}_2 \boldsymbol{g}_3]}{[\boldsymbol{g}_{1'} \boldsymbol{g}_{2'} \boldsymbol{g}_{3'}]}$$

一般说来，$[\boldsymbol{g}_1\boldsymbol{g}_2\boldsymbol{g}_3] \neq [\boldsymbol{g}_{1'}\boldsymbol{g}_{2'}\boldsymbol{g}_{3'}]$，所以 $e_{i'j'k'} \neq A^i_{i'}A^j_{j'}A^k_{k'}e_{ijk}$。

例 1.6 并矢的张量性。

考虑向量 $\boldsymbol{a}$ 和 $\boldsymbol{b}$ 的并矢，利用并积的结合律，有

$$\boldsymbol{ab} = (a^i\boldsymbol{g}_i)(b^j\boldsymbol{g}_j) = a^ib^j\boldsymbol{g}_i\boldsymbol{g}_j$$

上式为张量的并矢形式，所以并矢 $\boldsymbol{ab}$ 为二阶张量，a^ib^j 为它的逆变分量。利用式 (1.10) 下降指标，可以得到协变分量和混合分量形式

$$\boldsymbol{ab} = a_ib_j\boldsymbol{g}^i\boldsymbol{g}^j = a_ib^j\boldsymbol{g}^i\boldsymbol{g}_j = a^ib_j\boldsymbol{g}_i\boldsymbol{g}^j$$

1.7 张量的代数运算

张量的代数运算是向量代数运算的推广。张量的基本代数运算是加减、点积、叉积、并积，此外还有指标的升降、缩并、转置，可以看作是张量的特殊代数运算。

1.7.1 加减

只有同阶张量的同类分量才能加减，而且分量相加、相减时指标的位置结构相同，同一指标上下位置在同一高度，所得结果是同阶张量。例如

$$\left.\begin{aligned}\boldsymbol{\xi} \pm \boldsymbol{\eta} &= \xi^{i\cdots j}{}_{k\cdots l}\boldsymbol{g}_i\cdots\boldsymbol{g}_j\boldsymbol{g}^k\cdots\boldsymbol{g}^l \pm \eta^{i\cdots j}{}_{k\cdots l}\boldsymbol{g}_i\cdots\boldsymbol{g}_j\boldsymbol{g}^k\cdots\boldsymbol{g}^l\\ &= \zeta^{i\cdots j}{}_{k\cdots l}\boldsymbol{g}_i\cdots\boldsymbol{g}_j\boldsymbol{g}^k\cdots\boldsymbol{g}^l = \boldsymbol{\zeta}\\ \zeta^{i\cdots j}{}_{k\cdots l} &= \xi^{i\cdots j}{}_{k\cdots l} \pm \eta^{i\cdots j}{}_{k\cdots l}\end{aligned}\right\} \tag{1.46}$$

1.7.2 指标的升降

在第 1.4 节中曾利用度量张量使向量分量的指标升降，并不改变向量本身，见式 (1.26)。现在来考察张量指标的升降情况。以三阶张量为例，利用式 (1.9)、式 (1.10) 和并积的结合律，有

$$\boldsymbol{\varphi} = \varphi_{ij}{}^k\boldsymbol{g}^i\boldsymbol{g}^j\boldsymbol{g}_k = \varphi_{ij}{}^k(g^{ir}\boldsymbol{g}_r)\boldsymbol{g}^j\boldsymbol{g}_k = \varphi_{ij}{}^kg^{ir}\boldsymbol{g}_r\boldsymbol{g}^j\boldsymbol{g}_k \equiv \varphi^r{}_j{}^k\boldsymbol{g}_r\boldsymbol{g}^j\boldsymbol{g}_k$$

$$\boldsymbol{\varphi} = \varphi^{ijk}\boldsymbol{g}_i\boldsymbol{g}_j\boldsymbol{g}_k = \varphi^{ijk}\boldsymbol{g}_i(g_{jr}\boldsymbol{g}^r)\boldsymbol{g}_k = \varphi^{ijk}g_{jr}\boldsymbol{g}_i\boldsymbol{g}^r\boldsymbol{g}_k \equiv \varphi^i{}_r{}^k\boldsymbol{g}_i\boldsymbol{g}^r\boldsymbol{g}_k$$

式中，“≡” 表示张量分量的定义，所以

$$\varphi_{ij}{}^kg^{ir} = \varphi^r{}_j{}^k, \quad \varphi^{ijk}g_{jr} = \varphi^i{}_r{}^k \tag{1.47a}$$

可见，g^{ir} 使 $\varphi_{ij}{}^k$ 的下标 i 上升，而 g_{jr} 使 φ^{ijk} 的指标 j 下降。指标的升与降只是张量分量形式的变化，张量本身并不改变。类似地，二阶张量 $\boldsymbol{a}$ 各种分量的关系为

$$\left.\begin{aligned}&a_{ij} = a^{kl}g_{ik}g_{jl}, && a^{ij} = a_{kl}g^{ik}g^{jl}\\ &a^i{}_j = a^{ik}g_{kj} = a_{kj}g^{ik}, && a_j{}^i = a_{jk}g^{ki} = a^{ki}g_{kj}\\ &a^i{}_j = a_l{}^kg^{il}g_{jk}, && a_j{}^i = a^k{}_lg_{jk}g^{il}\end{aligned}\right\} \tag{1.47b}$$

1.7.3 并积

两个任意张量并积的定义为

$$\begin{aligned}\boldsymbol{\xi\psi} &= ({\xi^{i\cdots j}}_{k\cdots l}\boldsymbol{g}_i\cdots\boldsymbol{g}_j\boldsymbol{g}^k\cdots\boldsymbol{g}^l)({\psi^{p\cdots q}}_{r\cdots s}\boldsymbol{g}_p\cdots\boldsymbol{g}_q\boldsymbol{g}^r\cdots\boldsymbol{g}^s)\\ &= {\xi^{i\cdots j}}_{k\cdots l}{\psi^{p\cdots q}}_{r\cdots s}\boldsymbol{g}_i\cdots\boldsymbol{g}_j\boldsymbol{g}^k\cdots\boldsymbol{g}^l\boldsymbol{g}_p\cdots\boldsymbol{g}_q\boldsymbol{g}^r\cdots\boldsymbol{g}^s\\ &= {{{\varsigma^{i\cdots j}}_{k\cdots l}}^{p\cdots q}}_{r\cdots s}\boldsymbol{g}_i\cdots\boldsymbol{g}_j\boldsymbol{g}^k\cdots\boldsymbol{g}^l\boldsymbol{g}_p\cdots\boldsymbol{g}_q\boldsymbol{g}^r\cdots\boldsymbol{g}^s = \boldsymbol{\varsigma}\end{aligned}\tag{1.48}$$

或用分量形式

$${\xi^{i\cdots j}}_{k\cdots l}{\psi^{p\cdots q}}_{r\cdots s} = {{{\zeta^{i\cdots j}}_{k\cdots l}}^{p\cdots q}}_{r\cdots s}$$

两个张量的阶数和分量形式可以不同，并积的结果为新的张量，其阶数等于两个张量阶数之和，指标的结构不变，按原张量先后次序排列。

1.7.4 缩并、二阶张量的迹

在同一张量的并矢形式中将某个逆变基向量与另一协变基向量 (也可以是两个协变或两个逆变基向量) 进行点积，其结果是较原张量低两阶的新张量，这种运算称为缩并。用分量形式时，只能对混合分量进行缩并运算，否则需要通过指标的升降变为混合分量。例如张量 $\boldsymbol{\varphi} = {\varphi^{ijk}}_{rst}\boldsymbol{g}_i\boldsymbol{g}_j\boldsymbol{g}_k\boldsymbol{g}^r\boldsymbol{g}^s\boldsymbol{g}^t$，将 $\boldsymbol{g}_j$ 与 $\boldsymbol{g}^s$ 点积，则该缩并记作

$$\begin{aligned}\overset{\cdot}{\overline{\boldsymbol{\varphi}}} &= {\varphi^{ijk}}_{rst}(\boldsymbol{g}_j\cdot\boldsymbol{g}^s)\boldsymbol{g}_i\boldsymbol{g}_k\boldsymbol{g}^r\boldsymbol{g}^t = {\varphi^{ijk}}_{rst}\delta_j^s\boldsymbol{g}_i\boldsymbol{g}_k\boldsymbol{g}^r\boldsymbol{g}^t\\ &= {\varphi^{isk}}_{rst}\boldsymbol{g}_i\boldsymbol{g}_k\boldsymbol{g}^r\boldsymbol{g}^t = {\psi^{ik}}_{rt}\boldsymbol{g}_i\boldsymbol{g}_k\boldsymbol{g}^r\boldsymbol{g}^t = \boldsymbol{\psi}\end{aligned}\tag{1.49}$$

用分量形式时，缩并就是将混合分量的一对上下自由指标变成哑指标，缩并后得到的新张量较原张量低两阶，如果进行 n 次缩并则降低 $2n$ 阶。如果是一对相同高度的指标，缩并前需先将一个指标上升或下降。

任意二阶张量 $\boldsymbol{D}$ 缩并得到的标量，称为二阶张量 $\boldsymbol{D}$ 的迹 (trace)，记作：

$$\mathrm{tr}\boldsymbol{D} = {D_i}^j\boldsymbol{g}^i\cdot\boldsymbol{g}_j = {D_i}^i\tag{1.50}$$

或

$$\mathrm{tr}\boldsymbol{D} = {D_i}^j(g^{ik}\boldsymbol{g}_k)\cdot(g_{jl}\boldsymbol{g}^l) = {D_i}^j g^{ik}g_{jl}\delta_k^l = {D^k}_k$$

显然，迹 $\mathrm{tr}\boldsymbol{D}$ 等于混合分量 (${D_i}^j$ 或 ${D^i}_j$) 矩阵的对角元素之和。

1.7.5 点积、二阶张量的点积、逆张量和正则张量

两个任意张量的点积 (也称为内积) 实际上是由并积和缩并组成的，一般说来与两个张量的次序有关，不满足交换律，这是与向量点积的不同之处。例如

$$\begin{aligned}\overset{\cdot}{\overline{\xi\eta}} &= ({\xi^{ij}}_k\boldsymbol{g}_i\boldsymbol{g}_j\boldsymbol{g}^k)({\eta^{pq}}_r\boldsymbol{g}_p\boldsymbol{g}_q\boldsymbol{g}^r) = {\xi^{ij}}_k{\eta^{pk}}_r\left(\boldsymbol{g}^k\cdot\boldsymbol{g}_q\right)\boldsymbol{g}_i\boldsymbol{g}_j\boldsymbol{g}_p\boldsymbol{g}^r\\ &= {\xi^{ij}}_k{\eta^{pq}}_r\delta_q^k\boldsymbol{g}_i\boldsymbol{g}_j\boldsymbol{g}_p\boldsymbol{g}^r = {\xi^{ij}}_k{\eta^{pk}}_r\boldsymbol{g}_i\boldsymbol{g}_j\boldsymbol{g}_p\boldsymbol{g}^r = \boldsymbol{\zeta}\end{aligned}\tag{1.51}$$

点积的结果是一新的张量，它的阶数等于原张量的阶数之和减 2。如果进行点积的基向量指标一上一下，其结果变为哑指标；如果基向量的指标在同一高度，点积的结果为度量张量。点积对应的哑指标上、下位置可以互换，这是点积的指标特征。反之，如果在张量运算的分量表达式中出现哑指标，则对应点积运算。在张量点积运算中，其余未进行点积的基向量依次排列，顺序不变。

式 (1.51) 左端的点积记号不是一种确切的表示。如果张量 $\boldsymbol{\xi}$ 的最后一个基向量与 $\boldsymbol{\eta}$ 的第一个基向量点积，可以记作：

$$\boldsymbol{\xi}\cdot\boldsymbol{\eta}=\xi^{ij}{}_{k}\eta^{kq}{}_{r}\boldsymbol{g}_i\boldsymbol{g}_j\boldsymbol{g}_q\boldsymbol{g}^r$$

两个张量的双重点积，被定义为前面张量的最后两个基向量与后面张量的前两个基向量交互点积，双重点积有并联和串联两种形式，以三阶张量 $\boldsymbol{\xi}$ 和 $\boldsymbol{\eta}$ 的双重点积为例：

并联双点积

$$\begin{aligned}\boldsymbol{\xi}:\boldsymbol{\eta}&=(\xi^{ij}{}_{k}\boldsymbol{g}_i\,\boldsymbol{g}_j\,\boldsymbol{g}^k):(\eta^{pq}{}_{r}\boldsymbol{g}_p\,\boldsymbol{g}_q\,\boldsymbol{g}^r)\\&=\xi^{ij}{}_{k}\eta^{pq}{}_{r}\left(\boldsymbol{g}_j\cdot\boldsymbol{g}_p\right)\left(\boldsymbol{g}^k\cdot\boldsymbol{g}_q\right)\boldsymbol{g}_i\boldsymbol{g}^r=\xi^{ij}{}_{k}\boldsymbol{\eta}_{j}{}^{k}{}_{r}\boldsymbol{g}_i\boldsymbol{g}^r\end{aligned}\tag{1.52}$$

串联双点积

$$\begin{aligned}\boldsymbol{\xi}\cdot\cdot\boldsymbol{\eta}&=(\xi^{ij}{}_{k}\boldsymbol{g}_i\,\boldsymbol{g}_j\,\boldsymbol{g}^k)\cdot\cdot(\eta^{pq}{}_{r}\boldsymbol{g}_p\,\boldsymbol{g}_q\,\boldsymbol{g}^r)\\&=\xi^{ij}{}_{k}\eta^{pq}{}_{r}\left(\boldsymbol{g}_j\cdot\boldsymbol{g}_q\right)\left(\boldsymbol{g}^k\cdot\boldsymbol{g}_p\right)\boldsymbol{g}_i\boldsymbol{g}^r=\xi^{ij}{}_{k}\eta^{k}{}_{jr}\boldsymbol{g}_i\boldsymbol{g}^r\end{aligned}\tag{1.53}$$

如果 $\boldsymbol{\xi}$ 和 $\boldsymbol{\eta}$ 为 m 和 n 阶张量，则双重点积结果为 $(m+n-4)$ 阶张量。

若 $\boldsymbol{A}$, $\boldsymbol{B}$ 为二阶张量，则

$$\boldsymbol{A}\cdot\boldsymbol{B}=(A_{ij}\boldsymbol{g}^i\boldsymbol{g}^j)\cdot(B_{kl}\boldsymbol{g}^k\boldsymbol{g}^l)=A_{ij}B_{kl}\boldsymbol{g}^i\boldsymbol{g}^l g^{jk}=A_{ij}B^{j}{}_{l}\boldsymbol{g}^i\boldsymbol{g}^l$$

$$\begin{aligned}\boldsymbol{A}:\boldsymbol{B}&=(A_{ij}\boldsymbol{g}^i\boldsymbol{g}^j):(B_{kl}\boldsymbol{g}^k\boldsymbol{g}^l)=A_{ij}B_{kl}(\boldsymbol{g}^i\cdot\boldsymbol{g}^k)(\boldsymbol{g}^j\cdot\boldsymbol{g}^l)\\&=A_{ij}B_{kl}g^{ik}g^{jl}=A_{ij}B^{ij}=A^{k}{}_{j}B_{k}{}^{j}\end{aligned}$$

$$\boldsymbol{A}\cdot\cdot\boldsymbol{B}=A^{i}{}_{k}B^{k}{}_{i}$$

线弹性应力应变关系和应变能都是双重点积的例子。一点处的应力状态 σ^{ij} 和应变状态 ε_{kl} 均为二阶张量，对于线弹性材料，σ^{ij}、ε_{kl} 满足线性关系，可写成

$$\sigma^{ij}=\varSigma\,(i,j,k,l)\,\varepsilon_{kl}$$

根据商法则，系数 $\varSigma\,(i,j,k,l)$ 必为四阶张量 $\varSigma^{ijkl}$(即弹性张量)，所以上式应为

$$\sigma^{ij}=\varSigma^{ijkl}\varepsilon_{kl}\quad\text{或}\quad\boldsymbol{\sigma}=\boldsymbol{\varSigma}:\boldsymbol{\varepsilon}$$

由应力张量和应变张量的双重点积，可以得到线弹性体的应变能密度

$$U=\frac{1}{2}\sigma^{ij}\varepsilon_{ij}=\frac{1}{2}\varSigma^{ijkl}\varepsilon_{kl}\varepsilon_{ij}=\frac{1}{2}\varepsilon_{ij}\varSigma^{ijkl}\varepsilon_{kl}=\frac{1}{2}\boldsymbol{\varepsilon}:\boldsymbol{\varSigma}:\boldsymbol{\varepsilon}$$

若两个二阶张量的点积等于度量张量，记作

$$\boldsymbol{A}\cdot\boldsymbol{A}^{-1}=\boldsymbol{I} \quad 或 \quad \boldsymbol{A}^{-1}\cdot\boldsymbol{A}=\boldsymbol{I} \tag{1.54}$$

则称 $\boldsymbol{A}^{-1}$ 是 $\boldsymbol{A}$ 的逆张量，以上两式可以互相证明。

如果用矩阵表示，$[\boldsymbol{A}]$ 和 $[\boldsymbol{A}^{-1}]$ 互为逆矩阵，与矩阵求逆一样，可以得到

$$A^{-1k}{}_{l}=\frac{\text{cofactor}\,(\boldsymbol{A})}{\det\boldsymbol{A}}=\frac{1}{2\det\boldsymbol{A}}e^{krs}e_{lmn}A^{m}{}_{r}A^{n}{}_{s}=\frac{1}{2\det\boldsymbol{A}}\varepsilon^{krs}\varepsilon_{lmn}A^{m}{}_{r}A^{n}{}_{s} \tag{1.54a}$$

式中，$\det\boldsymbol{A}$ 是 $\boldsymbol{A}$ 的混合分量矩阵的行列式，即 $\boldsymbol{A}$ 的行列式。

可见，二阶张量 $\boldsymbol{A}$ 存在逆张量的条件是

$$\det\boldsymbol{A}\neq 0 \tag{1.55}$$

行列式不等于零的二阶张量称为正则二阶张量，所以正则张量可以求逆。

零二阶张量的定义是全部分量等于 0，记作 $\mathbf{0}$，零张量与任意向量和二阶张量的点积得到零向量和零二阶张量

$$\mathbf{0}\cdot\boldsymbol{a}=\mathbf{0}\ (零向量);\quad \boldsymbol{A}\cdot\mathbf{0}=\mathbf{0}\cdot\boldsymbol{A}=\mathbf{0}\ (零二阶张量)$$

任一二阶张量与度量张量的点积保持不变，即

$$\boldsymbol{A}\cdot\boldsymbol{I}=\boldsymbol{I}\cdot\boldsymbol{A}=\boldsymbol{A}$$

任一二阶张量点乘任一向量得到另一向量

$$\boldsymbol{T}\cdot\boldsymbol{a}=(T^{ij}\boldsymbol{g}_i\boldsymbol{g}_j)\cdot(a_k\boldsymbol{g}^k)=T^{ij}a_k\delta_j^k\boldsymbol{g}_i=T^{ij}a_j\boldsymbol{g}_i=b^i\boldsymbol{g}_i=\boldsymbol{b} \tag{1.56}$$

1.7.6 叉积

两个张量的叉积 (也称为外积) 被定义为两个张量的相邻基向量的叉积，例如

$$\left.\begin{aligned}\boldsymbol{\xi}\times\boldsymbol{\eta}&=(\xi^{ij}{}_{k}\boldsymbol{g}_i\boldsymbol{g}_j\boldsymbol{g}^k)\times(\eta_p{}^{rs}\boldsymbol{g}^p\boldsymbol{g}_r\boldsymbol{g}_s)=\xi^{ij}{}_{k}\eta_p{}^{rs}\boldsymbol{g}_i\boldsymbol{g}_j(\boldsymbol{g}^k\times\boldsymbol{g}^p)\boldsymbol{g}_r\boldsymbol{g}_s\\&=\xi^{ij}{}_{k}\eta_p{}^{rs}\varepsilon^{mkp}\boldsymbol{g}_i\boldsymbol{g}_j\boldsymbol{g}_m\boldsymbol{g}_r\boldsymbol{g}_s=\varsigma^{ijmrs}\boldsymbol{g}_i\boldsymbol{g}_j\boldsymbol{g}_m\boldsymbol{g}_r\boldsymbol{g}_s=\boldsymbol{\zeta}\\\zeta^{ijmrs}&=\xi^{ij}{}_{k}\eta_p{}^{rs}\varepsilon^{mkp}\end{aligned}\right\} \tag{1.57}$$

叉积得到的张量，其阶数等于两个张量阶数之和减 1。与向量的叉积一样，张量叉积不满足交换律，一般情况下 $\boldsymbol{\xi}\times\boldsymbol{\eta}\neq-\boldsymbol{\eta}\times\boldsymbol{\xi}$，除非 $\boldsymbol{\xi}$、$\boldsymbol{\eta}$ 皆为向量。

如果进行叉积运算的基向量指标不在同一高度，需要先根据指标运算法则升降至同一高度，以便应用基向量的叉积公式。叉积得到的基向量应保持在原来位置，与其余的基向量一起构成新张量的基向量并矢，顺序不变。

由式 (1.57) 的叉积分量的构成可见，置换张量的指标中有两个指标 (k,p) 与两个张量的相邻指标 (k,p) 组成两对哑指标，则为叉积——这是叉积的指标特征。反之，根据上述特征可以判断两个张量的叉积，写出对应的抽象记法。

1.7.7 指标的置换、张量的对称化和反对称化

若张量分量中的任意两个指标的次序改变 (基向量并积的次序不变)，结果构成新的同型张量 (同阶、同样的指标结构)，这种运算称为指标的置换。例如

$$\boldsymbol{\varphi} = \varphi^{ijk}{}_{rst}\boldsymbol{g}_i\boldsymbol{g}_j\boldsymbol{g}_k\boldsymbol{g}^r\boldsymbol{g}^s\boldsymbol{g}^t$$

将分量中上标 i、k 互换 (也可以将 $\boldsymbol{g}_i$、$\boldsymbol{g}_k$ 的位置互换)，则构成新的张量

$$\boldsymbol{\psi} = \psi^{ijk}{}_{rst}\boldsymbol{g}_i\boldsymbol{g}_j\boldsymbol{g}_k\boldsymbol{g}^r\boldsymbol{g}^s\boldsymbol{g}^t = \varphi^{kji}{}_{rst}\boldsymbol{g}_i\boldsymbol{g}_j\boldsymbol{g}_k\boldsymbol{g}^r\boldsymbol{g}^s\boldsymbol{g}^t$$

如果指标变换后形成的张量与原张量相等，则称此张量关于这组指标对称；如果相差符号 ($\boldsymbol{\psi} = -\boldsymbol{\varphi}$)，称此张量关于这组指标反对称。例如：若 $\varphi^{ijk}{}_{rst} = \varphi^{kji}{}_{rst}$ 则 $\boldsymbol{\varphi}$ 关于 i,k 对称，若 $\Sigma_{ijkm} = \Sigma_{jimk}$ 则 $\boldsymbol{\Sigma}$ 关于 i,j 和 k,m 对称；若 $\varphi^{ijk}{}_{rst} = -\varphi^{kji}{}_{rst}$ 则 $\boldsymbol{\varphi}$ 关于 i,k 反对称，此时 $i=k$ 的分量 (称为对角分量) 等于零。

一个非对称张量 $\boldsymbol{T}$ (不一定是二阶张量)，将某两个指标置换，得到张量 $\boldsymbol{T}'$，令

$$\boldsymbol{S} = \frac{1}{2}\left(\boldsymbol{T} + \boldsymbol{T}'\right) \tag{1.58a}$$

则 $\boldsymbol{S}$ 关于这两个指标对称。形成 $\boldsymbol{S}$ 的运算称为 $\boldsymbol{T}$ 的对称化。令：

$$\boldsymbol{A} = \frac{1}{2}\left(\boldsymbol{T} - \boldsymbol{T}'\right) \tag{1.58b}$$

由于 $(\boldsymbol{T}')' = \boldsymbol{T}$，所以 $\boldsymbol{A}' = \dfrac{1}{2}\left(\boldsymbol{T}' - \boldsymbol{T}\right) = -\boldsymbol{A}$，即 $\boldsymbol{A}$ 关于两个指标反对称。形成 $\boldsymbol{A}$ 的运算称为张量 $\boldsymbol{T}$ 的反对称化。

第 1.5 节和第 1.6 节将向量的定义和代数运算推广，给出了一般张量的定义和代数运算。二阶张量的应用最广，并且具有一些特殊性质，所以下面 4 节将集中讨论二阶张量。

1.8 二阶张量的转置、行列式、加法分解和反对称张量

1.8.1 二阶张量的转置和行列式

二阶张量只有两个指标，所以只有一种置换。二阶张量的置换通常称为转置。二阶张量的 9 个分量，可以排列成三阶方阵，通常取第一个指标为行数，第二个指标为列数。

例如，张量 $\boldsymbol{A}$ 的逆变、协变和两种混合分量的矩阵分别为

$$\begin{bmatrix} a^{11} & a^{12} & a^{13} \\ a^{21} & a^{22} & a^{23} \\ a^{31} & a^{32} & a^{33} \end{bmatrix}, \quad \begin{bmatrix} a_{11} & a_{12} & a_{13} \\ a_{21} & a_{22} & a_{23} \\ a_{31} & a_{32} & a_{33} \end{bmatrix}, \quad \begin{bmatrix} a^1{}_1 & a^1{}_2 & a^1{}_3 \\ a^2{}_1 & a^2{}_2 & a^2{}_3 \\ a^3{}_1 & a^3{}_2 & a^3{}_3 \end{bmatrix}, \quad \begin{bmatrix} a_1{}^1 & a_1{}^2 & a_1{}^3 \\ a_2{}^1 & a_2{}^2 & a_2{}^3 \\ a_3{}^1 & a_3{}^2 & a_3{}^3 \end{bmatrix} \tag{a}$$

二阶张量 $\boldsymbol{A}$ 的转置记作 $\boldsymbol{A}^{\mathrm{T}}$，即

$$\boldsymbol{A} = A^{ij}\boldsymbol{g}_i\boldsymbol{g}_j = A_{ij}\boldsymbol{g}^i\boldsymbol{g}^j = A^i{}_j\boldsymbol{g}_i\boldsymbol{g}^j = A_i{}^j\boldsymbol{g}^i\boldsymbol{g}_j$$

$$\boldsymbol{A}^{\mathrm{T}} = A^{ji}\boldsymbol{g}_i\boldsymbol{g}_j = A_{ji}\boldsymbol{g}^i\boldsymbol{g}^j = A_j{}^i\boldsymbol{g}_i\boldsymbol{g}^j = A^j{}_i\boldsymbol{g}^i\boldsymbol{g}_j$$

可见，如果用分量的矩阵表示 $\boldsymbol{A}^{\mathrm{T}}$，则 $\boldsymbol{A}^{\mathrm{T}}$ 的逆变分量和协变分量矩阵分别为上式前两个矩阵的转置矩阵，但混合分量 ($a^{i}{}_{j}$ 或 $a_{j}{}^{i}$) 的转置不是自身矩阵的转置，而是另一混合分量矩阵的转置，简单地说就是将指标的前后位置交换、高度不变，即如果 $\boldsymbol{A}$ 的第 1、2 个指标是行号和列号，则 $\boldsymbol{A}^{\mathrm{T}}$ 的第 1、2 个指标分别为列号和行号。所以对应式 (a)，$\boldsymbol{A}^{\mathrm{T}}$ 的逆变、协变和两种混合分量的矩阵为

$$\begin{bmatrix} a^{11} & a^{21} & a^{31} \\ a^{12} & a^{22} & a^{32} \\ a^{13} & a^{23} & a^{33} \end{bmatrix},\quad \begin{bmatrix} a_{11} & a_{21} & a_{31} \\ a_{12} & a_{22} & a_{32} \\ a_{13} & a_{23} & a_{33} \end{bmatrix},\quad \begin{bmatrix} a_{1}{}^{1} & a_{2}{}^{1} & a_{3}{}^{1} \\ a_{1}{}^{2} & a_{2}{}^{2} & a_{3}{}^{2} \\ a_{1}{}^{3} & a_{2}{}^{3} & a_{3}{}^{3} \end{bmatrix},\quad \begin{bmatrix} a^{1}{}_{1} & a^{2}{}_{1} & a^{3}{}_{1} \\ a^{1}{}_{2} & a^{2}{}_{2} & a^{3}{}_{2} \\ a^{1}{}_{3} & a^{2}{}_{3} & a^{3}{}_{3} \end{bmatrix} \tag{b}$$

比较式 (a) 和式 (b)，可见 $\boldsymbol{A}^{\mathrm{T}}$ 与 $\boldsymbol{A}$ 的各种分量的关系为

$$\left[a^{\mathrm{T}ij}\right]=\left[a^{ji}\right],\quad \left[a^{\mathrm{T}}{}_{ij}\right]=\left[a_{ji}\right],\quad \left[a^{\mathrm{T}i}{}_{j}\right]=\left[a_{j}{}^{i}\right],\quad \left[a^{\mathrm{T}}{}_{j}{}^{i}\right]=\left[a^{i}{}_{j}\right] \tag{1.59}$$

所以，二阶张量分量矩阵的行列式，满足下列关系：

$$\left|a^{\mathrm{T}ij}\right|=\left|a^{ji}\right|,\quad \left|a^{\mathrm{T}}{}_{ij}\right|=\left|a_{ji}\right|,\quad \left|a^{\mathrm{T}i}{}_{j}\right|=\left|a_{j}{}^{i}\right|,\quad \left|a^{\mathrm{T}}{}_{j}{}^{i}\right|=\left|a^{i}{}_{j}\right| \tag{c}$$

可以证明式 (c) 的后两式子相等。利用混合分量的关系式 $(1.47\mathrm{b})_6$ 取行列式，注意式 (1.19)，得

$$\left|a_{j}{}^{i}\right|=\left|a^{k}{}_{l}g_{jk}g^{il}\right|=\left|a^{k}{}_{l}\right|\left|g_{jk}\right|\left|g^{il}\right|=\left|a^{k}{}_{l}\right|$$

即二阶张量两种混合分量的行列式相等。在一般情况下，式 (c) 可统一表示为

$$\det\boldsymbol{A}^{\mathrm{T}}=\det\boldsymbol{A} \tag{1.60}$$

但应该注意，二阶张量的行列式通常定义为混合分量的行列式，除非特殊说明。

例 1.7 若 $\boldsymbol{T}$ 是正则张量，证明置换和求逆可以互换，$\left(\boldsymbol{T}^{-1}\right)^{\mathrm{T}}=\left(\boldsymbol{T}^{\mathrm{T}}\right)^{-1}$。

证： 由式 (1.54a) 和转置的定义，有

$$\begin{aligned}
\text{左端} &= \frac{1}{2\det\boldsymbol{T}}\varepsilon^{krs}\varepsilon_{lmn}T^{m}{}_{r}T^{n}{}_{s}\boldsymbol{g}^{l}\boldsymbol{g}_{k}\\
\text{右端} &= \frac{1}{2\det\boldsymbol{T}^{\mathrm{T}}}\varepsilon^{krs}\varepsilon_{lmn}T_{r}{}^{m}T_{s}{}^{n}\boldsymbol{g}_{k}\boldsymbol{g}^{l}\\
&= \frac{1}{2\det\boldsymbol{T}}\varepsilon_{krs}\varepsilon^{lmn}T^{r}{}_{m}T^{s}{}_{n}\boldsymbol{g}^{k}\boldsymbol{g}_{l}\ (\text{指标升降，}\det\boldsymbol{T}^{\mathrm{T}}=\det\boldsymbol{T})\\
&= \frac{1}{2\det\boldsymbol{T}}\varepsilon_{lmn}\varepsilon^{krs}T^{m}{}_{r}T^{n}{}_{s}\boldsymbol{g}^{l}\boldsymbol{g}_{k}\ (\text{指标替换})\ \text{即左端}
\end{aligned}$$

（证毕）

若 $\boldsymbol{A}$ 是对称的，则 $\boldsymbol{A}=\boldsymbol{A}^{\mathrm{T}}$，若 $\boldsymbol{A}$ 是反对称的，则 $\boldsymbol{A}=-\boldsymbol{A}^{\mathrm{T}}$。一个二阶张量 $\boldsymbol{A}$，如果分量 $a^{ij}=a^{ji}$，利用式 (1.47) 不难证明其他分量形式的对称性

$$a_{ij}=a^{kl}g_{ki}g_{lj}=a^{lk}g_{lj}g_{ki}=a_{ji},\quad a_{i}{}^{j}=a^{kj}g_{ki}=a^{jk}g_{ki}=a^{j}{}_{i}$$

但是应该注意 $a_{i}{}^{j}\neq a_{j}{}^{i}$，两者不仅不相等，甚至不具备正确的指标形式。所以对称二阶张量 $\boldsymbol{A}$ 的四个分量矩阵中 (见式 (a))，前两个矩阵是对称的，后两个矩阵不对称，但对应的对角元素相等，而非对角元素与另一矩阵的转置对应元素相等。

反对称二阶张量 $\boldsymbol{A}$ 分量的关系为

$$a^{ij} = -a^{ji}, \quad a_{ij} = -a_{ji}, \quad a_i{}^j = -a^j{}_i \ (\text{但}\ a_i{}^j \neq -a_j{}^i)$$

所以，反对称二阶张量协变和逆变分量矩阵是反对称矩阵，对角元素为零，对称元素反号，但混合分量矩阵不是反对称矩阵。

不难证明，二阶张量的转置满足下列两个常用关系 ($\boldsymbol{A}$,$\boldsymbol{B}$ 为二阶张量，$\boldsymbol{v}$ 为向量)

$$(\boldsymbol{A} \cdot \boldsymbol{B})^{\mathrm{T}} = \boldsymbol{B}^{\mathrm{T}} \cdot \boldsymbol{A}^{\mathrm{T}} \tag{1.61}$$

$$\boldsymbol{A} \cdot \boldsymbol{v} = \boldsymbol{v} \cdot \boldsymbol{A}^{\mathrm{T}} \tag{1.62}$$

证：

$$(\boldsymbol{A} \cdot \boldsymbol{B})^{\mathrm{T}} = \left(a^{ik} b_k{}^j \boldsymbol{g}_i \boldsymbol{g}_j\right)^{\mathrm{T}} = a^{jk} b_k{}^i \boldsymbol{g}_i \boldsymbol{g}_j$$

$$\boldsymbol{B}^{\mathrm{T}} \cdot \boldsymbol{A}^{\mathrm{T}} = \left(b_l{}^i \boldsymbol{g}_i \boldsymbol{g}^l\right) \cdot \left(a^{jk} \boldsymbol{g}_k \boldsymbol{g}_j\right) = a^{jk} b_l{}^i \delta^l_k \boldsymbol{g}_i \boldsymbol{g}_j = (\boldsymbol{A} \cdot \boldsymbol{B})^{\mathrm{T}}$$

$$\boldsymbol{A} \cdot \boldsymbol{v} = \left(a^{ij} \boldsymbol{g}_i \boldsymbol{g}_j\right) \cdot \left(v_k \boldsymbol{g}^k\right) = a^{ij} v_k \delta^k_j \boldsymbol{g}_i = a^{ij} v_j \boldsymbol{g}_i$$

$$\boldsymbol{v} \cdot \boldsymbol{A}^{\mathrm{T}} = \left(v_i \boldsymbol{g}^j\right) \cdot \left(a^{ik} \boldsymbol{g}_k \boldsymbol{g}_i\right) = a^{ik} v_j \delta^k_j \boldsymbol{g}_i = a^{ik} v_k \boldsymbol{g}_i = \boldsymbol{A} \cdot \boldsymbol{v} \qquad \text{(证毕)}$$

由上述证明可见，两个作点积的基向量最好是选择一个协变基向量与一个逆变基向量。

1.8.2 加法分解

任何二阶张量可以分解为一个对称张量与一个反对称张量的和，而且这种分解是唯一的，称为加法分解。若任意二阶张量 $\boldsymbol{T}$，令

$$\boldsymbol{T} = \boldsymbol{S} + \boldsymbol{A} \tag{1.63}$$

$\boldsymbol{S}$ 和 $\boldsymbol{A}$ 为对称和反对称二阶张量，则 $\boldsymbol{T}^{\mathrm{T}} = \boldsymbol{S} - \boldsymbol{A}$，与式 (1.63) 相加和相减，可求得

$$\boldsymbol{S} = \frac{1}{2}(\boldsymbol{T} + \boldsymbol{T}^{\mathrm{T}}), \quad \boldsymbol{A} = \frac{1}{2}(\boldsymbol{T} - \boldsymbol{T}^{\mathrm{T}}) \tag{1.63a}$$

这说明式 (1.63) 的分解是可能的也是唯一的。

1.8.3 反对称二阶张量

反对称二阶张量有三个独立分量，可以用一个向量来表示。若 $\boldsymbol{A}$ 是反对称二阶张量，与置换张量进行双重点积，有

$$\boldsymbol{E} : \boldsymbol{A} = \boldsymbol{A} : \boldsymbol{E} = a^{ij} \varepsilon_{ijk} \boldsymbol{g}^k$$

上式为一向量，令

$$\boldsymbol{\omega} = -\frac{1}{2} \boldsymbol{E} : \boldsymbol{A} = -\frac{1}{2} \boldsymbol{A} : \boldsymbol{E} \tag{1.64}$$

$\boldsymbol{\omega}$ 称为反对称二阶张量 $\boldsymbol{A}$ 的反偶向量，它的分量为

$$\omega_k = \frac{1}{2} A^{ji} \varepsilon_{ijk}, \quad \omega^k = \frac{1}{2} A_{ji} \varepsilon^{ijk} \tag{1.64a}$$

将式 (1.20) 代入，得 $\omega_1 = \sqrt{g}A^{32}$、$\omega_2 = \sqrt{g}A^{13}$、$\omega_3 = \sqrt{g}A^{21}$。

由式 (1.64a)，可以得到

$$\boldsymbol{A} = -\boldsymbol{E} \cdot \boldsymbol{\omega} \tag{1.65}$$

证：利用置换张量与 Kronecker $\boldsymbol{\delta}$ 的关系式 (1.22)，有

$$\boldsymbol{E} \cdot \boldsymbol{\omega} = \left(\varepsilon^{rst}\boldsymbol{g}_r\boldsymbol{g}_s\boldsymbol{g}_t\right) \cdot \left(\frac{1}{2}A^{ji}\varepsilon_{ijk}\boldsymbol{g}^k\right) = \frac{1}{2}A^{ji}\varepsilon^{rst}\varepsilon_{ijt}\boldsymbol{g}_r\boldsymbol{g}_s = A^{sr}\boldsymbol{g}_r\boldsymbol{g}_s = -\boldsymbol{A} \qquad \text{(证毕)}$$

反对称二阶张量 $\boldsymbol{A}$ 具有下列性质，对于任一向量 $\boldsymbol{u}$，

$$\boldsymbol{A} \cdot \boldsymbol{u} = \boldsymbol{\omega} \times \boldsymbol{u} \tag{1.66}$$

证：上式左端作点积，右端作叉积，利用关系式 (1.22)，有

$$\begin{aligned}
\boldsymbol{A} \cdot \boldsymbol{u} &= A^{ij}u_j\boldsymbol{g}_i \\
\boldsymbol{\omega} \times \boldsymbol{u} &= \left(\frac{1}{2}A^{ji}\varepsilon_{ijk}\boldsymbol{g}^k\right) \times \left(u_l\boldsymbol{g}^l\right) = \frac{1}{2}A^{ji}u_l\varepsilon_{ijk}\varepsilon^{klm}\boldsymbol{g}_m \\
&= \frac{1}{2}A^{ji}u_l\left(\delta_i^l\delta_j^m - \delta_j^l\delta_i^m\right)\boldsymbol{g}_m = A^{ml}u_l\boldsymbol{g}_m = \boldsymbol{A} \cdot \boldsymbol{u} \qquad \text{(证毕)}
\end{aligned}$$

若取 $\boldsymbol{u} = \boldsymbol{g}_i$，式 (1.66) 两端右侧并积 $\boldsymbol{g}^i$，则有

$$\boldsymbol{A} = \boldsymbol{\omega} \times \boldsymbol{I} \tag{1.66a}$$

推论：式 (1.66) 说明，作为向量 $\boldsymbol{A} \cdot \boldsymbol{u}$ ($\boldsymbol{u}$ 的映像) 与 $\boldsymbol{u}$ 垂直，即 $\boldsymbol{u} \cdot \boldsymbol{A} \cdot \boldsymbol{u} = 0$。

利用式 (1.66)，图 1.6 给出了反偶向量的几何意义，图中 $\boldsymbol{u}$ 是任一给定向量 ($\theta \neq 0$)。则 $BC = |\boldsymbol{\omega} \times \boldsymbol{u}| = |\boldsymbol{\omega}|\,|\boldsymbol{u}|\sin\theta$，所以有

$$\tan\varphi = \frac{BC}{AB} = \frac{|\boldsymbol{\omega}|\,|\boldsymbol{u}|\sin\theta}{|\boldsymbol{u}|\sin\theta} = |\boldsymbol{\omega}| \tag{1.67}$$

如果 $|\boldsymbol{\omega}|$ 很小，则 $\varphi \approx |\boldsymbol{\omega}|$，此时反对称二阶张量表示轴线平行于反偶向量的小转动，转角 φ 等于反偶向量的模。

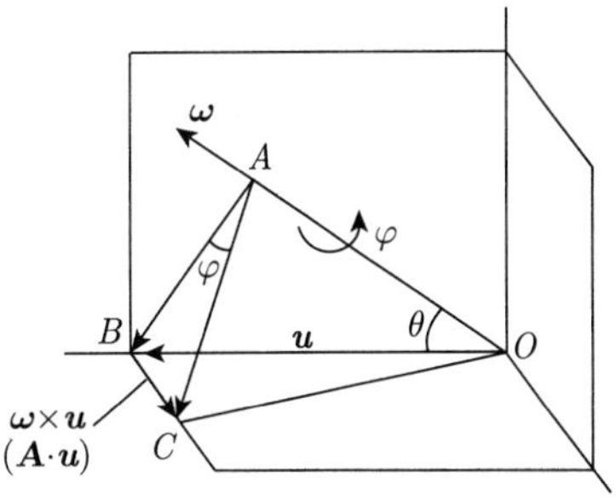

图 1.6　$\boldsymbol{\omega}$ 的几何意义

1.9　二阶张量的不变量、主值和主方向，正则与退化二阶张量

1.9.1　二阶张量的不变量

一个任意二阶张量 $\boldsymbol{T}$ 与任一向量 $\boldsymbol{a}$ 的点积，得到另一向量 $\boldsymbol{b}$ (参见式 (1.56))

$$\boldsymbol{T} \cdot \boldsymbol{a} = \boldsymbol{b} \tag{a}$$

换言之，张量 $\boldsymbol{T}$ 是一个变换，它使得空间中的向量 $\boldsymbol{a}$ 与向量 $\boldsymbol{b}$ 相对应。容易证明下式成立

$$\boldsymbol{T} \cdot (\alpha\boldsymbol{u} + \beta\boldsymbol{v}) = \alpha\boldsymbol{T} \cdot \boldsymbol{u} + \beta\boldsymbol{T} \cdot \boldsymbol{v} \tag{b}$$

式中，$\boldsymbol{u}$ 和 $\boldsymbol{v}$ 为任意向量；α, β 为任意标量。

上式说明 $\boldsymbol{T}$ 是线性变换。附带指出，也可以利用式 (a) 和式 (b) 作为二阶张量的定义，即二阶张量是将空间中的一个向量变为另一个向量的线性变换。由这一定义可以导出坐标转换关系。因为式 (a) 与坐标系无关，可取 $t_{i'j'}a^{j'} = b_{i'}$ 和 $t_{ij}a^j = b_i$，若 $A^i_{i'}, A^{i'}_i$ 为坐标变换系数，则有

$$b_{i'} = A^i_{i'}b_i = A^i_{i'}t_{ij}a^j = A^i_{i'}t_{ij}A^j_{j'}a^{j'} = A^i_{i'}A^j_{j'}t_{ij}a^{j'} = t_{i'j'}a^{j'}$$

$a^{j'}$ 是任意的，所以 $t_{i'j'} = A^i_{i'}A^j_{j'}t_{ij}$，即坐标转换关系。

类似地，可以用线性变换定义任意阶张量。例如三阶张量是将任意向量变为二阶张量的线性变换，等等。

现在回到式 (a)。既然张量 $\boldsymbol{T}$ 将向量 $\boldsymbol{a}$ 变换为向量 $\boldsymbol{b}$，那么是否存在特殊的向量 $\boldsymbol{a}$，使得 $\boldsymbol{b}$ 与 $\boldsymbol{a}$ 平行呢。令

$$\boldsymbol{T} \cdot \boldsymbol{a} = \lambda \boldsymbol{a} \tag{1.68a}$$

或

$$(\boldsymbol{T} - \lambda \boldsymbol{I})\boldsymbol{a} = 0, \quad (t^i{}_j - \lambda\delta^i_j)a_i = 0 \tag{1.68b}$$

当 j =1, 2, 3 时，式 (1.68b) 为分量 a_i 的三个实系数方程，λ 为标量。该方程有非零解的充要条件是系数行列式等于零，即

$$\left|t^i{}_j - \lambda\delta^i_j\right| = \begin{vmatrix} t^1{}_1 - \lambda & t^1{}_2 & t^1{}_3 \\ t^2{}_1 & t^2{}_2 - \lambda & t^2{}_3 \\ t^3{}_1 & t^3{}_2 & t^3{}_3 - \lambda \end{vmatrix} = 0 \tag{1.69}$$

式 (1.69) 是关于 λ 的三次方程，称为张量 $\boldsymbol{T}$ 的特征方程，λ 为特征值。代数学表明，实系数的三次方程至少存在一个实根，所以任一二阶张量至少有一个实特征值 $\lambda_{(r)}$，将 $\lambda_{(r)}$ 代入式 (1.69)，可以求得非零解 $a_{i_{(r)}}$ (带有任意常数因子)，称为特征向量。

利用式 (1.25) 将式 (1.69) 展开，注意到式 (1.21) ~ 式 (1.23)，整理后得到

$$\begin{aligned}
6\left|t^i{}_j - \lambda\delta^i_j\right| &= (t^i{}_l - \lambda\delta^i_l)(t^j{}_m - \lambda\delta^j_m)(t^k{}_n - \lambda\delta^k_n)\varepsilon_{ijk}\varepsilon^{lmn} \\
&= A - B\lambda + C\lambda^2 - D\lambda^3 \\
A &= t^i{}_l t^j{}_m t^k{}_n \varepsilon_{ijk}\varepsilon^{lmn} = 6\det\left[t^i{}_j\right] \\
B &= (\delta^i_l t^j{}_m t^k{}_n + t^i{}_l \delta^j_m t^k{}_n + t^i{}_l t^j{}_m \delta^k_n)\varepsilon_{ijk}\varepsilon^{lmn} \\
&= (t^j{}_m t^k{}_n \varepsilon_{ljk} + t^i{}_l t^k{}_n \varepsilon_{imk} + t^i{}_l t^j{}_m \varepsilon_{ijn})\varepsilon^{lmn} \\
&= t^j{}_m t^k{}_n(\delta^m_j\delta^n_k - \delta^m_k\delta^n_j) + t^i{}_l t^k{}_n(\delta^n_k\delta^l_i - \delta^n_i\delta^l_k) + t^i{}_l t^j{}_m(\delta^l_i\delta^m_j - \delta^l_j\delta^m_i) \\
&= t^j{}_j t^k{}_k - t^j{}_k t^k{}_j + t^i{}_i t^k{}_k - t^i{}_k t^k{}_i + t^i{}_i t^j{}_j - t^i{}_j t^j{}_i \\
&= 3(t^i{}_i t^j{}_j - t^i{}_j t^j{}_i) \\
C &= (t^i{}_l \delta^j_m \delta^k_n + \delta^i_l t^j{}_m \delta^k_n + \delta^i_l \delta^j_m t^k{}_n)\varepsilon_{ijk}\varepsilon^{lmn}
\end{aligned}$$

$$
\begin{aligned}
&= (t^i{}_l \varepsilon_{imn} + t^j{}_m \varepsilon_{ljn} + t^k{}_n \varepsilon_{lmk}) \varepsilon^{lmn} \\
&= 2(t^i{}_l \delta_i^l + t^j{}_m \delta_j^m + t^k{}_n \delta_k^n) \\
&= 6 t^i{}_i
\end{aligned}
$$

$$
D = \delta_l^i \delta_m^j \delta_n^k \varepsilon_{ijk} \varepsilon^{lmn} = \varepsilon_{lmn} \varepsilon^{lmn} = 6
$$

所以特征方程可以写成

$$
\lambda^3 - I\lambda^2 + I\!I\lambda - I\!I\!I = 0 \tag{1.70}
$$

$$
\begin{aligned}
I &= t^i{}_i = \mathrm{tr}\boldsymbol{T} \\
I\!I &= \frac{1}{2}(t^i{}_i t^j{}_j - t^i{}_j t^j{}_i) \\
I\!I\!I &= \left|t^i{}_j\right| = \det\left[t^i{}_j\right] = \frac{1}{3!}\varepsilon_{ijk}\varepsilon^{lmn} t^i{}_l t^j{}_m t^k{}_n
\end{aligned} \tag{1.71}
$$

由于式 (1.68) 对于任何坐标系都成立，所以张量 $\boldsymbol{T}$ 的特征值 λ 与坐标系的选择无关，方程式 (1.70) 的所有系数应为坐标系的不变量。I、$I\!I$ 和 $I\!I\!I$ 分别称为张量 $\boldsymbol{T}$ 的第一、第二和第三主不变量。它们分别是张量分量的线性、二次和三次函数。显然，这三个不变量的任何组合也是坐标不变量，例如

$$
\left.
\begin{aligned}
I^* &= I = \mathrm{tr}\boldsymbol{T} = t^i{}_i \\
I\!I^* &= I^2 - 2I\!I = \mathrm{tr}\,(\boldsymbol{T}\cdot\boldsymbol{T}) = t^i{}_j t^j{}_i \\
I\!I\!I^* &= I^3 - 3I\ I\!I + 3I\!I\!I = \mathrm{tr}\,(\boldsymbol{T}\cdot\boldsymbol{T}\cdot\boldsymbol{T}) = t^i{}_j t^j{}_k t^k{}_i
\end{aligned}
\right\} \tag{1.72}
$$

不变量 I^*、$I\!I^*$、$I\!I\!I^*$ 也称为 $\boldsymbol{T}$ 的 1、2、3 阶矩，等于 $\boldsymbol{T}$ 的 1、2、3 次幂的迹。

应该注意，特征方程和不变量表达式皆用张量的混合分量。

下面进一步考察对称和非对称二阶张量的特征值和特征向量。

1.9.2 对称二阶张量的主值和主方向

可以证明，任一实对称二阶张量的特征值都是实数，若某两个特征值不相等，则它们对应的特征向量正交。

证：首先证明实对称二阶张量的特征值是实数。假设式 (1.70) 有一对共轭复特征值

$$
\lambda_{(1)} = R + \mathrm{i}S, \quad \lambda_{(2)} = R - \mathrm{i}S \tag{c}
$$

由式 (1.68a) 可以解出对应的共轭复特征向量 $a_{(1)i}$ 和 $a_{(2)i}$，满足方程

$$
t^i{}_j a_{(1)i} = \lambda_{(1)} a_{(1)j}, \quad t^i{}_j a_{(2)i} = \lambda_{(2)} a_{(2)j} \tag{d}
$$

式 (d) 两端乘以 g^{jm}，得

$$
t^{im} a_{(1)i} = \lambda_{(1)} a_{(1)}^m, \quad t^{im} a_{(2)i} = \lambda_{(2)} a_{(2)}^m \tag{e}
$$

上两式分别乘以 $a_{(2)m}$ 和 $a_{(1)m}$，第 1 式左端变为 $t^{im}a_{(1)i}a_{(2)m} = t^{mi}a_{(1)m}a_{(2)i} = t^{im}a_{(2)i}a_{(1)m}$，第一个等号是哑标 i,m 互换，第二个等号是对称条件 $t^{im} = t^{mi}$。两式相减，得

$$0 = \lambda_{(1)}a^m_{(1)}a_{(2)m} - \lambda_{(2)}a^m_{(2)}a_{(1)m} = (\lambda_{(1)} - \lambda_{(2)})a^m_{(1)}a_{(2)m} \tag{f}$$

由于 $a_{(1)m}$ 与 $a_{(2)m}$ 是共轭的，令

$$a_{(1)m} = u_m + \mathrm{i}v_m, \quad a_{(2)m} = u_m - \mathrm{i}v_m$$

则

$$a^m_{(1)}a_{(2)m} = (u^m + \mathrm{i}v^m)(u_m - \mathrm{i}v_m) = u^m u_m + v^m v_m = \boldsymbol{u}\cdot\boldsymbol{u} + \boldsymbol{v}\cdot\boldsymbol{v} > 0$$

由式 (f)，必有 $\lambda_{(1)} - \lambda_{(2)} = 2\mathrm{i}S = 0$，所以 $S = 0$，即特征方程式 (1.70) 不可能有复根。

其次证明不同特征值对应的特征向量正交。若 $\lambda_{(1)}$ 和 $\lambda_{(2)}$ 是对称二阶张量 $\boldsymbol{T}$ 的两个不相等的特征值，由式 (f)，若 $\lambda_{(1)} - \lambda_{(2)} \neq 0$，则 $a^m_{(1)}a_{(2)m}=\boldsymbol{a}_{(1)}\cdot\boldsymbol{a}_{(2)} = 0$，即两个特征向量正交。

一般说来，对称二阶张量有三个不同的实特征值，亦称为主值；对应有三个互相垂直的特征向量，称为张量的主方向或主轴。特征向量的大小是不确定的，可以乘任意实常数因子，乘负值即为反方向。可以沿它的三个主方向建立直角坐标系，取基向量 $\boldsymbol{e}_{m'}\,(m' = 1,2,3)$ 等于单位特征向量 $\boldsymbol{a}_{(m')}$，将 $\boldsymbol{a}_{(m')}$ 在原来的坐标系中分解，有

$$\boldsymbol{e}_{m'} = \boldsymbol{a}_{(m')} = a^i_{(m')}\boldsymbol{g}_i = a_{(m')i}\boldsymbol{g}^i$$

式中，$a^i_{(m')}$ 和 $a_{(m')i}$ 是 $\boldsymbol{a}_{(m')}$ 的逆变分量和协变分量，且 $a^i_{(m')}a_{(m')i} = 1$。

将上式与式 (1.34) 比较，可见 $a^i_{(m')}$ 和 $a_{(m')i}$ 就是正变换系数和逆变换系数，记作 $A^i_{m'}$ 和 $A^{m'}_i$。以主方向为基向量的直角坐标系，称为二阶张量的主坐标系。若式 (1.68b) 中 λ 和 a_i 分别为 $\lambda_{(m')}$ 和 $A^{m'}_i$，则有

$$(t^i{}_j - \lambda_{(m')}\delta^i_j)A^{m'}_i = 0$$

两端乘以逆变换系数 $A^j_{n'}$(即 $a^j_{(n')}$)，得

$$t^i{}_j A^{m'}_i A^j_{n'} - \lambda_{(m')}A^{m'}_j A^j_{n'} = t^{m'}{}_{n'} - \lambda_{(m')}\delta^{m'}_{n'} = 0$$

所以 $\boldsymbol{T}$ 在主坐标系中的混合分量 $t^{m'}{}_{n'} = \lambda_{(m')}\delta^{m'}_{n'}$。这说明在主坐标系中张量 $\boldsymbol{T}$ 可以用对角矩阵形式表示

$$\boldsymbol{T} = \begin{bmatrix} t_{(1)} & 0 & 0 \\ 0 & t_{(2)} & 0 \\ 0 & 0 & t_{(3)} \end{bmatrix} \tag{1.73a}$$

式中，$t_{(i)} \equiv \lambda_{(i)}$，为 $\boldsymbol{T}$ 的主值。上式的并矢形式为

$$\boldsymbol{T} = t_{(1)}\boldsymbol{e}_1\boldsymbol{e}_1 + t_{(2)}\boldsymbol{e}_2\boldsymbol{e}_2 + t_{(3)}\boldsymbol{e}_3\boldsymbol{e}_3 \tag{1.73b}$$

式 (1.73b) 称为对称二阶张量的标准形。如果 $\boldsymbol{T}$ 是应力张量，$t_{(i)}$ 即是主应力，在应力张量的主坐标系中剪应力等于零。由式 (1.71)，主坐标系中 $\boldsymbol{T}$ 的不变量为

$$\left.\begin{aligned} I &= t_{(1)} + t_{(2)} + t_{(3)} \\ II &= t_{(1)}t_{(2)} + t_{(2)}t_{(3)} + t_{(3)}t_{(1)} \\ III &= t_{(1)}t_{(2)}t_{(3)} \end{aligned}\right\} \tag{1.74}$$

如果特征方程 (1.70) 有重根，例如 $\lambda_{(1)} = \lambda_{(2)} \neq \lambda_{(3)}$，由式 (f) 可知 $\boldsymbol{a}_{(1)}, \boldsymbol{a}_{(2)}$ 不一定正交 (但必须与 $\boldsymbol{a}_{(3)}$ 正交)，所以与主方向 $\boldsymbol{a}_{(3)}$ 垂直的任何方向都是主方向。这时可以取 $\boldsymbol{a}_{(3)}$ 和另外两个垂直于 $\boldsymbol{a}_{(3)}$ 且互相垂直的任意单位向量构成主坐标系。如果式 (1.70) 有三重根 $\lambda_{(1)} = \lambda_{(2)} = \lambda_{(3)}$，则任何三个相互垂直的单位向量都可以作为主坐标系。

下面证明，对称二阶张量的最大主值和最小主值是该张量在一切直角坐标系中分量的对角元素的最大值和最小值。

证：若 $\boldsymbol{e}_i$ 为 $\boldsymbol{T}$ 的主坐标系的基向量，$\boldsymbol{e}_{i'}$ 为任一直角坐标系的基向量，$\boldsymbol{e}_i$ 和 $\boldsymbol{e}_{i'}$ 满足转换关系 $\boldsymbol{e}_{i'} = A_{i'i}\boldsymbol{e}_i$，变换系数 $A_{i'i}$ 就是 $\boldsymbol{e}_{i'}$ 在 $\boldsymbol{e}_i$ 标架中的方向余弦。由 $\boldsymbol{e}_{i'} \cdot \boldsymbol{e}_{i'} = 1$ (不对 i' 求和)，可得

$$(A_{i'1})^2 + (A_{i'2})^2 + (A_{i'3})^2 = 1 \ (i' = 1,2,3 \text{ 为非求和指标，下同})$$

利用式 (1.73b) 和坐标转换关系，得到对角分量

$$t_{(i'i')} = t_{(1)}(A_{i'1})^2 + t_{(2)}(A_{i'2})^2 + t_{(3)}(A_{i'3})^2$$

若 $t_{(1)} \geqslant t_{(2)} \geqslant t_{(3)}$ 则有下列关系：

$$t_{(1)} = t_{(1)}\left[(A_{i'1})^2 + (A_{i'2})^2 + (A_{i'3})^2\right] \geqslant t_{(1)}(A_{i'1})^2 + t_{(2)}(A_{i'2})^2 + t_{(3)}(A_{i'3})^2 \geqslant$$

$$t_{(3)}\left[(A_{i'1})^2 + (A_{i'2})^2 + (A_{i'3})^2\right] = t_{(3)}$$

即

$$t_{(1)} \geqslant t_{(i'i')} \geqslant t_{(3)} \qquad \text{(证毕)} \tag{1.75}$$

若 $\boldsymbol{T}$ 为 Cauchy 应力张量，式 (1.75) 表示最大和最小主应力是直角坐标系中正应力的极大值和极小值。

对称二阶张量的主值是与坐标系无关的量，如果给定主方向和三个主值，那么该张量就是已知的。由式 (1.73a) 和式 (1.73b) 可见，在主坐标系中表示对称二阶张量非常简单，因此可以在主坐标系中讨论其性质，再用于其他坐标系。上面讨论的对称二阶张量的一般性质被广泛应用，例如可用于应力张量、应变张量等。

如果对称二阶张量 $\boldsymbol{A}$ 的所有主值皆为正数，则称张量 $\boldsymbol{A}$ 为正定张量。正定张量 $\boldsymbol{A}$ 与任一非零向量 $\boldsymbol{u}$ 的下列点积是恒正标量，即 $\boldsymbol{A}$ 的正定二次型

$$\boldsymbol{u} \cdot \boldsymbol{A} \cdot \boldsymbol{u} = u_{i'} a^{i'}_{j'} u^{j'} = a_{(1)}(u_1)^2 + a_{(2)}(u_2)^2 + a_{(3)}(u_3)^2 > 0 \tag{1.76a}$$

式中，$a_{(i)}$ 为 $\boldsymbol{A}$ 的主值，u_i 为 $\boldsymbol{u}$ 在 $\boldsymbol{A}$ 的主坐标系中的分量。

若 $\boldsymbol{A}$ 的一个主值为零，另外两个主值大于零，则 $\boldsymbol{A}$ 为半正定张量，有半正定二次型

$$\boldsymbol{u} \cdot \boldsymbol{A} \cdot \boldsymbol{u} \geqslant 0 \tag{1.76b}$$

利用对称二阶张量在主坐标系中的形式，取主值的解析函数，可以定义出一系列新的张量。这些张量与原张量有相同的主方向，可称为原张量的解析函数。若

$$\boldsymbol{s} = s_{(1)}\boldsymbol{e}_1\boldsymbol{e}_1 + s_{(2)}\boldsymbol{e}_2\boldsymbol{e}_2 + s_{(3)}\boldsymbol{e}_3\boldsymbol{e}_3$$

式中，$s_{(i)}$、$\boldsymbol{e}_i$ 为对称二阶张量 $\boldsymbol{s}$ 的主值和主向量。例如，可定义 $\boldsymbol{s}$ 的幂函数：

$$\boldsymbol{s}^n \overset{\text{df}}{=} \overbrace{\boldsymbol{s}\cdot\boldsymbol{s}\cdots\cdots\boldsymbol{s}}^{n} = s_{(1)}^n\boldsymbol{e}_1\boldsymbol{e}_1 + s_{(2)}^n\boldsymbol{e}_2\boldsymbol{e}_2 + s_{(3)}^n\boldsymbol{e}_3\boldsymbol{e}_3 \ (n \text{ 为正整数})$$

若 $s_{(i)} \geqslant 0$，可以定义 $\boldsymbol{s}$ 的分数幂：

$$\boldsymbol{s}^{1/n} \overset{\text{df}}{=} s_{(1)}^{1/n}\boldsymbol{e}_1\boldsymbol{e}_1 + s_{(2)}^{1/n}\boldsymbol{e}_2\boldsymbol{e}_2 + s_{(3)}^{1/n}\boldsymbol{e}_3\boldsymbol{e}_3$$

若 $s_{(i)} > 0$，可以定义 $\boldsymbol{s}$ 的对数张量，记作

$$\ln\boldsymbol{s} = \ln\left(s_{(1)}\right)\boldsymbol{e}_1\boldsymbol{e}_1 + \ln\left(s_{(2)}\right)\boldsymbol{e}_2\boldsymbol{e}_2 + \ln\left(s_{(3)}\right)\boldsymbol{e}_3\boldsymbol{e}_3$$

等。若 $s_{(i)} \neq 0$，在主坐标系中 $\boldsymbol{s}$ 的逆张量为

$$\boldsymbol{s}^{-1} = s_{(1)}^{-1}\boldsymbol{e}_1\boldsymbol{e}_1 + s_{(2)}^{-1}\boldsymbol{e}_2\boldsymbol{e}_2 + s_{(3)}^{-1}\boldsymbol{e}_3\boldsymbol{e}_3$$

1.9.3 非对称二阶张量的主值和主方向

非对称二阶张量的特征值方程式 (1.70)，至少有一个实根，例如 $\lambda_{(3)}$。由式 (1.68) 可以求出与 $\lambda_{(3)}$ 对应的特征向量 $\boldsymbol{a}_{(3)}$。但是，不能证明特征值方程的另外两个根一定是实根，实际上可能是两个实根，也可能是一对共轭复根。下面只简要介绍关于非对称二阶张量主值和主方向的主要结论，详细内容可以参阅参考文献 [1]。

如果将特征向量 $\boldsymbol{a}_{(3)}$ 方向取作一个坐标基向量，记作 $\boldsymbol{g}_3$，可以令 $\boldsymbol{a}_{(3)} = \boldsymbol{g}_3$，在包含 $\boldsymbol{g}_3$ 的标架中 $\boldsymbol{a}_{(3)}$ 的分量为 $[0,0,1]^{\mathrm{T}}$，代入矩阵形式的特征方程

$$\begin{bmatrix} t^1{}_1 & t^1{}_2 & t^1{}_3 \\ t^2{}_1 & t^2{}_2 & t^2{}_3 \\ t^3{}_1 & t^3{}_2 & t^3{}_3 \end{bmatrix} \begin{Bmatrix} 0 \\ 0 \\ 1 \end{Bmatrix} = \lambda_{(3)} \begin{Bmatrix} 0 \\ 0 \\ 1 \end{Bmatrix}$$

由上式得到 $t^1{}_3 = t^2{}_3 = 0$。所以，在以特征向量为一个基向量的坐标系中，非对称二阶张量可以简化为

$$[t^i{}_j] = \begin{bmatrix} t^1{}_1 & t^1{}_2 & 0 \\ t^2{}_1 & t^2{}_2 & 0 \\ t^3{}_1 & t^3{}_2 & \lambda_{(3)} \end{bmatrix} \tag{1.77a}$$

如果特征方程的另外两个根也是实根 $\lambda_{(1)}$、$\lambda_{(2)}$，且 $\lambda_{(1)}$、$\lambda_{(2)}$、$\lambda_{(3)}$ 不相等时，则有三个特征向量，但不能证明互相垂直。可以用与上面相同的方法，即分别选取特征向量 $\boldsymbol{a}_{(1)}$ 和 $\boldsymbol{a}_{(2)}$ 作为基向量 $\boldsymbol{g}_1$ 和 $\boldsymbol{g}_2$，证明在 $\boldsymbol{g}_1$、$\boldsymbol{g}_2$、$\boldsymbol{g}_3$ 组成的标架中，$t^2{}_1 = t^3{}_1 = 0$，$t^1{}_2 = t^3{}_2 = 0$。

所以有三个不相等实特征值的非对称二阶张量，在沿特征向量方向标架中混合分量 $t^i{}_j$ 仍可简化为对角形式

$$\left[t^i{}_j\right] = \begin{bmatrix} \lambda_{(1)} & 0 & 0 \\ 0 & \lambda_{(2)} & 0 \\ 0 & 0 & \lambda_{(3)} \end{bmatrix}$$

或

$$\boldsymbol{T} = \lambda_{(1)}\boldsymbol{g}_1\boldsymbol{g}^1 + \lambda_{(2)}\boldsymbol{g}_2\boldsymbol{g}^2 + \lambda_{(3)}\boldsymbol{g}_3\boldsymbol{g}^3 \tag{1.77b}$$

式中，$\boldsymbol{g}_i$ 的长度是任选的，$\boldsymbol{g}^i$ 是根据定义式 (1.7) 得到的，所以 $\boldsymbol{g}_i$ 的长度不影响 $\boldsymbol{T}$ 的混合分量，但逆变分量和协变分量依赖于基向量的大小，而且一般说来有非零的非对角元素。

如果三个实根中有二重根或三重根，可以证明重根对应的特征向量不唯一，此时张量不一定能化为对角形式的标准形。

如果特征方程的另外两个根是共轭复根 $\lambda_{(1)}$ 和 $\lambda_{(2)}$，则由式 (1.68a) 求出的特征向量 $\boldsymbol{a}_{(1)}$、$\boldsymbol{a}_{(2)}$ 也是共轭的。若选取实协变标架

$$\boldsymbol{g}_1 = \boldsymbol{a}_{(1)} + \boldsymbol{a}_{(2)} \quad (\boldsymbol{a}_{(1)}、\boldsymbol{a}_{(2)} \text{ 的实部})$$

$$\boldsymbol{g}_2 = \mathrm{i}\left(\boldsymbol{a}_{(1)} - \boldsymbol{a}_{(2)}\right) \quad (\boldsymbol{a}_{(1)}、\boldsymbol{a}_{(2)} \text{ 的虚部})$$

$$\boldsymbol{g}_3 = \boldsymbol{a}_{(3)}$$

代入特征方程式 (1.68)，可以得到 $\boldsymbol{T}$ 在 $\boldsymbol{g}_i$ 标架中的简化形式 (非对称标准形)

$$\left[t^i{}_j\right] = \begin{bmatrix} R & -S & 0 \\ S & R & 0 \\ 0 & 0 & \lambda_{(3)} \end{bmatrix} \tag{1.78}$$

式中，R、S 是复特征值的实部和虚部。

反对称二阶张量是特殊的非对称二阶张量。二阶张量的不变量不依赖坐标系，所以可利用式 (1.71) 的直角坐标系表达式，得到反对称二阶张量 $\boldsymbol{A}$ (或 a_{ij}) 的不变量

$$I = I\!I\!I = 0, \quad I\!I = -\frac{1}{2}a_{ij}a_{ji} = (a_{12})^2 + (a_{23})^2 + (a_{13})^2$$

特征方程为 $\lambda^3 + I\!I\lambda = 0$。因为 $I\!I > 0$，所以特征方程的三个根 (特征值) 是

$$\lambda_{(1)} = \mathrm{i}\sqrt{I\!I}, \quad \lambda_{(2)} = -\mathrm{i}\sqrt{I\!I}, \quad \lambda_{(3)} = 0 \tag{1.79}$$

设 $\lambda_{(3)}$ 对应的特征向量为单位向量 $\boldsymbol{e}_3$，由式 (1.68) 得

$$\boldsymbol{A} \cdot \boldsymbol{e}_3 = \boldsymbol{0} \tag{1.80}$$

取任意互相垂直的单位向量 $\boldsymbol{e}_1$、$\boldsymbol{e}_2$ 与特征向量 $\boldsymbol{e}_3$ 构成卡氏标架，在该标架中有

$$\boldsymbol{A} = a_{12}\left(\boldsymbol{e}_1\boldsymbol{e}_2 - \boldsymbol{e}_2\boldsymbol{e}_1\right) + a_{13}\left(\boldsymbol{e}_1\boldsymbol{e}_3 - \boldsymbol{e}_3\boldsymbol{e}_1\right) + a_{23}\left(\boldsymbol{e}_2\boldsymbol{e}_3 - \boldsymbol{e}_3\boldsymbol{e}_2\right)$$

代入式 (1.80)，得到 $a_{13}=a_{23}=0$。由式 (1.64a)，$\omega_1=\omega_2=0$，反偶向量沿 $\boldsymbol{e}_3$ 方向

$$\boldsymbol{\omega}=\omega\boldsymbol{e}_3,\quad \omega=-a_{12} \tag{1.80a}$$

所以，反对称二阶张量 $\boldsymbol{A}$ 在特征向量 $\boldsymbol{e}_3$ 构成的卡氏标架中的形式为

$$\boldsymbol{A}=-\omega\boldsymbol{e}_1\boldsymbol{e}_2+\omega\boldsymbol{e}_2\boldsymbol{e}_1 \tag{1.81}$$

1.9.4 正则二阶张量和退化二阶张量

二阶张量 $\boldsymbol{T}$ 的混合分量 ($T^i{}_j$ 或 $T_i{}^j$) 构成的行列式，被定义为 $\boldsymbol{T}$ 的行列式

$$\det\boldsymbol{T}=\left|T^i{}_j\right|=\left|T_i{}^j\right|$$

即 $\boldsymbol{T}$ 的第三主不变量 $I\!I\!I$。如果 $\det\boldsymbol{T}\neq0$，则称 $\boldsymbol{T}$ 是正则二阶张量 (参见 1.7 节)，否则若 $\det\boldsymbol{T}=0$，称 $\boldsymbol{T}$ 为退化的二阶张量。

因为 $\det\boldsymbol{T}^{\mathrm{T}}=\det\boldsymbol{T}$，所以 $\boldsymbol{T}$ 和 $\boldsymbol{T}^{\mathrm{T}}$ 同为正则张量或退化张量。因为 $\det\boldsymbol{T}\neq0$，正则张量 $\boldsymbol{T}$ 存在逆张量 $\boldsymbol{T}^{-1}$，$\boldsymbol{T}^{-1}$ 的分量矩阵等于 $[\boldsymbol{T}]^{-1}$；而退化二阶张量不存在对应的逆张量。

如前所述，二阶张量 $\boldsymbol{T}$ 作为线性变换，使向量 $\boldsymbol{a}$ 变为 $\boldsymbol{b}$ (称为 $\boldsymbol{a}$ 的映射，或映像)，即

$$\boldsymbol{T}\cdot\boldsymbol{a}=\boldsymbol{b}\quad 或\quad T^i{}_j a_i=b_j$$

上式为三元线性方程组。所以，当 $\left|T^i{}_j\right|\neq0$ 时，即 $\boldsymbol{T}$ 为正则张量，可以得到下列结论：

(1) 对于任意给定的向量 $\boldsymbol{b}$，存在唯一的向量 $\boldsymbol{a}$ 与 $\boldsymbol{b}$ 对应，当 $\boldsymbol{b}=\boldsymbol{0}$ 时，必有 $\boldsymbol{a}=\boldsymbol{0}$。

(2) 若 $\boldsymbol{a}_1$、$\boldsymbol{a}_2$、$\boldsymbol{a}_3$ 为三个非共面向量 (或线性无关向量，$\boldsymbol{a}=\alpha\boldsymbol{a}_1+\beta\boldsymbol{a}_2+\gamma\boldsymbol{a}_3\neq\boldsymbol{0}$，$\alpha,\beta,\gamma$ 为任意实数)，则它们的映像 $\boldsymbol{b}_1$、$\boldsymbol{b}_2$、$\boldsymbol{b}_3$ 也是非共面的，这是因为

$$\alpha\boldsymbol{b}_1+\beta\boldsymbol{b}_2+\gamma\boldsymbol{b}_3=\boldsymbol{T}\cdot(\alpha\boldsymbol{a}_1+\beta\boldsymbol{a}_2+\gamma\boldsymbol{a}_3)=\boldsymbol{T}\cdot\boldsymbol{a}\neq\boldsymbol{0}$$

但是，当 $\boldsymbol{T}$ 是退化二阶张量时，即 $\left|T^i{}_j\right|=0$，则有不同的结论：

(1) 当 $\boldsymbol{b}=\boldsymbol{0}$ 时，方程 $\boldsymbol{T}\cdot\boldsymbol{a}=\boldsymbol{0}$ 必存在非零解 $\boldsymbol{a}_0$ 使 $\boldsymbol{T}\cdot\boldsymbol{a}_0=\boldsymbol{0}$，即有一个映像为零的方向。

(2) 令 $\boldsymbol{a}_0$ 等于三个非共面向量之和 $\boldsymbol{a}_0=\boldsymbol{a}_1+\boldsymbol{a}_2+\boldsymbol{a}_3$，则三个向量的映像共面

$$\boldsymbol{T}\cdot(\boldsymbol{a}_1+\boldsymbol{a}_2+\boldsymbol{a}_3)=\boldsymbol{T}\cdot\boldsymbol{a}_1+\boldsymbol{T}\cdot\boldsymbol{a}_2+\boldsymbol{T}\cdot\boldsymbol{a}_3=\boldsymbol{0}$$

在第 2.2 节中引入的二阶张量 $\boldsymbol{F}$ (变形梯度张量) 是正则张量的例子。$\boldsymbol{F}$ 描述局部变形，作为变换，可以将变形前物体的三个微小非共面向量 $\mathrm{d}\boldsymbol{X}^1,\mathrm{d}\boldsymbol{X}^2,\mathrm{d}\boldsymbol{X}^3$ (平行六面体的三个边)，变为变形后物体中三个微小向量 $\mathrm{d}\boldsymbol{x}^1,\mathrm{d}\boldsymbol{x}^2,\mathrm{d}\boldsymbol{x}^3$，显然它们不能是共面的，否则变形前的平行六面体在变形后将消失，所以变形梯度张量必须是正则张量。

1.10 正交张量、有限转动和二阶张量的乘法分解 (极分解)

1.10.1 正交张量的定义和性质

若二阶张量 $\boldsymbol{Q}$ 满足下列关系

$$\boldsymbol{Q}^{\mathrm{T}} \cdot \boldsymbol{Q} = \boldsymbol{I} \quad 或 \quad \boldsymbol{Q} \cdot \boldsymbol{Q}^{\mathrm{T}} = \boldsymbol{I} \tag{1.82}$$

式中，$\boldsymbol{I}$ 为单位张量，则称 $\boldsymbol{Q}$ 为正交张量。$\boldsymbol{Q}$ 和 $\boldsymbol{Q}^{\mathrm{T}}$ 的并矢形式为

$$\boldsymbol{Q} = Q^{ij}\boldsymbol{g}_i\boldsymbol{g}_j = Q_{ij}\boldsymbol{g}^i\boldsymbol{g}^j = Q_i{}^j\boldsymbol{g}^i\boldsymbol{g}_j = Q^i{}_j\boldsymbol{g}_i\boldsymbol{g}^j$$

$$\boldsymbol{Q}^{\mathrm{T}} = Q^{ji}\boldsymbol{g}_i\boldsymbol{g}_j = Q_{ji}\boldsymbol{g}^i\boldsymbol{g}^j = Q^j{}_i\boldsymbol{g}^i\boldsymbol{g}_j = Q_j{}^i\boldsymbol{g}_i\boldsymbol{g}^j$$

上两式的任何点积，都可以给出式 (1.82) 的分量形式，例如

$$Q_{ik}Q^{lk} = \delta_i^l, \quad Q^{ik}Q_{lk} = \delta_l^i, \quad Q_i{}^kQ^l{}_k = \delta_i^l, \quad g_{jk}Q_i{}^jQ_l{}^k = g_{il}, \cdots \ (\boldsymbol{Q} \cdot \boldsymbol{Q}^{\mathrm{T}} = \boldsymbol{I})$$

$$Q^{ki}Q_{kl} = \delta_l^i, \quad Q_{ki}Q^{kl} = \delta_i^l, \quad Q^k{}_iQ_k{}^l = \delta_i^l, \quad Q_j{}^iQ_k{}^lg^{jk} = g^{il}, \cdots \ (\boldsymbol{Q}^{\mathrm{T}} \cdot \boldsymbol{Q} = \boldsymbol{I})$$

利用式 (1.82) 的第 1 式，可以证明第 2 式成立，反之亦然。第 1 式两端前后点乘 $\boldsymbol{Q}$ 和 $\boldsymbol{Q}^{\mathrm{T}}$：

$$\boldsymbol{Q} \cdot (\boldsymbol{Q}^{\mathrm{T}} \cdot \boldsymbol{Q}) \cdot \boldsymbol{Q}^{\mathrm{T}} = \boldsymbol{Q} \cdot \boldsymbol{I} \cdot \boldsymbol{Q}^{\mathrm{T}}$$

利用结合律，上式变为

$$(\boldsymbol{Q} \cdot \boldsymbol{Q}^{\mathrm{T}}) \cdot (\boldsymbol{Q} \cdot \boldsymbol{Q}^{\mathrm{T}}) - \boldsymbol{Q} \cdot \boldsymbol{Q}^{\mathrm{T}} = (\boldsymbol{Q} \cdot \boldsymbol{Q}^{\mathrm{T}}) \cdot (\boldsymbol{Q} \cdot \boldsymbol{Q}^{\mathrm{T}} - \boldsymbol{I}) = \boldsymbol{0}$$

由于 $\boldsymbol{Q} \neq \boldsymbol{0}$，所以 $\boldsymbol{Q} \cdot \boldsymbol{Q}^{\mathrm{T}} = \boldsymbol{I}$。

由式 (1.82) 和逆张量的定义，可见正交张量的转置等于它的逆张量，即

$$\boldsymbol{Q}^{\mathrm{T}} = \boldsymbol{Q}^{-1} \tag{1.83}$$

正交张量有下列性质：

(1) 任意向量 $\boldsymbol{v}$ 与正交张量 $\boldsymbol{Q}$ 的点积 $\boldsymbol{Q} \cdot \boldsymbol{v}$ 所得到的向量 (或称向量 $\boldsymbol{v}$ 的映像) 与原向量 $\boldsymbol{v}$ 的长度相等，即

$$(\boldsymbol{Q} \cdot \boldsymbol{v}) \cdot (\boldsymbol{Q} \cdot \boldsymbol{v}) = \boldsymbol{v} \cdot \boldsymbol{v} \tag{1.84}$$

证明：利用式 (1.62)，有

$$(\boldsymbol{Q} \cdot \boldsymbol{v}) \cdot (\boldsymbol{Q} \cdot \boldsymbol{v}) = (\boldsymbol{v} \cdot \boldsymbol{Q}^{\mathrm{T}}) \cdot (\boldsymbol{Q} \cdot \boldsymbol{v}) = \boldsymbol{v} \cdot (\boldsymbol{Q}^{\mathrm{T}} \cdot \boldsymbol{Q}) \cdot \boldsymbol{v} = \boldsymbol{v} \cdot \boldsymbol{v}$$

(2) 任意向量 $\boldsymbol{u}, \boldsymbol{v}$ 的夹角与其映像 $\boldsymbol{Q} \cdot \boldsymbol{u}$ 和 $\boldsymbol{Q} \cdot \boldsymbol{v}$ 的夹角相等。

证明：类似地，有

$$(\boldsymbol{Q} \cdot \boldsymbol{u}) \cdot (\boldsymbol{Q} \cdot \boldsymbol{v}) = (\boldsymbol{u} \cdot \boldsymbol{Q}^{\mathrm{T}}) \cdot (\boldsymbol{Q} \cdot \boldsymbol{v}) = \boldsymbol{u} \cdot (\boldsymbol{Q}^{\mathrm{T}} \cdot \boldsymbol{Q}) \cdot \boldsymbol{v} = \boldsymbol{u} \cdot \boldsymbol{v} \tag{1.85}$$

由于 $\boldsymbol{Q} \cdot \boldsymbol{u}$ 与 $\boldsymbol{u}$ 长度相等，$\boldsymbol{Q} \cdot \boldsymbol{v}$ 与 $\boldsymbol{v}$ 长度相等，根据点积的几何定义，式 (1.85) 表明 $\boldsymbol{Q} \cdot \boldsymbol{u}$、$\boldsymbol{Q} \cdot \boldsymbol{v}$ 的夹角与 $\boldsymbol{u}$、$\boldsymbol{v}$ 的夹角相等。

上述两个性质说明，正交张量所表示的变换适合描述刚性转动。

对式 (1.82) 取行列式，得到

$$(\det \boldsymbol{Q})\left(\det \boldsymbol{Q}^{\mathrm{T}}\right) = (\det \boldsymbol{Q})^2 = 1 \quad 或 \quad \det \boldsymbol{Q} = \pm 1 \tag{1.86}$$

式中，$\boldsymbol{Q}$ 取混合分量。若 $\det \boldsymbol{Q} = 1$，$\boldsymbol{Q}$ 称为正常正交张量 (或第一类正交张量)，表示转动；当 $\det \boldsymbol{Q} = -1$ 时，$\boldsymbol{Q}$ 称为反常正交张量 (或第二类正交张量)，表示转动加反射。式 (1.86) 表明正交张量是正则张量。

1.10.2 正交张量与有限转动及反射

作为实二阶张量，正交张量至少有一个实特征值和对应的特征向量，令

$$\boldsymbol{Q} \cdot \boldsymbol{r} = \lambda \boldsymbol{r} \tag{a}$$

由式 (1.62)，有 $\boldsymbol{r} \cdot \boldsymbol{Q}^{\mathrm{T}} = \lambda \boldsymbol{r}$，两端与上式两端点积，得到 $\boldsymbol{r}^2 = \lambda^2 \boldsymbol{r}^2$，所以 $\boldsymbol{Q}$ 的实特征值为

$$\lambda = \pm 1 \tag{b}$$

式 (a) 说明特征向量 $\boldsymbol{r}$ 在转动 $\boldsymbol{Q}$ 中方向不变，即沿“转轴”，所以 $\boldsymbol{r}$ 称为正交张量的轴。

取一组特殊的单位正交标架 (标准正交基) $\boldsymbol{e}_i$，使 $\boldsymbol{e}_3$ 沿特征向量 ($\boldsymbol{r}$ 或 $-\boldsymbol{r}$)。在 $\boldsymbol{e}_i$ 标架中 $\boldsymbol{Q} = Q_{ij}\boldsymbol{e}_i\boldsymbol{e}_j$，用类似于式 (1.77a) 的证明方法，可得到

$$Q_{13} = Q_{23} = 0, \quad Q_{33} = \lambda \tag{c}$$

将式 (c) 代入式 (1.82)，有

$$\begin{bmatrix} Q_{11} & Q_{12} & 0 \\ Q_{21} & Q_{22} & 0 \\ Q_{31} & Q_{32} & \lambda \end{bmatrix} \begin{bmatrix} Q_{11} & Q_{21} & Q_{31} \\ Q_{12} & Q_{22} & Q_{32} \\ 0 & 0 & \lambda \end{bmatrix} = \begin{bmatrix} 1 & 0 & 0 \\ 0 & 1 & 0 \\ 0 & 0 & 1 \end{bmatrix} \tag{d}$$

由式 (d) 给出方程

$${Q_{31}}^2 + {Q_{32}}^2 + \lambda^2 = 1 \tag{e}$$

所以

$$Q_{31} = Q_{32} = 0, \quad {Q_{11}}^2 + {Q_{12}}^2 = 1, \quad {Q_{22}}^2 + {Q_{21}}^2 = 1, \quad Q_{11}Q_{21} + Q_{12}Q_{22} = 0 \tag{f}$$

式 (f) 表明，可以令

$$Q_{11} = Q_{22} = \cos\varphi, \quad Q_{12} = -\sin\varphi, \quad Q_{21} = \sin\varphi, \quad \varphi \in (-\pi, \pi] \tag{g}$$

因此，在以正交张量的轴向单位向量作为 $\boldsymbol{e}_3$ 的右手标准正交基 $\boldsymbol{e}_i$ 中，正交张量 $\boldsymbol{Q}$ 可表为

$$\boldsymbol{Q} = \begin{bmatrix} \cos\varphi & -\sin\varphi & 0 \\ \sin\varphi & \cos\varphi & 0 \\ 0 & 0 & \lambda \end{bmatrix} \tag{1.87}$$

式中，$-\pi < \varphi \leqslant \pi$，转角 φ 与 $\boldsymbol{e}_3$ 符合右手螺旋法则，$\lambda = \pm 1$。其并矢形式为

$$\begin{aligned}\boldsymbol{Q} &= \cos\varphi\,(\boldsymbol{e}_1\boldsymbol{e}_1 + \boldsymbol{e}_2\boldsymbol{e}_2) - \sin\varphi\,(\boldsymbol{e}_1\boldsymbol{e}_2 - \boldsymbol{e}_2\boldsymbol{e}_1) + \lambda\boldsymbol{e}_3\boldsymbol{e}_3 \\ &= \cos\varphi\boldsymbol{I} + (\lambda - \cos\varphi)\,\boldsymbol{e}_3\boldsymbol{e}_3 - \sin\varphi\boldsymbol{E}\cdot\boldsymbol{e}_3 \end{aligned} \tag{1.87a}$$

即

$$\boldsymbol{Q} = \cos\varphi\boldsymbol{I} + (\lambda - \cos\varphi)\,\boldsymbol{e}_3\boldsymbol{e}_3 - \sin\varphi\boldsymbol{E}\cdot\boldsymbol{e}_3 \tag{1.87b}$$

式中，$\boldsymbol{I} = \delta_{ij}\boldsymbol{e}_i\boldsymbol{e}_j = \boldsymbol{e}_1\boldsymbol{e}_1 + \boldsymbol{e}_2\boldsymbol{e}_2 + \boldsymbol{e}_3\boldsymbol{e}_3$

$$\boldsymbol{E} = \varepsilon_{ijk}\boldsymbol{e}_i\boldsymbol{e}_j\boldsymbol{e}_k = (\boldsymbol{e}_2\boldsymbol{e}_3 - \boldsymbol{e}_3\boldsymbol{e}_2)\,\boldsymbol{e}_1 + (\boldsymbol{e}_3\boldsymbol{e}_1 - \boldsymbol{e}_1\boldsymbol{e}_3)\,\boldsymbol{e}_2 + (\boldsymbol{e}_1\boldsymbol{e}_2 - \boldsymbol{e}_2\boldsymbol{e}_1)\,\boldsymbol{e}_3$$

由式 (1.87) 和式 (1.86)，可得到前面已经给出的结果

$$\det\boldsymbol{Q} = \lambda = \pm 1 \tag{1.88}$$

式 (1.87b) 说明，对于标准正交基 $\boldsymbol{e}_i$，只要给定轴线方向 $\boldsymbol{e}_3$ 和转角 φ，便可以确定正常正交张量 ($\lambda = 1$) 和反常正交张量 ($\lambda = -1$)，参见习题 1-18。

当 $\lambda = +1$ 时，式 (1.87) 给出正常正交张量，它使任一向量绕 $\boldsymbol{e}_3$ 轴旋转 φ 角；当 $\lambda = -1$ 时，得到反常正交张量，它使任一向量绕 $\boldsymbol{e}_3$ 轴旋转 φ 角，并对 $\boldsymbol{e}_1\boldsymbol{e}_2$ 坐标面作镜面反射 (见图 1.7)。式 (1.87b) 表明正交张量可以用它的轴向量 $\boldsymbol{e}_3$ 和转角 φ 表示。当转角很小时，正常正交张量与单位张量的差近似等于反对称张量，由式 (1.87a)，得

$$\boldsymbol{Q} - \boldsymbol{I} \approx -\varphi\boldsymbol{e}_1\boldsymbol{e}_2 + \varphi\boldsymbol{e}_2\boldsymbol{e}_1 = \boldsymbol{A} = -\boldsymbol{E}\cdot\boldsymbol{\varphi} \tag{1.87c}$$

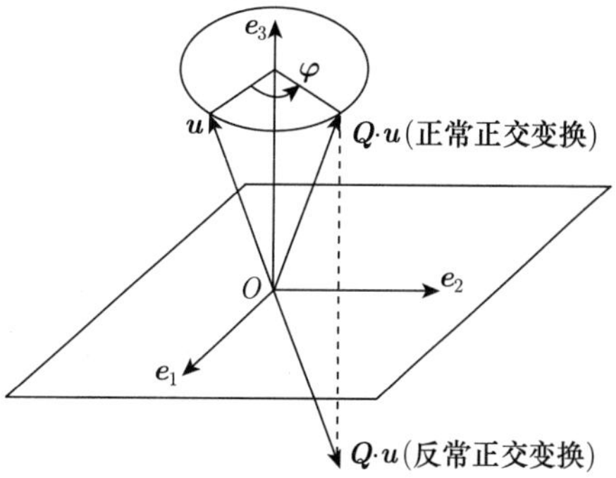

图 1.7 正交张量与有限转动

上式即式 (1.81) ($\boldsymbol{\omega} = \boldsymbol{\varphi}$) 和式 (1.65)。其中 $\boldsymbol{A}$ 为反对称二阶张量，其反偶向量为

$$\boldsymbol{\varphi} = -\frac{1}{2}\boldsymbol{E} : \boldsymbol{A} = -\frac{1}{2}e_{ijk}A_{ij}\boldsymbol{e}_k = \varphi\boldsymbol{e}_3$$

所以在小转动时 (严格地说是无限小转动)，正交张量退化为反对称二阶张量或其反偶向量。

上述分析可见，有限转动是正交张量，无限小转动是向量。它们的差别不仅表现为转角的大小，而且转动合成的规则完全不同。下面的例子可以说明两者的区别。

若将向量 $\boldsymbol{u}$ 先后作有限转动 $\boldsymbol{Q}_1$ 和 $\boldsymbol{Q}_2$，转动后的向量为

$$\boldsymbol{v} = \boldsymbol{Q}_2\cdot(\boldsymbol{Q}_1\cdot\boldsymbol{u})$$

式中，$\boldsymbol{Q}_1\cdot\boldsymbol{u}$ 是第 1 次转动后的向量，根据点积的结合律

$$\boldsymbol{v} = (\boldsymbol{Q}_2\cdot\boldsymbol{Q}_1)\cdot\boldsymbol{u} = \boldsymbol{Q}\cdot\boldsymbol{u},\quad \boldsymbol{Q} = \boldsymbol{Q}_2\cdot\boldsymbol{Q}_1$$

即有限转动的合成为正交张量的点积，由于张量的点积不满足交换律，所以若 $\boldsymbol{Q}_1 \neq \boldsymbol{Q}_2$，则 $\boldsymbol{Q}_2 \cdot \boldsymbol{Q}_1 \neq \boldsymbol{Q}_1 \cdot \boldsymbol{Q}_2$，即转动次序不同导致合成结果改变。图 1.8 为两个次序不同的有限转动合成算例，其中 $\boldsymbol{Q}_1$ 和 $\boldsymbol{Q}_2$ 分别为绕 $\boldsymbol{e}_2$ 和 $\boldsymbol{e}_1$ 方向转 90°，即 $\boldsymbol{e}_2$ 和 $\boldsymbol{e}_1$ 为 $\boldsymbol{Q}_1, \boldsymbol{Q}_2$ 的单位轴向量，$\varphi = -\pi/2$ 为转角 (按右手法则为正)，类似于式 (1.87a)，可以得到

$$\boldsymbol{Q}_1 = \boldsymbol{e}_3\boldsymbol{e}_1 + \boldsymbol{e}_2\boldsymbol{e}_2 - \boldsymbol{e}_1\boldsymbol{e}_3, \quad \boldsymbol{Q}_2 = \boldsymbol{e}_1\boldsymbol{e}_1 - \boldsymbol{e}_3\boldsymbol{e}_2 + \boldsymbol{e}_2\boldsymbol{e}_3$$

图 1.8(a) 和 (b) 分别为先转 $\boldsymbol{Q}_1$ 后转 $\boldsymbol{Q}_2$ 和先转 $\boldsymbol{Q}_2$ 后转 $\boldsymbol{Q}_1$ 两种情况，可见合成的结果完全不同。

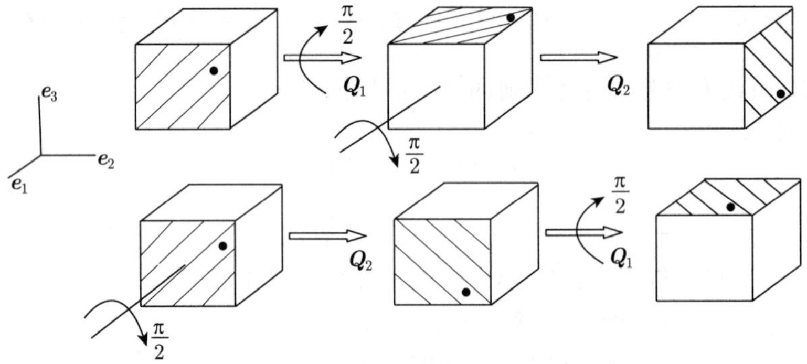

图 1.8 有限转动的合成

(a) $\boldsymbol{Q} = \boldsymbol{Q}_2 \cdot \boldsymbol{Q}_1$; (b) $\boldsymbol{Q} = \boldsymbol{Q}_1 \cdot \boldsymbol{Q}_2$

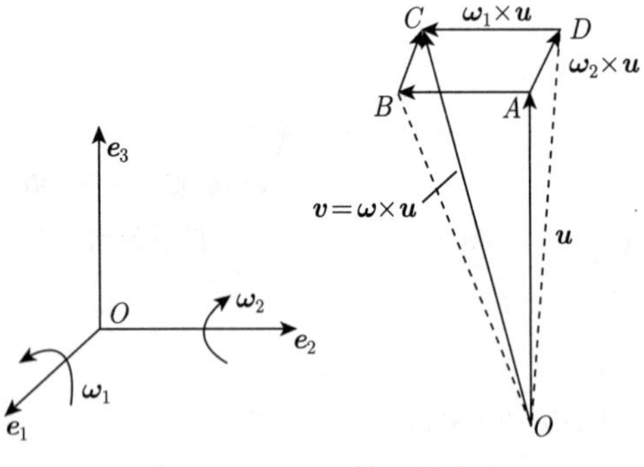

图 1.9 无限小转动的合成

无限小转动的合成为转动向量的向量和。如果向量 $\boldsymbol{u}$ 作两次无限小转动 $\boldsymbol{\omega}_1$ 和 $\boldsymbol{\omega}_2$，则合成转动为 $\boldsymbol{\omega} = \boldsymbol{\omega}_1 + \boldsymbol{\omega}_2 = \boldsymbol{\omega}_2 + \boldsymbol{\omega}_1$，与转动次序无关，转动后得到的向量均为

$$\boldsymbol{v} = \boldsymbol{\omega} \times \boldsymbol{u} = \boldsymbol{\omega}_1 \times \boldsymbol{u} + \boldsymbol{\omega}_2 \times \boldsymbol{u} = \boldsymbol{\omega}_2 \times \boldsymbol{u} + \boldsymbol{\omega}_1 \times \boldsymbol{u}$$

如图 1.9 所示，若 $\boldsymbol{u}$ 沿 $\boldsymbol{e}_3$ 方向 $(\overline{OA})$，$\boldsymbol{\omega}_1$ 和 $\boldsymbol{\omega}_2$ 是绕 $\boldsymbol{e}_1$ 和 $\boldsymbol{e}_2$ 的小转动，转角为 ω_1, ω_2。当转角很小时，向量 $\overline{AB} = \overline{DC} = \omega_1 |\boldsymbol{u}|$，$\overline{AD} = \overline{BC} = \omega_2 |\boldsymbol{u}|$，所以合成结果 $\overline{OC}$ 与相加次序无关。

转动在连续介质变形描述中具有重要意义，第 2 章将应用正交张量和转动向量表示有限转动和无限小转动。

1.10.3 极分解定理

任意正则二阶张量 $\boldsymbol{F}$ (即 $\det\left[F^i{}_j\right] \neq 0$)，可以唯一地分解为下列两个点积

$$\boldsymbol{F} = \boldsymbol{Q} \cdot \boldsymbol{U}, \quad \boldsymbol{F} = \boldsymbol{V} \cdot \boldsymbol{Q} \tag{1.89}$$

式中，$\boldsymbol{Q}$ 为正交张量，$\boldsymbol{U}$ 和 $\boldsymbol{V}$ 为正定对称二阶张量。

式 (1.89) 称为极分解 (或乘法分解)，第 1 式称为右分解，第 2 式称为左分解。由式 (1.89) 和式 (1.82)，可以得到：

$$\boldsymbol{U}=(\boldsymbol{F}^{\mathrm{T}}\cdot\boldsymbol{F})^{\frac{1}{2}},\quad \boldsymbol{V}=(\boldsymbol{F}\cdot\boldsymbol{F}^{\mathrm{T}})^{\frac{1}{2}} \tag{1.90}$$

$$\boldsymbol{Q}=\boldsymbol{F}\cdot\boldsymbol{U}^{-1}=\boldsymbol{V}^{-1}\cdot\boldsymbol{F} \tag{1.91}$$

现在证明 $\boldsymbol{U}$ 是正定对称二阶张量，$\boldsymbol{Q}$ 是正交张量。对于任意非零向量 $\boldsymbol{u}$，由式 (1.62) 有

$$(\boldsymbol{F}\cdot\boldsymbol{u})\cdot(\boldsymbol{F}\cdot\boldsymbol{u})=\left(\boldsymbol{u}\cdot\boldsymbol{F}^{\mathrm{T}}\right)\cdot(\boldsymbol{F}\cdot\boldsymbol{u})=\boldsymbol{u}\cdot\left(\boldsymbol{F}^{\mathrm{T}}\cdot\boldsymbol{F}\right)\cdot\boldsymbol{u}>0$$

且 $\left(\boldsymbol{F}^{\mathrm{T}}\cdot\boldsymbol{F}\right)^{\mathrm{T}}=\boldsymbol{F}^{\mathrm{T}}\cdot\boldsymbol{F}$，若令 $\boldsymbol{F}^{\mathrm{T}}\cdot\boldsymbol{F}=\boldsymbol{C}$，可见 $\boldsymbol{C}$ 是正定对称二阶张量，同样 $\boldsymbol{U}=\boldsymbol{C}^{\frac{1}{2}}$ 也是正定对称的，可以求逆。将 $\boldsymbol{Q}=\boldsymbol{F}\cdot\boldsymbol{U}^{-1}$ 代入下式，则

$$\boldsymbol{Q}^{\mathrm{T}}\cdot\boldsymbol{Q}=\left(\boldsymbol{U}^{-1}\cdot\boldsymbol{F}^{\mathrm{T}}\right)\cdot\left(\boldsymbol{F}\cdot\boldsymbol{U}^{-1}\right)=\boldsymbol{U}^{-1}\cdot\boldsymbol{C}\cdot\boldsymbol{U}^{-1}=\boldsymbol{U}^{-1}\cdot\boldsymbol{U}^{2}\cdot\boldsymbol{U}^{-1}=\boldsymbol{I}$$

所以 $\boldsymbol{Q}$ 是正常或反常正交张量，而且可以由式 (1.90) 和式 (1.91) 唯一地求出，故式 $(1.89)_1$ 成立。类似地，可以证明式 $(1.89)_2$ 成立。

在连续介质的几何学描述中，极分解定理是一个重要关系。第 2 章中 $\boldsymbol{F}$ 将作为变形梯度张量用于描述线元的变化，通过 $\boldsymbol{F}$ 的极分解可以使纯变形和刚性转动分开。

1.11 球形张量和偏斜张量

在某些情况下，例如在弹塑性固体中，需要将二阶张量 $\boldsymbol{t}$ 作如下分解：

$$\boldsymbol{t}=\boldsymbol{t}^{0}+\bar{\boldsymbol{t}} \tag{1.92}$$

$$\boldsymbol{t}^{0}=\frac{1}{3}(\mathrm{tr}\boldsymbol{t})\boldsymbol{I},\quad \bar{\boldsymbol{t}}=\boldsymbol{t}-\frac{1}{3}(\mathrm{tr}\boldsymbol{t})\boldsymbol{I} \tag{1.93}$$

式中，$\boldsymbol{t}^0$,$\bar{\boldsymbol{t}}$ 分别称为球形张量和偏斜张量。式 (1.92) 和式 (1.93) 的分量形式为

$$t_{ij}=t^{0}{}_{ij}+\bar{t}_{ij},\quad t^{0}{}_{ij}=tg_{ij},\quad \bar{t}_{ij}=t_{ij}-tg_{ij},\quad t=\frac{1}{3}t^{i}{}_{i}=\frac{1}{3}\mathrm{tr}\boldsymbol{t} \tag{1.94}$$

球形张量 $\boldsymbol{t}^0$ 有三个相等的主值 $t=\dfrac{1}{3}\mathrm{tr}\boldsymbol{t}$，只有一个独立分量，任何方向都是主方向。偏斜张量 $\bar{\boldsymbol{t}}$ 的第一不变量为零，即

$$\bar{I}=\bar{t}^{i}{}_{i}=t^{i}{}_{i}-t\delta^{i}_{i}=0 \tag{1.95a}$$

第二和第三不变量可以由定义式 (1.71) 和式 (1.94) 得到

$$\left.\begin{aligned}\overline{I\!I}&=\frac{1}{2}(\bar{t}^{i}{}_{i}\bar{t}^{j}{}_{j}-\bar{t}^{i}{}_{j}\bar{t}^{j}{}_{i})=I\!I-\frac{1}{3}I^{2}\\ \overline{I\!I\!I}&=\det\left[\bar{t}^{i}{}_{j}\right]=I\!I\!I-\frac{1}{3}I\ I\!I+\frac{2}{27}I^{3}\end{aligned}\right. \tag{1.95b}$$

若 $\boldsymbol{t}$ 是对称的二阶张量，则偏斜张量 $\bar{\boldsymbol{t}}$ 也是对称的，而且 $\bar{t}^{i}_{i}=\bar{t}^{1}_{1}+\bar{t}^{2}_{2}+\bar{t}^{3}_{3}=0$，所以只有 5 个独立分量。

1.12 二阶张量与矩阵

矩阵是一个有序数组，若把 $m \times n$ 个数 $a_{ij}(i=1,\cdots,m;j=1,\cdots,n)$ 排成下列形式：

$$\begin{bmatrix} a_{11} & a_{12} & \cdots & a_{1n} \\ a_{21} & a_{22} & \cdots & a_{2n} \\ \vdots & \vdots & \ddots & \vdots \\ a_{m1} & a_{m2} & \cdots & a_{mn} \end{bmatrix}$$

那么这些数连同它们的相对位置一起组成的整体，称为 m 行 n 列矩阵，简称 $m \times n$ 矩阵，常以粗体字母表示。

矩阵代数给出了矩阵的加法、乘法、转置、求逆、分解等运算。3×3 矩阵和 3 维列阵的运算与前面讨论的二阶张量和向量的运算规则有很多相似之处，表 1.1 中给出了对比。可见，3×3 矩阵和 3 维列阵与二阶张量和向量的部分代数运算规则及若干性质是一致的，其中矩阵乘法相当于张量点积，因此二阶张量和向量在进行具体的坐标变换及部分代数运算中，应用熟悉的矩阵记法常常很方便，需要注意的是指标前后位置与行列的对应关系。

表 1.1 张量运算与矩阵运算的比较

运算	张量		矩阵
	不变性记法	分量记法	
加法	$\boldsymbol{C}=\boldsymbol{A}+\boldsymbol{B}$	$C_{ij}=A_{ij}+B_{ij}$	$\boldsymbol{C}=\boldsymbol{A}+\boldsymbol{B}$
点积	$\boldsymbol{C}=\boldsymbol{A}\cdot\boldsymbol{B}$ $\boldsymbol{b}=\boldsymbol{A}\cdot\boldsymbol{a}$	$C_{ij}=A_{ik}B^{k}{}_{j}$ $b_i=A_{ij}a^j$	$\boldsymbol{C}=\boldsymbol{AB}$ $\boldsymbol{b}=\boldsymbol{Aa}$
转置	$\boldsymbol{C}=\boldsymbol{A}^{\mathrm{T}}$ $(\boldsymbol{A}\cdot\boldsymbol{B})^{\mathrm{T}}=\boldsymbol{B}^{\mathrm{T}}\cdot\boldsymbol{A}^{\mathrm{T}}$	$C_{ij}=A_{ji}$ $(A_{ik}B^{kj})^{\mathrm{T}}=B^{jk}A_{ki}$	$\boldsymbol{C}=\boldsymbol{A}^{\mathrm{T}}$ $(\boldsymbol{AB})^{\mathrm{T}}=\boldsymbol{B}^{\mathrm{T}}\boldsymbol{A}^{\mathrm{T}}$
逆	$\boldsymbol{C}\cdot\boldsymbol{C}^{-1}=\boldsymbol{C}^{-1}\cdot\boldsymbol{C}=\boldsymbol{I}$	$C_{ik}C^{-1kj}=\delta_i^j$	$\boldsymbol{CC}^{-1}=\boldsymbol{I}$
特征方程	$\boldsymbol{T}\cdot\boldsymbol{a}=\lambda\boldsymbol{a}$	$t^{i}{}_{j}a^j=\lambda a^i$	$\boldsymbol{Ta}=\lambda\boldsymbol{a}$
加法分解	$\boldsymbol{T}=\boldsymbol{S}+\boldsymbol{A}$	$T_{ij}=S_{ij}+A_{ij}$	$\boldsymbol{T}=\boldsymbol{S}+\boldsymbol{A}$
极分解	$\boldsymbol{F}=\boldsymbol{Q}\cdot\boldsymbol{U}=\boldsymbol{V}\cdot\boldsymbol{Q}$	$F^{i}{}_{j}=Q^{ik}U_{kj}=V^{ik}Q_{kj}$	$\boldsymbol{F}=\boldsymbol{QU}=\boldsymbol{VQ}$

注：1. $\boldsymbol{A}$、$\boldsymbol{B}$、$\boldsymbol{C}$、$\boldsymbol{T}$、$\boldsymbol{S}$、$\boldsymbol{F}$、$\boldsymbol{Q}$、$\boldsymbol{U}$、$\boldsymbol{V}$ 为二阶张量或 3×3 矩阵，$\boldsymbol{a}$、$\boldsymbol{b}$ 为向量或 3×1 列阵；

2. 在张量的分量记法中，第 1 个指标对应行，第 2 个指标对应列。

但是应该指出，三维空间中的向量和二阶张量与三维列阵和 3×3 矩阵在概念上是不同的，不能认为“张量就是矩阵”。仅就定义而言，我们知道向量和张量是根据坐标转换关系定义的一组分量，而作为有序数组的矩阵元素并不与坐标转换关系相联系，同一张量在不同坐标系中的分量或者在同一坐标系中不同形式的分量，需要用不同的矩阵表示。

1.13 曲线坐标系

1.13.1 曲线坐标系的定义

在实际应用中常常需要采用曲线坐标系，基向量随位置改变，向量和张量在不同点处，必须在不同的标架中分解。代数运算只涉及任意一点，因而在斜角直线坐标系中和在曲线坐标系中没有差别。然而，微分和积分运算涉及空间位置的变化，斜角直线坐标系已失去一般性，所以在讨论张量的导数和积分之前，首先需要介绍曲线坐标系。

以球坐标系为例 (图 1.10)，三维欧氏空间任一点的直角坐标 (x^1, x^2, x^3) 可以用另外三个量 (r, θ, φ) 表示，并由下式确定

$$\begin{aligned} x^1 &= r\sin\theta\cos\theta \\ x^2 &= r\sin\theta\sin\varphi \\ x^3 &= r\cos\theta \end{aligned} \tag{1.96}$$

式中，$0 \leqslant r < \propto$, $0 \leqslant \theta \leqslant \pi$, $0 \leqslant \varphi < 2\pi$。$(x^1, x^2, x^3)$ 与 (r, θ, φ) 在定义域内是一一对应的，所以 r、θ、φ 也可以作为点的坐标，称为曲线坐标 (球坐标)。如果 r、θ、φ 中将任何一个作为参数取定，则式 (1.96) 给出一族曲面 (分别为球面、圆锥面和子午面)，称为球坐标面。如果 r、θ、φ 中将任何两个作为参数取定，则式 (1.96) 得到一族曲线，称为球坐标线 (分别为径向射线、经线和纬线)。

在一般情况下，取一个给定的直角坐标系或斜角直线坐标系作为参考系，协变基向量为 $\boldsymbol{g}_i$，见图 1.11。如果 $x^i (i = 1, 2, 3)$ 是斜角直线坐标系中一点的坐标，x^i 与参数 $x^{i'} (i' = 1', 2', 3')$ 在 $x^{i'}$ 的定义域内满足单值、连续、可微的函数关系

$$\left.\begin{aligned} x^1 &= x^1(x^{1'}, x^{2'}, x^{3'}) \\ x^2 &= x^2(x^{1'}, x^{2'}, x^{3'}) \quad \text{或} \quad x^i = x^i(x^{i'}) \\ x^3 &= x^3(x^{1'}, x^{2'}, x^{3'}) \end{aligned}\right\} \tag{1.97}$$

而且存在单值、可微、连续的反函数：

$$\left.\begin{aligned} x^{1'} &= x^{1'}(x^1, x^2, x^3) \\ x^{2'} &= x^{2'}(x^1, x^2, x^3) \quad \text{或} \quad x^{i'} = x^{i'}(x^i) \\ x^{3'} &= x^{3'}(x^1, x^2, x^3) \end{aligned}\right\} \tag{1.98}$$

则 $x^{i'}$ 称为三维空间曲线坐标。若在式 (1.97) 中令 $x^{1'} = x^{1'}_{\mathrm{A}}, x^{2'} = x^{2'}_{\mathrm{A}}, x^{3'} = x^{3'}_{\mathrm{A}}$, 得到的三个曲面为 A 点 $(x^{1'}_{\mathrm{A}}, x^{2'}_{\mathrm{A}}, x^{3'}_{\mathrm{A}})$ 的坐标面，它们的交线是过该点的坐标线。

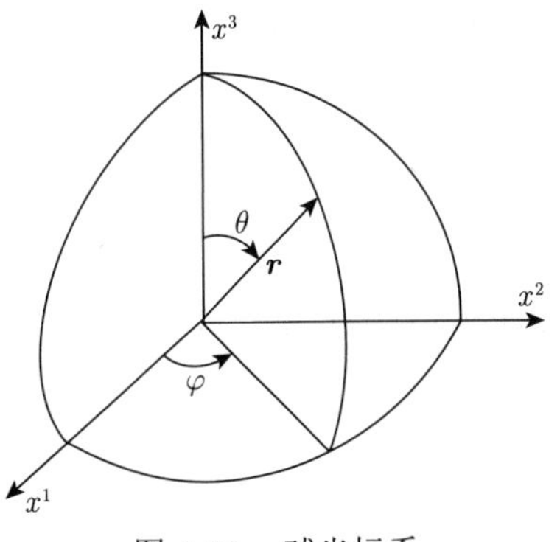

图 1.10 球坐标系

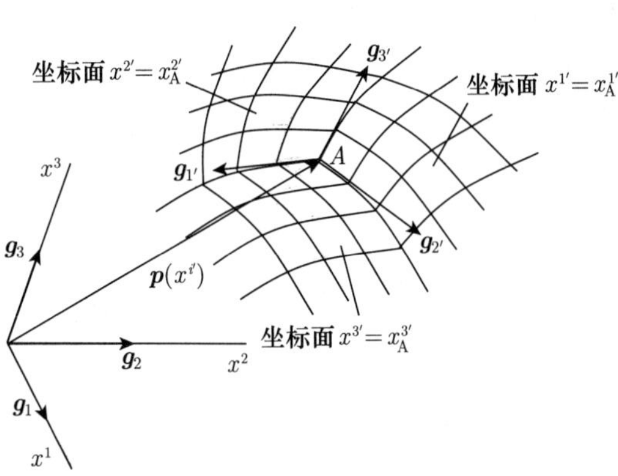

图 1.11 曲线坐标系

如果式 (1.97) 是线性函数，则坐标面为平面，坐标线为直线，空间曲线坐标系变为斜角直线坐标系。

1.13.2 基向量、度量张量和坐标变换系数

如果 $\boldsymbol{p}(x^{1'},x^{2'},x^{3'})$ 为空间中任一点的位置向量 (或向径)，即从参考坐标系原点到 p 点的向量，曲线坐标系的协变基向量定义为

$$\boldsymbol{g}_{i'}=\frac{\partial \boldsymbol{p}}{\partial x^{i'}}=\frac{\partial}{\partial x^{i'}}(x^i\boldsymbol{g}_i)=\frac{\partial x^i}{\partial x^{i'}}\boldsymbol{g}_i \tag{1.99}$$

$\boldsymbol{g}_{i'}$ 沿坐标线的切线方向，指向坐标 $x^{i'}$ 增加一侧。需要指出，上式中位置向量被表示为 $\boldsymbol{p}=x^i\boldsymbol{g}_i$，只有在斜角直线坐标系中才是正确的，因为 x^i 既是 $\boldsymbol{p}\left(x^i\right)$ 点的坐标，也是 $\boldsymbol{p}$ 的逆变分量，用度量张量还可以定义它的协变分量 $x_j=x^ig_{ij}$，但 x_j 并无坐标含义。在曲线坐标系中 $\boldsymbol{p}=x^i\left(x^{i'}\right)\boldsymbol{g}_i\neq x^{i'}\boldsymbol{g}_{i'}$，$x^{i'}$ 只是坐标，不是 $\boldsymbol{p}$ 的分量，并且认为 $x_{i'}$ 没有意义。

因为式 (1.97) 是已知函数，所以式 (1.99) 定义的局部坐标基向量是已知的。如同第 1.2 节中一样，由协变基向量 $\boldsymbol{g}_{i'}$ 可以定义该点的逆变基向量 $\boldsymbol{g}^{i'}$ 及度量张量 $g_{i'j'}$ 和 $g^{i'j'}$。这样，与该点有关的向量、张量都可以对局部标架分解，以前在斜角直线坐标系中的全部定义和运算规则，对于曲线坐标系局部标架完全适用，不同点仅仅在于曲线坐标系的基向量因位置而异。

由式 $(1.34)_1$ 可知，式 (1.99) 中的系数 $\dfrac{\partial x^i}{\partial x^{i'}}$ 即是由斜角坐标系到曲线坐标系的正变换系数 $A^i_{i'}$。注意到

$$\frac{\partial x^i}{\partial x^j}=\frac{\partial x^i}{\partial x^{i'}}\frac{\partial x^{i'}}{\partial x^j}=\delta^i_j \tag{1.100}$$

由式 $(1.34)_2$ 可知，$\dfrac{\partial x^{i'}}{\partial x^i}$ 是逆变换系数，所以

$$A^i_{i'}=\frac{\partial x^i}{\partial x^{i'}},\quad A^{i'}_i=\frac{\partial x^{i'}}{\partial x^i},\quad A^i_{i'}A^{i'}_j=\delta^i_j \tag{1.101}$$

式中，$\dfrac{\partial x^i}{\partial x^{i'}}$ 和 $\dfrac{\partial x^{i'}}{\partial x^i}$ 也称为正变换和逆变换的雅可比 (Jacobi)。

如果在每一点处局部标架 $\boldsymbol{g}_{i'}$ 互相垂直，则 $\left\{x^{i'}\right\}$ 称为正交曲线坐标系。

现在考察在某一点处沿坐标曲面切出的以基向量 $\boldsymbol{g}_{i'}$ 为边的平行六面体的体积，注意到定义式 (1.99) 和行列式的指标表达式 (1.3)，有

$$\begin{aligned}[\boldsymbol{g}_{1'}\boldsymbol{g}_{2'}\boldsymbol{g}_{3'}]&=\boldsymbol{g}_{1'}\times\boldsymbol{g}_{2'}\cdot\boldsymbol{g}_{3'}=\frac{\partial x^i}{\partial x^{1'}}\frac{\partial x^j}{\partial x^{2'}}\frac{\partial x^k}{\partial x^{3'}}\boldsymbol{g}_i\times\boldsymbol{g}_j\cdot\boldsymbol{g}_k\\&=\frac{\partial x^i}{\partial x^{1'}}\frac{\partial x^j}{\partial x^{2'}}\frac{\partial x^k}{\partial x^{3'}}e_{ijk}[\boldsymbol{g}_1\boldsymbol{g}_2\boldsymbol{g}_3]=\left|\frac{\partial x^i}{\partial x^{i'}}\right|[\boldsymbol{g}_1\boldsymbol{g}_2\boldsymbol{g}_3]=J[\boldsymbol{g}_1\boldsymbol{g}_2\boldsymbol{g}_3]\end{aligned} \tag{1.102a}$$

类似地，利用逆变换 $\boldsymbol{g}_i=\dfrac{\partial x^{i'}}{\partial x^i}\boldsymbol{g}_{i'}$，可以得到

$$[\boldsymbol{g}_1\boldsymbol{g}_2\boldsymbol{g}_3]=J'\left[\boldsymbol{g}_{1'}\boldsymbol{g}_{2'}\boldsymbol{g}_{3'}\right] \tag{1.102b}$$

式 (1.102) 中

$$J=\left|\frac{\partial x^{i}}{\partial x^{i'}}\right|,\quad J'=\left|\frac{\partial x^{i'}}{\partial x^{i}}\right| \tag{1.103}$$

称为正变换和逆变换 Jacobi 行列式，显然有 $JJ'=1$。J 为坐标变换中新标架与原标架构成的平行六面体的体积比，J' 为 J 的倒数。

通常取参考系为直角坐标系 x^i，斜角直线坐标系 $x^{i'}$ 可作为曲线坐标系的特例，由线性函数定义 $x^i=a^i{}_{i'}x^{i'}$。由于变换系数 $a^i{}_{i'}$ 的行列式 $\det\left(a^i{}_{i'}\right)\neq 0$，所以反函数 $x^{i'}=a^{i'}{}_i x^i$ 存在。基向量和度量张量分别为

$$\boldsymbol{g}_{i'}=a^i{}_{i'}\boldsymbol{e}_i,\quad g_{i'j'}=a^i{}_{i'}a^j{}_{j'}\delta_{ij}\quad(\delta_{ij}=\boldsymbol{e}_i\cdot\boldsymbol{e}_j)$$

当 $\left[a^i{}_{i'}\right]$ 是正交矩阵时，$\boldsymbol{g}_{i'}=\boldsymbol{e}_{i'}$ 是另一组标准正交标架，变换系数 $a^i{}_{i'}=\cos\left(\boldsymbol{e}_{i'},\boldsymbol{e}_i\right)$。

1.13.3 线元、面元和体元

在建立了曲线坐标系之后，可以用曲线坐标的增量表示线元、面元和体元 (图 1.12)。

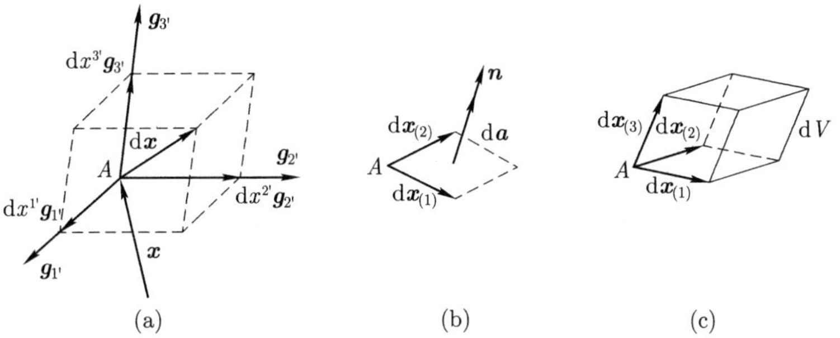

图 1.12 线元、面元及体元

(a) 线元；(b) 面元；(c) 体元

线元 $\mathrm{d}\boldsymbol{x}$ 是位置向量 $\boldsymbol{x}$ 的增量，可以沿协变标架分解为 $\mathrm{d}\boldsymbol{x}=\mathrm{d}x^{i'}\boldsymbol{g}_{i'}$, $\mathrm{d}x^{i'}$ 是坐标增量和 $\mathrm{d}\boldsymbol{x}$ 的逆变分量，也可以沿逆变标架分解 $\mathrm{d}\boldsymbol{x}=\mathrm{d}x_{i'}\boldsymbol{g}^{i'}$，其中 $\mathrm{d}x_{i'}=g_{i'j'}\mathrm{d}x^{j'}$ 是 $\mathrm{d}\boldsymbol{x}$ 的协变分量，由 $\mathrm{d}x^{i'}$ 下降指标得到。线元 $\mathrm{d}\boldsymbol{x}$ 长度的平方为

$$\mathrm{d}s^2=\mathrm{d}\boldsymbol{x}\cdot\mathrm{d}\boldsymbol{x}=\left(\mathrm{d}x^{i'}\boldsymbol{g}_{i'}\right)\cdot\left(\mathrm{d}x^{j'}\boldsymbol{g}_{j'}\right)=g_{i'j'}\mathrm{d}x^{i'}\mathrm{d}x^{j'} \tag{1.104a}$$

取两个线元 $\mathrm{d}\boldsymbol{x}_{(1)}=\mathrm{d}x^{i'}_{(1)}\boldsymbol{g}_{i'}$ 和 $\mathrm{d}\boldsymbol{x}_{(2)}=\mathrm{d}x^{i'}_{(2)}\boldsymbol{g}_{i'}$，面元是一个向量，等于两个线元的叉积

$$\left.\begin{aligned}&\mathrm{d}\boldsymbol{a}=\mathrm{d}\boldsymbol{x}_{(1)}\times\mathrm{d}\boldsymbol{x}_{(2)}=\mathrm{d}a_{k'}\boldsymbol{g}^{k'}=\mathrm{d}a^{k'}\boldsymbol{g}_{k'}\\&\mathrm{d}a_{k'}=\varepsilon_{i'j'k'}\mathrm{d}x^{i'}_{(1)}\mathrm{d}x^{j'}_{(2)},\quad \mathrm{d}a^{k'}=\varepsilon^{i'j'k'}\mathrm{d}x_{(1)i'}\mathrm{d}x_{(2)j'}\end{aligned}\right\} \tag{1.104b}$$

式中，$\mathrm{d}a_{k'}$、$\mathrm{d}a^{k'}$ 为 $\mathrm{d}\boldsymbol{a}$ 的协变和逆变分量。

有时也用 $\mathrm{d}\boldsymbol{x}_{(1)}$ 和 $\mathrm{d}\boldsymbol{x}_{(2)}$ 为边的三角形作为面元，此时 $\mathrm{d}\boldsymbol{a}=\dfrac{1}{2}\mathrm{d}\boldsymbol{x}_{(1)}\times\mathrm{d}\boldsymbol{x}_{(2)}$。面元向量 $\mathrm{d}\boldsymbol{a}$ 沿面元的法线方向，所以也可表示为

$$\mathrm{d}\boldsymbol{a}=\boldsymbol{n}\mathrm{d}a \tag{1.104c}$$

式中，$\boldsymbol{n}$ 为 $\mathrm{d}\boldsymbol{a}$ 的单位法线向量，$\mathrm{d}a$ 为面元的面积。

由几何学可知，在直角坐标系 (标架 $\boldsymbol{e}_i$) 中，面元的三个分量为面积 $\mathrm{d}a$ 在三个坐标面上的投影，当 $\boldsymbol{n}$ 与基向量 $\boldsymbol{e}_i$ 夹角为锐角或钝角时，投影面积为正值或负值。但在非直角坐标系中，分量不是投影。

体元可用三个非共面线元的混合积表示为

$$\mathrm{d}V = \mathrm{d}\boldsymbol{x}_{(1)} \times \mathrm{d}\boldsymbol{x}_{(2)} \cdot \mathrm{d}\boldsymbol{x}_{(3)} = \varepsilon_{i'j'k'} \mathrm{d}x_{(1)}^{i'} \mathrm{d}x_{(2)}^{j'} \mathrm{d}x_{(3)}^{k'} \tag{1.104d}$$

为了书写简单，在以后的讨论中，将用 x^i 表示曲线坐标 $x^{i'}$。

1.14 Christoffel 符号

在曲线坐标系中，基向量是坐标的连续可微函数。现在讨论基向量随曲线坐标的变化，即基向量的导数。基向量的导数仍为向量，以 $\dfrac{\partial \boldsymbol{g}_1}{\partial x^2}$ 为例 (图 1.13)，其定义为

$$\frac{\partial \boldsymbol{g}_1}{\partial x^2} = \lim_{\Delta x^2 \to 0} \frac{\boldsymbol{g}_1\left(x^1, x^2 + \Delta x^2, x^3\right) - \boldsymbol{g}_1\left(x^1, x^2, x^3\right)}{\Delta x^2} \tag{1.105}$$

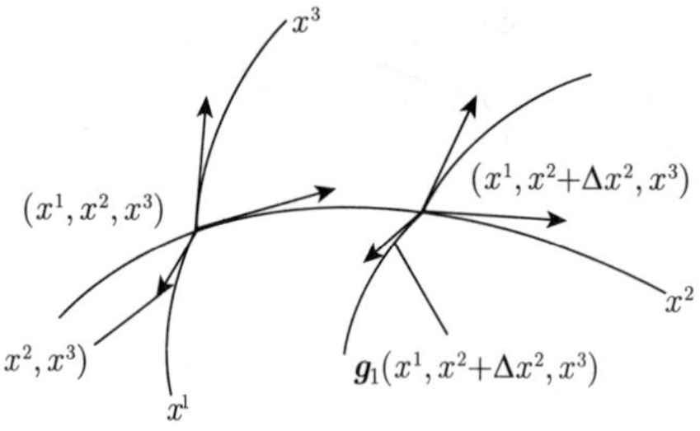

图 1.13 基向量的导数

为了方便，引入记号 $\partial_i(\ ) \equiv \dfrac{\partial(\ )}{\partial x^i}$。将基向量的导数分别沿协变和逆变标架分解

$$\partial_i \boldsymbol{g}_j = \frac{\partial \boldsymbol{g}_j}{\partial x^i} = \Gamma_{ij}^k \boldsymbol{g}_k = \Gamma_{ijk} \boldsymbol{g}^k \tag{1.106}$$

式中，系数 Γ_{ijk} 和 Γ_{ij}^k 各为 27 个量，称为第一类和第二类 Christoffel 符号，有时也分别用记号 $[ijk]$ 和 $\left\{\begin{matrix} k \\ ij \end{matrix}\right\}$ 表示。由定义式 (1.106)，将基向量升降指标，不难得到 Γ_{ijk} 和 Γ_{ij}^k 的关系：

$$\Gamma_{ijk} = g_{kr} \Gamma_{ij}^r, \quad \Gamma_{ij}^k = g^{kr} \Gamma_{ijr} \tag{1.107}$$

即 Γ_{ijk} 第 3 个指标和 Γ_{ij}^k 上标可以升降。由式 (1.106) 得到

$$\Gamma_{ijk} = \partial_i \boldsymbol{g}_j \cdot \boldsymbol{g}_k, \quad \Gamma_{ij}^k = \partial_i \boldsymbol{g}_j \cdot \boldsymbol{g}^k$$

利用 $\partial_i \delta_j^k = \partial_i\left(\boldsymbol{g}_j \cdot \boldsymbol{g}^k\right) = \partial_i \boldsymbol{g}_j \cdot \boldsymbol{g}^k + \partial_i \boldsymbol{g}^k \cdot \boldsymbol{g}_j = 0$，有

$$\partial_i \boldsymbol{g}^k \cdot \boldsymbol{g}_j = -\partial_i \boldsymbol{g}_j \cdot \boldsymbol{g}^k = -\Gamma_{ij}^k$$

所以，逆变基向量的导数为

$$\partial_i \boldsymbol{g}^j = -\Gamma_{ir}^j \boldsymbol{g}^r \tag{1.108}$$

由于 $\partial_i \boldsymbol{g}_j = \dfrac{\partial}{\partial x^i}\left(\dfrac{\partial \boldsymbol{p}}{\partial x^j}\right) = \dfrac{\partial}{\partial x^j}\left(\dfrac{\partial \boldsymbol{p}}{\partial x^i}\right) = \partial_j \boldsymbol{g}_i$，所以

$$\Gamma_{ijk} = \Gamma_{jik}, \quad \Gamma_{ij}^k = \Gamma_{ji}^k \tag{1.109}$$

即 Γ_{ijk} 的前面两个指标和 Γ_{ij}^k 的两个下标具有对称性。

在直角坐标系和斜角直线坐标系中，标架不随位置改变，所以 $\Gamma_{ijk}=\Gamma_{ij}^k=0$。

应该指出，Christoffel 符号尽管可以借助式 (1.107) 像张量那样通过度量张量升降指标，但不是张量。现以第二类 Christoffel 符号为例，进行坐标变换。若 $\boldsymbol{g}_{i'}=A_{i'}^i\boldsymbol{g}_i$ 为一新的曲线坐标系的基向量，在新的曲线坐标系中，

$$
\begin{aligned}
\Gamma_{i'j'}^{k'} &= \partial_{i'}\boldsymbol{g}_{j'}\cdot\boldsymbol{g}^{\boldsymbol{k}'}=\left(\frac{\partial}{\partial x^i}\left(A_{j'}^j\boldsymbol{g}_j\right)\frac{\partial x^i}{\partial x^{i'}}\right)\cdot\left(A_k^{k'}\boldsymbol{g}^k\right)\\
&= A_{i'}^iA_{j'}^jA_k^{k'}\partial_i\boldsymbol{g}_j\cdot\boldsymbol{g}^k+A_{i'}^iA_k^{k'}\delta_j^k\partial_iA_{j'}^j=A_{i'}^iA_{j'}^jA_k^{k'}\Gamma_{ij}^k+A_{i'}^iA_j^{k'}\partial_iA_{j'}^j
\end{aligned}
$$

由于存在第二项 $A_{i'}^iA_j^{k'}\partial_iA_{j'}^j$，所以 Γ_{ij}^k 不满足张量转换关系。

Christoffel 符号可以用度量张量表示。度量张量的导数为

$$
g_{ij,k}\equiv\partial_kg_{ij}=\partial_k\left(\boldsymbol{g}_i\cdot\boldsymbol{g}_j\right)=\partial_k\boldsymbol{g}_i\cdot\boldsymbol{g}_j+\partial_k\boldsymbol{g}_j\cdot\boldsymbol{g}_i=\Gamma_{kij}+\Gamma_{kji} \tag{1.110}
$$

适当变换指标，得到

$$
g_{jk,i}=\Gamma_{ijk}+\Gamma_{ikj},\quad g_{ki,j}=\Gamma_{jki}+\Gamma_{jik}=\Gamma_{jki}+\Gamma_{ijk}
$$

将上两式相加减去式 (1.110)，得

$$
\Gamma_{ijk}=\frac{1}{2}\left(g_{jk,i}+g_{ik,j}-g_{ij,k}\right) \tag{1.111a}
$$

由式 (1.107)，有

$$
\Gamma_{ij}^k=g^{kr}\Gamma_{ijr}=\frac{1}{2}g^{kr}\left(g_{jr,i}+g_{ir,j}-g_{ij,r}\right) \tag{1.111b}
$$

利用式 (1.106) 可以给出基向量混合积的偏导数

$$
\begin{aligned}
\partial_i\sqrt{g} &= \partial_i\left[\boldsymbol{g}_1\boldsymbol{g}_2\boldsymbol{g}_3\right]=\left[\left(\partial_i\boldsymbol{g}_1\right)\boldsymbol{g}_2\boldsymbol{g}_3\right]+\left[\boldsymbol{g}_1\left(\partial_i\boldsymbol{g}_2\right)\boldsymbol{g}_3\right]+\left[\boldsymbol{g}_1\boldsymbol{g}_2\partial_i\boldsymbol{g}_3\right]\\
&= \Gamma_{i1}^r\left[\boldsymbol{g}_{\boldsymbol{r}}\boldsymbol{g}_2\boldsymbol{g}_3\right]+\Gamma_{i2}^r\left[\boldsymbol{g}_1\boldsymbol{g}_{\boldsymbol{r}}\boldsymbol{g}_3\right]+\Gamma_{i3}^r\left[\boldsymbol{g}_1\boldsymbol{g}_2\boldsymbol{g}_{\boldsymbol{r}}\right]\\
&= \Gamma_{ir}^r\left[\boldsymbol{g}_1\boldsymbol{g}_2\boldsymbol{g}_3\right]=\Gamma_{ir}^r\sqrt{g}
\end{aligned} \tag{1.112}
$$

由式 (1.112)，得到

$$
\Gamma_{ir}^r=\partial_i\sqrt{g}/\sqrt{g}=\partial_i\left(\ln\sqrt{g}\right) \tag{1.113}
$$

如果一个曲线坐标系是已知的，即给定了曲线坐标与一个参考系 (斜角直线坐标系) 的变换关系式 (1.97)，那么任一点处的基向量、度量张量、Christoffel 符号均可以求得，利用 Christoffel 符号可以给出基向量，度量张量对曲线坐标的偏导数。下面通过抛物柱面坐标给出一个曲线坐标系算例，常用的圆柱坐标系和球坐标系的相关结果见第 1.20 节。

例 1.8 抛物柱面坐标。

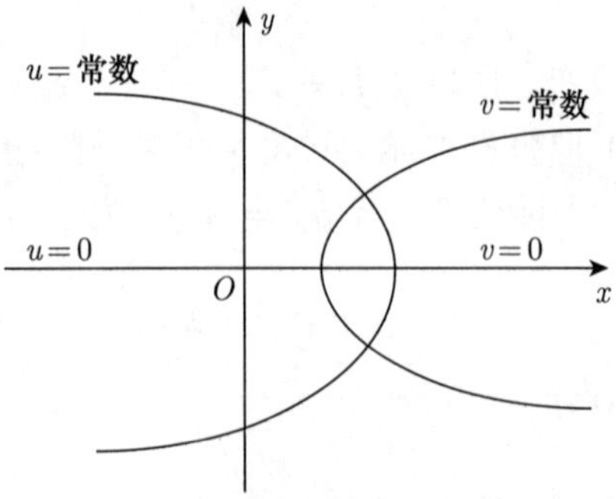

图 1.14 抛物柱面坐标线 ($z=0$ 面)

抛物柱面坐标系 (u,v,z) 的定义为

$$x=\frac{1}{2}\left(u^2-v^2\right),\quad y=uv,\quad z=z$$

式中，(x,y,z) 为直角坐标，$-\infty<u<\infty$，$v\geqslant 0$，$-\infty<z<\infty$。若 $v,z=$ 常数，上式消去 u 得到抛物线 $x=\frac{1}{2}\left(\frac{y^2}{v^2}-v^2\right)(v\neq 0)$，若 $u,z=$ 常数得到另一族抛物线，见图 1.14。

由式 (1.101) 得到正变换系数，然后求逆得到逆变换系数，分别为

$$\begin{bmatrix} x_{,u} & x_{,v} & x_{,z} \\ y_{,u} & y_{,v} & y_{,z} \\ z_{,u} & z_{,v} & z_{,z} \end{bmatrix}=\begin{bmatrix} u & -v & 0 \\ v & u & 0 \\ 0 & 0 & 1 \end{bmatrix},\quad \frac{1}{u^2+v^2}\begin{bmatrix} u & v & 0 \\ -v & u & 0 \\ 0 & 0 & u^2+v^2 \end{bmatrix}$$

由式 (1.99)、式 (1.11c) 和式 (1.13)，得到协变基向量 $\boldsymbol{g}_i(i=1,2,3$ 对应 $u,v,z)$ 和度量张量

$$\boldsymbol{g}_1=\frac{\partial x}{\partial u}\boldsymbol{e}_x+\frac{\partial y}{\partial u}\boldsymbol{e}_y+\frac{\partial z}{\partial u}\boldsymbol{e}_z=u\boldsymbol{e}_x+v\boldsymbol{e}_y$$

$$\boldsymbol{g}_2=\frac{\partial x}{\partial v}\boldsymbol{e}_x+\frac{\partial y}{\partial v}\boldsymbol{e}_y+\frac{\partial z}{\partial v}\boldsymbol{e}_z=-v\boldsymbol{e}_x+u\boldsymbol{e}_y$$

$$\boldsymbol{g}_3=\boldsymbol{e}_z$$

$$[g_{ij}]=\begin{bmatrix} u^2+v^2 & 0 & 0 \\ 0 & u^2+v^2 & 0 \\ 0 & 0 & 1 \end{bmatrix},\quad [g^{ij}]=\begin{bmatrix} \left(u^2+v^2\right)^{-1} & 0 & 0 \\ 0 & \left(u^2+v^2\right)^{-1} & 0 \\ 0 & 0 & 1 \end{bmatrix}$$

上式表明，抛物柱面坐标为正交曲线坐标系。逆变基向量可用逆变换系数或逆变度量张量计算，$\boldsymbol{g}^i=A^i_j\boldsymbol{e}_j\,(j=x,y,z)$ 或 $\boldsymbol{g}^i=g^{ij}\boldsymbol{g}_j$，得

$$\boldsymbol{g}^1=\frac{u}{u^2+v^2}\boldsymbol{e}_x+\frac{v}{u^2+v^2}\boldsymbol{e}_y=\frac{1}{u^2+v^2}\boldsymbol{g}_1$$

$$\boldsymbol{g}^2=-\frac{v}{u^2+v^2}\boldsymbol{e}_x+\frac{u}{u^2+v^2}\boldsymbol{e}_y=\frac{1}{u^2+v^2}\boldsymbol{g}_2$$

$$\boldsymbol{g}^3=\boldsymbol{e}_z$$

利用式 (1.111a)，计算 $\varGamma_{ijk}$ 得到

$\varGamma_{111}=\varGamma_{122}=\varGamma_{212}=-\varGamma_{221}=u$，$\varGamma_{222}=\varGamma_{121}=\varGamma_{211}=-\varGamma_{112}=v$，其余为 0。

1.15 向量的协变导数、微分算子

1.15.1 向量的协变导数

三维空间的向量场 $\boldsymbol{v}$ 是位置向量 $\boldsymbol{x}$ 的函数，当位置向量有一增量 $h\boldsymbol{u}$ 时，向量 $\boldsymbol{v}$ 的增量可以对小量 h 展成 Taylor 级数

$$\boldsymbol{v}(\boldsymbol{x}+h\boldsymbol{u})-\boldsymbol{v}(\boldsymbol{x})=\left(\frac{\mathrm{d}\boldsymbol{v}}{\mathrm{d}h}\right)_{h=0}h+O\left(h^2\right)$$

与函数的微分定义类似，向量 $\boldsymbol{v}$ 变化的主部称为 $\boldsymbol{v}$ 在 $\boldsymbol{x}$ 点对应增量 $\boldsymbol{u}$ 的微分，微分与 $\boldsymbol{u}$ 呈线性关系，可以记作

$$\boldsymbol{v}'(\boldsymbol{x})\cdot\boldsymbol{u}=\lim_{h\to0}\frac{1}{h}\left(\boldsymbol{v}(\boldsymbol{x}+h\boldsymbol{u})-\boldsymbol{v}(\boldsymbol{x})\right)=\left[\frac{\mathrm{d}\boldsymbol{v}(\boldsymbol{x}+h\boldsymbol{u})}{\mathrm{d}h}\right]_{h=0}\tag{1.114}$$

式中，$\boldsymbol{v}'(\boldsymbol{x})$ 称为 $\boldsymbol{v}$ 对 $\boldsymbol{x}$ 的导数，也可以表示为 $\dfrac{\mathrm{d}\boldsymbol{v}}{\mathrm{d}\boldsymbol{x}}$。

应该指出，上面的定义中不能直接借助 $\Delta\boldsymbol{x}$ 表示 $\boldsymbol{x}$ 的变化和求极限，因为向量没有除法运算。根据商法则，可知 $\boldsymbol{v}'(\boldsymbol{x})$ 是二阶张量。

若取 $h\boldsymbol{u}=\Delta x^i\boldsymbol{g}_i$ (不对 i 求和)，即 $\boldsymbol{x}$ 在 $\boldsymbol{g}_i$ 方向有一个增量 $h\boldsymbol{g}_i$，因为 $\boldsymbol{g}_i$ 沿坐标线 x^i，所以 h 是坐标 x^i 的增量 Δx^i。这样，式 (1.114) 右端的导数变为向量 $\boldsymbol{v}$ 对坐标 x^i 的偏导数

$$\frac{\partial\boldsymbol{v}}{\partial x^i}=\lim_{\Delta x^i\to0}\frac{1}{\Delta x^i}\left[\boldsymbol{v}\left(\boldsymbol{x}+\Delta x^i\boldsymbol{g}_i\right)-\boldsymbol{v}(\boldsymbol{x})\right]\quad(\text{不对 } i \text{ 求和})\tag{1.115}$$

例如，$\dfrac{\partial\boldsymbol{v}}{\partial x^1}=\lim\limits_{\Delta x^1\to0}\dfrac{1}{\Delta x^1}\left[\boldsymbol{v}\left(x^1+\Delta x^1,x^2,x^3\right)-\boldsymbol{v}\left(x^1,x^2,x^3\right)\right]$。

可见向量沿坐标线的变化率需要 9 个分量表示。

如上所述，当 $\boldsymbol{u}=\boldsymbol{g}_i$、$h=\Delta x^i$ 时 $\dfrac{\mathrm{d}\boldsymbol{v}}{\mathrm{d}h}=\dfrac{\partial\boldsymbol{v}}{\partial x^i}$，式 (1.114) 变为 $\boldsymbol{v}'(\boldsymbol{x})\cdot\boldsymbol{g}_i=\dfrac{\partial\boldsymbol{v}}{\partial x^i}$。由此可知，$\boldsymbol{v}$ 的导数应为

$$\boldsymbol{v}'=\frac{\mathrm{d}\boldsymbol{v}}{\mathrm{d}\boldsymbol{x}}=\frac{\partial\boldsymbol{v}}{\partial x^i}\boldsymbol{g}^i\quad(\text{对 } i \text{ 求和})\tag{1.116}$$

式 (1.116) 称为 $\boldsymbol{v}$ 的右梯度。

现在讨论向量偏导数的分量形式。若 $\boldsymbol{v}$ 用逆变分量表示 $\boldsymbol{v}=v^i\boldsymbol{g}_i$，则

$$\frac{\partial\boldsymbol{v}}{\partial x^j}=\frac{\partial}{\partial x^j}\left(v^i\boldsymbol{g}_i\right)=\frac{\partial v^i}{\partial x^j}\boldsymbol{g}_i+v^i\frac{\partial\boldsymbol{g}_i}{\partial x^j}$$

利用 Christoffel 符号定义式 (1.106)，适当更换哑指标，由上式得到

$$\frac{\partial\boldsymbol{v}}{\partial x^j}=\frac{\partial v^i}{\partial x^j}\boldsymbol{g}_i+v^i\Gamma_{ij}^k\boldsymbol{g}_k=\left(v^i{}_{,j}+v^m\Gamma_{mj}^i\right)\boldsymbol{g}_i=\nabla_jv^i\boldsymbol{g}_i\tag{1.117}$$

其中

$$\nabla_jv^i=v^i{}_{,j}+v^m\Gamma_{mj}^i\tag{1.117a}$$

称为 $\boldsymbol{v}$ 的逆变分量的协变导数，$\nabla_j v^i$ 也可以记作 $v^i{}_{;j}$ (或 $v^i|_j$、$v^i{}_{|j}$)。由式 (1.116)，$\boldsymbol{v}$ 的右梯度为

$$\frac{\partial \boldsymbol{v}}{\partial x^j}\boldsymbol{g}^j = \boldsymbol{\nabla}_j v^i \boldsymbol{g}_i \boldsymbol{g}^j$$

应该注意的是，$\nabla_j v^i$ 与 $v^i{}_{;j}$ 指标顺序是相反的，$\nabla_j v^i$ 的指标顺序与并矢指标顺序相反，而 $v^i{}_{;j}$ 的指标顺序与并矢一致。

式 (1.117a) 中右端第一项为分量 v^i 的普通偏导数，表示分量自身随坐标 x^j 的变化；右端第二项反映由于标架随坐标的变化引起的分量改变，因此分量的变化由两部分组成。在斜角直线坐标系中，由于标架不变，全部 $\Gamma_{ij}^k = 0$，所以协变导数与普通偏导数相同。

类似地，$\boldsymbol{v}$ 用协变分量表示 $\boldsymbol{v} = v_i \boldsymbol{g}^i$，则

$$\frac{\partial \boldsymbol{v}}{\partial x^j} = \frac{\partial}{\partial x^j}\left(v_i \boldsymbol{g}^i\right) = \left(v_{i,j} - v_m \Gamma_{ij}^m\right)\boldsymbol{g}^i = \nabla_j v_i \boldsymbol{g}^i \tag{1.118}$$

式中

$$\nabla_j v_i = v_{i,j} - v_m \Gamma_{ij}^m \tag{1.118a}$$

称为协变分量的协变导数，也记作 $v_{i;j}$ (或 $v_i|_j$、$v_{i|j}$)。

可以证明 $\nabla_j v_i$ 和 $\nabla_j v^i$ 均满足张量转换关系。现以 $\nabla_j v_i$ 为例，若 $x^{i'}$ 为另一曲线坐标系，在 $x^{i'}$ 中 $\boldsymbol{v} = v_{i'} \boldsymbol{g}^{i'}$，对 $x^{j'}$ 求导 $\boldsymbol{v}_{,j'} = \nabla_{j'} v_{i'} \boldsymbol{g}^{i'}$。另一方面，利用复合函数的微分法，注意到 $\dfrac{\partial x^j}{\partial x^{j'}} = A_{j'}^j$ (坐标变换系数)，有 $\boldsymbol{v}_{,j'} = \boldsymbol{v}_{,j}\dfrac{\partial x^j}{\partial x^{j'}} = \nabla_j v_i \boldsymbol{g}^i A_{j'}^j$。所以，$\nabla_{j'} v_{i'} \boldsymbol{g}^{i'} = \nabla_j v_i \boldsymbol{g}^i A_{j'}^j$，两端用关系式 $\boldsymbol{g}_{k'} = A_{k'}^k \boldsymbol{g}_k$ 的两端分别点乘，得到

$$\nabla_{j'} v_{k'} = \nabla_j v_k A_{j'}^j A_{k'}^k$$

可见，$\nabla_j v_i$ 满足张量转换关系，为二阶张量。同样可以证明，$\nabla_j v^i$ 满足张量转换关系。值得注意的是，式 (1.117a) 和式 (1.118a) 中左端是张量，而右端第二项不满足张量转换关系，因而不是张量，所以右端第一项，即向量的普通导数不是张量。

由式 (1.117) 和式 (1.118)，求并矢和 $\boldsymbol{g}^j \dfrac{\partial \boldsymbol{v}}{\partial x^j}$，得到的二阶张量称为 $\boldsymbol{v}$ 的左梯度

$$\boldsymbol{g}^j \frac{\partial \boldsymbol{v}}{\partial x^j} = \nabla_j v^i \boldsymbol{g}^j \boldsymbol{g}_i \tag{1.117b}$$

$$\boldsymbol{g}^j \frac{\partial \boldsymbol{v}}{\partial x^j} = \nabla_j v_i \boldsymbol{g}^j \boldsymbol{g}^i \tag{1.118b}$$

可见，$\nabla_j v^i$ 和 $\nabla_j v_i$ 是同一个二阶张量的不同分量。因而，$\nabla_j v_i$ 和 $\nabla_j v^i$ 可以通过度量张量升降指标，例如可升高指标 j，引入记号

$$\nabla^j v^i = g^{kj}\nabla_k v^i, \quad \nabla^j v_i = g^{jk}\nabla_k v_i \tag{1.119}$$

分别是协变导数的逆变分量和混合分量，与 ∇_i 表示协变导数类似，符号 ∇^j 也可以称为“逆变导数”，其定义是

$$\nabla^j(\ ) = g^{jk}\nabla_k(\ ) \tag{1.120}$$

1.15.2 Hamilton 微分算子

为了便于表示导数运算，引入一个算子

$$\boldsymbol{\nabla}(\,) = \boldsymbol{g}^i \frac{\partial(\,)}{\partial x^i}, \quad (\,)\boldsymbol{\nabla} = \frac{\partial(\,)}{\partial x^i}\boldsymbol{g}^i \tag{1.121}$$

称为 Hamilton 微分算子 (有时称为 nabla)，作为一个不依赖坐标系的符号，$\boldsymbol{\nabla}$ 也称为不变性微分算子。上式表明 $\boldsymbol{\nabla}$ 相当于一个向量，使括号内的张量提高一阶，所以用黑体表示；在形式上 ∇_i 和 ∇^j 相当于 $\boldsymbol{\nabla}$ 的分量，不用黑体表示。

如果算子 $\boldsymbol{\nabla}$ 作用于标量场 φ，即 φ 的微分，则得到一向量场

$$\boldsymbol{\nabla}\varphi = \text{grad}\varphi = \boldsymbol{g}^i \frac{\partial \varphi}{\partial x^i} = \boldsymbol{g}^i \varphi_{,i} \tag{1.122}$$

称为标量场 φ 的梯度。显然 $\boldsymbol{\nabla}\varphi = \varphi\boldsymbol{\nabla}$。

由式 (1.117b)、式 (1.118b) 和式 (1.116) 可见，如果算子 $\boldsymbol{\nabla}$ 从左侧或从右侧并积于向量 $\boldsymbol{v}$，则得到二阶张量

$$\boldsymbol{\nabla v} = \text{grad}\boldsymbol{v} = \boldsymbol{g}^i \frac{\partial \boldsymbol{v}}{\partial x^i} = \nabla_i v_j \boldsymbol{g}^i \boldsymbol{g}^j \tag{1.123a}$$

$$\boldsymbol{v\nabla} = \frac{\partial \boldsymbol{v}}{\partial x^i}\boldsymbol{g}^i = \nabla_i v_j \boldsymbol{g}^j \boldsymbol{g}^i = \nabla_j v_i \boldsymbol{g}^i \boldsymbol{g}^j \tag{1.123b}$$

$\boldsymbol{\nabla v}$、$\boldsymbol{v\nabla}$ 称为 $\boldsymbol{v}$ 的左梯度和右梯度。一般说来 $\boldsymbol{\nabla v} \neq \boldsymbol{v\nabla}$。左梯度 $\boldsymbol{\nabla}(\,)$ 也用 $\text{grad}(\,)$ 表示。

利用 $\boldsymbol{\nabla}$ 还可以定义另外两种运算：

$$\boldsymbol{\nabla}\cdot(\,) = \boldsymbol{g}^i \cdot \frac{\partial(\,)}{\partial x^i} \quad 或 \quad (\,)\cdot\boldsymbol{\nabla} = \frac{\partial(\,)}{\partial x^i}\cdot\boldsymbol{g}^i \tag{1.124}$$

称为量 ( ) 的左散度和右散度。显然括号所代表的量不能是标量。

$$\boldsymbol{\nabla}\times(\,) = \boldsymbol{g}^i \times \frac{\partial(\,)}{\partial x^i} \quad 或 \quad (\,)\times\boldsymbol{\nabla} = \frac{\partial(\,)}{\partial x^i}\times\boldsymbol{g}^i \tag{1.125}$$

称为量 ( ) 的左旋度和右旋度，括号所代表的量同样不能是标量。

将定义式 (1.124) 和式 (1.125) 用于向量场 $\boldsymbol{v}$，有

$$\left.\begin{aligned} &\boldsymbol{\nabla}\cdot\boldsymbol{v} = \text{div}\boldsymbol{v} = \boldsymbol{g}^i \cdot \frac{\partial \boldsymbol{v}}{\partial x^i} = \boldsymbol{g}^i \cdot \left(\nabla_i v^j \boldsymbol{g}_j\right) = \nabla_i v^i \\ &\boldsymbol{v}\cdot\boldsymbol{\nabla} = \frac{\partial \boldsymbol{v}}{\partial x^i}\cdot\boldsymbol{g}^i = \boldsymbol{\nabla}\cdot\boldsymbol{v} \end{aligned}\right\} \tag{1.124a}$$

称为向量场 $\boldsymbol{v}$ 的散度，为标量场。左散度 $\boldsymbol{\nabla}\cdot(\,)$ 也用 $\text{div}(\,)$ 表示。

$$\left.\begin{aligned} \boldsymbol{\nabla}\times\boldsymbol{v} &= \text{rot}\boldsymbol{v} = \boldsymbol{g}^i \times \frac{\partial \boldsymbol{v}}{\partial x^i} = \boldsymbol{g}^i \times \left(\nabla_i v^j \boldsymbol{g}_j\right) = \nabla_i v_j \boldsymbol{g}^i \times \boldsymbol{g}^j \\ &= \varepsilon^{ijk}\nabla_i v_j \boldsymbol{g}_k = \varepsilon^{ijk} v_{j;i} \boldsymbol{g}_k \\ \boldsymbol{v}\times\boldsymbol{\nabla} &= \frac{\partial \boldsymbol{v}}{\partial x^i}\times\boldsymbol{g}^i = -\boldsymbol{\nabla}\times\boldsymbol{v} \end{aligned}\right\} \tag{1.125a}$$

$\boldsymbol{\nabla}\times\boldsymbol{v}$、$\boldsymbol{v}\times\boldsymbol{\nabla}$ 称为向量场 $\boldsymbol{v}$ 的左旋度和右旋度。左旋度 $\boldsymbol{\nabla}\times(\ )$ 也用 $\mathrm{rot}(\ )$ 表示。

若 φ 为标量，先求梯度再求散度，则有

$$\begin{aligned}\boldsymbol{\nabla}\cdot\boldsymbol{\nabla}\varphi&=\boldsymbol{\nabla}^2\varphi=\mathrm{div}\ \mathrm{grad}\varphi\\&=\boldsymbol{g}^i\cdot\frac{\partial}{\partial x^i}\left(\varphi_{,k}\boldsymbol{g}^k\right)=g^{ik}\nabla_i\left(\varphi_{,k}\right)=\nabla^k\left(\varphi_{,k}\right)\end{aligned}$$

令 $\varphi_{,k}=\dfrac{\partial\varphi}{\partial x^k}\equiv\nabla_k\varphi$，则

$$\boldsymbol{\nabla}\cdot\boldsymbol{\nabla}\varphi=\boldsymbol{\nabla}^2\varphi=\mathrm{div}\ (\mathrm{grad}\varphi)=g^{ik}\nabla_i\left(\varphi_{,k}\right)=\nabla^k\nabla_k\varphi \tag{1.126}$$

其中，$\boldsymbol{\nabla}^2(\ )=\boldsymbol{\nabla}\cdot\boldsymbol{\nabla}(\ )$ 亦称为 Laplace 算子，或记作 $\Delta(\ )$。若 $\boldsymbol{\nabla}^2\varphi=0$，称 φ 为调和函数。

利用梯度、散度和旋度的定义式 (1.121)、式 (1.124) 和式 (1.125)，以及基向量的代数运算，可以借助微分算子，进行各种微分运算，例如

$$\left.\begin{aligned}&\boldsymbol{\nabla}\times\boldsymbol{\nabla}\varphi=\mathrm{rot}\ (\mathrm{grad}\varphi)=\boldsymbol{g}^i\times\frac{\partial}{\partial x^i}\left(\varphi_j\boldsymbol{g}^j\right)=\varepsilon^{ijk}\nabla_i\left(\nabla_j\varphi\right)\boldsymbol{g}_k=0\\&\boldsymbol{\nabla}\cdot(\boldsymbol{\nabla}\times\boldsymbol{v})=\mathrm{div}\,(\mathrm{rot}\boldsymbol{v})\ =\boldsymbol{g}^l\cdot\boldsymbol{g}_k\nabla_l\left(\varepsilon^{ijk}\nabla_iv_j\right)=\varepsilon^{ijk}\nabla_k\left(\nabla_iv_j\right)=0\end{aligned}\right\} \tag{1.126a}$$

上面两式等于 0，利用了 ε^{ijk} 对任何两个指标的反对称性和两个微分的对称性

$$\varepsilon^{ijk}\nabla_i\nabla_j(\ )=-\varepsilon^{jik}\nabla_i\nabla_j(\ )=-\varepsilon^{jik}\nabla_j\nabla_i(\ )=-\varepsilon^{ijk}\nabla_i\nabla_j(\ )$$

一个量的正值等于它的负值，该量必为零。可见，反对称指标与对称指标组成的和式等于零，上述证明方法具有普遍性。

与代数运算类似，微分运算也有许多恒等式，例如：

$$\begin{aligned}&\boldsymbol{\nabla}\cdot(\varphi\boldsymbol{u})=\boldsymbol{u}\cdot(\boldsymbol{\nabla}\varphi)+\varphi\,(\boldsymbol{\nabla}\cdot\boldsymbol{u})\\&\boldsymbol{\nabla}\cdot(\boldsymbol{u}\times\boldsymbol{v})=\boldsymbol{v}\cdot(\boldsymbol{\nabla}\times\boldsymbol{u})-\boldsymbol{u}\times(\boldsymbol{\nabla}\varphi)\cdot(\boldsymbol{\nabla}\times\boldsymbol{v})\\&\boldsymbol{\nabla}\times(\boldsymbol{u}\times\boldsymbol{v})=\boldsymbol{u}\,(\boldsymbol{\nabla}\cdot\boldsymbol{v})+\boldsymbol{v}\cdot(\boldsymbol{\nabla}\boldsymbol{u})-\boldsymbol{v}\,(\boldsymbol{\nabla}\cdot\boldsymbol{u})-\boldsymbol{u}\cdot(\boldsymbol{\nabla}\boldsymbol{v})\\&\boldsymbol{\nabla}(\boldsymbol{u}\times\boldsymbol{v})=\boldsymbol{u}\times(\boldsymbol{\nabla}\times\boldsymbol{v})+\boldsymbol{u}\cdot(\boldsymbol{\nabla}\boldsymbol{v})+\boldsymbol{v}\times(\boldsymbol{\nabla}\times\boldsymbol{u})+\boldsymbol{v}\cdot(\boldsymbol{\nabla}\boldsymbol{u})\\&\boldsymbol{\nabla}\times(\boldsymbol{\nabla}\varphi)=0\\&\boldsymbol{\nabla}\cdot(\boldsymbol{\nabla}\times\boldsymbol{u})=0\\&\boldsymbol{\nabla}\times\boldsymbol{\nabla}\times\boldsymbol{u}=\boldsymbol{\nabla}\,(\boldsymbol{\nabla}\cdot\boldsymbol{u})-\boldsymbol{\nabla}\cdot(\boldsymbol{\nabla}\boldsymbol{u})\end{aligned}$$

式中，φ 为标量，$\boldsymbol{u}$、$\boldsymbol{v}$ 为向量。

读者可以利用微分算子的定义，像证明代数恒等式那样证明上述关系。

例 1.9 证明等式 $\boldsymbol{\nabla}\times\boldsymbol{\nabla}\times\boldsymbol{u}=\boldsymbol{\nabla}\,(\boldsymbol{\nabla}\cdot\boldsymbol{u})-\boldsymbol{\nabla}\cdot(\boldsymbol{\nabla}\boldsymbol{u})$。

左端 $=\boldsymbol{g}^i\times\partial_i\left[\boldsymbol{g}^j\times\partial_j\left(u_k\boldsymbol{g}^k\right)\right]$ (左旋度的定义)

$$= \boldsymbol{g}^i \times \partial_i \left(\varepsilon^{jkm} \nabla_j u_k \boldsymbol{g}_m\right) \text{ (用协变导数 } \nabla_j \text{ 表示 } \partial_j\text{，进行基向量叉积)}$$

$$= \boldsymbol{g}^i \times \nabla_i \left(\varepsilon^{jkm} \nabla_j u_k\right) g_{mn} \boldsymbol{g}^n \text{ (用协变导数 } \nabla_i \text{ 表示 } \partial_i\text{，} \boldsymbol{g}_m \text{ 升高指标)}$$

$$= \nabla_i \left(\varepsilon^{jkm} \nabla_j u_k\right) g_{mn} \varepsilon^{inl} \boldsymbol{g}_l = \nabla_i \left(\nabla_j u_k\right) \varepsilon^{jkm} g_{mn} \varepsilon^{inl} \boldsymbol{g}_l \text{ (基向量叉积，} \varepsilon^{jkm} \text{ 移出导数)}$$

$$= \nabla_i \left(\nabla^j u^k\right) \varepsilon_{jkn} \varepsilon^{inl} \boldsymbol{g}_l = \nabla_i \left(\nabla^j u^k\right) \left(\delta_j^l \delta_k^i - \delta_k^l \delta_j^i\right) \boldsymbol{g}_l \text{ (指标升降，应用式 (1.22))}$$

$$= \nabla_k \left(\nabla^l u^k\right) \boldsymbol{g}_l - \nabla_j \nabla^j u^l \boldsymbol{g}_l = \nabla^l \left(\nabla_k u^k\right) \boldsymbol{g}_l - \nabla_j \nabla^j u^l \boldsymbol{g}_l \text{(导数交换次序，见 1.18 节)}$$

$$= \boldsymbol{\nabla}\boldsymbol{\nabla} \cdot \boldsymbol{u} - \boldsymbol{\nabla} \cdot \boldsymbol{\nabla} \boldsymbol{u} \qquad \text{(证毕)}$$

在上述证明和式 (1.126a) 推导中，已经应用置换张量和度量张量对于协变导数而言可以作为常数，详见下节。

1.16 张量的协变导数和微分

向量场的微分和协变导数可以推广到任意阶张量。若 $\boldsymbol{\varphi}$ 为任意阶张量，类似式 (1.114)，张量 $\boldsymbol{\varphi}$ 在 $\boldsymbol{x}$ 点对应位置向量 $\boldsymbol{x}$ 增量 $\boldsymbol{u}$ 的微分是 $\boldsymbol{\varphi}$ 变化的主部，与 $\boldsymbol{u}$ 呈线性关系，记作

$$\boldsymbol{\varphi}'(\boldsymbol{x}) \cdot \boldsymbol{u} = \lim_{h \to 0} \frac{1}{h} \left[\boldsymbol{\varphi}(\boldsymbol{x} + h\boldsymbol{u}) - \boldsymbol{\varphi}(\boldsymbol{x})\right] \tag{1.127}$$

式中，$\boldsymbol{\varphi}'$ 称为 $\boldsymbol{\varphi}$ 对位置向量 $\boldsymbol{x}$ 的导数 (也记作 $\dfrac{\mathrm{d}\boldsymbol{\varphi}}{\mathrm{d}\boldsymbol{x}}$)，若 $\boldsymbol{\varphi}$ 为 n 阶张量，由商法则可知 $\boldsymbol{\varphi}'$ 是 $(n+1)$ 阶张量。

在式 (1.127) 中取 $\boldsymbol{u} = \boldsymbol{g}_i$，张量 $\boldsymbol{\varphi}$ 对坐标 x^i 的偏导数定义为

$$\frac{\partial \boldsymbol{\varphi}}{\partial x^i} = \lim_{\Delta xi \to 0} \frac{1}{\Delta x^i} \left[\boldsymbol{\varphi}\left(\boldsymbol{x} + \Delta x^i \boldsymbol{g}_i\right) - \boldsymbol{\varphi}(\boldsymbol{x})\right] \text{ (不对 } i \text{ 求和)} \tag{1.128}$$

与式 (1.116) 和式 (1.117b) 类似，取 $\dfrac{\partial \boldsymbol{\varphi}}{\partial x^i}$ 与基向量 $\boldsymbol{g}_i$ 的并矢和，称为 $\boldsymbol{\varphi}$ 的右梯度和左梯度，利用 Hamilton 算子表示，分别为

$$\boldsymbol{\varphi}\boldsymbol{\nabla} = \frac{\partial \boldsymbol{\varphi}}{\partial x^i} \boldsymbol{g}^i = \frac{\mathrm{d}\boldsymbol{\varphi}}{\mathrm{d}\boldsymbol{x}}, \quad \boldsymbol{\nabla}\boldsymbol{\varphi} = \boldsymbol{g}^i \frac{\partial \boldsymbol{\varphi}}{\partial x^i} \tag{1.129}$$

利用乘积的求导法则可以得到 $\dfrac{\partial \boldsymbol{\varphi}}{\partial x^i}$ 的分量形式。以三阶张量 $\boldsymbol{\varphi}$ 为例，考虑分量及每个基向量的导数，适当改变哑指标，有

$$\begin{aligned}
\frac{\partial \boldsymbol{\varphi}}{\partial x^t} &= \boldsymbol{\varphi}_{,t} = \partial_t \left(\varphi^{ij}{}_k \boldsymbol{g}_i \boldsymbol{g}_j \boldsymbol{g}^k\right) \\
&= \varphi^{ij}{}_{k,t} \boldsymbol{g}_i \boldsymbol{g}_j \boldsymbol{g}^k + \varphi^{rj}{}_k \Gamma_{tr}^l \boldsymbol{g}_l \boldsymbol{g}_j \boldsymbol{g}^k + \varphi^{ir}{}_k \Gamma_{tr}^l \boldsymbol{g}_i \boldsymbol{g}_l \boldsymbol{g}^k - \varphi^{ij}{}_k \Gamma_{tr}^k \boldsymbol{g}_i \boldsymbol{g}_j \boldsymbol{g}^r \\
&= \left(\varphi^{ij}{}_{k,t} + \Gamma_{tr}^i \varphi^{rj}{}_k + \Gamma_{tr}^j \varphi^{ir}{}_k - \Gamma_{tk}^r \varphi^{ij}{}_r\right) \boldsymbol{g}_i \boldsymbol{g}_j \boldsymbol{g}^k \\
&= \nabla_t \varphi^{ij}{}_k \boldsymbol{g}_i \boldsymbol{g}_j \boldsymbol{g}^k
\end{aligned} \tag{1.130}$$

$$\nabla_t \varphi^{ij}{}_k = \varphi^{ij}{}_{k,t} + \Gamma^i_{tr}\varphi^{rj}{}_k + \Gamma^j_{tr}\varphi^{ir}{}_k - \Gamma^r_{tk}\varphi^{ij}{}_r \tag{1.130a}$$

式中，$\nabla_t \varphi^{ij}{}_k$ 称为张量 $\boldsymbol{\varphi}$ 的混合分量的协变导数，也记做 $\varphi^{ij}{}_{k;t}$ 或 $\varphi^{ij}{}_k|_t$。

利用式 (1.130) 可以证明 $\nabla_t \varphi^{ij}{}_k$ 满足张量转换关系。当三个基向量指标的上下位置为各种组合时，用类似方法推导可得到协变导数的其他分量形式。

将 $\boldsymbol{\varphi}$ 的协变导数代入式 (1.129)，$\boldsymbol{\varphi}$ 的左梯度和右梯度为

$$\begin{aligned}
\boldsymbol{\nabla\varphi} &= \nabla_t \varphi^{ij}{}_k \boldsymbol{g}^t \boldsymbol{g}_i \boldsymbol{g}_j \boldsymbol{g}^k = \nabla_t \varphi^{ijk} \boldsymbol{g}^t \boldsymbol{g}_i \boldsymbol{g}_j \boldsymbol{g}_k = \nabla_t \varphi_{ijk} \boldsymbol{g}^t \boldsymbol{g}^i \boldsymbol{g}^j \boldsymbol{g}^k = \cdots \\
&= \nabla^t \varphi^{ij}{}_k \boldsymbol{g}_t \boldsymbol{g}_i \boldsymbol{g}_j \boldsymbol{g}^k = \nabla^t \varphi^{ijk} \boldsymbol{g}_t \boldsymbol{g}_i \boldsymbol{g}_j \boldsymbol{g}_k = \nabla^t \varphi_{ijk} \boldsymbol{g}_t \boldsymbol{g}^i \boldsymbol{g}^j \boldsymbol{g}^k = \cdots \\
\boldsymbol{\varphi\nabla} &= \nabla_t \varphi^{ij}{}_k \boldsymbol{g}_i \boldsymbol{g}_j \boldsymbol{g}^k \boldsymbol{g}^t = \nabla_t \varphi^{ijk} \boldsymbol{g}_i \boldsymbol{g}_j \boldsymbol{g}_k \boldsymbol{g}^t = \nabla_t \varphi_{ijk} \boldsymbol{g}^i \boldsymbol{g}^j \boldsymbol{g}^k \boldsymbol{g}^t = \cdots \\
&= \nabla^t \varphi^{ij}{}_k \boldsymbol{g}_i \boldsymbol{g}_j \boldsymbol{g}^k \boldsymbol{g}_t = \nabla^t \varphi^{ijk} \boldsymbol{g}_i \boldsymbol{g}_j \boldsymbol{g}_k \boldsymbol{g}_t = \nabla^t \varphi_{ijk} \boldsymbol{g}^i \boldsymbol{g}^j \boldsymbol{g}^k \boldsymbol{g}_t = \cdots
\end{aligned}$$

$\boldsymbol{\nabla\varphi}$ 和 $\boldsymbol{\varphi\nabla}$ 是两个不同的四阶张量。

对于二阶张量 $\boldsymbol{A}$，各种协变导数分量为

$$\left.\begin{aligned}
\nabla_k a_{ij} &= a_{ij;k} = a_{ij,k} - a_{rj}\Gamma^r_{ki} - a_{ir}\Gamma^r_{kj} \\
\nabla_k a^i{}_j &= a^i{}_{j;k} = a^i{}_{j,k} + a^r{}_j\Gamma^i_{kr} - a^i{}_r\Gamma^r_{kj} \\
\nabla_k a_j{}^{\,}{}^{j}{}_i &= a^j{}_{i;k} = a^j{}_{i,k} + a^r{}_i\Gamma^j_{kr} - a^j{}_r\Gamma^r_{ki} \\
\nabla_k a^{ij} &= a^{ij}{}_{;k} = a^{ij}{}_{,k} + a^{rj}\Gamma^i_{kr} + a^{ir}\Gamma^j_{kr}
\end{aligned}\right\} \tag{1.131}$$

式 (1.130a) 和式 (1.131) 表明，n 阶张量协变导数的每种分量形式包含 $n+1$ 项，第一项是该分量的普通导数，以后 n 项由 n 个基向量的导数产生，为张量分量与 Christoffel 符号之积，与该基向量对应的分量指标改为哑坐标，其余指标保持不变，逆变基向量对应负号。

对于度量张量应用上式，注意到式 (1.110)、式 (1.108) 和式 (1.107)，可以证明度量张量的协变导数等于零

$$\left.\begin{aligned}
\nabla_k g_{ij} &= g_{ij,k} - g_{rj}\Gamma^r_{ik} - g_{ir}\Gamma^r_{kj} = \Gamma_{kij} + \Gamma_{kji} - \Gamma_{ikj} - \Gamma_{kji} = 0 \\
\nabla_k g^{ij} &= \left(\boldsymbol{g}^i \cdot \boldsymbol{g}^j\right)_{,k} + g^{rj}\Gamma^i_{kr} + g^{ir}\Gamma^j_{rk} = \boldsymbol{g}^i{}_{,k} \cdot \boldsymbol{g}^j + \boldsymbol{g}^i \cdot \boldsymbol{g}^i{}_{,k} + g^{rj}\Gamma^i_{kr} + g^{ir}\Gamma^j_{rk} = 0
\end{aligned}\right\} \tag{1.132}$$

或 $\boldsymbol{\nabla I} = 0$，式 (1.132) 称为 Ricci 定理。

下面证明置换张量的协变导数等于零。根据乘积求导规则，有

$$\begin{aligned}
\frac{\partial \boldsymbol{E}}{\partial x^t} &= \nabla_t \varepsilon^{ijk} \boldsymbol{g}_i \boldsymbol{g}_j \boldsymbol{g}_k = \partial_t \left(\varepsilon^{ijk} \boldsymbol{g}_i \boldsymbol{g}_j \boldsymbol{g}_k\right) = \partial_t \left(\left[\boldsymbol{g}^i \boldsymbol{g}^j \boldsymbol{g}^k\right] \boldsymbol{g}_i \boldsymbol{g}_j \boldsymbol{g}_k\right) \\
&= \left(\left[\partial_t \boldsymbol{g}^i \boldsymbol{g}^j \boldsymbol{g}^k\right] + \left[\boldsymbol{g}^i \partial_t \boldsymbol{g}^j \boldsymbol{g}^k\right] + \left[\boldsymbol{g}^i \boldsymbol{g}^j \partial_t \boldsymbol{g}^k\right]\right) \boldsymbol{g}_i \boldsymbol{g}_j \boldsymbol{g}_k + \\
&\quad \left[\boldsymbol{g}^i \boldsymbol{g}^j \boldsymbol{g}^k\right] \left(\partial_t \boldsymbol{g}_i \boldsymbol{g}_j \boldsymbol{g}_k + \boldsymbol{g}_i \partial_t \boldsymbol{g}_j \boldsymbol{g}_k + \boldsymbol{g}_i \boldsymbol{g}_j \partial_t \boldsymbol{g}_k\right) \\
&= \left(-\Gamma^i_{ts}\left[\boldsymbol{g}^s \boldsymbol{g}^j \boldsymbol{g}^k\right] - \Gamma^j_{ts}\left[\boldsymbol{g}^i \boldsymbol{g}^s \boldsymbol{g}^k\right] - \Gamma^k_{ts}\left[\boldsymbol{g}^i \boldsymbol{g}^j \boldsymbol{g}^s\right]\right) \boldsymbol{g}_i \boldsymbol{g}_j \boldsymbol{g}_k + \\
&\quad \left[\boldsymbol{g}^i \boldsymbol{g}^j \boldsymbol{g}^k\right] \left(\Gamma^s_{ti} \boldsymbol{g}_s \boldsymbol{g}_j \boldsymbol{g}_k + \Gamma^s_{tj} \boldsymbol{g}_i \boldsymbol{g}_s \boldsymbol{g}_k + \Gamma^s_{tk} \boldsymbol{g}_i \boldsymbol{g}_j \boldsymbol{g}_s\right) = \boldsymbol{0}
\end{aligned}$$

所以

$$\nabla_t \varepsilon^{ijk} = \nabla_t \varepsilon_{ijk} = 0 \tag{1.133}$$

由于度量张量和置换张量的协变导数等于零，所以它们可以像常数一样移到协变导数符号之外或之内。

利用协变导数的定义式 (1.130)，还可以证明协变导数的一些运算法则，例如：

(1) 由 $\partial_m(\boldsymbol{AB}) = (\partial_m \boldsymbol{A})\boldsymbol{B} + \boldsymbol{A}(\partial_m \boldsymbol{B})$，可以证明

$$\nabla_m(A_{ij}B_{kl}) = (\nabla_m A_{ij})B_{kl} + A_{ij}\nabla_m B_{kl}$$

(2) 由 $\partial_m(\boldsymbol{A}\cdot\boldsymbol{B}) = (\partial_m \boldsymbol{A})\cdot\boldsymbol{B} + \boldsymbol{A}\cdot(\partial_m \boldsymbol{B})$，可以证明

$$\nabla_m\left(A_{ij}B^{jl}\right) = (\nabla_m A_{ij})B^{jl} + A_{ij}\nabla_m B^{jl}$$

一般地，有

$$\nabla_t\left(\alpha\varphi^{i\cdots j}{}_{k\cdots l} + \beta\psi^{i\cdots j}{}_{k\cdots l}\right) = \alpha\nabla_t\varphi^{i\cdots j}{}_{k\cdots l} + \beta\nabla_t\psi^{i\cdots j}{}_{k\cdots l}$$

$$\nabla_t\left(\varphi^{i\cdots j}{}_{k\cdots l}\psi^{r\cdots s}{}_{m\cdots n}\right) = \left(\nabla_t\varphi^{i\cdots j}{}_{k\cdots l}\right)\psi^{r\cdots s}{}_{m\cdots n} + \varphi^{i\cdots j}{}_{k\cdots l}\left(\nabla_t\psi^{r\cdots s}{}_{m\cdots n}\right)$$

式中，α, β 为常数。但上面各式不能写成算子形式，例如

$$\begin{aligned}\boldsymbol{\nabla}(\boldsymbol{AB}) &= \boldsymbol{g}^m\partial_{\boldsymbol{m}}(\boldsymbol{AB}) = \boldsymbol{g}^m((\partial_m\boldsymbol{A})\boldsymbol{B} + \boldsymbol{A}(\partial_m\boldsymbol{B}))\\ &\neq (\boldsymbol{g}^m\partial_m\boldsymbol{A})\boldsymbol{B} + \boldsymbol{A}(\boldsymbol{g}^m\partial_m\boldsymbol{B}) = (\boldsymbol{\nabla}\boldsymbol{A})\boldsymbol{B} + \boldsymbol{A}(\boldsymbol{\nabla}\boldsymbol{B})\end{aligned}$$

同样地，$\boldsymbol{\nabla}(\boldsymbol{A}\cdot\boldsymbol{B}) \neq (\boldsymbol{\nabla}\boldsymbol{A})\cdot\boldsymbol{B} + \boldsymbol{A}\cdot(\boldsymbol{\nabla}\boldsymbol{B})$，这是因为算子 $\boldsymbol{\nabla}$ 具有向量性，不能与向量或张量交换位置。

将第 1.16 节中引入的微分算子应用于任意阶张量，则得到张量场的梯度、散度、旋度等。

如果以三阶张量 $\boldsymbol{\varphi} = \varphi^{ij}{}_k\boldsymbol{g}_i\boldsymbol{g}_j\boldsymbol{g}^k$ 为例，有

$$\boldsymbol{\nabla}\boldsymbol{\varphi} = \mathrm{grad}\boldsymbol{\varphi} = \boldsymbol{g}^t\partial_t\boldsymbol{\varphi} = \nabla_t\varphi^{ij}{}_k\boldsymbol{g}^t\boldsymbol{g}_i\boldsymbol{g}_j\boldsymbol{g}^k \quad (\text{左梯度})$$

$$\boldsymbol{\varphi}\boldsymbol{\nabla} = \partial_t\boldsymbol{\varphi}\boldsymbol{g}^t = \nabla_t\varphi^{ij}{}_k\boldsymbol{g}_i\boldsymbol{g}_j\boldsymbol{g}^k\boldsymbol{g}^t \quad (\text{右梯度})$$

$$\boldsymbol{\nabla}\cdot\boldsymbol{\varphi} = \mathrm{div}\boldsymbol{\varphi} = \boldsymbol{g}^t\cdot\partial_t\boldsymbol{\varphi} = \boldsymbol{g}^t\cdot\nabla_t\boldsymbol{g}_i\boldsymbol{g}_j\boldsymbol{g}^k = \nabla_t\varphi^{tj}{}_k\boldsymbol{g}_j\boldsymbol{g}^k \quad (\text{左散度})$$

$$\boldsymbol{\varphi}\cdot\boldsymbol{\nabla} = \partial_t\boldsymbol{\varphi}\cdot\boldsymbol{g}^t = \nabla_t\varphi^{ij}{}_k\boldsymbol{g}_i\boldsymbol{g}_j\boldsymbol{g}^k\cdot\boldsymbol{g}^t = \nabla_t\varphi^{ijt}\boldsymbol{g}_i\boldsymbol{g}_j \quad (\text{右散度})$$

$$\boldsymbol{\nabla}\times\boldsymbol{\varphi} = \mathrm{rot}\boldsymbol{\varphi} = \boldsymbol{g}^t\times\partial_t\boldsymbol{\varphi} = \boldsymbol{g}^t\times\nabla_t\varphi_{ij}^k\boldsymbol{g}^i\boldsymbol{g}^j\boldsymbol{g}_k = \varepsilon^{sti}\nabla_t\varphi_{ij}{}^k\boldsymbol{g}_s\boldsymbol{g}^j\boldsymbol{g}_k \quad (\text{左旋度})$$

$$\boldsymbol{\varphi}\times\boldsymbol{\nabla} = \partial_t\boldsymbol{\varphi}\times\boldsymbol{g}^t = \nabla_t\varphi_{ijk}\boldsymbol{g}^i\boldsymbol{g}^j\boldsymbol{g}^k\times\boldsymbol{g}^t = \varepsilon^{kts}\nabla_t\varphi_{ijk}\boldsymbol{g}^i\boldsymbol{g}^j\boldsymbol{g}_s \quad (\text{右旋度})$$

$$\begin{aligned}\boldsymbol{\nabla}\cdot\boldsymbol{\nabla}\boldsymbol{\varphi} = \boldsymbol{\nabla}^2\boldsymbol{\varphi} &= \mathrm{div}(\mathrm{grad}\boldsymbol{\varphi}) = \boldsymbol{g}^s\cdot\partial_s\left(\nabla_t\varphi^{ij}{}_k\boldsymbol{g}^t\boldsymbol{g}_i\boldsymbol{g}_j\boldsymbol{g}^k\right) = \boldsymbol{g}^s\cdot\left(\nabla_s\nabla_t\varphi^{ij}{}_k\boldsymbol{g}^t\boldsymbol{g}_i\boldsymbol{g}_j\boldsymbol{g}^k\right)\\ &= \nabla^t\nabla_t\varphi^{ij}{}_k\boldsymbol{g}_i\boldsymbol{g}_j\boldsymbol{g}^k \quad (\text{Laplace 运算})\end{aligned}$$

1.17 张量微分运算与代数运算的比较

张量的微分运算和代数运算是张量的两种主要运算，也是应用中最常见的。这两种运算在形式上有许多相同点，为了便于掌握张量微分运算规律和正确应用，下面举例说明。

二阶张量 $\boldsymbol{T}$ 对坐标取偏导数得到的分量是协变导数

$$\frac{\partial \boldsymbol{T}}{\partial x^t} = \frac{\partial}{\partial x^t}\left(T_{ij}\boldsymbol{g}^i\boldsymbol{g}^j\right) = \nabla_t T_{ij}\boldsymbol{g}^i\boldsymbol{g}^j = \cdots \text{ (不同分量)} \tag{a}$$

式中，导数既要考虑张量分量随坐标的变化也要考虑并矢随坐标的变化，在应用协变导数符号 ∇_t 表示后，从形式上看 ∇_t 只作用于分量 T_{ij}，其实两种变化已经隐含在 ∇_t 的定义之中。

二阶张量 $\boldsymbol{T}$ 对坐标的偏导数与逆变基向量的并积为左梯度和右梯度，左梯度的分量即是协变导数，右梯度的分量是协变导数的一种指标“轮换”，可用微分算子表示为

$$\left.\begin{aligned}\boldsymbol{\nabla T} &= \boldsymbol{g}^t\frac{\partial \boldsymbol{T}}{\partial x^t} = \nabla_t T_{ij}\boldsymbol{g}^t\boldsymbol{g}^i\boldsymbol{g}^j = \cdots \text{ (不同分量)}\\ \boldsymbol{T\nabla} &= \frac{\partial \boldsymbol{T}}{\partial x^t}\boldsymbol{g}^t = \nabla_t T_{ij}\boldsymbol{g}^i\boldsymbol{g}^j\boldsymbol{g}^t = \cdots \text{ (不同分量)}\end{aligned}\right\} \tag{b}$$

式中，算子 $\boldsymbol{\nabla}$ 在形式上相当于一个向量，例如 $\boldsymbol{T}$ 的梯度形式与 $\boldsymbol{a}$ (向量)、$\boldsymbol{T}$ 的并积形式相同：

$$\boldsymbol{aT} = a_t T_{ij}\boldsymbol{g}^t\boldsymbol{g}^i\boldsymbol{g}^j = \cdots$$

$$\boldsymbol{Ta} = a_t T_{ij}\boldsymbol{g}^i\boldsymbol{g}^j\boldsymbol{g}^t = \cdots$$

类似地，还可以进行下列比较：

$$\begin{aligned}\boldsymbol{\nabla}\cdot\boldsymbol{T} &= \boldsymbol{g}^t\cdot\frac{\partial \boldsymbol{T}}{\partial x^t} = \boldsymbol{g}^t\cdot\left(\nabla_t T^{ij}\boldsymbol{g}_i\boldsymbol{g}_j\right) = \nabla_t T^{tj}\boldsymbol{g}_j = \cdots\\ \boldsymbol{T}\cdot\boldsymbol{\nabla} &= \frac{\partial \boldsymbol{T}}{\partial x^t}\cdot\boldsymbol{g}^t = \left(\nabla_t T^{ij}\boldsymbol{g}_i\boldsymbol{g}_j\right)\cdot\boldsymbol{g}^t = \nabla_t T^{it}\boldsymbol{g}_i = \cdots\end{aligned} \quad \text{和} \quad \begin{aligned}\boldsymbol{a}\cdot\boldsymbol{T} &= a_t T^{tj}\boldsymbol{g}_j = \cdots\\ \boldsymbol{T}\cdot\boldsymbol{a} &= a_t T^{it}\boldsymbol{g}_i = \cdots\end{aligned}$$

$$\begin{aligned}\boldsymbol{\nabla}\times\boldsymbol{T} &= \boldsymbol{g}^t\times\frac{\partial \boldsymbol{T}}{\partial x^t} = \boldsymbol{g}^t\times\left(\nabla_t T_{ij}\boldsymbol{g}^i\boldsymbol{g}^j\right) = \varepsilon^{tim}\nabla_t T_{ij}\boldsymbol{g}_m\boldsymbol{g}^j = \cdots\\ \boldsymbol{T}\times\boldsymbol{\nabla} &= \frac{\partial \boldsymbol{T}}{\partial x^t}\times\boldsymbol{g}^t = \left(\nabla_t T_{ij}\boldsymbol{g}^i\boldsymbol{g}^j\right)\times\boldsymbol{g}^t = \varepsilon^{jtm}\nabla_t T_{ij}\boldsymbol{g}^i\boldsymbol{g}_m = \cdots\end{aligned} \quad \text{和}$$

$$\boldsymbol{a}\times\boldsymbol{T} = \varepsilon^{tim}a_t T_{ij}\boldsymbol{g}_m\boldsymbol{g}^j = \cdots$$

$$\boldsymbol{T}\times\boldsymbol{a} = \varepsilon^{jtm}a_t T_{ij}\boldsymbol{g}^i\boldsymbol{g}_m = \cdots$$

可见，从 $\dfrac{\partial}{\partial x^t}$ 到 ∇_t 的“转换”是张量微分运算中最重要的一步，接下来的便是基向量的代数运算了，并且在形式上相当于“向量” $\boldsymbol{\nabla}$ 与张量的代数运算。因此微分运算与代数运算具有形式可比性。若 $\boldsymbol{\varphi}$ 为任意阶张量，上述转换过程可以表示为

$$\begin{aligned}\boldsymbol{\nabla}*\boldsymbol{\varphi} &\equiv \boldsymbol{g}^t*\frac{\partial \boldsymbol{\varphi}}{\partial x^t} = \boldsymbol{g}^t*\left(\nabla_t\varphi^{i\cdots j}{}_{k\cdots l}\boldsymbol{g}_i\cdots\boldsymbol{g}_j\boldsymbol{g}^k\cdots\boldsymbol{g}^l\right)\\ &= \nabla_t\varphi^{i\cdots j}{}_{k\cdots l}\boldsymbol{g}^t*\boldsymbol{g}_i\cdots\boldsymbol{g}_j\boldsymbol{g}^k\cdots\boldsymbol{g}^l\end{aligned} \tag{1.134}$$

$$\boldsymbol{\varphi} * \boldsymbol{\nabla} \equiv \frac{\partial \boldsymbol{\varphi}}{\partial x^t} * \boldsymbol{g}^t = \left(\nabla_t \varphi^{i\cdots j}{}_{k\cdots l} \boldsymbol{g}_i \cdots \boldsymbol{g}_j \boldsymbol{g}^k \cdots \boldsymbol{g}^l\right) * \boldsymbol{g}^t$$
$$= \nabla_t \varphi^{i\cdots j}{}_{k\cdots l} \boldsymbol{g}_i \cdots \boldsymbol{g}_j \boldsymbol{g}^k \cdots \boldsymbol{g}^l * \boldsymbol{g}^t \tag{1.135}$$

当 “$*$” 代表并积、点积和叉积时，分别得到左、右梯度、散度和旋度。

正因为微分运算和代数运算类似，最后都归结为基向量的代数运算，所以分量指标 (包括原张量指标和算子指标) 的主要特征与代数运算相同，例如：

(1) 分量中的自由指标来自基向量的并积，算子为自由指标时对应梯度；

(2) 分量中的哑指标来自基向量的点积，算子为哑指标时对应散度；

(3) 分量中的置换张量来自基向量的叉积，算子与置换张量指标组成一对哑指标时对应旋度。

需要指出，式 (1.134) 和式 (1.135) 中可以引入逆变导数 ∇^t (相当于微分算子的上标)，逆变导数是利用协变导数定义的，$\nabla^t(\ ) = g^{tr}\nabla_r(\ )$，不是新的运算。此外，在分量形式中算子 ∇_t 或 ∇^t 的位置显然必须在微分对象的张量分量之前 (例如 $\nabla_t T_{ij}$)，而不能像向量那样可以改变位置 (例如 $a_t T_{ij}$ 可以写作 $T_{ij} a_t$ 等)。

在张量定义和代数运算中 (第 1.6 节和第 1.7 节) 指出，张量指标上、下位置的改变只是该张量分量形式的变化，而指标顺序改变，一般说来将变成新的张量。在张量微分中也同样如此，所以

$$\boldsymbol{\nabla}(\boldsymbol{\varphi} * \boldsymbol{\psi}) \neq \boldsymbol{\nabla}\boldsymbol{\varphi} * \boldsymbol{\psi} + \boldsymbol{\varphi} * \boldsymbol{\nabla}\boldsymbol{\psi}$$

$$\boldsymbol{\nabla} * (\boldsymbol{\varphi}\boldsymbol{\psi}) \neq \boldsymbol{\nabla} * \boldsymbol{\varphi}\boldsymbol{\psi} + \boldsymbol{\varphi}\boldsymbol{\nabla} * \boldsymbol{\psi}$$

右端第二项基向量的顺序已经改变。此外，并矢式 (1.134) 和式 (1.135) 中微分算子对应的基向量 $\boldsymbol{g}^t$ 分别在前后位置与相邻基向量运算，所以 $\boldsymbol{\nabla} * \boldsymbol{\varphi}$ 和 $\boldsymbol{\varphi} * \boldsymbol{\nabla}$ 是不同张量。在特殊情况下，当 φ 为标量时，

$$\boldsymbol{\nabla}\varphi = \varphi\boldsymbol{\nabla} = \varphi_{,t}\boldsymbol{g}^t$$

当 $\boldsymbol{\varphi}$ 为向量时，

$$\boldsymbol{\nabla}\boldsymbol{\varphi} = (\boldsymbol{\varphi}\boldsymbol{\nabla})^{\mathrm{T}}, \quad \boldsymbol{\nabla}\cdot\boldsymbol{\varphi} = \boldsymbol{\varphi}\cdot\boldsymbol{\nabla}, \quad \boldsymbol{\nabla}\times\boldsymbol{\varphi} = -\boldsymbol{\varphi}\times\boldsymbol{\nabla}$$

当 $\boldsymbol{\varphi}$ 为二阶张量时，

$$\boldsymbol{\nabla}\cdot\boldsymbol{\varphi} = \boldsymbol{\varphi}^{\mathrm{T}}\cdot\boldsymbol{\nabla}, \quad \boldsymbol{\nabla}\times\boldsymbol{\varphi} = -\boldsymbol{\varphi}^{\mathrm{T}}\times\boldsymbol{\nabla}$$

在一般情况下，$\boldsymbol{\nabla} * \boldsymbol{\varphi}$ 和 $\boldsymbol{\varphi} * \boldsymbol{\nabla}$ 互为指标的依次 “轮换” (不是代数运算中两个指标的置换)。

利用式 (1.134) 和式 (1.135)，很容易证明上述关系。

1.18 二阶协变导数、曲率张量

如前所述，张量的协变导数是更高一阶的张量，对它们再取一次协变导数，就得到二阶协变导数，所以二阶协变导数是比原张量高两阶的张量。例如向量 $\boldsymbol{v}$ 的二阶协变导数，利用式 (1.118) 和式 (1.131)，有

$$v_{j;kl} \equiv (v_{j;k})_{;l} = \left(v_{j,k} - v_m \Gamma^m_{jk}\right)_{,l} - \left(v_{r,k} - v_m \Gamma^m_{rk}\right)\Gamma^r_{lj} - \left(v_{j,r} - v_m \Gamma^m_{jr}\right)\Gamma^r_{lk}$$

普通二阶偏导数的求导次序是可以交换的，为了讨论二阶协变导数的次序能否交换，可以改变上式的求导次序，得到

$$v_{j;lk} \equiv (v_{j;l})_{;k} = \left(v_{j,l} - v_m \Gamma^m_{jl}\right)_{,k} - \left(v_{r,l} - v_m \Gamma^m_{rl}\right)\Gamma^r_{kj} - \left(v_{j,r} - v_m \Gamma^m_{jr}\right)\Gamma^r_{kl}$$

将上两式相减，注意到 $\Gamma^r_{kl} = \Gamma^r_{lk}$，有

$$\begin{aligned}
v_{j;kl} - v_{j;lk} &= (v_{j;k})_{;l} - (v_{j;l})_{;k} \\
&= v_{j,kl} - v_m \Gamma^m_{jk,l} - v_{m,l}\Gamma^m_{jk} - \left(v_{r,k} - v_m \Gamma^m_{rk}\right)\Gamma^r_{lj} - \left(v_{j,r} - v_m \Gamma^m_{jr}\right)\Gamma^r_{lk} - \\
&\quad v_{j,lk} + v_m \Gamma^m_{jl,k} + v_{m,k}\Gamma^m_{jl} + \left(v_{r,l} - v_m \Gamma^m_{rl}\right)\Gamma^r_{kj} + \left(v_{j,r} - v_m \Gamma^m_{jr}\right)\Gamma^r_{kl} \\
&= v_m \left(\Gamma^m_{jl,k} - \Gamma^m_{jk,l} + \Gamma^m_{rk}\Gamma^r_{jl} - \Gamma^m_{rl}\Gamma^r_{jk}\right) \\
&= v_m R^m{}_{jkl}
\end{aligned} \tag{1.136}$$

式中

$$R^m{}_{jkl} = \Gamma^m_{jl,k} - \Gamma^m_{jk,l} + \Gamma^m_{rk}\Gamma^r_{jl} - \Gamma^m_{rl}\Gamma^r_{jk} \tag{1.137}$$

由式 (1.136)，根据商法则，$R^m{}_{jkl}$ 为四阶张量，称为 Riemann-Christoffel 张量 (或曲率张量)，记作

$$\boldsymbol{R} = R^m{}_{jkl}\boldsymbol{g}_m \boldsymbol{g}^j \boldsymbol{g}^k \boldsymbol{g}^l$$

将上标 m 下降，注意到式 (1.110)，有

$$g_{im}\Gamma^m_{jl,k} = \left(g_{im}\Gamma^m_{jl}\right)_{,k} - \Gamma^m_{jl} g_{im,k} = \Gamma_{jli,k} - \Gamma^m_{jl}\left(\Gamma_{kim} + \Gamma_{kmi}\right)$$

和

$$g_{im}\Gamma^m_{jk,l} = \Gamma_{jki,l} - \Gamma^m_{jk}\left(\Gamma_{ilm} + \Gamma_{mli}\right)$$

代入式 (1.137)，利用式 (1.111a)，得

$$\begin{aligned}
R_{ijkl} = g_{im}R^m{}_{jkl} &= \Gamma_{jli,k} - \Gamma_{jki,l} + \Gamma^m_{jk}\Gamma_{ilm} - \Gamma^m_{jl}\Gamma_{ikm} \\
&= \frac{1}{2}\left(g_{il,jk} + g_{jk,il} - g_{ik,jl} - g_{jl,ik}\right) + g^{mn}\left(\Gamma_{jkn}\Gamma_{ilm} - \Gamma_{jln}\Gamma_{ikm}\right)
\end{aligned} \tag{1.137a}$$

可见，R_{ijkl} 对于指标 i、j 反对称，对于 k、l 反对称，对于 i、j 和 k、l 对称，所以前两个指标或后两个指标相同的分量为零 (例如 $R_{11kl} = -R_{11kl} = 0$)，前两个指标或后两个指标各自交换的分量大小相等符号相反 ($R_{ijkl} = -R_{jikl}$，$R_{ijkl} = -R_{ijlk}$)，前两个指标同时依次与后两个指标交换，分量不变 ($R_{ijkl} = R_{klij}$)。这样 R_{ijkl} 的 81 个分量中，只有 6 个非零独立分量，即 R_{1212}、R_{1313}、R_{2323}、R_{1213}、R_{2123}、R_{3132}。

可以证明上述 6 个分量还需要满足 3 个微分方程 (称为 Bianchi 恒等式)：

$$R_{lpij;k} + R_{lpjk;i} + R_{lpki;j} = 0 \tag{1.138}$$

由于 R_{ijkl} 的特点，实际上式 (1.138) 绝大多数为 $0=0$。因此 6 个分量并不互相独立。

由式 (1.137) 看到，曲率张量的分量只与 Christoffel 符号有关，因而只与度量张量有关。另一方面 $\boldsymbol{R}$ 作为张量在给定的坐标变换群内又与坐标系无关，所以曲率张量反映了我们所考虑的坐标系集合的性质，或者说反映了所应用的空间的性质。

三维欧几里德 (Euclidean) 空间是指欧几里德几何学成立的空间，因此有两点间只能连一条直线，平行线不相交等公理。在此空间中：(1) 直线坐标系是容许的；(2) 向量的点积 (因而度量张量) 有定义。如果在这个空间的坐标系集合内，取任一斜角直线坐标系，那么各点处的坐标基向量相同，Christoffel 符号恒等于零，所以曲率张量为零。由坐标转换关系可知，在任何可由斜角直线坐标系通过坐标转换得到的曲线坐标系中，均有

$$\boldsymbol{R}=\boldsymbol{0} \tag{1.139}$$

如果物体变形之前建立的坐标系 $\boldsymbol{R}=\boldsymbol{0}$，在受力后设想坐标系与物体一起连续变形，从而形成一个新的坐标系，也有 $\boldsymbol{R}=\boldsymbol{0}$。新旧坐标系的差别实际上反映物体的变形，因而新坐标系 $\boldsymbol{R}=\boldsymbol{0}$ 的性质反映了变形的规律，在第 2 章中，式 (1.139) 将用于建立变形协调条件。

在欧几里德空间中，必然存在笛卡儿 (Cartesian) 坐标系，所以欧几里德空间也称为笛卡儿空间。一维欧氏空间 E^1 是一条直线 (实数轴)，二维欧氏空间 E^2 是无限大平面，每个几何点的位置与两个有序实数 (坐标) 一一对应，其中包括直角坐标，也可以是极坐标和其他与直角坐标有坐标变换关系的平面曲线坐标。三维欧氏空间 E^3 就是本节之前所讨论的空间，E^3 中坐标系的集合由第 1.13 节中的坐标转换关系 $x^i=x^i\left(x^{i'}\right)$(式 (1.97)) 定义，其中 x^i 是直角坐标或斜角直线坐标 (i、i' 的变程为 3)，向量 $\boldsymbol{u}$、$\boldsymbol{v}$ 的点积为 $\boldsymbol{u}\cdot\boldsymbol{v}=u^iv_i=g_{ij}u^iv^j$，$\sqrt{\boldsymbol{u}\cdot\boldsymbol{u}}$ 为 $\boldsymbol{u}$ 的模。n 维欧氏空间 E^n 是上述坐标转换关系 $x^i=x^i\left(x^{i'}\right)$ 和点积定义从三维到 n 维 (指标变程为 n) 的推广。

本章所讨论的张量理论属于三维欧氏空间，只在第 1.24 节涉及二维非欧空间 (曲面)。曲率张量 $\boldsymbol{R}$ 等于零是欧氏空间的充分必要条件。

将不一定满足欧氏空间条件 (1)(即不一定能够建立直线坐标系)，只满足条件 (2) 的空间称为黎曼 (Riemann) 空间，在黎曼空间中曲率张量不一定等于零，显然欧氏空间是黎曼空间的子空间。为了形象地说明曲率张量和黎曼空间的意义，以二维空间 (曲面) 为例，如果我们讨论的问题局限于某一曲面之内，该曲面就是二维空间。曲面理论指出 (详见第 1.24 节)，二维四阶曲率张量 $\boldsymbol{R}$ 与曲面的曲率有关，对于曲面构成的二维空间，一般情况下 $\boldsymbol{R}\neq\boldsymbol{0}$，所以不是二维欧氏空间。例如球面，在球面上欧几里德几何学公理不再适用 (例如球面三角形内角之和大于 180° 等)，不可能建立直线坐标系，曲率张量不等于零，因此不是二维欧氏空间，而是等曲率的二维黎曼空间。如果曲面可以展成平面，同时曲面上的弧长和夹角保持不变，这样的曲面称为“可展曲面”。可以证明，可展曲面的曲率张量为零，所以可展曲面 (例如柱面和锥面)，是二维欧氏空间，可以应用欧几里德几何学。

现在回到式 (1.136)，可见当 $\boldsymbol{R}=\boldsymbol{0}$ 时，即在欧氏空间中，二阶协变导数的次序可以交换。

1.19 向量和张量场的积分定理

以向量和张量为被积函数时，积分表示无限小单元中的向量和张量在积分域内求和的极限。例如在三维欧氏空间中体积 V 内，张量 $\boldsymbol{\varphi}$ 的积分为

$$\int_{\boldsymbol{V}} \boldsymbol{\varphi}(\boldsymbol{x})\mathrm{d}V = \lim_{\Delta V \to 0} \sum_{\boldsymbol{V}} \boldsymbol{\varphi}(\boldsymbol{x})\Delta V$$

在直线坐标系中，由于基向量保持不变，可以移至积分之外，从而向量和张量的积分变为向量和张量分量的积分，即积分的分量等于分量的积分

$$\boldsymbol{\psi} = \int_{\boldsymbol{V}} \boldsymbol{\varphi}(\boldsymbol{x})\mathrm{d}V = \int_{\boldsymbol{V}} \varphi^{k\cdots l}(\boldsymbol{x})\boldsymbol{g}_k\cdots\boldsymbol{g}_l\mathrm{d}V = \psi^{k\cdots l}\boldsymbol{g}_k\cdots\boldsymbol{g}_l$$

$$\psi^{k\cdots l} = \int_{\boldsymbol{V}} \varphi^{k\cdots l}(\boldsymbol{x})\mathrm{d}V$$

但在曲线坐标系中，因为积分域内各点的局部标架不同，所以被积函数须包含并矢，不能只对分量积分。当积分域是某一曲线、曲面和体积时，则为线积分、面积分和体积分。

下述重要积分定理给出了面积分和体积分、线积分与面积分之间的关系。

1.19.1 Gauss 定理 (散度定理) 和 Green 变换

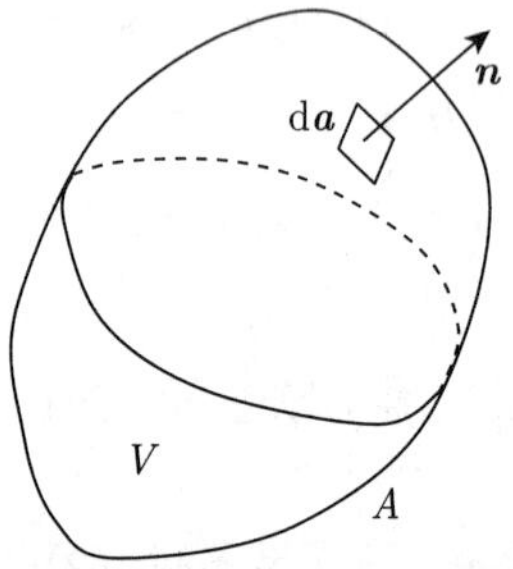

图 1.15 Gauss 定理

若 $\boldsymbol{\varphi}$ 为三维空间的向量场或张量场，A 为任意封闭曲面，V 是 A 所包围的体积 (图 1.15)，可以证明：

$$\int_V \boldsymbol{\nabla}\cdot\boldsymbol{\varphi}\mathrm{d}v = \oint_A \mathrm{d}\boldsymbol{a}\cdot\boldsymbol{\varphi}, \quad \int_V \boldsymbol{\varphi}\cdot\boldsymbol{\nabla}\mathrm{d}v = \oint_A \boldsymbol{\varphi}\cdot\mathrm{d}\boldsymbol{a} \qquad (1.140)$$

称为 Gauss 定理或散度定理。式中 $\mathrm{d}v$ 是体积元，$\mathrm{d}\boldsymbol{a}$ 为面积元向量，$\mathrm{d}\boldsymbol{a} = \mathrm{d}a\boldsymbol{n} = \mathrm{d}a_i\boldsymbol{g}^i$，$\boldsymbol{n}$ 是 $\mathrm{d}\boldsymbol{a}$ 的单位外法线向量，$\mathrm{d}a_i$ 为 $\mathrm{d}\boldsymbol{a}$ 的协变分量。

高斯定理给出了体积分与面积分间的关系，对于向量场 $\boldsymbol{\varphi}$ 有

$$\int_V \boldsymbol{\nabla}\cdot\boldsymbol{\varphi}\mathrm{d}v = \oint_A \mathrm{d}\boldsymbol{a}\cdot\boldsymbol{\varphi} \quad 或 \quad \int_V \nabla_i\varphi^i\mathrm{d}v = \oint_A \varphi^i\mathrm{d}a_i$$

式中，$\oint_A \mathrm{d}\boldsymbol{a}\cdot\boldsymbol{\varphi} = \oint_A \boldsymbol{n}\cdot\boldsymbol{\varphi}\mathrm{d}\boldsymbol{a}$，所以向量 $\boldsymbol{\varphi}$ 在体积 V 中的散度等于 $\boldsymbol{\varphi}$ 在外围曲面上法线方向分量的积分。

散度定理可以用下述方法证明。由于散度定理的成立不依赖坐标系，所以可以在直角坐标系中证明，再推广到三维欧氏空间的任意坐标系。由式 (1.140)，在标架 $\boldsymbol{e}_i$ 中，

$$\boldsymbol{\nabla}\cdot\boldsymbol{\varphi} = \boldsymbol{e}_i\cdot\frac{\partial\boldsymbol{\varphi}}{\partial x^i} = \boldsymbol{e}_1\cdot\frac{\partial\boldsymbol{\varphi}}{\partial x^1} + \boldsymbol{e}_2\cdot\frac{\partial\boldsymbol{\varphi}}{\partial x^2} + \boldsymbol{e}_3\cdot\frac{\partial\boldsymbol{\varphi}}{\partial x^3} \qquad (a)$$

先讨论积分 $\int_V \boldsymbol{e}_3 \cdot \frac{\partial \boldsymbol{\varphi}}{\partial x^3}\mathrm{d}v$，体积 V 可以看作由轴线平行于 $\boldsymbol{e}_3$、截面积为 $\mathrm{d}a_3$ 的无限小柱体组成，柱体的两个端面是表面 A 上的两个面元，它们在坐标面 x^1x^2 上的投影就是 $\mathrm{d}a_3$。于是被积函数 $\boldsymbol{e}_3 \cdot \frac{\partial \boldsymbol{\varphi}}{\partial x^3}$ 可先对坐标 x^3 (即柱体轴线) 积分 $(= \boldsymbol{e}_3 \cdot \boldsymbol{\varphi})$，再对面元投影积分，得到

$$\int_V \boldsymbol{e}_3 \cdot \frac{\partial \boldsymbol{\varphi}}{\partial x^3}\mathrm{d}v = \oint_A \mathrm{d}a_3 \boldsymbol{e}_3 \cdot \boldsymbol{\varphi}$$

类似地计算式 (a) 右端中的另外两项，注意到 $\mathrm{d}\boldsymbol{a} = \mathrm{d}a_i \boldsymbol{e}_i$，所以式 $(1.140)_1$ 成立。由

$$\boldsymbol{\varphi} \cdot \boldsymbol{\nabla} = \frac{\partial \boldsymbol{\varphi}}{\partial x^i} \cdot \boldsymbol{e}_i = \frac{\partial \boldsymbol{\varphi}}{\partial x^1} \cdot \boldsymbol{e}_1 + \frac{\partial \boldsymbol{\varphi}}{\partial x^2} \cdot \boldsymbol{e}_2 + \frac{\partial \boldsymbol{\varphi}}{\partial x^3} \cdot \boldsymbol{e}_3 \tag{b}$$

可证明式 $(1.140)_2$。

用同样的方法，可以证明下列定理：

$$\int_V \boldsymbol{\nabla}\boldsymbol{\varphi}\mathrm{d}v = \oint_A \mathrm{d}\boldsymbol{a}\boldsymbol{\varphi}, \quad \int_V \boldsymbol{\varphi}\boldsymbol{\nabla}\mathrm{d}v = \oint_A \boldsymbol{\varphi}\mathrm{d}\boldsymbol{a} \tag{1.141}$$

$$\int_V \boldsymbol{\nabla} \times \boldsymbol{\varphi}\mathrm{d}v = \oint_A \mathrm{d}\boldsymbol{a} \times \boldsymbol{\varphi}, \quad \int_V \boldsymbol{\varphi} \times \boldsymbol{\nabla}\mathrm{d}v = \oint_A \boldsymbol{\varphi} \times \mathrm{d}\boldsymbol{a} \tag{1.142}$$

式 (1.141)、式 (1.142) 和式 (1.140) 统称为 Green 变换。如果用统一的符号 “$*$” 表示并积、点积和叉积，Green 变换表为

$$\int_V \boldsymbol{\nabla} * \boldsymbol{\varphi}\mathrm{d}v = \oint_A \mathrm{d}\boldsymbol{a} * \boldsymbol{\varphi}, \quad \int_V \boldsymbol{\varphi} * \boldsymbol{\nabla}\mathrm{d}v = \oint_A \boldsymbol{\varphi} * \mathrm{d}\boldsymbol{a} \tag{1.143}$$

1.19.2 Stokes 定理

若 $\boldsymbol{\varphi}$ 为三维空间中的向量场或张量场，C 为任一简单闭合曲线 (即能够连续收缩成一点而不越过边界的闭合曲线)，A 为以 C 为边界的任一曲面 (图 1.16(a))，可以证明：

$$\int_A \mathrm{d}\boldsymbol{a} \cdot (\boldsymbol{\nabla} \times \boldsymbol{\varphi}) = \oint_C \mathrm{d}\boldsymbol{s} \cdot \boldsymbol{\varphi}, \quad \int_A (\boldsymbol{\varphi} \times \boldsymbol{\nabla}) \cdot \mathrm{d}\boldsymbol{a} = -\oint_C \boldsymbol{\varphi} \cdot \mathrm{d}\boldsymbol{s} \tag{1.144}$$

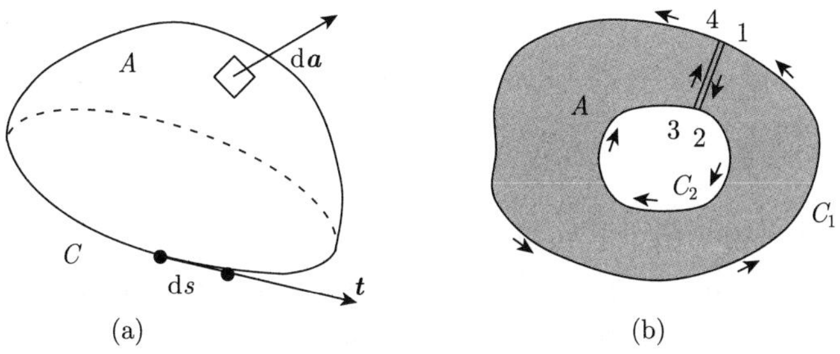

图 1.16 Stokes 定理

式 (1.144) 称为 Stokes 定理 (或 Kelvin 定理)。式中，$\mathrm{d}\boldsymbol{s}$ 为曲线 C 上的线元，若 $\mathrm{d}s$ 为线元的长度、$\boldsymbol{t}$ 为单位切线向量 (与曲面外法线符合右手法则的方向为正方向)，则 $\mathrm{d}\boldsymbol{s}=\boldsymbol{t}\mathrm{d}s=\mathrm{d}s^i\boldsymbol{g}_i$。

当曲面 A 包含内边界时 (复连通域，见图 1.16(b))，曲线 C 应该为外边界与内边界 (反向) 的和 C_1+C_2 (图中沿路径 1-2 与 3-4 的线积分互相抵消)。

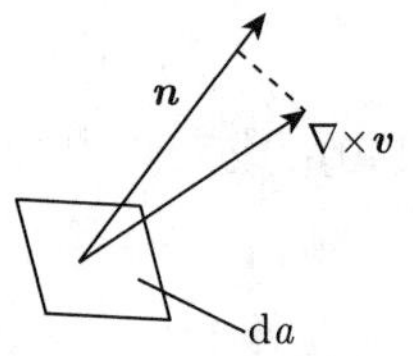

图 1.17 面元向量和旋度向量

Stokes 定理给出了线积分与面积分之间的关系。若 φ 为速度场 $\boldsymbol{v}$，式 (1.144) 为

$$\int_A \mathrm{d}\boldsymbol{a}\cdot(\boldsymbol{\nabla}\times\boldsymbol{v})=\oint_C \mathrm{d}\boldsymbol{s}\cdot\boldsymbol{v}\quad 或\quad \int_A \varepsilon^{ijk}\nabla_i v_j \mathrm{d}a_k=\oint_C v_i\mathrm{d}s^i \tag{1.145}$$

式 (1.145) 表明速度场 $\boldsymbol{v}$ 的旋度 $(\boldsymbol{\nabla}\times\boldsymbol{v})$ 在面元向量上投影 (图 1.17) 的面积分等于速度在曲面边缘切线方向投影的线积分。

1.20 正交曲线坐标系和直角坐标系中的张量分析，非完整系和物理分量

1.20.1 物理标架、物理分量和正交曲线坐标系

正交曲线坐标系是最常用的曲线坐标系。在正交曲线坐标系中，任一点处的坐标基向量互相垂直，协变基向量 $\boldsymbol{g}_i$ 与逆变基向量 $\boldsymbol{g}^i$ 方向相同，而长度和量纲一般是不同的。由式 (1.11)、式 (1.13) 和式 (1.19)，度量张量满足

$$g_{ij}=g^{ij}=0\quad(i\neq j),\quad g^{\underline{i}\,\underline{i}}=1/g_{\underline{i}\,\underline{i}},\quad g=g_{11}g_{22}g_{33} \tag{1.146}$$

式中，$\underline{i}$ 表示不对 i 求和，下同。通常令 $H_i=\sqrt{g_{\underline{i}\,\underline{i}}}$ 称为 Lamé 常数。由式 (1.10) 得到

$$\boldsymbol{g}^i=g^{\underline{i}\,\underline{i}}\boldsymbol{g}_i$$

利用式 (1.111)，第一类和第二类 Christoffel 符号为

$$\left.\begin{array}{l}
\mathit{\Gamma}_{ijk}=\mathit{\Gamma}_{ij}^{k}=0\quad(i,j,k\ 皆不相等)\\
\mathit{\Gamma}_{\underline{i}j\underline{i}}=\mathit{\Gamma}_{j\underline{i}\,\underline{i}}=\dfrac{1}{2}g_{\underline{i}\,\underline{i},j}=H_{\underline{i}}H_{\underline{i},j},\quad \mathit{\Gamma}_{\underline{i}j}^{\underline{i}}=\mathit{\Gamma}_{j\underline{i}}^{\underline{i}}=\dfrac{1}{2g_{\underline{i}\,\underline{i}}}g_{\underline{i}\,\underline{i},j}=\dfrac{H_{\underline{i},j}}{H_{\underline{i}}}\ (\underline{i}=\ 或\ \neq j,\underline{i}不求和)\\
\mathit{\Gamma}_{\underline{i}\,\underline{i}j}=-\dfrac{1}{2}g_{\underline{i}\,\underline{i},j}=-H_{\underline{i}}H_{\underline{i},j},\quad \mathit{\Gamma}_{\underline{i}\,\underline{i}}^{j}=-\dfrac{1}{2g_{\underline{j}\,\underline{j}}}g_{\underline{i}\,\underline{i},\mathrm{j}}=-\dfrac{H_{\underline{i}}H_{\underline{i},j}}{H_{\underline{j}}^2}\quad(\underline{i}\neq j;\underline{i},\underline{j}\ 不求和)
\end{array}\right\} \tag{1.147}$$

在一般曲线坐标系中，由于基向量不一定是无量纲单位向量，所以张量分量不一定具有真实的物理量纲，例如式 (1.96) 给出的球坐标 θ,φ 是弧度 (无量纲)，由式 (1.99) 给出的相应的协变基向量为长度量纲，所以速度向量沿该基向量的分量便是角速度量纲，而且如果基向量的模不是 1，则分量的大小也与实际分量值不一致，这在应用中是不方便的。为了

得到有真实物理量纲和大小的分量，需要将基向量变为无量纲单位向量 (不一定正交)，令

$$\begin{aligned}\overline{\boldsymbol{g}}_i &= \boldsymbol{g}_i/\sqrt{\boldsymbol{g}_{\underline{i}}\cdot\boldsymbol{g}_{\underline{i}}} = \boldsymbol{g}_i/\sqrt{g_{\underline{ii}}} \\ \overline{\boldsymbol{g}}^i &= \boldsymbol{g}^i/\sqrt{\boldsymbol{g}^{\underline{i}}\cdot\boldsymbol{g}^{\underline{i}}} = \boldsymbol{g}^i/\sqrt{g^{\underline{ii}}}\end{aligned} \tag{1.148}$$

式中，$\overline{\boldsymbol{g}}_i$ 和 $\overline{\boldsymbol{g}}^i$ 称为物理标架。

应该指出，与 $\overline{\boldsymbol{g}}_i$ 对应的曲线坐标系不一定存在。这是因为正常的 (或自然的) 基向量是由曲线坐标变换 $x^i = x^i\left(x^{i'}\right)$ 的导数确定的 (见式 (1.97) 和式 (1.99))，反过来若给定 $\boldsymbol{g}_{i'}$(例如 $\overline{\boldsymbol{g}}_i$)，即给定 9 个导数，并不一定能够通过积分得到对应的坐标变换，因为需要满足可积分条件才可以，就像由应变场求位移那样。所以一般说来，基向量 $\overline{\boldsymbol{g}}_i$ 并不对应某一曲线坐标系，这样的参考标架称为非完整系。有曲线坐标系与之对应的参考标架称为完整系。

可以利用 $\overline{\boldsymbol{g}}_i$ 或 $\overline{\boldsymbol{g}}^i$ 的并矢形式表示张量，例如：

$$\begin{aligned}\boldsymbol{t} &= t^{ij}\boldsymbol{g}_i\boldsymbol{g}_j = t^{ij}\sqrt{g_{\underline{ii}}}\sqrt{g_{\underline{jj}}}\left(\boldsymbol{g}_i/\sqrt{g_{\underline{ii}}}\right)\left(\boldsymbol{g}_j/\sqrt{g_{\underline{jj}}}\right) = t^{(i)(j)}\overline{\boldsymbol{g}}_i\overline{\boldsymbol{g}}_j \\ \boldsymbol{t} &= t_{(i)(j)}\overline{\boldsymbol{g}}^i\overline{\boldsymbol{g}}^i\end{aligned} \tag{1.149}$$

式中

$$t^{(i)(j)} = t^{ij}\sqrt{g_{\underline{ii}}}\sqrt{g_{\underline{jj}}}, \quad t_{(i)(j)} = t_{ij}\sqrt{g^{\underline{ii}}}\sqrt{g^{\underline{jj}}} \tag{1.149a}$$

称为张量 $\boldsymbol{t}$ 的逆变物理分量和协变物理分量，用带括号的指标表示。由于具有更直接的物理意义，所以在分析具体问题时常常采用物理分量。

在正交曲线坐标系中，每一点处的物理标架是互相垂直的单位向量，所以协变物理标架与逆变物理标架相同，协变物理分量与逆变物理分量相同

$$\boldsymbol{e}_i = \boldsymbol{g}_i/\sqrt{g_{\underline{ii}}} = \overline{\boldsymbol{g}}_i = \boldsymbol{g}^i/\sqrt{g^{\underline{ii}}} = \overline{\boldsymbol{g}}^i, \quad t^{(i)(j)} = t_{(i)(j)}$$

利用正交曲线坐标系的物理标架 $\boldsymbol{e}_i$，可以给出 1.13 节中的微分算式在正交曲线坐标系中的物理分量表达式

$$\boldsymbol{\nabla}\varphi = \mathrm{grad}\varphi = \frac{1}{H_1}\frac{\partial\varphi}{\partial x^1}\boldsymbol{e}_1 + \frac{1}{H_2}\frac{\partial\varphi}{\partial x^2}\boldsymbol{e}_2 + \frac{1}{H_3}\frac{\partial\varphi}{\partial x^3}\boldsymbol{e}_3 \tag{1.150a}$$

$$\boldsymbol{\nabla}\cdot\boldsymbol{A} = \mathrm{div}\boldsymbol{A} = H_1H_2H_3\left\{\frac{\partial}{\partial x^1}\left(H_2H_3A^{(1)}\right) + \frac{\partial}{\partial x^2}\left(H_3H_1A^{(2)}\right) + \frac{\partial}{\partial x^3}\left(H_1H_2A^{(3)}\right)\right\} \tag{1.150b}$$

$$\begin{aligned}\boldsymbol{\nabla}\times\boldsymbol{A} = \mathrm{rot}\boldsymbol{A} = H_2H_3&\left\{\frac{\partial}{\partial x^2}\left(H_3A^{(3)}\right) - \frac{\partial}{\partial x^3}\left(H_2A^{(2)}\right)\right\}\boldsymbol{e}_1 + \\ H_3H_1&\left\{\frac{\partial}{\partial x^3}\left(H_1A^{(1)}\right) - \frac{\partial}{\partial x^1}\left(H_3A^{(3)}\right)\right\}\boldsymbol{e}_2 + \\ H_1H_2&\left\{\frac{\partial}{\partial x^1}\left(H_2A^{(2)}\right) - \frac{\partial}{\partial x^2}\left(H_1A^{(1)}\right)\right\}\boldsymbol{e}_3\end{aligned} \tag{1.150c}$$

$$\nabla\cdot\nabla\varphi=\nabla^2\varphi$$
$$=H_1H_2H_3\left\{\frac{\partial}{\partial x^1}\left(\frac{H_2H_3}{H_1}\frac{\partial\varphi}{\partial x^1}\right)+\frac{\partial}{\partial x^2}\left(\frac{H_3H_1}{H_2}\frac{\partial\varphi}{\partial x^2}\right)+\frac{\partial}{\partial x^3}\left(\frac{H_1H_2}{H_3}\frac{\partial\varphi}{\partial x^3}\right)\right\} \tag{1.150d}$$

$$\nabla\cdot\boldsymbol{\sigma}=\left\{\frac{H_{\underline{l}}}{\sqrt{g}}\frac{\partial}{\partial x^i}\left(\frac{\sqrt{g}\sigma^{(i)(l)}}{H_{\underline{i}}H_{\underline{l}}}\right)-\frac{H_{\underline{l}}}{H_{\underline{i}}H_{\underline{m}}}\Gamma^l_{im}\sigma^{(i)(m)}\right\}\overline{g}_l \tag{1.150e}$$

式中，$\underline{i},\underline{m},\underline{l}$ 为不求和指标，i,m,l 为求和指标，$\underline{i}=i,\underline{m}=m,\underline{l}=l$；$\varphi$ 为标量；$\boldsymbol{A}$ 为向量；$A^{(i)}$ 为 $\boldsymbol{A}$ 的物理分量；$\boldsymbol{\sigma}$ 为对称二阶张量；H_i 是 Lamé 常数。

下面给出两种最常用的正交曲线坐标系和直角坐标系中的一些张量分析公式，读者可以作为练习自己推导。

1.20.2　圆柱坐标系中的张量分析

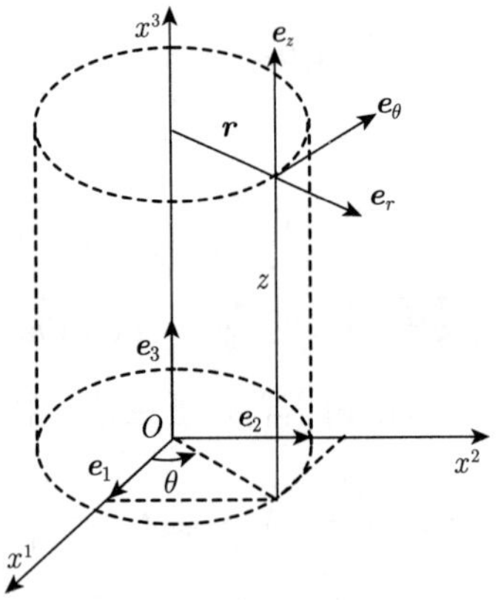

图 1.18　圆柱坐标系

对于圆柱坐标 (图 1.18)，定义式 (1.97) 为

$$x^1=r\cos\theta$$
$$x^2=r\sin\theta$$
$$x^3=z$$

由式 (1.99)，圆柱坐标系的协变基向量为

$$\boldsymbol{g}_1=\cos\theta\boldsymbol{e}_1+\sin\theta\boldsymbol{e}_2$$
$$\boldsymbol{g}_2=-r\sin\theta\boldsymbol{e}_1+r\cos\theta\boldsymbol{e}_2$$
$$\boldsymbol{g}_3=\boldsymbol{e}_3$$

式中，$\boldsymbol{e}_i$ 为直角坐标系 x^i 的基向量。

度量张量、Lamé 常数、Christoffel 符号和物理标架为

$$g_{11}=g^{11}=g_{33}=g^{33}=1,\quad g_{22}=1/g^{22}=r^2,\quad g_{ij}=g^{ij}=0\quad(i\neq j)$$
$$H_1=H_3=1,\quad H_2=r$$
$$\Gamma^2_{12}=\Gamma^2_{21}=\frac{1}{r},\quad \Gamma^1_{22}=-r,\quad \Gamma_{212}=\Gamma_{122}=r,\quad \Gamma_{221}=-r\quad(\text{其余为零})$$
$$\boldsymbol{e}_r=\boldsymbol{g}_1,\quad \boldsymbol{e}_\theta=\boldsymbol{g}_2/r,\quad \boldsymbol{e}_z=\boldsymbol{g}_3\quad(\text{物理标架})$$

将上述关系代入式 (1.150)，可以得到

$$\nabla\varphi=\mathrm{grad}\varphi=\frac{\partial\varphi}{\partial r}\boldsymbol{e}_r+\frac{1}{r}\frac{\partial\varphi}{\partial\theta}\boldsymbol{e}_\theta+\frac{\partial\varphi}{\partial z}\boldsymbol{e}_z \tag{1.151a}$$

$$\nabla\cdot\boldsymbol{A}=\mathrm{div}\boldsymbol{A}=\frac{\partial A_r}{\partial r}+\frac{1}{r}\frac{\partial A_\theta}{\partial\theta}+\frac{\partial A_z}{\partial z}+\frac{A_r}{r} \tag{1.151b}$$

$$\nabla \times \boldsymbol{A} = \mathrm{rot}\boldsymbol{A} = \left(\frac{1}{r}\frac{\partial A_z}{\partial \theta} - r\frac{\partial A_\theta}{\partial z}\right)\boldsymbol{e}_r + \left(\frac{\partial A_r}{\partial z} - \frac{\partial A_z}{\partial r}\right)\boldsymbol{e}_\theta + \left(\frac{\partial A_\theta}{\partial r} - \frac{1}{r}\frac{\partial A_r}{\partial \theta} + \frac{A_\theta}{r}\right)\boldsymbol{e}_z \tag{1.151c}$$

$$\nabla \cdot \nabla\varphi = \nabla^2\varphi = \frac{\partial^2\varphi}{\partial r^2} + \frac{1}{r}\frac{\partial\varphi}{\partial r} + \frac{1}{r^2}\frac{\partial^2\varphi}{\partial\theta^2} + \frac{\partial^2\varphi}{\partial z^2} \tag{1.151d}$$

$$\nabla \cdot \boldsymbol{\sigma} = \left(\frac{\partial\sigma_r}{\partial r} + \frac{1}{r}\frac{\partial\sigma_{r\theta}}{\partial\theta} + \frac{\partial\sigma_{rz}}{\partial z} + \frac{\sigma_r - \sigma_\theta}{r}\right)\boldsymbol{e}_r + \left(\frac{\partial\sigma_{\theta r}}{\partial r} + \frac{1}{r}\frac{\partial\sigma_\theta}{\partial\theta} + \frac{\partial\sigma_{\theta z}}{\partial z} + \frac{2\sigma_{\theta r}}{r}\right)\boldsymbol{e}_\theta + \left(\frac{\partial\sigma_{zr}}{\partial r} + \frac{1}{r}\frac{\partial\sigma_{z\theta}}{\partial\theta} + \frac{\partial\sigma_z}{\partial z} + \frac{\sigma_{zr}}{r}\right)\boldsymbol{e}_z \tag{1.151e}$$

式中，φ 为标量；$\boldsymbol{A}$ 为向量；A_r、A_θ、A_z 为 $\boldsymbol{A}$ 的物理分量；$\boldsymbol{\sigma}$ 是对称二阶张量；$\sigma_r, \sigma_\theta, \sigma_z, \sigma_{r\theta} = \sigma_{\theta r}, \sigma_{\theta z} = \sigma_{z\theta}, \sigma_{zr} = \sigma_{rz}$ 是 $\boldsymbol{\sigma}$ 的物理分量。

推导张量微分的物理分量表达式可以用两种方法，一种是在完整系 $(\boldsymbol{g}_i, \boldsymbol{g}^i)$ 中求导，应用完整系标架导数给出的 Christoffel 符号；另一种是在非完整系 $(\overline{\boldsymbol{g}}_i, \overline{\boldsymbol{g}}^i)$ 中求导，应用物理标架的导数关系。后一方法常常比较方便。

1.20.3 球坐标系中的张量分析

式 (1.96) 给出了球坐标 $(\boldsymbol{r}, \theta, \varphi)$ 与直角坐标 x^i 的转换关系 (图 1.19)：

$$x^1 = r\sin\theta\cos\varphi$$

$$x^2 = r\sin\theta\sin\varphi$$

$$x^3 = r\cos\theta$$

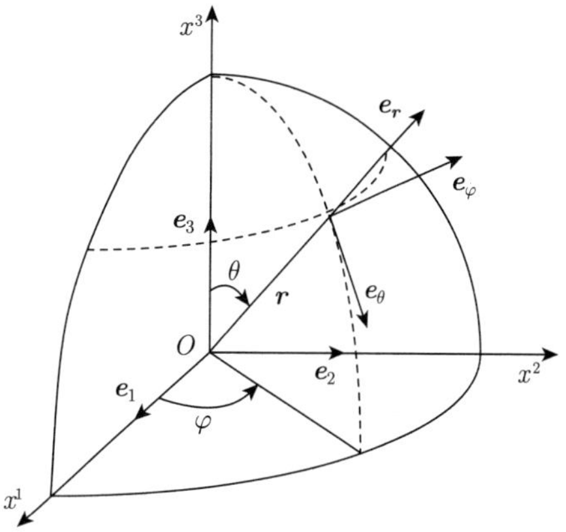

图 1.19 球坐标系

球坐标系的协变基向量、度量张量、Lamé 常数、Christoffel 符号和物理标架为

$$\boldsymbol{g}_1 = \sin\theta\cos\varphi\boldsymbol{e}_1 + \sin\theta\sin\varphi\boldsymbol{e}_2 + \cos\theta\boldsymbol{e}_3$$

$$\boldsymbol{g}_2 = r\cos\theta\cos\varphi\boldsymbol{e}_1 + r\cos\theta\sin\varphi\boldsymbol{e}_2 - r\sin\theta\boldsymbol{e}_3$$

$$\boldsymbol{g}_3 = -r\sin\theta\sin\varphi\boldsymbol{e}_1 + r\sin\theta\cos\varphi\boldsymbol{e}_2$$

$$g_{11} = g^{11} = 1, \quad g_{22} = \frac{1}{g^{22}} = r^2, \quad g_{33} = \frac{1}{g^{33}} = r^2\sin^2\theta$$

$$g_{ij} = g^{ij} = 0 \quad (i \neq j)$$

$$H_1 = 1, \quad H_2 = r, \quad H_3 = r\sin\theta$$

$$\varGamma_{221} = -r, \quad \varGamma_{212} = \varGamma_{122} = r, \quad \varGamma_{331} = -r\sin^2\theta, \quad \varGamma_{332} = -r^2\sin\theta\cos\theta$$

$$\varGamma_{133} = \varGamma_{313} = r\sin^2\theta, \quad \varGamma_{233} = \varGamma_{323} = r^2\sin\theta\cos\theta$$

$$\Gamma_{22}^1=-1,\quad \Gamma_{21}^2=\Gamma_{12}^2=1/r,\quad \Gamma_{33}^1=-r\sin^2\theta,\quad \Gamma_{33}^2=-\sin\theta\cos\theta,$$

$$\Gamma_{13}^3=\Gamma_{31}^3=1/r,\quad \Gamma_{23}^3=\Gamma_{32}^3=\cos\theta\quad (\text{其余为 } 0)$$

$$\boldsymbol{e}_r=\boldsymbol{g}_1,\quad \boldsymbol{e}_\theta=\boldsymbol{g}_2/r,\quad \boldsymbol{e}_\varphi=\boldsymbol{g}_3/r\sin\theta\quad (\text{物理标架})$$

将上述关系代入式 (1.150)，得到

$$\nabla\psi=\mathrm{grad}\psi=\frac{\partial\psi}{\partial r}\boldsymbol{e}_r+\frac{1}{r}\frac{\partial\psi}{\partial\theta}\boldsymbol{e}_\theta+\frac{1}{r\sin\theta}\frac{\partial\psi}{\partial\varphi}\boldsymbol{e}_\varphi \tag{1.152a}$$

$$\nabla\cdot\boldsymbol{A}=\mathrm{div}\boldsymbol{A}=\frac{1}{r^2}\frac{\partial}{\partial r}(r^2A_r)+\frac{1}{r\sin\theta}\frac{\partial}{\partial\theta}(A_\theta\sin\theta)+\frac{1}{r\sin\theta}\frac{\partial A_\varphi}{\partial\varphi} \tag{1.152b}$$

$$\begin{aligned}\nabla\times\boldsymbol{A}=\mathrm{rot}\boldsymbol{A}=&\frac{1}{r\sin\theta}\left(\frac{\partial}{\partial\theta}(A_\varphi\sin\theta)-\frac{\partial A_\theta}{\partial\varphi}\right)\boldsymbol{e}_r+\\&\left(\frac{1}{r\sin\theta}\frac{\partial A_r}{\partial\varphi}-\frac{1}{r}\frac{\partial}{\partial r}(rA_\varphi)\right)\boldsymbol{e}_\theta+\frac{1}{r}\left(\frac{\partial}{\partial r}(rA_\theta)-\frac{\partial A_r}{\partial\theta}\right)\boldsymbol{e}_\varphi\end{aligned} \tag{1.152c}$$

$$\nabla\cdot\nabla\psi=\nabla^2\psi=\frac{1}{r^2}\frac{\partial}{\partial r}\left(r^2\frac{\partial\psi}{\partial r}\right)+\frac{1}{r^2\sin^2\theta}\frac{\partial}{\partial\theta}\left(\sin\theta\frac{\partial\psi}{\partial\theta}\right)+\frac{1}{r^2\sin^2\theta}\frac{\partial^2\psi}{\partial\varphi^2} \tag{1.152d}$$

$$\begin{aligned}\nabla\cdot\boldsymbol{\sigma}=&\left(\frac{\partial\sigma_r}{\partial r}+\frac{1}{r}\frac{\partial\sigma_{r\theta}}{\partial\theta}+\frac{1}{r\sin\theta}\frac{\partial\sigma_{r\varphi}}{\partial\varphi}+\frac{2\sigma_r-\sigma_\theta}{r}+\frac{\cot\theta\sigma_{r\theta}-\sigma_\varphi}{r}\right)\boldsymbol{e}_r+\\&\left(\frac{\partial\sigma_{\theta r}}{\partial r}+\frac{1}{r}\frac{\partial\sigma_\theta}{\partial\theta}+\frac{1}{r\sin\theta}\frac{\partial\sigma_{\theta\varphi}}{\partial\varphi}+\frac{3\sigma_{\theta r}}{r}+\frac{\cot\theta}{r}(\sigma_r-\sigma_\varphi)\right)\boldsymbol{e}_\theta+\\&\left(\frac{\partial\sigma_{\varphi r}}{\partial r}+\frac{1}{r}\frac{\partial\sigma_{\varphi\theta}}{\partial\theta}+\frac{1}{r\sin\theta}\frac{\partial\sigma_\varphi}{\partial\varphi}+\frac{3\sigma_{\varphi r}}{r}+\frac{2\cot\theta}{r}\sigma_{\varphi\theta}\right)\boldsymbol{e}_\varphi\end{aligned} \tag{1.152e}$$

式中，ψ 为标量；$\boldsymbol{A}$ 为向量；A_r、A_θ、A_φ 为 $\boldsymbol{A}$ 的物理分量；$\boldsymbol{\sigma}$ 是对称二阶张量；$\sigma_r,\sigma_\theta,\sigma_\varphi,\sigma_{r\theta}=\sigma_{\theta r},\sigma_{\theta\varphi}=\sigma_{\varphi\theta},\sigma_{\varphi r}=\sigma_{r\varphi}$ 是 $\boldsymbol{\sigma}$ 的物理分量。

1.20.4 直角坐标系中的张量分析

在直角坐标系中，有

$$g_{ij}=g^{ij}=\delta_{ij},\quad \Gamma_{ijk}=\Gamma_{ij}^k=0,\quad \boldsymbol{g}_i=\boldsymbol{g}^i=\boldsymbol{e}_i$$

所以，协变导数与偏导数相同，逆变分量与协变分量相同，因而上标与下标之间的差别不再存在。由直角坐标系中得到的关系式，写成不变性记法以后，可以直接用于任何斜角直线坐标系和曲线坐标系。在采用并矢和分量记法时，可以用替换的方法，将直角坐标系中的张量关系直接转换成曲线坐标系中的关系，替换包括：(1) $\boldsymbol{e}_i$ 换成 $\boldsymbol{g}_i$ 或 $\boldsymbol{g}^i$；(2) δ_{ij} 换成 g_{ij} 或 g^{ij}；(3) 偏导数换成协变导数；(4) 所有求和指标要上标和下标成对，无论哪一项中同一自由指标必须在同一高度出现 (偏导数分母中的上标等同分子的下标)。由于直角坐标系最简单，而且与曲线坐标系有上述替换关系，所以在连续介质力学中常采用直角坐标系形式表述，必要时引入曲线坐标系。

在直角坐标系中，标量 φ、向量 $\boldsymbol{u}$ 和对称二阶张量 $\boldsymbol{\sigma}$ 的微分算式分量表达式为

$$\left.\begin{aligned}
&\boldsymbol{\nabla}\varphi=\operatorname{grad}\varphi=\frac{\partial\varphi}{\partial x_i}\boldsymbol{e}_i\\
&\boldsymbol{\nabla}\boldsymbol{u}=\operatorname{grad}\boldsymbol{u}=\frac{\partial u_k}{\partial x_i}\boldsymbol{e}_i\boldsymbol{e}_k\\
&\boldsymbol{\nabla}\cdot\boldsymbol{u}=\operatorname{div}\boldsymbol{u}=\frac{\partial u_i}{\partial x_i}\\
&\boldsymbol{\nabla}\times\boldsymbol{u}=\operatorname{rot}\boldsymbol{u}=\varepsilon_{ijk}\frac{\partial u_k}{\partial x_j}\boldsymbol{e}_i\\
&\Delta\varphi=\boldsymbol{\nabla}^2\varphi=\frac{\partial^2\varphi}{\partial {x_i}^2}=\frac{\partial^2\varphi}{\partial {x_1}^2}+\frac{\partial^2\varphi}{\partial {x_2}^2}+\frac{\partial^2\varphi}{\partial {x_3}^2}\\
&\boldsymbol{\nabla}\cdot\boldsymbol{\sigma}=\frac{\partial\sigma_{ij}}{\partial x_i}\boldsymbol{e}_j
\end{aligned}\right\}\tag{1.153}$$

1.21 张量函数、各向同性张量函数、Cayley-Hamilton 定理、表示定理

1.21.1 张量函数

以张量为自变量的函数称为张量函数，若函数值为标量、向量和张量时，分别称为张量的标量函数、向量函数和张量函数。例如，应力张量 $\boldsymbol{\sigma}$ 是应变张量的二阶张量函数，$\sigma_{ij}=\sigma_{ij}(\varepsilon^{kl})=E_{ijkl}\varepsilon^{kl}$ 或记作 $\boldsymbol{\sigma}=\boldsymbol{\sigma}(\boldsymbol{\varepsilon})$。本节讨论的张量函数与第 1.15 节和第 1.16 节中的张量场不同，张量场是以位置向量为自变量的函数，而这里的函数以张量为自变量。

若 $\boldsymbol{B}$ 为二阶张量，$\boldsymbol{B}$ 的标量函数 φ 是以 $\boldsymbol{B}$ 的分量作为自变量的标量函数

$$\varphi=\varphi(B_{ij})\quad\text{或}\quad\varphi=\varphi(\boldsymbol{B})$$

式中，B_{ij} 表示所有分量。

若 $\boldsymbol{B}$ 为二阶张量，$\boldsymbol{B}$ 的张量函数 $\boldsymbol{C}$ 是由 $\boldsymbol{B}$ 的分量作为自变量的二阶张量函数

$$C_{ij}=f_{ij}(B_{kl})\quad\text{或}\quad\boldsymbol{C}=\boldsymbol{f}(\boldsymbol{B})$$

式中，f_{ij} 表示 9 个函数，其中每一个是 $\boldsymbol{B}$ 的所有分量的函数，函数值 C_{ij} 满足张量转换关系。张量函数的自变量可以是多个向量和张量。

在三维欧氏空间中，以 n 阶张量 $\boldsymbol{T}$ 为自变量的 m 阶张量函数 $\boldsymbol{\psi}$ 为

$$\boldsymbol{\psi}=\boldsymbol{\psi}(\boldsymbol{T})\quad\text{或}\quad\psi_{i\cdots j}=\psi_{i\cdots j}(T_{k\cdots l})$$

用分量记法时，函数 $\boldsymbol{\psi}$ 包括 3^m 个按顺序排列的函数，$i\cdots j$ 为 m 个自由指标，$T_{k\cdots l}$ 表示 $\boldsymbol{T}$ 的全部分量，所有指标可以有不同的上、下位置，函数 $\boldsymbol{\psi}$ 的协变、逆变和混合分量形式通过度量张量转换。在不同坐标系中的张量函数满足坐标转换关系。

张量函数可以有多个张量自变量，例如 $\boldsymbol{\psi}=\boldsymbol{\psi}(\boldsymbol{B},\boldsymbol{C})$。

1.21.2 各向同性张量和各向同性张量函数

一般说来在不同坐标系中张量分量有不同的值，张量函数有不同的形式。但是，有些张量在正交变换中分量保持不变，有些张量函数对于正交坐标变换群具有函数形式不变性，例如各向同性弹性体的虎克定律在所有直角坐标系中的形式都是相同的。

如果直角坐标系中张量的分量在任何正交变换中保持不变，则称该张量为各向同性张量。若正交变换为 $\boldsymbol{e}_{i'}=Q_{i'i}\boldsymbol{e}_i$，$m$ 阶张量 $\boldsymbol{\varphi}=\varphi_{i\cdots j}\boldsymbol{e}_i\cdots\boldsymbol{e}_j$ 正交变换后的张量为

$$\boldsymbol{\varphi}=\varphi_{i'\cdots j'}\boldsymbol{e}_{i'}\cdots\boldsymbol{e}_{j'},\quad \varphi_{i'\cdots j'}=Q_{i'i}\cdots Q_{j'j}\varphi_{i\cdots j}$$

$\boldsymbol{\varphi}$ 为各向同性张量的条件是

$$\varphi_{i'\cdots j'}=\varphi_{i\cdots j}\quad (i'=i,\quad j'=j) \tag{1.154}$$

需要注意，式中，$\varphi_{i'\cdots j'},\varphi_{i\cdots j}$ 是不同坐标系中 $\boldsymbol{\varphi}$ 的对应分量，两者相等，普遍成立的张量坐标转换关系不变。所以式 (1.154) 给出同一坐标系中的分量关系：

$$\varphi_{i\cdots j}=Q_{ik}\cdots Q_{jl}\varphi_{k\cdots l} \tag{1.154a}$$

可用于各向同性的判别和证明。

第 1.10 节指出，正交张量包括正常正交张量 ($\det\boldsymbol{Q}=1$) 和反常正交张量 ($\det\boldsymbol{Q}=-1$)。如果上述定义仅限于正常正交变换，则称为不完全各向同性张量或伪各向同性张量。

下面将式 (1.154a) 用于识别各向同性张量。

标量与坐标系无关，所以是零阶各向同性张量。

如果向量 $\boldsymbol{v}$ 在同一坐标系中的分量满足关系 $v_{i'}=Q^i_{i'}v_i$，只有 $\boldsymbol{v}=\boldsymbol{0}$ 才可能，所以非零向量不是各向同性张量。

球形张量 $\boldsymbol{T}^\circ$ 对于任何正交变换满足关系：

$$\boldsymbol{Q}\cdot\boldsymbol{T}^\circ\cdot\boldsymbol{Q}^{\mathrm{T}}=\frac{1}{3}(\mathrm{tr}\boldsymbol{T})\,\boldsymbol{Q}\cdot\boldsymbol{Q}^{\mathrm{T}}=\frac{1}{3}(\mathrm{tr}\boldsymbol{T})\,\boldsymbol{I}$$

式中，$\mathrm{tr}\boldsymbol{T}$ 是 $\boldsymbol{T}$ 的不变量，所以 $\boldsymbol{T}^\circ$ 为各向同性二阶张量。适当选择 $\boldsymbol{Q}$ 可以证明二阶张量中只有球形张量是各向同性的。

四阶张量 $\boldsymbol{\Sigma}$ 为各向同性张量的条件是同一坐标系中的分量满足关系：

$$\Sigma_{i'j'k'l'}=Q_{i'i}Q_{j'j}Q_{k'k}Q_{l'l}\Sigma_{ijkl}$$

可以证明 (见第 6.1.1 节)，具有 Voigt 对称性 ($\Sigma_{ijkl}=\Sigma_{jikl}=\Sigma_{ijlk}=\Sigma_{klij}$) 的四阶张量为各向同性张量时，可以表为

$$\Sigma_{ijkl}=\lambda\delta_{ij}\delta_{kl}+\mu\left(\delta_{ik}\delta_{jl}+\delta_{il}\delta_{jk}\right)$$

上式即为各向同性线弹性体的弹性张量，λ 和 μ 是 Lamé 参数。

在任意正交变换中，若张量函数的形式保持不变，则称为各向同性张量函数。

各向同性张量函数 $\boldsymbol{\varphi}$ 在任意正交变换 $\boldsymbol{Q}$ 中的函数形式不变性，相当于函数值张量 $\boldsymbol{\varphi}$ 和自变量张量 (例如二阶张量 $\boldsymbol{T}$ 和向量 $\boldsymbol{v}$) 的函数关系与它们的正交变换映象满足的关系相同，所以各向同性张量函数的定义如下：

张量的标量值函数 $\varphi = \varphi(\boldsymbol{T}, \boldsymbol{v})$ 是各向同性的，如果

$$\varphi(\boldsymbol{T}, \boldsymbol{v}) = \varphi\left(\boldsymbol{Q} \cdot \boldsymbol{T} \cdot \boldsymbol{Q}^{\mathrm{T}}, \boldsymbol{Q} \cdot \boldsymbol{v}\right) \tag{1.155a}$$

张量的向量值函数 $\boldsymbol{\varphi} = \boldsymbol{\varphi}(\boldsymbol{T}, \boldsymbol{v})$ 是各向同性的，如果

$$\boldsymbol{Q} \cdot \boldsymbol{\varphi}(\boldsymbol{T}, \boldsymbol{v}) = \boldsymbol{\varphi}\left(\boldsymbol{Q} \cdot \boldsymbol{T} \cdot \boldsymbol{Q}^{\mathrm{T}}, \boldsymbol{Q} \cdot \boldsymbol{v}\right) \tag{1.155b}$$

张量的二阶张量值函数 $\boldsymbol{\varphi} = \boldsymbol{\varphi}(\boldsymbol{T}, \boldsymbol{v})$ 是各向同性的，如果

$$\boldsymbol{Q} \cdot \boldsymbol{\varphi}(\boldsymbol{T}, \boldsymbol{v}) \cdot \boldsymbol{Q}^{\mathrm{T}} = \boldsymbol{\varphi}\left(\boldsymbol{Q} \cdot \boldsymbol{T} \cdot \boldsymbol{Q}^{\mathrm{T}}, \boldsymbol{Q} \cdot \boldsymbol{v}\right) \tag{1.155c}$$

式 (1.155a) ~ 式 (1.155c) 各式中左端为函数值的正交变换映像，右端括号内是自变量的映像。将上述定义推广，m 阶张量函数 $\boldsymbol{\varphi} = \boldsymbol{\varphi}(\boldsymbol{T}, \boldsymbol{v})$ 的各向同性定义及其分量形式为

$$\boldsymbol{Q} \circ \boldsymbol{\varphi}(\boldsymbol{T}, \boldsymbol{v}) = \boldsymbol{\varphi}\left(\boldsymbol{Q} \cdot \boldsymbol{T} \cdot \boldsymbol{Q}^{\mathrm{T}}, \boldsymbol{Q} \cdot \boldsymbol{v}\right) \tag{1.156}$$

$$Q_{p'}{}^{p} Q_{q'}{}^{q} \cdots Q_{t'}{}^{t} \varphi_{pq\cdots t}(T_{ij}, v_i) = \varphi_{p'q'\cdots t'}\left(Q_{i'}^{i} Q_{j'}^{j} T_{ij}, Q_{i'}^{i} v_i\right) \tag{1.156a}$$

式中，$\boldsymbol{Q} \circ \boldsymbol{\varphi}$ 表示在 $\boldsymbol{\varphi}$ 的并矢表达式中每个基向量前点乘 $\boldsymbol{Q}$。

例 1.10 证明向量的标量函数 $W = \boldsymbol{F} \cdot \boldsymbol{u}$ 是各向同性函数，其中 $\boldsymbol{F}$、$\boldsymbol{u}$ 为向量。

$$(\boldsymbol{Q} \cdot \boldsymbol{F}) \cdot (\boldsymbol{Q} \cdot \boldsymbol{u}) = \boldsymbol{F} \cdot \boldsymbol{Q}^{\mathrm{T}} \cdot \boldsymbol{Q} \cdot \boldsymbol{u} = \boldsymbol{F} \cdot \boldsymbol{u} = W$$

符合定义式 (1.155a)，所以 $W(\boldsymbol{F}, \boldsymbol{u})$ 是各向同性函数。若 $\boldsymbol{F}, \boldsymbol{u}, W$ 分别为力、位移和功，则在一切直角坐标系中 $W = F_i u_i$，形式相同；但在非正交变换得到的斜角直线坐标系或曲线坐标系中 $W = g^{ij} F_i u_j$，函数形式随 g^{ij} 改变。

例 1.11 证明各向同性材料的虎克定律是二阶各向同性张量函数。

虎克定律在直角坐标系 $\boldsymbol{e}_i$ 中的形式为

$$\boldsymbol{\sigma} = \boldsymbol{\sigma}(\boldsymbol{\varepsilon}) = \boldsymbol{\Sigma} : \boldsymbol{\varepsilon} \quad 或 \quad \sigma_{ij} = \Sigma_{ijkl} \varepsilon_{kl} \tag{a}$$

$\boldsymbol{\Sigma}$ 是各向同性弹性张量，已在本节前面给出。将 $\boldsymbol{\Sigma}$ 代入上式，得

$$\sigma_{ij} = \left[\lambda \delta_{ij} \delta_{kl} + \mu\left(\delta_{ik} \delta_{jl} + \delta_{il} \delta_{jk}\right)\right] \varepsilon_{kl} \tag{b}$$

在正交变换后，应力张量和应变张量为

$$\tilde{\sigma}_{i'j'} = Q_{i'i} Q_{j'j} \sigma_{ij}, \quad \tilde{\varepsilon}_{i'j'} = Q_{i'i} Q_{j'j} \varepsilon_{ij} \tag{c}$$

用 $Q_{i'i} Q_{j'j}$ 乘以式 (b)，注意到 $\delta_{kl} = Q_{kl'} Q_{ll'}$，进行适当的指标代换，有

$$Q_{i'i} Q_{j'j} \sigma_{ij} = Q_{i'i} Q_{j'j} \left[\lambda \delta_{ij} \delta_{kl} + \mu\left(\delta_{ik} \delta_{jl} + \delta_{il} \delta_{jk}\right)\right] \varepsilon_{kl}$$

$$= \lambda \left[Q_{i'j} Q_{j'j} \delta_{kl} + \mu \left(Q_{i'k} Q_{j'l} + Q_{i'l} Q_{j'k} \right) \right] \varepsilon_{kl}$$

$$= \lambda \left[\delta_{i'j'} \delta_{k'l'} Q_{k'k} Q_{l'l} + \mu \left(\delta_{i'k'} Q_{k'k} \delta_{j'l'} Q_{l'l} + \delta_{i'l'} Q_{l'l} \delta_{j'k'} Q_{k'k} \right) \right] \varepsilon_{kl}$$

$$= \lambda \left[\delta_{i'j'} \delta_{k'l'} + \mu \left(\delta_{i'k'} \delta_{j'l'} + \delta_{i'l'} \delta_{j'k'} \right) \right] Q_{k'k} Q_{l'l} \varepsilon_{kl} \tag{d}$$

显然式 (d) 满足各向同性张量函数分量定义 (1.156a) 式 ($m = 2$)，将式 (c) 代入，得

$$\tilde{\sigma}_{i'j'} = \lambda \left[\delta_{i'j'} \delta_{k'l'} + \mu \left(\delta_{i'k'} \delta_{j'l'} + \delta_{i'l'} \delta_{j'k'} \right) \right] \tilde{\varepsilon}_{k'l'}$$

可见当 Σ_{ijkl} 为各向同性张量时，虎克定律式 (a) 在正交变换群内，函数形式保持不变。

各向同性张量函数在不同的参考系中有不同的形式，在正交变换群内同样保持各自形式不变。例如，在两个斜角直线坐标系 $\boldsymbol{g}_i$ 和 $\tilde{\boldsymbol{g}}_{i'} = Q^i_{i'} \boldsymbol{g}_i$ 中，虎克定律的形式相同：

$$\sigma^{ij} = \lambda \left[g^{ij} g^{kl} + \mu \left(g^{ik} g^{jl} + g^{il} g^{jk} \right) \right] \varepsilon_{kl} \tag{e}$$

$$\tilde{\sigma}^{i'j'} = \lambda \left[\tilde{g}^{i'j'} \tilde{g}^{k'l'} + \mu \left(\tilde{g}^{i'k'} \tilde{g}^{j'l'} + \tilde{g}^{i'l'} \tilde{g}^{j'k'} \right) \right] \tilde{\varepsilon}_{k'l'} \tag{f}$$

1.21.3 Cayley-Hamilton 定理

二阶张量的多项式函数是常见的张量函数。在一般情况下，二阶张量 $\boldsymbol{A}$ 的 n 次多项式函数可以表示为

$$\boldsymbol{P}(\boldsymbol{A}) = \alpha_0 \boldsymbol{A}^n + \alpha_1 \boldsymbol{A}^{n-1} + \cdots + \alpha_n \boldsymbol{I} \tag{1.157a}$$

式中，$\alpha_0, \cdots, \alpha_n$ 是常数；$\boldsymbol{A}$ 的各次幂都是二阶张量，例如 $\boldsymbol{A}^2 = \boldsymbol{A} \cdot \boldsymbol{A}$、$\boldsymbol{A}^3 = \boldsymbol{A} \cdot \boldsymbol{A} \cdot \boldsymbol{A}$ 等。

二阶张量函数 $\boldsymbol{\varphi}(\boldsymbol{T})$ 的幂级数为

$$\boldsymbol{\varphi}(\boldsymbol{T}) = a_0 \boldsymbol{I} + a_1 \boldsymbol{T} + a_2 \boldsymbol{T}^{\boldsymbol{2}} + \cdots + a_n \boldsymbol{T}^{\boldsymbol{n}} + \cdots \tag{1.157b}$$

式中，$a_0, a_1, a_2, \cdots, a_n, \cdots$ 是常数，假设 $\boldsymbol{\varphi}(\boldsymbol{T})$ 在其定义域内是收敛的。例如指数函数

$$\mathrm{e}^{\boldsymbol{T}} = \boldsymbol{I} + \frac{\boldsymbol{T}}{1} + \frac{\boldsymbol{T}^2}{2!} + \cdots + \frac{\boldsymbol{T}^n}{n!} + \cdots \tag{1.157c}$$

下述定理给出了二阶张量的幂之间的重要关系。若 $\boldsymbol{T}$ 为任意二阶张量，可以证明：

$$\boldsymbol{T}^3 - I\boldsymbol{T}^2 + I\!I\boldsymbol{T} - I\!I\!I\boldsymbol{I} = 0 \tag{1.158}$$

式中，I，$I\!I$，$I\!I\!I$ 为 $\boldsymbol{T}$ 的第一、二、三不变量。

式 (1.158) 称为 Cayley-Hamilton 定理，与式 (1.70) 比较，可见任意二阶张量满足自己的特征方程。由上式得到

$$\boldsymbol{T}^3 = I\boldsymbol{T}^2 - I\!I\boldsymbol{T} + I\!I\!I\boldsymbol{I}$$

因此，$\boldsymbol{T}$ 的多项式中二次幂以上的高次项，可以不断降低次数直到二次和二次以下，如果 $\boldsymbol{T}$ 是正则张量 (存在 $\boldsymbol{T}^{-1}$)，上式点乘 $\boldsymbol{T}^{-n}\,(n = 1, 2, \cdots)$ 则给出负幂间的关系，可用低次负幂表示高次负幂，从而使任意次幂多项式函数简化为二次幂函数。同样地，任意二阶张量函数 $\boldsymbol{\varphi}(\boldsymbol{T})$ 若能通过幂级数展开，则可表示成 $\boldsymbol{T}$ 的二次多项式。

Cayley-Hamilton 定理的证明如下。

利用二阶张量 $\boldsymbol{T}$ 和任意实数 λ，建立二阶张量 $\boldsymbol{B}$：

$$\boldsymbol{B} = \boldsymbol{T} - \lambda \boldsymbol{I} \tag{a}$$

$\boldsymbol{B}$ 的行列式为 $|\boldsymbol{B}| = \left|T^i{}_j - \lambda\delta^i_j\right|$。$|\boldsymbol{B}|$ 的代数余子式的元素记作 $\overline{B}^i{}_r$，由式 (1.4)，

$$\overline{B}^i{}_r = \frac{1}{2!}\varepsilon^{ijk}\varepsilon_{rst}\left(T^s{}_j - \lambda\delta^s_j\right)\left(T^t{}_k - \lambda\delta^t_k\right)$$

由上式可见，以 $\overline{B}^i{}_r$ 为元素的张量 $\overline{\boldsymbol{B}}$ (伴随张量) 是 λ 的二次多项式，令

$$\overline{\boldsymbol{B}} = \overline{\boldsymbol{B}}_2\lambda^2 + \overline{\boldsymbol{B}}_1\lambda + \overline{\boldsymbol{B}}_0 \tag{b}$$

类似逆矩阵计算，$\boldsymbol{B}$ 的逆张量为

$$\boldsymbol{B}^{-1} = \frac{\overline{\boldsymbol{B}}}{|\boldsymbol{B}|} \tag{c}$$

由 $\boldsymbol{B}\cdot\boldsymbol{B}^{-1} = \boldsymbol{I}$ 和 $\left|T^i{}_j - \lambda\delta^i_j\right|$ 的展开式 (1.70)，有

$$\boldsymbol{B}\cdot\overline{\boldsymbol{B}} = |\boldsymbol{B}|\,\boldsymbol{I} = -\left(\lambda^3 - I\lambda^2 + I\!I\lambda - I\!I\!I\right)\boldsymbol{I} \tag{d}$$

式中，I，$I\!I$，$I\!I\!I$ 是 $\boldsymbol{T}$ 的主不变量。

将式 (a) 和式 (b) 代入式 (d)，由于 λ 是任意实数，等式两端 λ 同次幂的系数相等，所以得到：

$$-\overline{\boldsymbol{B}}_2 = -\boldsymbol{I},\quad \boldsymbol{T}\cdot\overline{\boldsymbol{B}}_2 - \overline{\boldsymbol{B}}_1 = I\boldsymbol{I},\quad \boldsymbol{T}\cdot\overline{\boldsymbol{B}}_1 - \overline{\boldsymbol{B}}_0 = -I\!I\boldsymbol{I},\quad \boldsymbol{T}\cdot\overline{\boldsymbol{B}}_0 = I\!I\!I\boldsymbol{I}$$

上述 4 式两端分别左侧点乘 $\boldsymbol{T}^3$、$\boldsymbol{T}^2$、$\boldsymbol{T}$ 和 $\boldsymbol{I}$，然后相加，即得到式 (1.158)。

1.21.4 表示定理

各向同性函数是最重要的张量函数之一，许多实际物质的性质没有方向性，因而本构方程是各向同性函数，在建立这些物质的本构关系时，应该满足各向同性函数的形式不变性要求。因此，需要研究各向同性函数的正确表示形式。

各向同性张量函数必须具有的表示形式称为表示定理。满足表示定理规定形式的张量函数一定是各向同性的，所以表示定理也是判断张量函数各向同性的充分必要条件。在构造各向同性张量函数时，例如建立各向同性材料的本构关系，应该具备表示定理所确定的形式，它不仅是各向同性函数关系的基本要求，也提供了未知函数的可能形式，因此具有重要意义。

下面列举一些比较常见的表示定理。关于表示定理的一般理论综述可以参考文献 [12]。

1.21.4.1 各向同性标量值函数的表示定理

定理 1 (Cauchy 基本表示定理)：以向量 $\boldsymbol{v}_1,\cdots,\boldsymbol{v}_m$ 为自变量的标量值函数 $f(\boldsymbol{v}_1,\cdots,\boldsymbol{v}_m)$，各向同性的充分必要条件是 f 可以表示为标量积 (点积) $\boldsymbol{v}_i\cdot\boldsymbol{v}_j(i,j=1,2,\cdots,m)$ 的函数。

推论：以一个向量 v 为自变量的标量值函数 $\varphi=f(\boldsymbol{v})$ 为各向同性函数的充分必要条件是 $\varphi=f(|v|)$。因为点积 $\boldsymbol{v}\cdot\boldsymbol{v}$ 与模 $|\boldsymbol{v}|$ 一一对应，所以推论成立。

定理 2：以对称二阶张量 $\boldsymbol{B}$ 为自变量的标量值函数 $\varphi(\boldsymbol{B})$ 为各向同性函数的充分必要条件是 $\varphi(\boldsymbol{B})$ 可以表示为 $\boldsymbol{B}$ 的三个主不变量 I，$I\!I$，$I\!I\!I$ 的函数

$$\varphi=f(I,I\!I,I\!I\!I) \tag{1.159}$$

定理 3：以对称二阶张量 $\boldsymbol{A}$ 和 $\boldsymbol{B}$ 为自变量的各向同性标量值函数 $\varphi(\boldsymbol{A},\boldsymbol{B})$，可以表示为下列十个不变量的函数

$$\left.\begin{array}{l}\mathrm{tr}\boldsymbol{A},\quad \mathrm{tr}\boldsymbol{A}^2,\quad \mathrm{tr}\boldsymbol{A}^3,\quad \mathrm{tr}\boldsymbol{B},\quad \mathrm{tr}\boldsymbol{B}^2,\quad \mathrm{tr}\boldsymbol{B}^3\\ \mathrm{tr}(\boldsymbol{A}\cdot\boldsymbol{B}),\quad \mathrm{tr}\left(\boldsymbol{A}\cdot\boldsymbol{B}^2\right),\quad \mathrm{tr}\left(\boldsymbol{A}^2\cdot\boldsymbol{B}\right),\quad \mathrm{tr}\left(\boldsymbol{A}^2\cdot\boldsymbol{B}^2\right)\end{array}\right\} \tag{1.160}$$

定理 4：以对称二阶张量 $\boldsymbol{A}$ 和向量 $\boldsymbol{v}$ 为自变量的各向同性标量值函数 $\varphi(\boldsymbol{A},\boldsymbol{v})$，可以表示为下列六个不变量的函数：

$$\mathrm{tr}\boldsymbol{A},\quad \mathrm{tr}\boldsymbol{A}^2,\quad \mathrm{tr}\boldsymbol{A}^3,\quad \boldsymbol{v}\cdot\boldsymbol{v},\quad \boldsymbol{v}\cdot\boldsymbol{A}\cdot\boldsymbol{v},\quad \boldsymbol{v}\cdot\boldsymbol{A}^2\cdot\boldsymbol{v} \tag{1.161}$$

1.21.4.2 各向同性二阶张量值函数的表示定理

定理 5 (第一表示定理)：以对称二阶张量 $\boldsymbol{B}$ 为自变量的二阶张量值函数 $\boldsymbol{T}(\boldsymbol{B})$ 为各向同性函数的充分必要条件是 $\boldsymbol{T}$ 可以表示为

$$\boldsymbol{T}(\boldsymbol{B})=\varphi_0\boldsymbol{I}+\varphi_1\boldsymbol{B}+\varphi_2\boldsymbol{B}^2 \tag{1.162}$$

式中，$\varphi_0,\varphi_1,\varphi_2$ 是 $\boldsymbol{B}$ 的三个主不变量的标量值函数。

定理 6 (第二表示定理)：以对称正则二阶张量 $\boldsymbol{B}$ 为自变量的二阶张量值函数 $\boldsymbol{T}(\boldsymbol{B})$ 为各向同性函数的充分必要条件是 $\boldsymbol{T}$ 可以表示为

$$\boldsymbol{T}(\boldsymbol{B})=\beta_0\boldsymbol{I}+\beta_1\boldsymbol{B}+\beta_2\boldsymbol{B}^{-1} \tag{1.163}$$

式中，β_0,β_1,β_2 是 $\boldsymbol{B}$ 的三个主不变量的标量值函数。

定理 7：两个对称二阶张量 $\boldsymbol{B}$ 和 $\boldsymbol{C}$ 的各向同性二阶张量值函数 $\boldsymbol{\varphi}(\boldsymbol{B},\boldsymbol{C})$，可以表示为

$$\begin{aligned}\boldsymbol{\varphi}(\boldsymbol{B},\boldsymbol{C})=\psi_0\boldsymbol{I}+\psi_1\boldsymbol{B}+\psi_2\boldsymbol{C}+\psi_3\boldsymbol{B}^{\mathbf{2}}+\psi_4\boldsymbol{C}^{\mathbf{2}}+\\ \psi_5(\boldsymbol{B}\cdot\boldsymbol{C}+\boldsymbol{C}\cdot\boldsymbol{B})+\psi_6\left(\boldsymbol{B}^{\mathbf{2}}\cdot\boldsymbol{C}+\boldsymbol{C}\cdot\boldsymbol{B}^{\mathbf{2}}\right)+\\ \psi_7\left(\boldsymbol{B}\cdot\boldsymbol{C}^{\mathbf{2}}+\boldsymbol{C}^{\mathbf{2}}\cdot\boldsymbol{B}\right)+\psi_8\left(\boldsymbol{B}^{\mathbf{2}}\cdot\boldsymbol{C}^{\mathbf{2}}+\boldsymbol{C}^{\mathbf{2}}\cdot\boldsymbol{B}^{\mathbf{2}}\right)\end{aligned} \tag{1.164}$$

式中，$\psi_0,\psi_1,\cdots,\psi_8$ 是式 (1.160) 中 10 个不变量 ($\boldsymbol{A}$、$\boldsymbol{B}$ 换成 $\boldsymbol{B}$、$\boldsymbol{C}$) 的标量函数。

1.21.4.3 线性函数的表示定理

定理 8：以二阶张量 $\boldsymbol{T}$ 为自变量的线性标量值函数 $W(\boldsymbol{T})$ 为各向同性函数的充分必要条件为

$$W(\boldsymbol{T})=\lambda\mathrm{tr}\boldsymbol{T}\quad(\lambda\text{ 是常数}) \tag{1.165}$$

定理 9：以对称二阶张量 $\boldsymbol{S}$ 为自变量的线性二阶张量值函数 $\boldsymbol{T}(\boldsymbol{S})$ 为各向同性函数的充分必要条件是 $\boldsymbol{T}$ 可以表示为

$$\boldsymbol{T}(\boldsymbol{S})=\lambda(\mathrm{tr}\boldsymbol{S})\boldsymbol{I}+2\mu\boldsymbol{S}\quad(\lambda,\mu\text{ 是常数}) \tag{1.166}$$

1.22 张量函数的微分和导数

1.22.1 定义

由于张量自变量的微小变化引起的张量函数的变化用张量函数的微分表示。张量函数微分的定义与张量场的微分定义 (第 1.15 节) 类似。若 $\boldsymbol{\varphi}(\boldsymbol{B})$ 为任意阶张量 $\boldsymbol{B}$ 的任意阶张量函数，当自变量 $\boldsymbol{B}$ 有无限小增量 $h\boldsymbol{S}$ 时 (h 为无限小量，引入 h 可以避免 $\boldsymbol{S}$ 作分母，张量运算中没有除法)，将函数 $\boldsymbol{\varphi}$ 的增量在 $h=0$ 处展开成 h 的一次项与 h 的高阶小量 $O(h)$ 之和：

$$\boldsymbol{\varphi}(\boldsymbol{B}+h\boldsymbol{S})-\boldsymbol{\varphi}(\boldsymbol{B})=h\left.\frac{\mathrm{d}\boldsymbol{\varphi}}{\mathrm{d}h}\right|_{h=0}+O(h) \tag{1.167}$$

式中，$\dfrac{\mathrm{d}\boldsymbol{\varphi}}{\mathrm{d}h}$ 是自变量 $\boldsymbol{B}$ 的改变量为 $\boldsymbol{S}$ 时函数 $\boldsymbol{\varphi}$ 变化的主部，称为 $\boldsymbol{\varphi}$ 在 $\boldsymbol{B}$ 处对应增量 $\boldsymbol{S}$ 的微分，它与 $\boldsymbol{S}$ 成线性关系，是 $\boldsymbol{\varphi}$ 的同阶张量，可以记作

$$\boldsymbol{\varphi}'(\boldsymbol{B})\left(\overset{n}{\cdot}\right)\boldsymbol{S}=\lim_{h\to 0}\frac{1}{h}\left[\boldsymbol{\varphi}(\boldsymbol{B}+h\boldsymbol{S})-\boldsymbol{\varphi}(\boldsymbol{B})\right]=\left.\frac{\mathrm{d}}{\mathrm{d}h}\boldsymbol{\varphi}(\boldsymbol{B}+h\boldsymbol{S})\right|_{h=0} \tag{1.168}$$

其中 $\left(\overset{n}{\cdot}\right)$ 表示 n 重点积，n 为张量 $\boldsymbol{B}$ 的阶数，$\boldsymbol{\varphi}'$ 称为 $\boldsymbol{\varphi}$ 对 $\boldsymbol{B}$ 的导数，记作：

$$\boldsymbol{\varphi}'(\boldsymbol{B})=\frac{\mathrm{d}\boldsymbol{\varphi}}{\mathrm{d}\boldsymbol{B}} \tag{1.168a}$$

将式 (1.168a) 代入式 (1.167)，得

$$\boldsymbol{\varphi}(\boldsymbol{B}+h\boldsymbol{S})-\boldsymbol{\varphi}(\boldsymbol{B})=h\boldsymbol{\varphi}'\left(\overset{n}{\cdot}\right)\boldsymbol{S}+O(h) \tag{1.168b}$$

式 (1.168) 表明，当 $\boldsymbol{\varphi}$ 为 m 阶张量、$\boldsymbol{B}$ 为 n 阶张量时，根据商法则，$\boldsymbol{\varphi}'$ 必为 $m+n$ 阶张量。如果式 (1.168) 的极限存在，则导数存在并且唯一。导数的分量记法可以由定义 (1.168) 得到。

若 (以逆变分量为例)

$$\boldsymbol{\varphi}=\varphi^{i\cdots j}\boldsymbol{g}_i\cdots\boldsymbol{g}_j,\quad \boldsymbol{B}=B^{r\cdots t}\boldsymbol{g}_r\cdots\boldsymbol{g}_t,\quad \boldsymbol{S}=S^{r\cdots t}\boldsymbol{g}_r\cdots\boldsymbol{g}_t$$

代入式 (1.168)，有

$$\lim_{h\to 0}\frac{1}{h}\left[\boldsymbol{\varphi}(\boldsymbol{B}+h\boldsymbol{S})-\boldsymbol{\varphi}(\boldsymbol{B})\right]=\lim_{h\to 0}\frac{1}{h}\left[\varphi^{i\cdots j}\left(B^{r\cdots t}+hS^{r\cdots t}\right)-\varphi^{i\cdots j}\left(B^{r\cdots t}\right)\right]\boldsymbol{g}_i\cdots\boldsymbol{g}_j \tag{a}$$

将分量 $\varphi^{i\cdots j}\left(B^{r\cdots t}+hS^{r\cdots t}\right)$ 在 $h=0$ 处展开成 h 的一次项与 h 的高阶小量之和，则式 (a) 变为

$$\lim_{h\to 0}\frac{1}{h}\left[\boldsymbol{\varphi}(\boldsymbol{B}+h\boldsymbol{S})-\boldsymbol{\varphi}(\boldsymbol{B})\right]=\left(\frac{\partial\varphi^{i\cdots j}}{\partial B^{r\cdots t}}S^{r\cdots t}\right)\boldsymbol{g}_i\cdots\boldsymbol{g}_j \tag{b}$$

令

$$\boldsymbol{\varphi}'(\boldsymbol{B})=\varphi'^{i\cdots j}{}_{k\cdots l}\boldsymbol{g}_i\cdots\boldsymbol{g}_j\boldsymbol{g}^k\cdots\boldsymbol{g}^l \tag{c}$$

将式 (b) 和式 (c) 代入式 (1.168)，得到分量形式

$$\varphi'^{i\cdots j}{}_{r\cdots t}S^{r\cdots t}=\frac{\partial\varphi^{i\cdots j}}{\partial B^{r\cdots t}}S^{r\cdots t}\quad 或 \quad \left(\varphi'^{i\cdots j}{}_{r\cdots t}-\frac{\partial\varphi^{i\cdots j}}{\partial B^{r\cdots t}}\right)S^{r\cdots t}=0 \tag{d}$$

由于 $\boldsymbol{S}\neq 0$ 和任意性，所以并矢记法式 (c) 中导数 $\boldsymbol{\varphi}'$ 的分量为

$$\varphi'^{i\cdots j}{}_{k\cdots l}=\frac{\partial\varphi^{i\cdots j}}{\partial B^{k\cdots l}} \tag{1.169}$$

任意升降指标，便可得到其他分量形式。

将式 (1.169) 写成微分形式，有

$$\mathrm{d}\varphi^{i\cdots j}=\frac{\partial\varphi^{i\cdots j}}{\partial B^{k\cdots l}}\mathrm{d}B^{k\cdots l}\quad 或 \quad \mathrm{d}\boldsymbol{\varphi}=\boldsymbol{\varphi}'\left(\overset{n}{\cdot}\right)\mathrm{d}\boldsymbol{B}=\frac{\mathrm{d}\boldsymbol{\varphi}}{\mathrm{d}\boldsymbol{B}}\left(\overset{n}{\cdot}\right)\mathrm{d}\boldsymbol{B} \tag{1.169a}$$

可见，上述分量运算中指标上下和前后位置的规律是：式 (1.169) 中偏导数分母的上标 (或下标) 对应导数的下标 (或上标)，分母指标排在分子指标之后，各自顺序不变。违反这一规律会导致错误。

导数 $\dfrac{\mathrm{d}\boldsymbol{\varphi}}{\mathrm{d}\boldsymbol{B}}$ 的分量 $\varphi'^{i\cdots j}{}_{k\cdots l}$ 是分量 $\varphi^{i\cdots j}$ 对于分量 $B^{k\cdots l}$ 的变化率，m 阶张量 $\boldsymbol{\varphi}$ 作为 n 阶张量 $\boldsymbol{B}$ 的函数，其变化率需要用导数 $\boldsymbol{\varphi}'$ 的 $3^{(m+n)}$ 个分量表示。

导数 $\dfrac{\mathrm{d}\boldsymbol{\varphi}}{\mathrm{d}\boldsymbol{B}}$ 也称为函数 $\boldsymbol{\varphi}$ 在 $\boldsymbol{B}$ 处的右梯度。类似第 1.15 节，可以用微分算子 $\boldsymbol{\nabla}$ 定义张量函数的右梯度和左梯度，例如若 $\boldsymbol{\varphi}$ 是向量 $\boldsymbol{v}$ 的函数，有

$$\begin{aligned}&右梯度 \qquad \boldsymbol{\varphi}\boldsymbol{\nabla}=\frac{\partial\boldsymbol{\varphi}}{\partial v^r}\boldsymbol{g}^r=\frac{\partial\varphi^{i\cdots j}}{\partial v^r}\boldsymbol{g}_i\cdots\boldsymbol{g}_j\boldsymbol{g}^r=\frac{\mathrm{d}\boldsymbol{\varphi}}{\mathrm{d}\boldsymbol{v}}\\ &左梯度 \qquad \boldsymbol{\nabla}\boldsymbol{\varphi}=\boldsymbol{g}^r\frac{\partial\boldsymbol{\varphi}}{\partial v^r}=\frac{\partial\varphi^{i\cdots j}}{\partial v^r}\boldsymbol{g}^r\boldsymbol{g}_i\cdots\boldsymbol{g}_j\end{aligned} \tag{1.170}$$

应该注意的是：这里自变量是向量场 $\boldsymbol{v}$，而张量场的微分算子 (第 1.15 节) 中自变量是坐标 x^r (或位置向量)，所以如果应用张量函数微分算子，需要加以说明，以防混淆。

例 1.12 求矢量的标量值函数 $f(\boldsymbol{v})=\boldsymbol{v}\cdot\boldsymbol{v}$ 的导数。

由式 (1.167b)，$\boldsymbol{f}'(\boldsymbol{v})=\dfrac{\mathrm{d}f}{\mathrm{d}\boldsymbol{v}}$ 是向量，其分量可由式 (1.169) 得到

$$f'_i=\frac{\partial f(v^m)}{\partial v^i}=\frac{\partial}{\partial v^i}\left(g_{kl}v^kv^l\right)=2v_i \quad 和 \quad f'^i=\frac{\partial(v_m)}{\partial v_i}=\frac{\partial f}{\partial v_i}\left(g^{kl}v_kv_l\right)=2v^i$$

f'_i 和 f'^i 分别是 $\boldsymbol{f}'$ 的协变分量和逆变分量。函数中 v^m, v_m 表示全部分量。

例 1.13 求矢量的矢量值函数 $\boldsymbol{u}=\boldsymbol{F}(\boldsymbol{v})$ 的导数。

由式 (1.168a)，$\boldsymbol{F}'(\boldsymbol{v})=\dfrac{\mathrm{d}\boldsymbol{F}}{\mathrm{d}\boldsymbol{v}}$ 是二阶张量，当 $\boldsymbol{F}$ 的逆变或协变分量用 $\boldsymbol{v}$ 的逆变或协变分量表示时，可以有四种形式：$F_i\left(v^k\right)$，$F^i\left(v_k\right)$，$F_i\left(v_k\right)$，$F^i\left(v^k\right)$。利用式 (1.169)，$\boldsymbol{F}'$ 的协变、逆变和混合分量为

$$F'_{ij}=\frac{\partial F_i\left(v^k\right)}{\partial v^j},\quad F'^{ij}=\frac{\partial F^i\left(v_k\right)}{\partial v_j},\quad F'_i{}^j=\frac{\partial F_i\left(v_k\right)}{\partial v_j},\quad F'^i{}_j=\frac{\partial F^i\left(v^k\right)}{\partial v^j}$$

不变性记法为

$$\boldsymbol{F}'=F'_{ij}\boldsymbol{g}^i\boldsymbol{g}^j=F'^{ij}\boldsymbol{g}_i\boldsymbol{g}_j=F_i'^{\ j}\boldsymbol{g}^i\boldsymbol{g}_j=F'^i{}_j\boldsymbol{g}_i\boldsymbol{g}^j$$

例 1.14 求二阶张量 $\boldsymbol{A}$ 的二阶张量值函数 $\boldsymbol{B}=\boldsymbol{B}(\boldsymbol{A})$ 的导数。

由式 (1.168a)，$\boldsymbol{B}'(\boldsymbol{A})=\dfrac{\mathrm{d}\boldsymbol{B}}{\mathrm{d}\boldsymbol{A}}$ 是四阶张量，当 $\boldsymbol{B},\boldsymbol{A}$ 为协变、逆变或混合分量时，$\boldsymbol{B}'$ 有多种分量形式，例如

$$\boldsymbol{B}'(\boldsymbol{A})=\frac{\mathrm{d}\boldsymbol{B}}{\mathrm{d}\boldsymbol{A}}=B'^{ijkl}\boldsymbol{g}_i\boldsymbol{g}_j\boldsymbol{g}_k\boldsymbol{g}_l=B'_{ijkl}\boldsymbol{g}^i\boldsymbol{g}^j\boldsymbol{g}^k\boldsymbol{g}^l=B'_{ij}{}^{kl}\boldsymbol{g}^i\boldsymbol{g}^j\boldsymbol{g}_k\boldsymbol{g}_l=B'^{k\ \ l}_{i\ j}\boldsymbol{g}^i\boldsymbol{g}_j\boldsymbol{g}^k\boldsymbol{g}_l=\cdots$$

$$B'^{ijkl}=\frac{\partial B^{ij}}{\partial A_{kl}},\quad B'_{ijkl}=\frac{\partial B_{ij}}{\partial A^{kl}},\quad B'_{ij}{}^{kl}=\frac{\partial B_{ij}}{\partial A_{kl}},\quad B'^{k\ \ l}_{i\ j}=\frac{\partial B_i{}^j}{\partial A^k{}_l},\cdots$$

1.22.2 复合函数和乘积的导数

根据张量函数微分和导数的定义，可以得到求函数导数的一些规则。

1.22.2.1 复合函数的导数

若复合函数 $\boldsymbol{H}=\boldsymbol{\varphi}(\boldsymbol{F}(\boldsymbol{T}))$，即 r 阶张量 $\boldsymbol{H}$ 是 m 阶张量 $\boldsymbol{F}$ 的函数，而 $\boldsymbol{F}$ 又是 n 阶张量 $\boldsymbol{T}$ 的函数，则 $\boldsymbol{H}$ 对 $\boldsymbol{T}$ 的导数为

$$\frac{\mathrm{d}\boldsymbol{H}}{\mathrm{d}\boldsymbol{T}}=\frac{\mathrm{d}\boldsymbol{\varphi}}{\mathrm{d}\boldsymbol{F}}\left(\overset{m}{\cdot}\right)\frac{\mathrm{d}\boldsymbol{F}}{\mathrm{d}\boldsymbol{T}}\quad\text{或}\quad\boldsymbol{H}'(\boldsymbol{T})=\boldsymbol{\varphi}'(\boldsymbol{F})\left(\overset{m}{\cdot}\right)\boldsymbol{F}'(\boldsymbol{T})\tag{1.171}$$

式 (1.171) 称为链法则，式中 $\boldsymbol{H}'$ 为 $(r+n)$ 阶张量，$\boldsymbol{\varphi}'$、$\boldsymbol{F}'$ 为 $(r+m)$ 和 $(m+n)$ 阶张量。

式 (1.171) 的逆变分量为

$$H'^{i\cdots jk\cdots l}=\frac{\partial H^{i\cdots j}}{\partial T_{k\cdots l}}=\frac{\partial H^{i\cdots j}(F_{s\cdots t})}{\partial F_{p\cdots q}}\frac{\partial F_{p\cdots q}(T_{u\cdots v})}{\partial T_{k\cdots l}}\tag{1.171a}$$

证：利用式 (1.168) 和式 (1.168b)，有

$$\begin{aligned}\frac{\mathrm{d}\boldsymbol{H}}{\mathrm{d}\boldsymbol{T}}\left(\overset{n}{\cdot}\right)\boldsymbol{S}&=\lim_{h\to0}\frac{1}{h}\left[\boldsymbol{\varphi}(\boldsymbol{F}(\boldsymbol{T}+h\boldsymbol{S}))-\boldsymbol{\varphi}(\boldsymbol{F}(\boldsymbol{T}))\right]\\&=\lim_{h\to0}\frac{1}{h}\left[\boldsymbol{\varphi}\left(\boldsymbol{F}(\boldsymbol{T})+h\boldsymbol{F}'\left(\overset{n}{\cdot}\right)\boldsymbol{S}+O(\boldsymbol{h})\right)-\boldsymbol{\varphi}(\boldsymbol{F}(\boldsymbol{T}))\right]\\&=\lim_{h\to0}\frac{1}{h}\left[\boldsymbol{\varphi}(\boldsymbol{F}(\boldsymbol{T}))+h\boldsymbol{\varphi}'(\boldsymbol{F}(\boldsymbol{T}))\left(\overset{m}{\cdot}\right)\left(\boldsymbol{F}'\left(\overset{n}{\cdot}\right)\boldsymbol{S}\right)+O(\boldsymbol{h})-\boldsymbol{\varphi}(\boldsymbol{F}(\boldsymbol{T}))\right]\\&=\boldsymbol{\varphi}'(\boldsymbol{F}(\boldsymbol{T}))\left(\overset{m}{\cdot}\right)\left(\boldsymbol{F}'\left(\overset{n}{\cdot}\right)\boldsymbol{S}\right)\end{aligned}$$

式中，第 3 和第 4 个等号是将 $\boldsymbol{F}'(\boldsymbol{T})\left(\overset{n}{\cdot}\right)\boldsymbol{S}$ 作为 $\boldsymbol{F}(\boldsymbol{T})$ 的增量，再应用式 (1.168)。利用点积的结合律和 $\boldsymbol{S}$ 的任意性，式 (1.171) 成立。

1.22.2.2 张量函数乘积的导数

若两个张量函数的乘积为 $\boldsymbol{H}(\boldsymbol{T})=\boldsymbol{A}(\boldsymbol{T})*\boldsymbol{B}(\boldsymbol{T})$，其中，$\boldsymbol{H}$、$\boldsymbol{A}$、$\boldsymbol{B}$、$\boldsymbol{T}$ 分别是 r、m、n、l 阶张量，符号 $*$ 可以表示点积、叉积或并积，则

$$\boldsymbol{H}'(\boldsymbol{T})\left(\overset{l}{\cdot}\right)\boldsymbol{U}=\left(\boldsymbol{A}'(\boldsymbol{T})\left(\overset{l}{\cdot}\right)\boldsymbol{U}\right)*\boldsymbol{B}(\boldsymbol{T})+\boldsymbol{A}(\boldsymbol{T})*\left(\boldsymbol{B}'(\boldsymbol{T})\left(\overset{l}{\cdot}\right)\boldsymbol{U}\right) \tag{1.172}$$

式中，$\boldsymbol{U}$ 是 $\boldsymbol{T}$ 的任意增量。上式称为莱布尼兹 (Leibniz) 法则，这里略去证明。

需要指出的是，在一般情况下，由于不满足交换律，右端不能简化为后乘公因子 $\boldsymbol{U}$ 的形式，所以得不到 $\boldsymbol{H}'(\boldsymbol{T})$ 的显式 ($\boldsymbol{H}'\neq\boldsymbol{A}'*\boldsymbol{B}+\boldsymbol{A}*\boldsymbol{B}'$)。但利用 $\boldsymbol{U}$ 的任意性，式 (1.172) 的分量形式可以用显式表示。

例 1.15 用导数定义求乘积 $\boldsymbol{H}(\boldsymbol{T})=\boldsymbol{A}(\boldsymbol{T})*\boldsymbol{B}(\boldsymbol{T})$ 的导数，$\boldsymbol{A},\boldsymbol{B},\boldsymbol{T}$ 为二阶张量。

由式 (1.168) 和式 (1.168b)，有

$$\begin{aligned}
&\boldsymbol{H}'(\boldsymbol{T}):\boldsymbol{U}\\
&=\lim_{h\to 0}\frac{1}{h}\left[\boldsymbol{A}(\boldsymbol{T}+h\boldsymbol{U})*\boldsymbol{B}(\boldsymbol{T}+h\boldsymbol{U})-\boldsymbol{A}(\boldsymbol{T})*\boldsymbol{B}(\boldsymbol{T})\right]\\
&=\lim_{h\to 0}\frac{1}{h}\left[\left(\boldsymbol{A}(\boldsymbol{T})+h\boldsymbol{A}':\boldsymbol{U}+O(h)\right)*\left(\boldsymbol{B}(\boldsymbol{T})+h\boldsymbol{B}':\boldsymbol{U}+O(h)\right)-\boldsymbol{A}(\boldsymbol{T})*\boldsymbol{B}(\boldsymbol{T})\right]\\
&=\lim_{h\to 0}\frac{1}{h}\left[h\boldsymbol{A}':\boldsymbol{U}*\boldsymbol{B}(\boldsymbol{T})+h\boldsymbol{A}(\boldsymbol{T})*\boldsymbol{B}':\boldsymbol{U}+O(h)\right]\\
&=\boldsymbol{A}':\boldsymbol{U}*\boldsymbol{B}(\boldsymbol{T})+\boldsymbol{A}(\boldsymbol{T})*\boldsymbol{B}':\boldsymbol{U}
\end{aligned}$$

即二阶张量函数乘积求导的莱布尼兹公式。若 $*$ 为并积，上式的分量形式为

$$H'^{ijklrt}U_{rt}=A'^{ijrt}B^{kl}U_{rt}+A^{ij}B'^{klrt}U_{rt}$$

由于 U_{rt} 的任意性，得 $H'^{ijklrt}=A'^{ijrt}B^{kl}+A^{ij}B'^{klrt}$，可见 $\boldsymbol{H}'\neq\boldsymbol{A}'*\boldsymbol{B}+\boldsymbol{A}*\boldsymbol{B}'$。

若 $*$ 为点积，$\boldsymbol{H}'(\boldsymbol{T})=(\boldsymbol{A}(\boldsymbol{T})\cdot\boldsymbol{B}(\boldsymbol{T}))'$ 的分量形式为

$$H'^{ilrt}=A'^{ijrt}B_j{}^{l}+A^{ij}B'_j{}^{lrt}$$

1.22.3 二阶张量主不变量的导数

二阶张量 $\boldsymbol{T}$ 的三个主不变量 I，$I\!I$，$I\!I\!I$ 由式 (1.71) 给出，它们是张量 $\boldsymbol{T}$ 的标量值函数。利用式 (1.168a)、式 (1.169)，得到

$$\frac{\mathrm{d}I}{\mathrm{d}\boldsymbol{T}}=\frac{\partial t^i{}_i}{\partial t^k{}_l}\boldsymbol{g}^k\boldsymbol{g}_l=\delta^i_k\delta^l_i\boldsymbol{g}^k\boldsymbol{g}_l=\boldsymbol{I},\quad 即\quad \frac{\mathrm{d}(\mathrm{tr}\boldsymbol{T})}{\mathrm{d}\boldsymbol{T}}=\boldsymbol{I} \tag{1.173a}$$

$$\begin{aligned}
\frac{\mathrm{d}I\!I}{\mathrm{d}\boldsymbol{T}}&=\frac{1}{2}\frac{\partial}{\partial t^k{}_l}\left(t^i{}_it^j{}_j-t^i{}_jt^j{}_i\right)\boldsymbol{g}^k\boldsymbol{g}_l\\
&=\frac{1}{2}\left(2\delta^i_k\delta^l_it^j{}_j-\delta^i_k\delta^l_jt^j{}_i-t^i{}_j\delta^j_k\delta^l_i\right)\boldsymbol{g}^k\boldsymbol{g}_l=(\mathrm{tr}\boldsymbol{T})\boldsymbol{I}-\boldsymbol{T}^{\mathrm{T}}
\end{aligned} \tag{1.173b}$$

$$\begin{aligned}\frac{\mathrm{d}\mathit{III}}{\mathrm{d}\boldsymbol{T}} &= \frac{1}{3!}\varepsilon_{ijk}\varepsilon^{lmn}\frac{\partial}{\partial t^{r}{}_{s}}\left(t^{i}{}_{l}t^{j}{}_{m}t^{k}{}_{n}\right)\boldsymbol{g}^{r}\boldsymbol{g}_{s} \\ &= \frac{1}{6}\varepsilon_{ijk}\varepsilon^{lmn}\left(\delta_{r}^{i}\delta_{l}^{s}t^{j}{}_{m}t^{k}{}_{n}+\delta_{r}^{j}\delta_{m}^{s}t^{i}{}_{l}t^{k}{}_{n}+\delta_{r}^{k}\delta_{n}^{s}t^{i}{}_{l}t^{j}{}_{m}\right)\boldsymbol{g}^{r}\boldsymbol{g}_{s} \\ &= \frac{1}{6}\left(\varepsilon_{rjk}\varepsilon^{smn}t^{j}{}_{m}t^{k}{}_{n}+\varepsilon_{irk}\varepsilon^{lsn}t^{i}{}_{l}t^{k}{}_{n}+\varepsilon_{ijr}\varepsilon^{lms}t^{i}{}_{l}t^{j}{}_{m}\right)\boldsymbol{g}^{r}\boldsymbol{g}_{s} \\ &= \frac{1}{2}\varepsilon_{rjk}\varepsilon^{smn}t^{j}{}_{m}t^{k}{}_{n}\boldsymbol{g}^{r}\boldsymbol{g}_{s}\end{aligned}$$

利用式 (1.21) 和式 (1.71)，得到

$$\begin{aligned}\frac{\mathrm{d}\mathit{III}}{\mathrm{d}\boldsymbol{T}} &= \frac{1}{2}\left(\delta_{r}^{s}t^{j}{}_{j}t^{k}{}_{k}+t^{j}{}_{r}t^{s}{}_{j}+t^{s}{}_{k}t^{k}{}_{r}-t^{j}{}_{j}t^{s}{}_{r}-t^{s}{}_{r}t^{k}{}_{k}-t^{j}{}_{k}t^{k}{}_{j}\delta_{r}^{s}\right)\boldsymbol{g}^{r}\boldsymbol{g}_{s} \\ &= \left(\mathit{II}\delta_{r}^{s}+t^{s}{}_{j}t^{j}{}_{r}-t^{j}{}_{j}t^{s}{}_{r}\right)\boldsymbol{g}^{r}\boldsymbol{g}_{s} \\ &= \mathit{II}\boldsymbol{I}+\left(\boldsymbol{T}^{\mathrm{T}}\right)^{2}-I\boldsymbol{T}^{\mathrm{T}}\end{aligned} \tag{1.173c}$$

两端点乘 $\boldsymbol{T}^{\mathrm{T}}$，利用 Cayley-Hamilmon 定理，得

$$\frac{\mathrm{d}\mathit{III}}{\mathrm{d}\boldsymbol{T}}\cdot\boldsymbol{T}^{\mathrm{T}}=\mathit{II}\boldsymbol{T}^{\mathrm{T}}+\left(\boldsymbol{T}^{\mathrm{T}}\right)^{3}-I\left(\boldsymbol{T}^{\mathrm{T}}\right)^{\mathbf{2}}=\mathit{III}$$

若 $\boldsymbol{T}^{-1}$ 存在，上式点乘 $\boldsymbol{T}^{-\mathrm{T}}$，则式 (1.173c) 可表为

$$\frac{\mathrm{d}\mathit{III}}{\mathrm{d}\boldsymbol{T}}=\frac{\partial\left(\det\boldsymbol{T}\right)}{\partial\boldsymbol{T}}=\mathit{III}\boldsymbol{T}^{-\mathrm{T}} \tag{1.173d}$$

1.23 两点张量

在连续介质力学中，常常需要考虑两个状态：变形前状态和变形后状态。一般说来每个状态可以各自用一个坐标系描述。两个坐标系的选取是任意的，但在选定的两个坐标系中同一个物质点的坐标是一一对应的，即必须有某一确定的变换关系相联系 (在第 2.1 节中称为运动变换)：

$$x^{k}=x^{k}(X^{K})\quad 或\quad X^{K}=X^{K}(x^{k}) \tag{1.174}$$

式中，X^K 和 x^k 是同一物质点在变形前坐标系和变形后坐标系中的坐标 (图 1.20)。

式 (1.174) 给出了 $\{x^k\}$ 坐标系中物质点的坐标 x^k 与 $\{X^K\}$ 坐标系中同一物质点的坐标 X^K 之间的关系。所以，如果考虑任意一个二阶张量场 $\boldsymbol{B}$，它既可以表为位置向量 $\boldsymbol{x}$ 的函数 $\boldsymbol{B}(\boldsymbol{x})$，因而参考 $\{x^k\}$ 坐标系，也可以表为位置向量 $\boldsymbol{X}$ 的函数 $\boldsymbol{B}(\boldsymbol{X})$，因而参考 $\{X^K\}$ 坐标系，还可以同时表为 $\boldsymbol{x}$ 和 $\boldsymbol{X}$ 的函数 $\boldsymbol{B}(\boldsymbol{x},\boldsymbol{X})$，因而同时参考两个坐标系，这种参考两个坐标系的张量称为两点张量。本节约定，大写字母指标表示参考 $\{X^K\}$ 坐标系，小写字母指标表示参考 $\{x^k\}$ 坐标系。

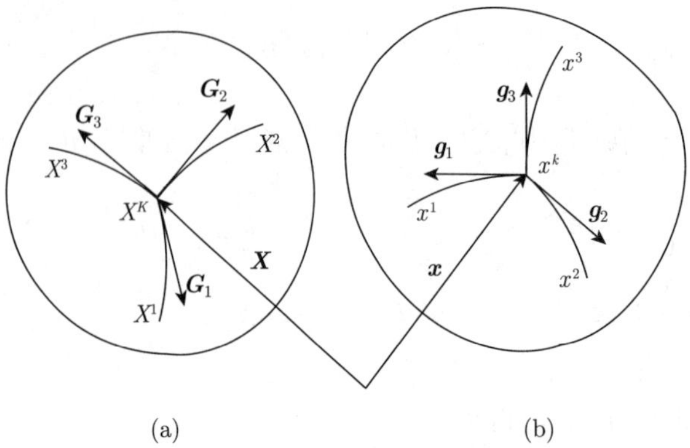

图 1.20　两个坐标系

(a) 变形前构形；(b) 变形后构形

类似普通张量 (或一点张量)，两点张量的定义为：当两个坐标系 x^k 和 X^K 分别转换到另外两个坐标 $x^{k'}$ 和 $X^{K'}$ 时，若一组量的分量 $B^k{}_K(\boldsymbol{x},\boldsymbol{X})$ 满足转换关系

$$B^{k'}{}_{K'}(\boldsymbol{x},\boldsymbol{X})=B^k{}_K(\boldsymbol{x},\boldsymbol{X})A_k^{k'}A_{K'}^K \tag{1.175}$$

式中，$A_k^{k'}$、$A_{K'}^K$ 为坐标变换系数，$\boldsymbol{x}$、$\boldsymbol{X}$ 是两个坐标系中对应点的位置向量，则称 $B^k{}_K$ 为两点张量，可以用并矢记法记作

$$\boldsymbol{B}=B^k{}_K\boldsymbol{g}_k\boldsymbol{G}^K=B^{kK}\boldsymbol{g}_k\boldsymbol{G}_K=B_{kK}\boldsymbol{g}^k\boldsymbol{G}^K=B_k{}^K\boldsymbol{g}^k\boldsymbol{G}_K \tag{1.176}$$

式中，$\boldsymbol{g}_k,\boldsymbol{g}^k$ 和 $\boldsymbol{G}_K,\boldsymbol{G}^K$ 为两个坐标系中对应点的基向量。类似地，可以定义任意阶两点张量。

对应点 $\boldsymbol{x}$ 和 $\boldsymbol{X}$ 处两个坐标系的局部标架，可以互相表示。将标架 $\boldsymbol{G}_K,\boldsymbol{G}^K$ 在另一组标架 $\boldsymbol{g}_k,\boldsymbol{g}^k$ 中分解，得到

$$\boldsymbol{G}_K=g_K{}^k\boldsymbol{g}_k,\quad \boldsymbol{G}_K=g_{Kk}\boldsymbol{g}^k,\quad \boldsymbol{G}^K=g^K{}_k\boldsymbol{g}^k,\quad \boldsymbol{G}^K=g^{Kk}\boldsymbol{g}_k \tag{1.177a}$$

式中，$g_K{}^k,g^K{}_k,g_{Kk},g^{Kk}$ 为四组系数，每组为 9 个分量，称为转移张量。将上式哑指标 k 改为 l，两端点乘 $\boldsymbol{g}^k$ 或 $\boldsymbol{g}_k$，可以求出各组系数

$$g_K{}^k=\boldsymbol{G}_K\cdot\boldsymbol{g}^k,\quad g_{Kk}=\boldsymbol{G}_K\cdot\boldsymbol{g}_k,\quad g^K{}_k=\boldsymbol{G}^K\cdot\boldsymbol{g}_k,\quad g^{Kk}=\boldsymbol{G}^K\cdot\boldsymbol{g}^k \tag{1.178a}$$

类似地，将 $\boldsymbol{g}^k$、$\boldsymbol{g}_k$ 在 $\boldsymbol{G}_K$、$\boldsymbol{G}^K$ 标架中分解，令

$$\boldsymbol{g}_k=g_k{}^KG_K,\quad \boldsymbol{g}_k=g_{kK}\boldsymbol{G}^K,\quad \boldsymbol{g}^k=g^k{}_K\boldsymbol{G}^K,\quad \boldsymbol{g}^k=g^{kK}G_K \tag{1.177b}$$

式中，$g_k{}^K,g^k{}_K,g_{kK},g^{kK}$ 是另外四组系数，也称为转移张量。同样地可以求出

$$g_k{}^K=\boldsymbol{g}_k\cdot\boldsymbol{G}^K,\quad g_{kK}=\boldsymbol{g}_k\cdot\boldsymbol{G}_K,\quad g^k{}_K=\boldsymbol{g}^k\cdot\boldsymbol{G}_K,\quad g^{kK}=\boldsymbol{g}^k\cdot\boldsymbol{G}^K \tag{1.178b}$$

比较式 (1.178a) 和式 (1.178b)，有

$$g_k{}^K=g^K{}_k\equiv g_k^K,\quad g_{kK}=g_{Kk},\quad g^k{}_K=g_K{}^k\equiv g_K^k,\quad g^{kK}=g^{Kk} \tag{1.179}$$

可见，两组转移张量是同一张量。利用式 (1.177a) 不难证明转移张量满足两点张量的坐标转换关系式 (1.175)，所以是两点张量。式 (1.179) 表明转移张量分量指标的前后位置可以交换，而上下位置可用两个坐标系的度量张量升降。将式 (1.177a) 和式 (1.177b) 两端点乘 $\boldsymbol{G}_L, \boldsymbol{G}^L$ 和 $\boldsymbol{g}_l, \boldsymbol{g}^l$，得到转移张量的互逆关系

$$\left.\begin{array}{ll} g_K^k g_k^L = \delta_K^L, & g_{Kk} g^{kL} = \delta_K^L \\ g_k^K g_K^l = \delta_k^l, & g_{kK} g^{Kl} = \delta_k^l \end{array}\right\} \tag{1.180}$$

借助转移张量可以使向量和张量分量从一个坐标系转到另一坐标系，将两点张量变成一点张量，或者相反。例如向量

$$\boldsymbol{V} = v^K \boldsymbol{G}_K = v^k \boldsymbol{g}_k$$

式中第 2 个等号两端分别点乘 $\boldsymbol{G}^L$ 和 $\boldsymbol{g}^l$，得到两个坐标系中分量之间的关系

$$v^L = g_k^L v^k, \quad v^l = g^l{}_K v^K$$

同样地，对于二阶张量 $\boldsymbol{T}$，有转换关系

$$\left.\begin{array}{ll} T^{KL} = T^{Kl} g_l^L = T^{kl} g_k^K g_l^L, & T_{KL} = T_{Kl} g_L^l = T_{kl} g_K^k g_L^l \\ T^{kl} = T^{Kl} g_K^k = T^{KL} g_K^k g_L^l, & T_{kl} = T_{Kl} g_k^K = T_{KL} g_k^K g_l^L \end{array}\right\} \tag{1.181}$$

需要指出，两个给定的坐标系 $\{x^k\}$ 和 $\{X^K\}$ 可以采用相同坐标系，但分别用于描述变形前后的物体，位置向量 $\boldsymbol{x}, \boldsymbol{X}$ 不同，两个对应点的标架在曲线坐标系中一般是不同的，在具体问题求解之前，运动变换虽然存在但暂时未知，因此如果给定物质点 X^K，变形后对应点的位置 x^k、标架和转移张量都是待求的。在用两个直角坐标系时，标架虽然相同，基向量指标仍然需要用大小写字母区分，两点张量的定义式 (1.175)、式 (1.176) 同样适用，但不再区分上下指标，转移张量简化为定值，即“两点” Kronecher $\boldsymbol{\delta}$，$\delta_{kK} = \delta_{Kk} = \boldsymbol{e}_k \cdot \boldsymbol{e}_K$。

两点张量的代数运算与一点张量相同，可以归结为基向量的代数运算，同一标架基向量的点积等于该坐标系的度量张量，两个不同标架基向量的点积得到转移张量 [即式 (1.178)]，不同标架基向量的叉积可先将基向量转移到同一标架下进行，例如：

$$\begin{aligned} \boldsymbol{G}_K \times \boldsymbol{g}_k &= g_K^l \boldsymbol{g}_l \times \boldsymbol{g}_k = g_K^l \varepsilon_{lkm} \boldsymbol{g}^m = \varepsilon_{Kkm} \boldsymbol{g}^m \\ &= G_K \times G_L g_k^L = g_k^L \varepsilon_{KLM} \boldsymbol{G}^M = \varepsilon_{KkM} \boldsymbol{G}^M \end{aligned}$$

但是在计算两点张量的导数时，必须考虑两个坐标 x^k 和 X^K 的变化及其函数关系式 (1.174)。下面以两点张量 $\boldsymbol{A}$ 为例说明，$\boldsymbol{A}(\boldsymbol{x}, \boldsymbol{X}) = A^k{}_L(\boldsymbol{x}, \boldsymbol{X}) \boldsymbol{g}_k(\boldsymbol{x}) \boldsymbol{G}^L(\boldsymbol{X})$，式中分量依赖于两个对应点的位置向量 $\boldsymbol{x}$ 和 $\boldsymbol{X}$，$\boldsymbol{g}_k$、$\boldsymbol{G}^L$ 分别只与 $\boldsymbol{x}$、$\boldsymbol{X}$ 有关，而且 $\boldsymbol{x} = \boldsymbol{x}(\boldsymbol{X})$。

如果将 X^K 作为自变量，利用复合函数的微分法则，有

$$\begin{aligned} \frac{\partial \boldsymbol{A}(x^m, X^M)}{\partial X^K} &\equiv \partial_K \left[A^k{}_L \left(x^m, X^M \right) \boldsymbol{g}_k \left(x^m \right) \boldsymbol{G}^L \left(X^M \right) \right] \\ &= \frac{\partial A^k{}_L}{\partial X^K} \boldsymbol{g}_k \boldsymbol{G}^L + \frac{\partial A^k{}_L}{\partial x^m} \frac{\partial x^m}{\partial X^K} \boldsymbol{g}_k \boldsymbol{G}^L + A^k{}_L \frac{\partial \boldsymbol{g}_k}{\partial x^m} \frac{\partial x^m}{\partial X^K} \boldsymbol{G}^L + A^k{}_L \boldsymbol{g}_k \frac{\partial \boldsymbol{G}^L}{\partial X^K} \end{aligned}$$

$$
\begin{aligned}
&= \left(A^k{}_{L,K} + A^k{}_{L,m}x^m_{,K} + A^l{}_L\boldsymbol{\Gamma}^k_{ml}x^m_{,K} - A^k{}_M\boldsymbol{\Gamma}^M_{KL}\right)\boldsymbol{g}_k\boldsymbol{G}^L \\
&= A^k{}_{L:K}\boldsymbol{g}_k\boldsymbol{G}^L
\end{aligned} \tag{1.182}
$$

其中引入定义：

$$
A^k{}_{L:K} \equiv A^k{}_{L,K} - A^k{}_M\Gamma^M_{KL} + (A^k{}_{L,m} + A^l{}_L\Gamma^k_{ml})x^m_{,K} = A^k{}_{L;K} + A^k{}_{L;m}x^m_{,K} \tag{1.183a}
$$

$A^k{}_{L:K}$ 称为两点张量 $A^k{}_L$ 的全协变导数。类似地逆变分量 A^{kL} 的全协变导数为

$$
A^{kL}{}_{:K} = A^{kL}{}_{;K} + A^{kL}{}_{;m}x^m_{,K} \tag{1.183b}
$$

在求 $A^{kL}{}_{;K}$ 时，x^k 保持不变，而在求 $A^{kL}{}_{;m}$ 时，X^K 保持不变，所以相当于向量的协变导数

$$
A^{kL}{}_{;K} = A^{kL}{}_{,K} + A^{kM}\Gamma^L_{KM}, \quad A^{kL}{}_{;m} = A^{kL}{}_{,m} + A^{rL}\Gamma^k_{rm}
$$

如果取 x^k 作为自变量，$X^K = X^K\left(x^k\right)$ 是 x^k 的函数，与式 (1.182) 类似的推导可以得到以 x^k 为自变量的全协变导数，例如：

$$
\left.\begin{aligned}
A^k{}_{L:l} &= A^k{}_{L;K} + A^k{}_{L;\mathrm{M}}X^M_{,l} \\
A_{kL:l} &= A_{kL;l} + A_{kL;M}X^M_{,l}
\end{aligned}\right\} \tag{1.184}
$$

为了与全协变导数相区别，$A^k{}_{L;l}$、$A^k{}_{L;\mathrm{M}}$、$\cdots$ 称为偏协变导数。

不难证明下列公式：

$$
g^k_{K:M} = g^k_{K;M} = 0, \quad g^k_{K:m} = g^k_{K;m} = 0, \quad G_{KL:m} = g_{kl:M} = 0 \tag{1.185}
$$

即度量张量和转移张量的偏协变导数和全协变导数均为零。所以，对于全协变导数和偏协变导数来说，度量张量和转移张量可以像常数一样移到求导符号之外或之内。

利用转移张量与基向量的关系和导数的定义及 Ricci 定理，可以证明式 (1.185)，例如：

$$
\begin{aligned}
&g^k{}_{K;l} = \left(g^k{}_K\right)_{,l} + g^m{}_K\Gamma^k_{ml} = \left(\boldsymbol{g}^k\cdot\boldsymbol{G}_K\right)_{,l} + g^m{}_K\Gamma^k_{ml} = -\Gamma^k_{ml}\boldsymbol{g}^m\cdot\boldsymbol{G}_K + g^m{}_K\Gamma^k_{ml} = 0 \\
&g^k{}_{K;L} = \left(\boldsymbol{g}^k\cdot\boldsymbol{G}_K\right)_{,L} - g^k{}_M\Gamma^M_{KL} = \boldsymbol{g}^k\cdot\boldsymbol{G}_M\Gamma^M_{KL} - g^k{}_M\Gamma^M_{KL} = 0 \\
&g^k{}_{K:L} = g^k{}_{K;L} + g^k{}_{K;l}x^l{}_{,L} = 0 \\
&g^{kl}{}_{:L} = g^{kl}{}_{;L} + g^{kl}{}_{;m}x^m_{,L} = 0
\end{aligned}
$$

全协变导数的运算法则与普通导数相同，例如：

$$
\left.\begin{aligned}
(A^k{}_K B^L_k)_{:M} &= A^k{}_{K:M}B^L_k + A^k{}_K B^L_{k:M} \\
(A^k{}_K + B^k{}_K)_{:M} &= A^k{}_{K:M} + B^k{}_{K:M}
\end{aligned}\right\} \tag{1.186}
$$

对于两点张量 B^{Kl}，散度定理的形式为

$$
\int_V B^{Kl}{}_{:K}\boldsymbol{g}_l\mathrm{d}V = \oint_A \mathrm{d}\boldsymbol{A}\cdot\boldsymbol{B}, \quad \int_v B^{Kl}{}_{:l}\boldsymbol{G}_K\mathrm{d}v = \oint_a \boldsymbol{B}\cdot\mathrm{d}\boldsymbol{a} \tag{1.187}
$$

式中，V、A 为 X^K 坐标系中的物体体积和表面积，v、a 为同一物体在 x^k 坐标系中对应的体积和表面积。

注意 $B^{Kl}=B^{KL}g_L^l=B^{kl}g_k^K$ ，利用高斯定理式 (1.140)，不难证明式 $(1.187)_1$：

$$\begin{aligned}\oint_S \mathrm{d}\boldsymbol{A}\cdot\boldsymbol{B}&=\oint_S\left(\mathrm{d}A_M\boldsymbol{G}^M\right)\cdot\left(B^{KL}{g_L}^l\boldsymbol{G}_K\boldsymbol{g}_l\right)\\&=\oint_S \mathrm{d}A_M B^{ML}\boldsymbol{G}_{\boldsymbol{L}}=\int_V {B^{ML}}_{;M}\boldsymbol{G}_L\mathrm{d}V\\&=\int_V\boldsymbol{G}^M\cdot\partial_M\left(B^{KL}\boldsymbol{G}_K\boldsymbol{G}_L\right)\mathrm{d}V=\int_V\boldsymbol{G}^M\cdot\partial_M\left(B^{Kl}\boldsymbol{G}_K\boldsymbol{g}_l\right)\mathrm{d}V\\&=\int_V\boldsymbol{G}^M\cdot\left({B^{Kl}}_{:M}\boldsymbol{G}_K\boldsymbol{g}_l\right)\mathrm{d}V\\&=\int_V {B^{Kl}}_{:K}\boldsymbol{g}_l\mathrm{d}V\end{aligned}$$

类似地，可以证明式 $(1.187)_2$。

1.24 曲面张量

前面讨论的是三维 Euclidean 空间中的张量理论，当构形局限在欧氏空间中的某一曲面时 (例如壳体的变形和应力场在壳体的中面定义)，需要应用二维曲面张量理论。二维曲面上不能建立直线坐标系，因而通常是二维 Riemann 空间 (见第 1.18 节)，属于“曲”空间。曲面上的张量是二维张量，已在第 1.6 节的普遍张量定义中包括。二维张量理论的研究方法与三维张量类似，主要区别是关于曲率的度量。

1.24.1 曲面的坐标系、基向量和度量张量

考虑三维欧氏空间中的一个光滑曲面

$$x^k=x^k\left(\xi^\alpha\right)\quad(k=1,2,3;\alpha=1,2)\tag{1.188}$$

本节规定希腊字母指标的变程为 2，英文字母变程为 3。式中，x^k 是斜角直线坐标系 $\left\{x^k\right\}$ 中位置向量 $\boldsymbol{x}\left(\xi^\alpha\right)$ 矢端的坐标，ξ^1,ξ^2 是两个参数，称为曲面的 Gauss 坐标。显然，上述曲面相当于空间曲线坐标系中的一个坐标面。当两个参数中的一个保持常数，只改变另一个参数，便得到曲面上的两族坐标线 (见图 1.21)。

仿照式 (1.99) 和式 (1.7)，曲面坐标系的协变基向量 $\boldsymbol{g}_\alpha$ 和逆变基向量 $\boldsymbol{g}^\alpha$ 定义为

$$\boldsymbol{g}_\alpha=\frac{\partial\boldsymbol{x}}{\partial\xi^\alpha},\quad\boldsymbol{g}^\alpha\cdot\boldsymbol{g}_\beta=\delta_\beta^\alpha\tag{1.189}$$

基向量所在的平面为该点处曲面的切平面。引入曲面的法向单位向量 (垂直于切平面)

$$\boldsymbol{n}=\boldsymbol{g}_1\times\boldsymbol{g}_2/\left|\boldsymbol{g}_1\times\boldsymbol{g}_2\right|\tag{1.190}$$

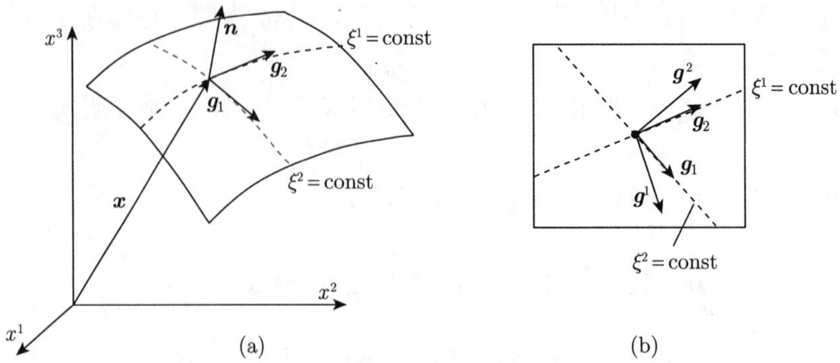

图 1.21 曲面、协变基向量 (a) 和逆法向看的切平面、逆变基向量 (b)

与第 1.2.3 小节类似，将协变标架 $\boldsymbol{g}_\alpha$ 和逆变标架 $\boldsymbol{g}^\alpha$ 分解为

$$\boldsymbol{g}_\alpha = g_{\alpha\beta}\boldsymbol{g}^\beta, \quad \boldsymbol{g}^\alpha = g^{\alpha\beta}\boldsymbol{g}_\beta, \quad g_{\alpha\beta} = \boldsymbol{g}_\alpha \cdot \boldsymbol{g}_\beta, \quad g^{\alpha\beta} = \boldsymbol{g}^\alpha \cdot \boldsymbol{g}^\beta \tag{1.191}$$

式中，$g_{\alpha\beta}, g^{\alpha\beta}$ 分别是曲面的协变度量张量和逆变度量张量。度量张量是对称二维二阶张量，并矢形式为 $\boldsymbol{I} = g_{\alpha\beta}\boldsymbol{g}^\alpha\boldsymbol{g}^\beta = g^{\alpha\beta}\boldsymbol{g}_\alpha\boldsymbol{g}_\beta = \delta^\alpha_\beta\boldsymbol{g}_\alpha\boldsymbol{g}^\beta$，利用式 $(1.189)_2$ 可以证明互逆关系 $g_{\alpha\lambda}g^{\lambda\beta} = \delta^\beta_\alpha$，由互逆关系可得

$$g^{11} = g_{22}/g, \quad g^{22} = g_{11}/g, \quad g^{12} = -g_{12}/g, \quad g = \det(g_{\alpha\beta}) \tag{1.192}$$

式 $(1.189)_2$ 和式 $(1.191)_{3,4}$ 给出了基向量的点积。由式 (1.190) 和式 (1.15a)，基向量的叉积可表为

$$\left.\begin{aligned} &\boldsymbol{g}_\alpha \times \boldsymbol{g}_\beta = \varepsilon_{\alpha\beta}\boldsymbol{n}, \quad \varepsilon_{\alpha\beta} = e_{\alpha\beta}\left[\boldsymbol{g}_1\boldsymbol{g}_2\boldsymbol{n}\right] = e_{\alpha\beta}\sqrt{g} \\ &\boldsymbol{g}^\alpha \times \boldsymbol{g}^\beta = \varepsilon^{\alpha\beta}\boldsymbol{n}, \quad \varepsilon^{\alpha\beta} = e^{\alpha\beta}\left[\boldsymbol{g}^1\boldsymbol{g}^2\boldsymbol{n}\right] = e^{\alpha\beta}/\sqrt{g} \\ &\boldsymbol{n} \times \boldsymbol{g}_\alpha = \varepsilon_{\alpha\lambda}\boldsymbol{g}^\lambda, \quad \boldsymbol{n} \times \boldsymbol{g}^\alpha = \varepsilon^{\alpha\lambda}\boldsymbol{g}_\lambda \end{aligned}\right\} \tag{1.193}$$

式中，$e_{\alpha\beta} = e^{\alpha\beta}$ 是二维置换符号：$e_{11} = e_{22} = 0, e_{12} = -e_{21} = 1$，$\varepsilon_{\alpha\beta}, \varepsilon^{\alpha\beta}$ 是二维置换张量；$\sqrt{g}$ 是以基向量 $\boldsymbol{g}_1\boldsymbol{g}_2$ 为边的平行四边形的面积，即 $|\boldsymbol{g}_1 \times \boldsymbol{g}_2|$。类似第 1.3.2 小节的推导，可得

$$\varepsilon_{\alpha\beta}\varepsilon^{\lambda\mu} = \delta^\lambda_\alpha\delta^\mu_\beta - \delta^\mu_\alpha\delta^\lambda_\beta, \quad \varepsilon_{\alpha\lambda}\varepsilon^{\beta\lambda} = \delta^\beta_\alpha, \quad \varepsilon_{\alpha\beta}\varepsilon^{\alpha\beta} = 2 \tag{1.194}$$

1.24.2 曲面的第一和第二基本形

曲面上任一线元 $\mathrm{d}\boldsymbol{x} = \mathrm{d}\xi^\alpha\boldsymbol{g}_\alpha$，其长度 $\mathrm{d}s$ 可由下式得到

$$\mathrm{d}s^2 = \mathrm{d}\boldsymbol{x} \cdot \mathrm{d}\boldsymbol{x} = g_{\alpha\beta}\mathrm{d}\xi^\alpha\mathrm{d}\xi^\beta \tag{1.195}$$

式 (1.195) 称为曲面的第一基本形，实际上是给出了度量张量。度量张量可以用于表示曲面内的几何元素。除线元长度 $\mathrm{d}s$ 外，任意两个线元 $\mathrm{d}\boldsymbol{x}_{(1)}, \mathrm{d}\boldsymbol{x}_{(2)}$ 的夹角为

$$\cos\theta = \mathrm{d}\boldsymbol{x}_{(1)} \cdot \mathrm{d}\boldsymbol{x}_{(2)} \Big/ \left(\left|\mathrm{d}\boldsymbol{x}_{(1)}\right|\left|\mathrm{d}\boldsymbol{x}_{(2)}\right|\right) = g_{\alpha\beta}\mathrm{d}\xi^\alpha_{(1)}\mathrm{d}\xi^\beta_{(2)} \big/ \left(\mathrm{d}s_{(1)}\mathrm{d}s_{(2)}\right) \tag{1.196}$$

以线元 $\mathrm{d}\boldsymbol{x}_{(1)},\mathrm{d}\boldsymbol{x}_{(2)}$ 为边的平行四边形面积向量为

$$\mathrm{d}\boldsymbol{a}=\mathrm{d}\boldsymbol{x}_{(1)}\times\mathrm{d}\boldsymbol{x}_{(2)}=\boldsymbol{g}_{\alpha}\times\boldsymbol{g}_{\beta}\mathrm{d}\xi_{(1)}^{\alpha}\mathrm{d}\xi_{(2)}^{\beta}=\varepsilon_{\alpha\beta}\mathrm{d}\xi_{(1)}^{\alpha}\mathrm{d}\xi_{(2)}^{\beta}\boldsymbol{n} \tag{1.197}$$

但第一基本型不能表示曲面的曲率，因为它只用到 $\boldsymbol{x}$ 对坐标的一阶导数 (基向量)，而曲率需要二阶导数，可以定义

$$\boldsymbol{n}\cdot\mathrm{d}(\mathrm{d}\boldsymbol{x})=\boldsymbol{n}\cdot\mathrm{d}\left(\boldsymbol{x}_{,\alpha}\mathrm{d}\xi^{\alpha}\right)=\boldsymbol{n}\cdot\left(\boldsymbol{x}_{,\alpha\beta}\mathrm{d}\xi^{\alpha}\mathrm{d}\xi^{\beta}\right)=b_{\alpha\beta}\mathrm{d}\xi^{\alpha}\mathrm{d}\xi^{\beta} \tag{1.198}$$

式 (1.198) 称为曲面的第二基本形，由商法则可知 $b_{\alpha\beta}$ 是二阶张量，称为曲率张量。注意到 $\boldsymbol{n}\cdot\mathrm{d}\boldsymbol{x}=\boldsymbol{n}\cdot\boldsymbol{g}_{\alpha}\mathrm{d}\xi^{\alpha}=0$，所以 $\mathrm{d}(\boldsymbol{n}\cdot\mathrm{d}\boldsymbol{x})=\mathrm{d}\boldsymbol{n}\cdot\mathrm{d}\boldsymbol{x}+\boldsymbol{n}\cdot\mathrm{d}(\mathrm{d}\boldsymbol{x})=0$，可得

$$b_{\alpha\beta}=\boldsymbol{n}\cdot\boldsymbol{x}_{,\alpha\beta}=\boldsymbol{n}\cdot\boldsymbol{g}_{\beta,\alpha}=\boldsymbol{n}\cdot\boldsymbol{g}_{\alpha,\beta}=-\boldsymbol{n}_{,\alpha}\cdot\boldsymbol{g}_{\beta}=-\boldsymbol{n}_{,\beta}\cdot\boldsymbol{g}_{\alpha} \tag{1.199}$$

可见曲率张量是对称二阶张量 $b_{\alpha\beta}=b_{\beta\alpha}$，其并矢形式为

$$\boldsymbol{b}=b_{\alpha\beta}\boldsymbol{g}^{\alpha}\boldsymbol{g}^{\beta}=b^{\alpha\beta}\boldsymbol{g}_{\alpha}\boldsymbol{g}_{\beta}=b_{\alpha}{}^{\beta}\boldsymbol{g}^{\alpha}\boldsymbol{g}_{\beta}=b^{\alpha}{}_{\beta}\boldsymbol{g}_{\alpha}\boldsymbol{g}^{\beta} \tag{1.200}$$

1.24.3 曲面的法截面曲率、主曲率、平均曲率和 Gauss 曲率

曲面与平面的交线通常是曲线，曲线的曲率反映曲面的弯曲程度。过曲面一点 P 处法线的截面称为法截面，法截面与曲面的交线称为法截面曲线，该曲线在该点的曲率可以作为曲面在法截面方向的曲率 κ。曲线曲率的定义是：$\kappa=\mathrm{d}\theta/\mathrm{d}s$，$\mathrm{d}\theta$ 是弧长微分 $\mathrm{d}s$ 对应的切线夹角微分，也就是法线夹角的微分 (见图 1.22)，令 $\boldsymbol{t}$ 是曲线的单位切线向量 (沿 s 增加方向为正)，$\boldsymbol{n}$ 是设定的曲面单位法线向量，$\boldsymbol{n}'$ 是曲线的单位法线向量 (规定与 $\boldsymbol{n}$ 反向为正向，如图所示)。注意到 $\mathrm{d}\boldsymbol{t}=\mathrm{d}\theta\boldsymbol{n}'=-\mathrm{d}\theta\boldsymbol{n}$，$\boldsymbol{t}=\mathrm{d}\boldsymbol{x}/\mathrm{d}s=(\mathrm{d}\xi^{\alpha}/\mathrm{d}s)\boldsymbol{g}_{\alpha}=t^{\alpha}\boldsymbol{g}_{\alpha}$，所以 $\mathrm{d}\theta=-\boldsymbol{n}\cdot\mathrm{d}(\mathrm{d}\boldsymbol{x})/\mathrm{d}s$，利用式 (1.198)，得到 P 点处 $\boldsymbol{t}$ 方向法截面曲率：

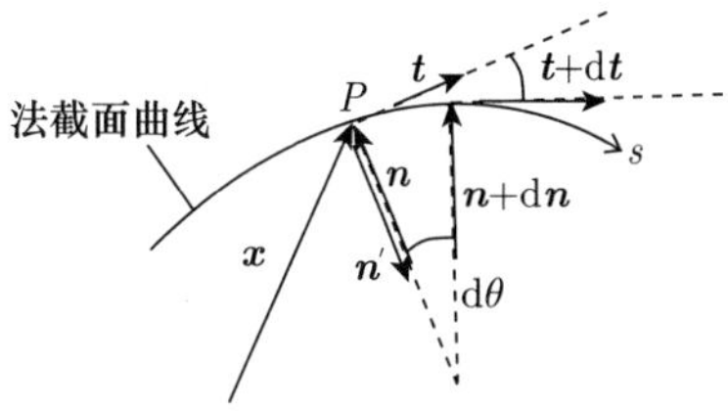

图 1.22 法截面曲率

$$\kappa=\frac{\mathrm{d}\theta}{\mathrm{d}s}=-\frac{\boldsymbol{n}\cdot\mathrm{d}(\mathrm{d}\boldsymbol{x})}{(\mathrm{d}s)^{2}}=-\frac{b_{\alpha\beta}\mathrm{d}\xi^{\alpha}\mathrm{d}\xi^{\beta}}{g_{\lambda\mu}\mathrm{d}\xi^{\lambda}\mathrm{d}\xi^{\mu}}=-b_{\alpha\beta}t^{\alpha}t^{\beta} \tag{1.201}$$

即负的第二基本形与第一基本形之比。第一基本形是正定二次型，而第二基本形非正定，所以 κ 是代数值。令 $\kappa=1/R$，R 是曲率半径，也是代数值。

曲率 κ 是方向 $\boldsymbol{t}$ 的函数，在 $\boldsymbol{t}\cdot\boldsymbol{t}=g_{\alpha\beta}t^{\alpha}t^{\beta}=1$ 条件下 ($\boldsymbol{t}$ 是单位向量)，κ 的极值满足方程：

$$\frac{\mathrm{d}}{\mathrm{d}t^{\mu}}\left[-b_{\alpha\beta}t^{\alpha}t^{\beta}+\lambda\left(g_{\alpha\beta}t^{\alpha}t^{\beta}-1\right)\right]=0$$

即

$$\left(-b_{\mu\beta}+\lambda g_{\mu\beta}\right)t^{\beta}=0$$

或

$$\left(b^{\mu}{}_{\beta}-\lambda\delta_{\beta}^{\mu}\right)t^{\beta}=0\quad(\mu=1,2),\quad(\boldsymbol{b}-\lambda\boldsymbol{I})\cdot\boldsymbol{t}=0$$

上式是曲率张量的特征值问题。特征方程是

$$\det\left(b^{\mu}{}_{\beta}-\lambda\delta^{\mu}_{\beta}\right)=\lambda^2-(b^1{}_1+b^2{}_2)\lambda+(b^1{}_1b^2{}_2-b^1{}_2b^2{}_1)=0 \tag{1.202}$$

κ 是对称二阶张量，类似于第 1.9.2 小节的讨论，可以证明 κ 有两个实特征值 $\lambda_{(1)},\lambda_{(2)}$，称为主值或主曲率，对应两个相互垂直的特征向量 $\boldsymbol{t}_{(1)},\boldsymbol{t}_{(2)}$，称为主方向或主曲率方向。当两个主值相等时，该点所有的方向 $\boldsymbol{t}$ 均为主方向。以各点的单位正交特征向量为标架的坐标系称为曲面的主曲率坐标系，坐标线为 $\boldsymbol{t}_{(1)},\boldsymbol{t}_{(2)}$ 的切线，称为曲面的曲率线或主坐标线。在 κ 的主坐标系中，度量张量和曲率张量分别为它们的标准形：

$$\boldsymbol{I}=\boldsymbol{t}_{(1)}\boldsymbol{t}_{(1)}+\boldsymbol{t}_{(2)}\boldsymbol{t}_{(2)},\quad \boldsymbol{b}=\lambda_{(1)}\boldsymbol{t}_{(1)}\boldsymbol{t}_{(1)}+\lambda_{(2)}\boldsymbol{t}_{(2)}\boldsymbol{t}_{(2)} \tag{1.203}$$

特征值与坐标系的选择无关，所以式 (1.202) 的系数是坐标不变量，令

$$\left.\begin{aligned}&H=\frac{1}{2}(b^1{}_1+b^2{}_2)=\frac{1}{2}(\lambda_{(1)}+\lambda_{(2)}),\\&K=b^1{}_1b^2{}_2-b^1{}_2b^2{}_1=\lambda_{(1)}\lambda_{(2)}=\det(b^{\alpha}{}_{\beta})=\det(g^{\alpha\gamma}b_{\gamma\beta})=\frac{1}{g}\left(b_{11}b_{22}-(b_{12})^2\right)\end{aligned}\right\} \tag{1.204}$$

式中，H 称为平均曲率，K 称为 Gauss 曲率，分别是曲率张量第一不变量之半和第二不变量。因为 $\boldsymbol{b}$ 是对称张量，$b^{\alpha}{}_{\beta}=b_{\mu\beta}g^{\mu\alpha}=b_{\beta\mu}g^{\mu\alpha}=b_{\beta}{}^{\alpha}\equiv b^{\alpha}_{\beta}$，指标可不分前后。

例 1.16 旋转曲面和鞍形双曲面。

在圆柱坐标系 (图 1.18) $\theta=$ 常数坐标面内，将任一给定曲线 $z=f(r)$ 绕 z 轴旋转形成的曲面，称为旋转曲面。令 $\xi^1=\theta,\xi^2=r$，由圆柱坐标系的定义 (见第 1.20.2 小节)，可以得到旋转面的位置向量 $\boldsymbol{x}$、基向量 $\boldsymbol{g}_\alpha$、度量张量 $g_{\alpha\beta}$、单位法线向量 $\boldsymbol{n}$、曲率张量 $\boldsymbol{b}$、主曲率 κ_α 和平均曲率 H、Gauss 曲率 K：

$$\boldsymbol{x}=\xi^2\cos\xi^1\boldsymbol{e}_1+\xi^2\sin\xi^1\boldsymbol{e}_2+f(\xi^2)\boldsymbol{e}_3,$$

$$\boldsymbol{g}_1=\boldsymbol{x}_{,\theta}=-\xi^2\sin\xi^1\boldsymbol{e}_1+\xi^2\cos\xi^1\boldsymbol{e}_2,\quad \boldsymbol{g}_2=\boldsymbol{x}_{,r}=\cos\xi_1\boldsymbol{e}_1+\sin\xi_1\boldsymbol{e}_2+f'(\xi_2)\boldsymbol{e}_3,$$

$$g_{11}=(\xi^2)^2,\quad g_{12}=g_{21}=0,\quad g_{22}=1+f'^2,\quad g=(\xi^2)^2(1+f'^2),$$

$$\boldsymbol{n}=\boldsymbol{g}_1\times\boldsymbol{g}_2/g^{1/2}=(\xi^2f'\cos\xi^1\boldsymbol{e}_1+\xi^2f'\sin\xi^1\boldsymbol{e}_2-\xi^2\boldsymbol{e}_3)/g^{1/2},$$

$$b_{11}=\boldsymbol{n}\cdot\boldsymbol{g}_{1,1}=-\xi^2f'/(1+f'^2)^{1/2},\quad b_{22}=\boldsymbol{n}\cdot\boldsymbol{g}_{2,2}=-f''/(1+f'^2)^{1/2},$$

$$b_{12}=b_{21}=\boldsymbol{n}\cdot\boldsymbol{g}_{1,2}=\boldsymbol{n}\cdot\boldsymbol{g}_{2,1}=0\ (\text{可见 }\xi^1,\xi^2\text{ 是主坐标系 }\lambda_{(1)}=b_{11},\lambda_{(2)}=b_{22}),$$

$$\kappa_1=\frac{1}{R_1}=-\frac{b_{11}}{g_{11}}=\frac{f'}{\xi^2(1+f'^2)^{1/2}},\quad \kappa_2=\frac{1}{R_2}=-\frac{b_{22}}{g_{22}}=\frac{f''}{(1+f'^2)^{3/2}}\ (\text{即曲线 }f\text{ 的曲率}),$$

$$H=\frac{1}{2}(\kappa_1+\kappa_2)=\frac{f'(1+f'^2)+\xi^2f''}{2\xi^2(1+f'^2)^{3/2}},\quad K=\kappa_1\kappa_2=\frac{f'f''}{\xi^2(1+f'^2)^2}。$$

当 $f=(\xi^2)^2,\xi^2,1/\xi^2-1$ 时，分别得到旋转抛物面、圆锥面和旋转双曲面，如图 1.23 所示，它们分别是正高斯曲率、零高斯曲率和负高斯曲率曲面。

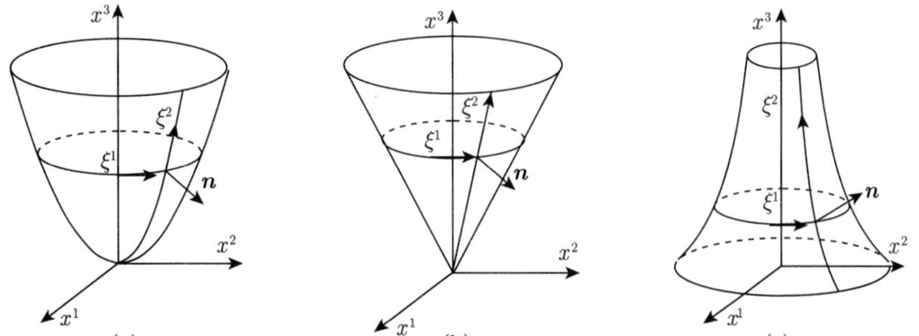

(a) (b) (c)

图 1.23 旋转曲面

(a) 旋转抛物面；(b) 圆锥面；(c) 旋转双曲面

1.24.4 基向量的导数、Christoffel 符号、曲面中的协变导数、微分算子

在对曲面上的向量场和张量场求导时，需要考虑基向量和法线向量随坐标的变化。基向量的导数可以表示为

$$\left.\begin{aligned}&\frac{\partial \boldsymbol{g}_{\alpha}}{\partial \beta}=\frac{\partial \boldsymbol{g}_{\beta}}{\partial \alpha}=\frac{\partial^2 \boldsymbol{x}}{\partial \alpha \partial \beta}=\overline{\Gamma}_{\alpha\beta\lambda}\boldsymbol{g}^{\lambda}+b_{\alpha\beta}\boldsymbol{n}=\overline{\Gamma}_{\alpha\beta}^{\lambda}\boldsymbol{g}_{\lambda}+b_{\alpha\beta}\boldsymbol{n}\\&\frac{\partial \boldsymbol{g}^{\alpha}}{\partial \beta}=-\overline{\Gamma}_{\lambda\beta}^{\alpha}\boldsymbol{g}^{\lambda}+b_{\beta}^{\alpha}\boldsymbol{n}\end{aligned}\right\} \tag{1.205}$$

式 (1.205) 称为 Gauss 公式。第 1 式两端点乘 $\boldsymbol{n}$，利用式 (1.199) 可以证明 $\boldsymbol{n}$ 的系数是曲率张量。第 2 式可以利用式 $(1.189)_2$ 证明。$\overline{\Gamma}_{\alpha\beta\lambda}$ 和 $\overline{\Gamma}_{\alpha\beta}^{\lambda}$ 分别是曲面的第一类和第二类 Christoffel 符号。由上述定义很容易证明 Christoffel 符号的对称性和指标升降关系：

$$\overline{\Gamma}_{\alpha\beta\lambda}=\overline{\Gamma}_{\beta\alpha\lambda},\quad \overline{\Gamma}_{\alpha\beta}^{\lambda}=\overline{\Gamma}_{\beta\alpha}^{\lambda},\quad \overline{\Gamma}_{\alpha\beta}^{\lambda}=g^{\lambda\mu}\overline{\Gamma}_{\alpha\beta\mu},\quad \overline{\Gamma}_{\alpha\beta\lambda}=\overline{\Gamma}_{\alpha\beta}^{\mu}g_{\mu\lambda} \tag{1.206}$$

类似于式 (1.111a) 和式 (1.111b) 的证明，可以得到

$$\overline{\Gamma}_{\alpha\beta\lambda}=\frac{1}{2}\left(g_{\beta\lambda,\alpha}+g_{\alpha\lambda,\beta}-g_{\alpha\beta,\lambda}\right),\quad \overline{\Gamma}_{\alpha\beta}^{\lambda}=\frac{1}{2}g^{\lambda\mu}\left(g_{\beta\mu,\alpha}+g_{\alpha\mu,\beta}-g_{\alpha\beta,\mu}\right) \tag{1.206a}$$

式 (1.199) 表明法线向量的导数为

$$\boldsymbol{n}_{,\alpha}=-b_{\alpha}^{\lambda}\boldsymbol{g}_{\lambda} \tag{1.207}$$

式 (1.207) 称为 Meingarten 公式。

像三维空间中一样 (第 1.15 节和第 1.16 节)，曲面上定义的曲面内向量和张量的导数由分量的导数和基向量的导数组成，若有法向分量，还要包括法向分量和法线向量的导数，参见式 (1.207)。例如面内向量 $\boldsymbol{v}$ 和二阶张量 $\boldsymbol{a}$ 的导数可以用协变导数表示，形式与三维空间相同：

$$\boldsymbol{v}_{,\beta}=v_{\alpha;\beta}\boldsymbol{g}^{\alpha}=v^{\alpha}{}_{;\beta}\boldsymbol{g}_{\alpha},\quad v_{\alpha;\beta}=v_{\alpha,\beta}-v_{\lambda}\overline{\Gamma}_{\alpha\beta}^{\lambda},\quad v^{\alpha}{}_{;\beta}=v^{\alpha}{}_{,\beta}+v^{\lambda}\overline{\Gamma}_{\alpha\beta\lambda} \tag{1.208a}$$

$$\boldsymbol{a}_{,\lambda}=a_{\alpha\beta;\lambda}\boldsymbol{g}^{\alpha}\boldsymbol{g}^{\beta}=a^{\alpha\beta}{}_{;\lambda}\boldsymbol{g}_{\alpha}\boldsymbol{g}_{\beta}=a^{\alpha}{}_{\beta;\lambda}\boldsymbol{g}_{\alpha}\boldsymbol{g}^{\beta}=a_{\alpha}{}^{\beta}{}_{;\lambda}\boldsymbol{g}^{\alpha}\boldsymbol{g}_{\beta}$$

$$a_{\alpha\beta;\lambda}=a_{\alpha\beta,\lambda}-a_{\mu\beta}\overline{\Gamma}_{\lambda\alpha}^{\mu}-a_{\alpha\mu}\overline{\Gamma}_{\lambda\beta}^{\mu},\quad a^{\alpha\beta}{}_{;\lambda}=a^{\alpha\beta}{}_{,\lambda}+a^{\mu\beta}\overline{\Gamma}_{\lambda\mu}^{\alpha}+a^{\alpha\mu}\overline{\Gamma}_{\lambda\mu}^{\beta} \tag{1.208b}$$

$$a^{\alpha}{}_{\beta;\lambda} = a^{\alpha}{}_{\beta,\lambda} + a^{\mu}{}_{\beta}\overline{\Gamma}^{\alpha}_{\lambda\mu} - a^{\alpha}{}_{\mu}\overline{\Gamma}^{\mu}_{\lambda\beta}, \quad a_{\alpha}{}^{\beta}{}_{;\lambda} = a_{\alpha}{}^{\beta}{}_{,\lambda} - a_{\mu}{}^{\beta}\overline{\Gamma}^{\mu}_{\lambda\alpha} + a^{\alpha\mu}\overline{\Gamma}^{\beta}_{\lambda\mu}$$

与式 (1.132) 和式 (1.133) 类似，可以证明曲面的度量张量和置换张量的协变导数等于零

$$g_{\alpha\beta;\lambda} = g^{\alpha\beta}{}_{;\lambda} = \varepsilon_{\alpha\beta;\lambda} = \varepsilon^{\alpha\beta}{}_{;\lambda} = 0 \tag{1.208c}$$

张量的协变导数是高一阶张量，称为曲面上张量场的梯度。曲面张量梯度可以借助微分算子表示，定义 $\boldsymbol{\nabla}(\ ) = \boldsymbol{g}^{\alpha}(\ )_{,\alpha}$ 和 $(\ )\boldsymbol{\nabla} = (\ )_{,\alpha}\boldsymbol{g}^{\alpha}$，称为左梯度和右梯度。例如 $\boldsymbol{v}$、$\boldsymbol{a}$ 的左梯度和右梯度分别为

$$\boldsymbol{\nabla v} = \nabla_{\lambda}v_{\alpha}\boldsymbol{g}^{\lambda}\boldsymbol{g}^{\alpha} = v_{\alpha;\lambda}\boldsymbol{g}^{\lambda}\boldsymbol{g}^{\alpha}, \quad \boldsymbol{v\nabla} = \nabla_{\lambda}v_{\alpha}\boldsymbol{g}^{\alpha}\boldsymbol{g}^{\lambda} = v_{\alpha;\lambda}\boldsymbol{g}^{\alpha}\boldsymbol{g}^{\lambda} \tag{1.208d}$$

$$\boldsymbol{\nabla a} = \nabla_{\lambda}a_{\alpha\beta}\boldsymbol{g}^{\lambda}\boldsymbol{g}^{\alpha}\boldsymbol{g}^{\beta} = a_{\alpha\beta;\lambda}\boldsymbol{g}^{\lambda}\boldsymbol{g}^{\alpha}\boldsymbol{g}^{\beta}, \quad \boldsymbol{a\nabla} = \nabla_{\lambda}a_{\alpha\beta}\boldsymbol{g}^{\alpha}\boldsymbol{g}^{\beta}\boldsymbol{g}^{\lambda} = a_{\alpha\beta;\lambda}\boldsymbol{g}^{\alpha}\boldsymbol{g}^{\beta}\boldsymbol{g}^{\lambda} \tag{1.208e}$$

曲面上张量场的左、右散度定义为 $\boldsymbol{\nabla}\cdot(\ ) = \boldsymbol{g}^{\alpha}\cdot(\ )_{,\alpha}$ 和 $(\ )\cdot\boldsymbol{\nabla} = (\ )_{,\alpha}\cdot\boldsymbol{g}^{\alpha}$，左、右旋度定义为 $\boldsymbol{\nabla}\times(\ ) = \boldsymbol{g}^{\alpha}\times(\ )_{,\alpha}$ 和 $(\ )\times\boldsymbol{\nabla} = (\ )_{,\alpha}\times\boldsymbol{g}^{\alpha}$。例如 $\boldsymbol{v}$ 的左右散度和左右旋度分别为

$$\left.\begin{aligned}&\boldsymbol{\nabla}\cdot\boldsymbol{v} = \nabla_{\lambda}v^{\lambda} = v^{\lambda}{}_{;\lambda}, \quad \boldsymbol{v}\cdot\boldsymbol{\nabla} = \nabla_{\lambda}v^{\lambda} = \boldsymbol{\nabla}\cdot\boldsymbol{v}\\&\boldsymbol{\nabla}\times\boldsymbol{v} = \varepsilon^{\lambda\alpha\beta}\nabla_{\lambda}\boldsymbol{v}_{\alpha}\boldsymbol{g}_{\beta} = \varepsilon^{\lambda\alpha\beta}v_{\alpha;\lambda}\boldsymbol{g}_{\beta}, \quad \boldsymbol{v}\times\boldsymbol{\nabla} = \varepsilon^{\alpha\lambda\beta}\nabla_{\lambda}\boldsymbol{v}_{\alpha}\boldsymbol{g}_{\beta} = -\boldsymbol{\nabla}\times\boldsymbol{v}\end{aligned}\right\} \tag{1.208f}$$

式中，∇_{λ} 是协变导数的另一种表示，可以看作是 $\boldsymbol{\nabla}$ 的协变分量，令 $\nabla^{\lambda} \equiv g^{\lambda\alpha}\nabla_{\alpha}$ 是逆变导数。

1.24.5 Riemann-Christoffel 张量

仿照第 1.18 节，利用式 $(1.206)_2$，曲面内任一向量 $\boldsymbol{v}$ 的二阶协变导数改变求导次序的差为

$$\left.\begin{aligned}&v_{\beta;\gamma\mu} - v_{\beta;\mu\gamma} = v_{\lambda}\overline{R}^{\lambda}{}_{\beta\gamma\mu}\\&\overline{R}^{\lambda}{}_{\beta\gamma\mu} = \overline{\Gamma}^{\lambda}_{\beta\mu,\gamma} - \overline{\Gamma}^{\lambda}_{\beta\gamma,\mu} + \overline{\Gamma}^{\delta}_{\beta\mu}\overline{\Gamma}^{\lambda}_{\delta\gamma} - \overline{\Gamma}^{\delta}_{\beta\gamma}\overline{\Gamma}^{\lambda}_{\delta\mu}\end{aligned}\right\} \tag{1.209}$$

根据商法则，$\overline{R}^{\lambda}{}_{\alpha\beta\gamma}$ 是四阶张量 $\overline{\boldsymbol{R}}$ 的混合分量，称为曲面的 Riemann-Christoffel 张量或曲率张量。该张量与基向量的导数相关，由式 (1.199) 可见，$\overline{\boldsymbol{R}}$ 应该是曲面曲率的一种度量。与式 (1.137a) 的推导类似，可得到 $\overline{\boldsymbol{R}}$ 的协变分量

$$\begin{aligned}\overline{R}_{\alpha\beta\gamma\mu} &= g_{\alpha\lambda}\overline{R}^{\lambda}{}_{\beta\gamma\mu} = \overline{\Gamma}_{\beta\mu\alpha,\gamma} - \overline{\Gamma}_{\beta\gamma\alpha,\mu} + \overline{\Gamma}^{\delta}_{\beta\gamma}\overline{\Gamma}_{\alpha\mu\delta} - \overline{\Gamma}^{\delta}_{\beta\mu}\overline{\Gamma}_{\alpha\gamma\delta}\\&= \frac{1}{2}\left(g_{\alpha\mu,\beta\gamma} + g_{\beta\gamma,\alpha\mu} - g_{\alpha\gamma,\beta\mu} - g_{\beta\mu,\alpha\gamma}\right) + g^{\omega\delta}\left(\overline{\Gamma}_{\beta\gamma\delta}\overline{\Gamma}_{\alpha\mu\omega} - \overline{\Gamma}_{\beta\mu\delta}\overline{\Gamma}_{\alpha\gamma\omega}\right)\end{aligned} \tag{1.210}$$

式 (1.210) 表明 $\overline{R}_{\alpha\beta\gamma\mu}$ 关于 α,β 反对称、关于 γ,μ 反对称、关于 α,β 和 γ,μ 对称，所以非零分量为 $\overline{R}_{1212} = \overline{R}_{2121} = -\overline{R}_{2112} = -\overline{R}_{1221}$，独立分量只有一个 $\overline{R}_{1212}$。

由式 $(1.189)_2$，基向量的二阶导数满足关系 $(\boldsymbol{g}_{\alpha,\beta})_{,\gamma} = (\boldsymbol{g}_{\alpha,\gamma})_{,\beta}$，将式 $(1.205)_1$ 代入，可以得到

$$(\overline{\Gamma}^{\lambda}_{\alpha\beta,\gamma} + \overline{\Gamma}^{\delta}_{\alpha\beta}\overline{\Gamma}^{\lambda}_{\delta\gamma} - b_{\alpha\beta}b^{\lambda}_{\gamma})\boldsymbol{g}_{\lambda} + (b_{\alpha\beta,\gamma} + b_{\delta\gamma}\overline{\Gamma}^{\delta}_{\alpha\beta})\boldsymbol{n} =$$

$$(\overline{\Gamma}^{\lambda}_{\alpha\gamma,\beta} + \overline{\Gamma}^{\delta}_{\alpha\gamma}\overline{\Gamma}^{\lambda}_{\delta\beta} - b_{\alpha\gamma}b^{\lambda}_{\beta})\boldsymbol{g}_{\lambda} + (b_{\alpha\gamma,\beta} + b_{\delta\beta}\overline{\Gamma}^{\delta}_{\alpha\gamma})\boldsymbol{n}$$

上式给出两组分量的关系：

$$\overline{\Gamma}^{\lambda}_{\alpha\beta,\gamma} + \overline{\Gamma}^{\delta}_{\alpha\beta}\overline{\Gamma}^{\lambda}_{\delta\gamma} - b_{\alpha\beta}b^{\lambda}_{\gamma} = \overline{\Gamma}^{\lambda}_{\alpha\gamma,\beta} + \overline{\Gamma}^{\delta}_{\alpha\gamma}\overline{\Gamma}^{\lambda}_{\delta\beta} - b_{\alpha\gamma}b^{\lambda}_{\beta}$$

$$b_{\alpha\beta,\gamma} + b_{\delta\gamma}\overline{\Gamma}^{\delta}_{\alpha\beta} = b_{\alpha\gamma,\beta} + b_{\delta\beta}\overline{\Gamma}^{\delta}_{\alpha\gamma}$$

第一式与式 $(1.209)_2$ (适当改变指标) 比较，第二式两端加同一项 $b_{\alpha\delta}\overline{\Gamma}^{\delta}_{\beta\gamma}$，得到

$$\overline{R}^{\lambda}{}_{\alpha\gamma\beta} = b_{\alpha\beta}b^{\lambda}_{\gamma} - b_{\alpha\gamma}b^{\lambda}_{\beta} \quad \text{或} \quad \overline{R}_{\lambda\alpha\gamma\beta} = b_{\alpha\beta}b_{\lambda\gamma} - b_{\alpha\gamma}b_{\lambda\beta} \tag{1.211}$$

$$b_{\alpha\beta;\gamma} = b_{\alpha\gamma;\beta} \quad \text{即} \quad \nabla_{\gamma}b_{\alpha\beta} = \nabla_{\beta}b_{\alpha\gamma} \tag{1.212}$$

式 (1.211) 称为 Gauss 方程，式 (1.212) 称为 Codazzi 方程。

由式 $(1.204)_2$ 和式 (1.211) 可得

$$K = \frac{1}{g}\overline{R}_{1212} \tag{1.213}$$

式 (1.213) 给出 Riemann-Christoffel 张量与 Gauss 曲率的对应关系，可见非零 Gauss 曲率曲面是二维黎曼空间，而零 Gauss 曲率曲面 (可展曲面) 是二维欧几里得空间。

习　题

1-1　完成下列填空

1. $a_{kl} + a_{mn}b^{mn}c_{kl} = a_{in}$ (　　)；2. $t^{kl} = t^{ij}$ (　　)；3. b^m (　　) $= A_{ij}b^j + B_{im}C^m_n b^n$；4. $e_{ijk}a^ib^j = -$(　　)$\,a^ib^j = -e_{ijk}$ (　　)

1-2　分别用定义和式 (1.4)，写出 3 阶方阵 $[a_{mn}]$ 的 9 个代数余子式。

1-3　已知直角坐标系 x^i 基向量 $\boldsymbol{e}_i$ 和斜角直线坐标系 $x^{i'}$ 协变基向量 $\boldsymbol{g}_i$ 的关系 (见图 1.24) 为

$$\boldsymbol{g}_1 = \boldsymbol{e}_1, \quad \boldsymbol{g}_2 = \boldsymbol{e}_1 + \boldsymbol{e}_2, \quad \boldsymbol{g}_3 = \boldsymbol{e}_3$$

1. 求从直角坐标系到斜角坐标系的正变换系数和逆变换系数 (用矩阵表示)；

2. 用定义和坐标变换两种方法求逆变基向量，并在图上示出；

3. 求协变度量张量和逆变度量张量、逆变基向量的模和夹角。

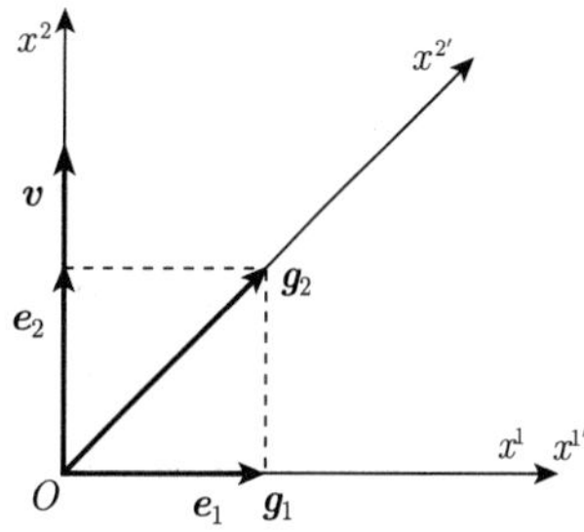

图 1.24　习题 1-3

1-4　坐标系同题 1-3，若向量 $\boldsymbol{v} = 1.5\boldsymbol{e}_2$，

1. 用几何和坐标变换两种方法，求 $\boldsymbol{v}$ 在斜角直线坐标系中的协变分量和逆变分量 v_i, v^i；

2. 求 $\boldsymbol{v}$ 在协变标架上的投影，与分量比较。

1-5 用斜角直线坐标系中的分量和基向量表示向量，证明下列向量代数运算恒等式：

1. $(\boldsymbol{a}\times\boldsymbol{b})\cdot(\boldsymbol{c}\times\boldsymbol{d})=(\boldsymbol{a}\cdot\boldsymbol{c})(\boldsymbol{b}\cdot\boldsymbol{d})-(\boldsymbol{a}\cdot\boldsymbol{d})(\boldsymbol{b}\cdot\boldsymbol{c})$；
2. $(\boldsymbol{a}\times\boldsymbol{b})\times(\boldsymbol{c}\times\boldsymbol{d})=\boldsymbol{b}(\boldsymbol{a}\cdot\boldsymbol{c}\times\boldsymbol{d})-\boldsymbol{a}(\boldsymbol{b}\cdot\boldsymbol{c}\times\boldsymbol{d})$；
3. $(\boldsymbol{a}\times\boldsymbol{b})\times(\boldsymbol{c}\times\boldsymbol{d})=\boldsymbol{c}(\boldsymbol{a}\cdot\boldsymbol{b}\times\boldsymbol{d})-\boldsymbol{d}(\boldsymbol{a}\cdot\boldsymbol{b}\times\boldsymbol{c})$；
4. $\boldsymbol{a}\times(\boldsymbol{b}\times(\boldsymbol{c}\times\boldsymbol{d}))=[\boldsymbol{a}\cdot(\boldsymbol{c}\times\boldsymbol{d})]\,\boldsymbol{b}-(\boldsymbol{a}\cdot\boldsymbol{b})(\boldsymbol{c}\times\boldsymbol{d})$。

1-6 证明向量的混合积满足关系 $\boldsymbol{u}\times\boldsymbol{v}\cdot\boldsymbol{w}=-\boldsymbol{u}\times\boldsymbol{w}\cdot\boldsymbol{v}$。

1-7 已知两个直角坐标系的标准正交基 $\boldsymbol{e}_i,\boldsymbol{e}_{i'}$ 分别为右手系和左手系，且

$$\boldsymbol{e}_{1'}=\boldsymbol{e}_2,\quad \boldsymbol{e}_{2'}=\boldsymbol{e}_1,\quad \boldsymbol{e}_{3'}=\boldsymbol{e}_3$$

1. 求右手系到左手系的正变换系数和逆变换系数；
2. 证明在右手系到左手系变换中，向量的叉积反号。

1-8 指出下列并矢形式中相同的张量

$$\varphi^{ijkl}\boldsymbol{g}_i\boldsymbol{g}_j\boldsymbol{g}_k\boldsymbol{g}_l,\quad \varphi^{ijkl}\boldsymbol{g}_i\boldsymbol{g}_k\boldsymbol{g}_j\boldsymbol{g}_l,\quad \varphi^{rsmn}\boldsymbol{g}_r\boldsymbol{g}_s\boldsymbol{g}_n\boldsymbol{g}_m,\quad \varphi^{ikjl}\boldsymbol{g}_i\boldsymbol{g}_j\boldsymbol{g}_k\boldsymbol{g}_l,\quad \varphi^{ikjl}\boldsymbol{g}_i\boldsymbol{g}_k\boldsymbol{g}_j\boldsymbol{g}_l$$

$$\varphi_{i\ l}^{\ j\ k}\boldsymbol{g}^i\boldsymbol{g}^l\boldsymbol{g}_j\boldsymbol{g}_k,\quad \varphi_{mnr}{}^{l}\boldsymbol{g}^m\boldsymbol{g}^r\boldsymbol{g}^n\boldsymbol{g}_l,\quad \varphi_{kl}{}^{ij}\boldsymbol{g}^k\boldsymbol{g}^l\boldsymbol{g}_i\boldsymbol{g}_j,\quad \varphi_{i\ j}^{\ k\ l}\boldsymbol{g}^i\boldsymbol{g}_k\boldsymbol{g}_l\boldsymbol{g}^j$$

1-9 在习题 1-4 的斜角直线坐标系中，向量 $\boldsymbol{u}=-\boldsymbol{e}_1,\boldsymbol{v}=1.5\boldsymbol{e}_2$，试给出二阶张量 $\boldsymbol{T}=\boldsymbol{u}\boldsymbol{v}$ 的两种混合分量，并加以比较。

1-10 若 $\boldsymbol{T}$ 为任意二阶张量，证明 $T_i{}^i=T_i{}^i\,(=\mathrm{tr}\boldsymbol{T})$，并用上例验证。

1-11 若 $\boldsymbol{T},\boldsymbol{S}$ 为任意二阶张量，$\boldsymbol{a},\boldsymbol{b}$ 为向量，试证明

1. $(\boldsymbol{a}\boldsymbol{b})^{\mathrm{T}}=\boldsymbol{b}\boldsymbol{a}$； 2. $(\boldsymbol{T}+\boldsymbol{S})^{\mathrm{T}}=\boldsymbol{T}^{\mathrm{T}}+\boldsymbol{S}^{\mathrm{T}}$； 3. $\mathrm{tr}\,(\boldsymbol{T}\cdot\boldsymbol{S})=\boldsymbol{T}^{\mathrm{T}}:\boldsymbol{S}=\boldsymbol{T}:\boldsymbol{S}^{\mathrm{T}}$。

1-12 已知反对称二阶张量 $\boldsymbol{A}=\boldsymbol{e}_2\boldsymbol{e}_1-\boldsymbol{e}_1\boldsymbol{e}_2+\boldsymbol{e}_1\boldsymbol{e}_3-\boldsymbol{e}_3\boldsymbol{e}_1$，求 $\boldsymbol{A}$ 的反偶向量 $\boldsymbol{\omega}$。

1-13 对于下列运算进行分量记法和抽象记法的转换

1. $\varepsilon_{ijk}\varepsilon^{klm}g_{nl}a^ib^jc^n$，$\varepsilon^{ijk}T_{mi}a^mb_j$，$\varepsilon_{ijk}a^ib^rT^{jl}S_{lr}$，$T_m^mS_{ki}a^ib^jc^k$；
2. $\boldsymbol{a}\cdot\boldsymbol{T}\times\boldsymbol{S}\cdot\boldsymbol{b}$，$\boldsymbol{a}\cdot\boldsymbol{T}^4$，$\boldsymbol{a}\times\boldsymbol{b}\times\boldsymbol{T}\cdot\boldsymbol{c}$，$\det(\boldsymbol{a}\boldsymbol{b})$，$\mathrm{tr}\,(\boldsymbol{T}\cdot\boldsymbol{S})$ ($\boldsymbol{a},\boldsymbol{b},\boldsymbol{c}$ 是向量，$\boldsymbol{T},\boldsymbol{S}$ 为二阶张量)。

1-14 用并矢形式证明下列代数运算恒等式 ($\boldsymbol{T}$ 为二阶张量，$\boldsymbol{a},\boldsymbol{b},\boldsymbol{c}$ 为向量)：

1. $\boldsymbol{T}\cdot(\boldsymbol{u}\times\boldsymbol{v})=(\boldsymbol{T}\times\boldsymbol{u})\cdot\boldsymbol{v}$；
2. $(\boldsymbol{I}\times\boldsymbol{v})\cdot\boldsymbol{T}=\boldsymbol{v}\times\boldsymbol{T}$；
3. $\boldsymbol{a}(\boldsymbol{b}\times\boldsymbol{c})+\boldsymbol{b}(\boldsymbol{c}\times\boldsymbol{a})+\boldsymbol{c}(\boldsymbol{a}\times\boldsymbol{b})=[\boldsymbol{a}\cdot(\boldsymbol{b}\times\boldsymbol{c})]\,\boldsymbol{I}$

1-15 若 $\boldsymbol{A},\boldsymbol{B}$ 为正则二阶张量，证明：

$$(\boldsymbol{A}\cdot\boldsymbol{B})^{-1}=\boldsymbol{B}^{-1}\cdot\boldsymbol{A}^{-1}$$

提示：利用式 (1.54a) 表示二阶逆张量。

1-16 试求绕直角坐标系基向量 $\boldsymbol{e}_3$ 逆时针转 θ 角的坐标变换系数 $A_{i'}{}^i$，证明该变换是直角坐标系中的正交张量 (记作 $Q_{i'}{}^i$)。若 $\theta=90°$，求习题 1-3 所给出的斜角直线坐标系旋转后协变标架，并与几何方法得到的结果比较。

1-17 证明直角坐标系的右手系与左手系之间的变换是正交变换且为反常正交张量。

1-18 已知标准正交基 $\boldsymbol{e}_i$ 中单位向量 $\boldsymbol{n} = (\boldsymbol{e}_1 + \boldsymbol{e}_2)/\sqrt{2}$，

1. 求以 $\boldsymbol{n}$ 为轴线、转角为 φ 的正常正交张量 $\boldsymbol{Q}$；

2. 用正交变换 $\boldsymbol{Q}$ 求单位向量 $\boldsymbol{e}_3$ 的映像 $\boldsymbol{u} = \boldsymbol{Q} \cdot \boldsymbol{e}_3$；

3. 用几何方法求 $\boldsymbol{u}$，与映射结果比较。

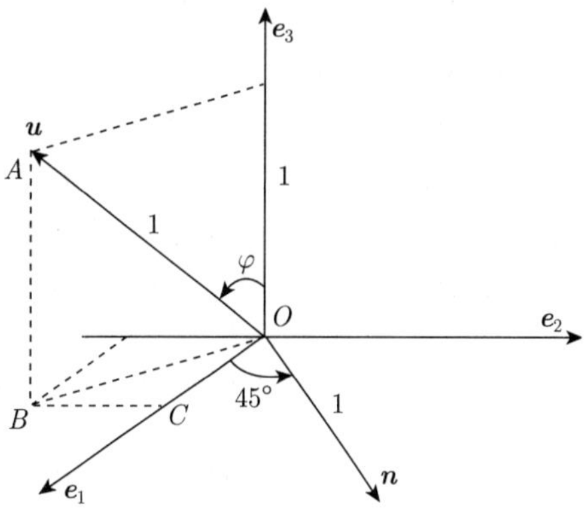

图 1.25　1-18 题

提示：由式 (1.87b)，对于给定的标架 $\boldsymbol{e}_i$，

$$\boldsymbol{Q} = \cos\varphi \boldsymbol{I} + (1 - \cos\varphi)\, \boldsymbol{n}\boldsymbol{n} - \sin\varphi \boldsymbol{E} \cdot \boldsymbol{n}$$

式中，$\boldsymbol{I}, \boldsymbol{E}$ 是标架 $\boldsymbol{e}_i$ 的度量张量和置换张量，$\boldsymbol{n} = (\boldsymbol{e}_1 + \boldsymbol{e}_2)/\sqrt{2}$。将 $\boldsymbol{n}$ 代入 $\boldsymbol{Q}$，注意：

$$\boldsymbol{E} \cdot \boldsymbol{n} = \frac{\sqrt{2}}{2}(\boldsymbol{e}_2\boldsymbol{e}_3 - \boldsymbol{e}_3\boldsymbol{e}_2 + \boldsymbol{e}_3\boldsymbol{e}_1 - \boldsymbol{e}_1\boldsymbol{e}_3)$$

$$\boldsymbol{u} = \boldsymbol{Q} \cdot \boldsymbol{e}_3 = \cos\varphi \boldsymbol{e}_3 - \frac{\sqrt{2}}{2}\sin\varphi\,(\boldsymbol{e}_2 - \boldsymbol{e}_1)$$

1-19 推导偏斜张量第二和第三不变量 $\overline{I\!I}, \overline{I\!I\!I}$ 与原来张量不变量 I，$I\!I$，$I\!I\!I$ 的关系，即式 (1.95b)。

1-20 在标准正交基 $\boldsymbol{e}_i$ 中，张量 $\boldsymbol{T}$ 的分量为

$$[T_{ij}] = \begin{bmatrix} 5 & 4 & 0 \\ 4 & -1 & 0 \\ 0 & 0 & 3 \end{bmatrix}$$

1. 求 $\boldsymbol{T}$ 的三个主不变量和矩；

2. 求 $\boldsymbol{T}$ 的三个主值、主方向和标准型。

提示：每个主方向中可以给定一个分量，求另外两个分量。

1-21 以直角坐标系 (x_1, x_2, x_3) 为参考系，圆柱坐标 (r, θ, z) 的定义是 (见图 1.18)

$$x^1 = r\cos\theta, \quad x^2 = r\sin\theta, \quad x^3 = z$$

1. 求圆柱坐标系的协变基向量、逆变基向量及其对坐标的导数，并说明导数 $\boldsymbol{g}_{r,\theta}, \boldsymbol{g}_{\theta,\theta}, \boldsymbol{g}_{\theta,r}$ 的几何意义 (用图形表示)；

2. 在 $(r, \theta, z) = (2, \pi/3, 3.5)$ 点，有一向量 $\boldsymbol{v} = 2\boldsymbol{e}_1 + \boldsymbol{e}_2 + 3\boldsymbol{e}_3$，求该向量在圆柱坐标系中的协变分量和逆变分量。

1-22 利用并矢表示法，证明下列微分恒等式 (φ 为标量，$\boldsymbol{u}$、$\boldsymbol{v}$ 为向量)：

1. $\boldsymbol{\nabla} \cdot (\varphi \boldsymbol{u}) = \boldsymbol{u} \cdot (\boldsymbol{\nabla}\varphi) + \varphi(\boldsymbol{\nabla} \cdot \boldsymbol{u})$；

2. $\boldsymbol{\nabla} \cdot (\boldsymbol{u} \times \boldsymbol{v}) = \boldsymbol{v} \cdot (\boldsymbol{\nabla} \times \boldsymbol{u}) - \boldsymbol{u} \cdot (\boldsymbol{\nabla} \times \boldsymbol{v})$；

3. $\boldsymbol{\nabla} \times (\boldsymbol{u} \times \boldsymbol{v}) = \boldsymbol{u}(\boldsymbol{\nabla} \cdot \boldsymbol{v}) + \boldsymbol{v} \cdot (\boldsymbol{\nabla u}) - \boldsymbol{v}(\boldsymbol{\nabla} \cdot \boldsymbol{u}) - \boldsymbol{u} \cdot (\boldsymbol{\nabla v})$;
4. $\boldsymbol{\nabla}(\boldsymbol{u} \times \boldsymbol{v}) = \boldsymbol{u} \times (\boldsymbol{\nabla} \times \boldsymbol{v}) + \boldsymbol{u} \cdot (\boldsymbol{\nabla v}) + \boldsymbol{v} \times (\boldsymbol{\nabla} \times \boldsymbol{u}) + \boldsymbol{v} \cdot (\boldsymbol{\nabla u})$;
5. $(\boldsymbol{\nabla u}) : (\boldsymbol{v\nabla}) = (\boldsymbol{u\nabla}) : (\boldsymbol{\nabla v}) \neq (\boldsymbol{\nabla u}) : (\boldsymbol{\nabla v})$。

1-23 试推导二阶张量 $\boldsymbol{\sigma}$ 在正交曲线坐标系物理标架中的散度 $\boldsymbol{\nabla} \cdot \boldsymbol{\sigma}$ 表达式 (式 (1.150e))，写出用 Lamé 常数表示的分量和圆柱坐标系中的形式 (式 (1.151e))。

提示：根据定义式 (1.124)，利用基向量及其混合积的导数式 (1.106) 和式 (1.112)，得：

$$\begin{aligned}\boldsymbol{\nabla} \cdot \boldsymbol{\sigma} &= \boldsymbol{g}^i \cdot \partial_i \left(\sigma^{kl} \boldsymbol{g}_k \boldsymbol{g}_l\right) = \boldsymbol{g}^i \cdot \left\{\sigma^{kl}{}_{,i} \boldsymbol{g}_k \boldsymbol{g}_l + \Gamma^m_{ki} \sigma^{kl} \boldsymbol{g}_m \boldsymbol{g}_l + \Gamma^m_{li} \sigma^{kl} \boldsymbol{g}_k \boldsymbol{g}_m\right\} \\ &= \sigma^{il}{}_{,i} \boldsymbol{g}_l + \Gamma^i_{ki} \sigma^{kl} \boldsymbol{g}_l + \Gamma^m_{li} \sigma^{il} \boldsymbol{g}_m = \left(\sigma^{il}{}_{,i} + \frac{\partial_k \sqrt{g}}{\sqrt{g}} \sigma^{kl} + \Gamma^l_{mi} \sigma^{im}\right) \boldsymbol{g}_l\end{aligned}$$

上式用物理分量和物理标架表示，可得式 (1.150e)。

1-24 试推导标量场 φ 的 Laplace 方程 $\Delta\varphi = 0$ 在正交曲线坐标系物理标架中的表达式。

1-25 已知速度场 $\boldsymbol{v} = v_1 \boldsymbol{e}_1$ (图 1.18)，求圆柱坐标系中 $(r, 2\pi/3, z)$ 点处速度的张量分量和物理分量。

1-26 用下列两种方法证明圆柱坐标系物理标架的非 0 导数为

$$\boldsymbol{e}_{r,\theta} = \boldsymbol{e}_\theta, \quad \boldsymbol{e}_{\theta,\theta} = -\boldsymbol{e}_r$$

1. 根据物理标架的定义；2. 利用几何学方法。

1-27 根据物理标架的定义证明球坐标系物理标架的非 0 导数为

$$\begin{aligned}&\boldsymbol{e}_{r,\theta} = \boldsymbol{e}_\theta, \quad \boldsymbol{e}_{\theta,\theta} = -\boldsymbol{e}_r, \\ &\boldsymbol{e}_{r,\varphi} = \boldsymbol{e}_\theta \sin\theta, \quad \boldsymbol{e}_{\theta,\varphi} = \boldsymbol{e}_\varphi \cos\theta, \quad \boldsymbol{e}_{\varphi,\varphi} = -\boldsymbol{e}_r \sin\theta - \boldsymbol{e}_\theta \cos\theta\end{aligned}$$

说明基向量的导数与基向量本身垂直的条件。

1-28 试用下列两种方法求向量场的旋度 $\boldsymbol{\nabla} \times \boldsymbol{A}$ 在圆柱坐标系中的物理分量，
1. 利用式 (1.150c) 推导；2. 直接在物理标架中求导。

1-29 由直角坐标系中小位移时的应变-位移关系 $\varepsilon_{ij} = \dfrac{1}{2}(u_{j,i} + u_{i,j})$，采用替换方法直接导出圆柱坐标系中的张量分量和物理分量展开形式。

答案：物理分量为

$$\begin{aligned}&\varepsilon_r = u_{r,r}, \quad \varepsilon_\theta = \frac{1}{r} u_{\theta,\theta}, \quad \varepsilon_z = u_{z,z}, \quad \varepsilon_{r\theta} = \frac{\gamma_{r\theta}}{2} = \frac{1}{2}\left(u_{\theta,r} + \frac{1}{r}(u_{r,\theta} - u_\theta)\right), \\ &\varepsilon_{\theta z} = \frac{\gamma_{\theta z}}{2} = \frac{1}{2}\left(\frac{1}{r} u_{z,\theta} + u_{\theta,z}\right), \quad \varepsilon_{zr} = \frac{\gamma_{zr}}{2} = \frac{1}{2}(u_{r,z} + u_{z,r})\end{aligned}$$

1-30 直角坐标系中不可压缩牛顿流体的 Navier-Stokes 方程为

$$\rho_0 \left(\frac{\partial v_x}{\partial t} + v_x \frac{\partial v_x}{\partial x} + v_y \frac{\partial v_x}{\partial y} + v_z \frac{\partial v_x}{\partial z}\right) = \rho_0 f_x - \frac{\partial p}{\partial x} + \eta \left(\frac{\partial^2 v_x}{\partial x^2} + \frac{\partial^2 v_x}{\partial y^2} + \frac{\partial^2 v_x}{\partial z^2}\right)$$

$$\rho_0\left(\frac{\partial v_y}{\partial t}+v_x\frac{\partial v_y}{\partial x}+v_y\frac{\partial v_y}{\partial y}+v_z\frac{\partial v_y}{\partial z}\right)=\rho_0 f_y-\frac{\partial p}{\partial y}+\eta\left(\frac{\partial^2 v_y}{\partial x^2}+\frac{\partial^2 v_y}{\partial y^2}+\frac{\partial^2 v_y}{\partial z^2}\right)$$

$$\rho_0\left(\frac{\partial v_z}{\partial t}+v_x\frac{\partial v_z}{\partial x}+v_y\frac{\partial v_z}{\partial y}+v_z\frac{\partial v_z}{\partial z}\right)=\rho_0 f_z-\frac{\partial p}{\partial z}+\eta\left(\frac{\partial^2 v_z}{\partial x^2}+\frac{\partial^2 v_z}{\partial y^2}+\frac{\partial^2 v_z}{\partial z^2}\right)$$

式中，ρ_0,η 是密度和黏性系数；p 是静水压强；v_x,v_y,v_z 和 f_x,f_y,f_z 是速度和质量力分量。

1. 写出方程的指标形式、曲线坐标系中的张量分量记法和抽象记法；

2. 导出圆柱坐标系中方程的物理分量展开形式。

1-31　$\boldsymbol{T}$ 为正则二阶张量，试用 $\boldsymbol{T}$ 的正次幂多项式表示 $\boldsymbol{T}^{-1}$。

1-32　将二阶张量 $\boldsymbol{B}$ 的幂函数 $\boldsymbol{f}(\boldsymbol{B})=\boldsymbol{B}^4-2\boldsymbol{B}^2$ 表示成 $\boldsymbol{B}$ 的二次函数。

1-33　若 $\boldsymbol{T}$ 是正则张量，由第一表示定理和第二表示定理，有

$$\boldsymbol{T}(\boldsymbol{B})=\varphi_0\boldsymbol{I}+\varphi_1\boldsymbol{B}+\varphi_2\boldsymbol{B}^2=\beta_0\boldsymbol{I}+\beta_1\boldsymbol{B}+\beta_2\boldsymbol{B}^{-1}$$

求系数 $\varphi_0,\varphi_1,\varphi_2$ 与 β_0,β_1,β_2 的关系。

1-34　若 $\boldsymbol{T}$ 为二阶张量，$\boldsymbol{v},\boldsymbol{a},\boldsymbol{b}$ 是向量，α,β 是常数，证明向量函数 $\boldsymbol{v}=\alpha\boldsymbol{T}\cdot\boldsymbol{a}+\beta\boldsymbol{b}$ 是各向同性函数。

1-35　若 $\boldsymbol{\varphi},\boldsymbol{B},\boldsymbol{C}$ 为二阶张量，m,n 是正整数，证明二阶张量函数 $\boldsymbol{\varphi}(\boldsymbol{B},\boldsymbol{C})=\boldsymbol{B}^m\cdot\boldsymbol{C}^n$ 是各向同性函数。

1-36　若二阶张量 $\boldsymbol{T}$ 的标量函数 $\psi=\psi(\boldsymbol{T})$ 是各向同性函数，证明导数 $\psi'=\dfrac{\mathrm{d}\psi}{\mathrm{d}\boldsymbol{T}}$ 也是各向同性函数。

1-37　求四阶张量 $\dfrac{\mathrm{d}\boldsymbol{T}}{\mathrm{d}\boldsymbol{T}}$ 和 $\dfrac{\mathrm{d}\boldsymbol{T}^{\mathrm{T}}}{\mathrm{d}\boldsymbol{T}}$ ($\boldsymbol{T}$ 是二阶张量) 的分量。

答案：$\dfrac{\mathrm{d}\boldsymbol{T}}{\mathrm{d}\boldsymbol{T}}=\boldsymbol{g}_i\boldsymbol{g}^j\boldsymbol{g}^i\boldsymbol{g}_j$；$\dfrac{\mathrm{d}\boldsymbol{T}^{\mathrm{T}}}{\mathrm{d}\boldsymbol{T}}=\boldsymbol{g}^j\boldsymbol{g}_i\boldsymbol{g}^i\boldsymbol{g}_j$。

1-38　已知线弹性体的应变能为 $U=\dfrac{1}{2}\boldsymbol{E}:\boldsymbol{\Sigma}:\boldsymbol{E}$，$\boldsymbol{E},\boldsymbol{\Sigma}$ 是应变张量和弹性张量，利用分量形式证明 $\dfrac{\mathrm{d}U}{\mathrm{d}\boldsymbol{E}}=\boldsymbol{\Sigma}:\boldsymbol{E}$。

提示：$U=\dfrac{1}{2}\Sigma^{klmn}E_{kl}E_{mn}$，由 Σ^{klmn} 的对称性，有

$$\frac{\partial U}{\partial E_{ij}}=\frac{1}{2}\left(\Sigma^{klmn}\delta_k^i\delta_l^j E_{mn}+\Sigma^{klmn}E_{kl}\delta_m^i\delta_n^j\right)=\frac{1}{2}\left(\Sigma^{ijmn}E_{mn}+\Sigma^{klij}E_{kl}\right)=\Sigma^{ijmn}E_{mn}$$

1-39　若 $\boldsymbol{T}$ 为二阶张量，φ,ψ 为 $\boldsymbol{T}$ 的标量函数，$\boldsymbol{U},\boldsymbol{V}$ 为 $\boldsymbol{T}$ 的二阶张量函数，利用莱布尼兹公式和分量形式两种求导方法，证明：

1. $(\varphi(\boldsymbol{T})\psi(\boldsymbol{T}))'=\varphi'(\boldsymbol{T})\psi(\boldsymbol{T})+\varphi(\boldsymbol{T})\psi'(\boldsymbol{T})$；

2. $(\boldsymbol{U}(\boldsymbol{T}):\boldsymbol{V}(\boldsymbol{T}))'=\boldsymbol{V}(\boldsymbol{T}):\boldsymbol{U}'(\boldsymbol{T})+\boldsymbol{U}(\boldsymbol{T}):\boldsymbol{V}'(\boldsymbol{T})$

$$\neq\boldsymbol{U}'(\boldsymbol{T}):\boldsymbol{V}(\boldsymbol{T})+\boldsymbol{U}(\boldsymbol{T}):\boldsymbol{V}'(\boldsymbol{T})$$

1-40　假如用圆柱坐标表示的运动变换 (圆柱体扭转，参见图 2.9) 为

$$r=R;\theta=\Theta+KZ;\quad z=Z\ (K=\pi/4)\quad 或\quad x^1=X^1,x^2=X^2+KX^3,x^3=X^3$$

式中，$\{X^1, X^2, X^3\} = \{R, \Theta, Z\}$; $\{x^1, x^2, x^3\} = \{r, \theta, z\}$; 常数 $K = \pi/4$。

求：A 点 $\{X^1, X^2, X^3\} = \{0, 0, 1\}$ 的转移张量 g_{kK}, g_K^k, g_k^K (用矩阵表示)。

1-41 习题 1-40 中 A 点变形后为 B 点，若 B 点处有一向量 $\boldsymbol{v} = 2\boldsymbol{g}_2$，求该向量的分量 v_k、v_K、v^K $\left(\boldsymbol{v} = v_k\boldsymbol{g}^k = v_K\boldsymbol{G}^K = v^K\boldsymbol{G}_K\right)$，并说明它们的几何意义。

1-42 若 $F = x^k_{,K} g_k G^K$, $t = t^{kl} g_k g_l$, $T = T^{KL} G_K G_L$，求：

$$\boldsymbol{F} \cdot \boldsymbol{F}^{\mathrm{T}}, \quad \boldsymbol{F}^{\mathrm{T}} \cdot \boldsymbol{F}, \quad \boldsymbol{F} \cdot \boldsymbol{T} \cdot \boldsymbol{F}^{\mathrm{T}}, \quad \boldsymbol{F}^{\mathrm{T}} \cdot \boldsymbol{t} \cdot \boldsymbol{F} \quad (\text{用分量表示})$$

1-43 利用全导数定义，推导 ${A^k}_{L:l} = {A^k}_{L;l} + {A^k}_{L;\mathrm{M}} X^M_{,l}$。

PART TWO

第二篇

经典连续介质力学

假设连续介质任一质点的状态只取决于质点本身而与有限距离的周围质点无关 (即局部化假设)，在描述变形和运动时只考虑位移场的一阶梯度 (即一阶简单物质)，由此建立的理论系统称为经典 (或称古典) 连续介质力学，通常简称为连续介质力学。目前经典连续介质力学已经得到广泛应用。

本篇 (第 2~8 章) 系统地介绍经典连续介质力学的基本理论及其应用，包括连续介质的状态描述、守恒定律和本构关系以及基本理论在固体力学、黏弹性力学和流体力学中的应用。

经典连续介质力学是各应用力学的理论框架，也是解决复杂力学问题的理论基础，有重要应用价值。由于本构关系中只考虑一阶位移梯度，不包含材料尺寸参数，所以不能分析微纳米材料与结构和局部变形的尺寸效应。

本篇内容注重力学概念说明、公式推导、前后联系，力求便于学习理解，并注重基本理论在主要力学分支中的应用 (包括系统详细的理论基础、常用解法和典型问题)，可作为连续介质力学以及应用力学概论的教材或参考书。

第 2 章　变形与运动

从本章起至第 8 章讨论经典连续介质力学 (通常称为连续介质力学) 及其应用。

连续介质力学的任务是研究连续介质在外载荷作用下的响应，例如几何和运动状态的变化等等。为了从几何学和运动学角度描述一般连续介质 (无论固体、液体或者气体) 的任意变形与运动，可以暂时不考虑引起物体变形与运动的原因 (外力，热等) 以及物质本身的不同属性。连续介质几何学的任务是建立适当的变量描述变形物体内任一点邻域的位置变化 (移动)、方位变化 (局部转动) 及纯变形；连续介质运动学的任务是建立适当变量描述运动中变形物体或介质各点的位置及变形随时间的变化率。本章将在物质连续性假设和一阶位移梯度下，应用张量理论讨论连续介质的变形与运动。

2.1　坐标系、连续性公理

为了描述物体在某一选定的参考时刻 t_0 时各点的几何位置，需要建立一个坐标系 $\{X^K, t_0\}$ 或简记为 $\{X^K\}$。在该时刻物体中任一物质点的位置与它的坐标 (X^1, X^2, X^3) 一一对应，也可以用从某一定点出发、矢端与物质点重合的向量来表示，称为位置向量，记作 $\boldsymbol{X}$(或 $\boldsymbol{P}$)，见图 2.1。参考时刻物体中各点的几何位置称为参考构形，记作 $\mathscr{R}$。对于固体，常常取未变形的位置作为参考构形。

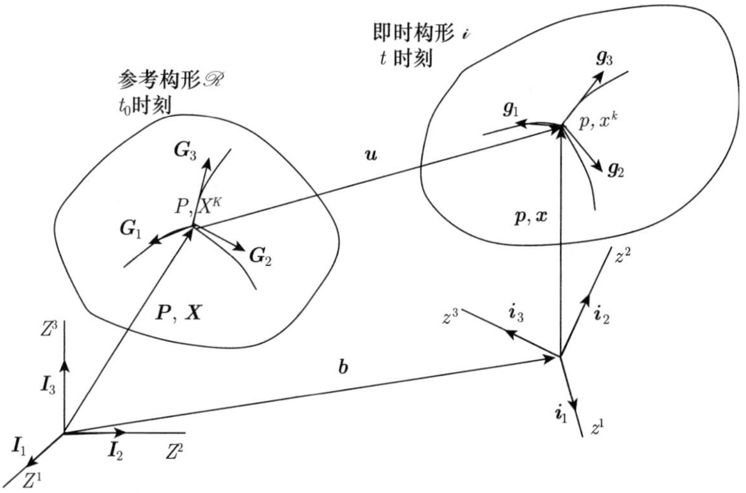

图 2.1　坐标系

为了研究物体的变形和运动，还必须描述任一时刻 t 时物体各点的位置，为了方便可

以建立另一个与 $\{X^K\}$ 不同的坐标系 $\{x^k, t\}$，或简记为 $\{x^k\}$。在时刻 t 物质点的空间位置为坐标 (x^1, x^2, x^3)，同样也可以用空间位置向量 $\boldsymbol{x}$(或 $\boldsymbol{p}$) 来表示。任一时刻 t 物体中各点的几何位置称为即时构形 (或当前构形)，记作 $\mathscr{r}$。

上述两种坐标系 $\{X^K\}$ 和 $\{x^k\}$ 是取定的三维欧氏空间曲线坐标系，根据需要它们可以是不相同的，也可以是相同的。图 2.1 给出了同一物体的参考构形 $\mathscr{R}$ 和即时构形 $\mathscr{r}$ 及各自的坐标系，其中 $\{Z^K\}$ 和 $\{z^k\}$ 是两个给定的直角坐标系，单位基向量为 $\boldsymbol{I}_K$ 和 $\boldsymbol{i}_k$，$\{X^K\}$ 和 $\{x^k\}$ 由下式给出：

$$Z^K = Z^K(X^1, X^2, X^3) \quad 或 \quad X^K = X^K(Z^1, Z^2, Z^3)$$

$$z^k = z^k(x^1, x^2, x^3) \quad 或 \quad x^k = x^k(z^1, z^2, z^3)$$

从本节开始，以后一般用大写字母表示由 $\{X^K\}$ 坐标系描述的依赖构形 $\mathscr{R}$ 的变量，用小写字母表示由 $\{x^k\}$ 坐标系描述的依赖构形 $\mathscr{r}$ 的变量。可以将第 1.2 节和第 1.3 节中有关坐标系的关系应用于 $\{X^K\}$ 和 $\{x^k\}$。

$\{X^K\}$ 坐标系的位置向量、协变和逆变基向量、协变和逆变度量张量分别为

$$\boldsymbol{X} = Z^K \boldsymbol{I}_K$$

$$\boldsymbol{G}_K = \frac{\partial \boldsymbol{X}}{\partial X^K} = \frac{\partial Z^M}{\partial X^K}\boldsymbol{I}_M, \quad \boldsymbol{G}^K = \frac{1}{2}\varepsilon^{KLM}\boldsymbol{G}_L \times \boldsymbol{G}_M$$

$$G_{KL} = \boldsymbol{G}_K \cdot \boldsymbol{G}_L = \frac{\partial Z^M}{\partial X^K}\frac{\partial Z^M}{\partial X^L}, \quad G_{KM}G^{ML} = \delta_K^L$$

$\{x^k\}$ 坐标系的位置向量、协变和逆变基向量、协变和逆变度量张量分别为 (将上述各式大写字母改为小写)

$$\boldsymbol{x} = z^k \boldsymbol{i}_k$$

$$\boldsymbol{g}_k = \frac{\partial \boldsymbol{x}}{\partial x^k} = \frac{\partial z^m}{\partial x^k}\boldsymbol{i}_m, \quad \boldsymbol{g}^k = \frac{1}{2}\varepsilon^{klm}\boldsymbol{g}_l \times \boldsymbol{g}_m$$

$$g_{kl} = \boldsymbol{g}_k \cdot \boldsymbol{g}_l = \frac{\partial z^m}{\partial x^k}\frac{\partial z^m}{\partial x^l}, \quad g_{km}g^{ml} = \delta_k^l$$

在某一取定时刻 t_0，参考构形 $\mathscr{R}$ 的坐标系 $\{X^K\}$ 中任一物质点 $\boldsymbol{X}$ 或 X^K，在任一时刻 t 运动到即时构形 $\mathscr{r}$ 的坐标系 $\{x^k\}$ 中的一点 $\boldsymbol{x}$ 或 x^k，假设存在函数关系

$$\boldsymbol{x} = \boldsymbol{x}(\boldsymbol{X}, t) \quad 或 \quad x^k = x^k(X^K, t) \tag{2.1}$$

且在整个区域 $\mathscr{R}$ 内单值、连续、可微至需要阶数，并存在唯一的单值、连续、可微至需要阶数的反函数

$$\boldsymbol{X} = \boldsymbol{X}(\boldsymbol{x}, t) \quad 或 \quad X^K = X^K(x^k, t) \tag{2.2}$$

这一假设称为连续性公理。

事实上，式 (2.1) 和式 (2.2) 给出了域 $\mathscr{R}$ 和域 $\mathscr{r}$ 中对应物质点的一种变换，通常称为运动变换和逆变换。假设反函数存在，所以变换的雅克比行列式 $\det\dfrac{\partial x^k}{\partial X^K}$ 和 $\det\dfrac{\partial X^K}{\partial x^k}$ 必不等于零或 ∞。

连续性公理是连续介质力学的基础，它表示物质变形的不消失性和不可重叠性，有限的物质体积不可能变为零或无穷大，只可能从一个域运动到另一个域，从一个连续的物质线、物质面或物质体变为另一个连续的物质线、物质面或物质体 (可以有有限个间断面)。两个域内的物质点是一一对应的，t_0 时刻的两个质点，在 t 时刻不可能占有同一个位置；t_0 时刻的一个质点，在 t 时刻不可能占据两个位置。这样的运动称为许可运动。

按古典连续介质模型，式 (2.1) 或式 (2.2) 可以完全描述物体的运动 (在微极介质模型中，还需要补充独立的质点刚性转动，参见第 9 章)，它给出了 t_0 时刻的任一个质点 X^K 在任一时刻 t 时的空间位置。在给定的外部作用、边界条件和初始条件下，确定关系式 (2.1) 或式 (2.2) 是经典连续介质力学 (以后称为连续介质力学) 的根本任务。

常常引入位移向量 (参见图 2.1)

$$\boldsymbol{u} = \boldsymbol{x} - \boldsymbol{X} + \boldsymbol{b} \tag{2.3}$$

表示连续介质的变形，式中 $\boldsymbol{b}$ 是两个坐标系原点间的给定向量。如果已知运动变换式 (2.1)，则可求得任一点的位移，反之亦然。在本章以后各节中，将从运动变换式 (2.1) 和逆变换式 (2.2) 出发，定义各种状态变量表示物体的变形和运动。

上面建立的坐标系 $\{X^K\}$ 和 $\{x^k\}$ 分别描述参考构形 $\mathscr{R}$ 和即时构形 $\mathscr{r}$，由于 t_0 是取定的参考时刻，因此，可以认为坐标系 $\{X^K\}$ 中 $\mathscr{R}$ 域内的任一点与构形 $\mathscr{R}$ 中的物质点一一对应，所以将 $\{X^K\}$ 称为物质坐标系或 Lagrange 坐标系；而 t 时刻物体的位置随时间改变，但坐标系 $\{x^k\}$ 不随物体运动，即坐标系 $\{x^k\}$ 中 $\mathscr{r}$ 域内的任一空间点 x^k 在不同时刻被不同的质点占据，所以 $\{x^k\}$ 坐标系称为空间坐标系或 Euler 坐标系。为了清楚，今后通常用大写字母表示物质坐标系中的标量、矢量和张量，用小写字母表示空间坐标系中的标量、矢量和张量。

在连续介质力学中，既可以用物质坐标 X^K 作为自变量描述状态变量、将 x^k 和其他变量作为函数，称为物质描述法或 Lagrange 描述法；也可以用空间坐标 x^k 作为自变量、将 X^K 和其他变量作为函数，称为空间描述法或 Euler 描述法。前者跟随物质点建立各种状态变量及其关系，例如某一物质点处的应力，同一物质点在不同时刻可以占据不同位置。后者则在某一空间点处，建立正经过该处的物质点的有关状态变量及其关系，例如某一空间点的速度，是指不同物质点经过该点时的速度。同一变量或物理关系可以用两种描述方法表示，两种描述法之间能够借助运动变换互相转换。

2.2 随体坐标系、变形梯度张量

根据连续性公理，如果设想构形 $\mathscr{R}$ 中物质坐标系 $\{X^K, t_0\}$ 的坐标曲线族和坐标曲面族与物体固结，在 t 时刻将变为构形 $\mathscr{r}$ 中的另一族曲线和曲面，它们的位置和形状随变形而变化，如果仍用原来的坐标 X^K 来“标记”变形后的对应点，那么在 t 时刻构形 $\mathscr{r}$ 中，物质坐标系 $\{X^K, t_0\}$ 将变成另一曲线坐标系，称为 Lagrange 随体 (Co-moving) 坐标系或拖带坐标系，记做 $\{X^K, t\}$。这样，物体从 t_0 时刻到 t 时刻的运动，可以看作是固结在物体内的随体坐标系 $\{X^K, t\}$ 的运动，显然随体坐标系的变形将能够反映物体的变形。

同样地，如果把 t 时刻空间坐标系 $\{x^k, t\}$ 设想为与构形 $\mathscr{r}$ 固结，那么在 t_0 时刻构形 $\mathscr{R}$ 中将对应有另一随体坐标系，称为 Euler 随体坐标系，记做 $\{x^k, t_0\}$，该随体坐标系随物体的运动而变化。和 Lagrange 随体坐标系 $\{X^K, t\}$ 一样，$\{x^k, t_0\}$ 与 $\{x^k, t\}$ 中对应的物质点用同一坐标 x^k 来表示。这样，物体从 t_0 时刻到 t 时刻的运动，也可以看作是随体坐标系 $\{x^k, t_0\}$ 的变化。

图 2.2 为随体坐标系示意图，构形 $\mathscr{R}$ 中实线为 Lagrange 坐标系过 X^K 点的坐标线，变形后 X^K 点变为构形 $\mathscr{r}$ 中 $x^k\left(X^K, t\right)$ 点，坐标线变为虚线表示的随体坐标系 $\{X^K, t\}$ 的坐标线，对应点的坐标值不变。构形 $\mathscr{r}$ 中的实线和 $\mathscr{R}$ 中的虚线分别是 Euler 坐标系及其随体坐标系。图示线元在 Lagrange 坐标和随体坐标 $\{X^K, t\}$ 中坐标增量都是 $\mathrm{d}X^K$，但由于度量标准 (尺) 不同，所以两者长度不同。

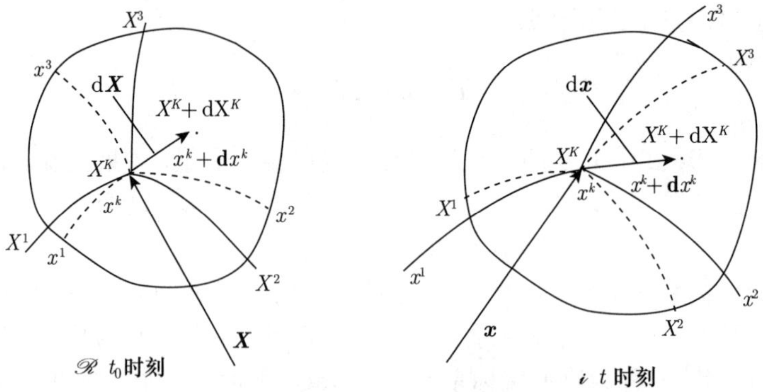

图 2.2　随体坐标系和线元

下面进一步考察线元的变化，通过线元的变化表示一点附近的变形。若 $\mathrm{d}\boldsymbol{X}$ 是 t_0 时刻构形 $\mathscr{R}$ 中 X^K 处的一个线元 (见图 2.2，矢端在 $X^K + \mathrm{d}X^K$)，在 t 时刻 X^K 点运动到构形 $\mathscr{r}$ 中 x^k 点，变为线元 $\mathrm{d}\boldsymbol{x}$。将线元在局部标架中分解，得到：

$$\mathrm{d}\boldsymbol{X} = \mathrm{d}X^K \boldsymbol{G}_K, \quad \mathrm{d}\boldsymbol{x} = \mathrm{d}x^k \boldsymbol{g}_k \tag{2.4}$$

由运动变换式 (2.1) 和式 (2.2) 的微分，可以给出线元分量 $\mathrm{d}X^K$ 和 $\mathrm{d}x^k$ 的关系：

$$\mathrm{d}x^k = \frac{\partial x^k}{\partial X^K}\mathrm{d}X^K, \quad \mathrm{d}X^K = \frac{\partial X^K}{\partial x^k}\mathrm{d}x^k \tag{2.5}$$

式中，$\dfrac{\partial x^k}{\partial X^K}$ 和 $\dfrac{\partial X^K}{\partial x^k}$ 是运动变换和逆变换的 Jacobi，每组量有 9 个分量，可简写为

$$x^k{}_{,K} = \frac{\partial x^k}{\partial X^K}, \quad X^K{}_{,k} = \frac{\partial X^K}{\partial x^k}$$

上述两组量组成两个互逆的二阶张量，称为变形梯度张量，其并矢形式为

$$\boldsymbol{F} = x^k{}_{,K}\boldsymbol{g}_k\boldsymbol{G}^K, \quad \boldsymbol{F}^{-1} = X^K{}_{,k}\boldsymbol{G}_K\boldsymbol{g}^k \tag{2.6}$$

在 Lagrange 坐标系 $\{X^K, t_0\}$ 和 Euler 坐标系 $\{x^k, t\}$ 中表示线元 $\mathrm{d}\boldsymbol{x}$，有

$$\mathrm{d}\boldsymbol{x} = \frac{\partial \boldsymbol{x}}{\partial X^K}\mathrm{d}X^K = \mathrm{d}x^k \boldsymbol{g}_k$$

将式 $(2.5)_1$ 代入上式，由于 $\mathrm{d}X^K$ 的任意性，得到

$$\frac{\partial \boldsymbol{x}}{\partial X^K} = x^k{}_{,K}\boldsymbol{g}_k$$

根据向量梯度的定义式 (1.123b)，有

$$\boldsymbol{F} = x^k{}_{,K}\boldsymbol{g}_k\boldsymbol{G}^K = \frac{\partial \boldsymbol{x}}{\partial X^K}\boldsymbol{G}^K = \boldsymbol{x}\boldsymbol{\nabla}_{\boldsymbol{X}}, \quad \boldsymbol{F}^{-1} = X^K{}_{,k}\boldsymbol{G}_{\boldsymbol{K}}\boldsymbol{g}^{\boldsymbol{k}} = \boldsymbol{X}\nabla_{\boldsymbol{x}} \tag{2.6a}$$

式中，$\boldsymbol{\nabla}_{\boldsymbol{X}}$ 和 $\boldsymbol{\nabla}_{\boldsymbol{x}}$ 分别是物质坐标系和空间坐标系的微分算子，应该注意式 (2.6) 中基向量的前后次序，否则会引起错误。显然，如果 $\boldsymbol{F}$ 和 $\boldsymbol{F}^{-1}$ 已知，则由 $\mathrm{d}\boldsymbol{X}$ 可以确定 $\mathrm{d}\boldsymbol{x}$，或由 $\mathrm{d}\boldsymbol{x}$ 确定 $\mathrm{d}\boldsymbol{X}$，包括线元长度和方向，但不反映平移。式 (2.5) 的不变性记法为

$$\mathrm{d}\boldsymbol{x} = \boldsymbol{F}\cdot\mathrm{d}\boldsymbol{X}, \quad \mathrm{d}\boldsymbol{X} = \boldsymbol{F}^{-1}\cdot\mathrm{d}\boldsymbol{x} \tag{2.5a}$$

变形梯度张量可以完全描述一点邻域的变形，是经典连续介质力学变形几何学中的基本变量。$\boldsymbol{F}$ 和 $\boldsymbol{F}^{-1}$ 同时依赖于坐标系 X^K 和 x^k，所以是两点张量，其张量性可由商法则得到，也可以进行如下证明。考虑两个新的坐标系 $X^{K'}$ 和 $x^{k'}$，与原坐标系 X^K 和 x^k 的变换关系为

$$x^{k'} = x^{k'}(x^k), \quad X^{K'} = X^{K'}(X^K)$$

$\dfrac{\partial x^{k'}}{\partial x^k}$ 和 $\dfrac{\partial X^K}{\partial X^{K'}}$ 分别为 $x^{k'}$ 坐标系的正变换系数 $a_k^{k'}$ 和 $X^{K'}$ 坐标系的逆变换系数 $A_{K'}^k$。利用隐函数微分法，有

$$x^{k'}{}_{,K'} = \frac{\partial x^{k'}}{\partial X^{K'}} = \frac{\partial x^{k'}}{\partial x^k}\frac{\partial x^k}{\partial X^K}\frac{\partial X^K}{\partial X^{K'}} = x^k{}_{,K}A_{K'}^K a_k^{k'}$$

此式就是两点张量的坐标转换关系。$X^K{}_{,k}$ 的张量性可以类似地证明。

由于 $\dfrac{\partial x^k}{\partial x^l} = \dfrac{\partial x^k}{\partial X^K}\dfrac{\partial X^K}{\partial x^l} = \delta_l^k$，$\quad \dfrac{\partial X^K}{\partial X^L} = \dfrac{\partial X^K}{\partial x^k}\dfrac{\partial x^k}{\partial X^L} = \delta_L^K$，所以

$$x^k{}_{,K}X^K{}_{,l} = \delta_l^k, \quad X^K{}_{,k}x^k{}_{,L} = \delta_L^K \quad 或 \quad \boldsymbol{F}\cdot\boldsymbol{F}^{-1} = \boldsymbol{i}, \quad \boldsymbol{F}^{-1}\cdot\boldsymbol{F} = \boldsymbol{I} \tag{2.7}$$

式中，$\boldsymbol{i}$ 和 $\boldsymbol{I}$ 是 Euler 坐标系和 Lagrange 坐标系的单位张量，即度量张量。可见变形梯度张量式 (2.6) 互为逆张量。

利用方程式 (2.7)，$x^k{}_{,K}$ 和 $X^K{}_{,k}$ 可以互相表示。由逆张量表达式 (1.54a)，有

$$X^K{}_{,k} = \frac{\mathrm{cofactor}\left(x^l{}_{,K}\right)}{\det\left(x^k{}_{,K}\right)} = \frac{1}{2j}e^{KMN}e_{kmn}x^m{}_{,M}x^n{}_{,N} \tag{2.8a}$$

式中，j 为运动变换式 (2,1) 的 Jacobi 行列式，$j = \det\left(x^k{}_{,K}\right)$。利用式 (1.20)，$X^K{}_{,k}$ 可表为

$$X^K{}_{,k} = \frac{1}{2J}\varepsilon^{KMN}\varepsilon_{kmn}x^m{}_{,M}x^n{}_{,N} \tag{2.8b}$$

$$J \equiv j\sqrt{\frac{g}{G}} = \frac{1}{3!}\varepsilon^{KMN}\varepsilon_{kmn}x^k{}_{,K}x^m{}_{,M}x^n{}_{,N}, \quad G = \det G_{KL}, \quad g = \det g_{kl} \tag{2.9}$$

现在考察随体坐标系的基向量和度量张量。利用曲线坐标系协变基向量的定义式 (1.99)，随体坐标系 $\{X^K, t\}$ 的协变基向量和协变度量张量为

$$\boldsymbol{C}_K(X^K, t) \equiv \frac{\partial \boldsymbol{x}(X^K)}{\partial X^K} = \frac{\partial \boldsymbol{x}}{\partial x^k}\frac{\partial x^k}{\partial X^K} = x^k{}_{,K}\boldsymbol{g}_k \quad \text{或} \quad \boldsymbol{C}_K = \boldsymbol{F}\cdot\boldsymbol{G}_K \tag{2.10}$$

$$C_{KL} = \boldsymbol{C}_K \cdot \boldsymbol{C}_L = g_{kl}x^k{}_{,K}x^l{}_{,L} \quad \text{或} \quad \boldsymbol{C} = \boldsymbol{F}^{\mathrm{T}}\cdot\boldsymbol{F} \tag{2.11}$$

对 C_{KL} 求逆，得到逆变度量张量

$$C^{-1KL} = g^{kl}X^K{}_{,k}X^L{}_{,l} \quad \text{或} \quad \boldsymbol{C}^{-1} = \boldsymbol{F}^{-1}\cdot\boldsymbol{F}^{-\mathrm{T}} \tag{2.12}$$

不难验证 C_{KL} 与 C^{-1KL} 满足互逆关系

$$C^{-1KM}C_{ML} = (g^{kl}X^K{}_{,k}X^M{}_{,l})(g_{rs}x^r{}_{,M}x^s{}_{,L}) = g^{kl}g_{rs}\delta^r_l X^K{}_{,k}x^s{}_{,L} = \delta^k_s X^K{}_{,k}x^s{}_{,L} = \delta^K_L \tag{2.13}$$

类似地，可以得到另一随体坐标系 $\{x^k, t\}$ 的协变基向量和度量张量

$$\boldsymbol{c}_k(x^k, t) \equiv \frac{\partial \boldsymbol{X}(x^k)}{\partial x^k} = \boldsymbol{G}_K(x^k)X^K{}_{,k} \quad \text{或} \quad \boldsymbol{c}_k = \boldsymbol{F}^{-1}\cdot\boldsymbol{g}_k \tag{2.14}$$

$$c_{kl} = G_{KL}X^K{}_{,k}X^L{}_{,l} \quad \text{或} \quad \boldsymbol{c} = \boldsymbol{F}^{-\mathrm{T}}\cdot\boldsymbol{F}^{-1} \tag{2.15}$$

$$c^{-1kl} = G^{KL}x^k{}_{,K}x^l{}_{,L} \quad \text{或} \quad \boldsymbol{c}^{-1} = \boldsymbol{F}\cdot\boldsymbol{F}^{\mathrm{T}} \tag{2.16}$$

$$c^{-1km}c_{ml} = \delta^k_l \quad \text{或} \quad \boldsymbol{c}^{-1}\cdot\boldsymbol{c} = \boldsymbol{i} \tag{2.17}$$

随体坐标系与物体一起变形，所以其基向量和度量张量完全由变形梯度张量决定，同时它们也反映了物体的变形状态。既然随体坐标系中各点坐标与变形前对应点的坐标相同，即坐标系的 “刻度” 值不变，那么度量尺度 (或协变基向量) 必然随变形一起相应地改变，例如单向拉伸时要想保持沿拉伸方向两点坐标值不变，只能增加单位值所代表的长度，即协变基向量的长度。注意到协变基向量是根据位置向量随坐标的变化定义的，所以随体坐标系中只有协变基向量与物体一起变形，而逆变基向量的定义不是基于坐标系变形，因此一般情况下不与变形固结。

2.3 纯变形的度量——变形张量、应变张量、广义应变张量、相对应变张量

物体从参考构形 $\mathscr{R}$ 运动到即时构形 $\mathscr{r}$ 时，任一局部可发生位置、形状和方位的改变。如果在 t_0 时刻物体的某一点处取任一线元、面元或体元，变形以后线元的长度、不同线元之间的夹角、面元的面积、体元的体积将发生变化，这些变化反映了该点邻域的纯变形，此外还有局部转动。除了连续性假设和采用一阶位移梯度外，对于变形大小没有任何限制，但位移梯度过大时需考虑高阶位移梯度。

2.3.1 常用变形张量和应变张量

为了度量物体中各点处的纯变形，需要选取适当的状态变量。对这些量的基本要求是：应该是尺寸的相对比较；应该能够完全反映各点变形的大小，与变形状态有一一对应关系；应该有明确的几何意义，便于应用；应该是客观的量，与坐标系的选择无关，所以是张量。满足这些要求、适于度量变形的变形张量和应变张量可以有多种，下面讨论比较常用的几种。

2.3.1.1 右 Cauchy-Green 变形张量和 Cauchy 变形张量

如果在变形前构形 $\mathscr{R}$ 中取一线元 $\mathrm{d}\boldsymbol{X} = \mathrm{d}X^K \boldsymbol{G}_K$，长度为 $\mathrm{d}S$，则

$$(\mathrm{d}S)^2 = \mathrm{d}\boldsymbol{X} \cdot \mathrm{d}\boldsymbol{X} = G_{KL}\mathrm{d}X^K \mathrm{d}X^L \tag{2.18}$$

在 t 时刻线元 $\mathrm{d}\boldsymbol{X}$ 变为构形 $\mathscr{r}$ 中的线元 $\mathrm{d}\boldsymbol{x} = \mathrm{d}x^k \boldsymbol{g}_k$，其长度为 $\mathrm{d}s$，则

$$(\mathrm{d}s)^2 = \mathrm{d}\boldsymbol{x} \cdot \mathrm{d}\boldsymbol{x} = g_{kl}\mathrm{d}x^k \mathrm{d}x^l \tag{2.19}$$

将式 (2.5) 代入式 (2.19) 和式 (2.18)，得到

$$(\mathrm{d}s)^2 = g_{kl}x^k{}_{,K}x^l{}_{,L}\mathrm{d}X^K\mathrm{d}X^L = C_{KL}\mathrm{d}X^K\mathrm{d}X^L \quad 或 \quad \mathrm{d}s^2 = \mathrm{d}\boldsymbol{X}\cdot\boldsymbol{C}\cdot\mathrm{d}\boldsymbol{X} \tag{2.20}$$

$$(\mathrm{d}S)^2 = G_{KL}X^K{}_{,k}X^L{}_{,l}\mathrm{d}x^k\mathrm{d}x^l = c_{kl}\mathrm{d}x^k\mathrm{d}x^l \quad 或 \quad \mathrm{d}S^2 = \mathrm{d}\boldsymbol{x}\cdot\boldsymbol{c}\cdot\mathrm{d}\boldsymbol{x} \tag{2.21}$$

$$C_{KL}(X^K, t) = g_{kl}x^k{}_{,K}x^l{}_{,L} \quad 或 \quad \boldsymbol{C} = \boldsymbol{F}^{\mathrm{T}}\cdot\boldsymbol{F} \tag{2.22}$$

$$c_{kl}(x^k, t) = G_{KL}X^K{}_{,k}X^L{}_{,l} \quad 或 \quad \boldsymbol{c} = \boldsymbol{F}^{-\mathrm{T}}\cdot\boldsymbol{F}^{-1} \tag{2.23}$$

式中，C_{KL} 称为右 Cauchy-Green 变形张量，也称为 Green 变形张量。Green 变形张量以物质坐标为自变量，即物质描述法，由式 (2.20) 可以求得变形前任一线元在变形后的长度。c_{kl} 称为 Cauchy 变形张量，以空间坐标为自变量，即空间描述法，式 (2.21) 给出了变形后任一线元在变形前的长度。实际上，这两个变形张量的表达式已经由上节式 (2.11) 和式 (2.15) 给出，由此可以得到它们的几何意义：C_{KL} 在数值上等于物质坐标系的随体坐标系 $\{X^K, t\}$ 的度量张量，c_{kl} 在数值上等于空间坐标系的随体坐标系 $\{x^k, t_0\}$ 的度量张量。它们并矢形式为

$$\boldsymbol{C} = C_{KL}\boldsymbol{G}^K\boldsymbol{G}^L = C^{KL}\boldsymbol{G}_K\boldsymbol{G}_L = C^K_L\mathbf{G}_K\mathbf{G}^L \tag{2.22a}$$

$$\boldsymbol{c} = c_{kl}\boldsymbol{g}^k\boldsymbol{g}^l = c^{kl}\boldsymbol{g}_k\boldsymbol{g}_l = c^k_l\boldsymbol{g}_k\boldsymbol{g}^l \tag{2.23a}$$

不难证明，$\boldsymbol{C}$ 是依赖于 Lagrange 坐标系的对称正定二阶张量。若取另一物质坐标系 $X^{K'}$,则线元 $\mathrm{d}\boldsymbol{X}$ 在 $X^{K'}$ 和 X^K 坐标系的局部标架中的分量满足关系 $\mathrm{d}X^K = A^K_{K'}\mathrm{d}X^{K'}$($A^K_{K'}$ 为坐标系变换系数)。由式 (2.20)，有

$$(\mathrm{d}s)^2 = C_{KL}A^K_{K'}A^L_{L'}\mathrm{d}X^{K'}\mathrm{d}X^{L'} = C_{K'L'}\mathrm{d}X^{K'}\mathrm{d}X^{L'}$$

上式对任意线元 $\mathrm{d}\boldsymbol{X}$ 成立，因而 $C_{K'L'} = C_{KL}A^K_{K'}A^L_{L'}$，即二阶张量坐标转换关系，所以 $\boldsymbol{C}$ 是二阶张量。由式 (2.22)，注意到度量张量的对称性 $g_{kl} = g_{lk}$，适当改变哑指标，有

$$C_{KL} = g_{kl}x^k{}_{,K}x^l{}_{,L} = g_{lk}x^k{}_{,K}x^l{}_{,L} = g_{kl}x^k{}_{,L}x^l{}_{,K} = C_{LK}$$

即 $\boldsymbol{C}$ 是对称的。由式 (2.20)，有 $(\mathrm{d}s)^2 = \mathrm{d}\boldsymbol{X} \cdot \boldsymbol{C} \cdot \mathrm{d}\boldsymbol{X} > 0$，根据定义式 (1.76a)，$\boldsymbol{C}$ 是正定的。

可以类似地证明 Cauchy 变形张量 $\boldsymbol{c}$ 是依赖于 Euler 坐标系的对称正定二阶张量。

若某一点处任意方向的线元，在变形前后保持长度不变，即 $(\mathrm{d}s)^2 = (\mathrm{d}S)^2$，比较式 (2.18) 和式 (2.20) 以及式 (2.19) 和式 (2.21)，得到

$$C_{KL} = G_{KL}, \quad c_{kl} = g_{kl} \quad 或 \quad \boldsymbol{C} = \boldsymbol{I}, \quad \boldsymbol{c} = \boldsymbol{i} \tag{2.24}$$

反之，若 (2.24) 式成立，则在变形时线元长度不变，下一节中还将证明，线元间的夹角，面元的面积和体元的体积均保持不变，因此上式是局部变形为刚性运动的充要条件，此时局部纯变形为零。

2.3.1.2　Piola 变形张量和左 Cauchy-Green 变形张量

二阶正定对称张量 $\boldsymbol{C}$ 和 $\boldsymbol{c}$ 的逆张量 $\boldsymbol{C}^{-1}$ 和 $\boldsymbol{c}^{-1}$ 存在而且唯一，令

$$B^{KL} = C^{-1KL} = g^{kl} X^K_{\ ,k} X^L_{\ ,l} \quad 或 \quad \boldsymbol{B} = \boldsymbol{C}^{-1} = \boldsymbol{F}^{-1} \cdot \boldsymbol{F}^{-\mathrm{T}} \tag{2.25}$$

$$b^{kl} = c^{-1kl} = G^{KL} x^k_{\ ,K} x^l_{\ ,L} \quad 或 \quad \boldsymbol{b} = \boldsymbol{c}^{-1} = \boldsymbol{F} \cdot \boldsymbol{F}^{\mathrm{T}} \tag{2.26}$$

式中，C^{-1KL} 和 c^{-1kl} 是 $\boldsymbol{C}^{-1}$ 和 $\boldsymbol{c}^{-1}$ 的逆变分量。

由于 $\boldsymbol{C}$ 和 $\boldsymbol{c}$ 可以度量变形，所以它们的逆张量也可用作变形的度量。$\boldsymbol{B}$(或 $\boldsymbol{C}^{-1}$) 称为 Piola 变形张量；$\boldsymbol{b}$(或 $\boldsymbol{c}^{-1}$) 称为 Finger 变形张量，也称为左 Cauchy-Green 变形张量。它们的并矢记法为

$$\boldsymbol{B} = \boldsymbol{C}^{-1} = C^{-1KL} \boldsymbol{G}_K \boldsymbol{G}_L = C^{-1}{}_{KL} \boldsymbol{G}^K \boldsymbol{G}^L = C^{-1K}{}_{L} \boldsymbol{G}_K \boldsymbol{G}^L \tag{2.25a}$$

$$\boldsymbol{b} = \boldsymbol{c}^{-1} = c^{-1kl} \boldsymbol{g}_k \boldsymbol{g}_l = c^{-1}{}_{kl} \boldsymbol{g}^k \boldsymbol{g}^l = c^{-1k}{}_{l} \boldsymbol{g}_k \boldsymbol{g}^l \tag{2.26a}$$

需要指出，在许多文献和著作中常常将左 Cauchy-Green 变形张量 $\boldsymbol{b}$ 记作 $\boldsymbol{B}$，而 Piola 变形张量用 $\boldsymbol{C}^{-1}$ 表示 (本书第 6 章中 $\boldsymbol{b}$ 将改用 $\boldsymbol{B}$ 表示)。

显然，Piola 变形张量 $\boldsymbol{C}^{-1}$ 是依赖于 Lagrange 坐标系的正定对称二阶张量，Finger 变形张量 $\boldsymbol{c}^{-1}$ 是依赖于 Euler 坐标系的对称正定二阶张量。在数值上 C^{-1KL} 等于物质随体坐标系 $\{X^K, t\}$ 的逆变度量张量，而 c^{-1kl} 等于空间随体坐标系 $\{x^k, t_0\}$ 的逆变度量张量。

2.3.1.3　Green 应变张量和 Almansi 应变张量

除前面给出的变形张量 $\boldsymbol{C}$、$\boldsymbol{c}$、$\boldsymbol{C}^{-1}$ ($\boldsymbol{B}$) 和 $\boldsymbol{c}^{-1}$ ($\boldsymbol{b}$) 之外，还经常使用下面定义的应变张量作为纯变形的度量。由式 (2.20) 和式 (2.18) 及式 (2.19) 和式 (2.21) 分别相减，即

$$\begin{aligned}(\mathrm{d}s)^2 - (\mathrm{d}S)^2 &= C_{KL}\mathrm{d}X^K\mathrm{d}X^L - G_{KL}\mathrm{d}X^K\mathrm{d}X^L \equiv 2E_{KL}\mathrm{d}X^K\mathrm{d}X^L \\ &= g_{kl}\mathrm{d}x^k\mathrm{d}x^l - c_{kl}\mathrm{d}x^k\mathrm{d}x^l \equiv 2e_{kl}\mathrm{d}x^k\mathrm{d}x^l\end{aligned} \tag{2.27}$$

$$E_{KL} = \frac{1}{2}(C_{KL} - G_{KL}) \quad 或 \quad \boldsymbol{E} = \frac{1}{2}(\boldsymbol{C} - \boldsymbol{I}) \tag{2.28}$$

$$e_{kl} = \frac{1}{2}(g_{kl} - c_{kl}) \quad 或 \quad \boldsymbol{e} = \frac{1}{2}(\boldsymbol{i} - \boldsymbol{c}) \tag{2.29}$$

式中，$\boldsymbol{E}$ 称为 Green 应变张量或 Lagrange 应变张量；$\boldsymbol{e}$ 称为 Almansi 应变张量或 Euler 应变张量。

上述式中度量张量 G_{KL} 与 g_{kl} 与变形无关，所以与 C_{KL}、c_{kl} 一样，E_{KL}、e_{kl} 也适合作为变形的度量。对于刚体运动，$\boldsymbol{C}=\boldsymbol{I}$、$\boldsymbol{c}=\boldsymbol{i}$，所以 $\boldsymbol{E}$、$\boldsymbol{e}$ 变为零张量，因此它们更适于描述小应变。Green-Lagrange 应变张量和 Almansi-Euler 应变张量的并矢记法为

$$\boldsymbol{E}=E_{KL}\boldsymbol{G}^K\boldsymbol{G}^L=E^{KL}\boldsymbol{G}_K\boldsymbol{G}_L=E_L^K\boldsymbol{G}_K\boldsymbol{G}^L \tag{2.30}$$

$$\boldsymbol{e}=e_{kl}\boldsymbol{g}^k\boldsymbol{g}^l=e^{kl}\boldsymbol{g}_k\boldsymbol{g}_l=e_l^k\boldsymbol{g}_k\boldsymbol{g}^l \tag{2.31}$$

$\boldsymbol{E}$ 和 $\boldsymbol{e}$ 分别是 Lagrange 描述法和 Euler 描述法的对称二阶张量，但不是正定的。

2.3.2 位移梯度、变形张量和应变张量的位移表示

以上给出的变形张量和应变张量都是用变形梯度张量及其逆张量的点积表示的，它们也可以用位移向量 $\boldsymbol{u}$ 的一阶梯度表示。为此，首先给出位移梯度和变形梯度的关系。位移 $\boldsymbol{u}$ 既可以看作是构形 $\mathscr{R}$ 中物质点 X^K 的函数，也可以看作是构形 $\boldsymbol{\imath}$ 中物质点 $x^k\left(X^K\right)$ 的函数，采用两种描述法，将 $\boldsymbol{u}$ 在两个坐标系 X^K 和 x^k 中分解，有

$$\boldsymbol{u}=U^K\boldsymbol{G}_K=u^k\boldsymbol{g}_k \tag{2.32}$$

将 $\boldsymbol{u}=U^K\boldsymbol{G}_K$ 代入式 (2.3)，对 X^K 取偏导数，得到

$$\frac{\partial\boldsymbol{u}}{\partial X^K}=\frac{\partial}{\partial X^K}(\boldsymbol{x}-\boldsymbol{X}+\boldsymbol{b})=\frac{\partial\boldsymbol{x}}{\partial x^l}\frac{\partial x^l}{\partial X^K}-\frac{\partial\boldsymbol{X}}{\partial X^K}=\boldsymbol{g_l}x^l{}_{,K}-\boldsymbol{G_K}$$

两端右侧用 $\boldsymbol{G}^K$ 取并积，利用梯度定义，得到位移梯度与变形梯度的关系 $\boldsymbol{u}\boldsymbol{\nabla}_{\boldsymbol{X}}=\boldsymbol{F}-\boldsymbol{I}$。由向量场梯度的定义，$\dfrac{\partial\boldsymbol{u}}{\partial X^K}=\nabla_K U_M\boldsymbol{G}^M$，代入上式，两端点乘 $\boldsymbol{G}_L$ 或 $\boldsymbol{g}^k$，可得

$$\nabla_K U_L=x^l{}_{,K}g_{lL}-G_{KL} \tag{2.33}$$

$$x^k{}_{,K}=g_K^k+\nabla_K U_M g^{kM}=g_K^k+\nabla_K U^M g_M^k \tag{2.34}$$

式中，g_{lL} , g_K^k , g^{kM} 均为转移张量，参见式 (1.178a)。类似地，可以得到关系

$$\boldsymbol{u}\boldsymbol{\nabla}_{\boldsymbol{x}}=\boldsymbol{i}-\boldsymbol{F}^{-1}$$

$$\nabla_k u_l=g_{kl}-g_{lL}X^L{}_{,k} \tag{2.35}$$

$$X^K{}_{,k}=g_k^K-\nabla_k u^m g_m^K \tag{2.36}$$

$\nabla_K U_L,\nabla_k u_l$ 为位移 $\boldsymbol{u}$ 在物质坐标系和空间坐标系中的梯度，其并矢形式为

$$\boldsymbol{\nabla}_{\boldsymbol{X}}\boldsymbol{u}=\nabla_K U_L\boldsymbol{G}^K\boldsymbol{G}^L=\nabla_K U^L\boldsymbol{G}^K\boldsymbol{G}_L=\cdots;\quad \boldsymbol{\nabla}_{\boldsymbol{x}}\boldsymbol{u}=\nabla_k u_l\boldsymbol{g}^k\boldsymbol{g}^l=\nabla_k u^l\boldsymbol{g}^k\boldsymbol{g}_l=\cdots$$

将式 (2.34) 代入式 (2.22)，利用转移张量的运算规则，有

$$C_{KL}=g_{kl}(g_K^k+U^M{}_{;K}g_M^k)(g_L^l+U^N{}_{;L}g_N^l)$$

$$= g_{kl}g_K^k g_L^l + U^M_{\ ;K} g_{kl} g_M^k g_L^l + U^N_{\ ;L} g_{kl} g_K^k g_N^l + U^M_{\ ;K} U^N_{\ ;L} g_{kl} g_M^k g_N^l$$

$$= G_{KL} + U^M_{\ ;K} G_{ML} + U^N_{\ ;L} G_{KN} + U^M_{\ ;K} U^N_{\ ;L} G_{MN}$$

利用如式 (1.132) 所示的 Ricci 定理，将度量张量移入求导符号之内，得到

$$C_{KL} = G_{KL} + U_{K;L} + U_{L;K} + U^M_{\ ;K} U_{M;L} \quad 或 \quad \boldsymbol{C} = \boldsymbol{I} + \boldsymbol{u}\boldsymbol{\nabla}_{\boldsymbol{X}} + \boldsymbol{\nabla}_{\boldsymbol{X}}\boldsymbol{u} + \boldsymbol{\nabla}_{\boldsymbol{X}}\boldsymbol{u}\cdot\boldsymbol{u}\boldsymbol{\nabla}_{\boldsymbol{X}} \tag{2.37}$$

同样地得到

$$c_{kl} = g_{kl} - u_{k;l} - u_{l;k} + u^m_{\ ;k} u_{m;l} \quad 或 \quad \boldsymbol{c} = \boldsymbol{i} - \boldsymbol{u}\boldsymbol{\nabla}_{\boldsymbol{x}} - \boldsymbol{\nabla}_{\boldsymbol{x}}\boldsymbol{u} + \boldsymbol{\nabla}_{\boldsymbol{x}}\boldsymbol{u}\cdot\boldsymbol{u}\boldsymbol{\nabla}_{\boldsymbol{x}} \tag{2.38}$$

式 (2.37) 和式 (2.38) 是右 Cauchy-Green 变形张量和 Cauchy 变形张量的位移表达式。$\boldsymbol{\nabla}_{\boldsymbol{X}}$、$\boldsymbol{\nabla}_{\boldsymbol{x}}$ 是物质坐标系和空间坐标系的 Hamilton 算子，在不引起混淆时，可以略去算子的下标。将式 (2.37) 和式 (2.38) 代入式 (2.28) 和式 (2.29)，则得到 Green 应变张量和 Almansi 应变张量的位移表达式

$$E_{KL} = \frac{1}{2}(U_{K;L} + U_{L;K} + U^M_{\ ;K} U_{M;L}) \quad 或 \quad \boldsymbol{E} = \frac{1}{2}(\boldsymbol{u}\boldsymbol{\nabla}_{\boldsymbol{X}} + \boldsymbol{\nabla}_{\boldsymbol{X}}\boldsymbol{u} + \boldsymbol{\nabla}_{\boldsymbol{X}}\boldsymbol{u}\cdot\boldsymbol{u}\boldsymbol{\nabla}_{\boldsymbol{X}}) \tag{2.39}$$

$$e_{kl} = \frac{1}{2}(u_{k;l} + u_{l;k} - u^m_{;k} u_{m;l}) \quad 或 \quad \boldsymbol{e} = \frac{1}{2}(\boldsymbol{u}\boldsymbol{\nabla}_{\boldsymbol{x}} + \boldsymbol{\nabla}_{\boldsymbol{x}}\boldsymbol{u} - \boldsymbol{\nabla}_{\boldsymbol{x}}\boldsymbol{u}\cdot\boldsymbol{u}\boldsymbol{\nabla}_{\boldsymbol{x}}) \tag{2.40}$$

2.3.3 直角坐标系中的应变张量及其几何意义

如果 Lagrange 坐标系和 Euler 坐标系是直角坐标系，则协变导数变为普通导数，Green 应变张量即是弹性力学中熟知的有限变形应变张量，分量为

$$E_{11} = \frac{\partial U_1}{\partial X_1} + \frac{1}{2}\left[\left(\frac{\partial U_1}{\partial X_1}\right)^2 + \left(\frac{\partial U_2}{\partial X_1}\right)^2 + \left(\frac{\partial U_3}{\partial X_1}\right)^2\right], \quad \cdots$$

$$E_{12} = E_{21} = \frac{1}{2}\left(\frac{\partial U_1}{\partial X_2} + \frac{\partial U_2}{\partial X_1} + \frac{\partial U_1}{\partial X_1}\frac{\partial U_1}{\partial X_2} + \frac{\partial U_2}{\partial X_1}\frac{\partial U_2}{\partial X_2} + \frac{\partial U_3}{\partial X_1}\frac{\partial U_3}{\partial X_2}\right), \quad \cdots$$

Almansi 应变张量分量为

$$e_{11} = \frac{\partial u_1}{\partial x_1} - \frac{1}{2}\left[\left(\frac{\partial u_1}{\partial x_1}\right)^2 + \left(\frac{\partial u_2}{\partial x_1}\right)^2 + \left(\frac{\partial u_3}{\partial x_1}\right)^2\right], \quad \cdots$$

$$e_{12} = e_{21} = \frac{1}{2}\left(\frac{\partial u_1}{\partial x_2} + \frac{\partial u_2}{\partial x_1} - \frac{\partial u_1}{\partial x_1}\frac{\partial u_1}{\partial x_2} - \frac{\partial u_2}{\partial x_1}\frac{\partial u_2}{\partial x_2} - \frac{\partial u_3}{\partial x_1}\frac{\partial u_3}{\partial x_2}\right), \quad \cdots$$

可见，与线性应变不同，有限变形应变张量包含位移导数的非线性项。图 2.3 和图 2.4 以 E_{11}、E_{12} 为例说明应变张量的几何意义和非线性项的必要性。图 2.3 中 AB 为变形前沿 X_1 方向的线元，长度为 $\mathrm{d}S = \mathrm{d}X_1$，端点 A 和 B 的位移为 U_K 和 $U_K + \mathrm{d}U_K$，点 A' 和 B' 为变形后的位置，变形后长度为 $\mathrm{d}s$，则

$$\mathrm{d}s^2 = (\mathrm{d}X_1 + \mathrm{d}U_1)^2 + (\mathrm{d}U_2)^2 + (\mathrm{d}U_3)^2$$

式中，$\mathrm{d}U_K = \dfrac{\partial U_K}{\partial X_1}\mathrm{d}X_1$。线元 $\mathrm{d}X_1$ 的伸长率为

$$E_{(X_1)} = \frac{\mathrm{d}s - \mathrm{d}X_1}{\mathrm{d}X_1} = \sqrt{\left(1+\frac{\partial U_1}{\partial X_1}\right)^2 + \left(\frac{\partial U_2}{\partial X_1}\right)^2 + \left(\frac{\partial U_3}{\partial X_1}\right)^2} - 1 = \sqrt{1+2E_{11}} - 1$$

式中，$\dfrac{\partial U_1}{\partial X_1}$ 为线性应变，也是上式 Taylor 展开中的一次项，这说明 E_{11} 可以精确表示线元 $\mathrm{d}X_1$ 的实际伸长，而线性应变只是近似表示，当位移导数 (梯度) 无限小时，误差为 0。

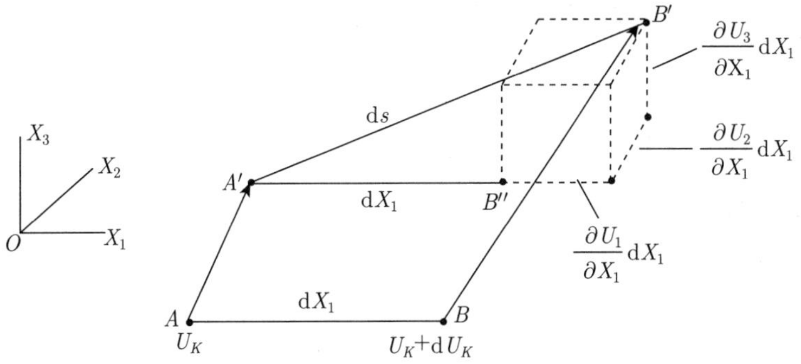

图 2.3 E_{11} 的几何意义

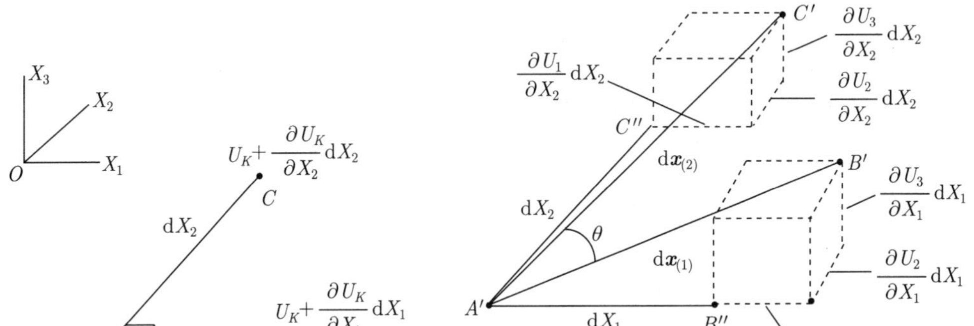

图 2.4 E_{12} 的几何意义

图 2.4 中考虑两个互相垂直的线元 AB 和 AC，变形前分别沿 X_1 和 X_2 方向，长度为 $\mathrm{d}X_1$ 和 $\mathrm{d}X_2$，A、B、C 点的位移为 U_K、$U_K + \dfrac{\partial U_K}{\partial X_1}\mathrm{d}X_1$、$U_K + \dfrac{\partial U_K}{\partial X_2}\mathrm{d}X_2$，变形后为 $A'B'$ 和 $A'C'$，记作 $\mathrm{d}\boldsymbol{x}_{(1)}$ 和 $\mathrm{d}\boldsymbol{x}_{(2)}$，长度为 $\mathrm{d}s_1$，$\mathrm{d}s_2$，点 B'',C'' 的位移为 U_K，则

$$\mathrm{d}\boldsymbol{x}_{(1)} = \left[\left(1+\frac{\partial U_1}{\partial X_1}\right)\boldsymbol{G}_1 + \frac{\partial U_2}{\partial X_1}\boldsymbol{G}_2 + \frac{\partial U_3}{\partial X_1}\boldsymbol{G}_3\right]\mathrm{d}X_1$$

$$\mathrm{d}\boldsymbol{x}_{(2)} = \left[\frac{\partial U_1}{\partial X_2}\boldsymbol{G}_1 + \left(1+\frac{\partial U_2}{\partial X_2}\right)\boldsymbol{G}_2 + \frac{\partial U_3}{\partial X_2}\boldsymbol{G}_3\right]\mathrm{d}X_2$$

若 θ 为变形后线元的夹角，根据点积定义，得到

$$\cos\theta = \sin\left(\frac{\pi}{2} - \theta\right) = \frac{\mathrm{d}\boldsymbol{x}_{(1)} \cdot \mathrm{d}\boldsymbol{x}_{(2)}}{\left|\mathrm{d}\boldsymbol{x}_{(1)}\right| \left|\mathrm{d}\boldsymbol{x}_{(2)}\right|}$$
$$= \left[\left(1 + \frac{\partial U_1}{\partial X_1}\right)\frac{\partial U_1}{\partial X_2} + \frac{\partial U_2}{\partial X_1}\left(1 + \frac{\partial U_2}{\partial X_2}\right) + \frac{\partial U_3}{\partial X_1}\frac{\partial U_3}{\partial X_2}\right]\frac{\mathrm{d}X_1}{\mathrm{d}s_1}\frac{\mathrm{d}X_2}{\mathrm{d}s_2} = \frac{2E_{12}}{\Lambda_1\Lambda_2}$$

式中，$\Lambda_i = \mathrm{d}s_i/\mathrm{d}X_i \quad (i = 1, 2\text{不求和})$ 是线元变形后与变形前的长度比。

上式说明 E_{12} 可以表示 X_1 和 X_2 方向线元夹角的变化，如果只保留位移导数的线性项 $\left(\frac{\partial U_1}{\partial X_2} + \frac{\partial U_2}{\partial X_1}\right)$ 略去非线性项则带来误差。可见在有限变形情况下，应变张量中的非线性项是必要的。

2.3.4 广义 (Hill) 应变张量，Seth 应变张量

第 2.3.1 小节的第一段说明了度量纯变形的变量应该满足的基本要求，能够符合这些要求的变量都可以被定义为应变张量。在第 1.9 节中曾指出，借助实对称二阶张量主值的初等函数可定义该张量的初等函数，例如指数函数 $\boldsymbol{C}^n$ 等等。假如 $\boldsymbol{C}$ 的主值是 $C_{(i)}\ (i = 1, 2, 3)$，主方向为 $\boldsymbol{N}_i$(见第 2.5 节)，$\lambda_{(i)} = \sqrt{C_{(i)}}$ 称为主长度比，如式 (2.64) 所示，利用单调、单值、连续、可微函数 $f\left(\lambda_{(i)}\right)$ 作为主值可以定义的新的应变张量，在主坐标系中的并矢形式为

$$\tilde{\boldsymbol{E}} = f\left(\lambda_{(i)}\right)\boldsymbol{N_i}\boldsymbol{N_i} \tag{2.41}$$

式中，$\tilde{\boldsymbol{E}}$ 称为广义应变张量或 Hill 应变张量，与 $\boldsymbol{C}$ 主方向相同，采用 Lagrange 描述法；对 $f\left(\lambda_{(i)}\right)$ 的要求是：$f(1) = 0$（即 $\lambda_{(i)} = 1$ 时应变为 0），$f'(1) = 1$（即 $\lambda \approx 1$ 时 $\mathrm{d}f \approx \mathrm{d}\lambda$，因而小应变时 $\tilde{\boldsymbol{E}}$ 趋于线性应变）。

若取 $f\left(\lambda_{(i)}\right) = \frac{1}{2n}\left(\lambda_{(i)}^{2n} - 1\right)$，有

$$\boldsymbol{E}^{(n)} = \frac{1}{2n}\left(\boldsymbol{C}^n - \boldsymbol{I}\right) \quad (n \neq 0) \tag{2.42}$$

式中，$\boldsymbol{E}^{(n)}$ 可用于应变度量，称为 Seth 应变张量。

当 n 取不同值时，形成不同的 Seth 应变。例如：

当 $n = 1$ 时，$\boldsymbol{E}^{(1)} = \frac{1}{2}(\boldsymbol{C} - \boldsymbol{I}) = \boldsymbol{E}$ 即 Green-Lagrange 应变张量；

当 $n = \frac{1}{2}$ 时，$\boldsymbol{E}^{(1/2)} = \left(\boldsymbol{C}^{1/2} - \boldsymbol{I}\right) = \boldsymbol{U} - \boldsymbol{I}$ 称为工程应变张量，$\boldsymbol{U} = \boldsymbol{C}^{1/2}$ 称为右伸长张量；

当 $n = -1$ 时，$\boldsymbol{E}^{(-1)} = \frac{1}{2}\left(\boldsymbol{I} - \boldsymbol{C}^{-1}\right)$ 称为 Karni-Rainer 应变张量；

当 $n = 0$ 时，定义 $\boldsymbol{E}^{(0)} = \lim\limits_{n \to 0}\frac{1}{2n}\left(\boldsymbol{C}^n - \boldsymbol{I}\right)$，主方向为 $\boldsymbol{N}_i$，主值为

$$E_{(i)}^{(0)} = \lim_{n \to 0}\frac{1}{2n}\left(\lambda_{(i)}^{2n} - 1\right) = \lim_{n \to 0}\frac{1}{2}\frac{\mathrm{d}}{\mathrm{d}n}\left(\mathrm{e}^{2n\ln\lambda_{(i)}} - 1\right) = \ln\lambda_{(i)} \quad (\text{应用洛必达法则})$$

故

$$\boldsymbol{E}^{(0)} = \ln \boldsymbol{C}^{\frac{1}{2}} = \ln \boldsymbol{U} = (\ln \lambda_1)\, \boldsymbol{N}_1\boldsymbol{N}_1 + (\ln \lambda_2)\, \boldsymbol{N}_2\boldsymbol{N}_2 + (\ln \lambda_3)\, \boldsymbol{N}_3\boldsymbol{N}_3$$

称为对数应变张量。$\boldsymbol{E}^{(0)}$ 的主值是主长度比的对数。

2.3.5 相对变形梯度和相对变形张量

前面均采用 t_0 时刻的物体为参考构形，t_0 为选定时刻，与当前时刻 t 无关。在某些情况下 (例如流体)，也采用 t 时刻空间坐标系中的物体作为参考构形，描述 t 时刻附近的变化，此时参考构形随物体运动，这种描述称为相对描述法。

假设 $\boldsymbol{X}$、$\boldsymbol{x}$、$\boldsymbol{\xi}$ 和 $\{X^K\}$、$\{x^k\}$、$\{\xi^\alpha\}$ 为 t_0、t、τ 时刻构形中的位置向量和坐标系 (见图 2.5)。以 t_0 时刻物体 $\mathscr{R}$ 为参考构形时，运动变换为

$$\boldsymbol{x} = \boldsymbol{x}(\boldsymbol{X}, t) \quad (t \text{ 时刻}), \quad \boldsymbol{\xi} = \boldsymbol{\xi}(\boldsymbol{X}, \tau) \quad (\tau \text{ 时刻}) \tag{2.43}$$

将逆变换 $\boldsymbol{X} = \boldsymbol{X}(\boldsymbol{x}, t)$ 代入式 $(2.43)_2$，得到以 t 时刻物体 $\mathscr{r}(t)$ 为参考构形的运动变换：

$$\boldsymbol{\xi} = \boldsymbol{\xi}(\boldsymbol{X}(\boldsymbol{x}, t), \tau) \equiv \boldsymbol{\xi}_{(t)}(\boldsymbol{x}, t) \tag{2.44}$$

$\boldsymbol{\xi}_{(t)}$ 称为相对变形函数，以后简记为 $\boldsymbol{\xi}$；$\boldsymbol{x}$ 是 t 时刻物质点的位置向量。t_0 时刻 X^K 点的线元 $\mathrm{d}\boldsymbol{X}$，在 t 时刻和 τ 时刻变为 x^k 点线元 $\mathrm{d}\boldsymbol{x}$ 和 ξ^α 点线元 $\mathrm{d}\boldsymbol{\xi}$，如图 2.5 所示。由运动变换和导数的链法则，有

$$\mathrm{d}\xi^\alpha = \frac{\partial \xi^\alpha}{\partial x^k}\mathrm{d}x^k = \frac{\partial \xi^\alpha}{\partial x^k}\frac{\partial x^k}{\partial X^K}\mathrm{d}X^K = \frac{\partial \xi^\alpha}{\partial X^K}\mathrm{d}X^K$$

或

$$\mathrm{d}\boldsymbol{\xi} = \boldsymbol{F}_{(t)}(\tau) \cdot \mathrm{d}\boldsymbol{x} = \boldsymbol{F}_{(t)}(\tau) \cdot \boldsymbol{F}(t) \cdot \mathrm{d}\boldsymbol{X} = \boldsymbol{F}(\tau) \cdot \mathrm{d}\boldsymbol{X}$$

由上式得到

$$\boldsymbol{F}(\tau) = \boldsymbol{F}_{(t)}(\tau) \cdot \boldsymbol{F}(t) \tag{2.45a}$$

式中，$\boldsymbol{F}(\tau)$、$\boldsymbol{F}(t)$ 是 τ 时刻和 t 时刻构形对于构形 $\mathscr{R}(t_0)$ 的变形梯度，$\boldsymbol{F}_{(t)}(\tau)$ 是 τ 时刻构形对于构形 $\mathscr{r}(t)$ 的相对变形梯度

$$\boldsymbol{F}_{(t)}(\tau) = \frac{\partial \xi^\alpha}{\partial x^k}\boldsymbol{g}_\alpha \boldsymbol{g}^k, \quad \boldsymbol{F}(\tau) = \frac{\partial \xi^\alpha}{\partial X^K}\boldsymbol{g}_\alpha \boldsymbol{G}^K, \quad \boldsymbol{F}(t) = \frac{\partial x^k}{\partial X^K}\boldsymbol{g}_k \boldsymbol{G}^K \tag{2.45b}$$

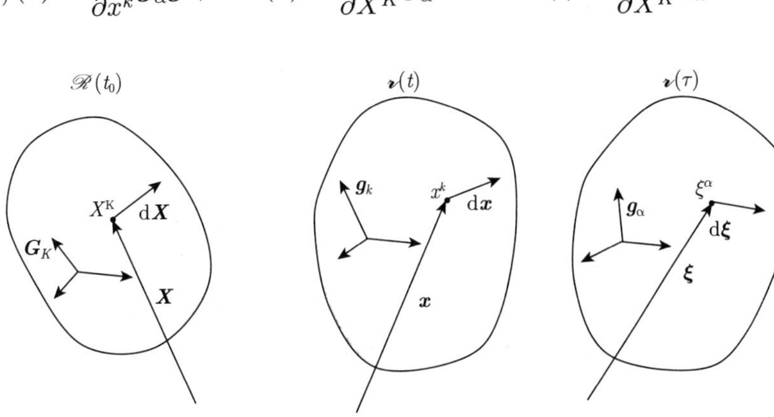

图 2.5 初始构形 $\mathscr{R}(t_0)$、t 时刻参考构形 $\mathscr{r}(t)$ 和即时构形 $\mathscr{r}(\tau)$

由式 (2.45a) 可得

$$\boldsymbol{F}_{(t)}(\tau)=\boldsymbol{F}(\tau)\cdot\boldsymbol{F}^{-1}(t) \tag{2.46a}$$

对式 (2.46a) 求逆，相对变形梯度的逆张量为

$$\boldsymbol{F}_{(t)}^{-1}(\tau)=\boldsymbol{F}(t)\cdot\boldsymbol{F}^{-1}(\tau)=\frac{\partial\boldsymbol{x}}{\partial\boldsymbol{X}}\cdot\frac{\partial\boldsymbol{X}}{\partial\boldsymbol{\xi}}=\frac{\partial\boldsymbol{x}}{\partial\boldsymbol{\xi}}=x^{k}{}_{,\beta}\boldsymbol{g}_k\boldsymbol{g}^{\beta}\quad(=\boldsymbol{F}_{(\tau)}(t)) \tag{2.46b}$$

将式 (2.45a) 代入变形张量的定义式 (2.22)、式 (2.23)、式 (2.25) 和式 (2.26)，用 t 时刻变形梯度 $\boldsymbol{F}(t)$ 和 τ 时刻相对变形梯度 $\boldsymbol{F}_{(t)}(\tau)$ 表示变形张量，有

$$\boldsymbol{C}(\tau)=\boldsymbol{F}^{\mathrm{T}}(t)\cdot\boldsymbol{C}_{(t)}(\tau)\cdot\boldsymbol{F}(t)=g_{\alpha\beta}\xi^{\alpha}{}_{,K}\xi^{\beta}{}_{,L}\boldsymbol{G}^{K}\boldsymbol{G}^{L} \tag{2.47a}$$

$$\boldsymbol{B}(\tau)=\boldsymbol{F}^{-1}(t)\cdot\boldsymbol{B}_{(t)}(\tau)\cdot\boldsymbol{F}^{-\mathrm{T}}(t)=g^{\alpha\beta}X^{K}{}_{,\alpha}X^{L}{}_{,\beta}\boldsymbol{G}_{K}\boldsymbol{G}_{L} \tag{2.47b}$$

$$\boldsymbol{c}(\tau)=\boldsymbol{F}_{(t)}^{-\mathrm{T}}(\tau)\cdot\boldsymbol{c}(t)\cdot\boldsymbol{F}_{(t)}^{-1}(\tau)=G_{KL}X^{K}{}_{,\alpha}X^{L}{}_{,\beta}\boldsymbol{g}^{\alpha}\boldsymbol{g}^{\beta} \tag{2.47c}$$

$$\boldsymbol{b}(\tau)=\boldsymbol{F}_{(t)}(\tau)\cdot\boldsymbol{b}(t)\cdot\boldsymbol{F}_{(t)}^{\mathrm{T}}(\tau)=G^{KL}\xi^{\alpha}{}_{,K}\xi^{\beta}{}_{,L}\boldsymbol{g}_{\alpha}\boldsymbol{g}_{\beta} \tag{2.47d}$$

式中，$\boldsymbol{g}_{\alpha}$、$g^{\alpha\beta}$、$g_{\alpha\beta}$ 是坐标系 $\{\xi^{\alpha}\}$ 的基向量和度量张量，$\boldsymbol{c}(t)$ 和 $\boldsymbol{b}(t)$ 是 t 时刻 Cauchy 变形张量和左 Cauchy-Green 变形张量，并引入定义：

$$\boldsymbol{C}_{(t)}(\tau)=g_{\alpha\beta}\xi^{\alpha}{}_{,K}\xi^{\beta}{}_{,L}\boldsymbol{g}^{k}\boldsymbol{g}^{l}=\boldsymbol{F}_{(t)}^{\mathrm{T}}(\tau)\cdot\boldsymbol{F}_{(t)}(\tau) \tag{2.48a}$$

$$\boldsymbol{B}_{(t)}(\tau)=g^{\alpha\beta}x^{k}{}_{,\alpha}x^{l}{}_{,\beta}\boldsymbol{g}_{k}\boldsymbol{g}_{l}=\boldsymbol{F}_{(t)}^{-1}(\tau)\cdot\boldsymbol{F}_{(t)}^{-\mathrm{T}}(\tau)=\boldsymbol{C}_{(t)}^{-1}(\tau) \tag{2.48b}$$

$$\boldsymbol{c}_{(t)}(\tau)=g_{kl}x^{k}{}_{,\alpha}x^{l}{}_{,\beta}\boldsymbol{g}^{\alpha}\boldsymbol{g}^{\beta}=\boldsymbol{F}_{(t)}^{-\mathrm{T}}(\tau)\cdot\boldsymbol{F}_{(t)}^{-1}(\tau) \tag{2.48c}$$

$$\boldsymbol{b}_{(t)}(\tau)=g^{kl}\xi^{\alpha}{}_{,k}\xi^{\beta}{}_{,l}\boldsymbol{g}_{\alpha}\boldsymbol{g}_{\beta}=\boldsymbol{F}_{(t)}(\tau)\cdot\boldsymbol{F}_{(t)}^{\mathrm{T}}(\tau)=\boldsymbol{c}_{(t)}^{-1}(\tau) \tag{2.48d}$$

$\boldsymbol{C}_{(t)}$ 和 $\boldsymbol{b}_{(t)}$ 称为右和左 Cauchy-Green 相对变形张量，$\boldsymbol{c}_{(t)}$ 和 $\boldsymbol{B}_{(t)}$ 称为 Cauchy 和 Piola 相对变形张量。上述定义在形式上与 $\boldsymbol{C},\boldsymbol{B},\boldsymbol{c},\boldsymbol{b}$ 相同。

t 时刻线元 $\mathrm{d}\boldsymbol{x}$ 在 τ 时刻的长度为

$$(\mathrm{d}s(\tau))^{2}=\mathrm{d}\xi\cdot\mathrm{d}\xi=\mathrm{d}\boldsymbol{x}\cdot\boldsymbol{F}_{(t)}^{\mathrm{T}}(\tau)\cdot\boldsymbol{F}_{(t)}(\tau)\cdot\mathrm{d}\boldsymbol{x}=\mathrm{d}\boldsymbol{x}\cdot\boldsymbol{C}_{(t)}(\tau)\cdot\mathrm{d}\boldsymbol{x}$$

可见相对变形张量是 τ 时刻相对于 t 时刻的变形度量。

例 2.1 求 t 时刻的相对变形张量。

由式 (2.46a)，$\boldsymbol{F}_{(t)}(t)=\boldsymbol{I}$，代入式 (2.48a)~ 式 (2.48d)，得

$$\boldsymbol{C}_{(t)}(t)=\boldsymbol{B}_{(t)}(t)=\boldsymbol{c}_{(t)}(t)=\boldsymbol{b}_{(t)}(t)=\boldsymbol{I}$$

这说明参考构形 $\mathscr{r}(t)$ 相对于自己没有变形。

例 2.2 求 $\tau=t_0=0$ 时刻的右和左 Cauchy-Green 相对变形张量 $\boldsymbol{C}_{(t)}(0)\,\boldsymbol{b}_{(t)}(0)$。

$\tau=0$ 时的构形即 $\mathscr{R}(t_0)$，所以 $\mathrm{d}\boldsymbol{x}=\mathrm{d}\boldsymbol{X}$，$\boldsymbol{F}(0)=\boldsymbol{I}$，代入式 (2.46a)，得 $\boldsymbol{F}_{(t)}(0)=\boldsymbol{F}^{-1}(t)$。即从 t 时刻线元 $\mathrm{d}\boldsymbol{x}$ 到初始构形线元 $\mathrm{d}\boldsymbol{X}$ 的变换 $(\boldsymbol{F}_{(t)}(0))$ 是从 $\mathrm{d}\boldsymbol{X}$ 到 $\mathrm{d}\boldsymbol{x}$(变换 $\boldsymbol{F}(t)$) 的逆变换。上式代入式 (2.48a)、式 (2.48d)，得

$$\boldsymbol{C}_{(t)}(0)=\boldsymbol{F}^{-\mathrm{T}}(t)\cdot\boldsymbol{F}^{-1}(t)=\boldsymbol{c}(t)=\boldsymbol{b}^{-1}(t)$$
$$\boldsymbol{b}_{(t)}(0)=\boldsymbol{F}^{-1}(t)\cdot\boldsymbol{F}^{-\mathrm{T}}(t)=\boldsymbol{B}(t)=\boldsymbol{C}^{-1}(t)$$

上式说明 t_0 构形相对于 t 构形的变形可以用 t 构形相对于 t_0 构形的变形表示。

本节给出了多种定义表示一点邻域的变形，这些定义的共同点是基于变形梯度张量 (或逆张量) 与其转置的点积，或相对变形梯度张量 (或逆张量) 与其转置的点积，将变形张量在主坐标系中推广可以定义广义应变。在第 2.6 节将会看到，变形梯度与其转置的点积可消除局部转动，从而使纯变形分离出来。基于一阶位移梯度是经典连续介质力学的特点。

2.4 长度、夹角、面积和体积变化

各种变形张量和应变张量作为一点变形状态的度量，必须能够表示该点处任一线元长度的变化、任意两个线元之间夹角的改变，表示任一面元、体元的面积、体积的变化。本节讨论这些纯变形量与变形张量或应变张量的关系。

2.4.1 伸长率

考虑构形 $\mathscr{R}$ 中的任一线元 $\mathrm{d}\boldsymbol{X} = \mathrm{d}X^K\boldsymbol{G}_K$ (图 2.2)，该线元在变形后变为构形 $\mathscr{r}$ 中的线元 $\mathrm{d}\boldsymbol{x} = \mathrm{d}x^k\boldsymbol{g}_k$。若 $\boldsymbol{N}$、$\mathrm{d}S$ 和 $\boldsymbol{n}$、$\mathrm{d}s$ 分别为 $\mathrm{d}\boldsymbol{X}$ 和 $\mathrm{d}\boldsymbol{x}$ 方向的单位向量和长度，则

$$\mathrm{d}\boldsymbol{X} = \mathrm{d}X^K\boldsymbol{G}_K = \mathrm{d}S\boldsymbol{N}, \quad \mathrm{d}\boldsymbol{x} = \mathrm{d}x^k\boldsymbol{g}_k = \mathrm{d}s\boldsymbol{n} \tag{2.49}$$

将 $\boldsymbol{N}$ 和 $\boldsymbol{n}$ 沿坐标基向量分解，令 $\boldsymbol{N} = N^K\boldsymbol{G}_K$，$\boldsymbol{n} = n^k\boldsymbol{g}_k$，代入式 (2.49) 得到：

$$N^K = \frac{\mathrm{d}X^K}{\mathrm{d}S}, \quad n^k = \frac{\mathrm{d}x^k}{\mathrm{d}s}$$

令，$\Lambda_{(\boldsymbol{N})} \equiv \lambda_{(\boldsymbol{n})} = \dfrac{\mathrm{d}s}{\mathrm{d}S}$，称为 $\boldsymbol{n}$ 和 $\boldsymbol{N}$ 方向线元的长度比，由式 (2.18) 和式 (2.20) 得到

$$\Lambda_{(\boldsymbol{N})} \equiv \lambda_{(\boldsymbol{n})} = \sqrt{C_{KL}N^KN^L} = \frac{1}{\sqrt{c_{kl}n^kn^l}} \tag{2.50}$$

$$E_{(\boldsymbol{N})} = e_{(\boldsymbol{n})} = \frac{\mathrm{d}s - \mathrm{d}S}{\mathrm{d}S} = \lambda_{(\boldsymbol{n})} - 1 = \sqrt{C_{KL}N^KN^L} - 1 = \frac{1}{\sqrt{c_{kl}n^kn^l}} - 1 \tag{2.51}$$

式中，$E_{(\boldsymbol{N})}, e_{(\boldsymbol{n})}$ 称为伸长率。

在文献和著作中通常将长度比 λ(即 Λ) 称为伸长率 (Stretch)。本节以后称 λ 为伸长率，由于 $E_{(\boldsymbol{N})}$，$e_{(\boldsymbol{n})}$ 应用较少，不会引起混淆。

利用式 (2.28) 和式 (2.29)，长度比和伸长率也可以用 Green 应变张量和 Almansi 应变张量表示，注意到 $G_{KL}\boldsymbol{N}^K\boldsymbol{N}^L = g_{kl}n^kn^l = 1$，有

$$\Lambda_{(\boldsymbol{N})} = \lambda_{(\boldsymbol{n})} = \sqrt{1 + 2E_{KL}N^KN^L} = \frac{1}{\sqrt{1 - 2e_{kl}n^kn^l}} \tag{2.52}$$

$$E_{(\boldsymbol{N})} = e_{(\boldsymbol{n})} = \sqrt{1 + 2E_{KL}N^KN^L} - 1 = \frac{1}{\sqrt{1 - 2e_{kl}n^kn^l}} - 1 \tag{2.53}$$

2.4.2 夹角的改变

在构形 $\mathscr{R}$ 中考虑任意两个线元，分别沿单位向量 $\boldsymbol{N}_1$、$\boldsymbol{N}_2$ 方向：

$$\mathrm{d}\boldsymbol{X}_{(1)} = \mathrm{d}S_1\boldsymbol{N}_1 = \mathrm{d}X^K_{(1)}\boldsymbol{G}_K, \quad \mathrm{d}\boldsymbol{X}_{(2)} = \mathrm{d}S_2\boldsymbol{N}_2 = \mathrm{d}X^K_{(2)}\boldsymbol{G}_K$$

它们的夹角为 $\varTheta(\boldsymbol{N}_1,\boldsymbol{N}_2)$，则

$$\cos\varTheta(\boldsymbol{N}_1,\boldsymbol{N}_2) = \boldsymbol{N}_1\cdot\boldsymbol{N}_2 = (N_1^K\boldsymbol{G}_K)\cdot(N_2^L\boldsymbol{G}_L) = G_{KL}N_1^KN_2^L \tag{2.54}$$

变形后线元 $\mathrm{d}\boldsymbol{X}_{(1)}$、$\mathrm{d}\boldsymbol{X}_{(2)}$ 变为 $\mathrm{d}\boldsymbol{x}_{(1)}$、$\mathrm{d}\boldsymbol{x}_{(2)}$，方向 $\boldsymbol{N}_1$、$\boldsymbol{N}_2$ 变为 $\boldsymbol{n}_1$、$\boldsymbol{n}_2$，其夹角为 $\theta(\boldsymbol{n}_1,\boldsymbol{n}_2)$，利用式 (2.5) 和式 (2.11)，有

$$\begin{aligned}\cos\theta(\boldsymbol{n}_1,\boldsymbol{n}_2) &= \boldsymbol{n}_1\cdot\boldsymbol{n}_2 = (n_1^k\boldsymbol{g}_k)\cdot(n_2^l\boldsymbol{g}_l) = g_{kl}\frac{\mathrm{d}x^k_{(1)}}{\mathrm{d}s_1}\frac{\mathrm{d}x^l_{(2)}}{\mathrm{d}s_2}\\ &= g_{kl}x^k{}_{,K}\frac{\mathrm{d}X^K_{(1)}}{\mathrm{d}s_1}x^l{}_{,L}\frac{\mathrm{d}X^L_{(2)}}{\mathrm{d}s_2} = C_{KL}\frac{\mathrm{d}X^K_{(1)}}{\mathrm{d}S_1}\frac{\mathrm{d}X^L_{(2)}}{\mathrm{d}S_2}\bigg/\left(\frac{\mathrm{d}s_1}{\mathrm{d}S_1}\frac{\mathrm{d}s_2}{\mathrm{d}S_2}\right)\\ &= \frac{C_{KL}N_1^KN_2^L}{\varLambda(\boldsymbol{N}_1)\varLambda(\boldsymbol{N}_2)} = \frac{G_{KL}N_1^KN_2^L + 2E_{KL}N_1^KN_2^L}{\varLambda(\boldsymbol{N}_1)\,\varLambda(\boldsymbol{N}_2)}\end{aligned} \tag{2.55}$$

变形前后夹角的改变称为剪切，所以有

$$\varGamma(\boldsymbol{N}_1,\boldsymbol{N}_2) \equiv \gamma(\boldsymbol{n}_1,\boldsymbol{n}_2) = \varTheta(\boldsymbol{N}_1,\boldsymbol{N}_2) - \theta(\boldsymbol{n}_1,\boldsymbol{n}_2) \tag{2.56}$$

$$\begin{aligned}\sin\varGamma(\boldsymbol{N}_1,\boldsymbol{N}_2) &= \sin\left(\varTheta(\boldsymbol{N}_1,\boldsymbol{N}_2) - \theta(\boldsymbol{n}_1,\boldsymbol{n}_2)\right)\\ &= \cos\theta\,(\boldsymbol{n}_1,\boldsymbol{n}_2)\sin\varTheta(\boldsymbol{N}_1,\boldsymbol{N}_2) - \sqrt{1-\cos^2\theta\,(\boldsymbol{n}_1,\boldsymbol{n}_2)}\cos\varTheta(\boldsymbol{N}_1,\boldsymbol{N}_2)\end{aligned} \tag{2.57}$$

可见任意两个线元的夹角变化可由变形张量或应变张量确定。若 $\{X^k\}$ 为直角坐标系，且 $\boldsymbol{N}_1,\boldsymbol{N}_2$ 分别沿 X^1 和 X^2 方向，即 $\varTheta(\boldsymbol{N}_1,\boldsymbol{N}_2) = \pi/2$、$N_1^1 = N_2^2 = 1$(其余为 0)，则 $\sin\varGamma(\boldsymbol{N}_1,\boldsymbol{N}_2) = \sin\gamma(\boldsymbol{n}_1,\boldsymbol{n}_2) = \dfrac{2E_{12}}{\varLambda_1\varLambda_2}$，即第 2.3 节中通过几何分析 (图 2.4) 得到的结果。

2.4.3 面积和体积的变化

2.4.3.1 面积的变化

在构形 $\mathscr{R}$ 中考虑两个线元 $\mathrm{d}\boldsymbol{X}_{(1)}$ 和 $\mathrm{d}\boldsymbol{X}_{(2)}$，由它们决定的三角形面积元，可以用一个向量表示 (参见式 (1.104b)，取三角形)

$$\mathrm{d}\boldsymbol{A} = \frac{1}{2}\mathrm{d}\boldsymbol{X}_{(1)}\times\mathrm{d}\boldsymbol{X}_{(2)} \equiv \mathrm{d}A_M\boldsymbol{G}^M, \quad \mathrm{d}A_M = \frac{1}{2}\varepsilon_{KLM}\mathrm{d}X^K_{(1)}\mathrm{d}X^L_{(2)} \tag{2.58}$$

变形后 $\mathrm{d}\boldsymbol{X}_1,\mathrm{d}\boldsymbol{X}_2$ 变为构形 $\mathscr{r}$ 中的线元 $\mathrm{d}\boldsymbol{x}_1,\mathrm{d}\boldsymbol{x}_2$，面积元 $\mathrm{d}\boldsymbol{A}$ 变为 $\mathrm{d}\boldsymbol{a}$

$$\mathrm{d}\boldsymbol{a} = \frac{1}{2}\mathrm{d}\boldsymbol{x}_{(1)}\times\mathrm{d}\boldsymbol{x}_{(2)} \equiv \mathrm{d}a_m\boldsymbol{g}^m \tag{2.59}$$

将式 (2.5a)、式 (2.6a) 式代入下式，注意式 (1.20)，有

$$
\begin{aligned}
\boldsymbol{F}^{\mathrm{T}}\cdot\mathrm{d}\boldsymbol{a} &= \frac{1}{2}\boldsymbol{F}^{\mathrm{T}}\cdot\left(\boldsymbol{F}\cdot\mathrm{d}\boldsymbol{X}_{(1)}\right)\times\left(\boldsymbol{F}\cdot\mathrm{d}\boldsymbol{X}_{(2)}\right)\\
&= \frac{1}{2}\left(x^{k}{}_{,K}\boldsymbol{G}^{K}\boldsymbol{g}_{k}\right)\cdot\left(x^{l}{}_{,L}\boldsymbol{g}_{l}\mathrm{d}X^{L}_{(1)}\right)\times\left(x^{m}{}_{,M}\boldsymbol{g}_{m}\mathrm{d}X^{M}_{(2)}\right)\\
&= \frac{1}{2}x^{k}{}_{,K}x^{l}{}_{,L}x^{m}{}_{,M}\varepsilon_{klm}\mathrm{d}X^{L}_{(1)}\mathrm{d}X^{M}_{(2)}\boldsymbol{G}^{K}\\
&= \frac{1}{2}\det(\boldsymbol{F})\sqrt{g}\,e_{KLM}\mathrm{d}X^{L}_{(1)}\mathrm{d}X^{M}_{(2)}\boldsymbol{G}^{K} = \frac{1}{2}\det(\boldsymbol{F})\frac{\sqrt{g}}{\sqrt{G}}\mathrm{d}\boldsymbol{X}_{(1)}\times\mathrm{d}\boldsymbol{X}_{(2)}
\end{aligned}
$$

两端前乘以 $\boldsymbol{F}^{-\mathrm{T}}$，利用 J 的定义式 (2.9)，得到

$$
\mathrm{d}\boldsymbol{a} = J\boldsymbol{F}^{-\mathrm{T}}\cdot\mathrm{d}\boldsymbol{A},\quad \text{或}\quad \mathrm{d}a_{m} = JX^{M}{}_{,m}\mathrm{d}A_{M} \tag{2.60}
$$

式 (2.60) 给出变形前后面元之间的重要关系。由上式可以得到变形后的面积

$$
\begin{aligned}
\mathrm{d}a^{2} &= \mathrm{d}\boldsymbol{a}\cdot\mathrm{d}\boldsymbol{a} = (\mathrm{d}a_{k}\boldsymbol{g}^{k})\cdot(\mathrm{d}a_{l}\boldsymbol{g}^{l}) = J^{2}g^{kl}X^{K}{}_{,k}X^{L}{}_{,l}\mathrm{d}A_{K}\mathrm{d}A_{L}\\
&= J^{2}C^{-1KL}\mathrm{d}A_{K}\mathrm{d}A_{L}
\end{aligned}
$$

$$
\frac{\mathrm{d}a}{\mathrm{d}A} = J\left(C^{-1KL}N_{K}N_{L}\right)^{1/2}\quad(\text{面积比}) \tag{2.60a}
$$

式中，$N_{K} = \dfrac{\mathrm{d}A_{K}}{\mathrm{d}A}$。

可以证明 J^{2} 等于变形张量 $\boldsymbol{C}$ 的第三不变量 $I\!I\!I_{C}$。利用行列式运算规则和 j 的定义，有

$$
\begin{aligned}
I\!I\!I_{C} &= \det C^{K}_{L} = \det\left(G^{KM}g_{ml}x^{m}{}_{,M}x^{l}{}_{,L}\right)\\
&= (\det G^{KM})(\det g_{ml})(\det x^{m}{}_{,M})^{2} = \frac{g}{G}j^{2} = J^{2}\quad\text{或}\quad J = \sqrt{I\!I\!I_{C}}
\end{aligned} \tag{2.61}
$$

式 (2.61) 给出了式 (2.9) 定义的 J 与变形张量的关系，此外 J 还表示变形的体积比，见式 (2.62)。因此，式 (2.60a) 表明变形后的面元面积可由变形前面积和变形张量完全确定。

2.4.3.2 体积的变化

考虑变形前构形 $\mathscr{R}$ 中以非共面线元 $\mathrm{d}\boldsymbol{X}_{(1)},\mathrm{d}\boldsymbol{X}_{(2)},\mathrm{d}\boldsymbol{X}_{(3)}$ 为边构成的平行六面体的体积 $\mathrm{d}V$，利用式 (2.58)，

$$
\mathrm{d}V = \mathrm{d}\boldsymbol{X}_{(1)}\times\mathrm{d}\boldsymbol{X}_{(2)}\cdot\mathrm{d}\boldsymbol{X}_{(3)} = 2\mathrm{d}A_{K}\boldsymbol{G}^{K}\cdot(\mathrm{d}X^{L}_{(3)}\boldsymbol{G}_{L}) = 2\mathrm{d}A_{K}\mathrm{d}X^{K}_{(3)}
$$

变形后 $\mathrm{d}\boldsymbol{X}_{(1)},\mathrm{d}\boldsymbol{X}_{(2)},\mathrm{d}\boldsymbol{X}_{(3)}$ 变为 $\mathrm{d}\boldsymbol{x}_{(1)},\mathrm{d}\boldsymbol{x}_{(2)},\mathrm{d}\boldsymbol{x}_{(3)}$，$\mathrm{d}V$ 变为体积 $\mathrm{d}v$，利用式 (2.60)，

$$
\mathrm{d}v = 2\mathrm{d}a_{k}\mathrm{d}x^{k}_{(3)} = 2JX^{K}{}_{,k}\mathrm{d}A_{K}\mathrm{d}x^{k}_{(3)} = 2J\mathrm{d}A_{K}\mathrm{d}X^{K}_{(3)} = J\mathrm{d}V\quad\text{或}\quad\frac{\mathrm{d}v}{\mathrm{d}V} = J \tag{2.62}
$$

式 (2.62) 给出了变形前后的体元体积之间的关系，可见变形后与变形前体积比等于 J，即右 Cauchy-Green 变形张量的第三不变量 $I\!I\!I_{C}$ 的平方根。

2.5 主应变、主方向、应变不变量、应变椭球

第 2.3 节中给出的变形张量和应变张量都是对称二阶张量。在第 1.9 节中已经证明，任何实对称二阶张量一般情况下有 3 个主值、3 个互相垂直的主方向和 3 个不变量，将一般理论用于变形张量和应变张量，则得到主应变、主方向和应变不变量。

右 Cauchy-Green 变形张量 $\boldsymbol{C}$ 是实对称二阶张量，主方向单位向量 $\boldsymbol{N}_{(i)}$ 满足方程

$$(C^K_L - C_{(i)}\delta^K_L)N^L_{(i)} = 0, \quad (\boldsymbol{C} - C_{(i)}\boldsymbol{I})\cdot\boldsymbol{N}_{(i)} = \boldsymbol{0} \quad (i = 1,2,3) \tag{2.63}$$

式中，$C_{(i)}$ 为主值，可由特征方程

$$\det(C^K_L - C_{(i)}\delta^K_L) = \begin{vmatrix} C^1_1 - C_{(i)} & C^1_2 & C^1_3 \\ C^2_1 & C^2_2 - C_{(i)} & C^2_3 \\ C^3_1 & C^3_2 & C^3_3 - C_{(i)} \end{vmatrix} = 0 \tag{2.63a}$$

求得。将 $C_{(i)}$ 代入式 (2.63)，若三个主值互不相等，可解得到三个互相垂直的主方向。在主坐标系中，变形张量变为标准型：

$$\boldsymbol{C} = \begin{bmatrix} C_{(1)} & 0 & 0 \\ 0 & C_{(2)} & 0 \\ 0 & 0 & C_{(3)} \end{bmatrix} = C_{(1)}\boldsymbol{N}_{(1)}\boldsymbol{N}_{(1)} + C_{(2)}\boldsymbol{N}_{(2)}\boldsymbol{N}_{(2)} + C_{(3)}\boldsymbol{N}_{(3)}\boldsymbol{N}_{(3)}$$

适当地选择主坐标系，可以使 $C_{(1)} \geqslant C_{(2)} \geqslant C_{(3)}$。由式 (2.50)，得到

$$\lambda_{(i)} = \sqrt{C_{(i)}} \tag{2.64}$$

所以 $C_{(i)}$ 等于主方向伸长率的平方。$\lambda_{(i)}\ (i = 1,2,3)$ 称为主伸长率。

若 $\boldsymbol{N}$ 为变形前构形 $\mathscr{R}$ 中某点处的任意单位向量，由式 (2.50)，$\lambda^2_{(N)} = C_{KL}N^KN^L$，由于 $\boldsymbol{N}\cdot\boldsymbol{N} = G_{KL}N^KN^L = 1$，所以 $\lambda_{(N)}$ 的条件极值问题为

$$\frac{\partial}{\partial N^M}\left[C_{KL}N^KN^L - CG_{KL}N^KN^L\right] = 2\left(C_{ML} - CG_{ML}\right)N^L = 0$$

式中，C 是 Lagrange 乘子。

上式即 $(\boldsymbol{C} - C\boldsymbol{I})\cdot\boldsymbol{N} = 0$，与式 (2.63) 相同，所以 $\boldsymbol{C}$ 的主方向也是伸长率的极值方向，有

$$C_{(1)} \geqslant C_{(N)} \geqslant C_{(3)}, \quad \lambda_{(1)} \geqslant \lambda_{(N)} \geqslant \lambda_{(3)}$$

由式 (1.71) 和式 (1.74)，$\boldsymbol{C}$ 的不变量为

$$\left.\begin{aligned} I_C &= C^K_K = C_{(1)} + C_{(2)} + C_{(3)} = \lambda^2_{(1)} + \lambda^2_{(2)} + \lambda^2_{(3)} \\ I\!I_C &= \frac{1}{2}(C^K_KC^L_L - C^K_LC^L_K) = C_{(1)}C_{(2)} + C_{(2)}C_{(3)} + C_{(3)}C_{(1)} \\ &= \lambda^2_{(1)}\lambda^2_{(2)} + \lambda^2_{(2)}\lambda^2_{(3)} + \lambda^2_{(3)}\lambda^2_{(1)} \\ I\!I\!I_C &= \frac{1}{3!}\varepsilon^{KRM}\varepsilon_{LSN}C^L_KC^S_RC^N_M = \det C^K_L = C_{(1)}C_{(2)}C_{(3)} = \lambda^2_{(1)}\lambda^2_{(2)}\lambda^2_{(3)} \end{aligned}\right\} \tag{2.65}$$

式中，$C^K_L = C^K{}_L = C_L{}^K$ 为混合分量。

利用上述结果，可以讨论 Green 应变张量 $\boldsymbol{E}$ 的主方向和主值。注意到 $2E^K_L = C^K_L - \delta^K_L$，由特征方程

$$\left|2E^K_L - 2E\delta^K_L\right| = \left|C^K_L - (2E+1)\delta^K_L\right| = 0$$

可见，$\boldsymbol{E}$ 的主方向与 $\boldsymbol{C}$ 相同，主应变为

$$E_{(K)} = \frac{1}{2}\left(C_{(K)} - 1\right) \tag{2.66}$$

$E_{(K)}$ 可以小于零。不变量为

$$\left.\begin{aligned} I_E &= E^K_K = E_{(1)} + E_{(2)} + E_{(3)} \\ I\!I_E &= \frac{1}{2}(E^K_K E^L_L - E^K_L E^L_K) = E_{(1)}E_{(2)} + E_{(2)}E_{(3)} + E_{(3)}E_{(1)} \\ I\!I\!I_E &= \frac{1}{3!}\varepsilon^{KRM}\varepsilon_{LSN}E^L_K E^S_R E^N_M = \det E^K_L = E_{(1)}E_{(2)}E_{(3)} \end{aligned}\right\} \tag{2.67}$$

Piola 变形张量 $\boldsymbol{C}^{-1}$ 是 $\boldsymbol{C}$ 的逆张量，所以两者主方向相同，主值互为倒数。

类似地，可以证明用空间描述法的变形张量和应变张量 $\boldsymbol{c}$、$\boldsymbol{c}^{-1}$ 和 $\boldsymbol{e}$ 的主方向相同 (记作 $\boldsymbol{n}_{(i)}$)。$\boldsymbol{n}_{(i)}$ 为即时构形 $\imath$ 中长度比 $\dfrac{\mathrm{d}s}{\mathrm{d}S}$ 取得极值的方向。$\boldsymbol{C}$、$\boldsymbol{C}^{-1}$、$\boldsymbol{E}$ 的主方向和 $\boldsymbol{c}$、$\boldsymbol{c}^{-1}$、$\boldsymbol{e}$ 的主方向都对应 $\dfrac{\mathrm{d}s}{\mathrm{d}S}$ 的极值方向，所以两组张量的主方向是相对应的，即 $\boldsymbol{C}$、$\boldsymbol{C}^{-1}$、$\boldsymbol{E}$ 在构形 $\mathscr{R}$ 中的主方向变形后变为 $\boldsymbol{c}$、$\boldsymbol{c}^{-1}$、$\boldsymbol{e}$ 的主方向。由式 (2.50) 和式 (2.29)，$\boldsymbol{c}$ 和 $\boldsymbol{e}$ 的主值为

$$c_{(k)} = \frac{1}{C_{(K)}} = \frac{1}{\lambda^2_{(k)}} \qquad (K=k), \quad e_{(k)} = \frac{1}{2}\left(1 - c_{(k)}\right) \tag{2.68}$$

主方向的单位向量也称为主向量，$\boldsymbol{N}_{(i)}$ 是 $\boldsymbol{C}$、$\boldsymbol{C}^{-1}$、$\boldsymbol{E}$ 的主向量，$\boldsymbol{n}_{(i)}$ 是 $\boldsymbol{c}$、$\boldsymbol{c}^{-1}$、$\boldsymbol{e}$ 的主向量。在主坐标系中，$\boldsymbol{c}$ 的矩阵形式和并矢形式为

$$\boldsymbol{c} = \begin{bmatrix} c_{(1)} & 0 & 0 \\ 0 & c_{(2)} & 0 \\ 0 & 0 & c_{(3)} \end{bmatrix} = c_{(1)}\boldsymbol{n}_{(1)}\boldsymbol{n}_{(1)} + c_{(2)}\boldsymbol{n}_{(2)}\boldsymbol{n}_{(2)} + c_{(3)}\boldsymbol{n}_{(3)}\boldsymbol{n}_{(3)}$$

为了用几何图形描绘一点邻域的变形情况，可以引入应变椭球概念。若取 $\left\{X^K\right\}$ 为 $\boldsymbol{C}$ 的主坐标系，取 $\left\{x^k\right\}$ 为 $\boldsymbol{c}$ 的主坐标系，由式 (2.18) 和式 (2.21)，有

$$(\mathrm{d}S)^2 = G_{KL}\mathrm{d}X^K\mathrm{d}X^L = (\mathrm{d}X^1)^2 + (\mathrm{d}X^2)^2 + (\mathrm{d}X^3)^2 \tag{2.69}$$

$$(\mathrm{d}S)^2 = c_{kl}\mathrm{d}x^k\mathrm{d}x^l = c_{(1)}(\mathrm{d}x^1)^2 + c_{(2)}(\mathrm{d}x^2)^2 + c_{(3)}(\mathrm{d}x^3)^2 \tag{2.70}$$

令 $\mathrm{d}S = \mathrm{const}$，式 (2.69) 表明线元 $\mathrm{d}\boldsymbol{X}$ 的矢端在变形前构形中是以 X^K 为中心 $\mathrm{d}S$ 为半径的球面，而式 (2.70) 是 $\mathrm{d}\boldsymbol{X}$ 变形后对应的 $\mathrm{d}\boldsymbol{x}$ 线元分量 $\mathrm{d}x^k$ 满足的方程，由于 c_{kl} 是正定二阶张量，所以主值 $c_{(k)} > 0$，因而式 (2.70) 给出构形 $\imath$ 中以 x^k 点为中心的椭

球面。这表明在任一点邻域中，变形前位于无限小球面上的点，变形后位于一个椭球面上，这一椭球称为物质应变椭球，如图 2.6(a) 所示。物质应变椭球的对称轴是 Cauchy 变形张量 $\boldsymbol{c}$ 的主方向，与 Green 应变张量 $\boldsymbol{C}$ 的主方向相对应。椭球半轴与球半径之比为主伸长率。

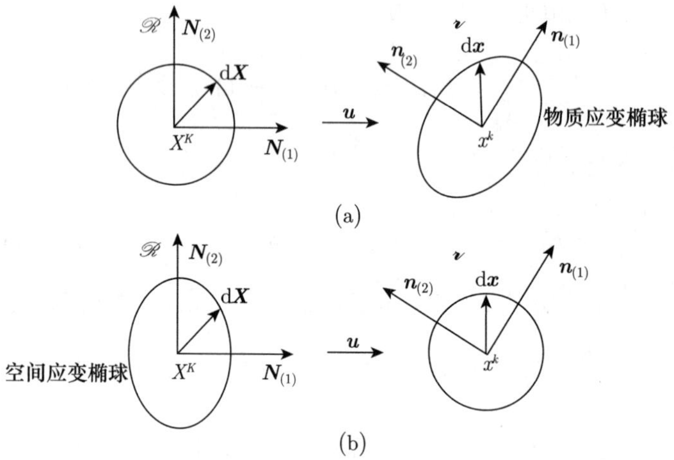

图 2.6　用二维示意图表示的物质应变椭球和空间应变椭球

(a) 物质应变椭球；(b) 空间应变椭球

同样地，如果在主坐标系中考察式 (2.19) 和式 (2.20)，令 $\mathrm{d}s = \mathrm{const}$，所得结果表明，若在构形 $\mathscr{r}$ 中取一无限小球面，则变形前与之对应的是构形 $\mathscr{R}$ 中的椭球面，这一椭球称为空间应变椭球，如图 2.6(b) 所示，其对称轴是右 Cauchy-Green 变形张量的主方向。

在 $\{X^K\}$ 和 $\{x^k\}$ 为主坐标系时，沿主方向的伸长率为

$$\lambda_{(i)} = \sqrt{C_{(i)}} = \frac{1}{\sqrt{c_{(i)}}} \tag{2.68a}$$

由式 (2.68a) 可见，$C_{(i)}$ 的最大 (或最小) 值对应 $c_{(i)}$ 的最小 (或最大) 值，所以物质应变椭球的长轴 (或短轴) 方向对应空间应变椭球短轴 (或长轴) 方向。

2.6　转动张量、变形基本定理、变形状态总结

在第 2.3 节中我们给出了纯变形的描述。物体中任一点邻域的几何变化，不仅包括纯变形，还有平移和转动。这里所说的平移和转动，既有整体的也有局部的。任一点的平移由式 (2.3) 定义的位移向量 $\boldsymbol{u}$ 确定。第 1.10 节曾指出，正交张量适于描述有限刚性转动。

变形梯度张量 $\boldsymbol{F}$ 是正则张量 ($\det(\boldsymbol{F}) \neq 0$)，根据极分解定理，参见式 (1.89)、式 (1.90)，$\boldsymbol{F}$ 可以分解为

$$\boldsymbol{F} = \boldsymbol{R} \cdot \boldsymbol{U} \quad \text{和} \quad \boldsymbol{F} = \boldsymbol{V} \cdot \boldsymbol{R} \tag{2.71}$$

$$\boldsymbol{U} = (\boldsymbol{F}^{\mathrm{T}} \cdot \boldsymbol{F})^{\frac{1}{2}}, \quad \boldsymbol{V} = (\boldsymbol{F} \cdot \boldsymbol{F}^{\mathrm{T}})^{\frac{1}{2}} \tag{2.72}$$

式中，$\boldsymbol{U}$ 和 $\boldsymbol{V}$ 为正定对称二阶张量，分别称为右伸长张量和左伸长张量；$\boldsymbol{R}$ 为正常正交张量 (只包含转动，不含镜面反射)，称为转动张量。

注意到式 (2.22) 和式 (2.26)，$\boldsymbol{U}$ 和 $\boldsymbol{V}$ 可以用右和左 Cauchy-Green 变形张量 $\boldsymbol{C}$ 和 $\boldsymbol{c}^{-1}$ 表示

$$\boldsymbol{U}=\boldsymbol{C}^{\frac{1}{2}},\quad \boldsymbol{V}=\boldsymbol{c}^{-\frac{1}{2}} \tag{2.73}$$

式 (2.73) 表明，$\boldsymbol{U}$ 和 $\boldsymbol{V}$ 可以作为变形张量的一种用于度量纯变形，分别为 Lagrange 描述法和 Euler 描述法。$\boldsymbol{U}$、$\boldsymbol{V}$ 的主方向分别与 $\boldsymbol{C}$ 和 $\boldsymbol{c}$ 相同，主值为主伸长率：

$$U_{(i)}=\sqrt{C_{(i)}}=\lambda_{(i)},\quad V_{(i)}=\frac{1}{\sqrt{c_{(i)}}}=\lambda_{(i)}\quad (i=1,2,3) \tag{2.74}$$

式 (2.71) 也可以写成

$$\boldsymbol{F}=\boldsymbol{R}\cdot\boldsymbol{C}^{\frac{1}{2}},\quad \boldsymbol{F}=\boldsymbol{c}^{-\frac{1}{2}}\cdot\boldsymbol{R}\quad 或\quad x^{k}{}_{,K}=R^{k}{}_{L}C^{\frac{1}{2}L}_{\ \ K},\quad x^{k}{}_{,K}=c^{-\frac{1}{2}k}{}_{l}R^{l}_{K} \tag{2.75}$$

转动张量 $\boldsymbol{R}$ 是两点张量，由式 (2.75) 得到

$$\boldsymbol{R}=\boldsymbol{F}\cdot\boldsymbol{C}^{-\frac{1}{2}},\quad \boldsymbol{R}=\boldsymbol{c}^{\frac{1}{2}}\cdot\boldsymbol{F}\quad 或\quad R^{k}_{L}=x^{k}{}_{,K}C^{-\frac{1}{2}K}_{\quad\ L}=c^{\frac{1}{2}k}{}_{l}x^{l}{}_{,L} \tag{2.76}$$

$\boldsymbol{R}$ 的并矢记法为

$$\boldsymbol{R}=R^{k}{}_{K}\boldsymbol{g}_{k}\boldsymbol{G}^{K} \tag{2.76a}$$

变形张量只取决于变形梯度，所以式 (2.76) 表明转动张量 $\boldsymbol{R}$ 同样完全由变形梯度确定。由于转动张量的计算比较复杂，因此在使用中通常不用转动张量，而直接用变形梯度张量。

下面证明转动张量 $\boldsymbol{R}$ 是变形前、后应变主方向之间的正交变换。若 $\boldsymbol{N}_{(i)}$ 是 $\boldsymbol{C},\boldsymbol{C}^{-1},\boldsymbol{E}$ 的主方向，$\boldsymbol{n}_{(i)}$ 是 $\boldsymbol{c},\boldsymbol{c}^{-1},\boldsymbol{e}$ 的主方向，则

$$\boldsymbol{n}_{(i)}=\boldsymbol{R}\cdot\boldsymbol{N}_{(i)},\quad \boldsymbol{N}_{(i)}=\boldsymbol{R}^{\mathrm{T}}\cdot\boldsymbol{n}_{(i)}\quad (i=1,2,3) \tag{2.77}$$

证：由式 (2.75)，$\boldsymbol{c}^{-\frac{1}{2}}\cdot\boldsymbol{R}=\boldsymbol{R}\cdot\boldsymbol{C}^{\frac{1}{2}}$，两端点乘 $\boldsymbol{C}^{\frac{1}{2}}$ 的主向量 $\boldsymbol{N}_{(i)}$，由于 $\boldsymbol{C}^{\frac{1}{2}}\cdot\boldsymbol{N}_{(i)}=\sqrt{C_{(i)}}\boldsymbol{N}_{(i)}$(不对 i 求和)，得

$$\boldsymbol{c}^{-\frac{1}{2}}\cdot\boldsymbol{R}\cdot\boldsymbol{N}_{(i)}=\sqrt{C_{(i)}}\boldsymbol{R}\cdot\boldsymbol{N}_{(i)}$$

上式表明向量 $\boldsymbol{R}\cdot\boldsymbol{N}_{(i)}$ 是 $\boldsymbol{c}^{-\frac{1}{2}}$ 的特征向量，即主方向，而且是单位向量 (因为正交张量 $\boldsymbol{R}$ 不改变 $\boldsymbol{N}_{(i)}$ 的大小)，$\sqrt{C_{(i)}}$ 是 $\boldsymbol{c}^{-\frac{1}{2}}$ 的主值，所以式 $(2.77)_1$ 成立。式 $(2.77)_1$ 两端前乘 $\boldsymbol{R}^{\mathrm{T}}$，便得到式 $(2.77)_2$。当变形张量 $\boldsymbol{C}$、$\boldsymbol{c}$ 的特征方程有重根时，即两个主值相等，例如 $C_{(1)}=C_{(2)}$，$c_{(1)}=c_{(2)}$，第 1.9 节证明，$\boldsymbol{N}_{(1)}$、$\boldsymbol{N}_{(2)}$、$\boldsymbol{n}_{(1)}$、$\boldsymbol{n}_{(2)}$ 不唯一，与 $\boldsymbol{N}_{(3)}$、$\boldsymbol{n}_{(3)}$ 垂直的方向均为主方向，此时式 (2.77) 仍然成立，但 $\boldsymbol{N}_{(i)}$ 与 $\boldsymbol{n}_{(i)}(i=1,2,3)$ 必须是变形前后互相对应的方向。

在引入转动张量之后，变形前后线元的关系可表示为

$$\mathrm{d}\boldsymbol{x}=\boldsymbol{F}\cdot\mathrm{d}\boldsymbol{X}=\boldsymbol{R}\cdot\boldsymbol{C}^{\frac{1}{2}}\cdot\mathrm{d}\boldsymbol{X}=\boldsymbol{c}^{-\frac{1}{2}}\cdot\boldsymbol{R}\cdot\mathrm{d}\boldsymbol{X}$$

可见，物体中任一点邻域的几何变化由平移、纯变形和刚性转动组成。这一结论称为变形基本定理。该定理将一点附近的变形过程进行了分解，若考虑变形前 X^K 处任一线元

表 2.1 主要变形状态变量

质点位置变化	运动变换：$\boldsymbol{x}=\boldsymbol{x}(\boldsymbol{X},t)$，$\boldsymbol{X}=\boldsymbol{X}(\boldsymbol{x},t)$ (式中，$\boldsymbol{X}$、$\boldsymbol{x}$ 是同一物质点变形前后的位置向量) 物质点 $\boldsymbol{X}$ 的位移：$\boldsymbol{u}=\boldsymbol{x}-\boldsymbol{X}+\boldsymbol{b}$ (式中，$\boldsymbol{b}$ 是 $\boldsymbol{x}$、$\boldsymbol{X}$ 参考点间的向量)				
质点邻域位置变化	变形梯度张量及逆张量：$\boldsymbol{F}=\boldsymbol{x}\boldsymbol{\nabla}_{\boldsymbol{X}}=x^{k}{}_{,K}\boldsymbol{g}_k\boldsymbol{G}^K$；$\boldsymbol{F}^{-1}=\boldsymbol{X}\boldsymbol{\nabla}_{\boldsymbol{x}}=X^{K}{}_{,k}\boldsymbol{G}_K\boldsymbol{g}^k$；线元变化描述：$\mathrm{d}\boldsymbol{x}=\boldsymbol{F}\cdot\mathrm{d}\boldsymbol{X}$；$\mathrm{d}\boldsymbol{X}=\boldsymbol{F}^{-1}\cdot\mathrm{d}\boldsymbol{x}$； 位移梯度张量：$\boldsymbol{\nabla}_{\boldsymbol{X}}\boldsymbol{u}=\nabla_K U_L\boldsymbol{G}^K\boldsymbol{G}^L$；$\boldsymbol{\nabla}_{\boldsymbol{x}}\boldsymbol{u}=\nabla_k \boldsymbol{u}_l\boldsymbol{g}^k\boldsymbol{g}^l$(用于位移表示的纯变形描述，分别为物质描述法和空间描述法)				
纯变形：变形张量或应变张量	名称	抽象记法、定义	分量 (或标准型)	主方向 (i =1,2,3)	主值 ($\lambda_{(i)}$ 为主伸长率，$i=1,2,3$)
	右 Cauchy-Green 或 Green 变形张量	$\boldsymbol{C}=\boldsymbol{F}^{\mathrm{T}}\cdot\boldsymbol{F}$	$C_{KL}=g_{kl}x^{k}{}_{,K}x^{l}{}_{,L}$	$\boldsymbol{N}_{(i)}$	$\lambda_{(i)}^2$
	Piola 变形张量	$\boldsymbol{B}=\boldsymbol{C}^{-1}=\boldsymbol{F}^{-1}\cdot\boldsymbol{F}^{-\mathrm{T}}$①	$B^{KL}=g^{kl}X^{K}{}_{,k}X^{L}{}_{,l}$	$\boldsymbol{N}_{(i)}$	$\lambda_{(i)}^{-2}$
	右伸长张量	$\boldsymbol{U}=\boldsymbol{C}^{1/2}$	$U_{KL}=\lambda_{(K)}\delta_{KL}$	$\boldsymbol{N}_{(i)}$	$\lambda_{(i)}$
	Green 或 Lagrange 应变张量	$\boldsymbol{E}=\dfrac{1}{2}(\boldsymbol{C}-\boldsymbol{I})$	$E_{KL}=\dfrac{1}{2}\left(\nabla_K U_L+\nabla_L U_K+\nabla_K U^M\nabla_L U_M\right)$	$\boldsymbol{N}_{(i)}$	$\left(\lambda_{(i)}^2-1\right)/2$
	Cauchy 变形张量	$\boldsymbol{c}=\boldsymbol{F}^{-\mathrm{T}}\cdot\boldsymbol{F}^{-1}$	$c_{kl}=G_{KL}X^{K}{}_{,k}X^{L}{}_{,l}$	$\boldsymbol{n}_{(i)}=\boldsymbol{R}\cdot\boldsymbol{N}_{(i)}$	$\lambda_{(i)}^{-2}$
	左 Cauchy-Green 或 Finger 变形张量	$\boldsymbol{b}$① $=\boldsymbol{c}^{-1}=\boldsymbol{F}\cdot\boldsymbol{F}^{\mathrm{T}}$	$b^{kl}=G^{KL}x^{k}{}_{,K}x^{l}{}_{,L}$	$\boldsymbol{n}_{(i)}$	$\lambda_{(i)}^2$
	左伸长张量	$\boldsymbol{V}=\boldsymbol{c}^{-1/2}$	$V_{kl}=\lambda_{(\underline{k})}\delta_{kl}$	$\boldsymbol{n}_{(i)}$	$\lambda_{(i)}$
	Almansi 或 Euler 应变张量	$\boldsymbol{e}=\dfrac{1}{2}(\boldsymbol{i}-\boldsymbol{c})$	$e_{kl}=\dfrac{1}{2}\left(\nabla_k u_l+\nabla_l u_k-\nabla_k u^m\nabla_l u_m\right)$	$\boldsymbol{n}_{(i)}$	$(1-\lambda_{(i)}^{-2})/2$
	Seth 应变张量	$\boldsymbol{E}^{(n)}=\dfrac{1}{2n}(\boldsymbol{C}^n-\boldsymbol{I})\ (n\neq 0)$②	$E_{KL}^{(n)}=\dfrac{1}{2n}\left(\lambda_{(\underline{K})}^{2n}-1\right)\delta_{KL}$	$\boldsymbol{N}_{(i)}$	$\left(\lambda_{(i)}^{2n}-1\right)/(2n)$
	对数应变张量	$\boldsymbol{E}^{(0)}=\ln\boldsymbol{C}^{1/2}$	$E_{KL}^{(0)}=\left(\ln\lambda_{(\underline{K})}\right)\delta_{KL}$	$\boldsymbol{N}_{(i)}$	$\ln\lambda_{(i)}$
	相对变形张量	$\boldsymbol{C}_{(t)}=\boldsymbol{F}_{(t)}^{\mathrm{T}}(\tau)\cdot\boldsymbol{F}_{(t)}(\tau)$；$\boldsymbol{B}_{(t)}=\boldsymbol{C}_{(t)}^{-1}(\tau)$；$\boldsymbol{c}_{(t)}=\boldsymbol{F}_{(t)}^{-\mathrm{T}}(\tau)\cdot\boldsymbol{F}_{(t)}^{-1}(\tau)$； $\boldsymbol{b}_{(t)}=\boldsymbol{c}_{(t)}^{-1}(\tau)$；$\boldsymbol{F}_{(t)}(\tau)$：相对变形梯度			
刚性转动	转动张量	$\boldsymbol{R}=\boldsymbol{F}\cdot\boldsymbol{U}^{-1}=\boldsymbol{V}^{-1}\cdot\boldsymbol{F}$ $=\boldsymbol{F}\cdot\boldsymbol{C}^{-1/2}=\boldsymbol{c}^{1/2}\cdot\boldsymbol{F}$	并矢形式：$\boldsymbol{R}=R_K^k\boldsymbol{g}_k\boldsymbol{G}^K$	主方向转动 $\boldsymbol{n}_{(i)}=\boldsymbol{R}\cdot\boldsymbol{N}_{(i)}$	

① 通常 $\boldsymbol{B}$ 用 $\boldsymbol{C}^{-1}$ 表示，而 $\boldsymbol{b}$ 用 $\boldsymbol{B}$ 表示；② $n=1/2$ 时为工程应变张量。

d$\boldsymbol{X}$，其几何变化是：从 X^K 点平移到 x^k 点 (用位移 $\boldsymbol{u}$ 表示)，产生纯变形 (包括长度变化 λ 倍和剪切引起的方向改变，可用变形张量或应变张量表示)，以及随变形主坐标系一起作局部刚性转动 (用转动张量 $\boldsymbol{R}$ 表示)；若考虑变形前的一个球形微元，则几何变化为：从 X^K 点平移 x^k 点，圆球变为椭球，椭球作刚性转动 $\boldsymbol{R}$，变为物质应变椭球。

在第 2.1 节 ~ 第 2.6 节中，基于连续性公理和运动变换式 (2.1)，基于一阶位移梯度，定义了一系列张量变量，用于任意连续介质一般变形状态的几何描述，同时建立了变量之间的关系。为了清楚，现在将主要的变形几何变量汇总于表 2.1 中，以便相互比较。

2.7 变形协调方程

上述变形张量和应变张量都是对称二阶张量，每个张量有 6 个位移分量表达式，即位移场中 6 个位移微分方程，例如式 (2.37)~ 式 (2.40)，若给定 6 个应变分量函数确定 3 个位移分量函数，则 6 个微分方程是超定的，不一定能解出 3 个单值连续位移函数。为了保证给定的应变张量场，存在单值连续的位移场与之对应，应变张量的 6 个分量函数不应该是完全独立和可以任意选择的，而是必须满足一定的可积性条件，这就是变形协调方程。

建立变形协调方程的一个方法是从应变-位移方程组中，消去位移 U^K(或 u^k)，像弹性力学中对于线性应变-位移关系所做的那样。但是在非线性有限变形情况下，这将是非常繁琐和困难的，所以通常采用下述方法。

在第 1.18 节中曾指出，三维欧氏空间中曲率张量等于零。我们研究的初始构形属于三维欧氏空间，可以用卡氏坐标系或借助卡氏坐标系定义的任何曲线坐标系描述。第 2.2 节指出，运动变换式 (2.1) 将构形 $\mathscr{R}$ 中的曲线坐标系 $\left\{X^K, t_0\right\}$ 变为构形 $\mathscr{r}$ 中的另一曲线坐标系 $\left\{X^K, t\right\}$，即 Lagrange 随体坐标系，所以随体坐标系 $\left\{X^K, t\right\}$ 属于欧氏空间。因此，随体坐标系的度量张量 C_{KL}(即右 Cauchy-Green 变形张量) 对应的 Riemann-Christoffel 张量 $\boldsymbol{R}$ 必须等于零。由式 (1.137a)，得到

$$R_{IJKL}^{(C)}=\frac{1}{2}(C_{IL,JK}+C_{JK,IL}-C_{IK,JL}-C_{JL,IK})+C^{-1RS}(\varGamma_{JKS}^{(C)}\varGamma_{ILR}^{(C)}-\varGamma_{JLS}^{(C)}\varGamma_{IKR}^{(C)})=0 \tag{2.78}$$

其中

$$\varGamma_{IJK}^{(C)}=\frac{1}{2}(C_{JK,I}+C_{KI,J}-C_{IJ,K})$$

由于 Riemann 张量只有 6 个非零分量，所以上式给出了右 Cauchy-Green 变形张量 C_{KL} 必须满足的 6 个条件，即变形协调方程。

应该指出，式 (2.78) 只是式 (2.37) 可积 (即存在单值连续的位移函数 U^K) 的充分条件，因为 Riemann 张量的 6 个分量还应满足另外 3 个条件，即 Bianchi 恒等式

$$R_{IJKL;M}^{(C)}+R_{IJLM;K}^{(C)}+R_{IJMK;L}^{(C)}=0 \tag{2.78a}$$

所以式 (2.78) 的 6 个方程不是独立的。

同样地，另一随体坐标系 $\left\{x^k, t_0\right\}$ 的曲率张量等于 0 给出 Cauchy 变形张量的协调方程

$$R_{ijkl}^{(c)}=\frac{1}{2}(c_{il,jk}+c_{jk,il}-c_{ik,jl}-c_{jl,ik})+c^{-1rs}(\varGamma_{jks}^{(c)}\varGamma_{ilr}^{(c)}-\varGamma_{jls}^{(c)}\varGamma_{ikr}^{(c)})=0 \tag{2.79}$$

式中

$$\Gamma_{ijk}^{(c)} = \frac{1}{2}(c_{jk,\,i} + c_{ki,\,j} - c_{ij,\,k})$$

将 $c_{kl} = g_{kl} - 2e_{kl}$ 代入 (2.79) 式，注意到 Euler 坐标系的曲率张量为

$$R_{ijkl}^{(g)} = \frac{1}{2}(g_{il,jk} + g_{jk,\,il} - g_{ik,jl} - g_{jl,\,ik}) + g^{rs}(\Gamma_{jks}^{(g)}\Gamma_{ilr}^{(g)} - \Gamma_{jls}^{(g)}\Gamma_{ikr}^{(g)}) = 0$$

可得

$$\begin{aligned} R_{ijkl}^{(e)} = {} & e_{il,\,jk} + e_{jk,\,il} - e_{ik,\,jl} - e_{jl\,,\,ik} - \\ & c^{-1rs}(\Gamma_{jks}^{(g)}\Gamma_{ilr}^{(g)} - \Gamma_{jls}^{(g)}\Gamma_{ikr}^{(g)} - 2\Gamma_{jks}^{(g)}\Gamma_{ilr}^{(e)} - 2\Gamma_{jks}^{(e)}\Gamma_{ilr}^{(g)} + \\ & 2\Gamma_{jls}^{(g)}\Gamma_{ikr}^{(e)} + 2\Gamma_{jls}^{(e)}\Gamma_{ikr}^{(g)} + 4\Gamma_{jks}^{(e)}\Gamma_{ilr}^{(e)} - 4\Gamma_{jls}^{(e)}\Gamma_{ikr}^{(e)}) - \\ & g^{ls}(\Gamma_{jks}^{(g)}\Gamma_{ilr}^{(g)} - \Gamma_{jls}^{(g)}\Gamma_{ikr}^{(g)}) = 0 \end{aligned} \tag{2.80}$$

式中，$\Gamma_{ijk}^{(g)} = \frac{1}{2}(g_{jk,\,i} + g_{ki,\,j} - g_{ij,\,k})$，$\Gamma_{ijk}^{(e)} = \frac{1}{2}(e_{jk,\,i} + e_{ki\,,\,j} - e_{ij,\,k})$。

若 x^k 为直角坐标系，$\Gamma_{ijk}^{(g)} = 0$，式 (2.80) 变为

$$e_{il\,,\,jk} + e_{jk\,,\,il} - e_{ik,\,jl} - e_{jl\,,\,ik} - c^{-1rs}(4\Gamma_{jks}^{(e)}\Gamma_{ilr}^{(e)} - 4\Gamma_{jls}^{(e)}\Gamma_{ikr}^{(e)}) = 0$$

或

$$\begin{aligned} & e_{il,\,jk} + e_{jk,\,il} - e_{ik,\,jl} - e_{jl,\,ik} - c^{-1rs}[(e_{ks,\,j} + e_{sj,\,k} - e_{jk,\,s})(e_{lr,\,i} + e_{ri,\,l} - e_{il,\,r}) - \\ & (e_{ls,\,j} + e_{sj,\,l} - e_{jl,\,s})(e_{kr,\,i} + e_{ir,\,k} - e_{ik,\,r})] = 0 \end{aligned} \tag{2.81}$$

在第 2.9 节中将讨论小变形情况下变形协调方程的简化。

2.8 一些简单的有限变形

本节讨论几种简单常见的有限变形，通过这些实例可以进一步了解基本变形状态变量的几何意义及计算方法。如果物质点的变形和刚性转动处处相同，则称为均匀变形，例如均匀伸长和简单剪切。

2.8.1 均匀伸长 (或缩短)

考虑一长方体 $\mathscr{R}$(图 2.7)，取物质坐标系 X^K 和空间坐标系 x^k 为同一直角坐标系。长方体 $\mathscr{R}$ 在 X^K $(K = 1, 2, 3)$ 方向均匀伸长 (或缩短) 变为长方体 $\mathscr{r}$，运动变换为

$$x^1 = \lambda_1 X^1\,,\ x^2 = \lambda_2 X^2\,,\ x^3 = \lambda_3 X^3$$

或

$$X^1 = x^1/\lambda_1, \quad X^2 = x^2/\lambda_2\,,\ X^3 = x^3/\lambda_3 \tag{2.82}$$

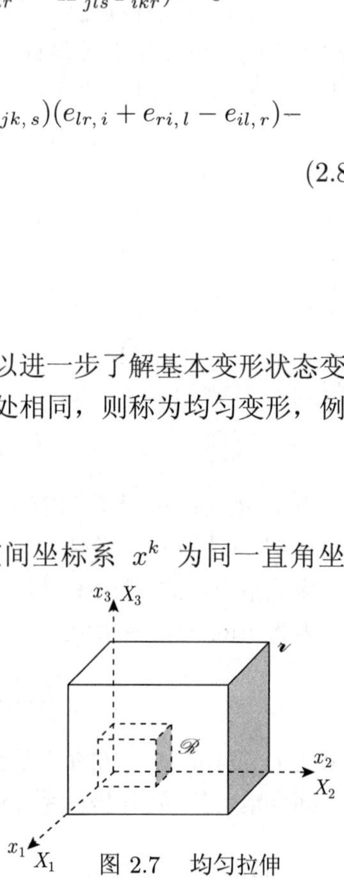

图 2.7 均匀拉伸

式中，λ_1、λ_2、λ_3 是常数。这样的变形称为均匀伸长 (或缩短)。

x^k 和 X^K 坐标系的度量张量为

$$g^{kl} = g_{kl} = \delta_{kl}, \quad G^{KL} = G_{KL} = \delta_{KL}$$

利用有限变形理论，可以得到变形梯度张量

$$[x^k{}_{,K}] = \begin{bmatrix} \lambda_1 & 0 & 0 \\ 0 & \lambda_2 & 0 \\ 0 & 0 & \lambda_3 \end{bmatrix}, \quad [X^K{}_{,k}] = \begin{bmatrix} 1/\lambda_1 & 0 & 0 \\ 0 & 1/\lambda_2 & 0 \\ 0 & 0 & 1/\lambda_3 \end{bmatrix} \tag{2.82a}$$

变形张量和应变张量为

$$[C_{KL}] = \left[x^k_{,K}\right]^{\mathrm{T}} [g_{kl}] \left[x^l_{,L}\right] = \begin{bmatrix} \lambda_1^2 & 0 & 0 \\ 0 & \lambda_2^2 & 0 \\ 0 & 0 & \lambda_3^2 \end{bmatrix} \tag{2.82b}$$

$$[c_{kl}] = \left[X^K{}_{,k}\right]^{\mathrm{T}} \left[G^{KL}\right] \left[X^L{}_{,l}\right] = \begin{bmatrix} 1/\lambda_1^2 & 0 & 0 \\ 0 & 1/\lambda_2^2 & 0 \\ 0 & 0 & 1/\lambda_3^2 \end{bmatrix} \tag{2.82c}$$

$$[E_{KL}] = \begin{bmatrix} (\lambda_1^2 - 1)/2 & 0 & 0 \\ 0 & (\lambda_2^2 - 1)/2 & 0 \\ 0 & 0 & (\lambda_3^2 - 1)/2 \end{bmatrix} \tag{2.82d}$$

$$[e_{kl}] = \begin{bmatrix} (1 - 1/\lambda_1^2)/2 & 0 & 0 \\ 0 & (1 - 1/\lambda_2^2)/2 & 0 \\ 0 & 0 & (1 - 1/\lambda_3^2)/2 \end{bmatrix} \tag{2.82e}$$

式 (2.82a)∼ 式 (2.82e) 也是张量的基本型，直角坐标系 x^k 和 X^K 是主坐标系，对角元素为主值。由式 (2.65)，$\boldsymbol{C}$ 和 $\boldsymbol{c}^{-1}$ 的 3 个不变量为

$$\begin{aligned} I &= \lambda_1^2 + \lambda_2^2 + \lambda_3^2 \\ I\!I &= \lambda_1^2\lambda_2^2 + \lambda_2^2\lambda_3^2 + \lambda_3^2\lambda_1^2 \\ I\!I\!I &= \lambda_1^2\lambda_2^2\lambda_3^2 \end{aligned} \tag{2.82f}$$

主伸长率为

$$\Lambda_{(i)} = \sqrt{C_{(i)}} = \lambda_{(i)} \quad (i = 1, 2, 3)$$

转动张量为

$$[R^k{}_L] = [c^{\frac{1}{2}k}{}_l][x^l_{,L}] = \begin{bmatrix} 1 & 0 & 0 \\ 0 & 1 & 0 \\ 0 & 0 & 1 \end{bmatrix} \tag{2.82g}$$

式 (2.82g) 表明，式 (2.82) 给出的均匀拉伸是纯变形，没有转动。

2.8.2 简单剪切

考虑一长方体 $\mathscr{R}$，如图 2.8 左图虚线所示，X^K 和 x^k 坐标系为相同的直角坐标系。若长方体下表面不动，垂直于 X^1 轴的两个侧面向同一方向转动同一角度 γ，其他侧面的运动保持在原平面内，构形 $\mathscr{R}$ 变为构形 $\mathscr{r}$，运动变换可以表示为

$$\begin{aligned} &x^1 = X^1 + SX^2, \quad x^2 = X^2, \quad x^3 = X^3 \\ &X^1 = x^1 - Sx^2, \quad X^2 = x^2, \quad X^3 = x^3 \end{aligned} \tag{2.83}$$

式中，$S = \tan\gamma$，γ 是剪切角。

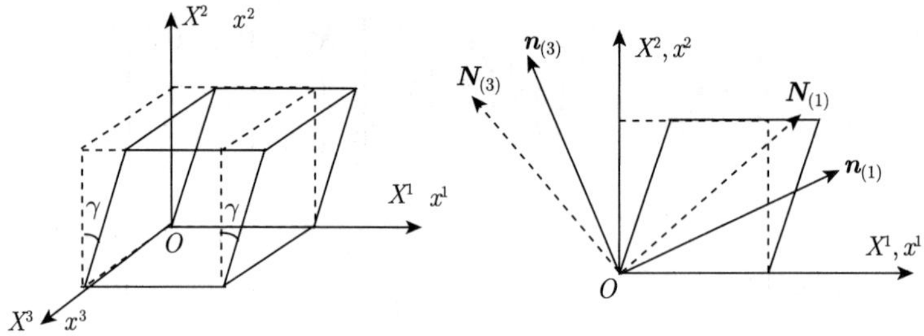

图 2.8 简单剪切

式 (2.83) 描述的变形称为简单剪切。

x^k 和 X^K 坐标系的度量张量为 $g^{kl} = g_{kl} = \delta_{kl}, G^{KL} = G_{KL} = \delta_{KL}$。变形梯度张量为

$$\boldsymbol{F} = [x^k{}_{,K}] = \begin{bmatrix} 1 & S & 0 \\ 0 & 1 & 0 \\ 0 & 0 & 1 \end{bmatrix}, \quad \boldsymbol{F}^{-1} = [X^K{}_{,k}] = \begin{bmatrix} 1 & -S & 0 \\ 0 & 1 & 0 \\ 0 & 0 & 1 \end{bmatrix} \tag{2.83a}$$

规定第 1 个指标为行数，第 2 个指标为列数。利用定义，可以求得变形张量和应变张量

$$[C_{KL}] = \left[x^k{}_{,K}\right]^{\mathrm{T}} \left[x^k{}_{,K}\right] = \begin{bmatrix} 1 & S & 0 \\ S & 1+S^2 & 0 \\ 0 & 0 & 1 \end{bmatrix} \tag{2.83b}$$

$$[c_{kl}] = \left[X^K{}_{,k}\right]^{\mathrm{T}} \left[X^K{}_{,k}\right] = \begin{bmatrix} 1 & -S & 0 \\ -S & 1+S^2 & 0 \\ 0 & 0 & 1 \end{bmatrix} \tag{2.83c}$$

$$[C^{-1KL}] = \begin{bmatrix} 1+S^2 & -S & 0 \\ -S & 1 & 0 \\ 0 & 0 & 1 \end{bmatrix}, \quad [c^{-1kl}] = \begin{bmatrix} 1+S^2 & S & 0 \\ S & 1 & 0 \\ 0 & 0 & 1 \end{bmatrix} \tag{2.83d}$$

$$[E_{KL}] = \frac{1}{2}\begin{bmatrix} 0 & S & 0 \\ S & S^2 & 0 \\ 0 & 0 & 0 \end{bmatrix}, \qquad [e_{kl}] = \frac{1}{2}\begin{bmatrix} 0 & -S & 0 \\ -S & S^2 & 0 \\ 0 & 0 & 0 \end{bmatrix} \tag{2.83e}$$

由于采用直角坐标系，所以协变、逆变及混合分量相同。在上述运算中，二阶张量点积采用矩阵乘法很方便，需要注意指标前后与行列的对应关系和矩阵的适当转置，以使得点积的哑指标对应前面矩阵的列数和后面矩阵的行数。

$\boldsymbol{C}$ 的不变量为

$$I_C = I\!I_C = 3 + S^2, \quad I\!I\!I_C = 1 \tag{2.83f}$$

$\boldsymbol{C}$ 的特征方程为 $\boldsymbol{C}^3 - I_C\boldsymbol{C}^2 + I\!I_C\boldsymbol{C} - I\!I\!I_C = 0$，该方程有 3 个实根，即主值 (伸长率的平方)，分别为

$$C_{(1)} = \lambda_{(1)}^2 = 1 + \frac{S^2}{2} + S\sqrt{1 + \frac{S^2}{4}}, \quad C_{(2)} = \lambda_{(2)}^2 = 1, \quad C_{(3)} = \lambda_{(3)}^2 = 1 + \frac{S^2}{2} - S\sqrt{1 + \frac{S^2}{4}} \tag{2.83g}$$

可见，当 $S > 0$ 时 $C_{(1)} > 1$(伸长)，$C_{(3)} < 1$(缩短)。

由式 (2.63)，有

$$\begin{bmatrix} 1 - C_{(i)}C & S & 0 \\ S & 1 + S^2 - C_{(i)} & 0 \\ 0 & 0 & 1 - C_{(i)} \end{bmatrix} \begin{Bmatrix} N_{(i)1} \\ N_{(i)2} \\ N_{(i)3} \end{Bmatrix} = 0$$

利用上式和条件 $\boldsymbol{N}_{(i)} \cdot \boldsymbol{N}_{(i)} = 1$，可得到 3 组非零解，即在变形前物体中表示的 3 个主向量：

$$\begin{matrix} \boldsymbol{N}_{(1)} \\ \boldsymbol{N}_{(3)} \end{matrix} = \left(2 + \frac{1}{2}S^2 \pm S\sqrt{1 + \frac{1}{4}S^2}\right)^{-1/2} \left[\pm \boldsymbol{I}_1 + \left(\pm\frac{1}{2}S + \sqrt{1 + \frac{1}{4}S^2}\right)\boldsymbol{I}_2\right], \quad \boldsymbol{N}_{(2)} = \boldsymbol{I}_3 \tag{2.83h}$$

式中，$\boldsymbol{I}_1, \boldsymbol{I}_2, \boldsymbol{I}_3$ 为 $\{X^K\}$ 坐标系的基向量。

类似地，由 $\boldsymbol{c}^{-1}$ 的特征方程，可以得到变形后物体中表示的 3 个主向量：

$$\begin{matrix} \boldsymbol{n}_{(1)} \\ \boldsymbol{n}_{(3)} \end{matrix} = \left(2 + \frac{1}{2}S^2 \mp S\sqrt{1 + \frac{1}{4}S^2}\right)^{-1/2} \left[\boldsymbol{i}_1 + \left(\frac{1}{2}S \mp \sqrt{1 + \frac{1}{4}S^2}\right)\boldsymbol{i}_2\right], \quad \boldsymbol{n}_{(2)} = \boldsymbol{i}_3 \tag{2.83i}$$

式中，$\boldsymbol{i}_1, \boldsymbol{i}_2, \boldsymbol{i}_3$ 为 $\{x^k\}$ 坐标系的基向量 (分别与 $\boldsymbol{I}_1, \boldsymbol{I}_2, \boldsymbol{I}_3$ 相同)。

图 2.8 给出 $\boldsymbol{N}_{(i)}$ 和 $\boldsymbol{n}_{(i)}(S > 0)$。由于体积比 $J = \sqrt{I\!I\!I_C} = 1$，所以简单剪切是等容变形。当 $S \to 0$(无限小变形) 时，$\boldsymbol{N}_{(i)}$ 和 $\boldsymbol{n}_{(i)}$ 重合，1,3 主方向与 X^1 轴夹角为 $\pm 45°$。

2.8.3 圆柱体的纯扭转

考虑一半径为 a 的圆柱体，横截面作刚体转动，转角沿轴线线性变化，横截面之间的距离保持不变。变形前后构形 $\mathscr{R}$ 和构形 $\mathscr{r}$ 采用相同的圆柱坐标系 $\{X^K\} = \{R, \Theta, Z\}$，$\{x^k\} = \{r, \theta, z\}$，参见图 2.9，这一变形可以表示为运动变换：

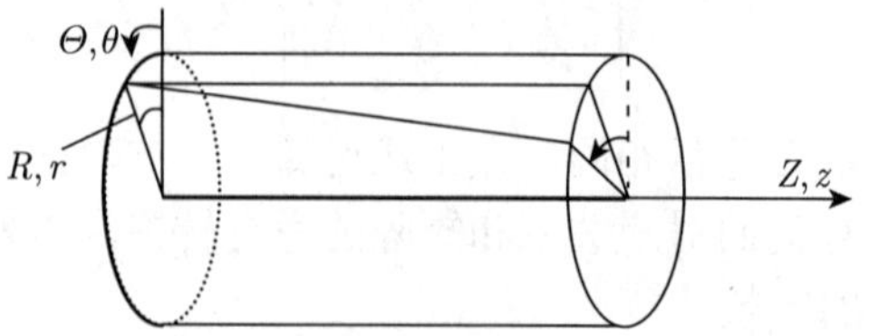

图 2.9 圆柱体扭转

$$r = R, \quad \theta = \Theta + KZ, \quad z = Z$$

式中，K 是单位长度扭转角。上式可改用指标形式

$$\begin{aligned} x^1 = X^1, \quad x^2 = X^2 + KX^3, \quad x^3 = X^3 \\ X^1 = x^1, \quad X^2 = x^2 - Kx^3, \quad X^3 = x^3 \end{aligned} \tag{2.84}$$

由第 1.20 节，圆柱坐标系的度量张量是位置的函数，即

$$[G_{KL}] = \begin{bmatrix} 1 & 0 & 0 \\ 0 & R^2 & 0 \\ 0 & 0 & 1 \end{bmatrix}, \quad [G^{KL}] = \begin{bmatrix} 1 & 0 & 0 \\ 0 & R^{-2} & 0 \\ 0 & 0 & 1 \end{bmatrix}$$

$$[g_{kl}] = \begin{bmatrix} 1 & 0 & 0 \\ 0 & r^2 & 0 \\ 0 & 0 & 1 \end{bmatrix}, \quad [g^{kl}] = \begin{bmatrix} 1 & 0 & 0 \\ 0 & r^{-2} & 0 \\ 0 & 0 & 1 \end{bmatrix}$$

由运动变换的导数，可得变形梯度张量 (规定第 1 个指标为行数)

$$[x^k{}_{,K}] = \begin{bmatrix} 1 & 0 & 0 \\ 0 & 1 & K \\ 0 & 0 & 1 \end{bmatrix}, \quad [X^K{}_{,k}] = \begin{bmatrix} 1 & 0 & 0 \\ 0 & 1 & -K \\ 0 & 0 & 1 \end{bmatrix} \tag{2.84a}$$

本例的变形梯度张量分量为常数，但基向量随位置改变，所以张量本身不是常张量，变形也非均匀变形。由定义得到变形张量和应变张量，即

$$[C_{KL}] = \begin{bmatrix} 1 & 0 & 0 \\ 0 & R^2 & KR^2 \\ 0 & KR^2 & 1+K^2R^2 \end{bmatrix}, \quad [c_{kl}] = \begin{bmatrix} 1 & 0 & 0 \\ 0 & r^2 & -Kr^2 \\ 0 & -Kr^2 & 1+K^2r^2 \end{bmatrix} \tag{2.84b}$$

$$[C^{-1KL}] = \begin{bmatrix} 1 & 0 & 0 \\ 0 & R^{-2}+K^2 & -K \\ 0 & -K & 1 \end{bmatrix}, \quad [c^{-1kl}] = \begin{bmatrix} 1 & 0 & 0 \\ 0 & r^{-2}+K^2 & K \\ 0 & K & 1 \end{bmatrix} \tag{2.84c}$$

$$[E_{KL}] = \begin{bmatrix} 1 & 0 & 0 \\ 0 & 0 & KR^2/2 \\ 0 & KR^2/2 & K^2R^2/2 \end{bmatrix}, \quad [e_{kl}] = \begin{bmatrix} 1 & 0 & 0 \\ 0 & 0 & Kr^2/2 \\ 0 & Kr^2/2 & -K^2r^2/2 \end{bmatrix} \tag{2.84d}$$

由于 Lagrange 坐标系和 Euler 坐标系均为曲线坐标系，所以上述张量的协变、逆变及混合分量不同，需要用度量张量升降指标。不变量、主值、主方向是用混合分量计算的 (见第 1.9 节)，$\boldsymbol{C}$ 的混合分量为

$$C^K{}_L = [C_{KM}]\left[G^{ML}\right] = \begin{bmatrix} 1 & 0 & 0 \\ 0 & 1 & K \\ 0 & KR^2 & 1+K^2R^2 \end{bmatrix}$$

由式 (1.71)，$\boldsymbol{C}$ 的不变量为

$$I = I\!I = 3 + R^2K^2, \quad I\!I\!I = 1 \tag{2.84e}$$

利用特征方程可以求出各点变形的主值和主方向。

2.8.4 立方体的纯弯曲

考虑一个长方体，边长为 $2a \times 2b \times 2c$，变形后成为轴线为圆弧的曲杆 (图 2.10)。根据边界形状，变形前构形 $\mathscr{R}$ 适于用直角坐标 X, Y, Z 表示，而变形后构形 $\boldsymbol{r}$ 适于采用圆柱坐标 r, θ, z。这一变形的运动变换可以表示为

$$r = r(X), \quad \theta = \theta(Y), \quad z = z(Z) \tag{2.85}$$

该变换使构形 $\mathscr{R}$ 中的平面 X =const、Y =const 及 Z =const 分别变为构形 $\boldsymbol{r}$ 中的圆柱面 r =const、横截面 θ =const 和垂直于 Z 轴的纵截面 z =const。根据连续性公理要求，函数式 (2.85) 单值连续可微，而且有单值连续可微的反函数，$X = X(r)$，$Y = Y(\theta)$，$Z = Z(z)$，运动是几何可能的。式 (2.85) 的具体形式需由材料和加载条件确定 (见第 6.4.4 小节)，这里只关注几何方面。

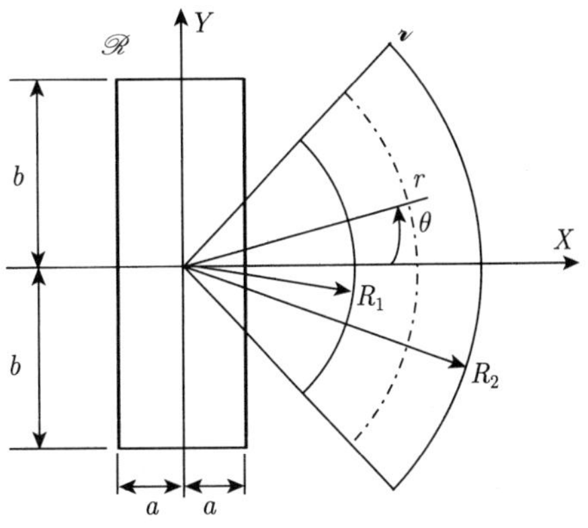

图 2.10 长方体纯弯曲

变形前后坐标系的度量张量分别同第 2.8.2 小节和第 2.8.3 小节。

由运动变换得到变形梯度张量

$$[x^k{}_{,K}] = \begin{bmatrix} r' & 0 & 0 \\ 0 & \theta' & 0 \\ 0 & 0 & z' \end{bmatrix}, \quad [X^K{}_{,k}] = \begin{bmatrix} X' & 0 & 0 \\ 0 & Y' & 0 \\ 0 & 0 & Z' \end{bmatrix} \tag{2.85a}$$

式中，$r' = \dfrac{\mathrm{d}r}{\mathrm{d}X}$，$\theta' = \dfrac{\mathrm{d}\theta}{\mathrm{d}Y}$，$z' = \dfrac{\mathrm{d}z}{\mathrm{d}Z}$，$X' = \dfrac{\mathrm{d}X}{\mathrm{d}r} = \dfrac{1}{r'}$，$Y' = \dfrac{\mathrm{d}Y}{\mathrm{d}\theta} = \dfrac{1}{\theta'}$，$Z' = \dfrac{\mathrm{d}Z}{\mathrm{d}z} = \dfrac{1}{z'}$。

由定义可以得到变形张量和应变张量，即

$$[C_{KL}] = \begin{bmatrix} r'^2 & 0 & 0 \\ 0 & r^2\theta'^2 & 0 \\ 0 & 0 & z'^2 \end{bmatrix}, \quad [c_{kl}] = \begin{bmatrix} X'^2 & 0 & 0 \\ 0 & Y'^2 & 0 \\ 0 & 0 & Z'^2 \end{bmatrix} \tag{2.85b}$$

$$[C^{-1KL}] = \begin{bmatrix} X'^2 & 0 & 0 \\ 0 & Y'^2/r^2 & 0 \\ 0 & 0 & Z'^2 \end{bmatrix}, \quad [c^{-1kl}] = \begin{bmatrix} r'^2 & 0 & 0 \\ 0 & \theta'^2 & 0 \\ 0 & 0 & z'^2 \end{bmatrix} \tag{2.85c}$$

$$[E_{KL}] = \begin{bmatrix} \left(r'^2 - 1\right)/2 & 0 & 0 \\ 0 & \left(r^2\theta'^2 - 1\right)/2 & 0 \\ 0 & 0 & \left(z'^2 - 1\right)/2 \end{bmatrix} \tag{2.85d}$$

$$[e_{kl}] = \begin{bmatrix} \left(1 - X'^2\right)/2 & 0 & 0 \\ 0 & \left(1 - Y'^2\right)/2 & 0 \\ 0 & 0 & \left(1 - Z'^2\right)/2 \end{bmatrix} \tag{2.85e}$$

可见，坐标系 $\{X, Y, Z\}$ 是 $\boldsymbol{C}$、$\boldsymbol{C}^{-1}$、$\boldsymbol{E}$ 的主坐标系，坐标系 $\{r, \theta, z\}$ 是 $\boldsymbol{c}$、$\boldsymbol{c}^{-1}$、$\boldsymbol{e}$ 的主坐标系，利用混合分量，可以得到应变张量 $\boldsymbol{C}$ 和 $\boldsymbol{c}^{-1}$ 的主值和不变量：

$$C_{(1)} = r'^2, \quad C_{(2)} = r^2\theta'^2, \quad C_{(3)} = z'^2 \tag{2.85f}$$

$$\begin{aligned} I &= r'^2 + r^2\theta'^2 + z'^2 \\ II &= (rr'\theta')^2 + (r\theta'z')^2 + (r'z')^2 \\ III &= (rr'\theta'z')^2 \end{aligned} \tag{2.85g}$$

2.9 有限变形的简化

有限变形理论可以精确描述连续介质许可运动所引起的任何变形。只与系统的变形和运动相关的非线性常称为几何非线性。由于几何非线性带来的数学困难，在实际应用中，目前只有极少数问题能够应用有限变形理论得到精确的解析解，即使采用数值解法，常常也需要对有限变形理论做进一步简化，从而使问题的求解既能保证足够精度又比较简单。

有限变形理论的简化与物体变形特点有关。根据物体中各点处的变形和转动大小，可以分为下列几种情况：

(1) 大应变，大转动；

(2) 大应变，小转动；

(3) 小应变，大转动；

(4) 小应变，小转动。

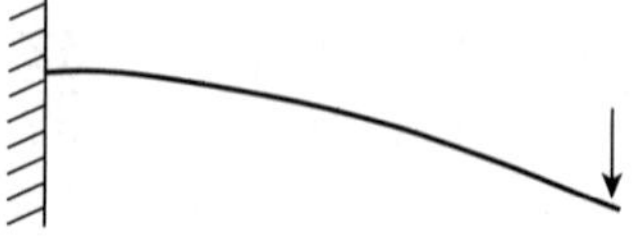

图 2.11 悬臂梁

固体在大变形下常常伴随着物理非线性，因此，情况 (1)、情况 (2) 一般不仅仅是几何非线性问题，还伴有材料非线性。情况 (3)，例如细长杆的弯曲 (见图 2.11)，常常可以不考虑材料非线性，简化为单纯几何非线性。情况 (4) 包括了实际结构中最常见、最重要的几何非线性问题 (例如板壳力学)，也是下面讨论的重点。

首先需要对“小应变”和“小转动”给出更确切的定义。

(1) 若任一点处各方向线元的伸长与原长的比值 $E_{(N)}$ 很小，即伸长率 $E_{(N)} \ll 1$，称为小应变。

(2) 若变形前构形中任一线元与变形后该线元之间的夹角 φ 很小，即 $\varphi \ll 1$，称为小转动。

小量 φ 与 $E_{(\boldsymbol{N})}$ 相比较，可分为两种情况：

(1) $$\varphi \sim E_{(N)} \ll 1 \tag{2.86}$$

(2) $$\varphi^2 \sim E_{(N)} \ll 1 \tag{2.87}$$

式中，'∼' 表示同量级。情况 (1) 称为经典线性，情况 (2) 称为中等非线性或小有限变形。

为了进行应变张量的简化，下面讨论位移梯度与 $E_{(N)}$ 和 φ 的数量级关系。为此，利用加法分解将位移梯度分解为对称和反对称两部分

$$U_{K;L} = \hat{E}_{KL} + \hat{W}_{KL} \tag{2.88}$$

$$\hat{E}_{KL} = \frac{1}{2}(U_{K;L} + U_{L;K}) \ , \quad \hat{W}_{KL} = \frac{1}{2}(U_{K;L} - U_{L;K}) \tag{2.89}$$

式中，$\hat{E}_{KL}$ 称为无限小应变张量，$\hat{W}_{KL}$ 称为无限小转动张量。因为 $E_{(N)}$ 很小，由式 (2.39) 和式 (2.53) 可知位移梯度，因而 $\hat{E}_{KL}$ 和 $\hat{W}_{KL}$ 也是小量。

若变形前任一线元 $\mathrm{d}\boldsymbol{X} = \mathrm{d}X^K \boldsymbol{G}_K$，变形后变为线元 $\mathrm{d}\boldsymbol{x} = \mathrm{d}x^k \boldsymbol{g}_k$，伸长率为 $E_{(N)}$，两者夹角为 φ。$\mathrm{d}\boldsymbol{x}$ 和 $\cos\varphi$ 可表示为

$$\mathrm{d}\boldsymbol{x} = \mathrm{d}\boldsymbol{X} + \mathrm{d}\boldsymbol{u} = \mathrm{d}\boldsymbol{X} + \frac{\partial \boldsymbol{u}}{\partial X^K}\mathrm{d}X^K = \mathrm{d}X^K \boldsymbol{G}_K + U^M_{\ ;K}\mathrm{d}X^K \boldsymbol{G}_M = (\boldsymbol{G}_K + U^M_{\ ;K}\boldsymbol{G}_M)\mathrm{d}X^K$$

$$\begin{aligned}\cos\varphi &= \frac{\mathrm{d}\boldsymbol{x}\cdot\mathrm{d}\boldsymbol{X}}{\mathrm{d}s\mathrm{d}S} = \frac{[(\boldsymbol{G}_K + U^M_{\ ;K}\boldsymbol{G}_M)\mathrm{d}X^K]\cdot(\mathrm{d}X^L\boldsymbol{G}_L)}{\mathrm{d}S^2(1+E_{(\boldsymbol{N})})} \\ &= \frac{(G_{KL} + U_{L;K})\mathrm{d}X^K\mathrm{d}X^L}{\mathrm{d}S^2(1+E_{(N)})} = \frac{1+\hat{E}_{KL}N^K N^L}{(1+E_{(N)})}\end{aligned}$$

式中，$\boldsymbol{N}$ 是 $\mathrm{d}\boldsymbol{X}$ 方向的单位向量。上式分别对 φ 和 $E_{(N)}$ 展成 Taylor 级数，有

$$\cos\varphi = 1 - \frac{\varphi^2}{2!} + \frac{\varphi^4}{4!} - \cdots = \left(1 + \hat{E}_{KL}N^K N^L\right)(1 - E_{(N)} + E_{(N)}^2 + \cdots)$$

略去式中的高阶小量，近似得到

$$\hat{E}_{KL}N^K N^L - E_{(N)} \approx -\frac{\varphi^2}{2}$$

所以有下列关系

$$\hat{E}_{KL}N^K N^L \approx E_{(N)} \quad 若 \quad \varphi \sim E_{(N)} \ll 1 \tag{2.90}$$

$$\hat{E}_{KL}N^K N^L \sim E_{(N)} \quad 若 \quad \varphi^2 \sim E_{(N)} \ll 1 \tag{2.91}$$

上述证明得到的结论是，在经典线性和中等非线性情况下，无限小应变 $\hat{E}_{KL}$ 与伸长率 $E_{(N)}$ 同量级。

为了考察 $\hat{W}_{KL}$ 的数量级，将 $\sin\varphi$ 展成 Taylor 级数

$$\sin\varphi = \varphi - \frac{\varphi^3}{3!} + \frac{\varphi^5}{5!} - \cdots = \left|\frac{\mathrm{d}\boldsymbol{x}\times\mathrm{d}\boldsymbol{X}}{\mathrm{d}s\mathrm{d}S}\right| = \left|\frac{[(\boldsymbol{G}_K + U^M_{\ ;K}\boldsymbol{G}_M)\mathrm{d}X^K]\times(\mathrm{d}X^L\boldsymbol{G}_L)}{\mathrm{d}S^2(1+E_{(N)})}\right|$$

$$= \left| \frac{U^M_{;K} N^K N^L \boldsymbol{G}_M \times \boldsymbol{G}_L}{1 + E_{(N)}} \right| = \left| U^M_{;K} N^K N^L \varepsilon_{MLR} \boldsymbol{G}^R (1 - E_{(N)} + \cdots) \right|$$

略去高阶小量，得到

$$\left| \left(\hat{E}_{PK} + \hat{W}_{PK} \right) N^K N^L \varepsilon_{MLR} G^{MP} \boldsymbol{G}^R \right| \approx \varphi$$

若 $\varphi \sim E_{(N)} \ll 1$，则 $\hat{W}_{KL} N^K N^L \sim \hat{E}_{KL} N^K N^L \approx E_{(N)}$, 所以

$$\hat{W}_{KL} N^K N^L \sim \varphi \sim E_{(N)} \tag{2.92}$$

若 $\varphi^2 \sim E_{(N)} \ll 1$，由式 (2.91)，$\hat{E}_{KL} N^K N^L \sim \varphi^2$，所以

$$\hat{W}_{KL} N^K N^L \sim \varphi \tag{2.93}$$

因此，在经典线性情况下无限小转动 $\hat{W}_{KL}$ 与伸长率 $E_{(N)}$ 及转角 φ 同量级；在中等非线性情况下 $\hat{W}_{KL}$ 与 φ 同量级，而 $\hat{E}_{KL}$ 与 φ^2 同量级，换言之 $\hat{W}_{KL}$ 较大、$\hat{E}_{KL}$ 更小。

在有限变形情况下，$\hat{W}_{KL}$ 与该点处所有线元的平均转角成正比 (参见文献 [13])。在无限小应变时，反对称张量 $\hat{W}_{KL}$ 的对偶向量

$$\hat{\boldsymbol{\Omega}} = -\frac{1}{2} \hat{W}_{KL} \varepsilon^{KLM} \boldsymbol{G}_M \tag{2.94}$$

是无限小应变张量 $\hat{E}_{KL}$ 的主坐标系的转动向量，这是因为沿应变主方向的线元只有刚性转动，无剪切角度变化。若 $\{X^K\}$ 为直角坐标系，则

$$\left. \begin{aligned} \hat{\Omega}_1 &= \hat{W}_{32} = \frac{1}{2} \left(\frac{\partial U_3}{\partial X^2} - \frac{\partial U_2}{\partial X^3} \right) \\ \hat{\Omega}_2 &= \hat{W}_{13} = \frac{1}{2} \left(\frac{\partial U_1}{\partial X^3} - \frac{\partial U_3}{\partial X^1} \right) \\ \hat{\Omega}_3 &= \hat{W}_{21} = \frac{1}{2} \left(\frac{\partial U_2}{\partial X^1} - \frac{\partial U_1}{\partial X^2} \right) \end{aligned} \right\} \tag{2.94a}$$

上述分析结果式 (2.90)~式 (2.93) 可以用于应变张量的简化。将式 (2.88) 代入 Green 应变张量式 (2.39)，得

$$E_{KL} = \hat{E}_{KL} + \frac{1}{2} (\hat{E}^M{}_K + \hat{W}^M{}_K)(\hat{E}_{ML} + \hat{W}_{ML}) \tag{2.95}$$

对于经典线性情况, 即 $\varphi \sim E_{(N)} \ll 1$，由式 (2.90) 和式 (2.92)，式 (2.95) 中第二项与第一项相比可以略去, 于是有

$$E_{KL} \approx \hat{E}_{KL} \tag{2.96}$$

即 Green 应变张量可以用无限小应变张量 $\hat{E}_{KL}$ 代替。当伸长率 $E_{(N)}$ 和转角 φ 趋于零时，式 (2.96) 精确成立，所以 $\hat{E}_{KL}$ 称为“无限小应变张量”。

对于中等非线性情况，即 $\varphi^2 \sim E_{(N)} \ll 1$，由式 (2.91) 和式 (2.93)，式 (2.95) 右端非线性项只需保留无限小转动张量的二次项，所以

$$E_{KL} \approx \hat{E}_{KL} + \frac{1}{2}\hat{W}^M{}_K \hat{W}_{ML} \tag{2.97}$$

在直角坐标系中，注意到式 (2.94a)，有

$$E_{11} = \hat{E}_{11} + \frac{1}{2}(\hat{\Omega}_3^2 + \hat{\Omega}_2^2), \cdots, E_{12} = \hat{E}_{12} - \frac{1}{2}\hat{\Omega}_1\hat{\Omega}_2, \cdots \quad \text{(指标轮换)} \tag{2.98}$$

小应变、小转动情况下，转动张量可以近似地用转动向量 $\hat{\boldsymbol{W}}$ 表示 (参见习题 2-12)。

将中等非线性假设式 (2.87) 用于 Timoshenko 梁和 Mindlin 板的弯曲可知，这一条件相当于挠度的数量级为梁的高度或板的厚度 (参见习题 2-11)。

类似的讨论可以用于空间描述法。在经典线性情况下，Almansi 应变张量可简化为

$$e_{kl} = \hat{e}_{kl} \tag{2.99}$$

无限小应变张量和无限小转动张量为

$$\hat{e}_{kl} = \frac{1}{2}(u_{k;l} + u_{l;k}), \quad \hat{w}_{kl} = \frac{1}{2}(u_{k;l} - u_{l;k}) \tag{2.100}$$

在经典线性情况下，若 $\{X^K\}$ 和 $\{x^k\}$ 取同一坐标系，则 $u_1 = U_1, u_2 = U_2, u_3 = U_3$，所以，$\hat{e}_{kl}$ 和 $\hat{E}_{KL}$，$\hat{w}_{kl}$ 和 $\hat{W}_{KL}$，其实是同一张量。由式 (2.96) 和式 (2.99)，Green 应变张量与 Almansi 应变张量相同，无需区分物质坐标系和空间坐标系。

由式 (2.99)，非线性变形协调方程式 (2.81) 可以略去无限小应变的二次项，得到线性变形协调方程

$$\hat{e}_{il;jk} + \hat{e}_{jk;il} - \hat{e}_{jl;ik} - \hat{e}_{ik;jl} = 0 \tag{2.101}$$

式 (2.101) 也可以从式 $(2.100)_1$ 中消去位移分量直接得到。无限小变形情况下 $\hat{\boldsymbol{e}} = \hat{\boldsymbol{E}}$，所以式 (2.101) 中 $\hat{\boldsymbol{e}}$ 可以改为 $\hat{\boldsymbol{E}}$。

若 x^k 为直角坐标系，式 (2.101) 中协变导数变为普通导数，有

$$\hat{e}_{il,jk} + \hat{e}_{jk,il} - \hat{e}_{jl,ik} - \hat{e}_{ik,jl} = 0$$

上式就是线弹性力学中熟知的协调方程，非 $0=0$ 的方程为

$$\frac{\partial}{\partial x_2}\left(\frac{\partial \hat{e}_{11}}{\partial x_2}\right) + \frac{\partial}{\partial x_1}\left(\frac{\partial \hat{e}_{22}}{\partial x_1}\right) = 2\frac{\partial^2 \hat{e}_{12}}{\partial x_1 \partial x_2}, \cdots \quad \text{(指标轮换)}$$

$$\frac{\partial}{\partial x_1}\left(-\frac{\partial \hat{e}_{23}}{\partial x_1} + \frac{\partial \hat{e}_{31}}{\partial x_2} + \frac{\partial \hat{e}_{12}}{\partial x_3}\right) = \frac{\partial^2 \hat{e}_{11}}{\partial x_2 \partial x_3}, \cdots \quad \text{(指标轮换)} \tag{2.101a}$$

2.10　物质导数

在本节之前，运动变换中的时间 t 被看作是参数，只研究物质点的位置向量、位移等随位置的变化。在许多情况下，例如流体和变形固体动力学以及依赖于变形过程的塑性体等等，不仅需要考虑状态变量随位置的改变，还要考虑随时间的变化 (在塑性体中是广义时间——与过程相关的参数)，这时运动变换中的时间 t 和坐标一样成为自变量。从本节开始，研究连续介质的状态变量随时间的变化，即连续介质运动学。

2.10.1　物质导数定义

连续介质中任一给定物质点的物理量随时间的变化率，称为物质导数。物质导数是同一物质点在运动时观察到的物理量 (标量、向量或张量) 随时间的变化率，记作

$$\dot{\boldsymbol{f}}=\frac{\mathrm{d}\boldsymbol{f}}{\mathrm{d}t}=\left(\frac{\partial \boldsymbol{f}}{\partial t}\right)_{\boldsymbol{X}}=\lim_{\Delta t\to 0}\frac{\boldsymbol{f}\left(\boldsymbol{X},t+\Delta t\right)-\boldsymbol{f}\left(\boldsymbol{X},t\right)}{\Delta t} \tag{2.102}$$

式中，$\boldsymbol{f}$ 是任一张量场，下标 $\boldsymbol{X}$ 表示求导时物质点一定，$\dot{\boldsymbol{f}}$ 与 $\boldsymbol{f}$ 是同阶张量。物质导数的表达式与变量的表示形式有关。

在用 Lagrange 描述和 $\left\{X^K,t_0\right\}$ 标架时，$\boldsymbol{f}$ 的并矢形式为

$$\boldsymbol{f}=\boldsymbol{f}(\boldsymbol{X},t)=F^{K\cdots L}(\boldsymbol{X},t)\boldsymbol{G}_K(\boldsymbol{X})\cdots\boldsymbol{G}_L(\boldsymbol{X}) \tag{2.103a}$$

用 Euler 描述和 $\left\{x^k,t\right\}$ 标架时，$\boldsymbol{f}$ 的并矢形式为

$$\boldsymbol{f}\left(\boldsymbol{x}(\boldsymbol{X},t),t\right)=f^{k\cdots l}\left(\boldsymbol{x}(\boldsymbol{X},t),t\right)\boldsymbol{g}_k(\boldsymbol{x}(\boldsymbol{X},t))\cdots\boldsymbol{g}_l(\boldsymbol{x}(\boldsymbol{X},t)) \tag{2.103b}$$

有时也用 Lagrange 描述和随体坐标系 $\left\{X^K,t\right\}$，则 $\boldsymbol{f}$ 的并矢形式为

$$\boldsymbol{f}\left(\boldsymbol{x}(\boldsymbol{X},t),t\right)=f^{K\cdots L}\left(\boldsymbol{X},t\right)\boldsymbol{C}_K(\boldsymbol{X},t)\cdots\boldsymbol{C}_L(\boldsymbol{X},t) \tag{2.103c}$$

位置向量 $\boldsymbol{x}\left(\boldsymbol{X},t\right)$ 的物质导数，即矢端位置的时间变率，称为物质点 $\boldsymbol{X}$ 在 t 时刻的速度，即

$$\boldsymbol{v}=\frac{\mathrm{d}\boldsymbol{x}}{\mathrm{d}t}=\left(\frac{\partial \boldsymbol{x}}{\partial t}\right)_{\boldsymbol{X}}=\lim_{\Delta t\to 0}\frac{\boldsymbol{x}\left(\boldsymbol{X},t+\Delta t\right)-\boldsymbol{x}\left(\boldsymbol{X},t\right)}{\Delta t}=\lim_{\Delta t\to 0}\frac{\Delta x^k\boldsymbol{g}_k}{\Delta t}=\left(\frac{\partial x^k}{\partial t}\right)_{\boldsymbol{X}}\boldsymbol{g}_k \tag{2.104}$$

所以 $\boldsymbol{v}$ 在 Euler 坐标系中的分量是

$$v^k=\left(\frac{\partial x^k}{\partial t}\right)_{\boldsymbol{X}},\quad \text{简记为 } v^k=\frac{\partial x^k}{\partial t} \tag{2.104a}$$

由式 (2.103a) 可见，时间 t 仅显含在分量中，标架 $\boldsymbol{G}_K,\boldsymbol{G}^K$ 只与时刻 t_0 的 $\boldsymbol{X}$ 有关，与 t 无关，所以物质导数为

$$\frac{\mathrm{d}\boldsymbol{f}}{\mathrm{d}t}=\frac{\partial F^{K\cdots L}\left(\boldsymbol{X},t\right)}{\partial t}\boldsymbol{G}_K\cdots\boldsymbol{G}_L\equiv\frac{\mathrm{D}F^{K\cdots L}}{\mathrm{D}t}\boldsymbol{G}_K\cdots\boldsymbol{G}_L \tag{2.105}$$

可见，用 Lagrange 描述法和 $\{X^K, t_0\}$ 坐标系时物质导数的分量 (逆变形式) 为

$$\frac{\mathrm{D}F^{K\cdots L}}{\mathrm{D}t} = \dot{F}^{K\cdots L} = \frac{\partial F^{K\cdots L}(\boldsymbol{X}, t)}{\partial t} \tag{2.105a}$$

由式 (2.103b) 可见，时间 t 以显含和隐含于 $\boldsymbol{x}$ 两种形式包含在并矢表达式中，因此物质导数由两部分组成：

$$\frac{\mathrm{d}\boldsymbol{f}}{\mathrm{d}t} = \left(\frac{\partial \boldsymbol{f}(\boldsymbol{x}, t)}{\partial t}\right)_{\boldsymbol{x}} + \frac{\partial \boldsymbol{f}}{\partial x^m}\left(\frac{\partial x^m}{\partial t}\right)_{\boldsymbol{X}} \equiv \frac{\mathrm{D}f^{k\cdots l}}{\mathrm{D}t}\boldsymbol{g}_k\cdots\boldsymbol{g}_l \tag{2.106}$$

第一部分称为局部导数，表示物质点 $\boldsymbol{X}$ 在 t 时刻所在的空间点 $\boldsymbol{x}$ 不变时，张量场在 $\boldsymbol{x}$ 处随时间的变化率。如果 $\boldsymbol{f}$ 是定常场，则局部导数为零。第二项称为迁移导数，表示 t 时刻物质点 $\boldsymbol{X}$ 的空间位置 $\boldsymbol{x}$ 随时间改变引起的 $\boldsymbol{f}$ 的变化率，其中 $\dfrac{\partial \boldsymbol{f}}{\partial \boldsymbol{x}^m}$ 是张量场 $\boldsymbol{f}$ 的协变导数，如式 (1.130) 所示，$\left(\dfrac{\partial x^m}{\partial t}\right)_{\boldsymbol{X}}$ 是物质点 $\boldsymbol{x}$ 的速度，如式 (2.104) 所示。如果 $\boldsymbol{f}$ 在 t 时刻是均匀场，则迁移导数为零。所以，用 Euler 描述法和 $\{x^k, t\}$ 坐标系，物质导数的分量 (以逆变分量为例) 为局部导数与迁移导数的和，即

$$\frac{\mathrm{D}f^{k\cdots l}}{\mathrm{D}t} = \frac{\partial f^{k\cdots l}}{\partial t} + v^m \nabla_m f^{k\cdots l} \quad 或 \quad \dot{\boldsymbol{f}} = \frac{\mathrm{d}\boldsymbol{f}}{\mathrm{d}t} = \left.\frac{\partial \boldsymbol{f}}{\partial t}\right|_{\boldsymbol{x}} + \boldsymbol{v}\cdot\nabla\boldsymbol{f} \tag{2.106a}$$

由式 (2.103c)，以三阶张量为例，分量和并矢分别对 t 取偏导数，得到

$$\frac{\mathrm{d}\boldsymbol{f}}{\mathrm{d}t} = \frac{\partial f^{KL}{}_M}{\partial t}\boldsymbol{C}_K\boldsymbol{C}_L\boldsymbol{C}^M + f^{KL}{}_M\left(\dot{\boldsymbol{C}}_K\boldsymbol{C}_L\boldsymbol{C}^M + \boldsymbol{C}_K\dot{\boldsymbol{C}}_L\boldsymbol{C}^M + \boldsymbol{C}_K\boldsymbol{C}_L\dot{\boldsymbol{C}}^M\right) \tag{2.107}$$

式中，$\dot{\boldsymbol{C}}_K = \left(\dfrac{\partial \boldsymbol{C}_K}{\partial t}\right)_{\boldsymbol{X}} = \left(\dfrac{\partial}{\partial t}\left(\dfrac{\partial \boldsymbol{x}}{\partial X^K}\right)\right)_{\boldsymbol{X}} = \dfrac{\partial}{\partial X^K}\left(\dfrac{\partial \boldsymbol{x}}{\partial t}\right)_{\boldsymbol{X}} = \dfrac{\partial \boldsymbol{v}}{\partial X^K}$。

若将 $\boldsymbol{v}$ 在 Lagrange 随体标架中分解 $\boldsymbol{v} = v^L\boldsymbol{C}_L$，代入 $\dot{\boldsymbol{C}}_K$ 中，得到

$$\dot{\boldsymbol{C}}_K = \frac{\partial}{\partial X^K}\left(v^L\boldsymbol{C}_L\right)_{\boldsymbol{X}} = \widehat{\nabla}_K v^L\boldsymbol{C}_L \tag{2.108}$$

式中，$\widehat{\nabla}_K(\ )$ 是即时构形中对随体坐标系 $\{X^K, t\}$ 的协变导数。

利用 $\dfrac{\mathrm{d}}{\mathrm{d}t}\left(\delta^K_L\right) = \dfrac{\mathrm{d}}{\mathrm{d}t}\left(\boldsymbol{C}_L\cdot\boldsymbol{C}^K\right) = \dot{\boldsymbol{C}}_L\cdot\boldsymbol{C}^K + \boldsymbol{C}_L\cdot\dot{\boldsymbol{C}}^K = 0$ 和式 (2.108)，可以得到

$$\dot{\boldsymbol{C}}^K = -\widehat{\nabla}_M v^K\boldsymbol{C}^M \tag{2.109}$$

将式 (2.108) 和式 (2.109) 代入式 (2.107)，适当改变哑指标，得到随体标架中的物质导数

$$\frac{\mathrm{d}\boldsymbol{f}}{\mathrm{d}t} = \left(\frac{\partial f^{KL}{}_M}{\partial t} + f^{RL}{}_M\widehat{\nabla}_R v^K + f^{KR}{}_M\widehat{\nabla}_R v^L - f^{KL}{}_R\widehat{\nabla}_M v^R\right)\boldsymbol{C}_K\boldsymbol{C}_L\boldsymbol{C}^M = \frac{\widehat{\mathrm{D}}f^{KL}{}_M}{\widehat{\mathrm{D}}t}\boldsymbol{C}_K\boldsymbol{C}_L\boldsymbol{C}^M \tag{2.110}$$

式中

$$\frac{\widehat{\mathrm{D}} f^{KL}{}_{M}}{\widehat{\mathrm{D}} t}=\frac{\partial f^{KL}{}_{M}}{\partial t}+f^{RL}{}_{M} \widehat{\nabla}_{R} v^{K}+f^{KR}{}_{M} \widehat{\nabla}_{R} v^{L}-f^{KL}{}_{R} \widehat{\nabla}_{M} v^{R} \tag{2.110a}$$

2.10.2 标量、向量、张量的物质导数

若 $\rho_0(\boldsymbol{X},t)$ 为任一标量场，用物质描述法时，由式 (2.105) 得到物质导数

$$\dot{\rho}_0=\frac{\mathrm{d}\rho_0}{\mathrm{d}t}=\frac{\mathrm{D}\rho_0}{\mathrm{D}t}=\frac{\partial\rho_0(\boldsymbol{X},t)}{\partial t}$$

若 $\rho(\boldsymbol{x},t)$ 为任一标量场，用空间描述法时，由式 (2.106) 得到物质导数

$$\dot{\rho}=\frac{\mathrm{d}\rho}{\mathrm{d}t}=\frac{\mathrm{D}\rho}{\mathrm{D}t}=\frac{\partial\rho}{\partial t}+\frac{\partial\rho}{\partial x^k}\frac{\partial x^k}{\partial t}=\frac{\partial\rho}{\partial t}+\frac{\partial\rho}{\partial x^k}v^k$$

式中略去了局部导数的标注 $\boldsymbol{x}$，因为不会引起混淆。

若 $\boldsymbol{f}$ 为一向量场 $\boldsymbol{f}=\boldsymbol{f}(\boldsymbol{x},t)=f^k(\boldsymbol{x},t)\boldsymbol{g}_k=F^K(\boldsymbol{X},t)\boldsymbol{G}_K$，则物质导数为

$$\dot{\boldsymbol{f}}=\frac{\mathrm{d}\boldsymbol{f}}{\mathrm{d}t}=\frac{\mathrm{D}F^K}{\mathrm{D}t}\boldsymbol{G}_K=\frac{\mathrm{D}f^k}{\mathrm{D}t}\boldsymbol{g}_k$$

其中物质描述法和空间描述法的分量为

$$\frac{\mathrm{D}F^K}{\mathrm{D}t}=\frac{\partial F^K}{\partial t},\quad \frac{\mathrm{D}f^k}{\mathrm{D}t}\equiv\dot{f}^k\equiv\frac{\partial f^k}{\partial t}+f^k{}_{;l}v^l$$

对于二阶张量场，例如 $\boldsymbol{T}=T_{KL}(\boldsymbol{X},t)\,\boldsymbol{G}^K\boldsymbol{G}^L,\boldsymbol{t}=t_{kl}(\boldsymbol{x},t)\,\boldsymbol{g}^k\boldsymbol{g}^l$，物质导数为

$$\left.\begin{aligned}
&\dot{\boldsymbol{T}}=\frac{\mathrm{d}\boldsymbol{T}}{\mathrm{d}t}=\frac{\mathrm{D}T_{KL}}{\mathrm{D}t}\boldsymbol{G}^K\boldsymbol{G}^L=\frac{\mathrm{D}T^{KL}}{\mathrm{D}t}\boldsymbol{G}_K\boldsymbol{G}_L=\frac{\mathrm{D}T^K{}_L}{\mathrm{D}t}\boldsymbol{G}_K\boldsymbol{G}^L=\cdots\\
&\dot{\boldsymbol{t}}=\frac{\mathrm{D}t_{kl}}{\mathrm{D}t}\boldsymbol{g}^k\boldsymbol{g}^l=\frac{\mathrm{D}t^{kl}}{\mathrm{D}t}\boldsymbol{g}_k\boldsymbol{g}_l=\frac{\mathrm{D}t^k{}_l}{\mathrm{D}t}\boldsymbol{g}_k\boldsymbol{g}^l=\cdots
\end{aligned}\right\} \tag{2.111}$$

$$\frac{\mathrm{D}T_{KL}}{\mathrm{D}t}=\frac{\partial T_{KL}}{\partial t},\quad \frac{\mathrm{D}T^{KL}}{\mathrm{D}t}=\frac{\partial T^{KL}}{\partial t},\quad \frac{\mathrm{D}T^K{}_L}{\mathrm{D}t}=\frac{\partial T^K{}_L}{\partial t},\quad\cdots$$

$$\frac{\mathrm{D}t_{kl}}{\mathrm{D}t}=\frac{\partial t_{kl}}{\partial t}+v^m\nabla_m t_{kl},\quad \frac{\mathrm{D}t^{kl}}{\mathrm{D}t}=\frac{\partial t^{kl}}{\partial t}+v^m\nabla_m t^{kl},\quad \frac{\mathrm{D}t^k{}_l}{\mathrm{D}t}=\frac{\partial t^k{}_l}{\partial t}+v^m\nabla_m t^k{}_l\;,\quad\cdots$$

不难证明，物质导数遵守普通导数的运算法则，例如对于向量 $\boldsymbol{f}$，$\boldsymbol{h}$ 和标量 a，有

$$(a\boldsymbol{f})^{\cdot}=\dot{a}\boldsymbol{f}+a\dot{\boldsymbol{f}},\quad \frac{\mathrm{D}}{\mathrm{D}t}\left(af^k\right)=\frac{Da}{\mathrm{D}t}f^k+a\frac{\mathrm{D}f^k}{\mathrm{D}t}$$

$$(\boldsymbol{f}+\boldsymbol{h})^{\cdot}=\dot{\boldsymbol{f}}+\dot{\boldsymbol{h}},\quad \frac{\mathrm{D}}{\mathrm{D}t}\left(f^k+h^k\right)=\frac{\mathrm{D}f^k}{\mathrm{D}t}+\frac{Dh^k}{\mathrm{D}t}$$

$$(\boldsymbol{f}\boldsymbol{h})^{\cdot}=\dot{\boldsymbol{f}}\boldsymbol{h}+\boldsymbol{f}\dot{\boldsymbol{h}},\quad \frac{\mathrm{D}}{\mathrm{D}t}\left(f^kh_l\right)=\frac{\mathrm{D}f^k}{\mathrm{D}t}h_l+f^k\frac{\mathrm{D}h_l}{\mathrm{D}t}$$

2.10.3 基向量和度量张量的物质导数

利用物质导数的定义，可以得到基向量和度量张量的物质导数与局部导数。物质坐标系 $\{X^K, t_0\}$ 的标架与 t_0 时刻物质点一一对应，与 t 无关，所以

$$\frac{\mathrm{d}\boldsymbol{G}_K}{\mathrm{d}t} = \frac{\mathrm{d}\boldsymbol{G}^K}{\mathrm{d}t} = \frac{\partial \boldsymbol{G}_K}{\partial t} = \frac{\partial \boldsymbol{G}^K}{\partial t} = 0 \tag{2.112a}$$

$$\frac{\mathrm{D}G_{KL}}{\mathrm{D}t} = \frac{\mathrm{D}G^{KL}}{\mathrm{D}t} = \frac{\partial G_{KL}}{\partial t} = \frac{\partial G^{KL}}{\partial t} = 0 \tag{2.112b}$$

显然，Lagrange 坐标系的单位张量的物质导数等于 $\mathbf{0}$：

$$\frac{\mathrm{d}\boldsymbol{I}}{\mathrm{d}t} = \frac{\mathrm{d}}{\mathrm{d}t}\left(G_{KL}\boldsymbol{G}^K\boldsymbol{G}^L\right) = \mathbf{0} \tag{2.112c}$$

空间坐标系 $\{x^k, t\}$ 的标架与空间点对应，同一物质点在不同时间对应不同标架，所以空间标架的物质导数一般不为 0，但静止空间标架的局部导数为 0、只有迁移导数非 0，可以得到

$$\frac{\partial \boldsymbol{g}_k}{\partial t} = \frac{\partial \boldsymbol{g}^k}{\partial t} = 0 \tag{2.113a}$$

$$\frac{\mathrm{d}\boldsymbol{g}_k}{\mathrm{d}t} = \left(\frac{\partial \boldsymbol{g}_k}{\partial t}\right)_{\boldsymbol{X}} = \frac{\partial \boldsymbol{g}_k}{\partial x^m}\left(\frac{\partial x^m}{\partial t}\right)_{\boldsymbol{X}} = \varGamma^r_{km}v^m\boldsymbol{g}_r \tag{2.113b}$$

由 $\dfrac{\mathrm{d}\left(\boldsymbol{g}_l\cdot\boldsymbol{g}^k\right)}{\mathrm{d}t} = \dfrac{\mathrm{d}\boldsymbol{g}_l}{\mathrm{d}t}\cdot\boldsymbol{g}^k + \boldsymbol{g}_l\cdot\dfrac{\mathrm{d}\boldsymbol{g}^k}{\mathrm{d}t} = \varGamma^k_{lm}v^m + \boldsymbol{g}_l\cdot\dfrac{\mathrm{d}\boldsymbol{g}^k}{\mathrm{d}t} = \boldsymbol{g}_l\cdot\left(\boldsymbol{g}^r\varGamma^k_{rm}v^m + \dfrac{\mathrm{d}\boldsymbol{g}^k}{\mathrm{d}t}\right) = 0$，得

$$\frac{\mathrm{d}\boldsymbol{g}^k}{\mathrm{d}t} = -\varGamma^k_{rm}v^m\boldsymbol{g}^r \tag{2.113c}$$

$$\frac{\mathrm{D}g_{kl}}{\mathrm{D}t} = \frac{\mathrm{d}\left(\boldsymbol{g}_k\cdot\boldsymbol{g}_l\right)}{\mathrm{d}t} = \frac{\mathrm{d}\boldsymbol{g}_k}{\mathrm{d}t}\cdot\boldsymbol{g}_l + \boldsymbol{g}_k\cdot\frac{\mathrm{d}\boldsymbol{g}_l}{\mathrm{d}t} = v^m\left(\varGamma_{mkl} + \varGamma_{mlk}\right) \tag{2.113d}$$

$$\frac{\mathrm{D}g^{kl}}{\mathrm{D}t} = \frac{\mathrm{d}\left(\boldsymbol{g}^k\cdot\boldsymbol{g}^l\right)}{\mathrm{d}t} = -v^m\left(\varGamma^k_{mr}g^{rl} + \varGamma^l_{mr}g^{rk}\right) \tag{2.113e}$$

由上两式可知，g_{kl}, g^{kl} 不能像常数那样简单地移入或移出物质导数。

利用式 (2.113c) 和式 (2.113d)，可以得到 Euler 坐标系的单位张量的物质导数等于 $\mathbf{0}$

$$\begin{aligned}\frac{\mathrm{d}\boldsymbol{i}}{\mathrm{d}t} &= \frac{\mathrm{d}}{\mathrm{d}t}\left(g_{kl}\boldsymbol{g}^k\boldsymbol{g}^l\right) = \frac{\mathrm{D}g_{kl}}{\mathrm{D}t}\boldsymbol{g}^k\boldsymbol{g}^l + g_{kl}\frac{\mathrm{d}\boldsymbol{g}^k}{\mathrm{d}t}\boldsymbol{g}^l + g_{kl}\boldsymbol{g}^k\frac{\mathrm{d}\boldsymbol{g}^l}{\mathrm{d}t}\\ &= v^m\left(\varGamma_{mkl} + \varGamma_{mlk}\right)\boldsymbol{g}^k\boldsymbol{g}^l - g_{kl}\varGamma^k_{rm}v^m\boldsymbol{g}^r\boldsymbol{g}^l - g_{kl}\varGamma^l_{rm}v^m\boldsymbol{g}^k\boldsymbol{g}^r = \mathbf{0}\end{aligned} \tag{2.113f}$$

2.10.4 两点张量的物质导数

物质导数的定义也可以用于两点张量。如第 1.23 节所述，两点张量同时依赖于两个构形 $\mathscr{R}$ 和 $\boldsymbol{\imath}$，例如

$$\boldsymbol{\varphi}=\varphi^{KL}{}_{kl}\left(\boldsymbol{X},\boldsymbol{x},t\right)\boldsymbol{G}_K\left(\boldsymbol{X}\right)\boldsymbol{G}_L\left(\boldsymbol{X}\right)\boldsymbol{g}^k\left(\boldsymbol{x}\right)\boldsymbol{g}^l\left(\boldsymbol{x}\right)$$

式中，$\boldsymbol{x}=\boldsymbol{x}\left(\boldsymbol{X},t\right)$。物质导数为

$$\dot{\boldsymbol{\varphi}}=\frac{\mathrm{d}\boldsymbol{\varphi}}{\mathrm{d}t}=\left(\frac{\partial\boldsymbol{\varphi}}{\partial t}\right)_{X,x}+\left(\frac{\partial\boldsymbol{\varphi}}{\partial x^m}\right)_X\frac{\partial x^m}{\partial t}=\frac{\mathrm{D}\varphi^{KL}{}_{kl}}{\mathrm{D}t}\boldsymbol{G}_K\boldsymbol{G}_L\boldsymbol{g}^k\boldsymbol{g}^l$$

$$\frac{\mathrm{D}\varphi^{KL}{}_{kl}}{\mathrm{D}t}=\frac{\partial\varphi^{KL}{}_{kl}}{\partial t}+v^m\nabla_m\varphi^{KL}{}_{kl} \tag{2.114}$$

式中，$\nabla_m(\quad)$ 是 $\boldsymbol{X}$ 不变只 $\boldsymbol{x}$ 改变时的物质导数 (称为偏协变导数)

$$\nabla_m\left(\varphi^{KL}{}_{kl}\right)=\varphi^{KL}{}_{kl;m}=\varphi^{KL}{}_{kl,m}-\varphi^{KL}{}_{rl}\Gamma^r_{km}-\varphi^{KL}{}_{kr}\Gamma^r_{lm} \tag{2.114a}$$

2.11　速度和加速度、迹线和流线

上节指出，构形 $\mathscr{R}$ 中任一点 $\boldsymbol{X}$ 在 t 时刻的速度向量 $\boldsymbol{v}$ 为该物质点在 Euler 坐标系中的位置向量 $\boldsymbol{x}\left(\boldsymbol{X},t\right)$ 的时间变率，用空间描述法时，由式 (2.104) 有

$$\boldsymbol{v}(\boldsymbol{x},t)=\frac{\mathrm{d}\boldsymbol{x}}{\mathrm{d}t}=v^i\boldsymbol{g}_i,\quad v^i=\left(\frac{\partial x^i}{\partial t}\right)_X \tag{2.115}$$

由于位移 $\boldsymbol{u}=\boldsymbol{x}-\boldsymbol{X}$，上式也可以用位移表示

$$\boldsymbol{v}(\boldsymbol{x},t)=\frac{\mathrm{d}\boldsymbol{u}}{\mathrm{d}t}=\left(\frac{\partial u^i}{\partial t}\right)_X\boldsymbol{g}_i,\quad v^i=\left(\frac{\partial u^i}{\partial t}\right)_X \tag{2.115a}$$

如果 $\boldsymbol{u}$ 用物质描述法，$\boldsymbol{u}=U^K\boldsymbol{G}_K$，则

$$\boldsymbol{v}=\frac{\mathrm{d}\boldsymbol{u}}{\mathrm{d}t}=\frac{\partial U^K}{\partial t}\boldsymbol{G}_K=V^K\boldsymbol{G}_K,\quad V^K=\frac{\partial U^K}{\partial t} \tag{2.116}$$

任一物质点 $\boldsymbol{X}$ 在 t 时刻的加速度向量被定义为速度的物质导数

$$\boldsymbol{a}=\frac{\mathrm{d}\boldsymbol{v}}{\mathrm{d}t} \tag{2.117}$$

对于物质描述法，$\boldsymbol{v}=V^K\boldsymbol{G}_K$，$\boldsymbol{a}=a^K\boldsymbol{G}_K$，分量为

$$a^K=\frac{\partial V^K}{\partial t}=\frac{\partial^2U^K}{\partial t^2} \tag{2.118a}$$

对于空间描述法，$\boldsymbol{v}=v^k\boldsymbol{g}_k$，$\boldsymbol{a}=a^k\boldsymbol{g}_k$，分量为

$$a^k=\frac{\mathrm{D}v^k}{\mathrm{D}t}=\frac{\partial v^k}{\partial t}+v^k{}_{;l}v^l\quad\text{或}\quad\boldsymbol{a}=\frac{\partial\boldsymbol{v}}{\partial t}+\boldsymbol{v}\cdot\boldsymbol{\nabla}\boldsymbol{v} \tag{2.118b}$$

式 (2.118b) 第一项表示 t 时刻物质点所在的空间点的速度随时间的变化，第二项是由于物质点以速度 $\boldsymbol{v}$ 运动时由于速度存在梯度所引起的速度变化。

构形 $\mathscr{k}$ 中的速度场 $\boldsymbol{v}(\boldsymbol{x},t)$ 给出了 t 时刻 $\boldsymbol{x}$ 点的速度 (即经过空间点 $\boldsymbol{x}$ 的物质点 $\boldsymbol{X}$ 的速度)，是连续介质运动学中最基本的物理量。如果任何空间点处的速度不依赖于时间，即 $\boldsymbol{v}=\boldsymbol{v}(\boldsymbol{x})$，这样的运动称为定常运动，否则将称为非定常运动。许多实际流体运动可以近似认为是定常的。

任一物质点 X^K 在 Euler 坐标系中的位置 $x^k=\left(X^K,t\right)$ 随时间变化的轨迹称为该物质点的迹线。迹线描述同一物质点的运动情况，t_0 时在 $\boldsymbol{x}_0$ 点的物质点的迹线方程为

$$\begin{cases}\dfrac{\mathrm{d}\boldsymbol{x}}{\mathrm{d}t}=\boldsymbol{v}(\boldsymbol{x},t)\\[2mm] \boldsymbol{x}(\boldsymbol{X},t_0)=\boldsymbol{x}_0\end{cases}\quad \text{或} \quad \begin{cases}\dfrac{\mathrm{d}x^k}{\mathrm{d}t}=v^k(x^k,t)\\[2mm] x^k\left(X^K,t_0\right)=x_0^k\end{cases} \tag{2.119}$$

在某一给定时刻，如果空间曲线上任一点的切线方向与该点的速度方向重合，这样的曲线称为该时刻速度场的流线。流线描述同一时刻流场的运动情况。在 t 时刻，过 $\boldsymbol{x}_0$ 点的流线 $\boldsymbol{x}(s)$ 的参数方程为 (s 是流线的弧长坐标)

$$\begin{cases}\dfrac{\mathrm{d}\boldsymbol{x}}{\mathrm{d}s}=\boldsymbol{v}(\boldsymbol{x},t)\\[2mm] \boldsymbol{x}\,(t)\big|_{s=0}=\boldsymbol{x}_0\end{cases}\quad \text{或} \quad \begin{cases}\dfrac{\mathrm{d}x^k}{\mathrm{d}s}=v^k(x^k,t)\\[2mm] x^k\,(t)\big|_{s=0}=x_0^k\end{cases} \tag{2.120}$$

如果速度场 $\boldsymbol{v}(\boldsymbol{x},t)$ 已知，对方程式 (2.119) 和式 (2.120) 积分，利用初始条件或边界条件，可以得到以 t 为变量的迹线族和以 s 为变量的流线族。

在一般情况下，流线与迹线不重合，如果运动是定常的，则流线与迹线相同。

2.12 速度梯度、一些几何变量的物质导数

与变形几何学不同，连续介质运动学描述任一时刻构形 $\mathscr{k}$ 的瞬时变化，为此必须考虑两个邻近时刻 (t 和 $t+\Delta t$，$\Delta t\to 0$) 所对应的状态，从而给出有关物理量的时间变率，用来表示连续介质的运动状态。

在变形几何学中，位移是基本变量，所有其他量都可以用位移表示。在运动学中，速度是基本变量，用速度可以表示其他变量。与变形梯度 $\boldsymbol{F}$ 或位移梯度 $\boldsymbol{\nabla u}$ 在变形分析中非常重要一样，运动分析需要借助速度梯度 $\boldsymbol{v\nabla}$(定义为右梯度)。

两个物质点 $\boldsymbol{X}+\mathrm{d}\boldsymbol{X}$ 与 $\boldsymbol{X}$ 在 t 时刻构形 $\mathscr{k}$ 中速度的微分为

$$\mathrm{d}\boldsymbol{v}=\frac{\partial}{\partial x^i}(v^j\boldsymbol{g}_j)\mathrm{d}x^i=\nabla_i v^j\boldsymbol{g}_j\mathrm{d}x^i=\nabla_i v^j\boldsymbol{g}_j(\boldsymbol{g}^i\cdot\boldsymbol{g}_m\mathrm{d}x^m)=\boldsymbol{L}\cdot\mathrm{d}\boldsymbol{x} \tag{2.121}$$

式中

$$\boldsymbol{L}=\nabla_i v^j\boldsymbol{g}_j\boldsymbol{g}^i=\boldsymbol{v}\nabla \tag{2.122}$$

称为速度梯度张量，即速度场的右梯度，表示速度随位置的变化。

利用上节给出的物质导数的定义，借助速度梯度，可以得到一些常用几何量的物质导数。

A 变形梯度的物质导数

$$\frac{\mathrm{D}}{\mathrm{D}t}(x^k_{,K}) = v^k_{;l} x^l_{,K} \quad 或 \quad \frac{\mathrm{d}\boldsymbol{F}}{\mathrm{d}t} = \boldsymbol{L} \cdot \boldsymbol{F} \tag{2.123a}$$

$$\frac{\mathrm{D}}{\mathrm{D}t}(X^K_{,k}) = -v^l_{;k} X^K_{,l} \quad 或 \quad \frac{\mathrm{d}\boldsymbol{F}^{-1}}{\mathrm{d}t} = -\boldsymbol{F}^{-1} \cdot \boldsymbol{L} \tag{2.123b}$$

在上式张量运算中，应注意 $\boldsymbol{L}$ 是 $\boldsymbol{v}$ 的右梯度。

证明：由式 (2.6a)

$$\frac{\mathrm{d}\boldsymbol{F}}{\mathrm{d}t} = \frac{\partial}{\partial t}\left(\frac{\partial \boldsymbol{x}}{\partial X^K}\boldsymbol{G}^K\right)_{\boldsymbol{X}} = \frac{\partial \boldsymbol{v}}{\partial X^K}\boldsymbol{G}^K = \frac{\partial \boldsymbol{v}}{\partial x^l} x^l_{,K}\boldsymbol{G}^K = \nabla_l v^k x^l_{,K}\boldsymbol{g}_k\boldsymbol{G}^K, \quad \frac{\mathrm{D}x^k_{,K}}{\mathrm{D}t} = v^k_{;l}x^l_{,K}$$

由于 $X^K_{,k}x^k_{,L} = \delta^K_L$，所以

$$\frac{\mathrm{D}}{\mathrm{D}t}\left(X^K_{,k}x^k_{,L}\right) = \frac{\mathrm{D}}{\mathrm{D}t}\left(X^K_{,k}\right)x^k_{,L} + X^K_{,k}\frac{\mathrm{D}}{\mathrm{D}t}\left(x^k_{,L}\right) = 0$$

上式乘以 $X^L_{,l}$，注意到 $x^k_{,L}X^L_{,l} = \delta^k_l$，故

$$\frac{\mathrm{D}}{\mathrm{D}t}\left(X^K_{,l}\right) = -X^L_{,l}X^K_{,k}v^k_{;m}x^m_{,L} = -v^k_{;l}X^K_{,k} \quad (证毕)$$

B 线元 $\mathrm{d}x^k$ 的物质导数

由式 (2.5) 和式 (2.123a)，可得

$$\frac{\mathrm{D}}{\mathrm{D}t}\left(\mathrm{d}x^k\right) = \frac{\mathrm{D}}{\mathrm{D}t}\left(x^k_{,K}\mathrm{d}X^K\right) = v^k_{;l}x^l_{,K}\mathrm{d}X^K = v^k_{;l}\mathrm{d}x^l \tag{2.124}$$

或

$$\mathrm{d}\dot{\boldsymbol{x}} = \frac{\mathrm{d}}{\mathrm{d}t}(\mathrm{d}\boldsymbol{x}) = \mathrm{d}\boldsymbol{x} \cdot \nabla\boldsymbol{v} = \boldsymbol{L} \cdot \mathrm{d}\boldsymbol{x} \tag{2.124a}$$

C 弧长平方的物质导数

$$\frac{\mathrm{D}}{\mathrm{D}t}\left(\mathrm{d}s^2\right) = \frac{\partial}{\partial t}(\mathrm{d}\boldsymbol{x}\cdot\mathrm{d}\boldsymbol{x})_{\boldsymbol{X}} = \mathrm{d}\left(\frac{\partial \boldsymbol{x}}{\partial t}\right)_{\boldsymbol{X}}\cdot\mathrm{d}\boldsymbol{x} + \mathrm{d}\boldsymbol{x}\cdot\mathrm{d}\left(\frac{\partial \boldsymbol{x}}{\partial t}\right)_{\boldsymbol{X}} = \mathrm{d}\boldsymbol{v}\cdot\mathrm{d}\boldsymbol{x} + \mathrm{d}\boldsymbol{x}\cdot\mathrm{d}\boldsymbol{v} = 2\mathrm{d}\boldsymbol{x}\cdot\mathrm{d}\boldsymbol{v}$$

将式 (2.121) 代入上式，得

$$\frac{\mathrm{D}}{\mathrm{D}t}\left(\mathrm{d}s^2\right) = 2\mathrm{d}\boldsymbol{x}\cdot\boldsymbol{L}\cdot\mathrm{d}\boldsymbol{x} = 2v_{k;l}\mathrm{d}x^k\mathrm{d}x^l \tag{2.125}$$

D J 的物质导数

式 (2.9) 给出 $J = \sqrt{\frac{g}{G}}j$，其中 $j = \det\left(x^k_{,K}\right)$，$J$ 的物质导数为

$$\frac{\mathrm{D}J}{\mathrm{D}t} = \frac{\partial J}{\partial x^k_{,K}}\frac{\mathrm{D}}{\mathrm{D}t}(x^k_{,K})$$

由式 (2.9)，注意到行列式导数公式 (1.4) 和关系式 (2.8b)，有

$$\frac{\partial J}{\partial x^k_{\ ,K}} = \frac{1}{2!}\varepsilon^{KMN}\varepsilon_{kmn}x^m_{\ ,M}x^n_{\ ,N} = JX^K_{\ ,k}$$

将上式和式 (2.123a) 代入前式，故

$$\frac{\mathrm{D}J}{\mathrm{D}t} = JX^K_{\ ,k}v^k_{\ ;l}x^l_{\ ,K} = Jv^k_{\ ;k} = J\boldsymbol{\nabla}\cdot\boldsymbol{v} \tag{2.126}$$

E 面积元 $\mathrm{d}a_k$ 的物质导数

由式 (2.60)、式 (2.126) 和式 (2.123b)，有

$$\begin{aligned}\frac{\mathrm{D}}{\mathrm{D}t}(\mathrm{d}a_k) &= \frac{\mathrm{D}}{\mathrm{D}t}(JX^K_{\ ,k}\mathrm{d}A_K) = \left(\frac{\mathrm{D}J}{\mathrm{D}t}X^K_{\ ,k} + J\frac{\mathrm{D}}{\mathrm{D}t}(X^K_{\ ,k})\right)\mathrm{d}A_K \\ &= (Jv^l_{\ ;l}X^K_{\ ,k} - Jv^l_{\ ;k}X^K_{\ ,l})\mathrm{d}A_K \\ &= v^l_{\ ;l}\mathrm{d}a_k - v^l_{\ ;k}\mathrm{d}a_l\end{aligned} \tag{2.127}$$

或

$$\mathrm{d}\dot{\boldsymbol{a}} = \frac{\mathrm{d}}{\mathrm{d}t}(\mathrm{d}\boldsymbol{a}) = \boldsymbol{\nabla}\cdot\boldsymbol{v}\mathrm{d}\boldsymbol{a} - \boldsymbol{\nabla}\boldsymbol{v}\cdot\mathrm{d}\boldsymbol{a} \tag{2.127a}$$

F 体积元 $\mathrm{d}v$ 的物质导数

由式 (2.62) 和式 (2.126)，有

$$\mathrm{d}\dot{v} = \frac{\mathrm{D}}{\mathrm{D}t}(\mathrm{d}v) = \frac{\mathrm{D}}{\mathrm{D}t}(J\mathrm{d}V) = \frac{\mathrm{D}J}{\mathrm{D}t}\mathrm{d}V = Jv^k_{\ ;k}\mathrm{d}V = v^k_{\ ;k}\mathrm{d}v \tag{2.128}$$

2.13 变形率张量、自旋张量和旋度

在讨论连续介质变形时，将基本变形分为平移、纯变形和局部刚性转动，分别用位移向量、应变张量和转动张量描述。在研究运动时，同样需要将物质点的运动分解，用平移速度、纯变形速率和局部刚性转动速度描述一点附近的运动状态，并定义相应的状态变量。前面定义的速度向量可以表示物质点的移动速度，本节讨论纯变形速率和刚性转动速度的度量。

2.13.1 纯变形速率

将式 (2.125) 写成

$$\frac{\mathrm{D}}{\mathrm{D}t}(\mathrm{d}s^2) = (v_{k;l} + v_{l;k})\,\mathrm{d}x^k\mathrm{d}x^l = 2d_{kl}\mathrm{d}x^k\mathrm{d}x^l \tag{2.129}$$

$$d_{kl} \equiv \frac{1}{2}(v_{k;l} + v_{l;k}) \quad 或 \quad \boldsymbol{d} = \frac{1}{2}(\boldsymbol{L} + \boldsymbol{L}^{\mathrm{T}}) \tag{2.130}$$

式中，$\boldsymbol{d}$ 称为变形率张量，是速度梯度张量 $\boldsymbol{L}$ 加法分解的对称部分。

变形率张量是对称二阶张量，与速度梯度成线性关系。表达式 (2.130) 的形式与无限小应变张量的位移表达式 $(2.100)_1$ 相似，因此可以得到与式 (2.101) 相似的变形率相容方程：

$$d_{ij;jk} + d_{jk;il} - d_{ik;jl} - d_{jl;ik} = 0 \tag{2.131}$$

应该指出，无限小应变张量是应变张量的近似表达式，在无限小应变下，即构形 $\mathscr{r}$ 无限接近构形 $\mathscr{R}$ 时是精确的；变形率张量比较的同样是两个无限邻近的构形，即 t 时刻和 $t+\mathrm{d}t$ 时刻的构形，因而变形率张量是变形速率的精确表达式。

变形率张量可以表示纯变形随时间的变化率，用于度量纯变形速率。下面讨论一些纯变形量的时间变率。

2.13.1.1　伸长变率

由式 (2.129) $2\mathrm{d}s\dfrac{\mathrm{D}}{\mathrm{D}t}(\mathrm{d}s) = 2d_{kl}\mathrm{d}x^k\mathrm{d}x^l$，两端除 $2\mathrm{d}s^2$，注意到单位向量 $\boldsymbol{n} = n^k\boldsymbol{g}_k$，$n^k = \dfrac{\mathrm{d}x^k}{\mathrm{d}s}$，所以

$$d_{(n)} = \frac{\mathrm{D}}{\mathrm{D}t}(\mathrm{d}s)/\mathrm{d}s = d_{kl}n^kn^l \quad 或 \quad d_{(n)} = \boldsymbol{n}\cdot\boldsymbol{d}\cdot\boldsymbol{n} \tag{2.132}$$

式中，$d_{(n)}$ 称为 $\boldsymbol{n}$ 方向伸长变率，即线元长度随时间的变化与原长之比。

当 $\boldsymbol{n}$ 为 $\boldsymbol{d}$ 的主方向 $\boldsymbol{n}_i$ 时，$\boldsymbol{d} = d_{(i)}\boldsymbol{n}_i\boldsymbol{n}_i$，有

$$\boldsymbol{d}\cdot\boldsymbol{n}_i = d_{(i)}\boldsymbol{n}_i \quad (i=1,2,3) \tag{2.132a}$$

当 $\boldsymbol{n}$ 为非主方向时，一般说来 (非各向同性变形)

$$\boldsymbol{d}\cdot\boldsymbol{n} \neq d_{(n)}\boldsymbol{n} \tag{2.132b}$$

因为变形率张量中不仅包括伸长变率，还有由于剪切产生的旋率 (不是刚性旋转)。

将式 (2.132) 用于直角坐标系，基向量为 $\boldsymbol{e}_k$(单位向量)，若 $\boldsymbol{n} = \boldsymbol{e}_k$，则 $d_{(n)} = d_{\underline{kk}}(\underline{k} = k$ 是非求和指标)，所以变形率张量在直角坐标系中的法向分量 (即采用矩阵表示时的对角线分量) 等于沿坐标轴方向的伸长变率。当 $\{x^k\}$ 取张量 $\boldsymbol{d}$ 的主坐标系时，变形率张量只有对角线分量，也是 $\boldsymbol{d}$ 的主值 $d_{(1)}, d_{(2)}, d_{(3)}$(可令 $d_{(1)} \geqslant d_{(2)} \geqslant d_{(3)}$)，根据实对称二阶张量的一般性质式 (1.75)，有

$$d_{(1)} \geqslant d_{(n)} \geqslant d_{(3)} \tag{2.133}$$

即沿变形率张量主方向的伸长变率是伸长变率的极值，也称为主伸长变率。

2.13.1.2　剪切变率

变形率张量也可以表示即时构形 $\mathscr{r}$ 中任意两个单位向量 $\boldsymbol{n}_1$，$\boldsymbol{n}_2$ 之间夹角 $\vartheta(\boldsymbol{n}_1, \boldsymbol{n}_2)$ 的时间变率。由于 $\cos\vartheta(\boldsymbol{n}_1, \boldsymbol{n}_2) = \boldsymbol{n}_1\cdot\boldsymbol{n}_2 = g_{kl}n_1^kn_2^l$，利用式 (2.125) 和式 (2.129)，可得

$$\frac{\mathrm{D}}{\mathrm{D}t}\cos\vartheta(\boldsymbol{n}_1, \boldsymbol{n}_2) = \frac{\mathrm{D}}{\mathrm{D}t}\left(g_{kl}\frac{\mathrm{d}x_1^k}{\mathrm{d}s_1}\frac{\mathrm{d}x_2^l}{\mathrm{d}s_2}\right)$$

$$= \frac{1}{\mathrm{d}s_1\mathrm{d}s_2}\frac{\mathrm{D}}{\mathrm{D}t}(g_{kl}\mathrm{d}x_1^k\mathrm{d}x_2^l) + g_{kl}\mathrm{d}x_1^k\mathrm{d}x_2^l\left(-\frac{\dfrac{D}{\mathrm{D}t}(\mathrm{d}s_1)}{(\mathrm{d}s_1)^2\mathrm{d}s_2} - \frac{\dfrac{\mathrm{D}}{\mathrm{D}t}(\mathrm{d}s_2)}{(\mathrm{d}s_2)^2\mathrm{d}s_1}\right)$$

$$= \frac{1}{\mathrm{d}s_1\mathrm{d}s_2}\frac{\mathrm{D}}{\mathrm{D}t}(g_{kl}\mathrm{d}x_1^k\mathrm{d}x_2^l) - (\mathrm{d}_{(n_1)} + \mathrm{d}_{(n_2)})\cos\vartheta(\boldsymbol{n}_1, \boldsymbol{n}_2)$$

$$= 2d_{kl}n_1^k n_2^l - (d_{(n_1)} + d_{(n_2)})\cos\vartheta(\boldsymbol{n}_1, \boldsymbol{n}_2)$$

$$= 2\boldsymbol{n}_1 \cdot \boldsymbol{d} \cdot \boldsymbol{n}_2 - (d_{(n_1)} + d_{(n_2)})\boldsymbol{n}_1 \cdot \boldsymbol{n}_2 \tag{2.134}$$

或

$$-\sin\vartheta(\boldsymbol{n}_1, \boldsymbol{n}_2)\frac{\mathrm{D}}{\mathrm{D}t}\vartheta(\boldsymbol{n}_1, \boldsymbol{n}_2) = 2d_{kl}n_1^k n_2^l - (d_{(\boldsymbol{n}_1)} + d_{(\boldsymbol{n}_2)})\cos\vartheta(\boldsymbol{n}_1, \boldsymbol{n}_2) \tag{2.134a}$$

由上式可以得到 $\dfrac{\mathrm{D}}{\mathrm{D}t}\vartheta(\boldsymbol{n}_1, \boldsymbol{n}_2)$，称为剪切变率，表示线元间夹角的时间变率。

当 $\vartheta(\boldsymbol{n}_1, \boldsymbol{n}_2) = \dfrac{\pi}{2}$ 时，即方向 $\boldsymbol{n}_1$ 和 $\boldsymbol{n}_2$ 正交，由式 (2.134a) 得到

$$\frac{\mathrm{D}}{\mathrm{D}t}\vartheta(\boldsymbol{n}_1, \boldsymbol{n}_2) = -2d_{kl}n_1^k n_2^l = -2\boldsymbol{n}_1 \cdot \boldsymbol{d} \cdot \boldsymbol{n}_2 \tag{2.135}$$

当 $\{x^k\}$ 为直角坐标系时，若 $\boldsymbol{n}_1$，$\boldsymbol{n}_2$ 分别等于单位基向量 $\boldsymbol{e}_1$ 和 $\boldsymbol{e}_2$，有

$$d_{12} = -\frac{1}{2}\frac{\mathrm{D}}{\mathrm{D}t}\vartheta(\boldsymbol{e}_1, \boldsymbol{e}_2) \tag{2.136}$$

所以，直角坐标系中变形率张量的非对角分量等于坐标轴之间夹角减小率的一半。

2.13.1.3 面积变率

面积元向量 $\mathrm{d}\boldsymbol{a} = \mathrm{d}a\boldsymbol{n} = \mathrm{d}a^k\boldsymbol{g}_k$，$\boldsymbol{n}$ 为 $\mathrm{d}\boldsymbol{a}$ 的单位法向量，$\boldsymbol{n} = n^k\boldsymbol{g}_k$，$n^k = \mathrm{d}a^k/\mathrm{d}a$。面积元的面积是向量的模 $\mathrm{d}a$，$(\mathrm{d}a)^2 = \mathrm{d}\boldsymbol{a}\cdot\mathrm{d}\boldsymbol{a}$。利用式 (2.127a)，可得

$$\frac{\mathrm{D}}{\mathrm{D}t}(\mathrm{d}a^2) = 2\mathrm{d}\boldsymbol{a}\cdot\mathrm{d}\dot{\boldsymbol{a}} = 2(\boldsymbol{\nabla}\cdot\boldsymbol{v})\,\mathrm{d}\boldsymbol{a}\cdot\mathrm{d}\boldsymbol{a} - 2\mathrm{d}\boldsymbol{a}\cdot\boldsymbol{\nabla}\boldsymbol{v}\cdot\mathrm{d}\boldsymbol{a}$$

两端除以 $2(\mathrm{d}a)^2$，得到面积变率

$$\frac{\mathrm{D}}{\mathrm{D}t}(\mathrm{d}a)/\mathrm{d}a = I_d - d_{kl}n^k n^l = I_d - d_{(n)} \tag{2.137}$$

式中，$d_{(n)}$ 为面元法线 $\boldsymbol{n}$ 方向的伸长变率；变形率张量的第一不变量为

$$I_d = v^m_{\ ;m} = d^m_{\ m} \tag{2.137a}$$

2.13.1.4 体积变率

体积比 $J = \mathrm{d}v/\mathrm{d}V$ 和体积元 $\mathrm{d}v$ 的变率由式 (2.126) 和式 (2.128) 给出，两式分别除

以 J 和 $\mathrm{d}v$，有

$$\frac{\mathrm{D}J}{\mathrm{D}t}/J = v^k{}_{;k} = I_d \tag{2.138}$$

$$\frac{\mathrm{D}(\mathrm{d}v)}{\mathrm{D}t}/\mathrm{d}v = v^k{}_{;k} = I_d \tag{2.139}$$

上式表明，变形率张量的第一不变量等于即时构形 $\mathscr{r}$ 中单位体积随时间的变化率。

由式 (2.132)、式 (2.134)、式 (2.137) 和式 (2.139) 可见，在 t 时刻构形 $\mathscr{r}$ 中任一点的长度、夹角、面积和体积随时间的变化率都只是决定于变形率张量，所以，变形率张量可以描述物质点邻域纯变形的变化率。

2.13.2 局部刚性转动的时间变率、运动的分解

引入定义：

$$\boldsymbol{w} = w_{kl}\boldsymbol{g}^k\boldsymbol{g}^l = \frac{1}{2}(\boldsymbol{v}\boldsymbol{\nabla} - \boldsymbol{\nabla}\boldsymbol{v}) = \frac{1}{2}(\boldsymbol{L} - \boldsymbol{L}^{\mathrm{T}}), \quad w_{kl} = \frac{1}{2}(v_{k;l} - v_{l;k}) \tag{2.140a}$$

称为自旋张量 (也称为涡度张量)。可见自旋张量是二阶反对称张量，它是速度梯度 $\boldsymbol{L}$ 加法分解中的反对称部分，即

$$\boldsymbol{L} = \boldsymbol{v}\boldsymbol{\nabla} = \boldsymbol{d} + \boldsymbol{w} \quad , \qquad L_{kl} = v_{k;l} = d_{kl} + w_{kl} \tag{2.140b}$$

和变形率张量一样，自旋张量与速度梯度成线性关系，表达式 (2.140a) 与无限小转动张量的位移表达式 $(2.100)_2$ 形式相同。但式 (2.140a) 是刚性转动变率的精确形式，而无限小转动张量 $\hat{\boldsymbol{W}}$ 只在无限小转动时精确描述转动。

自旋张量作为反对称二阶张量，其反偶向量为 (见式 (1.64))

$$\boldsymbol{\omega} = -\frac{1}{2}\boldsymbol{\varepsilon} : \boldsymbol{w} = \omega^k \boldsymbol{g}_k \ , \qquad \omega^k = -\frac{1}{2}\varepsilon^{klm} w_{lm} \tag{2.141}$$

在描述速度场特性时，也常常采用向量

$$\boldsymbol{\Omega} = 2\boldsymbol{\omega}, \quad \Omega^k = -\varepsilon^{klm} w_{lm} = -\varepsilon^{klm}\frac{1}{2}(v_{l;m} - v_{m;l}) = \varepsilon^{klm} v_{m;l} \tag{2.142}$$

称为旋度。在直角坐标系中 $\Omega_1 = 2w_{32} = v_{3,2} - v_{2,3}$(指标 1,2,3 轮换，可得 Ω_2, Ω_3)。根据向量场左旋度的定义式 (1.125a)，$\boldsymbol{\Omega}$ 是速度场的左旋度

$$\boldsymbol{\Omega} = \boldsymbol{\nabla} \times \boldsymbol{v} = \mathrm{rot}(\boldsymbol{v}) \tag{2.143}$$

自旋张量或旋度为零的速度场称为无旋场。

为了考察自旋张量的物理意义，在构形 $\mathscr{r}$ 中取任一单位向量 $\boldsymbol{n} = n^k\boldsymbol{g}_k = \dfrac{\mathrm{d}x^k}{\mathrm{d}s}\boldsymbol{g}_k$，$\boldsymbol{n}$ 的物质导数为

$$\dot{\boldsymbol{n}} = \frac{\mathrm{d}\boldsymbol{n}}{\mathrm{d}t} = \frac{\mathrm{D}n^k}{\mathrm{D}t}\boldsymbol{g}_k \tag{2.144}$$

$$\dot{n}^k=\frac{\mathrm{D}n^k}{\mathrm{D}t}=\frac{\mathrm{D}}{\mathrm{D}t}\left(\frac{\mathrm{d}x^k}{\mathrm{d}s}\right)=\frac{1}{\mathrm{d}s}\frac{\mathrm{D}}{\mathrm{D}t}(\mathrm{d}x^k)-\frac{\mathrm{d}x^k}{(\mathrm{d}s)^2}\frac{\mathrm{D}}{\mathrm{D}t}(\mathrm{d}s)$$

利用式 (2.124) 和式 (2.132)，可得

$$\dot{n}^k=\frac{1}{\mathrm{d}s}v^k{}_{;l}\mathrm{d}x^l-\frac{1}{(\mathrm{d}s)^2}d_{(n)}\mathrm{d}s\mathrm{d}x^k=(d^k{}_l+w^k{}_l)n^l-d_{(n)}n^k$$

$$\dot{\boldsymbol{n}}=\boldsymbol{L}\cdot\boldsymbol{n}-d_{(n)}\boldsymbol{n}=(\boldsymbol{d}+\boldsymbol{w})\cdot\boldsymbol{n}-d_{(n)}\boldsymbol{n} \tag{2.145}$$

式 (2.145) 表明，任意方向 $\boldsymbol{n}$ 随时间的变化率，包括变形率张量引起的方向变率 ($\boldsymbol{d}\cdot\boldsymbol{n}-d_{(n)}\boldsymbol{n}$) 和自旋张量引起的方向变率或旋率 $\boldsymbol{w}\cdot\boldsymbol{n}=\boldsymbol{\omega}\times\boldsymbol{n}$(见式 (1.66))。前者反映剪切旋率，与方向有关，沿 $\boldsymbol{d}$ 的主方向时为 0；后者表示刚性转动速率，所有方向皆同，等于 $\boldsymbol{d}$ 的主坐标系旋率。

若取 $\{x^k\}$ 为 $\boldsymbol{d}$ 的主坐标系，基向量 $\boldsymbol{e}_i$ 为主向量 $\boldsymbol{n}_{(i)}$，利用式 (2.132a) 和式 (2.145) 变为

$$\dot{\boldsymbol{n}}_{(i)}=\boldsymbol{w}\cdot\boldsymbol{n}_{(i)}=\boldsymbol{\omega}\times\boldsymbol{n}_{(i)}\quad 即\quad \dot{\boldsymbol{e}}_i=\boldsymbol{\omega}\times\boldsymbol{e}_i \tag{2.146}$$

可见自旋张量表示变形率张量主坐标系的旋率。以 $i=1$ 为例，$\boldsymbol{n}_{(1)}=\boldsymbol{e}_1$，式 (2.146) 为

$$\frac{\mathrm{d}\boldsymbol{e}_1}{\mathrm{d}t}=w_{kl}\boldsymbol{e}_k\boldsymbol{e}_l\cdot\boldsymbol{e}_1=w_{21}\boldsymbol{e}_2+w_{31}\boldsymbol{e}_3$$

由式 (2.141)，$\boldsymbol{\omega}$ 的分量为

$$\omega_1=w_{32}=(v_{3,2}-v_{2,3})/2,\quad \omega_2=-w_{31}=(v_{1,3}-v_{3,1})/2,\quad \omega_3=w_{21}=(v_{2,1}-v_{1,2})/2$$

分别表示绕 $\boldsymbol{d}$ 主轴 1,2,3 的转动向量，$\boldsymbol{\omega}$ 为转动向量的和。所以

$$\frac{\mathrm{d}\boldsymbol{e}_1}{\mathrm{d}t}=\dot{\boldsymbol{e}}_1=\omega_3\boldsymbol{e}_2-\omega_2\boldsymbol{e}_3=\boldsymbol{\omega}\times\boldsymbol{e}_1$$

因此自旋张量 $\boldsymbol{w}$ 的反偶向量 $\boldsymbol{\omega}$ 是 $\boldsymbol{d}$ 的主坐标系的转动速度。

图 2.12 给出了 $\boldsymbol{d}$ 的主坐标系的转动速度 $\boldsymbol{\omega}$ 和分量 $(\omega_1,\omega_2,\omega_3)$、$\boldsymbol{d}$ 的主向量 $\boldsymbol{e}_1$ 的变率 $\dot{\boldsymbol{e}}_1$ 及其分量。

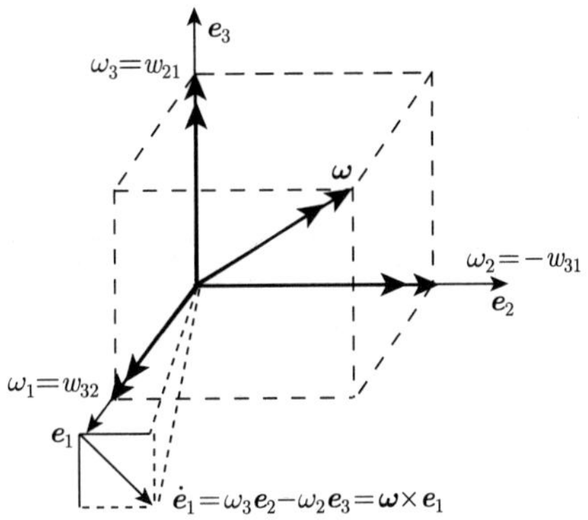

图 2.12 变形率主坐标系的转动

上述分析表明，在 t 时刻构形 $\mathscr{r}$ 中任一点邻域的运动状态可用速度向量、变形率张量和自旋张量来描述。速度向量表示该点的移动速度，变形率张量反映该点邻域的纯变形速率，自旋张量则反映该点邻域变形率张量主方向的刚性转动速度。上述运动分解依赖速度梯度张量的加法分解。因此，如果考虑两个邻近时刻 t 和 $t+\mathrm{d}t$，从即时构形为 $\mathscr{r}$ 到它的一个邻近构形，单位时间内线元 $\mathrm{d}\boldsymbol{x}=\mathrm{d}s\boldsymbol{n}$ 的运动包括三个部分，(1) 平动：$\boldsymbol{v}$，(2) 转动：$\dot{\boldsymbol{n}}\mathrm{d}s$，

(3) 伸长：$(\mathrm{d}s)^{\cdot}\boldsymbol{n} = d_{(n)}\boldsymbol{n}\mathrm{d}s$。其中 (2) 和 (3) 是 $\mathrm{d}\boldsymbol{x}$ 的变率

$$(\mathrm{d}\boldsymbol{x})^{\cdot} = (\boldsymbol{F}\cdot\mathrm{d}\boldsymbol{X})^{\cdot} = \dot{\boldsymbol{F}}\cdot\mathrm{d}\boldsymbol{X} = \boldsymbol{L}\cdot\mathrm{d}\boldsymbol{x} = \boldsymbol{d}\cdot\mathrm{d}\boldsymbol{x} + \boldsymbol{w}\cdot\mathrm{d}\boldsymbol{x}$$

将 $\mathrm{d}\boldsymbol{x} = \mathrm{d}s\boldsymbol{n}$ 代入上式，利用式 (2.145)，得到任意线元的变率

$$(\mathrm{d}\boldsymbol{x})^{\cdot} = (\boldsymbol{d}\cdot\mathrm{d}\boldsymbol{x} + \boldsymbol{w}\cdot\mathrm{d}\boldsymbol{x} - d_{(n)}\mathrm{d}\boldsymbol{x}) + d_{(n)}\mathrm{d}\boldsymbol{x} = \dot{\boldsymbol{n}}\mathrm{d}s + d_{(n)}\boldsymbol{n}\mathrm{d}s \tag{2.146a}$$

图 2.13 为线元运动分解示意图。

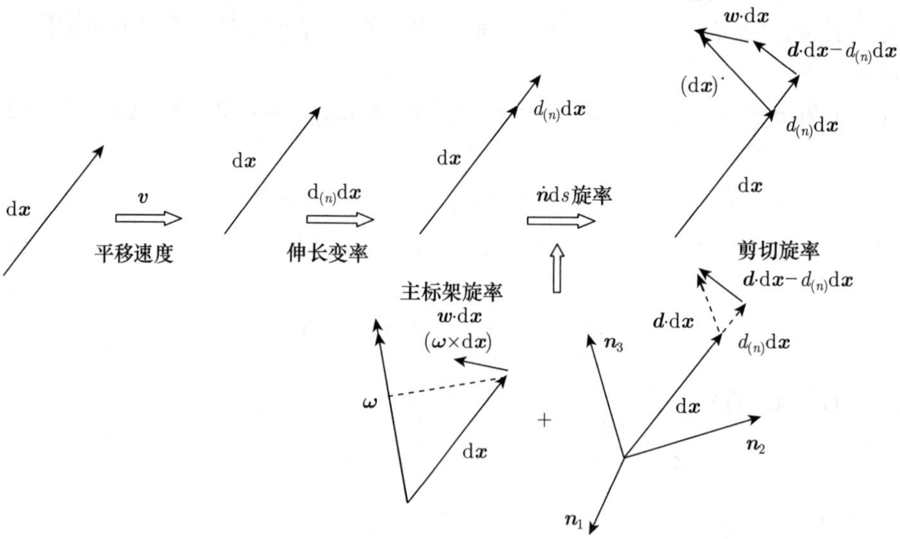

图 2.13 线元 $\mathrm{d}\boldsymbol{x}$ 的运动

2.14 变形张量与应变张量的物质导数、相对物质导数、高阶相对物质导数

在上面三节中，以初始构形 $\mathscr{R}$ 为参考构形，用 Euler 描述法定义了物质导数和运动学变量，在研究牛顿流体运动时这些量已经可以描述连续介质的运动状态。但在弹塑性体、黏弹塑性体、非牛顿流体运动描述中，常常需要应用 Lagrange 描述法和变形张量、应变张量的物质导数。此外，像变形描述中采用相对变形一样，在有限变形的运动学描述中，有时需要应用以即时构形为参考构形的相对物质导数，以及相对变形张量的高阶物质导数。本节讨论物质导数的上述情况。

2.14.1 变形张量和应变张量的物质导数

变形张量和应变张量的物质导数可用变形梯度张量的物质导数式 (2.123a,b) 导出。

右 Cauchy-Green 变形张量的物质导数，可由式 (2.22) 得到

$$\begin{aligned}\dot{\boldsymbol{C}} &= \frac{\mathrm{d}\boldsymbol{C}}{\mathrm{d}t} = \frac{\mathrm{d}}{\mathrm{d}t}\left(\boldsymbol{F}^{\mathrm{T}}\cdot\boldsymbol{F}\right) = \frac{\mathrm{d}\boldsymbol{F}^{\mathrm{T}}}{\mathrm{d}t}\cdot\boldsymbol{F} + \boldsymbol{F}^{\mathrm{T}}\cdot\frac{\mathrm{d}\boldsymbol{F}}{\mathrm{d}t}\\ &= \boldsymbol{F}^{\mathrm{T}}\cdot\boldsymbol{L}^{\mathrm{T}}\cdot\boldsymbol{F} + \boldsymbol{F}^{\mathrm{T}}\cdot\boldsymbol{L}\cdot\boldsymbol{F} = 2\boldsymbol{F}^{\mathrm{T}}\cdot\boldsymbol{d}\cdot\boldsymbol{F}\end{aligned} \tag{2.147}$$

或
$$\dot{C}_{KL} = 2x^k_{,K}x^l_{,L}d_{kl}$$

由式 (2.25)，Piola 变形张量的物质导数为

$$\begin{aligned}\dot{\boldsymbol{B}} = \dot{\boldsymbol{C}}^{-1} &= \frac{\mathrm{d}\boldsymbol{B}}{\mathrm{d}t} = \frac{\mathrm{d}}{\mathrm{d}t}\left(\boldsymbol{F}^{-1}\cdot\boldsymbol{F}^{-\mathrm{T}}\right) = \frac{\mathrm{d}\boldsymbol{F}^{-1}}{\mathrm{d}t}\cdot\boldsymbol{F}^{-\mathrm{T}} + \boldsymbol{F}^{-1}\cdot\frac{\mathrm{d}\boldsymbol{F}^{-\mathrm{T}}}{\mathrm{d}t} \\ &= -\boldsymbol{F}^{-1}\cdot\boldsymbol{L}\cdot\boldsymbol{F}^{-\mathrm{T}} - \boldsymbol{F}^{-1}\cdot\boldsymbol{L}^{\mathrm{T}}\cdot\boldsymbol{F}^{-\mathrm{T}} = -2\boldsymbol{F}^{-1}\cdot\boldsymbol{d}\cdot\boldsymbol{F}^{-\mathrm{T}}\end{aligned} \tag{2.148}$$

或
$$\dot{B}^{KL} = \dot{C}^{-1KL} = -2X^K_{,k}X^L_{,l}d^{kl}$$

由式 (2.28)，Green 应变张量的物质导数为

$$\dot{\boldsymbol{E}} = \frac{1}{2}\dot{\boldsymbol{C}} = \boldsymbol{F}^{\mathrm{T}}\cdot\boldsymbol{d}\cdot\boldsymbol{F}, \quad \dot{E}_{KL} = x^k_{,K}x^l_{,L}d_{kl} \tag{2.149}$$

式 (2.147)~ 式 (2.149) 表明 $\dot{\boldsymbol{C}}$，$\dot{\boldsymbol{B}}$，$\dot{\boldsymbol{E}}$ 只与变形梯度和变形率张量 $\boldsymbol{d}$ 有关，与自旋张量无关，当 $\boldsymbol{d}=\boldsymbol{0}$ 时三者均为 $\boldsymbol{0}$，所以 $\dot{\boldsymbol{C}}$，$\dot{\boldsymbol{B}}$，$\dot{\boldsymbol{E}}$ 可以用于纯变形率的 Lagranre 描述。

Cauchy 变形张量的物质导数，由式 (2.23)，为

$$\dot{\boldsymbol{c}} = \frac{\mathrm{d}}{\mathrm{d}t}\left(\boldsymbol{F}^{-\mathrm{T}}\cdot\boldsymbol{F}^{-1}\right) = -\boldsymbol{L}^{\mathrm{T}}\cdot\boldsymbol{F}^{-\mathrm{T}}\cdot\boldsymbol{F}^{-1} - \boldsymbol{F}^{-\mathrm{T}}\cdot\boldsymbol{F}^{-1}\cdot\boldsymbol{L} = -\boldsymbol{L}^{\mathrm{T}}\cdot\boldsymbol{c} - \boldsymbol{c}\cdot\boldsymbol{L} \tag{2.150}$$

或
$$\dot{c}_{kl} = -\nabla_k v^m c_{ml} - \nabla_l v^m c_{km}$$

左 Cauchy-Green 变形张量的物质导数，可由式 (2.26) 得到

$$\dot{\boldsymbol{b}} = \dot{\boldsymbol{c}}^{-1} = \frac{\mathrm{d}}{\mathrm{d}t}\left(\boldsymbol{F}\cdot\boldsymbol{F}^{\mathrm{T}}\right) = \boldsymbol{L}\cdot\boldsymbol{F}\cdot\boldsymbol{F}^{\mathrm{T}} + \boldsymbol{F}\cdot\boldsymbol{F}^{\mathrm{T}}\cdot\boldsymbol{L}^{\mathrm{T}} = \boldsymbol{L}\cdot\boldsymbol{b} + \boldsymbol{b}\cdot\boldsymbol{L}^{\mathrm{T}} \tag{2.151}$$

或
$$\dot{b}_{kl} = \dot{c}^{-1}_{kl} = \nabla^m v_k c^{-1}_{ml} + \nabla^m v_l c^{-1}_{km}$$

由式 (2.29)、式 (2.150) 和式 (2.130)，Almansi(或 Euler) 应变张量的物质导数为

$$\dot{\boldsymbol{e}} = -\frac{1}{2}\dot{\boldsymbol{c}} = \frac{1}{2}\left(\boldsymbol{L}^{\mathrm{T}}\cdot\boldsymbol{c} + \boldsymbol{c}\cdot\boldsymbol{L}\right) = \boldsymbol{L}^{\mathrm{T}}\cdot\left(\frac{1}{2}\boldsymbol{i} - \boldsymbol{e}\right) + \left(\frac{1}{2}\boldsymbol{i} - \boldsymbol{e}\right)\cdot\boldsymbol{L} = \boldsymbol{d} - \boldsymbol{L}^{\mathrm{T}}\cdot\boldsymbol{e} - \boldsymbol{e}\cdot\boldsymbol{L} \tag{2.152}$$

或
$$\dot{e}_{kl} = d_{kl} - \nabla_k v^m e_{ml} - \nabla_l v^m e_{mk}$$

由式 (2.150)~ 式 (2.152) 可见，Euler 描述法的变形张量和应变张量的物质导数 $\dot{\boldsymbol{c}}, \dot{\boldsymbol{b}}, \dot{\boldsymbol{e}}$ 中都包含速度梯度，因此不仅依赖于纯变形率而且与刚性转动速率有关，不能用于纯变形率的度量，因而也不适合在本构关系中应用。

为了从 Euler 描述法的应变物质导数中消去刚性转动影响，一种可以选择的方法是从 $\dot{\boldsymbol{c}}, \dot{\boldsymbol{b}}, \dot{\boldsymbol{e}}$ 表达式中减去含有自旋张量 $\boldsymbol{w}$ 的项，并引入新的应变率。以 $\dot{\boldsymbol{e}}$ 为例，将 $\boldsymbol{L} = \boldsymbol{d} + \boldsymbol{w}$，$\boldsymbol{L}^{\mathrm{T}} = \boldsymbol{d} - \boldsymbol{w}$ 代入式 (2.152)，减去含 $\boldsymbol{w}$ 的项，得到

$$\overset{\nabla}{\boldsymbol{e}} = \dot{\boldsymbol{e}} - \boldsymbol{w}\cdot\boldsymbol{e} + \boldsymbol{e}\cdot\boldsymbol{w} \tag{2.152a}$$

称为 Euler 应变张量的 Jaumann 导数 (Jaumann 应变率)，该应变率与刚性转动无关。

2.14.2 相对变形梯度和相对变形张量的物质导数

在 2.3 节中曾利用即时构形 $\boldsymbol{\imath}(t)$ 作为参考构形描述 τ 时构形 $\boldsymbol{\imath}(\tau)$ 的变形，引入了相对变形梯度、相对变形张量和相对应变张量。同样地，可以以 $\boldsymbol{\imath}(t)$ 作为参考构形定义相对变形变量的相对物质导数。$\boldsymbol{\imath}(t)$ 是运动构形，而初始参考构形 $\mathscr{R}(t_0)$ 是静止的，所以前面以 $\mathscr{R}$ 为参考构形的物质导数也称为绝对物质导数，或物质导数的绝对表示。

相对张量 $\boldsymbol{f}_{(t)}$ 的物质导数定义为

$$\dot{\boldsymbol{f}}_{(t)}(\tau)=\frac{\mathrm{d}\boldsymbol{f}_{(t)}}{\mathrm{d}\tau}=\left[\frac{\partial\boldsymbol{f}_{(t)}(\boldsymbol{\xi}(\boldsymbol{x},\tau),\tau)}{\partial\tau}\right]_{\boldsymbol{x}} \tag{2.153}$$

式中，$\boldsymbol{x}$ 是物质点 $\boldsymbol{X}$ 在参考构形 $\boldsymbol{\imath}(t)$ 中的位置向量，即 $\boldsymbol{x}(\boldsymbol{X},t)$；$\boldsymbol{\xi}$ 是 τ 时刻 $\boldsymbol{X}$ 点在即时构形 $\boldsymbol{\imath}(\tau)$ 中的位置向量 (见图 2.5)。

根据相对变形梯度 $F_{(t)}(\tau)$ 的定义式 $(2.45\mathrm{b})_1$，物质导数为

$$\begin{aligned}\dot{\boldsymbol{F}}_{(t)}(\tau)&=\left[\frac{\partial}{\partial\tau}\left(\frac{\partial\boldsymbol{\xi}}{\partial x^k}\boldsymbol{g}^k\right)\right]_{\boldsymbol{x}}=\frac{\partial}{\partial x^k}\left(\frac{\partial\boldsymbol{\xi}}{\partial\tau}\right)_{\boldsymbol{x}}\boldsymbol{g}^k=\frac{\partial\boldsymbol{v}(\tau)}{\partial x^k}\boldsymbol{g}^k=\frac{\partial\boldsymbol{v}(\tau)}{\partial\xi^\alpha}\frac{\partial\xi^\alpha}{\partial x^k}\boldsymbol{g}^k\\&=\nabla_\alpha v_\beta\boldsymbol{g}^\beta\frac{\partial\xi^\alpha}{\partial x^k}\boldsymbol{g}^k=\left(\nabla_\alpha v_\beta\boldsymbol{g}^\beta\boldsymbol{g}^\alpha\right)\cdot\left(\frac{\partial\xi^\gamma}{\partial x^k}\boldsymbol{g}_\gamma\boldsymbol{g}^k\right)=\boldsymbol{L}(\tau)\cdot\boldsymbol{F}_{(t)}(\tau)\end{aligned} \tag{2.154}$$

式 (2.154) 推导中利用了相对物质导数的定义以及构形 $\boldsymbol{\imath}(t)$ 和 $\boldsymbol{g}^k$ 与 τ 无关。式中希腊字母指标表示即时构形 $\boldsymbol{\imath}(\tau)$，$\boldsymbol{L}(\tau)=\boldsymbol{v}\boldsymbol{\nabla}_{\boldsymbol{\xi}}=\nabla_\alpha v_\beta\boldsymbol{g}^\beta\boldsymbol{g}^\alpha$ 是 $\boldsymbol{\imath}(\tau)$ 中的速度梯度，$\boldsymbol{\nabla}_{\boldsymbol{\xi}}$ 是构形 $\boldsymbol{\imath}(\tau)$ 中的微分算子。

当 $\tau=t$ 时 $\boldsymbol{\imath}(\tau)$ 与 $\boldsymbol{\imath}(t)$ 相同，无相对变形，所以相对变形梯度退化为 $\boldsymbol{\imath}(t)$ 中单位张量

$$\boldsymbol{F}_{(t)}(t)=\boldsymbol{i} \tag{2.155}$$

由式 (2.154) 和式 (2.155)，有

$$\dot{\boldsymbol{F}}_{(t)}(t)=\boldsymbol{L}(t) \tag{2.156}$$

即 t 时刻相对变形梯度的物质导数等于构形 $\boldsymbol{\imath}(t)$ 中的速度梯度。这一结果也可以从相对物质导数、速度和速度梯度的定义得出，由式 (2.153)，当 $\tau=t$ 时，

$$\dot{\boldsymbol{F}}_{(t)}(t)=\left[\frac{\partial}{\partial\tau}\left(\frac{\partial\boldsymbol{\xi}}{\partial x^k}\boldsymbol{g}^k\right)\right]_{\boldsymbol{x},\ \tau=t}=\left[\frac{\partial}{\partial x^k}\left(\frac{\partial\boldsymbol{\xi}}{\partial\tau}\right)_{\boldsymbol{x}}\boldsymbol{g}^k\right]_{\tau=t}=\frac{\partial\boldsymbol{v}}{\partial x^k}\boldsymbol{g}^k=\boldsymbol{v}\boldsymbol{\nabla}_{\boldsymbol{x}}=\boldsymbol{L}(t)$$

相对 Green 变形张量的物质导数，由式 (2.48a) 和式 (2.154)，有

$$\dot{\boldsymbol{C}}_{(t)}=\dot{\boldsymbol{F}}_{(t)}^{\mathrm{T}}(\tau)\cdot\boldsymbol{F}_{(t)}(\tau)+\boldsymbol{F}_{(t)}^{\mathrm{T}}(\tau)\cdot\dot{\boldsymbol{F}}_{(t)}(\tau)=2\boldsymbol{F}_{(t)}^{\mathrm{T}}(\tau)\cdot\boldsymbol{d}(\tau)\cdot\boldsymbol{F}_{(t)}(\tau) \tag{2.157}$$

式中，$\boldsymbol{d}(\tau)$ 是 $\boldsymbol{\imath}(\tau)$ 中的变形率张量。

2.14.3 相对变形张量的高阶物质导数，Rivlin-Ericksen 张量

相对张量 $\boldsymbol{f}_{(t)}$ 的 n 阶物质导数定义为

$$\boldsymbol{f}_{(t)}^{(n)}(\tau)=\frac{\mathrm{d}^n\boldsymbol{f}_{(t)}(\tau)}{\mathrm{d}\tau^n}=\left[\frac{\partial^n}{\partial\tau^n}\boldsymbol{f}_{(t)}((\boldsymbol{\xi}(\boldsymbol{x},\tau),\tau))\right]_{\boldsymbol{x}},\quad n=1,2,\cdots \tag{2.158}$$

规定 $\boldsymbol{f}_{(t)}^{(0)}(\tau)=\boldsymbol{f}_{(t)}(\tau)$。

相对变形梯度的 n 阶物质导数，可由上述定义得

$$\begin{aligned}\boldsymbol{F}_{(t)}^{(n)}(\tau)&=\left[\frac{\partial^n}{\partial\tau^n}\left(\frac{\partial\boldsymbol{\xi}}{\partial x^k}\boldsymbol{g}^k\right)\right]_{\boldsymbol{x}}=\frac{\partial}{\partial x^k}\left(\frac{\partial^n\boldsymbol{\xi}}{\partial\tau^n}\right)_{\boldsymbol{x}}\boldsymbol{g}^k=\frac{\partial}{\partial\xi^\alpha}\left(\frac{\partial^n\boldsymbol{\xi}}{\partial\tau^n}\right)_{\boldsymbol{x}}\frac{\partial\xi^\alpha}{\partial x^k}\boldsymbol{g}^k\\&=\frac{\partial}{\partial\xi^\alpha}\left(\frac{\partial^n\boldsymbol{\xi}}{\partial\tau^n}\right)_{\boldsymbol{x}}\left(\boldsymbol{g}^\alpha\cdot\boldsymbol{g}_\beta\frac{\partial\xi^\beta}{\partial x^k}\boldsymbol{g}^k\right)=\boldsymbol{L}^{(\boldsymbol{n})}(\tau)\cdot\boldsymbol{F}_{(t)}(\tau)\end{aligned} \tag{2.159}$$

式中

$$\boldsymbol{L}^{(n)}(\tau)=\frac{\partial}{\partial\xi^\alpha}\left(\frac{\partial^n\boldsymbol{\xi}}{\partial\tau^n}\right)_{\boldsymbol{x}}\boldsymbol{g}^\alpha \tag{2.160}$$

称为 n 阶相对速度梯度。当 $n=0,1,2$、$\tau=t$ 时，利用梯度的定义，有

$$\left.\begin{aligned}&\boldsymbol{L}^{(0)}(t)=\boldsymbol{g}_k\boldsymbol{g}^k=\boldsymbol{i}\quad(\text{规定})\\&\boldsymbol{L}^{(1)}(t)=\left(\frac{\partial v(\tau)}{\partial\xi^\alpha}\boldsymbol{g}^\alpha\right)_{\tau=t}=\boldsymbol{v}\boldsymbol{\nabla}_{\boldsymbol{x}}=\boldsymbol{L}(t)\\&\boldsymbol{L}^{(2)}(t)=\left(\frac{\partial\boldsymbol{a}(\tau)}{\partial\xi^\alpha}\boldsymbol{g}^\alpha\right)_{\tau=t}=\boldsymbol{a}\boldsymbol{\nabla}_{\boldsymbol{x}}\end{aligned}\right\} \tag{2.161}$$

可见 t 时刻的 $0,1,2$ 阶相对速度梯度分别为构形 $\boldsymbol{\imath}(t)$ 的度量张量、速度梯度和加速度梯度。

Green(右 Cauchy-Green) 变形张量的 n 次相对物质导数，可由式 (2.48a) 对乘积 $\boldsymbol{F}_{(t)}^{\mathrm{T}}\cdot\boldsymbol{F}_{(t)}$ 取 n 阶导数，利用式 (2.159) 求得

$$\begin{aligned}\boldsymbol{C}_{(t)}^{(n)}(\tau)&=\sum_{k=0}^{n}\begin{pmatrix}n\\k\end{pmatrix}\boldsymbol{F}_{(t)}^{\mathrm{T}(k)}\cdot\boldsymbol{F}_{(t)}^{(n-k)}=\boldsymbol{F}_{(t)}^{\mathrm{T}}(\tau)\cdot\left[\sum_{k=0}^{n}\begin{pmatrix}n\\k\end{pmatrix}\boldsymbol{L}^{\mathrm{T}(k)}(\tau)\cdot\boldsymbol{L}^{(n-k)}(\tau)\right]\cdot\boldsymbol{F}_{(t)}(\tau)\\&=\boldsymbol{F}_{(t)}^{\mathrm{T}}(\tau)\cdot\boldsymbol{A}^{(n)}(\tau)\cdot\boldsymbol{F}_{(t)}(\tau)\end{aligned} \tag{2.162}$$

其中，和式是乘积的 n 阶导数的二项式，$\begin{pmatrix}n\\k\end{pmatrix}=\dfrac{n!}{k!(n-k)!}$ (二项式系数)。

引入定义

$$\boldsymbol{A}^{(n)}(\tau)=\sum_{k=0}^{n}\begin{pmatrix}n\\k\end{pmatrix}\boldsymbol{L}^{\mathrm{T}(k)}(\tau)\cdot\boldsymbol{L}^{(n-k)}(\tau) \tag{2.163}$$

由式 (2.163)，当 $\tau = t$ 时，利用式 (2.159)、式 (2.155) 和式 (2.162)，得到

$$\boldsymbol{A}^{(n)}(t) = \sum_{k=0}^{n} \begin{pmatrix} n \\ k \end{pmatrix} \boldsymbol{L}^{\mathrm{T}(k)}(t) \cdot \boldsymbol{L}^{(n-k)}(t) = \sum_{k=0}^{n} \begin{pmatrix} n \\ k \end{pmatrix} \boldsymbol{F}_{(t)}^{\mathrm{T}(k)}(t) \cdot \boldsymbol{F}_{(t)}^{(n-k)}(t) = \boldsymbol{C}_{(t)}^{(n)}(t) \tag{2.164}$$

$\boldsymbol{A}^{(n)}(t)$ 称为 n 阶 Rivlin-Ericksen 张量。上式中，由于二项式系数序列具有前后对称性，因而前面算起第 r 项与后面算起第 r 项互为转置，所以 $\boldsymbol{A}^{(n)}(t) = \boldsymbol{A}^{(n)\mathrm{T}}(t)$，即 n 阶 Rivlin-Ericksen 张量是对称二阶张量，并且等于 $\boldsymbol{C}_{(t)}^{(n)}(t)$。

将式 (2.161) 代入式 (2.164)，得到

$$\begin{aligned} &\boldsymbol{A}^{(0)}(t) = \boldsymbol{i} \\ &\boldsymbol{A}^{(1)}(t) = \boldsymbol{L}^{(0)\mathrm{T}}(t) \cdot \boldsymbol{L}^{(1)}(t) + \boldsymbol{L}^{(1)\mathrm{T}}(t) \cdot \boldsymbol{L}^{(0)}(t) = \boldsymbol{L}(t) + \boldsymbol{L}^{\mathrm{T}}(t) = 2\boldsymbol{d} \end{aligned} \tag{2.165}$$

对式 (2.162) 再取一次物质导数，利用式 (2.159) ($n = 1$)，可得递推公式

$$\boldsymbol{A}^{(n+1)}(t) = \dot{\boldsymbol{A}}^{(n)}(t) + \boldsymbol{L}^{\mathrm{T}}(t) \cdot \boldsymbol{A}^{(n)}(t) + \boldsymbol{A}^{(n)}(t) \cdot \boldsymbol{L}(t) \tag{2.165a}$$

相对 Green 变形张量 $\boldsymbol{C}_{(t)}(\tau)$ 描述 τ 时刻构形相对于 t 时刻构形的变形，当 τ 改变时描述变形过程或变形历史。在研究 t 时刻物质的力学响应时，有时不仅要考虑当时的变形，还需要考虑 t 时刻之前，特别是接近 t 时 ($\tau \leqslant t$) 变形历史的影响。为此，可以将 $\boldsymbol{C}_{(t)}(\tau)$ 在 t 时刻展成 Tayloy 级数，用相对变形张量的各阶物质导数表示

$$\boldsymbol{C}_{(t)}(\tau) = \sum_{k=0}^{\infty} \frac{1}{k!} \boldsymbol{C}_{(t)}^{(k)}(t)(\tau - t)^k = \sum_{k=0}^{\infty} \frac{1}{k!}(-1)^k \boldsymbol{A}^{(k)}(t)(t-\tau)^k \tag{2.166}$$

式 (2.166) 表明，各阶 Rivlin-Ericksen 张量可用于描述变形历史。

例 2.3 求平面剪切流动的 Rivlin-Ericksen 张量。

平面剪切流动的运动变换 (用直角坐标系) 为

$$x_1 = X_1 + v_1(x_2)t, \quad x_2 = X_2, \quad x_3 = X_3$$

其中，函数 $v_1(x_2)$ 是速度分量。以 t 时刻位置 x_i 为参考构形的相对运动为

$$\xi_1 = x_1 + v_1(x_2)(\tau - t), \quad \xi_2 = x_2, \quad \xi_3 = x_3$$

所以，相对变形梯度、相对 Cauchy-Green 变形张量和 Rivlin-Ericksen 张量为

$$\boldsymbol{F}_{(t)}(\tau) = \frac{\partial \boldsymbol{\xi}}{\partial \boldsymbol{x}} = \begin{bmatrix} 1 & v_{1,2}(\tau - t) & 0 \\ 0 & 1 & 0 \\ 0 & 0 & 1 \end{bmatrix}$$

$$\boldsymbol{C}_{(t)}(\tau) = \boldsymbol{F}_{(t)}^{\mathrm{T}}(\tau) \cdot \boldsymbol{F}_{(t)}(\tau) = \begin{bmatrix} 1 & v_{1,2}(\tau - t) & 0 \\ v_{1,2}(\tau - t) & 1 + v_{1,2}^{\,2}(\tau - t)^2 & 0 \\ 0 & 0 & 1 \end{bmatrix}$$

$$= \boldsymbol{A}^{(0)} + \boldsymbol{A}^{(1)}(\tau - t) + \frac{1}{2}\boldsymbol{A}^{(2)}(\tau - t)^2 + \cdots$$

$$\boldsymbol{A}^{(0)} = \boldsymbol{i}, \quad \boldsymbol{A}^{(1)} = 2\boldsymbol{d}, \quad \boldsymbol{A}^{(2)} = \begin{bmatrix} 0 & 0 & 0 \\ 0 & 2v_{1,2}^{\ 2} & 0 \\ 0 & 0 & 0 \end{bmatrix}, \quad \boldsymbol{A}^{(k)} = 0 \ \ (k \geqslant 3)$$

2.15 曲线、曲面和体积积分的物质导数，输运定理

前面讨论了连续介质中任一物质点的物理量随时间的变率，如果考虑一条物质线、一个物质面或物质体中物理量的总和随时间的变化，则需要利用物理量的线积分、面积分和体积分的物质导数。这些积分 (例如质量、动量、动量矩、能量) 所满足的守恒定律将在第 4 章中详细讨论。现在讨论任一张量场在物质曲线、曲面和体积内积分的物质导数。

2.15.1 线积分的物质导数

一个张量场 φ 沿物质线积分的物质导数，不仅要考虑 φ 的时间变率，还要考虑曲线上的每个线元随时间的变化，线元 $\mathrm{d}\boldsymbol{x}$ 的物质导数由式 (2.124) 给出。

若 L 为 t_0 时刻构形 $\mathscr{R}$ 中的任一物质曲线，随物质点运动，该曲线在 t 时刻变为构形 $\mathscr{r}$ 中的曲线 l，φ 为物质点对应的向量或张量，下面求 φ 沿曲线 l 的线积分的物质导数。

当 φ 为向量时

$$\frac{\mathrm{d}}{\mathrm{d}t}\int_L \boldsymbol{\varphi}\cdot\mathrm{d}\boldsymbol{x} = \int_l \frac{\mathrm{d}}{\mathrm{d}t}(\boldsymbol{\varphi}\cdot\mathrm{d}\boldsymbol{x}) = \int_l(\dot{\boldsymbol{\varphi}}\cdot\mathrm{d}\boldsymbol{x} + \boldsymbol{\varphi}\cdot\mathrm{d}\dot{\boldsymbol{x}}) = \int_l\left(\frac{\mathrm{D}\varphi_k}{\mathrm{D}t}\mathrm{d}x^k + \varphi_k v^k_{;m}\mathrm{d}x^m\right) \tag{2.167}$$

式中，$\mathrm{d}\boldsymbol{x}$ 为曲线 l 上的线元，l 是实际积分路径，在求导之前记作 L 是说明积分路径上的物质点不变。由于在求物质导数时积分域不变，所以可以将导数记号移入积分号内。

当 φ 为任意阶张量时

$$\frac{\mathrm{d}}{\mathrm{d}t}\int_L \boldsymbol{\varphi}\cdot\mathrm{d}\boldsymbol{x} = \int_l(\dot{\boldsymbol{\varphi}}\cdot\mathrm{d}\boldsymbol{x} + \boldsymbol{\varphi}\cdot\mathrm{d}\dot{\boldsymbol{x}}) = \int_l[\dot{\boldsymbol{\varphi}}\cdot\mathrm{d}\boldsymbol{x} + \boldsymbol{\varphi}\cdot(\mathrm{d}\boldsymbol{x}\cdot\boldsymbol{\nabla}\boldsymbol{v})] \tag{2.168}$$

若 φ 为二阶张量，上式的分量形式为

$$\frac{\mathrm{d}}{\mathrm{d}t}\int_L \boldsymbol{\varphi}\cdot\mathrm{d}\boldsymbol{x} = \int_l\left(\dot{\varphi}_{kl}\mathrm{d}x^l + \varphi_{kl}v^l_{;m}\mathrm{d}x^m\right)\boldsymbol{g}^k \tag{2.169}$$

在曲线坐标系中 $\boldsymbol{g}^k$ 一般是变化的，所以不能从积分内移出。

2.15.2 面积分的物质导数

若 S 为 t_0 时刻构形 $\mathscr{R}$ 中的任一物质曲面，在 t 时刻变为构形 $\mathscr{r}$ 中的曲面 s，φ 为任一张量场，可以得到 φ 在物质曲面 S 上的面积积分在 t 时刻的时间变率。当 φ 为标量时，利用式 (2.127)，有

$$\frac{\mathrm{d}}{\mathrm{d}t}\int_S \varphi\mathrm{d}\boldsymbol{a} = \int_s(\dot{\varphi}\mathrm{d}\boldsymbol{a} + \varphi\mathrm{d}\dot{\boldsymbol{a}}) = \int_s[\dot{\varphi}\mathrm{d}\boldsymbol{a} + \varphi(\nabla\cdot\boldsymbol{v}\mathrm{d}\boldsymbol{a} - \nabla\boldsymbol{v}\cdot\mathrm{d}\boldsymbol{a})]$$

$$= \int_s \left[\frac{\mathrm{D}\varphi}{\mathrm{D}t} \, \mathrm{d}a_k + \varphi \left(v^m{}_{;m} \, \mathrm{d}a_k - v^m{}_{;k} \, \mathrm{d}a_m \right) \right] \boldsymbol{g}^k \tag{2.170}$$

当 $\boldsymbol{\varphi}$ 为任意阶张量时，例如 $\boldsymbol{\varphi} = \varphi^{k\cdots rl}\boldsymbol{g}_k\cdots\boldsymbol{g}_r\boldsymbol{g}_l$，可以得到：

$$\begin{aligned} \frac{\mathrm{d}}{\mathrm{d}t}\int_S \boldsymbol{\varphi}\cdot\mathrm{d}\boldsymbol{a} &= \int_s (\dot{\boldsymbol{\varphi}}\cdot\mathrm{d}\boldsymbol{a} + \boldsymbol{\varphi}\cdot\mathrm{d}\dot{\boldsymbol{a}}) = \int_s [\dot{\boldsymbol{\varphi}}\cdot\mathrm{d}\boldsymbol{a} + \boldsymbol{\varphi}\cdot(\nabla\cdot\boldsymbol{v}\mathrm{d}\boldsymbol{a} - \nabla\boldsymbol{v}\cdot\mathrm{d}\boldsymbol{a})] \\ &= \int_s \left[\frac{\mathrm{D}\varphi^{k\cdots rl}}{\mathrm{D}t} \, \mathrm{d}a_l + \varphi^{k\cdots rl} \left(v^m{}_{;m} \, \mathrm{d}a_l - v^m{}_{;l} \, \mathrm{d}a_m \right) \right] \boldsymbol{g}_k\cdots\boldsymbol{g}_r \end{aligned} \tag{2.171}$$

2.15.3 体积分的物质导数

若 V 为 t_0 时刻构形 $\mathscr{R}$ 中的任一物质体积，在 t 时刻变为构形 $\mathscr{r}$ 中的体积 v，当 $\boldsymbol{\varphi}$ 为任意阶张量时，例如 $\boldsymbol{\varphi} = \varphi^{k\cdots l}\boldsymbol{g}_k\cdots\boldsymbol{g}_l$，利用式 (2.128)，可以得到体积分物质导数：

$$\frac{\mathrm{d}}{\mathrm{d}t}\int_V \boldsymbol{\varphi}\mathrm{d}v = \int_v [\dot{\boldsymbol{\varphi}}\mathrm{d}v + \boldsymbol{\varphi}(\nabla\cdot\boldsymbol{v})\mathrm{d}v] = \int_v \left(\frac{\mathrm{D}\varphi^{k\cdots l}}{\mathrm{D}t} + \varphi^{k\cdots l}v^m{}_{;m} \right) \boldsymbol{g}_k\cdots\boldsymbol{g}_l \, \mathrm{d}v \tag{2.172}$$

注意到式 (2.106a)，式 (2.172) 可以表示成另一种形式：

$$\frac{\mathrm{d}}{\mathrm{d}t}\int_V \boldsymbol{\varphi}\mathrm{d}v = \int_v \left[\frac{\partial\boldsymbol{\varphi}}{\partial t} + \boldsymbol{\nabla}\cdot(\boldsymbol{v}\boldsymbol{\varphi}) \right] \mathrm{d}v = \int_v \left(\frac{\partial\varphi^{k\cdots l}}{\partial t} + \nabla_m \left(v^m\varphi^{k\cdots l} \right) \right) \boldsymbol{g}_k\cdots\boldsymbol{g}_l\mathrm{d}v \tag{2.172a}$$

由于 $\boldsymbol{v}$ 是向量，$\boldsymbol{\nabla}\cdot(\boldsymbol{v}\boldsymbol{\varphi}) = (\boldsymbol{\varphi}\boldsymbol{v})\cdot\boldsymbol{\nabla}$，所以上式也可表示为

$$\frac{\mathrm{d}}{\mathrm{d}t}\int_V \boldsymbol{\varphi}\mathrm{d}v = \int_v \left[\frac{\partial\boldsymbol{\varphi}}{\partial t} + (\boldsymbol{\varphi}\boldsymbol{v})\cdot\boldsymbol{\nabla} \right] \mathrm{d}v \tag{2.172b}$$

利用高斯积分定理 (式 (1.140))，式 (2.172a) 右端第二项可以化为面积分，得到

$$\begin{aligned} \frac{\mathrm{d}}{\mathrm{d}t}\int_V \boldsymbol{\varphi}\mathrm{d}v &= \int_v \frac{\partial\boldsymbol{\varphi}}{\partial t}\mathrm{d}v + \oint_s \mathrm{d}\boldsymbol{a}\cdot\boldsymbol{v}\boldsymbol{\varphi} \\ &= \int_v \frac{\partial\varphi^{k\cdots l}}{\partial t}\boldsymbol{g}_k\cdots\boldsymbol{g}_l\mathrm{d}v + \oint_s \varphi^{k\cdots l}v^m\mathrm{d}a_m\boldsymbol{g}_k\cdots\boldsymbol{g}_l \end{aligned} \tag{2.173}$$

其中，s 为包围体积 v 的曲面。

式 (2.172) 和式 (2.173) 称为输运定理。式 (2.173) 表明，在物质体积 v 内，张量 $\boldsymbol{\varphi}$ 的积分在 t 时刻的时间变率由两部分组成：右端第一项为在固定的空间 v 内由于 $\boldsymbol{\varphi}$ 随时间变化所引起的积分变率，当 $\boldsymbol{\varphi}$ 为定常张量场时，该项为零；第二项是由于体积 v 内物质的位置随时间的变化，在单位时间内经过表面 s 的 $\boldsymbol{\varphi}$ 的流入与流出量的代数和，即单位时间内由于物质体积改变而引起的 $\boldsymbol{\varphi}$ 的增加量。图 2.14 中给出 t 和 $t+\mathrm{d}t$ 时刻物质体积 V 的构形，以及 $\mathrm{d}t$ 时间内 1 处面元对应的体积减小量 ($\mathrm{d}\boldsymbol{a}\cdot\boldsymbol{v}\mathrm{d}t < 0$) 和 2 处面元对应的体积的增加量 ($\mathrm{d}\boldsymbol{a}\cdot\boldsymbol{v}\mathrm{d}t > 0$)，而 $\mathrm{d}\boldsymbol{a}\cdot\boldsymbol{v}\boldsymbol{\varphi}$ 是单位时间内面元 $\mathrm{d}\boldsymbol{a}$ 上 $\boldsymbol{\varphi}$ 的通量，正值为流入量 (增加)，负值为流出量 (减少)，所以面积积分是单位时间内 $\boldsymbol{\varphi}$ 的通量之和，如果张量场 $\boldsymbol{\varphi}$ 和速度场 $\boldsymbol{v}$ 是均匀的，该项为零。

输运定理将在第 4 章中用于建立积分形式的连续介质守恒定律。

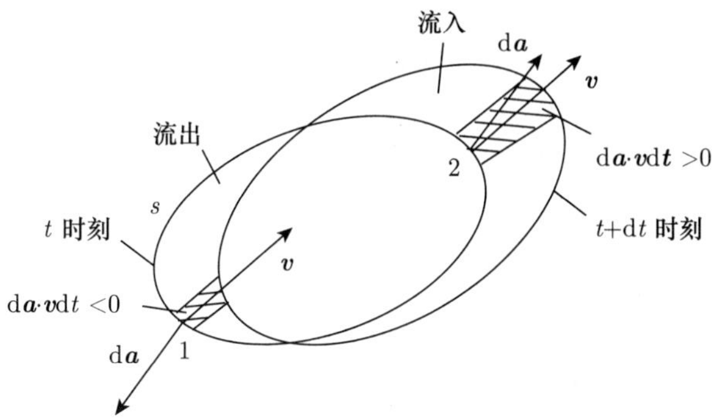

图 2.14 流入流出示意图

2.15.4 速度环量及其物质导数

在流动的连续介质的速度场中取一闭合物质曲线 c，线积分

$$\Gamma = \oint_c \boldsymbol{v} \cdot \mathrm{d}\boldsymbol{x} \tag{2.174}$$

称为速度环量。利用 Stokes 定理式 $(1.144)_1$，速度环量可用面积分表示，得

$$\Gamma = \oint_c \boldsymbol{v} \cdot \mathrm{d}\boldsymbol{x} = \int_A \mathrm{d}\boldsymbol{a} \cdot \boldsymbol{\nabla} \times \boldsymbol{v} \tag{2.175}$$

其中，d$\boldsymbol{x}$ 是 c 上的线元，A 为以 c 为边界的任一物质曲面，曲线 c 的正方向与曲面 A 的外法线方向符合右手法则 (见图 2.15)。由上式可见，沿一闭合曲线的速度环量等于该曲线所包围的任何曲面上速度旋度在面积元向量上投影的积分。

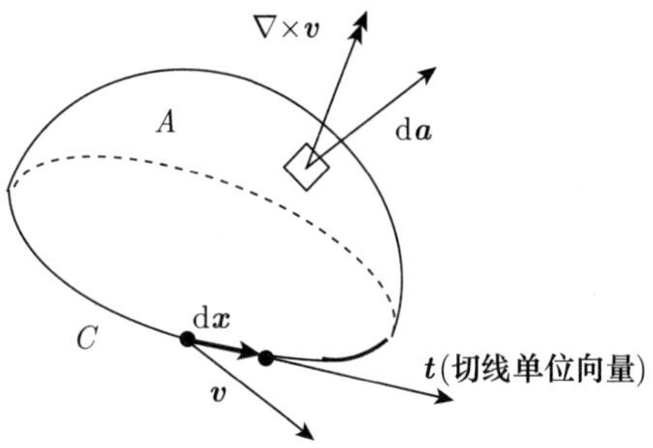

图 2.15 速度环量积分

将式 (2.175) 用于一点，令 $\mathrm{d}\boldsymbol{a} = \mathrm{d}a\boldsymbol{n}$，曲面的面积 $a \to 0$，可得

$$\lim_{a\to 0} \frac{1}{a} \int_A \mathrm{d}a\boldsymbol{n} \cdot \boldsymbol{\nabla} \times \boldsymbol{v} = \boldsymbol{n} \cdot \boldsymbol{\nabla} \times \boldsymbol{v}$$

或

$$\boldsymbol{n} \cdot \boldsymbol{\nabla} \times \boldsymbol{v} = \lim_{a\to 0} \frac{1}{a} \oint_c \boldsymbol{v} \cdot \mathrm{d}\boldsymbol{x} \tag{2.176}$$

式 (2.176) 给出流场中一点处的旋度与速度环量的关系，当平面回线 $c \to 0$ 时，可以用速度环量近似表示旋度在平面法线方向的投影。

旋度 $\boldsymbol{\nabla} \times \boldsymbol{v} = \boldsymbol{0}$ 的流场称为无旋场，式 (2.175) 表明无旋场中沿任一闭合曲线的速度环量等于 0。由于标量场 φ 满足恒等式 $\boldsymbol{\nabla} \times \boldsymbol{\nabla}\varphi = \boldsymbol{0}$，当速度旋度为 0 时，可以假设 $\boldsymbol{v} = \boldsymbol{\nabla}\varphi$，$\varphi$ 是势函数，所以无旋场的速度存在势函数。此外，还可以证明：

$$\frac{\mathrm{d}}{\mathrm{d}t} \oint_c \boldsymbol{v} \cdot \mathrm{d}\boldsymbol{x} = \oint_c \boldsymbol{a} \cdot \mathrm{d}\boldsymbol{x} \tag{2.177}$$

即速度环量的物质导数等于加速度环量。

以上 (第 2.10 节 ~ 第 2.15 节) 讨论了一般连续介质的运动状态描述，表 2.2 汇总了运动描述的基本内容，并与变形描述对应地加以比较，可见两者的描述方法有一定相似性。

表 2.2 运动状态描述及与变形描述的比较

描述内容	运动描述 (定义、基本关系)	对应的变形描述
数学 (张量) 基础	1. 物质导数 (变率)：$\dot{\boldsymbol{f}}=\frac{\mathrm{d}\boldsymbol{f}}{\mathrm{d}t}=\left(\frac{\partial \boldsymbol{f}}{\partial t}\right)_X$ ($\boldsymbol{f}$ 的同阶张量)； Lagrange 描述：$\frac{\mathrm{d}\boldsymbol{f}}{\mathrm{d}t}\equiv\frac{\mathrm{D}F^{K\cdots L}}{\mathrm{D}t}\boldsymbol{G}_K\cdots\boldsymbol{G}_L,\quad \frac{\mathrm{D}F^{K\cdots L}}{\mathrm{D}t}=\frac{\partial F^{K\cdots L}(\boldsymbol{X},t)}{\partial t}$； Euler 描述：$\frac{\mathrm{d}\boldsymbol{f}}{\mathrm{d}t}\equiv\frac{\mathrm{D}f^{k\cdots l}}{\mathrm{D}t}\boldsymbol{g}_k\cdots\boldsymbol{g}_l,\quad \frac{\mathrm{D}f^{k\cdots l}}{\mathrm{D}t}=\frac{\partial f^{k\cdots l}}{\partial t}+v^m\boldsymbol{\nabla}_m f^{k\cdots l}$ 运算规则：同普通偏导数；$\dot{\boldsymbol{I}}=\dot{\boldsymbol{G}}_K=\dot{\boldsymbol{G}}^K=\dot{G}_{KL}=\dot{G}^{KL}=0,\ \dot{\boldsymbol{i}}=0$ 但 $\dot{\boldsymbol{g}}_k,\dot{\boldsymbol{g}}^k,\dot{g}_{kl}$, 和$\dot{g}^{kl}\neq 0$ 2. 二阶张量的加法分解	1. 协变导数 (梯度) $\boldsymbol{\nabla f}=\boldsymbol{G}^K\frac{\partial \boldsymbol{f}}{\partial X^K}=\boldsymbol{g}^k\frac{\partial \boldsymbol{f}}{\partial x^k}$ $\boldsymbol{f\nabla}=\frac{\partial \boldsymbol{f}}{\partial X^K}\boldsymbol{G}^K=\frac{\partial \boldsymbol{f}}{\partial x^k}\boldsymbol{g}^k$ 2. 二阶张量的极分解
质点	速度：$\boldsymbol{v}(\boldsymbol{x},t)=\left.\frac{\partial \boldsymbol{x}}{\partial t}\right\|_X=v^i\boldsymbol{g}_i=V^K\boldsymbol{G}_K,\quad v^i=\left.\frac{\partial x^i}{\partial t}\right\|_X=\left.\frac{\partial u^i}{\partial t}\right\|_X$, $V^K=\frac{\partial U^K}{\partial t}$ ($\boldsymbol{v}$ 为运动基本变量)	位移或位置向量：$\boldsymbol{u},\boldsymbol{x}$ (变形基本变量)
质点邻域	速度梯度 (右梯度)：$\boldsymbol{L}=\nabla_i v^j\boldsymbol{g}_j\boldsymbol{g}^i=\boldsymbol{v\nabla}$; $\boldsymbol{L}\sim\boldsymbol{F}$ 的关系：$\dot{\boldsymbol{F}}=\boldsymbol{L}\cdot\boldsymbol{F},\quad \dot{\boldsymbol{F}}^{-1}=-\boldsymbol{F}^{-1}\cdot\boldsymbol{L}$ 运动分解：$\boldsymbol{L}=\boldsymbol{d}+\boldsymbol{w},\quad \boldsymbol{d}=(\boldsymbol{L}+\boldsymbol{L}^{\mathrm{T}})/2,\quad \boldsymbol{w}=(\boldsymbol{L}-\boldsymbol{L}^{\mathrm{T}})/2;\ \boldsymbol{\omega}=-\boldsymbol{E}:\boldsymbol{w}/2=\boldsymbol{\Omega}/2=\boldsymbol{\nabla}\times\boldsymbol{v}/2$ 总运动：= 移动速度 $\boldsymbol{v}$+ 变形率 $\boldsymbol{d}$+ 旋率 $\boldsymbol{w}$(即 $\boldsymbol{d}$ 的主坐标系的旋率)	变形梯度： $\boldsymbol{F}=x^k_{,K}\boldsymbol{g}_k\boldsymbol{G}^K=\boldsymbol{x\nabla_X}$ 变形分解： $\boldsymbol{F}=\boldsymbol{R}\cdot\boldsymbol{U}=\boldsymbol{V}\cdot\boldsymbol{R}$ 总变形 = 平移 + 纯变形 + 转动
线元	$\mathrm{d}\dot{\boldsymbol{x}}=(\boldsymbol{n}\mathrm{d}s)^{\cdot}=\boldsymbol{L}\cdot\mathrm{d}\boldsymbol{x}=\boldsymbol{n}\mathrm{d}\dot{s}+\dot{\boldsymbol{n}}\mathrm{d}s$; 长度变率：$\mathrm{d}\dot{s}/\mathrm{d}s=\boldsymbol{n}\cdot\boldsymbol{d}\cdot\boldsymbol{n}=d_{(n)}$； 剪切变率：$\frac{\mathrm{D}}{\mathrm{D}t}\cos\vartheta(\boldsymbol{n}_1,\boldsymbol{n}_2)=2\boldsymbol{n}_1\cdot\boldsymbol{d}\cdot\boldsymbol{n}_2-(d_{(n_1)}+d_{(n_2)})\boldsymbol{n}_1\cdot\boldsymbol{n}_2$; 方向变率：$\dot{\boldsymbol{n}}=(\boldsymbol{d}+\boldsymbol{w})\cdot\boldsymbol{n}-d_{(n)}\boldsymbol{n}$	$\mathrm{d}\boldsymbol{x}=\boldsymbol{F}\cdot\mathrm{d}\boldsymbol{X}$; 伸长率：$\lambda_{(n)}$ 夹角变化：$\cos\vartheta(\boldsymbol{n}_1,\boldsymbol{n}_2)$
面元	$\mathrm{d}\dot{\boldsymbol{a}}=\boldsymbol{\nabla}\cdot\boldsymbol{v}\mathrm{d}\boldsymbol{a}-\boldsymbol{\nabla v}\cdot\mathrm{d}\boldsymbol{a}$；面积变率：$\mathrm{d}\dot{a}/\mathrm{d}a=I_{\mathrm{d}}-d_{(n)}$	$\mathrm{d}\boldsymbol{a}=J\boldsymbol{F}^{-\mathrm{T}}\cdot\mathrm{d}\boldsymbol{A}$；面积比：略
体元	体积变率：$\mathrm{d}\dot{v}/\mathrm{d}v=v^k_{;k}=I_d$	$\mathrm{d}v/\mathrm{d}V=J$
变形张量	Lagrange 描述：$\dot{\boldsymbol{C}}=2\boldsymbol{F}^{\mathrm{T}}\cdot\boldsymbol{d}\cdot\boldsymbol{F},\quad \dot{\boldsymbol{C}}^{-1}=\dot{\boldsymbol{B}}=-2\boldsymbol{F}^{-1}\cdot\boldsymbol{d}\cdot\boldsymbol{F}^{-\mathrm{T}},\quad \dot{\boldsymbol{E}}=\dot{\boldsymbol{C}}/2$ (与 $\boldsymbol{w}$ 无关) Euler 描述：$\dot{\boldsymbol{c}}=-\boldsymbol{L}^{\mathrm{T}}\cdot\boldsymbol{c}-\boldsymbol{c}\cdot\boldsymbol{L},\quad \dot{\boldsymbol{b}}=\dot{\boldsymbol{c}}^{-1}=\boldsymbol{L}\cdot\boldsymbol{b}+\boldsymbol{b}\cdot\boldsymbol{L}^{\mathrm{T}},\quad \dot{\boldsymbol{e}}=\boldsymbol{d}-\boldsymbol{L}^{\mathrm{T}}\cdot\boldsymbol{e}-\boldsymbol{e}\cdot\boldsymbol{L}$(与 $\boldsymbol{w}$ 有关) 相对变形变率：$\boldsymbol{C}^{(n)}_{(t)}=\boldsymbol{F}^{\mathrm{T}}_{(t)}(\tau)\cdot\boldsymbol{A}^{(n)}(\tau)\cdot\boldsymbol{F}_{(t)}(\tau)$; R-E 张量: $\boldsymbol{A}^{(0)}(t)=\boldsymbol{i},\ \boldsymbol{A}^{(1)}(t)=2\boldsymbol{d},\ \cdots$ 递推公式：$\boldsymbol{A}^{(n+1)}(t)=\dot{\boldsymbol{A}}^{(n)}(t)+\boldsymbol{L}^{\mathrm{T}}(t)\cdot\boldsymbol{A}^{(n)}(t)+\boldsymbol{A}^{(n)}(t)\cdot\boldsymbol{L}(t)$ Jaumann 应变率：$\overset{\nabla}{\boldsymbol{e}}=\dot{\boldsymbol{e}}-\boldsymbol{w}\cdot\boldsymbol{e}+\boldsymbol{e}\cdot\boldsymbol{w}$ (与 $\boldsymbol{w}$ 无关)	$\boldsymbol{C}=\boldsymbol{F}^{\mathrm{T}}\cdot\boldsymbol{F},\ \cdots$(与 R 无关) $\boldsymbol{c}=\boldsymbol{F}^{-\mathrm{T}}\cdot\boldsymbol{F}^{-1},\cdots$(与 R 无关) $\boldsymbol{C}_{(t)}(\tau)=\boldsymbol{F}^{\mathrm{T}}_{(t)}(\tau)\cdot\boldsymbol{F}_{(t)}(\tau),\cdots$

习　　题

2-1　已知运动变换

$$x^1 = X^1, \quad x^2 = 1.5X^2, \quad x^3 = 2X^3$$

其中，Euler 坐标系 x^k 和 Lagrange 坐标系 X^K 是相同的直角坐标系。

1. 证明该运动是许可运动；

2. 画出 Euler 坐标系、Lagrange 坐标系和它们的随体坐标系 (标注刻度)，求随体坐标系的基向量和度量张量；

3. 说明点 $x^k = (0,1,1)$ 和 $X^K = (0,1,1)$ 的区别，以及它们在变形前和变形后的位置。

2-2　已知运动变换 (简单剪切)

$$x^1 = X^1 + SX^2, \quad x^2 = X^2, \quad x^3 = X^3 \quad (S = \sqrt{3}/2)$$

其中，Euler 坐标系 x^k 和 Lagrange 坐标系 X^K 是相同的直角坐标系。

1. 证明变形是均匀的；

2. 求 Lagrange 随体坐标系的协变基向量、协变度量张量、协变基向量的长度和夹角；

3. 证明直线段 $\Delta X^1 = 0$, $\Delta X^2 = 0$, $\Delta X^3 = 0.5$ 变形后仍为直线段，求变形后的长度和角度。(提示：用线元积分)

2-3　推导 Euler 描述法的位移梯度与变形梯度的关系

$$\nabla_k u_l = g_{kl} - g_{lL} X^L{}_{,k}, \quad \boldsymbol{u}\boldsymbol{\nabla}_{\boldsymbol{x}} = \boldsymbol{i} - \boldsymbol{F}^{-1} \qquad \text{(即式 (2.35))}$$

$$X^K{}_{,k} = g^K_k - \nabla_k u^m g^K_m, \quad \boldsymbol{F}^{-1} = \boldsymbol{i} - \boldsymbol{u}\boldsymbol{\nabla}_{\boldsymbol{x}} \qquad \text{(即式 (2.36))}$$

2-4　试证明应变张量 $\boldsymbol{E}, \boldsymbol{e}$ 满足下列关系

$$\boldsymbol{e} = \boldsymbol{F}^{-\mathrm{T}} \cdot \boldsymbol{E} \cdot \boldsymbol{F}^{-1}, \quad e_{kl} = E_{KL} X^K_{,k} X^L_{,l}$$

$$\boldsymbol{E} = \boldsymbol{F}^{\mathrm{T}} \cdot \boldsymbol{e} \cdot \boldsymbol{F}, \quad E_{KL} = e_{kl} x^k_{,K} x^l_{,L}$$

2-5　均匀变形的位移函数在直角坐标系中的一般形式为 $u_i = a_{ij} X_j$，系数 a_{ij} 是常数或只是时间的函数。试证明：

1. 变形前的任一直线变形后仍为直线；

2. 变形前的任一平面变形后仍为平面；

3. 变形前两个平行平面变形后仍然平行；

4. 变形前的球面变形后为椭球面。

提示：利用运动变换 $x_i = (\delta_{ij} + a_{ij}) X_j$。

2-6　已知运动变换

$$x_1 = X_1, \quad x_2 = X_2 + SX_3, \quad x_3 = X_3 + SX_2 \quad (0 \leqslant S < 1)$$

其中，Euler 坐标系 x^k 和 Lagrange 坐标系 X^K 是相同的直角坐标系，S 是常数。

1. 说明 $0 \leqslant S < 1$ 的原因及 $S = 0$ 的运动形式；

2. 求变形梯度张量及其逆张量 $\boldsymbol{F}$，$\boldsymbol{F}^{-1}$，右和左 Cauchy-Green 变形张量 $\boldsymbol{C}$、$\boldsymbol{b}$、Green (或 Lagrange) 应变张量 $\boldsymbol{E}$ 及 Almansi(或 Euler) 应变张量 $\boldsymbol{e}$。

2-7 运动变换同上题。

1. 求方向 $\boldsymbol{N}=\dfrac{\sqrt{3}}{2}\boldsymbol{e}_2+\dfrac{1}{2}\boldsymbol{e}_3$ 的伸长率；

2. 求变形张量 $\boldsymbol{C},\boldsymbol{b}$ 的主不变量、最大和最小伸长率 (长度比) 及其方向；

3. 求垂直线元 $\Delta\boldsymbol{X}_{(1)}=(\cos\alpha)\,\boldsymbol{e}_2+(\sin\alpha)\,\boldsymbol{e}_3$ 和 $\Delta\boldsymbol{X}_{(2)}=(-\sin\alpha)\,\boldsymbol{e}_2+(\cos\alpha)\,\boldsymbol{e}_3$ 夹角的变化 (即剪切)；

4. 求沿坐标面的单位立方体变形后的体积及位置 (用图形表示)。

2-8 已知运动变换 (圆柱体扭转)

$$r=R,\quad \theta=\Theta+KZ,\quad z=Z$$

其中，$\{X^K\}=\{R,\Theta,Z\},\{x^k\}=\{r,\theta,z\}$ 是变形前、后构形中相同的圆柱坐标系。

1. 求变形梯度 $\boldsymbol{F}$，证明变形是非均匀的；

2. 求右伸长张量 $\boldsymbol{U}$ 和转动张量 $\boldsymbol{R}$；

3. 求主伸长率 $\lambda_{(i)}$ 和主方向 $\boldsymbol{N}_{(i)}$。

2-9 已知运动变换 (简单剪切，见图 2.9)

$$x^1=X^1+SX^2,\quad x^2=X^2,\quad x^3=X^3$$

其中，Euler 坐标系 x^k 和 Lagrange 坐标系 X^K 是相同的直角坐标系，S 是常数。若 X_1,X_3 坐标面内有一单位面积向量 $\boldsymbol{A}=\boldsymbol{e}_3\times\boldsymbol{e}_1=\boldsymbol{e}_2$，求变形后的面积向量及面积。

2-10 若 $\boldsymbol{R}=\boldsymbol{I}'$(转移张量) 试证明沿右伸长张量 $\boldsymbol{U}$ 某一主方向的线元 $\mathrm{d}\boldsymbol{X}=\mathrm{d}X^{(K)}\boldsymbol{N}_K$(不对 K 求和) 变形后方向不变。

提示：利用 $\mathrm{d}\boldsymbol{x}=\boldsymbol{F}\cdot\mathrm{d}\boldsymbol{X}$ 和极分解定理。

2-11 试证明 Timoshenko 梁的弯曲可以简化为中等非线性的条件，是挠度与横截面的高度数量级相同。

提示：Timoshenko 梁满足平面假设 (见图 2.16)，$\dfrac{\partial U}{\partial Z}=\dfrac{\partial W}{\partial X}+\gamma_{ZX}\approx\dfrac{\partial W}{\partial X}$(因为 $\gamma_{ZX}=2\hat{E}_{ZX}\sim\varphi^2\ll\dfrac{\partial W}{\partial X}\sim\varphi)\to U\sim\dfrac{h}{L}W$；$\hat{E}_X=\dfrac{\partial U}{\partial X}\sim\dfrac{U}{L}$，又有 $\hat{E}_X\sim\varphi^2\sim\left(\dfrac{\partial W}{\partial X}\right)^2\sim\dfrac{W^2}{L^2}$(式 (2.87))；可得 $W\sim h$。

2-12 试证明中等非线性情况下转动张量可以近似表示为

$$\boldsymbol{R}\approx\boldsymbol{I}'\cdot\left(\boldsymbol{I}+\hat{\boldsymbol{W}}\right),\quad R^k{}_K\approx g^k_K+\hat{W}^L{}_K g^k_L$$

其中，$\hat{\boldsymbol{W}}=\dfrac{1}{2}(\boldsymbol{u}\boldsymbol{\nabla}-\boldsymbol{\nabla}\boldsymbol{u})$ 是无限小转动张量，$\boldsymbol{I}'$ 为转移张量。

提示：$\boldsymbol{R}=\boldsymbol{F}\cdot\boldsymbol{U}^{-1}$，$\boldsymbol{F}=\boldsymbol{I}'\cdot(\boldsymbol{I}+\boldsymbol{u}\boldsymbol{\nabla})=\boldsymbol{I}'\cdot\left(\boldsymbol{I}+\hat{\boldsymbol{E}}+\hat{\boldsymbol{W}}\right)$(式 (2.34) 和式 (2.88))；

$\boldsymbol{U}=\boldsymbol{C}^{\frac{1}{2}}=(\boldsymbol{I}+2\boldsymbol{E})^{\frac{1}{2}}$, 在 $\boldsymbol{U},\boldsymbol{C},\boldsymbol{E}$ 的主坐标系中，将 $\boldsymbol{U}^{-1}$ 展开，利用式 (2.97)，可得：$\boldsymbol{U}^{-1}\approx\boldsymbol{I}-\boldsymbol{E}\approx\boldsymbol{I}-\hat{\boldsymbol{E}}-\dfrac{1}{2}\hat{\boldsymbol{W}}^{\mathrm{T}}\cdot\hat{\boldsymbol{W}}$。

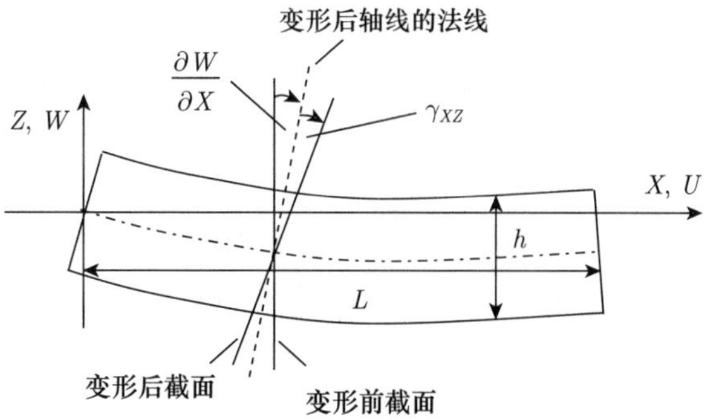

图 2.16　Timoshenko 梁的变形

2-13　利用极分解定理 $\boldsymbol{F}=\boldsymbol{R}\cdot\boldsymbol{U}=\boldsymbol{V}\cdot\boldsymbol{R}$，证明：

1. 右伸长张量与左伸长张量的主值相等。

2. 右伸长张量与左伸长张量的主方向 $(\boldsymbol{N}_i,\boldsymbol{n}_i)$ 满足转动关系 $\boldsymbol{n}_i=\boldsymbol{R}\cdot\boldsymbol{N}_i$。

提示：用主坐标系表示 $\boldsymbol{U},\boldsymbol{V}$。

2-14　试证明 $\boldsymbol{N}\cdot\hat{\boldsymbol{W}}\cdot\boldsymbol{N}=0$(即 $\boldsymbol{N}$ 与 $\hat{\boldsymbol{W}}\cdot\boldsymbol{N}$ 垂直)，$\boldsymbol{N}$ 是单位向量，$\hat{\boldsymbol{W}}$ 是无限小转动张量。

2-15　试证明有限转动时 $\boldsymbol{N}_i\cdot\boldsymbol{R}\cdot\boldsymbol{N}_i=\cos(\boldsymbol{n}_i,\boldsymbol{N}_i)$，$\boldsymbol{N}_i$，$\boldsymbol{n}_i$ 是变形前后的主方向单位向量。

2-16　用物质导数的定义证明下列运算规则

$$\frac{\mathrm{d}}{\mathrm{d}t}(\boldsymbol{f}*\boldsymbol{g})=\frac{\mathrm{d}\boldsymbol{f}}{\mathrm{d}t}*\boldsymbol{g}+\boldsymbol{f}*\frac{\mathrm{d}\boldsymbol{g}}{\mathrm{d}t}$$

其中，$\boldsymbol{f}$、$\boldsymbol{g}$ 分别为 m、n 阶张量；* 为点积、叉积或并积。

2-17　求线弹性应变能 $U=\dfrac{1}{2}\boldsymbol{E}:\boldsymbol{\Sigma}:\boldsymbol{E}$ 的物质导数，$\boldsymbol{E}$ 是 Green (Lagrange) 应变张量，$\boldsymbol{\Sigma}$ 是线性弹性张量。

2-18　证明 $\dfrac{\mathrm{d}\boldsymbol{A}^{\mathrm{T}}}{\mathrm{d}t}=\left(\dfrac{\mathrm{d}\boldsymbol{A}}{\mathrm{d}t}\right)^{\mathrm{T}}$，$\boldsymbol{A}$ 为二阶张量。

2-19　已知直角坐标系中连续介质的运动为

$$x_1=X_1\mathrm{e}^{at}+X_3\left(\mathrm{e}^{at}-1\right),\quad x_2=X_3\left(\mathrm{e}^{bt}-\mathrm{e}^{-bt}\right)+X_2,\quad x_3=X_3\qquad (a,b\ \text{为常数})$$

求运动的逆变换和空间坐标系中的速度分量 $v^k(x_i,t)$。

2-20　运动同上题，求 Lagrange 坐标系及其随体坐标系中的速度分量 $V^L(X_I,t)$，$v^L(X_I,t)$。

提示：$\boldsymbol{v}=V^L\boldsymbol{G}_L=v^L\boldsymbol{C}_L=v^k\boldsymbol{g}_k$；利用 v^k 定义，转移张量 $g_k^L=\delta_k^L$ 和式 (2.10)。

2-21　已知直角坐标系中的速度场为

$$v_1=ax_1/(1+t),\quad v_2=bx_2/(1+t),\quad v_3=cx_3/(1+t)\quad (a,b,c\text{为常数})$$

试求用 Euler 描述法和 Lagrange 描述法时任一点的加速度。

提示：为了求 Lagrange 描述法的加速度，首先需要对速度积分 (可假设初始条件 $\boldsymbol{x}(\boldsymbol{X},0)=\boldsymbol{X}$) 求出运动变换 $\boldsymbol{x}=\boldsymbol{x}(\boldsymbol{X},t)$，再求 Lagrange 描述的速度和加速度。

2-22 如果绕直角坐标系 x_3 轴的刚体转动的角速度为 $\boldsymbol{\omega}=\omega\boldsymbol{e}_3$：

1. 求速度场 (即位置向量 $\boldsymbol{x}=x_i\boldsymbol{e}_i$ 矢端的速度)；
2. 求加速度场，证明局部加速度为 0，只有迁移加速度 $(\boldsymbol{v}\cdot\boldsymbol{\nabla}\boldsymbol{v})$。

2-23 试证明加速度向量可以表示为 $\boldsymbol{a}=\dfrac{\partial\boldsymbol{v}}{\partial t}+\boldsymbol{\Omega}\times\boldsymbol{v}+\dfrac{1}{2}\boldsymbol{\nabla}(\boldsymbol{v}\cdot\boldsymbol{v})$，$\boldsymbol{\Omega}=\boldsymbol{\nabla}\times\boldsymbol{v}$ 是旋度。

提示：用分量形式证明，注意式 (1.22)。

2-24 试证明对于任一运动有下列关系：

1. $\boldsymbol{n}\cdot\dot{\boldsymbol{n}}=0$，即单位向量 $\boldsymbol{n}$ 的方向变率 $\dot{\boldsymbol{n}}$ 与原方向垂直；
2. $\boldsymbol{n}\cdot\mathrm{d}\dot{\boldsymbol{x}}=d_{(n)}\mathrm{d}s\quad(\mathrm{d}\boldsymbol{x}=\boldsymbol{n}\mathrm{d}s)$，即线元变率在线元方向上的投影等于其伸长率。

提示：注意 $\boldsymbol{n}\cdot\boldsymbol{n}=\boldsymbol{i}$，考虑线元变率的分解。

2-25 已知直角坐标系 (x,y,z) 中的速度场为

$$\dot{x}=-\frac{ax^2}{y\left(x^2+y^2\right)},\qquad \dot{y}=\frac{ay^2}{x\left(x^2+y^2\right)},\qquad \dot{z}=0\quad(a\text{为常数})$$

试求：1. 变形率张量 $\boldsymbol{d}$ 分量及不变量；2. 自旋张量 $\boldsymbol{w}$ 分量及转动向量 $\boldsymbol{\omega}$；3. x,y 轴夹角的时间变率。

2-26 已知直角坐标系中简单剪切运动：

$$x_1=X_1+ktX_2,\qquad x_2=X_2,\qquad x_3=X_3\quad(k\text{为常数})$$

试求：1. 速度 v^k 和速度梯度 $\boldsymbol{L}$；2. 变形率张量 $\boldsymbol{d}$ 的分量及主值、主方向；3. 自旋张量 $\boldsymbol{w}$ 的分量及转动向量 $\boldsymbol{\omega}$；4. 单位线元 $\boldsymbol{n}=\cos\alpha\boldsymbol{e}_1+\sin\alpha\boldsymbol{e}_2$ 的角度变率 $\dot{\alpha}$。

2-27 求变形张量 $\boldsymbol{c},\boldsymbol{b}$ 的 Jaumann 导数，证明它们与旋率无关。

2-28 推导 Rivlin-Ericksen 张量的递推公式：

$$\boldsymbol{A}^{(n+1)}(t)=\dot{\boldsymbol{A}}^{(n)}(t)+\boldsymbol{L}^{\mathrm{T}}(t)\cdot\boldsymbol{A}^{(n)}(t)+\boldsymbol{A}^{(n)}(t)\cdot\boldsymbol{L}(t)$$

2-29 若 $\boldsymbol{v}$，$\boldsymbol{\varphi}$ 是向量和任意阶张量，试证明 $\boldsymbol{\nabla}\cdot(\boldsymbol{v}\boldsymbol{\varphi})=(\boldsymbol{\varphi}\boldsymbol{v})\cdot\boldsymbol{\nabla}$(参见式 (2.172a,b))；并证明当 $\boldsymbol{v}$ 是二阶张量或标量时等式一般不成立。

提示：利用左、右散度的定义及微分法。

第 3 章　应　　力

第 2 章从几何学和运动学角度描述了连续介质的变形和运动。引起变形和运动的原因是作用在物体上的外力 (包括机械力、热、电磁等)，变形与运动是物体对外力的反应，外力还引起物体内部各部分之间相互作用的变化，即内部受力状态的变化，内力是物体对于外力的另一种反应。本章将讨论外力和内力概念，在任意变形和运动情况下，描述连续介质内任一点处的内力状态，定义应力向量与应力张量，讨论应力张量的性质及简化。偶应力是另一种内力状态，将在第 9 章讨论。

3.1　外力、内力和应力向量

如果所考虑的物体为 B，物体 B 以外的其他物体对 B 的作用力称为 B 所受的外力。作用于物体表面的外力称为表面力，作用于物体内部的每一点的外力称为体积力 (例如重力)。体积力和表面力都是位置的函数，有时也是时间的函数。与时间无关的外力称为静力。一般说来，当物体发生大变形和大转动时，作用力的大小和方向会发生改变。

除体积力和表面力之外，在某些特殊情况下还可能有分布作用的体积力偶和表面力偶，包括惯性力偶，引起应力的非对称性，例如微结构物质、电磁介质 (参考文献 [14]) 等。这种物质称为微极介质，将在第 9 章讨论。

上述 “内力” 实质是物体内部各部分之间由于外力引起的原有相互作用力的改变量。像外力一样，内力也有两种形式：(1) 在物体内部任何想象的两部分在交界面上的作用力。在连续介质力学中，通过下面给出的 Cauchy 应力原理，用应力向量和应力张量表示，从而使内力的分布变为应力场问题；(2) 在物体内相距某一距离的两点之间的相互作用，称为长程力，它们也与变形有关，一般可以不考虑，但在微纳米尺度或极度应力集中等情况下，需要考虑长程力作用，这种物质称为非局部介质，将在第 11 章讨论。

假设物体在 t 时刻的构形 $\mathscr{k}$ 中，某一部分 I 与另一部分 II 的交界面为 a(见图 3.1)，想象地将部分 I 取出，若 P 为交界面 a 上的任意一点，$\boldsymbol{n}$ 为面 a 在该点处部分 I 的单位外法线向量，并假定 a 是光滑曲面，因而任一点处的外法线向量是唯一的。在 P 点处取一面积元 $\Delta a\boldsymbol{n}$, 部分 II 对部分 I 的作用力在元面积 $\Delta a\boldsymbol{n}$ 上的合力为 $\Delta\boldsymbol{F}$，合力偶为 $\Delta\boldsymbol{M}$，当 Δa 始终包含 P 点并趋于零时，假设极限

$$\boldsymbol{t}_n=\lim_{\Delta a\to 0}\frac{\Delta\boldsymbol{F}}{\Delta a},\quad \boldsymbol{m}_n=\lim_{\Delta a\to 0}\frac{\Delta\boldsymbol{M}}{\Delta a} \tag{3.1}$$

存在，这一假设称为 Cauchy 应力原理。该原理是连续介质力学的基本公理之一。$\boldsymbol{t}_n$、$\boldsymbol{m}_n$ 与 Δa 的形状无关，是点的位置、面元方向和时间的函数。当面元 $\Delta a\boldsymbol{n}$ 的方向改变时，例

如变为 $\Delta a'\boldsymbol{n}'$，当 $\Delta a'$ 趋于零时，式 (3.1) 一般得到另一极限 $\boldsymbol{t}_{n'} \neq \boldsymbol{t}_n$、$\boldsymbol{m}_{n'} \neq \boldsymbol{m}_n$，所以 $\boldsymbol{t}_n$、$\boldsymbol{m}_n$ 是法线方向 $\boldsymbol{n}$ 的函数。$\boldsymbol{t}_n$ 和 $\boldsymbol{m}_n$ 表示在 t 时刻物体内任一点处外法线为 $\boldsymbol{n}$ 的面积元上的内力和内力偶的密度，即单位面积上的内力和内力偶，分别称为该点处外法线为 $\boldsymbol{n}$ 的面积元上的应力向量和偶应力向量，也称为应力向量密度和偶应力向量密度。

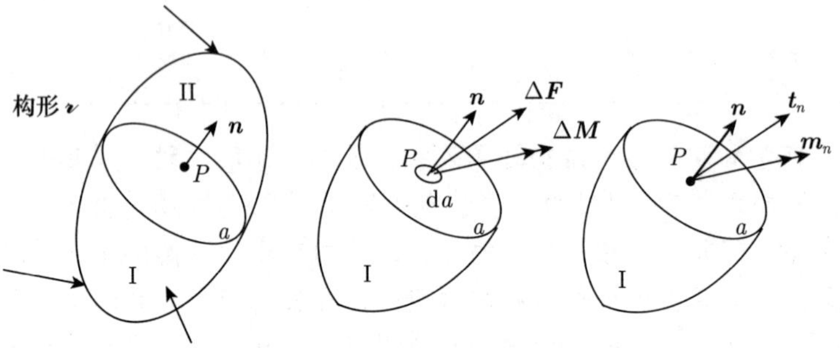

图 3.1 应力向量与偶应力向量

在图 3.1 中，如果考虑部分 II 在对应点 P 处的面积元，它的外法线与部分 I 面积元的外法线反向，即为 $(-\boldsymbol{n})$，应力向量和偶应力向量为 $\boldsymbol{t}_{-n}$ 和 $\boldsymbol{m}_{-n}$，根据牛顿第三定律，有

$$\boldsymbol{t}_{-n} = -\boldsymbol{t}_n, \quad \boldsymbol{m}_{-n} = -\boldsymbol{m}_n \tag{3.2}$$

引入应力向量和偶应力向量概念以后，在构形 $\mathscr{k}$ 内任一点处的受力状态，可以用过该点的所有截面上的应力向量和偶应力向量来表示。当点 P 位于物体的表面时，$\boldsymbol{t}_n$、$\boldsymbol{m}_n$ 应该等于单位面积上的表面力和表面力偶。

在第 9 章之前只讨论应力，不涉及偶应力。

3.2 Cauchy 应力向量与 Cauchy 应力张量

首先对面积向量的几何意义作进一步讨论。

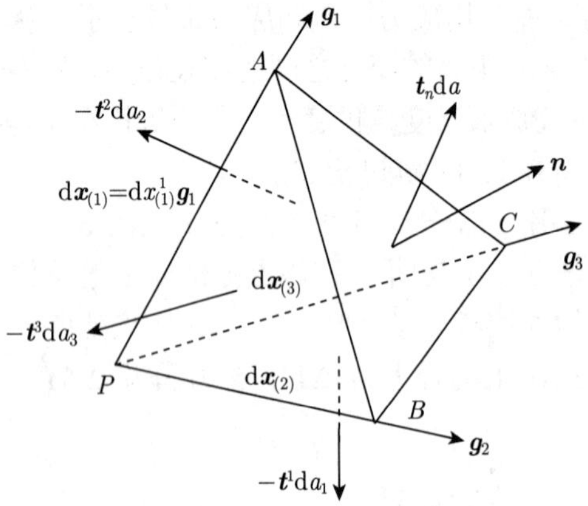

图 3.2 面积元与 Cauchy 应力向量

Cauchy 应力原理指出，一点处的应力向量与面积元的形状无关，所以可以取三角形，其面积为 $\mathrm{d}a$，是由法线为 $\boldsymbol{n}$ 的平面被 P 点的三个坐标面切割得到的，当面积 $\to 0$ 时，该面积元过点 P(见图 3.2)。这样，由坐标面和面积元 $\mathrm{d}a$ 构成一个四面体元 $PABC$，侧面是 $\triangle PAB$，$\triangle PBC$，$\triangle PCA$，斜截面为 $\triangle ABC$，外法线是 $\boldsymbol{n}$。

下面用面积向量表示上述四个面元，并建立它们之间的关系。三角形的面积大小和法线方向可以用叉积表示 (见第 1.13.3 小节)，利用式 (1.16)，$\triangle PAB$ 可以表示为

$$-\frac{1}{2}\mathrm{d}\boldsymbol{x}_{(1)} \times \mathrm{d}\boldsymbol{x}_{(2)} = -\frac{1}{2}\left(\mathrm{d}x^1_{(1)}\boldsymbol{g}_1\right) \times \left(\mathrm{d}x^2_{(2)}\boldsymbol{g}_2\right)$$

$$= -\frac{1}{2}\mathrm{d}x^1_{(1)}\mathrm{d}x^2_{(2)}\left[\boldsymbol{g}_1\boldsymbol{g}_2\boldsymbol{g}_3\right]\boldsymbol{g}^3 = -\frac{1}{2}\varepsilon_{123}\mathrm{d}x^1_{(1)}\mathrm{d}x^2_{(2)}\boldsymbol{g}^3 = -\mathrm{d}a_3\boldsymbol{g}^3$$

式中，$\mathrm{d}x^1_{(1)}\boldsymbol{g}_1$ 为从 P 点到 A 点的向量；$\mathrm{d}x^2_{(2)}\boldsymbol{g}_2$ 为从 P 点到 B 点的向量，负号表示外法线方向。同样，$\triangle PBC$ 和 $\triangle PCA$ 可以分别表示为

$$-\frac{1}{2}\varepsilon_{231}\mathrm{d}x^2_{(2)}\mathrm{d}x^3_{(3)}\boldsymbol{g}^1 = -\mathrm{d}a_1\boldsymbol{g}^1, \quad -\frac{1}{2}\varepsilon_{312}\mathrm{d}x^3_{(3)}\mathrm{d}x^1_{(1)}\boldsymbol{g}^2 = -\mathrm{d}a_2\boldsymbol{g}^2$$

其中 $\mathrm{d}a_1 = \frac{1}{2}\varepsilon_{231}\mathrm{d}x^2_{(2)}\mathrm{d}x^3_{(3)}, \quad \mathrm{d}a_2 = \frac{1}{2}\varepsilon_{312}\mathrm{d}x^3_{(3)}\mathrm{d}x^1_{(1)}, \quad \mathrm{d}a_3 = \frac{1}{2}\varepsilon_{123}\mathrm{d}x^1_{(1)}\mathrm{d}x^2_{(2)}$

$\triangle ABC$ 的面积和方向可以用边 AB 和 BC 对应的向量叉积得到，即

$$\begin{aligned}
\mathrm{d}a\boldsymbol{n} &= \frac{1}{2}\left(\mathrm{d}x^2_{(2)}\boldsymbol{g}_2 - \mathrm{d}x^1_{(1)}\boldsymbol{g}_1\right) \times \left(\mathrm{d}x^3_{(3)}\boldsymbol{g}_3 - \mathrm{d}x^1_{(1)}\boldsymbol{g}_1\right) \\
&= \frac{1}{2}\mathrm{d}x^2_{(2)}\mathrm{d}x^3_{(3)}\boldsymbol{g}_2 \times \boldsymbol{g}_3 + \frac{1}{2}\mathrm{d}x^3_{(3)}\mathrm{d}x^1_{(1)}\boldsymbol{g}_3 \times \boldsymbol{g}_1 + \frac{1}{2}\mathrm{d}x^1_{(1)}\mathrm{d}x^2_{(2)}\boldsymbol{g}_1 \times \boldsymbol{g}_2 \\
&= \mathrm{d}a_1\boldsymbol{g}^1 + \mathrm{d}a_2\boldsymbol{g}^2 + \mathrm{d}a_3\boldsymbol{g}^3 = \mathrm{d}a_k\boldsymbol{g}^k
\end{aligned} \tag{3.3}$$

上面的分析表明，面积向量 $\mathrm{d}a\boldsymbol{n}$ 的三个分量分别是四面体的其他三个侧面面积向量，其方向与外法线方向相反，与相应的逆变基向量 $\boldsymbol{g}^k$ 方向相同。这就是面积元向量三个分量的几何意义。应该指出，一般情况下 $\mathrm{d}a_k$ 并不是侧面的真实面积，真实面积应为 $\mathrm{d}a_k\sqrt{g^{kk}}$($k$ 为非求和指标，$\sqrt{g^{kk}}$ 为 $\boldsymbol{g}^k$ 的模)，因为 $\boldsymbol{g}^k$ 非单位向量。

由式 (3.3) 两端点乘 $\boldsymbol{n}$ 或 $\boldsymbol{g}_l$，得到：

$$\mathrm{d}a = \mathrm{d}a_k\boldsymbol{g}^k \cdot \boldsymbol{n}, \quad \mathrm{d}a_l = \mathrm{d}a\boldsymbol{n} \cdot \boldsymbol{g}_l \tag{3.4}$$

下面讨论四面体元各面上内力之间的关系 (见图 3.2)。若作用在面积元 $\mathrm{d}a\boldsymbol{n}$ 上的合力为 $\boldsymbol{t_n}\mathrm{d}a$，作用在四面体侧面 $\triangle PBC$、$\triangle PCA$、$\triangle PAB$ 上的合力分别表示为如下形式：

$$-\boldsymbol{t}^1\mathrm{d}a_1, \quad -\boldsymbol{t}^2\mathrm{d}a_2, \quad -\boldsymbol{t}^3\mathrm{d}a_3$$

负号表示各力作用面的法线方向与 $\boldsymbol{g}^1$、$\boldsymbol{g}^2$、$\boldsymbol{g}^3$ 相反，将作用面法线与逆变基向量同向的内力记作 $\boldsymbol{t}^1\mathrm{d}a_1$、$\boldsymbol{t}^2\mathrm{d}a_2$、$\boldsymbol{t}^3\mathrm{d}a_3$。由于 $\mathrm{d}a_i$ 不是对应侧面的真实面积，因此一般说来 $\boldsymbol{t}^i$ $(i=1,2,3)$ 并不等于相应侧面的应力向量密度。若用 $\boldsymbol{t}_{(i)}$ 表示沿内法线方向 ($\boldsymbol{g}^i$) 的应力向量密度，则

$$\boldsymbol{t}^1 = \boldsymbol{t}_{(1)}\sqrt{g^{11}}, \quad \boldsymbol{t}^2 = \boldsymbol{t}_{(2)}\sqrt{g^{22}}, \quad \boldsymbol{t}^3 = \boldsymbol{t}_{(3)}\sqrt{g^{33}} \tag{3.5}$$

作用在四面体上的体积力的合力为 $\boldsymbol{f}\rho\mathrm{d}v$，其中 $\boldsymbol{f}$ 为作用在构形 $\mathscr{k}$ 中 P 点处单位质量的体积力，ρ 为 P 点处的密度，$\mathrm{d}v$ 为四面体元的体积。

假定对于物体的任何部分动量守恒定律成立 (见第 4.2.1 小节)，对于无限小的四面体有

$$\frac{\mathrm{d}}{\mathrm{d}t}\left(\boldsymbol{v}\rho\mathrm{d}v\right) = \boldsymbol{f}\rho\mathrm{d}v - \boldsymbol{t}^k\mathrm{d}a_k + \boldsymbol{t}_n\mathrm{d}a \tag{3.6}$$

上式左端为质量 $\rho\mathrm{d}v$ 的动量的时间变率，右端为体力和面力的合力。注意到 $\mathrm{d}v$ 与 $\mathrm{d}a$ 比较是高阶无限小量，所以

$$\boldsymbol{t}^k\mathrm{d}a_k = \boldsymbol{t}_n\mathrm{d}a \tag{3.7}$$

利用式 (3.4)，由式 (3.7) 得到

$$\boldsymbol{t}_n = \boldsymbol{t}^k \boldsymbol{g}_k \cdot \boldsymbol{n} = \boldsymbol{n} \cdot \boldsymbol{g}_k \boldsymbol{t}^k \tag{3.8}$$

向量 $\boldsymbol{t}^k$ $(k=1,2,3)$ 称为 Cauchy 应力向量，由式 (3.5) 可见，它等于该点处沿逆变坐标基 $\boldsymbol{g}^k$ 方向坐标面上的应力向量密度的 $\sqrt{g^{kk}}$ 倍 (k 不求和)。在直角坐标系中，$\boldsymbol{t}^k$ 为一点处三个坐标面上的应力向量密度。

式 (3.8) 表明，用任一点处的三个 Cauchy 应力向量，可以表示该点沿任何方向的应力向量密度 $\boldsymbol{t}_{\boldsymbol{n}}$，因此 Cauchy 应力向量表征了该点处的受力情况。

现在将三个 Cauchy 应力向量沿协变坐标基分解，得到 9 个分量 t^{kl}

$$\boldsymbol{t}^k = t^{kl} \boldsymbol{g}_l \tag{3.9}$$

t^{kl} 中的第一个指标表示它的作用面的法线是 $\boldsymbol{g}^k$(即协变标架坐标面)，第二个指标表示该分量的方向是 $\boldsymbol{g}_l$。t^{kl} 显然依赖于坐标系的选择，下面证明 t^{kl} 满足张量转换关系。

考虑另一曲线坐标系 $\left\{x^{i'}\right\}$，基向量 $\boldsymbol{g}_{k'}$ 与 $\boldsymbol{g}_k$ 的变换为 $\boldsymbol{g}_{k'} = A^k_{k'} \boldsymbol{g}_k$，$\boldsymbol{g}_k = A^{k'}_k \boldsymbol{g}_{k'}$。在两个坐标系中表示应力向量密度 $\boldsymbol{t}_{\boldsymbol{n}}$，由式 (3.8)，

$$\boldsymbol{t}_n = \boldsymbol{n} \cdot \boldsymbol{g}_k \boldsymbol{t}^k = \boldsymbol{n} \cdot \boldsymbol{g}_k \left(t^{kl} \boldsymbol{g}_l\right) = \boldsymbol{n} \cdot \boldsymbol{g}_k \boldsymbol{g}_l t^{kl} = \boldsymbol{n} \cdot \boldsymbol{g}_{k'} \boldsymbol{g}_{l'} A^{k'}_k A^{l'}_l t^{kl}$$

$$\boldsymbol{t}_n = \boldsymbol{n} \cdot \boldsymbol{g}_{k'} \boldsymbol{t}^{k'} = \boldsymbol{n} \cdot \boldsymbol{g}_{k'} \left(t^{k'l'} \boldsymbol{g}_{l'}\right) = \boldsymbol{n} \cdot \boldsymbol{g}_{k'} \boldsymbol{g}_{l'} t^{k'l'}$$

上两式相减，得到 $\boldsymbol{n} \cdot \boldsymbol{g}_{k'} \boldsymbol{g}_{l'} \left(t^{k'l'} - A^{k'}_k A^{l'}_l t^{kl}\right) = \boldsymbol{0}$，此式对任何单位向量 $\boldsymbol{n}$ 成立，只有

$$t^{k'l'} = A^{k'}_k A^{l'}_l t^{kl} \tag{3.10}$$

即满足张量转换关系。上式说明 t^{kl} 是张量，并矢记法为

$$\boldsymbol{t} = t^{kl} \boldsymbol{g}_k \boldsymbol{g}_l = t_{kl} \boldsymbol{g}^k \boldsymbol{g}^l = t^k{}_l \boldsymbol{g}_k \boldsymbol{g}^l = t_k{}^l \boldsymbol{g}^k \boldsymbol{g}_l \tag{3.11}$$

$\boldsymbol{t}$ 称为 Cauchy 应力张量。在第 4 章中将证明 Cauchy 应力张量是对称的

$$t^{kl} = t^{lk}, \quad t_{kl} = t_{lk} \tag{3.12}$$

利用度量张量将上式两端升降指标，则得到混合分量的关系

$$t_k{}^l = t^l{}_k \equiv t^l_k \tag{3.12a}$$

将式 (3.9) 代入式 (3.8)，得

$$\boldsymbol{t}_n = \left(t^{kl} \boldsymbol{g}_l\right) \boldsymbol{g}_k \cdot \boldsymbol{n} = t^{kl} \boldsymbol{g}_l \boldsymbol{g}_k \cdot \boldsymbol{n} \quad 或 \quad \boldsymbol{t}_n = \boldsymbol{n} \cdot \boldsymbol{g}_k \left(t^{kl} \boldsymbol{g}_l\right) = \boldsymbol{n} \cdot \boldsymbol{t}$$

由于 t^{kl} 是对称二阶张量，$t^{kl} \boldsymbol{g}_k \boldsymbol{g}_l = t^{kl} \boldsymbol{g}_l \boldsymbol{g}_k = \boldsymbol{t}$，所以

$$\boldsymbol{t}_n = \boldsymbol{n} \cdot \boldsymbol{t} = \boldsymbol{t} \cdot \boldsymbol{n} \tag{3.13}$$

式 (3.13) 表明，在构形 $\mathscr{z}$ 中任一点处所有方向的应力向量密度，可以用该点的应力张量表示。因此，由应力向量密度表征的任一点处的内力状态，可以用 Cauchy 应力张量描述。

为了说明 Cauchy 应力张量分量的物理意义，我们从 t 时刻构形 $\mathscr{z}$ 中沿协变标架坐标面切出无限小平行六面体元 (见图 3.3(a))，6 个侧面的法线方向为 $\pm\boldsymbol{g}^1$、$\pm\boldsymbol{g}^2$、$\pm\boldsymbol{g}^3$。法线为 $\boldsymbol{g}^k$ 的三个面元的 Cauchy 应力向量为 $\boldsymbol{t}^k$。将 $\boldsymbol{t}^k$ 在协变标架 $\boldsymbol{g}_l$ 中分解，得到分量 t^{kl}，在逆变标架 $\boldsymbol{g}^l$ 中分解，则得到分量 $t^k{}_l$。例如：

$$\boldsymbol{t}^3 = t^{31}\boldsymbol{g}_1 + t^{32}\boldsymbol{g}_2 + t^{33}\boldsymbol{g}_3 = t^3{}_1\boldsymbol{g}^1 + t^3{}_2\boldsymbol{g}^2 + t^3{}_3\boldsymbol{g}^3$$

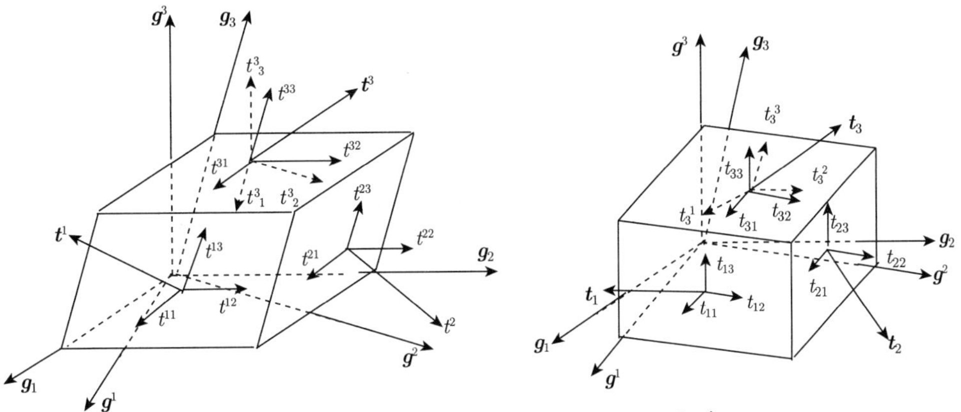

(a) t^{kl} 和 $t^k{}_l$　　　(b) t_{kl} 和 $t_k{}^l$

图 3.3 Cauchy 应力张量

如果沿逆变标架坐标面切出四面体，斜截面面积元为 $\mathrm{d}a^k\boldsymbol{g}_k$，则平衡条件式 (3.7) 变为

$$\boldsymbol{t}_k \mathrm{d}a^k = \boldsymbol{t}_n \mathrm{d}a \tag{3.7a}$$

$\boldsymbol{t}_k$ 是法线为 $\boldsymbol{g}_k$ 的面积元上的应力向量，如图 3.3(b) 所示。将 $\boldsymbol{t}_k$ 在逆变标架中分解即得分量 t_{kl}，在协变标架中分解则得到分量 $t_k{}^l$。

从图 3.3(a) 和图 3.3(b) 可以看到 $t^k{}_l$ 和 $t_k{}^l$ 各自的作用面和作用方向是不同的，尽管它们是同一张量 $\boldsymbol{t}$ 的分量，所以 $t^k{}_l \neq t_k{}^l$。在直角坐标系中 4 种分量的差别不复存在。

应该指出，应力张量分量一般说来并不等于单位面积上的力，甚至非应力量纲。应力张量的真实应力分量为物理分量，$\boldsymbol{t}$ 的逆变和协变物理分量是 (见式 (1.149a))

$$t^{(k)(l)} = t^{kl}\sqrt{g_{kk}}\sqrt{g_{ll}} \quad (k, l\text{非求和指标}) \tag{3.14}$$

$$t_{(k)(l)} = t_{kl}\sqrt{g^{kk}}\sqrt{g^{ll}} \quad (k, l\text{非求和指标}) \tag{3.15}$$

Cauchy 应力张量 $\boldsymbol{t}$ 采用空间描述法，是即时构形 $\mathscr{z}$ 中的真实应力。流体运动与初始构形 $\mathscr{R}$ 无关，需要考虑的是构形 $\mathscr{z}$ 的速度场和应力场，因此便于采用 Euler 描述法和 Cauchy 应力张量。但在研究固体时常常选取变形前的初始构形 $\mathscr{R}$ 作为参考构形，因而需要采用 Lagrange 描述法和基于 Lagrange 描述的应力张量。

3.3 Piola 应力张量与 Kirchhoff 应力张量

考虑 t_0 时刻构形 $\mathscr{R}$ 中任一点 P，沿协变标架坐标面切出一四面体元 (见图 3.4(a))，经过运动变换 $\boldsymbol{x}=\boldsymbol{x}(\boldsymbol{X},t)$，在 t 时刻变为构形 $\mathscr{r}$ 中 p 点处的另一四面体 (见图 3.4(b))，如第 2.2 节所述，该四面体的三个侧面是随体坐标系的三个坐标面，三个边沿随体坐标系的基向量 $\boldsymbol{C}_K$，其度量张量为 Green 应变张量。应该指出，图 3.4(b) 所示的四面体与图 3.2 所示的四面体在同一点 p 处，有相同的斜截面面积向量 $\boldsymbol{n}\mathrm{d}a$，但两者的相应侧面在不同平面内，斜截面三角形也并不相同，不可混淆。

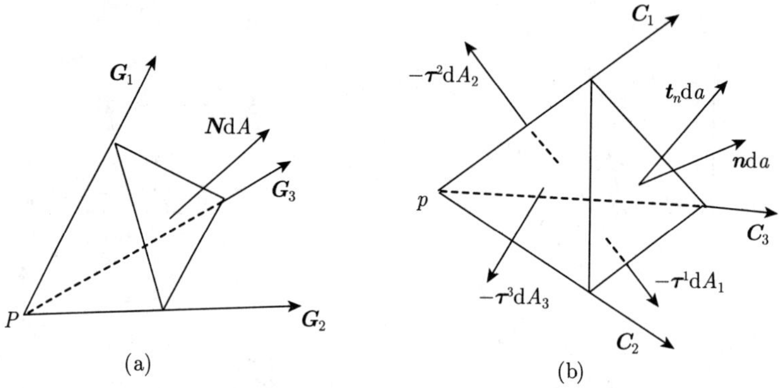

图 3.4　Lagrange 描述的四面体及 Piola 应力向量

变形前 t_0 时刻四面体斜截面 $\boldsymbol{N}\mathrm{d}A$ 在变形后 t 时刻变为 $\boldsymbol{n}\mathrm{d}a$，两个面积元向量可表示为

$$\left.\begin{aligned}&\mathrm{d}A\boldsymbol{N}=\mathrm{d}A_K\boldsymbol{G}^K,\quad \mathrm{d}A_K=\mathrm{d}A\boldsymbol{N}\cdot\boldsymbol{G}_K\\&\mathrm{d}a\boldsymbol{n}=\mathrm{d}a_k\boldsymbol{g}^k,\quad \mathrm{d}a_k=\mathrm{d}a\boldsymbol{n}\cdot\boldsymbol{g}_k\end{aligned}\right\}\tag{3.16}$$

式 (2.60) 给出了 $\mathrm{d}a_k$ 与 $\mathrm{d}A_k$ 间的关系 $\mathrm{d}a_k=JX^k{}_{,k}\mathrm{d}A_k$，所以面积 $\boldsymbol{n}\mathrm{d}a$ 上的合力也可以借助变形前的面积表示

$$\boldsymbol{t}_n\mathrm{d}a=\boldsymbol{t}^k\mathrm{d}a_k=\boldsymbol{t}^kJX^K{}_{,k}\mathrm{d}A_K=\boldsymbol{\tau}^K\mathrm{d}A_K\tag{3.17}$$

上式是应力理论中联系两种描述法及其应力的基本关系，其中

$$\boldsymbol{\tau}^K=JX^K{}_{,k}\boldsymbol{t}^k\tag{3.18}$$

称为 Piola 应力向量。Piola 应力向量也可以像 Cauchy 应力向量 $\boldsymbol{t}^k$ 那样得到，即在图 3.4(b) 中沿随体坐标系切出的四面体各侧面上引入合力 $-\boldsymbol{\tau}^1\mathrm{d}A_1$、$-\boldsymbol{\tau}^2\mathrm{d}A_2$、$-\boldsymbol{\tau}^3\mathrm{d}A_3$，对四面体应用动量守恒定律，同样得到式 (3.17)。由图 3.4(b) 可见，$\boldsymbol{\tau}^K$ 是变形前法线为 $\boldsymbol{G}^K$、面积为 $\sqrt{G^{KK}}(\mathrm{d}A_K=1)$ 的面在变形后该面上的应力合力——这就是 $\boldsymbol{\tau}^K$ 的物理意义。

由式 (3.18) 两端乘以 $x^l_{,K}$，注意到 $x^l_{,K}X^K{}_{,k}=\delta^l_k$，可得

$$\boldsymbol{t}^k=\frac{1}{J}x^k_{,K}\boldsymbol{\tau}^K\tag{3.19}$$

若给定构形 $\mathscr{R}$ 中的任一点 P 处的单位向量 $\boldsymbol{N}=N^K\boldsymbol{G}_K$，变形后变为构形 $\imath$ 中点 p 处的 $\boldsymbol{n}$ 方向，利用 $\boldsymbol{\tau}^K$ 可以表示 $\boldsymbol{n}$ 方向的应力向量密度 $\boldsymbol{t}_n$，将式 (3.16) 中 $\mathrm{d}A_K$ 代入式 (3.17)，有

$$\boldsymbol{t}_n=\boldsymbol{N}\cdot\boldsymbol{G}_K\boldsymbol{\tau}^K\frac{\mathrm{d}A}{\mathrm{d}a} \tag{3.20}$$

注意到式 (2.60a)，有

$$\boldsymbol{t}_n=\boldsymbol{N}\cdot\boldsymbol{G}_K\boldsymbol{\tau}^K/J\left(C^{-1KL}N_KN_L\right)^{1/2} \tag{3.21}$$

式 (3.21) 说明，利用 Piola 应力向量 $\boldsymbol{\tau}^K$ 和 Lagrange 描述法的变形张量可以表示构形 $\mathscr{R}$ 中任一方向 $\boldsymbol{N}$ 在变形后的应力向量密度。

现将 Piola 应力向量 $\boldsymbol{\tau}^K$ 沿 Euler 坐标系的协变标架 $\boldsymbol{g}_l$ 分解，有

$$\boldsymbol{\tau}^K=\tau^{Kl}\boldsymbol{g}_l \tag{3.22}$$

其中，系数 τ^{Kl} 是同时参考于 Lagrange 坐标系和 Euler 坐标系的两点张量，称为 Piola 应力张量或第一类 Piola-Kirchhoff 应力张量，其并矢记法为

$$\boldsymbol{\tau}=\tau^{Kl}\boldsymbol{G}_K\boldsymbol{g}_l=\tau_{Kl}\boldsymbol{G}^K\boldsymbol{g}^l \tag{3.23}$$

为了用参考构形 $\mathscr{R}$ 中的面积度量即时构形 $\imath$ 中的应力向量密度，可以引入

$$\boldsymbol{t}_N=\frac{\mathrm{d}a}{\mathrm{d}A}\boldsymbol{t}_n \tag{3.24}$$

$\boldsymbol{t}_N$ 表示变形前法线为 $\boldsymbol{N}$ 的单位面积在变形后所受内力的合力。将式 (3.20) 代入式 (3.24)，利用式 (3.22)，得到

$$\boldsymbol{t}_N=\boldsymbol{N}\cdot\boldsymbol{\tau} \tag{3.25}$$

可见，第一类 Piola-Kirchhoff 应力张量 $\boldsymbol{\tau}$ 可以表示参考构形 $\mathscr{R}$ 法线为 $\boldsymbol{N}$ 的单位面积在变形后受到的内力 $\boldsymbol{t}_{\boldsymbol{N}}$。

将 Piola 应力向量 τ^K 沿随体坐标系的协变基向量 $\boldsymbol{C}_L$ 分解，注意到式 (2.10)，得到

$$\boldsymbol{\tau}^K=T^{KL}\boldsymbol{C}_L=T^{KL}x^l_{,L}\boldsymbol{g}_l \tag{3.26}$$

上式引入有 9 个分量的一组量 T^{KL}，下面证明当 Lagrange 坐标系变换时它们满足张量分量转换关系。将式 (3.26) 代入式 (3.21)，得

$$\boldsymbol{t}_n=\frac{\mathrm{d}A}{\mathrm{d}a}\boldsymbol{N}\cdot\boldsymbol{G}_KT^{KL}x^l_{,L}\boldsymbol{g}_l \tag{3.27}$$

考虑另一 Lagrange 坐标系 $\left\{X^{K'}\right\}$，将坐标转换关系 $\boldsymbol{G}_K=A_K^{K'}\boldsymbol{G}_{K'}$ 和 $x^l_{,L}=A_L^{L'}x^l_{,L'}$ 代入上式，得 $\boldsymbol{t}_n=\dfrac{\mathrm{d}A}{\mathrm{d}a}x^l_{,L'}\boldsymbol{N}\cdot\boldsymbol{G}_{K'}\boldsymbol{g}_lA_K^{K'}A_L^{L'}T^{KL}$；在标架 $\boldsymbol{G}_{K'}$ 中式 (3.27) 为

$$\boldsymbol{t}_n = \frac{\mathrm{d}A}{\mathrm{d}a}\boldsymbol{N}\cdot\boldsymbol{G}_{K'}T^{K'L'}x^l_{\ ,L'}\boldsymbol{g}_l$$

比较上面两式，可得 $T^{K'L'} = A^{K'}_K A^{L'}_L T^{KL}$，即 T^{KL} 满足 Lagrange 坐标系中的张量转换关系，因而是参考于 Lagrange 坐标系的二阶张量。T^{KL} 称为 Kirchhoff 应力张量或第二类 Piola-Kirchhoff 应力张量，在第 4 章中将证明它是对称张量，其并矢记法为

$$\boldsymbol{T} = T^{KL}\boldsymbol{G}_K\boldsymbol{G}_L = T_{KL}\boldsymbol{G}^K\boldsymbol{G}_L = T^K_L\boldsymbol{G}_K\boldsymbol{G}^L \tag{3.28}$$

将式 (3.26) 与式 (3.22) 比较，可以得到第一类与第二类 Piola-Kirchhoff 应力张量之间的关系

$$\tau^{Kl} = T^{KL}x^l_{\ ,L} \quad 或 \quad \boldsymbol{\tau} = \boldsymbol{T}\cdot\boldsymbol{F}^{\mathrm{T}} \tag{3.29}$$

上式两端乘以 $\boldsymbol{F}^{-\mathrm{T}}$，得到

$$T^{KL} = \tau^{Kl}X^L_{\ ,l} \quad 或 \quad \boldsymbol{T} = \boldsymbol{\tau}\cdot\boldsymbol{F}^{-\mathrm{T}} \tag{3.30}$$

将式 (3.22) 和式 (3.9) 代入式 (3.19) 和式 (3.18)，可以得到 Cauchy 应力张量与第一类 Piola-Kirchhoff 应力张量的关系

$$\tau^{Kl} = JX^K_{\ ,k}t^{kl},\quad t^{kl} = \frac{1}{J}x^k_{\ ,K}\tau^{Kl} \quad 或 \quad \boldsymbol{\tau} = J\boldsymbol{F}^{-1}\cdot\boldsymbol{t},\quad \boldsymbol{t} = \frac{1}{J}\boldsymbol{F}\cdot\boldsymbol{\tau} \tag{3.31}$$

将上式分别代入式 (3.29) 和式 (3.30)，则得到 Cauchy 应力张量与第二类 Piola-Kirchhoff 应力张量的关系

$$T^{KL} = JX^K_{\ ,k}X^L_{\ ,l}t^{kl},\qquad t^{kl} = \frac{1}{J}x^k_{\ ,K}x^l_{\ ,L}T^{KL}$$

或

$$\boldsymbol{T} = J\boldsymbol{F}^{-1}\cdot\boldsymbol{t}\cdot\boldsymbol{F}^{-\mathrm{T}},\quad \boldsymbol{t} = \frac{1}{J}\boldsymbol{F}\cdot\boldsymbol{T}\cdot\boldsymbol{F}^{\mathrm{T}} \tag{3.32}$$

以上两节基于 Euler 描述法和 Lagrange 描述法，利用四面体平衡条件建立了任意面积元上的应力向量密度 $\boldsymbol{t}_n$ 与应力向量的基本关系，即式 (3.17)：$\boldsymbol{t}_n\mathrm{d}a = \boldsymbol{t}^k\mathrm{d}a_k = \boldsymbol{\tau}^K\mathrm{d}A_K$；然后将 $\boldsymbol{t}^k$ 和 $\boldsymbol{\tau}^K$ 在不同的标架中分解，定义了三种应力张量 $\boldsymbol{t}$、$\boldsymbol{\tau}$ 和 $\boldsymbol{T}$。Cauchy 应力向量 $\boldsymbol{t}^k$ 与 Piola 应力向量 $\boldsymbol{\tau}^K$ 以及三个应力张量之间均可以相互表示，但需要借助变形梯度张量和体积比 J。这是由于 $\boldsymbol{t}^k$ 和 $\boldsymbol{t}$ 是基于构形 $\mathscr{r}$ 中面积的实际应力，而 $\boldsymbol{\tau}^K$ 和 $\boldsymbol{\tau}$、$\boldsymbol{T}$ 是利用构形 $\mathscr{R}$ 中的面积表示的应力，因而是构形 $\mathscr{r}$ 中实际应力的间接表示，从构形 $\mathscr{R}$ 到构形 $\mathscr{r}$ 的面积变化与变形有关，所以应力张量间的关系依赖变形。

图 3.5 以面积元 $\mathrm{d}A_3\boldsymbol{G}^3$ 为例，给出应力张量 $\boldsymbol{\tau}$ 和 $\boldsymbol{T}$ 的几何表示。$\mathrm{d}A_3\boldsymbol{G}^3$ 为构形 $\mathscr{R}$ 中平行于 $\boldsymbol{G}_1$-$\boldsymbol{G}_2$ 坐标面的一个面元，变形后为 $\mathrm{d}A_3\boldsymbol{C}^3$，该面元上的 Piola 应力向量为 $\boldsymbol{\tau}^3$，T^{3L} 和 τ^{3l} 为 $\boldsymbol{\tau}^3$ 沿随体标架 $\boldsymbol{C}_L$ 和 Euler 标架 $\boldsymbol{g}_l$ 的分量。因此，τ^{Kl} 是变形前法线为 $\boldsymbol{G}^K$、面积为 $\sqrt{G^{KK}}$ 的面在变形后该面上的应力合力 $\boldsymbol{\tau}^K$ 沿标架 $\boldsymbol{g}_m\,(m=1,2,3)$ 分解在 $\boldsymbol{g}_l$ 方向的分量，而 T^{KL} 是 $\boldsymbol{\tau}^K$ 沿标架 $\boldsymbol{C}_M(M=1,2,3)$ 分解在 $\boldsymbol{C}_L$ 方向的分量。

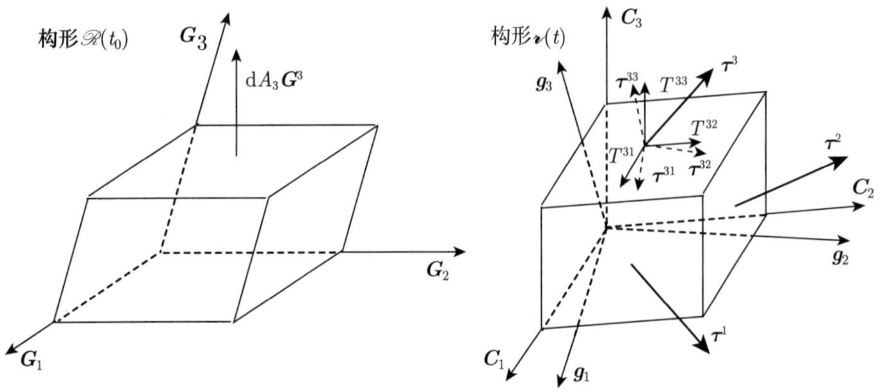

(a) (b)

图 3.5 Lagrange 描述的应力张量的几何表示

(a) 变形前体积元；(b) 变形后体积元

3.4 主应力、主方向、应力张量不变量、应力二次曲面、正应力与剪应力极值

如前所述，Cauchy 应力张量和第二类 Piola-Kirchhoff 应力张量是对称二阶张量，所以一般情况下各有三个主方向和三个主值，即主应力。下面着重讨论 Cauchy 应力张量。

式 (3.13) 表明，$\boldsymbol{t}$ 是构形 $\mathscr{k}$ 中单位法线向量 $\boldsymbol{n}$ 与应力向量密度 $\boldsymbol{t}_n$ 的线性变换。若 $\boldsymbol{n}$ 为 $\boldsymbol{t}$ 的主方向 t 为主值，则式 (3.13) 可以写作

$$\boldsymbol{t}\cdot\boldsymbol{n} = t\boldsymbol{n} \quad 或 \quad \left(t_l^k - t\delta_l^k\right) n^l = 0 \tag{3.33}$$

其中 $t_l^k = t^k{}_l = t_l{}^k$，因为 $\boldsymbol{t}$ 是对称二阶张量。由特征方程 $\det\left(t_l^k - t\delta_l^k\right) = 0$，通常可以得到三个特征值 $t_{(1)}, t_{(2)}, t_{(3)}$，即主应力。

Cauchy 应力的主方向 $\boldsymbol{n}_{ti}$ 与 Cauchy 应变 $\boldsymbol{c}$ 的主方向 $\boldsymbol{n}_{ci}$(即第 2.5 节中的 $\boldsymbol{n}_{(i)}$) 一般是不同的，因为应力与应变的关系依赖物质本身的性质。对于各向异性固体而言，拉压主应力可以引起剪切变形，所以 $\boldsymbol{n}_{ti} \neq \boldsymbol{n}_{ci}$；各向同性固体拉压与剪切不耦合，在主应力作用下变形时主应力方向线元的夹角不变，保持正交，即在应力主坐标系中变形张量只有对角线分量，所以应力与应变主坐标系重合，$\boldsymbol{n}_{ti} = \boldsymbol{n}_{ci}$。

Cauchy 应力张量的三个不变量为

$$\begin{aligned}
I_t &= t_k^k = t_{(1)} + t_{(2)} + t_{(3)} \\
I\!I_t &= \frac{1}{2}\left(t_k^k t_l^l - t^k{}_l t^l{}_k\right) = t_{(1)}t_{(2)} + t_{(2)}t_{(3)} + t_{(3)}t_{(1)} \\
I\!I\!I_t &= \det t^k{}_l = \frac{1}{3!}\varepsilon^{krm}\varepsilon_{lsn}t^l{}_k t^s{}_r t^n{}_m = t_{(1)}t_{(2)}t_{(3)}
\end{aligned} \tag{3.34}$$

类似地，可以讨论第二类 Piola-Kirchhoff 应力张量 $\boldsymbol{T}$ 的主值、主方向和不变量。如果 Lagrange 坐标系与 $\boldsymbol{T}$ 的主方向重合，则 $\boldsymbol{T}$ 的非对角线分量等于零，有

$$\boldsymbol{T} = \begin{bmatrix} T_{(1)} & 0 & 0 \\ 0 & T_{(2)} & 0 \\ 0 & 0 & T_{(3)} \end{bmatrix} = T_{(i)}\boldsymbol{N}_{Ti}\boldsymbol{N}_{Ti} \tag{3.35}$$

Piola 应力张量 $\boldsymbol{\tau}$ 是两点张量，无对称性，所以没有上述性质。

$\boldsymbol{T}$ 的主方向 $\boldsymbol{N}_{Ti}\,(i=1,2,3)$ 是在构形 $\mathscr{R}$ 中给出的，$\boldsymbol{N}_{Ti}$ 对应的变形后构形 $\imath$ 中的方向 $\boldsymbol{n}_{Ti}$ 一般说来不是互相垂直的，其夹角与变形有关，因而与物质性质有关。对于各向同性固体，若图 3.5(a) 中的标架 $\boldsymbol{G}_K$ 改用局部正交标准基 $\boldsymbol{N}_{Ti}$，其中的单元体为长方体，变形后对应图 3.5(b) 的随体标架中的单元体，其各边与 $\boldsymbol{n}_{Ti}$ 平行，各侧面只受主应力 $\boldsymbol{T}_{(i)}$ 作用，不引起剪切变形，即 $\boldsymbol{n}_{Ti}$ 互相垂直。此时，应力张量 $\boldsymbol{T}$ 变形前后主方向 $\boldsymbol{N}_{Ti}$ 和 $\boldsymbol{n}_{Ti}$ 与变形张量 $\boldsymbol{C}$ 的变形前后主方向 $\boldsymbol{N}_{Ci}$ 和 $\boldsymbol{n}_{ci}$(即第 2.5 节中的 $\boldsymbol{N}_{(i)}$ 和 $\boldsymbol{n}_{(i)}$) 分别相同，而且 $\boldsymbol{n}_{Ti}=\boldsymbol{R}\cdot\boldsymbol{N}_{Ti}$， $\boldsymbol{n}_{ci}=\boldsymbol{R}\cdot\boldsymbol{N}_{Ci}$(见式 (2.77))。本节前面已经指出，对于各向同性固体，Cauchy 应力张量主方向与 Cauchy 变形张量主方向相同 ($\boldsymbol{n}_{ti}=\boldsymbol{n}_{ci}$)，因此有

$$\boldsymbol{n}_{Ti}=\boldsymbol{n}_{ci}=\boldsymbol{n}_{ti},\quad \boldsymbol{n}_{ti}=\boldsymbol{R}\cdot\boldsymbol{N}_{Ti} \tag{3.36}$$

即各向同性固体应力张量 $\boldsymbol{T}$ 与 $\boldsymbol{t}$ 的主方向相差刚性转动 $\boldsymbol{R}$。各向异性物质不满足上述关系。

第 2.5 节曾经讨论 Cauchy 变形张量的正定二次型 $c_{kl}\mathrm{d}x^k\mathrm{d}x^l$ 和应变椭球 $c_{kl}\mathrm{d}x^k\mathrm{d}x^l=\mathrm{const}$。对于应力张量，例如 t_{kl}，同样可以给出应力张量二次型 $t_{kl}n^kn^l$，称为 Cauchy 应力二次型。由式 (3.13) 点乘 $\boldsymbol{n}$ 可知，该二次型就是面积元 $\mathrm{d}a\boldsymbol{n}$ 上的法向应力。但是应力张量 $\boldsymbol{t}$ 一般不是正定的 (主值 $t_{(i)}$ 不一定恒正)，所以应力二次型对应的曲面 $t_{kl}n^kn^l=\mathrm{const}$ 不一定是椭球，而是一般的二次曲面，称为 Cauchy 应力二次曲面。上式中的常数也可记作 $\pm r^2t_{nn}\,(=\mathrm{const})$，$r$ 是变量，适当选取 $\pm$ 以保证 n^k 为实数。显然，球形应力张量的二次曲面是球面。

为了给出一点 p 应力向量密度 $\boldsymbol{t}_n$ 的几何表示，建立一个以主应力为坐标轴的坐标系，也称为主应力空间。p 点处沿任一方向 $\boldsymbol{n}$ 的应力向量密度 $\boldsymbol{t}_n$ 在主应力空间中是一向量，沿主方向的三个分量为 t_{n1}、t_{n2}、t_{n3}。由式 (3.13)，在主坐标系中有

$$t_{n1}=t_{(1)}n_1\ ,\quad t_{n2}=t_{(2)}n_2\ ,\quad t_{n3}=t_{(3)}n_3 \tag{3.37a}$$

其中 n_1、n_2、n_3 为单位向量 $\boldsymbol{n}$ 在主坐标系中的分量，所以 $(n_1)^2+(n_2)^2+(n_3)^2=1$，将式 (3.37a) 代入，得到

$$\frac{(t_{n1})^2}{\left(t_{(1)}\right)^2}+\frac{(t_{n2})^2}{\left(t_{(2)}\right)^2}+\frac{(t_{n3})^2}{\left(t_{(3)}\right)^2}=1 \tag{3.37b}$$

上式表明，在主应力空间中所有方向应力向量密度 $\boldsymbol{t}_n$ 的矢端在一椭球面上，称为 Lamé 应力椭球，其对称轴是应力张量 $\boldsymbol{t}$ 的主轴。注意到单位向量 $\boldsymbol{n}$ 的矢端在 Euler 坐标系中为单位球面，所以可以说变换 $\boldsymbol{t}\cdot\boldsymbol{n}=\boldsymbol{t}_n$ 将 Euler 坐标系中的单位球面变为主应力空间的应力椭球面。

在主坐标系中，Cauchy 应力张量的矩阵形式为

$$\boldsymbol{t}=\begin{bmatrix} t_{(1)} & 0 & 0\\ 0 & t_{(2)} & 0\\ 0 & 0 & t_{(3)}\end{bmatrix}=t_{(i)}\boldsymbol{n}_{ti}\boldsymbol{n}_{ti} \tag{3.38}$$

适当地选取主方向次序，可以使 $t_{(1)} \geqslant t_{(2)} \geqslant t_{(3)}$。

应力向量密度 $\boldsymbol{t}_n$ 的法向分量，即面积元 $\mathrm{d}a\boldsymbol{n}$ 上的法向应力为

$$t_{nn} = \boldsymbol{t}_n \cdot \boldsymbol{n} = \boldsymbol{n} \cdot \boldsymbol{t} \cdot \boldsymbol{n} = t_{kl} n^k n^l \tag{3.39}$$

因为 $\boldsymbol{n}$ 是单位向量，所以

$$\boldsymbol{n} \cdot \boldsymbol{n} = g_{kl} n^k n^l = 1 \tag{3.40}$$

对于给定的应力张量 t_{kl}，t_{nn} 是 $\boldsymbol{n}$ 的函数。t_{nn} 在上式条件下极值问题的 Euler 方程为

$$\left(t_{kl} - t g_{kl}\right) n^l = 0 \tag{3.41}$$

将式中的指标 k 上升，式 (3.41) 即式 (3.33)，Lagrange 乘子 t 即主应力。式 (3.41) 两端乘以 n^k，注意到式 (3.39) 和式 (3.40)，t_{nn} 的极值为

$$t_{nn} = t_{(i)}, \quad i = 1, 2, 3 \tag{3.42}$$

所以，Cauchy 应力张量的主应力等于法向应力的极值，$t_{(1)}$ 为最大法向应力，$t_{(3)}$ 为最小法向应力。1.9 节证明了同样的结论 (见式 (1.75))。

将构形 $\boldsymbol{\imath}$ 中的任一点处法线为 $\boldsymbol{n}$ 的面积元上的应力向量密度 $\boldsymbol{t}_n$ 分解为法向分量 t_{nn} 和切向分量 t_{ns}(即在面元内的分量)，t_{nn} 称为正应力，t_{ns} 称为剪应力。前面已经讨论了正应力的最大值和最小值，现在来讨论剪应力 t_{ns} 的最大值和最小值。

剪应力 t_{ns} 是 $\boldsymbol{t}_n$ 在面元上的投影，所以

$$t_{ns}^2 = \boldsymbol{t}_n \cdot \boldsymbol{t}_n - t_{nn}^2 \tag{3.43}$$

如果取 $\boldsymbol{t}$ 的主坐标系为局部标架 $\boldsymbol{e}_i$，由式 (3.37a) 和式 (3.39)，代入上式得到

$$t_{ns}^2 = t_{(1)}^2 n_1^2 + t_{(2)}^2 n_2^2 + t_{(3)}^2 n_3^2 - \left(t_{(1)} n_1^2 + t_{(2)} n_2^2 + t_{(3)} n_3^2\right)^2 \tag{3.44}$$

t_{ns}^2 在约束条件 $n_1^2 + n_2^2 + n_3^2 = 1$ 下的条件极值问题，归结为 Euler 方程

$$\left.\begin{aligned} n_1 \left\{t_{(1)}^2 - 2t_{(1)} \left(t_{(1)} n_1^2 + t_{(2)} n_2^2 + t_{(3)} n_3^2\right) + \lambda\right\} = 0 \\ n_2 \left\{t_{(2)}^2 - 2t_{(2)} \left(t_{(1)} n_1^2 + t_{(2)} n_2^2 + t_{(3)} n_3^2\right) + \lambda\right\} = 0 \\ n_3 \left\{t_{(3)}^2 - 2t_{(3)} \left(t_{(1)} n_1^2 + t_{(2)} n_2^2 + t_{(3)} n_3^2\right) + \lambda\right\} = 0 \end{aligned}\right\} \tag{3.45}$$

式中，λ 为 Lagrange 乘子。上式与约束条件联立，可以得到两组解。第一组解为

$$\left.\begin{aligned} &n_1 = \pm 1, \quad n_2 = n_3 = 0, \quad \lambda = t_{(1)}^2 \\ &n_2 = \pm 1, \quad n_1 = n_3 = 0, \quad \lambda = t_{(2)}^2 \\ &n_3 = \pm 1, \quad n_1 = n_2 = 0, \quad \lambda = t_{(3)}^2 \end{aligned}\right\}, \quad t_{ns\min} = 0 \tag{3.46}$$

第二组解为

$$\left.\begin{aligned}
&n_1=0,\ n_2=\pm\frac{1}{\sqrt{2}},\ n_3=\pm\frac{1}{\sqrt{2}},\ t_{ns}=\pm\frac{1}{2}\left(t_{(2)}-t_{(3)}\right)\\
&n_2=0,\ n_3=\pm\frac{1}{\sqrt{2}},\ n_1=\pm\frac{1}{\sqrt{2}},\ t_{ns}=\pm\frac{1}{2}\left(t_{(3)}-t_{(1)}\right)\\
&n_3=0,\ n_1=\pm\frac{1}{\sqrt{2}},\ n_2=\pm\frac{1}{\sqrt{2}},\ t_{ns}=\pm\frac{1}{2}\left(t_{(1)}-t_{(2)}\right)
\end{aligned}\right\},\quad t_{ns\max}=\frac{1}{2}\left(t_{(1)}-t_{(3)}\right) \tag{3.47}$$

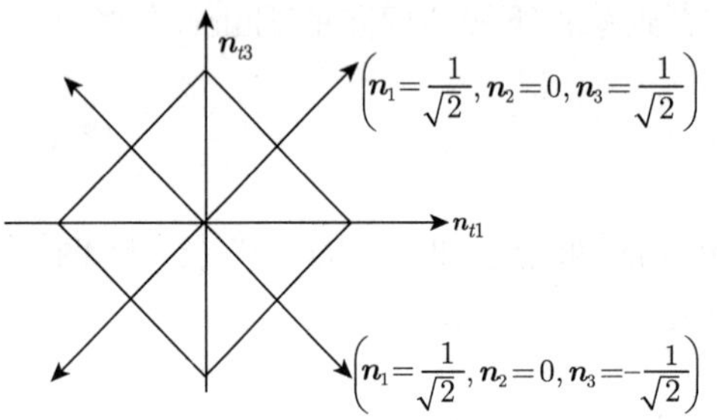

图 3.6 最大剪应力作用面

式 (3.47) 表明，在与主坐标面成 45° 角的平面内，剪应力取得最大值。当主应力的排列顺序为 $t_{(1)}>t_{(2)}>t_{(3)}$ 时，最大剪应力为 $\frac{1}{2}\left(t_{(1)}-t_{(3)}\right)$，作用面与 $t_{(1)},t_{(3)}$ 作用面成 45° 角 (见图 3.6)。

若法线 $\boldsymbol{n}$ 与三个主应力作用线成等角，即 $n_i=\pm1/\sqrt{3}\quad(i=1,2,3)$，则相应的面元组成八面体元。由式 (3.43)，八面体表面上的剪应力为

$$\tau_0=\frac{1}{3}\sqrt{\left(t_{(1)}-t_{(2)}\right)^2+\left(t_{(2)}-t_{(3)}\right)^2+\left(t_{(3)}-t_{(1)}\right)^2} \tag{3.48}$$

八面体剪应力与 Mises 等效应力成正比，可用于塑性材料的屈服准则。

3.5 小应变、小转动时的应力张量

Cauchy 应力张量的定义不依赖于变形，而 Piola 应力张量和 Kirchhoff 应力张量的定义与变形有关，当应变很小或应变和转动都很小时，后两个应力张量及应力张量之间的关系可以得到简化。

首先考察小应变、大转动情况。如果任意方向的伸长率很小，则为小应变状态。此时，变形张量 $\boldsymbol{C},\boldsymbol{B}$ 的主值 $(C_{(i)},C_{(i)}^{-1})\approx1$，所以 $\boldsymbol{C}\approx\boldsymbol{B}\approx\boldsymbol{I}$。由式 (2.61) 和式 (2.60a)，有

$$\frac{\mathrm{d}v}{\mathrm{d}V}=J\approx1,\quad\frac{\mathrm{d}a}{\mathrm{d}A}\approx1 \tag{3.49}$$

而且由于剪切很小，任何两个面元或两个线元的夹角可以近似地认为不变。因此，变形前在 Lagrange 坐标系中沿坐标面切出的单元体与变形后在随体坐标系中对应的单元体之间，可以近似地认为只有平移和刚性转动，形状和大小的变化很小。

利用式 (2.75)，在小应变下变形梯度张量也可以简化，有

$$\boldsymbol{F}\approx\boldsymbol{R},\quad\boldsymbol{F}^{-1}\approx\boldsymbol{R}^{-1}=\boldsymbol{R}^{\mathrm{T}} \tag{3.50}$$

在应用中，其实 $\boldsymbol{F}$ 比 $\boldsymbol{R}$ 更方便。所以，由式 (3.49)，小应变时式 (3.18)、式 (3.19)、式 (3.31) 和式 (3.32) 可以简化为

$$\boldsymbol{\tau}^K=X^K{}_{,k}\boldsymbol{t}^k,\quad\boldsymbol{t}^k=x^k{}_{,K}\boldsymbol{\tau}^K \tag{3.51}$$

$$\tau^{Kl} = X^K{}_{,k} t^{kl}, \quad t^{kl} = x^k{}_{,K} \tau^{Kl} \tag{3.52}$$

$$T^{KL} = X^K{}_{,k} X^L{}_{,l} t^{kl}, \quad t^{kl} = x^k{}_{,K} x^l{}_{,L} T^{KL} \tag{3.53}$$

其次考察小应变，小转动 (经典线性) 情况。由式 (2.34) 和式 (2.36)，略去 $\boldsymbol{\nabla u}$，有

$$\left.\begin{aligned} x^k{}_{,K} &= g^k_K + \nabla_K U^M g^k_M = g^k_M \left(\delta^M_K + \nabla_K U^M\right) \approx g^k_K \\ X^K{}_{,k} &= g^K_k - \nabla_k u^m g^K_m = g^K_m \left(\delta^m_k - \nabla_k u^m\right) \approx g^K_k \end{aligned}\right\} \tag{3.54}$$

可见变形梯度张量近似等于转移张量。将式 (3.54) 代入式 (3.52) 和式 (3.53) 得到

$$\left.\begin{aligned} t^{kl} &= g^k_K \tau^{Kl} = \tau^{kl} \\ t^{kl} &= g^k_K g^l_L T^{KL} = T^{kl} \end{aligned}\right\} \tag{3.55}$$

式 (3.55) 说明，Cauchy 应力张量、Piola 应力张量和 Kirchhoff 应力张量是同一二阶张量，只是坐标系 $\left\{X^K\right\}$ 和 $\left\{x^k\right\}$ 之间的转换，不需要区分。如果取两个相同坐标系，则三个应力张量的差别完全消失，在线弹性力学中通常记做 σ_{ij}，即

$$\boldsymbol{t} = \boldsymbol{\tau} = \boldsymbol{T} = \begin{bmatrix} \sigma_{11} & \sigma_{12} & \sigma_{13} \\ \sigma_{21} & \sigma_{22} & \sigma_{23} \\ \sigma_{31} & \sigma_{32} & \sigma_{33} \end{bmatrix} \tag{3.56}$$

最后考察小应变、小转动 (中等非线形) 情况。第 2.9 节的分析表明，位移梯度可表示为

$$\nabla_K U^M = \hat{E}^M_K + \hat{W}^M_K \approx \hat{W}^M_K \tag{3.57a}$$

$$\nabla_k u^m = \hat{e}^m_k + \hat{w}^m_k \approx \hat{w}^m_k \tag{3.57b}$$

其中，$\hat{W}^M_K$ 和 $\hat{w}^m_k$ 为无限小转动张量。所以，变形梯度张量可简化为

$$x^k_{,K} \approx g^k_M \left(\delta^M_K + \hat{W}^M_K\right), \quad X^K{}_{,k} \approx g^K_m \left(\delta^m_k - \hat{w}^m_k\right) \tag{3.58}$$

将式 (3.58) 代入式 (3.52) 和式 (3.53)，可以得到中等非线形情况下应力张量之间的关系。

习　题

3-1 已知直角坐标系中 p 点的 Cauchy 应力张量为

$$\boldsymbol{t} = \begin{bmatrix} 80 & 0 & -50 \\ 0 & 40 & 0 \\ -50 & 0 & 80 \end{bmatrix}$$

求该点处法线为单位向量 $\boldsymbol{n} = \dfrac{2}{3}\boldsymbol{e}_1 - \dfrac{2}{3}\boldsymbol{e}_2 + \dfrac{1}{3}\boldsymbol{e}_3$ 的面上的应力向量密度 $\boldsymbol{t}_n$、法向应力 t_{nn} 和切向应力 t_{ns}。

3-2 应力同习题 3-1，用特征方程求主应力 $t_{(i)}$ 和主方向 $\boldsymbol{n}_{ti}$。

3-3 若 $\boldsymbol{n}$, $\boldsymbol{n}'$ 是一点处的两个单位向量，$\boldsymbol{t}$ 是 Cauchy 应力张量，试证明应力向量密度满足关系 $\boldsymbol{t}_n \cdot \boldsymbol{n}' = \boldsymbol{t}_{n'} \cdot \boldsymbol{n}$。

3-4 已知一有限变形 (简单剪切，参考习题 2-2)

$$x^1 = X^1 + SX^2, \quad x^2 = X^2, \quad x^3 = X^3$$

Euler 坐标系 x^k 和 Lagrange 坐标系 X^K 是相同的直角坐标系；若 Cauchy 应力张量为均匀应力 $t^{kl}(t^{31} = t^{32} = 0$，见式 (6.230))，试求第一类和第二类 Piola-Kirchhoff 应力张量分量 τ^{Kl}, T^{KL}，并用图形表示各种应力分量的作用面和方向。

3-5 试证明应力张量 $\boldsymbol{T}$ 与应力偏量 $\overline{\boldsymbol{T}}$ 主方向相同，并求两者主应力的关系。

3-6 已知直角坐标系中应力张量为

$$\boldsymbol{\sigma} = \begin{bmatrix} 10 & -5 & 0 \\ -5 & 20 & 0 \\ 0 & 0 & 6 \end{bmatrix}$$

1. 求球形张量 $\boldsymbol{\sigma}^0$ 和偏斜张量 $\bar{\boldsymbol{\sigma}}$；

2. 求 $\boldsymbol{\sigma}$ 和 $\bar{\boldsymbol{\sigma}}$ 的主值。

3-7 塑性材料 Mises 屈服准则由八面体剪应力决定，与平均应力无关，因而也与八面体正应力无关。试证明任一点处八面体表面的法向应力 (正应力) 等于应力第一不变量的 1/3。

3-8 求习题 3-6 中应力张量的主坐标系，以及主坐标系中的 Cauchy 应力曲面，说明曲面类型。

3-9 若一点处的应力张量 $\boldsymbol{\sigma}$ 在直角坐标系中的分量为

$$\sigma_{11} = \sigma_{22} = \sigma_{33} = \alpha, \quad \sigma_{ij} = \beta \ \ (i \neq j)$$

求该点的主应力、主方向、最大剪应力、法线为 $\boldsymbol{n} = n_i \boldsymbol{e}_i$ 的平面上的正应力 $\boldsymbol{\sigma}_n$ 和剪应力，并证明存在 $\boldsymbol{\sigma}_n = 0$ 面的充分必要条件为 $-2 \leqslant \alpha/\beta \leqslant 1$。

提示：注意式 (3.42)。

第 4 章 守恒定律

第 2 章和第 3 章中引入了各种变量描述连续介质的变形状态、运动状态和应力状态。为了确定外载荷作用下物体的反应，即变形、运动、应力等状态的改变，需要建立连续介质状态变量之间的关系。这些关系可以分为两类，一类是本章讨论的守恒定律，包括质量守恒、动量守恒、动量矩守恒、能量守恒和熵不等式，守恒定律是适用于所有连续介质的普遍规律。另一类关系是只与特定物质联系的本构关系，将在第 5 章讨论。

像前两章状态描述一样，守恒定律也可以采用物质描述法和空间描述法。严格地说，守恒定律是对物体的整体成立的，以整个物体的积分形式给出。在通常情况下，可以假设守恒定律对于物体的任一微小部分成立，即局部化假设。这样，守恒定律又可以以微分形式给出。第 11 章将放弃局部化假设，建立非局部理论。

4.1 质量守恒定律

质量是反映物体惯性的物理量。参考时刻 t_0 时体积 V 内的物质在 t 时刻的总质量为

$$M = \int_V \rho(\boldsymbol{x}, t)\mathrm{d}v \tag{4.1}$$

式中，$\rho(\boldsymbol{x}, t)$ 为质量密度，与位置和时间有关。任一物质点处质量密度的定义为

$$\rho = \lim_{\Delta v \to 0} \frac{\Delta m}{\Delta v} \tag{4.2}$$

Δm 为体积 Δv 中的物质质量。连续性公理保证了质量密度存在和连续可微，且 $0 < \rho < \infty$。

质量守恒定律要求，在任意体积 V 中物质的总质量保持不变，即 M 的物质导数等于零

$$\frac{\mathrm{d}M}{\mathrm{d}t} = 0 \tag{4.3}$$

将式 (4.1) 代入上式，利用体积积分的物质导数公式 (见式 (2.172a))，得到空间描述法积分形式的质量守恒定律

$$\frac{\mathrm{D}}{\mathrm{D}t} \int_V \rho(\boldsymbol{x}, t)\mathrm{d}v = \int_v \left[\frac{\partial \rho}{\partial t} + (\rho v^m)_{;m}\right] \mathrm{d}v = 0 \tag{4.4}$$

根据局部化假设，上式对任何体积成立，因而只有被积函数处处为零

$$\frac{\partial \rho}{\partial t} + (\rho v^m)_{;m} = 0 \tag{4.5}$$

注意到 $(\rho v^m)_{;m} = \rho_{,m} v^m + \rho v^m{}_{;m}$ 和标量的物质导数定义，或应用式 (2.172)，上式也可表示为

$$\frac{\mathrm{D}\rho}{\mathrm{D}t} + \rho v^m{}_{;m} = 0 \tag{4.5a}$$

式 (4.5) 或式 (4.5a) 是空间描述法微分形式的质量守恒定律，也称为连续性方程，抽象记法为

$$\frac{\partial \rho}{\partial t} + \boldsymbol{\nabla} \cdot (\rho \boldsymbol{v}) = 0 \quad 和 \quad \frac{\mathrm{D}\rho}{\mathrm{D}t} + \rho \nabla \cdot \boldsymbol{v} = 0 \tag{4.6}$$

连续性方程的物理意义可以由式 (4.4) 得出。若 v 为物质体积 V 在 t 时刻所占据的空间体积，积分中的第一项 $\int_v \frac{\partial \rho}{\partial t} \mathrm{d}v$ 表示由于密度 ρ 随时间的变化在单位时间内空间 v 中物质质量的增量。利用高斯积分定理，积分中的第二项为

$$\int_v (\rho v^m)_{;m} \mathrm{d}v = \oint_s \rho v^m \mathrm{d}a_m = \oint_s \rho \boldsymbol{v} \cdot \mathrm{d}\boldsymbol{a}$$

可见该项表示单位时间内由于连续介质的运动从 v 的表面 s 流入的质量 (负号表示流出)，所以式 (4.4) 表示单位时间体积 v 内因为密度变化引起的质量增量等于流出的质量。

任一点处密度增大表示物质被压缩，反之表示膨胀。有些物质在变形过程中可以近似地认为密度保持不变，这类物质称为不可压缩物质。显然，如果物质是不可压缩的，则

$$\frac{\mathrm{D}\rho}{\mathrm{D}t} = 0 \tag{4.7}$$

由式 (4.5a)，不可压缩条件的另一形式为

$$v^m{}_{;m} = \nabla \cdot \boldsymbol{v} = 0 \tag{4.7a}$$

即不可压缩介质速度场的散度等于零。由式 (2.139)，上式还可以表示为

$$I_d = d^k_k = \frac{\mathrm{D}}{\mathrm{D}t}(\mathrm{d}v)/\mathrm{d}v = 0 \tag{4.7b}$$

即不可压缩物质的变形率张量 $\boldsymbol{d}$ 的第一不变量 I_d 及体积变形率等于零。

连续性方程也可以采用物质描述法。若 t_0 时刻构形 $\mathscr{R}$ 中任一点 $\boldsymbol{X}$ 处的质量密度为 $\rho_0(\boldsymbol{X}, t)$，在 t 时刻构形 $\mathscr{r}$ 中该质点运动到 $\boldsymbol{x}$ 处，质量密度变为 $\rho(\boldsymbol{x}(\boldsymbol{X}, t), t)$，根据质量守恒定律，$t_0$ 时刻物质体积 V 中的质量等于 t 时刻与 V 对应的体积 v 中的质量，即

$$\int_V \rho_0 \mathrm{d}V = \int_v \rho \mathrm{d}v$$

由于 $\mathrm{d}v = J\mathrm{d}V$(见式 (2.62))，因此，

$$\int_V (\rho_0 - J\rho) \mathrm{d}V = 0 \tag{4.8}$$

式 (4.8) 是用物质描述法时质量守恒定律的积分形式。由局部化假设可以得到式 (4.8) 的微分形式，即物质描述法的连续性方程

$$J\rho = \rho_0 \tag{4.9}$$

4.2 动量守恒定律

4.2.1 Cauchy 动量方程

若任一构形 $\mathscr{R}$ 在 t 时刻变为构形 $\mathscr{r}$，物质体积 V 变为体积 v，域 v 中任一质点的速度为 $\boldsymbol{v}$，体积 V 中物质在 t 时刻的总动量为 $\int_V \rho\boldsymbol{v}\mathrm{d}v$。

动量守恒定律指出，任一物体总动量的时间变率等于作用在物体上的合力：

$$\frac{\mathrm{d}}{\mathrm{d}t}\int_V \rho\boldsymbol{v}\mathrm{d}v = \oint_s \boldsymbol{t}_n \mathrm{d}a + \int_v \rho\boldsymbol{f}\mathrm{d}v \tag{4.10}$$

式中，$\boldsymbol{t}_n$ 为作用于构形 $\mathscr{r}$ 表面单位面积的面力向量，$\boldsymbol{f}$ 为单位质量的体积力。

式 (4.10) 是用空间描述法的动量守恒定律的积分形式。利用体积积分的物质导数公式 (2.172a)，有

$$\begin{aligned}\frac{\mathrm{d}}{\mathrm{d}t}\int_V \rho\boldsymbol{v}\mathrm{d}v &= \int_v \left[\frac{\partial}{\partial t}(\rho v^l) + (\rho v^l v^m)_{;m}\right]\boldsymbol{g}_l\mathrm{d}v \\ &= \int_v \left[\rho\frac{\partial v^l}{\partial t} + \rho v^m v^l{}_{;m} + v^l\left(\frac{\partial \rho}{\partial t} + (\rho v^m)_{;m}\right)\right]\boldsymbol{g}_l\mathrm{d}v\end{aligned}$$

注意到连续性方程式 (4.5) 和加速度 $\boldsymbol{a}$ 的定义，上式变为

$$\frac{\mathrm{d}}{\mathrm{d}t}\int_V \rho\boldsymbol{v}\mathrm{d}v = \int_v \rho\boldsymbol{a}\mathrm{d}v \tag{4.11}$$

在第 3.2 节中，对四面体元应用动量守恒定律，得到 $\boldsymbol{t}_n\mathrm{d}a = \boldsymbol{t}^k\mathrm{d}a_k = t^{kl}\boldsymbol{g}_l\mathrm{d}a_k = \mathrm{d}\boldsymbol{a}\cdot\boldsymbol{t}$(见式 (3.7)、式 (3.9)，$\mathrm{d}\boldsymbol{a}$ 为面积元向量，不是加速度的微分)。利用高斯定理，有

$$\oint_s \boldsymbol{t}_n\mathrm{d}a = \oint_s \mathrm{d}\boldsymbol{a}\cdot\boldsymbol{t} = \int_v \nabla_{\boldsymbol{x}}\cdot\boldsymbol{t}\mathrm{d}v = \int_v t^{kl}{}_{;k}\boldsymbol{g}_l\mathrm{d}v \tag{4.12}$$

式中，$\boldsymbol{\nabla}_{\boldsymbol{x}}$ 表示 Euler 坐标系中的 Hamilton 算子。

将式 (4.11) 和式 (4.12) 代入式 (4.10)，得到

$$\oint_s \mathrm{d}\boldsymbol{a}\cdot\boldsymbol{t} + \int_v \rho(\boldsymbol{f}-\boldsymbol{a})\mathrm{d}v = 0 \tag{4.10a}$$

$$\int_v \left[\boldsymbol{\nabla}_{\boldsymbol{x}}\cdot\boldsymbol{t} + \rho(\boldsymbol{f}-\boldsymbol{a})\right]\mathrm{d}v = 0 \tag{4.10b}$$

式 (4.10b) 为空间描述法积分形式的动量守恒方程，应用局部化假设得到方程的微分形式

$$\nabla_x\cdot\boldsymbol{t} + \rho(\boldsymbol{f}-\boldsymbol{a}) = 0 \quad 或 \quad t^{kl}{}_{;k} + \rho(f^l - a^l) = 0 \tag{4.13}$$

式 (4.13) 称为第一 Cauchy 运动定律或 Cauchy 动量方程，是物体内任一点处 Cauchy 应力应该满足的运动方程，在给定表面力向量 $\bar{\boldsymbol{t}}_n$ 的表面上还需满足边界条件

$$\boldsymbol{n}\cdot\boldsymbol{t} = \bar{\boldsymbol{t}}_n \tag{4.14}$$

4.2.2 Boussinesq 动量方程和 Kirchhoff 动量方程

为了给出物质描述法的动量守恒定律，利用式 (3.17) $\boldsymbol{t}_n\mathrm{d}a = \boldsymbol{t}^k\mathrm{d}a_k = \boldsymbol{\tau}^K\mathrm{d}A_K$，式 (4.10) 可以改写为

$$\frac{\mathrm{d}}{\mathrm{d}t}\int_V \rho\boldsymbol{v}\mathrm{d}v = \oint_s \boldsymbol{\tau}^K\mathrm{d}A_K + \int_v \rho\boldsymbol{f}\mathrm{d}v \tag{4.15}$$

注意到 $\boldsymbol{\tau}^K = \tau^{Kl}\boldsymbol{g}_l$(式 (3.22)) 以及两点张量表示的高斯定理 (式 $(1.187)_1$)，有

$$\oint_S \boldsymbol{\tau}^K\mathrm{d}A_K = \oint_S \tau^{Kl}\boldsymbol{g}_l\mathrm{d}A_K = \oint_S \mathrm{d}\boldsymbol{A}\cdot\boldsymbol{\tau} = \int_V \tau^{Kl}{}_{:K}\boldsymbol{g}_l\mathrm{d}V \tag{4.16}$$

上式代入式 (4.15)，注意到 $\rho\mathrm{d}v = \rho_0\mathrm{d}V$(质量守恒定律)，得到用物质描述法的积分形式的动量守恒方程

$$\int_V [\tau^{Kl}{}_{:K} + \rho_0(f^l - a^l)]\boldsymbol{g}_l\mathrm{d}V = 0 \tag{4.15a}$$

若式 (4.15a) 对物体的每个部分都成立，只有被积函数处处为零，故

$$\tau^{Kl}{}_{:K} + \rho_0(f^l - a^l) = 0 \quad 或 \quad \boldsymbol{\nabla}_X\cdot\boldsymbol{\tau} + \rho_0(\boldsymbol{f} - \boldsymbol{a}) = 0 \tag{4.17}$$

称为 Boussinesq 动量方程。f^l 和 a^l 为体积力 $\boldsymbol{f}(\boldsymbol{X},t)$ 和加速度 $\boldsymbol{a}(\boldsymbol{X},t)$ 在 x^k 坐标系中的分量，$\boldsymbol{\nabla}_X$ 为 Lagrange 坐标系中的 Hamilton 算子，τ^{Kl} 的全协变导数为 (见式 (1.183b))

$$\tau^{Kl}{}_{:K} = \tau^{Kl}{}_{;K} + \tau^{Kl}{}_{;m}x^m{}_{,K} = \tau^{Kl}{}_{,K} + \Gamma^K_{LK}\tau^{Ll} + (\tau^{Kl}{}_{,m} + \Gamma^l_{mn}\tau^{Kn})x^m{}_{,K}$$

将 $\tau^{Kl} = x^l_{,L}T^{KL}$(见式 (3.29)) 代入式 (4.17)，得到用第二类 Piola-Kirchhoff 应力张量 $\boldsymbol{T}$ 表示的动量方程

$$(x^l_{,L}T^{KL})_{:K} + \rho_0(f^l - a^l) = 0 \quad 或 \quad \nabla_X\cdot(\boldsymbol{F}\cdot\boldsymbol{T}) + \rho_0(\boldsymbol{f} - \boldsymbol{a}) = 0 \tag{4.18}$$

式 (4.18) 称为 Kirchhoff 动量方程。

利用变形梯度与位移梯度的关系 $x^l_{,L} = g^l_L + U^M{}_{;L}g^l_M$(见式 (2.34))，将式 (4.18) 两端乘以转移张量 g^N_l，注意转移张量的全协导数等于零 (见式 (1.185))，可以像常数一样移入导数内，得到只依赖构形 $\mathscr{R}$ 的动量方程

$$[(\delta^N_L + U^N{}_{;L})T^{KL}]_{;K} + \rho_0(f^N - a^N) = 0 \tag{4.19}$$

或

$$\boldsymbol{\nabla}_X\cdot[\boldsymbol{T}\cdot(\boldsymbol{I} + \boldsymbol{\nabla}_X\boldsymbol{u})] + \rho_0(\boldsymbol{f} - \boldsymbol{a}) = \boldsymbol{0} \tag{4.19a}$$

式 (4.19) 和式 (4.19a) 也称为 Kirchhoff 动量方程，是式 (4.18) 的另一形式。由于第一项已变成一点张量，因此对 X^K 的全协变导数改为协变导数。式中 U^N、a^N、f^N 分别为物质点 $\boldsymbol{X}$ 在 t 时刻的位移 $\boldsymbol{u}$，加速度 $\boldsymbol{a}$ 和体力 $\boldsymbol{f}$ 沿构形 $\mathscr{R}$ 中点 $\boldsymbol{X}(t_0)$ 处标架 $\boldsymbol{G}_K$ 分解时得到的分量，即

$$\boldsymbol{u} = \boldsymbol{u}(\boldsymbol{X},t) = U^N\boldsymbol{G}_N, \quad \boldsymbol{a} = \boldsymbol{a}(\boldsymbol{X},t) = a^N\boldsymbol{G}_N, \quad \boldsymbol{f} = \boldsymbol{f}(\boldsymbol{X},t) = f^N\boldsymbol{G}_N \tag{4.20}$$

利用 $\boldsymbol{T}$ 的对称性，式 (4.19a) 也可以表示为

$$[(\boldsymbol{I}+\boldsymbol{u}\boldsymbol{\nabla}_X)\cdot\boldsymbol{T}]\cdot\boldsymbol{\nabla}_X+\rho_0(\boldsymbol{f}-\boldsymbol{a})=\boldsymbol{0} \tag{4.19b}$$

以上给出的四种微分形式的动量守恒方程，式 (4.13)、式 (4.17)、式 (4.18) 和式 (4.19)，都表示 t 时刻构形 $\mathscr{z}$ 中微元体的动量守恒。各种形式的动量方程可以在不同情况下使用，例如式 (4.13) 用于牛顿流体，式 (4.19) 多用于弹性固体。

4.2.3 动量方程的物理意义

动量守恒定律的微分形式也可以由局部化假设直接考虑构形 $\mathscr{z}$ 中单元体的动量守恒条件得到，更直观地表明动量方程的物理意义。

在构形 $\mathscr{z}$ 中沿 Euler 坐标系的协变标架坐标面取一微小平行六面体 (见图 4.1)，各侧面上的内力合力如图所示，例如：前后两个面上的合力分别为

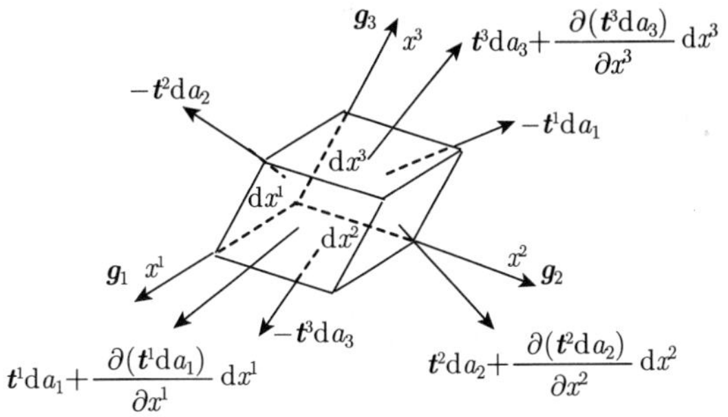

图 4.1 Euler 坐标中单元的平衡

$$\boldsymbol{t}^1\mathrm{d}a_1+\left[\partial(\boldsymbol{t}^1\mathrm{d}a_1)/\partial x^1\right]\mathrm{d}x^1=\boldsymbol{t}^1\mathrm{d}a_1+\left(\partial\boldsymbol{t}^1/\partial x^1\right)\mathrm{d}a_1\mathrm{d}x^1 \quad 和 \quad -\boldsymbol{t}^1\mathrm{d}a_1$$

式中，$\mathrm{d}a_1=\varepsilon_{123}\mathrm{d}x^2\mathrm{d}x^3$(见式 $(1.104)_1$；$\mathrm{d}x^i$ 为线元 $\mathrm{d}\boldsymbol{x}_{(i)}$ 的分量)。

单元体的表面力合力为

$$\begin{aligned}\frac{\partial\boldsymbol{t}^1}{\partial x^1}\mathrm{d}a_1\mathrm{d}x^1+\frac{\partial\boldsymbol{t}^2}{\partial x^2}\mathrm{d}a_2\mathrm{d}x^2+\frac{\partial\boldsymbol{t}^3}{\partial x^3}\mathrm{d}a_3\mathrm{d}x^3&=\left(\frac{\partial\boldsymbol{t}^1}{\partial x^1}+\frac{\partial\boldsymbol{t}^2}{\partial x^2}+\frac{\partial\boldsymbol{t}^3}{\partial x^3}\right)\varepsilon_{123}\mathrm{d}x^1\mathrm{d}x^2\mathrm{d}x^3\\&=\frac{\partial\boldsymbol{t}^k}{\partial x^k}\mathrm{d}v=\frac{\partial}{\partial x^k}(t^{kl}\boldsymbol{g}_l)\mathrm{d}v=t^{kl}{}_{;k}\boldsymbol{g}_l\mathrm{d}v\end{aligned}$$

式中，$\mathrm{d}v=(\mathrm{d}x^1\boldsymbol{g}_1)\times(\mathrm{d}x^2\boldsymbol{g}_2)\cdot(\mathrm{d}x^3\boldsymbol{g}_3)=\varepsilon_{123}\mathrm{d}x^1\mathrm{d}x^2\mathrm{d}x^3$。

单元体的体积力合力为 $\rho\boldsymbol{f}\,\mathrm{d}v=\rho f^l\boldsymbol{g}_l\mathrm{d}v$。注意到 $\rho\mathrm{d}v$ 质量守恒，单元体动量的时间变率为

$$\frac{\mathrm{d}}{\mathrm{d}t}(\rho\mathrm{d}v\boldsymbol{v})=\rho\mathrm{d}v\frac{\mathrm{d}\boldsymbol{v}}{\mathrm{d}t}=\rho\boldsymbol{a}\mathrm{d}v=\rho a^l\boldsymbol{g}_l\mathrm{d}v$$

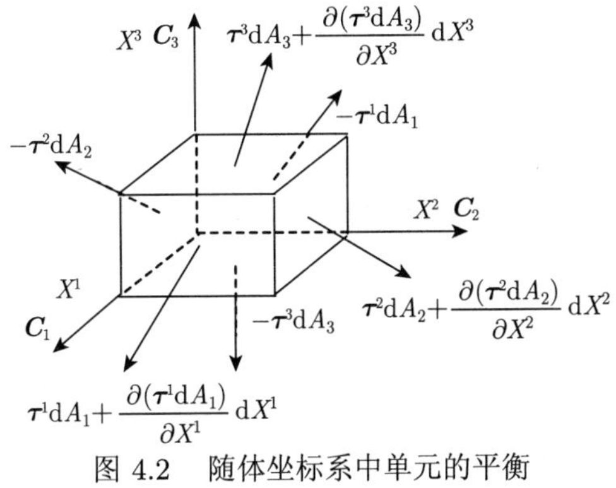

图 4.2 随体坐标系中单元的平衡

对单元体应用动量守恒定律，有 $t^{kl}{}_{;k}+\rho\left(f^l-a^l\right)=0$，即式 (4.13)。

如果在构形 $\mathscr{z}$ 中沿 Lagrange 随体坐标系的坐标面取一平行六面体 (见图 4.2)，三个邻边为 $\mathrm{d}X^1\boldsymbol{C}_1$、$\mathrm{d}X^2\boldsymbol{C}_2$、$\mathrm{d}X^3\boldsymbol{C}_3$。根据 Piola 应力向量的定义，该单元体表面上内力的合力如图所示，与前面的推导类似，可得单元体表面力的合力

$$\frac{\partial \boldsymbol{\tau}^1}{\partial X^1}\mathrm{d}X^1\mathrm{d}A_1+\frac{\partial \boldsymbol{\tau}^2}{\partial X^2}\mathrm{d}X^2\mathrm{d}A_2+\frac{\partial \boldsymbol{\tau}^3}{\partial X^3}\mathrm{d}X^3\mathrm{d}A_3=\frac{\partial \boldsymbol{\tau}^K}{\partial X^K}\mathrm{d}V$$

利用质量守恒定律，体积力的合力为 $\boldsymbol{f}\rho\,\mathrm{d}v=\boldsymbol{f}\rho_0\mathrm{d}V$，由式 (4.11) 动量的时间变率为 $\boldsymbol{a}\rho\,\mathrm{d}v=\boldsymbol{a}\rho_0\mathrm{d}V$。所以，图 4.2 单元体的动量守恒方程为 $\dfrac{\partial \boldsymbol{\tau}^K}{\partial X^K}+\rho_0(\boldsymbol{f}-\boldsymbol{a})=0$，即式 (4.17)。

4.2.4 动量方程的变率形式

非线性连续介质力学问题 (例如有限变形、非弹性) 常常需要用增量或变率作为未知量求解，因此需要建立变率形式的动量方程。

对积分形式的动量方程式 (4.10a) 取物质导数，利用质量守恒方程 $\dfrac{\mathrm{d}}{\mathrm{d}t}(\rho\mathrm{d}v)=0$，有

$$\frac{\mathrm{d}}{\mathrm{d}t}\left[\oint_S \mathrm{d}\boldsymbol{a}\cdot\boldsymbol{t}+\int_V\rho(\boldsymbol{f}-\boldsymbol{a})\mathrm{d}v\right]=\oint_s\left(\mathrm{d}\dot{\boldsymbol{a}}\cdot\boldsymbol{t}+\mathrm{d}\boldsymbol{a}\cdot\dot{\boldsymbol{t}}\right)+\int_v\rho(\dot{\boldsymbol{f}}-\dot{\boldsymbol{a}})\mathrm{d}v=0$$

将式 (2.127a) 代入上式，得到

$$\oint_s\left\{\mathrm{d}\boldsymbol{a}\cdot\left[\dot{\boldsymbol{t}}+(\boldsymbol{\nabla}\cdot\boldsymbol{v})\,\boldsymbol{t}-(\boldsymbol{v}\boldsymbol{\nabla})\cdot\boldsymbol{t}\right]\right\}+\int_v\rho(\dot{\boldsymbol{f}}-\dot{\boldsymbol{a}})\mathrm{d}v=0$$

应用 Gauss 定理，由上式得到 Euler 描述法率形式的动量守恒定律

$$\int_v\left\{\boldsymbol{\nabla}_{\boldsymbol{x}}\cdot\left[\dot{\boldsymbol{t}}+(\boldsymbol{\nabla}\cdot\boldsymbol{v})\,\boldsymbol{t}-(\boldsymbol{v}\boldsymbol{\nabla})\cdot\boldsymbol{t}\right]+\rho(\dot{\boldsymbol{f}}-\dot{\boldsymbol{a}})\right\}\mathrm{d}v=0 \tag{4.21}$$

及其微分形式，即率形式的 Cauchy 运动方程

$$\boldsymbol{\nabla}_{\boldsymbol{x}}\cdot\left[\dot{\boldsymbol{t}}+(\boldsymbol{\nabla}\cdot\boldsymbol{v})\,\boldsymbol{t}-(\boldsymbol{v}\boldsymbol{\nabla})\cdot\boldsymbol{t}\right]+\rho(\dot{\boldsymbol{f}}-\dot{\boldsymbol{a}})=0 \tag{4.22}$$

$$\left(\frac{\mathrm{D}t^{kl}}{\mathrm{D}t}+v^m{}_{;m}t^{kl}-v^k{}_{;m}t^{ml}\right)_{;k}+\rho\left(\frac{\mathrm{D}f^l}{\mathrm{D}t}-\frac{\mathrm{D}a^l}{\mathrm{D}t}\right)=0 \tag{4.22a}$$

类似地，对 Lagrange 描述法的积分形式动量方程式 (4.15) 取物质导数，注意参考构形 $\mathscr{R}$ 中 $\mathrm{d}\boldsymbol{A}$ 和 $\mathrm{d}V$ 与时间无关，可以得到 Lagrange 描述法变率型动量守恒方程

$$\int_V\left[\boldsymbol{\nabla}_X\dot{\boldsymbol{\tau}}-\rho_0(\dot{\boldsymbol{f}}-\dot{\boldsymbol{a}})\right]\mathrm{d}V=0 \tag{4.23}$$

和它的微分形式，率形式的 Boussinesq 动量方程

$$\boldsymbol{\nabla}_X\dot{\boldsymbol{\tau}}-\rho_0(\dot{\boldsymbol{f}}-\dot{\boldsymbol{a}})=0\quad 或\quad\left(\frac{\mathrm{D}\tau^{Kl}}{\mathrm{D}t}\right)_{:K}+\rho_0\left(\frac{\mathrm{D}f^l}{\mathrm{D}t}-\frac{\mathrm{D}a^l}{\mathrm{D}t}\right)=0 \tag{4.24}$$

将 $\tau^{Kl}=x^l{}_{,L}T^{KL}$ 代入上式，得到率形式的 Kirchhoff 动量方程

$$\left(\frac{\mathrm{D}T^{KL}}{\mathrm{D}t}x^l{}_{,L}+T^{KL}v^l{}_{:L}\right)_{:K}+\rho_0\left(\frac{\mathrm{D}f^l}{\mathrm{D}t}-\frac{\mathrm{D}a^l}{\mathrm{D}t}\right)=0 \tag{4.25}$$

4.3 动量矩守恒定律

若在 t 时刻构形 $\mathscr{v}$ 中取任一体积元 dv，其质量为 ρdv，该质量对任一给定参考点 O 的动量矩为 $\boldsymbol{x}\times\boldsymbol{v}\rho\mathrm{d}v$，整个物体在 t 时刻对参考点 O 的总动量矩为 $\int_V \boldsymbol{x}\times\boldsymbol{v}\rho\mathrm{d}v$，$\boldsymbol{x}$ 为以 O 为参考点体积元 dv 的位置向量。

动量矩守恒定律指出，任一物体总动量矩的时间变率等于作用在物体上的合力矩：

$$\frac{\mathrm{d}}{\mathrm{d}t}\int_V \rho\boldsymbol{x}\times\boldsymbol{v}\mathrm{d}v=\oint_s \boldsymbol{x}\times\boldsymbol{t}_n\mathrm{d}a+\int_v \rho\boldsymbol{x}\times\boldsymbol{f}\,\mathrm{d}v \tag{4.26}$$

式中右端第一项为表面力的合力矩，第二项为体积力的合力矩。左端为体积积分的时间变率，有

$$\frac{\mathrm{d}}{\mathrm{d}t}\int_V \rho\boldsymbol{x}\times\boldsymbol{v}\mathrm{d}v=\int_v \frac{\mathrm{d}}{\mathrm{d}t}(\rho\boldsymbol{x}\times\boldsymbol{v}\mathrm{d}v)=\int_v \frac{\mathrm{d}\boldsymbol{x}}{\mathrm{d}t}\times\boldsymbol{v}\rho\mathrm{d}v+\int_v \boldsymbol{x}\times\frac{\mathrm{d}\boldsymbol{v}}{\mathrm{d}t}\rho\mathrm{d}v+\int_v \boldsymbol{x}\times\boldsymbol{v}\frac{\mathrm{d}}{\mathrm{d}t}(\rho\mathrm{d}v)$$

注意到 $\dfrac{\mathrm{d}\boldsymbol{x}}{\mathrm{d}t}=\boldsymbol{v}$，$\dfrac{\mathrm{d}\boldsymbol{v}}{\mathrm{d}t}=\boldsymbol{a}$，$\dfrac{\mathrm{d}}{\mathrm{d}t}(\rho\mathrm{d}v)=0$(质量守恒)，因而

$$\frac{\mathrm{d}}{\mathrm{d}t}\int_V \rho\boldsymbol{x}\times\boldsymbol{v}\mathrm{d}v=\int_v \boldsymbol{x}\times\boldsymbol{a}\rho\mathrm{d}v \tag{4.27}$$

将 $\boldsymbol{t}_n=\boldsymbol{n}\cdot\boldsymbol{t}$(注意：此式和下面的推导中均未用应力张量 $\boldsymbol{t}$ 的对称性，因为待证) 代入式 (4.26)，利用 Gauss 定理和散度定义，式 (4.26) 等号右端第一项为

$$\begin{aligned}
\oint_s \boldsymbol{x}\times\boldsymbol{t}_n\mathrm{d}a&=\oint_s \boldsymbol{x}\times(\boldsymbol{n}\cdot\boldsymbol{t})\mathrm{d}a=-\oint_s \mathrm{d}a(\boldsymbol{n}\cdot\boldsymbol{t})\times\boldsymbol{x}=-\oint_s \mathrm{d}\boldsymbol{a}\cdot(\boldsymbol{t}\times\boldsymbol{x})\\
&=-\int_v \nabla_{\boldsymbol{x}}\cdot(\boldsymbol{t}\times\boldsymbol{x})\mathrm{d}v=-\int_v \boldsymbol{g}^k\cdot\partial_k(\boldsymbol{t}\times\boldsymbol{x})\mathrm{d}v\\
&=-\int_v [\boldsymbol{g}^k\cdot\partial_k\boldsymbol{t}\times\boldsymbol{x}+\boldsymbol{g}^k\cdot\boldsymbol{t}\times\boldsymbol{g}_k]\mathrm{d}v\\
&=-\int_v [(\nabla_{\boldsymbol{x}}\cdot\boldsymbol{t})\times\boldsymbol{x}+\boldsymbol{g}^k\cdot(t^{ml}\boldsymbol{g}_m\boldsymbol{g}_l)\times\boldsymbol{g}_k]\mathrm{d}v\\
&=-\int_v [\boldsymbol{x}\times(\nabla_{\boldsymbol{x}}\cdot\boldsymbol{t})-t^{kl}\boldsymbol{g}_l\times\boldsymbol{g}_k]\mathrm{d}v
\end{aligned} \tag{4.28}$$

将式 (4.27)、式 (4.28) 代入式 (4.26)，注意到动量守恒定律式 (4.13)，得到

$$\int_v t^{kl}\boldsymbol{g}_k\times\boldsymbol{g}_l\mathrm{d}v=0 \tag{4.29}$$

根据局部化假设，有 $t^{kl}\boldsymbol{g}_k\times\boldsymbol{g}_l=\varepsilon_{klm}t^{kl}\boldsymbol{g}^m=0$，所以

$$t^{kl}=t^{lk}\quad 或\quad \boldsymbol{t}^{\mathrm{T}}=\boldsymbol{t} \tag{4.30}$$

因此，在无体力偶和分布表面力偶作用、不考虑微转动时，Cauchy 应力张量具有对称性。对于微极介质这一结论不再成立 (见第 9 章)。

由式 (3.32)，很容易利用 Cauchy 应力张量的对称性证明第二类 Piola-Kirchhoff 应力张量的对称性，即

$$T^{KL} = T^{LK} \quad \text{或} \quad \boldsymbol{T}^{\mathrm{T}} = \boldsymbol{T} \tag{4.31}$$

Cauchy 应力张量和第二类 Piola-Kirchhoff 应力张量的对称性，也可以考虑构形 $\mathscr{k}$ 中单元体 (见图 4.1 和图 4.2) 的动量矩守恒条件直接得到。例如，利用图 4.1 所示单元体，以单元体的中心为参考点应用动量矩守恒定律，注意到由于几何对称性单元体各质点对中心的合动量矩以及体积力对单元中心的合力矩等于零，相互平行的侧面上的内力差对单元中心的力矩是四阶小量，在保留三阶小量情况下，单元体的动量矩守恒定律归结为

$$\begin{aligned}&(\mathrm{d}x^1\boldsymbol{g}_1)\times(\boldsymbol{t}^1\mathrm{d}a_1)+(\mathrm{d}x^2\boldsymbol{g}_2)\times(\boldsymbol{t}^2\mathrm{d}a_2)+(\mathrm{d}x^3\boldsymbol{g}_3)\times(\boldsymbol{t}^3\mathrm{d}a_3)\\&=\boldsymbol{g}_k\times\boldsymbol{t}^k\varepsilon_{123}\mathrm{d}x^1\mathrm{d}x^2\mathrm{d}x^3=0\end{aligned}$$

所以，$\boldsymbol{g}_k \times \boldsymbol{t}^k = \boldsymbol{g}_k \times (t^{kl}\boldsymbol{g}_l) = t^{kl}\boldsymbol{g}_k \times \boldsymbol{g}_l = 0$，$t^{kl} = t^{lk}$，即式 (4.30)。

4.4 能量守恒定律

4.4.1 热力学系统

我们研究的连续介质是热力学系统，所以应该满足热力学的基本定律。热力学系统的状态用宏观状态变量描述，例如温度、密度、应变、应力、内能、熵等，这些状态变量一般是随时间变化的。热力学系统状态变量的变化过程称为热力学过程，保持温度不变的过程称为等温过程，没有热量交换的过程称为绝热过程。如果状态变量不随时间改变，则热力学系统处于平衡状态，热力学过程可以使一个平衡状态变为另一个平衡状态。如果这种变化是无限缓慢的，这样的过程称为准静态过程。热力学过程可以是可逆的 (无耗散的系统)，也可以是不可逆的 (有耗散的系统)。

经典热力学指出：

(1) 物质所具有的能量，可以从一种形式转变为另一种形式，也可以从一个物体传给另一个物体，在能量转化和传递过程中，总和保持不变。所以，系统内能的增加等于外部对系统所做的功与供给系统的热量之和 (如果不考虑电磁能、化学能等其他能量)。这一结论对可逆与不可逆过程均成立，称为热力学第一定律，或能量守恒定律。该定律表明，不需外界提供能量却能对外做功的第一类永动机是不可能的。

(2) 自发进行的热力学过程 (无外部作用) 对应系统的熵增量不小于零。这一规律称为熵不等式或热力学第二定律，该定律指出了过程自发进行的方向。与该叙述等价的提法还有：热不能自动地由低温物体传给高温物体，只能自动由高温物体传向低温物体 (Clausius 提法，见习题 4-9)；从单一热源取得的热量不可能完全转变为有用功，而不产生其他影响，即第二类永动机是不能实现的 (Kelvin 提法，见习题 4-10)，等等。

连续介质作为热力学系统，状态变量可以有多个，其中一些变量是相互独立的，另一些变量可以通过状态方程用独立的状态变量表示，这些状态方程就是连续介质力学中的本构方程。热力学第一定律和第二定律是建立本构关系的理论基础。本节讨论连续介质的能量守恒定律，下节讨论熵不等式。

4.4.2 机械能守恒定律

首先研究没有热交换 (无热源和热流) 情况，因而可以不考虑热学量。在构形 $\imath$ 中取任一单元体，若质量为 $\rho\mathrm{d}v$、速度为 $\boldsymbol{v}$，则动能为 $\dfrac{1}{2}\boldsymbol{v}\cdot\boldsymbol{v}\rho\mathrm{d}v$，物质体积为 V 的整个物体的宏观运动动能为

$$K=\int_V\frac{1}{2}\boldsymbol{v}\cdot\boldsymbol{v}\rho\mathrm{d}v \tag{4.32}$$

物体的动能只是物体所包含的总能量的一部分，除动能之外其余的能量统称为内能，内能是物体状态的函数，决定于物体的质量、分子间相互作用势能和分子热运动平均动能等。在构形 $\imath$ 中任一点处，单位质量的内能称为内能密度 e，整个物体的内能为

$$E=\int_V e\rho\mathrm{d}v \tag{4.33}$$

引起物体中能量变化的原因可以是多方面的，例如体积力和表面力做功、热量的流入或者流出和宏观运动等。如果只考虑外力 (体积力和表面力) 做功时，物体能量的变化只是机械能 (动能和变形能，此时变形能即内能) 的变化。

机械能守恒定律为，物体中内能 (变形能) 和动能之和的时间变率等于作用于物体上所有外力的功率，即

$$\frac{\mathrm{D}}{\mathrm{D}t}\int_V\left(\rho e+\frac{1}{2}\rho\boldsymbol{v}\cdot\boldsymbol{v}\right)\mathrm{d}v=\oint_s\boldsymbol{t}_n\cdot\boldsymbol{v}\mathrm{d}a+\int_v\rho\boldsymbol{f}\cdot\boldsymbol{v}\mathrm{d}v \tag{4.34}$$

上式左端为总能量的物质导数，右端为表面力 $\boldsymbol{t}_n$ 和体积力 $\boldsymbol{f}$ 的功率。v 为参考构形 $\mathscr{R}$ 中物质体积 V 在 t 时刻构形 $\imath$ 中所占据的空间，s 为 v 的表面。式 (4.34) 为机械能守恒定律的积分形式，根据局部化假设可以给出它的微分形式。

利用体积积分的物质导数公式，注意到质量守恒定律，有

$$\frac{\mathrm{d}}{\mathrm{d}t}\int_V\rho e\mathrm{d}v=\int_v\left[\frac{\mathrm{d}e}{\mathrm{d}t}\rho\mathrm{d}v+e\frac{\mathrm{d}}{\mathrm{d}t}(\rho\mathrm{d}v)\right]=\int_v\frac{\mathrm{D}e}{\mathrm{D}t}\rho\mathrm{d}v \tag{4.35}$$

$$\frac{\mathrm{d}}{\mathrm{d}t}\int_V\frac{1}{2}\rho\boldsymbol{v}\cdot\boldsymbol{v}\mathrm{d}v=\int_v\left[\rho\boldsymbol{v}\cdot\frac{\mathrm{d}\boldsymbol{v}}{\mathrm{d}t}\mathrm{d}v+\frac{1}{2}\frac{\mathrm{d}}{\mathrm{d}t}(\rho\mathrm{d}v)\,\boldsymbol{v}\cdot\boldsymbol{v}\right]=\int_v\rho\boldsymbol{v}\cdot\boldsymbol{a}\mathrm{d}a \tag{4.36}$$

利用高斯定理和 $\boldsymbol{t}_n=\boldsymbol{n}\cdot\boldsymbol{t}$，有

$$\begin{aligned}\oint_s\boldsymbol{t}_n\cdot\boldsymbol{v}\mathrm{d}a&=\oint_s(\boldsymbol{n}\cdot\boldsymbol{t})\cdot\boldsymbol{v}\mathrm{d}a=\oint_s\mathrm{d}\boldsymbol{a}\cdot(\boldsymbol{t}\cdot\boldsymbol{v})=\int_v\boldsymbol{\nabla}\cdot(\boldsymbol{t}\cdot\boldsymbol{v})\mathrm{d}v=\int_v\boldsymbol{g}^k\cdot\partial_k(\boldsymbol{t}\cdot\boldsymbol{v})\mathrm{d}v\\&=\int_v\left[\boldsymbol{g}^k\cdot(\partial_k\boldsymbol{t})\cdot\boldsymbol{v}+\boldsymbol{g}^k\cdot\boldsymbol{t}\cdot\partial_k\boldsymbol{v}\right]\mathrm{d}v\end{aligned}$$

注意 $\partial_k\boldsymbol{v}\equiv\dfrac{\partial\boldsymbol{v}}{\partial x^k}\equiv\boldsymbol{v}_{,k}$，$\quad\boldsymbol{g}^k\cdot\boldsymbol{t}=\boldsymbol{g}^k\cdot(t^{ml}\boldsymbol{g}_m\boldsymbol{g}_l)=t^{kl}\boldsymbol{g}_l=\boldsymbol{t}^k$，$\quad\boldsymbol{g}^k\cdot\partial_k\boldsymbol{t}\equiv\boldsymbol{\nabla}\cdot\boldsymbol{t}$，所以

$$\oint_s\boldsymbol{t}_n\cdot\boldsymbol{v}\mathrm{d}a=\int_v(\boldsymbol{\nabla}\cdot\boldsymbol{t})\cdot\boldsymbol{v}\mathrm{d}v+\int_v\boldsymbol{t}^k\cdot\boldsymbol{v}_{,k}\mathrm{d}v \tag{4.37}$$

将式 (4.35)∼ 式 (4.37) 代入式 (4.34)，得到

$$\int_v [\boldsymbol{\nabla}\cdot\boldsymbol{t}+\rho(\boldsymbol{f}-\boldsymbol{a})]\cdot\boldsymbol{v}\mathrm{d}v-\int_v\left(\rho\frac{\mathrm{D}e}{\mathrm{D}t}-\boldsymbol{t}^k\cdot\boldsymbol{v}_{,k}\right)\mathrm{d}v=0$$

利用动量守恒定律式 (4.13) 和局部化假设，得到

$$\rho\dot{e}-\boldsymbol{t}^k\cdot\boldsymbol{v}_{,k}=0 \tag{4.38}$$

应用速度梯度的加法分解、t^{kl} 的对称性和 w_{kl} 的反对称性，应力的功率可表示为

$$\boldsymbol{t}^k\cdot\boldsymbol{v}_{,k}=(t^{kl}\boldsymbol{g}_l)\cdot(v_{m\,;\,k}\boldsymbol{g}^m)=t^{kl}v_{l\,;\,k}=t^{kl}v_{k;l}=t^{kl}d_{kl}$$

上式代入式 (4.38)，得到

$$\rho\dot{e}-t^{kl}d_{kl}=0 \quad 或 \quad \rho\dot{e}-\boldsymbol{t}:\boldsymbol{d}=0 \tag{4.39}$$

式 (4.38) 和式 (4.39) 是 Euler 描述法微分形式的机械能守恒定律，即变形后单位体积内能的变率等于应力功率。

下面给出 Lagrange 描述法的机械能守恒定律。注意到式 (3.19)、连续性方程式 (4.9) 和 $\boldsymbol{v}_{,k}=\boldsymbol{v}_{,K}X^K{}_{,k}$，由式 (4.38) 得到

$$\rho_0\dot{e}-\boldsymbol{\tau}^K\cdot\boldsymbol{v}_{,K}=0 \tag{4.40}$$

利用 $\boldsymbol{\tau}^K=\tau^{Km}\boldsymbol{g}_m$(见式 (3.22)) 及全协变导数的定义 (见式 (1.182))：

$$\begin{aligned}\boldsymbol{v}_{,K}&=\left(v_l\boldsymbol{g}^l\right)_{,K}=\partial_K\left[v_l\left(\boldsymbol{x}(\boldsymbol{X}),\boldsymbol{X}\right)\boldsymbol{g}^l\left(\boldsymbol{x}(\boldsymbol{X})\right)\right]\\&=\frac{\partial v_l}{\partial X^K}\boldsymbol{g}^l+\frac{\partial v_l}{\partial x^k}x^k{}_{,K}\boldsymbol{g}^l+v_l\frac{\partial\boldsymbol{g}^l}{\partial x^k}x^k{}_{,K}=\left[v_{l,K}+(v_{l,k}-v_m\Gamma^m_{kl})x^k{}_{,K}\right]\boldsymbol{g}^l\equiv v_{l\,:\,K}\boldsymbol{g}^l\end{aligned}$$

所以，$\boldsymbol{\tau}^K\cdot\boldsymbol{v}_{,K}=\boldsymbol{\tau}^{Km}\boldsymbol{g}_m\cdot(v_{l\,:\,K}\boldsymbol{g}^l)=\tau^{Kl}v_{l\,:\,K}$，代入式 (4.40)，得到

$$\rho_0\dot{e}-\tau^{Kl}v_{l\,:\,K}=0 \quad 或 \quad \rho_0\dot{e}-\boldsymbol{\tau}:(\boldsymbol{\nabla}_{\boldsymbol{X}}\boldsymbol{v})=0 \tag{4.41}$$

其中，两点张量 $v_{l\,:\,K}$ 为 $\boldsymbol{v}$ 的全协变导数，并矢形式为 $\boldsymbol{\nabla}_{\boldsymbol{X}}\boldsymbol{v}=v_{l\,:\,K}\boldsymbol{G}^K\boldsymbol{g}_k$。

注意到 $t^{kl}=\dfrac{1}{J}x^k{}_{,K}x^l{}_{,L}T^{KL}$(见式 (3.32)) 和 $\dot{E}_{KL}=x^k{}_{,K}x^l{}_{,L}d_{kl}$(见式 (2.149))，可得

$$t^{kl}d_{kl}=\frac{1}{J}x^k_{,K}x^l_{,L}T^{KL}d_{kl}=\frac{1}{J}T^{KL}\dot{E}_{KL} \tag{4.42}$$

将式 (4.42) 代入式 (4.39)，得到

$$\rho_0\dot{e}-T^{KL}\dot{E}_{KL}=0 \quad 或 \quad \rho_0\dot{e}-\boldsymbol{T}:\dot{\boldsymbol{E}}=0 \tag{4.43}$$

式 (4.40)、式 (4.41) 和式 (4.43) 即是用 Lagrange 描述法时微分形式的机械能守恒定律，即变形前单位体积物质变形后的内能变率等于应力功率。

4.4.3 能量守恒定律、功共轭

下面讨论外力和热共同作用时的能量守恒定律。

热对连续介质的作用也和外力一样，可分为两种：一种是通过物体表面作用的热量交换，用单位时间内通过单位面积流出的热量表示，称为热流量；另一种是供应整个物体热量的分布热源，例如热辐射引起的热交换，这种形式的热交换用单位时间内单位质量获得的热量来表示，称为热供应。

热流量 $\boldsymbol{q}$ 是一个向量 (见图 4.3)。单位时间内通过构形 $\mathscr{k}$ 中任一点 p 处单位法线向量为 $\boldsymbol{n}$ 的面积元 $\boldsymbol{n}\mathrm{d}a$ 的热量为 $\boldsymbol{q}\cdot\boldsymbol{n}\mathrm{d}a=\boldsymbol{q}\cdot\mathrm{d}\boldsymbol{a}$。可以将热流量 $\boldsymbol{q}$ 沿 $\boldsymbol{g}_k$ 分解为 $\boldsymbol{q}=q^k\boldsymbol{g}_k$, 则

$$\boldsymbol{q}\cdot\mathrm{d}\boldsymbol{a}=q^k\mathrm{d}a_k \tag{4.44}$$

单位时间内通过整个表面 s 流入物体的热量为 $-\oint_s\boldsymbol{q}\cdot\boldsymbol{n}\mathrm{d}a$。

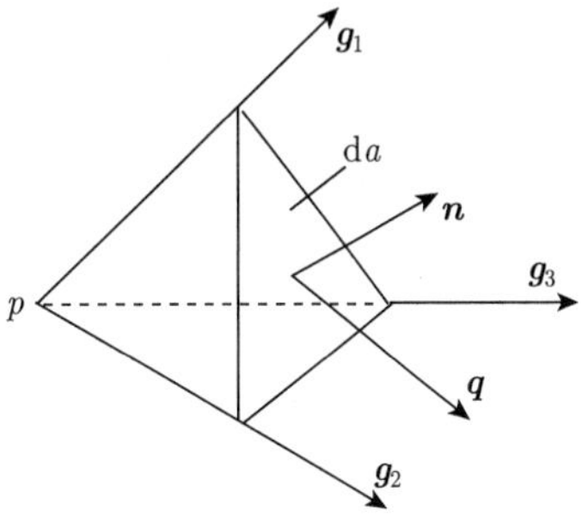

图 4.3 面积元的热流量 $\boldsymbol{q}$

若构形 $\mathscr{k}$ 中任一点处单位时间内单位质量从外面所获得的热量记作 h(热供应，标量)，那么整个物体在单位时间内获得的热量为 $\int_v h\rho dv$。

考虑外力和外部加热作用时，能量守恒定律 (即热力学第一定律) 指出，物体中内能和动能之和的时间变率等于作用于物体的所有外力的功率及热量增加率之和，即

$$\frac{\mathrm{D}}{\mathrm{D}t}\int_V\left(\rho e+\frac{1}{2}\rho\boldsymbol{v}\cdot\boldsymbol{v}\right)\mathrm{d}v=\oint_s\boldsymbol{t}_n\cdot\boldsymbol{v}\mathrm{d}a+\int_v\rho\boldsymbol{f}\cdot\boldsymbol{v}\mathrm{d}v-\oint_s\boldsymbol{q}\cdot\boldsymbol{n}\mathrm{d}a+\int_v\rho h\mathrm{d}v \tag{4.45}$$

用与 4.4.2 节类似的推导方法，并对右端第三项应用 Gauss 定理，可以得到上式的微分形式 (Euler 描述法)，即

$$\rho\dot{e}-t^{kl}d_{kl}+q^k_{;k}-\rho h=0 \quad 或 \quad \rho\dot{e}-\boldsymbol{t}:\boldsymbol{d}+\boldsymbol{\nabla}\cdot\boldsymbol{q}-\rho h=0 \tag{4.46}$$

采用 Lagrange 描述法时，由式 (2.60) 和 Gauss 定理，有

$$\int_s\boldsymbol{q}\cdot\boldsymbol{n}\mathrm{d}a=\int_S\boldsymbol{q}\cdot\left(J\boldsymbol{F}^{-\mathrm{T}}\cdot\mathrm{d}\boldsymbol{A}\right)=\int_S\mathrm{d}\boldsymbol{A}\cdot\left(J\boldsymbol{F}^{-1}\cdot\boldsymbol{q}\right)=\int_V\boldsymbol{\nabla}_{\boldsymbol{X}}\cdot\boldsymbol{q}_0\mathrm{d}\boldsymbol{V} \tag{4.47}$$

式中

$$\boldsymbol{q}_0=J\boldsymbol{F}^{-1}\cdot\boldsymbol{q} \tag{4.48}$$

式 (4.48) 是用参考构形 $\mathscr{R}$ 表示的热流量；$\boldsymbol{q}_0\cdot\mathrm{d}\boldsymbol{A}$ 等于通过构形 $\mathscr{k}$ 面积 $\mathrm{d}\boldsymbol{a}$(变形前是 $\mathrm{d}\boldsymbol{A}$) 的热量 $\boldsymbol{q}\cdot\mathrm{d}\boldsymbol{a}$。利用质量守恒定律，$\rho\mathrm{d}v=\rho_0\mathrm{d}V$，得

$$\int_v\rho h\mathrm{d}v=\int_V\rho_0 h\mathrm{d}v \tag{4.49}$$

将式 (4.47) 和式 (4.49) 代入式 (4.45)，可以得到 Lagrange 描述法能量守恒方程的微分形式

$$\rho_0\dot{e}-\tau^{Kl}v_{l:K}+q^K_{0;K}-\rho_0 h=0 \quad 或 \quad \rho_0\dot{e}-\boldsymbol{\tau}:\boldsymbol{\nabla}_{\boldsymbol{X}}\boldsymbol{v}+\boldsymbol{\nabla}_{\boldsymbol{X}}\cdot\boldsymbol{q}_0-\rho_0 h=0 \tag{4.50}$$

$$\rho_0\dot{e}-T^{KL}:\dot{E}_{KL}+q^{K}_{0;\mathrm{K}}-\rho_0 h=0 \quad 或 \quad \rho_0\dot{e}-\boldsymbol{T}:\dot{\boldsymbol{E}}+\boldsymbol{\nabla}_{\boldsymbol{X}}\cdot\boldsymbol{q}_0-\rho_0 h=0 \tag{4.51}$$

式 (4.50) 和式 (4.51) 的物理意义是参考构形 $\mathscr{R}$ 中单位体积物质的能量守恒。

在式 (4.46)、式 (4.50) 和式 (4.51) 中，第一项是内能变率，第三、四项是热量变化率，第二项表示应力在变形上的功率，所以内能的变化率等于应力的功率和外部输入热量的增加率。由式 (4.42)，并比较式 (4.41) 和式 (4.43)，有

$$w=Jt^{kl}d_{kl}=\tau^{Kl}v_{l:\mathrm{K}}=T^{KL}\dot{E}_{KL} \quad 或 \quad w=J\boldsymbol{t}:\boldsymbol{d}=\boldsymbol{\tau}:\boldsymbol{\nabla}_X\boldsymbol{v}=\boldsymbol{T}:\dot{\boldsymbol{E}} \tag{4.52}$$

w 称为构形 $\mathscr{R}$ 中单位体积的变形功率。该体积在构形 $\mathscr{r}$ 中变为 J，所以 $t^{kl}d_{kl}$ 是构形 $\mathscr{r}$ 中单位体积的变形功率。式 (4.52) 给出了功率与三种应力-变形速率组合之间的对应关系，即 $J\boldsymbol{t}\sim\boldsymbol{d}$, $\boldsymbol{\tau}\sim\boldsymbol{\nabla}_X\boldsymbol{v}$, $\boldsymbol{T}\sim\dot{\boldsymbol{E}}$，所以也称为功共轭对 (但其中速度梯度 $\boldsymbol{\nabla}_{\boldsymbol{X}}\boldsymbol{v}$ 包含刚性转动，$\boldsymbol{\tau}:\boldsymbol{\nabla}_X\boldsymbol{v}$ 不是纯变形功率)。$\boldsymbol{T}$ 称为应变张量 $\boldsymbol{E}$ 的功共轭应力。

4.5 熵不等式 (热力学第二定律)

在热力学中，对于任何一个准静态均匀可逆过程，可以证明当系统从状态 (1) 变为状态 (2) 时，热量增量与绝对温度比值的积分 $\displaystyle\int_{(1)}^{(2)}\frac{dQ}{\theta}$ 只与两个状态有关，与过程的路径无关，因此存在一个状态变量 S，称为熵 (Entropy)，满足

$$S^{\mathrm{e}}_{(2)}-S^{\mathrm{e}}_{(1)}=\int_{(1)}^{(2)}\mathrm{d}S^{\mathrm{e}}=\int_{(1)}^{(2)}\frac{\mathrm{d}Q}{\theta} \tag{4.53}$$

$$\mathrm{d}S^{\mathrm{e}}=\frac{\mathrm{d}Q}{\theta} \tag{4.54}$$

式中，Q 是输入给系统的热量，包括通过表面输入的热量 (热流量) 和分布热源产生的热量；θ 是绝对温度 (>0)；上标 e 表示外部输入热量引起的熵。熵的中文含义是热量除以绝对温度，外文含义是热量转换。熵是实际存在和可以测量的变量。

实际过程多为不可逆耗散过程。在不可逆过程中系统热量的变化可以认为由两部分组成：外部输入的热量 Q 和系统内部耗散产生的热量，后者例如塑性变形、黏弹性滞后、损伤演化等引起的耗散生热。所以系统的熵变化也由两部分组成：

$$\mathrm{d}S=\mathrm{d}S^{\mathrm{e}}+\mathrm{d}S^{\mathrm{i}} \tag{4.55}$$

$\mathrm{d}S^{\mathrm{i}}$ 是耗散生热引起的熵变化。

热力学第二定律指出，内部耗散永远使系统热量增加，即

$$\mathrm{d}S^{\mathrm{i}}\geqslant 0 \tag{4.56}$$

等号仅用于可逆过程，即无耗散发生的情况。由式 (4.55) 和式 (4.56) 可知

$$\mathrm{d}S\geqslant\mathrm{d}S^{\mathrm{e}} \tag{4.57}$$

对于均匀系统，温度和热量不随位置变化，利用式 (4.54)，有

$$\mathrm{d}S \geqslant \frac{\mathrm{d}Q}{\theta} \tag{4.57a}$$

等号只适用于可逆过程，大于号适用于不可逆过程。

式 (4.56) 和式 (4.57a) 称为热力学第二定律，也称为熵不等式或 Clausius-Duhem 不等式。式 (4.56) 和式 (4.57) 表明，耗散产生的熵增量恒正，系统的总熵增量总是大于 (对于不可逆过程) 或等于 (对于可逆过程) 外部输入的热量与绝对温度的商。

非均匀系统的温度和热量随位置变化，系统的总熵可以表示为

$$S = \int_V \eta\rho \mathrm{d}v \tag{4.58}$$

式中，η 为物体中任一点处单位质量的熵，称为熵密度。用热流量 $\boldsymbol{q}$ 和热源 h 表示热量的变化，热力学第二定律的积分形式为

$$\frac{\mathrm{D}}{\mathrm{D}t}\int_V \rho\eta \mathrm{d}v \geqslant -\oint_s \frac{1}{\theta}\boldsymbol{q}\cdot \mathrm{d}\boldsymbol{a} + \int_v \frac{1}{\theta}h\rho \mathrm{d}v \tag{4.59}$$

利用 Gauss 定理和质量守恒定律 $\dfrac{\mathrm{D}}{\mathrm{D}t}(\rho \mathrm{d}v) = 0$，根据局部化假设，由上式可得微分形式的热力学第二定律 (Euler 描述法)

$$\rho\dot{\eta} \geqslant \rho\left(\frac{h}{\theta}\right) - \boldsymbol{\nabla}\cdot\left(\frac{\boldsymbol{q}}{\theta}\right) \quad 或 \quad \rho\dot{\eta} \geqslant \rho\left(\frac{h}{\theta}\right) - \left(\frac{q^k}{\theta}\right)_{;k} \tag{4.60}$$

式中，$\boldsymbol{q}/\theta$ 和 h/θ 分别称为熵流量和熵源密度。

与式 (4.50) 的推导类似，可由式 (4.59) 得到 Lagrange 描述法微分形式的热力学第二定律：

$$\rho_0\dot{\eta} \geqslant \rho_0\left(\frac{h}{\theta}\right) - \boldsymbol{\nabla}_{\boldsymbol{X}}\cdot\left(\frac{\boldsymbol{q}_0}{\theta}\right) \quad 或 \quad \rho_0\dot{\eta} \geqslant \rho_0\left(\frac{h}{\theta}\right) - \left(\frac{q_0^K}{\theta}\right)_{;K} \tag{4.61}$$

为了表示方便，热力学第二定律常常采用下面的形式。由式 (4.60) 和式 (4.61) 引入

$$r = \dot{\eta} - \frac{h}{\theta} + \frac{1}{\rho}\boldsymbol{\nabla}\cdot\left(\frac{\boldsymbol{q}}{\theta}\right) \quad (空间描述法) \tag{4.62a}$$

$$r = \dot{\eta} - \frac{h}{\theta} + \frac{1}{\rho_0}\boldsymbol{\nabla}_{\boldsymbol{X}}\cdot\left(\frac{\boldsymbol{q}_0}{\theta}\right) \quad (物质描述法) \tag{4.62b}$$

或

$$\dot{\eta} = -\frac{1}{\rho}\boldsymbol{\nabla}\cdot\left(\frac{\boldsymbol{q}}{\theta}\right) + \frac{h}{\theta} + r \quad (空间描述法) \tag{4.63a}$$

$$\dot{\eta} = -\frac{1}{\rho_0}\boldsymbol{\nabla}_{\boldsymbol{X}}\cdot\left(\frac{\boldsymbol{q}_0}{\theta}\right) + \frac{h}{\theta} + r \quad (物质描述法) \tag{4.63b}$$

r 为单位质量熵生成率，表示单位时间内单位质量物质内部耗散产生的熵。热力学第二定律可以表示为

$$r \geqslant 0 \tag{4.64a}$$

等号只用于可逆系统。上式的积分形式为

$$\Gamma = \int_V r\rho \mathrm{d}v = \int_V r\rho_0 \mathrm{d}V \geqslant 0 \tag{4.64b}$$

式中，Γ 为体积 V 的总熵生成率。

由热力学第一定律式 (4.46) 或式 (4.51) 可见，内能的变化率来自变形功率和外部输入的热量，保持能量守恒。在物质的热量变化中，除外部输入的热量之外，对于不可逆过程，还有耗散产生的热量。由于耗散是系统内部的能量变换，不增加系统内能，因此内能不显含耗散能，耗散对应的能量 ($r\theta$) 不出现在热力学第一定律中。但是，研究热力物质的耗散系统本构关系时，需要考虑全部热量，包括输入热量和耗散生热 $r\theta$。因此，常常将内能分为两部分，引入定义：

$$e = \psi + \theta\eta \tag{4.65}$$

其中，$\theta\eta$ 为全部热能；ψ 为单位质量自由能 (Helmholtz 自由能)，不含热能，表示内能与全部热能的差值，由于 e、θ、η 是状态变量，因此自由能也是状态变量，是变形和温度的函数，有时也用另一种自由能，是应力和温度的函数，称为 Gibbs 自由能 ψ_G。ψ 与 ψ_G 可以通过 Legendre 变换相互转换，即若 $\boldsymbol{X}$、$\boldsymbol{Y}$ 是二阶张量，很容易证明下列 L 变换：

$$\psi(\boldsymbol{X}) + \psi_G(\boldsymbol{Y}) = \boldsymbol{Y} : \boldsymbol{X}, \quad \frac{\partial \psi}{\partial \boldsymbol{X}} = \boldsymbol{Y}, \quad \frac{\partial \psi_G}{\partial \boldsymbol{Y}} = \boldsymbol{X} \tag{4.66}$$

对于非耗散系统 (例如超弹性变形)，从自然状态经过可逆热力学过程到另一状态时，耗散能率 ($r\theta$) 为 0，$\theta\eta$ 为输入的热量，而内能为变形功与输入热量之和，所以 ψ 等于变形功；对于耗散系统，ψ 为内能与全部热能 (输入热能和耗散生热) 的差，与耗散能有关 (见第 6.6.8 小节)。

对式 (4.65) 取物质导数，得到

$$\dot{e} = \dot{\psi} + \theta\dot{\eta} + \dot{\theta}\eta \tag{4.65a}$$

将式 (4.65a) 代入热力学第一定律式 (4.46) 和式 (4.51)，分别与式 (4.62a) 和 (4.62b) 联立，消去热源 h，经过整理，可得

$$\theta r = -\dot{\psi} - \dot{\theta}\eta + \frac{1}{\rho}\boldsymbol{t} : \boldsymbol{d} - \frac{1}{\rho\theta}\boldsymbol{q} \cdot \boldsymbol{\nabla}\theta \geqslant 0 \quad (\text{空间描述法}) \tag{4.67a}$$

$$\theta r = -\dot{\psi} - \dot{\theta}\eta + \frac{1}{\rho_0}\boldsymbol{T} : \dot{\boldsymbol{E}} - \frac{1}{\rho_0\theta}\boldsymbol{q}_0 \cdot \boldsymbol{\nabla}_{\boldsymbol{X}}\theta \geqslant 0 \quad (\text{物质描述法}) \tag{4.67b}$$

上式是用自由能表示的热力学第二定律，是建立本构关系的热力学基础，对于各种状态变量的变化提出热力学限制。

4.6 小应变和小转动时的动量方程

应用第 3.5 节中小应变、小转动时应力张量的简化结果，本节讨论动量方程的简化。

首先考察小应变、大转动情况。由第 3.5 节的分析可知，在小应变条件下研究应力和平衡时，可以近似认为，构形 $\mathscr{R}$ 中沿标架 $\boldsymbol{G}_K$ 切出的平行六面体元与构形 $\boldsymbol{r}$ 中沿随体标架 $\boldsymbol{C}_K$ 中的平行六面体元 (见图 3.5)，大小和形状相同，只是有移动和刚性转动。如果 X^K 是直角坐标系，T^{KL} 是变形后长方体侧面上的真实应力，通常记作 σ_{KL}，则 Kirchhoff 动量方程式 (4.19) 变为

$$[(\delta_{NL}+U_{N,L})\sigma_{KL}]_{,K}+\rho_0(f_N-a_N)=0 \tag{4.68}$$

对于小应变小转动 (经典线性) 情况，在研究平衡时变形前后对应的单元体可以认为没有区别，如果 X^K 和 x^k 取相同的曲线坐标系，那么三种应力张量 $\boldsymbol{t}$、$\boldsymbol{\tau}$、$\boldsymbol{T}$ 是相同的，在直角坐标系中可用 σ_{KL} 表示，则所有动量方程变为同一形式：

$$\sigma_{KN,K}+\rho_0(f_N-a_N)=0 \tag{4.69}$$

这就是经典弹性理论中的运动方程。

另一种小应变小转动情况——中等非线性，是最常见的几何非线性情况。由式 (3.57a)，$U^N{}_{;L}\approx\hat{W}^N{}_L$(无限小转动张量)，若 X^K 为直角坐标系，则式 (4.19) 变为

$$[(\delta_{NL}+\hat{W}_{NL})\sigma_{KL}]_{,K}+\rho_0(f_N-a_N)=0 \tag{4.70}$$

可见，小应变小转动并不是动量方程线性化的充分条件，只有进一步限制转角和伸长率的关系，即 $\varphi\sim E_N\ll 1$，才能线性化。

4.7 间断面处的守恒定律——间断 (跳跃) 条件

4.7.1 变量的间断面

在以前的讨论中均假设连续介质在所考虑的体积内各种场变量是连续、可微的，本节研究连续介质的场变量存在有限个间断面的情况。这种间断面可以是两种不同物质的界面，也可以是同一种物质中物理量发生急剧改变的薄层 (例如激波)，层内物理量的变化十分复杂，甚至梯度趋于无限大，难以准确描述，但在间断面处物理量的跳跃值是有限的。在宏观上，这样的薄层可以简化为物理量间断的几何曲面。间断面可以是与物质固结的，因而不相对于物质运动 (例如界面)，也可以是在物质中传播的曲面 (例如激波面)，间断面相对于物质的运动速度称为传播速度。一般来说间断面的几何形状是随时间变化的。

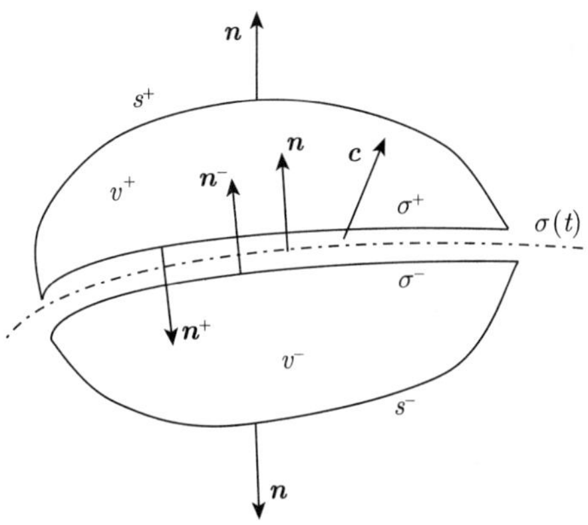

图 4.4 间断面

在间断面处物质的密度、动量和能量的变化，不应该违背守恒定律，因而必须满足一定关系，这些关系称为间断条件，或跳跃条件。为了推导间断条件，如图 4.4 所示，考虑 t 时刻构形 $\boldsymbol{r}$ 中的一个含有间断面的物质体积，记作

$$v=v^++v^-+\sigma,\quad s=s^++s^-+\sigma \tag{4.71}$$

式中，σ 为间断面；v^+ 和 v^- 为 σ 两侧的物质体积；σ^+ 和 σ^- 为 v^+ 和 v^- 与 σ 相邻的表面，它们的外法线单位向量是 $\boldsymbol{n}^+$ 和 $\boldsymbol{n}^-$；s^+ 和 s^- 为 v^+ 和 v^- 除 σ^+ 和 σ^- 之外的表面，单位外法线向量为 $\boldsymbol{n}$。间断面本身的单位法线向量也记作 $\boldsymbol{n}$，并规定其正方向是从 v^- 指向 v^+。间断面的移动 (传播) 速度是 $\boldsymbol{c}(\boldsymbol{x},t)$，连续介质中任一物质点的速度是 $\boldsymbol{v}(\boldsymbol{X},t)$。

4.7.2 含间断面的输运定理

首先将无间断面时体积分的物质导数式 (2.173) $\dfrac{\mathrm{d}}{\mathrm{d}t}\displaystyle\int_V \varphi \mathrm{d}v = \int_v \frac{\partial \varphi}{\partial t}\mathrm{d}v + \oint_s \mathrm{d}\boldsymbol{a}\cdot v\boldsymbol{\varphi}$ 推广。

当存在间断面并以速度 $\boldsymbol{c}$ 运动时，物质体积 V^+ 中 φ 的输运定理为

$$\frac{\mathrm{d}}{\mathrm{d}t}\int_{V^+}\varphi \mathrm{d}v = \int_{v^+}\frac{\partial \boldsymbol{\varphi}}{\partial t}\mathrm{d}v + \int_{s^+}\mathrm{d}a\boldsymbol{n}\cdot\boldsymbol{v}\boldsymbol{\varphi} + \int_{\sigma^+}\mathrm{d}a\boldsymbol{n}^+\cdot\boldsymbol{c}\boldsymbol{\varphi}^+ \tag{4.72a}$$

右端第一项为空间 v^+ 中 φ 的时间变率；第二项为表面 s^+ 以速度 $\boldsymbol{v}$ 运动时引起的 φ 的增量；第三项为时间断面 σ^+ 以速度 $\boldsymbol{c}$ 运动时引起的 φ 的增量。同样地，对于物质体积 V^-，有

$$\frac{\mathrm{d}}{\mathrm{d}t}\int_{V^-}\varphi \mathrm{d}v = \int_{v^-}\frac{\partial \boldsymbol{\varphi}}{\partial t}\mathrm{d}v + \int_{s^-}\mathrm{d}a\boldsymbol{n}\cdot\boldsymbol{v}\boldsymbol{\varphi} + \int_{\sigma^-}\mathrm{d}a\boldsymbol{n}^-\cdot\boldsymbol{c}\boldsymbol{\varphi}^- \tag{4.72b}$$

对体积 v^+ 和 v^- 分别应用 Gauss 定理，得

$$\int_{v^+}\nabla\cdot(\boldsymbol{v}\boldsymbol{\varphi})\,\mathrm{d}v = \int_{s^+ + \sigma^+}\mathrm{d}a\boldsymbol{n}\cdot\boldsymbol{v}\boldsymbol{\varphi} = \int_{s^+}\mathrm{d}a\boldsymbol{n}\cdot\boldsymbol{v}\boldsymbol{\varphi} + \int_{\sigma^+}\mathrm{d}a\boldsymbol{n}^+\cdot\boldsymbol{v}^+\boldsymbol{\varphi}^+ \tag{4.73a}$$

$$\int_{v^-}\nabla\cdot(\boldsymbol{v}\boldsymbol{\varphi})\,\mathrm{d}v = \int_{s^- + \sigma^-}\mathrm{d}a\boldsymbol{n}\cdot\boldsymbol{v}\boldsymbol{\varphi} = \int_{s^-}\mathrm{d}a\boldsymbol{n}\cdot\boldsymbol{v}\boldsymbol{\varphi} + \int_{\sigma^-}\mathrm{d}a\boldsymbol{n}^-\cdot\boldsymbol{v}^-\boldsymbol{\varphi}^- \tag{4.73b}$$

式中，$\boldsymbol{v}^+$、$\boldsymbol{v}^-$ 为间断面两侧物质点的速度。所以

$$\int_{s^+}\mathrm{d}a\boldsymbol{n}\cdot\boldsymbol{v}\boldsymbol{\varphi} = \int_{v^+}\nabla\cdot(\boldsymbol{v}\boldsymbol{\varphi})\,\mathrm{d}v - \int_{\sigma^+}\mathrm{d}a\boldsymbol{n}^+\cdot\boldsymbol{v}^+\boldsymbol{\varphi}^+ \tag{4.74a}$$

$$\int_{s^-}\mathrm{d}a\boldsymbol{n}\cdot\boldsymbol{v}\boldsymbol{\varphi} = \int_{v^-}\nabla\cdot(\boldsymbol{v}\boldsymbol{\varphi})\,\mathrm{d}v - \int_{\sigma^-}\mathrm{d}a\boldsymbol{n}^-\cdot\boldsymbol{v}^-\boldsymbol{\varphi}^- \tag{4.74b}$$

将式 (4.74a) 和式 (4.74b) 分别代入式 (4.72a) 和式 (4.72b)，然后相加，得到

$$\frac{\mathrm{d}}{\mathrm{d}t}\int_{V-\sigma}\varphi \mathrm{d}v = \int_{v-\sigma}\left(\frac{\partial \boldsymbol{\varphi}}{\partial t} + \nabla\cdot(\boldsymbol{v}\boldsymbol{\varphi})\right)\mathrm{d}v + \int_{\sigma}\mathrm{d}a\boldsymbol{n}\cdot[\![(\boldsymbol{v}-\boldsymbol{c})\,\boldsymbol{\varphi}]\!] \tag{4.75}$$

上式为域内含有间断面时的输运定理。其中 $v-\sigma = v^+ + v^-$ 表示除间断面邻域之外的体积，间断面处变量跳跃记号 $[\![\quad]\!]$ 的定义是

$$[\![\boldsymbol{A}]\!] = \boldsymbol{A}^+ - \boldsymbol{A}^-$$

$\boldsymbol{A}^+$ 间断面单位法线向量 $\boldsymbol{n}$ 的正方向指向的一侧变量值，$\boldsymbol{A}^-$ 是另一侧的变量值。即

$$[\![(\boldsymbol{v}-\boldsymbol{c})\,\boldsymbol{\varphi}]\!] = (\boldsymbol{v}^+ - \boldsymbol{c})\,\boldsymbol{\varphi}^+ - (\boldsymbol{v}^- - \boldsymbol{c})\,\boldsymbol{\varphi}^-$$

4.7.3 含间断面的体积分和面积分——推广形式

为了便于在守恒定律中应用，将式 (4.75) 推广。假设无间断面的积分域内满足下列关系：

$$\frac{\mathrm{d}}{\mathrm{d}t}\int_V \boldsymbol{\varphi}\mathrm{d}v = \oint_s \mathrm{d}a\boldsymbol{n}\cdot\boldsymbol{b} + \int_v \boldsymbol{g}\mathrm{d}v \tag{4.76}$$

式中，$\boldsymbol{\varphi}$、$\boldsymbol{g}$ 为向量；$\boldsymbol{b}$ 为二阶张量。如果在积分域内 $\boldsymbol{\varphi}$ 和 $\boldsymbol{b}$ 有以速度 $\boldsymbol{c}$ 运动的间断面 σ、$\boldsymbol{g}$ 是连续的，则关系式 (4.76) 变为

$$\int_{v-\sigma}\left(\frac{\partial\boldsymbol{\varphi}}{\partial t} + \boldsymbol{\nabla}\cdot(\boldsymbol{v}\boldsymbol{\varphi}) - \boldsymbol{\nabla}\cdot\boldsymbol{b} - \boldsymbol{g}\right)\mathrm{d}v + \int_\sigma \mathrm{d}a\boldsymbol{n}\cdot[\![(\boldsymbol{v}-\boldsymbol{c})\,\boldsymbol{\varphi} - \boldsymbol{b}]\!] = 0 \tag{4.77}$$

上式的证明过程与式 (4.75) 的证明类似。对于积分 $\int_v \nabla\cdot\boldsymbol{b}\mathrm{d}v$，将积分域沿间断面分为两部分，由 Gauss 定理，有

$$\int_{v^+}\boldsymbol{\nabla}\cdot\boldsymbol{b}\mathrm{d}v = \int_{s^+}\mathrm{d}a\boldsymbol{n}\cdot\boldsymbol{b} + \int_{\sigma^+}\mathrm{d}a\boldsymbol{n}^+\cdot\boldsymbol{b}^+ \tag{4.78a}$$

$$\int_{v^-}\boldsymbol{\nabla}\cdot\boldsymbol{b}\mathrm{d}v = \int_{s^-}\mathrm{d}a\boldsymbol{n}\cdot\boldsymbol{b} + \int_{\sigma^-}\mathrm{d}a\boldsymbol{n}^-\cdot\boldsymbol{b}^- \tag{4.78b}$$

上两式相加，得

$$\int_{v-\sigma}\boldsymbol{\nabla}\cdot\boldsymbol{b}\mathrm{d}v = \oint_{s-\sigma}\mathrm{d}a\boldsymbol{n}\cdot\boldsymbol{b} + \int_\sigma \mathrm{d}a\boldsymbol{n}\cdot\left(\boldsymbol{b}^+ - \boldsymbol{b}^-\right) \tag{4.79}$$

将式 (4.76) 用于积分域 $v^+ + v^-$，得

$$\frac{\mathrm{d}}{\mathrm{d}t}\int_{V-\sigma}\boldsymbol{\varphi}\mathrm{d}v = \oint_{s-\sigma}\mathrm{d}a\boldsymbol{n}\cdot\boldsymbol{b} + \int_v \boldsymbol{g}\mathrm{d}v \tag{4.80}$$

将式 (4.75) 代入上式，与式 (4.79) 相减，即可得到式 (4.77)。

4.7.4 间断面处的守恒定律

第 4.7.1 小节已经指出，守恒定律在间断面处也应该适用。下面利用含间断面时的积分关系式 (4.75) 和式 (4.77)，根据守恒定律建立间断面处变量的跳跃变化必须满足的间断条件。

4.7.4.1 密度间断条件

没有间断面时的质量守恒定律为式 (4.4)，如果连续介质含有以速度 $\boldsymbol{c}$ 运动的密度间断面 σ，由式 (4.75)，令 $\boldsymbol{\varphi}$ 为质量密度 ρ，则有

$$\int_{v-\sigma}\left(\frac{\partial\rho}{\partial t} + \boldsymbol{\nabla}\cdot(\boldsymbol{v}\rho)\right)\mathrm{d}v + \int_\sigma \mathrm{d}a\boldsymbol{n}\cdot[\![(\boldsymbol{v}-\boldsymbol{c})\,\rho]\!] = 0 \tag{4.81}$$

由式 (4.6)，上式第 1 项为 0，所以密度间断面的密度跳跃条件为

$$\boldsymbol{n}\cdot[\![(\boldsymbol{v}-\boldsymbol{c})\,\rho]\!] = 0 \quad 或 \quad \boldsymbol{n}\cdot\left(\boldsymbol{v}^+ - \boldsymbol{c}\right)\rho^+ = \boldsymbol{n}\cdot\left(\boldsymbol{v}^- - \boldsymbol{c}\right)\rho^- \tag{4.82}$$

式中，$\boldsymbol{v}-\boldsymbol{c}$ 为间断面相对于物质的速度，上式表示流过间断面的质量通量不变。

4.7.4.2 动量间断条件

将式 (3.13) 代入式 (4.10)，没有间断面时的动量守恒定律为

$$\frac{\mathrm{d}}{\mathrm{d}t}\int_V \rho\boldsymbol{v}\mathrm{d}v = \oint_s \mathrm{d}a\boldsymbol{n}\cdot\boldsymbol{t} + \int_v \rho\boldsymbol{f}\mathrm{d}v$$

如果连续介质含有以速度 $\boldsymbol{c}$ 运动的动量间断面 σ，由式 (4.77)，取 φ 为动量 $\rho\boldsymbol{v}$、$\boldsymbol{b}=\boldsymbol{t}$、$\boldsymbol{g}=\rho\boldsymbol{f}$，则有

$$\int_{v-\sigma}\left(\frac{\partial\rho\boldsymbol{v}}{\partial t}+\boldsymbol{\nabla}\cdot(\rho\boldsymbol{v}\boldsymbol{v})-\boldsymbol{\nabla}\cdot\boldsymbol{t}-\rho\boldsymbol{f}\right)\mathrm{d}v+\int_\sigma \mathrm{d}a\boldsymbol{n}\cdot[\![(\boldsymbol{v}-\boldsymbol{c})\,\boldsymbol{v}\rho-\boldsymbol{t}]\!]=0 \tag{4.83}$$

由式 (2.172a)，$\int_{v-\sigma}\left(\frac{\partial\rho\boldsymbol{v}}{\partial t}+\boldsymbol{\nabla}\cdot(\rho\boldsymbol{v}\boldsymbol{v})\right)\mathrm{d}v=\frac{\mathrm{d}}{\mathrm{d}t}\int_{V-\sigma}\rho\boldsymbol{v}\mathrm{d}v=\int_{v-\sigma}\rho\boldsymbol{a}\mathrm{d}v$，利用动量守恒定律，可知式 (4.83) 中第一项为 0，所以动量间断面的动量跳跃条件为

$$\boldsymbol{n}\cdot[\![(\boldsymbol{v}-\boldsymbol{c})\,\boldsymbol{v}\rho-\boldsymbol{t}]\!]=0 \tag{4.84}$$

或

$$\boldsymbol{n}\cdot\left(\boldsymbol{v}^+-\boldsymbol{c}\right)\boldsymbol{v}^+\rho^+-\boldsymbol{n}\cdot\left(\boldsymbol{v}^--\boldsymbol{c}\right)\boldsymbol{v}^-\rho^-=\boldsymbol{t}_n^+-\boldsymbol{t}_n^- \tag{4.84a}$$

上式左端为单位时间内间断面上单位面积动量通量的差，右端为间断面两侧单位面积表面力的差，体积力是高阶小量可以略去，所以上式实质是间断面邻域的动量守恒条件，也可以通过考虑包含间断面的单元体动量守恒得到。图 4.5 给出向量方程式 (4.84a) 的二维示意图，图 4.5(a) 表示式 (4.84a) 左端的物理量的几何意义，图 4.5(b) 表示该向量等式。

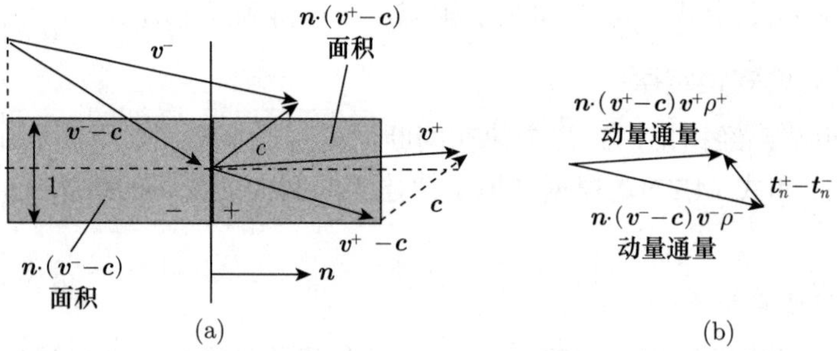

图 4.5 间断面的动量守恒示意图

4.7.4.3 能量间断条件

能量间断面涉及内能、应力功率和热能的不连续变化，为了简单，下面假设内能是连续的。在没有间断面时，能量守恒定律为式 (4.45)，利用式 (4.36)，该式可改写为

$$\frac{\mathrm{d}}{\mathrm{d}t}\int_V \rho e\mathrm{d}v=\oint_s \boldsymbol{t}_n\cdot\boldsymbol{v}\mathrm{d}a-\oint_s \boldsymbol{q}\cdot\boldsymbol{n}\mathrm{d}a+\int_v \rho(\boldsymbol{f}-\boldsymbol{a})\cdot\boldsymbol{v}\mathrm{d}v+\int_v \rho h\mathrm{d}v \tag{4.85}$$

如果只有表面力的功率和热流量有间断，其他变量连续变化，用分域积分方法可以由式 (4.85) 得到

$$\frac{\mathrm{d}}{\mathrm{d}t}\int_V \rho e \mathrm{d}v = \oint_{s-\sigma} \boldsymbol{t}_n \cdot \boldsymbol{v} \mathrm{d}a - \oint_{s-\sigma} \boldsymbol{q} \cdot \boldsymbol{n} \mathrm{d}a +$$
$$\int_v \rho(\boldsymbol{f} - \boldsymbol{a}) \cdot \boldsymbol{v} \mathrm{d}v + \int_v \rho h \mathrm{d}v + \int_\sigma \boldsymbol{n} \cdot [\![\boldsymbol{t} \cdot \boldsymbol{v} + \boldsymbol{q}]\!] \mathrm{d}a$$

根据能量守恒定律，上式中除间断面积分之外的项等于 0，所以间断面处表面力功率和热流量的跳跃条件为

$$\boldsymbol{n} \cdot [\![\boldsymbol{t} \cdot \boldsymbol{v} + \boldsymbol{q}]\!] = 0 \tag{4.86}$$

或

$$\boldsymbol{n} \cdot (\boldsymbol{t}^+ \cdot \boldsymbol{v}^+ - \boldsymbol{t}^- \cdot \boldsymbol{v}^-) = \boldsymbol{n} \cdot (\boldsymbol{q}^+ - \boldsymbol{q}^-) \tag{4.86a}$$

即应力功率跳跃的法向分量等于流出热量跳跃的法向分量，从而保持能量守恒。

习　题

4-1　列举 4 种不同的不可压缩条件表示形式，并说明物理意义。

4-2　利用式 (4.19a) 推导该式的另一种形式 (见式 (4.19b))。

4-3　试用 Lagrange 随体坐标系中沿坐标面切出的平行六面体，证明应力张量 $\boldsymbol{T}$ 的对称性，$T^{KL} = T^{LK}$。

提示：参考图 3.5(b)，对坐标轴 $\boldsymbol{C}_K$ 取矩。

4-4　利用动量守恒定律，证明刚体质心 $\boldsymbol{x}_c$ 的运动方程为

$$m\frac{\mathrm{d}\boldsymbol{v}_c}{\mathrm{d}t} = \boldsymbol{F}$$

式中，$m = \int_V \rho \mathrm{d}v$(刚体质量)，$\boldsymbol{x}_c = \frac{1}{m}\int_V \rho \boldsymbol{x} \mathrm{d}v$(质心位置)，$\boldsymbol{v}_c$ 为质心速度，$\boldsymbol{F}$ 为外力合力。

4-5　利用动量矩守恒定律，证明刚体转动方程为

$$\boldsymbol{J}_c \cdot \frac{\mathrm{d}\boldsymbol{\omega}}{\mathrm{d}t} = \boldsymbol{M}_c$$

式中，$\boldsymbol{\omega}$ 为刚体的转动速度，$\boldsymbol{M}_c$ 为体力和面力对于质心的合力矩，$\boldsymbol{J}_c$ 为刚体对于质心的惯性矩张量。定义为 $\boldsymbol{J}_c = \int_V \rho\left[(\boldsymbol{x}' \cdot \boldsymbol{x}')\boldsymbol{I} - \boldsymbol{x}'\boldsymbol{x}'\right]\mathrm{d}v$，$\boldsymbol{x}' = \boldsymbol{x} - \boldsymbol{x}_c$ 为以质心为参考点的位置向量。

4-6　试证明刚体的动能可以表示为

$$K = \frac{1}{2}m\boldsymbol{v}_c \cdot \boldsymbol{v}_c + \frac{1}{2}\boldsymbol{\omega} \cdot \boldsymbol{J}_c \cdot \boldsymbol{\omega}$$

符号定义同习题 4-4 和习题 4-5。

提示：利用的动能的积分表达式及向量恒等式 $(\boldsymbol{a}\times\boldsymbol{b})\times\boldsymbol{c}=(\boldsymbol{a}\cdot\boldsymbol{c})\,\boldsymbol{b}-(\boldsymbol{b}\cdot\boldsymbol{c})\,\boldsymbol{a}$。

4-7 用积分形式能量守恒定律式 (4.45) 推导 Euler 描述法微分形式能量守恒定律式 (4.46)。

4-8 根据热力学第一定律说明内能概念及其与自由能的区别。

4-9 若物体 1 和 2 组成一个不可逆热力学系统，绝对温度分别为 T_1 和 T_2，无外部热交换，但物体 1 的热量 $\Delta Q(>0)$ 传给物体 2，试证明只能是 $T_1>T_2$(热力学第二定律的 Clausius 提法)。

提示：上述系统无外部热交换，所以外熵增量 $\Delta S^{\mathrm{e}}=0$，内部热交换只引起内熵变化，根据熵的定义，$\Delta S^{\mathrm{i}}=\dfrac{-\Delta Q}{T_1}+\dfrac{\Delta Q}{T_2}=\Delta Q\left(\dfrac{1}{T_2}-\dfrac{1}{T_1}\right)$，由热力学第二定律 $\Delta S^{\mathrm{i}}>0$，所以必有 $T_1>T_2$。反之，若 $\Delta Q>0$ 时 $T_1>T_2$，必有 $\Delta S^{\mathrm{i}}>0$，即 Clausius 提法与热力学第二定律等价。

4-10 若热机、能源与被驱动机械组成一个不可逆热力学系统，在驱动过程中热机与能源提供的热量为 ΔQ，对被驱动机械所做的功为 ΔW，相当热量为 $\Delta Q'=k\Delta W$(k 是热功当量)，试证明 $\Delta Q>\Delta Q'$，即单一热源提供的热量不可能全部变为有用功 (热力学第二定律的 Kelvin 提法)。

提示：在上述系统的驱动过程中 ΔQ 和 $\Delta Q'$ 均为内部热交换，只影响内熵增量，若驱动机械在稳定工作中绝对温度为 T，则有 $\Delta S^{\mathrm{i}}=(\Delta Q-\Delta Q')/T$，根据热力学第二定律 $\Delta S^{\mathrm{i}}>0$，所以必有 $\Delta Q>\Delta Q'$，即 Kelvin 提法。

第 5 章　本构理论基础

第 4 章给出了连续介质状态变量之间的一部分关系，即守恒定律。这些关系对一切连续介质都成立，与具体物质的力学特性无关。物体在各种外力 (机械和热载荷等) 作用下的反应，除满足普遍适用的守恒定律之外，还应该与特定物质本身的性质相联系，即必须满足反映物质性质的方程——本构方程。不同物质有不同的本构方程，对于所有物质在一切可能的状态下建立共同的本构方程几乎是不可能的，因而需要对实际物质进行抽象化和分类，再与实验相结合，给出各类物质在一定条件下适用的本构方程。

本章概括介绍本构方程应该遵循的一般理论 (本构公理)，根据本构公理提出简单物质概念及其本构关系，应用客观性和对称性原理讨论简单物质本构方程的各种形式及理想物质类型，简单介绍本构方程的一些研究方法。

本章讨论的简单物质限于一阶物质，在第 9~12 章将扩展到二阶简单物质。

5.1　本构方程的提出

从物理上看，在同样外力作用下，不同物质当然有不同的反应，这说明只用守恒定律不可能确定给定外力作用下物体的变形、运动和受力状态。从数学上看也是如此，假如不考虑热载荷作用，守恒定律给出了四组方程：

Euler 描述法：

$$\left.\begin{aligned}&\frac{\partial\rho}{\partial t}+\left(\rho v^k\right)_{;k}=0,\quad t^{kl}=t^{lk},\\&t^{kl}{}_{;l}+\rho\left(f^k-\dot{v}^k\right)=0,\quad \rho\dot{e}-t^{kl}v_{l;k}=0\end{aligned}\right\}\tag{5.1}$$

Lagrange 描述法：

$$\left.\begin{aligned}&\rho J=\rho_0,\quad T^{KL}=T^{LK},\\&\left(x^k{}_{,L}T^{KL}\right)_{:K}+\rho_0\left(f^k-\dot{v}^k\right)=0,\quad \rho_0\dot{e}-T^{KL}x^l{}_{,L}v_{l:k}=0\end{aligned}\right\}\tag{5.2}$$

方程组 (5.1) 有 8 个独立方程，却包含 14 个未知的场变量或其分量：ρ, v^k, t^{kl}, e，因此，问题是欠定的，还必须补充 6 个独立方程。方程组式 (5.2) 也有 8 个独立方程，所包含的未知场变量为 ρ, J, x^k, T^{KL}, v^k, e，但 J 和 v^k 是 x^k 的已知函数 (见式 (2.9) 和式 (2.115))，不是独立变量，所以独立的未知量也是 14 个，也需要补充 6 个方程问题才是适定的。必须补充的 6 个方程就是本构方程。

在只考虑机械载荷作用时，本构方程应该给出该物质内任一点处的应力状态与变形状态、运动状态之间的关系，即应力张量与变形张量、变形率张量及其历史的依赖关系。如果除机械载荷之外还有热载荷作用，则温度及其他热力学变量不再是给定的参数而是变量，所以需要补充新的本构方程，使方程数与未知量个数相等。如果除机械载荷之外还有电磁力作用，例如对于电磁场敏感的固体材料 (铁磁材料等)，在受到机械力和电磁场共同作用时，场变量中包括力学场变量和电磁场变量，一般情况下两者是非线性耦合的，此时同样需要补充新的本构方程及新的场方程，问题才是适定的。本书将不涉及电磁连续介质力学，读者可以参阅有关著作 (如文献 [14])。

有些材料 (如新型聚合物、电解质溶液等) 在受力变形和运动过程中伴有化学反应，发生机械能、化学能、热能之间的转换，所以在更一般的情况下，可以存在热、电磁、化学场与力学场的耦合，称为多场耦合问题。多场耦合连续介质力学近年来受到关注。

为了简单，本章主要考虑机械载荷作用，部分涉及热载荷，但所介绍的一般理论和基本研究方法也适用于多场耦合情况。

本章讨论的本构关系独立变量是位移及其一阶梯度表示的应变、应变率等，在某些介质、某些变形、微纳米尺度等情况下，必须考虑位移高阶梯度的影响，相关理论将在第 9 章 ~ 第 12 章讨论。

建立连续介质的本构方程，从本质上说需要在给定条件下对具体物质进行实验研究。但由于力学性能的复杂性和物质的多样性，对于无限多种加载条件只依靠实验建立本构关系实际上是很难实现的。其实各种物质的本构关系满足一些共同的普遍适用的规律，即本构公理、热力学基本定律等，所以建立一种物质的本构关系不是单纯的实验结果的数理统计。另一方面，在满足本构公理前提下，需要进一步将多种多样的实际物质加以抽象，建立各种理想物质模型，根据特点将物质分类，对不同类型物质用不同形式的本构方程描述。本构方程是状态变量的一种张量函数关系，因而研究张量函数构造规律的不变量理论成为建立本构方程的重要数学工具，例如应用第 1.21 节介绍的各向同性张量函数的表示定理，可以给出各向同性材料本构方程的一般形式。

实验一直是研究本构关系的基础，一些经典理想物质 (例如虎克弹性固体，牛顿黏性流体等) 的本构方程是就是在许多实验基础上建立起来的，为了在各种不同条件下建立合适的本构关系，必须进行大量的实验研究。由于新材料的不断涌现及现有材料在新的环境下应用，对本构关系的研究越来越受到重视。

5.2 本构理论公理

为了保证本构关系合理，在建立本构方程时必须遵守一些基本要求或基本原则。这些原则是对于所有物质普遍适用的，通常称为本构公理。Eringen[3] 将本构公理归纳为

(1) 因果关系公理；

(2) 确定性公理；

(3) 等存在公理；

(4) 客观性公理 (标架无差异原理)；

(5) 物质对称性公理 (物质不变性公理)；

(6) 邻域公理 (局部作用公理)；

(7) 记忆公理；

(8) 相容性公理。

此外，本构关系应该与坐标变换无关，即具有坐标不变性，这一要求也称为坐标不变性原理。当本构关系中的物理量均为张量时，坐标不变性自动满足。

本节将对上述公理作简要叙述，只考虑机械载荷和热载荷作用。在 5.4 节和 5.5 节中，将对客观性公理和物质对称性公理给出进一步说明和应用。

5.2.1 因果关系公理

在只考虑机械载荷作用时，可以认为外力和外力引起的内力是“因”，而运动是“果”。运动通过可测变量 $\boldsymbol{x}=\boldsymbol{x}(\boldsymbol{X},t)$ 表示，并作为独立变量。利用 $\boldsymbol{x}$ 可以导出其他描述变形状态和运动状态的量，例如应变张量、变形率张量等。外力引起物体中的内力及描述内力的应力张量可以作为因变量，或者称为相关变量。所以独立的本构变量是 $\boldsymbol{x}(\boldsymbol{X},t)$，而速度 $\boldsymbol{v}=\dot{\boldsymbol{x}}$、加速度 $\boldsymbol{a}=\ddot{\boldsymbol{x}}$、速度梯度 $v_{k;l}$、变形梯度 $x^k{}_{,K}$、质量密度 $\rho=J\rho_0$、应变张量、变形率张量等都是运动 $\boldsymbol{x}$ 的导出量；相关本构变量只有 T^{KL} (Lagrange 描述法) 或 t^{kl} (Euler 描述法)。内能密度 e 与应力和运动的关系是已知的，可以不作为新的变量。因此在只考虑机械载荷时，本构关系应该是以 $\boldsymbol{x}$ 为自变量、以应力 $\boldsymbol{T}$ 或 $\boldsymbol{t}$ 为因变量的泛函或函数关系。

如果考虑机械载荷和热载荷共同作用，并且取温度 θ 和运动 $\boldsymbol{x}$ 作为独立变量，则热流量 $\boldsymbol{q}$、内能密度 e(或自由能密度 $\psi=e-\theta\eta$) 和熵密度 η 等热力学变量与 $\boldsymbol{T}$ 或 $\boldsymbol{t}$ 一起是因变量。

因果关系公理的目的是为本构关系选取一组可测独立变量，描述外载荷对物体作用的结果，称为独立本构变量 (不包括可用独立变量得到的导出量)；选定独立本构变量之后，守恒定律中除独立本构变量及其导出量之外的变量均为相关变量，去掉其中可以互相表示的变量，即是本构方程的因变量，称为本构泛函。独立本构变量的选择有时不是唯一的，例如热力连续介质，可以用温度也可以用熵密度作为独立本构变量。

5.2.2 确定性公理

物体中任一物质点 $\boldsymbol{X}$ 处在 t 时刻的本构泛函值，由物体内所有物质点在 t 时刻以前的全部运动及其他独立本构变量的历史所确定。这一假设称为确定性公理。

根据确定性公理，$\boldsymbol{X}$ 处 t 时刻的应力张量 $\boldsymbol{t}(\boldsymbol{X},t)$，可以用一个张量值函数 $\hat{\boldsymbol{t}}$ 表示

$$\boldsymbol{t}(\boldsymbol{X},t)=\hat{\boldsymbol{t}}[\boldsymbol{x}(\boldsymbol{X}',t'),\boldsymbol{X},t] \tag{5.3}$$

式中，$\boldsymbol{X}'$ 是物体中所有物质点，时间 $t'\leqslant t$。上式表示 $\boldsymbol{t}(\boldsymbol{X},t)$ 与将来的运动无关。

在考虑热载荷时，除运动 $\boldsymbol{x}$ 外本构变量还包括温度，本构关系可以表为 (空间描述法)

$$\left.\begin{array}{ll}\text{应力张量：} & \boldsymbol{t}(\boldsymbol{X},t)=\hat{\boldsymbol{t}}[\boldsymbol{x}(\boldsymbol{X}',t'),\theta(\boldsymbol{X}',t'),\boldsymbol{X},t]\\ \text{热流量：} & \boldsymbol{q}(\boldsymbol{X},t)=\hat{\boldsymbol{q}}[\boldsymbol{x}(\boldsymbol{X}',t'),\theta(\boldsymbol{X}',t'),\boldsymbol{X},t]\\ \text{内能密度：} & e(\boldsymbol{X},t)=\hat{e}[\boldsymbol{x}(\boldsymbol{X}',t'),\theta(\boldsymbol{X}',t'),\boldsymbol{X},t]\\ \text{熵密度：} & \eta(\boldsymbol{X},t)=\hat{\eta}[\boldsymbol{x}(\boldsymbol{X}',t'),\theta(\boldsymbol{X}',t'),\boldsymbol{X},t]\end{array}\right\} \tag{5.4}$$

式中，$\hat{\boldsymbol{t}}$ 为张量值泛函，$\hat{\boldsymbol{q}}$ 为向量值泛函，$\hat{e}$ 和 $\hat{\eta}$ 为标量值泛函，称为本构泛函或反应泛函，为了简化采用与张量本身相同的记号表示。

5.2.3 等存在公理

在建立本构方程时，每个本构泛函都应该包括全部独立的本构变量，直到能证明与某一变量无关方可消去，这称为等存在公理。该公理实际上是预防随意去掉某个本构变量。

根据等存在公理，在考虑机械和热作用时，式 (5.4) 的 4 个本构方程中，每一泛函都应该保留本构变量 $\boldsymbol{x}$ 和 θ。

5.2.4 客观性公理

描述物体在 t 时刻的运动和各种反应，需要选择一定的空间坐标系 (Euler 坐标系) 和时间坐标系 (时钟)，两者一起组成描述物理量和力学过程的参考系统，称为时空系或“标架”。这种参考系是独立于被描述过程的客观系统，也就是观察者所在的系统。

假设观察者在一个做刚性运动 (平移和转动) 的参考系中观测一个物理量或者一个变化过程 (事件)，也就是说观察者与被观测对象的相对位置和方位随时间改变，但观测用的几何尺度不变，即度量张量不随时间改变；时间起点可以改变，但时间尺度 (单位时间间隔，或时钟的快慢) 不变。这样的时空系可以用下列变换 (Galileo 变换) 表示

$$\overline{\boldsymbol{x}}(\boldsymbol{X},t)=\boldsymbol{Q}(t)\cdot\boldsymbol{x}(\boldsymbol{X},t)+\boldsymbol{b}(t) \tag{5.5}$$

$$\bar{t}=t+t^{\circ} \tag{5.6}$$

式中，$\{\boldsymbol{x},t\}$ (或记作 $\mathscr{z}$) 是一个给定的参考时空系，$\{\overline{\boldsymbol{x}},\bar{t}\}$ (或记作 $\bar{\mathscr{z}}$) 是观察者所在的做刚性运动的时空系，$\boldsymbol{x},\overline{\boldsymbol{x}}$ 分别是时空系 $\mathscr{z}$, $\bar{\mathscr{z}}$ 的位置向量，$\boldsymbol{Q}\cdot\boldsymbol{x}$ 是 $\bar{\mathscr{z}}$ 中看到的 $\boldsymbol{x}$；$\boldsymbol{Q}(t)=\dfrac{\mathrm{d}\overline{\boldsymbol{x}}}{\mathrm{d}\boldsymbol{x}}$ 是随时间变化的正交张量，表示刚性转动 ($\det\boldsymbol{Q}=1$) 或刚性转动加反射 ($\det\boldsymbol{Q}=-1$)；$\boldsymbol{b}(t)$ 表示平移运动；t° 是 $\bar{t}$ 的时间起点。关于时空变换中的正交张量 $\boldsymbol{Q}$ 是否必须包括反射的问题至今还有不同看法 (见文献 [3])。

不同时空系的变换不同于一个时空系中的不同空间坐标系的变换，如图 5.1 所示。为了清楚，图中采用直角标架 $\boldsymbol{e}_k$ 和 $\overline{\boldsymbol{e}}_k$ 表示静止的时空系 $\{\boldsymbol{x}\}$ 和刚性运动时空系 $\{\overline{\boldsymbol{x}}\}$，用 $\boldsymbol{e}_{k'}$ 表示 $\{\boldsymbol{x}\}$ 中的另一个坐标系，$\boldsymbol{x}$ 和 $\overline{\boldsymbol{x}}$ 是同一物质点 $\boldsymbol{X}$ 在 $\{\boldsymbol{x}\}$ 和 $\{\overline{\boldsymbol{x}}\}$ 中的位置向量；时空变换为式 (5.5)，而 $\{\boldsymbol{x}\}$ 中的坐标变换是 $\boldsymbol{x}\left(x^{k}\right)=\boldsymbol{x}\left(x^{k'}\right)$，$x^{k}=x^{k}\left(x^{k'}\right)$ (见式 (1.197))。

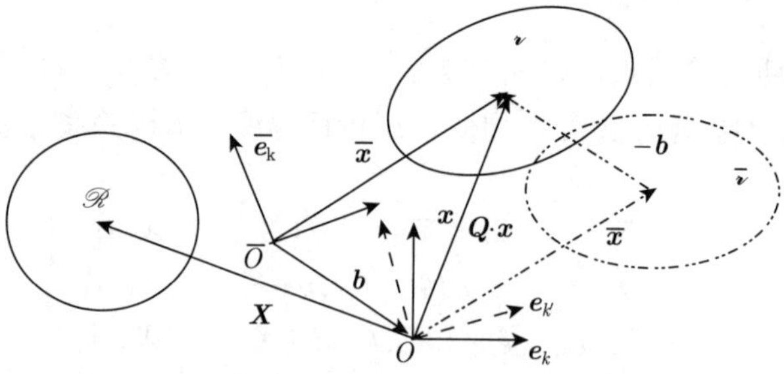

图 5.1 时空变换、Euler 坐标变换 (虚线) 和即时构形的刚性运动 (双点划线)

在做刚性运动的不同时空系中观察物理量和力学过程或者现象，可能出现两种情况 (假设观察者的速度远小于光速)：

(1) 观察到的同一物理量保持不变，例如质量、物质线的伸长、Cauchy 应力等；描述同一过程的物理方程形式保持不变，例如质量守恒方程、能量守恒方程等。这种不随观察者 (即参考系) 的刚性运动改变的物理量和关系式称为客观量和客观关系。

(2) 同一物理量或同一关系式因为观察者时空系的刚性运动而改变。这样的物理量和关系式称为是不客观的。例如，物质点的速度、加速度、动量和动量守恒方程都是不客观的，因为它们在惯性系统中与相对惯性系统作加速运动的非惯性系统中是不同的。

客观性的另一种提法是观察者不动，t 时刻物体作刚性运动 (见图 5.1 中双点划线)，如果物理量或物理关系不变则是客观的，否则是不客观的。

客观性公理认为，连续介质的本构关系是客观的，即在不同的作相对刚性运动的时空系中，本构方程的形式不变。客观性公理也称为标架无差异原理。例如，若在时空间系 $(\boldsymbol{x},t)$ 中本构关系为

$$\boldsymbol{t}(\boldsymbol{X},t)=\boldsymbol{f}(\boldsymbol{x}(\boldsymbol{X}',t'),\boldsymbol{X},t) \tag{5.7}$$

根据客观性要求，在满足式 (5.5) 和式 (5.6) 的参考系中，本构关系应为相同函数 $\boldsymbol{f}$，即

$$\bar{\boldsymbol{t}}(\boldsymbol{X},\bar{t})=\boldsymbol{f}\left(\overline{\boldsymbol{x}}\left(\boldsymbol{X}',\bar{t}'\right),\boldsymbol{X},\bar{t}\right) \tag{5.8}$$

客观性是本构关系应该满足的要求，也可以用适当选取时空系刚性运动的方法，简化本构泛函。在第 5.5 节中将进一步讨论客观性概念及其对本构方程的要求。

5.2.5 物质对称性公理

客观性公理给出观察者的时空系作刚性运动时本构方程的形式不变性。现在考察当物质参考构形进行某种变换时本构方程的形式不变性问题。

一般来说，一点处物质的性质随方向变化，这样的物质称为各向异性物质。还有许多物质，其性质具有某种程度的对称性，即在某些方向材料性质相同；其中一些物质所有方向的性质相同 (或者在宏观意义上相同)，称为各向同性物质。

物质对称性公理指出，如果物质性质具有某种对称性，那么在具有物质对称性的参考构形的变换中，本构方程的形式保持不变。能够使本构方程保持形式不变的参考构形可能有多个，这些构形之间变换的集合，称为物质关于该对称性的对称群。同一物质的力学、热学、电磁学性质可以有不同的对称性和对称群。

考虑两个参考构形 $\mathscr{R}$ 和 $\overline{\mathscr{R}}$，从构形 $\overline{\mathscr{R}}$ 到 $\mathscr{R}$ 的变换为 $\boldsymbol{H}$，同一线元在 $\mathscr{R}$ 和 $\overline{\mathscr{R}}$ 中分别为 $\mathrm{d}\boldsymbol{X}$ 和 $\mathrm{d}\overline{\boldsymbol{X}}$ (见图 5.2(a))。两个参考构形中线元的变换及变形梯度变换为

$$\mathrm{d}\boldsymbol{X}=\boldsymbol{H}\cdot\mathrm{d}\bar{\boldsymbol{X}},\quad \boldsymbol{H}=\frac{\mathrm{d}\boldsymbol{X}}{\mathrm{d}\overline{\boldsymbol{X}}} \tag{5.9}$$

$$\overline{\boldsymbol{F}}=\frac{\mathrm{d}\boldsymbol{x}}{\mathrm{d}\overline{\boldsymbol{X}}}=\frac{\mathrm{d}\boldsymbol{x}}{\mathrm{d}\boldsymbol{X}}\cdot\frac{\mathrm{d}\boldsymbol{X}}{\mathrm{d}\overline{\boldsymbol{X}}}=\boldsymbol{F}\cdot\boldsymbol{H},\quad \boldsymbol{F}=\frac{\mathrm{d}\boldsymbol{x}}{\mathrm{d}\boldsymbol{X}} \tag{5.10}$$

构形变换不同于坐标变换 (见图 5.2(b))。后者是给定坐标变换函数 $X^K=X^K(X^{K'})$，在同一构形中用不同坐标 $(X^K,X^{K'})$ 表示同一物质点，$\boldsymbol{F}$ 满足坐标转换关系 $x^k_{,K'}=x^k_{,K}\dfrac{\partial X^K}{\partial X^{K'}}$。

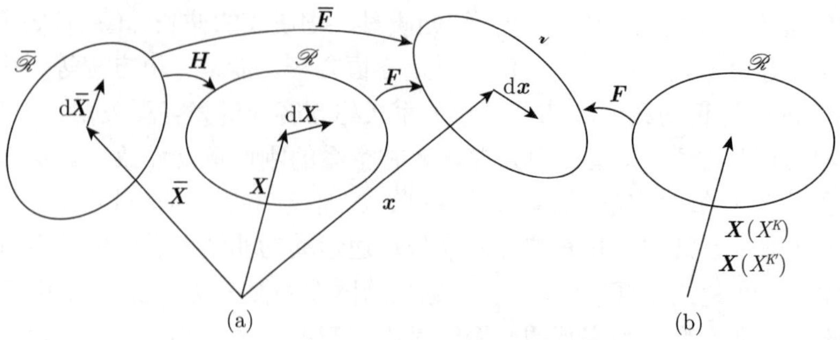

图 5.2 参考构形变换 (a) 和物质坐标变换 (b)

为了在等应力条件下考察参考构形变换对本构关系形式的影响，要求 $\boldsymbol{H}$ 不改变 Cauchy 应力 $\boldsymbol{t}$。所以，在一般情况下 $\boldsymbol{H}$ 应为等体积变换 (即 $\det \boldsymbol{H} = \pm 1$)，从而 $\mathscr{R}$ 与 $\overline{\mathscr{R}}$ 的变换不产生体积变形和密度变化。对于流体而言，等体积变换已经可以满足应力 $\boldsymbol{t}$ 不变的要求；对于非流体，应力与变形有关，因而 $\boldsymbol{H}$ 应为正交变换 $\boldsymbol{Q}$。

根据物质对称性公理，如果在构形 $\mathscr{R}$ 和 $\overline{\mathscr{R}}$ 中材料性质相同，则本构方程的形式相同

$$\boldsymbol{t}(\boldsymbol{X}, t) = \boldsymbol{f}(\boldsymbol{x}(\boldsymbol{X}', \tau), \boldsymbol{X}) \tag{5.11}$$

$$\boldsymbol{t}\left(\overline{\boldsymbol{X}}, t\right) = \boldsymbol{f}\left(\boldsymbol{x}\left(\overline{\boldsymbol{X}}', \tau\right), \overline{\boldsymbol{X}}\right) \tag{5.12}$$

构形 $\overline{\mathscr{R}}$ 到 $\mathscr{R}$ 的变换 $\boldsymbol{H}$ 称为对称变换。否则，若 $\boldsymbol{H}$ 不是对称变换，本构方程形式不同

$$\boldsymbol{t}\left(\overline{\boldsymbol{X}}, t\right) = \overline{\boldsymbol{f}}\left(\boldsymbol{x}\left(\overline{\boldsymbol{X}}', \tau\right), \overline{\boldsymbol{X}}\right) \tag{5.13}$$

以横观各向同性固体为例，构形 $\mathscr{R}$ 有一个材料对称轴，$\overline{\mathscr{R}}$ 为 $\mathscr{R}$ 绕对称轴旋转任意角度 θ，对称变换 $\boldsymbol{H}$ 是从 $\overline{\mathscr{R}}$ 到 $\mathscr{R}$ 的正交变换 $\boldsymbol{Q}_\theta^{\mathrm{T}}$，对于所有的 $\boldsymbol{Q}_\theta^{\mathrm{T}}$ 本构方程形式不变。

在 5.5 节中将进一步讨论物质对称性概念及其对本构方程的要求。

5.2.6 邻域公理

确定性公理表明，任一物质点 $\boldsymbol{X}$ 处的本构泛函的值，例如应力 $\boldsymbol{T}(\boldsymbol{X}, t)$，与物体中所有点 $\boldsymbol{X}'$ 的运动、温度等独立本构变量的历史有关。邻域公理进一步指出，对 $\boldsymbol{X}$ 处的本构泛函数值产生显著影响的仅限于该点附近邻域内的物质点，较远处物质点的影响可以忽略。因此，邻域公理也称为局部作用原理。

根据邻域公理，可以只考虑 $\boldsymbol{X}$ 点附近区域内物质点 $\boldsymbol{X}'$ 运动 $\boldsymbol{x}(\boldsymbol{X}', \boldsymbol{t}')$ 的影响，所以可将 $\boldsymbol{x}(\boldsymbol{X}', t')$ 在点 $\boldsymbol{X}$ 处展成 Tatlor 级数，在级数中只留 $(\boldsymbol{X}' - \boldsymbol{X})$ 低阶项。

5.2.7 记忆公理

记忆公理是在时间域内与邻域公理对应的公理。记忆公理指出，在相隔较远的“过去”，本构变量 ($\boldsymbol{x}(\boldsymbol{X}', t')$，$\theta(\boldsymbol{X}', t')$) 的值对本构泛函“现在”的值不产生明显影响。所以物质在任一时刻 t 的本构关系，只受该时刻以前较短时间内的独立本构变量的影响。

如果函数足够光滑，运动 $\boldsymbol{x}(\boldsymbol{X}', t')$ 在所考虑的时刻 t 可以展成 Taylor 级数，根据记忆公理，较远时刻 t' 对 t 时刻本构关系的影响可以略去，所以在级数中可只保留 $(t' - t)$

的低幂次项 (例如流体)；函数不光滑时可采用影响函数的积分考虑记忆效应 (例如黏弹性体)。

5.2.8 相容性公理

所有本构泛函应该与守恒定律相容，不能相互矛盾，因此本构关系必须满足质量守恒、动量守恒、动量矩守恒、能量守恒原理及熵不等式的要求。这就是相容性公理。该公理对本构方程提出了进一步限制，特别是能量守恒定律和熵不等式 (热力学第一定律和第二定律) 对本构关系提出的热力学限制，是建立本构关系的重要基础。

5.3 本构关系的一般形式和简单物质

本构公理提出了连续介质本构方程应该普遍遵循的原则，根据这些原则可以给出本构方程的一般形式。

假设连续介质受机械载荷和热载荷作用，由因果关系公理，可以取运动 $\boldsymbol{x}=\boldsymbol{x}(\boldsymbol{X},t)$ 和温度 $\theta=\theta(\boldsymbol{X},t)$ 作为独立本构变量，将 Cauchy 应力张量 $\boldsymbol{t}$，热流量 $\boldsymbol{q}$，内能密度 e 和熵密度 η 作为相关本构变量。然后，根据确定性公理，确定任一物质点 $\boldsymbol{X}$ 处 t 时刻本构泛函中独立本构变量的时间范围为 $t'\leqslant t$，并给出本构关系的一种形式上的表示，即式 (5.4)，其中 $\boldsymbol{x}(\boldsymbol{X}',t')$ 和 $\boldsymbol{\theta}(\boldsymbol{X}',t')$ 是所有物质点和 t 之前全部时刻的运动和温度。

根据邻域公理，式 (5.4) 中 $(\boldsymbol{X}'-\boldsymbol{X})$ 是小量，假如 $\boldsymbol{x}(\boldsymbol{X}',t')$ 的各阶梯度存在，因而可以在 $\boldsymbol{X}$ 处展成 Taylor 级数，并保留到 p 阶项，则

$$\boldsymbol{x}\left(\boldsymbol{X}',t'\right)\approx\boldsymbol{x}\left(\boldsymbol{X},t'\right)+\boldsymbol{x}_{,\boldsymbol{X}}^{(1)}\left(\boldsymbol{X},t'\right)\cdot\left(\boldsymbol{X}'-\boldsymbol{X}\right)+\cdots+\frac{1}{p!}\boldsymbol{x}_{,\boldsymbol{X}}^{(p)}\left(\boldsymbol{x},t'\right)\circ\left(\boldsymbol{X}'-\boldsymbol{X}\right)^{p}\tag{5.14}$$

式中，$\boldsymbol{x}_{,\boldsymbol{X}}^{(p)}$ 为 $\boldsymbol{x}\left(\boldsymbol{X}',\boldsymbol{t}'\right)$ 的 p 阶导数，即 p 阶变形梯度；$\circ$ 表示 p 次点积。

式 (5.14) 的分量形式为

$$\begin{aligned}&x^{k}\left(\boldsymbol{X}',t'\right)\approx x^{k}\left(\boldsymbol{X},t'\right)+x^{k}{}_{,K_1}\left(\boldsymbol{X},t'\right)\left(X'^{K_1}-X^{K_1}\right)+\cdots+\\&\frac{1}{p!}x^{k}{}_{,K_1K_2\cdots K_p}\left(\boldsymbol{X},t'\right)\left(X'^{K_1}-X^{K_1}\right)\left(X'^{K_2}-X^{K_2}\right)\cdots\left(X'^{K_p}-X^{K_p}\right)\end{aligned}\tag{5.14a}$$

式中，各阶变形梯度分量只是 $\boldsymbol{X}$ 的函数，p 阶变形梯度分量为

$$x^{k}{}_{,K_1K_2\cdots K_p}=\frac{\partial^{p}x^{k}}{\partial X^{K_1}\partial X^{K_2}\cdots\partial X^{K_p}}\tag{5.15}$$

根据客观性公理，观察者所在时空系的刚性运动不改变本构关系，因而可以采用 t' 时刻物质点 $\boldsymbol{X}$ 在 Euler 坐标系中的位置 $\boldsymbol{x}\left(\boldsymbol{X},t'\right)$ 作为时空系的坐标原点，即观察者跟随 $\boldsymbol{X}$ 点运动，所以式 (5.14) 中 0 阶项可以取为 0

$$\boldsymbol{x}\left(\boldsymbol{X},t'\right)=\boldsymbol{0}\tag{5.16}$$

将式 (5.16) 代入式 (5.14)，则 $\boldsymbol{x}$ 点邻域中物质点 $\boldsymbol{X}'$ 的运动历史为

$$\boldsymbol{x}\left(\boldsymbol{X}',t'\right)=\boldsymbol{x}_{,\boldsymbol{X}}^{(1)}\left(\boldsymbol{X},t'\right)\cdot\left(\boldsymbol{X}'-\boldsymbol{X}\right)+\cdots+\frac{1}{p!}\boldsymbol{x}_{,\boldsymbol{X}}^{(p)}\left(\boldsymbol{x},t'\right)\circ\left(\boldsymbol{X}'-\boldsymbol{X}\right)^{p}\tag{5.17}$$

如果考虑热载荷作用，同样将温度在 $\boldsymbol{X}$ 点展成 Taylor 级数，可保留到 q 阶项：

$$\theta(\boldsymbol{X}',t') \approx \theta(\boldsymbol{X},t') + \theta_{,\boldsymbol{X}}^{(1)}(\boldsymbol{X},t')\cdot(\boldsymbol{X}'-\boldsymbol{X}) + \cdots + \frac{1}{q!}\theta_{,\boldsymbol{X}}^{(q)}(\boldsymbol{X},t')\circ(\boldsymbol{X}'-\boldsymbol{X})^q \tag{5.18}$$

$$\begin{aligned}\theta(\boldsymbol{X}',t') \approx{} & \theta(\boldsymbol{X},t') + \theta_{,K_1}(\boldsymbol{X},t')\left(X'^{K_1}-X^{K_1}\right) + \cdots + \\ & \frac{1}{q!}\theta_{,K_1K_2\cdots K_q}(\boldsymbol{X},t')\left(X'^{K_1}-X^{K_1}\right)\left(X'^{K_2}-X^{K_2}\right)\cdots\left(X'^{K_q}-X^{K_q}\right)\end{aligned} \tag{5.18a}$$

式中，各阶温度梯度分量只是 $\boldsymbol{X}$ 的函数，q 阶梯度的分量为

$$\theta_{,K_1K_2\cdots K_q} = \frac{\partial^q\theta}{\partial X^{K_1}\partial X^{K_2}\cdots\partial X^{K_q}} \tag{5.19}$$

将式 (5.17) 和式 (5.18) 代入式 (5.4)，根据邻域公理，本构泛函 $\hat{\boldsymbol{t}},\hat{\boldsymbol{q}},\hat{e},\hat{\eta}$ 简化为在 $\boldsymbol{X}$ 点邻域对 $\boldsymbol{X}'$ 的积分，经过积分之后变量 $\boldsymbol{X}'$ 不再出现，因此本构泛函退化为由各阶梯度和材料常数表示的 $\boldsymbol{X}$ 的函数

$$\begin{aligned}\boldsymbol{t}(\boldsymbol{X},t) = \hat{\boldsymbol{t}}(&\boldsymbol{x}_{,\boldsymbol{X}}(\boldsymbol{X},t'),\boldsymbol{x}_{,\boldsymbol{X}}^{(2)}(\boldsymbol{X},t'),\cdots,\boldsymbol{x}_{,\boldsymbol{X}}^{(p)}(\boldsymbol{X},t'),\\ &\theta(\boldsymbol{X},t'),\theta_{,\boldsymbol{X}}(\boldsymbol{X},t'),\theta_{,\boldsymbol{X}}^{(2)}(\boldsymbol{X},t'),\cdots,\theta_{,\boldsymbol{X}}^{(q)}(\boldsymbol{X},t'),\boldsymbol{X},t)\end{aligned} \tag{5.20a}$$

$$\begin{aligned}\boldsymbol{q}(\boldsymbol{X},t) = \hat{\boldsymbol{q}}(&\boldsymbol{x}_{,\boldsymbol{X}}(\boldsymbol{X},t'),\boldsymbol{x}_{,\boldsymbol{X}}^{(2)}(\boldsymbol{X},t'),\cdots,\boldsymbol{x}_{,\boldsymbol{X}}^{(p)}(\boldsymbol{X},t'),\\ &\theta(\boldsymbol{X},t'),\theta_{,\boldsymbol{X}}(\boldsymbol{X},t'),\theta_{,\boldsymbol{X}}^{(2)}(\boldsymbol{X},t'),\cdots,\theta_{,\boldsymbol{X}}^{(q)}(\boldsymbol{X},t'),\boldsymbol{X},t)\end{aligned} \tag{5.20b}$$

$$\begin{aligned}e(\boldsymbol{X},t) = \hat{e}(&\boldsymbol{x}_{,\boldsymbol{X}}(\boldsymbol{X},t'),\boldsymbol{x}_{,\boldsymbol{X}}^{(2)}(\boldsymbol{X},t'),\cdots,\boldsymbol{x}_{,\boldsymbol{X}}^{(p)}(\boldsymbol{X},t'),\\ &\theta(\boldsymbol{X},t'),\theta_{,\boldsymbol{X}}(\boldsymbol{X},t'),\theta_{,\boldsymbol{X}}^{(2)}(\boldsymbol{X},t'),\cdots,\theta_{,\boldsymbol{X}}^{(q)}(\boldsymbol{X},t'),\boldsymbol{X},t)\end{aligned} \tag{5.20c}$$

$$\begin{aligned}\eta(\boldsymbol{X},t) = \hat{\eta}(&\boldsymbol{x}_{,\boldsymbol{X}}(\boldsymbol{X},t'),\boldsymbol{x}_{,\boldsymbol{X}}^{(2)}(\boldsymbol{X},t'),\cdots,\boldsymbol{x}_{,\boldsymbol{X}}^{(p)}(\boldsymbol{X},t'),\\ &\theta(\boldsymbol{X},t'),\theta_{,\boldsymbol{X}}(\boldsymbol{X},t'),\theta_{,\boldsymbol{X}}^{(2)}(\boldsymbol{X},t'),\cdots,\theta_{,\boldsymbol{X}}^{(q)}(\boldsymbol{X},t'),\boldsymbol{X},t)\end{aligned} \tag{5.20d}$$

式中，$\boldsymbol{x}_{,\boldsymbol{X}} = \boldsymbol{x}_{,\boldsymbol{X}}^{(1)} = \boldsymbol{F}$，为了简单，函数记号未予改变。具有上述本构关系的物质称为力学 p 阶、热学 q 阶梯度型物质。

$p=0$ 的物质为应力与变形无关的刚性物质，是可以导热和有温度变形的刚体。

$p=1,q=1$ 的物质称为一阶简单物质 (或简称简单物质)，式 (5.20) 简化为

$$\boldsymbol{t}(\boldsymbol{X},t) = \hat{\boldsymbol{t}}(\boldsymbol{x}_{,\boldsymbol{X}}(\boldsymbol{X},t'),\theta(\boldsymbol{X},t'),\theta_{,\boldsymbol{X}}(\boldsymbol{X},t'),\boldsymbol{X},t) \tag{5.21a}$$

$$\boldsymbol{q}(\boldsymbol{X},t) = \hat{\boldsymbol{q}}(\boldsymbol{x}_{,\boldsymbol{X}}(\boldsymbol{X},t'),\theta(\boldsymbol{X},t'),\theta_{,\boldsymbol{X}}(\boldsymbol{X},t'),\boldsymbol{X},t) \tag{5.21b}$$

$$e(\boldsymbol{X},t) = \hat{e}(\boldsymbol{x}_{,\boldsymbol{X}}(\boldsymbol{X},t'),\theta(\boldsymbol{X},t'),\theta_{,\boldsymbol{X}}(\boldsymbol{X},t'),\boldsymbol{X},t) \tag{5.21c}$$

$$\eta(\boldsymbol{X},t) = \hat{\eta}(\boldsymbol{x}_{,\boldsymbol{X}}(\boldsymbol{X},t'),\theta(\boldsymbol{X},t'),\theta_{,\boldsymbol{X}}(\boldsymbol{X},t'),\boldsymbol{X},t) \tag{5.21d}$$

上式为简单热力物质的一般本构关系，但还需要进一步考虑记忆公理、客观性和物质对称性公理的要求。式中显含的 $\boldsymbol{X}$ 表示材料性质的不均匀性，客观性要求本构关系与时间起点选择无关，所以式中必然不显含时间 (否则与时间起点有关)，t 应该隐含在本构变量或老化材料常数之中。

在等温情况下，简单物质的 Cauchy 应力满足关系：

$$\boldsymbol{t}\left(\mathbf{X},t\right)=\boldsymbol{f}\left(\boldsymbol{F}\left(\boldsymbol{X},t'\right),\boldsymbol{X}\right)$$

式 (5.21) 本构泛函的时间 t 隐含在本构变量中，所以不再写出，将 t' 改用 $\tau(\leqslant t)$ 表示，则为

$$\boldsymbol{t}\left(\mathbf{X},t\right)=\boldsymbol{f}\left(\boldsymbol{F}\left(\boldsymbol{X},\tau\right),\boldsymbol{X}\right) \tag{5.22}$$

应该指出，所谓简单物质其实是一大类物质，包含了大多数常见物质。近年来试验表明，当非均匀塑性变形的特征长度小到微米量级时，或者应变高度局部化 (应变梯度极大) 的情况下，一点处的应力不仅与该点应变 (因而与一阶变形梯度) 及其历史有关，而且与该点应变梯度 (因而与二阶变形梯度) 及其历史有关，也就是说材料的本构行为已超出一阶梯度物质范围，表现为二阶梯度型物质，或二阶简单物质。本书将在第 9~12 章讨论这方面内容。

下面讨论运动历史 (在本构关系中用时间 t' 表示) 的影响。

根据记忆公理，在任一时刻 t 的本构泛函中只需要考虑独立本构变量在 t 之前短期内的历史，即 $(t'-t)$ 是小量。因此，如果函数 $\boldsymbol{x}(\boldsymbol{X}',t')$ 和 $\boldsymbol{\theta}(\boldsymbol{X}',t')$ 在时域内足够光滑 (如非线性流体)，可以在时域 t 时刻展成 Taylor 级数，并保留低阶项以考虑运动和温度历史对 t 时刻本构泛函的影响，从而 $\boldsymbol{x}(\boldsymbol{X}',t')$ 和 $\theta(\boldsymbol{X}',t')$ 可以表示为 $(t'-t)$ 的幂函数，其中包括 t 时刻各阶物质导数

$$\left.\frac{\partial^i \boldsymbol{x}}{\partial t^i}\right|_{\boldsymbol{X}}=\frac{\mathrm{D}^i x^k}{\mathrm{D}t^i}\boldsymbol{g}_k,\quad \left.\frac{\partial^i \boldsymbol{\theta}}{\partial t^i}\right|_{\boldsymbol{X}}=\frac{\partial^i \theta}{\partial t^i}\quad (i=1,\cdots,s)$$

因此，本构泛函变为当前时刻 (t) 的各阶物质导数的函数，这样的物质称为变率型物质。

但是，在许多情况下 (如黏弹性体) 本构变量函数不光滑，用影响函数表示运动历史的短期作用更加方便。关于记忆公理的应用将在后面具体物质的本构关系中进一步讨论 (见第 7 章)。

至此，我们已经基于因果公理和确定性公理，确定了本构关系中的自变量和因变量，及自变量中时间的变化范围；根据局部作用原理，在物质构形中将一点处的本构泛函简化为只依赖该点各阶梯度的本构函数，给出了本构方程的一般形式；考虑运动历史影响的短期性，简要讨论了本构泛函在时域空间的简化方法。但是，尚未考察各种变量和定律的客观性，也未涉及物质对称性对本构关系的限制，满足时空客观性和物质对称性是对本构关系的基本要求，相关内容将在下面两节进一步详细讨论。

5.4 状态变量、守恒定律和本构关系的客观性分析

根据张量定义，在两个静止坐标系的坐标变换中张量保持不变，即具有坐标不变性；而张量的客观性指的是，观察者在静止系统与式 (5.6) 表示的刚性运动时空系统中观察同一事件时，物理量 (张量) 和物理关系 (张量函数或泛函) 是否具有不变性。例如速度虽然有坐标不变性，但没有客观性，可见张量的坐标不变性与客观性是两个不同的概念，后者反映时空系的刚性运动对张量的影响。

为了方便并且不失一般性，在下面所用的参考时空系均选用直角坐标系。

本节将进一步说明客观性概念，给出物理量及物理关系的客观性条件，具体分析连续介质状态变量、守恒定律的客观性和客观性对本构方程的要求。

5.4.1　标架的刚性运动及客观性的两种定义

5.4.1.1　标架的刚性运动及位置向量变换

作为例子，考虑两个时空系标架 $\{\boldsymbol{x},t\}$ 和 $\{\overline{\boldsymbol{x}},\overline{t}\}$，后者是观察者的标架。假设 $\{\overline{\boldsymbol{x}},\overline{t}\}$ 绕 $\{\boldsymbol{x},t\}$ 的 x_3 坐标轴逆时针转动，转角为 $\alpha(t)$，如图 5.3 所示。t 和 $\overline{t}$ 是同一时刻，只是计时起点不同。两个标架的基向量 $\boldsymbol{e}_k$ 和 $\overline{\boldsymbol{e}}_{k'}$ $(k,k'=1,2,3)$ 的关系为

$$\left.\begin{aligned}\overline{\boldsymbol{e}}_1&=\cos\alpha\boldsymbol{e}_1+\sin\alpha\boldsymbol{e}_2\\\overline{\boldsymbol{e}}_2&=-\sin\alpha\boldsymbol{e}_1+\cos\alpha\boldsymbol{e}_2\\\overline{\boldsymbol{e}}_3&=\boldsymbol{e}_3\end{aligned}\right\}\quad\text{或}\quad\overline{\boldsymbol{e}}_{k'}=Q_{k'k}(t)\,\boldsymbol{e}_k\tag{a}$$

$$[Q_{k'k}(t)]=\begin{bmatrix}\cos\alpha&\sin\alpha&0\\-\sin\alpha&\cos\alpha&0\\0&0&1\end{bmatrix}\equiv\boldsymbol{Q}(t)\tag{b}$$

$\boldsymbol{Q}$ 是正交张量, $\boldsymbol{Q}^{\mathrm{T}}\cdot\boldsymbol{Q}=\boldsymbol{Q}\cdot\boldsymbol{Q}^{\mathrm{T}}=\boldsymbol{I}$ 且 $\det\boldsymbol{Q}=1$，表示标架绕 x_3 轴的刚体转动。

若 P 为 x_1-x_2 坐标面内任一点，位置向量 OP 在 $\{\boldsymbol{x},t\}$ 和 $\{\overline{\boldsymbol{x}},\overline{t}\}$ 中记作 $\boldsymbol{x}$ 和 $\overline{\boldsymbol{x}}$，分量为 x_k 和 $\overline{x}_k$，该点的运动为 $\overline{\boldsymbol{x}}=\boldsymbol{Q}(t)\cdot\boldsymbol{x}$，即

$$\left.\begin{aligned}&x_1=a\cos\theta,\quad x_2=a\sin\theta,\quad x_3=0\\&\overline{x}_1=a\left(\cos\theta\cos\alpha+\sin\theta\sin\alpha\right)\\&\overline{x}_2=a\left(\sin\theta\cos\alpha-\cos\theta\sin\alpha\right)\\&\overline{x}_3=x_3=0\end{aligned}\right\}\tag{c}$$

观察者在转动坐标系中看的位置向量是 $\overline{\boldsymbol{x}}$，即 $\boldsymbol{Q}\cdot\boldsymbol{x}$。

如果除转动之外，观察者的坐标系 $\{\overline{\boldsymbol{x}},\overline{t}\}$ 还有平面 x_1-x_2 内的平移 $\boldsymbol{b}$，如图 5.4 所示，则观察者在刚性运动坐标系看到的位置向量是 $\overline{\boldsymbol{x}}=\boldsymbol{Q}(t)\cdot\boldsymbol{x}+\boldsymbol{b}$。

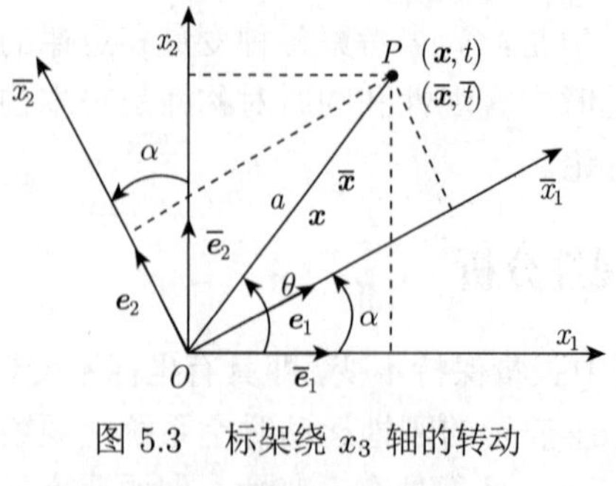

图 5.3　标架绕 x_3 轴的转动

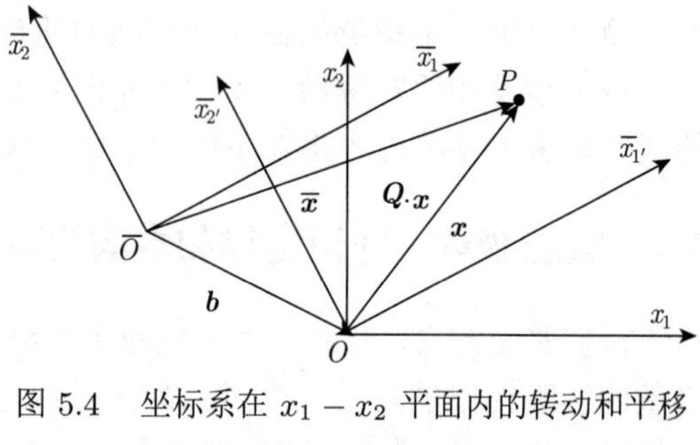

图 5.4　坐标系在 x_1-x_2 平面内的转动和平移

两个相对刚性运动的时空系标架基向量的关系为

$$\overline{\boldsymbol{e}}_{k'}=Q_{k'k}(t)\boldsymbol{e}_k\tag{5.23}$$

5.4.1.2 空间坐标系中 Euler 型张量的客观性定义

若物质点 P 和 M 的位置在 $\{\boldsymbol{x},t\}$ 和 $\{\overline{\boldsymbol{x}},\overline{t}\}$ 中分别用位置向量表示 (见图 5.5)，则两点间的向量在两个标架中分别为 $\boldsymbol{r}=\boldsymbol{x}_M-\boldsymbol{x}_P$ 或 $\overline{\boldsymbol{r}}=\overline{\boldsymbol{x}}_M-\overline{\boldsymbol{x}}_P$。将式 (5.5) 代入第 2 式，得到

$$\overline{\boldsymbol{r}}=\boldsymbol{Q}(t)\cdot\boldsymbol{r}\quad 或\quad \overline{r}_{k'}=Q_{k'k}(t)r_k \tag{d}$$

$\overline{\boldsymbol{r}}$ 和 $\boldsymbol{r}$ 在客观上是同一向量，因而具有客观性，上式也是向量 $\boldsymbol{r}$ 的时空系转换关系。

将转换关系 (d) 推广到任意标量、向量和张量，Euler 型张量的客观性定义如下：当时空系做刚体运动转换时，如果物质点处的任一标量 a、向量 $\boldsymbol{v}$ 或二阶张量 $\boldsymbol{t}$，满足关系

$$\left.\begin{aligned}&\overline{a}=a\\&\overline{\boldsymbol{v}}=\boldsymbol{Q}(t)\cdot\boldsymbol{v}\quad 或\quad \overline{v}_{k'}=Q_{k'k}v_k\\&\overline{\boldsymbol{t}}=\boldsymbol{Q}(t)\cdot\boldsymbol{t}\cdot\boldsymbol{Q}(t)^{\mathrm{T}}\quad 或\quad \overline{t}_{k'l'}=Q_{k'k}Q_{l'l}t_{kl}\end{aligned}\right\} \tag{5.24}$$

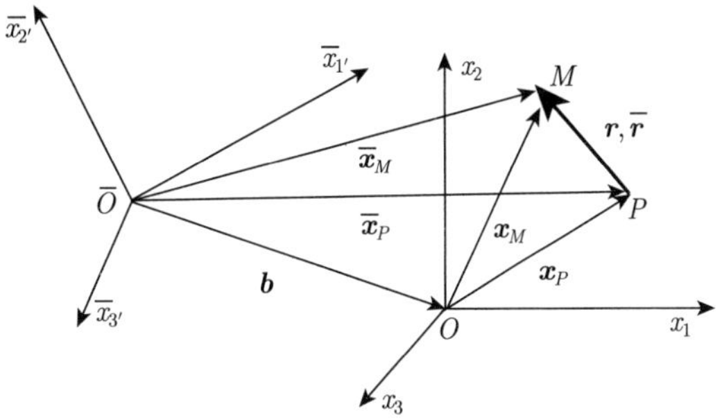

图 5.5 向量的客观性

则称为客观量。上述定义由 C. Truesdell 和 W. Noll 给出。上式在形式上与张量坐标转换关系相同，可见上述时空系变换相当于观察者不动、物体作刚性运动时，物理量的不变性。

在时空系的刚性运动变换中，如果张量函数或泛函 $\boldsymbol{f}$ 保持形式不变，则称 $\boldsymbol{f}$ 是客观的。例如，若客观张量 $\boldsymbol{t},\boldsymbol{c},\boldsymbol{v}$ 在 $\{\boldsymbol{x},t\}$ 中的关系 $\boldsymbol{t}=\boldsymbol{f}(\boldsymbol{c},\boldsymbol{v})$ 是客观的，则在刚性运动时空系 $\{\overline{\boldsymbol{x}},\overline{t}\}$ 中函数关系保持形式不变，即

$$\overline{\boldsymbol{t}}=\boldsymbol{f}(\overline{\boldsymbol{c}},\overline{\boldsymbol{v}}) \tag{5.25}$$

5.4.1.3 物质坐标系中 Lagrange 型张量的客观性定义

在物质坐标系中定义的张量 (Lagrange 型张量)，它们与 t 时刻观察者时空系的刚性运动无关，在此意义上具有客观性。例如 Green 变形张量，第二类 Piola-Kirchhoff 应力张量及其物质导数等，这种 Lagrange 型张量在时空系的刚性变换中当然保持不变，即

$$\overline{A}=A,\quad \overline{\boldsymbol{V}}=\boldsymbol{V},\quad \overline{\boldsymbol{T}}=\boldsymbol{T} \tag{5.26}$$

式中，A 为标量；$\boldsymbol{V}$ 和 $\boldsymbol{T}$ 为 Lagrange 型向量和张量。

R. Hill 将上式作为客观性定义。

满足客观性条件 (见式 (5.24)) 的张量适于在本构方程中用作变量，当然也可以用 Lagrange 型变量，而且常常比较方便，因为其物质导数也是客观的。

5.4.2 物理量的客观性

本小节和下面第 5.4.3 小节和第 5.4.4 小节将根据客观性定义，分析第 2 章和第 3 章给出的描述连续介质几何、运动、受力状态的各种变量的客观性，在相关的张量运算中主要应用抽象记法。读者可以将这些内容作为前 3 章的复习和应用，也是第 1 章张量理论的练习。

5.4.2.1　标量

线元长度：

$(\mathrm{d}\overline{s})^2=\mathrm{d}\overline{\boldsymbol{x}}\cdot\mathrm{d}\overline{\boldsymbol{x}}=(\boldsymbol{Q}\cdot\mathrm{d}\boldsymbol{x})\cdot(\boldsymbol{Q}\cdot\mathrm{d}\boldsymbol{x})=\mathrm{d}\boldsymbol{x}\cdot\boldsymbol{Q}^{\mathrm{T}}\cdot\boldsymbol{Q}\cdot\mathrm{d}\boldsymbol{x}=(\mathrm{d}s)^2$，所以 $\mathrm{d}\overline{s}=\mathrm{d}s$。

面元面积：

$$\begin{aligned}(\mathrm{d}\overline{a})^2&=(\mathrm{d}\overline{\boldsymbol{x}}_{1'}\times\mathrm{d}\overline{\boldsymbol{x}}_{2'})\cdot(\mathrm{d}\overline{\boldsymbol{x}}_{1'}\times\mathrm{d}\overline{\boldsymbol{x}}_{2'})=\mathrm{d}\overline{\boldsymbol{x}}_{1'}\times\mathrm{d}\overline{\boldsymbol{x}}_{2'}\cdot\boldsymbol{Q}^{\mathrm{T}}\cdot\boldsymbol{Q}\cdot\mathrm{d}\overline{\boldsymbol{x}}_{1'}\times\mathrm{d}\overline{\boldsymbol{x}}_{2'}\\&=(\mathrm{d}\overline{\boldsymbol{x}}_{1'}\times\mathrm{d}\boldsymbol{x}_2)\cdot(\mathrm{d}\boldsymbol{x}_1\times\mathrm{d}\overline{\boldsymbol{x}}_{2'})=(\mathrm{d}\boldsymbol{x}_2\times\mathrm{d}\overline{\boldsymbol{x}}_{1'})\cdot(\mathrm{d}\overline{\boldsymbol{x}}_{2'}\times\mathrm{d}\boldsymbol{x}_1)\\&=(\mathrm{d}\boldsymbol{x}_2\times\mathrm{d}\boldsymbol{x}_1)\cdot(\mathrm{d}\boldsymbol{x}_2\times\mathrm{d}\boldsymbol{x}_1)=(\mathrm{d}a)^2\end{aligned}$$

故 $\mathrm{d}\overline{a}=\mathrm{d}a$。

体元体积：

$$(\mathrm{d}\overline{v})^2=(\mathrm{d}\overline{\boldsymbol{x}}_{1'}\times\mathrm{d}\overline{\boldsymbol{x}}_{2'})\cdot\mathrm{d}\overline{\boldsymbol{x}}_{3'}=\mathrm{d}\overline{\boldsymbol{x}}^{(1)}_{k'}\mathrm{d}\overline{\boldsymbol{x}}^{(2)}_{l'}\mathrm{d}\overline{\boldsymbol{x}}^{(3)}_{r'}e_{k'l'r'}=Q_{k'k}Q_{l'l}Q_{r'r}e_{k'l'r'}\mathrm{d}\overline{x}^{(1)}_k\mathrm{d}\overline{x}^{(2)}_l\mathrm{d}\overline{x}^{(3)}_r$$

由式 (1.3a) 和 $\det\boldsymbol{Q}=1$，所以 $Q_{k'k}Q_{l'l}Q_{r'r}e_{k'l'r'}=e_{klr}$，代入上式得到 $\mathrm{d}\overline{v}=\mathrm{d}v$。

可见，$\mathrm{d}s$、$\mathrm{d}a$、$\mathrm{d}v$ 是客观的，它们的积分所得到的长度、面积、体积也是客观的。

体积比 $\overline{J}=\mathrm{d}\overline{v}/\mathrm{d}V=\mathrm{d}v/\mathrm{d}V=J$，所以 J 是客观量。

此外密度 ρ、温度 θ、单位质量的内能 e 等标量均为客观量。

5.4.2.2　线元、面元、力

线元向量是客观的，因为 $\mathrm{d}\overline{\boldsymbol{x}}=\boldsymbol{Q}\cdot\mathrm{d}\boldsymbol{x}$。面元向量也是客观的，因为 $\mathrm{d}\overline{\boldsymbol{a}}=\overline{\boldsymbol{n}}\mathrm{d}a=\boldsymbol{Q}\cdot\boldsymbol{n}\mathrm{d}a=\boldsymbol{Q}\cdot\mathrm{d}\boldsymbol{a}$，$\boldsymbol{n}$ 和 $\overline{\boldsymbol{n}}$ 是面元在两个标架中的单位法线向量。

外力应该不依赖于标架的刚体运动，所以假设物质所受的力 $\boldsymbol{f}$ 是客观的。根据向量客观性定义，有

$$\overline{\boldsymbol{f}}=\boldsymbol{Q}\cdot\boldsymbol{f}\tag{5.27}$$

类似地，在 Euler 标架中，由式 (3.1) 定义的应力向量密度是客观向量

$$\overline{\boldsymbol{t}}_{\overline{\boldsymbol{n}}}=\boldsymbol{Q}\cdot\boldsymbol{t}_{\boldsymbol{n}}\tag{5.28}$$

5.4.2.3　变形梯度、应变张量、转动张量

$$\overline{\boldsymbol{F}}=\frac{\partial\overline{\boldsymbol{x}}}{\partial\boldsymbol{X}}=\frac{\partial\left(\boldsymbol{Q}\cdot\boldsymbol{x}\right)}{\partial\boldsymbol{X}}=\boldsymbol{Q}\cdot\boldsymbol{F}\tag{5.29a}$$

$$\overline{\boldsymbol{F}}^{-1}=\boldsymbol{F}^{-1}\cdot\boldsymbol{Q}^{-1}=\boldsymbol{F}^{-1}\cdot\boldsymbol{Q}^{\mathrm{T}}\tag{5.29b}$$

不满足张量客观性定义式 (5.24)，所以变形梯度 $\boldsymbol{F}$ 和 $\boldsymbol{F}^{-1}$ 不是客观张量。从物理上看，变形梯度中包含线元转动，而观察者自身的转动自然会影响所看到的线元转动，即变形梯度与观察者的转动有关。

根据 Green 变形张量、Piola 变形张量、Lagrange 变形张量和右伸长张量的定义 (见式 (2.22)、式 (2.25)、式 (2.28) 和式 (2.73))，有

$$\overline{\boldsymbol{C}}=\overline{\boldsymbol{F}}^{\mathrm{T}}\cdot\overline{\boldsymbol{F}}=\boldsymbol{F}^{\mathrm{T}}\cdot\boldsymbol{Q}^{\mathrm{T}}\cdot\boldsymbol{Q}\cdot\boldsymbol{F}=\boldsymbol{F}^{\mathrm{T}}\cdot\boldsymbol{F}=\boldsymbol{C}$$

$$\overline{\boldsymbol{C}}^{-1} = \boldsymbol{C}^{-1}$$

$$\overline{\boldsymbol{E}} = \frac{1}{2}\left(\overline{\boldsymbol{C}} - \overline{\boldsymbol{I}}\right) = \frac{1}{2}\left(\boldsymbol{C} - \boldsymbol{I}\right) = \boldsymbol{E}$$

$$\overline{\boldsymbol{U}} = \overline{\boldsymbol{C}}^{\frac{1}{2}} = \boldsymbol{C}^{\frac{1}{2}} = \boldsymbol{U}$$

根据客观性定义式 (5.24)，$\boldsymbol{C}, \boldsymbol{C}^{-1}, \boldsymbol{E}, \boldsymbol{U}$ 不是客观张量，但满足 Hill 客观性定义 (见式 (5.26))，不受时空标架刚性运动的影响、具有客观性。类似的张量还有第二类 Piola-Kirchhoff 应力张量，Lagrange 描述法的热流向量等。Hill 定义下的客观性张量同样可以在本构关系中应用。

Cauchy 变形张量、Finger 变形张量、Almansi 变形张量和左伸长张量由式 (2.23)、式 (2.26)、式 (2.29)、式 (2.73) 定义，可以得到

$$\overline{\boldsymbol{c}} = \overline{\boldsymbol{F}}^{-\mathrm{T}} \cdot \overline{\boldsymbol{F}}^{-1} = \boldsymbol{Q} \cdot \boldsymbol{F}^{-\mathrm{T}} \cdot \boldsymbol{F}^{-1} \cdot \boldsymbol{Q}^{-1} = \boldsymbol{Q} \cdot \boldsymbol{c} \cdot \boldsymbol{Q}^{\mathrm{T}} \tag{5.30a}$$

$$\overline{\boldsymbol{c}}^{-1} = (\boldsymbol{Q} \cdot \boldsymbol{c} \cdot \boldsymbol{Q}^{\mathrm{T}})^{-1} = \boldsymbol{Q}^{-\mathrm{T}} \cdot (\boldsymbol{Q} \cdot \boldsymbol{c})^{-1} = \boldsymbol{Q} \cdot \boldsymbol{c}^{-1} \cdot \boldsymbol{Q}^{\mathrm{T}} \tag{5.30b}$$

$$\overline{\boldsymbol{e}} = \frac{1}{2}\left(\overline{\boldsymbol{i}} - \overline{\boldsymbol{c}}\right) = \frac{1}{2}\left(\boldsymbol{Q} \cdot \boldsymbol{Q}^{\mathrm{T}} - \boldsymbol{Q} \cdot \boldsymbol{c} \cdot \boldsymbol{Q}^{\mathrm{T}}\right) = \frac{1}{\boldsymbol{2}}\boldsymbol{Q} \cdot (\boldsymbol{i} - \boldsymbol{c}) \cdot \boldsymbol{Q}^{\mathrm{T}} = \boldsymbol{Q} \cdot \boldsymbol{e} \cdot \boldsymbol{Q}^{\mathrm{T}} \tag{5.30c}$$

$$\overline{\boldsymbol{V}}^2 = \overline{\boldsymbol{c}}^{-1} = \boldsymbol{Q} \cdot \boldsymbol{c}^{-1} \cdot \boldsymbol{Q}^{\mathrm{T}} = \boldsymbol{Q} \cdot \boldsymbol{V}^2 \cdot \boldsymbol{Q}^{\mathrm{T}} = \left(\boldsymbol{Q} \cdot \boldsymbol{V} \cdot \boldsymbol{Q}^{\mathrm{T}}\right)^2, \quad \overline{\boldsymbol{V}} = \boldsymbol{Q} \cdot \boldsymbol{V} \cdot \boldsymbol{Q}^{\mathrm{T}} \tag{5.30d}$$

所以 $\boldsymbol{c}, \boldsymbol{c}^{-1}, \boldsymbol{e}, \boldsymbol{V}$ 是客观张量。

根据有限转动的合成法则 (见 1.10 节)，转动张量的变换关系为

$$\overline{\boldsymbol{R}} = \boldsymbol{Q} \cdot \boldsymbol{R} \tag{5.31}$$

所以转动张量是不客观的。

5.4.2.4 应力张量

由式 (3.13)，$\overline{\boldsymbol{t}}_{\overline{\boldsymbol{n}}} = \overline{\boldsymbol{t}} \cdot \overline{\boldsymbol{n}}$ 和 $\boldsymbol{t}_{\boldsymbol{n}} = \boldsymbol{t} \cdot \boldsymbol{n}$，第 2 式两边前乘 $\boldsymbol{Q}$，注意到 $\boldsymbol{Q} \cdot \boldsymbol{t}_{\boldsymbol{n}} = \overline{\boldsymbol{t}}_{\overline{\boldsymbol{n}}}$，$\boldsymbol{n} = \boldsymbol{Q}^{\mathrm{T}} \cdot \overline{\boldsymbol{n}}$，得 $\overline{\boldsymbol{t}}_{\overline{\boldsymbol{n}}} = \boldsymbol{Q} \cdot \boldsymbol{t} \cdot \boldsymbol{Q}^{\mathrm{T}} \cdot \overline{\boldsymbol{n}}$ 与第 1 式比较，有

$$\overline{\boldsymbol{t}} = \boldsymbol{Q} \cdot \boldsymbol{t} \cdot \boldsymbol{Q}^{\mathrm{T}} \tag{5.32}$$

所以 Cauchy 应力张量是客观的。

由式 (3.31)，$\overline{\boldsymbol{\tau}} = \overline{J}\,\overline{\boldsymbol{F}}^{-1} \cdot \overline{\boldsymbol{t}}$，$\boldsymbol{\tau} = J\boldsymbol{F}^{-1} \cdot \boldsymbol{t}$，将 $\overline{J} = J$ 和式 (5.29) 和式 (5.32) 代入第 1 式，得

$$\overline{\boldsymbol{\tau}} = \boldsymbol{\tau} \cdot \boldsymbol{Q}^{\mathrm{T}} \tag{5.33}$$

所以第一类 Piola-Kirchhoff 应力张量是不客观的。第二类 Piola-Kirchhoff 应力张量是 Lagrange 型张量，满足 Hill 定义的客观性。

下面分析运动学变量及应力率的客观性。

5.4.2.5 速度、加速度、速度梯度、变形率张量、自旋张量

速度和加速度：

$$\overline{\boldsymbol{v}} = \frac{\partial \overline{\boldsymbol{x}}}{\partial \overline{t}} = \frac{\partial \overline{\boldsymbol{x}}}{\partial t} = \boldsymbol{Q} \cdot \boldsymbol{v} + \dot{\boldsymbol{Q}} \cdot \boldsymbol{x} + \dot{\boldsymbol{b}} \neq \boldsymbol{Q} \cdot \boldsymbol{v} \tag{5.34a}$$

$$\overline{\boldsymbol{a}}=\frac{\partial\overline{v}}{\partial t}=\boldsymbol{Q}\cdot\boldsymbol{a}+2\dot{\boldsymbol{Q}}\cdot\boldsymbol{v}+\ddot{\boldsymbol{Q}}\cdot\boldsymbol{x}+\ddot{\boldsymbol{b}}\neq\boldsymbol{Q}\cdot\boldsymbol{a} \tag{5.34b}$$

式中，变量上方的 “‥” 表示 $\mathrm{d}^2(\ )/\mathrm{d}t^2$。所以速度和加速度是不客观的。

速度梯度：

由式 (2.122)，$\overline{\boldsymbol{L}}=\overline{\boldsymbol{v}}\boldsymbol{\nabla}_{\overline{\boldsymbol{x}}}=\dfrac{\mathrm{d}\overline{\boldsymbol{v}}}{\mathrm{d}\overline{\boldsymbol{x}}}$，$\boldsymbol{L}=\boldsymbol{v}\boldsymbol{\nabla}_{\boldsymbol{x}}=\dfrac{\mathrm{d}\boldsymbol{v}}{\mathrm{d}\boldsymbol{x}}$，将式 (5.34a) 代入第 1 式，注意到 $\dfrac{\mathrm{d}\boldsymbol{x}}{\mathrm{d}\overline{\boldsymbol{x}}}=\boldsymbol{Q}^{\mathrm{T}}$，$\dfrac{\mathrm{d}\boldsymbol{x}}{\mathrm{d}\boldsymbol{x}}=\boldsymbol{I}$，得

$$\overline{\boldsymbol{L}}=\frac{\mathrm{d}\overline{v}}{\mathrm{d}\boldsymbol{x}}\cdot\frac{\mathrm{d}\boldsymbol{x}}{\mathrm{d}\overline{\boldsymbol{x}}}=\boldsymbol{Q}\cdot\boldsymbol{L}\cdot\boldsymbol{Q}^{\mathrm{T}}+\dot{\boldsymbol{Q}}\cdot\boldsymbol{Q}^{\mathrm{T}} \tag{5.35}$$

所以 $\boldsymbol{L}$ 是不客观的。注意到 $\left(\boldsymbol{Q}\cdot\boldsymbol{Q}^{\mathrm{T}}\right)^{\cdot}=\dot{\boldsymbol{Q}}\cdot\boldsymbol{Q}^{\mathrm{T}}+\boldsymbol{Q}\cdot\dot{\boldsymbol{Q}}^{\mathrm{T}}=\boldsymbol{0}$，$\dot{\boldsymbol{Q}}\cdot\boldsymbol{Q}^{\mathrm{T}}=-\left(\dot{\boldsymbol{Q}}\cdot\boldsymbol{Q}^{\mathrm{T}}\right)^{\mathrm{T}}$，可见 $\dot{\boldsymbol{Q}}\cdot\boldsymbol{Q}^{\mathrm{T}}$ 是反对称二阶张量，其反偶向量 $\boldsymbol{\omega}=\dfrac{1}{2}\boldsymbol{E}:(\dot{\boldsymbol{Q}}\cdot\boldsymbol{Q}^{\mathrm{T}})$ 表示两个标架的相对转动速度。

变形率张量：

$$\overline{\boldsymbol{d}}=\frac{1}{2}\left(\overline{\boldsymbol{L}}+\overline{\boldsymbol{L}}^{\mathrm{T}}\right)=\boldsymbol{Q}\cdot\boldsymbol{d}\cdot\boldsymbol{Q}^{\mathrm{T}}+\frac{1}{2}\left(\dot{\boldsymbol{Q}}\cdot\boldsymbol{Q}^{\mathrm{T}}+\boldsymbol{Q}\cdot\dot{\boldsymbol{Q}}^{\mathrm{T}}\right)=\boldsymbol{Q}\cdot\boldsymbol{d}\cdot\boldsymbol{Q}^{\mathrm{T}} \tag{5.36}$$

所以 $\boldsymbol{d}$ 是客观的。

自旋张量：

$$\overline{\boldsymbol{w}}=\frac{1}{2}\left(\overline{\boldsymbol{L}}-\overline{\boldsymbol{L}}^{\mathrm{T}}\right),\quad \boldsymbol{w}=\frac{1}{2}\left(\boldsymbol{L}-\boldsymbol{L}^{\mathrm{T}}\right) \tag{5.37}$$

将式 (5.35) 代入 $\overline{\boldsymbol{w}}$，得到

$$\overline{\boldsymbol{w}}=\boldsymbol{Q}\cdot\boldsymbol{w}\cdot\boldsymbol{Q}^{\mathrm{T}}+\frac{1}{2}\left(\dot{\boldsymbol{Q}}\cdot\boldsymbol{Q}^{\mathrm{T}}-\boldsymbol{Q}\cdot\dot{\boldsymbol{Q}}^{\mathrm{T}}\right)=\boldsymbol{Q}\cdot\boldsymbol{w}\cdot\boldsymbol{Q}^{\mathrm{T}}+\dot{\boldsymbol{Q}}\cdot\boldsymbol{Q}^{\mathrm{T}} \tag{5.38}$$

上式说明标架 $\{\overline{\boldsymbol{x}},\overline{t}\}$ 中任一物质点处的自旋张量等于 $\{\boldsymbol{x},t\}$ 中的自旋张量 (在标架 $\{\overline{\boldsymbol{x}},\overline{t}\}$ 中表示为 $\boldsymbol{Q}\cdot\boldsymbol{w}\cdot\boldsymbol{Q}^{\mathrm{T}}$) 与标架 $\{\boldsymbol{x},t\}$ 相对旋率之和，所以 $\boldsymbol{w}$ 是不客观的。

5.4.3 应力率、应变率及其客观性，Jaumann 导数

5.4.3.1 应力率及其客观性

应力张量的物质导数称为应力率，表示任一物质点的应力张量随时间的变化率，可用于黏弹性等介质的本构关系。

Cauchy 应力张量的应力率为

$$\dot{\boldsymbol{t}}=\frac{\mathrm{d}\boldsymbol{t}}{\mathrm{d}t}=\left.\frac{\partial\boldsymbol{t}}{\partial t}\right|_{\boldsymbol{x}}+\boldsymbol{v}\cdot\nabla\boldsymbol{t}\quad 或\quad \frac{\mathrm{D}t^{kl}}{\mathrm{D}t}=\frac{\partial t^{kl}}{\partial t}+v^m\nabla_m t^{kl} \tag{5.39}$$

利用 $\boldsymbol{t}$ 的客观性，在 $\{\overline{\boldsymbol{x}},\overline{t}\}$ 中 Cauchy 应力率为

$$\dot{\overline{\boldsymbol{t}}}=\boldsymbol{Q}\cdot\dot{\boldsymbol{t}}\cdot\boldsymbol{Q}^{\mathrm{T}}+\dot{\boldsymbol{Q}}\cdot\boldsymbol{t}\cdot\boldsymbol{Q}^{\mathrm{T}}+\boldsymbol{Q}\cdot\boldsymbol{t}\cdot\dot{\boldsymbol{Q}}^{\mathrm{T}} \tag{5.40}$$

可见 $\dot{\boldsymbol{t}}$ 是不客观的。式 (5.40) 的推导适用于任何客观二阶张量，因此客观二阶 Euler 型张量的物质导数是不客观的。

式 (5.38) 两端后乘 $\boldsymbol{Q}$，得到

$$\dot{\boldsymbol{Q}}=\overline{\boldsymbol{w}}\cdot\boldsymbol{Q}-\boldsymbol{Q}\cdot\boldsymbol{w} \tag{5.41}$$

将式 (5.41) 代入式 (5.40)，注意 $\boldsymbol{w}=-\boldsymbol{w}^{\mathrm{T}},\overline{\boldsymbol{w}}=-\overline{\boldsymbol{w}}^{\mathrm{T}}$，得

$$\begin{aligned}\dot{\overline{\boldsymbol{t}}}&=\boldsymbol{Q}\cdot\dot{\boldsymbol{t}}\cdot\boldsymbol{Q}^{\mathrm{T}}+(\overline{\boldsymbol{w}}\cdot\boldsymbol{Q}-\boldsymbol{Q}\cdot\boldsymbol{w})\cdot\boldsymbol{t}\cdot\boldsymbol{Q}^{\mathrm{T}}+\boldsymbol{Q}\cdot\boldsymbol{t}\cdot\left(-\boldsymbol{Q}^{\mathrm{T}}\cdot\overline{\boldsymbol{w}}+\boldsymbol{w}\cdot\boldsymbol{Q}^{\mathrm{T}}\right)\\&=\boldsymbol{Q}\cdot\overset{\nabla}{\boldsymbol{t}}\cdot\boldsymbol{Q}^{\mathrm{T}}+\overline{\boldsymbol{w}}\cdot\overline{\boldsymbol{t}}-\overline{\boldsymbol{t}}\cdot\overline{\boldsymbol{w}}\end{aligned} \tag{5.42}$$

式中

$$\overset{\nabla}{\boldsymbol{t}}=\dot{\boldsymbol{t}}-\boldsymbol{w}\cdot\boldsymbol{t}+\boldsymbol{t}\cdot\boldsymbol{w} \tag{5.43}$$

称为 Jaumann 应力率。在标架 $\{\overline{\boldsymbol{x}},\overline{t}\}$ 中，Jaumann 应力率为

$$\overset{\nabla}{\overline{\boldsymbol{t}}}=\dot{\overline{\boldsymbol{t}}}-\overline{\boldsymbol{w}}\cdot\overline{\boldsymbol{t}}+\overline{\boldsymbol{t}}\cdot\overline{\boldsymbol{w}} \tag{5.43a}$$

将式 (5.42) 代入上式，得到 $\overset{\nabla}{\overline{\boldsymbol{t}}}=\boldsymbol{Q}\cdot\overset{\nabla}{\boldsymbol{t}}\cdot\boldsymbol{Q}^{\mathrm{T}}$。可见，$\boldsymbol{t}$ 的 Jaumann 应力率是客观张量。

例 5.1 以单向拉伸杆件为例说明 $\dot{\boldsymbol{t}}$ 和 $\overset{\nabla}{\boldsymbol{t}}$ 的区别 (见文献 [2])。

假设杆件绕 x_3 轴逆时针转动，转动张量 $\boldsymbol{Q}(t)$ 为第 5.4.1 小节式 (b)，转角 $\alpha=\omega t$，$\{x_k\}$ 为静止参考系，刚性运动参考系 $\{\overline{x}_k\}$ 与杆件一起转动，所以 $\{x_k\}$ 和 $\{\overline{x}_k\}$ 的坐标变换同样是 $\boldsymbol{Q}(t)$。t 时刻杆件位置如图 5.6(a) 所示。在 $\{\overline{x}_k\}$ 中 t 时刻观测的 Cauchy 应力 $\overline{\boldsymbol{t}}$ (如图 5.6(b) 所示) 为

$$[\overline{t}_{ij}]=\sigma\begin{bmatrix}1&0&0\\0&0&0\\0&0&0\end{bmatrix}$$

若 $\boldsymbol{t}$ 是 $\{x^k\}$ 中观测的 Cauchy 应力，由客观性条件 $\overline{\boldsymbol{t}}=\boldsymbol{Q}\cdot\boldsymbol{t}\cdot\boldsymbol{Q}^{\mathrm{T}}$，前乘 $\boldsymbol{Q}^{\mathrm{T}}$ 后乘 $\boldsymbol{Q}$，得 $\boldsymbol{t}=\boldsymbol{Q}^{\mathrm{T}}\cdot\overline{\boldsymbol{t}}\cdot\boldsymbol{Q}$，将 $\boldsymbol{Q}$ 代入，得到

$$[t_{ij}]=\sigma\begin{bmatrix}\cos^2\omega t&\cos\omega t\sin\omega t&0\\\cos\omega t\sin\omega t&\sin^2\omega t&0\\0&0&0\end{bmatrix}\quad(\text{如图 5.6(c) 所示})$$

在两个时空系中观测到的应力 t_{ij} 和 $\overline{t}_{ij}$ 其实是同一应力张量，只是在不同坐标系中的分量形式不同，即 $\boldsymbol{t}$ 是客观的。但它们的应力率则是另外一种情况。

$\overline{\boldsymbol{t}}$ 的应力率为 $\dot{\overline{\boldsymbol{t}}}=\boldsymbol{0}$，而 $\boldsymbol{t}$ 的应力率为

$$[\dot{t}_{ij}]=\sigma\omega\begin{bmatrix}-\sin2\omega t&\cos2\omega t&0\\\cos2\omega t&\sin2\omega t&0\\0&0&0\end{bmatrix}\neq0$$

可见 $\dot{\boldsymbol{t}}$ 受标架刚性转动的影响，是不客观的。

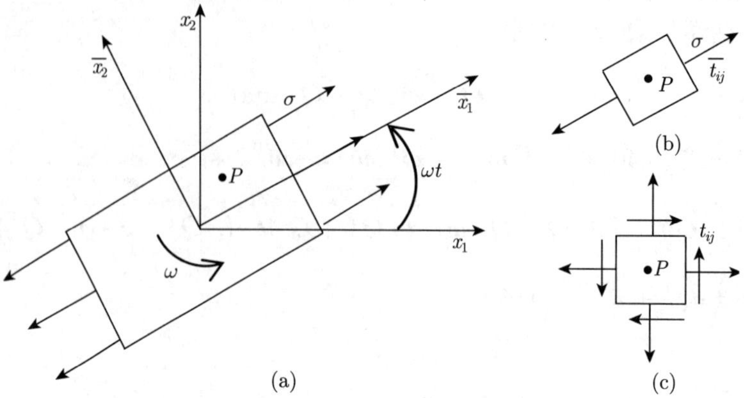

图 5.6 转动杆件的拉伸应力 (Euler 描述)

在标架 $\{x_k\}$ 中任一点 P 的位置向量和速度为

$$\boldsymbol{x}=x_k\boldsymbol{e}_k=|\boldsymbol{x}|\cos\omega t\boldsymbol{e}_1+|\boldsymbol{x}|\sin\omega t\boldsymbol{e}_2$$

$$\boldsymbol{v}=\dot{\boldsymbol{x}}=-|\boldsymbol{x}|\omega\sin\omega t\boldsymbol{e}_1+|\boldsymbol{x}|\omega\cos\omega t\boldsymbol{e}_2=\omega\left(-x_2\boldsymbol{e}_1+x_1\boldsymbol{e}_2\right)$$

速度梯度和自旋张量为

$$\boldsymbol{v}\boldsymbol{\nabla}=\frac{\partial\boldsymbol{v}}{\partial x^k}\boldsymbol{e}_k=\omega\boldsymbol{e}_2\boldsymbol{e}_1-\omega\boldsymbol{e}_1\boldsymbol{e}_2,\boldsymbol{\nabla}\boldsymbol{v}=\boldsymbol{e}_k\frac{\partial\boldsymbol{v}}{\partial x^k}=\omega\boldsymbol{e}_1\boldsymbol{e}_2-\omega\boldsymbol{e}_2\boldsymbol{e}_1$$

$$\boldsymbol{w}=\frac{1}{2}\left(\boldsymbol{v}\boldsymbol{\nabla}-\boldsymbol{\nabla}\boldsymbol{v}\right)=\omega\left(\boldsymbol{e}_2\boldsymbol{e}_1-\boldsymbol{e}_1\boldsymbol{e}_2\right)$$

即 $w_{21}=-w_{12}=\omega$，其余为零。将 $\boldsymbol{t},\boldsymbol{w},\dot{\boldsymbol{t}}$ 代入式 (5.43)，经过矩阵运算，可以得到 $\overset{\nabla}{t}_{ij}=0$，即在标架 $\{x_k\}$ 中 $\overset{\nabla}{\boldsymbol{t}}=0$。

在跟随杆件转动的标架 $\{\overline{x}_k\}$ 中，$\overline{\boldsymbol{w}}=0$，$\dot{\overline{\boldsymbol{t}}}=0$，由式 (5.43a) 同样有 $\overset{\nabla}{\overline{\boldsymbol{t}}}=0$。可见 $\boldsymbol{t}$ 的 Jaumann 应力率不受标架转动的影响，具有客观性，适于在本构关系中应用。而普通应力率中包含与刚性转动相关的项 (式 (5.42) 右端第二和第三项)，不能客观地反映应力状态随时间的变化，例如本例中转动时应力状态并未改变，但 $\dot{\boldsymbol{t}}$ 却是时间的函数，显然在本构方程中用这样的应力率确定物质内的应力是不合适的。

上面的算例讨论了整个物体作刚性转动时的应力率。上述关于应力率的结论同样适用于一点邻域的变形物质的运动状态。

在导出 Jaumann 应力率的定义式 (5.43) 时，我们只用到张量 $\boldsymbol{t}$ 的客观性，所以该定义也可以用于其他客观 Euler 型二阶张量，例如可以定义

$$\overset{\nabla}{\boldsymbol{s}}=\dot{\boldsymbol{s}}-\boldsymbol{w}\cdot\boldsymbol{s}+\boldsymbol{s}\cdot\boldsymbol{w} \tag{5.44}$$

为客观二阶张量 $\boldsymbol{s}$ 的 Jaumann 导数，也称为 Zaremba-Jaumann 导数。与 $\overset{\nabla}{\boldsymbol{t}}$ 同样，可以证明 $\overset{\nabla}{\boldsymbol{s}}$ 具有客观性。Jaumann 导数也是一种物质导数，因为它和普通物质导数一样，是描

述物质点不变情况下物理量随时间的变化，不同的是从普通物质导数中去掉了物质点邻域的刚性旋率 ($\boldsymbol{w}$) 所引起的物理量随时间的非客观变化，因而是一种客观的物质导数，如果根据式 (5.43a) 选择一个适当的参考时空系，使标架随物质点邻域一起转动，则随转标架中 $\overline{\boldsymbol{w}}=0$，观察者由式 (5.43a) 观测到的时间变率即是 Jaumann 导数，所以 Jaumann 导数也称为共旋导数或随转导数。

除 Jaumann 导数之外，还可以定义其他具有客观性的物质导数，例如 Oldroyd 导数、Cotter-Rivlin 导数等，读者可以参阅其他文献 (如文献 [1] 和 [5])。

第一类 Piola-Kirchhoff 应力张量 $\boldsymbol{\tau}$ 的应力率定义是

$$\dot{\boldsymbol{\tau}}=\frac{\mathrm{d}\boldsymbol{\tau}}{\mathrm{d}t}=\left.\frac{\partial\boldsymbol{\tau}}{\partial t}\right|_{\boldsymbol{x}}+\boldsymbol{v}\cdot\boldsymbol{\nabla}_{\boldsymbol{x}}\boldsymbol{\tau}\quad\text{或}\quad\frac{\mathrm{D}\tau^{Kl}}{\mathrm{D}t}=\frac{\partial\tau^{Kl}}{\partial t}+v^m\boldsymbol{\nabla}_m\tau^{Kl}\tag{5.45}$$

在 $\{\overline{x}^k\}$ 中的应力率为

$$\dot{\overline{\boldsymbol{\tau}}}=\left(\boldsymbol{\tau}\cdot\boldsymbol{Q}^{\mathrm{T}}\right)^{\cdot}=\dot{\boldsymbol{\tau}}\cdot\boldsymbol{Q}^{\mathrm{T}}+\boldsymbol{\tau}\cdot\dot{\boldsymbol{Q}}^{\mathrm{T}}\tag{5.46}$$

可见 $\dot{\boldsymbol{\tau}}$ 是不客观的。将式 (5.41) 代入上式，注意 $\overline{\boldsymbol{\tau}}=\boldsymbol{\tau}\cdot\boldsymbol{Q}^{\mathrm{T}},\boldsymbol{w}^{\mathrm{T}}=-\boldsymbol{w},\overline{\boldsymbol{w}}^{\mathrm{T}}=-\overline{\boldsymbol{w}}$，得到

$$\begin{aligned}\dot{\overline{\boldsymbol{\tau}}}&=\dot{\boldsymbol{\tau}}\cdot\boldsymbol{Q}^{\mathrm{T}}+\boldsymbol{\tau}\cdot(\overline{\boldsymbol{w}}\cdot\boldsymbol{Q}-\boldsymbol{Q}\cdot\boldsymbol{w})^{\mathrm{T}}=\dot{\boldsymbol{\tau}}\cdot\boldsymbol{Q}^{\mathrm{T}}+\boldsymbol{\tau}\cdot\boldsymbol{Q}^{\mathrm{T}}\cdot\overline{\boldsymbol{w}}^{\mathrm{T}}-\boldsymbol{\tau}\cdot\boldsymbol{w}^{\mathrm{T}}\cdot\boldsymbol{Q}^{\mathrm{T}}\\&=(\dot{\boldsymbol{\tau}}+\boldsymbol{\tau}\cdot\boldsymbol{w})\cdot\boldsymbol{Q}^{\mathrm{T}}-\overline{\boldsymbol{\tau}}\cdot\overline{\boldsymbol{w}}=\overset{\nabla}{\boldsymbol{\tau}}\cdot\boldsymbol{Q}^{\mathrm{T}}-\overline{\boldsymbol{\tau}}\cdot\overline{\boldsymbol{w}}\end{aligned}\tag{5.47}$$

$$\overset{\nabla}{\boldsymbol{\tau}}=\dot{\boldsymbol{\tau}}+\boldsymbol{\tau}\cdot\boldsymbol{w}\tag{5.48}$$

式中，$\overset{\nabla}{\boldsymbol{\tau}}$ 是 $\boldsymbol{\tau}$ 的 Jaumann 导数，由于 $\boldsymbol{\tau}$ 的并矢 $(\boldsymbol{G}_K\boldsymbol{g}_l)$ 中只有一个 Euler 标架基向量，所以上式中只有一项因局部刚性旋率引起的应力变化。将定义式 (5.48) 用于 $\overline{\boldsymbol{\tau}}$，利用式 (5.47)，得到

$$\overset{\nabla}{\overline{\boldsymbol{\tau}}}=\overset{\nabla}{\boldsymbol{\tau}}\cdot\boldsymbol{Q}^{\mathrm{T}}\tag{5.49}$$

上式说明 $\overset{\nabla}{\boldsymbol{\tau}}$ 在时空标架的刚性运动中保持不变，因而具有客观性 (尽管不符合定义式 (5.24))。

第二类 Piola-Kirchhoff 应力张量应力率的定义是

$$\dot{\boldsymbol{T}}=\left.\frac{\partial\boldsymbol{T}}{\partial t}\right|_{\boldsymbol{X}}\quad\text{或}\quad\frac{DT^{KL}}{Dt}=\frac{\partial T^{KL}}{\partial t}\tag{5.50}$$

$\dot{\boldsymbol{T}}$ 仍为 Lagrange 型张量，具有 Hill 定义的客观性。

5.4.3.2 应变率的客观性

Lagrange 型变形张量和应变张量的时间变率 $\dot{\boldsymbol{C}},\dot{\boldsymbol{E}}$ 与时空标架无关，所以不受时空标架刚性运动的影响，具有客观性。由应变–位移关系式 (2.39) 取物质导数，得

$$\dot{\boldsymbol{E}}=\frac{1}{2}\dot{\boldsymbol{C}}=\frac{1}{2}\left(\boldsymbol{\nabla}_{\boldsymbol{X}}\boldsymbol{v}+\boldsymbol{v}\boldsymbol{\nabla}_{\boldsymbol{X}}+\boldsymbol{\nabla}_{\boldsymbol{X}}\boldsymbol{u}\cdot\boldsymbol{v}\boldsymbol{\nabla}_{\boldsymbol{X}}+\boldsymbol{\nabla}_{\boldsymbol{X}}\boldsymbol{v}\cdot\boldsymbol{u}\boldsymbol{\nabla}_{\boldsymbol{X}}\right)$$

$$\dot{E}_{KL}=\frac{1}{2}\dot{C}_{KL}=\frac{1}{2}\left(V_{L;K}+V_{K;L}+U_{M;K}V^{M}{}_{;L}+V_{M;K}U^{M}{}_{;L}\right)\tag{5.51}$$

式中，$V_K = \dfrac{\partial U_K}{\partial t}$ 是速度 $\boldsymbol{v}$ 在 Lagrange 坐标系中的分量。

Euler 型应变张量 $\boldsymbol{e}$ 的物质导数可以由式 (2.152) 给出，即

$$\dot{\boldsymbol{e}} = \boldsymbol{d} - \boldsymbol{\nabla v} \cdot \boldsymbol{e} - \boldsymbol{e} \cdot \boldsymbol{v\nabla} \quad 或 \quad \dot{e}_{kl} = d_{kl} - e_{lm}v^m{}_{;k} - e_{km}v^m{}_{;l} \tag{5.52}$$

与 Cauchy 应力类似，客观的二阶 Euler 型张量 $\boldsymbol{e}$ 的物质导数 $\dot{\boldsymbol{e}}$ 是不客观的，可以引入客观的 Jaumann 应变率

$$\overset{\nabla}{\boldsymbol{e}} = \dot{\boldsymbol{e}} - \boldsymbol{w} \cdot \boldsymbol{e} + \boldsymbol{e} \cdot \boldsymbol{w} \tag{5.53}$$

5.4.4 守恒定律的客观性

根据物理关系客观性定义，当时空标架做刚性运动时，如果守恒定律保持形式不变，则该定律是客观的，否则是不客观的。

由式 (4.9) 和式 (4.5a)，质量守恒定律 (连续性方程) 为

$$J\rho = \rho_0, \quad \dot{\rho} + \rho\boldsymbol{\nabla} \cdot \boldsymbol{v} = 0$$

因为 J, ρ 是客观的 (见第 5.4.2 小节)，$\overline{J} = J, \overline{\rho} = \rho$，$\rho_0$ 与时空标架无关，所以

$$\overline{J}\overline{\rho} = \rho_0$$

即式 (4.9) 形式不变，Lagrange 型质量守恒定律是客观的。

由式 (2.130) 和 $\boldsymbol{d}$ 的客观性，有

$$\overline{\boldsymbol{\nabla}} \cdot \overline{\boldsymbol{v}} = \overline{\nabla}_{m'}\overline{v}^{m'} = \overline{d}^{m'}_{m'} = Q^k_{m'}d^l_k Q^{m'}_l = \delta^k_l d^l_k = d^k_k = \boldsymbol{\nabla} \cdot \boldsymbol{v}$$

以及 $\overline{\rho} = \rho$，$\dot{\overline{\rho}} = \dot{\rho}$，所以在标架 $\left\{\overline{x}^{k'}\right\}$ 中式 (4.5a) 与 $\left\{x^k\right\}$ 中形式相同

$$\dot{\overline{\rho}} + \overline{\rho}\overline{\boldsymbol{\nabla}} \cdot \overline{\boldsymbol{v}} = 0$$

可见 Euler 型质量守恒定律也是客观的。

Cauchy 动量方程，Boussinesq 动量方程和 Kirchhoff 动量方程分别为式 (4.13)、式 (4.17) 和式 (4.19a)，即

$$\boldsymbol{\nabla_x} \cdot \boldsymbol{t} + \rho\,(\boldsymbol{f} - \boldsymbol{a}) = \boldsymbol{0}$$

$$\boldsymbol{\nabla_X} \cdot \boldsymbol{\tau} + \rho_0\,(\boldsymbol{f} - \boldsymbol{a}) = \boldsymbol{0}$$

$$\boldsymbol{\nabla_X} \cdot [\boldsymbol{T} \cdot (\boldsymbol{I} + \boldsymbol{\nabla_X u})] + \rho_0(\boldsymbol{f} - \boldsymbol{a}) = \boldsymbol{0}$$

由于 $\overline{\boldsymbol{t}} = \boldsymbol{Q} \cdot \boldsymbol{t} \cdot \boldsymbol{Q}^{\mathrm{T}}$，$\overline{\boldsymbol{\nabla}}_{\overline{\boldsymbol{x}}}(\;) = \dfrac{\partial}{\partial \overline{\boldsymbol{x}}}(\;) = \dfrac{\partial}{\partial \boldsymbol{x}}(\;) \cdot \dfrac{\partial \boldsymbol{x}}{\partial \overline{\boldsymbol{x}}} = \boldsymbol{\nabla_x}(\;) \cdot \boldsymbol{Q}^{\mathrm{T}}$，代入 $\overline{\boldsymbol{\nabla}}_{\overline{\boldsymbol{x}}} \cdot \overline{\boldsymbol{t}}$ 得到

$$\overline{\boldsymbol{\nabla}}_{\overline{\boldsymbol{x}}} \cdot \overline{\boldsymbol{t}} = \boldsymbol{\nabla_x} \cdot \boldsymbol{t} \cdot \boldsymbol{Q}^{\mathrm{T}} = \boldsymbol{Q} \cdot \boldsymbol{\nabla_x} \cdot \boldsymbol{t}$$

上式说明向量 $\boldsymbol{\nabla_x} \cdot \boldsymbol{t}$ 是客观的，可见客观二阶张量的散度是客观的。式 (4.13) 前乘 $\boldsymbol{Q}$，有

$$\overline{\boldsymbol{\nabla}}_{\overline{\boldsymbol{x}}} \cdot \overline{\boldsymbol{t}} + \overline{\rho}\left(\overline{\boldsymbol{f}} - \boldsymbol{Q} \cdot \boldsymbol{a}\right) = \boldsymbol{0} \tag{5.54}$$

但式 (5.34b) 表明 $\boldsymbol{Q}\cdot\boldsymbol{a}\neq\overline{\boldsymbol{a}}$，式 (5.54) 与式 (4.13) 形式不同，所以 Cauchy 动量方程是不客观的。

在式 (5.34b) 中，令 $\boldsymbol{Q}\cdot\boldsymbol{a}=\overline{\boldsymbol{a}}-\boldsymbol{a}^*$，其中

$$\boldsymbol{a}^*=\ddot{\boldsymbol{Q}}\cdot\boldsymbol{x}+2\dot{\boldsymbol{Q}}\cdot\boldsymbol{v}+\ddot{\boldsymbol{b}} \tag{5.55}$$

表示由于标架的移动和转动引起的"非客观"的加速度，包括牵连加速度 $\ddot{\boldsymbol{Q}}\cdot\boldsymbol{x}+\ddot{\boldsymbol{b}}$ 和哥氏 (Coriolis) 加速度 $2\dot{\boldsymbol{Q}}\cdot\boldsymbol{v}$。若 $\{\boldsymbol{x},t\}$ 是相对惯性系统静止或作匀速直线运动的标架，则 $\boldsymbol{a}^*=\boldsymbol{0}$。可见动量方程只适用于惯性坐标系。

类似地，可以证明 Boussinesq 和 Kirchhoff 动量方程不具有客观性。

动量矩守恒定律为式 (4.30) 和式 (4.31)，即

$$\boldsymbol{t}^{\mathrm{T}}=\boldsymbol{t},\quad \boldsymbol{T}^{\mathrm{T}}=\boldsymbol{T}$$

由于 $\boldsymbol{t}$ 是客观张量，$\boldsymbol{T}$ 与时空系的运动无关，因此 $\overline{\boldsymbol{t}}^{\mathrm{T}}=\overline{\boldsymbol{t}}$，$\overline{\boldsymbol{T}}^{\mathrm{T}}=\overline{\boldsymbol{T}}$，即动量矩守恒定律是客观的，在刚性运动标架中 $\boldsymbol{t}$ 和 $\boldsymbol{T}$ 的对称性不变。

能量守恒定律 (热力学第一定律) 为式 (4.46) 和式 (4.51)，即

$$\rho\dot{e}-\boldsymbol{t}:\boldsymbol{d}+\boldsymbol{\nabla}\cdot\boldsymbol{q}-\rho h=0$$

$$\rho_0\dot{e}-\boldsymbol{T}:\dot{\boldsymbol{E}}+\boldsymbol{\nabla}_X\cdot\boldsymbol{q}_0-\rho_0 h=0$$

式中，密度 ρ，内能密度 e 及 $\dot{e}$，热源密度 h 是客观标量，$\boldsymbol{t},\boldsymbol{d}$ 是客观张量。与力类似，热流向量 $\boldsymbol{q}$ 是客观向量。在标架中 $\left\{\overline{x}^k\right\}$，

$$\overline{\boldsymbol{\nabla}}\cdot\overline{\boldsymbol{q}}=\boldsymbol{Q}^{\mathrm{T}}\cdot\boldsymbol{\nabla}\cdot(\boldsymbol{Q}\cdot\boldsymbol{q})=\boldsymbol{Q}^{\mathrm{T}}\cdot\boldsymbol{Q}\cdot\boldsymbol{\nabla}\cdot\boldsymbol{q}=\boldsymbol{\nabla}\cdot\boldsymbol{q}$$

$$\overline{\boldsymbol{t}}:\overline{\boldsymbol{d}}=\left(\boldsymbol{Q}\cdot\boldsymbol{t}\cdot\boldsymbol{Q}^{\mathrm{T}}\right):\left(\boldsymbol{Q}\cdot\boldsymbol{d}\cdot\boldsymbol{Q}^{\mathrm{T}}\right)=\left(\boldsymbol{t}\cdot\boldsymbol{Q}^{\mathrm{T}}\cdot\boldsymbol{Q}^{\mathrm{T}}\right):(\boldsymbol{Q}\cdot\boldsymbol{Q}\cdot\boldsymbol{d})=\boldsymbol{t}:\boldsymbol{d}$$

所以式 (4.46) 是客观的。方程 (4.51) 中各量与时空变换无关，因而具有 Hill 客观性。

热力学第二定律 (熵不等式) 为式 (4.64a)、式 (4.67a) 和式 (4.67b)，即

$$r\geqslant 0$$

$$\theta r=-\dot{\psi}-\dot{\theta}\eta+\frac{1}{\rho}\boldsymbol{t}:\boldsymbol{d}-\frac{1}{\rho\theta}\boldsymbol{q}\cdot\boldsymbol{\nabla}\theta$$

$$\theta r=-\dot{\psi}-\dot{\theta}\eta+\frac{1}{\rho_0}\boldsymbol{T}:\dot{\boldsymbol{E}}-\frac{1}{\rho_0\theta}\boldsymbol{q}_0\cdot\boldsymbol{\nabla}_X\theta$$

式中，温度 θ，熵生成率 r，自由能 ψ，熵 η 均为客观标量，与能量守恒定律客观性分析类似，可以得到热力学第二定律是客观的。

本节关于物理量和物理规律的客观性分析表明，时空系的刚性运动对于状态变量 (及其代数和微分运算) 及守恒定律有不同的影响，或者是客观的，或者是非客观的。

从上述客观性分析中，可以发现和不难证明下列结论：

(1) 客观张量的点积和双点积是客观的；

(2) 客观张量的散度是客观的；

(3) Euler 型客观张量的普通物质导数是不客观的，Jaumann 导数是客观的。

5.4.5 简单物质本构方程的客观性要求

根据客观性公理，本构方程是客观的，所以本构变量和本构泛函应满足客观性要求。

在等温情况下，简单物质的本构方程为式 (5.22)，即

$$\boldsymbol{t}\left(\boldsymbol{X},t\right)=\boldsymbol{f}\left(\boldsymbol{F}\left(\boldsymbol{X},\tau\right),\boldsymbol{X}\right),\quad \tau\leqslant t$$

式中，$\boldsymbol{t}$ 是当前的 Cauchy 应力，$\boldsymbol{F}\left(\boldsymbol{X},\tau\right)$ 是变形梯度历史，此式尚未考虑客观性要求。

下面讨论本构方程的客观性要求对于上式提出的限制。

若观察者的标架有刚性转动及转动历史 $\boldsymbol{Q}(t)$ 和 $\boldsymbol{Q}\left(\tau\right)$，在转动标架中变形梯度为

$$\overline{\boldsymbol{F}}(t)=\boldsymbol{Q}(t)\cdot\boldsymbol{F}(t),\quad \overline{\boldsymbol{F}}\left(\tau\right)=\boldsymbol{Q}\left(\tau\right)\cdot\boldsymbol{F}\left(\tau\right)\tag{a}$$

根据客观性要求，本构关系的形式不变，$\bar{\boldsymbol{t}}\left(\boldsymbol{X},t\right)=\boldsymbol{f}\left(\overline{\boldsymbol{F}}\left(\boldsymbol{X},\tau\right),\boldsymbol{X}\right)$，将式 $(a)_2$ 代入，得

$$\boldsymbol{Q}(t)\cdot\boldsymbol{t}(\boldsymbol{X},t)\cdot\boldsymbol{Q}^{\mathrm{T}}(t)=\boldsymbol{f}\left(\boldsymbol{Q}\left(\tau\right)\cdot\boldsymbol{F}\left(\tau\right),\boldsymbol{X}\right)\tag{5.56}$$

或

$$\boldsymbol{Q}(t)\cdot\boldsymbol{f}\left(\boldsymbol{F}\left(\boldsymbol{X},\tau\right),\boldsymbol{X}\right)\cdot\boldsymbol{Q}^{\mathrm{T}}(t)=\boldsymbol{f}\left(\boldsymbol{Q}\left(\tau\right)\cdot\boldsymbol{F}\left(\boldsymbol{X},\tau\right),\boldsymbol{X}\right)\tag{b}$$

上式右端由应力 $\boldsymbol{t}$ 的客观性定义式 (5.24) 得到。变形梯度和变形梯度历史的极分解为

$$\boldsymbol{F}(t)=\boldsymbol{R}(t)\cdot\boldsymbol{U}(t),\quad \boldsymbol{F}\left(\tau\right)=\boldsymbol{R}\left(\tau\right)\cdot\boldsymbol{U}\left(\tau\right)\tag{c}$$

式中，$\boldsymbol{R}(t)=\boldsymbol{R}\left(\tau\right)\big|_{\tau=t}$。

正交变换可以任意选取，令 $\boldsymbol{Q}\left(\tau\right)=\boldsymbol{R}^{\mathrm{T}}\left(\tau\right)$，$\boldsymbol{Q}(t)=\boldsymbol{R}^{\mathrm{T}}(t)$，将式 (c) 代入式 (b)，得

$$\boldsymbol{f}\left(\boldsymbol{U}\left(\boldsymbol{X},\tau\right),\boldsymbol{X}\right)=\boldsymbol{R}^{\mathrm{T}}(t)\cdot\boldsymbol{f}\left(\boldsymbol{F}\left(\boldsymbol{X},\tau\right),\boldsymbol{X}\right)\cdot\boldsymbol{R}(t)$$

上式前乘 $\boldsymbol{R}(t)$ 后乘 $\boldsymbol{R}^{\mathrm{T}}(t)$，并利用式 (5.22)，得到

$$\boldsymbol{t}\left(\boldsymbol{X},t\right)=\boldsymbol{R}(t)\cdot\boldsymbol{f}\left(\boldsymbol{U}\left(\boldsymbol{X},\tau\right),\boldsymbol{X}\right)\cdot\boldsymbol{R}^{\mathrm{T}}(t)\tag{5.57}$$

可见，客观性要求使 Cauchy 应力只与右伸长张量的历史和当前的转动有关，与转动的历史无关，即转动没有记忆性。这是客观性公理给出的重要结论。

5.5 物质对称性分析

第 5.2 节初步介绍了物质对称性和物质对称性公理，本节进一步讨论物质对称性概念、定义及其对本构方程的要求。

5.5.1 参考构形变换和对称群概念

首先，以线弹性固体为例考察两种常见的材料对称性：反射对称性和旋转对称性。

若材料性质有一个对称面 $X_3=0$ (见图 5.7(a))，$\mathscr{R}$ 是物体的一个参考构形，$\{\boldsymbol{X}\}$ 为 $\mathscr{R}$ 中的直角坐标系；$\overline{\mathscr{R}}$ 是另一参考构形，$\boldsymbol{Q}_r$ 是从 $\mathscr{R}$ 到 $\overline{\mathscr{R}}$ 相对于对称面的反射变换，$\{\overline{\boldsymbol{X}}\}$

是 $\overline{\mathscr{R}}$ 中 $\{\boldsymbol{X}\}$ 的反射坐标系。$\boldsymbol{X}, \mathrm{d}\boldsymbol{X}$ 和 $\overline{\boldsymbol{X}}, \mathrm{d}\overline{\boldsymbol{X}}$ 是构形 $\mathscr{R}$ 和 $\overline{\mathscr{R}}$ 中的同一位置向量及线元，位置向量的变换为

$$\overline{\boldsymbol{X}} = \boldsymbol{Q}_r \cdot \boldsymbol{X}, \quad \boldsymbol{Q}_r = \frac{\mathrm{d}\overline{\boldsymbol{X}}}{\mathrm{d}\boldsymbol{X}} = \begin{bmatrix} 1 & 0 & 0 \\ 0 & 1 & 0 \\ 0 & 0 & -1 \end{bmatrix} \tag{a,b}$$

对于同一个运动变换 $\boldsymbol{x} = \boldsymbol{x}(\boldsymbol{X}) = \boldsymbol{x}\left(\boldsymbol{X}\left(\overline{\boldsymbol{X}}\right)\right)$，$\mathscr{R}$ 和 $\overline{\mathscr{R}}$ 中的变形梯度及 Lagrange 应变为

$$\boldsymbol{F} = \frac{\mathrm{d}\boldsymbol{x}}{\mathrm{d}\boldsymbol{X}}, \quad \overline{\boldsymbol{F}} = \frac{\mathrm{d}\boldsymbol{x}}{\mathrm{d}\overline{\boldsymbol{X}}} = \frac{\mathrm{d}\boldsymbol{x}}{\mathrm{d}\boldsymbol{X}} \cdot \frac{\mathrm{d}\boldsymbol{X}}{\mathrm{d}\overline{\boldsymbol{X}}} = \boldsymbol{F} \cdot \boldsymbol{Q}_r^{\mathrm{T}} \tag{c}$$

$$\boldsymbol{E} = \frac{1}{2}\left(\boldsymbol{F}^{\mathrm{T}} \cdot \boldsymbol{F} - \boldsymbol{I}\right), \quad \overline{\boldsymbol{E}} = \frac{1}{2}\left(\overline{\boldsymbol{F}}^{\mathrm{T}} \cdot \overline{\boldsymbol{F}} - \overline{\boldsymbol{I}}\right) = \boldsymbol{Q}_r \cdot \boldsymbol{E} \cdot \boldsymbol{Q}_r^{\mathrm{T}} \tag{d}$$

第二类 Piola-Kirchhoff 应力为 $\boldsymbol{T}$ 和 $\overline{\boldsymbol{T}}$，由于对应同一运动变换，所以两者相同，但参考标架不同，因而 $\boldsymbol{T}$ 和 $\overline{\boldsymbol{T}}$ 的转换关系为

$$\overline{\boldsymbol{T}} = \boldsymbol{Q}_r \cdot \boldsymbol{T} \cdot \boldsymbol{Q}_r^{\mathrm{T}} \tag{e}$$

由于物质性质具有反射对称性，在 $\mathscr{R}$ 和 $\overline{\mathscr{R}}$ 中本构方程形式相同，分别为

$$\boldsymbol{T} = \boldsymbol{\Sigma} : \boldsymbol{E} \quad , \quad \overline{\boldsymbol{T}} = \boldsymbol{\Sigma} : \overline{\boldsymbol{E}} \tag{f}$$

$\boldsymbol{\Sigma}$ 为弹性系数张量 (见第 6.1 节)。将式 (e) 和式 $(\mathrm{d})_2$ 代入式 $(\mathrm{f})_2$，与式 $(\mathrm{f})_1$ 比较，可以得到：

$$\boldsymbol{\Sigma} = \boldsymbol{\Sigma} \circ (\boldsymbol{Q}_r\boldsymbol{Q}_r\boldsymbol{Q}_r\boldsymbol{Q}_r) \quad 或 \quad \Sigma_{IJKL} = Q_{rMI}Q_{rNJ}Q_{rRK}Q_{rSL}\Sigma_{MNRS} \tag{g}$$

式中，$\circ$ 表示四重点积 ($\boldsymbol{\Sigma}$ 依次与每个 $\boldsymbol{Q}_r$ 点积)。上式即式 (1.154a)，$\boldsymbol{Q} = \boldsymbol{Q}_r^{\mathrm{T}}$。

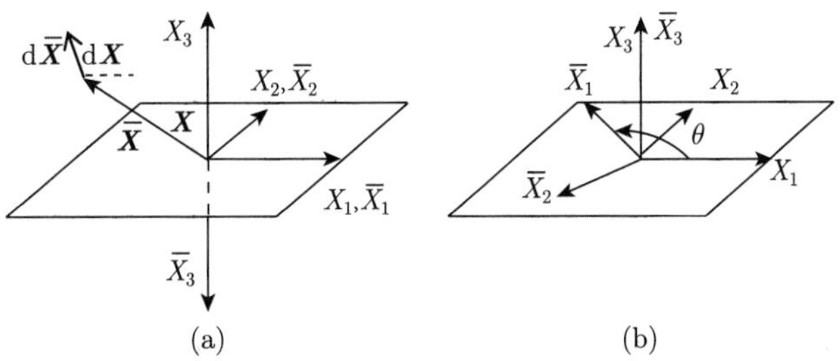

图 5.7 反射坐标系 (a) 和旋转坐标系 (b)

若材料有一个对称轴 (横观各向同性材料)，例如 X_3 轴，参考构形 $\mathscr{R}$ 和绕 X_3 轴逆时针旋转 θ 角的另一构形 $\overline{\mathscr{R}}$ 的直角坐标系为 $\{\boldsymbol{X}\}$ 和 $\{\overline{\boldsymbol{X}}\}$ (见图 5.7(b))。位置向量的变换为

$$\overline{\boldsymbol{X}} = \boldsymbol{Q}_\theta \cdot \boldsymbol{X} \tag{h}$$

$$\boldsymbol{Q}_\theta = \begin{bmatrix} \cos\theta & \sin\theta & 0 \\ -\sin\theta & \cos\theta & 0 \\ 0 & 0 & 1 \end{bmatrix}, \quad 0 \leqslant \theta < 2\pi \tag{i}$$

通过类似分析可得

$$\boldsymbol{\Sigma} = \boldsymbol{\Sigma} \circ (\boldsymbol{Q}_\theta \boldsymbol{Q}_\theta \boldsymbol{Q}_\theta \boldsymbol{Q}_\theta) \tag{j}$$

一般情况下，一种材料可能有多个参考构形具有物质对称性，这些构形之间变换的集合，称为该材料的物质对称群 (或同格群)。若 $\boldsymbol{H}$ 是从参考构形 $\overline{\mathscr{R}}$ 到 $\mathscr{R}$ 的变换 (即上面例子中的逆变换 $\boldsymbol{Q}_r^{\mathrm{T}}, \boldsymbol{Q}_\theta^{\mathrm{T}}$)，与时间无关，同一物质点的位置向量在构形 $\overline{\mathscr{R}}$ 和 $\mathscr{R}$ 中为 $\overline{\boldsymbol{X}}$ 和 $\boldsymbol{X}$，则构形变换为 $\boldsymbol{H} = \dfrac{\mathrm{d}\boldsymbol{X}}{\mathrm{d}\overline{\boldsymbol{X}}}$。对称群的元素必须是等体积变换，即变换的行列式满足

$$\det \boldsymbol{H} = \pm 1 \tag{5.58}$$

因为非等体积变换必然导致参考构形发生体积变形、物质密度和应力改变，所以不适于讨论本构方程的形式不变性。满足条件式 (5.58) 的对称群，称为等体积变换群 (或幺模群)。

除式 (5.58) 之外，对称群还必须满足群的一般条件：

若 $\boldsymbol{H}_i, \boldsymbol{H}_j, \boldsymbol{H}_k$ 是群 $\mathscr{H}$ 中的任意元素，则

(1) $\boldsymbol{H}_i \cdot \boldsymbol{H}_j$ 仍然是该群的元素；

(2) $\boldsymbol{H}_i \cdot (\boldsymbol{H}_j \cdot \boldsymbol{H}_k) = (\boldsymbol{H}_i \cdot \boldsymbol{H}_j) \cdot \boldsymbol{H}_k$ (结合律)；

(3) 任一元素 $\boldsymbol{H}_i$ 与单位元素 $\boldsymbol{I}$ 的点积不变，$\boldsymbol{H}_i \cdot \boldsymbol{I} = \boldsymbol{I} \cdot \boldsymbol{H}_i = \boldsymbol{H}_i$；

(4) 任一元素 $\boldsymbol{H}_i$ 存在逆元素 $\boldsymbol{H}_i^{-1}$，且 $\boldsymbol{H}_i^{-1}$ 也属于该群。

性质 (1) 说明物质对称标架转换可以互相组合，性质 (2) 表明进行多次转换时可以适当结合。恒等变换 $\boldsymbol{I}$ (单位张量) 和负的恒等变换 $-\boldsymbol{I}$ ($\boldsymbol{I}$ 的反演张量) 是特殊变换，前者使标架向自己 “转换”，后者使标架只改变方向。显然 $\boldsymbol{I}$ 和 $-\boldsymbol{I}$ 是等体积变换，并且满足群的全部条件，因此可以作为对称群的特殊元素。

容易验证，变换群 $\left\{\boldsymbol{I}, -\boldsymbol{I}, \boldsymbol{Q}_r^{\mathrm{T}}\right\}$ 和 $\left\{\boldsymbol{I}, -\boldsymbol{I}, \boldsymbol{Q}_\theta^{\mathrm{T}}\right\}$ 均为等体积变换，且满足条件 (1)~(4)，所以分别是具有一个对称面和一个对称轴的线弹性材料的对称群，并且为正交对称群。

物质对称性的 “程度” 可能有很大差别。对称性程度最低的是对称群仅为 $\{\boldsymbol{I}, -\boldsymbol{I}\}$，称为三斜群，这样的物质具有最强的各向异性；对称性程度最大的是在任何等体积变换下保持对称性，即对称群为等体积变换群 (幺模群)，此时材料的本构关系在任何等体积变换时保持相同形式。三斜群和等体积变换群是对称性的两种极端情况，一般材料的对称群介于两者之间，其元素包括三斜群之外的元素，但不是等体变换群的全部，其中最常见的是正交变换群或它的一部分。对称性和对称群可能与材料的变形有关，例如轧制过的钢材、已损伤的岩石等材料性质变得具有方向性。

5.5.2　物质对称性要求、对称群的转换

下面讨论物质对称性对简单物质本构方程的要求。在两个参考构形 $\mathscr{R}$ 和 $\overline{\mathscr{R}}$ 中，如果材料性质相同或者说具有物质对称性，则本构泛函式 (5.22) 形式不变，即

$$\boldsymbol{t}(\boldsymbol{x}, t) = \boldsymbol{f}(\boldsymbol{F}(\boldsymbol{X}, \tau)) = \boldsymbol{f}\left(\overline{\boldsymbol{F}}\left(\overline{\boldsymbol{X}}, \tau\right)\right), \quad \tau \leqslant t \tag{5.59}$$

式中，两个 $\boldsymbol{f}$ 相同表示泛函形式相同；$\boldsymbol{F}(\boldsymbol{X}, \tau)$ 是物质点在构形 $\mathscr{R}$ 中的变形梯度历史，$\overline{\boldsymbol{F}}\left(\overline{\boldsymbol{X}}, \tau\right)$ 是同一物质点和同一运动变换在 $\overline{\mathscr{R}}$ 中的变形梯度历史；$\boldsymbol{t}(\boldsymbol{x}, t)$ 是 t 时刻该物质点的 Cauchy 应力，由于运动变换相同，所以两个参考构形对应的 $\boldsymbol{t}$ 相同。

若 $\boldsymbol{H}$ 是从 $\overline{\mathscr{R}}$ 到 $\mathscr{R}$ 的构形变换，$\boldsymbol{H}=\dfrac{\mathrm{d}\boldsymbol{X}}{\mathrm{d}\overline{\boldsymbol{X}}}$，则变形梯度历史的变换为

$$\overline{\boldsymbol{F}}=\frac{\partial \boldsymbol{x}}{\partial \overline{\boldsymbol{X}}}=\frac{\partial \boldsymbol{x}}{\partial \boldsymbol{X}}\cdot\frac{\mathrm{d}\boldsymbol{X}}{\mathrm{d}\overline{\boldsymbol{X}}}=\boldsymbol{F}\cdot\boldsymbol{H} \quad \text{或} \quad \overline{F}_{kK'}=F_{kK}H^{K}_{\ K'} \tag{5.60}$$

将上式代入式 (5.59)，对于对称群中的任何变换 $\boldsymbol{H}$，物质对称性对本构泛函 $\boldsymbol{f}$ 的要求为

$$\boldsymbol{f}(\boldsymbol{F})=\boldsymbol{f}(\boldsymbol{F}\cdot\boldsymbol{H}) \tag{5.61}$$

当简单物质的本构关系满足式 (5.61) 时，在 $\overline{\mathscr{R}}$ 和 $\mathscr{R}$ 的变换 $\boldsymbol{H}$ 中 Euler 型本构泛函形式不变，材料在两个构形中的力学性质相同。若 $\boldsymbol{H}$ 不属于对称群，则上式为 $\boldsymbol{f}(\boldsymbol{F})=\overline{\boldsymbol{f}}(\boldsymbol{F}\cdot\boldsymbol{H})$，即应力相同，而泛函形式不同。

如果采用 Lagrange 型本构泛函，对于参考构形 $\mathscr{R}$ 和 $\overline{\mathscr{R}}$，本构方程的形式相同，即

$$\boldsymbol{T}(\boldsymbol{X},t)=\boldsymbol{f}^{0}(\boldsymbol{F}(\boldsymbol{X},\tau)),\quad \overline{\boldsymbol{T}}(\boldsymbol{X},t)=\boldsymbol{f}^{0}\left(\overline{\boldsymbol{F}}(\boldsymbol{X},\tau)\right) \tag{5.62}$$

利用 $\boldsymbol{t}$ 与 $\boldsymbol{T}$ 的关系式 $(3.32)_1$，可以得到泛函 $\boldsymbol{f}^0$ 与 $\boldsymbol{f}$ 的关系：

$$\boldsymbol{f}^{0}=J(t)\boldsymbol{F}^{-1}(t)\cdot\boldsymbol{f}(\boldsymbol{F}(\tau))\cdot\boldsymbol{F}^{-\mathrm{T}}(t)$$

由式 $(3.32)_2$ 和式 (5.60)，$\boldsymbol{t}=J^{-1}\boldsymbol{F}\cdot\boldsymbol{T}\cdot\boldsymbol{F}^{\mathrm{T}}=\overline{J}^{-1}\overline{\boldsymbol{F}}\cdot\overline{\boldsymbol{T}}\cdot\overline{\boldsymbol{F}}^{\mathrm{T}}=J^{-1}\boldsymbol{F}\cdot\boldsymbol{H}\cdot\overline{\boldsymbol{T}}\cdot\boldsymbol{H}^{\mathrm{T}}\cdot\boldsymbol{F}^{\mathrm{T}}$，所以，

$$\boldsymbol{T}=\boldsymbol{H}\cdot\overline{\boldsymbol{T}}\cdot\boldsymbol{H}^{\mathrm{T}},\quad \overline{\boldsymbol{T}}=\boldsymbol{H}^{-1}\cdot\boldsymbol{T}\cdot\boldsymbol{H}^{-\mathrm{T}} \tag{5.63}$$

将式 $(5.63)_2$ 和式 (5.60) 代入式 $(5.62)_2$，得到物质对称性对 Lagrange 型本构泛函 $\boldsymbol{f}^0$ 的要求：

$$\boldsymbol{f}^{0}(\boldsymbol{F}(\tau)\cdot\boldsymbol{H})=\boldsymbol{H}^{-1}\cdot\boldsymbol{f}^{0}(\boldsymbol{F}(\tau))\cdot\boldsymbol{H}^{-\mathrm{T}} \tag{5.64}$$

对于其他的本构响应泛函也可以类似地建立相应的对称性条件，不同的本构响应的对称群可能是不同的。

对称群是以给定的参考构形为基础和与之对应的，利用对称群的变换可以形成其他的物质对称性构形；如果以该对称群外的构形作为给定的参考构形，则对称群将随之改变。例如，第 5.5.1 小节列举的有一个对称面的弹性体，与对称群 $\left\{\boldsymbol{I},-\boldsymbol{I},\boldsymbol{Q}_r^{\mathrm{T}}\right\}$ 对应的参考构形是以材料对称面为一个坐标面的任一直角坐标系；否则，对称群将会改变 (见后面的例 5.2)。

一般情况下，若参考构形 $\mathscr{R}_{\mathrm{I}}$ 对应的对称群为 $\mathscr{G}_{\mathrm{I}}=\{\boldsymbol{I},-\boldsymbol{I},\boldsymbol{H}\}$，另一参考构形 $\mathscr{R}_{\mathrm{II}}$ 由 $\mathscr{R}_{\mathrm{I}}$ 通过变换 $\boldsymbol{P}\left(\boldsymbol{P}=\dfrac{\mathrm{d}\boldsymbol{X}^{\mathrm{II}}}{\mathrm{d}\boldsymbol{X}^{\mathrm{I}}}\right)$ 得到，下面给出构形 $\mathscr{R}_{\mathrm{II}}$ 对应的对称群 $\mathscr{G}_{\mathrm{II}}$ 与 $\mathscr{G}_{\mathrm{I}}$ 之间的关系。

若构形 $\mathscr{R}_{\mathrm{I}}$ 和 $\mathscr{R}_{\mathrm{II}}$ 与即时构形 $\boldsymbol{\imath}$ 的运动变换为 $\boldsymbol{x}=\boldsymbol{x}(\boldsymbol{X}^{\mathrm{I}})=\boldsymbol{x}(\boldsymbol{X}^{\mathrm{I}}(\boldsymbol{X}^{\mathrm{II}}))$，则变形梯度历史的变换为

$$\boldsymbol{F}^{\mathrm{I}}(\tau)=\boldsymbol{F}^{\mathrm{II}}(\tau)\cdot\boldsymbol{P},\quad \boldsymbol{F}^{\mathrm{II}}(\tau)=\boldsymbol{F}^{\mathrm{I}}(\tau)\cdot\boldsymbol{P}^{-1} \tag{k}$$

构形 $\mathscr{R}_{\mathrm{I}}$ 和 $\mathscr{R}_{\mathrm{II}}$ 的运动变换相同，所以 Cauchy 应力相同，由两个参考构形的本构关系得到

$$\boldsymbol{f}^{\mathrm{I}}\left(\boldsymbol{F}^{\mathrm{I}}\right)=\boldsymbol{f}^{\mathrm{II}}\left(\boldsymbol{F}^{\mathrm{II}}\right) \tag{l}$$

构形 $\mathscr{R}_{\mathrm{I}}$ 和 $\mathscr{R}_{\mathrm{II}}$ 无对称性，所以泛函 $\boldsymbol{f}^{\mathrm{I}}, \boldsymbol{f}^{\mathrm{II}}$ 形式不同。利用构形 $\mathscr{R}_{\mathrm{I}}$ 的对称性条件式 (5.59)，有

$$\boldsymbol{f}^{\mathrm{I}}\left(\boldsymbol{F}^{\mathrm{I}}\right)=\boldsymbol{f}^{\mathrm{I}}\left(\boldsymbol{F}^{\mathrm{I}} \cdot \boldsymbol{H}\right)=\boldsymbol{f}^{\mathrm{I}}\left(\boldsymbol{F}^{\mathrm{II}} \cdot \boldsymbol{P} \cdot \boldsymbol{H}\right)=\boldsymbol{f}^{\mathrm{I}}\left(\boldsymbol{F}^{\mathrm{II}} \cdot \boldsymbol{P} \cdot \boldsymbol{H} \cdot \boldsymbol{P}^{-1} \cdot \boldsymbol{P}\right) \tag{m}$$

式 (l) 中 $\boldsymbol{F}^{\mathrm{I}}$ 是任意的，可以取非奇异两点张量 $\tilde{\boldsymbol{F}}^{\mathrm{I}}=\boldsymbol{F}^{\mathrm{II}} \cdot \boldsymbol{P} \cdot \boldsymbol{H} \cdot \boldsymbol{P}^{-1} \cdot \boldsymbol{P}$ 作为构形 $\mathscr{R}_{\mathrm{I}}$ 新的变形梯度历史。由式 $(\mathrm{k})_2$，构形 $\mathscr{R}_{\mathrm{II}}$ 新的变形梯度历史为 $\tilde{\boldsymbol{F}}^{\mathrm{II}}=\boldsymbol{F}^{\mathrm{II}} \cdot \boldsymbol{P} \cdot \boldsymbol{H} \cdot \boldsymbol{P}^{-1}$。

对于 $\tilde{\boldsymbol{F}}^{\mathrm{I}}$ 和 $\tilde{\boldsymbol{F}}^{\mathrm{II}}$ 应用式 (l)，得

$$\boldsymbol{f}^{\mathrm{I}}\left(\boldsymbol{F}^{\mathrm{II}} \cdot \boldsymbol{P} \cdot \boldsymbol{H} \cdot \boldsymbol{P}^{-1} \cdot \boldsymbol{P}\right)=\boldsymbol{f}^{\mathrm{II}}\left(\boldsymbol{F}^{\mathrm{II}} \cdot \boldsymbol{P} \cdot \boldsymbol{H} \cdot \boldsymbol{P}^{-1}\right)$$

将上式代入式 (m)，有

$$\boldsymbol{f}^{\mathrm{I}}\left(\boldsymbol{F}^{\mathrm{I}}\right)=\boldsymbol{f}^{\mathrm{II}}\left(\boldsymbol{F}^{\mathrm{II}} \cdot \boldsymbol{P} \cdot \boldsymbol{H} \cdot \boldsymbol{P}^{-1}\right) \tag{n}$$

比较式 (l) 和式 (n)，得到

$$\boldsymbol{f}^{\mathrm{II}}\left(\boldsymbol{F}^{\mathrm{II}}\right)=\boldsymbol{f}^{\mathrm{II}}\left(\boldsymbol{F}^{\mathrm{II}} \cdot \overline{\boldsymbol{H}}\right) \tag{5.65}$$

式中

$$\overline{\boldsymbol{H}}=\boldsymbol{P} \cdot \boldsymbol{H} \cdot \boldsymbol{P}^{-1} \tag{5.66}$$

$\boldsymbol{P}$ 是非奇异的，所以 $\det \overline{\boldsymbol{H}}=\det \boldsymbol{H}=\pm 1$，即 $\overline{\boldsymbol{H}}$ 属于等体积变换群。不难验证，当 $\boldsymbol{H}$ 满足群的条件 1~4 时，$\overline{\boldsymbol{H}}$ 同样满足。因此式 (5.65) 表明 $\overline{\boldsymbol{H}}$ 是构形 $\mathscr{R}_{\mathrm{II}}$ 的对称群元素，且与 $\boldsymbol{H}$ 一一对应。由此得到，构形 $\mathscr{R}_{\mathrm{II}}$ 的对称群为 $\mathscr{G}_{\mathrm{II}}=\left\{\boldsymbol{I},-\boldsymbol{I}, \boldsymbol{P} \cdot \boldsymbol{H} \cdot \boldsymbol{P}^{-1}\right\}$，或写成群的转换关系

$$\mathscr{G}_{\mathrm{II}}=\boldsymbol{P} \cdot \mathscr{G}_{\mathrm{I}} \cdot \boldsymbol{P}^{-1} \tag{5.67}$$

式 (5.67) 给出当参考构形从 $\mathscr{R}_{\mathrm{I}}$ 到 $\mathscr{R}_{\mathrm{II}}$ 的变换为 $\boldsymbol{P}$ 时，相应的对称群的变换关系。

例 5.2 如图 5.8 所示，参考构形 $\mathscr{R}_{\mathrm{II}}$ 的标架 $\boldsymbol{G}_K^{\mathrm{II}}$ 为斜角坐标系，求构形 $\mathscr{R}_{\mathrm{II}}$ 的反射对称群 $\left\{\boldsymbol{I},-\boldsymbol{I}, \overline{\boldsymbol{H}}\right\}_{\mathrm{II}}$ 及反射标架，构形 $\mathscr{R}_{\mathrm{I}}$ 的标架 $\boldsymbol{G}_K^{\mathrm{I}}$ 及对称群 $\left\{\boldsymbol{I},-\boldsymbol{I}, \boldsymbol{Q}_r^{\mathrm{T}}\right\}$ 见第 5.5.1 小节。

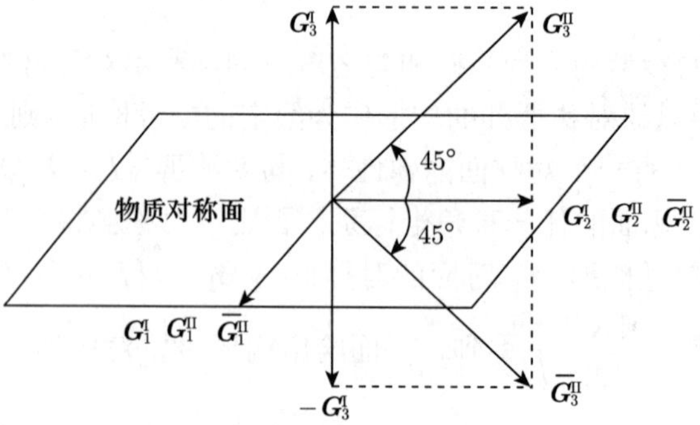

图 5.8 斜角坐标系下的反射对称性

若构形变换为 $\mathrm{d}\boldsymbol{X}^{\mathrm{II}}=\boldsymbol{P} \cdot \mathrm{d}\boldsymbol{X}^{\mathrm{I}}$，可令 $\left\{\boldsymbol{G}_K^{\mathrm{II}}\right\}=P\left\{\boldsymbol{G}_K^{\mathrm{I}}\right\}$ (矩阵形式)，由图 5.8 得到

$$\boldsymbol{P}=\begin{bmatrix}1 & 0 & 0\\ 0 & 1 & 0\\ 0 & 1 & 1\end{bmatrix}, \quad \boldsymbol{P}^{-1}=\begin{bmatrix}1 & 0 & 0\\ 0 & 1 & 0\\ 0 & -1 & 1\end{bmatrix}$$

代入式 (5.67)，得到与构形 $\mathscr{R}_{\mathrm{II}}$ 相应的对称群的元素 $\overline{\boldsymbol{H}}_{\mathrm{II}}$

$$\overline{\boldsymbol{H}}_{\mathrm{II}}=\boldsymbol{P}\cdot\boldsymbol{Q}_r^{\mathrm{T}}\cdot\boldsymbol{P}^{-1}=\begin{bmatrix}1&0&0\\0&1&0\\0&2&-1\end{bmatrix}$$

利用 $\overline{\boldsymbol{H}}_{\mathrm{II}}$ 可以由 $\boldsymbol{G}_K^{\mathrm{II}}$ 得到具有物质对称性的反射标架 $\overline{\boldsymbol{G}}_K^{\mathrm{II}}$ (用矩阵表示)

$$\left\{\overline{\boldsymbol{G}}_K^{\mathrm{II}}\right\}=\overline{\boldsymbol{H}}_{\mathrm{II}}\left\{\boldsymbol{G}_{\mathrm{II}}^K\right\}=\left[\boldsymbol{G}_1^{\mathrm{II}},\quad \boldsymbol{G}_2^{\mathrm{II}},\quad 2\boldsymbol{G}_2^{\mathrm{II}}-\boldsymbol{G}_3^{\mathrm{II}}\right]^{\mathrm{T}}\quad\text{(见图 5.8)}$$

可见材料对称面也是标架 $\overline{\boldsymbol{G}}_K^{\mathrm{II}}$ 和 $\boldsymbol{G}_K^{\mathrm{II}}$ 的对称面，$\overline{\boldsymbol{H}}_{\mathrm{II}}$ 与 $\boldsymbol{Q}_r^{\mathrm{T}}$ 属于不同的对称群。

5.5.3　正交对称群和各向同性物质

参考构形的正交变换 $\boldsymbol{Q}$ 是等体积变换，表示构形的刚性转动 ($\det\boldsymbol{Q}=1$，正常正交张量)，或刚性转动加反射 ($\det\boldsymbol{Q}=-1$，反常正交张量)。可以证明判断一个正交张量 $\boldsymbol{Q}$ 是否为材料对称群元素的充分必要条件是本构泛函 $\boldsymbol{f}$ 满足下列关系

$$\boldsymbol{f}\left(\boldsymbol{Q}\cdot\boldsymbol{F}\cdot\boldsymbol{Q}^{\mathrm{T}}\right)=\boldsymbol{Q}\cdot\boldsymbol{f}\left(\boldsymbol{F}\right)\cdot\boldsymbol{Q}^{\mathrm{T}}\tag{5.68}$$

式中，$\boldsymbol{F}(\tau)$ 是变形梯度历史；$\boldsymbol{Q}$ 是参考构形的正交变换，与时间无关。

证明: 对称性条件式 (5.61) 对任何变形梯度都成立，将 $\boldsymbol{F}$ 前乘 $\boldsymbol{Q}$，即对 Euler 标架作正交变换 $\boldsymbol{Q}$，得 $\boldsymbol{f}(\boldsymbol{Q}\cdot\boldsymbol{F})=\boldsymbol{f}(\boldsymbol{Q}\cdot\boldsymbol{F}\cdot\boldsymbol{H})$；由本构关系的客观性，$\boldsymbol{f}(\boldsymbol{Q}\cdot\boldsymbol{F})=\boldsymbol{Q}\cdot\boldsymbol{f}(\boldsymbol{F})\cdot\boldsymbol{Q}^{\mathrm{T}}$，所以 $\boldsymbol{f}(\boldsymbol{Q}\cdot\boldsymbol{F}\cdot\boldsymbol{H})=\boldsymbol{Q}\cdot\boldsymbol{f}(\boldsymbol{F})\cdot\boldsymbol{Q}^{\mathrm{T}}$。如果 $\boldsymbol{Q}$ (因而 $\boldsymbol{Q}^{-1}$ 或 $\boldsymbol{Q}^{\mathrm{T}}$) 是对称群的元素，取 $\boldsymbol{H}=\boldsymbol{Q}^{\mathrm{T}}$，即得到式 (5.68)。因此根据客观性要求，$\boldsymbol{Q}$ 为对称群元素的必要条件是满足式 (5.68)。

反之，假如式 (5.68) 成立，对 Lagrange 标架作正交变换 $\boldsymbol{Q}$，即式 (5.68) 中 $\boldsymbol{F}$ 后乘 $\boldsymbol{Q}$，则得到 $\boldsymbol{f}(\boldsymbol{Q}\cdot\boldsymbol{F})=\boldsymbol{Q}\cdot\boldsymbol{f}(\boldsymbol{F}\cdot\boldsymbol{Q})\cdot\boldsymbol{Q}^{\mathrm{T}}$，由客观性条件 $\boldsymbol{f}(\boldsymbol{Q}\cdot\boldsymbol{F})=\boldsymbol{Q}\cdot\boldsymbol{f}(\boldsymbol{F})\cdot\boldsymbol{Q}^{\mathrm{T}}$，所以有 $\boldsymbol{Q}\cdot\boldsymbol{f}(\boldsymbol{F})\cdot\boldsymbol{Q}^{\mathrm{T}}=\boldsymbol{Q}\cdot\boldsymbol{f}(\boldsymbol{F}\cdot\boldsymbol{Q})\cdot\boldsymbol{Q}^{\mathrm{T}}$，或 $\boldsymbol{f}(\boldsymbol{F})=\boldsymbol{f}(\boldsymbol{F}\cdot\boldsymbol{Q})$，即对称性条件成立，因此式 (5.68) 是 $\boldsymbol{Q}$ 为对称群元素的充分条件。

以上证明说明，式 (5.68) 能够使 $\boldsymbol{Q}$ 在满足物质对称性条件 $\boldsymbol{f}(\boldsymbol{F})=\boldsymbol{f}(\boldsymbol{F}\cdot\boldsymbol{Q})$ 的同时，也能满足客观性要求。

需要指出，$\boldsymbol{F}$ 是两点张量 ($\boldsymbol{F}=x^k_{,K}\boldsymbol{g}_k\boldsymbol{G}^K$)，所以式 (5.68) 中的 $\boldsymbol{Q}\cdot\boldsymbol{F}\cdot\boldsymbol{Q}^{\mathrm{T}}$ 项分别对变形梯度作即时构形变换 (左乘 $\boldsymbol{Q}$) 和参考构形变换 (右乘 $\boldsymbol{Q}^{\mathrm{T}}$)，两者不应混淆。

如果材料对于某一参考构形的对称群包括全部正交变换，则该物质在参考构形的任意正交变换中，本构方程的形式不变，即材料性质相同，这样的物质称为各向同性物质。该对称群的参考构形称为材料的无扭曲状态 (或非畸变状态)。等密度流体的无扭曲状态可以任意选取，因为流体在即时构形中质点邻域 (微团) 的运动与初始参考状态无关；固体的无扭曲状态通常为材料的自然状态，即无初始应力的状态，否则当初始应力有方向性时，可能使各向同性材料的本构方程也具有方向性。

5.6　简单物质一般本构方程的各种形式、理想物质

第 5.3 节给出了简单物质 (一阶简单物质) 的定义，并指出简单物质包括了大部分现有物质。从形态上物质可以分为固体和流体 (液体和气体)，固体能保持自己的形状、依靠变

形承受应力。许多固体在无应力状态下拥有自然构形，若施加应力然后再去掉，则会恢复到原来的构形 (弹性固体) 或者有一定残余变形 (塑性固体)。采用自然构形作为参考构形往往比较方便，虽然这并不是必须的。流体的特征是一般情况下 (非静止流体) 承受应力不是依靠变形，而是依靠运动和密度变化。流体没有特定的自然构形，把它们放在任何容器里，只要给予充分时间，就会适应容器的形状。

从本构关系看，在外力作用下固体中的应力只与变形有关，与变形速率无关 (如果不考虑某些固体的材料常数受变形速率的影响)，而流体的应力只与变形速率和密度有关，与变形大小无关 (体积变形的影响包含在密度中)。除固体和流体外，还有一类物质既有固体特性也有流体特性，也可以说既非固体也非流体，其应力既与变形也与变形率有关，有时将这类物质称为液晶或流晶 (liquid crystal)，例如黏弹性体、黏塑性体。

本节讨论简单物质一般本构方程的各种表示形式，根据本构关系的特殊情况定义各种理想物质。理想物质的本构方程是物质力学性质的数学模型，可以近似地描述真实物质特性。在选择本构模型时，不仅依据物质本身的性质，还要考虑它的实际工作状态，包括温度、变形速率、变形大小及应力状态等。例如，不可压缩非黏性流体模型可以较好地描述水在管道中的流动，但却不能用于声波在水中的传播，因为后者必须考虑水的可压缩性；当应力小于弹性极限时金属是弹性物质，超过弹性极限时则呈现弹塑性；在不同温度下，聚合物可以表现为弹性、黏弹性和黏流性；通常是弹脆性的岩石，在高围压下具有黏弹塑性性质，等等。可见一种理想物质的本构模型是在一定条件下适用的。

为了简单，下面不考虑热载荷及相关的变量温度 θ 和熵 η，即讨论等温情况。如果考虑热学相关变量，可以进行类似的分析。

5.6.1 一般本构方程的各种形式

由简单物质的一般本构方程式 (5.22)，$\boldsymbol{t}(\boldsymbol{X},t)=\boldsymbol{f}(\boldsymbol{F}(\boldsymbol{X},\tau),\boldsymbol{X})$，考虑客观性和物质对称性要求，可以进一步得到本构方程的各种其他形式。为了将当前 (t 时刻) 变形的影响与变形历史 ($\tau<t$) 的影响分开，可以利用第 2.3 节给出的相对变形张量概念，引入流动参考构形。

5.6.1.1 形式 1

根据客观性公理，在刚性运动标架中本构方程为式 (5.56)，省略 $\boldsymbol{X}$，即

$$\boldsymbol{Q}(t)\cdot\boldsymbol{t}(t)\cdot\boldsymbol{Q}^{\mathrm{T}}(t)=\boldsymbol{f}\left(\boldsymbol{Q}(\tau)\cdot\boldsymbol{F}(\tau)\right) \tag{a}$$

利用流动参考构形、式 (2.45a) 和极分解定理，变形梯度历史可表示为

$$\begin{aligned}\boldsymbol{F}(\tau)&=\boldsymbol{F}_{(t)}(\tau)\cdot\boldsymbol{F}(t)=\boldsymbol{R}_{(t)}(\tau)\cdot\boldsymbol{U}_{(t)}(\tau)\cdot\boldsymbol{R}(t)\cdot\boldsymbol{U}(t)\\&=\boldsymbol{R}_{(t)}(\tau)\cdot\boldsymbol{R}(t)\cdot\boldsymbol{R}^{\mathrm{T}}(t)\cdot\boldsymbol{U}_{(t)}(\tau)\cdot\boldsymbol{R}(t)\cdot\boldsymbol{U}(t)\\&=\boldsymbol{R}_{(t)}(\tau)\cdot\boldsymbol{R}(t)\cdot\overline{\boldsymbol{U}}_{(t)}(\tau)\cdot\boldsymbol{U}(t)\end{aligned} \tag{b}$$

式中 $$\overline{\boldsymbol{U}}_{(t)}(\tau)=\boldsymbol{R}^{\mathrm{T}}(t)\cdot\boldsymbol{U}_{(t)}(\tau)\cdot\boldsymbol{R}(t)\quad\text{(Lagrange 型二阶张量)} \tag{c}$$

将式 (b) 代入式 (a)，由于时空系的刚性运动是任意的，可取 $\boldsymbol{Q}(\tau)=\left(\boldsymbol{R}_{(t)}(\tau)\cdot\boldsymbol{R}(t)\right)^{\mathrm{T}}$ 及 $\boldsymbol{Q}(t)=\left(\boldsymbol{R}_{(t)}(t)\cdot\boldsymbol{R}(t)\right)^{\mathrm{T}}=\boldsymbol{R}^{\mathrm{T}}(t)$，则得到本构方程

$$\boldsymbol{t}(t)=\boldsymbol{R}(t)\cdot\boldsymbol{f}_1\left(\overline{\boldsymbol{U}}_{(t)}(\tau),\boldsymbol{U}(t)\right)\cdot\boldsymbol{R}^{\mathrm{T}}(t) \tag{5.69}$$

式 (b) 中 $\overline{\boldsymbol{U}}_{(t)}(\tau)\cdot\boldsymbol{U}(t)$ 在式 (a) 中改用 $\overline{\boldsymbol{U}}_{(t)}(\tau),\boldsymbol{U}(t)$，所以函数记号改为 $\boldsymbol{f}_1$。上式给出 Cauchy 应力与右相对伸长张量历史、当前右伸长张量及当前转动张量的关系。

5.6.1.2 形式 2

第 5.4.5 小节已经证明，简单物质的 Cauchy 应力只与右相对伸长张量历史及当前转动张量有关，即式 (5.57)，将 $\boldsymbol{U}=\boldsymbol{C}^{1/2}$ 代入该式，不考虑显含的 $\boldsymbol{X}$ (均匀材料)，得

$$\boldsymbol{t}(t)=\boldsymbol{R}(t)\cdot\tilde{\boldsymbol{f}}\left(\boldsymbol{C}(\tau)\right)\cdot\boldsymbol{R}^{\mathrm{T}}(t) \tag{5.70}$$

由式 (2.47a)，用相对 Green 变形张量历史表示 Green 变形张量，即

$$\boldsymbol{C}(\tau)=\boldsymbol{F}^{\mathrm{T}}(t)\cdot\boldsymbol{C}_{(t)}(\tau)\cdot\boldsymbol{F}(t) \tag{5.71}$$

由极分解定理，将 t 时刻变形梯度表为

$$\boldsymbol{F}(t)=\boldsymbol{R}(t)\cdot\boldsymbol{C}^{1/2}(t) \tag{5.72}$$

将式 (5.72) 和式 (5.71) 代入式 (5.70)，得到

$$\boldsymbol{t}(t)=\boldsymbol{R}(t)\cdot\tilde{\boldsymbol{f}}\left(\boldsymbol{C}^{1/2}(t)\cdot\boldsymbol{R}^{\mathrm{T}}(t)\cdot\boldsymbol{C}_{(t)}(\tau)\cdot\boldsymbol{R}(t)\cdot\boldsymbol{C}^{1/2}(t)\right)\cdot\boldsymbol{R}^{\mathrm{T}}(t) \tag{d}$$

令

$$\overline{\boldsymbol{C}}_{(t)}(\tau)=\boldsymbol{R}^{\mathrm{T}}(t)\cdot\boldsymbol{C}_{(t)}(\tau)\cdot\boldsymbol{R}(t)\quad\text{(Lagrange 型二阶张量)} \tag{5.73}$$

则式 (d) 可以写作

$$\boldsymbol{t}(t)=\boldsymbol{R}(t)\cdot\boldsymbol{f}_2\left(\overline{\boldsymbol{C}}_{(t)}(\tau),\boldsymbol{C}(t)\right)\cdot\boldsymbol{R}^{\mathrm{T}}(t) \tag{5.74}$$

式 (5.74) 给出 Cauchy 应力与相对 Green 变形张量历史、当前 Green 变形张量及当前转动张量的关系。

5.6.1.3 形式 3

如果简单物质是各向同性的，$\mathscr{R}$ 为非畸变构形，则本构方程式 (5.74) 对于任何正交变换保持形式不变。若取正交变换 $\boldsymbol{Q}(t)=\boldsymbol{R}^{\mathrm{T}}(t)$，参考构形 $\mathscr{R}$ 变为 $\overline{\mathscr{R}}$，则有

$$\bar{\boldsymbol{t}}(t)=\overline{\boldsymbol{R}}(t)\cdot\boldsymbol{f}_2\left(\overline{\overline{\boldsymbol{C}}}_{(t)}(\tau),\overline{\boldsymbol{C}}(t)\right)\cdot\overline{\boldsymbol{R}}^{\mathrm{T}}(t) \tag{e}$$

式中，$\overline{\overline{\boldsymbol{C}}}_{(t)}=\overline{\boldsymbol{R}}^{\mathrm{T}}\cdot\overline{\boldsymbol{C}}_{(t)}\cdot\overline{\boldsymbol{R}}$。在两个参考构形中，有关变量的变换关系为

$$\overline{\boldsymbol{F}}=\boldsymbol{F}\cdot\boldsymbol{Q}=\boldsymbol{F}\cdot\boldsymbol{R}^{\mathrm{T}}=\boldsymbol{V}\cdot\boldsymbol{R}\cdot\boldsymbol{R}^{\mathrm{T}}=\boldsymbol{V} \tag{5.75a}$$

$$\overline{\boldsymbol{C}}=\overline{\boldsymbol{F}}^{\mathrm{T}}\cdot\overline{\boldsymbol{F}}=\boldsymbol{V}\cdot\boldsymbol{V}=\boldsymbol{V}^2=\boldsymbol{b} \tag{5.75b}$$

$$\overline{\boldsymbol{R}}=\overline{\boldsymbol{F}}\cdot\overline{\boldsymbol{C}}^{-1/2}=\boldsymbol{V}\cdot\boldsymbol{V}^{-1}=\boldsymbol{I} \tag{5.75c}$$

$$\overline{\boldsymbol{C}}_{(t)}=\boldsymbol{C}_{(t)},\quad\bar{\boldsymbol{t}}=\boldsymbol{t}\quad\text{(与参考构形 }\mathscr{R}\text{ 的变换无关)} \tag{5.75d}$$

$$\overline{\overline{\boldsymbol{C}}}_{(t)}=\overline{\boldsymbol{R}}^{\mathrm{T}}\cdot\overline{\boldsymbol{C}}_{(t)}\cdot\overline{\boldsymbol{R}}=\boldsymbol{C}_{(t)} \tag{5.75e}$$

将上述各式代入式 (e)，得到各向同性简单物质的本构方程

$$\boldsymbol{t}(t)=\boldsymbol{f}_3\left(\boldsymbol{C}_{(t)}\left(\tau\right),\boldsymbol{b}(t)\right) \tag{5.76}$$

式 (5.76) 给出 Cauchy 应力与相对 Green 变形张量历史及当前的左 Cauchy-Green 变形张量的关系，由于 $\boldsymbol{C}_{(t)}\left(\tau\right)$ 与 $\boldsymbol{R}(t)$ 相关 (见式 (2.48a) 和式 (2.46a))，所以 Cauchy 应力也与当前转动有关。

5.6.1.4 形式 4

利用不同应力张量间的转换关系式 (3.31)、式 (3.32) 和本构方程式 (5.57)，可以得到用第一类和第二类 Piola-Kirchhoff 应力张量表示的本构方程

$$\begin{aligned}\boldsymbol{\tau}(t)&=J\boldsymbol{F}^{-1}\cdot\boldsymbol{t}=J(t)\boldsymbol{U}^{-1}(t)\cdot\boldsymbol{R}^{-1}(t)\cdot\boldsymbol{R}(t)\cdot\boldsymbol{f}\left(\boldsymbol{U}\left(\tau\right)\right)\cdot\boldsymbol{R}^{\mathrm{T}}(t)\\&=J(t)\boldsymbol{U}^{-1}(t)\cdot\boldsymbol{f}\left(\boldsymbol{U}\left(\tau\right)\right)\cdot\boldsymbol{R}^{\mathrm{T}}(t)\end{aligned} \tag{5.77}$$

$$\boldsymbol{T}(t)=J\boldsymbol{F}^{-1}\cdot\boldsymbol{t}\cdot\boldsymbol{F}^{-\mathrm{T}}=\boldsymbol{\tau}(t)\cdot\boldsymbol{R}(t)\cdot\boldsymbol{U}^{-1}(t)=J(t)\boldsymbol{U}^{-1}(t)\cdot\boldsymbol{f}\left(\boldsymbol{U}\left(\tau\right)\right)\cdot\boldsymbol{U}^{-1}(t) \tag{5.78}$$

从上面给出的简单物质一般本构方程的各种形式，可以看到应力与变形、转动及其历史的关系有下列特点：(1) $\boldsymbol{t}$ 和 $\boldsymbol{\tau}$ 与变形历史和当前转动有关，与转动历史无关 (见式 (5.57)、式 (5.69)、式 (5.70)、式 (5.74)、式 (5.77))；(2) $\boldsymbol{T}$ 与变形历史有关，与转动无关 (见式 (5.78))。

5.6.2 简单流体

流体的特点是易流动性，通常是各向同性的，并且具有最大程度的物质对称性，对称群为等体积变换群 (幺模群)。只要保持体积不变 (因而物质密度不变)，初始参考构形可以任意变换或任意选取，而不影响流体中的应力。因此，可以将物质对称群为等体积变换群的简单物质称为简单流体，并作为简单流体的定义。

各向同性简单物质的一般本构方程式 (5.76) 表明，Cauchy 应力决定于相对变形历史 $\boldsymbol{C}_{(t)}\left(\tau\right)$ 和当前变形 $\boldsymbol{b}(t)$，前者与初始构形无关，后者依赖初始构形。既然流体的初始参考构形变换可以产生变形 (但体积不变) 并不改变应力，那么流体的应力与基于初始参考构形的变形 $\boldsymbol{b}(t)$ 之间的关系，只能表现为与体积变形或者与密度有关。因此，对于流体而言，本构方程式 (5.76) 中，表示当前变形影响的变量 $\boldsymbol{b}(t)$ 可以用当前密度 $\rho(t)$ 代替，从而得到简单流体的一般本构方程

$$\boldsymbol{t}(t)=\boldsymbol{f}\left(\boldsymbol{C}_{(t)}\left(\tau\right),\rho(t)\right) \tag{5.79}$$

为了应用记忆公理，可以将 $\boldsymbol{C}_{(t)}\left(\tau\right)$ 在 t 时刻展成时间 τ 的 Taylor 级数 (见式 (2.166))

$$\boldsymbol{C}_{(t)}\left(\tau\right)=\sum_{k=0}^{\infty}\frac{1}{k!}\boldsymbol{C}_{(t)}^{(k)}(t)\left(\tau-t\right)^{k}=\sum_{k=0}^{\infty}\frac{1}{k!}\left(-1\right)^{k}\boldsymbol{A}^{(k)}(t)\left(t-\tau\right)^{k} \tag{5.80}$$

式中

$$\boldsymbol{A}^{(k)}(t)=\left.\frac{\mathrm{d}^{k}\boldsymbol{C}_{(t)}}{\mathrm{d}\tau^{k}}\right|_{\tau=t}\equiv\boldsymbol{C}_{(t)}^{(k)}(t)\quad(\text{Rivlin-Ericksen 张量}) \tag{5.81}$$

可见，式 (5.79) 中的函数变量 $\boldsymbol{C}_{(t)}(\tau)$ 在实质上表示流体应力与当前的各阶变形速率有关，变形的影响只通过密度 (或体积变形 $\det \boldsymbol{b}(t)$) 表示。将式 (5.80) 代入式 (5.79)，对 τ 积分可以得到以 $\boldsymbol{A}^{(k)}(t)$ 和 $\rho(t)$ 为变量的函数形式的流体本构方程

$$\boldsymbol{t}(\boldsymbol{x},t)=\boldsymbol{f}\left(\boldsymbol{A}^{(1)}(t),\boldsymbol{A}^{(2)}(t),\cdots,\boldsymbol{A}^{(n)}(t),\rho(t)\right) \tag{5.79a}$$

关于流体的进一步讨论在第 8 章中给出。

5.6.3 简单固体

固体的特点是有固定形状，受力时形状改变，力一定时形状不变。固体的性质可能有方向性 (各向异性)，也可能是各向同性的。具有最强烈各向异性的固体，一个参考构形中的材料性质只与本构形或反向构形 (构形变换为 $\boldsymbol{I}$ 或 $-\boldsymbol{I}$) 的性质相同，即对称群为三斜群；一般的固体有某种程度的物质对称性，对称群为三斜群加上部分正交变换，构成正交变换子群 (因为 $\boldsymbol{I}$ 和 $-\boldsymbol{I}$ 也是一种正交变换)，各向同性固体的对称群包括全部正交变换。因此，可以将材料对称群为正交变换子群的简单物质称为简单固体，并作为简单固体的定义。

上述特性和定义说明，简单固体的本构方程依赖一定的参考构形，与流体不同，非畸变构形不是任意的，所以在简单物质一般本构关系式 (5.74) 中必然包含当前变形变量 $\boldsymbol{C}(t)$；另一方面，既然外力一定时固体形状保持不变，即变形率为 0，可见 Cauchy 应力应该与变形率无关。由式 (5.74)，弹性体的本构方程可以表示为

$$\boldsymbol{t}(t)=\boldsymbol{R}(t)\cdot\boldsymbol{f}(\boldsymbol{C}(t))\cdot\boldsymbol{R}^{\mathrm{T}}(t) \tag{5.82}$$

利用应力张量间的转换关系式 $(3.31)_1$、式 $(3.32)_1$，可以得到：

$$\boldsymbol{\tau}(t)=J\boldsymbol{F}^{-1}\cdot\boldsymbol{t}=J(t)\boldsymbol{U}^{-1}(t)\cdot\boldsymbol{f}(\boldsymbol{C}(t))\cdot\boldsymbol{R}^{\mathrm{T}}(t) \tag{5.83}$$

$$\boldsymbol{T}(t)=J\boldsymbol{F}^{-1}\cdot\boldsymbol{t}\cdot\boldsymbol{F}^{-\mathrm{T}}=\boldsymbol{\tau}(t)\cdot\boldsymbol{R}(t)\cdot\boldsymbol{U}^{-1}(t)=J(t)\boldsymbol{U}^{-1}(t)\cdot\boldsymbol{f}(\boldsymbol{C}(t))\cdot\boldsymbol{U}^{-1}(t) \tag{5.84}$$

式 (5.84) 也可以用 Green 变形张量或 Lagrange 应变张量的函数表示

$$\boldsymbol{T}(t)=\boldsymbol{f}(\boldsymbol{C}(t)) \quad 或 \quad \boldsymbol{T}(t)=\boldsymbol{f}(\boldsymbol{E}(t)) \tag{5.85}$$

为了简单，上式中未采用新的函数记号。可见弹性体的应力 $\boldsymbol{T}$ 只与当前应变有关，可能成线性关系，称为线弹性体，也可能成非线性关系，例如超弹性体等。在考虑力和热载荷共同作用时，连续介质的热、力响应相耦合，称为热弹性体。

若参考构形 $\overline{\mathscr{R}}$ 到 $\mathscr{R}$ 的变换为对称群内的正交变换 $\boldsymbol{Q}(t)$，则有变换关系：$\overline{\boldsymbol{T}}=\boldsymbol{Q}^{\mathrm{T}}\cdot\boldsymbol{T}\cdot\boldsymbol{Q}$ (由式 $(5.63)_2$)，$\overline{\boldsymbol{C}}=\overline{\boldsymbol{F}}^{\mathrm{T}}\cdot\overline{\boldsymbol{F}}=\boldsymbol{Q}^{\mathrm{T}}\cdot\boldsymbol{F}^{\mathrm{T}}\cdot\boldsymbol{F}\cdot\boldsymbol{Q}=\boldsymbol{Q}^{\mathrm{T}}\cdot\boldsymbol{C}\cdot\boldsymbol{Q}$，$\overline{\boldsymbol{E}}=\boldsymbol{Q}^{\mathrm{T}}\cdot\boldsymbol{E}\cdot\boldsymbol{Q}$。由物质对称性，对于构形 $\overline{\mathscr{R}}$ 有 $\overline{\boldsymbol{T}}(t)=\boldsymbol{f}\left(\overline{\boldsymbol{C}}(t)\right)$，$\overline{\boldsymbol{T}}(t)=\boldsymbol{f}\left(\overline{\boldsymbol{E}}(t)\right)$，将上述变换关系代入其中，可得式 (5.85) 的物质对称性条件

$$\boldsymbol{Q}^{\mathrm{T}}\cdot\boldsymbol{f}(\boldsymbol{C})\cdot\boldsymbol{Q}=\boldsymbol{f}\left(\boldsymbol{Q}^{\mathrm{T}}\cdot\boldsymbol{C}\cdot\boldsymbol{Q}\right) \quad 和 \quad \boldsymbol{Q}^{\mathrm{T}}\cdot\boldsymbol{f}(\boldsymbol{E})\cdot\boldsymbol{Q}=\boldsymbol{f}\left(\boldsymbol{Q}^{\mathrm{T}}\cdot\boldsymbol{E}\cdot\boldsymbol{Q}\right) \tag{5.85a}$$

塑性固体的应力与变形过程有关，不能简单地表示为当前应变的函数。

在第 6 章中将更详细地讨论固体本构关系及其应用。

5.6.4 简单流晶

黏弹性和黏弹塑性材料同时具有固体和流体的某些力学特性，其应力既依赖基于初始参考构形的变形，也依赖相对变形历史即变形速率，这类材料称为简单流晶。许多工程材料在一定条件下呈现固体和流体的双重性质，例如塑料、橡胶、树脂、岩石、土壤、混凝土、金属、石油、沥青等，常常需要考虑材料的黏弹性或黏弹塑性力学行为，虽然这些材料具有固体或流体形态，但力学性质既不同于固体也不同于流体。

简单流晶的一般本构方程为式 (5.74)，任一时刻 t 的应力响应由两部分组成，一部分是对于 t 时刻的变形 $\boldsymbol{C}(t)$ 产生的抗力，另一部分决定于变形历史，是 t 时刻之前变形率的影响对时间的积分，随着与当前时间间距的增加被积函数衰减，反映材料的衰减记忆特性。

如果本构方程中只含应力与应力率和变形与变形率的线性项，则材料具有线弹性固体和线性黏性流体特点，称为线性黏弹性物质；如果固体特性是非线性弹性的或流体特性是非线性黏性的，或者两者皆呈现非线性，则为非线性黏弹性物质；如果变形中出现塑性并存在黏性效应，则为黏塑性物质。

在第 7 章中将进一步讨论黏弹性物质的本构关系及材料特性。

5.7 本构关系的研究方法简介

前面各节介绍了本构方程的一般形式和某些不同形式、简单物质和各种理想物质模型等等，但尚未涉及如何给出本构泛函 (或本构函数) 的具体形式。本节简要介绍确定理想物质本构方程具体形式的一些主要方法。

5.7.1 本构方程的热力学基础及应用

本构方程是连续介质在热力学过程中状态变量间的一种关系，因而必须与热力学基本定律相容。热力学第一定律和第二定律是本构关系的重要热力学基础和应该满足的要求，可为建立本构关系提供热力学框架 (或限制)，从而给出本构方程的更加具体的形式。

连续介质可以认为是热力学系统，系统的状态用各种状态变量描述，如果所有状态变量不随时间改变，则称为平衡状态。从一个平衡状态到另一个平衡状态称为热力学过程，如果过程无限缓慢地经过平衡状态进行，称为准静态过程。经典热力学研究平衡状态和准静态过程。热力学第一定律和第二定律是经典热力学的两个基本原理 (见第 4.4 节和第 4.5 节)。

热力学第一定律给出外力引起的变形功和输入的热能与内能之间的平衡关系，与系统内部耗散能的变化无关；热力学第二定律通过熵不等式确定系统中能量耗散的变化方向，即内耗散产生的熵只能增加，不能减少。在利用热力学第一定律消去外部输入的热源强度 h，并引入自由能表示内能之后，热力学第二定律可以用 Clausius-Duhem 不等式表示 (见式 (4.67a) 和式 (4.67b))：

$$\theta r = -\dot{\psi} - \dot{\theta}\eta + \frac{1}{\rho}\boldsymbol{t} : \boldsymbol{d} - \frac{1}{\rho\theta}\boldsymbol{q} \cdot \boldsymbol{\nabla}\theta \geqslant 0 \quad (\text{空间描述法})$$

$$\theta r = -\dot{\psi} - \dot{\theta}\eta + \frac{1}{\rho_0}\boldsymbol{T} : \dot{\boldsymbol{E}} - \frac{1}{\rho_0\theta}\boldsymbol{q}_0 \cdot \nabla_{\boldsymbol{X}}\theta \geqslant 0 \quad (\text{物质描述法})$$

式中，单位质量自由能 $\psi = e - \theta\eta$ 包括变形功及耗散能，在一般本构关系式 (5.4) 及其简化方程中，可以代替内能作为一个本构泛函。

对于不同的物质模型，自由能 ψ 依赖不同的状态变量。假设 ψ 是连续可微的标量势函数，将自由能的变率 $\dot{\psi}$ 代入 Claisius-Duhem 不等式，便可得到该物质的热力学相容条件，即状态变量的本构关系。下面列举两个典型例子。

例 5.3 热弹性固体的本构关系 [3]

参考式 $(5.85)_2$ 和自由能定义，考虑温度影响，可假设热弹性固体的自由能函数为

$$\psi=\psi\left(\boldsymbol{E},\theta_{,\boldsymbol{X}},\theta;X\right) \tag{5.86}$$

对上式取物质导数，有

$$\dot{\psi}=\frac{\partial\psi}{\partial\boldsymbol{E}}:\dot{\boldsymbol{E}}+\frac{\partial\psi}{\partial\theta_{,\boldsymbol{X}}}\cdot\dot{\theta}_{,\boldsymbol{X}}+\frac{\partial\psi}{\partial\theta}\dot{\theta} \tag{5.87}$$

代入式 (4.67b)，得到

$$\left(\boldsymbol{T}-\rho_0\frac{\partial\psi}{\partial\boldsymbol{E}}\right):\dot{\boldsymbol{E}}-\rho_0\frac{\partial\psi}{\partial\theta_{,\boldsymbol{X}}}\cdot\dot{\theta}_{,\boldsymbol{X}}-\rho_0\left(\eta+\frac{\partial\psi}{\partial\theta}\right)\dot{\theta}-\frac{1}{\theta}\boldsymbol{q}_0\cdot\boldsymbol{\nabla}_{\boldsymbol{X}}\theta\geqslant 0 \tag{5.88}$$

式 (5.88) 对任意的 $\dot{\boldsymbol{E}}$、$\dot{\theta}_{,\boldsymbol{X}}$、$\dot{\theta}$ 成立，所以热力学相容条件为

$$\boldsymbol{T}=\rho_0\frac{\partial\psi}{\partial\boldsymbol{E}}\quad 或\quad T^{KL}=\rho_0\frac{\partial\psi}{\partial E_{KL}} \tag{5.89a}$$

$$\frac{\partial\psi}{\partial\theta_{,\boldsymbol{X}}}=0 \tag{5.89b}$$

$$\eta=-\frac{\partial\psi}{\partial\theta} \tag{5.89c}$$

$$-\frac{1}{\theta}\boldsymbol{q}_0\cdot\boldsymbol{\nabla}_{\boldsymbol{X}}\theta\geqslant 0 \tag{5.89d}$$

当势函数 ψ 给定时，由式 (5.89a,c) 可得到热弹性固体本构方程的具体形式，式 (5.89b) 表明 ψ 不显含 $\nabla_{\boldsymbol{X}}\theta$。由于绝对温度 $\theta>0$，式 (5.89d) 说明热流量与温度梯度方向相反，热弹性固体中热量只能从高温部位流向低温部位。

如果用空间描述法，将式 (2.149) 代入式 (5.88)，得到

$$\left[\boldsymbol{F}\cdot\left(\boldsymbol{T}-2\rho_0\frac{\partial\psi}{\partial\boldsymbol{C}}\right)\cdot\boldsymbol{F}^{\mathrm{T}}\right]:\boldsymbol{d}-\rho_0\frac{\partial\psi}{\partial\theta_{,\boldsymbol{X}}}\cdot\dot{\theta}_{,\boldsymbol{X}}-\rho_0\left(\eta+\frac{\partial\psi}{\partial\theta}\right)\dot{\theta}-\frac{1}{\theta}\boldsymbol{q}_0\cdot\nabla_{\boldsymbol{X}}\theta\geqslant 0 \tag{5.90}$$

由于 $\boldsymbol{d}$ 的任意性，注意到 $\boldsymbol{t}=\dfrac{1}{J}\boldsymbol{F}\cdot\boldsymbol{T}\cdot\boldsymbol{F}^{\mathrm{T}}$，$\rho_0=J\rho$，得

$$\boldsymbol{t}=2\rho\boldsymbol{F}\cdot\frac{\partial\psi}{\partial\boldsymbol{C}}\cdot\boldsymbol{F}^{\mathrm{T}}\quad 或\quad t^{kl}=2\rho x^k_{,K}x^l_{,L}\frac{\partial\psi}{\partial C_{KL}} \tag{5.91}$$

利用式 (4.48)、式 (5.89d)，注意 $\boldsymbol{\nabla}_X\theta=\boldsymbol{\nabla}_x\theta\cdot\dfrac{\partial\boldsymbol{x}}{\partial\boldsymbol{X}}=\boldsymbol{\nabla}_x\theta\cdot\boldsymbol{F}$，可得

$$-\boldsymbol{q}\cdot\boldsymbol{\nabla}_{\boldsymbol{x}}\theta\geqslant 0 \tag{5.92}$$

例 5.4 热黏性流体的本构关系 [3]

由式 (5.79a) ($n=1$)、考虑温度影响，可以假设自由能函数为

$$\psi=\psi\left(\boldsymbol{A}^{(1)},\rho,\theta_{,\boldsymbol{X}},\theta;\boldsymbol{X}\right) \tag{5.93}$$

由式 (5.71)，可得

$$\boldsymbol{C}_{(t)}(\tau)=\boldsymbol{F}^{-\mathrm{T}}(t)\cdot\boldsymbol{C}(\boldsymbol{X},\tau)\cdot\boldsymbol{F}^{-1}(t) \tag{5.94}$$

代入式 (5.81)，有 (即式 (2.165))

$$\boldsymbol{A}^{(1)}=\left.\frac{\mathrm{d}\boldsymbol{C}_t}{\mathrm{d}\tau}\right|_{\tau=t}=\boldsymbol{F}^{-\mathrm{T}}(t)\cdot\dot{\boldsymbol{C}}(\boldsymbol{X},\tau)\cdot\boldsymbol{F}^{-1}(t)=2\boldsymbol{d} \tag{5.95}$$

所以自由能及其物质导数可表示为

$$\psi=\psi\left(\boldsymbol{d},\rho^{-1},\theta_{,\boldsymbol{X}},\theta;\boldsymbol{X}\right) \tag{5.96}$$

$$\dot{\psi}=\frac{\partial\psi}{\partial\boldsymbol{d}}:\dot{\boldsymbol{d}}+\frac{\partial\psi}{\partial\rho^{-1}}\left(\rho^{-1}\right)^{\cdot}+\frac{\partial\psi}{\partial\theta_{,\boldsymbol{X}}}\cdot\dot{\theta}_{,\boldsymbol{X}}+\frac{\partial\psi}{\partial\theta}\dot{\theta}$$

由式 (2.138) 和质量守恒定律式 (4.9)，

$$\left(\rho^{-1}\right)^{\cdot}=\frac{\dot{J}}{\rho_0}=\frac{\mathrm{tr}\boldsymbol{d}}{\rho}=\frac{1}{\rho}\boldsymbol{I}:\boldsymbol{d} \tag{5.97}$$

将 $\dot{\psi}$ 和式 (5.97) 代入 Clausius-Duhem 不等式 (4.67a)，得到

$$-\rho\frac{\partial\psi}{\partial\boldsymbol{d}}:\dot{\boldsymbol{d}}-\rho\frac{\partial\psi}{\partial\theta_{,\boldsymbol{X}}}\cdot\dot{\theta}_{,\boldsymbol{X}}-\rho\left(\eta+\frac{\partial\psi}{\partial\theta}\right)\dot{\theta}+\left(\boldsymbol{t}-\frac{\partial\psi}{\partial\rho^{-1}}\boldsymbol{I}\right):\boldsymbol{d}-\frac{1}{\theta}\boldsymbol{q}\cdot\boldsymbol{\nabla}\theta\geqslant 0 \tag{5.98}$$

上式对于任意的 $\dot{\boldsymbol{d}}$、$\dot{\theta}_{,\boldsymbol{X}}$、$\dot{\theta}$ 成立，必有

$$\frac{\partial\psi}{\partial\boldsymbol{d}}=0,\quad\frac{\partial\psi}{\partial\theta_{,\boldsymbol{X}}}=0,\quad\eta=-\frac{\partial\psi}{\partial\theta} \tag{5.99a}$$

$$\left(\boldsymbol{t}-\frac{\partial\psi}{\partial\rho^{-1}}\boldsymbol{I}\right):\boldsymbol{d}-\frac{1}{\theta}\boldsymbol{q}\cdot\boldsymbol{\nabla}\theta\geqslant 0 \tag{5.99b}$$

注意到 $\dfrac{\partial\psi}{\partial\rho}=\dfrac{\partial\psi}{\partial\rho^{-1}}\dfrac{\partial\rho^{-1}}{\partial\rho}=-\rho^{-2}\dfrac{\partial\psi}{\partial\rho^{-1}}$，令

$$\boldsymbol{t}_d=\boldsymbol{t}-\frac{\partial\psi}{\partial\rho^{-1}}\boldsymbol{I}=\boldsymbol{t}+\rho^2\frac{\partial\psi}{\partial\rho}\boldsymbol{I}=\boldsymbol{t}+p\boldsymbol{I} \tag{5.100}$$

$p=-\dfrac{\partial\psi}{\partial\rho^{-1}}=\rho^2\dfrac{\partial\psi}{\partial\rho}$ 称为热力学压力；$\boldsymbol{t}_d$ 等于 Cauchy 应力 $\boldsymbol{t}$ 与引起体积变形的热力学力 $\dfrac{\partial\psi}{\partial\rho^{-1}}\boldsymbol{I}$ (即 $-p\boldsymbol{I}$) 之差。式 (5.99b) 可改写为

$$\boldsymbol{t}_d:\boldsymbol{d}-\frac{1}{\theta}\boldsymbol{q}\cdot\boldsymbol{\nabla}\theta\geqslant 0 \tag{5.99c}$$

式 (5.99a) 的前两式说明 ψ 与 $\boldsymbol{d}$、$\theta_{,\boldsymbol{X}}$ 无关，只是 θ、ρ 的函数。不等式 (5.99b) 或式 (5.99c) 表示耗散能量非负。式 (5.99b) 和式 (5.99c) 第 1 项表明流体中应力 $\boldsymbol{t}_d$ 做的功是不可逆的，所以也称为不可逆应力，该项为单位体积不可逆应力的功率。

式 (5.89) 和式 (5.99) 分别给出热弹性固体和热黏性流体的热力学相容条件，其中包括相关变量 $\boldsymbol{t}$、$\boldsymbol{T}$、η 与状态变量 ρ、$\boldsymbol{E}$、θ 的本构关系。在建立固体本构方程时，常常利用假设函数 ψ 的方法得到方程的具体形式。通过以上两例可以看到，在研究本构关系时热力学第一、第二定律给出的热力学框架的应用及其重要意义。

5.7.2 内变量理论及其应用

对于耗散介质，例如塑性体、黏弹性体、黏塑性体、损伤介质等，变形过程中伴有内部能量耗散。这种内耗散可能与变形特性有关 (例如黏弹性材料的黏性滞后效应)，也可能与材料结构改变有关 (例如塑性材料的位错、滑移，损伤材料的微孔洞、微裂纹等)，内耗散过程消耗的能量是不可逆的，或转化为热量耗散，或引起材料内部结构的永久性改变。

5.7.2.1 内变量及其应用

可以引入内变量描述内耗散对本构关系的影响。内变量作为内耗散过程的一种度量，成为可观测的状态变量。根据描述对象不同，内变量可以是标量、向量或张量，含有或隐含有不同的物理意义。内变量的选择常常根据应用需要和经验，没有固定模式，例如在塑性力学中可以选择累积塑性变形和塑性应变作为内变量，在黏弹性本构关系中用内变量作为描述变形历史影响的参数，在损伤介质中引入内变量表示连续损伤程度等等。

下面考虑一种热弹塑性固体。假设单位质量自由能为 (见文献 [15])

$$\psi = \psi\left(\boldsymbol{E}^e, \theta_{,\boldsymbol{X}}, \theta, \boldsymbol{V}_K; \boldsymbol{X}\right) \tag{5.101}$$

式中，弹性应变 $\boldsymbol{E}^e = \boldsymbol{E} - \boldsymbol{E}^p$ ($\boldsymbol{E}^p$ 为塑性应变)；$\boldsymbol{V}_K$ 是内变量 (K 是内变量序号)。将 $\dot{\psi}$ 代入 Clausius-Duhem 不等式 (4.67b)，得到

$$\left(\boldsymbol{T} - \rho_0\frac{\partial\psi}{\partial\boldsymbol{E}^e}\right) : \dot{\boldsymbol{E}}^e + \boldsymbol{T} : \dot{\boldsymbol{E}}^p - \rho_0\frac{\partial\psi}{\partial\theta_{,\boldsymbol{X}}}\cdot\dot{\theta}_{,\boldsymbol{X}} - \rho_0\left(\eta + \frac{\partial\psi}{\partial\theta}\right)\dot{\theta} - \rho_0\frac{\partial\psi}{\partial\boldsymbol{V}_K}\circ\dot{\boldsymbol{V}}_K - \frac{1}{\theta}\boldsymbol{q}_0\cdot\nabla_{\boldsymbol{X}}\theta \geqslant 0$$

当 $\boldsymbol{V}_K$ 为标量、向量或二阶张量时，记号 $\circ$ 分别表示标量乘积、点积或双点积。上式对任意的 $\dot{\boldsymbol{E}}^e$、$\dot{\theta}_{,\boldsymbol{X}}$、$\dot{\theta}$ 成立，所以

$$\boldsymbol{T} = \rho_0\frac{\partial\psi}{\partial\boldsymbol{E}^e}, \quad \frac{\partial\psi}{\partial\theta_{,\boldsymbol{X}}} = 0, \quad \eta = -\frac{\partial\psi}{\partial\theta} \tag{5.102a,b,c}$$

$$\boldsymbol{T} : \dot{\boldsymbol{E}}^p - \frac{\partial\psi}{\partial\boldsymbol{V}_K}\circ\dot{\boldsymbol{V}}_K - \frac{1}{\theta}\boldsymbol{q}_0\cdot\nabla_{\boldsymbol{X}}\theta \geqslant 0 \tag{5.102d}$$

式 (5.102d) 前两项是内耗散，第三项是热耗散，如果两者不耦合，则有

$$\boldsymbol{T} : \dot{\boldsymbol{E}}^p - \frac{\partial\psi}{\partial\boldsymbol{V}_K}\circ\dot{\boldsymbol{V}}_K \geqslant 0, \quad -\frac{1}{\theta}\boldsymbol{q}_0\cdot\boldsymbol{\nabla}_{\boldsymbol{X}}\theta \geqslant 0 \tag{5.102e,f}$$

式 (5.102b) 说明 ψ 不显含 $\theta_{,\boldsymbol{X}}$；因此，

$$\psi=\psi\left(\boldsymbol{E}^e,\theta,\boldsymbol{V}_K;\boldsymbol{X}\right) \tag{5.103}$$

$$\dot{\psi}=\frac{\partial\psi}{\partial\boldsymbol{E}^e}:\dot{\boldsymbol{E}}^e+\frac{\partial\psi}{\partial\theta}\dot{\theta}+\frac{\partial\psi}{\partial\boldsymbol{V}_K}\circ\dot{\boldsymbol{V}}_K \tag{5.104}$$

由式 (5.104) 可见，内变量的引入使单位质量物质单位时间内自由能的变化分为三部分：右端第一项表示弹性能的变化率，第二项为总热能变化率，第三项是内耗散率。第一部分属于可逆热力学过程，第二部分是不可逆的，热量只能从高温传向低温，内耗散也是不可逆热力学过程。如果引用第 4.5 节中熵的概念 ($\theta\eta$ 是单位体积全部热能)，将式 (5.102c) 代入式 (5.104) 右端第二项，得到 $\dfrac{\partial\psi}{\partial\theta}\dot{\theta}=-\eta\dot{\theta}$，因此第二项是热交换过程中单位质量介质单位时间内流出的热量。同样可以引入

$$\boldsymbol{A}_K=\rho_0\frac{\partial\psi}{\partial\boldsymbol{V}_K} \tag{5.105}$$

式中，$\boldsymbol{A}_K$ 是 $\boldsymbol{V}_K$ 的相伴变量，表示单位体积内单位内变量的变化引起的自由能 ψ 的改变量，可作为与 $\boldsymbol{V}_K$ 相伴的广义力。若 $\boldsymbol{V}_K$ 是损伤变量，则 $-\boldsymbol{A}_K$ 为损伤力学中的损伤热力学力或损伤能量释放率 (见文献 [16,17])。类似地，$\boldsymbol{T}$ 是 $\boldsymbol{E}^p$ 的相伴变量或广义力。

式 (4.52) 曾给出变形功率和功共轭概念，用 Lagrange 描述法表示，有

$$w=\boldsymbol{T}:\dot{\boldsymbol{E}}$$

w 称为变形功率，其中的可逆部分 $\boldsymbol{T}:\dot{\boldsymbol{E}}^e$ 为弹性功率，不可逆部分 $\boldsymbol{T}:\dot{\boldsymbol{E}}^p$ 是塑性功率，$\boldsymbol{T}$ 和 $\boldsymbol{E}$ 是对应的功共轭变量或功共轭变量对。在应用内变量理论时，在 ψ 的状态变量中引入内变量，因而形成新的功共轭变量对。式 (5.104) 中，$\boldsymbol{T}$、η 和 $\boldsymbol{A}_K$ 分别是状态变量 $\boldsymbol{E}^e$、θ 和 $\boldsymbol{V}_K$ 的相伴变量，$\boldsymbol{T}$ 与 $\boldsymbol{E}^e$、$\boldsymbol{A}_K$ 与 $\boldsymbol{V}_K$ 分别是两对功共轭变量，$\boldsymbol{A}_K\circ\dot{\boldsymbol{V}}_K$ 表示内耗散功率。

前面通过热力学势能函数自由能 ψ 引入了内变量 $\boldsymbol{V}_K$，并利用势函数的变率定义了内变量的相伴变量 $\boldsymbol{A}_K$。但是，作为本构关系的补充，内变量与相伴变量的演化关系 (演化方程或流动定律) 尚未给出，而且不能再用热力学势来确定。为此，一种常用的方法是引入耗散势。

首先在耗散中区分内耗散和热耗散。将式 (5.105) 代入式 (5.102d)，得到

$$\rho_0\theta r=\boldsymbol{T}:\dot{\boldsymbol{E}}^p-\boldsymbol{A}_K\circ\dot{\boldsymbol{V}}_K-\frac{1}{\theta}\boldsymbol{q}_0\cdot\boldsymbol{\nabla}_X\theta\geqslant 0 \tag{5.106}$$

根据傅里叶 (Fourier) 热传导定律，如果材料的热传导是各向同性的，则有

$$\boldsymbol{q}_0=-k\boldsymbol{\nabla}_{\boldsymbol{X}}\theta \tag{5.107}$$

k 是热传导系数 (正值，标量)；在一般的非各向同性情况下热传导系数是正定二阶张量，记作 $\boldsymbol{k}$，有

$$\boldsymbol{q}_0=-\boldsymbol{k}\cdot\boldsymbol{\nabla}_{\boldsymbol{X}}\theta \tag{5.108}$$

故式 (5.106) 不等号左端第 3 项非负，所以得到

$$\boldsymbol{T}:\dot{\boldsymbol{E}}^{p}-\boldsymbol{A}_{K}\circ\dot{\boldsymbol{V}}_{K}\geqslant 0,\quad -\frac{1}{\theta}\boldsymbol{q}_{0}\cdot\boldsymbol{\nabla}_{X}\theta=\boldsymbol{\nabla}_{X}\theta\cdot\boldsymbol{k}\cdot\boldsymbol{\nabla}_{X}\theta\geqslant 0 \tag{5.109}$$

式 $(5.109)_1$ 是内耗散率，其中第一项是塑性变形率引起的耗散率，第二项是其余内变量变率引起的耗散率；式 $(5.109)_2$ 是热流量引起的热传导耗散，即热耗散率。两者之和称为耗散率，可以引入耗散势 φ 的变率 $\dot{\varphi}$ 表示，耗散率 $\dot{\varphi}$ 是 $\dot{\boldsymbol{E}}^{\mathrm{p}}$、$\dot{\boldsymbol{V}}_{K}$ 和 $\boldsymbol{q}_{0}/\theta$ 的恒正凸标量函数。

为了确定内耗散变量的演化方程，可以根据耗散势的凸函数特性，得到方程 $\boldsymbol{T}=\dfrac{\partial\varphi}{\partial\dot{\boldsymbol{E}}^{\mathrm{p}}}$，$\boldsymbol{A}_{K}=-\dfrac{\partial\varphi}{\partial\dot{\boldsymbol{V}}_{K}}$。但在实际应用中，常常需要用流动变量 $\dot{\boldsymbol{E}}^{p}$ 和 $\dot{\boldsymbol{V}}_{K}$ 的对偶变量 (相伴变量) 表示流动变量，即用 $\boldsymbol{T}$、$\boldsymbol{A}_{K}$ 表示 $\dot{\boldsymbol{E}}^{\mathrm{p}}$、$\dot{\boldsymbol{V}}_{K}$，因此利用 Legendre 变换，引入以相伴变量为自变量的另一种耗散势函数更为方便，称为余耗散势，记作 φ^{*}：

$$\varphi^{*}=\varphi^{*}\left(\boldsymbol{T},\boldsymbol{A}_{K},\boldsymbol{q}_{0}/\theta\right) \tag{5.110}$$

余耗散势也是恒正的凸函数，其梯度为

$$\left(\frac{\partial\varphi^{*}}{\partial\boldsymbol{T}},\frac{\partial\varphi^{*}}{\partial\boldsymbol{A}_{K}},\frac{\partial\varphi^{*}}{\partial(\boldsymbol{q}_{0})/\theta}\right) \tag{5.111}$$

根据正交性假设，耗散变量的演化沿耗散势的梯度方向，在空间 $\varphi^{*}\sim\boldsymbol{A}_{K}$ 中与等势面垂直，沿外法线方向，因而得到内变量的演化方程

$$\dot{\boldsymbol{V}}_{K}=-\frac{\partial\varphi^{*}}{\partial\boldsymbol{A}_{K}}\dot{\lambda} \tag{5.112}$$

式中，恒正因子 $\dot{\lambda}$ 表示增量的幅值，由一致性条件 $\varphi^{*}=0$，$\dot{\varphi}^{*}=0$ 确定。类似地可以建立耗散变量 $\boldsymbol{E}^{\mathrm{p}}$ 的演化方程，即塑性理论的增量本构关系 (见第 6.6 节)。

基于热力学和内变量理论，本构方程及演化方程的具体形式决定于自由能函数 ψ 表达式和耗散势函数 φ^{*} 表达式的选择，给出这些表达式通常需要根据实验研究结果。上述方法为本构关系的建立提供了一种热力学框架，在塑性理论、黏弹性、黏塑性、连续损伤等研究中得到了广泛应用。

在热力学框架的实际应用中，应力和变形有时根据各自特点的进行适当分解，因而自由能和耗散势可能依赖更多变量，与前面给出的例子不尽相同。本节的讨论是在 Lagrange 描述下进行的，同样地可以应用 Euler 描述法给出类似的结果。

此外，为了使复杂本构关系得到简化，让本质特性更加突出，往往需要对于自由能和耗散势的函数形式作某些简化假设。下面列举耗散势的两种简化方法。

5.7.2.2 正定二次型假设

假设恒正凸函数 φ^{*} 为正定二次型：

$$\varphi^{*}=\frac{1}{2}a_{KL}\boldsymbol{A}_{K}\circ\boldsymbol{A}_{L} \tag{5.113}$$

系数 a_{KL} 可以是温度、弹性变形、内变量等状态变量的函数，并且具有对称性

$$a_{KL} = a_{LK} \tag{5.114}$$

上式称为 Onsager 倒易关系。由式 (5.112) 可得

$$\dot{\boldsymbol{V}}_K = -a_{KL}\boldsymbol{A}_L\dot{\lambda} \tag{5.115}$$

上式表示内变量变率与广义力成线性关系，可见式 $(5.109)_1$ 中内耗散项 $-\boldsymbol{A}_K \circ \dot{\boldsymbol{V}}_K$ 是正值。

5.7.2.3　解耦假设

在构造耗散势函数表达式时，常常可以假设内变量与其他耗散不耦合。例如，若内耗散与热耗散不耦合，则有

$$\varphi^* = \varphi_1^*(\boldsymbol{T}, \boldsymbol{A}_K) + \varphi_2^*(\boldsymbol{q}_0/\theta) \tag{5.116}$$

在损伤力学中可以假设塑性与损伤是不耦合的，将耗散势表示为塑性耗散势与损伤耗散势的和 (见文献 [17])：

$$\varphi^* = f(\boldsymbol{T}) + F_D(\boldsymbol{A}_K) \tag{5.117}$$

式中，f 是塑性势函数，不包括损伤广义力；$F_D(\boldsymbol{A}_K)$ 是损伤耗散势，不含应力，因而损伤与塑性两者演化方程是解耦的。

本构方程表达式本质上依赖试验结果，但自由能和耗散势很难用试验直接测量，所以在选择自由能和耗散势表达式、建立本构关系和演化方程之后，还应该根据可观测变量的实验结果确定材料参数和进一步验证函数关系。

5.7.3　张量函数的表示定理及其应用

张量函数是以张量为自变量的函数，函数本身可以是标量、向量和张量。一般情况下，自由能和耗散势是对称二阶张量和向量的标量值函数，应力响应泛函是对称二阶张量和向量的二阶张量值函数。不变量理论研究表明，张量函数的结构 (函数表达式形式) 依赖于自变量的某些组合 (基元)。研究张量函数中自变量构造规则的理论称为张量函数表示理论。

材料可能有不同程度的对称性，所以描述材料本构关系的张量函数可以有不同的对称群。当对称群包括全部正交变换时，材料是各向同性的，其本构泛函为各向同性张量函数 (见第 1.21 节的定义)；否则如果材料是具有某种对称性的各向异性材料，其本构泛函只对部分正交变换保持形式不变，这种张量函数不同于各向同性函数表示定理的形式。本节只涉及各向同性材料和各向同性函数。

第 1.21 节中讨论的各向同性张量函数的表示定理，给出了一些各向同性函数的一般结构形式，可为建立各向同性材料本构方程提供有用的数学工具。其中定理 1~4 给出一部分各向同性标量值张量函数的表示定理，自变量分别为多个向量，一个对称二阶张量，两个对称二阶张量及一个对称二阶张量与一个向量的组合，并给出各自基元的集合。

需要说明的是集合中的每个基元均不能由集合内的其他基元表示，即集合不可约，如果集合之外的自变量都可以由基元的组合来表示，则称为集合是完备的。表示定理要求基元的集合必须是完备不可约的。

标量值各向同性张量函数的表示定理可以用于构造各向同性材料自由能和耗散势的表达式。例如，不考虑热载荷时，橡胶等超弹性材料的自由能 (应变能) 是 Green 变形张量的各向同性函数，由第 1.21 节定理 2 得到

$$\psi = \psi\left(I_C, II_C, III_C\right) \tag{5.118}$$

式中，I_C、II_C、III_C 分别是 Green 变形张量的第 1、2、3 不变量。

第 1.21 节定理 5~7 给出一部分各向同性对称二阶张量值张量函数的表示定理，自变量为一个或两个对称二阶张量。

定理 5 (式 (1.162)) 中 $\boldsymbol{I}$、$\boldsymbol{B}$、$\boldsymbol{B}^2$ 是各向同性对称二阶张量值函数 $\boldsymbol{T}(\boldsymbol{B})$ 的基元集合，利用 Calay-Hamilton 定理，$\boldsymbol{B}$ 的高次幂可以用上述三个元素表示，所以该集合是完备不可约的，Cauchy 弹性体和 Stokes 流体的应力张量函数只依赖一个对称二阶张量，即变形张量或变形率张量，所以本构方程的一般形式为式 (1.162) (或式 (1.163))。

定理 7 (式 (1.164)) 中的完备不可约二阶张量基元集合是

$$\begin{gathered}\boldsymbol{I},\quad \boldsymbol{B},\quad \boldsymbol{C},\quad \boldsymbol{B}^2,\quad \boldsymbol{C}^2,\quad \boldsymbol{B}\cdot\boldsymbol{C}+\boldsymbol{C}\cdot\boldsymbol{B},\quad \boldsymbol{B}^2\cdot\boldsymbol{C}+\boldsymbol{C}\cdot\boldsymbol{B}^2,\\ \boldsymbol{B}\cdot\boldsymbol{C}^2+\boldsymbol{C}^2\cdot\boldsymbol{B},\quad \boldsymbol{B}^2\cdot\boldsymbol{C}^2+\boldsymbol{C}^2\cdot\boldsymbol{B}^2\end{gathered}$$

该定理可以用于表示二阶 Rivlin-Ericksen 流体 (见式 (5.85)，$n=2$)。

关于完备不可约基元集合的理论和更多例子可参阅文献 [4, 12]。

5.7.4 内部约束条件的应用

有些材料的变形受到来自材料本身的限制，例如在一定条件下的流体和橡胶等材料的体积变形很小，可以认为是不可压缩的，软基体、强纤维增强材料在纤维方向有时可以近似认为是不可伸长的，等等。这种约束称为内部约束，可以用一个或几个方程表示，即内部约束条件，例如，

$$\boldsymbol{C}-\boldsymbol{I}=0 \tag{5.119}$$

表示物体不可变形，是刚体的内部约束条件；而

$$\det\boldsymbol{C}-1=0 \tag{5.120}$$

表示体积变形为零，是物质不可压缩条件，等等。

下面假设内部约束为一个标量方程：

$$g\left(\boldsymbol{F}\right)=0 \tag{5.121}$$

式中，$\boldsymbol{F}$ 是变形梯度历史 $\boldsymbol{F}=\boldsymbol{F}(\tau), \tau\leqslant t$。根据客观性条件，有

$$g\left(\boldsymbol{F}\right)=g\left(\boldsymbol{Q}\cdot\boldsymbol{F}\right)$$

$\boldsymbol{Q}$ 为任意正交张量，取 $\boldsymbol{Q}=\boldsymbol{R}^{-1}$，由极分解定理 $\boldsymbol{R}^{-1}\boldsymbol{F}=\boldsymbol{U}=\boldsymbol{C}^{\frac{1}{2}}$，所以式 (5.121) 可表示为

$$g_0\left(\boldsymbol{C}\right)=0 \tag{5.122}$$

式中，$\boldsymbol{C}=\boldsymbol{C}(\tau)$ 是 Green 变形张量的历史。对式 (5.121)、式 (5.122) 取物质导数，得到

$$\dot{g}(\boldsymbol{F})=\frac{\partial g}{\partial \boldsymbol{F}}:\dot{\boldsymbol{F}}=\frac{\partial g}{\partial \boldsymbol{F}}:(\boldsymbol{L}\cdot\boldsymbol{F})=\left(\frac{\partial g}{\partial \boldsymbol{F}}\cdot\boldsymbol{F}^{\mathrm{T}}\right):\boldsymbol{L}=0 \tag{5.123a}$$

或

$$\dot{g}(\boldsymbol{F})=\frac{\partial g}{\partial \boldsymbol{F}}:\dot{\boldsymbol{F}}=\left(\frac{\partial g}{\partial \boldsymbol{F}}\right)^{\mathrm{T}}:\nabla_{\boldsymbol{X}}\boldsymbol{v}=0 \tag{5.123b}$$

和

$$\dot{g}_0(\boldsymbol{C})=\frac{\partial g_0}{\partial \boldsymbol{C}}:\dot{\boldsymbol{C}}=2\frac{\partial g_0}{\partial \boldsymbol{C}}:\dot{E}=0 \tag{5.123c}$$

将内部约束条件 (5.123a, b, c) 通过 Lagrange 乘子 λ 分别引入能量守恒方程式 (4.39)、式 (4.41)、式 (4.43)，注意到 $\boldsymbol{t}:\boldsymbol{d}=\boldsymbol{t}:\boldsymbol{L}$，得

$$\rho\dot{e}+\lambda\dot{g}(\boldsymbol{F})-\boldsymbol{t}:\boldsymbol{L}=0 \tag{5.124a}$$

$$\rho_0\dot{e}+\lambda\dot{g}(\boldsymbol{F})-\boldsymbol{\tau}:(\boldsymbol{\nabla}_X\boldsymbol{v})=0 \tag{5.124b}$$

$$\rho_0\dot{e}-\lambda\dot{g}_0(\boldsymbol{C})-\boldsymbol{T}:\dot{\boldsymbol{E}}=0 \tag{5.124c}$$

利用式 (5.123a, b, c)，得到

$$\boldsymbol{t}=\boldsymbol{t}_0+\lambda\frac{\partial g}{\partial \boldsymbol{F}}\cdot\boldsymbol{F}^{\mathrm{T}},\quad \boldsymbol{\tau}=\boldsymbol{\tau}_0+\lambda\left(\frac{\partial g}{\partial \boldsymbol{F}}\right)^{\mathrm{T}},\quad \boldsymbol{T}=\boldsymbol{T}_0+\lambda\frac{\partial g_0}{\partial \boldsymbol{C}} \tag{5.125}$$

式中，$\boldsymbol{t}_0$、$\boldsymbol{\tau}_0$、$\boldsymbol{T}_0$ 是无内部约束时的 Cauchy 应力张量、第一和第二类 Poila-Kirchhoff 应力张量；λ 是待定系数。

例 5.5 不可压缩物质的本构关系

由式 (2.62) 和式 (2.61)，不可压缩条件可表为 $J=1$，$I\!I\!I_C=\det\boldsymbol{C}=1$ 或 $\det\boldsymbol{F}=\sqrt{\det(G_{KL})/\det(g_{kl})}$，所以，

$$g(\boldsymbol{F})=\det\boldsymbol{F}-\sqrt{\det(G_{KL})/\det(g_{kl})}=0 \tag{5.126}$$

$$g_0(\boldsymbol{C})=\det\boldsymbol{C}-1=0 \tag{5.127}$$

利用式 (1.173d)，有

$$\frac{\partial g}{\partial \boldsymbol{F}}=(\det\boldsymbol{F})\,\boldsymbol{F}^{-\mathrm{T}}=\sqrt{\det(G_{KL})/\det(g_{kl})}\boldsymbol{F}^{-\mathrm{T}} \tag{5.128}$$

$$\frac{\partial g_0}{\partial \boldsymbol{C}}=(\det\boldsymbol{C})\,\boldsymbol{C}^{-\mathrm{T}}=\boldsymbol{C}^{-\mathrm{T}}=\boldsymbol{C}^{-1} \tag{5.129}$$

将式 (5.128)、式 (5.129) 分别代入式 (5.125)，得到

$$\boldsymbol{t}=-p\boldsymbol{I}+\boldsymbol{t}_0 \tag{5.130a}$$

$$\boldsymbol{\tau} = -p\boldsymbol{F}^{-1} + \boldsymbol{\tau}_0 \tag{5.130b}$$

$$\boldsymbol{T} = -p\boldsymbol{C}^{-1} + \boldsymbol{T}_0 = -p\boldsymbol{F}^{-1} \cdot \boldsymbol{F}^{-\mathrm{T}} + \boldsymbol{T}_0 \tag{5.130c}$$

式中，因子 p 是静水压力。利用应力张量间的转换关系式 (3.31) 和式 (3.32)，由上式中的任何一式不难推导出另外两式。

习　题

5-1　试说明本构公理的含义及其在建立本构方程中的应用，简述如何根据本构公理导出等温情况下简单物质的一般本构方程中应力响应泛函的形式

$$\boldsymbol{t}(\boldsymbol{X}, t) = \boldsymbol{f}(\boldsymbol{F}(\boldsymbol{X}, \tau), \boldsymbol{X}) \quad (\text{即式 } (5.22))$$

5-2　说明物理量及物理关系的客观性定义，试由本构方程 $\boldsymbol{t}(\boldsymbol{X}, t) = \boldsymbol{f}(\boldsymbol{F}(\boldsymbol{X}, \tau), \boldsymbol{X})$，利用客观性要求，证明 Cauchy 应力张量与当前的转动有关，与转动历史无关，即式 (5.57)。

5-3　试证明 Euler 描述法的单位体积的质量 (质量密度) ρ 和单位质量的内能 (内能密度)e 与 Euler 标架的刚性运动无关，即具有客观性。

5-4　若 $\boldsymbol{a}$ 为任意客观二阶张量，$\{\overline{\boldsymbol{x}}\}$ 是相对 $\{\boldsymbol{x}\}$ 作刚性转动的 Euler 标架，$\overline{\boldsymbol{x}} = \boldsymbol{Q}(t)\cdot\boldsymbol{x}$，在 $\boldsymbol{x}$ 和 $\overline{\boldsymbol{x}}$ 坐标系中张量 $\boldsymbol{a}$ 的散度为 $\boldsymbol{\nabla}_{\boldsymbol{x}}\cdot\boldsymbol{a}$ 和 $\boldsymbol{\nabla}_{\overline{\boldsymbol{x}}}\cdot\overline{\boldsymbol{a}}$。试证明 $\boldsymbol{\nabla}_{\overline{\boldsymbol{x}}}\cdot\overline{\boldsymbol{a}} = \boldsymbol{Q}\cdot(\boldsymbol{\nabla}_{\boldsymbol{x}}\cdot\boldsymbol{a})$，即客观二阶张量的散度是客观的。

5-5　若一种物质具有弹性和黏性特性，本构关系为 $\boldsymbol{t} = \boldsymbol{f}\left(\boldsymbol{F}(t), \dot{\boldsymbol{F}}(t)\right)$，$\boldsymbol{t}$ 为 Cauchy 应力，$\boldsymbol{F}$ 是当前的变形梯度。试利用客观性条件，证明上式可以表示为 $\boldsymbol{t} = \boldsymbol{R}\cdot\boldsymbol{f}\left(\boldsymbol{U}(t), \dot{\boldsymbol{U}}(t)\right)\cdot\boldsymbol{R}^{\mathrm{T}}$，$\boldsymbol{U}$、$\boldsymbol{R}$ 是右伸长张量和转动张量。

提示：在以 $\boldsymbol{Q} = \boldsymbol{R}^{\mathrm{T}}$ 刚性转动标架中，本构方程形式不变。

5-6　线弹性体的本构关系为 $\boldsymbol{T} = \boldsymbol{\Sigma} : \boldsymbol{E}$，$\boldsymbol{\Sigma}$ 为四阶弹性张量。若 $\boldsymbol{Q}$ 是材料对称群中的元素，参考标架 $\{\boldsymbol{X}'\}$ 与 $\{\boldsymbol{X}\}$ 的变换为 $\boldsymbol{X}' = \boldsymbol{Q}\cdot\boldsymbol{X}$，证明在两个参考标架中本构关系保持相同形式 (即 $\boldsymbol{T}' = \boldsymbol{\Sigma} : \boldsymbol{E}'$) 的条件 (对称性条件) 是 $\Sigma^{mnpq} = Q^m_{\ i}Q^n_{\ j}Q^p_{\ k}Q^q_{\ l}\Sigma^{ijkl}$。

5-7　$\boldsymbol{T}$、$\boldsymbol{F}$、$\boldsymbol{d}$ 是第二类 P-K 应力、变形梯度和变形率张量，试证明下列关系

$$\boldsymbol{T} : (\boldsymbol{F}^{\mathrm{T}} \cdot \boldsymbol{d} \cdot \boldsymbol{F}) = (\boldsymbol{F} \cdot \boldsymbol{T} \cdot \boldsymbol{F}^{\mathrm{T}}) : \boldsymbol{d}$$

并推导热弹性本构方程式 (5.91)。

提示：利用并矢形式证明。

5-8　$\boldsymbol{q}$、$\boldsymbol{q}_0$、J、θ 是 Euler 描述的热流量、Lagrange 描述的热流量、体积比和温度，试用分量形式证明等式 $\boldsymbol{q}_0 \cdot \boldsymbol{\nabla}_{\boldsymbol{X}}\theta = J\boldsymbol{q} \cdot \boldsymbol{\nabla}_{\boldsymbol{x}}\theta$，并推导不等式 (5.92)。

提示：利用两种描述法的热流量关系式 (4.48)。

第 6 章　弹性和塑性

前面介绍了张量分析 (第 1 章) 和连续介质力学的一般理论 (第 2~5 章)。从本章起转向一般理论在实际物质模型中的应用，主要包括弹塑性力学 (第 6 章)，黏弹性力学 (第 7 章) 和流体力学 (概述，第 8 章)。讨论的重点是基本假设、基本方程、部分求解方法和典型结果，目的是从连续介质力学一般理论出发，简要了解各应用力学分支的理论系统、概念和若干基本内容，更详细更全面地阐述可参阅相关的专著或教材。

本章介绍材料和结构在不同变形简化假设下的弹性理论和小变形下的塑性理论，这些内容作为固体力学的主要部分，在工程中得到了广泛应用。

6.1　线性弹性和几何线性 (经典线性)

6.1.1　线性弹性固体

实验表明，在足够小的变形下弹性固体的应力张量与应变张量满足线性关系，这样的弹性固体称为线弹性体。如果不考虑热载荷，在等温情况下，假设存在单位体积应变能

$$\Sigma = \rho_0 W = \rho_0 e \tag{6.1}$$

式中，W, e 是单位质量的应变能和内能。由热力学第二定律，可以得到 (见第 6.4.2 小节)：

$$\boldsymbol{T} = \frac{\partial \Sigma}{\partial \boldsymbol{E}} \tag{6.2}$$

单位体积变形能 Σ 是 Lagrange 应变张量 $\boldsymbol{E}$ 的函数。将 Σ 展成 $\boldsymbol{E}$ 的 Taylor 级数

$$\Sigma = \Sigma_0 + \Sigma^{KL} E_{KL} + \frac{1}{2}\Sigma^{KLMN} E_{KL} E_{MN} + \cdots \tag{6.3}$$

式中，Σ_0 是标量，系数 Σ^{KL} 是二阶张量，Σ^{KLMN} 是四阶张量。

若 E_{KL} 足够小，式 (6.3) 可以只保留到 E_{KL} 的二次项

$$\Sigma \approx \Sigma_0 + \Sigma^{KL} E_{KL} + \frac{1}{2}\Sigma^{KLMN} E_{KL} E_{MN} \tag{6.4}$$

式 (6.4) 代入式 (6.2)，得到

$$T^{KL} = \Sigma^{KL} + \frac{1}{2}\left(\Sigma^{KLMN} + \Sigma^{MNKL}\right) E_{MN} \tag{6.5}$$

在式 (6.3) 中，利用 E_{KL} 的对称性和第二项关于 E_{KL}、E_{MN} 的对称性，所以有下列对称性：

$$\Sigma^{KL}=\Sigma^{LK}$$

$$\Sigma^{KLMN}=\Sigma^{MNKL}=\Sigma^{LKMN}=\Sigma^{KLNM}\quad \text{(Voigt 对称性)} \tag{6.6}$$

如果 $E_{KL}=0$ 时，$T^{KL}=\Sigma^{KL}=0$ (无初始应力)，注意到式 (6.6)，得到

$$T^{KL}=\Sigma^{KLMN}E_{MN}\quad 或\quad \boldsymbol{T}=\boldsymbol{\Sigma}:\boldsymbol{E} \tag{6.7}$$

式 (6.7) 就是线性弹性体的本构方程 (Lagrange 描述法)，$\boldsymbol{\Sigma}$ 称为弹性张量。

Σ^{KLMN} 是四阶张量 $\boldsymbol{\Sigma}$ 的逆变分量，有 81 个分量，由于 Σ^{KLMN} 关于 K 和 L 及 M 和 N 对称，其独立分量的指标 KL 和 MN 可按 (11, 22, 33, 23, 31, 12) 排列，即 6×6 矩阵，又由于 Σ^{KLMN} 关于 KL 和 MN 对称，所以该矩阵是对称的，因此 Σ^{KLMN} 只有 21 个独立分量。式 (6.7) 的矩阵形式为

$$\left\{T^{KL}\right\}=\left[\Sigma^{KLMN}\right]\left\{E_{MN}\right\} \tag{6.8}$$

$$\left\{T^{KL}\right\}=\left[T^{11},T^{22},T^{33},T^{23},T^{13},T^{12}\right]^{\mathrm{T}},\quad \left\{E_{MN}\right\}=\left[E_{11},E_{22},E_{33},2E_{23},2E_{13},2E_{12}\right]^{\mathrm{T}}$$

$$\left[\Sigma^{KLMN}\right]=\begin{bmatrix}\Sigma^{1111} & \Sigma^{1122} & \Sigma^{1133} & \Sigma^{1123} & \Sigma^{1113} & \Sigma^{1112}\\ & \Sigma^{2222} & \Sigma^{2233} & \Sigma^{2223} & \Sigma^{2213} & \Sigma^{2212}\\ & & \Sigma^{3333} & \Sigma^{3323} & \Sigma^{3313} & \Sigma^{3312}\\ & & & \Sigma^{2323} & \Sigma^{2313} & \Sigma^{2312}\\ & \text{Sym} & & & \Sigma^{1313} & \Sigma^{1312}\\ & & & & & \Sigma^{1212}\end{bmatrix} \tag{6.8a}$$

应变能 (或称为弹性势) 的表达式为

$$\Sigma=\frac{1}{2}\Sigma^{KLMN}E_{KL}E_{MN}=\frac{1}{2}T^{MN}E_{MN}\quad 或\quad \Sigma=\frac{1}{2}\boldsymbol{E}:\boldsymbol{\Sigma}:\boldsymbol{E}=\frac{1}{2}\boldsymbol{T}:\boldsymbol{E} \tag{6.9}$$

下面基于式 (6.8a) 讨论线弹性体的物质对称性的几种特殊情况，均采用直角坐标系表示。

6.1.1.1 有一个对称面

假设直角标架 $\{X_K\}$ 和 $\{X'_K\}$ 以平面 $X_3=0$ 为反射面，且为物质对称面，变换为

$$X'_K={Q_K}^L X_L,\quad \left[{Q_K}^L\right]=\begin{bmatrix}1&0&0\\0&1&0\\0&0&-1\end{bmatrix} \tag{6.10}$$

张量 $\boldsymbol{\Sigma}$ 的变换关系为

$$\Sigma'^{KLMN}={Q^K}_P{Q^L}_Q{Q^M}_R{Q^N}_S\Sigma^{PQRS}$$

由于对称性，在 $\{X_K\}$ 和 $\{X'_K\}$ 中弹性常数相同，即 $\Sigma'^{KLMN}=\Sigma^{KLMN}$，所以有

$$\Sigma^{KLMN}=Q^K{}_PQ^L{}_QQ^M{}_RQ^N{}_S\Sigma^{PQRS} \tag{6.11}$$

将式 $(6.10)_2$ 代入上式可知，当指标 K、L、M、N 中有 3 个奇数时的等式为 $\Sigma^{KLMN}=-\Sigma^{KLMN}$，所以该分量为 0，故

$$[\Sigma^{KLMN}]=\begin{bmatrix}\Sigma^{1111} & \Sigma^{1122} & \Sigma^{1133} & 0 & 0 & \Sigma^{1112}\\ & \Sigma^{2222} & \Sigma^{2233} & 0 & 0 & \Sigma^{2212}\\ & & \Sigma^{3333} & 0 & 0 & \Sigma^{3312}\\ & & & \Sigma^{2323} & \Sigma^{2313} & 0\\ & \text{Sym} & & & \Sigma^{1313} & 0\\ & & & & & \Sigma^{1212}\end{bmatrix} \tag{6.12}$$

独立的弹性常数为 13 个。

6.1.1.2 有两个正交对称面 (正交各向异性物质)

若 $X_3=0, X_1=0$ 为两个正交的物质对称平面，在下列变换中，式 (6.11) 成立

$$X'_1=X_1,\quad X'_2=X_2,\quad X'_3=-X_3$$

$$X'_1=-X_1,\quad X'_2=X_2,\quad X'_3=X_3$$

那么式 (6.12) 中含有奇数个指标 1 或 3 的分量应为零，所以

$$[\Sigma^{KLMN}]=\begin{bmatrix}\Sigma^{1111} & \Sigma^{1122} & \Sigma^{1133} & 0 & 0 & 0\\ & \Sigma^{2222} & \Sigma^{2233} & 0 & 0 & 0\\ & & \Sigma^{3333} & 0 & 0 & 0\\ & & & \Sigma^{2323} & 0 & 0\\ & \text{Sym} & & & \Sigma^{1313} & 0\\ & & & & & \Sigma^{1212}\end{bmatrix} \tag{6.13}$$

由上式可见，$X_2=0$ 也是物质对称面，即如果物质关于两个正交平面对称，必然有 3 个正交对称面，这时独立的弹性常数有 9 个，称为正交各向异性。

6.1.1.3 有一个对称轴 (横观各向同性物质)

如果物质关于一个旋转轴对称，那么过该轴的所有平面都是对称面，所以它是更特殊的正交各向异性物质。若取 X_3 轴为物质的对称轴，X'_K 为绕 X_3 轴沿逆时针旋转 α 角的任一直角坐标系，与 X_K 的转换关系为

$$X'_K=Q_K{}^LX_L,\quad [Q_K{}^L]=\begin{bmatrix}\cos\alpha & -\sin\alpha & 0\\ \sin\alpha & \cos\alpha & 0\\ 0 & 0 & 1\end{bmatrix}\quad (K\text{ 为行号}, L\text{ 为列号}) \tag{6.14}$$

将式 (6.14) 代入式 (6.11)，得到

$$\left.\begin{aligned}
\Sigma^{1111} &= \Sigma^{1111}\cos^4\alpha + \Sigma^{2222}\sin^4\alpha + 4\Sigma^{1212}\cos^2\alpha\sin^2\alpha + 2\Sigma^{1122}\cos^2\alpha\sin^2\alpha \\
\Sigma^{2222} &= \Sigma^{1111}\sin^4\alpha + \Sigma^{2222}\cos^4\alpha + 4\Sigma^{1212}\cos^2\alpha\sin^2\alpha + 2\Sigma^{1122}\cos^2\alpha\sin^2\alpha \\
\Sigma^{1212} &= \Sigma^{1111}\sin^2\alpha\cos^2\alpha + \Sigma^{2222}\cos^2\alpha\sin^2\alpha + \Sigma^{1212}\left(\cos^2\alpha - \sin^2\alpha\right)^2 - \\
&\quad 2\Sigma^{1122}\cos^2\alpha\sin^2\alpha \\
\Sigma^{1122} &= \Sigma^{1111}\sin^2\alpha\cos^2\alpha + \Sigma^{2222}\cos^2\alpha\sin^2\alpha - \\
&\quad 4\Sigma^{1212}\cos^2\alpha\sin^2\alpha + \Sigma^{1122}(\cos^4\alpha + \sin^4\alpha) \\
\Sigma^{1133} &= \Sigma^{1133}\cos^2\alpha + \Sigma^{2233}\sin^2\alpha \\
\Sigma^{2233} &= \Sigma^{1133}\sin^2\alpha + \Sigma^{2233}\cos^2\alpha \\
\Sigma^{1313} &= \Sigma^{1313}\cos^2\alpha + \Sigma^{2323}\sin^2\alpha \\
\Sigma^{2323} &= \Sigma^{1313}\sin^2\alpha + \Sigma^{2323}\cos^2\alpha
\end{aligned}\right\} \tag{6.14a}$$

以上各式对任何 α 均成立，不难验证下列等式

$$\Sigma^{1111} = \Sigma^{2222},\quad \Sigma^{1133} = \Sigma^{2233},\quad \Sigma^{1313} = \Sigma^{2323},\quad \Sigma^{1212} = \frac{1}{2}(\Sigma^{1111} - \Sigma^{1122}) \tag{6.15}$$

将上式代入式 (6.13)，得到

$$\left[\Sigma^{KLMN}\right] = \begin{bmatrix}
\Sigma^{1111} & \Sigma^{1122} & \Sigma^{1133} & 0 & 0 & 0 \\
 & \Sigma^{1111} & \Sigma^{1133} & 0 & 0 & 0 \\
 & & \Sigma^{3333} & 0 & 0 & 0 \\
 & & & \Sigma^{1313} & 0 & 0 \\
 & \text{Sym} & & & \Sigma^{1313} & 0 \\
 & & & & & \frac{1}{2}(\Sigma^{1111} - \Sigma^{1122})
\end{bmatrix} \tag{6.16}$$

所以，具有一个对称轴的线弹性物质，有 5 个独立的弹性常数。

6.1.1.4 各向同性弹性物质

如果弹性张量 $\boldsymbol{\Sigma}$ 在一切正交变换中保持形式不变，即式 (6.11) 对于任何正交变换均成立，则线弹性物质是各向同性的。

首先考虑线弹性体有两个垂直对称轴的情况，例如 X_2 和 X_3 轴，将前面对 X_3 轴的分析方法再用于 X_2 轴，可以得到与式 (6.15) 类似的等式，只需将指标 2、3 互换。所以有

$$\left.\begin{aligned}
&\Sigma^{1111} = \Sigma^{2222} = \Sigma^{3333},\quad \Sigma^{1122} = \Sigma^{1133} \equiv \lambda \\
&\Sigma^{1313} = \frac{1}{2}\left(\Sigma^{1111} - \Sigma^{1133}\right) = \Sigma^{1212} \equiv \mu
\end{aligned}\right\} \tag{6.17}$$

λ 和 μ 即是弹性力学中的 Lamé 参数。弹性常数矩阵为

$$\left[\Sigma^{KLMN}\right]=\begin{bmatrix}\lambda+2\mu & \lambda & \lambda & 0 & 0 & 0\\ & \lambda+2\mu & \lambda & 0 & 0 & 0\\ & & \lambda+2\mu & 0 & 0 & 0\\ & & & \mu & 0 & 0\\ & \text{Sym} & & & \mu & 0\\ & & & & & \mu\end{bmatrix} \tag{6.18}$$

容易验证，矩阵式 (6.18) 给出的张量分量可以写成如下表达式

$$\Sigma^{KLMN}=\lambda\delta^{KL}\delta^{MN}+\mu\left(\delta^{KM}\delta^{LN}+\delta^{KN}\delta^{LM}\right) \tag{6.19}$$

δ^{KL} 是 Kronecker 符号。在一般曲线坐标中，弹性常数表达式可以直接从上式得到

$$\Sigma^{KLMN}=\lambda G^{KL}G^{MN}+\mu\left(G^{KM}G^{LN}+G^{KN}G^{LM}\right) \tag{6.20}$$

式中只有 2 个独立的弹性常数。除 λ 和 μ 之外，也常常用另外两个弹性常数：杨氏模量 E 和泊松比 ν，两组参数的关系为

$$\lambda=\frac{E\nu}{(1+\nu)(1-2\nu)},\quad \mu=\frac{E}{2(1+\nu)},\quad E=\frac{\mu(3\lambda+2\mu)}{\lambda+\mu},\quad \nu=\frac{\lambda}{2(\lambda+\mu)} \tag{6.21}$$

μ 也称为剪切弹性模量 (常用记号 G 表示)。

将式 (6.20) 中指标 K,L,M,N 分别改为 P,Q,R,S，代入式 (6.11)，注意到正交张量满足 $\boldsymbol{Q}\cdot\boldsymbol{Q}^{\mathrm{T}}=\boldsymbol{I}$，容易验证式 (6.11) 对任何正交变换成立，即式 (6.20) 表示的弹性张量在一切正交变换中保持不变，所以有两个垂直对称轴的线弹性体是各向同性物质，任意平面和轴线均为材料的对称面和对称轴。

将式 (6.20) 代入式 (6.7)，有

$$T^{KL}=\mu\left(G^{KM}G^{LN}+G^{KN}G^{LM}+\frac{2\nu}{1-2\nu}G^{KL}G^{MN}\right)E_{MN} \tag{6.22}$$

或

$$T^{KL}=\lambda G^{KL}E_M^M+2\mu E^{KL}\quad 或\quad \boldsymbol{T}=\lambda(\mathrm{tr}\boldsymbol{E})\boldsymbol{I}+2\mu\boldsymbol{E} \tag{6.22a}$$

上式就是广义虎克定律。对上式两端取迹，得 $\mathrm{tr}\boldsymbol{T}=3\lambda\mathrm{tr}\boldsymbol{E}+2\mu\mathrm{tr}\boldsymbol{E}$，所以

$$\mathrm{tr}\boldsymbol{E}=\mathrm{tr}\boldsymbol{T}/(3\lambda+2\mu)\quad 或\quad \sigma=3ke,\quad k=\frac{1}{3}(3\lambda+2\mu)=\frac{E}{3(1-2\nu)} \tag{6.23}$$

式中，$\sigma=T_K^K/3$ (平均应力)，$e=E_K^K$ (小应变时为体积变形)，k 为体积模量。

利用 k 和偏斜应变 $\boldsymbol{E}'$，式 (6.22a) 也可写成

$$\boldsymbol{T}=3k(\mathrm{tr}\boldsymbol{E})\boldsymbol{I}+2\mu\boldsymbol{E}' \tag{6.22b}$$

将式 (6.23) 代入式 (6.22a)，得到用应力表示应变的本构关系

$$\boldsymbol{E}=\frac{1}{E}\left[(1+\nu)\boldsymbol{T}-\nu(\mathrm{tr}\boldsymbol{T})\boldsymbol{I}\right]\quad 或\quad \boldsymbol{E}=\boldsymbol{\Sigma}^{-1}:\boldsymbol{T} \tag{6.24}$$

$\boldsymbol{\Sigma}^{-1}$ 称为弹性柔度张量，分量为

$$\Sigma_{KLMN}^{-1}=\frac{1}{E}\left[\frac{1+\nu}{2}\left(G_{KM}G_{LN}+G_{KN}G_{LM}\right)-\nu G_{KL}G_{MN}\right] \tag{6.24a}$$

6.1.2 线弹性力学基本方程和解法

许多工程问题符合经典线性条件，即小应变、小转动，且转角与应变同量级 (见 2.9 节)，此时应变位移关系和动量方程可以线性化，变形对动量方程的影响可以略去，应力张量退化为同一张量，即 $\boldsymbol{T}=\boldsymbol{\tau}=\boldsymbol{\sigma}$ (见 3.6 节)，物质描述法与空间描述已没有区别。这种情况称为线弹性力学问题，基本方程为

$$E_{KL}=\frac{1}{2}\left(U_{L;K}+U_{K;L}\right) \quad 或 \quad \boldsymbol{E}=\frac{1}{2}\left(\boldsymbol{\nabla}\boldsymbol{u}+\boldsymbol{u}\boldsymbol{\nabla}\right) \tag{6.25a}$$

$$T^{KL}{}_{;K}+\rho_0\left(f^L-a^L\right)=0 \quad 或 \quad \boldsymbol{\nabla}\cdot\boldsymbol{T}+\rho_0\left(\boldsymbol{f}-\boldsymbol{a}\right)=0 \tag{6.25b}$$

$$T^{KL}=\Sigma^{KLMN}E_{MN} \quad 或 \quad \boldsymbol{T}=\boldsymbol{\Sigma}:\boldsymbol{E} \tag{6.25c}$$

坐标系 $\left\{X^K\right\}$ 是惯性参考系。$\boldsymbol{a}=\dfrac{\partial^2\boldsymbol{u}}{\partial t^2}$ 是加速度，$\boldsymbol{a}=0$ 和 $\neq 0$ 为线弹性静力学和动力学。

边界条件为

$$U^K\left(\boldsymbol{X},t\right)=\overline{U}^K\left(\boldsymbol{X},t\right) \quad 或 \quad \boldsymbol{u}=\overline{\boldsymbol{u}} \quad \boldsymbol{X}\in S_u \tag{6.26a}$$

$$T^{KL}\left(\boldsymbol{X},t\right)N_L\left(\boldsymbol{X}\right)=\bar{t}^K_{(N)}\left(\boldsymbol{X}\right) \quad 或 \quad \boldsymbol{T}\cdot\boldsymbol{N}=\bar{\boldsymbol{t}}_{(N)} \quad \boldsymbol{X}\in S_\sigma \tag{6.26b}$$

S_u 和 S_σ 为已知位移和已知表面力的边界，$\overline{\boldsymbol{u}}$ 和 $\bar{\boldsymbol{t}}_{(\mathrm{N})}$ 是给定的位移和单位面积上的表面力，$\boldsymbol{N}$ 是表面单位外法线向量。

初始条件为

$$\boldsymbol{u}\left(\boldsymbol{X},0\right)=\boldsymbol{u}_0\left(\boldsymbol{X}\right)(初始位移), \quad \frac{\partial\boldsymbol{u}\left(\boldsymbol{X},0\right)}{\partial t}=\boldsymbol{v}_{\mathbf{0}}\left(\boldsymbol{X}\right)(初始速度) \tag{6.27}$$

可以证明线弹性静力学问题的解存在而且唯一，正比于外载荷。在接触问题中，由于接触边界依赖于变形，随载荷变化，所以尽管方程式 (6.25) 是线性的，但接触边界条件可引起解的非线性。线弹性力学问题的经典解法，分为位移法和力法两类。

6.1.2.1 位移法

将 $\boldsymbol{E}$ 代入本构方程，有

$$T^{KL}=\frac{1}{2}\Sigma^{KLMN}\left(U_{N;M}+U_{M;N}\right)=\Sigma^{KLMN}U_{M;N}$$

上式代入平衡方程，若材料是均匀的，得到位移表示的平衡方程

$$\Sigma^{KLMN}U_{M;NK}+\rho_0\left(f^L-\frac{\partial^2U^L}{\partial t^2}\right)=0 \tag{6.28}$$

若材料是各向同性的，将式 (6.20) 代入上式，可得

$$(\lambda+\mu)\,U^{M}{}_{;M}{}^{L}+\mu U^{L}{}_{;M}{}^{M}+\rho_0\left(f^{L}-\frac{\partial^2 U^{L}}{\partial t^2}\right)=0 \tag{6.29}$$

$$(\lambda+\mu)\,\boldsymbol{\nabla}\boldsymbol{\nabla}\cdot\boldsymbol{u}+\mu\boldsymbol{\nabla}\cdot\boldsymbol{\nabla}\boldsymbol{u}+\rho_0\left(\boldsymbol{f}-\frac{\partial^2\boldsymbol{u}}{\partial t^2}\right)=\boldsymbol{0} \tag{6.29a}$$

上式称为 Navier-Cauchy 方程。

将式 (6.22a) 和式 (6.25a) 代入式 (6.26b)，用位移表示的力边界条件为

$$\lambda N^{K}U^{M}{}_{;M}+\mu\left(U^{K}{}_{;L}+U_{L;}{}^{K}\right)N^{L}=\bar{t}^{K}_{(N)} \tag{6.30}$$

以位移为未知量求解方程式 (6.29) 和式 (6.26a) 或式 (6.30) 的方法，称为位移解法。

6.1.2.2 力法

由应变 $\boldsymbol{E}$ 求位移 $\boldsymbol{U}$ 时，要求应变–位移关系可积，所以 $\boldsymbol{E}$ 应该满足变形协调方程，在小应变条件下，略去 $\boldsymbol{E}$ 的高次项，得到 (见式 (2.101))：

$$E_{IL;JK}+E_{JK;IL}-E_{IK;JL}-E_{JL;IK}=0 \tag{6.31}$$

上式中大部分方程是自动满足的，有效方程只有 6 个，对 JK 缩并，不减少有效方程数，所以式 (6.31) 可以替代为

$$E_{IL;K}{}^{K}+E^{K}_{K;IL}-E_{IK;}{}^{K}{}_{L}-E^{K}_{L\ ;IK}=0 \tag{6.32}$$

将式 (6.24) 代入上式，经过整理，可得 (见文献 [18])

$$(1+\nu)\,T_{IL;K}{}^{K}-\nu T^{M}_{M\ ;K}{}^{K}G_{IL}+T^{K}_{K\ ;IL}-(1+\nu)\,T_{IK;L}{}^{K}-(1+\nu)\,T^{K}_{L\ ;IK}=0$$

假如 $\boldsymbol{a}=\boldsymbol{0}$，利用平衡方程表示后两项，有

$$T_{IL;K}{}^{K}-\frac{\nu}{1+\nu}T^{M}_{M\ ;K}{}^{K}G_{IL}+\frac{1}{1+\nu}T^{K}_{K\ ;IL}+\rho_0\left(f_{I;L}+f_{L;I}\right)=0 \tag{6.33}$$

将上式指标 I 上升，再对 I,L 缩并，可得

$$T^{I}_{I\ ;K}{}^{K}=-\frac{1+\nu}{1-\nu}\rho_0 f^{I}{}_{;I}$$

将上式代入式 (6.33)，得到

$$T_{IL;K}{}^{K}+\frac{1}{1+\nu}T^{K}_{K\ ;IL}+\frac{\nu}{1-\nu}\rho_0 f^{K}{}_{;K}G_{IL}+\rho_0\left(f_{I;L}+f_{L;I}\right)=0 \tag{6.34}$$

$$\boldsymbol{\nabla}\cdot\boldsymbol{\nabla}\boldsymbol{T}+\frac{1}{1+\nu}\boldsymbol{\nabla}\boldsymbol{\nabla}\left(\mathrm{tr}\boldsymbol{T}\right)+\frac{\nu}{1-\nu}\rho_0\boldsymbol{\nabla}\cdot\boldsymbol{f}\boldsymbol{I}+\rho_0\left(\boldsymbol{\nabla}\boldsymbol{f}+\boldsymbol{f}\boldsymbol{\nabla}\right)=\boldsymbol{0} \tag{6.34a}$$

式 (6.34) 是应力张量表示的各向同性线弹性体的变形协调方程，也称为 Beltrami-Michell 方程。满足方程式 (6.34) 的应力，可以保证变形协调，即利用虎克定律式 (6.25c) 求出应

变张量之后，可以通过变形–位移关系 (见式 (6.25a)) 的积分求出位移场。因此，式 (6.34) 与平衡方程式 (6.25b) 联立，在只有力边界条件时，可以求得线弹性静力问题的解，这种方法称为力法。

需要指出，由于位移边界条件不能用应力表示，因此力法不能用于有位移边界条件的问题。在没有体力作用时，力法便于引入应力函数求解，不再赘述。

6.1.3 变分原理和近似解法

变分原理为线弹性力学基本方程提供了各种积分形式。

6.1.3.1 最小位能原理和虚功原理

引入弹性体的位能泛函

$$P(\boldsymbol{u}) = \int_V \Sigma(\boldsymbol{u})\mathrm{d}V - \int_V \rho_0 \boldsymbol{f}\cdot\boldsymbol{u}\mathrm{d}V - \int_{S_\sigma} \bar{\boldsymbol{t}}_{(N)}\cdot\boldsymbol{u}\mathrm{d}A \tag{6.35}$$

式中，V 是体积；S_σ 是给定外力的表面；位移 $\boldsymbol{u}$ 满足位移边界条件并且足够光滑，称为几何可能位移；变形能 Σ 是 $\boldsymbol{E}$ 的恒正二次型 (式 (6.9))，$\boldsymbol{E} = \dfrac{1}{2}(\boldsymbol{\nabla}\boldsymbol{u} + \boldsymbol{u}\boldsymbol{\nabla})$。假设体力 $\boldsymbol{f}$ 和面力 $\bar{\boldsymbol{t}}_{(\boldsymbol{N})}$ 不随位移改变。

最小位能原理指出，在一切几何可能位移 $\boldsymbol{u}^*$ 中，真实位移 $\boldsymbol{u}$ 使位能取得极小值，即

$$P(\boldsymbol{u}) \leqslant P(\boldsymbol{u}^*) \quad 或 \quad \Delta P = P(\boldsymbol{u}^*) - P(\boldsymbol{u}) \geqslant 0 \tag{6.36}$$

其中等号仅当 $\boldsymbol{u}^* = \boldsymbol{u}$ 时成立。令

$$\boldsymbol{u}^* = \boldsymbol{u} + \delta\boldsymbol{u} \tag{6.37}$$

$\delta\boldsymbol{u}$ 是足够小的附加位移，$\delta\boldsymbol{u}|_{X\in S_u} = 0$。将式 (6.37) 代入式 (6.35)，对 $\delta\boldsymbol{u}$ 展开，可得

$$\Delta P = P(\boldsymbol{u}^*) - P(\boldsymbol{u}) = P_1(\boldsymbol{u}, \delta\boldsymbol{u}) + P_2(\delta\boldsymbol{u}) \tag{6.38}$$

式中

$$P_1 = \delta P = \int_V \Sigma^{KLMN} E_{MN}\delta E_{KL}\mathrm{d}V - \int_V \rho_0 f^L \delta U_L \mathrm{d}V - \int_{S_\sigma} \bar{t}^L_{(N)}\delta U_L \mathrm{d}A \tag{6.39}$$

$$P_2 = \delta^2 P = \int_V \frac{1}{2}\Sigma^{KLMN}\delta E_{KL}\delta E_{MN}\mathrm{d}V \tag{6.40}$$

分别为泛函 P 的一次变分和二次变分。与函数的极小值问题类似，$P(\boldsymbol{u}) = \min$ 相当于

$$\delta P = 0 \tag{6.41}$$

$$\delta^2 P \geqslant 0 \tag{6.42}$$

式 (6.42) 中的等号仅当 $\delta\boldsymbol{u} = 0$ 时成立。对于式 (6.39) 应用分部积分，可以证明最小位能原理等同平衡方程和力边界条件。

下面引入虚功原理。

将式 (6.25c) 代入式 (6.39)，式 (6.41) 变为

$$\left.\begin{array}{ll}\displaystyle\int_V \boldsymbol{T}:\delta\boldsymbol{E}\mathrm{d}V-\int_V\rho_0\boldsymbol{f}\cdot\delta\boldsymbol{u}\mathrm{d}V-\int_{S_\sigma}\bar{\boldsymbol{t}}_{(N)}\delta\boldsymbol{u}\mathrm{d}A=0 & (\boldsymbol{a}=\boldsymbol{0})\\ \displaystyle\int_V \boldsymbol{T}:\delta\boldsymbol{E}\mathrm{d}V-\int_V\rho_0\left(\boldsymbol{f}-\boldsymbol{a}\right)\cdot\delta\boldsymbol{u}\mathrm{d}V-\int_{S_\sigma}\bar{\boldsymbol{t}}_{(N)}\delta\boldsymbol{u}\mathrm{d}A=0 & (\boldsymbol{a}\neq\boldsymbol{0})\end{array}\right\}\tag{6.43}$$

或

$$\int_V T^{KL}\delta E_{KL}\mathrm{d}V-\int_V\rho_0(f^L-a^L)\delta U_L\mathrm{d}V-\int_{S_\sigma}\bar{t}^L_{(N)}\delta U_L\mathrm{d}A=0\tag{6.43a}$$

式中，微小变化 δU_L，$\delta E_{KL}=(\delta U_{K;L}+\delta U_{L;K})/2$ 可以认为是虚位移和对应的虚应变，则第一项为应力的虚功，第二、三项为负的外力虚功，上式表明外力 (包括惯性力) 虚功等于与外力平衡的内力的虚功。式 (6.43) 称为虚功原理，或虚位移原理。

应该指出，式 (6.43) 虽然是在线弹性情况下引入的，但不仅适用于线弹性几何线性，也适用于线弹性几何非线性、非线性弹性几何非线性及弹塑性几何非线性，原因是根据相应的 (线性或非线性) 几何关系可以推导出以上各种情况下的平衡方程，并不涉及本构关系 (见式 (6.67) 及其证明)。虚功原理等价于几何可能位移上构形的平衡条件，因此作为平衡方程的弱形式广泛用于各种近似方法。虚功原理也可用不平衡力形式表示，即不平衡力的虚功等于 0，例如在静力、几何线性情况下，有

$$\int_V\left(T^{KL}{}_{;K}+\rho_0f^L\right)\delta U_L\mathrm{d}V-\int_{S_\sigma}\left(T^{KL}N_K-\bar{t}^L_{(N)}\right)\delta U_L\mathrm{d}A=0\tag{6.43b}$$

由于虚功原理不要求存在位能，因而比位能原理适用性更广。

6.1.3.2 最小余能原理

引入线弹性体的余能

$$P_C=\int_V\varSigma_C\left(\boldsymbol{T}\right)\mathrm{d}V-\int_{S_u}\overline{\boldsymbol{u}}\cdot\boldsymbol{t}_{(N)}\mathrm{d}A\tag{6.44}$$

式中，$\varSigma_C=\boldsymbol{T}:\boldsymbol{E}-\varSigma$ 是余变形能，$\overline{\boldsymbol{u}}$ 是已知位移边界 S_u 的给定位移，$\boldsymbol{t}_{(N)}$ 是法线为 $\boldsymbol{N}$ 的表面应力向量

$$\boldsymbol{t}_{(\boldsymbol{N})}=\boldsymbol{T}\cdot\boldsymbol{N}\tag{6.45}$$

线弹性体的余变形能是应力的恒正二次型

$$\varSigma_C=\boldsymbol{T}:\boldsymbol{E}-\varSigma=\frac{1}{2}\varSigma^{-1}_{KLMN}T^{KL}T^{MN}\tag{6.46}$$

式中，$\varSigma^{-1}_{KLMN}$ 是弹性柔度张量，用于线弹性本构方程式 (6.7) 的逆形式

$$E_{KL}=\varSigma^{-1}_{KLMN}T^{MN}\quad 或\quad \boldsymbol{E}=\boldsymbol{\varSigma}^{-1}:\boldsymbol{T}\tag{6.47a}$$

对于各向同性材料，在直角坐标系中，由式 (6.24a) 有

$$\Sigma_{KLMN}^{-1}=\frac{1}{E}\left[\frac{1}{2}(1+\nu)(\delta_{KM}\delta_{LN}+\delta_{KN}\delta_{LM})-\nu\delta_{KL}\delta_{MN}\right] \tag{6.47b}$$

满足平衡方程和力边界条件的应力张量称为静力可能应力。最小余能原理指出，在一切静力可能应力 $\boldsymbol{T}^*$ 中，真实应力 $\boldsymbol{T}$ 使余能取得极小值，即

$$P_C(\boldsymbol{T})\leqslant P_C(\boldsymbol{T}^*)\quad 或\quad \Delta P_C=P_C(\boldsymbol{T}^*)-P_C(\boldsymbol{T})\geqslant 0 \tag{6.48}$$

式中等号仅对 $\boldsymbol{T}^*=\boldsymbol{T}$ 成立。令 $\boldsymbol{T}^*=\boldsymbol{T}+\delta\boldsymbol{T}$，变分 $\delta\boldsymbol{T}$ 是足够小的可能应力，$\delta\boldsymbol{T}|_{X\in S_\sigma}=\boldsymbol{0}$。将 $\boldsymbol{T}^*$ 代入式 (6.44)，对 $\delta\boldsymbol{T}$ 展开，则

$$\Delta P_C=P_{C1}(\boldsymbol{T}^*,\delta\boldsymbol{T})+P_{C2}(\delta\boldsymbol{T}) \tag{6.49}$$

其中 P_C 的一次和二次变分为

$$P_{C1}=\delta P_C=\int_V\Sigma_{KLMN}^{-1}T^{MN}\delta T^{KL}\mathrm{d}V-\int_{S_u}\overline{U}_K\delta t_{(N)}^K\mathrm{d}A \tag{6.50}$$

$$P_{C2}=\delta^2P_C=\frac{1}{2}\int_V\Sigma_{KLMN}^{-1}\delta T^{KL}\delta T^{MN}\mathrm{d}V \tag{6.51}$$

最小值条件式 (6.48) 相当于

$$\delta P_C(\boldsymbol{T})=0 \tag{6.52}$$

$$\delta^2P_C\geqslant 0\quad (等号仅对\ \delta\boldsymbol{T}=\boldsymbol{0}\ 成立) \tag{6.53}$$

Σ_C 为正定二次型条件自然保证式 (6.53) 成立。由式 (6.50) 和虎克定律，

$$\delta P_C=\int_V\delta T^{KL}U_{L;K}\mathrm{d}V-\int_{S_u}\overline{U}_K\delta t_{(N)}^K\mathrm{d}A$$

对上式利用分部积分和散度定理，注意 $\boldsymbol{T}$ 和 $\boldsymbol{T}^*$ 满足平衡条件，因而 $\boldsymbol{\nabla}\cdot\delta\boldsymbol{T}=\boldsymbol{0}$，$\delta\boldsymbol{T}\cdot\boldsymbol{N}|_{x\in S_\sigma}=\boldsymbol{0}$，可以得到 $\delta P_C=0$，故最小余能原理成立。

6.1.3.3 多场变量变分原理 (广义变分原理，见文献 [19])

最小位能原理以位移场为自变量，最小余能原理以应力场为自变量，都属于单场变量变分原理。此外，还有含多个独立场变量的变分原理，即 Hellinger-Reissner 变分原理 (H-R 变分原理) 和胡海昌–鹫津久一郎 (Hu-Washizu) 变分原理 (胡–鹫变分原理)。下面给出它们在小变形下的表达式，原理的证明与前面类似，不再列出。

(1) Hellinger-Reissner 变分原理：

$$\begin{aligned}\delta\Pi_{\mathrm{R}}=\delta\Big\{&\int_V[\boldsymbol{T}:(\boldsymbol{\nabla u}+\boldsymbol{u\nabla})/2-\Sigma_C(\boldsymbol{T})-\rho_0\boldsymbol{f}\cdot\boldsymbol{u}]\,\mathrm{d}V-\\&\int_{S_\sigma}\bar{\boldsymbol{t}}_{(N)}\cdot\boldsymbol{u}\mathrm{d}A-\int_{S_u}\boldsymbol{t}_{(N)}\cdot(\boldsymbol{u}-\overline{\boldsymbol{u}})\mathrm{d}A\Big\}=0\end{aligned} \tag{6.54}$$

式中，$\boldsymbol{T}$ 和 $\boldsymbol{u}$ 是独立场变量，不要求是静力可能的或几何可能的；$\boldsymbol{t}_{(N)}$ 也是独立变量，不要求满足式 (6.45)。H-R 变分原理指出，在一切应力场、位移场和未知面力中真实的应力 $\boldsymbol{T}$，位移 $\boldsymbol{u}$ 和未知面力 $\boldsymbol{t}_{(N)}$ 使泛函 Π_{R} 取得驻值 (不一定是极小值)。

利用变分方程式 (6.54) 可以导出平衡方程式 (6.25b) (假设 $\boldsymbol{a}=\boldsymbol{0}$)、用位移和应力表示的虎克定律式 (6.25c) (其中 $\boldsymbol{E}=(\nabla\boldsymbol{u}+\boldsymbol{u}\nabla)/2$) 及边界条件式 (6.26a,b)。

(2) Hu-Washizu 变分原理：

$$\delta\Pi_{\mathrm{HW}}=\delta\left\{\int_V\left[\Sigma(\boldsymbol{E})+\boldsymbol{T}:((\boldsymbol{\nabla}\boldsymbol{u}+\boldsymbol{u}\boldsymbol{\nabla})/2-\boldsymbol{E})-p_0\boldsymbol{f}\cdot\boldsymbol{u}\right]\mathrm{d}V-\right.$$

$$\left.\int_{S_\sigma}\bar{\boldsymbol{t}}_{(N)}\cdot\boldsymbol{u}\mathrm{d}A-\int_{S_u}\boldsymbol{t}_{(N)}\cdot(\boldsymbol{u}-\overline{\boldsymbol{u}})\mathrm{d}A\right\}=0 \tag{6.55}$$

式中，$\boldsymbol{T}$、$\boldsymbol{E}$、$\boldsymbol{u}$ 和 $\boldsymbol{t}_{(N)}$ 均为独立场变量，不要求是静力可能或几何可能的。

胡–鹫变分原理指出，在一切应力场、应变场、位移场和未知面力中真实的应力 $\boldsymbol{T}$、应变 $\boldsymbol{E}$、位移 $\boldsymbol{u}$ 和未知面力 $\boldsymbol{t}_{(N)}$ 使泛函 Π_{HW} 取得驻值，即式 (6.55) 成立。真实解的 Π_{HW} 不一定是极小值。显然，这一多场变分原理在更加广泛的可变变量场范围内，提供了真实解的变分方程。如果对某些场变量加以限制，使之预先满足相应的求解条件，则胡–鹫变分原理可以退化为 H-R 变分原理，最小余能原理和最小位能原理。

如果 $\boldsymbol{T}$ 和 $\boldsymbol{E}$ 满足虎克定律式 (6.25c)，利用式 (6.46) 消去 $\boldsymbol{E}$，可得 $\Pi_{\mathrm{HW}}=\Pi_{\mathrm{R}}$，则胡–鹫变分原理退化为 H-R 变分原理。

如果 $\boldsymbol{T}$ 和 $\boldsymbol{E}$ 满足虎克定律，且应力是静力可能的，注意到

$$\int_V T^{KL}{}_{;K}\delta U_L\mathrm{d}V=\int_{S_\sigma+S_u}T^{KL}N_K\delta U_L\mathrm{d}A-\int_V T^{KL}\delta U_{L;K}\mathrm{d}V$$

$$=\int_{S_\sigma}\bar{\boldsymbol{t}}_{(N)}\cdot\delta\boldsymbol{u}\mathrm{d}A+\int_{S_u}\boldsymbol{t}_{(N)}\cdot\delta\boldsymbol{u}\mathrm{d}A-\int_V\boldsymbol{T}:(\boldsymbol{\nabla}\delta\boldsymbol{u}+\delta\boldsymbol{u}\boldsymbol{\nabla})/2\mathrm{d}V$$

代入虚功原理式 (6.43b)，令 $\delta\boldsymbol{u}=\boldsymbol{u}$，得

$$\int_V\boldsymbol{T}:(\boldsymbol{\nabla}\boldsymbol{u}+\boldsymbol{u}\boldsymbol{\nabla})/2\mathrm{d}V=\int_{S_\sigma}\bar{\boldsymbol{t}}_{(N)}\cdot\boldsymbol{u}\mathrm{d}A+\int_{S_U}\boldsymbol{t}_{(N)}\cdot\boldsymbol{u}\mathrm{d}A$$

将上式代入式 (6.55)，利用式 (6.46) 消去 $\boldsymbol{E}$，即得最小余能原理式 (6.44)。

如果位移是几何可能的，则 $\Pi_{\mathrm{HW}}=P(\boldsymbol{u})$，式 (6.55) 退化为式 (6.41)，即最小位能原理。

6.1.3.4　近似解法——瑞雷–里兹 (Rayleigh-Ritz) 法和伽辽金 (Galerkin) 法

线弹性力学微分形式的基本方程，只在某些简单问题中可以求得精确解，一般情况下需要采用近似解法。以上述变分原理和虚功原理为基础的积分形式的基本方程，更便于用近似方法求解。这种方法在变分法中称为直接解法 (direct solution)，其中比较常用的是瑞雷–里兹 (Rayleigh-Ritz) 法和伽辽金 (Galerkin) 法。直接解法可以用于任何变分问题，近似解的精度依赖于可能函数族的选取，在有些情况下虽然不能证明解的收敛性，但在实际问题分析中常常是有效的。

A 瑞雷–里兹法

为了用最小位能原理求位移的近似解，令

$$U_L = \tilde{U}_{L0} + \sum_{i=1}^{m} a_{Li}\tilde{U}_{Li}(\boldsymbol{X}) \quad (L=1,2,3;\text{不对 } L \text{ 求和}) \tag{6.56}$$

式中，$\tilde{U}_{Li}$ 是已知函数序列；a_{Li} 是待定系数；U_L 是几何可能位移，可取

$$\tilde{U}_{L0}|_{X\in S_u} = \overline{U}_L, \quad \tilde{U}_{Li}|_{X\in S_U} = 0 \quad (i \neq 0) \tag{6.57}$$

将式 (6.56) 代入位能式 (6.35)，位能变为待定系数的二次函数

$$P = P(a_{Li}) \tag{6.58}$$

这样，位能泛函的极小值问题近似地转化为位能函数式 (6.58) 的极小值问题

$$\frac{\partial P}{\partial a_{Li}} = 0 \quad (L=1,2,3, \quad i=1,\cdots,m) \tag{6.59}$$

求解线性代数方程组 (6.59)，即可得到待定系数和位移函数。上述方法称为瑞雷–里兹法，也称为里兹法。

例 6.1 对称截面悬臂梁受均布载荷 q 作用 (见图 6.1)，试用瑞雷–里兹法求挠度函数。

梁的位能为

$$P = \frac{1}{2}\int_0^l EI\left(\frac{\mathrm{d}^2 w}{\mathrm{d}x^2}\right)^2 \mathrm{d}x + \int_0^l qw\mathrm{d}x$$

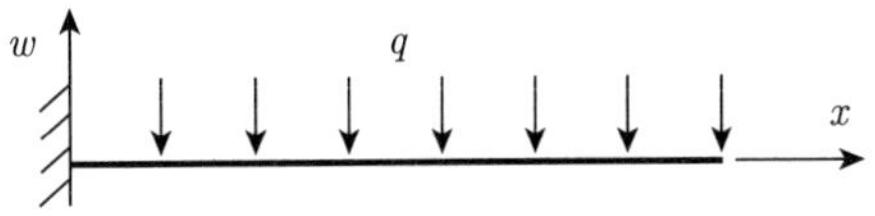

图 6.1 悬臂梁

式中，EI、l、w 为梁的弯曲刚度、长度和挠度。为了比较，下面用三种近似函数 (均满足位移边界条件 $w(0) = w_{,x}(0) = 0$)：

(a) $w = a\left(1-\cos\frac{\pi x}{2l}\right)$; (b) $w = a_1x^2 + a_2x^3$; (c) $w = a_1x^2 + a_2x^3 + a_3x^4$

其中 (c) 已包含本问题的精确解。将 w 代入位能，求解方程式 (6.59)，得到解：

(a) $w = -0.1194\frac{ql^4}{EI}\left(1-\cos\frac{\pi x}{2l}\right)$; (b) $w = -\frac{ql}{24EI}\left(5lx^2 - 2x^3\right)$;

(c) $w = -\frac{qx^2}{24EI}\left(x^2 - 4lx + 6l^2\right)$，即悬臂梁受均布载荷作用时的精确解。

利用式 (a)、(b)、(c) 可以计算弯矩 $M = EIw''$、最大挠度和最大弯矩，与精确解的误差列于表 6.1。可见，随近似解的改进误差减小，当近似函数包含精确解时，里兹法可求得精确解。由于近似位移场求导数损失精度，弯矩 (以及应力) 的精度低于位移。

表 6.1 近似解的误差比较

近似解	(a)	(b)	(c)
最大挠度误差/%	−4.5	0	0
最大弯矩误差/%	−41.1	−16.7	0

B 伽辽金法

伽辽金法是基于虚功原理求近似解的方法。假设近似位移函数不仅满足位移边界条件，而且由位移求出的边界应力满足力边界条件，即

$$T^{KL}N_K = \bar{t}^L_{(N)} \quad 或 \quad \Sigma^{KLMN}U_{M;N}N_K = \bar{t}^L_{(N)} \tag{6.60}$$

则虚功原理式 (6.43b) 变为

$$\int_V \left(T^{KL}{}_{;K} + \rho_0 f^L\right) \delta U_L \mathrm{d}V = 0 \tag{6.61a}$$

或

$$\int_V \left(\Sigma^{KLMN}U_{M;NK} + \rho_0 f^L\right) \delta U_L \mathrm{d}V = 0 \tag{6.61b}$$

为了求位移近似解，式 (6.56) 中的函数序列不仅应满足几何边界条件还需满足力边界条件：

$$\Sigma^{KLMN}\tilde{U}_{M0;N}N_K = \bar{t}^L_{(N)}, \quad \Sigma^{KLMN}\tilde{U}_{Mi;N}N_K = 0 \quad (i = 1, \cdots, m) \tag{6.62}$$

将式 (6.56) 代入式 (6.61b)，令 $\delta U_L = \tilde{U}_{Li}$，得到

$$\int_V \left(\Sigma^{KLMN}U_{M;NK} + \rho_0 f^L\right) \tilde{U}_{Li} \mathrm{d}V = 0 \quad (i = 1, \cdots, m) \tag{6.63}$$

式 (6.63) 积分后得到待定系数 a_{Li} 的线性代数方程组，求解可以给出近似位移和应力。上述方法称为伽辽金法。与里兹法一样，伽辽金法近似解的精度，依赖于近似解的选取，而且近似函数必须满足全部边界条件，但不需要给出位能表达式。

6.2 线弹性、几何非线性

在杆系和板壳结构中，构件的应力水平常常并不很高，材料可以认为是线弹性的，但材料内部各点局部转动比较大，因而在应变–位移关系中需要保留非线性项，在动量方程 (物质描述法) 中需要考虑变形的影响。在第 2.9 节和第 4.6 节中讨论了非线性应变位移关系和动量方程的简化，指出在一般几何非线性问题中，实际结构经常发生的是小应变小转动情况，即中等非线性 (或小有限变形)。杆、板、壳几何非线性分析中的重要问题是大挠度和结构稳定性，包括屈曲和后屈曲。

另一种几何非线性问题是由边界条件引起的，最典型的是接触问题。当两个弹性体在外力作用下相互接触时，接触面本身随载荷改变，在接触面上两个物体的变形应该是相容的，接触力必须满足牛顿第三定律及摩擦定律，从而使接触物体的反应与外载荷成非线性关系，尽管物体内部遵循线性基本方程。接触问题广泛存在于包括多个物体的弹性系统。

本节介绍线弹性、几何非线性问题的基本方程、虚功原理、增量迭代方法、有限变形变分原理等，进一步了解线弹性几何非线性基本理论、特点和解法。

6.2.1 基本关系，虚功原理

用 Lagrange 描述法时，线弹性几何非线性问题的基本关系为

$$E_{KL}=\frac{1}{2}\left(U_{K;L}+U_{L;K}+U^{M}{}_{;K}U_{M;L}\right)\quad(\text{几何方程})\tag{6.64a}$$

小转动情况下上式简化为

$$E_{KL}=\hat{E}_{KL}+\frac{1}{2}\hat{W}_{KM}\hat{W}^{M}{}_{L}\tag{6.64b}$$

式中，$\hat{E}_{KL}$，$\hat{W}_{KM}$ 为无限小应变张量和无限小转动张量。

$$\left[\left(\delta_{L}^{N}+U^{N}{}_{;L}\right)T^{KL}\right]_{;K}+\rho_0\left(f^{N}-a^{N}\right)=0\quad(\text{动量方程})\tag{6.65a}$$

在小转动情况下可简化为

$$\left[\left(\delta_{L}^{N}+\hat{W}^{N}{}_{L}\right)T^{KL}\right]_{;K}+\rho_0\left(f^{N}-a^{N}\right)=0\tag{6.65b}$$

本构方程和初始条件与线弹性、几何线性情况相同。

由式 (3.25)，表面力与应力的关系为

$$\boldsymbol{N}\cdot\boldsymbol{\tau}=\bar{\boldsymbol{t}}_{(N)}\quad\text{或}\quad N_K\tau^{Kl}=\bar{t}^{l}_{(N)}$$

式中，$\bar{\boldsymbol{t}}_{(N)}$ 为作用在变形后表面的表面力，其面积在变形前为单位值；$\bar{t}^{l}_{(N)}$ 为 $\bar{\boldsymbol{t}}_{(N)}$ 在 Euler 坐标系中的分量。利用式 (3.29) 和式 (2.34)，乘以转移张量 g_l^M，得到

$$\left(\delta_{L}^{M}+U^{M}{}_{;L}\right)T^{KL}N_K=\bar{t}^{M}_{(N)}\tag{6.66a}$$

式中，$\bar{t}^{M}_{(N)}$ 是 $\bar{\boldsymbol{t}}_{(N)}$ 在 Lagrange 坐标系中的分量。小转动情况下上式可简化为

$$\left(\delta_{L}^{M}+\hat{W}^{M}{}_{L}\right)T^{KL}N_K=\bar{t}^{M}_{(N)}\tag{6.66b}$$

由于方程式 (6.64) ~ 式 (6.66) 中存在非线性项，在一般情况下很难直接求解上述方程，通常需要利用方程的弱形式 (积分方程) 求近似解。此外，与线性问题不同，不能证明解的存在和唯一性，在同一载荷下可能存在不同的平衡状态，它们可能是稳定的，也可能是不稳定的。在保守系情况下平衡状态与路径无关，但由于直接求解某一平衡状态很困难，常常需要沿加载路径采用增量解法。

利用虚功原理，可以得到动量方程的积分形式 (Lagrange 描述法)：

$$\int_V\boldsymbol{T}:\delta\boldsymbol{E}\mathrm{d}V-\int_V\rho_0\left(\boldsymbol{f}-\boldsymbol{a}\right)\cdot\delta\boldsymbol{u}\mathrm{d}V-\int_{S_\sigma}\bar{\boldsymbol{t}}_{(N)}\cdot\delta\boldsymbol{u}\mathrm{d}A=0\tag{6.67}$$

或
$$\int_V T^{KL}\delta E_{KL}\mathrm{d}V-\int_V\rho_0\left(f^{M}-a^{M}\right)\delta U_M\mathrm{d}V-\int_{S_\sigma}\bar{t}^{M}_{(N)}\delta U_M\mathrm{d}A=0$$

式中，体积力 $\boldsymbol{f}$ 和表面力 $\bar{\boldsymbol{t}}$ 均假定为保守力，与位移无关。

将式 (6.64a) 代入上式第一项，利用分部积分和散度定理及 T^{KL} 的对称性，得

$$\begin{aligned}\int_V T^{KL}\delta E_{KL}\mathrm{d}V &= \int_V \frac{1}{2}T^{KL}\left(\delta U_{K;L}+\delta U_{L;K}+U^M{}_{;K}\delta U_{M;L}+\delta U^M{}_{;K}U^M{}_{;L}\right)\mathrm{d}V\\ &= \int_A T^{KL}N_L\delta U_K\mathrm{d}A-\int_V T^{KL}{}_{;L}\delta U_K\mathrm{d}V+\\ &\quad \int_A T^{KL}U^M{}_{;K}N_L\delta U_M\mathrm{d}A-\int_V\left(T^{KL}U^M{}_{;K}\right)_{;L}\delta U_M\mathrm{d}V\\ &= \int_A T^{KL}\left(\delta_K^M+U^M{}_{;K}\right)N_L\delta U_M\mathrm{d}A-\int_V\left[\left(\delta_K^M+U^M{}_{;K}\right)T^{KL}\right]_{;L}\delta U_M\mathrm{d}V\end{aligned}$$

上式代入式 (6.67)，得：

$$\begin{aligned}&\int_V\left\{\left[\left(\delta_K^M+U^M{}_{;K}\right)T^{KL}\right]_{;L}+\rho_0\left(f^M-a^M\right)\right\}\delta U_M\mathrm{d}V-\\ &\int_{S_\sigma}\left[T^{KL}\left(\delta_K^M+U^M{}_{;K}\right)N_L-\bar{t}^M_{(N)}\right]\delta U_M\mathrm{d}A=0\end{aligned}\tag{6.67a}$$

由于 δU_M 在 V 和 S_σ 中的任意性，可以得到式 (6.65a) 和式 (6.66a)，上式是不平衡力形式的虚功原理。可见，若被积函数足够光滑，可以由积分形式推导出微分形式。因此，积分方程式 (6.67) 与动量方程和力边界条件等价。作为微分方程的弱形式，虚功原理式 (6.67) 可以用于求近似解。

如 6.1.3 节所指出的，在上述推导中并未用到线弹性本构关系，所以式 (6.67) 在非线性弹性 (超弹性) 及弹塑性情况下依然成立。

式 (6.67) 中采用了第二类 Piola-Kirchhoff 应力 $\boldsymbol{T}$ 及其功共轭变量应变 $\boldsymbol{E}$，也可用另一对功共轭变量第一类 P-K 应力 $\boldsymbol{\tau}$ 及变形梯度张量表示，即

$$\int_V \boldsymbol{\tau}:\delta\boldsymbol{F}^{\mathrm{T}}\mathrm{d}V-\int_V\rho_0\left(\boldsymbol{f}-\boldsymbol{a}\right)\cdot\delta\boldsymbol{u}\mathrm{d}V-\int_{S_\sigma}\bar{\boldsymbol{t}}_{(N)}\cdot\delta\boldsymbol{u}\mathrm{d}A=0\tag{6.68}$$

或
$$\int_V \tau^K{}_l\delta x^l{}_{,K}\mathrm{d}V-\int_V\rho_0\left(f^l-a^l\right)\delta u_l\mathrm{d}V-\int_{S_\sigma}\bar{t}^l_{(N)}\delta u_l\mathrm{d}A=0$$

由式 (2.34)，有

$$\delta x^l{}_{,K}=\delta\left(g_K^l+u^l{}_{:K}\right)=\delta u^l{}_{:K}\tag{6.69}$$

$u^l{}_{:K}$ 是位移 $\boldsymbol{u}$ 的全协变导数。将式 (6.69) 代入式 (6.68) 第一项，利用分部积分和散度定理，得

$$\int_V\tau^K{}_l\delta x^l{}_{,K}\mathrm{d}V=\int_V\tau^K{}_l\delta u^l{}_{:K}\mathrm{d}V=\int_V\tau^{Kl}\delta u_{l:K}\mathrm{d}V=\int_{S_\sigma}\tau^{Kl}N_K\delta u_l\mathrm{d}A-\int_V\tau^{Kl}{}_{:K}\delta u_l\mathrm{d}V$$

将上式代入式 (6.68)，即可得到

$$\tau^{Kl}{}_{:K}+\rho_0\left(f^l-a^l\right)=0 \tag{6.70}$$

$$\tau^{Kl}N_K=\bar{t}^l_{(N)} \tag{6.71}$$

可见虚功原理式 (6.68) 与 Boussinesq 动量方程及用 $\boldsymbol{\tau}$ 表示的应力边界条件等价。

当式 (6.67) 和式 (6.68) 位移的变分 $\delta\boldsymbol{u}$ 改为速度变分 $\delta\boldsymbol{v}$，相应地 $\delta\boldsymbol{E}$、$\delta\boldsymbol{F}$ 改为 $\delta\dot{\boldsymbol{E}}$、$\delta\dot{\boldsymbol{F}}$ 时，同样可以证明下列等式成立，即

$$\int_V \boldsymbol{T}:\delta\dot{\boldsymbol{E}}\mathrm{d}V-\int_V\rho_0\left(\boldsymbol{f}-\boldsymbol{a}\right)\cdot\delta\boldsymbol{v}\mathrm{d}V-\int_{S_\sigma}\bar{\boldsymbol{t}}_{(N)}\cdot\delta\boldsymbol{v}\mathrm{d}A=0 \tag{6.72}$$

$$\int_V \boldsymbol{\tau}:\delta\dot{\boldsymbol{F}}^{\mathrm{T}}\mathrm{d}V-\int_V\rho_0\left(\boldsymbol{f}-\boldsymbol{a}\right)\cdot\delta\boldsymbol{v}\mathrm{d}V-\int_{S_\sigma}\bar{\boldsymbol{t}}_{(N)}\cdot\delta\boldsymbol{v}\mathrm{d}A=0 \tag{6.73}$$

上式称为虚功率原理 (Lagrange 描述)。

6.2.2 增量形式虚功原理——完全 Lagrange (T.L.) 格式

在利用弱形式方程近似求解非线性问题时，由于很难选取精度比较好的试函数，通常需要采用增量解法。在足够小的载荷下，可以用线性解作为近似解 (初值)，通过迭代求问题的初始非线性解，然后逐渐增加载荷，用前一步载荷的解 (或经过适当修正) 作为初值，用迭代法求下一步解，依此类推。因此需要建立虚功原理的增量方程。

Lagrange 描述法可以采用不同的参考构形。研究变形固体的力学行为时，如果以变形前 (t_0 时刻) 的物体作为参考构形，称为完全 Lagrange 格式 (Total Lagrange Formulation，简称 T.L. 格式)。另一种方法是如第 2.3.5 小节所述，以变形过程中 t 时刻物体作为参考构形，用相对变形张量描述 $\tau=t+\Delta t$ 时刻物体的变形，称为更新的 Lagrange 格式 (Updated Lagrange Formulation，简称 U.L. 格式)。本节讨论 T.L. 格式。

取 t_0 时刻构形为参考构形，将 $\tau=t+\Delta t$ 时刻位移表示为

$$\boldsymbol{u}\left(t+\Delta t\right)=\boldsymbol{u}(t)+\Delta\boldsymbol{u} \tag{6.74}$$

对于静力问题，上式变为第 $i+1$ 载荷步的位移，表为

$$\boldsymbol{u}_{(i+1)}=\boldsymbol{u}_{(i)}+\Delta\boldsymbol{u}_{(i)} \tag{6.75}$$

Green 应变张量的增量形式是

$$\boldsymbol{E}_{(i+1)}=\boldsymbol{E}_{(i)}+\Delta\boldsymbol{E}_{(i)} \tag{6.76}$$

将式 (6.75) 代入式 (2.39)，得到

$$\begin{aligned}\Delta\boldsymbol{E}_{(i)}=\frac{1}{2}\Big(&\boldsymbol{\nabla}\left(\Delta\boldsymbol{u}_{(i)}\right)+\left(\Delta\boldsymbol{u}_{(i)}\right)\boldsymbol{\nabla}+\boldsymbol{\nabla}\boldsymbol{u}_{(i)}\cdot\left(\Delta\boldsymbol{u}_{(i)}\right)\boldsymbol{\nabla}+\\&\boldsymbol{\nabla}\left(\Delta\boldsymbol{u}_{(i)}\right)\cdot\boldsymbol{u}_{(i)}\boldsymbol{\nabla}+\boldsymbol{\nabla}\left(\Delta\boldsymbol{u}_{(i)}\right)\cdot\left(\Delta\boldsymbol{u}_{(i)}\right)\boldsymbol{\nabla}\Big)\end{aligned} \tag{6.77}$$

第二类 P-K 应力的增量形式为

$$\boldsymbol{T}_{(i+1)} = \boldsymbol{T}_{(i)} + \Delta \boldsymbol{T}_{(i)} \tag{6.78}$$

由线弹性本构关系，可得

$$\Delta \boldsymbol{T}_{(i)} = \boldsymbol{\Sigma} : \Delta \boldsymbol{E}_{(i)} \tag{6.79}$$

将式 (6.75)~ 式 (6.78) 代入虚功原理式 (6.67) (假设 $\boldsymbol{a} = \boldsymbol{0}$)，注意到 i 步为已知量，因而，

$$\delta \boldsymbol{u}_{(i+1)} = \delta\left(\Delta \boldsymbol{u}_{(i)}\right), \quad \delta \boldsymbol{E}_{(i+1)} = \delta\left(\Delta \boldsymbol{E}_{(i)}\right)$$

利用 $\boldsymbol{T}$ 的对称性，可以得到

$$\begin{aligned}
&\int_V \Delta \boldsymbol{T}_{(i)} : \left[\left(\boldsymbol{I} + \boldsymbol{\nabla} \boldsymbol{u}_{(i)} + \boldsymbol{\nabla}\left(\Delta \boldsymbol{u}_{(i)}\right)\right) \cdot \delta\left(\Delta \boldsymbol{u}_{(i)}\right) \boldsymbol{\nabla}\right] \mathrm{d}V + \\
&\int_V \boldsymbol{T}_{(i)} : \left[\boldsymbol{\nabla}\left(\Delta \boldsymbol{u}_{(i)}\right) \cdot \delta\left(\Delta \boldsymbol{u}_{(i)}\right) \boldsymbol{\nabla}\right] \mathrm{d}V \\
= &\int_V \rho_0 \Delta \boldsymbol{f}_{(i)} \cdot \delta\left(\Delta \boldsymbol{u}_{(i)}\right) \mathrm{d}V + \int_{S_\sigma} \Delta \bar{\boldsymbol{t}}_{(N)(i)} \cdot \delta\left(\Delta \boldsymbol{u}_{(i)}\right) \mathrm{d}A + \left\{\int_V \rho_0 \boldsymbol{f}_{(i)} \cdot \delta\left(\Delta \boldsymbol{u}_{(i)}\right) \mathrm{d}V + \right. \\
&\left. \int_{S_\sigma} \bar{\boldsymbol{t}}_{(N)(i)} \cdot \delta\left(\Delta \boldsymbol{u}_{(i)}\right) \mathrm{d}A - \int_V \boldsymbol{T}_{(i)} : \left[\left(\boldsymbol{I} + \boldsymbol{\nabla} \boldsymbol{u}_{(i)}\right) \cdot \delta\left(\Delta \boldsymbol{u}_{(i)}\right) \boldsymbol{\nabla}\right] \mathrm{d}V \right\}
\end{aligned} \tag{6.80}$$

式中，$\Delta \boldsymbol{f}_{(i)} = \boldsymbol{f}_{(i+1)} - \boldsymbol{f}_{(i)}$，$\Delta \bar{\boldsymbol{t}}_{(N)(i)} = \bar{\boldsymbol{t}}_{(N)(i+1)} - \bar{\boldsymbol{t}}_{(N)(i)}$，$\delta\left(\Delta \boldsymbol{u}_{(i)}\right) = \delta \boldsymbol{u}$。

式 (6.80) 中的等号右端括号 { } 项为第 i 载荷步的虚功，如果 i 步解是平衡的，则该项为 0，如果是近似的，该项为不平衡力的虚功。

式 (6.80) 是位移增量 $\Delta \boldsymbol{u}_{(i)}$ 的非线性方程，为了近似求解还需要进一步线性化。将式 (6.75) 改写成迭代形式：

$$\boldsymbol{u}_{(i+1)}^{(r)} = \boldsymbol{u}_{(i)} + \Delta \boldsymbol{u}_{(i)}^{(r)} = \boldsymbol{u}_{(i+1)}^{(r-1)} + \boldsymbol{\eta}^{(r)} \tag{6.81}$$

$$\boldsymbol{u}_{(i+1)}^{(r-1)} = \boldsymbol{u}_{(i)} + \Delta \boldsymbol{u}_{(i)}^{(r-1)} \tag{6.81a}$$

将式 (6.81a) 代入式 (6.81)，有

$$\Delta \boldsymbol{u}_{(i)}^{(r)} = \Delta \boldsymbol{u}_{(i)}^{(r-1)} + \boldsymbol{\eta}^{(r)} = \Delta \boldsymbol{u}_{(i)}^{(0)} + \sum_{s=1}^{r} \boldsymbol{\eta}^{(s)} \tag{6.81b}$$

$$\boldsymbol{u}_{(i+1)}^{(r)} = \boldsymbol{u}_{(i)} + \Delta \boldsymbol{u}_{(i)}^{(r-1)} + \boldsymbol{\eta}^{(r)} \tag{6.81c}$$

式中，r 是迭代次数；$\boldsymbol{u}_{(i+1)}^{(r)}$ 和 $\Delta \boldsymbol{u}_{(i)}^{(r)}$ 是 $(i+1)$ 步位移的第 r 次迭代解和增量；$\boldsymbol{u}_{(i)}^{(r-1)}$ 和 $\Delta \boldsymbol{u}_{(i)}^{(r-1)}$ 是已经求得的上次迭代解和增量；$\Delta \boldsymbol{u}_{(i)}^{(0)}$ 是迭代初值；$\boldsymbol{\eta}^{(r)}$ 是待求的本次迭代增

量，随 r 的增加，如果位移收敛为精确解，则 $\boldsymbol{\eta}^{(r)}$ 趋于 $\mathbf{0}$。将式 (6.81) 代入应变，有

$$\boldsymbol{E}_{(i+1)}^{(r)} = \boldsymbol{E}_{(i+1)}^{(r-1)} + \frac{1}{2}\left(\boldsymbol{\nabla}\boldsymbol{\eta}^{(r)} + \boldsymbol{\eta}^{(r)}\boldsymbol{\nabla} + \boldsymbol{\nabla}\boldsymbol{u}_{(i+1)}^{(r-1)}\cdot\boldsymbol{\eta}^{(r)}\boldsymbol{\nabla} + \boldsymbol{\nabla}\boldsymbol{\eta}^{(r)}\cdot\boldsymbol{u}_{(i+1)}^{(r-1)}\boldsymbol{\nabla} + \boldsymbol{\nabla}\boldsymbol{\eta}^{(r)}\cdot\boldsymbol{\eta}^{(r)}\boldsymbol{\nabla}\right) \tag{6.82}$$

$$\begin{aligned}\delta\boldsymbol{E}_{(i+1)}^{(r)} = \frac{1}{2}(&\boldsymbol{\nabla}(\delta\boldsymbol{\eta}^{(r)}) + (\delta\boldsymbol{\eta}^{(r)})\boldsymbol{\nabla} + \boldsymbol{\nabla}\boldsymbol{u}_{(i+1)}^{(r-1)}\cdot(\delta\boldsymbol{\eta}^{(r)})\boldsymbol{\nabla} + \boldsymbol{\nabla}(\delta\boldsymbol{\eta}^{(r)})\cdot\boldsymbol{u}_{(i+1)}^{(r-1)}\boldsymbol{\nabla} + \\ &\boldsymbol{\nabla}(\delta\boldsymbol{\eta}^{(r)})\cdot\boldsymbol{\eta}^{(r)}\boldsymbol{\nabla} + \boldsymbol{\nabla}\boldsymbol{\eta}^{(r)}\cdot(\delta\boldsymbol{\eta}^{(r)})\boldsymbol{\nabla})\end{aligned} \tag{6.82a}$$

由式 (6.82) 和本构关系，利用 $\boldsymbol{T}$ 的对称性，得

$$\boldsymbol{T}_{(i+1)}^{(r)} = \boldsymbol{T}_{(i+1)}^{(r-1)} + \boldsymbol{\Sigma} : \left[\left(\boldsymbol{I} + \boldsymbol{\nabla}\boldsymbol{u}_{(i+1)}^{(r-1)} + \frac{1}{2}\boldsymbol{\nabla}\boldsymbol{\eta}^{(r)}\right)\cdot\boldsymbol{\eta}^{(r)}\boldsymbol{\nabla}\right] \tag{6.83}$$

将式 (6.81)、式 (6.82) 和式 (6.83) 代入式 (6.67)，略去 $\boldsymbol{\eta}^{(r)}$ 的高次项，得到

$$\begin{aligned}&\int_V \left[\boldsymbol{\nabla}\boldsymbol{\eta}^{(r)}\cdot\left(\boldsymbol{I} + \boldsymbol{u}_{(i+1)}^{(r-1)}\boldsymbol{\nabla}\right)\right] : \boldsymbol{\Sigma} : \left[\left(\boldsymbol{I} + \boldsymbol{\nabla}\boldsymbol{u}_{(i+1)}^{(r-1)}\right)\cdot\delta\boldsymbol{\eta}^{(r)}\boldsymbol{\nabla}\right]\mathrm{d}V + \\ &\int_V \boldsymbol{T}_{(i+1)}^{(r-1)} : \left(\boldsymbol{\nabla}\eta^{(r)}\cdot\delta\boldsymbol{\eta}^{(r)}\boldsymbol{\nabla}\right)\mathrm{d}V \\ =&\int_V \rho_0\hat{\boldsymbol{f}}^{(r)}\cdot\delta\boldsymbol{\eta}^{(r)}\mathrm{d}V + \int_{S_\sigma}\rho_0\hat{\bar{\boldsymbol{t}}}_{(N)}^{(r)}\cdot\delta\boldsymbol{\eta}^{(r)}\mathrm{d}A + \left\{\int_V \rho_0\boldsymbol{f}_{(i+1)}^{(r-1)}\cdot\delta\boldsymbol{\eta}^{(r)}\mathrm{d}V + \right. \\ &\left.\int_{S_\sigma}\rho_0\bar{\boldsymbol{t}}_{(N)(i+1)}^{(r-1)}\cdot\delta\boldsymbol{\eta}^{(r)}\mathrm{d}A - \int_V \boldsymbol{T}_{(i+1)}^{(r-1)} : \left[\left(\boldsymbol{I} + \boldsymbol{\nabla}\boldsymbol{u}_{(i+1)}^{(r-1)}\right)\cdot\delta\boldsymbol{\eta}^{(r)}\boldsymbol{\nabla}\right]\mathrm{d}V\right\}\end{aligned} \tag{6.84}$$

上式为线弹性几何非线性固体 T.L. 格式增量迭代方程，分量形式为

$$\begin{aligned}&\int_V \Sigma^{KLMN}\eta_{M;N}^{(r)}\delta\eta_{L;K}^{(r)}\mathrm{d}V + \int_V T_{(i+1)}^{(r-1)KL}\eta^{(r)R}{}_{;L}\delta\eta_{R;K}^{(r)}\mathrm{d}V + \\ &\int_V \Sigma^{KLMN}\left(\delta_L^R U_{(i+1)}^{(r-1)S}{}_{;M} + \delta_M^S U_{(i+1)}^{(r-1)R}{}_{;L} + U_{(i+1)}^{(r-1)R}{}_{;L}U_{(i+1)}^{(r-1)S}{}_{;M}\right)\eta_{S;N}^{(r)}\delta\eta_{R;K}^{(r)}\mathrm{d}V \\ =&\int_V \rho_0\hat{f}^{(r)L}\delta\eta_L^{(r)}\mathrm{d}V + \int_{S_\sigma}\hat{\bar{t}}_{(N)}^{(r)L}\delta\eta_L^{(r)}\mathrm{d}A + \left\{\int_V \rho_0 f_{(i+1)}^{(r-1)L}\delta\eta_L^{(r)}\mathrm{d}V + \right. \\ &\left.\int_{S_\sigma}\bar{t}_{(N)(i+1)}^{(r-1)L}\cdot\delta\eta_L^{(r)}\mathrm{d}A - \int_V T_{(i+1)}^{(r-1)KL}\left(\delta_K^R + U_{(i+1)}^{(r-1)R}{}_{;K}\right)\delta\eta_{R;L}^{(r)}\mathrm{d}V\right\}\end{aligned} \tag{6.84a}$$

式中，$\hat{\boldsymbol{f}}^{(r)} = \boldsymbol{f}_{(i+1)}^{(r)} - \boldsymbol{f}_{(i+1)}^{(r-1)}$、$\hat{\bar{\boldsymbol{t}}}_{(N)}^{(r)} = \bar{\boldsymbol{t}}_{(i+1)}^{(r)} - \bar{\boldsymbol{t}}_{(i+1)}^{(r-1)}$ 是两次迭代的载荷增量，在用载荷增量法时 $\rho_0\hat{\boldsymbol{f}}^{(r)} = \hat{\bar{\boldsymbol{t}}}^{(r)} = \mathbf{0}$；用弧长增量法时，$\hat{\boldsymbol{f}}^{(r)}$ 和 $\hat{\bar{\boldsymbol{t}}}_{(N)}^{(r)}$ 是未知的，需要给定载荷增量与位移增量的函数关系，即载荷增量因子 (载荷增量与参考载荷的比值) 与位移增量之间的补充方程。

$\boldsymbol{\eta}^{(r)}$ 的线性化方程式 (6.84) 是线弹性几何非线性问题增量迭代法的 T.L. 格式基本方程。如果将位移函数分片离散，即将连续体离散为若干个有限单元，每个单元内的位移用节点广义位移和插值函数表示，代入式 (6.84)，可以得到如下有限元方程 (矩阵形式)：

$$\left[\boldsymbol{K}_0+\boldsymbol{K}_1\left(\boldsymbol{u}_{(i+1)}^{(r-1)}\right)+\boldsymbol{K}_2\left(\boldsymbol{T}_{(i+1)}^{(r-1)}\right)\right]\Delta\Delta\boldsymbol{q}^{(r)}=\Delta\Delta\boldsymbol{F}^{(r)}+\boldsymbol{Q}\left(\boldsymbol{u}_{(i+1)}^{(r-1)}\right) \tag{6.85}$$

式中，$\boldsymbol{K}_0$、$\boldsymbol{K}_1$、$\boldsymbol{K}_2$ 是线性刚度矩阵、初位移矩阵和初应力矩阵；$\Delta\Delta\boldsymbol{q}^{(r)}$ 和 $\Delta\Delta\boldsymbol{F}^{(r)}$ 是两次迭代的广义位移增量 (对应 $\boldsymbol{\eta}^{(r)}$) 和载荷增量向量 (为了区别式 (6.75) 中 $\Delta(\,)$ 表示的两个载荷步之间的增量，这里用 $\Delta\Delta(\,)$ 表示两次迭代的增量)；$\boldsymbol{Q}$ 是上次迭代的不平衡力向量。以上各量的定义是

$$\delta\Delta\Delta\boldsymbol{q}^{(r)\mathrm{T}}\boldsymbol{K}_0\Delta\Delta\boldsymbol{q}^{(r)}=\sum_{(m)}\int_{V_m}\Sigma^{KLMN}\eta_{M;N}^{(r)}\delta\eta_{L;K}^{(r)}\mathrm{d}V_m \tag{6.86a}$$

$$\begin{aligned}\delta\Delta\Delta\boldsymbol{q}^{(r)\mathrm{T}}\boldsymbol{K}_1\Delta\Delta\boldsymbol{q}^{(r)}=\sum_{(m)}\int_{V_m}\Sigma^{KLMN}&\left(\delta_L^R U_{(i+1)}^{(r-1)S}{}_{;M}+\delta_M^S U_{(i+1)}^{(r-1)R}{}_{;L}+\right.\\&\left.U_{(i+1)}^{(r-1)R}{}_{;L}U_{(i+1)}^{(r-1)S}{}_{;M}\right)\eta_{S;N}^{(r)}\delta\eta_{R;K}^{(r)}\mathrm{d}V_m\end{aligned} \tag{6.86b}$$

$$\delta\Delta\Delta\boldsymbol{q}^{(r)\mathrm{T}}\boldsymbol{K}_2\Delta\Delta\boldsymbol{q}^{(r)}=\sum_{(m)}\int_{V_m}T_{(i+1)}^{(r-1)KL}\eta^{(r)R}{}_{;L}\delta\eta_{R;K}^{(r)}\mathrm{d}V_m \tag{6.86c}$$

$$\delta\Delta\Delta\boldsymbol{q}^{(r)\mathrm{T}}\Delta\Delta\boldsymbol{F}^{(r)}=\sum_{(m)}\left[\int_{V_m}\rho_0\hat{f}^{(r)L}\delta\eta_L^{(r)}\mathrm{d}V_m+\int_{S_{\sigma m}}\hat{\bar{t}}_{(N)}^{(r)L}\delta\eta_L^{(r)}\mathrm{d}A_m\right] \tag{6.86d}$$

$$\begin{aligned}\delta\Delta\Delta\boldsymbol{q}^{(r)\mathrm{T}}\boldsymbol{Q}=\sum_{(m)}&\left[\int_{V_m}\rho_0 f_{(i+1)}^{(r-1)L}\delta\eta_L^{(r)}\mathrm{d}V_m+\int_{S_{\sigma m}}\bar{t}_{(N)(i+1)}^{(r-1)L}\delta\eta_L^{(r)}\mathrm{d}A_m-\right.\\&\left.\int_{V_m}T_{(i+1)}^{(r-1)KL}\left(\delta_K^R+U_{(i+1)}^{(r-1)R}{}_{;K}\right)\delta\eta_{R;L}^{(r)}\mathrm{d}V_m\right]\end{aligned} \tag{6.86e}$$

式中，m 是单元号；V_m 是单元占有的体积；$S_{\sigma m}$ 是包含外表面的单元中给定应力的表面。

令 $\boldsymbol{K}_\mathrm{T}=\boldsymbol{K}_0+\boldsymbol{K}_1+\boldsymbol{K}_2$ 称为切线刚度矩阵，是对于位移的微小增量的刚度。如果已经求得 $(i-1)$ 步的解，首先用该解形成 $\boldsymbol{K}_\mathrm{T}^{(i-1)}$，然后求解线性方程

$$\boldsymbol{K}_\mathrm{T}^{(i-1)}\Delta\boldsymbol{q}^{(0)}=\Delta\boldsymbol{F}^{(0)} \tag{6.87}$$

式中，$\Delta\boldsymbol{F}^{(0)}$ 是给定的 i 步载荷增量 (如果用载荷增量法)；$\Delta\boldsymbol{q}^{(0)}$ 是对应的 i 步位移增量初值；在用弧长法求解时，需要利用给定的弧长增量求解 $\Delta\boldsymbol{q}^{(0)}$。利用位移初值 $\boldsymbol{q}_{(i)}^{(0)}=\boldsymbol{q}_{(i-1)}+\Delta\boldsymbol{q}^{(0)}$，计算应力初值和不平衡力 $\boldsymbol{Q}\left(\boldsymbol{U}_{(i)}^{(0)}\right)$。将 $\boldsymbol{Q}\left(\boldsymbol{U}_{(i)}^{(0)}\right)$ 代入方程式 (6.85)，利用某种增量解法 (例如载荷增量法，位移增量法，弧长增量法等)，便可求出第一次迭代解

$\Delta\Delta\boldsymbol{q}^{(1)}$，依此类推。随迭代次数的增加，如果迭代过程收敛，则 $\boldsymbol{Q}$ 不断减小并趋于 $\boldsymbol{0}$，同时 $\Delta\Delta\boldsymbol{q}$ 和 $\Delta\Delta\boldsymbol{F}$ 也将趋于 $\boldsymbol{0}$；当 $\boldsymbol{Q}$ 和 $\Delta\Delta\boldsymbol{q}$ 足够小，满足给定误差要求时，则转向下一增量步。这一方法即是熟知的牛顿–拉夫森 (Newton-Raphson) 法。在某些情况下，例如强烈非线性或解路径接近奇异点时，迭代过程收敛困难、甚至发散是可能的，这时需要适当改变步长或用某种搜索方法改进初值，重新迭代。在遇到路径分支点时需要进行路径转换处理 (见 6.3.3.2 节)。

由上述求解过程可见，解的精度和收敛性决定于不平衡力，每次迭代后 $\boldsymbol{Q}$ 必须重新准确计算，而切线刚度 $\boldsymbol{K}_{\mathrm{T}}$ 可以每次迭代均重新计算，也可以保持本迭代步初始切线刚度不变 (或者经过几次迭代修正后保持不变)，这种方法称为修正的牛顿–拉夫森法 (modified Newton-Raphson 或 m N-R 法)。$\boldsymbol{K}_{\mathrm{T}}$ 的近似计算通常不改变解的收敛值和精度，但影响求解过程，对于大型结构分析，mN-R 法常常能够节省计算时间。

6.2.3 增量形式虚功原理——更新 Lagrange (U.L.) 格式

若取 t 时刻构形作为参考构形 (即 2.1 节构形 $\mathscr{k}(t)$，下面称为 t 构形) 则 $\tau = t + \Delta t$ 时刻的运动变换为

$$\boldsymbol{\xi}(\boldsymbol{X}, \tau) = \boldsymbol{x}(\boldsymbol{X}, \tau) + \Delta\boldsymbol{u}(\boldsymbol{x}, \tau) \tag{6.88}$$

$\boldsymbol{\xi}, \boldsymbol{x}, \boldsymbol{X}$ 是当前构形、t 构形和初始 t_0 构形的位置向量；$\Delta\boldsymbol{u}$ 是相对位移。由 $\dfrac{\partial\boldsymbol{\xi}}{\partial\boldsymbol{X}} = \dfrac{\partial\boldsymbol{\xi}}{\partial\boldsymbol{x}} \cdot \dfrac{\partial\boldsymbol{x}}{\partial\boldsymbol{X}}$ 得到两种参考构形中变形梯度的关系 (见式 (2.45a))

$$\boldsymbol{F}(\tau) = \boldsymbol{F}_{(t)}(\tau) \cdot \boldsymbol{F}(t)$$

式中，$\boldsymbol{F}_{(t)}(\tau)$ 是 τ 时刻参考于构形 t 的变形梯度。利用上式可以给出采用两种参考构形时变形和应力的转换关系。

右 Cauchy-Green 变形张量 $\boldsymbol{C}$ (见式 (2.47a)) 和 Green 应变张量 $\boldsymbol{E}$ 为

$$\boldsymbol{C}(\tau) = \boldsymbol{F}^{\mathrm{T}}(t) \cdot \boldsymbol{C}_{(t)}(\tau) \cdot \boldsymbol{F}(t)$$

$$\begin{aligned}\boldsymbol{E}(\tau) &= \frac{1}{2}\left(\boldsymbol{C}(\tau) - \boldsymbol{I}\right) = \frac{1}{2}\left(\boldsymbol{F}^{\mathrm{T}}(t) \cdot \boldsymbol{C}_{(t)}(\tau) \cdot \boldsymbol{F}(t) - \boldsymbol{I}\right) \\ &= \frac{1}{2}\left(\boldsymbol{F}^{\mathrm{T}}(t) \cdot 2\left(\boldsymbol{E}_{(t)}(\tau) + \boldsymbol{I}\right) \cdot \boldsymbol{F}(t) - \boldsymbol{I}\right) = \boldsymbol{E}(t) + \boldsymbol{F}^{\mathrm{T}}(t) \cdot \boldsymbol{E}_{(t)}(\tau) \cdot \boldsymbol{F}(t)\end{aligned} \tag{6.89}$$

$\boldsymbol{C}_{(t)}$ 是相对变形张量；$\boldsymbol{E}_{(t)} = \dfrac{1}{2}\left(\boldsymbol{C}_{(t)} - \boldsymbol{I}\right)$ 是相对应变张量，与相对位移的关系为

$$\boldsymbol{E}_{(t)}(\tau) = \frac{1}{2}\left(\boldsymbol{\nabla}(\Delta\boldsymbol{u}) + (\Delta\boldsymbol{u})\boldsymbol{\nabla} + \boldsymbol{\nabla}(\Delta\boldsymbol{u}) \cdot (\Delta\boldsymbol{u})\boldsymbol{\nabla}\right) \tag{6.89a}$$

显然，$\boldsymbol{E}_{(t)}(t) = \boldsymbol{0}$。由式 (6.89) 得到 t 时刻到 τ 时刻的应变增量

$$\Delta\boldsymbol{E}(\tau) = \boldsymbol{E}(\tau) - \boldsymbol{E}(t) = \boldsymbol{F}^{\mathrm{T}}(t) \cdot \boldsymbol{E}_{(t)}(\tau) \cdot \boldsymbol{F}(t) \tag{6.90}$$

参考状态构形 t 是给定的，所以，

$$\delta \boldsymbol{E}(\tau) = \boldsymbol{F}^{\mathrm{T}}(t) \cdot \delta \boldsymbol{E}_{(t)}(\tau) \cdot \boldsymbol{F}(t) \tag{6.91}$$

将应力张量表示成增量形式

$$\boldsymbol{T}(\tau) = \boldsymbol{T}(t) + \Delta \boldsymbol{T} \tag{6.92}$$

$$\boldsymbol{T}_{(t)}(\tau) = \boldsymbol{T}_{(t)}(t) + \Delta \boldsymbol{T}_{(t)} \tag{6.93}$$

$$\boldsymbol{t}(\tau) = \boldsymbol{t}(t) + \Delta \boldsymbol{t} \tag{6.94}$$

式中，$\boldsymbol{T}$ 和 $\boldsymbol{T}_{(t)}$ 是第二类 P-K 应力张量，分别以 t_0 和 t 时刻构形为参考构形；$\boldsymbol{t}$ 是 Cauchy 应力张量。图 6.2 是上述应力作用的单元体的示意图。在 t_0 构形中沿 $\{X^K\}$ 坐标面选取的单元体 1，在 t 和 τ 时刻变为相应的 $\{X^K\}$ 的随体坐标系中的单元体 1′ 和 1″，则 $\boldsymbol{T}(\tau)$ 和 $\boldsymbol{T}(t)$ 分别作用于单元体 1″ 和 1′ 各侧面，沿各自随体标架分解，$\Delta \boldsymbol{T}$ 是两者的差。类似地，在 t 构形中沿坐标系 $\{x^k\}$ 取单元体 2 (此时 $\{x^k\}$ 应视为物质坐标系)，在 τ 时刻变为 $\{x^k\}$ 的随体坐标系中单元体 2′，则 $\boldsymbol{T}_{(t)}(\tau)$ 作用于单元体 2′ 各侧面，沿 $\{x^k\}$ 的随体标架分解，$\boldsymbol{T}_{(t)}(t)$ 作用于单元体 2 各侧面，$\Delta \boldsymbol{T}_{(t)}$ 是两者的差。假设取空间坐标系与 t 时刻物质坐标系 $\{x^k\}$ 相同，在 τ 时刻沿空间坐标系 $\{x^k\}$ 取单元体 3，该单元体在空间固定，不随变形改变，则 $\boldsymbol{t}(\tau)$ 和 $\boldsymbol{t}(t)$ 是同一单元体 3 在不同时刻 τ 和 t 各侧面的应力，$\Delta \boldsymbol{t}$ 是两者的差。

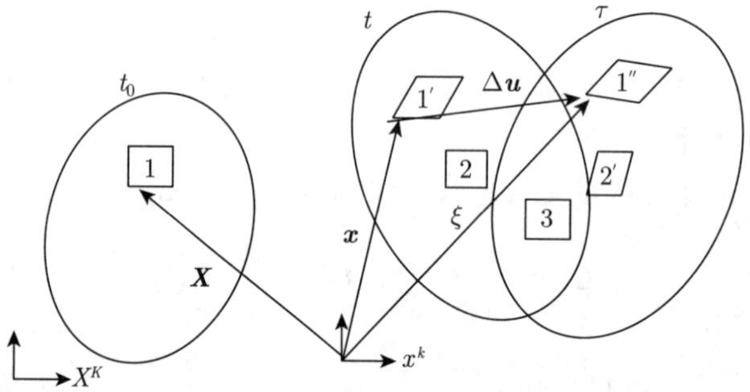

图 6.2 t 和 τ 构形中应力作用的单元体

如果考虑某一点的三种应力，则图 6.2 中单元体 1″、2′ 和 3 在同一点，但大小和方位不同；三种应力的关系应满足式 (3.32)，即

$$\boldsymbol{T}(\tau) = J_{(\tau)} \boldsymbol{F}^{-1}(\tau) \cdot \boldsymbol{t}(\tau) \cdot \boldsymbol{F}^{-\mathrm{T}}(\tau) \tag{6.95}$$

$$\boldsymbol{t}(\tau) = \frac{1}{J_{(\Delta t)}} \boldsymbol{F}_{(t)}(\tau) \cdot \boldsymbol{T}_{(t)}(\tau) \cdot \boldsymbol{F}_{(t)}^{\mathrm{T}}(\tau) \tag{6.96}$$

式中，$J_{(\tau)}$ 和 $J_{(\Delta t)}$ 分别是构形 τ 与构形 t_0 的体积比和构形 τ 与构形 t 的体积比，若 τ 时体积 $\mathrm{d}v_{(\tau)}$ 在 t_0 和 t 时刻分别为 $\mathrm{d}V_{(0)}$ 和 $\mathrm{d}V_{(t)}$，则

$$J_{(\tau)} = \frac{\mathrm{d}v_{(\tau)}}{\mathrm{d}V_{(0)}}, \quad J_{(\Delta t)} = \frac{\mathrm{d}v_{(\tau)}}{\mathrm{d}V_{(t)}} \tag{6.97}$$

将式 (6.96) 代入式 (6.95)，利用式 (2.46a)，得

$$\boldsymbol{T}(\tau) = J_{(t)}\boldsymbol{F}^{-1}(t)\cdot\boldsymbol{T}_{(t)}(\tau)\cdot\boldsymbol{F}^{-\mathrm{T}}(t) \tag{6.98}$$

式中，$J_{(t)} = \dfrac{\mathrm{d}V_{(t)}}{\mathrm{d}V_{(0)}}$ 是构形 t 与构形 t_0 的体积比。由式 (6.96)，当 $\tau = t$ 时得到

$$\boldsymbol{T}_{(t)}(t) = \boldsymbol{t}(t) \tag{6.99}$$

所以，t 时刻的相对第二类 P-K 应力张量即是 t 时刻的 Cauchy 应力张量，在图 6.2 中为同一点处相同单元体 2 和 3 的同一应力；若选取的空间坐标系 $\left\{x^{k'}\right\}$ 与坐标系 $\left\{x^k\right\}$ 不同，则 $\boldsymbol{t}(t)$ 与 $\boldsymbol{T}_{(t)}(t)$ 仍然是同一张量，只是应满足坐标转换关系而已。

将式 (6.92) 和式 (6.93) 代入式 (6.98)，注意到式 (6.99)，有

$$\boldsymbol{T}(t) + \Delta\boldsymbol{T}(\tau) = J_{(t)}\boldsymbol{F}^{-1}(t)\cdot\boldsymbol{t}(t)\cdot\boldsymbol{F}^{-\mathrm{T}}(t) + J_{(t)}\boldsymbol{F}^{-1}(t)\cdot\Delta\boldsymbol{T}_{(t)}(\tau)\cdot\boldsymbol{F}^{-\mathrm{T}}(t)$$

由式 (6.98) 和式 (6.99)，上式两端第一项相等，所以应力增量与相对应力张量满足关系：

$$\Delta\boldsymbol{T}(\tau) = J_{(t)}\boldsymbol{F}^{-1}(t)\cdot\Delta\boldsymbol{T}_{(t)}(\tau)\cdot\boldsymbol{F}^{-\mathrm{T}}(t) \tag{6.100}$$

将式 (6.98) 和式 (6.91) 代入内力的虚功，改变积分域，可以得到

$$\begin{aligned}\int_V \boldsymbol{T}(\tau):\delta\boldsymbol{E}\mathrm{d}V &= \int_v \left[J_{(t)}\boldsymbol{F}^{-1}(t)\cdot\boldsymbol{T}_{(t)}(\tau)\cdot\boldsymbol{F}^{-\mathrm{T}}(t)\right]:\left[\boldsymbol{F}^{\mathrm{T}}(t)\cdot\delta\boldsymbol{E}_{(t)}\cdot\boldsymbol{F}(t)\right]\frac{\mathrm{d}v}{J_{(t)}}\\ &= \int_v \left[\boldsymbol{F}(t)\cdot\boldsymbol{F}^{-1}(t)\cdot\boldsymbol{T}_{(t)}(\tau)\cdot\boldsymbol{F}^{-\mathrm{T}}(t)\cdot\boldsymbol{F}^{\mathrm{T}}(t)\right]:\delta\boldsymbol{E}_{(t)}\mathrm{d}v\\ &= \int_v \boldsymbol{T}_{(t)}(\tau):\delta\boldsymbol{E}_{(t)}\mathrm{d}v \end{aligned} \tag{6.101}$$

式中，v 和 V 是 t 构形和 t_0 构形中的物质积分域。上式给出两个构形中内力虚功的关系。将上述关系代入式 (6.67) ($\boldsymbol{a}=\boldsymbol{0}$)，得到 t 时刻参考构形的虚功原理 (U.L. 格式)：

$$\int_v \boldsymbol{T}_{(t)}(\tau):\delta\boldsymbol{E}_{(t)}\mathrm{d}v = \int_v \rho\boldsymbol{f}\cdot\delta\boldsymbol{u}\mathrm{d}v + \int_{S_\sigma}\bar{\boldsymbol{t}}_{(n)}\cdot\delta\boldsymbol{u}\mathrm{d}a \tag{6.102}$$

式中

$$\rho = \rho_0/J_{(t)}\quad(\text{即式 (4.9)}),\quad \bar{\boldsymbol{t}}_{(n)} = \bar{\boldsymbol{t}}_{(N)}\Big/\left(\frac{\mathrm{d}a}{\mathrm{d}A}\right)\quad(\text{即式 (3.24)}) \tag{6.103}$$

由式 (6.93) 和式 (6.99)，式 (6.102) 的增量形式为

$$\begin{aligned}\int_v \left(\boldsymbol{t}(t)+\Delta\boldsymbol{T}_{(t)}(\tau)\right):\delta\boldsymbol{E}_{(t)}\mathrm{d}v = &\int_v \rho\left(\boldsymbol{f}(t)+\Delta\boldsymbol{f}(\tau)\right)\cdot\delta\boldsymbol{u}\mathrm{d}v+\\ &\int_{S_\sigma}\left(\bar{\boldsymbol{t}}_{(n)}(t)+\Delta\bar{\boldsymbol{t}}_{(n)}(\tau)\right)\cdot\delta\boldsymbol{u}\mathrm{d}a\end{aligned} \tag{6.104}$$

由式 (6.89a)，

$$\delta \boldsymbol{E}_{(t)} = \frac{1}{2}\left(\boldsymbol{\nabla}\delta\left(\Delta \boldsymbol{u}\right) + \delta\left(\Delta \boldsymbol{u}\right)\boldsymbol{\nabla} + \boldsymbol{\nabla}\delta\left(\Delta \boldsymbol{u}\right)\cdot\left(\Delta \boldsymbol{u}\right)\boldsymbol{\nabla} + \boldsymbol{\nabla}\left(\Delta \boldsymbol{u}\right)\cdot\delta\left(\Delta \boldsymbol{u}\right)\boldsymbol{\nabla}\right) \tag{6.104a}$$

现在考查 t 参考构形下的线弹性本构关系。假设在 t_0 和 t 参考构形下，有

$$\Delta T^{KL} = \Sigma^{KLMN}\Delta E_{MN} \tag{6.105a}$$

$$\Delta T_{(t)}^{kl}\left(\tau\right) = \Sigma_{(t)}^{klmn} E_{(t)mn}\left(\tau\right) \tag{6.105b}$$

式中，$\Sigma_{(t)}^{klmn}$ 是 t 参考构形 $\left\{x^k\right\}$ 坐标系中的线弹性张量。将式 (6.90) 和式 (6.100) 代入式 (6.105a)，与式 (6.105b) 比较，可以得到

$$\Sigma_{(t)}^{klmn} = \frac{1}{J_{(t)}}\Sigma^{KLMN} x^k{}_{,K} x^l{}_{,L} x^m{}_{,M} x^n{}_{,N} \tag{6.106a}$$

或

$$\Sigma^{KLMN} = J_{(t)}\Sigma_{(t)}^{klmn} X^K{}_{,k} X^L{}_{,l} X^M{}_{,m} X^N{}_{,n} \tag{6.106b}$$

应该指出，由于这里的 $\left\{x^k, t\right\}$ 坐标系实质是以 t 构形为参考构形的物质坐标系，上式与空间标架的刚性转动无关，所以具有客观性。$\Sigma_{(t)}^{klmn}$ 与 Σ^{KLMN} 同样具有 Voigt 对称性。将式 (6.89a) 代入式 (6.105b)，有

$$\Delta \boldsymbol{T}_{(t)}\left(\tau\right) = \frac{1}{2}\boldsymbol{\Sigma}_{(t)} : \left(\boldsymbol{\nabla}\left(\Delta \boldsymbol{u}\right) + \left(\Delta \boldsymbol{u}\right)\boldsymbol{\nabla} + \boldsymbol{\nabla}\left(\Delta \boldsymbol{u}\right)\cdot\left(\Delta \boldsymbol{u}\right)\boldsymbol{\nabla}\right) \tag{6.107}$$

$$\Delta T_{(t)}^{kl} = \frac{1}{2}\Sigma_{(t)}^{klmn}\left(\Delta u_{n;m} + \Delta u_{m;n} + \Delta u_{p;m}\Delta u^p{}_{;n}\right) \tag{6.107a}$$

将式 (6.104a) 及式 (6.107) 代入式 (6.104)，有

$$\begin{aligned}
&\int_v \left[\boldsymbol{t}(t) + \frac{1}{2}\boldsymbol{\Sigma}_{(t)} : \left(\boldsymbol{\nabla}\left(\Delta \boldsymbol{u}\right) + \left(\Delta \boldsymbol{u}\right)\boldsymbol{\nabla} + \boldsymbol{\nabla}\left(\Delta \boldsymbol{u}\right)\cdot\left(\Delta \boldsymbol{u}\right)\boldsymbol{\nabla}\right)\right] : \\
&\frac{1}{2}\left(\boldsymbol{\nabla}\delta\left(\Delta \boldsymbol{u}\right) + \delta\left(\Delta \boldsymbol{u}\right)\boldsymbol{\nabla} + \boldsymbol{\nabla}\delta\left(\Delta \boldsymbol{u}\right)\cdot\left(\Delta \boldsymbol{u}\right)\boldsymbol{\nabla} + \boldsymbol{\nabla}\left(\Delta \boldsymbol{u}\right)\cdot\delta\left(\Delta \boldsymbol{u}\right)\boldsymbol{\nabla}\right)\mathrm{d}v \\
&= \int_v \rho\left(\boldsymbol{f}(t) + \Delta \boldsymbol{f}\right)\cdot\delta \boldsymbol{u}\mathrm{d}v + \int_{S_\sigma}\rho\left(\bar{\boldsymbol{t}}_{(n)}(t) + \Delta\bar{\boldsymbol{t}}_{(n)}\right)\cdot\delta \boldsymbol{u}\mathrm{d}a
\end{aligned} \tag{6.108}$$

式 (6.108) 是 $\Delta \boldsymbol{u}$ 的非线性方程，当载荷步足够小时，可以略去 $\Delta \boldsymbol{u}$ 的高次项将方程线性化，得到

$$\int_v \boldsymbol{\nabla}\left(\Delta \boldsymbol{u}\right) : \boldsymbol{\Sigma}_{(t)} : \delta\boldsymbol{\nabla}\left(\Delta \boldsymbol{u}\right)\mathrm{d}v + \int_v \boldsymbol{t}(t) : \left[\boldsymbol{\nabla}\left(\Delta \boldsymbol{u}\right)\cdot\delta\left(\Delta \boldsymbol{u}\right)\boldsymbol{\nabla}\right]\mathrm{d}v$$

$$
\begin{aligned}
&= \int_v \rho\Delta \boldsymbol{f} \cdot \delta\Delta \boldsymbol{u} \mathrm{d}v + \int_{S_\sigma} \Delta \bar{\boldsymbol{t}}_{(n)} \cdot \delta\Delta \boldsymbol{u} \mathrm{d}a + \\
&\left\{ \int_v \rho \boldsymbol{f}(t) \cdot \delta\Delta \boldsymbol{u} \mathrm{d}v + \int_{S_\sigma} \bar{\boldsymbol{t}}_{(n)}(t) \cdot \delta\Delta \boldsymbol{u} \mathrm{d}a - \int_v \boldsymbol{t}(t) : \delta \boldsymbol{\nabla} (\Delta \boldsymbol{u}) \mathrm{d}v \right\}
\end{aligned} \tag{6.109}
$$

分量形式为

$$
\begin{aligned}
&\int_v \Sigma_{(t)}^{klmn} \Delta u_{n;m} \delta\Delta u_{l;k} \mathrm{d}v + \int_v t^{kl}(t) \Delta u^p{}_{;k} \delta\Delta u_{p;l} \mathrm{d}v \\
&= \int_v \rho\Delta f^k \delta\Delta u_k \mathrm{d}v + \int_{S_\sigma} \Delta \bar{t}_{(n)}^k \delta\Delta u_k \mathrm{d}a + \\
&\left\{ \int_v \rho f^k(t) \delta\Delta u_k \mathrm{d}v + \int_{S_\sigma} \bar{t}_{(n)}^k(t) \delta\Delta u_k \mathrm{d}a - \int_v t^{kl}(t) \delta\Delta u_{l;k} \mathrm{d}v \right\}
\end{aligned} \tag{6.109a}
$$

式 (6.109) 为线性化的 U.L. 格式增量方程。需要指出，T.L. 格式虚功方程式 (6.84) 与这里的 U.L. 格式方程式 (6.109) 采用了不同的线性化方法，前者将非线性项作为不平衡力使方程线性化用迭代法满足精度要求，只要迭代次数足够多，解的精度原则上不依赖增量步长；后者用减小增量步长的方法略去非线性项，使求解过程更为简单，但必须采用足够小的步长，才能得到需要的精度。

类似于 T.L. 法，将位移增量 $\Delta \boldsymbol{u}$ 进行有限元离散，由式 (6.109) 可以得到 U.L. 格式增量有限元方程 (用矩阵表示)

$$
\left[\boldsymbol{K}_0 + \boldsymbol{K}_2 \left(\boldsymbol{t}_{(i)} \right) \right] \Delta \boldsymbol{q} = \Delta \boldsymbol{F} + \boldsymbol{Q} \left(\boldsymbol{t}_{(i)} \right) \tag{6.110}
$$

式中，$\boldsymbol{K}_0$，$\boldsymbol{K}_2$ 是线性刚度矩阵和初应力矩阵，后者依赖上一步 (i) 的应力 (即 $\boldsymbol{t}_{(i)}$)；$\Delta \boldsymbol{q}$ 是 $(i+1)$ 步与 i 步广义位移增量 (与 $\Delta \boldsymbol{u}$ 对应)；$\Delta \boldsymbol{F}$ 和 $\boldsymbol{Q}$ 是两步的载荷增量和上一步的不平衡力。$\boldsymbol{K}_0$，$\boldsymbol{K}_2$，$\Delta \boldsymbol{F}$ 和 $\boldsymbol{Q}$ 的定义为

$$
\delta\Delta \boldsymbol{q}^{\mathrm{T}} \boldsymbol{K}_0 \Delta \boldsymbol{q} = \sum_{(M)} \int_{v_M} \Sigma_{(t)}^{klmn} \Delta u_{n;m} \delta\Delta u_{l;k} \mathrm{d}v_M \tag{6.111a}
$$

$$
\delta\Delta \boldsymbol{q}^{\mathrm{T}} \boldsymbol{K}_2 \Delta \boldsymbol{q} = \sum_{(M)} \int_{v_M} t_{(t)}^{kl} \Delta u^p{}_{;k} \delta\Delta u_{p;l} \mathrm{d}v_M \tag{6.111b}
$$

$$
\delta\Delta \boldsymbol{q}^{\mathrm{T}} \Delta \boldsymbol{F} = \sum_{(M)} \left[\int_{v_M} \rho\Delta f^k \delta\Delta u_k \mathrm{d}v_M + \int_{S_{\sigma M}} \Delta \bar{t}_{(n)}^k \delta\Delta u_k \mathrm{d}a_M \right] \tag{6.111c}
$$

$$
\delta\Delta \boldsymbol{q}^{\mathrm{T}} \boldsymbol{Q} = \sum_{(M)} \left[\int_{v_M} \rho f_{(i)}^k \delta\Delta u_k \mathrm{d}v_M + \int_{S_{\sigma M}} \bar{t}_{(n)(i)}^k \delta\Delta u_k \mathrm{d}a_M - \int_{v_M} t_{(i)}^{kl} \delta\Delta u_{l;k} \mathrm{d}v_M \right] \tag{6.111d}
$$

式中，M 是单元号，ρ、$\boldsymbol{f}_{(i)}$、$\bar{\boldsymbol{t}}_{(n)(i)}$、$\boldsymbol{t}_{(i)}$ 是第 i 步的密度、体力、面力和 Cauchy 应力。

6.2.4　有限变形下的变分原理

与几何线性情况类似，可以建立几何非线性情况的变分原理，但不是最小值原理而是驻值原理，其中应变位移关系是非线性的。此外，本节讨论的变分原理不仅适用于线弹性材料，也适用于非线性弹性 (超弹性) 材料，所以本节取消了线弹性限制。

6.2.4.1　位能驻值原理

假设弹性体存在应变能函数 Σ，单位体积中内力在位移 $\delta\boldsymbol{u}$ 上的功为

$$\boldsymbol{T}:\delta\boldsymbol{E}=\frac{\partial\Sigma}{\partial\boldsymbol{E}}:\delta\boldsymbol{E}=\delta\Sigma \tag{6.112}$$

将上式代入虚功原理式 (6.67)，若 $\boldsymbol{a}=\boldsymbol{0}$ (静力情况)，外力是保守的而且与位移无关，得到

$$\delta P(\boldsymbol{u})=0 \tag{6.113}$$

$$P=\int_V\Sigma(\boldsymbol{u})\,\mathrm{d}V-\int_V\rho_0\boldsymbol{f}\cdot\boldsymbol{u}\mathrm{d}V-\int_{S_\sigma}\bar{\boldsymbol{t}}_{(N)}\cdot\boldsymbol{u}\mathrm{d}A \tag{6.113a}$$

P 是系统的位能，$\boldsymbol{u}$ 是几何可能位移。式 (6.113) 和式 (6.113a) 与式 (6.41) 和式 (6.35) 形式相同，但应变位移关系是非线性的 (见式 (6.64a))。用与经典线性情况类似的方法，可以由式 (6.113) 推导几何非线性平衡方程和力边界条件。

但与线性情况不同，单位体积变形能 $\Sigma(\boldsymbol{u})$ 不再是位移函数的正定二次型，而是还包含位移的三次项和四次项，所以平衡状态的位能并不一定是极小值，极小值条件只在稳定平衡时成立 (见 6.3 节)。

6.2.4.2　多变量变分原理

A　Reissner 变分原理

引入余变形能 (见图 6.3)

$$\Sigma_C=\boldsymbol{T}:\boldsymbol{E}-\Sigma \tag{6.114}$$

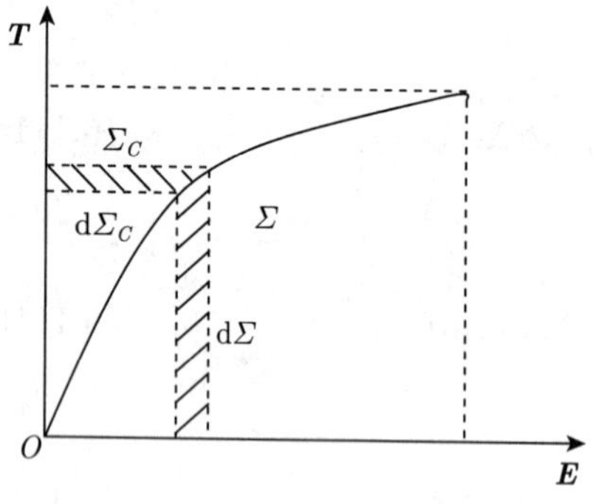

图 6.3　变形能和余能

在线弹性情况时，Σ_C 是第二类 P-K 应力的正定二次型 (见式 (6.46))。在非线性弹性时，若 Σ 存在 (超弹性) 且 Green 应变张量 $\boldsymbol{E}$ 可以完全用应力表示：

$$\boldsymbol{E}=\boldsymbol{E}(\boldsymbol{T}) \tag{6.115}$$

则余变形能是应力的函数：

$$\Sigma_C=\Sigma_C(\boldsymbol{T}) \tag{6.116}$$

由式 (6.114)，有

$$\mathrm{d}\Sigma_C=\mathrm{d}\boldsymbol{T}:\boldsymbol{E}+\boldsymbol{T}:\mathrm{d}\boldsymbol{E}-\mathrm{d}\Sigma \tag{6.117}$$

注意 $\mathrm{d}\Sigma=\boldsymbol{T}:\mathrm{d}\boldsymbol{E}$，所以，

$$\mathrm{d}\Sigma_C=\mathrm{d}\boldsymbol{T}:\boldsymbol{E}\quad\text{或}\quad\boldsymbol{E}=\frac{\partial\Sigma_C}{\partial\boldsymbol{T}} \tag{6.118}$$

假设外力是保守的，并且存在势函数：

$$\delta\varphi(\boldsymbol{u})=-\rho_0\boldsymbol{f}\cdot\delta\boldsymbol{u},\quad \delta\psi(\boldsymbol{u})=-\bar{\boldsymbol{t}}_{(N)}\cdot\delta\boldsymbol{u} \tag{6.119}$$

因为 $\boldsymbol{f}$ 和 $\bar{\boldsymbol{t}}_{(N)}$ 与位移无关，所以

$$\varphi=-\rho_0\boldsymbol{f}\cdot\boldsymbol{u},\quad \psi=-\bar{\boldsymbol{t}}_{(N)}\cdot\boldsymbol{u} \tag{6.119a}$$

引入系统的余能

$$\begin{aligned}\Pi_{\mathrm{R}}=&\int_V\left[\boldsymbol{T}:\frac{1}{2}(\nabla\boldsymbol{u}+\boldsymbol{u}\nabla+\nabla\boldsymbol{u}\cdot\boldsymbol{u}\nabla)-\Sigma_C(\boldsymbol{T})\right]\mathrm{d}V+\\&\int_V\varphi(\boldsymbol{u})\,\mathrm{d}V+\int_{S_\sigma}\psi\mathrm{d}V-\int_{S_u}\boldsymbol{t}_{(N)}\cdot(\boldsymbol{u}-\bar{\boldsymbol{u}})\,\mathrm{d}A\end{aligned} \tag{6.120}$$

将 (6.119a) 式代入上式，则

$$\begin{aligned}\Pi_{\mathrm{R}}=&\int_V\left[\boldsymbol{T}:\frac{1}{2}(\nabla\boldsymbol{u}+\boldsymbol{u}\nabla+\nabla\boldsymbol{u}\cdot\boldsymbol{u}\nabla)-\Sigma_C(\boldsymbol{T})-\rho_0\boldsymbol{f}\cdot\boldsymbol{u}\right]\mathrm{d}V-\\&\int_{S_\sigma}\bar{\boldsymbol{t}}_{(N)}\cdot\boldsymbol{u}\mathrm{d}A-\int_{S_u}\boldsymbol{t}_{(N)}\cdot(\boldsymbol{u}-\bar{\boldsymbol{u}})\,\mathrm{d}A\end{aligned} \tag{6.120a}$$

式中，$\boldsymbol{T}$，$\boldsymbol{u}$ 和表面应力向量 $\boldsymbol{t}_{(N)}$ 是独立变量，$\bar{\boldsymbol{t}}_{(N)}$、$\bar{\boldsymbol{u}}$ 是给定的表面力和表面位移，Σ_C 由本构关系式 $(6.118)_2$ 定义。可以证明，真实的 $\boldsymbol{T}$，$\boldsymbol{u}$，$\boldsymbol{t}_{(N)}$ 满足变分方程

$$\delta\Pi_{\mathrm{R}}=0 \tag{6.121}$$

式 (6.121) 称为 Reissner 变分原理，可以认为是线弹性无限小变形 (经典线性) 的 Hellinger-Reissner 变分原理 (式 (6.54)) 在超弹性有限变形情况下的推广，有时也称为广义余能原理。应该指出，无限小变形下的最小余能原理 (式 (6.52)) 只包括应力 $\boldsymbol{T}$ 一个独立变量，并且满足平衡条件；但在几何非线性情况下，平衡方程和力边界条件依赖位移，因而不能独立于位移找到平衡的应力，所以没有相应的单变量余能原理。

证：利用余能的分量形式、分部积分和散度定理，则

$$\begin{aligned}\delta\Pi_{\mathrm{R}}=&\int_V\left\{\frac{1}{2}\delta T^{KL}\left(U_{K;L}+U_{L;K}+U_{M;K}U^M{}_{;L}\right)+\frac{1}{2}T^{KL}\delta\left(U_{K;L}+U_{L;K}+U_{M;K}U^M{}_{;L}\right)-\right.\\&\left.\frac{\partial\Sigma_C}{\partial T^{KL}}\delta T^{KL}\right\}\mathrm{d}V-\int_V\rho_0f^L\delta U_L\mathrm{d}V-\int_{S_\sigma}\bar{t}^L_{(N)}\delta U_L\mathrm{d}A-\\&\int_{S_u}\left[\delta t^L_{(N)}\left(U_L-\bar{U}_L\right)+t^L_{(N)}\delta U_L\right]\mathrm{d}A\\=&\int_V\left[\frac{1}{2}\left(U_{K;L}+U_{L;K}+U_{M;K}U^M{}_{;L}\right)-E_{KL}\right]\delta T^{KL}\mathrm{d}V+\\&\int_V\left\{\left[\left(\delta^M_L+U^M{}_{;L}\right)T^{KL}\right]_{;K}-\rho_0f^M\right\}\delta U_M\mathrm{d}V+\end{aligned}$$

$$\int_{S_\sigma}\left[\left(\delta_L^M+U^M{}_{;L}\right)T^{KL}N_K-\bar{t}_{(N)}^M\right]\delta U_M\mathrm{d}A-$$
$$\int_{S_u}\left[\left(U_L-\overline{U}_L\right)\delta t_{(N)}^L+t_{(N)}^L\delta U_L\right]\mathrm{d}A=0$$

由于 $\delta T_{KL}(\boldsymbol{X})(\boldsymbol{X}\in V),\delta t_{(N)}^L(\boldsymbol{X})(\boldsymbol{X}\in S_u),\delta U_M(\boldsymbol{X})(\boldsymbol{X}\in V,S_\sigma)$ 是任意的，所以有

$$E_{KL}=\frac{1}{2}\left(U_{K;L}+U_{L;K}+U_{M;K}U^M{}_{;L}\right)\quad(\boldsymbol{X}\in V)$$

$$\left[\left(\delta_L^M+U^M{}_{;L}\right)T^{KL}\right]_{;K}-\rho_0 f^M=0\quad(\boldsymbol{X}\in V)$$

$$\left(\delta_L^M+U^M{}_{;L}\right)T^{KL}N_K=\bar{t}_{(N)}^M\quad(\boldsymbol{X}\in S_\sigma)$$

$$\delta U_L=0,U_L=\overline{U}_L\quad(\boldsymbol{X}\in S_u)$$

式中，$E_{KL}=\dfrac{\partial\Sigma_C}{\partial T^{KL}}$；利用式 (6.117) 得 $T^{KL}=\dfrac{\partial\Sigma}{\partial E_{KL}}$，可见本构关系已经满足。上述推导证明，如果 $\boldsymbol{u}$、$\boldsymbol{T}$ 满足几何方程式 (6.64a)、平衡方程式 (6.65a)、力边界条件式 (6.66a) 和位移边界条件，则式 (6.121) 成立。反之，如果 $\boldsymbol{T}$ 和 $\boldsymbol{u}$ 足够光滑且 Π_{R} 对于所有的 $\boldsymbol{T}$、$\boldsymbol{u}$ 和 $\boldsymbol{t}_{(N)}$ 取得驻值，则得到上述微分方程的精确解；否则若在一定范围内取得驻值，则给出问题的近似解。可见 $\delta\Pi_{\mathrm{R}}=0$ 是应变位移关系、平衡方程、力边界条件和位移边界条件的一种弱形式。

如果在式 (6.120a) 中，令 $\boldsymbol{u}$ 满足应变位移关系和位移边界条件，利用式 (6.114) 消去 $\boldsymbol{T}$，则 Reissner 变分原理退化为位能驻值原理 (见式 (6.113))。

B　胡–鹫 (Hu-Washizu) 变分原理

位能驻值原理式 (6.113) 要求位移是几何可能的，即满足非线性应变位移关系和几何边界条件，假如将这两个约束条件放松，按条件变分问题中常用的 Lagrange 乘子法，在位能表达式式 (6.113a) 引入 Lagrange 乘子，得到

$$\Pi_{\mathrm{HW}}=\int_V\left[\Sigma(\boldsymbol{E})+\boldsymbol{T}:\left(\frac{1}{2}(\nabla\boldsymbol{u}+\boldsymbol{u}\nabla+\nabla\boldsymbol{u}\cdot\boldsymbol{u}\nabla)-\boldsymbol{E}\right)\right]\mathrm{d}V-\int_V\rho_0\boldsymbol{f}\cdot\boldsymbol{u}\mathrm{d}V-$$
$$\int_{S_\sigma}\bar{\boldsymbol{t}}_{(N)}\cdot\boldsymbol{u}\mathrm{d}A-\int_{S_u}\boldsymbol{t}_{(N)}\cdot(\boldsymbol{u}-\bar{\boldsymbol{u}})\mathrm{d}A\tag{6.122}$$

式中，变形能 Σ 是 $\boldsymbol{E}$ 的函数，与位移无关；$\boldsymbol{u}$ 是无边界约束位移；$\boldsymbol{T}$ 和 $\boldsymbol{t}_{(N)}$ 是 Lagrange 乘子 (能够证明它们分别是第二类 P-K 应力张量和表面应力向量，所以采用原来的符号表示)。由于 $\boldsymbol{T}$ 是作为 Lagrange 乘子和独立变量引入的，所以不要求满足本构关系。

可以证明，真实的变量 $\boldsymbol{u}$、$\boldsymbol{E}$、$\boldsymbol{T}$、$\boldsymbol{t}_{(N)}$ 使 Π_{HW} 取得驻值，即

$$\delta\Pi_{\mathrm{HW}}=0\tag{6.123}$$

式 (6.123) 为几何非线性、非线性弹性 (超弹性) 情况下的胡–鹫变分原理。对于式 (6.123) 中每个独立变量取变分，利用分部积分法和独立变量变分的任意性，不难推导出

全部微分形式的控制方程，包括式 (6.64a)、式 (6.65a)、式 (6.66a)、位移边界条件及本构关系式 (6.2)。这一推导过程给出了 Lagrange 乘子 $\boldsymbol{T}$ 和 $\boldsymbol{t}_{(N)}$ 物理意义。

与线弹性情况一样，作为微分方程的弱形式，各种变分原理可以用于近似解法，特别是非线性有限元法，例如常见的位移模式有限单元。为了获得较高的计算精度和效率，基于多场变分原理，发展了各种二维多场有限元法，例如同时将位移场和应力场离散，提出了杂交元法和混合元法 [20,21]，将位移和应变作为独立变量建立了拟协调元 [22−24]。拟协调元法在式 (6.122) 中令 $\boldsymbol{u}$ 满足几何边界条件 ($\boldsymbol{u}=\overline{\boldsymbol{u}}$)，取 $\boldsymbol{T}$ 作为 Lagrange 因子，以弱形式满足几何方程，则式 (6.122) 退化为两变量 ($\boldsymbol{E}$，$\boldsymbol{u}$) 的条件变分方程 [25]：

$$\delta\sum_{(M)}\left\{\int_{V_M}[\varSigma(\boldsymbol{E})-\rho_0\boldsymbol{f}\cdot\boldsymbol{u}]\,\mathrm{d}V-\int_{S_{\sigma M}}\bar{\boldsymbol{t}}_{(N)}\cdot\boldsymbol{u}\mathrm{d}A\right\}=0 \tag{6.124a}$$

$$\sum_{(M)}\left\{\int_{V_m}\boldsymbol{E}^*:\frac{1}{2}(\boldsymbol{\nabla}\boldsymbol{u}+\boldsymbol{u}\boldsymbol{\nabla}+\boldsymbol{\nabla}\boldsymbol{u}\cdot\boldsymbol{u}\boldsymbol{\nabla})\mathrm{d}V\right\}=0 \tag{6.124b}$$

式中，M 是单元数；$\boldsymbol{E}^*$ 是 Lagrange 乘子，作为试验函数可以取 $\boldsymbol{E}^*$ 与 $\boldsymbol{E}$ 相同，从而由式 (6.124b) 得到 $\boldsymbol{E}$ 的离散变量与广义位移 $\boldsymbol{q}$ 的关系，再代入式 (6.124a) 求解 $\boldsymbol{q}$。拟协调元可能获得较高的应变及应力精度。

6.3 弹性稳定性、屈曲和后屈曲

在足够小的载荷作用下，可以不考虑几何非线性，弹性结构的平衡总是稳定的，即在各种干扰去掉之后结构仍然回到原来的平衡位置。但是，杆及杆系、板与壳及其组合结构，在某些载荷作用下，随载荷增加平衡可以从稳定转向不稳定，这种稳定性的转变称为屈曲 (buckling)，屈曲之后的平衡状态称为后屈曲 (post-buckling)。屈曲和后屈曲常常是这类结构设计中需要考虑的主要问题，也是几何非线性对结构平衡及承载能力的一种重要影响。

本节讨论的稳定性是通常研究的小范围稳定性，即考察稳定性的干扰及其引起的平衡位置偏离足够小。如果干扰大到一定程度，小范围内稳定的平衡状态可能发生大范围不稳定。如果用滚球模型表示 (见图 6.4)，状态 A 和 C 是小范围稳定、大范围不稳定的，B 是小范围不稳定的。

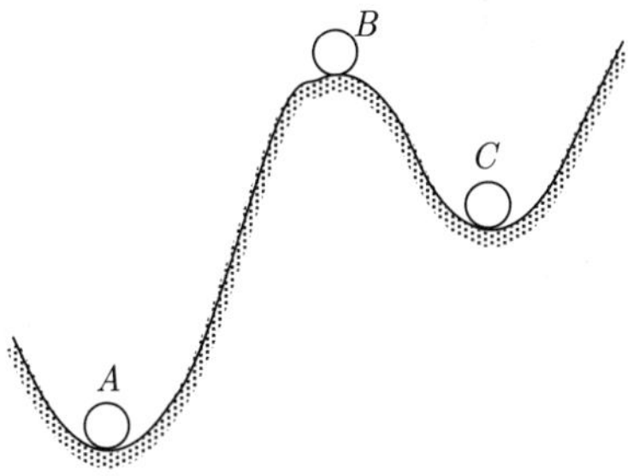

图 6.4 滚球稳定性模型

6.3.1 稳定性概念和稳定准则

6.3.1.1 两类失稳

结构从稳定平衡转变为不稳定平衡称为失稳 (或屈曲)，发生稳定性改变的平衡状态称为临界状态。结构失稳有两种类型：分支屈曲和极值点屈曲，见图 6.5，图中实线为稳定平衡，虚线为不稳定平衡。分支屈曲的解路径 (载荷–位移曲线) 在临界点 (分支点) A 处存在稳定或者不稳定分支 (见图 6.5(a) 中路径 1 或 1′)；极值点屈曲的临界点 (见图 6.5(b) 中

A 点) 是载荷的极值，在临界点前后为同一路径，平衡状态常常发生大范围改变，跳向另一个稳定平衡，所以也称为“跳跃”失稳。临界点之后的平衡称为后屈曲状态，在后屈曲路径上可能发生新的屈曲称为二次屈曲 (见图 6.5(a) A' 点)，二次屈曲也有两种类型。轴压直杆和平板的屈曲是分支屈曲，小曲率浅拱和扁球盖受外压作用时可发生极值点屈曲。轴压平板在屈曲之后可能发生二次分支屈曲，表现为后屈曲形态的突然变化，压杆屈曲之后由于塑性变形可以出现载荷的极值点。

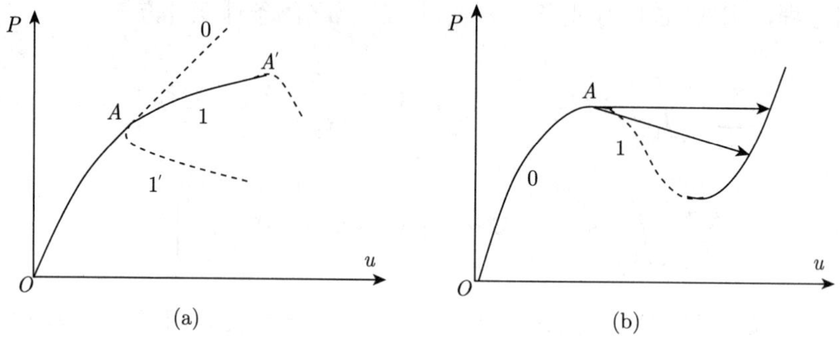

图 6.5　分支屈曲 (a) 和极值点屈曲 (b)

6.3.1.2　稳定性定义，动力准则

弹性系统平衡稳定性是根据受到小扰动之后系统运动是否有界定义的。假设一个系统有 n 个自由度 $q_k\,(k=1,\cdots,n)$，在给定载荷作用下系统的平衡位置为 q_k°，若系统受到小干扰作用，在干扰去掉之后的自由运动位置为 $q_k(t)=q_k^\circ+\Delta q_k(t)$，速度为 $\dot{q}_k(t)=\Delta\dot{q}_k(t)$。如果总是能够选择足够小的初始干扰 $\Delta q_k\,(0)$ 和 $\Delta\dot{q}_k\,(0)$，使得以后的运动限制在任意小的范围内，即 $|\Delta q(t)|\leqslant\varepsilon$，$|\Delta\dot{q}(t)|\leqslant\varepsilon$ (ε 是给定的任意小正数)，则系统的平衡状态 q_k° 是稳定的，否则是不稳定的。

上述稳定性定义也称为 Lyapunov 动力准则。实际结构一般是连续系统，有无限多个自由度。严格地讲，不能将有限自由度的结果简单地推广用于无限自由度情况，能否将动力准则推广到连续体的问题仍在讨论。但是，在多数情况下，这种推广是可靠的 [26]。

应用动力准则确定临界点和判断平衡稳定性，需要用动力学方法研究系统的动力特性，在大多数实际问题中这一方法并不方便。更为简便的是静力 (平衡) 法和能量法，相应的稳定准则是静力准则和能量准则。

6.3.1.3　静力准则

在分支点附近，除原来的平衡状态外还存在其他平衡状态。因此，当完善 (无缺陷) 系统有一个微小的附加位移时 (严格说来是无限小可能位移)，在同样载荷作用下，系统若可能在新的邻近状态处于平衡，则该点必为分支点，这一准则称为静力准则。

对于非完善 (有微小缺陷) 系统，当载荷趋近完善系统的分支点时，在线性稳定理论范围内，系统的变形趋于无限大，此时静力准则也称为微扰动准则 [27]。

应用静力准则求临界载荷时，只需建立无限邻近状态的平衡方程和边界条件，由于原始状态 (或基本状态) 是平衡的，所以附加位移满足齐次方程和边界条件，构成特征值问题，特征函数称为屈曲形态，特征值即为临界载荷。静力准则给出了分支点条件，应用比较简单，对于保守系统可以得到与动力准则相同的结果，但不能判断平衡本身的稳定性。

6.3.1.4 能量准则

判断保守系的临界状态和稳定性可以应用能量准则。若弹性保守系统失稳前平衡状态 I (基本状态) 的位能为 P_{I}，考虑任一个可能的邻近状态 Ⅱ，位能为 P_{II}，平衡状态 I 稳定的充分必要条件是 P_{I} 为最小值，即对于所有的邻近状态

$$\Delta P = P_{\mathrm{II}} - P_{\mathrm{I}} > 0 \tag{6.125}$$

反之，若至少有一个邻近状态，使

$$\Delta P < 0 \tag{6.125a}$$

则平衡状态 I 是不稳定的。上述稳定性准则称为能量准则。若运动许可的微小附加位移 (即位移的变分) 记作

$$\boldsymbol{\eta} = \boldsymbol{u} - \boldsymbol{u}_0 \tag{6.126}$$

$\boldsymbol{u}$，$\boldsymbol{u}_0$ 是状态 Ⅱ 和 I 的位移，则位能增量泛函 ΔP 可以展成 $\boldsymbol{\eta}$ 的 Taylor 级数

$$\Delta P = P_1 + P_2 + P_3 + \cdots \tag{6.127}$$

式中，$P_i(\boldsymbol{\eta})\,(i=1,2,\cdots)$ 是 $\boldsymbol{\eta}$ 的 i 次泛函 (或记作 $\delta^i P$)，即 $\boldsymbol{\eta}$ (及其导数) 的 i 次项，或 i 次变分。由于 I 是平衡状态，位能驻值原理给出 $\delta P = P_1 = 0$，所以，

$$\Delta P = P_2 + P_3 + \cdots \tag{6.127a}$$

因为 $\boldsymbol{\eta}$ 是无限小量，一般情况下 ΔP 的符号决定于 P_2 (或 $\delta^2 P$)，式 (6.125) 可表示为：对于所有几何可能的 $\boldsymbol{\eta}$，

$$P_2 > 0 \tag{6.128}$$

所以，位能的二次变分恒正是稳定的充分条件；而

$$P_2 \geqslant 0 \tag{6.129}$$

即位能的二次变分非负是稳定的必要条件；如果 $P_2 = 0$ 仅对 $\boldsymbol{\eta} = \boldsymbol{0}$ 成立，上式也是充分条件。由于略去了高次项，用二次变分表示的能量准则比式 (6.125) 更方便。

如果 P_2 是半正定的，即一般情况下 $P_2 > 0$，但存在一个或几个 $\boldsymbol{\eta}$ 使

$$P_2 = 0 \quad 即 \quad \min(P_2) = 0 \tag{6.130}$$

则基本平衡状态 I 是临界状态 (也称为中性平衡状态)。临界状态可能稳定也可能不稳定，需要考虑式 (6.127) 中的高阶变分才能确定。式 (6.130) 是泛函 P_2 的极小值问题，所以有

$$\delta P_2(\eta) = 0 \tag{6.131}$$

式 (6.131) 为求临界状态的变分方程，也称为中性平衡方程。由于 P_2 是 $\boldsymbol{\eta}$ (及其导数) 的二次齐次泛函，因此其欧拉方程是齐次的，归结为特征值问题。求解特征方程式 (6.131)，可以得到特征值 (临界载荷) 及对应的特征函数 (屈曲形态，也称为屈曲模态)。同一临界载荷有多个屈曲模态时称为多模态问题。

对于保守系而言，上述三个稳定准则给出相同的结果，是等价的；研究非保守系统的稳定性应该采用动力准则。下面以压杆稳定问题为例说明三个稳定准则的应用。

6.3.1.5 例题

例 6.2 两端简支压杆的屈曲 (见图 6.6)。

材料力学中已经给出微扰动平衡方程、临界载荷和屈曲形态：

$$EIw_{,xxxx} + Nw_{,xx} = 0, \quad N_{cr} = \frac{\pi^2 EI}{l^2}, \quad w_1 = a\sin\frac{\pi x}{l} \tag{a}$$

式中，EI、l、N 分别为梁的弯曲刚度、长度和轴向压力；a 是任意常数。

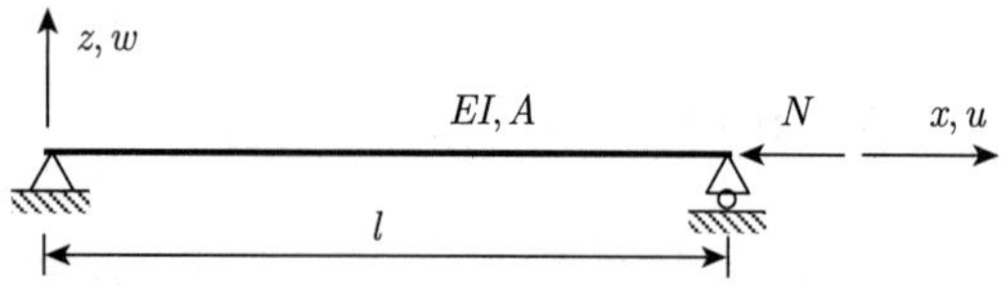

图 6.6 简支压杆

首先用能量准则求解。基本状态 I 为均匀压缩：

$$EAu_{0,x} = -N, \quad u_0(l) = -\frac{Nl}{EA} \tag{b}$$

式中，u_0 是轴向位移；EA 是拉伸刚度。考虑任一许可状态 II：$(u_0+u,\ w)$，u 和 w 是附加轴向位移和挠度 (即 $\boldsymbol{\eta}$)，则位能增量为 (不考虑剪切影响)

$$\Delta P = P_{\mathrm{II}} - P_{\mathrm{I}} = \int_0^l \frac{EA}{2}\left(\varepsilon_x^2 - \varepsilon_{x0}^2\right)\mathrm{d}x + \int_0^l \frac{EI}{2}w_{,xx}^2\mathrm{d}x + Nu(l) \tag{c}$$

$$\varepsilon_x = (u_0+u)_{,x} + \frac{1}{2}w_{,x}^2, \quad \varepsilon_{x0} = u_{0,x} \tag{d}$$

将式 (d) 代入式 (c) 得到一次和二次变分：

$$P_1 = \int_0^l EAu_{0,x}u_{,x}\mathrm{d}x + Nu(l) = EAu_{0,x}u\big|_0^l + Nu(l) = 0$$

$$P_2 = \int_0^l \frac{1}{2}EA\left(u_{,x}^2 + u_{0,x}w_{,x}^2\right)\mathrm{d}x + \int_0^l \frac{EI}{2}w_{,xx}^2\mathrm{d}x$$

由式 (6.131)，P_2 对 u，w 取变分，可以得到

$$\delta\int_0^l \frac{1}{2}EAu_{,x}^2\mathrm{d}x = 0 \tag{e}$$

$$\delta\int_0^l \frac{1}{2}\left(EIw_{,xx}^2 - Nw_{,x}^2\right)\mathrm{d}x = 0 \tag{f}$$

方程式 (e) 的解为 $u=0$；式 (f) 变分后得到 Euler 方程及边界条件：

$$EIw_{,xxxx}+Nw_{,xx}=0,\quad w(0)=w(l)=w_{,xx}(0)=w_{,xx}(l)=0$$

第 1 式即微扰动平衡方程式 $(a)_1$，因此能量准则得到的临界状态与静力准则相同。

再用动力准则求解。利用压杆任一微段在 z 向的平衡条件，可以建立压杆扰动后的自由运动方程

$$\rho A\ddot{w}+Nw_{,xx}+EIw_{,xxxx}=0 \tag{g}$$

式中，各项依次为惯性力、轴力和剪力引起的横向力；ρ 是密度。边界条件和初始条件为

$$w(0,t)=w(l,t)=w_{,xx}(0,t)=w_{,xx}(l,t)=0 \tag{h}$$

由方程式 (g) 和式 (h)，可以给出一般解：

$$w=a\sin\frac{m\pi x}{l}\mathrm{e}^{\varphi t}$$

代入式 (g)，由非平凡解 w 非零条件，得到特征方程：

$$\rho A\varphi^2=\frac{m^2\pi^2}{l^2}\left(N-\frac{m^2\pi^2EI}{l^2}\right) \tag{i}$$

只考虑最低阶邻近状态 $(m=1)$。若 $N>\dfrac{\pi^2EI}{l^2}$，则存在 $\varphi>0$ 的实数解，随 t 的增加 w 无限增大，运动发散，平衡不稳定；若 $N<\dfrac{\pi^2EI}{l^2}$，则 φ 为虚数，系统发生简谐振动，振幅与初始扰动有关，运动是有界的，所以原平衡状态稳定。因而 $N=\dfrac{\pi^2EI}{l^2},\varphi=0$ 是从稳定平衡转向不稳定平衡的临界状态，$N=\dfrac{\pi^2EI}{l^2},w=a\sin\dfrac{\pi x}{l}$ 是系统的临界载荷和屈曲形态。确定临界状态本身的运动特性是否有界，需要在线性化的运动方程式 (g) 中考虑高次项。

在一般情况下，对于保守或非保守系统，线性化的齐次运动方程有非零解 (非平凡解) 的条件归结为高次特征方程，方程的解为复根 $\varphi_j=r_j\pm\mathrm{i}w_j\,(j=1,\cdots,n)$，实部 r_j 描述单调运动，虚部 w_j 表示振动。当方程的解中至少有一个为正实部时，则系统平衡不稳定；如果全部解为负实部，则平衡稳定；如果至少有一对虚根，其他根均为负实部时，则平衡为临界状态。(参见文献 [26, 28])

由上例可见三个稳定准则在保守系情况下，得到相同结果。下面举一个非保守系的例子，考察三个准则的适用情况。

例 6.3 一端固定另一端自由杆件，确定自由端受跟随压力时的稳定性。

图 6.7(a) 所示压杆的垂直状态为基本平衡状态，如果发生弯曲时轴力 N 大小不变并始终与杆的轴线相切，这种载荷称为跟随力，是一种非保守力，所以该系统是非保守系，能量准则不再适用。

考虑一个微弯状态，截面法给出的受力状态如图 6.7(b) 所示，可见 N 保持切线方向时，弯曲状态不可能平衡，因此根据静力准则，该杆件不可能发生屈曲。

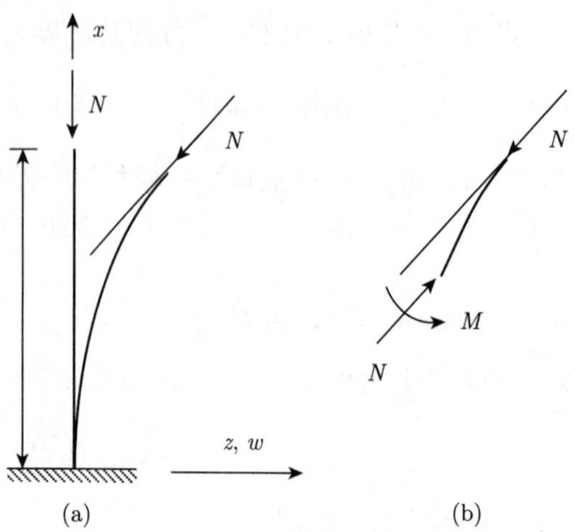

图 6.7 受跟随力的压杆

下面用动力准则分析稳定性 (见文献 [26])。受初始干扰后系统的运动方程与例 6.2 相同，但边界条件不同：

$$\rho A\ddot{w} + Nw_{,xx} + EIw_{,xxxx} = 0 \tag{j}$$

$$w\left(0,t\right) = w_{,x}\left(0,t\right) = 0 \tag{k}$$

$$w_{,xx}\left(l,t\right) = w_{,xxx}\left(l,t\right) = 0 \tag{l}$$

用分离变量法求解上述特征值问题，令 $w = f\left(x\right)\mathrm{e}^{\omega t}$，得到常微分方程特征值问题：

$$EIf'''' + Nf'' + \rho A\omega^2 f = 0 \tag{m}$$

$$f\left(0\right) = f'\left(0\right) = f''\left(l\right) = f'''\left(l\right) = 0 \tag{n}$$

式中，f', f'', f''', f'''' 为 f 的 1, 2, 3, 4 阶导数。不难求出方程式 (m) 的一般解，然后代入式 (n)，由于 f 的非零条件可以得到一个特征方程 (这里略去具体形式)

$$g\left(\omega^2, N\right) = 0 \tag{o}$$

式 (o) 是复杂的超越方程，可用数值方法求解，当 ω 有一对虚根时，得到临界载荷

$$N_{cr} = 2.031\frac{\pi^2 EI}{l^2} \tag{6.132}$$

可见动力准则能够用于分析非保守系统，可以正确地确定临界状态，讨论平衡稳定性，而静力准则给出错误结果，能量准则无法建立和应用。因此动力准则具有普遍适用性。

以上两例中屈曲前的平衡状态是线弹性的；如果结构屈曲之前必须考虑几何或材料非线性，则需要用增量解法逐步求解平衡状态，然后用能量准则或动力准则判断已经求得的平衡状态的稳定性，根据稳定向不稳定转变确定临界点 (分支点或极值点)，此时进行结构平衡状态的非线性分析是必要的。

本节简要讨论了如何确定临界平衡状态，即屈曲分析。屈曲现象无疑是结构设计和使用中关注的重要问题，但是结构屈曲并不等同破坏或失效，例如平板能够承受的载荷比临界载荷高得多，而薄壳常常在低于临界载荷下发生失稳和破坏。出现这种差别的原因与结构的后屈曲特性有关。因此，为了确定结构的真实承载能力，常常需要进行后屈曲分析。

6.3.2 Koiter 初始后屈曲理论

1945 年荷兰学者 W. T. Koiter[29] 用渐近法研究了弹性保守系统在分支点及其附近的后屈曲行为。后来，特别是在 20 世纪 60~70 年代，这一理论得到重视和发展，但基本理论并未改变。下面着重介绍 Koiter 弹性稳定一般理论的概念和主要结论，详细内容可见文献 [30]。

若基本平衡状态 I 的位移为 $\boldsymbol{u}_0(\lambda)$，假设载荷成比例变化，用载荷因子 λ 是表示大小。$\boldsymbol{\eta}$ 为分支点 $(\lambda_C, \boldsymbol{u}_0)$ 附近任一许可状态 II 的附加位移，弹性系统的位能增量展开式为

$$\Delta P = P_2(\lambda; \boldsymbol{\eta}) + P_3(\lambda; \boldsymbol{\eta}) + P_4(\lambda; \boldsymbol{\eta}) + \cdots$$

若分支点对应的载荷因子和屈曲形态为 λ_C 和 $\boldsymbol{u}_1$，那么临近分支点的初始后屈曲状态的附加位移，在形态上应该接近 $\boldsymbol{u}_1$，大小待定。因此可以假设

$$\boldsymbol{\eta} = a\boldsymbol{u}_1 + \boldsymbol{v} \tag{6.133}$$

式中，a 是待定系数；$\boldsymbol{v}$ 是 $\boldsymbol{\eta}$ 与屈曲形态的差异。将一个函数分解为待定的两部分，可以要求它们满足一个给定的附加条件：

$$T_{11}(\boldsymbol{u}_1, \boldsymbol{v}) = 0 \tag{6.134}$$

式中，T_{11} 是 $\boldsymbol{u}_1$ 和 $\boldsymbol{v}$ 的内积，上式称为函数 $\boldsymbol{u}_1$ 和 $\boldsymbol{v}$ 的正交条件。在初始后屈曲状态下，显然 a 和 $(\lambda - \lambda_C)$ 都是小量，可以证明，$\boldsymbol{v}$ 是更小的量，量级为 a^2，将式 (6.133) 代入式 (6.127a)，对 $\boldsymbol{v}$ 和 λ 在 λ_C 点处展开成幂级数形式，可以得到

$$\begin{aligned}\Delta P(a, \boldsymbol{v}) = {} & (\lambda - \lambda_C) a^2 P_2'(\lambda_C; \boldsymbol{u}_1) + a^3 P_3(\lambda_C; \boldsymbol{u}_1) + a^4 P_4(\lambda_C; \boldsymbol{u}_1) + \\ & P_2(\lambda_C; \boldsymbol{v}) + a^2 P_{21}(\lambda_C; \boldsymbol{u}_1, v) + O\left(a^5, a^3(\lambda - \lambda_C)\right)\end{aligned} \tag{6.135}$$

式中，$P_2' = \dfrac{\partial P_2}{\partial \lambda}$，$P_{21}(\lambda_C; \boldsymbol{u}_1, \boldsymbol{v})$ 是 $\boldsymbol{u}_1$ 及其各阶导数的二次幂与 $\boldsymbol{v}$ 及其各阶导数的一次幂乘积构成的泛函。由位能驻值原理，后屈曲状态 II 的平衡条件是

$$\delta P_{\mathrm{II}} = \delta[\Delta P(\lambda; a, \boldsymbol{v})] = 0 \tag{6.136}$$

为了求解变分方程式 (6.136)，首先取 a 作为参数，略去高次项，可令 $\boldsymbol{v} = a^2\boldsymbol{v}_1$，则上式归结为条件变分问题：

$$\delta[P_2(\lambda_C; \boldsymbol{v}_1) + P_{21}(\lambda_C; \boldsymbol{u}_1, \boldsymbol{v}_1)] = 0, \quad T_{11}(\boldsymbol{u}_1, \boldsymbol{v}_1) = 0$$

求解上述线性问题，可以得到解 $\boldsymbol{v}_1$ 和 $\boldsymbol{v} = a^2\boldsymbol{v}_1$。对上面第 1 式取变分，令 $\delta\boldsymbol{v}_1 = \boldsymbol{v}_1$，可得

$$P_{21}(\lambda_C; \boldsymbol{u}_1, \boldsymbol{v}_1) = -2P_2(\lambda_C; \boldsymbol{v}_1)$$

将 $\boldsymbol{v}$ 和上式代入式 (6.135)，ΔP 变为 a 的函数

$$\Delta P(a) = (\lambda - \lambda_C) a^2 P_2'(\lambda_C; \boldsymbol{u}_1) + a^3 P_3(\lambda_C; \boldsymbol{u}_1) + a^4[P_4(\lambda_C; \boldsymbol{u}_1) - P_2(\lambda_C; \boldsymbol{v}_1)]$$

由于 $\lambda < \lambda_C$ 时基本平衡状态 I 是稳定的，所以 $P_2(\lambda;\boldsymbol{u}_1) > 0$，而 λ_C 为分支点，即 $P_2(\lambda_C;\boldsymbol{u}_1) = 0, P_2(\lambda;\boldsymbol{u}_1)$ 对于 λ 应该是连续的,因而在 λ_C 点为减函数,故 $P_2'(\lambda_C;\boldsymbol{u}_1) < 0$。所以上式可简化为

$$\Delta P(a) = (\lambda - \lambda_C) A_2' a^2 + A_3 a^3 + A_4 a^4 \tag{6.137}$$

$$A_2' = P_2'(\lambda_C;\boldsymbol{u}_1)(< 0), A_3 = P_3(\lambda_C;\boldsymbol{u}_1), A_4 = P_4(\lambda_C;\boldsymbol{u}_1) - P_2(\lambda_C;\boldsymbol{v}_1) \tag{6.137a}$$

由平衡条件 $\dfrac{\partial(\Delta P)}{\partial a} = 0$，得到载荷与附加位移幅度的关系 $\lambda - \lambda_C = -\dfrac{3A_3}{2A_2'}a - \dfrac{2A_4}{A_2'}a^2$。当位能增量泛函 ΔP 中存在 P_3 时，即 $A_3 \neq 0$，称为三次结构，则上式可以简化为

$$\lambda - \lambda_C = \lambda_1 a, \quad \lambda_1 = -\frac{3A_3}{2A_2'} \tag{6.138}$$

当 ΔP 中不存在 P_3 时 ($P_3 \equiv 0$，$A_3 = 0$)，称为四次结构，则有

$$\lambda - \lambda_C = \lambda_2 a^2, \quad \lambda_2 = -\frac{2A_4}{A_2'} \tag{6.139}$$

式 (6.138)、式 (6.139)、式 (6.133) 和 $\boldsymbol{v}_1$ 给出了初始后屈曲状态的近似解，当 λ 趋于 λ_C 时该近似解趋近精确解。由式 (6.137)，ΔP 的二阶导数为

$$\frac{\partial^2}{\partial a^2}(\Delta P(a)) = 2(\lambda - \lambda_C) A_2' + 6A_3 a + 12A_4 a^2 \tag{6.140}$$

利用式 (6.140)、式 (6.137) 和能量准则，可以判断基本状态、分支点和初始后屈曲状态的平衡稳定性。

(1) 基本状态 ($a = 0$)：$\dfrac{\partial^2}{\partial a^2}(\Delta P) = 2(\lambda - \lambda_C) A_2'$，因为 $A_2' < 0$，所以 $\lambda < \lambda_C$ 时 $\dfrac{\partial^2}{\partial a^2}(\Delta P) > 0$，平衡稳定；$\lambda > \lambda_C$ 时不稳定。

(2) 分支点 ($\lambda = \lambda_C$，$a = 0$)：此时式 (6.140) 已不能用于判断稳定性，可直接利用式 (6.137) 考查 $\Delta P = \min$ 条件。$\lambda = \lambda_C$ 时微小扰动引起位能的变化为 $\Delta P = A_3 a^3 + A_4 a^4$。显然，如果 $A_3 \neq 0$，无论符号如何，一定存在 a 使 $\Delta P < 0$，所以三次结构的分支点不稳定。若 $A_3 = 0$，稳定性决定于 A_4 的符号，$A_4 > 0$ 时四次结构的分支点稳定，$A_4 < 0$ 时不稳定。

(3) 初始后屈曲状态：初始后屈曲状态由式 (6.138) 或式 (6.139) 表示。

对于三次结构，将式 (6.138) 给出的 a 代入式 (6.140) (略去 A_4 项)，得到 $\dfrac{\partial^2}{\partial a^2}(\Delta P) = -2(\lambda - \lambda_C) A_2'$。因为 $A_2' < 0$，所以无论 A_3 的符号如何，当 $\lambda > \lambda_C$ 时三次结构的初始后屈曲状态总是稳定的，$\lambda < \lambda_C$ 时总是不稳定的。

对于四次结构，将式 (6.139) 代入式 (6.140) ($A_3 = 0$)，得到 $\dfrac{\partial^2}{\partial a^2}(\Delta P) = 8A_4 a^2$。可见 $A_4 > 0$ 时初始后屈曲是稳定的，$A_4 < 0$ 时不稳定。

式 (6.138) 和式 (6.139) 给出的初始后屈曲路径及其稳定性可以用图 6.8 表示，其中虚线和空心点为不稳定平衡，实线和实心点表示稳定平衡。可见，高于分支点的初始后屈曲

路径为稳定平衡，低于分支点的路径为不稳定平衡；三次结构的分支点及有下降路径的四次结构的分支点为不稳定平衡，有上升路径的四次结构的分支点为稳定平衡，所以初始后屈曲路径的稳定性与分支点的稳定性相关。

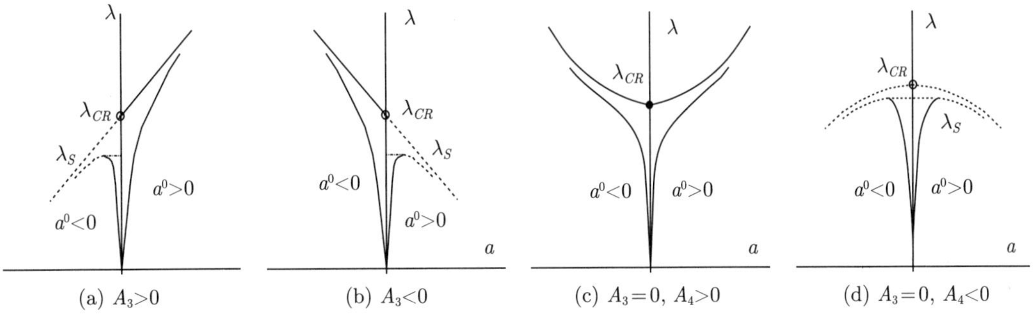

图 6.8 初始后屈曲路径 (示意图)

(a) (b) 三次结构；(c) (d) 四次结构

在上面的讨论中，认为结构和载荷是“理想”的，例如杆件是理想直杆，压力精确地沿杆件轴线作用，没有丝毫偏差，这样的结构常称为完善结构。但这只是一种理想化结构，实际结构总是有缺陷的，无论是几何还是载荷方面，将这样的结构称为不完善结构或缺陷结构。在不考虑稳定性影响的结构分析中，缺陷通常并不重要；但在稳定性分析中，某些情况下缺陷影响却是极其重要的因素。Koiter 研究了小缺陷对初始后屈曲的影响。

若结构有几何缺陷 $\boldsymbol{u}^0$ (假设是与位移类似的光滑函数)，以未受力的完善结构为参考构形时, Green 应变张量可表为

$$\bar{\boldsymbol{\varepsilon}} = \boldsymbol{\varepsilon}\left(\boldsymbol{u} + \boldsymbol{u}^0\right) - \boldsymbol{\varepsilon}\left(\boldsymbol{u}^0\right) \tag{6.141}$$

考虑完善结构的一个基本平衡状态 $\boldsymbol{u}_0(\lambda)$，载荷成比例变化，用因子 λ 表示，取 $\boldsymbol{u}_0$ 附近的任一许可状态 $\boldsymbol{u} = \boldsymbol{u}_0(\lambda) + \boldsymbol{\eta}$，将应变 $\bar{\boldsymbol{\varepsilon}}$ 代入位能，则位能增量展开式为

$$\Delta P^* = P_2(\lambda; \boldsymbol{\eta}) + P_3(\lambda; \boldsymbol{\eta}) + P_4(\lambda; \boldsymbol{\eta}) + \cdots + Q_{11}\left(\lambda; \boldsymbol{\eta}, \boldsymbol{u}^{\boldsymbol{0}}\right) + \cdots \tag{6.142}$$

上式与式 (6.127a) 类似，只是增加与缺陷有关的项，将缺陷项对于 $\boldsymbol{\eta}$ 和 $\boldsymbol{u}^0$ 展开，其中主要项 Q_{11} 是 $\boldsymbol{\eta}$ 和 $\boldsymbol{u}^0$ 的双线性泛函。

如果 $\boldsymbol{u}$ 是平衡的，利用 $\boldsymbol{\eta}$ 的正交分解式 (6.133)，与完善结构的分析类似，可得

$$\delta\left[\Delta P^*\left(\lambda; a, \boldsymbol{v}, a^0\right)\right] = 0 \tag{6.143}$$

式中，a^0 表示缺陷的大小，为了简单，假设几何缺陷的形状与完善结构的屈曲形态相同 $\boldsymbol{u}^0 = a^0\boldsymbol{u}_1$，幅度 a^0 是小量。

需要指出，缺陷结构的平衡状态不是 $\boldsymbol{u}_0$，一般情况下也没有分支点，所以式 (6.143) 给出的是与完善结构平衡路径接近的新的平衡路径。

用与完善结构初始后屈曲分析相类似的方法，可以得到与式 (6.137) 类似的位能增量函数 $\Delta P^*\left(a, a^0\right)$。假设完善结构基本状态是线性的，即 $\boldsymbol{u}_0$ 正比于 λ $(\boldsymbol{u}_0 = \lambda\tilde{\boldsymbol{u}}_0)$，可得

$$\Delta P^* = (\lambda - \lambda_C) A_2' a^2 + A_3 a^3 + A_4 a^4 + 2\lambda A_2' a a^0 \tag{6.144}$$

由 $\dfrac{\partial}{\partial a}(\Delta P^*)=0$，缺陷结构的平衡方程为

$$2(\lambda-\lambda_C)A_2'a+3A_3a^2+2\lambda A_2'a^0=0 \quad (A_3\neq 0) \tag{6.145a}$$

$$2(\lambda-\lambda_C)A_2'a+4A_4a^3+2\lambda A_2'a^0=0 \quad (A_3=0) \tag{6.145b}$$

上式给出有缺陷的三次和四次结构的平衡路径，利用 ΔP^* 的二阶导数可以讨论平衡稳定性。由式 (6.145a) 和式 (6.145b) 可以近似求出路径上的极值点 λ_S

$$\frac{\lambda_S}{\lambda_C}\approx 1-2\left(-\frac{\lambda_1 a^0}{\lambda_C}\right)^{\frac{1}{2}},\quad 若\ A_3a^0<0 \tag{6.146a}$$

$$\frac{\lambda_S}{\lambda_C}\approx 1-3\left(-\frac{\lambda_2}{\lambda_C}\right)^{\frac{1}{3}}\left(\frac{a^0}{2}\right)^{\frac{2}{3}},\quad 若\ A_4<0 \tag{6.146b}$$

式中，λ_1,λ_2 见式 (6.138) 和式 (6.139)。

式 (6.146a)、式 (6.146b) 表明，如果 $A_3\neq 0$ 或 $A_3=0$、$A_4<0$，即分支点不稳定的完善结构，缺陷可以使结构发生极值点失稳，当因子 $(-\lambda_1/\lambda_C)$ 或 $(-\lambda_2/\lambda_C)$ 较大时，小缺陷可以明显地降低临界载荷，因而结构失稳对于缺陷敏感，这两个因子表征了敏感程度，所以也称为缺陷敏感度。如果系统有载荷缺陷，用 a^0 表示实际载荷与理想载荷偏离程度，可以得到与式 (6.145a, b)、式 (6.146a, b) 类似的结果。图 6.8 给出有小缺陷的弹性结构受保守载荷时的平衡路径，假设对应的完善结构具有线性基本状态。

实际结构的几何缺陷，无论大小和形状一般是随机的，所以对于缺陷敏感结构很难准确地分析屈曲特性，必要时需要进行稳定性试验确定实际结构的屈曲载荷及缺陷影响。

初始后屈曲理论用渐近分析方法，简单清晰地描述了弹性保守系统在分支点附近的行为，包括平衡路径、稳定性和缺陷影响。这些概念和结论对于认识结构弹性稳定性的一般特点具有重要意义，并给出了在渐近意义上精确的近似解。需要注意的是初始后屈曲分析结果只在小范围内适用，为了研究结构在更大范围内的后屈曲行为，必须进行有限变形下大范围后屈曲分析。

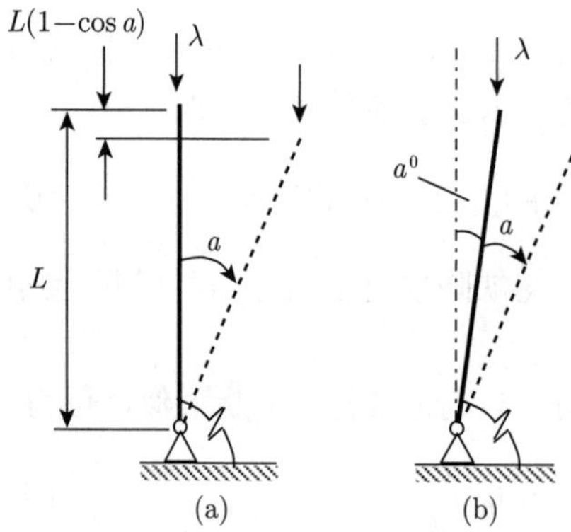

图 6.9 简单初始后屈曲模型

(a) 完善结构；(b) 缺陷结构

例 6.4 一端为弹性铰链支撑、另一端受轴向压力的刚性杆的初始后屈曲。

假设刚性杆件支撑端有非线性扭转弹簧，另一端受轴向压力 λ (见图 6.9(a))，弹簧扭矩 m 与转角 a 的关系为

$$m=K_1a+K_2a^2+K_3a^3+\cdots\equiv f(a)$$

式中，K_1,K_2,K_3 是刚度系数。试求系统的初始后屈曲解及其稳定性，并讨论初始偏转角 a^0 (见图 6.9(b)) 的影响。这是一个经常引用的典型例题。

解：该系统为弹性保守系，基本状态为 $a_0 = 0$，任一邻近状态 a 的位能增量为

$$\Delta P = \int_0^a f(a)\,\mathrm{d}a - \lambda L(1 - \cos a)$$

上式对 a 展开，得到 a 的各阶“变分” $P_m\,(m = 1, 2, 3, 4, \cdots)$，由于问题只有一个自由度所以 P_m 是 m 次幂函数，而变分问题退化为求函数极值。可以得到

$$\lambda_C = \frac{K_1}{L}, \quad A_2' = -\frac{K_1}{2\lambda_C} = -\frac{L}{2}, \quad A_3 = \frac{K_2}{3}, \quad A_4 = \frac{1}{4}\left(K_3 + \frac{K_1}{6}\right)$$

如果有小几何缺陷 a^0，则

$$\Delta P^* = \int_0^a f(a)\,da - \lambda L\left[\cos\left(a + a^0\right) - \cos a^0\right]$$

对 a 展开，式 (6.142) 中缺陷的主要项为 $Q_{11} = -\lambda L a a^0$。利用上述参数可以给出图 6.8 表示的初始后屈曲行为及缺陷影响。读者可自行推导以上各式。

6.3.3 板壳结构的后屈曲

在结构稳定问题中，除压杆之外，最常见、最重要的是板壳结构的弹性屈曲及后屈曲。

6.3.3.1 基体关系 (一阶剪切理论)

板壳的厚度远小于另外两个尺寸，因而可以对变形沿厚度的分布及厚度方向的应力作适当假设，从而使三维问题降为二维，建立板壳理论。常用的理论有 Kirchhoff-Love 经典理论、Reissner-Mindlin[31] 一阶剪切变形理论和 Reddy[32] 高阶剪切变形理论，分别适用于薄板壳、中厚板壳和厚板壳。其中经典理论和一阶理论比较简单，而且可以满足大多数工程结构对计算精度的要求，因而应用较广。这里所谓的“薄”“厚”是指板壳的变形、应力变化的特征长度 (简称为“变化长度”[33]，例如屈曲波形的半波长等) 与厚度之比 (长厚比) 的大小。上述各种理论的适用范围与长厚比及横向剪切刚度有关，长厚比小、横向剪切刚度低的复合材料板壳容易出现较大的横向剪切变形，因而常常需要考虑横向剪切的影响。下面只涉及一阶剪切理论，若忽略剪切变形则退化为经典理论。

A 几何关系

以变形前壳体中面为参考构形 (图 6.10)，任一点的 Green 应变 $\boldsymbol{\varepsilon}$ (以前用记号 $\boldsymbol{E}$, E_{KL}) 为

$$\varepsilon_{\alpha\beta}\left(X^1, X^2, X^3\right) = \varepsilon^0_{\alpha\beta}\left(X^1, X^2\right) + X^3\kappa_{\alpha\beta} \tag{6.147a}$$

$$\varepsilon_{\alpha 3}\left(X^1, X^2, X^3\right) = \frac{1}{2}\gamma_{\alpha 3}\left(X^1, X^2\right) \tag{6.147b}$$

式中，$(\alpha, \beta) = (1, 2)$，表示二维曲线坐标系 $\left\{X^1, X^2\right\}$；$\varepsilon^0_{\alpha\beta}$，$\kappa_{\alpha\beta}$ 是中面面内二维应变张量分量和二维曲率变形张量分量；$\varepsilon_{\alpha 3}$ 是厚度方向剪应变分量；$\gamma_{\alpha 3}$ 是等效剪应变。曲面的二维张量分量指标用希腊字母表示，厚度方向指标用 3 表示。

$$\varepsilon^0_{\alpha\beta} = \frac{1}{2}\left(u_{\alpha;\beta} + u_{\beta;\alpha}\right) - b_{\alpha\beta}w + \frac{1}{2}\varphi_\alpha\varphi_\beta \tag{6.148a}$$

$$\kappa_{\alpha\beta}=-\frac{1}{2}\left(\theta_{\alpha;\beta}+\theta_{\beta;\alpha}\right)=-\frac{1}{2}\left(\varphi_{\alpha;\beta}+\varphi_{\beta;\alpha}-\gamma_{\alpha3;\beta}-\gamma_{\beta3;\alpha}\right) \tag{6.148b}$$

是二维中面应变和曲率变形张量。式中 u_α，w 是位移 $\boldsymbol{u}$ 的面内分量和法向分量；$b_{\alpha\beta}$ 是壳体中面的曲率张量分量；φ_α 是变形前后中面法线之间的转角；θ_α 是沿变形前法线方向的物质线的转角 (见图 6.11)，两者的关系是

$$\gamma_{\alpha3}=\varphi_\alpha-\theta_\alpha \tag{6.149}$$

式中

$$\varphi_\alpha=w_{,\alpha}+b_\alpha^\mu u_\mu \tag{6.150}$$

如果在几何关系中略去 $\gamma_{\alpha3}$ 则一阶理论退化为经典理论。

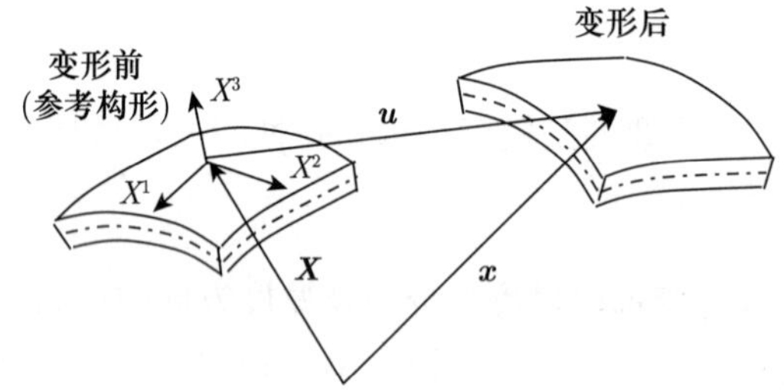

图 6.10　壳体的坐标系和位移

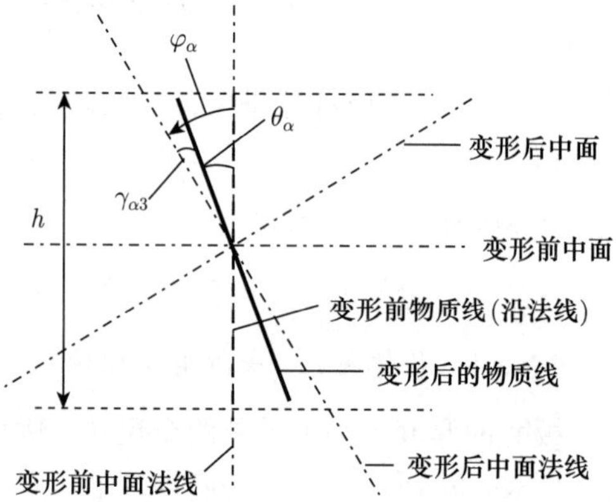

图 6.11　一阶理论变形假设

B　应力和内力

第二类 Piola-Kirchhoff 应力 $\boldsymbol{\sigma}$ (以前用记号 $\boldsymbol{T}$，T^{KL}) 满足非线性平衡方程式 (6.65a)，用现在的记号表示 (若 $\boldsymbol{f}=\boldsymbol{a}=\boldsymbol{0}$)，有

$$\left(\sigma^{ik}+u^i_{\ ;l}\sigma^{kl}\right)_{;k}=0\,(i,k,l=1,2,3) \tag{6.151}$$

在中等非线性假设下，应变 $\boldsymbol{\varepsilon}^0$ 与线元转角的平方 φ^2 同量级。由式 (6.148a) 和 $\gamma_{\alpha3}\sim u^\alpha_{;3}$ (记号 $\sim$ 表示数量级相同) 及式 (6.149) 可知，$u^\alpha_{;\beta}$，$u^\alpha_{;3}$ 分别与面内应变 $\boldsymbol{\varepsilon}^0$ 和转角 $\boldsymbol{\varphi}$ 同量级。考虑实际壳体中常见的浅壳应力状态 [33]，即应力和变形的 “变化长度” a 数量级为 $a\sim\sqrt{Rh}$ (R, h 分别是壳体的主曲率半径和厚度)，$u_\alpha\sim w\sqrt{h/R}$。由于 $(\ )_{;\alpha}\sim(\ )/a$，$(\ )_{;3}\sim(\ )/h$，利用方程 (6.151)，与线性情况类似，可以得到应力的数量级关系：

$$\sigma^{\alpha\beta}:\sigma^{\alpha3}:\sigma^{33}\sim1:h/a:h^2/a^2 \tag{6.152}$$

由于 σ^{33} 很小，可在平衡方程中略去。注意到 $u^\alpha_{;\beta}\sim\varepsilon^0$ ($\boldsymbol{\varepsilon}^0$ 的模)，$u^\alpha_{;3}\sim\varphi$ ($\boldsymbol{\varphi}$ 的模)，所以有近似关系

$$\sigma^{\alpha k}+u^\alpha_{;l}\sigma^{kl}=\sigma^{\alpha k}\left[1+O\left(\varepsilon^0,\frac{h}{a}\varphi\right)\right]\quad(\alpha=1,2;\quad k,l=1,2,3) \tag{6.153}$$

因此，式 (6.151) 中前两个平衡方程可以线性化 [25]，即

$$\sigma^{\alpha\beta}{}_{;\beta} + \sigma^{\alpha 3}{}_{;3} = 0 \tag{6.154}$$

式 (6.154) 对 X^3 积分，得到横向剪应力与面内应力的关系

$$\sigma^{\alpha 3} = -\int_{-h/2}^{X^3} \sigma^{\alpha\beta}{}_{;\beta} \mathrm{d}X^3 \tag{6.155}$$

引入单位长度壳体截面的应力沿厚度的合力 $\boldsymbol{N}$、$\boldsymbol{Q}$ 和合力矩 $\boldsymbol{M}$：

$$N^{\alpha\beta} = \int_{-h/2}^{h/2} \sigma^{\alpha\beta} \mathrm{d}X^3, \quad M^{\alpha\beta} = \int_{-h/2}^{h/2} \sigma^{\alpha\beta} X^3 \mathrm{d}X^3, \quad Q^{\alpha} = \int_{-h/2}^{h/2} \sigma^{\alpha 3} \mathrm{d}X^3 \tag{6.156}$$

C 本构关系

假设线弹性复合材料层合板壳单层 $k\,(k = 1, 2, \cdots, n)$ 的本构关系为

$$\left\{\begin{array}{c}\sigma^{11}\\ \sigma^{22}\\ \sigma^{33}\end{array}\right\}_k = \left[\begin{array}{ccc} Q_{11} & Q_{12} & Q_{16}\\ Q_{12} & Q_{22} & Q_{26}\\ Q_{16} & Q_{26} & Q_{66}\end{array}\right]_k \left\{\begin{array}{c}\varepsilon_{11}\\ \varepsilon_{22}\\ \gamma_{12}\end{array}\right\}_k, \quad \left\{\begin{array}{c}\sigma^{13}\\ \sigma^{23}\end{array}\right\}_k = \left[\begin{array}{cc} Q_{44} & Q_{45}\\ Q_{45} & Q_{55}\end{array}\right]_k \left\{\begin{array}{c}\gamma^*_{13}\\ \gamma^*_{23}\end{array}\right\}_k \tag{6.157}$$

式中，$\gamma_{12} = 2\varepsilon_{12}$；$\gamma^*_{\alpha 3(k)}$ 是真实的横向剪应变，为 X^3 的连续函数。将上式代入式 (6.156)，得到本构关系 (用矩阵表示)

$$\left\{\begin{array}{c}\boldsymbol{N}\\ \boldsymbol{M}\end{array}\right\} = \left[\begin{array}{cc}\boldsymbol{A} & \boldsymbol{B}\\ \boldsymbol{B} & \boldsymbol{D}\end{array}\right]\left\{\begin{array}{c}\boldsymbol{\varepsilon}_0\\ \boldsymbol{\kappa}\end{array}\right\}, \quad \boldsymbol{Q} = \boldsymbol{H}\boldsymbol{\gamma} \tag{6.158}$$

$$\boldsymbol{N} = \left[N^{11}, N^{22}, N^{12}\right]^{\mathrm{T}}, \qquad \boldsymbol{M} = \left[M^{11}, M^{22}, M^{12}\right]^{\mathrm{T}}, \qquad \boldsymbol{Q} = \left[Q^1, Q^2\right]^{\mathrm{T}}$$

$$\boldsymbol{\varepsilon}_0 = \left[\varepsilon^0_{11}, \varepsilon^0_{12}, 2\varepsilon^0_{12}\right]^{\mathrm{T}}. \quad \boldsymbol{\kappa}_0 = [\kappa_{11}, \kappa_{12}, 2\kappa_{12}]^{\mathrm{T}}, \quad \boldsymbol{\gamma} = [\gamma_3, \gamma_{23}]^{\mathrm{T}}$$

$\boldsymbol{A}$、$\boldsymbol{B}$、$\boldsymbol{D}$ 为 3×3 矩阵，分量为 $(i, j = 1, 2, 6)$

$$\begin{aligned}&(A_{ij}, B_{ij}, D_{ij})\\ &= \sum_k Q^{(k)}_{ij}\left(\left(X^3_{(k)} - X^3_{(k-1)}\right), \frac{1}{2}\left(\left(X^3_{(k)}\right)^2 - \left(X^3_{(k-1)}\right)^2\right), \frac{1}{3}\left(\left(X^3_{(k)}\right)^3 - \left(X^3_{(k-1)}\right)^3\right)\right)\end{aligned} \tag{6.159a}$$

$$\boldsymbol{H} = \left[\begin{array}{cc} k_1^2 H_{44} & k_1 k_2 H_{45}\\ k_1 k_2 H_{45} & k_2^2 H_{55}\end{array}\right], \quad H_{ij} = \sum_k Q^{(k)}_{ij}\left(X^3_{(k)} - X^3_{(k-1)}\right)(i, j = 4, 5) \tag{6.159b}$$

k_1，k_2 是剪切修正系数 [34]，该系数使横向剪切变形能满足等效条件

$$\frac{1}{2}\int_{-h/2}^{h/2} \sigma^{\alpha 3}\gamma^*_{\alpha 3} \mathrm{d}X^3 = \frac{1}{2} Q^{\alpha}\gamma_{\alpha} \tag{6.160}$$

Pagano 的精确解 [35] 表明，对于中厚板可假设 $\sigma^{\alpha 3}$ 沿厚度抛物线分布，因此由式 $(6.156)_2$ 可以得到 $\sigma^{\alpha 3}=1.5\dfrac{Q^\alpha}{h}\left[1-\left(2X^3/h\right)^2\right]$，再利用本构关系式 $(6.157)_2$，假设 $\gamma^*_{\beta 3}=0(\beta\neq\alpha)$，用 Q^α 表示 $\gamma^*_{\alpha 3}$；由式 $(6.158)_2$，当 $\gamma^*_{\beta 3}=0(\beta\neq\alpha)$ 时，$\gamma_{\alpha 3}=Q^\alpha/(k^2_\alpha H_{ii})$ (式中 $H_{ii}=H_{44}$ 或 H_{55})；将 $\sigma^{\alpha 3}$、$\gamma^*_{\alpha 3}$ 和 $\gamma_{\alpha 3}$ 代入式 (6.160)，得到关于 Q^α 的等式，该式对任意 Q^α 成立，从而可以近似得到剪切修正系数 k_α。在各向同性情况下，用上述方法可得 $k_1^2=k_2^2=\dfrac{5}{6}$，在层板情况下，k_1,k_2 与单层板的材料常数和铺层方式有关。

D 位能

将式 (6.147) 代入位能，对厚度积分，得到

$$P\left(\boldsymbol{u},\boldsymbol{\gamma}\right)=\int_A\frac{1}{2}\left[N^{\alpha\beta}\varepsilon^0_{\alpha\beta}+M^{\alpha\beta}\kappa_{\alpha\beta}+Q^\alpha\gamma_{\alpha 3}\right]\mathrm{d}A-\int_A qw\mathrm{d}A-\int_{C_\sigma}\left(\overline{P}^\alpha u_\alpha+\overline{P}^3 w\right)\mathrm{d}S \tag{6.161}$$

式中，A 是中面面积域，C_σ 是已知外力的边界，q 是单位面积的法向载荷，$\overline{\boldsymbol{P}}$ 是 C_σ 单位长度边界的外力向量。中面位移 $\boldsymbol{u}$ 和横向剪应变 $\boldsymbol{\gamma}$ 是独立变量。

如果令 $\gamma_{\alpha 3}=0$，一阶理论退化为经典理论。

将式 (6.158)、式 (6.148)、式 (6.150) 代入式 (6.161)，由位能原理

$$\delta P\left(\boldsymbol{u},\boldsymbol{\gamma}\right)=0 \tag{6.161a}$$

的欧拉方程可以得到中等非线性、一阶剪切变形理论复合材料层合壳体的平衡方程。

6.3.3.2 后屈曲有限元分析

后屈曲分析需要求解含有奇异点 (分支点或极值点) 的非线性路径，由于数学上的困难，至今弹性后屈曲只有极少数解析精确解，其中一个是 1744 年 Euler 用梁的非线性弯曲方程求出的直杆轴压屈曲和完整的后屈曲解。自从 1939 年 Kármán 和钱学森 [36] 将非线性分析引入壳体屈曲问题，开创了壳体后屈曲分析以来，许多研究用近似的解析表达式将问题简化为有限个自由度求解，直到 20 世纪 70 年代以后，随着有限元和计算技术的发展，非线性有限元分析逐渐成为板壳后屈曲研究的主要途径。

A 有限元方程

由式 (6.161a) 可以建立壳体的增量平衡方程。为了清楚和方便，将应变和内力分解成线性和非线性两部分，

$$\begin{Bmatrix}\boldsymbol{N}\\ \boldsymbol{M}\end{Bmatrix}=\left(\begin{Bmatrix}\boldsymbol{N}^{(1)}\\ \boldsymbol{M}^{(1)}\end{Bmatrix}+\begin{Bmatrix}\boldsymbol{N}^{(2)}\\ \boldsymbol{M}^{(2)}\end{Bmatrix}\right)=\begin{bmatrix}\boldsymbol{A}&\boldsymbol{B}\\ \boldsymbol{B}&\boldsymbol{D}\end{bmatrix}\left(\begin{Bmatrix}\boldsymbol{\varepsilon}^{(1)}\\ \boldsymbol{\kappa}\end{Bmatrix}+\begin{Bmatrix}\boldsymbol{\varepsilon}^{(2)}\\ 0\end{Bmatrix}\right) \tag{6.162}$$

其中

$$\varepsilon^{(1)}_{\alpha\beta}=\frac{1}{2}\left(u_{\alpha;\beta}+u_{\beta;\alpha}\right)-b_{\alpha\beta}w,\quad \varepsilon^{(2)}_{\alpha\beta}=\frac{1}{2}\varphi_\alpha\varphi_\beta,\quad \varepsilon^{(1)}_{\alpha\beta}+\varepsilon^{(2)}_{\alpha\beta}=\varepsilon^0_{\alpha\beta} \tag{6.162a}$$

令

$$\boldsymbol{u}^{(r)}_{(i+1)}=\boldsymbol{u}^{(r-1)}_{(i+1)}+\boldsymbol{\eta}^{(r)},\quad \varphi^{(r)}_{(i+1)}=\varphi^{(r-1)}_{(i+1)}+\boldsymbol{\varsigma}^{(r)},\quad \boldsymbol{\theta}^{(r)}_{(i+1)}=\boldsymbol{\theta}^{(r-1)}_{(i+1)}+\boldsymbol{\xi}^{(r)} \tag{6.163}$$

式中，i, r 为载荷步和迭代步；$\boldsymbol{\eta}^{(r)}, \boldsymbol{\varsigma}^{(r)}, \boldsymbol{\xi}^{(r)}$ 是待求的 $\boldsymbol{u}, \boldsymbol{\varphi}, \boldsymbol{\theta}$ 的迭代增量，由式 (6.150) $\varsigma_{\alpha}^{(r)} = \eta_{3,\alpha}^{(r)} - b_{\alpha}^{\beta}\eta_{\beta}^{(r)}$，所以 $\boldsymbol{\varsigma}^{(r)}$ 可不作为独立变量。利用上式得到变形的迭代形式：

$$\left.\begin{aligned}&\boldsymbol{\varepsilon}_{(i+1)}^{(1)(r)} = \boldsymbol{\varepsilon}_{(i+1)}^{(1)(r-1)} + \boldsymbol{e}^{(r)}\\&\boldsymbol{\varepsilon}_{(i+1)}^{(2)(r)}\left(\boldsymbol{\varphi}_{i+1}^{(r)}\right) = \boldsymbol{\varepsilon}_{(i+1)}^{(2)(r-1)}\left(\boldsymbol{\varphi}_{i+1}^{(r-1)}\right) + 2\boldsymbol{\varepsilon}_{(i+1)}^{(11)(r-1)}\left(\boldsymbol{\varphi}_{i+1}^{(r-1)}, \boldsymbol{\varsigma}^{(r)}\right) + \boldsymbol{\varepsilon}_{(i+1)}^{(2)(r-1)}\left(\boldsymbol{\varsigma}^{(r)}\right)\\&\boldsymbol{\kappa}_{(i+1)}^{(r)} = \boldsymbol{\kappa}_{(i+1)}^{(r-1)} + \boldsymbol{c}^{(r)}, \quad \gamma_{(i+1)}^{(r)} = \gamma_{(i+1)}^{(r-1)} + \gamma^{(r)}\end{aligned}\right\} \tag{6.163a}$$

式中，$e_{\alpha\beta}^{(r)} = \dfrac{1}{2}\left(\eta_{\alpha;\beta}^{(r)} + \eta_{\beta;\alpha}^{(r)}\right)$，$c_{\alpha\beta}^{(r)} = \dfrac{1}{2}\left(\xi_{\alpha;\beta}^{(r)} + \xi_{\beta;\alpha}^{(r)}\right)$, $\gamma_{\alpha}^{(r)} = \varsigma_{\alpha}^{(r)} - \xi_{\alpha}^{(r)}$；$\boldsymbol{\varepsilon}^{(11)}$ 是 $\boldsymbol{\varepsilon}^{(2)}$ 的双线性形式。变形的变分为

$$\left.\begin{aligned}&\delta\boldsymbol{\varepsilon}_{(i+1)}^{(1)(r)} = \delta\boldsymbol{e}^{(r)} = \frac{1}{2}\left(\boldsymbol{\nabla}(\delta\boldsymbol{\eta}^{(r)}) + (\delta\boldsymbol{\eta}^{(r)})\boldsymbol{\nabla}\right)\\&\delta\boldsymbol{\varepsilon}_{(i+1)}^{(2)(r)}\left(\boldsymbol{\varphi}_{i+1}^{(r)}\right) = 2\boldsymbol{\varepsilon}_{(i+1)}^{(11)(r-1)}\left(\boldsymbol{\varphi}_{i+1}^{(r-1)}, \delta\boldsymbol{\varsigma}^{(r)}\right) + 2\boldsymbol{\varepsilon}_{(i+1)}^{(11)(r-1)}\left(\boldsymbol{\varsigma}^{(r)}, \delta\boldsymbol{\varsigma}^{(r)}\right)\\&\delta\boldsymbol{\kappa}_{(i+1)}^{(r)} = \delta\boldsymbol{c}^{(r)} = \frac{1}{2}\left(\boldsymbol{\nabla}(\delta\boldsymbol{\xi}^{(r)}) + (\delta\boldsymbol{\xi}^{(r)})\boldsymbol{\nabla}\right)\\&\delta\gamma^{(r)} = \delta\boldsymbol{\varsigma}^{(r)} - \delta\boldsymbol{\xi}^{(r)}\end{aligned}\right\} \tag{6.163b}$$

通常取广义位移 $\boldsymbol{q} = [\cdots; u_1, u_2, w, \theta_1, \theta_2; \cdots]^{\mathrm{T}}$ (由式 (6.150)，$\boldsymbol{\varphi}$ 用 $\boldsymbol{u}$ 表示)，则

$$\boldsymbol{q}_{i+1}^{(r)} = \boldsymbol{q}_{i+1}^{(r-1)} + \Delta\Delta\boldsymbol{q}^{(r)}, \quad \Delta\Delta\boldsymbol{q}^{(r)} = [\cdots; \eta_1, \eta_2, \eta_3, \xi_1, \xi_2; \cdots]^{\mathrm{T}} \tag{6.164}$$

将式 (6.162)、式 (6.162a)、式 (6.163)、式 (6.163a) 和式 (6.163b)，代入式 (6.161a)，略去 $\Delta\Delta\boldsymbol{q}^{(r)}$ 的非线性项，经过整理，可以得到 T.L. 格式增量迭代有限元方程 (矩阵形式)

$$\boldsymbol{K}_{\mathrm{T}}\Delta\Delta\boldsymbol{q}^{(r)} = \Delta\Delta\lambda_{i+1}^{(r)}\tilde{\boldsymbol{F}} + \boldsymbol{Q}_{i+1}^{(r-1)} \tag{6.165}$$

上式用于根据 $r-1$ 次迭代结果计算 r 次迭代增量，其中 $\Delta\Delta\lambda_{i+1}^{(r)}$ 是载荷因子的迭代增量 (用载荷增量法求解时等于 0)，$\boldsymbol{K}_{\mathrm{T}}$，$\boldsymbol{Q}$，$\tilde{\boldsymbol{F}}$ 的定义是

$$\boldsymbol{K}_{\mathrm{T}} = \boldsymbol{K}_0 + \boldsymbol{K}_{1\mathrm{T}}\left(\boldsymbol{q}_{i+1}^{(r-1)}\right) + \boldsymbol{K}_{2\mathrm{T}}\left(\boldsymbol{q}_{i+1}^{(r-1)}\right) \tag{6.166}$$

$$\boldsymbol{Q}_{i+1}^{(r-1)} = \lambda_{i+1}^{(r-1)}\tilde{\boldsymbol{F}} - \left[\boldsymbol{K}_0 + \boldsymbol{K}_1\left(\boldsymbol{q}_{i+1}^{(r-1)}\right) + \boldsymbol{K}_2\left(\boldsymbol{q}_{i+1}^{(r-1)}\right)\right]\boldsymbol{q}_{i+1}^{(r-1)} \tag{6.167}$$

$$\delta\boldsymbol{q}^{\mathrm{T}}\boldsymbol{K}_0\boldsymbol{q} = \sum_m \int_{A_m}\left(\delta\boldsymbol{\varepsilon}^{(1)\mathrm{T}}\boldsymbol{A}\boldsymbol{\varepsilon}^{(1)} + \delta\boldsymbol{\varepsilon}^{(1)\mathrm{T}}\overline{\boldsymbol{B}}\boldsymbol{\kappa} + \delta\boldsymbol{\kappa}^{\mathrm{T}}\overline{\boldsymbol{B}}\boldsymbol{\varepsilon}^{(1)} + \delta\boldsymbol{\kappa}^{\mathrm{T}}\boldsymbol{D}\boldsymbol{\kappa} + \delta\gamma^{\mathrm{T}}\boldsymbol{H}\gamma\right)\mathrm{d}A \tag{6.168a}$$

$$\begin{aligned}\delta\boldsymbol{q}^{(r)\mathrm{T}}\boldsymbol{K}_{1\mathrm{T}}\Delta\Delta\boldsymbol{q}^{(r)} = \sum_m \int_A 2\Big\{&\delta\boldsymbol{e}^{(r)\mathrm{T}}\boldsymbol{A}\boldsymbol{\varepsilon}_{i+1}^{(11)}\left(\boldsymbol{\varphi}_{i+1}^{(r-1)}, \boldsymbol{\varsigma}^{(r)}\right) + \boldsymbol{\varepsilon}_{i+1}^{(11)\mathrm{T}}\left(\boldsymbol{\varphi}_{i+1}^{(r-1)}, \delta\boldsymbol{\varsigma}^{(r)}\right)\boldsymbol{A}\boldsymbol{e}^{(r)} +\\&\delta\boldsymbol{c}^{(r)\mathrm{T}}\overline{\boldsymbol{B}}\boldsymbol{\varepsilon}_{i+1}^{(11)}\left(\boldsymbol{\varphi}_{i+1}^{(r-1)}, \boldsymbol{\varsigma}^{(r)}\right) + \boldsymbol{\varepsilon}_{i+1}^{(11)\mathrm{T}}\left(\boldsymbol{\varphi}_{i+1}^{(r-1)}, \delta\boldsymbol{\varsigma}^{(r)}\right)\overline{\boldsymbol{B}}\boldsymbol{c}^{(r)} +\\&4\boldsymbol{\varepsilon}_{i+1}^{(11)\mathrm{T}}\left(\boldsymbol{\varphi}_{i+1}^{(r-1)}, \delta\boldsymbol{\varsigma}^{(r)}\right)\boldsymbol{A}\boldsymbol{\varepsilon}_{i+1}^{(11)}\left(\boldsymbol{\varphi}_{i+1}^{(r-1)}, \boldsymbol{\varsigma}^{(r)}\right)\Big\}\mathrm{d}A\end{aligned} \tag{6.168b}$$

$$\delta \boldsymbol{q}^{(r)\mathrm{T}} \boldsymbol{K}_{2\mathrm{T}} \Delta\Delta \boldsymbol{q}^{(r)} = \sum_m \int_{A_m} \left\{ 2\boldsymbol{\varepsilon}_{i+1}^{(11)\mathrm{T}} \left(\boldsymbol{\varsigma}^{(r)}, \delta\boldsymbol{\varsigma}^{(r)} \right) \boldsymbol{N}_{i+1}^{(r-1)} \right\} \mathrm{d}A \tag{6.168c}$$

$$\delta \boldsymbol{q}^{(r)\mathrm{T}} \boldsymbol{K}_1 \boldsymbol{q}^{(r-1)} = \sum_m \int_{A_m} \left\{ \delta \boldsymbol{e}^{(r)\mathrm{T}} \boldsymbol{A} \boldsymbol{\varepsilon}_{i+1}^{(2)} \left(\boldsymbol{\varphi}_{i+1}^{(r-1)} \right) + \delta \boldsymbol{c}^{(r)\mathrm{T}} \overline{\boldsymbol{B}} \boldsymbol{\varepsilon}_{i+1}^{(2)} \left(\boldsymbol{\varphi}_{i+1}^{(r-1)} \right) \right\} \mathrm{d}A \tag{6.168d}$$

$$\delta \boldsymbol{q}^{(r)\mathrm{T}} \boldsymbol{K}_2 \boldsymbol{q}^{(r-1)} = \sum_m \int_{A_m} \left\{ 2\boldsymbol{\varepsilon}_{i+1}^{(11)\mathrm{T}} \left(\boldsymbol{\varphi}_{i+1}^{(r-1)}, \delta\boldsymbol{\varsigma}^{(r)} \right) \boldsymbol{N}_{i+1}^{(r-1)} \right\} \mathrm{d}A \tag{6.168e}$$

$$\delta \boldsymbol{q}^{(r)\mathrm{T}} \tilde{\boldsymbol{F}} = \sum_m \left\{ \int_{A_m} \tilde{\boldsymbol{q}} \delta w^{(r)} \mathrm{d}A + \int_{C_{\sigma m}} \tilde{\boldsymbol{P}}^{\mathrm{T}} \delta \boldsymbol{u}^{(r)} \mathrm{d}s \right\} \tag{6.168f}$$

式中，$\varsigma_\alpha^{(r)} = \eta_{3,\alpha}^{(r)} - b_\alpha^\beta \eta_\beta^{(r)}$；$\delta\varsigma_\alpha^{(r)} = \delta\eta_{3,\alpha}^{(r)} - b_\alpha^\beta \delta\eta_\beta^{(r)}$；$\overline{\boldsymbol{B}} = \dfrac{1}{2}\left(\boldsymbol{B} + \boldsymbol{B}^{\mathrm{T}}\right)$；$\tilde{q}, \tilde{\boldsymbol{P}}$ 是参考载荷 (对应载荷因子 $\lambda = 1$)。

由式 (6.165) 的推导可见，对于位移增量 $\Delta\Delta\boldsymbol{q}$ 位能 P 的一次和二次变分为

$$P_1 = -\boldsymbol{Q}^{\mathrm{T}} \Delta\Delta \boldsymbol{q} \tag{6.169a}$$

$$P_2 = \frac{1}{2} \Delta\Delta \boldsymbol{q}^{\mathrm{T}} K_{\mathrm{T}} \Delta\Delta \boldsymbol{q} \tag{6.169b}$$

所以 $\boldsymbol{Q} = \boldsymbol{0}$ 是 $\boldsymbol{q}_{i+1}$ 的平衡条件，而且当 P_2 恒正即 $\boldsymbol{K}_{\mathrm{T}}$ 正定时为稳定平衡。

B 奇异点的识别和路径转换 (见文献 [37])

后屈曲分析的特点在于解路径上存在奇异点。如果奇异点是极值点，在用弧长法或位移增量法求解时，一般不需要特殊处理，便可以越过极值点，继续跟踪后屈曲路径。在数值计算中，计算点与奇异点完全重合的可能性极其微小，但有可能很接近或越来越接近极值点，从而引起 $\boldsymbol{K}_{\mathrm{T}}$ 病态和求解困难，此时需要适当减小或增大步长。如果奇异点是分支点，则必须进行路径转换，才能跟踪需要的解路径。因此，在非线性路径计算中应该在每个计算点监视奇异点的存在，判断其类型。

若前屈曲状态是线性的，可以求解特征值问题，准确地得到分支点和屈曲形态。若屈曲前是非线性的，则需要在路径跟踪过程中确定奇异点。为了准确给出奇异点，判别它的类型，Wriggers 等人 [38] 曾提出将奇异点作为约束条件求解非线性控制方程，从而直接计算和识别奇异点；但是，更简便的途径是利用切线刚度矩阵的奇异性和结构当前刚度的变化，确定奇异点的近似值及其类型。由式 (6.169b) 和奇异点条件式 (6.131)，得到

$$\boldsymbol{K}_{\mathrm{T}} \Delta\Delta \boldsymbol{\eta} = \boldsymbol{0} \quad 或 \quad \det \boldsymbol{K}_{\mathrm{T}} = 0 \tag{6.170}$$

所以奇异点的切线刚度矩阵是奇异的。若第 i 计算点不是奇异点，$\det \boldsymbol{K}_{\mathrm{T}} \neq 0$，则 $\boldsymbol{K}_{\mathrm{T}}$ 可以进行三角分解 (LU 分解)

$$\boldsymbol{K}_{\mathrm{T}} = \boldsymbol{L}\boldsymbol{U} = \boldsymbol{U}^{\mathrm{T}} \overline{\boldsymbol{L}} U \tag{6.171}$$

式中 $\boldsymbol{U}$ 是上三角阵；$\overline{\boldsymbol{L}}$ 是 $\boldsymbol{L}$ 的对角元素 l_{jj} 组成的对角阵。将上式代入式 (6.169b)，有

$$P_2 = \frac{1}{2}\boldsymbol{Y}^{\mathrm{T}}\overline{\boldsymbol{L}}\boldsymbol{Y} = \frac{1}{2}\sum_{j=1}^{N} l_{jj} y_j^2 \tag{6.172}$$

式中，任意向量 $\boldsymbol{Y} = \boldsymbol{U}\Delta\Delta\boldsymbol{q}$；$N$ 为自由度数。

上式表明稳定性判据可以简单地用 l_{jj} 表示：若 l_{jj} 皆为正值，则计算点 i 的平衡状态稳定；若至少有一个负值，则不稳定；若至少有一个零值其余为正值，则 i 点为奇异点。在路径计算中，如果 i 点稳定，邻近的 $i+1$ 点不稳定，则两点间存在奇异点。

为了判断保守系的奇异点类型，可根据临界点条件

$$\mathrm{d}\lambda \boldsymbol{F}^{\mathrm{T}}\boldsymbol{q}_1 = 0 \tag{6.173}$$

得到

$$\boldsymbol{F}^{\mathrm{T}}\boldsymbol{q}_1 = 0 \quad (\text{分支点}) \tag{6.174}$$

$$\boldsymbol{F}^{\mathrm{T}}\boldsymbol{q}_1 \neq 0 \quad (\text{极值点}) \tag{6.175}$$

$\boldsymbol{F}, \boldsymbol{q}_1$ 是载荷向量和屈曲形态 (广义力和广义位移)。

但是，由于非线性路径的 $\boldsymbol{q}_1$ 不易精确得到，上式不便于应用，因而通常是引入某种“刚度”描述解路径的变化情况，根据奇异点附近的刚度变化判断其类型。例如可以用“刚度”

$$S_i = \frac{\lambda_{i+1} - \lambda_i}{B_{i+1} - B_i} \tag{6.176}$$

表示 i 点与 $i+1$ 点之间的路径变化，其中 $B = \boldsymbol{F}^{\mathrm{T}}\boldsymbol{q}$ 称为广义挠度 [39]。如果 i 和 $i+1$ 点间存在奇异点，比较 S_{i-1}，S_i，必要时在 i 与 $i+1$ 点之间接近 $i+1$ 点增加一个计算点 i'，比较 S_i，$S_{i'}$，一般情况下可以确定奇异点是极值点还是分支点。

如果 i 和 $i+1$ 点之间存在分支点，可以用下面的方法从前屈曲路径的计算点转到后屈曲路径的计算点。首先取 i 和 $i+1$ 点之间线性化的近似路径

$$\boldsymbol{u}_0(\lambda) = \boldsymbol{u}_i + \tilde{\lambda}(\boldsymbol{u}_{i+1} - \boldsymbol{u}_i), \quad \tilde{\lambda} = (\lambda - \lambda_i)/(\lambda_{i+1} - \lambda_i) \tag{6.177}$$

作为基本状态，由式 (6.131) 求近似的分支点 $\tilde{\lambda}_C$ 和屈曲形态 $\boldsymbol{\eta}_1$。然后给出分支路径上第 1 个计算点的初值 $(\lambda_b, \boldsymbol{u}_b)$

$$\boldsymbol{u}_b = \boldsymbol{u}_i + \frac{\lambda_b - \lambda_i}{\lambda_{i+1} - \lambda_i}(\boldsymbol{u}_{i+1} - \boldsymbol{u}_i) + a\boldsymbol{\eta}_1 \tag{6.178}$$

式中，λ_b 是给定的载荷因子 $(\lambda_i \leqslant \lambda_b \leqslant \lambda_{i+1})$；$a$ 是适当选取的系数，可以通过试算或初始后屈曲分析给出。利用 $\boldsymbol{u}_b$ 形成近似的分支路径切线刚度矩阵，再通过迭代求出分支路径上的第 1 点。这一过程称为路径转换 (switching)，转换以后用常规方法跟踪计算分支路径。

若屈曲之前的平衡状态是线性的或可以忽略非线性，在实际计算中常常假设一个与屈曲形态相同的小几何缺陷，从未受力状态开始计算缺陷结构的平衡路径，作为后屈曲的近似，从而避免计算分支点和进行路径转换。但存在多模态影响时，这种方法难以奏效。

6.3.3.3 板壳稳定问题的一些特点

板壳稳定性分析的主要目的是确定屈曲载荷及结构屈曲之后的承载能力，稳定性计算结果与试验结果的差别以及试验本身的分散性，常常比强度分析大，这种情况与稳定问题的一些特点有关。

A 缺陷影响

实际板壳结构在制造和使用中总是有缺陷的，无论是形状、尺寸等几何缺陷还是载荷偏差。缺陷的随机性和某些结构屈曲的缺陷敏感性，是引起试验结果分散和理论结果与试验值差别大的主要原因。目前，准确地预测缺陷对实际结构屈曲的影响仍然很困难，因此在重要结构设计时，除理论分析和数值模拟之外，进行屈曲试验是必要的，特别是缺陷敏感结构。缺陷敏感度概念及考虑典型缺陷的非线性分析，可以为预测板壳结构屈曲和后屈曲行为提供依据或参考。

B 边界影响

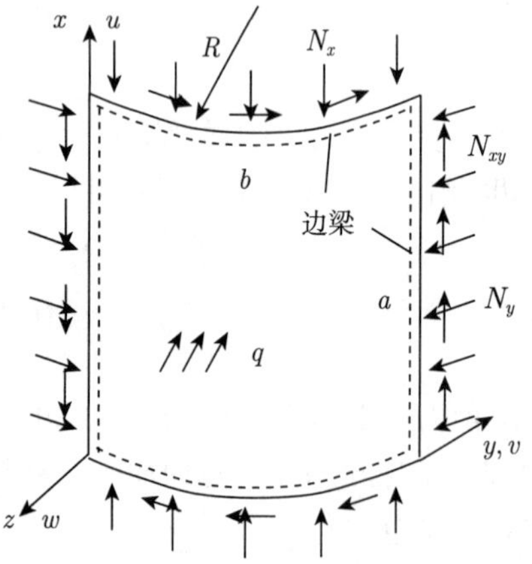

图 6.12 圆柱曲板

板壳屈曲通常是在面内应力作用下突然发生弯曲，屈曲边界条件包括面内和面外两种。以圆柱曲板 (见图 6.12) 为例，每个边界的典型情况包括：简支、固支、面外位移 (挠度) 自由、面内位移 (u,v) 为 0 或者自由 (给定外力) 等。这些条件的不同组合构成各种典型边界。典型边界只包含无约束和刚性约束两种极端情况，实际边界支撑往往介于两者之间，一般是弹性的，可以沿边界引入弹性梁，用梁的无量纲刚度系数表示边界弹性。

像弹性压杆一样，具有不同面外边界条件 (简支、固支、自由) 的板壳，临界载荷有很大差别；而面内位移边界条件有时也对临界载荷有显著影响 [40]，例如中等曲率矩形圆柱曲板的屈曲，以面内法向约束 (面内垂直于边界) 为例，图 6.13 给出四边面内法向固定与法向自由两种情况下 $(f=\infty,0)$ 临界载荷因子的比值随曲率参数的变化，图 6.14 为该比值随弹性参数 f 的变化。图中 k 是临界载荷因子，f、r、

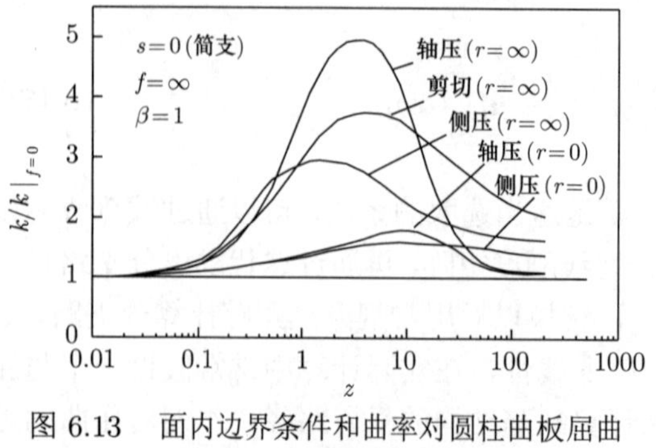

图 6.13 面内边界条件和曲率对圆柱曲板屈曲载荷因子的影响

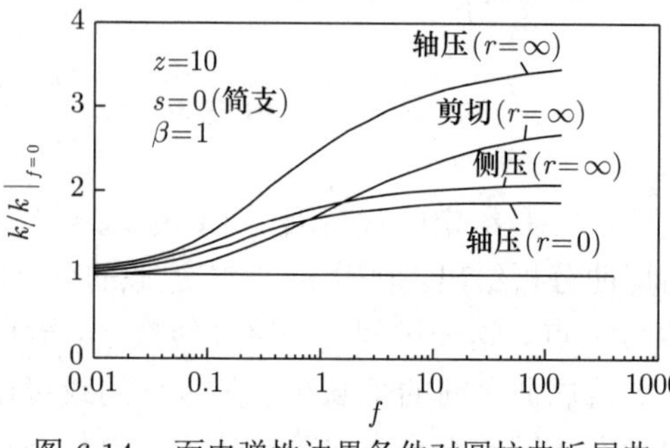

图 6.14 面内弹性边界条件对圆柱曲板屈曲载荷因子的影响

s 是边界处面内法向位移约束、面内切向位移约束和转角约束的弹性参数，用无量纲化的边梁面内弯曲刚度 EJ'、拉伸刚度 EA 和扭转刚度 GJ_K 表示，有关定义为

$$k = N_{\alpha\beta}^{(cr)} b^2 / \left(\pi^2 D\right), \quad f = EJ' / \left(Etb^3/12\right), \quad r = EA/(Ebt), \quad s = GJ_K/(bD),$$

$$z = \sqrt{1-\nu^2} b^2 / (Rt), \quad \beta = a/b$$

式中，D、t、a、b、z 分别是板的弯曲刚度、厚度、长度、宽度和 Batdorf 曲率参数。

在实际结构中，边界约束弹性参数难以准确确定，常常采用偏于保守的假设。

C 周围结构的影响

对于大型复杂板壳结构系统，为了简化整体结构屈曲计算或者给局部结构的稳定性设计提供参数，通常需要进行结构局部 (特别是危险部位) 的屈曲和后屈曲分析。因此在总体结构应力计算之后需要将部分构件分离出来，适当设置边界条件以反映周围结构的影响，然后进行分离构件的屈曲计算。

假如屈曲前的平衡状态是线弹性的，基于线弹性应力分析，一般情况下可以判断发生屈曲的主要部位。将主要屈曲部位从整体结构中分离之后，在分支屈曲分析中，可以假设两种典型边界，一种是略去周围结构约束，简化为受力的自由边界；另一种是认为周围结构提供刚性约束，简化为刚性边界。文献 [41] 证明前者得到真实临界载荷的下限，后者给出上限。如果加大局部分析的范围，可以提高计算结果的准确性。

D 多模态影响

几何非线性结构分析的特点是解不唯一，在分支屈曲问题中一个分支点处可能同时存在多个屈曲形态和多个后屈曲路径，虽然这是一种特殊情况，但最低分支点与更高的分支点十分接近的情况，在复杂薄壁结构中并不罕见，此时在一个平衡位置附近同样有多个平衡状态。为了得到最低的后屈曲承载能力，应该跟踪适当的路径。这种情况可能给路径转换带来困难，有时需要多次改变式 (6.178) 给出的初值，才能求得合理的后屈曲解。多模态相互作用可以使缺陷敏感度增大。

E 二次屈曲、塑性和损伤对承载能力的影响

文献 [42] 通过数值分析表明，夹芯板的二次屈曲引起的不稳定性对承载能力有重要影响，图 6.15 给出一个矩形复合材料夹芯板的二次屈曲后的不稳定路径 (λ 是载荷因子，w 是矩形板中心的挠度)，这种不稳定导致承载能力下降，可见二次屈曲是薄壁构件设计中需要考虑的问题。此外，后屈曲变形一般比较大，结构局部可能已进入塑性或者发生损伤。为了确定结构后屈曲承载能力，常常应该考虑非弹性引起的材料非线性，在路径跟踪有限元计算中，需要根据非线性变形、塑性、损伤及局部破坏，不断修正刚度矩阵进行后屈曲路径计算和逐渐破坏分析，预测结构承载能力。

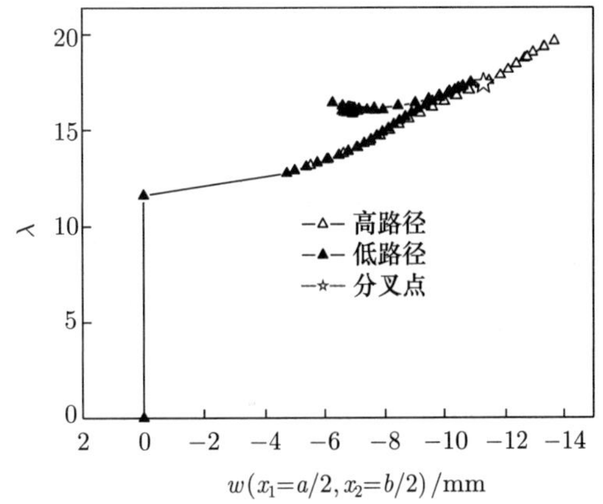

图 6.15 复合材料夹芯板面内剪切作用下不稳定二次屈曲载荷–挠度路径 (实心点)[42]

6.4 Cauchy 弹性体和超弹性体

6.4.1 Cauchy 弹性体本构关系的一般形式

5.6.3 节给出了简单固体的定义。固体的特点是应力与相对变形的历史无关，本质上是与变形率无关；如果固体中的应力与变形过程无关 (区别于塑性)，则称为 Cauchy 弹性体。

在不考虑热的作用时 (等温情况)，由式 (5.82)，t 时刻的 Cauchy 应力为

$$\boldsymbol{t}(t)=\boldsymbol{R}(t)\cdot\boldsymbol{f}(\boldsymbol{C}(t))\cdot\boldsymbol{R}^{\mathrm{T}}(t) \tag{6.179}$$

式中，$\boldsymbol{C}$ 和 $\boldsymbol{R}$ 是 t 时刻的右 Cauchy-Green 变形张量和转动张量。由客观性原理，对于标架的任何刚性转动 $\boldsymbol{Q}$，本构方程形式相同，上式可以写成

$$\bar{\boldsymbol{t}}(t)=\overline{\boldsymbol{R}}(t)\cdot\boldsymbol{f}(\boldsymbol{C}(t))\cdot\overline{\boldsymbol{R}}^{\mathrm{T}}(t) \tag{6.180}$$

式中

$$\bar{\boldsymbol{t}}=\boldsymbol{Q}\cdot\boldsymbol{t}\cdot\boldsymbol{Q}^{\mathrm{T}},\quad \overline{\boldsymbol{R}}=\boldsymbol{Q}\cdot\boldsymbol{R} \tag{6.181}$$

将式 (6.181) 代入式 (6.180)，得式 (6.179)，可见该式满足客观性要求。

由式 (5.83) 和式 (5.85)，利用物质描述法的弹性体本构方程可以表为

$$\boldsymbol{\tau}(t)=J\boldsymbol{F}^{-1}\cdot\boldsymbol{t}=J(t)\boldsymbol{U}^{-1}(t)\cdot\boldsymbol{f}(\boldsymbol{C}(t))\cdot\boldsymbol{R}^{\mathrm{T}}(t) \tag{6.182}$$

$$\boldsymbol{T}=\hat{\boldsymbol{T}}(\boldsymbol{C}(t))\quad \text{或}\quad \boldsymbol{T}=\overline{\boldsymbol{T}}(\boldsymbol{E}(t)) \tag{6.183}$$

弹性体的应力与变形历史 $\boldsymbol{C}_{(t)}(\boldsymbol{\tau})$ 无关，由简单物质的本构方程式 (5.76)，还可以得到

$$\boldsymbol{t}=\hat{\boldsymbol{t}}(\boldsymbol{B}(t)) \tag{6.184}$$

式中，$\boldsymbol{B}$ 是左 Cauchy-Green 变形张量 (在第 2 章 ~ 第 5 章用 $\boldsymbol{b}$ 表示，从本章起改用更常用的记号 $\boldsymbol{B}$)。

对于各向同性弹性体，本构函数 $\hat{\boldsymbol{t}}$ 和 $\hat{\boldsymbol{T}}$ 分别是对称二阶张量 $\boldsymbol{B}$ 和 $\boldsymbol{C}$ 或 $\boldsymbol{E}$ 的各向同性二阶张量值函数。利用第 1.21 节表示定理 5，式 (6.183) 和式 (6.184) 的形式为

$$\boldsymbol{T}=\alpha_0\boldsymbol{I}+\alpha_1\boldsymbol{C}+\alpha_2\boldsymbol{C}^2 \tag{6.185a}$$

或

$$\boldsymbol{T}=\overline{\alpha}_0\boldsymbol{I}+\overline{\alpha}_1\boldsymbol{E}+\overline{\alpha}_2\boldsymbol{E}^2 \tag{6.185b}$$

$$\boldsymbol{t}=\beta_0\boldsymbol{I}+\beta_1\boldsymbol{B}+\beta_2\boldsymbol{B}^2 \tag{6.186}$$

式中系数分别是张量 $\boldsymbol{C}$, $\boldsymbol{E}$, $\boldsymbol{B}$ 的不变量 (I_C, II_C, III_C，I_E, II_E, III_E 或 I_B, II_B, III_B) 的函数。式 (6.185a,b) 和式 (6.186) 是 Cauchy 弹性体的一般本构方程 (物质描述法和空间描述法)。

利用 Cayley-Hamilton 定理

$$\boldsymbol{C}^3-I_C\boldsymbol{C}^2+II_C\boldsymbol{C}-III_C\boldsymbol{I}=0$$

乘 $\boldsymbol{C}^{-1}$，得 $\boldsymbol{C}^2=I_C\boldsymbol{C}-II_C\boldsymbol{I}+III_C\boldsymbol{C}^{-1}$，代入式 (6.185a)，得到本构方程的另一种形式：

$$\boldsymbol{T}=\varphi_{-1}\boldsymbol{C}^{-1}+\varphi_0\boldsymbol{I}+\varphi_1\boldsymbol{C} \tag{6.187}$$

类似地，有

$$\boldsymbol{t}=\psi_{-1}\boldsymbol{B}^{-1}+\psi_0\boldsymbol{I}+\psi_1\boldsymbol{B} \tag{6.188}$$

式中，$\varphi_{-1},\varphi_0,\varphi_1$ 和 ψ_{-1},ψ_0,ψ_1 分别是 $\boldsymbol{C}$ 和 $\boldsymbol{B}$ 三个不变量的函数。

对于不可压缩弹性体，利用式 (5.130c) 和式 (5.130a)，得

$$\boldsymbol{T}=-p\boldsymbol{C}^{-1}+\alpha_0\boldsymbol{I}+\alpha_1\boldsymbol{C}+\alpha_2\boldsymbol{C}^2 \tag{6.189}$$

$$\boldsymbol{t}=-p\boldsymbol{I}+\beta_1\boldsymbol{B}+\beta_2\boldsymbol{B}^2 \tag{6.190}$$

或应用 Cayley-Hamilton 定理，用另外一种形式表示

$$\boldsymbol{T}=-p\boldsymbol{C}^{-1}+\varphi_0\boldsymbol{I}+\varphi_1\boldsymbol{C} \tag{6.191}$$

$$\boldsymbol{t}=-p\boldsymbol{I}+\psi_1\boldsymbol{B}+\psi_{-1}\boldsymbol{B}^{-1} \tag{6.192}$$

式中，p 是静水压力，不依赖变形，由平衡条件确定；因为 $III_C=III_B=1$，系数 φ_0，φ_1 和 ψ_0，ψ_1 只与第 1、2 不变量有关。

在上述本构方程中系数与不变量的关系仍然未知，需要借助实验确定。

上面给出的是非线性 Cauchy 弹性体各向同性本构关系，各向异性本构关系比各向同性复杂得多，两者形式不同。为了建立具有部分对称性的各向异性非线性弹性体的本构方程，需要利用由坐标基向量构成的常张量，称为“结构张量”，将结构张量与变形张量一起作为新的元变量，再应用各向同性张量函数的表示定理，从而可以得到正交各向异性及横观各向同性等 Cauchy 弹性体的本构关系。更详细地介绍可参阅文献 [4]。

6.4.2 超弹性体的本构关系

6.4.2.1 超弹性体

弹性体的变形是可逆过程，无能量耗散发生，因而可以假设弹性体存在单位质量应变能函数 W，可以证明在等温或绝热条件下弹性体应变能的变率等于单位体积变形功率。所以，应变能是弹性体的弹性势能。由式 (4.52)，有

$$\dot{\Sigma}=\rho_0\dot{W}=w=\boldsymbol{T}:\dot{\boldsymbol{E}}=\boldsymbol{\tau}:\dot{\boldsymbol{F}}=\frac{\rho_0}{\rho}\boldsymbol{t}:\boldsymbol{d} \tag{6.193}$$

式中，Σ,W 分别是单位体积和单位质量的应变能；w 是单位体积变形功率。存在应变能的弹性体称为超弹性体。

若采用 Lagrange 描述法，令 $W=W(\boldsymbol{E})$，$\dot{W}=\dfrac{\partial W}{\partial\boldsymbol{E}}:\dot{\boldsymbol{E}}$，由式 (6.193) 得到本构方程

$$\boldsymbol{T}=\rho_0\frac{\partial W}{\partial\boldsymbol{E}} \tag{6.194}$$

由于 $\boldsymbol{C}=\boldsymbol{I}+2\boldsymbol{E}$，$\dfrac{\partial W}{\partial\boldsymbol{E}}=2\dfrac{\partial W}{\partial\boldsymbol{C}}$，所以

$$\boldsymbol{T}=2\rho_0\frac{\partial W}{\partial\boldsymbol{C}} \tag{6.194a}$$

令 $W=W(\boldsymbol{F})$，$\dot{W}=\dfrac{\partial W}{\partial \boldsymbol{F}}:\dot{\boldsymbol{F}}$，代入式 (6.193)，则有

$$\boldsymbol{\tau}=\rho_0\frac{\partial W}{\partial \boldsymbol{F}} \tag{6.195}$$

如果采用 Euler 描述法，令 $W=W(\boldsymbol{F})$，代入式 (6.193)，得

$$\boldsymbol{t}:\boldsymbol{d}=\rho\frac{\partial W}{\partial \boldsymbol{F}}:\dot{\boldsymbol{F}} \tag{6.196}$$

注意到 $\dot{\boldsymbol{F}}=\dfrac{\partial \boldsymbol{v}}{\partial \boldsymbol{X}}=\dfrac{\partial \boldsymbol{v}}{\partial \boldsymbol{x}}\cdot\dfrac{\partial \boldsymbol{x}}{\partial \boldsymbol{X}}=(\boldsymbol{v}\boldsymbol{\nabla})\cdot\boldsymbol{F}$，$\boldsymbol{d}=\dfrac{1}{2}(\boldsymbol{v}\boldsymbol{\nabla}+\boldsymbol{\nabla}\boldsymbol{v})$，代入式 (6.196)，有

$$\boldsymbol{t}:\boldsymbol{v}\boldsymbol{\nabla}=\rho\frac{\partial W}{\partial \boldsymbol{F}}:((\boldsymbol{v}\boldsymbol{\nabla})\cdot\boldsymbol{F})=\left(\rho\frac{\partial W}{\partial \boldsymbol{F}}\cdot\boldsymbol{F}^{\mathrm{T}}\right):(\boldsymbol{v}\boldsymbol{\nabla}) \tag{6.196a}$$

上式对任意的 $\boldsymbol{v}\boldsymbol{\nabla}$ 成立，故

$$\boldsymbol{t}=\rho\frac{\partial W}{\partial \boldsymbol{F}}\cdot\boldsymbol{F}^{\mathrm{T}}=\rho\boldsymbol{F}\cdot\left(\frac{\partial W}{\partial \boldsymbol{F}}\right)^{\mathrm{T}} \tag{6.197}$$

式 (6.194)、式 (6.195) 和式 (6.197) 为超弹性体的本构方程。以上从式 (6.193) 出发的推导是可逆的，因而也可以将上述本构关系作为超弹性体的定义。

下面证明式 (6.193)，并说明在绝热和等温情况下应变能 W 的物理意义。

(1) 绝热情况。系统在绝热状态下既无热源 ($h=0$) 也无外面的热量输入 ($\boldsymbol{q}=\boldsymbol{0}$)，因此能量守恒定律式 (4.46)、式 (4.50)、式 (4.51) 变为

$$\rho\dot{e}=\boldsymbol{t}:\boldsymbol{d},\quad \rho_0\dot{e}=\boldsymbol{\tau}:(\boldsymbol{\nabla}_{\boldsymbol{X}}\boldsymbol{v})=\boldsymbol{\tau}\cdot\dot{\boldsymbol{F}},\quad \rho_0\dot{e}=\boldsymbol{T}:\dot{\boldsymbol{E}} \tag{6.198}$$

可见在绝热条件下，弹性体的应变能应该等于内能

$$W=e \tag{6.199}$$

所以式 (6.193) 成立。弹性体的变形是可逆过程，无内部耗散生热，系统的热量全部来自系统外的热量输入，所以在绝热条件下，由热力学第二定律式 (4.60)(取等号) 得到 $\dot{\eta}=0$，因此弹性体的绝热过程也是等熵过程。

(2) 等温情况。等温状态是系统温度不随位置改变，即 $\boldsymbol{\nabla}_{\boldsymbol{X}}\theta=\boldsymbol{0}$，因而 $\boldsymbol{\nabla}_{\boldsymbol{x}}\theta=\boldsymbol{\nabla}_{\boldsymbol{X}}\theta\cdot\boldsymbol{F}^{-1}=\boldsymbol{0}$，若温度也不随时间改变，$\dot{\theta}=0$，则为恒温等温情况。由式 (4.67a,b)，当 $r=0$，$\boldsymbol{\nabla}_{\boldsymbol{x}}\theta=\dot{\theta}=0$ 时，

$$\rho\dot{\psi}=\boldsymbol{t}:\boldsymbol{d},\quad \rho_0\dot{\psi}=\boldsymbol{T}:\dot{\boldsymbol{E}} \tag{6.200}$$

可见在等温条件下，弹性体的应变能应该等于 Helmholtz 自由能

$$W=\psi \tag{6.201}$$

所以式 (6.193) 成立。

对于一般热力学过程，热弹性体的本构方程需用 Helmholtz 自由能表示，见 6.5.2 节。对于超弹性体，只要给定应变能函数，方程的形式便可完全确定。

6.4.2.2 各向同性超弹性体

A Lagrange 描述法

应变能 W 是对称二阶张量 $\boldsymbol{E}$ 的标量值各向同性函数，由表示定理可得

$$W(\boldsymbol{E}) = W(I_E, II_E, III_E)$$

将上式代入式 (6.194)，得到

$$\boldsymbol{T} = \rho_0 \left(\frac{\partial W}{\partial I_E} \frac{\partial I_E}{\partial \boldsymbol{E}} + \frac{\partial W}{\partial II_E} \frac{\partial II_E}{\partial \boldsymbol{E}} + \frac{\partial W}{\partial III_E} \frac{\partial III_E}{\partial \boldsymbol{E}} \right) \tag{6.202}$$

利用式 (1.173a,b,c)，有

$$\frac{\partial I_E}{\partial \boldsymbol{E}} = \boldsymbol{I}, \quad \frac{\partial II_E}{\partial \boldsymbol{E}} = I_E \boldsymbol{I} - \boldsymbol{E}, \quad \frac{\partial III_E}{\partial \boldsymbol{E}} = II_E \boldsymbol{I} - I_E \boldsymbol{E} + \boldsymbol{E}^2 \tag{6.203}$$

将上式代入式 (6.202)，得

$$\boldsymbol{T} = \overline{\alpha}_0 \boldsymbol{I} + \overline{\alpha}_1 \boldsymbol{E} + \overline{\alpha}_2 \boldsymbol{E}^2 \tag{6.204}$$

$$\overline{\alpha}_0 = \rho_0 \left(\frac{\partial W}{\partial I_E} + I_E \frac{\partial W}{\partial II_E} + II_E \frac{\partial W}{\partial III_E} \right), \quad \overline{\alpha}_1 = -\rho_0 \left(\frac{\partial W}{\partial II_E} + I_E \frac{\partial W}{\partial III_E} \right), \quad \overline{\alpha}_3 = \rho_0 \frac{\partial W}{\partial III_E}$$

类似地，可以用右 Cauchy-Green 变形张量表示：

$$\boldsymbol{T} = \alpha_0 \boldsymbol{I} + \alpha_1 \boldsymbol{C} + \alpha_2 \boldsymbol{C}^2 \tag{6.205}$$

$$\alpha_0 = 2\rho_0 \left(\frac{\partial W}{\partial I_C} + I_C \frac{\partial W}{\partial II_C} + II_C \frac{\partial W}{\partial III_C} \right), \quad \alpha_1 = -2\rho_0 \left(\frac{\partial W}{\partial II_C} + I_C \frac{\partial W}{\partial III_C} \right), \quad \alpha_2 = 2\rho_0 \frac{\partial W}{\partial III_C}$$

类似式 (6.187)，消去 $\boldsymbol{C}^2$，可以得到式 (6.205) 的另一形式

$$\boldsymbol{T} = \varphi_{-1} \boldsymbol{C}^{-1} + \varphi_0 \boldsymbol{I} + \varphi_1 \boldsymbol{C} \tag{6.206}$$

$$\varphi_0 = 2\rho_0 \left(\frac{\partial W}{\partial I_C} + I_C \frac{\partial W}{\partial II_C} \right), \quad \varphi_1 = -2\rho_0 \frac{\partial W}{\partial II_C}, \quad \varphi_{-1} = 2\rho_0 III_C \frac{\partial W}{\partial III_C}$$

B Euler 描述法

应变能为 $W(\boldsymbol{B}) = W(I_B, II_B, III_B)$，则

$$\begin{aligned} \frac{\partial W}{\partial \boldsymbol{F}} &= \frac{\partial W}{\partial I_B} \frac{\partial I_B}{\partial \boldsymbol{F}} + \frac{\partial W}{\partial II_B} \frac{\partial II_B}{\partial \boldsymbol{F}} + \frac{\partial W}{\partial III_B} \frac{\partial III_B}{\partial \boldsymbol{F}} \\ &= \left(\frac{\partial W}{\partial I_B} \frac{\partial I_B}{\partial \boldsymbol{B}} + \frac{\partial W}{\partial II_B} \frac{\partial II_B}{\partial \boldsymbol{B}} + \frac{\partial W}{\partial III_B} \frac{\partial III_B}{\partial \boldsymbol{B}} \right) : \frac{\partial \boldsymbol{B}}{\partial \boldsymbol{F}} \end{aligned} \tag{6.207}$$

$$\frac{\partial \boldsymbol{B}}{\partial \boldsymbol{F}} = \frac{\partial}{\partial \boldsymbol{F}} \left(\boldsymbol{F} \cdot \boldsymbol{F}^{\mathrm{T}} \right) = \boldsymbol{i}\boldsymbol{I} \cdot \boldsymbol{F}^{\mathrm{T}} + \boldsymbol{F} \cdot \boldsymbol{I}\boldsymbol{i} = \boldsymbol{i}\boldsymbol{F} \cdot \boldsymbol{I} + \boldsymbol{F}\boldsymbol{i} = \boldsymbol{i}\boldsymbol{F} + \boldsymbol{F}\boldsymbol{i} \tag{6.208}$$

式中，$\boldsymbol{i},\boldsymbol{I}$ 是 Euler 坐标系和 Lagrange 坐标系的单位张量。利用式 (6.207) 和式 (6.208)，得

$$\begin{aligned}\boldsymbol{t}&=\rho\frac{\partial W}{\partial \boldsymbol{F}}\cdot\boldsymbol{F}^{\mathrm{T}}=\rho\left(\frac{\partial W}{\partial I_B}\frac{\partial I_B}{\partial \boldsymbol{B}}+\frac{\partial W}{\partial II_B}\frac{\partial II_B}{\partial \boldsymbol{B}}+\frac{\partial W}{\partial III_B}\frac{\partial III_B}{\partial \boldsymbol{B}}\right):\left(\overleftarrow{\boldsymbol{i}}\ \overleftarrow{\boldsymbol{F}}+\overleftarrow{\boldsymbol{F}}\ \overleftarrow{\boldsymbol{i}}\right)\cdot\boldsymbol{F}^{\mathrm{T}}\\&=\rho\left(\frac{\partial W}{\partial I_B}\frac{\partial I_B}{\partial \boldsymbol{B}}+\frac{\partial W}{\partial II_B}\frac{\partial II_B}{\partial \boldsymbol{B}}+\frac{\partial W}{\partial III_B}\frac{\partial III_B}{\partial \boldsymbol{B}}\right)\cdot(2\boldsymbol{F})\cdot\boldsymbol{F}^{\mathrm{T}}\end{aligned}$$

上式中记号“←”表示双点积对象之一，双点积运算中利用了 $\boldsymbol{B}$ 的对称性。所以，

$$\boldsymbol{t}==2\rho\frac{\partial W}{\partial \boldsymbol{B}}\cdot\boldsymbol{B}\tag{6.209}$$

与式 (6.204) 的推导类似，可得

$$\boldsymbol{t}=\left(\overline{\beta}_0\boldsymbol{I}+\overline{\beta}_1\boldsymbol{B}+\overline{\beta}_2\boldsymbol{B}^2\right)\cdot\boldsymbol{B}\tag{6.210}$$

$$\overline{\beta}_0=2\rho\left(\frac{\partial W}{\partial I_B}+I_B\frac{\partial W}{\partial II_B}+II_B\frac{\partial W}{\partial III_B}\right),\quad \overline{\beta}_1=-2\rho\left(\frac{\partial W}{\partial II_B}+I_B\frac{\partial W}{\partial III_B}\right),\quad \overline{\beta}_2=2\rho\frac{\partial W}{\partial III_B}$$

应用 Cayley-Hamilton 定理消去式 (6.210) 中的 $\boldsymbol{B}^3$ 项，有

$$\boldsymbol{t}=\beta_0\boldsymbol{I}+\beta_1\boldsymbol{B}+\beta_2\boldsymbol{B}^2\tag{6.211}$$

$$\beta_0=2\rho III_B\frac{\partial W}{\partial III_B},\quad \beta_1=2\rho\left(\frac{\partial W}{\partial I_B}+I_B\frac{\partial W}{\partial II_B}\right),\quad \beta_2=-2\rho\frac{\partial W}{\partial II_B}$$

类似式 (6.205)，消去 $\boldsymbol{B}^2$ 项，得到超弹性体 Euler 型本构方程的另一种形式：

$$\boldsymbol{t}=\psi_{-1}\boldsymbol{B}^{-1}+\psi_0\boldsymbol{I}+\psi_1\boldsymbol{B}\tag{6.212}$$

$$\psi_0=2\rho\left(III_B\frac{\partial W}{\partial III_B}+II_B\frac{\partial W}{\partial II_B}\right),\quad \psi_1=2\rho\frac{\partial W}{\partial I_B},\quad \psi_{-1}=-2\rho III_B\frac{\partial W}{\partial II_B}$$

如果各向同性弹性体不可压缩，即 $III_C=III_B=1$，则应变能对 III_C,III_B 的导数为 0，由式 (5.130c)、式 (6.206) 和式 (5.130a)、式 (6.212)，有

$$\boldsymbol{T}=-p\boldsymbol{C}^{-1}+2\rho_0\left(\frac{\partial W}{\partial I_C}+I_C\frac{\partial W}{\partial II_C}\right)\boldsymbol{I}-2\rho_0\frac{\partial W}{\partial II_C}\boldsymbol{C}\tag{6.213}$$

$$\boldsymbol{t}=-p\boldsymbol{I}+2\rho_0\frac{\partial W}{\partial I_B}\boldsymbol{B}-2\rho_0\frac{\partial W}{\partial II_B}\boldsymbol{B}^{-1}\tag{6.214}$$

式 (6.212) 与 Cauchy 弹性体的式 (6.188) 虽然形式相同，但超弹性体本构方程中的系数只依赖应变能函数，如果应变能函数给定，本构关系便可确定。为了给出合理的本构关系，需要依据试验结果，此外还应该满足一些限制条件。例如，若假设无应力时 ($\boldsymbol{T}=\boldsymbol{0}$) 没有变形 ($\boldsymbol{C}=\boldsymbol{I}$)，因此由式 (6.205) 有

$$\alpha_1+\alpha_2+\alpha_3=0\tag{6.215}$$

将式 (6.205) 的系数表达式代入上式，即得到 W 应该满足的一个限制条件。我们知道，在线弹性情况下应变能恒正，且为应变 $\boldsymbol{E}$ 的正定二次型，因此二阶导数 $\dfrac{\partial^2 W}{\partial \boldsymbol{E}\partial \boldsymbol{E}} > 0$；在非线性的超弹性情况下，相应地要求应变能是 $\boldsymbol{E}$ 的凸函数，即

$$\rho_0 \Delta W(\boldsymbol{E}) \geqslant \rho_0 \frac{\partial W}{\partial \boldsymbol{E}} : \Delta \boldsymbol{E} = \boldsymbol{T} : \Delta \boldsymbol{E} \tag{6.216}$$

$W(\boldsymbol{E})$ 的下凸性质同样要求 $\dfrac{\partial^2 W}{\partial \boldsymbol{E}\partial \boldsymbol{E}}$ 正定，即

$$\Delta \boldsymbol{E} : \frac{\partial^2 W}{\partial \boldsymbol{E}\partial \boldsymbol{E}} : \Delta \boldsymbol{E} > 0 \tag{6.217}$$

第 6.2.1 小节列出了几何非线性线弹性体的基本方程和边界条件 (Lagrange 描述法)，其中本构方程为线性关系式 (6.25c)，如果换成本节给出的本构关系，则得到超弹性、大变形问题的控制方程。

6.4.3 橡胶材料的超弹性本构关系

常温、短期静载作用下，橡胶可以认为是一种典型的超弹性材料。天然橡胶及合成橡胶是长链高分子聚合物，分子链由数千节 C_5H_8 串联组成。在自然状态 (不受力) 时，分子链呈现无定形随机卷曲形态 (见图 6.16(a))，链的首尾距离可能很近；在受拉状态下，卷曲的分子链在一定程度上被拉直，沿拉伸方向有序排列，首尾距离大大增加 (见图 6.16(b))，所以能够产生很大变形，分子链不断裂并且仍然保持弹性。工业用的橡胶通常要经过硫化处理，变为硫化橡胶。硫化橡胶中碳黑等填料可以大大改善橡胶的强度、硬度和加工性能，硫原子夹杂在卷曲的长分子链交叉点处形成交联，呈网状结构 (见图 6.16(c))，因而抵抗变形的能力大大提高。

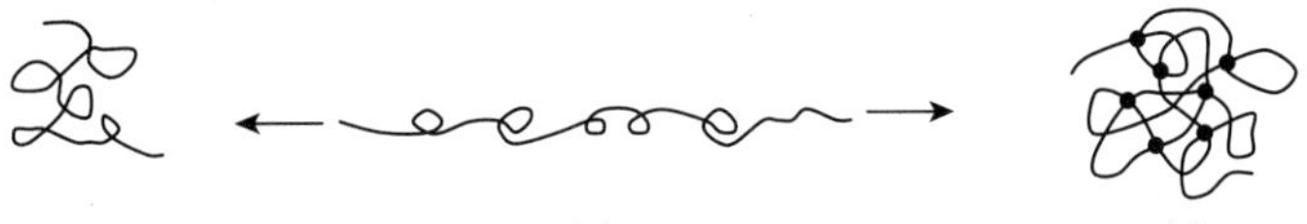

(a) (b) (c)

图 6.16 橡胶分子结构

特殊的物质结构使橡胶材料具有许多独特的物理力学性质，例如易变形、高弹性、大变形、对变形率和温度敏感、受热收缩等。作为一种非晶态高聚合物，随温度的升高，橡胶可表现出不同的材料性质。在低玻璃化转变温度时，橡胶是超弹性固体；在玻璃化转变温度附近，开始出现黏弹性特征；温度更高时，橡胶发生裂解，模量大幅度下降，直到丧失承载能力；当温度高于黏流温度时，材料液化成为非牛顿流体。

橡胶类材料的体积变形远远小于形状改变，因此通常认为橡胶是不可压缩材料。在应用左 Cauchy-Green 变形张量 $\boldsymbol{B}$ 表示变形时，三个主值为 $B_i = {\lambda_i}^2 (i = 1, 2, 3)$，$\lambda_i$ 是长度比 (也称为伸长率)，不变量为

$$I_B = {\lambda_1}^2 + {\lambda_2}^2 + {\lambda_3}^2, \quad II_B = {\lambda_1}^2{\lambda_2}^2 + {\lambda_2}^2{\lambda_3}^2 + {\lambda_3}^2{\lambda_1}^2, \quad III_B = {\lambda_1}^2{\lambda_2}^2{\lambda_3}^2 = 1 \tag{6.218}$$

无变形时，$\lambda_i = 1$，$I_B = II_B = 3$；有变形时，不变量的变化量为 $(I_B - 3)$ 和 $(II_B - 3)$。在 $\boldsymbol{B}$ 的主坐标系 $\boldsymbol{e}_i$ 中，

$$\boldsymbol{B} = {\lambda_1}^2\boldsymbol{e}_1\boldsymbol{e}_1 + {\lambda_2}^2\boldsymbol{e}_2\boldsymbol{e}_2 + {\lambda_3}^2\boldsymbol{e}_3\boldsymbol{e}_3,\quad \boldsymbol{B}^{-1} = {\lambda_1}^{-2}\boldsymbol{e}_1\boldsymbol{e}_1 + {\lambda_2}^{-2}\boldsymbol{e}_2\boldsymbol{e}_2 + {\lambda_3}^{-2}\boldsymbol{e}_3\boldsymbol{e}_3$$

橡胶是各向同性材料，应力与应变主方向相同，由式 (6.214)，Cauchy 主应力为

$$t_i = -p + 2\rho_0\left({\lambda_i}^2\frac{\partial W}{\partial I_B} - {\lambda_i}^{-2}\frac{\partial W}{\partial II_B}\right) \quad (i = 1, 2, 3) \tag{6.219}$$

橡胶材料的许多实验表明，$\dfrac{\partial W}{\partial I_B} > 0, \dfrac{\partial W}{\partial II_B} > 0$。根据不同的应变能函数假设，现已建立了多种超弹性橡胶本构关系，下面介绍几种常见形式。

6.4.3.1 neo-Hookean 模型

Treloar (1943) 提出一个简单的应变能函数和本构方程

$$W = C_{10}\,(I_B - 3) \tag{6.220}$$

$$\boldsymbol{t} = -p\boldsymbol{I} + 2\rho_0 C_{10}\boldsymbol{B} \tag{6.220a}$$

上式称为新 Hooke 公式，C_{10} 为材料常数。该模型只适用于小变形，大变形时与实验结果偏差较大。

6.4.3.2 Mooney-Rivlin 模型

Mooney (1940) 提出，

$$W = C_{10}\,(I_B - 3) + C_{01}\,(II_B - 3) \tag{6.221}$$

$$\boldsymbol{t} = -p\boldsymbol{I} + 2\rho_0 C_{10}\boldsymbol{B} - 2\rho_0 C_{01}\boldsymbol{B}^{-1} \tag{6.221a}$$

上式称为 Mooney-Rivlin 方程，应用较多。该模型在单向拉伸时与实验符合较好，但用于双向拉伸时应力远高于实验值。

6.4.3.3 Rivlin 级数模型

Rivlin (1949) 建议用不变量的级数形式表示应变能

$$W = \sum_{m=0}^{\infty}\sum_{n=0}^{\infty} C_{mn}\,(I_B - 3)^m\,(II_B - 3)^n \tag{6.222}$$

当级数中保留不同项数时可以得到相应的本构方程，其中包括 neo-Hookean 方程 ($m = 1$，$n = 0$)，Mooney-Rivlin 方程 ($m = 1$ 或 0，$n = 0$ 或 1) 等。

6.4.3.4 Ogden 模型

Ogden (1972) 直接采用主伸长率 λ_i 表示应变能函数 (λ_i 也是一种应变不变量)

$$W = \sum_{n=1}^{\infty}\frac{\mu_n}{\alpha_n}\left({\lambda_1}^{\alpha_n} + {\lambda_2}^{\alpha_n} + {\lambda_3}^{\alpha_n} - 3\right) \tag{6.223}$$

式中，α_n 是实常数; μ_n 是材料常数。可以适当选择项数拟合试验结果。将式 (6.209) 用于主坐标系，考虑静水压力，可以得到以主值表示的本构方程 (Euler 描述)

$$t_i = -p + \rho_0 \lambda_i \frac{\partial W}{\partial \lambda_i} \quad (\text{不对 } i \text{ 求和}) \tag{6.224}$$

将式 (6.223) 代入式 (6.224)，得到 Ogden 本构方程

$$t_i = -p + \rho_0 \sum_{n=1}^{\infty} \mu_n {\lambda_i}^{\alpha_n} \tag{6.225}$$

6.4.3.5 Yeoh 模型

Yeoh (1990) 在应变能函数中考虑 $(I_B - 3)$ 的高次项，略去 II_B 的影响，相当于式 (6.222) 中保留 $(I_B - 3)$ 的 1~3 次项，提出

$$W = C_{10}(I_B - 3) + C_{20}(I_B - 3)^2 + C_{30}(I_B - 3)^3 \tag{6.226}$$

$$\boldsymbol{t} = -p\boldsymbol{I} + 2\rho_0 \left[C_{10} + C_{20}(I_B - 3) + C_{30}(I_B - 3)^2\right]\boldsymbol{B} \tag{6.226a}$$

Yeoh 模型可以在较大变形范围内较好地描述橡胶的各种变形状态。

6.4.3.6 高玉臣模型

高玉臣 (1990, 1997) 提出两个橡胶类材料应变能模型，其中 1997 年的模型更简单、常用，能较好地描述大变形本构关系。该模型假设单位体积应变能函数为 [43]

$$\rho_0 W = a\left(I_1^n + I_{-1}^n\right) \tag{6.227}$$

式中, a, n 为材料常数; I_1 和 I_{-1} 为 $\boldsymbol{C}, \boldsymbol{B}$ 和 $\boldsymbol{C}^{-1}, \boldsymbol{B}^{-1}$ 的第一不变量:

$$I_1 = \boldsymbol{C} : \boldsymbol{I} = I_C = I_B = {\lambda_1}^2 + {\lambda_2}^2 + {\lambda_3}^2, \quad I_{-1} = \boldsymbol{C}^{-1} : \boldsymbol{I} = I_{C^{-1}} = I_{\boldsymbol{B}^{-1}} = {\lambda_1}^{-2} + {\lambda_2}^{-2} + {\lambda_3}^{-2}$$

由式 (6.194a) 和式 $(3.32)_2$，对于可压缩材料，得

$$\boldsymbol{T} = 2an\left(I_1^{n-1}\frac{\partial I_1}{\partial \boldsymbol{C}} + I_{-1}^{n-1}\frac{\partial I_{-1}}{\partial \boldsymbol{C}}\right) = 2an\left(I_1^{n-1}\boldsymbol{I} - I_{-1}^{n-1}\boldsymbol{C}^{-2}\right) \tag{6.227a}$$

$$\boldsymbol{t} = \frac{1}{J}\boldsymbol{F} \cdot \boldsymbol{T} \cdot \boldsymbol{F}^{\mathrm{T}} = \frac{2an}{J}\left(I_1^{n-1}\boldsymbol{B} - I_{-1}^{n-1}\boldsymbol{B}^{-1}\right) \tag{6.227b}$$

对于不可压缩材料，有

$$\boldsymbol{T} = -p\boldsymbol{C}^{-1} + 2an\left(I_1^{n-1}\boldsymbol{I} - I_{-1}^{n-1}\boldsymbol{C}^{-2}\right) \tag{6.228a}$$

$$\boldsymbol{t} = -p\boldsymbol{I} + 2an\left(I_1^{n-1}\boldsymbol{B} - I_{-1}^{n-1}\boldsymbol{B}^{-1}\right) \tag{6.228b}$$

上述模型都是通过假设应变能与应变不变量的函数关系，建立橡胶类材料的超弹性本构方程。另一种方法是根据长分子链的随机分布，考虑交联影响，基于分子链结构代表性胞元分析和试验结果，建立应变能的网络模型。关于网络模型可参阅相关论著 (如文献 [5])。

最后应该指出，上述模型中未反映橡胶类超弹性材料在循环加载时存在的特殊应力软化现象，称为 Mullins 效应 [44]，在单向拉伸时的表现是卸载应力明显低于相同应变下的初始加载应力，残余变形很小，而再加载路径与本次卸载路径相同，如图 6.17 所示。通常认为 Mullins 效应与材料损伤有关，可以用损伤或伪弹性模型描述，即初始加载时满足前面给出的本构关系，卸载和再加载时考虑损伤影响或采用不同的应力应变关系 [44]。

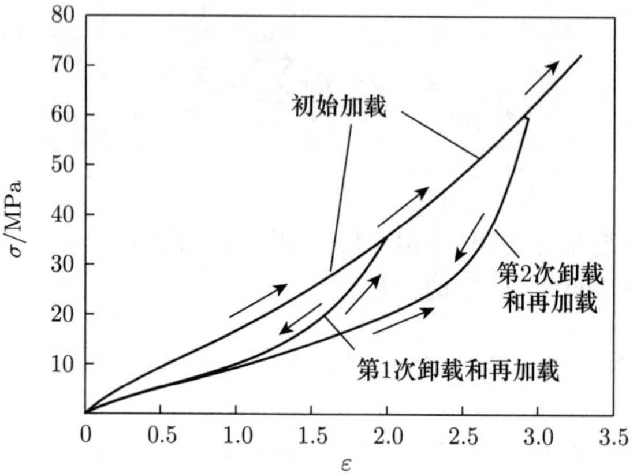

图 6.17 Mullins 效应

6.4.4 超弹性材料简单有限变形的应力分析

本节将各向同性超弹性本构关系，应用于 2.8 节各种基本变形的应力分析，讨论超弹性、大变形下的应力与线弹性情况的差别。

6.4.4.1 均匀伸长 (缩短)

由式 (2.82c) 可以给出左 Cauchy-Green 变形张量 $\boldsymbol{B}$(即 $\boldsymbol{c}^{-1}$) 的三个主值和不变量，应用本构方程式 (6.212) 得到：

$$t_{ii} = \psi_{-1}\lambda_i^{-2} + \psi_0 + \psi_1\lambda_i^2 \quad (\text{不对 } i \text{ 求和}),\quad t_{ij} = 0 \quad (i \neq j) \tag{6.229}$$

$$\psi_0 = 2\rho\left[{\lambda_1}^2{\lambda_2}^2{\lambda_3}^2\frac{\partial W}{\partial III_B} + \left({\lambda_1}^2{\lambda_2}^2 + {\lambda_2}^2{\lambda_3}^2 + {\lambda_3}^2\lambda_1^2\right)\frac{\partial W}{\partial II_B}\right],\quad \psi_1 = 2\rho\frac{\partial W}{\partial I_B},$$

$$\psi_{-1} = -2\rho{\lambda_1}^2{\lambda_2}^2{\lambda_3}^2\frac{\partial W}{\partial II_B}$$

对于简单拉伸，$t_{11} = \sigma$，$t_{ij} = 0 \ (i \neq 1, j \neq 1)$，代入式 (6.229)，得到轴向应力 σ 与伸长率 λ_i 的非线性关系 ($\lambda_2 = \lambda_3$)。如果给定 σ，需要求解复杂的非线性方程组计算 λ_i。

6.4.4.2 简单剪切

式 (2.83f) 给出简单剪切的变形张量 $\boldsymbol{B}$ 三个不变量 (即 $\boldsymbol{C}$ 的不变量)。该变形为不可压缩变形，由本构方程式 (6.214)，得到如下均匀应力场，满足无体力平衡方程

$$\left.\begin{aligned} &t_{11} = -p + \left(1 + S^2\right)\psi_1 + \psi_{-1}, \qquad t_{22} = -p + \psi_1 + \left(1 + S^2\right)\psi_{-1} \\ &t_{33} = -p + \psi_1 + \psi_{-1}, \qquad t_{12} = S\left(\psi_1 - \psi_{-1}\right), \qquad t_{23} = t_{13} = 0 \end{aligned}\right\} \tag{6.230}$$

$$\psi_1 = 2\rho_0 \frac{\partial W}{\partial I_B}, \quad \psi_{-1} = -2\rho_0 \frac{\partial W}{\partial II_B} \tag{6.230a}$$

如果假设垂直于剪切面方向无表面力作用，即 $t_{33} = -p + \psi_1 + \psi_{-1} = 0$，则 $t_{11} = S^2\psi_1$，$t_{22} = S^2\psi_{-1}$。可见，超弹性体的简单剪切变形不仅要施加面内剪应力 t_{12}，并且需要加互不相等的正应力 t_{11}, t_{22}，以保持体积变形为 0，这一结论称为 Poyinting 效应；而在小变形情况下 (S^2 可以忽略)，$t_{33} = 0$ 时正应力 t_{11} 和 t_{22} 为 0。

6.4.4.3 圆柱体纯扭转

根据给定的运动变换式 (2.84)，第 2.8.3 小节已求得左 Cauchy-Green 变形张量 $\boldsymbol{B}$(即 $\boldsymbol{c}^{-1}$)，代入式 (6.214)，可以得到不可压缩超弹性材料圆柱体扭转应力

$$\left.\begin{array}{l} t^{11} = -p + \psi_1 + \psi_{-1}, \quad t^{22} = -pr^{-2} + \left(r^{-2} + K^2\right)\psi_1 + r^{-2}\psi_{-1}, \\ t^{33} = -p + \psi_1 + \left(1 + r^2K^2\right)\psi_{-1}, \quad t^{23} = K\left(\psi_1 - \psi_{-1}\right), \quad t^{12} = t^{13} = 0 \end{array}\right\} \tag{6.231}$$

式中，p 为静水压力; ψ_1, ψ_{-1} 同式 (6.230a)。

由式 (1.149a)，$\boldsymbol{t}$ 的物理分量为

$$\left.\begin{array}{l} \sigma_r = -p + \psi_1 + \psi_{-1}, \quad \sigma_\theta = -p + \left(1 + r^2K^2\right)\psi_1 + \psi_{-1} \\ \sigma_z = -p + \psi_1 + \psi_{-1}\left(1 + r^2K^2\right), \quad \tau_{\theta z} = rK\left(\psi_1 - \psi_{-1}\right), \quad \tau_{r\theta} = \tau_{rz} = 0 \end{array}\right\} \tag{6.231a}$$

利用式 (1.151)，可给出平衡方程 $\boldsymbol{\nabla} \cdot \boldsymbol{\sigma} = 0$，将式 (6.231a) 代入，求解方程便得到函数 p 和应力 $\boldsymbol{\sigma}$，例如 $\sigma_z = \sigma_r + \psi_{-1}r^2K^2$。可见，不可压缩超弹性圆柱体在有限纯扭转变形情况下，除横截面内的剪应力 $\tau_{\theta z}$ 之外，在圆柱侧面不受表面力时，必须在两端横截面施加非均匀分布的轴向正应力 σ_z，这就是扭转 Poynting 效应。所以式 (2.84) 定义的圆柱体扭转是轴向约束扭转。

6.4.4.4 矩形截面梁 (长方体) 的纯弯曲

长方体纯弯曲变形的运动变换为式 (2.85)。由式 (2.85d)，不可压缩条件为 $III_C = III_B = \left(rr'\theta'z'\right)^2 = 1$，这是函数 r, θ, z 的微分方程，可以用分离变量法求解，令

$$r\frac{\mathrm{d}r}{\mathrm{d}X} = A, \quad \frac{\mathrm{d}\theta}{\mathrm{d}Y} = B, \quad \frac{\mathrm{d}z}{\mathrm{d}Z} = \frac{1}{AB} \tag{6.231}$$

式中，A, B 是待定常数。对上式积分，得到运动变换:

$$r = (2AX + C)^{1/2}, \quad \theta = BY + C_1, \quad z = \frac{Z}{AB} + C_2 \tag{6.231a}$$

取中截面位移 $\theta(0) = 0$，$z(0) = 0$，则积分常数 $C_1 = C_2 = 0$。将式 (6.231a) 代入变形张量 $\boldsymbol{B}$、$\boldsymbol{B}^{-1}$(即 $\boldsymbol{c}$) 和不变量式 (2.85g)，再代入式 (6.214)，得到 Cauchy 应力:

$$\left.\begin{array}{l} t^{11} = \sigma_r = -p + \dfrac{A^2}{r^2}\psi_1 + \dfrac{r^2}{A^2}\psi_{-1}, \qquad t^{22} = \dfrac{\sigma_\theta}{r^2} = -p/r^2 + B^2\psi_1 + \dfrac{1}{r^4B^2}\psi_{-1} \\ t^{33} = \sigma_z = -p + \dfrac{1}{A^2B^2}\psi_1 + A^2B^2\psi_{-1}, \qquad t^{ij} = 0 \ \ (i \neq j) \end{array}\right\} \tag{6.231b}$$

式中，σ_r，σ_θ，σ_z 是应力张量 $\boldsymbol{t}$ 的物理分量。由力边界条件和平衡方程可以确定待定系数 A, B 和静水压强 p 及应力分量 (略去详细推导)。式 (6.231b) 给出的应力表明，在纯弯曲状态下，矩形截面梁的两个侧面需要施加正应力 (σ_z)，因此与线弹性情况完全不同。

6.4.5 有限变形超弹性变分原理

在第 6.2.4 小节中已经指出，有限变形情况下的位能驻值原理式 (6.113)、Reissner 变分原理式 (6.121)、胡–鹫变分原理式 (6.123)，不仅适用于线弹性固体，也适用于超弹性体，因为在证明过程中并未限定线弹性，实际上是应用了超弹性本构关系，其中单位体积应变能与单位质量应变能的关系为 $\Sigma = \rho_0 W$(Lagrange 描述)。

6.5 热弹性

6.5.1 热弹性概念

在许多情况下，弹性体不仅受机械载荷还承受热载荷，这种在机械载荷和热载荷共同作用下的弹性固体称为热弹性体。热弹性体的状态变量除应变外还有温度，相关变量包括应力和熵，因此比前面讨论的弹性体涉及更多变量。弹性体是无耗散的可逆过程，既无内耗散也没有热耗散；热弹性体仍然假设没有内耗散，但存在传导和辐射引起的热耗散。

在考虑热载荷时，需要引入热学状态变量：绝对温度 θ 和熵密度 η，两者中的每一个都可以取作本构变量，另一个则作为相关变量。在取 $\boldsymbol{x}$ 和 θ 为本构变量时，相关变量为应力 $\boldsymbol{t}$、熵密度 η、内能密度 e(或自由能 $\psi = e - \eta\theta$) 和热流向量 $\boldsymbol{q}$，本构泛函的一般形式由式 (5.4) 给出。简单固体的本构响应只与当前变形有关，不受变形历史的影响，在机械载荷与热载荷共同作用时，由式 (5.21)，可以给出热弹性简单固体的一般形式本构关系

$$\left.\begin{aligned}
\boldsymbol{t} &= \hat{\boldsymbol{t}}\left(\boldsymbol{F}(t), \theta(t), \boldsymbol{\nabla}\theta, \boldsymbol{X}\right)\\
\eta &= \hat{\eta}\left(\boldsymbol{F}(t), \theta(t), \boldsymbol{\nabla}\theta, \boldsymbol{X}\right)\\
\psi &= \hat{\psi}\left(\boldsymbol{F}(t), \theta(t), \boldsymbol{\nabla}\theta, \boldsymbol{X}\right)\\
\boldsymbol{q} &= \hat{\boldsymbol{q}}\left(\boldsymbol{F}(t), \theta(t), \boldsymbol{\nabla}\theta, \boldsymbol{X}\right)
\end{aligned}\right\} \tag{6.232}$$

式中, $\boldsymbol{X}$ 表示材料的非均匀性。若取熵密度 η 作为本构变量 θ 作为响应时，则本构关系为

$$\left.\begin{aligned}
\boldsymbol{t} &= \hat{\boldsymbol{t}}\left(\boldsymbol{F}(t), \eta(t), \boldsymbol{\nabla}\theta, \boldsymbol{X}\right)\\
\theta &= \hat{\theta}\left(\boldsymbol{F}(t), \eta(t), \boldsymbol{\nabla}\theta, \boldsymbol{X}\right)\\
\psi &= \hat{\psi}\left(\boldsymbol{F}(t), \eta(t), \boldsymbol{\nabla}\theta, \boldsymbol{X}\right)\\
\boldsymbol{q} &= \hat{\boldsymbol{q}}\left(\boldsymbol{F}(t), \eta(t), \boldsymbol{\nabla}\theta, \boldsymbol{X}\right)
\end{aligned}\right\} \tag{6.233}$$

为了确定本构方程的具体形式，需要考虑热力学第二定律给出的限制条件。

6.5.2 热弹性本构关系

6.5.2.1 热弹性本构关系的一般形式

A Euler 描述法

热力学第二定律 (见式 (4.67a)) 给出

$$\theta r = -\dot{\psi} - \dot{\theta}\eta + \frac{1}{\rho}\boldsymbol{t} : \boldsymbol{d} - \frac{1}{\rho\theta}\boldsymbol{q}\cdot\boldsymbol{\nabla}\theta \geqslant 0$$

由式 $(6.232)_3$，有

$$\dot{\psi}=\frac{\partial\psi}{\partial\boldsymbol{F}}:\dot{\boldsymbol{F}}+\frac{\partial\psi}{\partial\theta}\dot{\theta}+\frac{\partial\psi}{\partial\boldsymbol{\nabla}\theta}\cdot\boldsymbol{\nabla}\dot{\theta} \tag{6.234}$$

$$\dot{\boldsymbol{F}}=\dot{\boldsymbol{x}}_{,X}=\boldsymbol{v}_{,X}=\boldsymbol{v}_{,x}\,\boldsymbol{x}_{,X}=(\boldsymbol{v}\boldsymbol{\nabla})\cdot\boldsymbol{F} \tag{6.234a}$$

$$\frac{\partial\psi}{\partial\boldsymbol{F}}:\dot{\boldsymbol{F}}=\frac{\partial\psi}{\partial\boldsymbol{F}}:(\boldsymbol{v}\boldsymbol{\nabla}\cdot\boldsymbol{F})=\left(\frac{\partial\psi}{\partial\boldsymbol{F}}\cdot\boldsymbol{F}^{\mathrm{T}}\right):\boldsymbol{v}\boldsymbol{\nabla} \tag{6.234b}$$

将式 (6.234) 和式 (6.234b) 代入式 (4.67a)，注意 $\boldsymbol{t}:\boldsymbol{d}=\boldsymbol{t}:\boldsymbol{v}\boldsymbol{\nabla}$，得到

$$\frac{1}{\rho}\left(\boldsymbol{t}-\rho\frac{\partial\psi}{\partial\boldsymbol{F}}\cdot\boldsymbol{F}^{\mathrm{T}}\right):\boldsymbol{v}\boldsymbol{\nabla}-\left(\eta+\frac{\partial\psi}{\partial\theta}\right)\dot{\theta}-\frac{\partial\psi}{\partial\boldsymbol{\nabla}\theta}\cdot\boldsymbol{\nabla}\dot{\theta}-\frac{1}{\rho\theta}\boldsymbol{q}\cdot\boldsymbol{\nabla}\theta\geqslant 0$$

上式对任意的 $\dot{\theta}$、$\boldsymbol{\nabla}\dot{\theta}$ 和非客观的 $\boldsymbol{v}\boldsymbol{\nabla}$ 成立，必有

$$\boldsymbol{t}=\rho\frac{\partial\psi}{\partial\boldsymbol{F}}\cdot\boldsymbol{F}^{\mathrm{T}},\quad \eta=-\frac{\partial\psi}{\partial\theta},\quad \frac{\partial\psi}{\partial\boldsymbol{\nabla}\theta}=\boldsymbol{0},\quad -\boldsymbol{q}\cdot\boldsymbol{\nabla}\theta\geqslant 0 \tag{6.235}$$

其中式 $(6.235)_3$ 说明 ψ 与温度梯度无关。所以，热弹性材料的本构关系为

$$\left.\begin{aligned}&\boldsymbol{t}=\rho\frac{\partial\psi}{\partial\boldsymbol{F}}\cdot\boldsymbol{F}^{\mathrm{T}}\\&\eta=-\frac{\partial\psi}{\partial\theta}\\&\psi=\hat{\psi}(\boldsymbol{F},\theta,\boldsymbol{X})\\&\boldsymbol{q}=\hat{\boldsymbol{q}}(\boldsymbol{F},\theta,\boldsymbol{\nabla}\theta,\boldsymbol{X})\quad \text{且}\quad -\boldsymbol{q}\cdot\boldsymbol{\nabla}\theta\geqslant 0\end{aligned}\right\} \tag{6.236}$$

第 4 式的不等式表示热量从高温流向低温。由上式可见，只要给定自由能函数 $\hat{\psi}$ 和热流向量函数 $\hat{\boldsymbol{q}}$ 表达式，便可以确定本构方程的具体形式。

B Lagrange 描述法

热力学第二定律 (见式 (4.67b)) 为

$$\theta r=-\dot{\psi}-\dot{\theta}\eta+\frac{1}{\rho_0}\boldsymbol{T}:\dot{\boldsymbol{E}}-\frac{1}{\rho_0\theta}\boldsymbol{q}_0\cdot\boldsymbol{\nabla}_{\boldsymbol{X}}\theta\geqslant 0$$

式中，$\boldsymbol{q}_0$ 是 Lagrange 描述的热流向量，见式 (4.48)。利用客观性原理，本构关系式 $(6.232)_3$ 及其物质导数可表示为

$$\psi=\psi\left(\boldsymbol{C}(t),\theta(t),\boldsymbol{\nabla}\theta,\boldsymbol{X}\right) \tag{6.237}$$

$$\dot{\psi}=\frac{\partial\psi}{\partial\boldsymbol{C}}:\dot{\boldsymbol{C}}+\frac{\partial\psi}{\partial\theta}\dot{\theta}+\frac{\partial\psi}{\partial\boldsymbol{\nabla}\theta}\cdot\boldsymbol{\nabla}\dot{\theta} \tag{6.237a}$$

式中，$\boldsymbol{\nabla}=\boldsymbol{\nabla}_{\boldsymbol{X}}$(下同)。将上式代入式 (4.67b)，有

$$\frac{1}{\rho_0}\left(\boldsymbol{T}-2\rho_0\frac{\partial\psi}{\partial\boldsymbol{C}}\right):\dot{\boldsymbol{E}}-\left(\eta+\frac{\partial\psi}{\partial\theta}\right)\dot{\theta}-\frac{\partial\psi}{\partial\boldsymbol{\nabla}\theta}\cdot\boldsymbol{\nabla}\dot{\theta}-\frac{1}{\rho_0\theta}\boldsymbol{q}_0\cdot\boldsymbol{\nabla}\theta\geqslant 0$$

利用 $\dot{\boldsymbol{E}}, \boldsymbol{\nabla}\dot{\theta}$, $\dot{\theta}$ 的任意性，由上式得到 Lagrange 形式的热弹性本构方程

$$\boldsymbol{T} = 2\rho_0 \frac{\partial \psi}{\partial \boldsymbol{C}} = \rho_0 \frac{\partial \psi}{\partial \boldsymbol{E}} \tag{6.238a}$$

$$\eta = -\frac{\partial \psi}{\partial \theta} \tag{6.238b}$$

$$\psi = \overline{\psi}\left(\boldsymbol{C}, \theta, \boldsymbol{X}\right) \tag{6.238c}$$

$$\boldsymbol{q}_0 = \overline{\boldsymbol{q}}_0\left(\boldsymbol{C}, \theta, \boldsymbol{\nabla}\theta, \boldsymbol{X}\right) \text{ 且 } -\boldsymbol{q}_0 \cdot \boldsymbol{\nabla}\theta \geqslant 0 \tag{6.238d}$$

利用式 (3.32) 和式 (4.48)，由 $\boldsymbol{T}$，$\boldsymbol{q}_0$ 也可以得到 Euler 描述法的应力和热流量 $\boldsymbol{t}$，$\boldsymbol{q}$。

6.5.2.2 线性热弹性

将单位体积自由能 $\varPsi = \rho_0\psi\left(\boldsymbol{E}, \theta\right)$ 在 $\boldsymbol{E}=\boldsymbol{0}$ 和参考绝对温度 θ_0 处展成 Taylor 级数：

$$\begin{aligned}
\varPsi &= \varPsi_0\left(0, \theta\right) + \frac{\partial \varPsi\left(0, \theta\right)}{\partial E_{IJ}} E_{IJ} + \frac{\partial^2 \varPsi\left(0, \theta\right)}{2\partial E_{IJ}\partial E_{KL}} E_{IJ}E_{KL} + \cdots \\
&= \varPsi_0\left(0, \theta_0\right) + \frac{\partial \varPsi\left(0, \theta_0\right)}{\partial \theta}\Delta\theta + \frac{\partial \varPsi^2\left(0, \theta_0\right)}{2\partial \theta^2}\Delta\theta^2 + \cdots + \\
&\quad \frac{\partial \varPsi\left(0, \theta_0\right)}{\partial E_{IJ}} E_{IJ} + \frac{\partial^2 \varPsi\left(0, \theta_0\right)}{\partial E_{IJ}\partial \theta} E_{IJ}\Delta\theta + \cdots + \frac{\partial^2 \varPsi\left(0, \theta_0\right)}{2\partial E_{IJ}\partial E_{KL}} E_{IJ}E_{KL} + \cdots
\end{aligned} \tag{6.239}$$

式中，$\Delta\theta = \theta - \theta_0$。取 $\boldsymbol{E} = \boldsymbol{0}$，$\theta = \theta_0$ 时 $\varPsi\left(0, \theta_0\right) = 0$ 和 $\boldsymbol{T} = \dfrac{\partial \varPsi}{\partial \boldsymbol{E}} = 0$，即 $\dfrac{\partial \varPsi\left(0, \theta_0\right)}{\partial E_{IJ}} = 0$，假设应变 $\boldsymbol{E}$ 和温度变化 $\left(\theta - \theta_0\right)/\theta_0$ 很小，式 (6.239) 可略去高次小量，得

$$\varPsi \approx \frac{\partial \varPsi\left(0, \theta_0\right)}{\partial \theta}\Delta\theta + \frac{\partial^2 \varPsi\left(0, \theta_0\right)}{\partial E_{IJ}\partial \theta} E_{IJ}\Delta\theta + \frac{\partial^2 \varPsi\left(0, \theta_0\right)}{2\partial E_{IJ}\partial E_{KL}} E_{IJ}E_{KL} \tag{6.240}$$

将上式代入式 (6.238a)，得到线性热弹性本构关系

$$T^{IJ} = \varSigma^{IJKL}E_{KL} - \beta^{IJ}\left(\theta - \theta_0\right) \quad \text{或} \quad \boldsymbol{T} = \boldsymbol{\varSigma} : \boldsymbol{E} - \boldsymbol{\beta}\left(\theta - \theta_0\right) \tag{6.241}$$

其中

$$\varSigma^{IJKL} = \frac{\partial^2 \varPsi}{\partial E_{IJ}\partial E_{KL}}, \quad \beta^{IJ} = -\frac{\partial^2 \varPsi}{\partial E_{IJ}\partial \theta} = -\frac{\partial T^{IJ}}{\partial \theta} \tag{6.241a}$$

式中，$\boldsymbol{\varSigma}$ 是弹性张量；$\boldsymbol{\beta}$ 称为热力系数张量，表示单位温度降引起的应力。一般情况下 $\boldsymbol{\varSigma}$ 和 $\boldsymbol{\beta}$ 与温度有关。由式 (6.241)，得到线性热弹性本构关系的逆形式

$$\boldsymbol{E} = \boldsymbol{\varSigma}^{-1} : \boldsymbol{T} + \boldsymbol{\alpha}\left(\theta - \theta_0\right), \quad \boldsymbol{\alpha} = \boldsymbol{\varSigma}^{-1} : \boldsymbol{\beta} \tag{6.242}$$

式中，$\boldsymbol{\alpha}$ 称为热膨胀系数张量；式 $(6.242)_1$ 中右端第 1 项为机械力引起的应变，第 2 项为温度变化产生的热应变。将式 $(6.242)_2$ 代入 (6.241)，有

$$\boldsymbol{T} = \boldsymbol{\varSigma} : \left(\boldsymbol{E} - \boldsymbol{\alpha}\left(\theta - \theta_0\right)\right) \tag{6.241b}$$

将式 (6.239) 代入式 (6.238b)，得到

$$\rho_0\eta = -\frac{\partial\Psi(0,\theta_0)}{\partial\theta} - \frac{\partial^2\Psi(0,\theta_0)}{\partial\theta^2}\Delta\theta + \beta^{IJ}E_{IJ} + \cdots \tag{6.243}$$

在小变形和小温度变化情况下 ($\Delta\theta/\theta_0 \ll 1$)，取 $\boldsymbol{E}=\mathbf{0}$, $\theta=\theta_0$ 时 $\eta=0$，上式可以线性化为

$$\rho_0\eta = \rho_0\frac{C}{\theta}(\theta-\theta_0) + \beta^{IJ}E_{IJ} \tag{6.243a}$$

式中

$$C = -\theta\left.\frac{\partial^2\psi}{\partial\theta^2}\right|_{\boldsymbol{E}} = \theta\left.\frac{\partial\eta}{\partial\theta}\right|_{\boldsymbol{E}} \tag{6.244}$$

是应变为常数情况下的比热 (等容比热)，即单位质量温度升高 1℃ 需要的热量。

类似地，热流向量函数在 $\boldsymbol{E}=\mathbf{0}$, $\nabla\theta=\mathbf{0}$ 处对 $\boldsymbol{E}$ 和 $\nabla\theta$ 展成 Taylor 级数，有

$$q_0^K = q_0^K(0,\theta,0) + \frac{\partial q_0^K(0,\theta,0)}{\partial\theta_{,M}}\theta_{,M} + \cdots + \frac{\partial q_0^K(0,\theta,0)}{\partial E_{MN}}E_{MN} + \cdots \tag{6.245}$$

由式 (6.238d)，

$$-q_0^K(\boldsymbol{E},\theta,\nabla\theta)\,\theta_{,K} \geqslant 0$$

假设 $\boldsymbol{q}_0$ 随 $\nabla\theta$ 连续变化，当 $\theta_{,K}$ 连续地从负值变为正值时，为了满足上式，必有

$$q_0^K(\boldsymbol{E},\theta,0) = 0 \tag{6.246}$$

即在任何温度和应变下，如果没有温度梯度，则热流量为 0。小变形和小温度梯度时式 (6.245) 可以简化为

$$q_0^K \approx q_0^K(0,\theta,0) + \frac{\partial q_0^K(0,\theta,0)}{\partial\theta_{,M}}\theta_{,M} + \frac{\partial q_0^K(0,\theta,0)}{\partial E_{MN}}E_{MN} \tag{6.247}$$

由式 (6.246) 可知，上式右端第 1、3 项为 0，所以，

$$q_0^K = -K^{KM}\theta_{,M} \quad 或 \quad \boldsymbol{q}_0 = -\boldsymbol{K}\cdot\nabla\theta \tag{6.247a}$$

上式称为傅里叶 (Fourier) 热传导定律，其中 $\boldsymbol{K} = -\partial\boldsymbol{q}_0/\partial\nabla\theta$ 是热传导系数张量，将上式代入不等式 (6.238d)，可知 $\boldsymbol{K}$ 是正定张量。

在各向同性、线性热弹性情况下，有

$$\Sigma^{IJKL} = \lambda G^{IJ}G^{KL} + \mu\left(G^{IK}G^{JL} + G^{IL}G^{JK}\right) \tag{6.248a}$$

$$\beta^{IJ} = \beta G^{IJ},\quad \alpha^{IJ} = \alpha G^{IJ},\quad K^{IJ} = KG^{IJ} \tag{6.248b}$$

式中，λ,μ 为 Lamé 常数；β,α,K 为热力系数、热膨胀系数和热传导系数，由式 $(6.242)_2$ 可得

$$\beta = (3\lambda+2\mu)\,\alpha \tag{6.249}$$

将上式代入本构方程式 (6.241) 和热传导定律式 (6.247a)，得

$$T^{IJ}=\lambda G^{IJ}E_K^K+2\mu E^{IJ}-\alpha\left(3\lambda+2\mu\right)\left(\theta-\theta_0\right)G^{IJ}$$

$$\boldsymbol{T}=\lambda\left(\mathrm{tr}\boldsymbol{E}\right)\boldsymbol{I}+2\mu\boldsymbol{E}-\alpha\left(3\lambda+2\mu\right)\left(\theta-\theta_0\right)\boldsymbol{I} \tag{6.250}$$

$$q_{0K}=-K\theta_{,K}\ \text{或}\ \boldsymbol{q}_0=-K\boldsymbol{\nabla}\theta \tag{6.251}$$

将式 (6.248) 和式 (6.249) 代入式 (6.243a)，有

$$\rho_0\eta=\rho_0\frac{C}{\theta}\left(\theta-\theta_0\right)+\left(3\lambda+2\mu\right)\alpha\mathrm{tr}\boldsymbol{E} \tag{6.252}$$

等号右端第 1、2 项分别为单位体积温度升高吸收的熵和体积膨胀吸热所产生的熵。

6.5.2.3 各向同性非线性热弹性

在大变形热弹性情况下，需要考虑本构关系的非线性，展开式 (6.239) 和式 (6.245) 中应该保留更多的项。对于各向同性材料，应用各向同性函数的表示定理，自由能函数可以表示为

$$\psi=\hat{\psi}\left(I_C,II_C,III_C,\theta\right) \tag{6.253}$$

将上式代入式 (6.238a)，得

$$\boldsymbol{T}=2\rho_0\left(\frac{\partial\psi}{\partial I_C}\frac{\partial I_C}{\partial\boldsymbol{C}}+\frac{\partial\psi}{\partial II_C}\frac{\partial II_C}{\partial\boldsymbol{C}}+\frac{\partial\psi}{\partial III_C}\frac{\partial III_C}{\partial\boldsymbol{C}}\right)$$

与式 (6.205) 的推导相同，可得

$$\boldsymbol{T}=\alpha_0\boldsymbol{I}+\alpha_1\boldsymbol{C}+\alpha_2\boldsymbol{C}^2 \tag{6.254}$$

式中，α_0，α_1，α_2 与式 (6.205) 相同，不同的是这里不仅与应变不变量有关，还是温度的函数。

类似地，可以用 Euler 描述法表示 Helmholtz 自由能和应力，得

$$\psi=\hat{\psi}\left(I_B,II_B,III_B,\theta\right) \tag{6.253a}$$

$$\boldsymbol{t}=\psi_0\boldsymbol{I}+\psi_1\boldsymbol{B}+\psi_2\boldsymbol{B}^2 \tag{6.254a}$$

式中，系数 ψ_0,ψ_1,ψ_{-1} 是 $\boldsymbol{B}$ 的不变量和温度的函数，与 (6.212) 式中的系数相同。

与超弹性情况类似，可以给出不可压缩各向同性热弹性本构方程。

6.5.3 热弹性基本方程

热弹性体的基本方程包括几何和运动学方程、平衡 (守恒) 方程和热弹性本构方程。一般情况下这些方程是非线性的，而且在变量中增加了温度及相关的响应变量 (热流向量和熵密度)，因而必须补充能量守恒方程作为控制方程。

由式 (4.65) 和式 (6.238b)，

$$\dot{e}=\dot{\psi}+\dot{\theta}\eta+\theta\dot{\eta}=\frac{\partial\psi}{\partial\boldsymbol{E}}:\dot{\boldsymbol{E}}+\theta\dot{\eta}$$

将上式代入能量守恒方程式 (4.51)，利用式 (6.238a)，得到

$$\rho_0\theta\dot{\eta} = -\boldsymbol{\nabla}_{\boldsymbol{X}}\cdot\boldsymbol{q}_0 + \rho_0 h \quad (\text{Lagrange 描述}) \tag{6.255a}$$

类似地有

$$\rho\theta\dot{\eta} = -\boldsymbol{\nabla}\cdot\boldsymbol{q} + \rho h \ (\text{Eulere 描述}) \tag{6.255b}$$

式 (6.255a,b) 是以热相关变量表示的无内耗散的能量守恒方程，左端是单位体积内的热量变率，右端为流入的热量和热源提供的热量。

由式 (6.238b)、式 (6.240)、式 (6.241a) 和式 (6.244)，有

$$\dot{\eta} = -\frac{\partial^2\psi}{\partial\theta^2}\dot{\theta} - \frac{\partial^2\psi}{\partial\theta\partial\boldsymbol{E}}:\dot{\boldsymbol{E}} = \frac{C}{\theta}\dot{\theta} + \frac{1}{\rho_0}\boldsymbol{\beta}:\dot{\boldsymbol{E}} \tag{6.256}$$

将上式代入式 (6.255a)，消去 η，得到热传导方程的另一种形式

$$-\rho_0\theta\left(\frac{\partial^2\psi}{\partial\theta^2}\dot{\theta} + \frac{\partial^2\psi}{\partial\theta\partial\boldsymbol{E}}:\dot{\boldsymbol{E}}\right) + \boldsymbol{\nabla}\cdot\boldsymbol{q}_0 - \rho_0 h = 0 \tag{6.257}$$

或

$$\rho_0 C\dot{\theta} + \theta\boldsymbol{\beta}:\dot{\boldsymbol{E}} + \boldsymbol{\nabla}\cdot\boldsymbol{q}_0 - \rho_0 h = 0 \tag{6.257a}$$

如果忽略比热、热力系数、热传导系数随温度的变化，温度变化不大时上式可以线性化为

$$\rho_0 C\dot{\theta} + \theta_0\boldsymbol{\beta}:\dot{\boldsymbol{E}} - \boldsymbol{K}:\boldsymbol{\nabla}\boldsymbol{\nabla}\theta - \rho_0 h = 0 \tag{6.257b}$$

热弹性基本关系可以汇总如下：

$$\boldsymbol{E} = \frac{1}{2}(\boldsymbol{\nabla}\boldsymbol{u} + \boldsymbol{u}\boldsymbol{\nabla} + \boldsymbol{\nabla}\boldsymbol{u}\cdot\boldsymbol{u}\boldsymbol{\nabla}) \quad (\text{几何方程})$$

$$\boldsymbol{a} = \ddot{\boldsymbol{u}} \quad (\text{加速度})$$

$$\boldsymbol{\nabla}\cdot[\boldsymbol{T}\cdot(\boldsymbol{I} + \boldsymbol{\nabla}\boldsymbol{u})] + \rho_0(\boldsymbol{f} - \boldsymbol{a}) = \boldsymbol{0} \quad (\text{运动方程，见式 (4.19a)})$$

$$-\rho_0\theta\left(\frac{\partial^2\psi}{\partial\theta^2}\dot{\theta} + \frac{\partial^2\psi}{\partial\theta\partial\boldsymbol{E}}:\dot{\boldsymbol{E}}\right) + \boldsymbol{\nabla}\cdot\boldsymbol{q}_0 - \rho_0 h = 0 \quad (\text{能量方程，见式 (6.257)})$$

$$\boldsymbol{T} = 2\rho_0\frac{\partial\psi}{\partial\boldsymbol{C}} = \rho_0\frac{\partial\psi}{\partial\boldsymbol{E}} \quad (\text{本构方程，见式 (6.238a)})$$

$$\psi = \overline{\psi}(\boldsymbol{C}, \theta, \boldsymbol{X}) \quad (\text{自由能函数，见式 (6.238c)})$$

$$\boldsymbol{q}_0 = \overline{\boldsymbol{q}}_0(\boldsymbol{C}, \theta, \boldsymbol{\nabla}\theta, \boldsymbol{X}),\ \text{且} \quad -\boldsymbol{q}_0\cdot\boldsymbol{\nabla}\theta \geqslant 0 \quad (\text{热流向量函数，见式 (6.238d)})$$

边界条件：

$$(\boldsymbol{I} + \boldsymbol{u}\boldsymbol{\nabla})\cdot\boldsymbol{T}\cdot\boldsymbol{N} = \overline{\boldsymbol{t}}_{(N)} \quad (\text{已知外力边界，见 (6.66a)})$$

$$\boldsymbol{u} = \overline{\boldsymbol{u}} \quad (\text{已知位移边界})$$

$$\theta = \overline{\theta} \ \text{或} \ \boldsymbol{q}_0\cdot\boldsymbol{N} = \overline{\boldsymbol{q}}_{(N)} \quad (\text{热边界}) \tag{6.258a}$$

初始条件为 $t=0$ 时给定位移场、速度场和温度场：

$$\boldsymbol{u}=\boldsymbol{u}_0(X),\ \dot{\boldsymbol{u}}=\boldsymbol{v}_0(\boldsymbol{X}),\quad \theta=\theta_0(\boldsymbol{X}) \tag{6.258b}$$

应该注意，边界条件本身及其与初始条件不能相互矛盾。

在小变形和温度变化较小的情况下，基本方程和边界条件可以线性化，得到

$$\boldsymbol{E}=\frac{1}{2}(\boldsymbol{\nabla u}+\boldsymbol{u\nabla})\quad (\text{见式 (6.25a)})$$

$$\boldsymbol{\nabla}\cdot\boldsymbol{T}+\rho_0(f-\ddot{\boldsymbol{u}})=\boldsymbol{0}\quad (\text{见式 (6.25b)})$$

$$\rho_0C\dot{\theta}+\theta_0\boldsymbol{\beta}:\dot{\boldsymbol{E}}-\boldsymbol{K}:\boldsymbol{\nabla\nabla}\theta-\rho_0h=0\quad (\text{见式 (6.257b)})$$

$$\boldsymbol{T}=\boldsymbol{\Sigma}:(\boldsymbol{E}-\boldsymbol{\alpha}(\theta-\theta_0))\quad (\text{见式 (6.241b)})$$

$$\boldsymbol{T}\cdot\boldsymbol{N}=\bar{\boldsymbol{t}}_{(N)}\quad (\text{已知外力边界})$$

式中，$C,\boldsymbol{\beta},\boldsymbol{\alpha},\boldsymbol{K}$ 为参考温度 θ_0 时的比热、热力系数、热膨胀系数和热传导系数。

将式 (6.25a) 代入式 (6.241b)，再代入式 (6.25b)，可以得到位移场方程

$$\boldsymbol{\nabla}\cdot[\boldsymbol{\Sigma}:(\boldsymbol{\nabla u}-\boldsymbol{\alpha}(\theta-\theta_0))]+\rho_0(\boldsymbol{f}-\ddot{\boldsymbol{u}})=\boldsymbol{0} \tag{6.259}$$

$$\Sigma^{KLMN}\left[U_{N;MK}-\alpha_{MN}(\theta-\theta_0)_{,K}\right]+\rho_0\left(f^L-\frac{\partial^2U^L}{\partial t^2}\right)=0 \tag{6.259a}$$

将式 (6.25a) 代入热传导方程式 (6.257b)，利用 $\boldsymbol{\beta}$ 的对称性，得到温度场方程

$$\boldsymbol{K}:\boldsymbol{\nabla\nabla}\theta-\rho_0C\dot{\theta}-\theta_0\boldsymbol{\beta}:\boldsymbol{\nabla}\dot{\boldsymbol{u}}+\rho_0h=0 \tag{6.260}$$

或

$$\boldsymbol{K}:\boldsymbol{\nabla\nabla}\theta-\rho_0C\dot{\theta}-\theta_0\boldsymbol{\alpha}:\boldsymbol{\Sigma}:\boldsymbol{\nabla}\dot{\boldsymbol{u}}+\rho_0h=0 \tag{6.260a}$$

$$K^{MN}\theta_{,MN}-\rho_0C\dot{\theta}-\theta_0\Sigma^{KLMN}\alpha_{KL}\dot{U}_{M;N}+\rho_0h=0 \tag{6.260b}$$

式 (6.259) 和式 (6.260) 表明，一般说来热弹性体的位移场和温度场是耦合的 (全热力耦合)，即温度梯度引起热应力，而应变率也能改变温度。在等温条件下，温度梯度为 0，运动方程不含温度项，不需考虑热载荷；在绝热情况下，热弹性过程是等熵的，由式 (6.243a)，得

$$\rho_0\dot{\eta}=\rho_0C\frac{\theta_0\dot{\theta}}{\theta^2}+\boldsymbol{\beta}:\dot{\boldsymbol{E}}=0,\quad \boldsymbol{\beta}:\dot{\boldsymbol{E}}=-\rho_0C\frac{\theta_0\dot{\theta}}{\theta^2}$$

将第 2 式代入式 (6.260) 消去应变，则热传导方程与变形无关，因而绝热时也非全热力耦合。在一般情况下，应变率对温度场的影响比较小，可以略去，所以温度与位移解耦，可以首先求出温度场，再代入运动方程求位移场，因此通常不考虑全热力耦合。

对于各向同性线性热弹性情况，将式 (6.248) 代入式 (6.259a) 和式 (6.260b)，可以得到场方程

$$(\lambda+\mu)U^{M}_{\ ;M}{}^{L}+\mu U^{L}_{\ ;M}{}^{M}-(3\lambda+2\mu)\alpha(\theta-\theta_0)_{,N}G^{NL}+\rho_0\left(f^L-\frac{\partial^2U^L}{\partial t^2}\right)=0 \tag{6.261a}$$

$$K\theta_{,M}{}^{M} - \rho_0 C\dot{\theta} - \theta_0(3\lambda + 2\mu)\alpha \dot{U}_{M;}{}^{M} + \rho_0 h = 0 \tag{6.261b}$$

利用 (6.21) 式，上式也可表示为

$$\frac{E}{2(1+\nu)}\left(\frac{1}{1-2\nu}U^{M}{}_{;M}{}^{L} + U^{L}{}_{;M}{}^{M}\right) - \frac{E\alpha}{1-2\nu}(\theta-\theta_0)_{,N}G^{NL} + \rho_0\left(f^L - \frac{\partial^2 U^L}{\partial t^2}\right) = 0 \tag{6.261c}$$

$$K\theta_{,M}{}^{M} - \rho_0 C\dot{\theta} - \theta_0\frac{E\alpha}{1-2\nu}\dot{U}_{M;}{}^{M} + \rho_0 h = 0 \tag{6.261d}$$

6.6 塑性

受力引起的固体变形在卸载后可以完全恢复的部分称为弹性变形，如果应力超过弹性极限，变形中还包含卸载后不能恢复的永久变形，称为塑性变形。塑性变形的本质特点是不仅与应力有关，而且与变形的过程有关，但与时间无关 (在动力问题中，本构方程中的应变随时间的变化隐含在应力中)。塑性理论研究塑性变形的发生和演化条件 (屈服与加卸载准则)、本构关系及其在结构弹塑性分析中的应用。由于材料的塑性变形机理和大小不同，多年来建立了不同的塑性理论，它们在一定情况下适用，例如主要用于金属的小变形塑性理论、大变形塑性理论，岩土材料塑性理论，晶体塑性理论和梯度塑性理论等。塑性理论比弹性理论复杂得多，有些理论并不完全符合热力学定律，而是基于准热力学假设 (或公设)，一些问题尚未很好解决。本节主要介绍常用的材料性能与应变率无关的 (率无关) 小变形塑性理论 (即不考虑几何非线性)，简要讨论大变形塑性理论 (以 Rice-Hill 理论为例)。

6.6.1 金属的单向拉伸压缩实验，塑性变形概念

6.6.1.1 单向拉伸和压缩实验

在材料力学实验中，给出了一些金属标准试样在缓慢单向拉伸和压缩下的应力应变曲线及若干材料常数。图 6.18 和图 6.19 所示为低碳钢和铝、钛等合金拉伸实验结果的示意图，实线和虚线分别表示加载和卸载 (或再加载)。图中所用坐标为

$$\sigma = \frac{P}{A_0}, \quad \varepsilon = \frac{\Delta l}{l_0} = \frac{l - l_0}{l_0} = \lambda_1 - 1$$

式中，P, A_0, l_0 是试件的载荷、变形前横截面面积和初始标距长度；λ_1 是加载方向的伸长率。

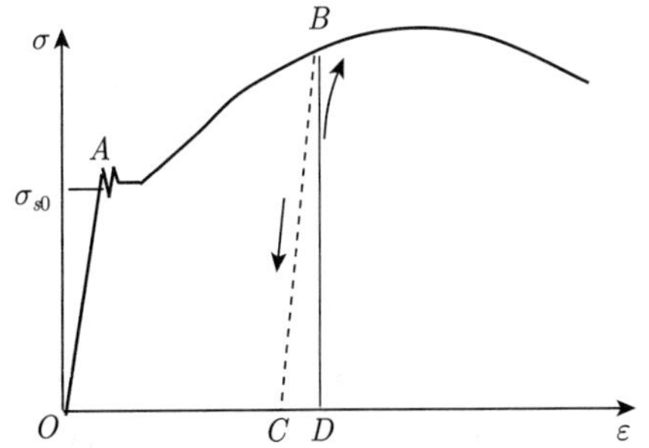

图 6.18 低碳钢拉伸试验 (示意图)

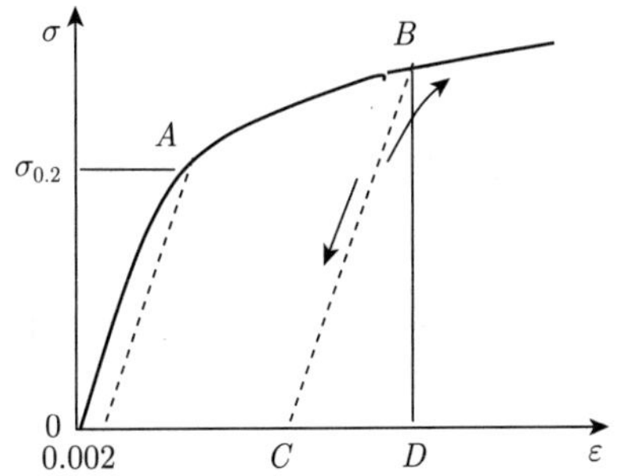

图 6.19 铝、钛等拉伸试验 (示意图)

采用直角坐标系 $\{X^K\}$ 时，加载方向 X^1 的各种应变分量为

$E_{11}=\dfrac{1}{2}\left({\lambda_1}^2-1\right)$(Green 应变张量)；

$C_{11}={\lambda_1}^2$(Green 或右 Cauchy-Green 变形张量)；

$B_{11}={\lambda_1}^2$(Finger 或左 Cauchy-Green 变形张量，即第 2 章中的 b_{11})；

$e_{11}=\dfrac{1}{2}\left(1-{\lambda_1}^{-2}\right)$(Euler 应变张量)；

$E_{11}^{(0)}=\ln\lambda_1$(对数应变张量) 等。

变形梯度为 $F_{kK}=\lambda_k\,(k=K=1,2,3)$， $F_{kK}=0\ \ (k\neq K)$，利用应力张量之间的关系，加载方向的各种应力分量为：

$T_{11}=\sigma/\lambda_1$(第二类 Piola-Kirchhoff 应力张量)；

$\tau_{11}=\sigma$(第一类 Piola-Kirchhoff 应力张量)；

$t_{11}=\sigma/\lambda_2\lambda_3$(Cauchy 应力张量，即真应力)。

根据需要应力应变实验曲线可以采用不同的坐标组合，常用的是 $T_{11}\sim E_{11}$ 和 $t_{11}\sim E_{11}^{(0)}$。

图 6.18 中 σ_{s0} 是初始屈服极限，无明显屈服现象的材料 (见图 6.19) 通常取 $\sigma_{s0}=\sigma_{0.2}$(塑性变形为 0.2%)，称为条件屈服极限。弹性极限与屈服极限的差别很小，因此将屈服极限作为材料性质的弹、塑性界限，即当 $\sigma\leqslant\sigma_{s0}$ 时只有弹性变形，$\sigma>\sigma_{s0}$ 时出现塑性变形。屈服后随应变的增加应力继续增大，这种现象称为强化或硬化，此时若从某一点卸载，则卸载路径平行于初始弹性段 (由于损伤或者大塑性变形影响，卸载段的斜率也可能略小)，总变形 (OD) 等于弹性变形 (CD) 与塑性变形 (OC) 之和；如果卸载后 (到 C 点或者 BC 段的任一点) 继续加载，则再加载路径沿卸载路径回到初始卸载点 (B)，并沿原来无卸载时的路径继续强化，卸载路径上应力增量与应变增量满足弹性本构关系，而 B 点可以看作为新的屈服点，称为后继屈服。

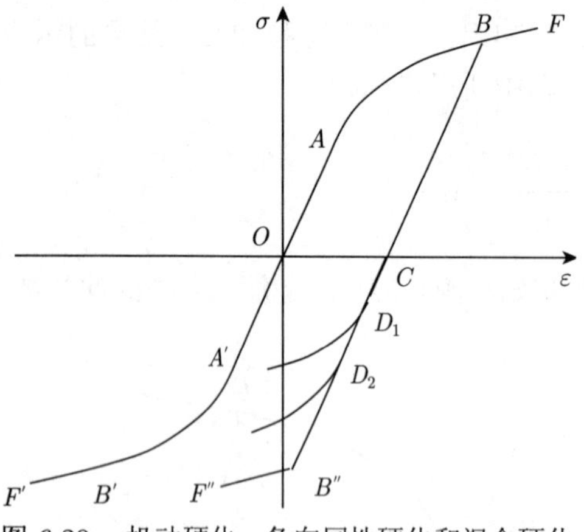

图 6.20 机动硬化、各向同性硬化和混合硬化

多数金属材料单向压缩实验结果与单向拉伸基本相同，如图 6.20 所示，而脆性材料 (铸铁、岩石、混凝土等) 的拉压性质有巨大差别，拉伸时的塑性变形可以略去。如果金属加载到某一点，例如图 6.20 中 B 点，然后卸载到 0(C 点) 并反向加载 (压缩)，则路径与初始压缩平行，随载荷增加发生反向屈服。实验发现，反向屈服时应力的绝对值小于正向屈服时的应力，这一现象称为包辛格 (Baushinger) 效应。该效应表明在卸载路径上反向屈服比正向后继屈服容易发生。需要指出的是，“正向”可以是拉伸，也可以是压缩。

图 6.20 中还表明了初始各向同性、拉压性能相同的材料在单向拉压时的硬化行为 (假设正向为拉伸)。A 和 A' 点对应初始拉伸和初始压缩屈服，B 和 B'、F 和 F' 点是初始拉伸和初始压缩路径上的两个对应点。反向屈服的三种代表性情况是点 D_1、D_2、B''，其中 D_1 点对应线段 BD_1 的长度与 AA' 相等，即正反向屈服应力差等于初始拉压屈服应力差；

B'' 点对应 $\sigma_{B''}=\sigma_{B'}$，即反向屈服应力等于初始压缩屈服应力；D_2 点介于 D_1 和 B'' 之间。根据包辛格效应，显然 B'' 点是一种极端情况，称为各向同性硬化 (或等向硬化)，D_1 点对应另一种特殊情况，称为机动硬化，介于两者之间的硬化情况称为混合硬化。

正向和反向屈服时的应力中值 b 称为背应力 (back stress)；一般应力状态下背应力是对称二阶张量，也称为背应力张量，它反映变形过程中微观塑性变形引起的残余应力的影响，是与应力及变形历史有关的材料参数。在初始屈服和各向同性硬化时背应力为 0，其他情况的背应力非 0。后继屈服点的应力与背应力差的绝对值为后继屈服极限，记作 σ_s。

以上是单向应力情况，只有一个非 0 主应力，屈服条件是 $|\sigma-b|=\sigma_s$；在复杂应力状态下，一般有三个非 0 主应力，屈服条件需要用主应力的函数表示，即应力空间中的曲面 (屈服面)，背应力张量给出屈服面的中心，而 σ_s 反映屈服面的大小 (详见下节)。在塑性理论中，材料参数和材料函数通常是利用单向拉伸和压缩实验确定的。

6.6.1.2 塑性变形

在一般应力状态下，可以将应变张量及其增量分解为弹性和塑性两部分：

$$\boldsymbol{\varepsilon}=\boldsymbol{\varepsilon}^{\mathrm{e}}+\boldsymbol{\varepsilon}^{\mathrm{p}} \quad \text{或} \quad \varepsilon_{ij}=\varepsilon_{ij}^{\mathrm{e}}+\varepsilon_{ij}^{\mathrm{p}} \tag{6.262}$$

$$\mathrm{d}\boldsymbol{\varepsilon}=\mathrm{d}\boldsymbol{\varepsilon}^{\mathrm{e}}+\mathrm{d}\boldsymbol{\varepsilon}^{\mathrm{p}} \quad \text{或} \quad \mathrm{d}\varepsilon_{ij}=\mathrm{d}\varepsilon_{ij}^{\mathrm{e}}+\mathrm{d}\varepsilon_{ij}^{\mathrm{p}} \tag{6.262a}$$

式中，$\boldsymbol{\varepsilon}=\dfrac{1}{2}(\nabla\boldsymbol{u}+\boldsymbol{u}\nabla)$，是小应变。

式 (6.262a) 也可以写作率形式：

$$\dot{\boldsymbol{\varepsilon}}=\dot{\boldsymbol{\varepsilon}}^{\mathrm{e}}+\dot{\boldsymbol{\varepsilon}}^{\mathrm{p}} \quad \text{或} \quad \dot{\varepsilon}_{ij}=\dot{\varepsilon}_{ij}^{\mathrm{e}}+\dot{\varepsilon}_{ij}^{\mathrm{p}} \tag{6.262b}$$

式中，$\dot{(\ )}=\dfrac{\mathrm{d}}{\mathrm{d}t}(\ )$，$t$ 是广义时间，表示变形过程。

在小变形时，应变张量的迹 $\mathrm{tr}\boldsymbol{\varepsilon}=\varepsilon_{ii}$ 表示体积变形，体积变形率为 $\dot{\varepsilon}_{ii}=\dot{\varepsilon}_{ii}^{\mathrm{e}}+\dot{\varepsilon}_{ii}^{\mathrm{p}}$。通常可以认为塑性变形保持体积不变，所以

$$\varepsilon_{ii}^{\mathrm{p}}=\dot{\varepsilon}_{ii}^{\mathrm{p}}=0 \tag{6.263}$$

因而塑性应变及其率的偏量等于各自张量

$$\boldsymbol{\varepsilon}'^{\mathrm{p}}=\boldsymbol{\varepsilon}^{\mathrm{p}}, \quad \dot{\boldsymbol{\varepsilon}}'^{\mathrm{p}}=\dot{\boldsymbol{\varepsilon}}^{\mathrm{p}} \tag{6.264}$$

为了表示塑性变形的程度，引入恒正标量等效塑性变形率 $\dot{\bar{\varepsilon}}^{\mathrm{p}}$ 和累积塑性变形 $\bar{\varepsilon}^{\mathrm{p}}$：

$$\dot{\bar{\varepsilon}}^{\mathrm{p}}=\sqrt{\frac{2}{3}\dot{\boldsymbol{\varepsilon}}^{\mathrm{p}}:\dot{\boldsymbol{\varepsilon}}^{\mathrm{p}}} \quad \text{或增量} \quad \mathrm{d}\bar{\varepsilon}^{\mathrm{p}}=\sqrt{\frac{2}{3}\mathrm{d}\boldsymbol{\varepsilon}^{\mathrm{p}}:\mathrm{d}\boldsymbol{\varepsilon}^{\mathrm{p}}} \tag{6.265a}$$

$$\bar{\varepsilon}^{\mathrm{p}}=\int_0^t\dot{\bar{\varepsilon}}^{\mathrm{p}}\mathrm{d}t=\int\mathrm{d}\bar{\varepsilon}^{\mathrm{p}} \tag{6.265b}$$

例 6.5 求单向拉伸和单向拉压时的 $\mathrm{d}\bar{\varepsilon}^{\mathrm{p}}$ 和 $\bar{\varepsilon}^{\mathrm{p}}$。

沿 1 方向拉伸时，考虑式 (6.263)，$\mathrm{d}\boldsymbol{\varepsilon}^{\mathrm{p}}$ 的分量为

$$\mathrm{d}\varepsilon_{11}^{\mathrm{p}},\quad \mathrm{d}\varepsilon_{22}^{\mathrm{p}}=\mathrm{d}\varepsilon_{33}^{\mathrm{p}}=-\frac{1}{2}\mathrm{d}\varepsilon_{11}^{\mathrm{p}},\quad \mathrm{d}\varepsilon_{ij}^{\mathrm{p}}=0\ \ (i\neq j)$$

由定义式 (6.265a) 和式 (6.265b) 得到 $\mathrm{d}\bar{\varepsilon}^{\mathrm{p}}=\sqrt{(\mathrm{d}\varepsilon_{11}^{\mathrm{p}})^2}=\mathrm{d}\varepsilon_{11}^{\mathrm{p}},\bar{\varepsilon}^{\mathrm{p}}=\varepsilon_{11}^{\mathrm{p}}$，可见单向拉伸时的累积塑性变形等于拉伸方向的塑性应变。

如果沿 1 方向先拉伸然后卸载压缩，由于压缩时产生的等效塑性变形增量也为正值，所以在单向拉压时，有 $\bar{\varepsilon}^{\mathrm{p}}=\varepsilon_{11(\text{拉})}^{\mathrm{p}}+\left|\varepsilon_{11(\text{压})}^{\mathrm{p}}\right|$，可见累积塑性变形不能相互抵消。

6.6.2 屈服条件

屈服条件也称为屈服准则，它给出复杂应力状态下材料中任一点从弹性状态进入塑性状态的条件和塑性变形增长方向，是塑性理论中最重要的本构函数之一。屈服条件可以表示为应力的一个标量函数

$$f\left(\boldsymbol{\sigma},\boldsymbol{Y}_1\cdots\boldsymbol{Y}_n,\theta\right)=0 \tag{6.266}$$

式中，$\boldsymbol{\sigma}$ 是应力张量，例如 $\boldsymbol{T}$，$\boldsymbol{t}$ 等；$\boldsymbol{Y}_i\ \ (i=1,2,\cdots n)$ 是硬化参量，作为内变量可以是标量、向量或张量，随塑性变形过程变化，例如屈服应力、背应力等；θ 是温度。上式既包括初始屈服条件 (背应力等硬化参量为 0)，也包括后继屈服条件。在应力空间中屈服条件是随变形过程变化的超曲面，在主应力三维空间中是二维曲面，曲面内部的应力点为弹性状态，曲面上的点表示发生屈服或后继屈服。主应力 $\sigma_1,\sigma_2,\sigma_3$ 对于各向同性材料初始屈服的影响应该是相同的，所以初始屈服面必然对于三个主坐标轴具有对称性，即与坐标轴夹角相同的等倾线 $\sigma_1=\sigma_2=\sigma_3$ 是初始屈服面的对称轴。

屈服函数既可以在应力空间中建立，也可以在应变空间建立，下面给出的屈服函数基本上都是基于应力空间的，有关应变空间的屈服函数参见 6.6.8 节。

最常用的屈服条件是 Mises 条件和 Tresca 条件。

6.6.2.1 Mises 屈服条件

Mises(1913) 提出的各向同性材料屈服条件为

$$f\left(\boldsymbol{\sigma},\boldsymbol{b},\sigma_{\mathrm{s}}\right)=\frac{3}{2}\left(\boldsymbol{\sigma}'-\boldsymbol{b}'\right):\left(\boldsymbol{\sigma}'-\boldsymbol{b}'\right)-{\sigma_{\mathrm{s}}}^2=0$$

或

$$f=\frac{3}{2}\left(\sigma_{ij}'-b_{ij}'\right)\left(\sigma_{ij}'-b_{ij}'\right)-\sigma_{\mathrm{s}}^2=0 \tag{6.267}$$

在有些文献中也采用 $f/3=0$ 作为屈服函数，与上式只有系数上的差别。式 (6.267) 中，$\boldsymbol{\sigma}'=\boldsymbol{\sigma}-\dfrac{1}{3}\mathrm{tr}\left(\boldsymbol{\sigma}\right)\boldsymbol{I}$ 是应力张量 $\boldsymbol{\sigma}$ 的偏量 (在小变形情况下各种应力张量均相同，不需要区分)；$\boldsymbol{b}'$ 是背应力 $\boldsymbol{b}$ 的偏量，反映塑性变形引起的微观残余应力；σ_{s} 是初始屈服应力或后继屈服应力。式 (6.267) 相当于式 (6.266) 中取两个内变量，$\boldsymbol{b}'$ 和 σ_{s}。

Mises 屈服条件的其他形式：

(1) 主动应力形式。若引入主动应力 $\overline{\boldsymbol{\sigma}}=\boldsymbol{\sigma}-\boldsymbol{b}$，式 (6.267) 也可以写作：

$$f\left(\boldsymbol{\sigma},\boldsymbol{b},\sigma_{\mathrm{s}}\right)=\frac{3}{2}\overline{\boldsymbol{\sigma}'}:\overline{\boldsymbol{\sigma}'}-{\sigma_{\mathrm{s}}}^2=0 \tag{6.267a}$$

(2) J_2 形式。由于应力偏量 $\boldsymbol{\sigma}'$ 的第二不变量为 $I_2(\boldsymbol{\sigma}')=\frac{1}{2}\left(\sigma'_{ii}\sigma'_{jj}-\sigma'_{ij}\sigma'_{ij}\right)=-\frac{1}{2}\sigma'_{ij}\sigma'_{ij}$，所以常常定义 $J_2(\boldsymbol{\sigma})=\frac{1}{2}\sigma'_{ij}\sigma'_{ij}=-I_2(\boldsymbol{\sigma}')$，用 J_2 表示 Mises 屈服条件：

$$3J_2(\boldsymbol{\sigma}'-\boldsymbol{b}')-\sigma_{\mathrm{s}}^2=0 \quad 或 \quad 3J_2\left(\overline{\boldsymbol{\sigma}'}\right)-\sigma_{\mathrm{s}}^2=0 \tag{6.267b}$$

(3) 等效应力形式。可以定义 Mises 等效应力 σ_{eq} 和等效主动应力 $\overline{\sigma}_{\mathrm{eq}}$，表示屈服条件

$$\begin{aligned}&\sigma_{\mathrm{eq}}=\sigma_{\mathrm{s}0}, \quad \sigma_{\mathrm{eq}}=\sqrt{\frac{3}{2}\boldsymbol{\sigma}':\boldsymbol{\sigma}'}\\&\overline{\sigma}_{\mathrm{eq}}=\sigma_{\mathrm{s}}, \quad \overline{\sigma}_{\mathrm{eq}}=\sqrt{\frac{3}{2}(\boldsymbol{\sigma}'-\boldsymbol{b}'):(\boldsymbol{\sigma}'-\boldsymbol{b}')}\end{aligned} \tag{6.267c}$$

第 1 式中 σ_{s0} 是初始屈服极限，该式用于初始屈服，第 2 式与式 (6.267b) 相同。

(4) 主应力形式。初始屈服条件可以用主应力表示为

$$\frac{1}{2}\left[(\sigma_1-\sigma_2)^2+(\sigma_2-\sigma_3)^2+(\sigma_3-\sigma_1)^2\right]=\sigma_{\mathrm{s}0}^2 \tag{6.267d}$$

在主应力空间中，式 (6.267d) 表示以等倾线为轴线、半径为 $\sigma_{\mathrm{s}0}$ 的圆柱面 (见图 6.21(a))，在过原点垂直于等倾线的等倾面 π 内是半径为 $\sigma_{\mathrm{s}0}$ 的圆 (见图 6.21(b))，在坐标面内是椭圆 (见图 6.21(c))。屈服面 (见式 (6.267)) 是位置和大小随变形过程改变的圆柱面，位置随背应力 $\boldsymbol{b}$ 变化，半径随屈服应力 σ_s 变化。

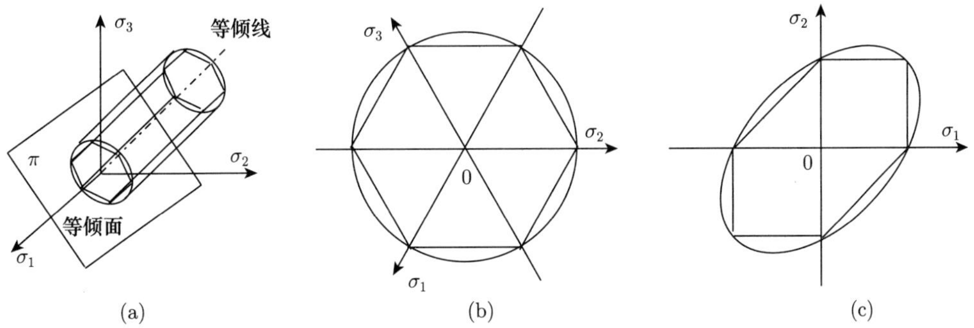

图 6.21 等倾线和初始屈服面

例 6.6 根据图 6.20 建立单向拉伸的 Mises 屈服条件。

当应力处于 B 点时卸载至反向屈服，再重新加载到后继屈服 (回到 B 点)，可以得到机动、混合、各向同性三种硬化情况下 B 点的背应力和后继屈服应力：

$$b_{11}=\left\{\frac{1}{2}(\sigma_B+\sigma_{D_1}), \ \frac{1}{2}(\sigma_B+\sigma_{D_2}), \ 0\right\}, \quad b_{22}=b_{33}=0, \ b_{ij}=0 \ (i\neq j) \tag{a}$$

$$\sigma_s=\left\{\frac{1}{2}(\sigma_B-\sigma_{D_1}), \ \frac{1}{2}(\sigma_B-\sigma_{D_2}), \ \frac{1}{2}(\sigma_B-\sigma_{B''})=\sigma_B\right\} \tag{b}$$

将屈服点 B、D_1、D_2 和 B'' 的应力 $\sigma_{11}=(\sigma_B, \sigma_{D_1}, \sigma_{D_2}, \sigma_{B''})$，$\sigma_{22}=\sigma_{33}=\sigma_{ij}=0\ (i\neq j)$ 和式 (a) 代入 $\overline{\sigma}_{\mathrm{eq}}$，不难得到 $\overline{\sigma}_{\mathrm{eq}}=\sigma_s(\sigma_s$ 由式 (b) 给出)，即满足 Mises 屈服条件。

下面讨论如何确定 σ_s 和背应力 $\boldsymbol{b}$。

根据单向拉伸试验结果，后继屈服应力 σ_s 可以表示为累积塑性应变的函数，并假设该函数适用于任意复杂应力状态 (单一曲线假设)，因此很容易得到函数关系

$$\sigma_s=\sigma_s\left(\overline{\varepsilon}^{\mathrm{p}}\right) \tag{6.268}$$

但是，确定背应力张量 $\boldsymbol{b}$ 比较复杂，为了在塑性变形过程中得到 $\boldsymbol{b}$，需要给出它的演化 $\dot{\boldsymbol{b}}$，即屈服面中心的移动方向和速率。关于背应力的演化有多种理论或假设。Prager 假设 $\boldsymbol{b}$ 是偏量，并且与屈服面的法线方向平行，根据塑性理论 (6.6.4 节) 塑性变形率 $\dot{\boldsymbol{\varepsilon}}^{\mathrm{p}}$ 与屈服面外法线同向，因此令

$$\dot{\boldsymbol{b}}=c\dot{\boldsymbol{\varepsilon}}^{\mathrm{p}}\quad (c>0) \tag{6.269}$$

Ziegler 假设 $\dot{\boldsymbol{b}}$ 平行于主动应力 $\boldsymbol{\sigma}-\boldsymbol{b}$，但 $\boldsymbol{b}$ 不是偏量，取

$$\dot{\boldsymbol{b}}=\mu\left(\boldsymbol{\sigma}-\boldsymbol{b}\right)\quad (\mu>0) \tag{6.270}$$

系数 c、μ 与塑性变形历史 (过程) 有关，由单向拉伸实验确定。图 6.22 给出线性机动硬化材料的背应力和屈服应力随塑性变形的变化，图 6.22(a) 为实验曲线，图 6.22(b) 为根据实验得到的 $\sigma_{11},\sigma_s,b_{11}$ 与 ε^{p} 的关系，其中斜率 $\tan\alpha'=\tan\alpha/\left(1-\tan\alpha/E\right)$，$E$ 是弹性模量。

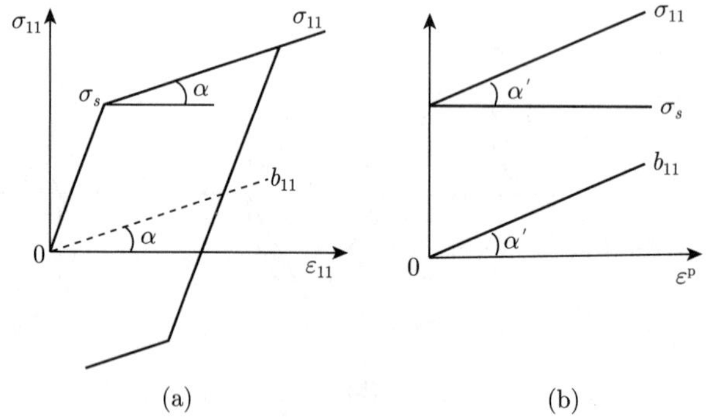

图 6.22 线性强化材料的机动硬化

6.6.2.2 Tresca 屈服条件

Tresca (1864) 通过实验观察，认为塑性变形是由于最大剪应力引起晶格滑移产生的，因此提出最大剪应力条件，即各向同性材料的 Tresca 屈服条件 (对于初始屈服)：

$$\sigma_1-\sigma_3=2\tau_{s0}\left(=\sigma_{s0}\right) \tag{6.271}$$

式中，σ_1 和 σ_3 是最大和最小主应力。若 σ_1、σ_2、σ_3 任意排列，则屈服条件为

$$\sigma_1-\sigma_2=\pm\sigma_{s0},\quad \sigma_2-\sigma_3=\pm\sigma_{s0},\quad \sigma_3-\sigma_1=\pm\sigma_{s0} \tag{6.271a}$$

三式中满足任何一式。上述条件在主应力空间中为 6 个平行于等倾线的平面相交而成的正六棱柱面，轴线为等倾线。如果用单向拉伸试验确定屈服应力，则单向应力时 Tresca 条件与 Mises 条件相同，所以 Tresca 屈服面是 Mises 屈服面的内接正六棱柱面 (见图 6.21，参考习题 6-16)。而且，与 Mises 后继屈服面一样，Tresca 后继屈服面的位置和大小决定于背应力和后继屈服极限。

Tresca 屈服条件和 Mises 屈服条件均能较好地符合金属的实验结果 (其中 Mises 条件符合更好)，因而被广泛应用。Tresca 屈服函数是非光滑的，而且依赖主应力和主应力次序，在用应力分量表示时要比 Mises 条件复杂得多。在一般情况下，主应力的大小和方向 (比值) 随加载改变，这给 Tresca 条件的应用带来困难。因此，该条件在塑性力学分析中主要用于主应力方向 (即比值) 在加载过程中保持不变的情况。

6.6.2.3 岩土材料屈服条件

岩土类材料内部存在大量微裂纹，在外力作用下产生的微裂纹具有方向性，还可能有宏观材料不连续面 (例如节理)。材料内部微裂纹面之间受力发生滑动引起变形，是不可逆的耗散过程，具有塑性变形特点，在工程中可以按塑性理论处理。这种塑性变形在机理上与金属的塑性变形不同，满足不同的屈服条件。岩土类材料的屈服条件通常采用莫尔-库伦 (Mohr-Coulomb) 准则：

$$|\tau| + \sigma_n \tan\varphi = \tau_0 \tag{6.272}$$

式中，τ 是沿滑移面的剪应力；σ_n(以拉应力为正) 是滑移面上的正应力；φ 为材料的内摩擦角；τ_0 为 $\sigma_n = 0$ 时引起滑动的剪应力 (剪切强度)，称为材料的内聚力。图 6.23 给出通过应力圆表示的 Mour-Coulomb 准则，由图可以得到准则的主应力表达式：

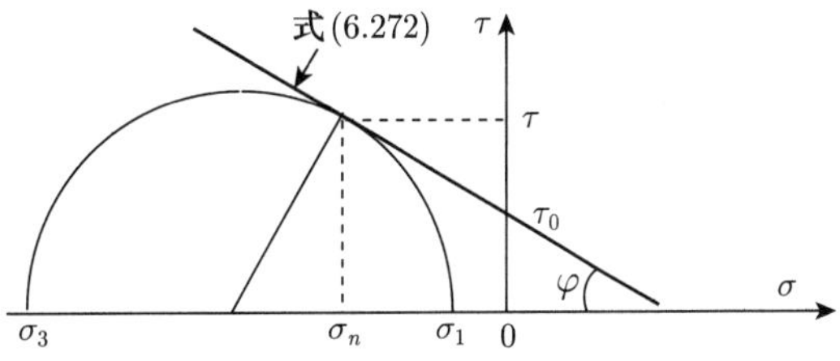

图 6.23 Mohr-Coulomb 屈服准则

$$\frac{\sigma_1 - \sigma_3}{2} + \frac{\sigma_1 + \sigma_3}{2}\sin\varphi = \tau_0 \cos\varphi \tag{6.272a}$$

式中，σ_1 和 σ_3 是最大和最小主应力。

式 (6.272) 实质是沿滑移面的滑移条件。Mises 屈服条件和 Tresca 屈服条件均与静水压力无关，而岩土类材料的 Mour-Coulomb 准则不同，静水压力对屈服有重要影响。

6.6.3 加、卸载准则，一致性条件

由于加载和卸载时材料满足不同的应力应变关系，在弹塑性分析中需要随时判断各点的变形过程是加载还是卸载，因此必须建立加卸载准则。加载引起屈服函数变化，如果采用 Mises 屈服条件，由式 (6.267)，有

$$\begin{aligned} \mathrm{d}f &= \frac{\partial f}{\partial \boldsymbol{\sigma}} : \mathrm{d}\boldsymbol{\sigma} + \frac{\partial f}{\partial \boldsymbol{b}} : \mathrm{d}\boldsymbol{b} + \frac{\partial f}{\partial \sigma_s}\mathrm{d}\sigma_s \\ &= 3(\boldsymbol{\sigma}' - \boldsymbol{b}') : \mathrm{d}\boldsymbol{\sigma} - 3(\boldsymbol{\sigma}' - \boldsymbol{b}') : \mathrm{d}\boldsymbol{b} - 2\sigma_s \mathrm{d}\sigma_s \end{aligned} \tag{6.273}$$

如果状态 ($\boldsymbol{\sigma}$, $\boldsymbol{b}$, σ_s) 满足后继屈服条件，即

$$f(\boldsymbol{\sigma}, \boldsymbol{b}, \sigma_s) = 0 \tag{6.274}$$

状态 ($\boldsymbol{\sigma} + \mathrm{d}\sigma$, $\boldsymbol{b} + \mathrm{d}\boldsymbol{b}$, $\sigma_s + \mathrm{d}\sigma_s$) 是邻近的后继屈服状态，则有

$$f(\boldsymbol{\sigma} + \mathrm{d}\boldsymbol{\sigma}, \boldsymbol{b} + \mathrm{d}\boldsymbol{b}, \sigma_s + \mathrm{d}\sigma_s) = f(\boldsymbol{\sigma}, \boldsymbol{b}, \sigma_s) + \mathrm{d}f = 0 \tag{6.275}$$

将式 (6.274) 代入式 (6.275)，得到

$$\mathrm{d}f = 0 \tag{6.276}$$

在一般情况下，对于屈服函数 $f(\boldsymbol{\sigma}, \boldsymbol{Y}_1, \boldsymbol{Y}_2, \cdots, \boldsymbol{Y}_n)$，有

$$\mathrm{d}f = \frac{\partial f}{\partial \boldsymbol{\sigma}} : \mathrm{d}\boldsymbol{\sigma} + \sum_{i=1}^{n} \frac{\partial f}{\partial \boldsymbol{Y}_i} : \mathrm{d}\boldsymbol{Y_i} = 0 \tag{6.276a}$$

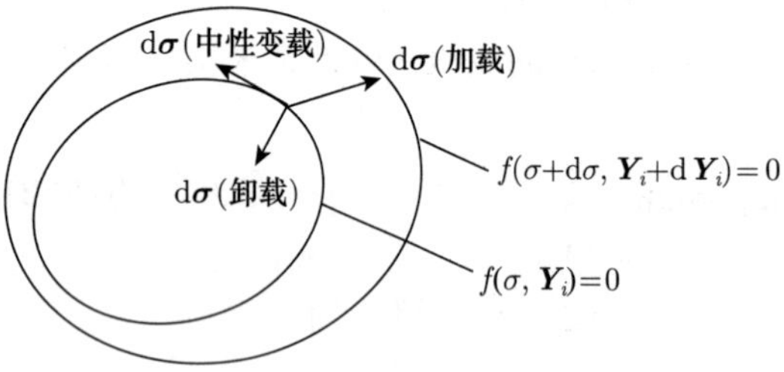

图 6.24 应力空间中加卸载示意图

式 (6.276) 称为一致性条件，它表示对于加载或非卸载 (中性变载) 过程，在应力空间中应力状态的对应点始终在屈服面上，即 $f = 0$；否则，若 $\mathrm{d}f < 0$ 则发生卸载。

根据变形过程中屈服函数的变化，可以给出后继屈服状态下的加卸载准则 (见图 6.24)

$$\left.\begin{array}{lll} \text{(1) 加载:} & f = 0, \mathrm{d}f = 0, & \mathrm{d}\bar{\varepsilon}^{\mathrm{p}} > 0 \\ \text{(2) 卸载:} & f = 0, \mathrm{d}f < 0, & \mathrm{d}\bar{\varepsilon}^{\mathrm{p}} = 0 \\ \text{(3) 中性变载:} & f = 0, \mathrm{d}f = 0, & \mathrm{d}\bar{\varepsilon}^{\mathrm{p}} = 0 \end{array}\right\} \tag{6.277}$$

在初始加载的弹性阶段和卸载过程中，$f < 0$。在经典塑性理论中 $f > 0$ 是不可能的。

6.6.4 增量型小变形塑性本构关系 (流动理论)

塑性情况下的应力应变关系是非线性的，并且依赖于变形过程，所以通常应为增量 (率) 型本构关系，其基础是塑性流动理论。本小节讨论等温、率无关小变形情况下的率型塑性本构关系，首先需要确定塑性变形增加的方向 (塑性变形增量分量的比值)，再确定增量分量的公共因子，然后给出应变增量与应力增量间的关系。

6.6.4.1 正交法则

为了确定塑性应变增量与应力之间的关系，洛德 (Lode) 对受轴向拉伸与内压联合作用的薄壁圆管进行了实验研究，发现塑性应变增量的洛德参数 μ_ε 与应力洛德参数 μ_σ 近似相等，即

$$\mu_\sigma = 2\frac{\sigma_2 - \sigma_3}{\sigma_1 - \sigma_3} - 1 \approx 2\frac{\mathrm{d}\varepsilon_2^{\mathrm{p}} - \mathrm{d}\varepsilon_3^{\mathrm{p}}}{\mathrm{d}\varepsilon_1^{\mathrm{p}} - \mathrm{d}\varepsilon_3^{\mathrm{p}}} - 1 = \mu_\varepsilon \tag{6.278}$$

式中，σ_j，$\mathrm{d}\varepsilon_j^{\mathrm{p}}$ $(j=1,2,3)$ 是主应力和塑性应变增量主值。由上式及和比定理，可知

$$\frac{\mathrm{d}\varepsilon_2^{\mathrm{p}}-\mathrm{d}\varepsilon_3^{\mathrm{p}}}{\sigma_2'-\sigma_3'}=\frac{\mathrm{d}\varepsilon_1^{\mathrm{p}}-\mathrm{d}\varepsilon_2^{\mathrm{p}}}{\sigma_1'-\sigma_2'}=\frac{\mathrm{d}\varepsilon_3^{\mathrm{p}}-\mathrm{d}\varepsilon_1^{\mathrm{p}}}{\sigma_3'-\sigma_1'}$$

近似成立，σ_j' 是主应力偏量。由上式得到比例关系

$$\frac{\mathrm{d}\varepsilon_1^{\mathrm{p}}}{\sigma_1'}=\frac{\mathrm{d}\varepsilon_2^{\mathrm{p}}}{\sigma_2'}=\frac{\mathrm{d}\varepsilon_3^{\mathrm{p}}}{\sigma_3'} \tag{6.279}$$

这说明可以假设塑性应变增量与应力偏量的方向相同，而与应力的球形部分和静水压力无关。上述结果是塑性本构关系的重要实验基础。

另一方面，由各向同性硬化材料的 Mises 屈服函数式 (6.267)($\boldsymbol{b}=0$)，得

$$\frac{\partial f}{\partial \sigma_{ij}}=3\sigma_{kl}'\frac{\partial \sigma_{kl}'}{\partial \sigma_{ij}}=3\sigma_{kl}'\left(\delta_{ki}\delta_{lj}-\frac{1}{3}\delta_{mi}\delta_{mj}\delta_{kl}\right)=3\sigma_{ij}' \quad (\text{注意}\sigma_{kk}'=0)$$

或

$$\frac{\partial f}{\partial \boldsymbol{\sigma}}=3\boldsymbol{\sigma}' \tag{6.280a}$$

$\dfrac{\partial f}{\partial \boldsymbol{\sigma}}$ 是屈服面 $f=0$ 的外法线向量。类似地，对于混合硬化材料的 MIses 屈服函数，有

$$\frac{\partial f}{\partial \boldsymbol{\sigma}}=3\left(\boldsymbol{\sigma}'-\boldsymbol{b}'\right)=3\overline{\boldsymbol{\sigma}}' \tag{6.280b}$$

式 (6.280a,b) 表明，屈服面上任一点 $\boldsymbol{\sigma}$ 的偏斜应力 $\boldsymbol{\sigma}'$ 方向 (各向同性硬化) 或主动偏斜应力 $\boldsymbol{\sigma}'-\boldsymbol{b}'$ 方向 (混合硬化) 与该点处屈服面的外法线方向相同。因此，可以假设塑性应变增量方向沿屈服面的外法线方向，这就是 Drucker 假设，或“正交法则”。

根据正交法则，令塑性应变增量

$$\mathrm{d}\boldsymbol{\varepsilon}^{\mathrm{p}}=3\left(\boldsymbol{\sigma}'-\boldsymbol{b}'\right)\mathrm{d}\lambda \tag{6.281}$$

$\mathrm{d}\lambda$ 是正值，称为塑性应变增量因子，表示塑性变形的大小。

将上式代入式 (6.265a)，利用式 (6.267c) 和屈服条件，得

$$\mathrm{d}\bar{\varepsilon}^{\mathrm{p}}=\left[\frac{2}{3}\left(3\overline{\boldsymbol{\sigma}}'\right):\left(3\overline{\boldsymbol{\sigma}}'\right)\right]^{1/2}\mathrm{d}\lambda=2\bar{\sigma}_{\mathrm{eq}}\mathrm{d}\lambda=2\sigma_{\mathrm{s}}\mathrm{d}\lambda \tag{6.282}$$

用式 (6.282) 消去式 (6.281) 中的 $\mathrm{d}\lambda$，得到

$$\mathrm{d}\boldsymbol{\varepsilon}^{\mathrm{p}}=\frac{3\mathrm{d}\bar{\varepsilon}^{\mathrm{p}}}{2\sigma_{\mathrm{eq}}}\left(\boldsymbol{\sigma}'-\boldsymbol{b}'\right)=\frac{3\mathrm{d}\bar{\varepsilon}^{\mathrm{p}}}{2\sigma_{\mathrm{s}}}\left(\boldsymbol{\sigma}'-\boldsymbol{b}'\right) \quad \text{或} \quad \dot{\boldsymbol{\varepsilon}}^{\mathrm{p}}=\frac{3\dot{\bar{\varepsilon}}^{\mathrm{p}}}{2\sigma_{\mathrm{s}}}\left(\boldsymbol{\sigma}'-\boldsymbol{b}'\right) \tag{6.283}$$

6.6.4.2 用一致性条件确定塑性应变增量因子

对于各向同性硬化情况 ($\boldsymbol{b}=0$)，一致性条件为

$$\mathrm{d}f=\frac{\partial f}{\partial \boldsymbol{\sigma}}:\mathrm{d}\boldsymbol{\sigma}+\frac{\partial f}{\partial \sigma_s}\mathrm{d}\sigma_s=3\boldsymbol{\sigma}':\mathrm{d}\boldsymbol{\sigma}-2\sigma_s\mathrm{d}\sigma_s=3\boldsymbol{\sigma}':\mathrm{d}\boldsymbol{\sigma}-2\sigma_s E_y\mathrm{d}\bar{\varepsilon}^{\mathrm{p}}=0 \tag{6.284}$$

其中

$$E_{\mathrm{y}}=\frac{\mathrm{d}\sigma_s}{\mathrm{d}\bar{\varepsilon}^{\mathrm{p}}} \tag{6.285}$$

是屈服应力与累积塑性变形曲线的切线模量，由单向拉伸实验确定。利用式 (6.282) 和式 (6.284)，得到：

$$\mathrm{d}\lambda=\frac{3\boldsymbol{\sigma}':\mathrm{d}\boldsymbol{\sigma}}{4E_{\mathrm{y}}\sigma_s^2} \tag{6.286}$$

对于混合硬化情况，必须考虑背应力的演化。由式 (6.283)，一致性条件为

$$\mathrm{d}f=3\overline{\boldsymbol{\sigma}'}:\mathrm{d}\boldsymbol{\sigma}+3\overline{\boldsymbol{\sigma}'}:\mathrm{d}\boldsymbol{b}'-2\sigma_sE_y\mathrm{d}\bar{\varepsilon}^{\mathrm{p}}=0 \tag{6.287}$$

其中用到 $(\boldsymbol{\sigma}'-\boldsymbol{b}'):\mathrm{d}\boldsymbol{b}=(\boldsymbol{\sigma}'-\boldsymbol{b}'):\mathrm{d}\boldsymbol{b}'$。由 Prager 假设，$\boldsymbol{b}$ 为偏量

$$\dot{\boldsymbol{b}}'=\dot{\boldsymbol{b}}=c\dot{\boldsymbol{\varepsilon}}^{\mathrm{p}},\quad \mathrm{d}\boldsymbol{b}'=c\mathrm{d}\boldsymbol{\varepsilon}^{\mathrm{p}} \tag{6.288a}$$

根据 Ziegler 假设，$\boldsymbol{b}$ 平行于主动应力 $\boldsymbol{\sigma}-\boldsymbol{b}$，但不是偏量。由式 (6.280) 和式 (6.283)，得

$$\dot{\boldsymbol{b}}'=\mu\left(\boldsymbol{\sigma}'-\boldsymbol{b}'\right)=\mu\frac{2\sigma_{\mathrm{s}}}{3\dot{\bar{\varepsilon}}^{\mathrm{p}}}\dot{\boldsymbol{\varepsilon}}^{\mathrm{p}}=c_1\dot{\boldsymbol{\varepsilon}}^{\mathrm{p}},\quad \mathrm{d}\boldsymbol{b}'=c_1\mathrm{d}\boldsymbol{\varepsilon}^{\mathrm{p}} \tag{6.288b}$$

式中，c 和 c_1 为依赖塑性变形过程的材料参数，由单向拉伸试验确定。引入另一参数 E_{b}，令 $c=c_1=\dfrac{2}{3}E_{\mathrm{b}}$，式 (6.288a,b) 可以共同表示为

$$\mathrm{d}\boldsymbol{b}'=\frac{2}{3}E_{\mathrm{b}}\mathrm{d}\boldsymbol{\varepsilon}^{\mathrm{p}} \tag{6.288c}$$

利用式 (6.288c)、式 (6.283) 、式 (6.265a) 和式 (6.282)，有

$$(\boldsymbol{\sigma}'-\boldsymbol{b}'):\mathrm{d}\boldsymbol{b}'=\frac{4E_{\mathrm{b}}}{9\mathrm{d}\lambda}\mathrm{d}\boldsymbol{\varepsilon}^{\mathrm{p}}:\mathrm{d}\boldsymbol{\varepsilon}^{\mathrm{p}}=\frac{E_{\mathrm{b}}}{3\mathrm{d}\lambda}\left(\mathrm{d}\bar{\varepsilon}^{\mathrm{p}}\right)^2=\frac{E_{\mathrm{b}}}{3\mathrm{d}\lambda}\left(2\sigma_s\mathrm{d}\lambda\right)^2=\frac{4}{3}E_{\mathrm{b}}\sigma_s^2\mathrm{d}\lambda$$

将上式代入式 (6.287)，利用式 (6.282)，得 $3\overline{\boldsymbol{\sigma}}':\mathrm{d}\boldsymbol{\sigma}-4\left(E_{\mathrm{b}}+E_{\mathrm{y}}\right)\sigma_s^2\mathrm{d}\lambda=0$，所以

$$\mathrm{d}\lambda=\frac{3\overline{\boldsymbol{\sigma}}':\mathrm{d}\boldsymbol{\sigma}}{4\left(E_{\mathrm{b}}+E_{\mathrm{y}}\right)\sigma_s^2}=\frac{3\overline{\boldsymbol{\sigma}}':\mathrm{d}\boldsymbol{\sigma}}{4E_{\mathrm{p}}\sigma_s^2} \tag{6.289}$$

式中

$$E_{\mathrm{p}}=E_{\mathrm{b}}+E_{\mathrm{y}} \tag{6.290}$$

称为塑性模量。$E_{\mathrm{p}},E_{\mathrm{b}},E_{\mathrm{y}}$ 及其物理意义可由单向拉伸试验得到。

若硬化材料的单向拉伸及反向屈服试验给出 σ_{11}，$b_{11}\sim\varepsilon_{11}$ 曲线，如图 6.22(a)，ε_{11} 中减去弹性应变，注意到 $\sigma_{11}=b_{11}+\sigma_s$，便得到 $\sigma_{11},b_{11},\sigma_s\sim\varepsilon_{11}^{\mathrm{p}}$ 关系 (见图 6.22(b))。在单向应力时，$\varepsilon_{11}^{\mathrm{p}}=\bar{\varepsilon}^{\mathrm{p}}$，$\sigma_{11}=\sigma_{\mathrm{eq}}$，$\sigma_{22}=\sigma_{33}=0$；按 Ziegler 假设，可取 $\boldsymbol{b}$ 的分量为 $b_{11}\neq0$，

$b_{22}=b_{33}=b_{ij}=0\ \ (i\neq j)$，所以 $b'_{11}=\dfrac{2}{3}b_{11}$。由式 (6.288c) 得 $E_{\rm b}=\dfrac{3{\rm d}b'_{11}}{2{\rm d}\bar{\varepsilon}^{\rm p}}=\dfrac{{\rm d}b_{11}}{{\rm d}\bar{\varepsilon}^{\rm p}}$；由式 (6.285) 有 $E_{\rm y}=\dfrac{{\rm d}\sigma_s}{{\rm d}\bar{\varepsilon}^{\rm p}}$；因此塑性模量可以通过单向拉伸试验确定：

$$E_{\rm p}=E_{\rm b}+E_{\rm y}=\frac{{\rm d}\sigma_{11}}{{\rm d}\bar{\varepsilon}^{\rm p}} \tag{6.291}$$

将混合硬化材料的式 (6.289) 代入式 (6.281)(若 $\boldsymbol{b}=\boldsymbol{0},E_{\rm p}=E_{\rm y}$ 则为各向同性硬化)，得到

$$\mathrm{d}\boldsymbol{\varepsilon}^{\rm p}=\frac{9\overline{\boldsymbol{\sigma}'}\,\overline{\boldsymbol{\sigma}'}:\mathrm{d}\boldsymbol{\sigma}}{4E_{\rm p}\sigma_s^2} \tag{6.292}$$

需要指出，上式只适用于硬化材料，即 $E_{\rm p}$ 恒正。在单向拉伸加载过程中发生应力下降 ($E_{\rm p}<0$)，称为软化材料。对于软化材料或 $E_{\rm p}\leqslant 0$ 的情况，则不能以 $\boldsymbol{\sigma}$ 为自变量，用 $\mathrm{d}\boldsymbol{\sigma}$ 单值地表示 $\mathrm{d}\boldsymbol{\varepsilon}^{\rm p}$，此时必须以应变为自变量，在应变空间中建立屈服准则，演化方程用 $\mathrm{d}\boldsymbol{\varepsilon}$ 表示 $\mathrm{d}\boldsymbol{\sigma}$。

6.6.4.3 普朗特–罗斯 (Prandtl-Reuss) 本构方程

在小变形情况下，弹性应变增量与应力增量的本构关系 (即式 (6.24a) 的率形式) 为

$$\mathrm{d}\boldsymbol{\varepsilon}^{\rm e}=\boldsymbol{\Sigma}^{-1}:\mathrm{d}\boldsymbol{\sigma} \tag{6.293}$$

将上式和式 (6.292) 代入 $\mathrm{d}\boldsymbol{\varepsilon}=\mathrm{d}\boldsymbol{\varepsilon}^{\rm e}+\mathrm{d}\boldsymbol{\varepsilon}^{\rm p}$，得到：

$$\mathrm{d}\boldsymbol{\varepsilon}=\boldsymbol{\Sigma}^{-1}:\mathrm{d}\boldsymbol{\sigma}+\frac{9\alpha}{4E_{\rm p}\sigma_s^2}\overline{\boldsymbol{\sigma}'}\,\overline{\boldsymbol{\sigma}'}:\mathrm{d}\boldsymbol{\sigma}=\boldsymbol{M}^{\rm ep}:\mathrm{d}\boldsymbol{\sigma} \tag{6.294}$$

式中，$\boldsymbol{M}^{\rm ep}$ 称为弹塑性柔度张量，α 为加载因子

$$\boldsymbol{M}^{\rm ep}=\boldsymbol{\Sigma}^{-1}+\frac{9\alpha}{4E_{\rm p}\sigma_s^2}\overline{\boldsymbol{\sigma}'}\,\overline{\boldsymbol{\sigma}'},\quad \alpha=\begin{cases}1 & \text{加载}\\ 0 & \text{弹性或卸载}\end{cases} \tag{6.294a}$$

式 (6.293) 的逆形式为

$$\mathrm{d}\boldsymbol{\sigma}=\boldsymbol{\Sigma}^{\rm ep}:\mathrm{d}\boldsymbol{\varepsilon} \tag{6.295}$$

$$\boldsymbol{\Sigma}^{\rm ep}=\boldsymbol{\Sigma}-\frac{9\alpha G^2}{(E_{\rm p}+3G)\,\sigma_s^2}\overline{\boldsymbol{\sigma}'}\,\overline{\boldsymbol{\sigma}'}\quad(\text{弹塑性刚度张量}) \tag{6.295a}$$

式中，G 为线弹性剪切模量。式 (6.294) 和式 (6.295) 称为 Prandtl-Reuss 本构方程。

逆本构关系式 (6.295) 的推导如下。

首先，用 $\mathrm{d}\boldsymbol{\varepsilon}$ 表示式 (6.294) 中的标量 $\overline{\boldsymbol{\sigma}'}:\mathrm{d}\boldsymbol{\sigma}$，由于

$$\mathrm{d}\boldsymbol{\sigma}=\boldsymbol{\Sigma}:\mathrm{d}\boldsymbol{\varepsilon}^{\rm e}=2G\left(\mathrm{d}\boldsymbol{\varepsilon}^{\rm e}+\frac{\nu}{1-2\nu}\mathrm{tr}\,(\mathrm{d}\boldsymbol{\varepsilon}^{\rm e})\,\boldsymbol{I}\right)$$

上式前双点乘主动应力偏量，有

$$\overline{\boldsymbol{\sigma}'}:\mathrm{d}\boldsymbol{\sigma}=2G\overline{\boldsymbol{\sigma}'}:\mathrm{d}\boldsymbol{\varepsilon}^{\rm e}=2G\overline{\boldsymbol{\sigma}'}:(\mathrm{d}\boldsymbol{\varepsilon}-\mathrm{d}\boldsymbol{\varepsilon}^{\rm p}) \tag{a}$$

将式 (6.292) 代入式 (a)，利用 $\overline{\boldsymbol{\sigma}}':\overline{\boldsymbol{\sigma}}'=\dfrac{2}{3}\sigma_s^2$ (Mises 屈服条件)，经过整理，可得

$$\overline{\boldsymbol{\sigma}}':\mathrm{d}\boldsymbol{\sigma}=\frac{2G}{1+3G/E_{\mathrm{p}}}\overline{\boldsymbol{\sigma}}':\mathrm{d}\boldsymbol{\varepsilon} \tag{b}$$

然后，将式 (6.294) 双点积前乘 $\boldsymbol{\Sigma}$，注意到 $\overline{\boldsymbol{\sigma}}'$ 是偏量，有

$$\boldsymbol{\Sigma}:\left(\boldsymbol{\Sigma}^{-1}:\mathrm{d}\boldsymbol{\sigma}\right)=\mathrm{d}\boldsymbol{\sigma},\quad \boldsymbol{\Sigma}:\overline{\boldsymbol{\sigma}}'=2G\overline{\boldsymbol{\sigma}}' \tag{c}$$

再将式 (b) 和式 (c) 式代入，整理，即得式 (6.295) 逆本构关系。

Prandtl-Reuss 方程是增量型本构关系，适用于小变形、硬化材料，由于变形中同时考虑了弹性和塑性部分，因而比较复杂，主要用于变形不太大的情况。

6.6.4.4 莱维–密泽斯 (Levy-Mises) 本构方程

假设材料为理想刚塑性材料 (见图 6.25(b))，变形中弹性部分恒为 0，总变形等于塑性应变。由 Mises 屈服条件、正交法则式 (6.281) 和式 (6.282)，有

$$\mathrm{d}\boldsymbol{\varepsilon}=\frac{3\mathrm{d}\bar{\varepsilon}^{\mathrm{p}}}{2\sigma_{\mathrm{eq}}}\left(\boldsymbol{\sigma}'-\boldsymbol{b}'\right),\quad \mathrm{d}\varepsilon_{ij}=\frac{3\mathrm{d}\bar{\varepsilon}^{\mathrm{p}}}{2\sigma_{\mathrm{eq}}}\left(\sigma'_{ij}-b'_{ij}\right) \tag{6.296}$$

式 (6.296) 称为 Levy-Mises 本构方程。在许多金属塑性成形问题中，弹性变形与塑性变形比较很小，是完全可以忽略的 [46]。由于略去了弹性变形，因而 Levy-Mises 本构方程，比同时考虑弹塑性变形的 Prandtl-Reuss 方程，在应用中更为简单。

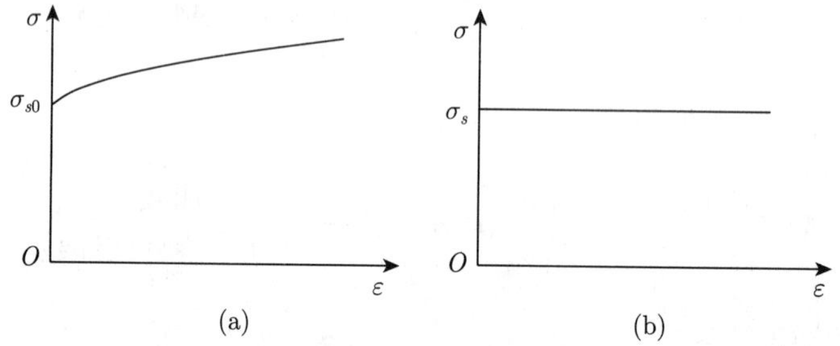

图 6.25 刚塑性 (a) 和理想刚塑性 (b)

本节和上节讨论的小变形理论均以 Mises 屈服条件为基础，Mises 屈服面是应力空间中的光滑曲面。当屈服面不是光滑的包含拐角时，称为奇异屈服面，例如 Tresca 屈服条件，此时在拐角处外法线方向不唯一，需要建立奇异屈服面理论，本书不涉及这方面内容。

6.6.5 全量型小变形塑性本构关系 (形变理论)

流动理论给出了应变增量与应力增量间的塑性本构关系，此外还有一种对于应变和应力全量建立的全量型小变形塑性本构关系，即形变理论 (或全量理论) 本构关系。全量本构关系更加简单，但只在一定条件下适用。

假设材料满足 Mises 屈服条件，若 $\boldsymbol{b}=\mathbf{0}$(各向同性硬化)，则

$$\frac{3}{2}\boldsymbol{\sigma}':\boldsymbol{\sigma}'-\sigma_s^2=0 \tag{6.297}$$

形变理论认为，塑性应变 $\boldsymbol{\varepsilon}^{\mathrm{p}}$ 全量与应力偏量 $\boldsymbol{\sigma}'$ 同向，即沿屈服面外法线方向，可以表为

$$\boldsymbol{\varepsilon}^{\mathrm{p}} = \lambda\boldsymbol{\sigma}' \tag{6.298}$$

$\lambda\,(>0)$ 是比例因子。为了用一个标量表示塑性应变全量的大小，即塑性变形程度，定义

$$\tilde{\varepsilon}^{\mathrm{p}} = \left(\frac{2}{3}\boldsymbol{\varepsilon}^{\mathrm{p}} : \boldsymbol{\varepsilon}^{\mathrm{p}}\right)^{1/2} \tag{6.299}$$

称为等效塑性变形。可以验证，在单向拉伸变形时 $\left(\varepsilon_{11}^{\mathrm{p}},\ \varepsilon_{22}^{\mathrm{p}} = \varepsilon_{33}^{\mathrm{p}} = -\dfrac{1}{2}\varepsilon_{11}^{\mathrm{p}}\right)\tilde{\varepsilon}^{\mathrm{p}} = \varepsilon_{11}^{\mathrm{p}}$。需要指出，等效塑性变形只与当时的塑性应变 (总应变减去弹性应变) 有关，与变形过程无关，所以在一般情况下等效塑性变形不等于式 (6.265b) 定义的累积塑性应变 $\bar{\varepsilon}^{\mathrm{p}}$，只有变形过程中塑性应变成比例变化时 (即方向不变) 两者相同。将式 (6.298) 代入式 (6.299)，利用 Mises 等效应力，得到

$$\tilde{\varepsilon}^{\mathrm{p}} = \lambda\left(\frac{2}{3}\boldsymbol{\sigma}' : \boldsymbol{\sigma}'\right)^{1/2} = \frac{2}{3}\lambda\sigma_{\mathrm{eq}}, \quad \lambda = \frac{3\tilde{\varepsilon}^{\mathrm{p}}}{2\sigma_{\mathrm{eq}}} \tag{6.300}$$

上式给出等效塑性变形 (或塑性应变强度) 与等效应力 (或应力强度) 的关系。假设材料中任一点在所有应力状态下应力强度 σ_{eq} 与应变强度 $\tilde{\varepsilon}(=((2/3)\boldsymbol{\varepsilon}:\boldsymbol{\varepsilon})^{1/2})$ 满足同一关系 (单一曲线假设)，因而可以用单向拉伸试验确定函数式 (6.300)，得到等效应力的函数 $\lambda = \lambda\,(\sigma_{\mathrm{eq}})$。

假设总应变可以分解为弹性应变与塑性应变之和 $\boldsymbol{\varepsilon} = \boldsymbol{\varepsilon}^{\mathrm{e}} + \boldsymbol{\varepsilon}^{\mathrm{p}}$，将式 (6.298) 代入，利用线弹性本构关系表示弹性应变，得

$$\boldsymbol{\varepsilon} = \boldsymbol{\Sigma}^{-1} : \boldsymbol{\sigma} + \lambda\,(\sigma_{\mathrm{eq}})\,\boldsymbol{\sigma}' \tag{6.301}$$

上式称为亨奇–伊留辛 (Hencky-Ilyshin) 形变理论本构关系。将式 (6.301) 用于单向拉伸，可以确定函数 $\lambda\,(\sigma_{\mathrm{eq}})$。由于 $\varepsilon_{11} = \dfrac{\sigma_{11}}{E} + \dfrac{2}{3}\lambda\sigma_{11}$，因此

$$\lambda = \frac{3}{2}\left(\frac{\varepsilon_{11}}{\sigma_{11}} - \frac{1}{E}\right) = \frac{3}{2}\left(\frac{1}{E_s} - \frac{1}{E}\right) \tag{6.302}$$

式中，E 是材料的弹性模量；$E_{\mathrm{s}}\,(\sigma_{\mathrm{eq}})$ 是假设单向拉伸应力 $\sigma_{11} = \sigma_{\mathrm{eq}}$(一般应力状态的等效应力) 时 $\sigma_{11} \sim \varepsilon_{11}$ 曲线的割线模量。

将式 (6.302) 和 $\boldsymbol{\Sigma}^{-1}$ 代入式 (6.301)，得到

$$\boldsymbol{\varepsilon} = \left[\frac{1}{2G} + \frac{3}{2}\left(\frac{1}{E_s} - \frac{1}{E}\right)\right]\boldsymbol{\sigma} - \left[\frac{\nu}{E} - \frac{1}{2}\left(\frac{1}{E_s} - \frac{1}{E}\right)\right]\mathrm{tr}\,(\boldsymbol{\sigma})\,\boldsymbol{I} \tag{6.303}$$

两端取迹，用 $\mathbf{tr}\,(\boldsymbol{\varepsilon})$ 表示 $\mathbf{tr}\,(\boldsymbol{\sigma})$，代入式 (6.303)，可以得到应变表示应力的逆本构关系。

全量理论本构关系也可以表为率形式。由式 (6.298) 对广义时间取导数

$$\dot{\boldsymbol{\varepsilon}}^{\mathrm{p}} = \lambda\dot{\boldsymbol{\sigma}}' + \dot{\lambda}\boldsymbol{\sigma}' \tag{6.304}$$

$$\dot{\lambda} = \frac{\mathrm{d}\lambda}{\mathrm{d}\sigma_{\mathrm{eq}}}\dot{\sigma}_{\mathrm{eq}} = \frac{\mathrm{d}\lambda}{\mathrm{d}\sigma_{\mathrm{eq}}}\frac{3\boldsymbol{\sigma}' : \dot{\boldsymbol{\sigma}}'}{2\sigma_{\mathrm{eq}}} \tag{6.305}$$

根据单一曲线假设，$\dfrac{\mathrm{d}\lambda}{\mathrm{d}\sigma_{\mathrm{eq}}}$ 可由单向拉伸试验确定。由式 (6.302)，对于单向拉伸应力状态，

$$\frac{\mathrm{d}\lambda}{\mathrm{d}\sigma_{11}}=\frac{3}{2}\left(\frac{1}{\sigma_{11}}\frac{\mathrm{d}\varepsilon_{11}}{\mathrm{d}\sigma_{11}}-\frac{\varepsilon_{11}}{\sigma_{11}^2}\right)=\frac{3}{2\sigma_{11}}\left(\frac{1}{E_{\mathrm{t}}}-\frac{1}{E_{\mathrm{s}}}\right)$$

所以

$$\frac{\mathrm{d}\lambda}{\mathrm{d}\sigma_{eq}}=\frac{3}{2\sigma_{eq}}\left(\frac{1}{E_{\mathrm{t}}}-\frac{1}{E_{\mathrm{s}}}\right)\tag{6.306}$$

$E_{\mathrm{t}}(\sigma_{\mathrm{eq}})$ 是假设单向拉伸应力 $\sigma_{11}=\sigma_{\mathrm{eq}}$ 时 $\sigma_{11}\sim\varepsilon_{11}$ 曲线的切线模量。将上式代入式 (6.305)，由式 (6.304)，得

$$\dot{\boldsymbol{\varepsilon}}^{\mathrm{p}}=\left[\frac{3}{2}\left(\frac{1}{E_s}-\frac{1}{E}\right)\boldsymbol{I}_{(4)}+\frac{9}{4}\left(\frac{1}{E_t}-\frac{1}{E_s}\right)\frac{\boldsymbol{\sigma}'\boldsymbol{\sigma}'}{\sigma_{\mathrm{eq}}^2}\right]:\dot{\boldsymbol{\sigma}}'\tag{6.307}$$

或

$$\dot{\varepsilon}_{ij}^{\mathrm{p}}=\left[\frac{3}{2}\left(\frac{1}{E_s}-\frac{1}{E}\right)\delta_{ik}\delta_{jl}+\frac{9}{4}\left(\frac{1}{E_t}-\frac{1}{E_s}\right)\frac{\sigma_{ik}'\sigma_{jl}'}{\sigma_{\mathrm{eq}}^2}\right]\dot{\sigma}_{kl}'$$

其中 $\boldsymbol{I}_{(4)}$ 是 4 阶单位张量，直角坐标系中的分量为 $I_{(4)ijkl}=\dfrac{1}{2}(\delta_{ik}\delta_{jl}+\delta_{jk}\delta_{il})$。另外

$$\dot{\boldsymbol{\varepsilon}}^{\mathrm{e}}=\boldsymbol{\Sigma}^{-1}:\dot{\boldsymbol{\sigma}}=\frac{\dot{\boldsymbol{\sigma}}}{2G}-\frac{\nu}{E}\mathrm{tr}(\dot{\boldsymbol{\sigma}})\boldsymbol{I}=\left(\frac{1}{2G}\boldsymbol{I}_{(4)}-\frac{\nu}{E}\boldsymbol{II}\right):\dot{\boldsymbol{\sigma}}\tag{6.308}$$

将式 (6.307) 和式 (6.308) 代入 $\dot{\boldsymbol{\varepsilon}}=\dot{\boldsymbol{\varepsilon}}^{\mathrm{e}}+\dot{\boldsymbol{\varepsilon}}^{\mathrm{p}}$，即可得到形变理论增量本构关系。

形变理论在小变形、比例加载 (即应力偏量分量成比例单调增加) 情况下，可以得到正确结果。Ilyshin(Ильюшин) 提出简单加载概念，即各点应力成比例增加，有中性变载但无卸载，并证明在幂强化材料、简单加载、小弹塑性情况下，形变理论与流动理论相同。形变理论采用的塑性变形程度度量和塑性变形假设是不完善的，所以一般不能用于复杂加载情况；但进一步研究表明，当加载路径与比例加载偏离不大时，形变理论与流动理论中 Drucker 假设 (见 6.6.6 节) 相符，因而仍然可以应用。在结构弹塑性稳定问题中，形变理论预测的临界载荷常常比流动理论更接近试验结果。

6.6.6 塑性流动理论的基本假设

小变形塑性理论本构关系的基础是屈服条件、正交法则和一致性条件。正交法则是在实验基础上提出的，也可以由一些基本假设导出。这些基本假设并不像热力学定律那样普遍成立，带有“准热力学”性质，也称为“公设”。

6.6.6.1 Drucker 假设

假若材料内任一点的应力状态变化有一个应力循环 A-B-C-D，如图 6.26 所示，$\boldsymbol{\sigma}^*$ 是一个可能的弹性应力状态，图中为 A 点，假设该点在应力空间中的屈服面内 (也可以在屈服面上，即 B 点)；从 $\boldsymbol{\sigma}^*$ 状态沿 ABC 缓慢加载到状态 $\boldsymbol{\sigma}$，图中为 C 点，其中 BC 是后继屈服以后的微小的加载段，B 点和 C 点在两个邻近的加载面上；然后缓慢卸载到应力状

态 $\boldsymbol{\sigma}^*$，图中为 CD 段，在应力空间中回到屈服面内原来的点。$ABCD$ 是应力空间的一个应力循环，$\boldsymbol{\sigma}$ 是实际应力；$\boldsymbol{\sigma}^*$ 称为许可应力；$\boldsymbol{\sigma}-\boldsymbol{\sigma}^*$ 是附加应力。Drucker 假设：单位体积中附加应力循环所做的功非负：

$$\oint_{\sigma}(\boldsymbol{\sigma}-\boldsymbol{\sigma}^*):\mathrm{d}\boldsymbol{\varepsilon}\geqslant 0 \tag{6.309a}$$

式中，积分回路是指应力循环 $ABCD$，不是积分变量的循环。

Drucker 假设的另一种等价的表示形式 (略去证明) 为

$$\oint_{\sigma}\boldsymbol{\varepsilon}:\mathrm{d}\boldsymbol{\sigma}\leqslant 0 \tag{6.309b}$$

利用 Drucker 假设，可以得到两个重要推论 (略去证明)：

推论 1 若许可应力 $\boldsymbol{\sigma}^*$ 在屈服面内部，则

$$(\boldsymbol{\sigma}-\boldsymbol{\sigma}^*):\dot{\boldsymbol{\varepsilon}}^{\mathrm{p}}\geqslant 0 \quad 或 \quad \boldsymbol{\sigma}:\dot{\boldsymbol{\varepsilon}}^{\mathrm{p}}\geqslant\boldsymbol{\sigma}^*:\dot{\boldsymbol{\varepsilon}}^{\mathrm{p}} \tag{6.310}$$

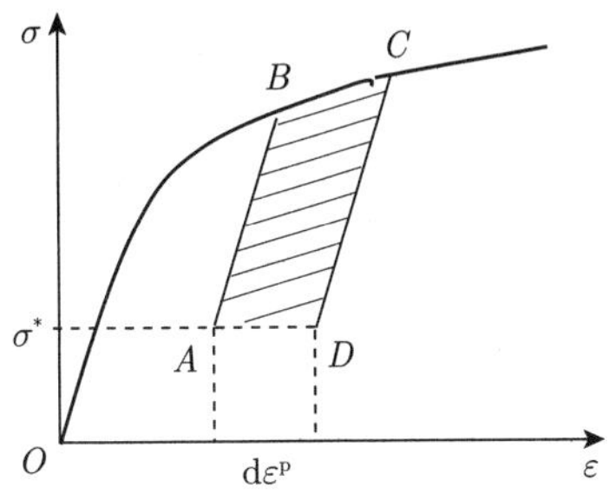

图 6.26 Drucker 假设

即实际应力状态的塑性功率大于或等于任何许可应力状态的塑性功率。这一结论称为最大塑性功率原理。

推论 2 若许可应力 $\boldsymbol{\sigma}^*$ 在屈服面上，附加应力只是使该点进一步屈服，则

$$\dot{\boldsymbol{\sigma}}:\dot{\boldsymbol{\varepsilon}}^{\mathrm{p}}\geqslant 0 \tag{6.311}$$

即硬化材料在后继屈服过程中塑性功增加。

根据 Drucker 假设可以证明正交法则和屈服面的外凸性。

在应力空间中，一个实对称二阶张量相当于一个向量。式 (6.310) 表明，向量 $\boldsymbol{\sigma}-\boldsymbol{\sigma}^*$ 与 $\dot{\boldsymbol{\varepsilon}}^{\mathrm{p}}$ 夹锐角或直角 (见图 6.27(a))；由于 $\boldsymbol{\sigma}-\boldsymbol{\sigma}^*$ 是任意的，可以由屈服面内或屈服面上任一点 $\boldsymbol{\sigma}^*$ 指向点 $\boldsymbol{\sigma}$，假如 $\dot{\boldsymbol{\varepsilon}}^{\mathrm{p}}$ 不垂直于点 $\boldsymbol{\sigma}$ 处屈服面的超切平面 (见图 6.27(b))，就一定可以找到某个 $\boldsymbol{\sigma}-\boldsymbol{\sigma}^*$ 与 $\dot{\boldsymbol{\varepsilon}}^{\mathrm{p}}$ 夹钝角，使 $(\boldsymbol{\sigma}-\boldsymbol{\sigma}^*):\dot{\boldsymbol{\varepsilon}}^{\mathrm{p}}<0$(见图 6.27(b))，违背 Drucker 假设，因而 $\dot{\boldsymbol{\varepsilon}}^{\mathrm{p}}$ 只能沿屈服面的外法线方向 $\left(\dfrac{\partial f}{\partial\boldsymbol{\sigma}}\right)$，即正交法则成立。式 (6.310) 还表明，许

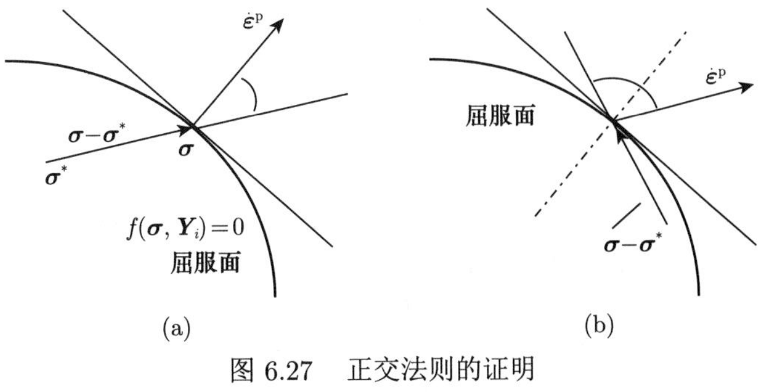

图 6.27 正交法则的证明

可应力 $\boldsymbol{\sigma}^*$ 只能在切平面一侧而且是内侧，$\boldsymbol{\sigma}-\boldsymbol{\sigma}^*$ 才能与法线方向夹锐角或直角，否则必然存在夹钝角的情况，因此屈服面只能在切平面内侧，即为外凸曲面。

需要说明的是，Drucker 假设只适用于硬化材料，因为如果存在软化阶段，即随应变 (等效应变) 增加应力 (等效应力) 下降 (见图 6.28)，当 $\boldsymbol{\sigma}^*$ 取屈服面上的点并位于下降段时，便不可能建立图 6.26 那样的应力循环，保证 D 点也在屈服面内。此外，Drucker 假设只适用于小变形情况。

6.6.6.2 Ilyushin 假设

Ilyushin (1961) 提出一个基于应变循环的积分不等式，如图 6.29 所示。A 为屈服面内的一点 (应力和应变为 $\boldsymbol{\sigma}_1,\boldsymbol{\varepsilon}^*$)，弹性加载至屈服面上的点 $B(\boldsymbol{\sigma},\boldsymbol{\varepsilon})$，再加微小应变至点 $C(\boldsymbol{\sigma}+\mathrm{d}\boldsymbol{\sigma},\boldsymbol{\varepsilon}+\mathrm{d}\boldsymbol{\varepsilon})$，然后卸载使应变回到 $\boldsymbol{\varepsilon}^*$，对应的应力为 $\boldsymbol{\sigma}_2$，即 D 点 $(\boldsymbol{\sigma}_2,\boldsymbol{\varepsilon}^*)$，上述过程构成一个应变循环 $ABCD$。由于新增加的塑性变形 $\Delta\boldsymbol{\varepsilon}^{\mathrm{p}}$ 的影响，CD 段的刚度小于 AB 段的刚度，这说明材料的弹性与塑性相耦合。Ilyushin 假设：在应变循环 $ABCD$ 中应力所做的功非负

$$\oint_{\varepsilon}\boldsymbol{\sigma}:\mathrm{d}\boldsymbol{\varepsilon}\geqslant 0 \tag{6.312}$$

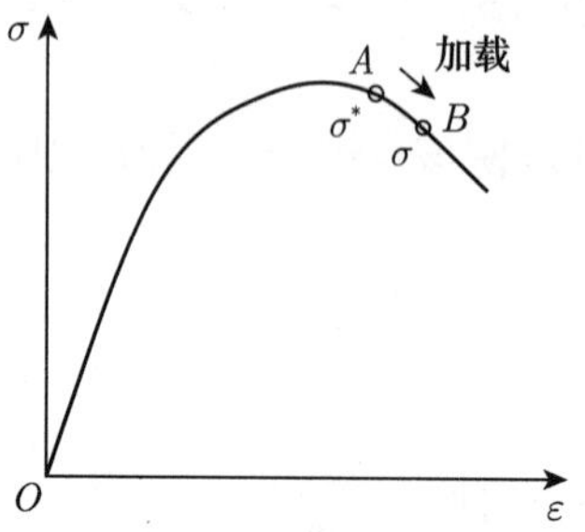

图 6.28 软化材料应力应变曲线

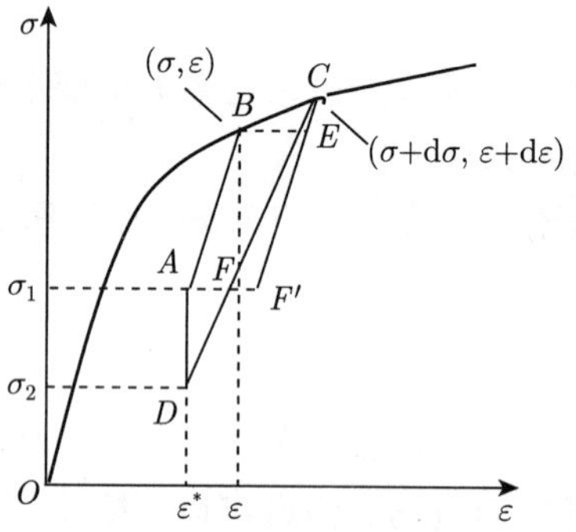

图 6.29 Ilyushin 假设

对上式积分可以得到下列不等式 (略去证明)：

$$\oint_{\varepsilon}\boldsymbol{\sigma}:\mathrm{d}\boldsymbol{\varepsilon}\approx(\boldsymbol{\sigma}-\boldsymbol{\sigma}_1):\Delta\boldsymbol{\varepsilon}^{\mathrm{p}}+\Delta e_1-\Delta e_2\geqslant 0 \tag{6.313}$$

式中，Δe_1 是三角形 BCE 和三角形 ADF 面积之和；$-\Delta e_2$ 是三角形 EFF' 的面积。

在式 (6.313) 中略去 Δe_1 和 Δe_2，得到不等式

$$\oint_{\varepsilon}\boldsymbol{\sigma}:\mathrm{d}\boldsymbol{\varepsilon}\approx(\boldsymbol{\sigma}-\boldsymbol{\sigma}_1):\Delta\boldsymbol{\varepsilon}^{\mathrm{p}}\geqslant 0 \tag{6.314}$$

与式 (6.310) 的分析类似，由上式可同样得到 $\mathrm{d}\boldsymbol{\varepsilon}^{\mathrm{p}}$ 垂直屈服面，即正交法则。如果无弹塑性耦合 $(\Delta e_2=0)$，在 $\boldsymbol{\sigma}-\boldsymbol{\sigma}_1$ 为有限值时上式依然成立，由此得到屈服面的外凸特性。

Ilyushin 假设比 Drucker 假设的适用性更广。由于采用应变循环，当应变位于软化阶段时，式 (6.312) 仍然可以应用，因此 Ilyushin 假设适用于软化材料，也能用于大变形情况。

6.6.7 有限变形塑性理论 (Prandtl-Reuss 理论的推广)

在高应变集中等大应变问题中 (例如裂尖场、剪切带分析)，需要考虑材料在大变形情况下的塑性。在研究大变形塑性时，需要选取某一种功共轭的应力应变对，并满足客观性要求。为此，一种比较简单的方法是，考虑这些要求将 Prandtl-Reuss 小变形塑性理论推广，但通常这种推广只适用于不太大的有限变形，在大变形下有时可能得出错误结果。

近年来，一些作者基于热力学和内变量理论，提出了多种大变形塑性理论，文献 [8] 进行了详细阐述和研究。为了初步了解大变形塑性理论的概念和方法，本节根据文献 [8] 作一简单介绍，只涉及 Rice-Hill 大变形塑性理论。

6.6.8 大变形塑性理论概述 (Rice-Hill 理论)

6.6.8.1 热力学基础

Rice 和 Hill(1971—1975) 采用 Green 应变张量 $\boldsymbol{E}$ 和绝对温度 θ 作为本构变量 (自变量)，对偶的第二类 Piola-Kirchhoff 应力张量 $\boldsymbol{T}$ 和熵 η 作为本构泛函 (响应)，并引入 n 个标量 $\xi_\alpha\,(\alpha=1,2,\cdots,n)$ 作为内变量描述塑性变形及其演化的内部特性。塑性体的大变形是不可逆热力学过程，假设单位质量的 Helmholtz 自由能为

$$\psi=\psi\left(E,\theta,\xi_{1-n}\right) \tag{6.315}$$

式中，ξ_{1-n} 是 $\xi_1,\xi_2,\cdots,\xi_n$ 的简记。引入定义：

$$\psi_G=\psi_G\left(\boldsymbol{T},\theta,\xi_{1-n}\right)=\psi\left(\boldsymbol{E},\theta,\xi_{1-n}\right)-\frac{1}{\rho_0}\boldsymbol{T}:\boldsymbol{E} \tag{6.316}$$

称为 Gibbs 自由能，为应力 $\boldsymbol{T}$ 的函数，上述转换称为 Legendre 变换。假设 ψ 和 ψ_G 是足够阶可微的，分别用于以 $\boldsymbol{E}$ 和 $\boldsymbol{T}$ 为自变量的本构关系。由上式，ψ 可以表示为

$$\psi=\frac{1}{\rho_0}\boldsymbol{T}:\boldsymbol{E}+\psi_G\left(\boldsymbol{T},\theta,\xi_{1-n}\right) \tag{6.317}$$

引入多个内变量，可以表示多种塑性变形机制。例如，多晶体是由杂乱无序排列的单晶晶粒组成的，单晶体可以有多个滑移面和滑移方向，形成取向不同的滑移系，不同晶粒通常是互相制约的。宏观塑性变形可认为是大量单晶因受力引起某些滑移面滑移等永久性改变的平均结果，用变形梯度和塑性应变度量；而永久变形导致的材料内部结构变化，形成不同的塑性变形机制，可以用内变量 $\xi_\alpha\,(\alpha=1,2,\cdots,n)$ 表示。在变形过程中，并不一定所有的内变量同时都在变化，将正在变化的内变量称为“开动”的内变量 (active internal variables)。内变量的变化过程记录了塑性变形的历史。

由热力学第二定律，内部耗散恒正，即式 (4.67b)

$$\theta r=-\dot{\psi}-\dot{\theta}\eta+\frac{1}{\rho_0}\boldsymbol{T}:\dot{\boldsymbol{E}}-\frac{1}{\rho_0\theta}\boldsymbol{q}_0\cdot\boldsymbol{\nabla}_{\boldsymbol{X}}\theta\geqslant 0$$

将式 (6.317) 代入，得

$$\theta r=-\dot{\psi}_G-\dot{\theta}\eta-\frac{1}{\rho_0}\boldsymbol{E}:\dot{\boldsymbol{T}}-\frac{1}{\rho_0\theta}\boldsymbol{q}_0\cdot\boldsymbol{\nabla}_{\boldsymbol{X}}\theta\geqslant 0 \tag{6.318}$$

对 ψ 和 ψ_G 取物质导数，分别代入式 (4.67b) 和式 (6.318)，得到

$$\theta r=\left(-\frac{\partial\psi}{\partial\boldsymbol{E}}+\frac{1}{\rho_0}\boldsymbol{T}\right):\dot{\boldsymbol{E}}-\left(\frac{\partial\psi}{\partial\theta}+\eta\right)\dot{\theta}-\frac{\partial\psi}{\partial\xi_\alpha}\dot{\xi}_\alpha-\frac{1}{\rho_0\theta}\boldsymbol{q}_0\cdot\boldsymbol{\nabla}_{\boldsymbol{X}}\theta\geqslant 0 \tag{6.319a}$$

$$\theta r=\left(-\frac{\partial\psi_G}{\partial\boldsymbol{T}}-\frac{1}{\rho_0}\boldsymbol{E}\right):\dot{\boldsymbol{T}}-\left(\frac{\partial\psi_G}{\partial\theta}+\eta\right)\dot{\theta}-\frac{\partial\psi_G}{\partial\xi_\alpha}\dot{\xi}_\alpha-\frac{1}{\rho_0\theta}\boldsymbol{q}_0\cdot\boldsymbol{\nabla}_{\boldsymbol{X}}\theta\geqslant 0 \tag{6.319b}$$

式中，$\dot{\xi}_\alpha$ 是内变量变率，α 只对开动的内变量求和。上式中变率的任意性，导致

$$\boldsymbol{T}=\rho_0\frac{\partial\psi}{\partial\boldsymbol{E}},\quad \eta=-\frac{\partial\psi}{\partial\theta} \tag{6.320a}$$

$$\boldsymbol{E}=-\rho_0\frac{\partial\psi_G}{\partial\boldsymbol{T}},\quad \eta=-\frac{\partial\psi_G}{\partial\theta} \tag{6.320b}$$

$$-\frac{\partial\psi}{\partial\xi_\alpha}\dot{\xi}_\alpha\geqslant 0,\quad -\frac{\partial\psi_G}{\partial\xi_\alpha}\dot{\xi}_\alpha\geqslant 0,\quad -\frac{1}{\rho_0\theta}\boldsymbol{q}_0\cdot\boldsymbol{\nabla}_{\boldsymbol{X}}\theta\geqslant 0 \tag{6.321}$$

式 (6.321) 的前两式表示塑性变形过程的能量耗散率恒正，等号仅对全部 $\dot{\xi}_\alpha=0$ 成立，规定 $\dot{\xi}_\alpha\geqslant 0$；将塑性能量耗散看作是一种热力学力对于内变量 ξ_α 所做的功，所以热力学力为

$$F_\alpha=-\frac{\partial\psi}{\partial\xi_\alpha}=-\frac{\partial\psi_G}{\partial\xi_\alpha} \tag{6.322}$$

6.6.8.2 应变率的分解

在建立本构关系时，将应变率分解为弹性部分和塑性部分是必要的，因为它们与应力率满足不同的关系。在小变形塑性理论中，我们已将小变形应变张量和应变率分解为弹塑性两部分 ($\boldsymbol{\varepsilon}=\boldsymbol{\varepsilon}^{\mathrm{e}}+\boldsymbol{\varepsilon}^{\mathrm{p}}$，$\dot{\boldsymbol{\varepsilon}}=\dot{\boldsymbol{\varepsilon}}^{\mathrm{e}}+\dot{\boldsymbol{\varepsilon}}^{\mathrm{p}}$)，这种分解可以看作是单向拉伸时变形分解的推广，但并未讨论它们在复杂应力状态时的物理意义。实际上，在大变形复杂应力状态下，由于非均匀变形，外载荷卸去后存在残余应力，因此卸载构形只是用来表示即时状态中塑性变形的一个想象的中间构形，不可能存在单向拉伸时那样的卸载构形和弹塑性变形分解。

但是，从建立率形式塑性本构方程的目的出发，应变全量的弹塑性分解并不一定是必要的，只需要进行应变率的分解。应变率的分解可以有不同的方法和定义。

Rice 和 Hill 假设：在应力和温度空间中存在弹性区域，位于屈服面内部，弹性区里的应力应变响应是弹性的；塑性变形是材料内部结构变化引起的，可以用内变量的变化描述，塑性变形的变化只与内变量的变化有关，如果内部结构不变，则只发生弹性变形改变，内变量不变。根据这些假设，$\boldsymbol{E}$ 的物质导数 (应变率) 可以分解为两部分

$$\dot{\boldsymbol{E}}=\left(\dot{\boldsymbol{E}}\right)^{\mathrm{e}}+\left(\dot{\boldsymbol{E}}\right)^{\mathrm{p}} \tag{6.323}$$

式中

$$\left(\dot{\boldsymbol{E}}\right)^{\mathrm{e}}=\left(\frac{\partial\boldsymbol{E}}{\partial\boldsymbol{T}}\right)_{\theta,\xi}:\dot{\boldsymbol{T}}+\left(\frac{\partial\boldsymbol{E}}{\partial\theta}\right)_{\boldsymbol{T},\xi}\dot{\theta} \tag{6.324a}$$

$$\left(\dot{\boldsymbol{E}}\right)^{\mathrm{p}}=\lim_{\Delta t\to 0}\left[\boldsymbol{E}\left(\boldsymbol{T},\theta,\xi_{1-n}+\Delta\xi_{1-n}\right)-\boldsymbol{E}\left(\boldsymbol{T},\theta,\xi_{1-n}\right)\right]/\Delta t=\left(\frac{\partial\boldsymbol{E}}{\partial\xi_\alpha}\right)_{\boldsymbol{T},\theta}\dot{\xi}_\alpha \tag{6.324b}$$

应该注意的是，因为未定义 $\boldsymbol{E}^{\mathrm{e}}$ 和 $\boldsymbol{E}^{\mathrm{p}}$，所以 $\left(\dot{\boldsymbol{E}}\right)^{\mathrm{e}}, \left(\dot{\boldsymbol{E}}\right)^{\mathrm{p}}$ 不是 $\boldsymbol{E}^{\mathrm{e}}$ 和 $\boldsymbol{E}^{\mathrm{p}}$ 的率 ($\dot{\boldsymbol{E}}^{\mathrm{e}}$ 和 $\dot{\boldsymbol{E}}^{\mathrm{p}}$)，只是 $\dot{\boldsymbol{E}}$ 的弹性和塑性部分，故加 ( ) 相区别。同样地，将 $\dot{\eta}$ 分成弹性和塑性两部分

$$\dot{\eta} = (\dot{\eta})^{\mathrm{e}} + (\dot{\eta})^{\mathrm{p}} \quad (\text{以 } \boldsymbol{T}, \theta \text{ 为自变量}) \tag{6.325}$$

$$(\dot{\eta})^{\mathrm{e}} = \left(\frac{\partial \eta}{\partial \boldsymbol{T}}\right)_{\theta,\xi} : \dot{\boldsymbol{T}} + \left(\frac{\partial \eta}{\partial \theta}\right)_{\boldsymbol{T},\xi} \dot{\theta}, \ (\dot{\eta})^{\mathrm{p}} = \left(\frac{\partial \eta}{\partial \xi_\alpha}\right)_{\boldsymbol{T},\theta} \dot{\xi}_\alpha \tag{6.326}$$

在以 $\boldsymbol{E}$ 为自变量时，需将 $\dot{\boldsymbol{T}}$ 和 $\dot{\eta}$ 分为弹塑性两部分

$$\dot{\boldsymbol{T}} = \left(\dot{\boldsymbol{T}}\right)^{\mathrm{e}} + \left(\dot{\boldsymbol{T}}\right)^{\mathrm{p}} \tag{6.327}$$

$$\left(\dot{\boldsymbol{T}}\right)^{\mathrm{e}} = \left(\frac{\partial \boldsymbol{T}}{\partial \boldsymbol{E}}\right)_{\theta,\xi} : \dot{\boldsymbol{E}} + \left(\frac{\partial \boldsymbol{T}}{\partial \theta}\right)_{\boldsymbol{E},\xi} \dot{\theta}, \ \left(\dot{\boldsymbol{T}}\right)^{\mathrm{p}} = \left(\frac{\partial \boldsymbol{T}}{\partial \xi_\alpha}\right)_{\boldsymbol{E},\theta} \dot{\xi}_\alpha \tag{6.328}$$

弹性应力率是总应变率乘弹性刚度张量得到的应力率与温度应力率的和，可能远大于实际应力率，塑性应力率是对弹性应力率的修正。与式 (6.325)、式 (6.326) 类似，有

$$\dot{\eta} = (\dot{\eta})^{\mathrm{e}} + (\dot{\eta})^{\mathrm{p}} \quad (\text{以 } \boldsymbol{E}, \theta \text{ 为自变量}) \tag{6.329}$$

$$(\dot{\eta})^{\mathrm{e}} = \left(\frac{\partial \eta}{\partial \boldsymbol{E}}\right)_{\theta,\xi} : \dot{\boldsymbol{E}} + \left(\frac{\partial \eta}{\partial \theta}\right)_{\boldsymbol{E},\xi} \dot{\theta}, \ (\dot{\eta})^{\mathrm{p}} = \left(\frac{\partial \eta}{\partial \xi_\alpha}\right)_{\boldsymbol{E},\theta} \dot{\xi}_\alpha \tag{6.330}$$

6.6.8.3 大变形本构关系

将式 (6.320b) 代入式 (6.324a) 和式 (6.326)，然后将结果代入式 (6.323) 和式 (6.325)，得到应力表示的 Rice-Hill 率形式大变形塑性本构关系

$$\dot{\boldsymbol{E}} = \boldsymbol{M} : \dot{\boldsymbol{T}} + \boldsymbol{n}\dot{\theta} + \boldsymbol{P}_\alpha \dot{\xi}_\alpha, \quad \rho_0 \dot{\eta} = \boldsymbol{n} : \dot{\boldsymbol{T}} - \varsigma \dot{\theta} + p_\alpha \dot{\xi}_\alpha \tag{6.331}$$

$$\boldsymbol{M} = -\rho_0 \frac{\partial^2 \psi_G}{\partial \boldsymbol{T} \partial \boldsymbol{T}}, \quad \boldsymbol{n} = -\rho_0 \frac{\partial^2 \psi_G}{\partial \boldsymbol{T} \partial \theta}, \quad \boldsymbol{P}_\alpha = -\rho_0 \frac{\partial^2 \psi_G}{\partial \boldsymbol{T} \partial \xi_\alpha} \tag{6.332a}$$

$$\varsigma = \rho_0 \frac{\partial^2 \psi_G}{\partial \theta^2}, \quad p_\alpha = -\rho_0 \frac{\partial^2 \psi_G}{\partial \theta \partial \xi_\alpha} \tag{6.332b}$$

式中，$\psi_G = \psi_G(\boldsymbol{T}, \theta, \xi_{1-n})$，$\dot{\boldsymbol{T}}, \dot{\theta}$ 是自变量的变率，内变量率 $\dot{\xi}_\alpha$ 不是独立的，依赖于 $\dot{\boldsymbol{T}}, \dot{\theta}$，尚需确定。

将式 (6.320a) 代入式 (6.328) 和式 (6.330)，然后将结果代入式 (6.327) 和式 (6.329)，得到应变表示的 Rice-Hill 率形式大变形塑性本构关系

$$\dot{\boldsymbol{T}} = \boldsymbol{L} : \dot{\boldsymbol{E}} + \boldsymbol{m}\dot{\theta} + \boldsymbol{Q}_\alpha \dot{\xi}_\alpha, \quad \rho_0 \dot{\eta} = \boldsymbol{m} : \dot{\boldsymbol{T}} + \chi \dot{\theta} + q_\alpha \dot{\xi}_\alpha \tag{6.333}$$

$$\boldsymbol{L} = \rho_0 \frac{\partial^2 \psi}{\partial \boldsymbol{E} \partial \boldsymbol{E}}, \quad \boldsymbol{m} = \rho_0 \frac{\partial^2 \psi}{\partial \boldsymbol{E} \partial \theta}, \quad \boldsymbol{Q}_\alpha = \rho_0 \frac{\partial^2 \psi}{\partial \boldsymbol{E} \partial \xi_\alpha} \tag{6.334a}$$

$$\chi = \rho_0 \frac{\partial^2 \psi}{\partial \theta^2}, \quad q_\alpha = \rho_0 \frac{\partial^2 \psi}{\partial \theta \partial \xi_\alpha} \tag{6.334b}$$

式中，$\psi = \psi(\boldsymbol{E}, \theta, \xi_{1-n})$。

6.6.8.4 屈服函数、正交法则、一致性条件和加卸载准则

前面基于热力学第二定律、内变量理论和塑性变形只依赖内变量的假设，建立了大变形塑性本构关系。此外，还需要给出屈服函数，确定塑性变形的发生、演化方向和大小。热力学力 F_α 作为塑性能量耗散的推动力，与塑性的发生相联系，因此 Rice 建议如下屈服条件，在以应力和应变为自变量时，分别为

$$f_\beta\left(\boldsymbol{T},\theta,\xi_{1-n}\right)=F_\beta\left(\boldsymbol{T},\theta,\xi_{1-n}\right)-Y_\beta\left(\theta,\xi_{1-n}\right)=0\qquad 1\leqslant\beta\leqslant n \tag{6.335a}$$

$$g_\beta\left(\boldsymbol{E},\theta,\xi_{1-n}\right)=F_\beta\left(\boldsymbol{E},\theta,\xi_{1-n}\right)-X_\beta\left(\theta,\xi_{1-n}\right)=0\qquad 1\leqslant\beta\leqslant n \tag{6.335b}$$

式中，下标 β 表示开动的内变量 ξ_β；F_β 是与 ξ_β 相应的热力学力；Y_β, X_β 为屈服发生时热力学力 F_β 的临界值，决定于材料特性，在后继屈服时随塑性变形变化。式 (6.335a) 是应力和温度空间中的屈服面，式 (6.335b) 是应变和温度空间中的屈服面。屈服面也称为加载面，用于判断加卸载。由于有多种塑性变形机制，因此屈服面也有多个。

将式 (6.320b)$_1$ 代入式 (6.324b)，利用式 (6.322)，可得

$$\left(\dot{\boldsymbol{E}}\right)^{\mathrm{p}}=\rho_0\frac{\partial F_\alpha\left(\boldsymbol{T},\theta,\xi_{1-n}\right)}{\partial\boldsymbol{T}}\dot{\xi}_\alpha \tag{6.336a}$$

式 (6.336a) 表明，在一般情况下塑性变形率 $\left(\dot{\boldsymbol{E}}\right)^{\mathrm{p}}$ 可以由 n 个分量组成，第 α 个分量沿 α 屈服面的外法线方向，即满足正交法则，大小正比于第 α 内变量的率 $\dot{\xi}_\alpha$。非开动的内变量不产生新的塑性变形，对应的内变量率为 0，所以式 (6.336a) 中的求和指标只对开动的内变量求和。在任何两个屈服面相交处，根据各自的正交法则，总的塑性变形率方向应该在两个外法线方向形成的锥形区域内 (称为塑性锥)，这一结论也适用于小变形塑性理论中含有角点的奇异屈服面情况。

同样地，将式 (6.320a)$_1$ 代入式 (6.328)$_2$，利用式 (6.322)，得

$$\left(\dot{\boldsymbol{T}}\right)^{\mathrm{p}}=-\rho_0\frac{\partial F_\alpha\left(\boldsymbol{E},\theta,\xi_{1-n}\right)}{\partial\boldsymbol{E}}\dot{\xi}_\alpha \tag{6.336b}$$

式 (6.336b) 说明第 α 个开动的内变量引起的塑性应力率沿第 α 应变屈服面的内法线方向，即满足应变空间的正交法则，大小正比于第 α 内变量的率 $\dot{\xi}_\alpha$。

当自变量率为 $(\dot{\boldsymbol{T}},\dot{\theta})$ 时，在某一屈服状态下，即 $f_\beta\left(\boldsymbol{T},\theta,\xi_{1-n}\right)=0$，继续加载时，新的状态仍然在屈服面上，即 $f_\beta\left(\boldsymbol{T}+\mathrm{d}\boldsymbol{T},\ \theta+\mathrm{d}\theta,\ \xi_{1-n}+\mathrm{d}\xi_{1-n}\right)=0$，所以有应力空间中的一致性条件 $\dot{f}_\beta=0$，或

$$\frac{\partial F_\beta}{\partial\boldsymbol{T}}:\dot{\boldsymbol{T}}+\frac{\partial F_\beta}{\partial\theta}\dot{\theta}+\frac{\partial F_\beta}{\partial\xi_{1-n}}\dot{\xi}_{1-n}-\frac{\partial Y_\beta}{\partial\theta}\dot{\theta}-\frac{\partial Y_\beta}{\partial\xi_{1-n}}\dot{\xi}_{1-n}=0,\quad 1\leqslant\beta\leqslant n \tag{6.337a}$$

式中，$F_\beta=F_\beta\left(\boldsymbol{T},\theta,\xi_{1-n}\right)$。上面一组方程给出了待定的开动内变量率与自变量率的线性关系，将内变量率的解代入率本构关系式 (6.331)，消去内变量率，最后得到以自变量率 $(\dot{\boldsymbol{T}},\dot{\theta})$ 表示响应率 $(\dot{\boldsymbol{E}},\dot{\eta})$ 的大变形塑性本构关系。

同样地，当自变量率为 $(\dot{\boldsymbol{E}},\dot{\theta})$ 时，利用一致性条件

$$\frac{\partial F_\beta}{\partial \boldsymbol{E}}:\dot{\boldsymbol{E}}+\frac{\partial F_\beta}{\partial \theta}\dot{\theta}+\frac{\partial F_\beta}{\partial \xi_{1-n}}\dot{\xi}_{1-n}-\frac{\partial X_\beta}{\partial \theta}\dot{\theta}-\frac{\partial X_\beta}{\partial \xi_{1-n}}\dot{\xi}_{1-n}=0 \tag{6.337b}$$

式中，$F_\beta=F_\beta\left(\boldsymbol{E},\theta,\xi_{1-n}\right)$，可以得到以 $(\dot{\boldsymbol{T}},\dot{\eta})$ 为响应率的大变形塑性本构关系。

加卸载准则由加载面的变化给出。以应力为自变量时，有

$$\left.\begin{array}{ll}\text{加载:} & f_\beta=\dot{f}_\beta=0,\quad \dfrac{\partial f_\beta}{\partial \boldsymbol{T}}:\dot{\boldsymbol{T}}>0\\ \text{中性变载:} & f_\beta=\dot{f}_\beta=0,\quad \dfrac{\partial f_\beta}{\partial \boldsymbol{T}}:\dot{\boldsymbol{T}}=0\\ \text{卸载:} & f_\beta=0,\quad \dot{f}_\beta<0\\ \text{弹性:} & f_\beta<0\end{array}\right\} \tag{6.338}$$

式中，β 包含全部开动的内变量。类似地可以建立以应变为自变量时的加卸载准则。

6.6.8.5　讨论

Rice-Hill 大变形塑性理论未引入弹性应变和塑性应变概念，只进行应变率的弹塑性分解，用于建立率形式本构关系。另一些大变形塑性理论借助中间构形 (卸载构形) 将应变全量分解为弹性应变及塑性应变，然后取率，得到弹性应变率和塑性应变率。

在利用热力学框架建立本构方程时，需要假设 Helmholtz 自由能及 Gibbs 自由能存在和足够阶可微。当自由能的内变量恒等于 0 时，则退化为超弹性和热弹性情况，相应地大变形塑性本构关系也退化为超弹性和热弹性本构关系。自由能表达式是建立本构方程的基础，由式 (6.320) 和式 (6.322) 可见，自由能对自变量及内变量参量的一阶导数等于对应的响应变量及热力学力。由式 (6.331)～ 式 (6.334) 可见，自由能对自变量的二阶导数反映响应变率与自变量率及内变量率之间的关系，率型本构关系中的 $\boldsymbol{L},\boldsymbol{M}$ 分别为四阶弹性刚度张量和弹性柔度张量，$\boldsymbol{n}$ 和 $\boldsymbol{m}$ 是热力耦合张量，如果 $\boldsymbol{L},\boldsymbol{M}$ 中包含内变量，则表示弹性性质受塑性变形的影响，即弹塑性耦合。

习　题

6-1　利用线弹性体的弹性张量 $\boldsymbol{\Sigma}$ 与柔度张量 $\boldsymbol{\Sigma}^{-1}$ 的表达式，证明两者满足关系：

$$\boldsymbol{\Sigma}:\boldsymbol{\Sigma}^{-1}=\boldsymbol{\Sigma}^{-1}:\boldsymbol{\Sigma}=\boldsymbol{I}_{(4)}$$

式中，$\boldsymbol{I}_{(4)}$ 是四阶等同张量，直角坐标系中的分量为 $I_{(4)ijkl}=\dfrac{1}{2}\left(\delta_{ik}\delta_{jl}+\delta_{jk}\delta_{il}\right)$。

6-2　证明：

1. 四阶等同张量具有下列性质：

$$\boldsymbol{I}_{(4)}:\boldsymbol{a}=\frac{1}{2}\left(\boldsymbol{a}+\boldsymbol{a}^{\mathrm{T}}\right),\boldsymbol{I}_{(4)}:\boldsymbol{s}=\boldsymbol{s}\ (\boldsymbol{a}\text{为任意二阶张量，}\boldsymbol{s}\text{ 为任意对称二阶张量})$$

2. 利用上式和 $\boldsymbol{\Sigma}$ 及 $\boldsymbol{\Sigma}^{-1}$ 的定义证明 6-1 题。

6-3　利用 Hellinger-Reissner 变分方程式 (6.54)，推导平衡方程式 (6.25b)(假设 $\boldsymbol{a}=\boldsymbol{0}$)。

提示：将式 (6.54) 写成分量形式，分部积分，利用以位移和应力表示的虎克定律式 (6.25c)(其中 $\boldsymbol{E}=(\boldsymbol{\nabla u}+\boldsymbol{u\nabla})/2$) 及边界条件式 (6.26)。

6-4　弹性张量依赖应力应变所用的参考构形，在用 U.L 格式的增量分析中，以即时构形作为参考构形，而弹性张量通常是在初始参考构形中给出的，所以需要给出两种参考构形中弹性张量的关系。试证明初始参考构形与即时 (流动) 参考构形中弹性张量的关系为

$$\Sigma_{(t)}^{klmn}=\frac{1}{J_{(t)}}\Sigma^{KLMN}x^k{}_{,K}x^l{}_{,L}x^m{}_{,M}x^n{}_{,N} \qquad \text{(即式 (6.106a))}$$

两个弹性张量的定义为 $\Delta T^{KL}=\Sigma^{KLMN}\Delta E_{MN}$，$\Delta T_{(t)}^{kl}(\tau)=\Sigma_{(t)}^{klmn}E_{(t)mn}(\tau)$。

提示：利用式 (6.90)、式 (6.100) 和式 (6.105)。

6-5　试由几何非线性平衡方程和力边界条件，证明位能驻值原理

$$\delta P=\delta\left(\int_V \Sigma(\boldsymbol{u})\,\mathrm{d}V-\int_V \rho_0\boldsymbol{f}\cdot\boldsymbol{u}\mathrm{d}V-\int_{S_\sigma}\bar{\boldsymbol{t}}_{(N)}\cdot\boldsymbol{u}\mathrm{d}A\right)=0 \qquad \text{(即式 (6.113))}$$

提示：对于分量形式应用分部积分和散度定理，注意 $\delta\Sigma=\dfrac{\partial\Sigma}{\partial\boldsymbol{E}}:\delta\boldsymbol{E}=\boldsymbol{T}:\delta\boldsymbol{E}$。

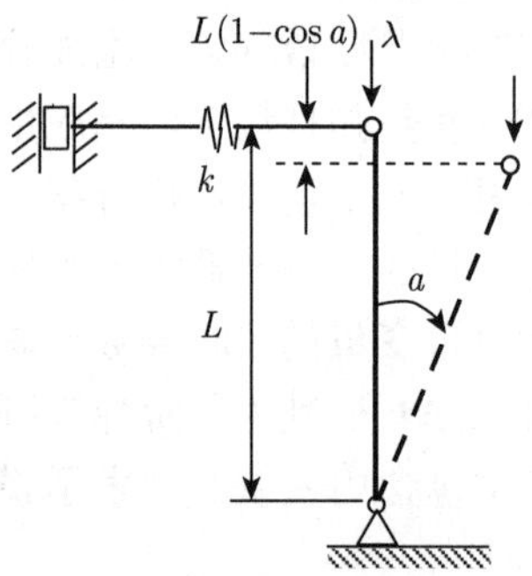

图 6.30　简单后屈曲模型

6-6　已知如图 6.30 所示的刚性杆，长度为 L，下端简支，另一端受轴向压力 λ(保持竖直方向)，并与可上下滑动的水平拉伸线性弹簧连接，弹簧刚度为 k，转角 $a=0$ 是初始平衡状态。

1. 用平衡法和能量法求系统的临界载荷；

2. 求后屈曲状态下载荷 λ 与转角 a 的关系及初始后屈曲近似解；

3. 讨论屈曲前平衡状态的稳定性，证明分支点和后屈曲解路径为不稳定平衡。

提示：考虑虚线所示的许可状态。

6-7　在 Winkler 弹性基础上的梁受轴向压力 N 作用 (见图 6.31)，两端简支，长度为 l，拉伸刚度和弯曲刚度为 EA，EJ，基础的弹性系数为 $k(k=q/w$，q、w 是单位长度基础的垂直反力和梁的挠度)。试用平衡法和能量法建立中性平衡方程。

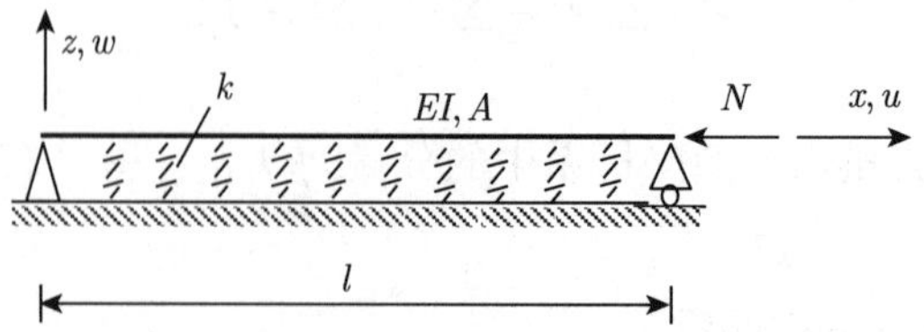

图 6.31　弹性基础上的简支压杆

6-8　各向同性平板如图 6.32 所示。

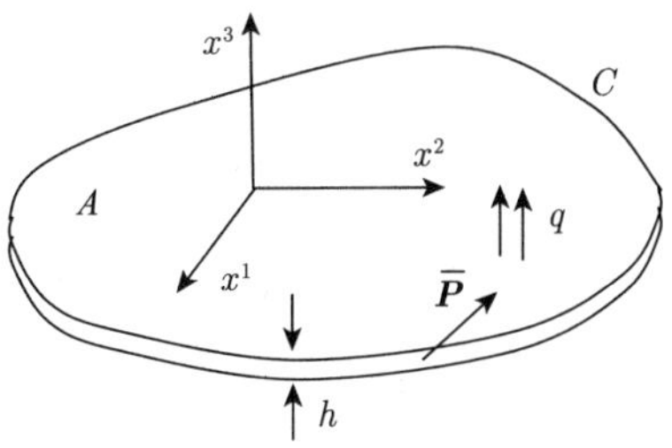

图 6.32　平板

在中等非线性假设下，板中面应变和曲率变形近似为

$$\varepsilon_{\alpha\beta}^{0}=\frac{1}{2}\left(u_{\alpha;\beta}+u_{\beta;\alpha}\right)+\frac{1}{2}w_{,\alpha}w_{,\beta},\quad \kappa_{\alpha\beta}=-w_{,\alpha\beta}\quad (\text{见式 } (6.148))$$

不考虑横向剪切影响 (直法线假设)，板面单位面积受法向载荷 q 作用，在已知应力边界 C_σ 受单位长度载荷 $\overline{\boldsymbol{P}}(\overline{P}^{\alpha},\overline{P}^{3})$。试用位能驻值原理推导板的平衡方程 (von Kármán 薄板方程)。

提示：对式 (6.161)($\gamma_{\alpha3}=0$) 取变分，再分部积分，例如：

$$\delta\int_A\frac{1}{2}N^{\alpha\beta}\varepsilon_{\alpha\beta}^{0}\mathrm{d}V=\int_A N^{\alpha\beta}\delta\varepsilon_{\alpha\beta}^{0}\mathrm{d}V=\int_A N^{\alpha\beta}(\delta u_{\alpha;\beta}+w_{,\alpha}\delta w_{,\beta})\mathrm{d}V$$
$$=\int_C N^{\alpha\beta}\delta u_\alpha N_\beta\mathrm{d}S-\int_A N^{\alpha\beta}{}_{;\beta}\delta u_\alpha\mathrm{d}A+\int_C N^{\alpha\beta}w_{,\alpha}N_\beta\delta w\mathrm{d}S-\int_A(N^{\alpha\beta}w_{,\alpha})_{;\beta}\delta w\mathrm{d}A$$

(C, N_β 为全部边界和边界单位外法线向量)。可以得到平衡方程和边界条件：

$$\left.\begin{aligned}&N^{\alpha\beta}{}_{;\beta}=0\quad(\alpha=1,2)\\&M^{\alpha\beta}{}_{;\alpha\beta}+N^{\alpha\beta}w_{,\alpha\beta}+q=0\end{aligned}\right.\ (\text{Kármán 方程})$$

$N^{\alpha\beta}N_\beta=\overline{P}^{\alpha}$　或 $u_\alpha=0$　$(\alpha=1,2)$ ——边界面内自由或固定；
$(M^{\alpha\beta}{}_{;\beta}+N^{\alpha\beta}w_{,\alpha})N_\beta=\overline{P}^{3}$ 或 $w=0$ ——边界横向自由或固定；
$M^{\alpha\beta}N_\beta=0$ 或 $w_{,\alpha}=0$　$(\alpha=1,2)$ ——边界面外转动自由或固定。

6-9　上题平板面内平衡方程 ($N^{\alpha\beta}{}_{;\beta}=0$) 表明，可以引入应力函数 $F(x^\alpha)$，令

$$\frac{\partial^2 F}{\partial x^2\partial x^2}=N^{11},\quad \frac{\partial^2 F}{\partial x^1\partial x^1}=N^{22},\quad \frac{\partial^2 F}{\partial x^1\partial x^2}=-N^{12}$$

则 F 自动满足平衡方程。为了保证 $N^{\alpha\beta}$ 对应的中面应变 $\varepsilon_{\alpha\beta}^{0}$ 是协调的，必须满足协调条件 (在中面应变-位移关系中，消去面内位移)

$$\varepsilon_{11;22}^{0}+\varepsilon_{22;11}^{0}-2\varepsilon_{12;12}^{0}=(w_{,12})^2-w_{,11}w_{,22}。$$

试证明 von Kármán 板方程的另一种形式为

$$\Delta\Delta F=-EhL(w,w)$$

$$D\Delta\Delta w = q + L(F, w)$$

式中，$\Delta\Delta(\ ) = \nabla^2\nabla^2(\ ) = (\ )_{;1111} + 2(\ )_{;1122} + (\ )_{;2222}$ 为双调和算子，算子 L 的定义为

$$L(F, w) = F_{;22}w_{,11} + F_{;11}w_{,22} - 2F_{;12}w_{,12}$$

提示：将本构关系代入平衡方程和协调方程。

6-10　根据应变能函数 $W = C_{10}(I_B - 3) + C_{01}(II_B - 3)$，推导不可压缩超弹性橡胶材料 Mooney 本构关系，给出单向拉伸时的形式。

6-11　根据应变能函数 $\rho_0 W = a(I_1{}^n + I_{-1}{}^n)$(见式 (6.227))，推导可压缩和不可压缩情况下的橡胶本构关系及单向拉伸时的表达式。

6-12　试根据定义说明热力系数张量 $\boldsymbol{\beta}$ 和热膨胀系数张量 $\boldsymbol{\alpha}$ 的量纲及物理意义。

6-13　如果超弹性热力物质与外部无热交换 (绝热过程)，试说明内能、变形能、熵、热流量、热供应、温度等热力学变量的变化，并证明能量平衡关系为 $\rho\dfrac{\mathrm{d}W}{\mathrm{d}t} = \boldsymbol{t} : \boldsymbol{d}$($W$ 是单位质量的变形能)，说明能量平衡关系的物理意义。

6-14　如果超弹性热力物质温度梯度为 0 且温度场是定常的 (恒温等温过程)，试说明内能、变形能、熵、热流量、热供应、温度等热力学变量的变化，并证明：

$$\rho\frac{\mathrm{d}W}{\mathrm{d}t} = \boldsymbol{t} : \boldsymbol{d} \quad (W\ \text{是单位质量的变形能})$$

$$\dot{\eta} - \frac{h}{\theta} = 0$$

根据上述方程说明超弹性物质等温过程的能量转换特点。

提示：利用 Clausius-Duhem 不等式 (4.67a)(取等号) 及能量守恒定律。

6-15　Ramber-Osgood 材料 (三参数材料) 的单向拉伸应力应变曲线可表示为

$$\varepsilon = \frac{\sigma}{E} + K\sigma^n$$

E、K、n 是材料常数。求 $\dfrac{1}{E_t}$，$\dfrac{1}{E_s}$(E_t, E_s 是切线模量和割线模量)，并写出复杂应力状态时的形式。

6-16　证明下列结论：

1. 如果用单向拉伸试验确定 Mises 屈服条件和 Tresca 屈服条件的初始屈服极限 σ_s，即单向拉伸时两个屈服条件给出相同的屈服应力

$$\frac{1}{2}\left[(\sigma_1 - \sigma_2)^2 + (\sigma_2 - \sigma_3)^2 + (\sigma_3 - \sigma_1)^2\right] \leqslant \sigma_s^2$$

$$\sigma_1 - \sigma_3 \leqslant \sigma_s \quad (\text{假设}\sigma_1 \geqslant \sigma_2 \geqslant \sigma_3)$$

在用于纯剪应力状态时两个屈服条件得到的薄壁圆管扭转屈服应力 (τ_{Mises} 和 τ_{Tresca}) 差别最大；且 $\tau_{\text{Mises}}/\tau_{\text{Tresca}} = 2/\sqrt{3}$，Tresca 屈服面内接于 Mises 屈服面。

2. 如果用薄壁圆管扭转试验确定 Mises 屈服条件和 Tresca 屈服条件的初始剪切屈服极限 τ_s，即纯剪切时两个屈服条件

$$\frac{1}{2}\left[(\sigma_1-\sigma_2)^2+(\sigma_2-\sigma_3)^2+(\sigma_3-\sigma_1)^2\right]\leqslant 3\tau_s^2$$

$$\sigma_1-\sigma_3\leqslant 2\tau_s \quad (\text{假设}\sigma_1\geqslant\sigma_2\geqslant\sigma_3)$$

给出相同的剪切屈服应力，而用于单向拉伸时两个屈服条件得到的屈服正应力 (σ_{Mises} 和 σ_{Tresca}) 差别最大；且 $\sigma_{\text{Mises}}/\sigma_{\text{Tresca}}=\sqrt{3}/2$，Tresca 屈服面外切于 Mises 屈服面。

6-17 说明：

1. 经典塑性理论正交法则的含义及其试验基础和理论 (假设或公设) 基础 (Drucker 公设和 Ilyushin 公设)。

2. 一致性条件的含义及其应用。

6-18 已知线性强化、各向同性硬化材料的单向拉伸应力应变曲线如图 6.33(a) 所示，弹性模量和泊松比为 E,ν，初始屈服极限为 σ_{s0}，切线模量 $E_t=E/10$；在两个相互垂直的方向 1 和 2 材料受均匀平面应力 σ_1,σ_2 作用，加载路径如图 6.33(b) 所示时：σ_1,σ_2 成比例从 0 加载到 $1.5\sigma_{s0}$ (简单加载)；加载路径如图 6.33(c) 所示时，σ_1,σ_2 先后从 0 加载到 $1.5\sigma_{s0}$ (非简单加载)。

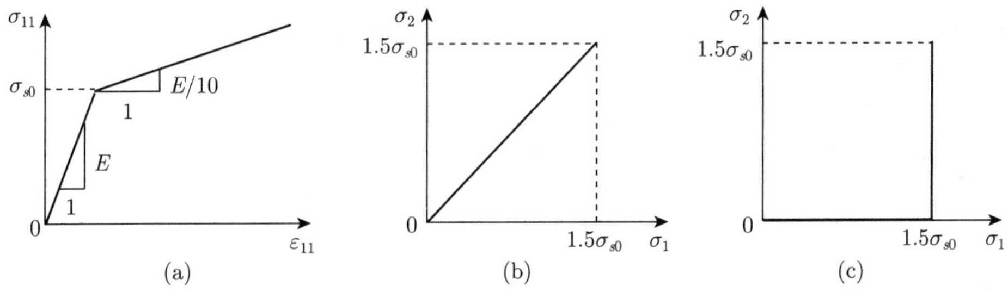

图 6.33　线性强化材料的应力应变曲线及加载路径

1. 分别用流动理论 (Prandtl-Reuss 本构方程) 和形变理论求加载路径图 6.33(b) 的总应变 $\varepsilon_1,\varepsilon_2$ 和塑性应变 $\varepsilon_1^{\mathrm{p}},\varepsilon_2^{\mathrm{p}}$；

2. 用流动理论求加载路径图 6.33(c) 的总应变 $\varepsilon_1,\varepsilon_2$ 和塑性应变 $\varepsilon_1^{\mathrm{p}},\varepsilon_2^{\mathrm{p}}$。

答案：

1. $\varepsilon_{11}=\varepsilon_{22}=\left[\frac{3}{2}(1-\nu)+\frac{9}{4}\right]\frac{\sigma_{s0}}{E}$，$\varepsilon_{11}^{\mathrm{p}}=\varepsilon_{22}^{\mathrm{p}}=\frac{9}{4}\frac{\sigma_{s0}}{E}$。流动理论与形变理论结果相同。

2. $\varepsilon_{11}=\left[\frac{3}{2}(1-\nu)+\frac{9}{2}(1+a)\right]\frac{\sigma_{s0}}{E}$，$\varepsilon_{11}^{\mathrm{p}}=\frac{9}{2}(1+a)\frac{\sigma_{s0}}{E}$，$a=\int_0^{1.5}\frac{(3-y)(4y-3)}{9-6y+4y^2}\mathrm{d}y$

$$\varepsilon_{22}=\left[\frac{3}{2}(1-\nu)+\frac{9}{4}(-1+b)\right]\frac{\sigma_{s0}}{E},\quad \varepsilon_{22}^{\mathrm{p}}=\frac{9}{4}(-1+b)\frac{\sigma_{s0}}{E},\quad b=\int_0^{1.5}\frac{(4y-3)^2}{9-6y+4y^2}\mathrm{d}y$$

第 7 章　黏　弹　性

本章简要讨论黏弹性材料的特点和本构模型，包括一维和三维线性黏弹性本构关系以及三维非线性黏弹性本构关系，重点是线性黏弹性。本章的部分内容参考了文献 [9]。

7.1　概述

7.1.1　黏弹性概念

黏弹性体的力学性质兼有固体和流体的某些特点，又与固体和流体相区别。固体的应力只决定于应变和应变过程 (有塑性变形时)，与变形率无关；静止流体可以任意变形，运动流体中的应力只与变形速率和密度有关，与变形大小无关。黏弹性体在固定载荷作用下形状可以随时间改变，应力不仅与当时的变形有关，还与变形率及变形历史有关，这种性质称为黏弹性或黏弹塑性，具体的物质涉及塑料、树脂、橡胶、金属、岩石、土壤等，其中典型的是高分子聚合物。

非晶高聚合物的性质是与外部作用和外部条件相联系的，例如温度、载荷速率等，在不同温度范围内可表现为四种不同的物质性态：

(1) 玻璃态——当温度低于玻璃化转变温度时呈现固体性质，具有较高的弹性模量；

(2) 黏弹态——当温度在玻璃化转变温度附近时表现为黏弹性，应力与变形、变形率及其历史有关，模量随温度的升高急剧下降；

(3) 橡胶态 (高弹态)——当温度高于玻璃化转变温度一定值时，模量稳定在某一较低的数值；

(4) 黏流态——当温度高于黏流温度时，物质呈现高黏度流体状态。

玻璃化转变温度和黏流温度因材料成分而异，硫化橡胶的玻璃化转变温度为 $-70 \sim -50$℃，非硫化生胶的黏流温度为 $70 \sim 120$℃。高分子材料由于在使用中黏弹性特点比较突出，因此常常称为黏弹性材料，其实更确切地说应该是黏弹性状态。

根据材料的本构关系，可以进一步分为黏弹性和黏弹塑性，黏弹性又可分为线性和非线性两种情况。若材料在黏弹性变形过程中出现塑性或塑性变形过程中发生黏滞变形，呈现弹塑性和黏性特点，称为黏弹塑性，否则为黏弹性。如果本构关系中只包含应力、应变和它们对时间的各阶导数 (率) 的一次项，称为线性黏弹性，此时材料兼有线弹性体和线性黏性流体的特点，应力应变响应满足叠加原理；否则，如果本构关系中还包含应力、应变及其时间变率的高次项则为非线性黏弹性。

7.1.2 蠕变和松弛现象

蠕变和应力松弛是具有代表性的黏弹性现象。

在恒定载荷作用下，变形随时间逐渐增加的现象称为蠕变。例如高速转动的钛合金叶片，受高温和离心力作用，蠕变变形使叶片变长，严重时可导致与机匣碰摩和断裂。蠕变过程通常可分为三个阶段：初始阶段变形率较大，然后逐渐减小，趋于恒定值，称为稳定阶段；临近破坏时蠕变速率急剧增大，称为破坏阶段，其中稳定阶段的时间最长。随应力水平和环境温度的增高，蠕变速率加快。图 7.1 所示为典型的单向拉伸蠕变曲线示意图，曲线 1、2、3 分别对应应力 σ_1、σ_2、σ_3 或温度 θ_1、θ_2、θ_3，且 $\sigma_1 < \sigma_2 < \sigma_3$ 或 $\theta_1 < \theta_2 < \theta_3$。当应力随时间改变时，蠕变是一个更复杂的过程。

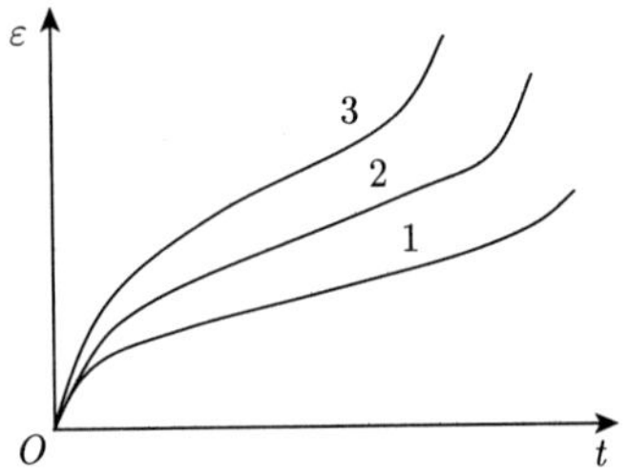

图 7.1 蠕变曲线

考虑材料受单向拉伸阶跃应力作用 (见图 7.2(a))，

$$\sigma(t) = \sigma_0 H(t) - \sigma_0 H(t - t_1) \tag{7.1}$$

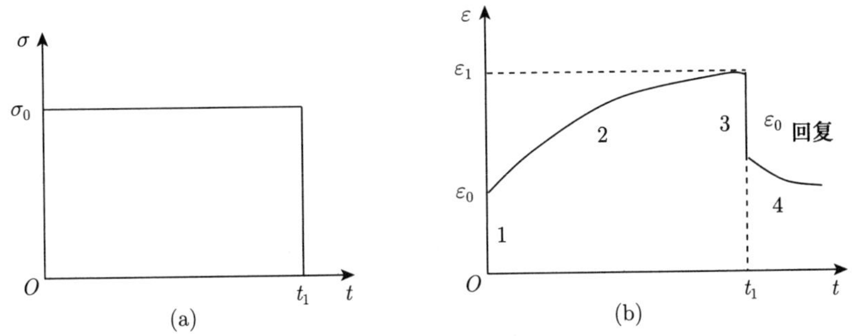

图 7.2 阶跃应力 (a) 和蠕变曲线 (b)

式中

$$H(t-\tau) = \begin{cases} 0, & t < \tau \\ 1, & t \geqslant \tau \end{cases} \tag{7.2}$$

称为阶跃函数或 Heaviside 函数，其性质为

$$\frac{\mathrm{d}H(t-\tau)}{\mathrm{d}t} = \delta(t-\tau) = \begin{cases} \infty, & t = \tau \\ 0, & t \neq \tau \end{cases} \quad (\delta\text{称为 Dirac 函数}) \tag{7.2a}$$

$$\int_{-\infty}^{\infty} \frac{\mathrm{d}H}{\mathrm{d}\tau}\mathrm{d}\tau = 1, \qquad \int_{-\infty}^{\infty} f(\tau)\,\delta(t-\tau)\mathrm{d}\tau = f(t) \quad (f(t)\text{ 为连续函数}) \tag{7.2b}$$

$$\int_{-\infty}^{t} f(t')\,\delta(t'-\tau)\mathrm{d}t' = f(t)\,H(t-\tau) \quad (f(t)\text{ 为连续函数}) \tag{7.2c}$$

实验观测表明，在上述应力作用下，黏弹性应变 $\varepsilon(t)$ 随时间的变化可以分为 4 段 (见图 7.2(b))，第 1 段是快速加载产生的弹性变形，线弹性应变为 $\varepsilon_0 = \sigma_0/E$；第 2 段是

在恒定应力作用下发生的蠕变变形 ($\varepsilon_1 - \varepsilon_0$，非弹性变形)，随时间非线性变化；第 3 段是伴随卸载产生的变形减小，称为回复，因为没有塑性变形，所以弹性回复变形为 ε_0；第 4 段是应变继续有所减小，此变形反映材料存在记忆效应。

在恒定变形下，应力随时间逐渐减小的现象称为应力松弛 (见图 7.3)。例如压力容器封盖法兰的紧固螺栓，其紧固力可以随时间延续逐渐下降。应力松弛速率在开始时最大，然后逐渐减小，趋于非 0 定值时称为黏弹性固体，趋于 0 时称为黏弹性流体。假设应力以初始最大速率降为 0，所需时间可用于表示材料的松弛特性，称为松弛时间 (图中 τ_{R})。

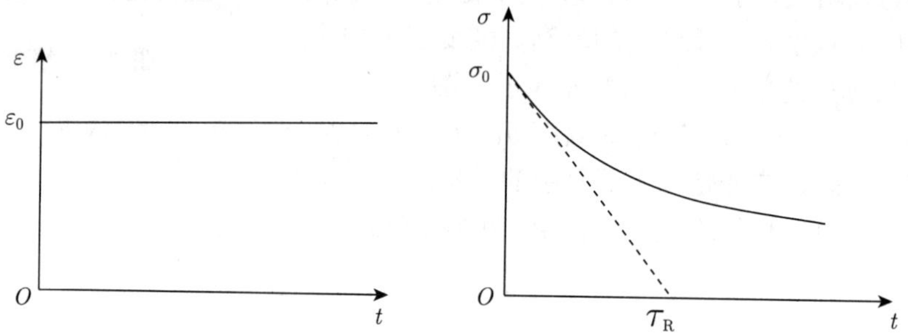

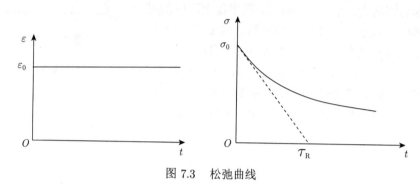

图 7.3　松弛曲线

7.1.3 影响黏弹性的因素

与弹性体不同，黏弹性体的力学行为受加载速率、温度、载荷频率等因素的重要影响。

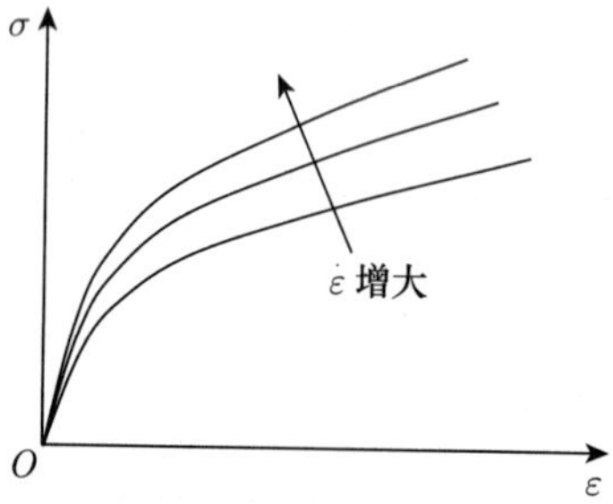

图 7.4　应变率的影响

(1) 加载速率的影响。黏弹性体的应力决定于应变和应变率历史，应变率与加载速率及材料特性有关。研究材料黏弹性性质时，需要考察不同应力率对变形的影响以及不同应变率时的应力响应。实验表明，在相同应变下高应变率时的应力增大 (如图 7.4 所示)，这种应变率效应在聚合物中在尤为明显。此外，黏弹性材料的屈服强度也与应变率有关，应变率越大屈服强度越高。

(2) 温度影响。如图 7.1 所示，温度对黏弹性行为有重要影响，如前所述，温度的大范围变化甚至可以改变物质形态。试验表明，较高温度下的蠕变变形相当于低温蠕变时间加长，由于温度与时间对蠕变和松弛的影响相似，因此提出了时间–温度等效理论，可以用较高温度下较短时间的试验代替常温下的长期试验。

(3) 循环滞后效应及其影响。流体中的应力决定于变形率，应力在黏性变形上做功引起能量耗散，部分转化为热。与流体类似，黏弹性体的应力与应变率有关，黏性变形同样引起热耗散，这种耗散来自黏性引起的滞后效应 (黏滞效应)。在循环载荷作用下，滞后生热是黏弹性材料的重要属性，例如长时间行驶的车辆轮胎由于生热可导致力学性能下降甚至爆裂。图 7.5(a) 给出受循环应变 $\varepsilon = \varepsilon_0 \cos \omega t$ 作用时，弹性应力响应与黏弹性应力响应的区别，弹性应力和黏弹性应力分别为 $\sigma_{\mathrm{e}} = E\varepsilon_0 \cos \omega t$ 和 $\sigma_{\mathrm{ev}} = E_1(\omega)\varepsilon_0 \cos(\omega t + \delta)$($E_1(\omega)$ 是储能模量，见第 7.5 节)。可见弹性应力与变形同相位，而黏滞效应使黏弹性应力的相位比变形滞后 δ，因此应力–应变曲线出现滞后环 (见图 7.5(b))，滞后环的面积等于应力在一个循环中所做的功，变为单位体积的能量耗散，随 δ 的减小滞后环的面积减小，弹性时变为 0。动态效应、循环滞后和能量耗散是黏弹性体的另一个重要属性。

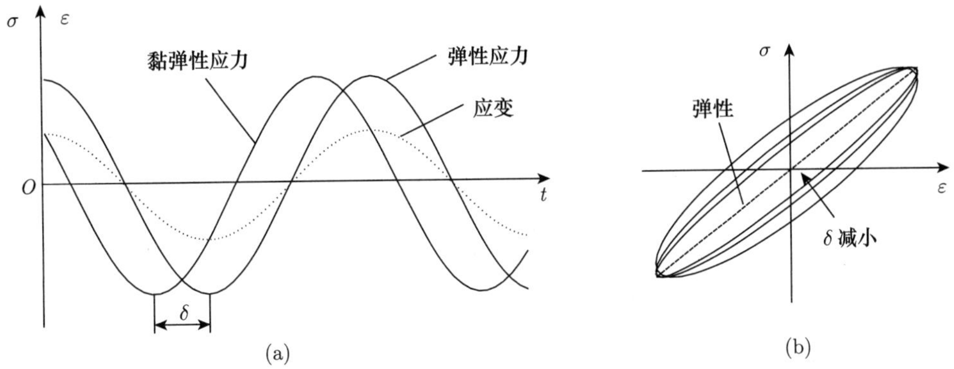

图 7.5 应力滞后效应

7.2 一维简单模型

在用图形表示黏弹性模型时，通常用弹簧元件表示弹性，用阻尼元件 (也称为黏壶) 表示黏性，在线性情况下，弹簧元件和阻尼元件的本构关系为

$$\sigma = E\varepsilon, \qquad \sigma = \eta\dot{\varepsilon} \tag{7.3}$$

式中，E、η 是弹性模量和黏性系数；σ、 ε 为小变形情况下的应力和应变，不需区分应力和应变的不同定义。将两种元件组合，可以得到各种线性黏弹性模型，最简单的是 Maxwell 模型和 Kelvin 模型，更复杂和更精确一些的是三参量模型和四参量模型。

7.2.1 Maxwell 模型

将弹簧元件和阻尼元件串联的模型称为 Maxwell 模型 (见图 7.6)，基本关系为

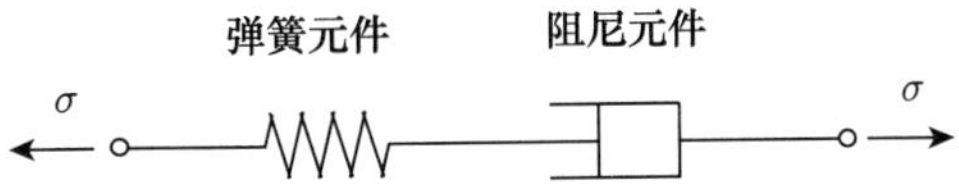

图 7.6 Maxwell 模型

$$\varepsilon = \varepsilon_e + \int_0^t \dot{\varepsilon}\mathrm{d}t, \qquad \varepsilon_e = \frac{\sigma}{E}, \qquad \dot{\varepsilon} = \frac{\sigma}{\eta} \tag{7.4}$$

对式 $(7.4)_1$ 取导数，得到 Maxwell 模型的微分形式本构关系：

$$\dot{\varepsilon} = \frac{\dot{\sigma}}{E} + \frac{\sigma}{\eta} \tag{7.5}$$

上式的积分形式 (若 $\varepsilon\left(0^-\right) = 0$) 为

$$\varepsilon = \frac{\sigma}{E} + \int_0^t \frac{\sigma\left(\tau\right)}{\eta}\mathrm{d}\tau \tag{7.5a}$$

若给定 $\sigma = \sigma_0\left[H\left(t\right) - H\left(t - t_1\right)\right]$，即式 (7.1)，代入上式，得到蠕变曲线 (见图 7.7(a))：

$$\varepsilon = \frac{\sigma_0}{E} + \frac{\sigma_0}{\eta}t \quad \left(t \leqslant t_1\right), \qquad \varepsilon = \varepsilon_1 - \varepsilon_0 \quad \left(t > t_1\right) \tag{7.6a}$$

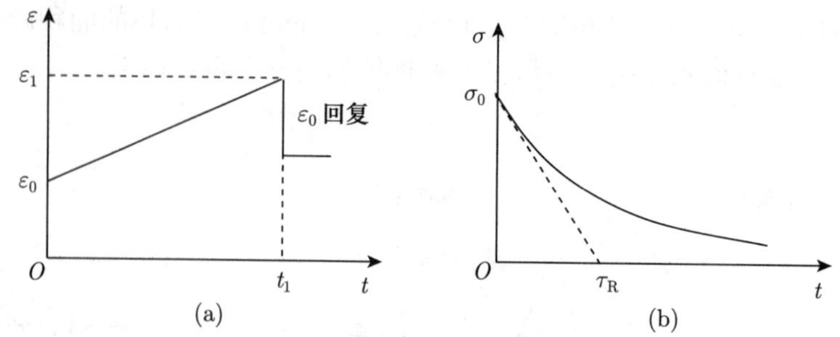

图 7.7 Maxwell 模型的曲线

(a) 蠕变; (b) 松弛

若给定 $\varepsilon=\varepsilon_0$(常应变)，则式 (7.5) 为齐次方程，初始条件为 $\sigma(0)=E\varepsilon_0$，可以解得

$$\sigma(t)=E\varepsilon_0\mathrm{e}^{-t/\tau_\mathrm{R}},\qquad \tau_\mathrm{R}=\eta/E \tag{7.6b}$$

上式给出应力松弛曲线 (见图 7.7(b))。曲线在 $t=0$ 处的切线为 $\sigma=\sigma_0-\sigma_0 t/\tau_\mathrm{R}$，令 $\sigma=0$，得 $t=\tau_\mathrm{R}$，所以松弛时间 τ_R 的物理意义是应力以最大速率松弛到 0 所需要的时间。

Maxwell 模型也称为 Maxwell 流体，这是因为在图 7.6 模型中有单独承受应力 (串联) 的阻尼元件，所以在应力作用下不能保持任何有限变形只能运动，因而有流体特点。类似地，在更复杂的模型中，如果有串联的阻尼元件，则可以称为黏弹性流体，否则为黏弹性固体。因此下面的 Kelvin 模型也称为 Kelvin 固体。

7.2.2 Kelvin 模型

将弹簧元件和阻尼元件并联的模型称为 Kelvin 模型或 Kelvin-Voigt 模型 (见图 7.8)，基本关系为

$$\sigma=E\varepsilon+\eta\dot{\varepsilon} \tag{7.7}$$

式中，$E\varepsilon$ 是弹性应力，$\eta\dot{\varepsilon}$ 是黏性应力。

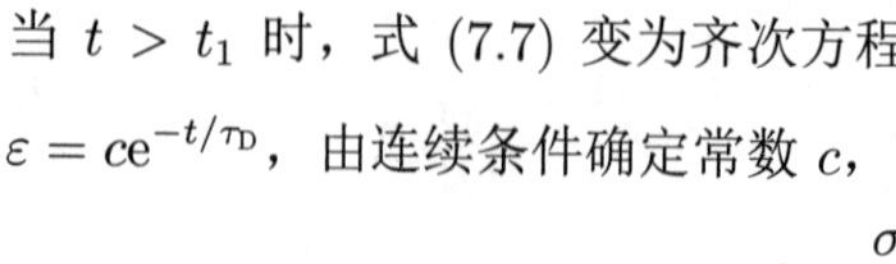

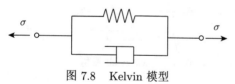

图 7.8 Kelvin 模型

若给定 $\varepsilon(t)$，代入上式即得应力响应。若给定 $\sigma=\sigma_0\left[H(t)-H(t-t_1)\right]$(阶跃应力)，利用初始条件 $\varepsilon(0)=\sigma_0/E$，求解微分方程式 (7.7)，当 $t\leqslant t_1$ 时得到：

$$\varepsilon=\frac{\sigma_0}{E}\left(1-\mathrm{e}^{-t/\tau_\mathrm{D}}\right),\qquad \tau_\mathrm{D}=\frac{\eta}{E} \tag{7.8a}$$

当 $t>t_1$ 时，式 (7.7) 变为齐次方程，满足连续条件 $\varepsilon(t_1)=\dfrac{\sigma_0}{E}\left(1-\mathrm{e}^{-t_1/\tau_\mathrm{D}}\right)$。通解为 $\varepsilon=c\mathrm{e}^{-t/\tau_\mathrm{D}}$，由连续条件确定常数 c，可得

$$\varepsilon=\frac{\sigma_0}{E}\left(\mathrm{e}^{t_1/\tau_\mathrm{D}}-1\right)\mathrm{e}^{-t/\tau_\mathrm{D}} \tag{7.8b}$$

解曲线如图 7.9 所示。由于弹性元件与阻尼元件并联，弹性卸载和记忆效应共同引起回复应变，可见受阻尼影响卸载变形不再发生跳跃。式 (7.7) 表明，当应变等于常数时 Kelvin 模型不能描述黏弹性流体。

Maxwell 模型和 Kelvin 模型过于简单不可能较好地表示材料的黏弹性行为，但它们可以作为基本元件构造更复杂、更精确的模型。

7.2.3 三参量固体

将 Kelvin 模型与弹簧元件串联的模型称为三参量固体模型 (见图 7.10)，基本关系为

$$\varepsilon=\varepsilon_1+\varepsilon_2,\qquad \sigma=E_2\varepsilon_2,\qquad \sigma=E_1\varepsilon_1+\eta_1\dot{\varepsilon}_1 \tag{7.9}$$

由式 $(7.9)_1$ 和式 $(7.9)_2$ 消去 ε_2，得 $\varepsilon_1=\varepsilon-\sigma/E_2$，代入式 $(7.9)_3$ 得到本构方程：

$$(E_1+E_2)\,\sigma+\eta_1\dot{\sigma}=E_1E_2\varepsilon+\eta_1E_2\dot{\varepsilon} \tag{7.10}$$

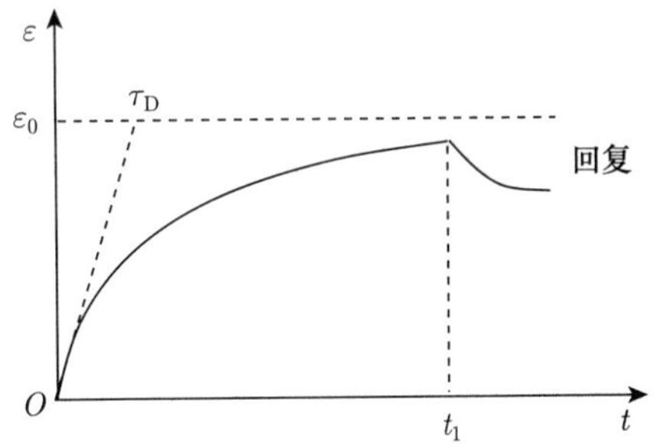

图 7.9 Kelvin 模型蠕变响应

或写成标准形式

$$\sigma+p_1\dot{\sigma}=q_0\varepsilon+q_1\dot{\varepsilon} \tag{7.10a}$$

式中的三个参量为

$$p_1=\eta_1/\,(E_1+E_2)\,,\qquad q_0=E_1E_2/\,(E_1+E_2)\,,\qquad q_1=\eta_1E_2/\,(E_1+E_2) \tag{7.11}$$

上面用直接消去元件变量的方法建立本构方程，如果元件较多而且方程复杂，直接消去法不便于应用。更方便的方法是，借助微分算子表示需要消去的元件应力导数及应变导数,代入总体变量方程,得到本构关系。以式 (7.9) 为例，式 $(7.9)_3$ 可表示为

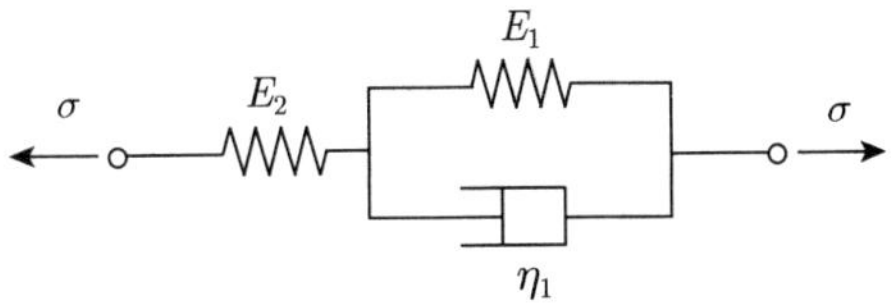

图 7.10 三参量固体模型

$$\sigma=E_1\varepsilon_1+\eta_1D\varepsilon_1=(E_1+\eta_1D)\,\varepsilon_1\quad 或\quad \varepsilon_1=\frac{\sigma}{E_1+\eta_1D} \tag{7.12}$$

式中，$D\,(\,)=\dfrac{\mathrm{d}}{\mathrm{d}t}(\,)$ 是时间微分算子，可以像参数一样参加代数运算。将式 $(7.12)_2$ 代入式 $(7.9)_1$，有 $\varepsilon=\dfrac{\sigma}{E_2}+\dfrac{\sigma}{E_1+\eta_1D}$，消去分母中单独存在的算子，得

$$(E_1E_2+\eta_1E_2D)\,\varepsilon=(E_1+\eta_1D)\,\sigma+E_2\sigma\quad (即式(7.10))$$

另一种方法是应用 Laplace 变换，将元件和总体变量的基本关系变换为像函数的代数式，消去元件变量得到总体变量的像方程，再通过逆变换给出本构关系。

若给定阶跃应力 $\sigma=\sigma_0\,[H\,(t)-H\,(t-t_1)]$，求解常系数线性微分方程式 (7.10)，可得蠕变响应 $\varepsilon\,(t)$。该蠕变响应也可以由 Kelvin 解式 (7.8a，b) 叠加弹簧元件 E_2 的变形得到，即

$$\begin{cases}\varepsilon=\dfrac{\sigma_0}{E_2}+\dfrac{\sigma_0}{E_1}\left(1-\mathrm{e}^{-t/\tau_\mathrm{D}}\right), & \tau_\mathrm{D}=\dfrac{\eta_1}{E_1}\quad 当 t\leqslant t_1\\ \varepsilon=\dfrac{\sigma_0}{E_1}\left(\mathrm{e}^{t_1/\tau_\mathrm{D}}-1\right)\mathrm{e}^{-t/\tau_\mathrm{D}} & 当\ t>t_1\end{cases} \tag{7.13}$$

上式表明，增加串联弹簧 E_2 使蠕变变形在 $t=0$，t_1 时发生弹性加卸载变形跳跃 (大小皆为 σ_0/E_2)，所以比 Kelvin 模型合理。

若给定常应变 $\varepsilon=\varepsilon_0 H(t)$，可以求得应力松弛响应 $\sigma(t)$，结果为

$$\sigma(t)=E_2\varepsilon_0-\frac{E_2^2\varepsilon_0}{E_1+E_2}\left(1-\mathrm{e}^{-t/\tau_{\mathrm{R}}}\right),\qquad \tau_{\mathrm{R}}=\frac{\eta_1}{E_1+E_2} \tag{7.14}$$

松弛曲线类似图 7.3，可见增加串联弹簧 E_2 可改进 Kelvin 模型，应力松弛较为合理。

除上述三参量固体模型之外，还可以建立其他三参量模型和四参量模型，如图 7.11 和图 7.12 所示。图 7.12 是四参量流体，也称为 Bergers 模型。随着参量个数的增加，一般说来模型可以得到改进，但也更加复杂，需要更多的材料参数。

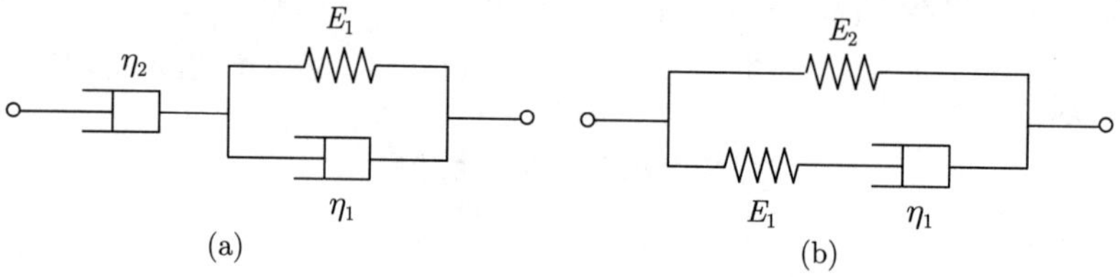

图 7.11 三参量流体模型 (a) 和其他三参量固体模型 (b)

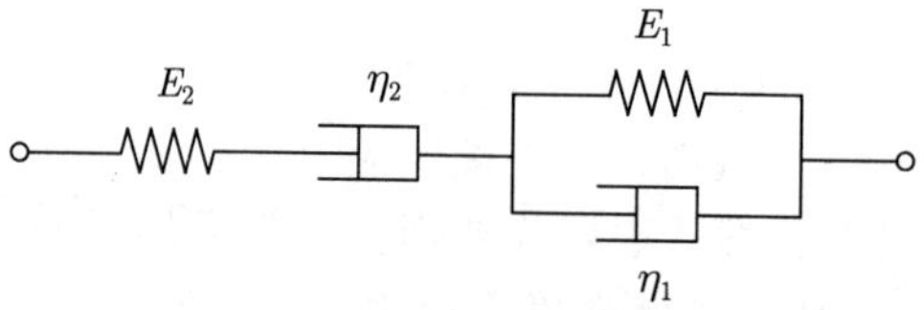

图 7.12 四参量流体模型

7.2.4 蠕变函数和松弛函数

以上简单模型在阶跃应力 $\sigma_0 H(t)$ 或阶跃应变 $\varepsilon_0 H(t)$ 下的蠕变响应或松弛效应，可以写成统一形式：

$$\varepsilon(t)=\sigma_0 J(t)\quad 和\quad \sigma(t)=\varepsilon_0 E(t) \tag{7.15}$$

式中，$J(t)$ 称为蠕变函数或蠕变柔度；$E(t)$ 称为松弛函数或松弛模量。由式 (7.6a) 和式 (7.6b)、式 (7.8a)、式 (7.13) 和式 (7.14)，各种简单模型的蠕变函数和松弛函数为

$$J(t)=\frac{1}{E}+\frac{t}{\eta},\quad E(t)=E\mathrm{e}^{-t/\tau_{\mathrm{R}}}\quad \left(\tau_{\mathrm{R}}=\frac{\eta}{E}\right)\quad (\text{Maxwell 流体}) \tag{7.15a}$$

$$J(t)=\frac{1}{E}\left(1-\mathrm{e}^{-t/\tau_{\mathrm{D}}}\right)\quad \left(\tau_{\mathrm{D}}=\frac{\eta}{E}\right)\quad (\text{Kelvin 固体}) \tag{7.15b}$$

$$\left.\begin{aligned} J(t)&=\frac{1}{E_2}+\frac{1}{E_1}\left(1-\mathrm{e}^{-t/\tau_{\mathrm{D}}}\right)\quad \left(\tau_{\mathrm{D}}=\frac{\eta_1}{E_1}\right)\\ E(t)&=E_2-\frac{E_2^2}{E_1+E_2}\left(1-\mathrm{e}^{-t/\tau_{\mathrm{R}}}\right)\quad \left(\tau_{\mathrm{R}}=\frac{\eta_1}{E_1+E_2}\right)\end{aligned}\right\}\quad (\text{三参量固体}) \tag{7.15c}$$

常应力作用下的蠕变响应和常应变作用下的松弛响应，是建立更精确的黏弹性本构关系的基础，所以式 (7.15) 定义的蠕变函数和松弛函数是黏弹性理论中两种重要的材料函数，称为积分型本构关系的核函数。

7.3 广义 Maxwell 模型和广义 Kelvin 模型

由 n 个 Maxwell 模型并联的模型称为广义 Maxwell 模型，由 n 个 Kelvin 模型串联的模型称为广义 Kelvin 模型 (或广义 Kelvin-Voigt 模型)。利用第 7.2 节的方法，可以建立广义模型的本构关系。

7.3.1 广义 Maxwell 模型

模型图 7.13(a) 的总应力为各 Maxwell 单元应力之和，即

$$\sigma=\sum_{i=1}^{n}\sigma_i \tag{7.16}$$

第 i 个 Maxwell 单元的本构关系 (见式 (7.5)) 可写成算子形式：

$$D\varepsilon=\left(\frac{D}{E_i}+\frac{1}{\eta_i}\right)\sigma_i \quad 或 \quad \sigma_i=\frac{E_i\eta_i}{\eta_i D+E_i}D\varepsilon \tag{7.17}$$

式中，E_i、η_i 是 i 单元的材料常数。将上式代入式 (7.16)，得

$$\sigma=\sum_{i=1}^{n}\frac{E_i\eta_i}{\eta_i D+E_i}D\varepsilon \tag{7.18}$$

式 (7.18) 两端乘以 $(\eta_1 D+E_1)(\eta_2 D+E_2)\cdots(\eta_n D+E_n)$，消去分母，整理后可得

$$\sigma+p_1\dot{\sigma}+p_2\ddot{\sigma}+\cdots+p_n\sigma^{(n)}=q_1\dot{\varepsilon}+q_2\ddot{\varepsilon}+\cdots+q_n\varepsilon^{(n)} \tag{7.19}$$

$p_1,p_2,\cdots,p_n$ 和 $q_1,q_2,\cdots,q_n$ 是材料参数，该模型属于黏弹性流体。

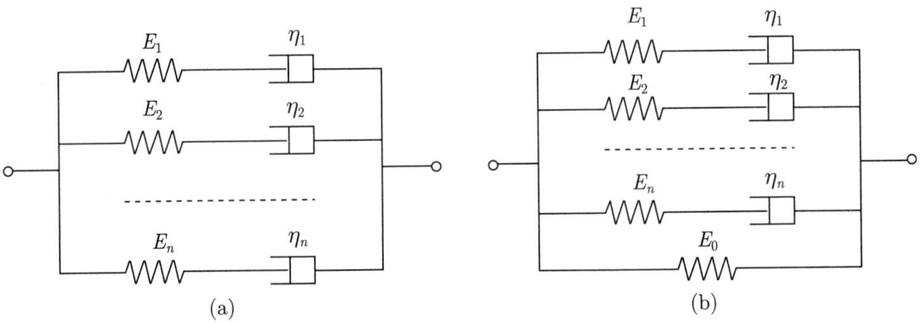

图 7.13 广义 Maxwell 模型

若给定阶跃应变 $\varepsilon=\varepsilon_0 H(t-\tau)$，类似式 (7.6b)，可以得到第 i 个 Maxwell 单元的应力

$$\sigma_i(t)=E_i\varepsilon_0\mathrm{e}^{-(t-\tau)/\tau_{\mathrm{R}i}}H(t-\tau), \qquad \tau_{\mathrm{R}i}=\eta_i/E_i \tag{7.20}$$

将式 (7.20) 代入式 (7.16)，总松弛应力为

$$\sigma(t)=E(t-\tau)\varepsilon_0 H(t-\tau) \tag{7.21}$$

其中松弛模量为

$$E(t-\tau)=\sum_{i=1}^{n}E_i\mathrm{e}^{-(t-\tau)/\tau_{\mathrm{R}i}} \qquad (\tau\leqslant t) \tag{7.22}$$

可见 $t\to\infty$ 时 $\sigma(t)\to 0$，模型图 7.13(a) 所示为黏弹性流体。

如果该模型并联一个弹簧元件 E_0(见图 7.13(b))，该模型为黏弹性固体，相应的松弛模量为

$$E(t-\tau)=E_0+\sum_{i=1}^{n}E_i\mathrm{e}^{-(t-\tau)/\tau_{\mathrm{R}i}} \qquad (\tau\leqslant t) \tag{7.22a}$$

当 $n\to\infty$ 时，松弛模量应为有限值，所以 E_i 是无限小量，上式中的无限多项和变为积分，$\tau_{\mathrm{R}i}$ 和 E_i 可以用适当选取的连续变量 $\overline{\tau}$(时间量纲) 和连续函数微分 $e(\overline{\tau})\,\mathrm{d}\overline{\tau}$ 表示：

$$\lim_{n\to\infty}\sum_{i=1}^{n}E_i\mathrm{e}^{-(t-\tau)/\tau_{\mathrm{R}i}}=\int_0^{\infty}e(\overline{\tau})\mathrm{e}^{-(t-\tau)/\overline{\tau}}\mathrm{d}\overline{\tau}$$

因而式 (7.22a) 的积分表达式为

$$E(t-\tau)=E_0+\int_0^{\infty}e(\overline{\tau})\mathrm{e}^{-(t-\tau)/\overline{\tau}}\mathrm{d}\overline{\tau} \tag{7.23}$$

式中，$e(\overline{\tau})$ 称为松弛时间谱，表示 $\tau=t$ 时设定的单位时间内模量变化。上式表明，松弛模量随 $t-\tau$ 的增加迅速衰减，E_0 和 $e(\overline{\tau})$ 可根据简单应力状态下的松弛试验确定，再将松弛函数用于复杂应力状态。

7.3.2 广义 Kelvin 模型

下面的分析与广义 Maxwell 模型类似。

图 7.14(a) 模型的总应变为各 Kelvin 单元应变的和：

$$\varepsilon=\sum_{i=1}^{n}\varepsilon_i \tag{7.24}$$

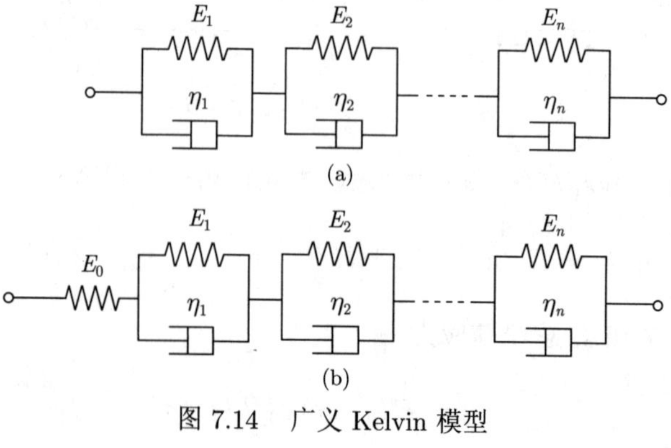

图 7.14 广义 Kelvin 模型

第 i 个 Kelvin 单元的本构关系 (见式 (7.7)) 可写成算子形式

$$\sigma = E_i\varepsilon_i + \eta_i D\varepsilon_i, \qquad \varepsilon_i = \frac{\sigma}{\eta_i D + E_i} \tag{7.25}$$

将上式代入式 (7.24)，整理后即是广义 Kelvin 模型的微分本构方程。

若给定阶跃应力 $\sigma = \sigma_0 H(t-\tau)$，利用式 (7.8a)，第 i 个 Kelvin 单元的应变为

$$\varepsilon_i = \frac{\sigma_0}{E_i}\left(1 - \mathrm{e}^{-(t-\tau)/\tau_{\mathrm{D}i}}\right) H(t-\tau), \qquad \tau_{\mathrm{D}i} = \eta_i/E_i \tag{7.26}$$

将式 (7.26) 代入式 (7.24)，总蠕变应变为

$$\varepsilon(t) = J(t-\tau)\,\sigma_0 H(t-\tau) \tag{7.27}$$

其中蠕变柔度为

$$J(t) = \sum_{i=1}^{n}\frac{1}{E_i}\left(1 - \mathrm{e}^{-(t-\tau)/\tau_{\mathrm{D}i}}\right) \qquad (\tau \leqslant t) \tag{7.28}$$

可见 $t \to \infty$ 时 $\varepsilon(t) \to \sum\limits_{i=1}^{n}\frac{\sigma_0}{E_i}$，图 7.14(a) 所示的模型为黏弹性固体。为了便于考虑弹性变形的影响，可以在该模型中再串联一个弹簧元件 E_0(见图 7.14(b))，类似的分析可以得到蠕变柔度

$$J(t) = \frac{1}{E_0} + \sum_{i=1}^{n}\frac{1}{E_i}\left(1 - \mathrm{e}^{-(t-\tau)/\tau_{\mathrm{D}i}}\right) \qquad (\tau \leqslant t) \tag{7.29}$$

当 $n \to \infty$ 时，用连续变量 $\bar{\tau}$ 和连续函数微分 $j(\bar{\tau})\,\mathrm{d}\bar{\tau}$ 表示 $\tau_{\mathrm{D}i}$ 和 $1/E_i$，蠕变函数的积分形式为

$$J(t-\tau) = \frac{1}{E_0} + \int_0^{\infty} j(\bar{\tau})\left(1 - \mathrm{e}^{-(t-\tau)/\bar{\tau}}\right)\mathrm{d}\bar{\tau} \tag{7.30}$$

式中，$j(\bar{\tau})$ 称为蠕变时间谱；E_0 和 $j(\bar{\tau})$ 需要利用简单应力状态下的蠕变试验确定。

7.4　线性黏弹性一维本构方程

黏弹性本构方程可以用微分形式和积分形式表示。

7.4.1　微分型本构方程

线性黏弹性的特点是应力及其各阶导数与应变及其各阶导数成线性关系，例如前面建立的基本模型本构方程。小变形线性黏弹性体的一维微分本构方程的一般形式可以表为

$$p_0\sigma + p_1\dot{\sigma} + \cdots + p_m\sigma^{(m)} = q_0\varepsilon + q_1\dot{\varepsilon} + \cdots + q_n\varepsilon^{(n)} \quad 或 \quad \sum_{i=0}^{m} p_i\sigma^{(i)} = \sum_{i=0}^{n} q_i\varepsilon^{(i)} \tag{7.31}$$

其中 $(\ )^{(i)} = \dfrac{\mathrm{d}^i}{\mathrm{d}t^i}(\ ), (\ )^{(0)} = (\ )$。当 $m = n = 1$ 时，即为三参量模型；$m = 1$，$n = 0$ 和 $m = 0$，$n = 1$ 分别为 Maxwell 模型和 Kelvin 模型。

式 (7.31) 为常系数线性常微分方程，给定应力可以求出应变响应，或者相反，常用的解法是应用 Laplace 变换。若 $f(t)$ 和 $\overline{f}(s)$ 是原函数和像函数，拉氏变换的定义是

$$\overline{f}(s)=\int_0^{\infty} f(t)\,\mathrm{e}^{-st}\mathrm{d}t \quad (\text{正变换})$$

$$f(t)=\frac{1}{2\pi\mathrm{i}}\int_{a-\mathrm{i}\infty}^{a+\mathrm{i}\infty}\overline{f}(s)\,\mathrm{e}^{st}\mathrm{d}s, \qquad a\geqslant \mathrm{Re}s, \quad \mathrm{i}=\sqrt{-1} \quad (\text{逆变换})$$

式中，t 是实数；s 是复数。例如：

常数 $f(t)=a$ 的像为 a/s；阶跃函数 $H(t)$ 的像为 $1/s$；

导数 $f^{(n)}(t)$，若 $f^{(i)}\left(0^{-}\right)=0 \quad (i=1,\cdots,n-1)$，则像为 $s^n\overline{f}(s)$；

卷积 $g*f\equiv\int_0^t g(t-\tau)f(\tau)\,\mathrm{d}\tau$ 的像为原函数 $g(t)$ 和 $f(t)$ 像的积 $\overline{g}(s)\overline{f}(s)$。

对式 (7.31) 进行拉氏变换，有

$$\sum_{i=0}^{m}p_i s^m\overline{\sigma}=\sum_{i=0}^{n}q_i s^n\overline{\varepsilon} \tag{7.32}$$

所以，微分本构方程的像函数解为

$$\overline{\sigma}=\frac{\overline{Q}}{\overline{P}}\overline{\varepsilon} \quad \text{或} \quad \overline{\varepsilon}=\frac{\overline{P}}{\overline{Q}}\overline{\sigma} \tag{7.33}$$

式中，$\overline{P}=\sum\limits_{i=0}^{m}p_i s^m,\overline{Q}=\sum\limits_{i=0}^{n}q_i s^n$。对上式进行逆变换，可得到松弛型本构关系 (用应变表示应力) 或蠕变型本构关系 (用应力表示应变)。

考虑阶跃载荷情况。若 $\varepsilon(t)=\varepsilon_0 H(t)$ 或 $\sigma(t)=\sigma_0 H(t)$，则 $\overline{\varepsilon}(s)=\varepsilon_0/s$ 或 $\overline{\sigma}(s)=\sigma_0/s$，分别代入式 $(7.33)_1$ 和式 $(7.33)_2$，得到

$$\overline{\sigma}=\frac{\overline{Q}}{s\overline{P}}\varepsilon_0=\overline{E}\varepsilon_0, \qquad \overline{\varepsilon}=\frac{\overline{P}}{s\overline{Q}}\sigma_0=\overline{J}\sigma_0$$

$$\overline{E}=\frac{\overline{Q}}{s\overline{P}}, \qquad \overline{J}=\frac{\overline{P}}{s\overline{Q}} \tag{7.34}$$

式中，$\overline{E}$, $\overline{J}$ 是蠕变函数和松弛函数的像，两者满足关系

$$s^2\overline{EJ}=1 \tag{7.34a}$$

通过逆变换可由式 (7.34) 求出蠕变函数和松弛函数。

7.4.2 积分型本构方程

线性黏弹性响应满足叠加原理，即多个载荷作用引起的响应等于每个载荷单独作用时的响应之和。例如，在 $t=0,\tau_1,\tau_2,\cdots,\tau_r$ 时刻，受阶跃应力

$$\sigma(t)=\sigma_0 H(t)+\Delta\sigma_1 H(t-\tau_1)+\Delta\sigma_2 H(t-\tau_2)+\cdots+\Delta\sigma_r H(t-\tau_r)$$

时，总的应变响应为

$$\varepsilon(t) = J(t)\sigma_0 + \sum_{i=1}^{r} J(t-\tau_i)\Delta\sigma_i \tag{7.35}$$

上式称为 Boltzmann 叠加原理，$J(t)$ 为蠕变函数。类似地，在给定应变

$$\varepsilon(t) = \varepsilon_0 H(t) + \Delta\varepsilon_1 H(t-\tau_1) + \Delta\varepsilon_2 H(t-\tau_2) + \cdots + \Delta\varepsilon_r H(t-\tau_r)$$

时，可借助松弛函数 $E(t)$ 得到应力响应

$$\sigma(t) = E(t)\varepsilon_0 + \sum_{i=1}^{r} E(t-\tau_i)\Delta\varepsilon_i \tag{7.36}$$

若给定连续变化的应力，可以简化为小的阶跃应力之和 (见图 7.15)，再用式 (7.35) 近似计算连续应力函数引起的应变响应。当 $\Delta\sigma_i$ 无限减小时，和式 (7.35) 变为积分

$$\varepsilon(t) = J(t)\sigma(0) + \int_{0^+}^{t} J(t-\tau)\frac{\mathrm{d}\sigma(\tau)}{\mathrm{d}\tau}\mathrm{d}\tau \tag{7.37}$$

上式为积分形式的蠕变型一维线性黏弹性本构方程，也称为遗传积分。右端第 1 项是 $t=0$ 时突加应力 σ_0 的记忆效应，第 2 项是 $(0^+, t)$ 时间内所加应力的记忆效应之和。蠕变函数 $J(t-\tau)$ 是时域中的影响函数，表示 $\tau\,(\leqslant t)$ 时刻加的单位应力增量在 t 时刻引起的应变增量。如果有应力跳跃 $\Delta\sigma H(t-t_1)$，上式中应增加项 $\Delta\sigma J(t-t_1)$，在积分中排除 t_1 点。

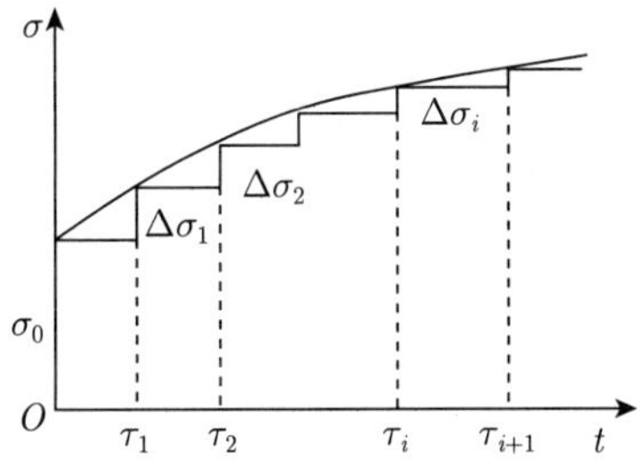

图 7.15 叠加原理

对式 (7.37) 右端第 2 项分部积分，得

$$\varepsilon(t) = J(0)\sigma(t) - \int_{0^+}^{t} \frac{\mathrm{d}J(t-\tau)}{\mathrm{d}\tau}\sigma(\tau)\mathrm{d}\tau \tag{7.38}$$

若积分变量换成 $\tau^* = t-\tau$(从 t 起反向计时)，则上式可改写为

$$\varepsilon(t) = J(0)\sigma(t) + \int_{0^+}^{t} \frac{\mathrm{d}J(\tau^*)}{\mathrm{d}\tau^*}\sigma(t-\tau^*)\mathrm{d}\tau^* \tag{7.39}$$

式 (7.37) 也可以表示为

$$\varepsilon(t) = \int_{-\infty}^{t} J(t-\tau)\frac{\mathrm{d}\sigma(\tau)}{\mathrm{d}\tau}\mathrm{d}\tau \tag{7.40}$$

积分中包括 $\int_{0^-}^{0^+} J(t-\tau)\frac{\mathrm{d}\sigma(\tau)}{\mathrm{d}\tau}\mathrm{d}\tau = \int_{0^-}^{0^+} J(t-\tau)\sigma_0\frac{\mathrm{d}H(\tau)}{\mathrm{d}\tau}\mathrm{d}\tau = J(t)\sigma(0)$。

方程式 (7.37)~ 式 (7.40) 是等价的。

类似地可以给出等价的松弛型一维线性黏弹性本构方程

$$\sigma(t) = E(t)\varepsilon(0) + \int_{0^+}^{t} E(t-\tau)\frac{\mathrm{d}\varepsilon(\tau)}{\mathrm{d}\tau}\mathrm{d}\tau \tag{7.41}$$

$$\sigma(t) = E(0)\varepsilon(t) - \int_{0^+}^{t} \frac{\mathrm{d}E(t-\tau)}{\mathrm{d}\tau}\varepsilon(\tau)\,\mathrm{d}\tau \tag{7.42}$$

$$\sigma(t) = E(0)\varepsilon(t) + \int_{0^+}^{t} \frac{\mathrm{d}E(\tau^*)}{\mathrm{d}\tau^*}\varepsilon(t-\tau^*)\,\mathrm{d}\tau^* \tag{7.43}$$

$$\sigma(t) = \int_{-\infty}^{t} E(t-\tau)\frac{\mathrm{d}\varepsilon(\tau)}{\mathrm{d}\tau}\mathrm{d}\tau \tag{7.44}$$

微分型和积分型本构方程都可以表示线性黏弹性体的应力应变关系，两种本构方程在本质上是一致的；两者的区别是，微分型用各阶变率表示黏性，而积分型借助影响函数。对于比较复杂的本构模型，应用积分形式的本构关系通常更加简单，只要选择适当的材料函数即可，而且材料函数中包含的材料常数便于通过简单应力状态下的蠕变或松弛试验确定。

7.5 简谐交变载荷下的滞后响应及动态模量

若材料受常幅简谐交变应变作用，为了计算方便，用复指数形式表示：

$$\varepsilon(t) = \varepsilon_0 \mathrm{e}^{\mathrm{i}\omega t} = \varepsilon_0(\cos\omega t + \mathrm{i}\sin\omega t), \qquad \mathrm{i} = \sqrt{-1} \tag{7.45}$$

式中，ε_0 为实数振幅，上式实质是两个相位相差 $\pi/2$ 的实简谐交变应变。用微分方程和积分方程均可求出应力响应。

将式 (7.45) 代入微分本构关系式 (7.31)，有

$$\sum_{k=0}^{m} p_k \frac{\mathrm{d}^k\sigma}{\mathrm{d}t^k} = \sum_{k=0}^{n} q_k (\mathrm{i}\omega)^k \varepsilon_0 \mathrm{e}^{\mathrm{i}\omega t}$$

令

$$\sigma = \sigma^* \mathrm{e}^{\mathrm{i}\omega t} \tag{7.46}$$

代入上式得

$$\sigma^* = \varepsilon_0 \sum_{k=0}^{n} q_k (\mathrm{i}\omega)^k \Big/ \sum_{k=0}^{m} p_k (\mathrm{i}\omega)^k \equiv (E_1(\omega) + \mathrm{i}E_2(\omega))\varepsilon_0 \tag{7.47}$$

$E_1(\omega)$，$E_2(\omega)$ 分别是式中复分数的实部和虚部。类似于阶跃应变下的模量定义，令

$$E(\omega) = \frac{\sigma(t)}{\varepsilon(t)} = E_1(\omega) + \mathrm{i}E_2(\omega) \tag{7.48}$$

称为复模量，也称为动态模量，其中 E_1 为储能模量，E_2 为损耗模量。

将式 (7.47) 代入式 (7.46)，得

$$\sigma = \sigma'(t) + \mathrm{i}\sigma''(t) \tag{7.49}$$

$$\sigma'(t) = \varepsilon_0(E_1\cos\omega t - E_2\sin\omega t) = \varepsilon_0 E_1 \cos(\omega t + \delta) \tag{7.49a}$$

$$\sigma''(t) = \varepsilon_0(E_1\sin\omega t + E_2\cos\omega t) = \varepsilon_0 E_1 \sin(\omega t + \delta) \tag{7.49b}$$

$$\tan\delta = \frac{E_2}{E_1} \tag{7.50}$$

式中，δ 是应力落后于应变的相位差，比较式 (7.45) 和式 (7.49a,b) 可见，复数形式的实部和虚部没有本质差别，但指数运算比三角函数更方便。当 $E_2 \to 0$ 时 $\delta \to 0$，应力与应变同相位，材料行为是弹性的；当 $E_1 \to 0$ 时 $\delta \to \pi/2$，应力相位比应变落后 $\pi/2$，$\sigma \propto \dot{\varepsilon}$，材料表现流体特性；当 $0 < \delta < \pi/2$ 时，为黏弹性材料。上述实部应变和应力响应如图 7.5 所示。

下面用积分型本构方程求应力响应。

为了考虑交变应变载荷特点，将松弛函数分为弹性和黏性两部分：

$$E(t) = E' + E''(t) \tag{7.51}$$

当 $t \to \infty$ 时 $E''(t) \to 0$。将式 (7.51) 、式 (7.45) 代入式 (7.44)，得

$$\sigma(t) = E'\varepsilon(t) + \int_{-\infty}^{t} E''(t-\tau)\frac{\mathrm{d}\varepsilon(\tau)}{\mathrm{d}\tau}\mathrm{d}\tau = E'\varepsilon_0 \mathrm{e}^{\mathrm{i}\omega t} + \mathrm{i}\omega\varepsilon_0\int_{-\infty}^{t} E''(t-\tau)\,\mathrm{e}^{\mathrm{i}\omega\tau}\mathrm{d}\tau$$

令 $\tau^* = t - \tau$，上式变为

$$\sigma(t) = E'\varepsilon(t) + \mathrm{i}\omega\varepsilon(t)\int_{0}^{\infty} E''(\tau^*)\,\mathrm{e}^{-\mathrm{i}\omega\tau^*}\mathrm{d}\tau^* \equiv E^*(\omega)\,\varepsilon(t) \tag{7.52}$$

式 (7.52) 与微分方程解式 (7.47) 形式相同，其中复模量为 $E^*(\omega) = E_1(\omega) + \mathrm{i}E_2(\omega)$，式中，

$$E_1(\omega) = E' + \omega\int_0^{\infty} E''(\tau^*)\sin\omega\tau^*\mathrm{d}\tau^* \quad (\text{储能模量}) \tag{7.53a}$$

$$E_2(\omega) = \omega\int_0^{\infty} E''(\tau^*)\cos\omega\tau^*\mathrm{d}\tau^* \quad (\text{损耗模量}) \tag{7.53b}$$

将式 (7.53a,b) 分部积分，注意 $E''(\infty) = 0$，得

$$E_1(\omega) = E' + E''(0) + \int_0^{\infty}\frac{\mathrm{d}E''(\tau^*)}{\mathrm{d}\tau^*}\cos\omega\tau^*\mathrm{d}\tau^* \tag{7.54a}$$

$$E_2(\omega) = -\int_0^{\infty}\frac{\mathrm{d}E''(\tau^*)}{\mathrm{d}\tau^*}\sin\omega\tau^*\mathrm{d}\tau^* \tag{7.54b}$$

为了分析复模量随频率的变化，可取 E'' 按指数规律衰减，如 $E'' = c\mathrm{e}^{-a\tau^*}$ $(a > 0)$，则

$$\int_0^{\infty}\frac{\mathrm{d}E''(\tau^*)}{\mathrm{d}\tau^*}(\cos\omega\tau^* - \mathrm{i}\sin\omega\tau^*)\,\mathrm{d}\tau^* = -\int_0^{\infty} ca\mathrm{e}^{-(a+\mathrm{i}\omega)\tau^*}\mathrm{d}\tau^* = \left.\frac{ca}{a+\mathrm{i}\omega}\mathrm{e}^{-(a+\mathrm{i}\omega)\tau^*}\right|_0^{\infty}$$

$$= \left.\frac{ca}{a^2+\omega^2}\mathrm{e}^{-a\tau^*}(a-\mathrm{i}\omega)\right|_0^{\infty} = \frac{-ca}{a^2+\omega^2}(a-\mathrm{i}\omega)$$

由上式和式 (7.54a)、式 (7.54b) 可见，当 $\omega \to 0$ 时 $E_1 \to E'$，$E_2 \to 0$；当 $\omega \to \infty$ 时，$E_1 \to E' + E''(0)$，$E_2 \to 0$。这一结论与实验观测结果一致。试验表明，在黏弹性状

态下聚合物的储能模量，随频率的提高迅速增大并趋于定值，具有玻璃态特点，当频率很低、趋于静载时储能模量趋于很低的值，材料呈现橡胶态，两种情况的储能模量可能相差 3~4 个数量级；而损耗模量在中等频率时最大，材料表现为黏弹性，高频和低频时迅速减小。$E_2 \to 0$ 意味应力与应变同步变化，材料无黏滞效应，黏性影响消失。储能模量和损耗模量随频率的变化趋势如图 7.16 所示。

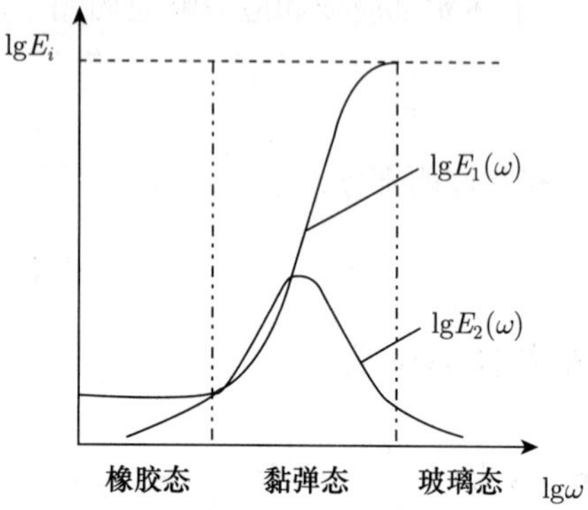

图 7.16 聚合物复模量随频率的变化示意图

如果微分本构关系与积分本构关系模型和参数相同，得到的复模量应该一致。复模量是黏弹性材料动态分析的重要参数，式 (7.53a) 和式 (7.53b)、式 (7.54a) 和式 (7.54b) 只适用于应变谐波周期变化情况。

类似地，基于蠕变型本构关系，可以得到谐波周期变化应力 $\sigma(t) = \sigma_0 \mathrm{e}^{\mathrm{i}\omega t}$ 引起的应变

$$\varepsilon(t) = J^*(\omega)\,\sigma(t) \tag{7.55}$$

式中，$J^*(\omega) = J_1(\omega) - \mathrm{i}J_2(\omega)$ 为复柔度，详细讨论可参阅文献 [9]。

在一个循环内黏滞效应引起的单位体积能量耗散，等于应力应变曲线回线包围的面积

$$U_d = \oint \sigma \mathrm{d}\varepsilon \tag{7.56}$$

由于式 (7.45) 中假定 ε_0 是实数，因此实部应变 $\varepsilon' = \varepsilon_0 \cos\omega t$ 的应力响应为式 (7.49) 的实部 σ'，在 ε' 的一个循环中单位体积能量耗散为

$$U_d = \oint \sigma' \mathrm{d}\varepsilon' = -\varepsilon_0^2 \omega \int_0^{2\pi/\omega} (E_1 \cos\omega t - E_2 \sin\omega t) \sin\omega t \mathrm{d}t = \pi E_2(\omega)\,\varepsilon_0^2 \tag{7.57}$$

可见能耗与损耗模量成正比，与储能模量无关，在一个循环中弹性能的储存与释放相等，既无损耗也无积累。

如果给定的应变或应力非简谐周期变化时，应力或应变响应需要另行计算 (式 (7.49)、式 (7.52) 已不适用)，然后应用式 (7.56) 计算能耗。在描述黏弹性动态效应时，Maxwell 模型和 Kelvin 模型与试验的差别较大，三参量固体模型和更精确的本构关系可以给出较好的预测。

第 7.2 节 ~ 第 7.5 节讨论了一维线性黏弹性的微分和积分型本构关系，包括简单模型、复杂模型和一般模型，分析了谐波周期性应变引起的应力响应和动态特性。一维模型可以反映黏弹性材料的许多基本属性，也是三维理论的基础，并可用于杆和梁等构件的实际黏弹性问题。

7.6 三维线性黏弹性本构关系

本节将一维本构关系推广，建立三维线性黏弹性本构关系。由于讨论小变形情况，不需要区分各种应变张量和应力张量。

首先讨论微分型本构关系。将式 (7.31) 推广，分别考虑应力张量和应变张量的球形部分和偏斜部分，得到

$$\sum_{i=0}^{m} p_i^0 \boldsymbol{\sigma}^{0(i)} = \sum_{i=0}^{n} q_i^0 \boldsymbol{\varepsilon}^{0(i)}, \quad \sum_{i=0}^{m} p_i' \boldsymbol{\sigma}'^{(i)} = \sum_{i=0}^{n} q_i' \boldsymbol{\varepsilon}'^{(i)} \tag{7.58}$$

式中，$(\ )^{(i)} = \dfrac{\mathrm{d}^i}{\mathrm{d}t^i}(\ ),(\ )^{(0)} = (\ )$，$p_i^0$，$q_i^0$，$p_i'$，$q_i'$ 是材料参数，假设材料各向同性

$$\boldsymbol{\sigma}^0 = \frac{1}{3}(\mathrm{tr}\boldsymbol{\sigma})\boldsymbol{I}, \quad \boldsymbol{\sigma}' = \boldsymbol{\sigma} - \boldsymbol{\sigma}^0, \quad \boldsymbol{\varepsilon}^0 = \frac{1}{3}(\mathrm{tr}\boldsymbol{\varepsilon})\boldsymbol{I}, \quad \boldsymbol{\varepsilon}' = \boldsymbol{\varepsilon} - \boldsymbol{\varepsilon}^0 \tag{7.59}$$

将一维积分型本构方程推广，类似式 (7.40) 和式 (7.44)，三维蠕变型和松弛型本构方程为

$$\boldsymbol{\varepsilon}(t) = \int_{-\infty}^{t} \boldsymbol{J}(t-\tau) : \frac{\mathrm{d}\boldsymbol{\sigma}(\tau)}{\mathrm{d}\tau}\mathrm{d}\tau \tag{7.60}$$

$$\boldsymbol{\sigma}(t) = \int_{-\infty}^{t} \boldsymbol{E}(t-\tau) : \frac{\mathrm{d}\boldsymbol{\varepsilon}(\tau)}{\mathrm{d}\tau}\mathrm{d}\tau \tag{7.61}$$

令 $\tau^* = t - \tau$，进行分部积分，与一维情况类似，以上两式可改写为

$$\boldsymbol{\varepsilon}(t) = \boldsymbol{J}(0) : \boldsymbol{\sigma}(t) + \int_{0}^{\infty} \frac{\mathrm{d}\boldsymbol{J}(\tau^*)}{\mathrm{d}\tau^*} : \boldsymbol{\sigma}(t-\tau^*)\,\mathrm{d}\tau^* \tag{7.60a}$$

$$\boldsymbol{\sigma}(t) = \boldsymbol{E}(0) : \boldsymbol{\varepsilon}(t) + \int_{0}^{\infty} \frac{\mathrm{d}\boldsymbol{E}(\tau^*)}{\mathrm{d}\tau^*} : \boldsymbol{\varepsilon}(t-\tau^*)\,\mathrm{d}\tau^* \tag{7.61a}$$

式中，$\boldsymbol{J}$，$\boldsymbol{E}$ 是四阶蠕变柔度张量和四阶松弛模量张量。

对于各向同性线性黏弹性体，$\boldsymbol{J}$，$\boldsymbol{E}$ 为各向同性四阶张量，各含两个材料函数，类似各向同性弹性张量 (见式 (6.20))，在直角坐标系中的分量可以表示为

$$J_{ijkl} = \frac{1}{3}(J_2(t) - J_1(t))\delta_{ij}\delta_{kl} + \frac{1}{2}J_1(\delta_{ik}\delta_{jl} + \delta_{il}\delta_{jk}) \tag{7.62}$$

$$E_{ijkl} = \frac{1}{3}(E_2(t) - E_1(t))\delta_{ij}\delta_{kl} + \frac{1}{2}E_1(\delta_{ik}\delta_{jl} + \delta_{il}\delta_{jk}) \tag{7.63}$$

式中，J_1，J_2 和 E_1，E_2 是蠕变函数和松弛函数；J_{ijkl}, E_{ijkl} 具有 Voigt 对称性。利用关系

$$J_{ijkl}\dot{\sigma}_{kl} = \frac{1}{3}(J_2(t) - J_1(t))\dot{\sigma}_{kk}\delta_{ij} + J_1(t)\dot{\sigma}_{ij} = J_2(t)\dot{\sigma}_{ij}^0 + J_1(t)\dot{\sigma}_{ij}'$$

$$E_{ijkl}\dot{\varepsilon}_{kl} = E_2(t)\dot{\varepsilon}_{ij}^0 + E_1(t)\dot{\varepsilon}_{ij}'$$

式 (7.60) 和式 (7.61) 可以表示成球形张量与偏斜张量形式的本构关系

$$\boldsymbol{\varepsilon}^0(t) = \int_{-\infty}^{t} J_2(t-\tau)\frac{\mathrm{d}\boldsymbol{\sigma}^0(\tau)}{\mathrm{d}\tau}\mathrm{d}\tau, \qquad \boldsymbol{\varepsilon}'(t) = \int_{-\infty}^{t} J_1(t-\tau)\frac{\mathrm{d}\boldsymbol{\sigma}'(\tau)}{\mathrm{d}\tau}\mathrm{d}\tau \tag{7.64}$$

$$\boldsymbol{\sigma}^0(t)=\int_{-\infty}^{t}E_2(t-\tau)\frac{\mathrm{d}\boldsymbol{\varepsilon}^0(\tau)}{\mathrm{d}\tau}\mathrm{d}\tau,\qquad \boldsymbol{\sigma}'(t)=\int_{-\infty}^{t}E_1(t-\tau)\frac{\mathrm{d}\boldsymbol{\varepsilon}'(\tau)}{\mathrm{d}\tau}\mathrm{d}\tau \tag{7.65}$$

$$\boldsymbol{\varepsilon}(t)=\int_{-\infty}^{t}J_2(t-\tau)\frac{\mathrm{d}\boldsymbol{\sigma}^0(\tau)}{\mathrm{d}\tau}\mathrm{d}\tau+\int_{-\infty}^{t}J_1(t-\tau)\frac{\mathrm{d}\boldsymbol{\sigma}'(\tau)}{\mathrm{d}\tau}\mathrm{d}\tau \tag{7.64a}$$

$$\boldsymbol{\sigma}(t)=\int_{-\infty}^{t}E_2(t-\tau)\frac{\mathrm{d}\boldsymbol{\varepsilon}^0(\tau)}{\mathrm{d}\tau}\mathrm{d}\tau+\int_{-\infty}^{t}E_1(t-\tau)\frac{\mathrm{d}\boldsymbol{\varepsilon}'(\tau)}{\mathrm{d}\tau}\mathrm{d}\tau \tag{7.65a}$$

在应用中常常将应力 (或应变) 响应分成弹性部分和黏性部分，即与变形历史 (或应力史) 无关和有关的两部分，本构关系可写成 (假如 $t<0$ 时应力和应变为 0)

$$\boldsymbol{\sigma}=\left(\lambda\varepsilon_{kk}(t)-\int_0^t\psi_1(t-\tau)\frac{\mathrm{d}\varepsilon_{kk}(\tau)}{\mathrm{d}\tau}\mathrm{d}\tau\right)\boldsymbol{I}+2\mu\boldsymbol{\varepsilon}(t)-\int_0^t\psi_2(t-\tau)\frac{\mathrm{d}\boldsymbol{\varepsilon}(\tau)}{\mathrm{d}\tau}\mathrm{d}\tau \tag{7.66}$$

$$\boldsymbol{\varepsilon}=\left(\frac{1-2\nu}{3E}\sigma_{kk}(t)-\int_0^t\varphi_1(t-\tau)\frac{\mathrm{d}\sigma_{kk}(\tau)}{\mathrm{d}\tau}\mathrm{d}\tau\right)\boldsymbol{I}+\frac{\boldsymbol{\sigma}(t)}{2G}-\int_0^t\varphi_2(t-\tau)\frac{\mathrm{d}\boldsymbol{\sigma}(\tau)}{\mathrm{d}\tau}\mathrm{d}\tau \tag{7.67}$$

式中，λ,μ 为 Lamé 常数; E,G,ν 为弹性模量、剪切弹性模量和泊松比；ψ_1,ψ_2 和 φ_1,φ_2 是松弛函数和蠕变函数。

与各向异性弹性体 (见第 6.2 节) 类似，各向异性黏弹性体的材料函数可以写成矩阵形式，材料函数的个数与材料的对称性有关。

7.7 非线性黏弹性本构关系

许多材料 (例如高聚合物、高温下的金属、生物材料和地质材料等) 的黏弹性响应，需要在记忆效应中考虑变形率高次项的影响，因而黏弹性本构关系是非线性的。本节简要介绍具有代表性的 Green-Rivlin 理论和部分半经验的非线性本构关系。

7.7.1 Green-Rivlin 多重积分本构理论

由简单物质的一般本构关系式 (5.57)，黏弹性物质 t 时刻的 Cauchy 应力决定于当时的转动 $\boldsymbol{R}(t)$ 和右伸长张量历史 $\boldsymbol{U}(\tau)$ $(\tau\leqslant t)$，$\boldsymbol{U}$ 可以用其他的 Lagrange 描述法变形张量或应变张量代替，例如 $\boldsymbol{C},\boldsymbol{E}$ 及工程应变张量 $\boldsymbol{U}-\boldsymbol{I}$ 等，下面以 $\boldsymbol{E}$ 为例，有

$$\boldsymbol{t}(X,t)=\boldsymbol{R}(t)\cdot\hat{\boldsymbol{t}}(\boldsymbol{E}(\boldsymbol{X},\tau),\boldsymbol{X})\cdot\boldsymbol{R}^{\mathrm{T}}(t)$$

$$t_{ij}(\boldsymbol{X},t)=R_{iP}(t)\,\hat{t}_{PQ}(E_{MN}(X,\tau),\boldsymbol{X})\,R_{jQ}(t) \tag{7.68}$$

式中，$\hat{\boldsymbol{t}}$ 是 $\boldsymbol{E}$ 的本构泛函。假设 $\boldsymbol{E}(\tau)$ 在 [0, t] 区间连续，并可以展成收敛的级数

$$E_{MN}(\tau)=\sum_{\alpha=1}^{\infty}E_{MN}^{(\alpha)}\varphi^{(\alpha)}(\tau) \tag{7.69}$$

式中，$\varphi^{(\alpha)}(\tau)$ 是某一种被选用的完备标准正交基函数，满足正交条件

$$\left\langle\varphi^{(\alpha)}\cdot\varphi^{(\beta)}\right\rangle=\begin{cases}1 & 当\ \alpha=\beta\\ 0 & 当\ \alpha\neq\beta\end{cases} \tag{7.70}$$

式中，$\langle\ \rangle$ 表示内积，根据内积条件可以选择适当的内积定义，例如取 $\langle \varphi^{(\alpha)} \cdot \varphi^{(\beta)} \rangle = \int_0^t \varphi^{(\alpha)}(\tau)\,\varphi^{(\beta)}(\tau)\,\mathrm{d}\tau$。利用正交条件和内积定义，可以得到展开式的系数

$$E_{MN}^{(\alpha)}(t) = \int_0^t E_{MN}(\tau)\varphi^{(\alpha)}(\tau)\,\mathrm{d}\tau \tag{7.71}$$

式中，$E_{MN}^{(\alpha)}$ 是当前时刻 t 的函数，与 $\varphi^{(\alpha)}(\tau)$ 一起用于表示应变历史。由于级数式 (7.69) 是收敛的，$E_{MN}^{(\alpha)}$ 随 α 的增加迅速衰减，因此可以截取级数的有限项作为式 (7.69) 的近似

$$E_{MN}(\tau) = \sum_{\alpha=1}^{n} E_{MN}^{(\alpha)}\varphi^{(\alpha)}(\tau) \tag{7.72}$$

这样一来，通过 $E_{MN}^{(\alpha)}(t)$ 和基函数展开式，上式给出应变历史的近似函数表达式。张量泛函 $\hat{\boldsymbol{t}}$ 是对于历史时间 τ 的积分，将式 (7.72) 代入，经过积分之后，泛函变为 $E_{MN}^{(\alpha)}\ (\alpha = 1, 2, \cdots, n)$ 的函数。可以将函数 $\hat{t}_{PQ}\left(E_{MN}^{(\alpha)}, \boldsymbol{X}\right)$ 表示成以变量 $E_{MN}^{(\alpha)}$ 的多项式表示的函数形式，有

$$\begin{aligned}\hat{t}_{PQ} &= \hat{t}_{PQ}^{(0)} + \hat{t}_{PQ}^{(1)}\left(E_{MN}^{(\alpha)}, \boldsymbol{X}\right) + \hat{t}_{PQ}^{(2)}\left(E_{M_1N_1}^{(\alpha_1)}E_{M_2N_2}^{(\alpha_2)}, \boldsymbol{X}\right) + \cdots + \hat{t}_{PQ}^{(n)}\left(E_{M_1N_1}^{(\alpha_1)}\cdots E_{M_nN_n}^{(\alpha_n)}, \boldsymbol{X}\right) \\ &= \sum_{k=0}^{n} \hat{t}_{PQ}^{(k)}\end{aligned} \tag{7.73}$$

若 $t = 0$ 时无应力，则 $\hat{t}_{PQ}^{(0)} = 0$。由式 (7.71)，$E_{MN}^{(\alpha)}$ 的多项式可以写成重积分

$$\begin{aligned}E_{M_1N_1}^{(\alpha_1)}\cdots E_{M_kN_k}^{(\alpha_k)} = &\underbrace{\int_0^t \cdots \int_0^t}_{k\ \text{重积分}} \varphi^{(\alpha_1)}(\tau_1)\,\varphi^{(\alpha_2)}(\tau_2)\cdots\varphi^{(\alpha_k)}(\tau_k) \\ &E_{M_1N_1}(\tau_1)\,E_{M_2N_2}(\tau_2)\cdots E_{M_kN_k}(\tau_k)\,\mathrm{d}\tau_1\cdots\mathrm{d}\tau_k\end{aligned}$$

所以 $\hat{t}_{PQ}^{k}$ 可表示为

$$\hat{t}_{PQ}^{(k)} = \underbrace{\int_0^t \cdots \int_0^t}_{k\ \text{重积分}} K_{PQM_1N_1\cdots M_kN_k}^{(k)}(t, \tau_1, \cdots, \tau_k)E_{M_1N_1}(\tau_1)\cdots E_{M_kN_k}(\tau_K)\,\mathrm{d}\tau_1\cdots\mathrm{d}\tau_k \tag{7.74}$$

将式 (7.74) 代入式 (7.68)，得到重积分型非线性黏弹性本构关系，$K_{PQM_1N_1\cdots M_kN_k}^{(k)}$ 是 $2(k+1)$ 阶材料函数张量。重积分通常取到三次，略去高次项。

黏弹性应力可以表示为应变率历史的泛函 (线性时见式 (7.61))。下面用应变率的历史表示应力建立本构关系。与上述方法类似，将 $\dot{\boldsymbol{E}}$ 展成标准正交基的级数，近似表示应变率与时间的函数关系，可以得到与式 (7.74) 类似的本构泛函

$$\hat{t}_{PQ}^{(k)} = \int_0^t \cdots \int_0^t \overline{K}_{PQM_1N_1\cdots M_kN_k}^{(k)}(t-\tau_1, \cdots, t-\tau_k)\dot{E}_{M_1N_1}(\tau_1)\cdots\dot{E}_{M_kN_k}(\tau_k)\,\mathrm{d}\tau_1\cdots\mathrm{d}\tau_k \tag{7.75}$$

式中积分变量以 t 为 0 点、向 '过去' 变化 (见图 7.17)，与式 (7.74) 不同。以应变率表示的重积分非线性本构关系为

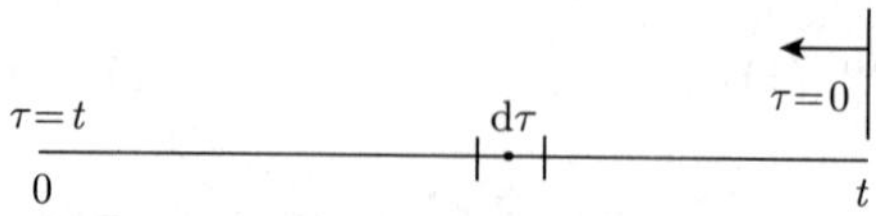

图 7.17 式 (7.75) 的时间坐标

$$t_{ij}(\boldsymbol{X},t)=R_{iP}(t)\,\hat{t}_{PQ}R_{jQ}(t) \quad 或 \quad \boldsymbol{t}=\boldsymbol{R}\cdot\hat{\boldsymbol{t}}\cdot\boldsymbol{R}^{\mathrm{T}} \tag{7.76}$$

$$\hat{t}_{PQ}=\sum_{k=0}^{n}\hat{t}_{PQ}^{(k)} \quad (\hat{t}_{PQ}^{(k)}\text{由式 (7.75) 给出}) \tag{7.77}$$

7.7.2 各向同性情况

与 7.6 节类似，对于各向同性非线性黏弹性体，利用各向同性张量函数表示定理，可以得到各阶本构泛函张量 $\hat{t}_{PQ}^{(k)}$ 的一般表达式。由于 $\hat{t}_{PQ}^{(k)}$ 的被积函数 $\overline{K}_{PQM_1N_1\cdots M_kN_k}^{(k)}\dot{E}_{M_1N_1}\cdots\dot{E}_{M_kN_k}$ 中包含应变率张量的乘积，因此表示定理的形式比线性情况更加复杂，在二重和三重积分各向同性张量函数表达式中，需要引入多个标量材料函数作为系数。

各向同性材料的本构泛函式 (7.77) 中，单积分的表示定理形式同第 7.6 节，为 $\left(\mathrm{tr}\dot{\boldsymbol{E}}\right)\boldsymbol{I}$ 和 $\dot{\boldsymbol{E}}$ 的线性组合。二重积分的被积函数为 $\overline{\boldsymbol{K}}^{(2)}:\dot{\boldsymbol{E}}:\dot{\boldsymbol{E}}$，根据表示定理可以表示成

$$\left(\mathrm{tr}\dot{\boldsymbol{E}}\right)\left(\mathrm{tr}\dot{\boldsymbol{E}}\right)\boldsymbol{I},\ \ \mathrm{tr}\left(\dot{\boldsymbol{E}}\cdot\dot{\boldsymbol{E}}\right)\boldsymbol{I},\ \ \mathrm{tr}\left(\dot{\boldsymbol{E}}\right)\dot{\boldsymbol{E}},\ \ \dot{\boldsymbol{E}}\cdot\dot{\boldsymbol{E}} \tag{7.78}$$

的线性组合。三重积分的被积函数为 $\overline{\boldsymbol{K}}^{(2)}:\dot{\boldsymbol{E}}:\dot{\boldsymbol{E}}:\dot{\boldsymbol{E}}$，根据表示定理可以表示成

$$\left.\begin{aligned}&\mathrm{tr}\left(\dot{\boldsymbol{E}}\cdot\dot{\boldsymbol{E}}\cdot\dot{\boldsymbol{E}}\right)\boldsymbol{I},\ \ \mathrm{tr}\left(\dot{\boldsymbol{E}}\cdot\dot{\boldsymbol{E}}\right)\left(\mathrm{tr}\dot{\boldsymbol{E}}\right)\boldsymbol{I},\ \ \left(\mathrm{tr}\dot{\boldsymbol{E}}\,\mathrm{tr}\dot{\boldsymbol{E}}\right)\dot{\boldsymbol{E}},\\&\mathrm{tr}\left(\dot{\boldsymbol{E}}\cdot\dot{\boldsymbol{E}}\right)\dot{\boldsymbol{E}},\ \ \left(\mathrm{tr}\dot{\boldsymbol{E}}\right)\dot{\boldsymbol{E}}\cdot\dot{\boldsymbol{E}},\ \ \dot{\boldsymbol{E}}\cdot\dot{\boldsymbol{E}}\cdot\dot{\boldsymbol{E}}\end{aligned}\right\} \tag{7.79}$$

的线性组合。因此各向同性本构泛函的三重积分表达式为

$$\begin{aligned}\hat{\boldsymbol{t}}=&\int_0^t\left\{\psi_1(t-\tau)\,\mathrm{tr}\dot{\boldsymbol{E}}(\tau)\,\boldsymbol{I}+\psi_2(t-\tau)\,\dot{\boldsymbol{E}}(\tau)\right\}\mathrm{d}\tau+\\&\int_0^t\int_0^t\left\{\psi_3(t-\tau_1,t-\tau_2)\,\mathrm{tr}\dot{\boldsymbol{E}}(\tau_1)\,\mathrm{tr}\dot{\boldsymbol{E}}(\tau_2)\,\boldsymbol{I}+\psi_4(t-\tau_1,t-\tau_2)\,\mathrm{tr}\left(\dot{\boldsymbol{E}}(\tau_1)\cdot\dot{\boldsymbol{E}}(\tau_2)\right)\boldsymbol{I}+\right.\\&\left.\psi_5(t-\tau_1,t-\tau_2)\left(\mathrm{tr}\dot{\boldsymbol{E}}(\tau_1)\right)\dot{\boldsymbol{E}}(\tau_2)+\psi_6(t-\tau_1,t-\tau_2)\,\dot{\boldsymbol{E}}(\tau_1)\cdot\dot{\boldsymbol{E}}(\tau_2)\right\}\mathrm{d}\tau_1\mathrm{d}\tau_2+\\&\int_0^t\int_0^t\int_0^t\left\{\psi_7(t-\tau_1,t-\tau_2,t-\tau_3)\,\mathrm{tr}\left(\dot{\boldsymbol{E}}(\tau_1)\cdot\dot{\boldsymbol{E}}(\tau_2)\cdot\dot{\boldsymbol{E}}(\tau_3)\right)\boldsymbol{I}+\right.\\&\psi_8(t-\tau_1,t-\tau_2,t-\tau_3)\,\mathrm{tr}\left(\dot{\boldsymbol{E}}(\tau_1)\cdot\dot{\boldsymbol{E}}(\tau_2)\right)\mathrm{tr}\dot{\boldsymbol{E}}(\tau_3)\,\boldsymbol{I}+\\&\psi_9(t-\tau_1,t-\tau_2,t-\tau_3)\left(\mathrm{tr}\dot{\boldsymbol{E}}(\tau_1)\right)\left(\mathrm{tr}\dot{\boldsymbol{E}}(\tau_2)\right)\dot{\boldsymbol{E}}(\tau_3)+\\&\psi_{10}(t-\tau_1,t-\tau_2,t-\tau_3)\,\mathrm{tr}\left(\dot{\boldsymbol{E}}(\tau_1)\cdot\dot{\boldsymbol{E}}(\tau_2)\right)\dot{\boldsymbol{E}}(\tau_3)+\\&\psi_{11}(t-\tau_1,t-\tau_2,t-\tau_3)\left(\mathrm{tr}\dot{\boldsymbol{E}}(\tau_1)\right)\dot{\boldsymbol{E}}(\tau_2)\cdot\dot{\boldsymbol{E}}(\tau_3)+\end{aligned}$$

$$\psi_{12}(t-\tau_1,t-\tau_2,t-\tau_3)\,\dot{\boldsymbol{E}}(\tau_1)\cdot\dot{\boldsymbol{E}}(\tau_2)\cdot\dot{\boldsymbol{E}}(\tau_3)\Big\}\,\mathrm{d}\tau_1\mathrm{d}\tau_2\mathrm{d}\tau_3 \tag{7.80}$$

式中，ψ_i $(i=1,2,\cdots,12)$ 是时间差 $t-\tau$ 的一元、二元、三元材料函数。

应该指出，三重积分被积函数表示定理的基元，除式 (7.79) 的 6 项之外，还包括三个迹的乘积 $(\mathrm{tr}\boldsymbol{E})(\mathrm{tr}\boldsymbol{E})(\mathrm{tr}\boldsymbol{E})$ 共 7 个，但可以证明独立的只有 6 个，所以式 (7.80) 选用了式 (7.79) 给出的基元。

根据记忆公理，式 (7.80) 的松弛材料函数 ψ_i 中的黏性部分，随 $(t-\tau)$ 的增大迅速衰减，即材料具有短程记忆效应。二重和三重积分中的材料函数在 ψ_i 与记忆时程构成的空间中是二维和三维曲面，为了准确地描述曲面形状，需要很多实验点，而且每个点又需要多次实验求平均值，因此实验工作量极大，另外方程本身也很复杂，这使得重积分本构关系不便于实际应用。

7.7.3 单积分三维非线性本构关系

为了克服重积分本构关系的缺点，现已提出了多种单积分非线性本构方程，并得到了广泛应用，在应用中需要注意各种单积分本构关系的适用性，下面简要介绍其中的几种，更详细的内容可参阅文献 [9] 等。

7.7.3.1 BKZ 单积分本构方程

Bernstein, Kearsley 和 Zapas (1963) 提出了一个不可压缩黏弹性固体和黏弹性流体的单积分本构方程，对于各向同性材料，以 Green 应变张量 $\boldsymbol{E}$ 为自变量，Cauchy 应力张量作为响应变量，在直角坐标系中的分量形式为

$$\begin{aligned}t_{ij}=-p\delta_{ij}+x_{i,K}x_{j,L}\{&m\delta_{KL}+k\mathrm{tr}\boldsymbol{E}(t)\,\delta_{KL}+2\mu E_{KL}(t)-\\&\delta_{KL}\int_{-\infty}^{t}a(t-\tau)\mathrm{tr}\boldsymbol{E}(\tau)\,\mathrm{d}\tau-2\int_{-\infty}^{t}b(t-\tau)E_{KL}(\tau)\,\mathrm{d}\tau\}\end{aligned} \tag{7.81}$$

一般形式为

$$\boldsymbol{t}=-p\boldsymbol{i}+\boldsymbol{F}\cdot\bar{\boldsymbol{t}}(t)\cdot\boldsymbol{F}^{\mathrm{T}} \tag{7.81a}$$

$$\bar{\boldsymbol{t}}=m\boldsymbol{I}+k\mathrm{tr}\boldsymbol{E}(t)\,\boldsymbol{I}+2\mu\boldsymbol{E}(t)-\int_{-\infty}^{t}a(t-\tau)\mathrm{tr}\boldsymbol{E}(\tau)\,\boldsymbol{I}\mathrm{d}\tau-2\int_{-\infty}^{t}b(t-\tau)\boldsymbol{E}(\tau)\,\mathrm{d}\tau$$

式中，p 为静水压力；m,k,μ 为材料常数；a,b 为材料函数；$\boldsymbol{i},\boldsymbol{I}$ 是空间坐标系和物质坐标系的度量张量。

在单向拉伸和不可压缩情况下，有

$$[x_{i,K}]=\begin{bmatrix}\lambda & 0 & 0\\ 0 & 1/\sqrt{\lambda} & 0\\ 0 & 0 & 1/\sqrt{\lambda}\end{bmatrix},\quad [E_{KL}]=\frac{1}{2}\begin{bmatrix}\lambda^2-1 & 0 & 0\\ 0 & \lambda^{-1}-1 & 0\\ 0 & 0 & \lambda^{-1}-1\end{bmatrix}$$

$$\mathrm{tr}\boldsymbol{E}=\frac{1}{2}\left(\lambda^2+2\lambda^{-1}-3\right)$$

式中，λ 是加载方向的伸长率。将上式代入式 (7.81)，得到 $t_{11}, t_{22}, t_{33}(t_{ij}=0,\ i\neq j$ 时)，利用 $t_{22}=t_{33}=0$ 消去 p，得：

$$\begin{aligned}t_{11}=&\left(\lambda^2(t)-\lambda^{-1}(t)\right)\left[m+\frac{k}{2}\left(\lambda^2(t)+2\lambda^{-1}(t)-3\right)+\mu\left(\lambda^2(t)-1+\lambda^{-1}(t)\right)\right]-\\&\left(\lambda^2(t)-\lambda^{-1}(t)\right)\int_{-\infty}^{t}\frac{1}{2}a(t-\tau)\left(\lambda^2(\tau)+2\lambda^{-1}(\tau)-3\right)\mathrm{d}\tau-\\&\lambda^2(t)\int_{-\infty}^{t}b(t-\tau)\left(\lambda^2(\tau)-1\right)\mathrm{d}\tau+\lambda^{-1}(t)\int_{-\infty}^{t}b(t-\tau)\left(\lambda^{-1}(\tau)-1\right)\mathrm{d}\tau\end{aligned}\quad(7.82)$$

7.7.3.2 有限线性黏弹性本构关系

Lianis 等人 (1963) 采用相对 Green 变形张量表示变形率历史，建立有限线性各向同性不可压缩单积分本构方程，Cauchy 应力响应为

$$\begin{aligned}\boldsymbol{t}=&-p\boldsymbol{i}+[a+b(I_1-3)+cI_1]\boldsymbol{B}-c\boldsymbol{B}^2+\\&2\int_{-\infty}^{t}\varphi_0(t-\tau)\dot{\boldsymbol{C}}_{(t)}(\tau)\mathrm{d}\tau+2\int_{-\infty}^{t}\varphi_1(t-\tau)\left[\boldsymbol{B}\cdot\dot{\boldsymbol{C}}_{(t)}(\tau)+\dot{\boldsymbol{C}}_{(t)}(\tau)\cdot\boldsymbol{B}\right]\mathrm{d}\tau+\\&\int_{-\infty}^{t}\varphi_2(t-\tau)\left[\boldsymbol{B}^2\cdot\dot{\boldsymbol{C}}_{(t)}(\tau)+\dot{\boldsymbol{C}}_{(t)}(\tau)\cdot\boldsymbol{B}^2\right]\mathrm{d}\tau+\boldsymbol{B}\int_{-\infty}^{t}\varphi_3(t-\tau)\dot{I}_1(\tau)\mathrm{d}\tau\end{aligned}\quad(7.83)$$

式中，a,b,c 是材料常数；$\varphi_0,\varphi_1,\varphi_2,\varphi_3$ 是材料函数；$\boldsymbol{B}=\boldsymbol{B}(t)$ 为当前时刻的左 Cauchy-Green 变形张量；$\dot{\boldsymbol{C}}_{(t)}(\tau)$ 是以 t 时刻为参考构形的相对 Green 变形张量变率的历史 (见式 (2.157))；$I_1=I_1(t)=\mathrm{tr}(\boldsymbol{B}\cdot\boldsymbol{C}_t)$，$I_1(\tau)=\mathrm{tr}(\boldsymbol{B}\cdot\boldsymbol{C}_t(\tau))$。

在单向拉伸情况下，采用直角坐标系，有

$$[x_{i,K}]=\begin{bmatrix}\lambda&0&0\\0&1/\sqrt{\lambda}&0\\0&0&1/\sqrt{\lambda}\end{bmatrix},\quad[B_{kl}(t)]=\begin{bmatrix}\lambda^2&0&0\\0&\lambda^{-1}&0\\0&0&\lambda^{-1}\end{bmatrix}$$

$$\boldsymbol{F}_{(t)}(\tau)=\boldsymbol{F}(\tau)\cdot\boldsymbol{F}^{-1}(t)=\begin{bmatrix}\lambda(\tau)/\lambda&0&0\\0&\sqrt{\lambda}/\sqrt{\lambda(\tau)}&0\\0&0&\sqrt{\lambda}/\sqrt{\lambda(\tau)}\end{bmatrix}\quad(\lambda=\lambda(t))$$

由式 (2.48a)，$\boldsymbol{C}_{(t)}(\tau)=\boldsymbol{F}_{(t)}^{\mathrm{T}}(\tau)\cdot\boldsymbol{F}_{(t)}(\tau)=\begin{bmatrix}\lambda^2(\tau)/\lambda^2&0&0\\0&\lambda/\lambda(\tau)&0\\0&0&\lambda/\lambda(\tau)\end{bmatrix}$

$$\dot{\boldsymbol{C}}_{(t)}(\tau)=\frac{\mathrm{d}}{\mathrm{d}\tau}\begin{bmatrix}\lambda^2(\tau)/\lambda^2&0&0\\0&\lambda/\lambda(\tau)&0\\0&0&\lambda/\lambda(\tau)\end{bmatrix}$$

$$I_1(t)=\lambda^2(t)+2\lambda^{-1}(t),\quad\dot{I}_1(\tau)=\mathrm{tr}\left(\boldsymbol{B}(t)\cdot\dot{\boldsymbol{C}}_{(t)}(\tau)\right)=\frac{\mathrm{d}}{\mathrm{d}\tau}\left(\lambda^2(\tau)+2\lambda^{-1}(\tau)\right)$$

将上述各式代入式 (7.83)，利用 $t_{22}=t_{33}=0$ 消去 p，得

$$
\begin{aligned}
t_{11}=&\left(\lambda^2-\lambda^{-1}\right)\left[a+b\left(\lambda^2+2\lambda^{-1}-3\right)+c\lambda^{-1}\right]+\\
&2\int_{-\infty}^{t}\varphi_0(t-\tau)\frac{\mathrm{d}}{\mathrm{d}\tau}\left(\lambda^2(\tau)\lambda^{-2}(t)-\lambda^{-1}(\tau)\lambda(t)\right)\mathrm{d}\tau+\\
&2\int_{-\infty}^{t}\varphi_1(t-\tau)\frac{\mathrm{d}}{\mathrm{d}\tau}\left(\lambda^2(\tau)-\lambda^{-1}(\tau)\right)\mathrm{d}\tau+\\
&2\int_{-\infty}^{t}\varphi_2(t-\tau)\frac{\mathrm{d}}{\mathrm{d}\tau}\left(\lambda^2(\tau)\lambda^2(t)-\lambda^{-1}(\tau)\lambda^{-1}(t)\right)\mathrm{d}\tau+\\
&\left(\lambda^2-\lambda^{-1}\right)\int_{-\infty}^{t}\varphi_3(t-\tau)\frac{\mathrm{d}}{\mathrm{d}\tau}\left(\lambda^2(\tau)+2\lambda^{-1}(\tau)\right)\mathrm{d}\tau
\end{aligned}
\tag{7.84}
$$

7.7.3.3 Christensen 单积分本构方程

Christensen (1980) 将橡胶非线性弹性本构关系推广，考虑黏滞效应，提出一个比较简单的单积分不可压缩非线性黏弹性本构方程

$$
t_{ij}=-p\delta_{ij}+x_{i,K}x_{j,L}\left\{g_0\delta_{KL}+\int_0^t g_1(t-\tau)\dot{E}_{KL}(\tau)\,d\tau\right\}
$$

$$
\boldsymbol{t}=-p\boldsymbol{i}+\boldsymbol{F}\cdot\left\{g_0\boldsymbol{I}+\int_0^t g_1(t-\tau)\dot{\boldsymbol{E}}(\tau)\,\mathrm{d}\tau\right\}\cdot\boldsymbol{F}^{\mathrm{T}}
\tag{7.85}
$$

式中，g_0, g_1 是材料常数和材料函数。在单向拉伸时，有

$$
[x_{i,K}]=\begin{bmatrix}\lambda & 0 & 0\\ 0 & 1/\sqrt{\lambda} & 0\\ 0 & 0 & 1/\sqrt{\lambda}\end{bmatrix},\quad \left[\dot{E}_{KL}\right]=\frac{1}{2}\frac{\mathrm{d}}{\mathrm{d}\tau}\begin{bmatrix}\lambda^2-1 & 0 & 0\\ 0 & \lambda^{-1}-1 & 0\\ 0 & 0 & \lambda^{-1}-1\end{bmatrix}
$$

将上式代入式 (7.85)，利用 $t_{22}=t_{33}=0$ 消去 p，得

$$
\begin{aligned}
t_{11}=&g_0\left(\lambda^2(t)-\lambda^{-1}(t)\right)+\frac{\lambda^2(t)}{2}\int_0^t g_1(t-\tau)\frac{\mathrm{d}\lambda^2(\tau)}{\mathrm{d}\tau}\mathrm{d}\tau-\\
&\frac{1}{2\lambda(t)}\int_0^t g_1(t-\tau)\frac{\mathrm{d}}{\mathrm{d}\tau}\left(\frac{1}{\lambda(\tau)}\right)\mathrm{d}\tau
\end{aligned}
\tag{7.86}
$$

7.8 线性黏弹性力学基本方程与对应原理

除本构方程外，线性黏弹性体的基本方程和边界条件及初始条件与线弹性体相同，几何关系和平衡方程 (见式 (6.25a,b)) 为

$$
E_{KL}=\frac{1}{2}\left(U_{L;K}+U_{K;L}\right)
\tag{7.87}
$$

$$
T^{KL}{}_{;K}+\rho_0 f^L=0\quad(\boldsymbol{a}=\boldsymbol{0})
\tag{7.88}
$$

线性黏弹性积分本构方程为式 (7.64a) 或式 (7.65a)，若 $t<0$ 时 $\boldsymbol{T}=\boldsymbol{E}=\boldsymbol{0}$，有

$$\boldsymbol{E}(t)=\int_0^t J_2(t-\tau)\frac{\mathrm{d}\boldsymbol{T}^0(\tau)}{\mathrm{d}\tau}\mathrm{d}\tau+\int_0^t J_1(t-\tau)\frac{\mathrm{d}\boldsymbol{T}'(\tau)}{\mathrm{d}\tau}\mathrm{d}\tau \tag{7.89a}$$

$$\boldsymbol{T}(t)=\int_0^t E_2(t-\tau)\frac{\mathrm{d}\boldsymbol{E}^0(\tau)}{\mathrm{d}\tau}\mathrm{d}\tau+\int_0^t E_1(t-\tau)\frac{\mathrm{d}\boldsymbol{E}'(\tau)}{\mathrm{d}\tau}\mathrm{d}\tau \tag{7.89b}$$

对上式进行 Laplace 变换，利用卷积的变换公式，可以得到像函数的本构方程：

$$\overline{\boldsymbol{E}}=s\overline{J}_2\boldsymbol{T}^0+s\overline{J}_1\boldsymbol{T}',\quad \overline{E}_{IJ}=s\overline{J}_2T^0_{IJ}+s\overline{J}_1T'_{IJ} \tag{7.90a}$$

$$\overline{\boldsymbol{T}}=s\overline{E}_2\overline{\boldsymbol{E}}^0+s\overline{E}_1\overline{\boldsymbol{E}'},\quad \overline{T}_{IJ}=s\overline{E}_2\overline{E}^0_{IJ}+s\overline{E}_1\mathrm{E}'_{IJ} \tag{7.90b}$$

将式 (7.90b) 与各向同性线弹性体的本构关系式 (6.22b) 比较，可见若令

$$\overline{k}=s\overline{E}_2,\qquad 2\overline{G}=s\overline{E}_1 \tag{7.90c}$$

则本构关系的像方程与线弹性本构关系形式相同。

线性黏弹性基本方程和边界条件的像函数形式为

$$\left.\begin{array}{l}\overline{E}_{KL}=\left(\overline{U}_{L;K}+\overline{U}_{K;L}\right)/2\\ \overline{T}^{KL}{}_{;K}+\rho_0\overline{f}^L=0\\ \overline{\mathrm{T}}_{KL}=\overline{k}\overline{E}^M_MG_{KL}+2\overline{G}\overline{E}'_{KL}\end{array}\right\} \tag{7.91}$$

$$\overline{U}^K=\overline{\overline{U}}^K\ \text{在边界}S_u;\quad \overline{T}^{KL}N_L=\overline{\overline{t}}^K_{(\mathrm{N})}\ \text{在边界}S_\sigma \tag{7.92}$$

式中，$\overline{\overline{U}}^K$，$\overline{\overline{t}}^K_{(\mathrm{N})}$ 是给定的位移和表面力的像函数。可见，式 (7.91) 和式 (7.92) 分别与线弹性静力基本方程及边界条件形式相同，所以只要用 $\overline{k}$ 代替 k、用 $\overline{G}$ 代替 G，便可以由线弹性解得到同一问题的线性黏弹性解的像函数，再经过反演变换给出黏弹性解。这种对应性称为线性黏弹性与线弹性的对应原理，可为求解一些黏弹性问题带来方便，但反演变换有时是困难的。

需要注意，解的对应性的基础是基本方程和边界条件的对应性，因此替换关系是有条件的，应该具体分析。例如，式 $(7.91)_3$ 是基于积分本构方程，若改用微分本构方程式 (7.31)，则应该先将该式用球形张量和偏斜张量表示，并转换为像函数，再给出相应的替换关系。又如，对于梁构件，根据黏弹性梁与弹性梁的基本关系的对应性，可以得到替换关系为用 $s\overline{E}$($\overline{E}$ 是松弛函数的像) 代替弹性模量 E(见习题 7-5)。

习 题

7-1 已知 Kelvin-Voigt 固体的弹性模量 E、黏性系数 η 和蠕变函数 (见式 (7.15b))，试利用积分本构方程，

1. 当应力 $\sigma(t)=\sigma_0\left[H(t)+H(t-t_1)-2H(t-2t_1)\right]$ 时，求应变响应和蠕变恢复响应；

2. 当应力 $\sigma(t)=\sigma_0\sin\omega t$ 时，求第 n 个循环 $t=2(n-1)\pi/\omega\sim 2n\pi/\omega$($n$ 为正整数) 的应变响应，以及一个应力循环内单位体积的能量耗散随循环次数 n 的变化。

7-2　若给定突加常应变 $\varepsilon=\varepsilon_0 H(t)$，根据三参量固体模型求应力松弛响应 $\sigma(t)$。

答案：$\sigma(t)=E_2\varepsilon_0-\dfrac{E_2^2\varepsilon_0}{E_1+E_2}\left(1-\mathrm{e}^{-t/\tau_{\mathrm{R}}}\right)$，　　$\tau_{\mathrm{R}}=\dfrac{\eta_1}{E_1+E_2}$。

7-3　试推导图 7.12 所示的四参量模型的微分型本构关系、蠕变函数及积分型蠕变本构关系。

答案：$J(t)=\dfrac{1}{E_2}+\dfrac{1}{\eta_2}+\dfrac{1}{E_1}\left(1-\mathrm{e}^{-t/\tau_{\mathrm{D}}}\right)$，　　$\tau=\dfrac{\eta_1}{E_1}$。

7-4　利用简单模型的蠕变函数或松弛函数 (见式 (7.15a,b, c)) 和积分本构方程，推导相应的微分本构方程。

提示：利用式 (7.40) 或式 (7.44)，积分对 t 求导。

7-5　若黏弹性梁 (如图 7.18 所示) 满足下列假设：

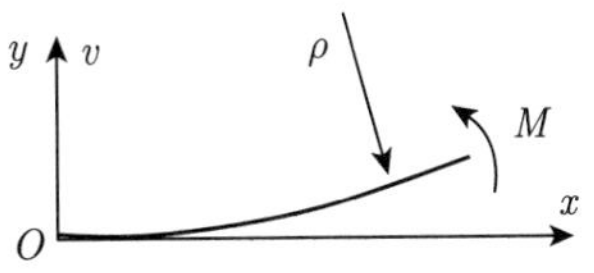

图 7.18　黏弹性梁

平面假设：$\varepsilon(t)=-\dfrac{y}{\rho(t)}$，其中曲率为 $\dfrac{1}{\rho(t)}\approx\dfrac{\partial^2 v}{\partial x^2}=v''$($v$ 是挠度)；

单向应力假设：$\sigma_x=\sigma,\quad \sigma_y=\sigma_z=0$；

线性黏弹性：$\sigma(t)=\displaystyle\int_0^t E(t-\tau)\dot{\varepsilon}(\tau)\,\mathrm{d}\tau\equiv E(t)*\mathrm{d}\varepsilon(t)$，$E(t)$ 为松弛函数，$*$ 为卷积；

$$\varepsilon(t)=\int_0^t J(t-\tau)\dot{\sigma}(\tau)\,\mathrm{d}\tau\equiv J(t)*\mathrm{d}\sigma(t),\quad J(t)\text{ 为蠕变函数。}$$

1. 试证明黏弹性梁 (对称截面) 的正应力和曲率公式为

$$\sigma(t)=-\frac{M(t)\,y}{I},\ \frac{1}{\rho(t)}=\frac{1}{I}\int_0^t J(t-\tau)\,\dot{M}(\tau)\,\mathrm{d}\tau=\frac{1}{I}J(t)*\mathrm{d}M(t)$$

式中，$M=-\displaystyle\int_A y\sigma\mathrm{d}A$ 为弯矩，y 是对截面形心的坐标，I 是惯性矩。

2. 试证明线性黏弹性梁与线弹性梁满足对应原理，代换关系为 $s\overline{E}\sim E$(弹性模量)。

提示：利用关系 $M=-\displaystyle\int_A y\sigma\mathrm{d}A$ 和松弛型本构关系，对 y 积分，引入惯性矩 I。

7-6　若黏弹性悬臂梁为三参量固体，长度为 L，对称截面的惯性矩为 I，自由端受横向力 $P(t)=P_0H(t)$ 作用 (如图 7.19 所示)，试利用对应原理求梁的应力和挠度函数，说明与线弹性解的差别。

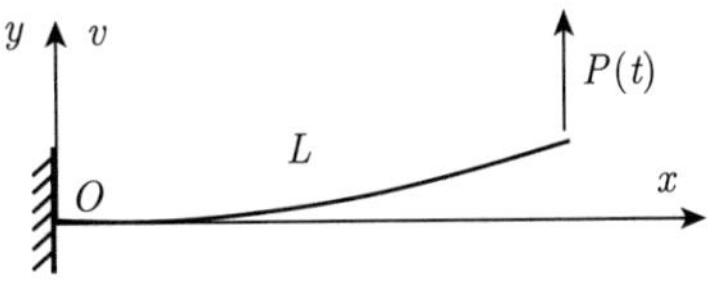

图 7.19　黏弹性悬臂梁

提示：利用 $\overline{P}=P_0/s$ 和式 (7.34a)。

答案：$\sigma(x,y,t)=-\dfrac{y}{I}P_0H(t)(L-x)$，$v(x,t)=\dfrac{P_0x^2}{6I}(3L-x)\left(\dfrac{1}{E_2}+\dfrac{1}{E_1}\mathrm{e}^{-t/\tau_{\mathrm{D}}}\right)$。

第 8 章　流　　体

本章简要介绍流体的本构方程和基本关系，讨论两种常用的流体模型——理想流体 (非黏性流体) 和牛顿黏性流体的基本特点以及非牛顿流体的部分典型流动。

8.1　流体的本构方程和基本关系

8.1.1　流体的一般特点

流体是具有易流性的连续介质，在静止状态下可以承受外部压力和质量力，引起密度变化，但静止流体不能承受剪应力；在运动状态下，流体中的应力依赖变形率历史和密度，既能承受压应力，也能承受剪应力，但与变形的大小无关，不是依靠变形来承受力的作用。流体的承载机理与固体有本质区别。

流体的物质形态分为液体和气体。液体的密度比较大，密度变化很小，除研究振动传播等情况之外，一般可以认为液体是不可压缩的。气体的密度很小，密度与压强和温度有关，通常认为是可压缩的，但气体与物体之间的相对速度不大时，气体可压缩性的影响不明显，可以简化为不可压缩气体。不可压缩和可压缩是流体本构关系中需要考虑的两种重要情况，不可压缩流体的密度是常数，根据质量守恒要求速度场的散度等于 0(无源场)，静水压力与物性无关，只依赖外部作用，由场方程确定；可压缩流体的密度是状态变量，静水压力与密度和温度有关，此外还受体积变形率的影响。

绝大多数流体是各向同性连续介质，而且应力响应和本构关系在密度不变的情况下与初始参考构形的选取无关，任一构形都可以作为无畸变构形，即与变形度量的参考构形无关，也就是与变形的大小无关，所以流体的参考构形通常取即时构形，用相对变形作为变形的度量，用相对变形率表示变形速率。

流体的应力响应依赖变形率，因而使流体中的黏性应力滞后于变形，产生黏滞耗散效应，所以流体动能的一部分将变为热能耗散掉。流体黏性的大小及其影响与流体本身的物性和运动状态有关。水和空气是两种最常见的流体，它们和其他低分子流体的黏性很小，当黏性力的影响与惯性力比较可以忽略时，便可以简化为非黏性流体 (也称为理想流体)，否则应该作为黏性流体；而液态聚合物等高分子流体的黏性比较大，这种高黏性流体与水等低分子牛顿黏性流体比较，流动有许多不同特点，属于非线性黏性流体。

磁性流体、悬浮液等含有微粒的流体，需要考虑微转动的影响，这种微转动独立于流场的旋度，形成新的转动自由度，可以用微极介质模型描述。

8.1.2　流体的本构方程

第 5.6.2 小节给出简单流体的一般本构关系，即

$$\boldsymbol{t}(\boldsymbol{x},t)=\boldsymbol{f}\left(\boldsymbol{C}_{(t)}(\tau),\rho(t)\right) \tag{8.1}$$

式中，$\boldsymbol{t}$ 是 Cauchy 应力张量，ρ 是当前的质量密度，$\boldsymbol{C}_{(t)}(\tau)$ 是以 t 时刻即时构形为参考构形的相对 Cauchy-Green 变形张量历史 $(\tau\leqslant t)$，$\boldsymbol{f}$ 是各向同性张量泛函，对于任一参考构形的一切正交变换，本构方程形式相同。将 $\boldsymbol{C}_{(t)}(\tau)$ 在 t 时刻展开成 Taylor 级数：

$$\boldsymbol{C}_{(t)}(\tau)=\boldsymbol{A}^{(0)}+\sum_{k=1}^{\infty}\frac{1}{k!}\boldsymbol{A}^{(k)}(\tau-t)^k \quad (\tau\leqslant t) \tag{8.2}$$

其中，各阶 Rivlin-Ericksen 张量 (见第 2.14.3 小节) 为

$$\boldsymbol{A}^{(0)}=\boldsymbol{I},\quad \boldsymbol{A}^{(1)}=2\boldsymbol{d},\cdots,\boldsymbol{A}^{(k)}=\left.\frac{\mathrm{d}^k\boldsymbol{C}_{(t)}}{\mathrm{d}\tau^k}\right|_{\tau=t}=\dot{\boldsymbol{A}}^{(k-1)}+\boldsymbol{L}^{\mathrm{T}}\cdot\boldsymbol{A}^{(k-1)}+\boldsymbol{A}^{(k-1)}\cdot\boldsymbol{L} \tag{8.2a}$$

所以式 (8.1) 中 $\boldsymbol{C}_{(t)}(\tau)$ 形式上是相对变形历史，实质决定于变形的各阶变率。根据记忆公理，只保留前 n 阶 R-E 张量，τ 作为积分变量不再出现，式 (8.1) 可表示为

$$\boldsymbol{t}(\boldsymbol{x},t)=\boldsymbol{f}\left(\boldsymbol{A}^{(1)}(t),\boldsymbol{A}^{(2)}(t),\cdots,\boldsymbol{A}^{(n)}(t),\rho(t)\right) \tag{8.3}$$

为了简单，式中函数 $\boldsymbol{f}$ 未采用新的记号。如果考虑热的作用，将温度作为变量，上式变为

$$\boldsymbol{t}(\boldsymbol{x},t)=\boldsymbol{f}\left(\boldsymbol{A}^{(1)}(t),\boldsymbol{A}^{(2)}(t),\cdots,\boldsymbol{A}^{(n)}(t),\theta(t),\rho(t)\right) \tag{8.4}$$

将应力中的静水压力 p 分离出来，式 (8.4) 可记作

$$\boldsymbol{t}(\boldsymbol{x},t)=-p(\theta,\rho)\boldsymbol{I}+\tilde{\boldsymbol{f}}\left(\boldsymbol{A}^{(1)}(t),\boldsymbol{A}^{(2)}(t),\cdots,\boldsymbol{A}^{(n)}(t),\theta(t),\rho(t)\right) \tag{8.5}$$

式 (8.5) 是简单流体的一般本构方程，满足上述关系的流体称为 n 次 Rivlin-Ericksen 流体。

对于不可压缩流体，ρ 为常数，静水压力由场方程决定，与状态无关，式 (8.5) 变为

$$\boldsymbol{t}(\boldsymbol{x},t)=-p\boldsymbol{I}+\tilde{\boldsymbol{f}}\left(\boldsymbol{A}^{(1)}(t),\boldsymbol{A}^{(2)}(t),\cdots,\boldsymbol{A}^{(n)}(t),\theta(t)\right) \tag{8.5a}$$

当 $n=2$ 时，2 次 R-E 流体的本构方程 (不考虑温度) 为

$$\boldsymbol{t}(\boldsymbol{x},t)=-p(\rho)\boldsymbol{I}+\tilde{\boldsymbol{f}}\left(\boldsymbol{A}^{(1)}(t),\boldsymbol{A}^{(2)}(t),\rho(t)\right)\quad(\text{可压缩流体}) \tag{8.6}$$

$$\boldsymbol{t}(\boldsymbol{x},t)=-p\boldsymbol{I}+\tilde{\boldsymbol{f}}\left(\boldsymbol{A}^{(1)}(t),\boldsymbol{A}^{(2)}(t)\right)\quad(\text{不可压缩流体}) \tag{8.6a}$$

$\tilde{\boldsymbol{f}}$ 为各向同性张量函数，根据表示定理，如果在泛函积分中保留到 $(t-\tau)^2$ 项，注意 $\boldsymbol{A}^{(1)}=2\boldsymbol{d}$，式 (8.6) 和式 (8.6a) 可表示成为具体的函数形式

$$\boldsymbol{t}(\boldsymbol{x},t)=-p(\rho)\boldsymbol{I}+2\eta\boldsymbol{d}+4\beta_1\boldsymbol{d}^2+\beta_2\boldsymbol{A}^{(2)}\quad(\text{可压缩流体}) \tag{8.7}$$

$$\boldsymbol{t}(\boldsymbol{x},t)=-p\boldsymbol{I}+2\eta\boldsymbol{d}+4\beta_1\boldsymbol{d}^2+\beta_2\boldsymbol{A}^{(2)}\quad(\text{不可压缩流体}) \tag{8.7a}$$

式 (8.7) 和式 (8.7a) 中，材料常数 η、β_1、β_2 是变形率张量 $\boldsymbol{d}$ 和 R-E 张量 $\boldsymbol{A}^{(2)}$ 的三个不变量的函数。这些函数包含了流体短程记忆效应的影响，由于略去了 $(t-\tau)^2$ 以上的高次项，因此上述本构关系对于任何有限时差而言均为应变率历史响应的一种近似。

2 次 R-E 流体本构模型适合于描述高聚合物流体的流动特性，由后面第 8.5 节给出的典型流动 (测黏流和恒定拉伸历史流动) 可见，上述本构方程中 β_1 项和 β_2 项对于流动特性有重要影响。

当 $n=1$ 时，得到 1 次 R–E 流体，其本构方程为

$$\boldsymbol{t}(\boldsymbol{x},t)=-p(\rho)\boldsymbol{I}+2\eta\boldsymbol{d}+4\beta_1\boldsymbol{d}^2 \quad (\text{可压缩流体}) \tag{8.8}$$

$$\boldsymbol{t}(\boldsymbol{x},t)=-p\boldsymbol{I}+2\eta\boldsymbol{d}+4\beta_1\boldsymbol{d}^2 \quad (\text{不可压缩流体}) \tag{8.8a}$$

式中，材料参数 η、β_1 是变形率张量 $\boldsymbol{d}$ 的三个不变量的函数。1 次 R–E 流体也称为 Stokes 流体。

将 Stokes 流体进一步简化，略去 $\boldsymbol{d}^2$ 项并假设 η 是常数，得到

$$\boldsymbol{t}(\boldsymbol{x},t)=-p(\rho)\boldsymbol{I}+2\eta\boldsymbol{d} \quad (\text{可压缩流体}) \tag{8.9}$$

$$\boldsymbol{t}(\boldsymbol{x},t)=-p\boldsymbol{I}+2\eta\boldsymbol{d} \quad (\text{不可压缩流体}) \tag{8.9a}$$

式中，Cauchy 应力张量与变形率张量成线性关系，满足上式的流体称为 Newton 流体。试验和应用表明，空气和水等低分子流体与 Newton 黏性流体模型相符合。Stokes 流体和 2 次 R-E 流体有时统称为非 Newton 流体。

在某些情况下，黏性对于运动的影响可以忽略，流体可以进一步简化为非黏性流体，本构关系为

$$\boldsymbol{t}(\boldsymbol{x},t)=-p(\rho)\boldsymbol{I} \quad (\text{可压缩流体}) \tag{8.10}$$

$$\boldsymbol{t}(\boldsymbol{x},t)=-p\boldsymbol{I} \quad (\text{不可压缩流体}) \tag{8.10a}$$

非黏性流体是 0 次 R-E 流体，也称为理想流体，其动能不会变成耗散能，是无耗散流体。

8.1.3 流体力学基本关系

由于流体的应力响应不依赖初始构形的选择和变形大小，因此通常采用 Euler 描述法，以当前时刻流体 (即时构形) 作为参考构形。流体力学的基本关系包括运动学方程 (见第 2.13 节)、守恒方程 (见第 4 章) 和本构方程，这里汇总如下。

(1) 运动学方程：

变形率张量：
$$\boldsymbol{d}=\frac{1}{2}(\boldsymbol{v}\boldsymbol{\nabla}+\boldsymbol{\nabla}\boldsymbol{v}),\quad d_{ij}=\frac{1}{2}(v_{i;j}+v_{j;i}) \tag{8.11}$$

自旋张量：
$$\boldsymbol{w}=\frac{1}{2}(\boldsymbol{v}\boldsymbol{\nabla}-\boldsymbol{\nabla}\boldsymbol{v}),\quad w_{ij}=\frac{1}{2}(v_{i;j}-v_{j;i}) \tag{8.12}$$

旋度：
$$\boldsymbol{\Omega}=\boldsymbol{\nabla}\times\boldsymbol{v},\quad \Omega^k=\frac{1}{2}\varepsilon^{ijk}v_{j;i} \tag{8.13}$$

R-E 张量：
$$\boldsymbol{A}^{(0)}=\boldsymbol{I},\quad \boldsymbol{A}^{(1)}=2\boldsymbol{d},\quad \boldsymbol{A}^{(k)}=\dot{\boldsymbol{A}}^{(k-1)}+\boldsymbol{\nabla}\boldsymbol{v}\cdot\boldsymbol{A}^{(k-1)}+\boldsymbol{A}^{(k-1)}\cdot\boldsymbol{v}\boldsymbol{\nabla} \tag{8.14}$$

或 $$A_{ij}^{(k)} = \frac{DA_{ij}^{(k-1)}}{Dt} + v^m{}_{;i} A_{mj}^{(k-1)} + v^m{}_{;j} A_{im}^{(k-1)} \quad (k = 2, 3, \cdots)$$

加速度： $$\boldsymbol{a} = \frac{\partial \boldsymbol{v}}{\partial t} + \boldsymbol{v} \cdot \boldsymbol{\nabla} \boldsymbol{v}, \quad a_i = \frac{\partial v_i}{\partial t} + v^m v_{i;m} \tag{8.15}$$

(2) 质量守恒定律 (连续性方程)

可压缩流体： $$\dot{\rho} + \rho \boldsymbol{\nabla} \cdot \boldsymbol{v} = 0, \quad \frac{D\rho}{Dt} + \rho v^m{}_{;m} = 0 \quad 或 \quad \frac{\partial \rho}{\partial t} + (\rho v^m)_{;m} = 0 \tag{8.16}$$

不可压缩流体： $$\rho = \rho_0, \quad \boldsymbol{\nabla} \cdot \boldsymbol{v} = d^m{}_{;m} = I_d = 0 \tag{8.16a}$$

(3)Cauchy 动量方程

$$\boldsymbol{\nabla} \cdot \boldsymbol{t} + \rho (\boldsymbol{f} - \boldsymbol{a}) = 0, \quad t^{ij}{}_{;i} + \rho \left(f^j - a^j \right) = 0 \tag{8.17}$$

(4) 动量矩守恒方程

$$\boldsymbol{t} = \boldsymbol{t}^{\mathrm{T}}, \quad t^{ij} = t^{ji} \tag{8.18}$$

(5) 本构方程。如前面所述，由式 (8.7) ~ 式 (8.10a) 给出。

液体通常可以简化为不可压缩流体，而且温度的影响不明显，可按等温处理。但气体在高速流动时需要考虑可压缩性和温度变化，所以除上述方程之外，还应该补充下列与热和温度相关的方程。

(6) 能量方程 (见式 (4.46))

$$\rho \dot{e} = \boldsymbol{t} : \boldsymbol{d} + \rho h - \boldsymbol{\nabla} \cdot \boldsymbol{q} \tag{8.19}$$

(7) 状态方程。如果压力不过高、温度不过低，绝大多数气体可以略去分子之间的相互作用力，内能只决定于分子的热运动动能，这样的气体称为完全气体。完全气体的状态方程为

$$p = \rho R T \tag{8.20}$$

式中，T 是绝对温度；R 是气体常数。

需要说明的是，这里的压力 p 是热力学压强，与本构方程式 (8.6)、式 (8.7)、式 (8.8) 和式 (8.9) 中的静水压力 $p(\rho)$ 不同，区别是热力学压强不包括体积变形率引起的各向同性应力 (见第 8.4.1 小节)。

(8) 内能关系。完全气体的内能是分子热运动动能，只是温度的函数，内能的变化可以表示为

$$\mathrm{d}e = C_V \mathrm{d}T \tag{8.21}$$

式中，C_V 是定容比热。

式 (8.21) 常常用另一种形式表示

$$\mathrm{d}e = C_V \mathrm{d}T = C_P \mathrm{d}T - (C_P - C_V) \mathrm{d}T = \mathrm{d}i - R \mathrm{d}T \tag{8.21a}$$

式中，i 是单位质量的焓，$\mathrm{d}i = C_P\mathrm{d}T$；$C_P$ 是定压比热，满足关系 $C_P - C_V = R$ (气体常数)。若温度变化不太大，C_P, C_V 可以认为是常数，$R\mathrm{d}T = \mathrm{d}(RT)$，将式 (8.21a) 积分，利用状态方程，可得

$$e = i - \frac{p}{\rho} \tag{8.22}$$

(9) 热传导方程 (Fourier 方程)

$$\boldsymbol{q} = -k\boldsymbol{\nabla}T \tag{8.23}$$

式中，k 是热传导系数。

上述基本关系中包含的未知量为 $\rho, v_i, p, t_{ij}\,(= t_{ji})\,, e, q_i, T$ 共 16 个。控制方程为式 (8.16) 或式 (8.16a)、式 (8.17)、式 (8.19)、式 (8.20)、式 (8.22)、式 (8.23) 和 6 个本构方程，也是 16 个。

流场的边界条件分为自由表面和流–固 (或不同流体) 交界面两种情况。

在自由表面，给定

$$t_{nn} = -p_0, \quad t_{nt} = 0 \tag{8.24a}$$

$$T = T_0 \tag{8.24b}$$

式中，t_{nn}、t_{nt} 是流体表面处应力向量 $\boldsymbol{t}_n$ 的法向分量和切向分量；p_0、T_0 是大气压强和温度。

在流体与固体或者两种流体交界面，有

$$v_n = \bar{v}_n, \quad v_t = \bar{v}_t \quad (\text{无滑脱}) \tag{8.25a}$$

$$T = \overline{T} \quad \text{或} \quad \frac{\partial T}{\partial n} = 0 \quad (\text{热平衡状态}) \tag{8.25b}$$

式中，$\bar{v}_n$、$\bar{v}_t$、$\overline{T}$ 是交界面法向和切向速度及温度。

如果流场是非定常的，还需要给出初始条件

$$\boldsymbol{v}\,(\boldsymbol{x},0) = \boldsymbol{v}_0\,(\boldsymbol{x})\,, \quad T\,(\boldsymbol{x},0) = T_0\,(\boldsymbol{x}) \tag{8.26}$$

流体力学研究给定条件下流体的运动和温度，以及流体与固体的相互作用力和热交换 (如气动加热)。上面给出的基本方程非常复杂，很难求解，通常需要根据流体特点和流动情况，对于可压缩性、黏性、温度影响等加以简化，因而形成了不同的流体力学分支和研究领域。

8.2 流体运动的一些基本概念

根据连续介质运动学，流体中任一质点及其邻域 (称为微团) 的运动状态，由移动速度 ($\boldsymbol{v} = \dot{\boldsymbol{x}}$)、主变形率标架的刚性转动速度 (即自旋张量 $\boldsymbol{w}$ 或者旋度 $\boldsymbol{\Omega} = \boldsymbol{\nabla} \times \boldsymbol{v}$) 及变形率 ($\boldsymbol{d}$) 描述。

质点的运动轨迹称为迹线，记作 $x^i = x^i(\boldsymbol{X}, t)$，$\boldsymbol{X}$ 是给定的质点。迹线的微分方程 (用直角坐标系) 为

$$\frac{\mathrm{d}x_i}{\mathrm{d}t} = v_i(\boldsymbol{X}, t) \quad (\text{给定 } \boldsymbol{X}) \tag{8.27}$$

若已知速度向量，给定初始条件 $\boldsymbol{x}(\boldsymbol{X}, 0) = \boldsymbol{x}_0$，积分上式可以求出迹线。

在任一时刻的流场中，如果过空间某点的一条曲线上每点的切线方向与流场中该点的速度方向一致，则称该曲线为流线 (见图 8.1(a))。显然流线上线元的分量与速度分量成正比，所以流线的微分方程 (即式 (2.120)) 为

$$\frac{\mathrm{d}x_1}{v_1(\boldsymbol{x}, t)} = \frac{\mathrm{d}x_2}{v_2(\boldsymbol{x}, t)} = \frac{\mathrm{d}x_3}{v_3(\boldsymbol{x}, t)} \quad (\text{给定 } t) \tag{8.28}$$

在定常流场中，任一迹线上各点速度不随时间改变，所以也是空间点的速度，并且沿迹线的切线方向，因而迹线和流线重合。非定常流场中流线与迹线不一致，流线表示流场瞬间的速度方向。如果流场没有流出流体的“源”或流入流体的“汇”，流线不能相交。过任一闭合曲线的流线构成的曲面称为流管。

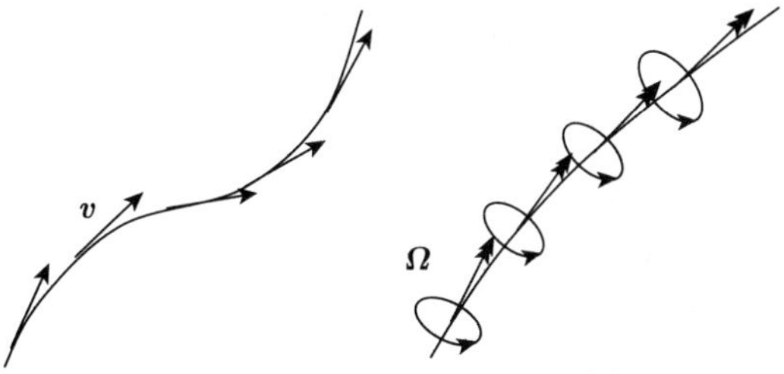

(a) (b)

图 8.1 流线 (a) 和涡线 (b)

像速度场中定义流线一样，在旋度场 (或涡旋场) $\boldsymbol{\Omega}(\boldsymbol{x}, t)$ 中可以定义涡线，即曲线上每点的切线方向与旋度方向一致 (见图 8.1(b))。涡线由微团在同一时刻的局部转动轴线组成。过闭合曲线的全部涡线构成的曲面称为涡管。

如果流场各点 $\boldsymbol{\Omega} = \nabla \times \boldsymbol{v} = \boldsymbol{0}$，则称为无旋场。由向量场理论 (见第 1.15 节式 (1.126a)) 可知，无旋场的速度向量必然是一个标量场的梯度，$\boldsymbol{v} = \nabla\varphi$，从而 $\nabla \times \nabla\varphi = \boldsymbol{0}$，$\varphi$ 称为速度势。所以无旋是速度场有势的充要条件，有势流动也称为势流。

应该注意，旋度描述流体质点的微观转动 (即变形率张量主坐标系的刚性转动)，与流场的宏观旋转运动不是同一概念。一个宏观旋转流动可以是有旋的，也可以是无旋的，如图 8.2 所示。这里的微观转动是由宏观运动决定的，不是微极介质中的独立转动。

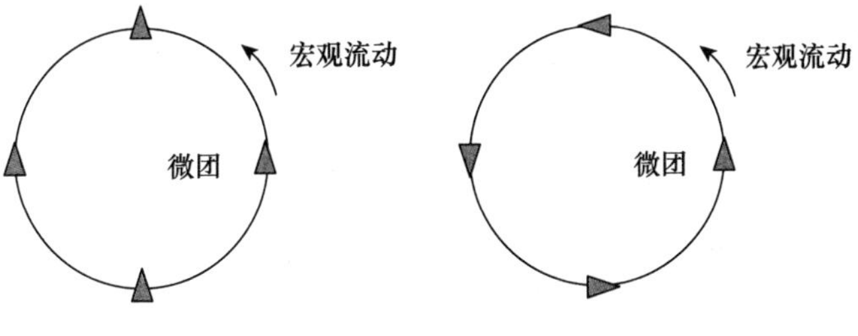

(a) (b)

图 8.2 宏观旋转和微观旋转

(a) 无旋；(b) 有旋

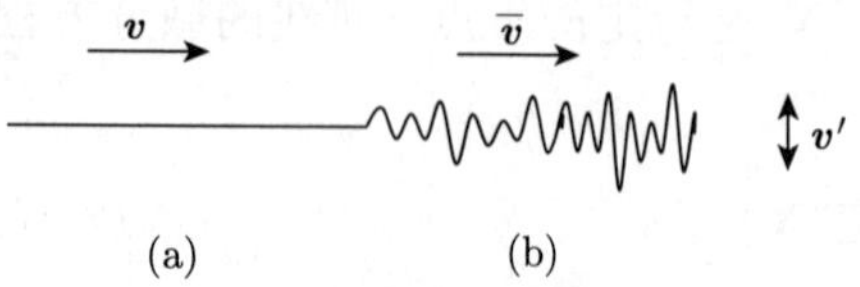

图 8.3 层流和湍流
(a) 层流; (b) 湍流

实验和观测发现，流动有两种不同形态：层流和湍流，如图 8.3 所示。层流是流体的一种平稳、规则的流动形态，犹如沿平面或曲面一层层平行滑动，在垂直于流动的方向只有幅度很小的微观分子热运动; 湍流则是一种紊乱、不确定的流动形态，微团运动中存在各方向的随机脉动，速度 $\boldsymbol{v}$ 可以分解为时均速度 $\bar{\boldsymbol{v}}$ 与脉动速度 $\boldsymbol{v}'$ 的和。在一定条件下，层流可以由于微扰动影响转变为湍流，从而增大阻力和耗散。本书不涉及湍流方面内容。

根据流体性质和运动特点，实际流体和流动可以区分为不同情况，例如：

非黏性流体 (理想流体，$\eta=\beta_1=\beta_2=0$) 和黏性流体，黏性流体包括牛顿流体及非牛顿流体 (Stokes 流体和 2 次 R-E 流体)；

不可压缩流体 ($\rho=\rho_0$) 和可压缩流体 ($\rho=\rho(p,T)$)；

定常流动$\left(\text{速度的局部导数 } \dfrac{\partial \boldsymbol{v}}{\partial t}=\mathbf{0}\right)$和非定常流动$\left(\dfrac{\partial \boldsymbol{v}}{\partial t}\neq\mathbf{0}\right)$；

层流和湍流；

无旋流动 (势流，$\boldsymbol{\Omega}=\mathbf{0}$) 和涡旋流动 ($\boldsymbol{\Omega}\neq\mathbf{0}$)；

低速 (小雷诺数) 流动和高速流动等。

本章下面 3 节简要介绍三种主要流体模型 (非黏性流体、牛顿黏性流体和 2 次 R-E 流体) 的一些特点和规律。

8.3 非黏性流体

8.3.1 大雷诺数流动

实际流体都是有黏性的，但在一定条件下黏性对于流动的影响很小、可以略去，因而假设黏性系数等于 0，这样的流体称为非黏性流体或理想流体。

将本构方程式 (8.9) 或式 (8.9a) 代入运动方程 $\boldsymbol{\nabla}\cdot\boldsymbol{t}+\rho(\boldsymbol{f}-\boldsymbol{a})=0$，可见牛顿流体中任一微团受黏性力及压力差、质量力和惯性力作用，保持平衡。单位体积的惯性力和黏性力差分别为

$$\rho\frac{\mathrm{d}\boldsymbol{v}}{\mathrm{d}t}=\rho\left(\frac{\partial \boldsymbol{v}}{\partial t}+\boldsymbol{v}\cdot\boldsymbol{\nabla}\boldsymbol{v}\right)\quad \text{即}\quad \rho\left(\frac{\partial v_i}{\partial t}+v^m\nabla_m v_i\right)$$

$$2\eta\boldsymbol{\nabla}\cdot\boldsymbol{d}=\eta(\boldsymbol{\nabla}\cdot\boldsymbol{\nabla}\boldsymbol{v}+\boldsymbol{\nabla}\cdot v\boldsymbol{\nabla})\quad \text{即}\quad \eta(\nabla^m\nabla_m v_i+\nabla^m\nabla_i v_m)$$

如果速度变化的特征尺寸为 l，v_i 的数量级为 v，则有数量级关系

$$\nabla_m v_i\sim\frac{\partial v_i}{\partial x^m}\sim\frac{v}{l},\quad \nabla^m\nabla_m v_i+\nabla^m\nabla_i v_m\sim\frac{v}{l^2}$$

$$\frac{\partial v_i}{\partial t}\sim\frac{v}{t}\sim\frac{v}{l/v}=\frac{v^2}{l},\quad v^m\nabla_m v_i\sim\frac{v^2}{l}$$

式中，$\sim$ 表示数量级相同。所以，惯性力与黏性力差的比值的数量级为

$$\frac{\text{惯性力}}{\text{黏性力差}}\sim\frac{\rho v l}{\eta}=\frac{vl}{\nu}=Re \tag{8.29}$$

其中

$$\nu = \eta/\rho \tag{8.30}$$

式中，ν 称为运动黏性系数，$\mathrm{m^2/s}$；η(常常也用希腊字母 μ 表示) 称为动力黏性系数，$\mathrm{N\cdot s/m^2}$ 或 $\mathrm{Pa\cdot s}$；Re 称为雷诺 (Reynolds) 数，是无量纲量，表示流动的惯性力与黏性力差之比的大小。

当物体的特征尺寸 l 较大、速度不太小时，空气、水等小黏性流体绕物体流动的雷诺数将很大，例如在航空、船舶、动力机械、管道等应用领域中的流动，Re 常常可达 $10^7 \sim 10^{10}$ 量级。在这种情况下，可以略去流体黏性的影响，简化为理想流体。但是，在靠近物体壁面的流体薄层中，由于无滑移条件，垂直于边界方向的速度梯度很大，因此 l 很小，黏性力不能忽略，形成流场中的边界层；而边界层外的流体仍然可以看作是理想流体。

8.3.2 欧拉方程，兰姆–葛罗米柯方程

将非黏性流体本构关系式 (8.10) 和式 (8.10a) 代入运动方程，得

$$\rho\frac{\mathrm{d}\boldsymbol{v}}{\mathrm{d}t} = \rho\boldsymbol{f} - \boldsymbol{\nabla}p \quad (\text{可压缩流体}) \tag{8.31}$$

$$\rho_0\frac{\mathrm{d}\boldsymbol{v}}{\mathrm{d}t} = \rho_0\boldsymbol{f} - \boldsymbol{\nabla}p \quad (\text{不可压缩流体}) \tag{8.32}$$

上式给出理想流体中惯性力、质量力 (外力)、压力差三者的平衡关系，称为欧拉方程。

理想流体应该满足连续性方程式 (8.16) 或式 (8.16a)，对于可压缩流体还需要补充状态方程。在等温条件下，p 与 ρ 成函数关系 $\rho = \rho(p)$。如果流体的密度只依赖压强，则称为正压流体。此外，由于无黏性假设，理想流体在流固界面自然不要求满足切向约束条件，即边界条件式 $(8.25\mathrm{a})_2$。

为了便于积分，将欧拉方程改写为另一种形式。速度的物质导数 (加速度) 为

$$\frac{\mathrm{d}\boldsymbol{v}}{\mathrm{d}t} = \frac{\partial\boldsymbol{v}}{\partial t} + \boldsymbol{v}\cdot\boldsymbol{\nabla}\boldsymbol{v} \tag{8.33}$$

其中右端第 2 项迁移导数可以表示为

$$\boldsymbol{v}\cdot\boldsymbol{\nabla}\boldsymbol{v} = \boldsymbol{\nabla}\left(\frac{1}{2}\boldsymbol{v}\cdot\boldsymbol{v}\right) + \boldsymbol{\Omega}\times\boldsymbol{v} \tag{8.34}$$

上式可证明如下：

$$\begin{aligned}\boldsymbol{\Omega}\times\boldsymbol{v} &= (\boldsymbol{\nabla}\times\boldsymbol{v})\times\boldsymbol{v} = \left(\varepsilon^{ijk}\nabla_i v_j \boldsymbol{g}_k\right)\times\left(v^l\boldsymbol{g}_l\right) = \varepsilon^{ijk}\varepsilon_{klm}\left(\nabla_i v_j\right)v^l\boldsymbol{g}^m \\ &= \left(\delta^i_l\delta^j_m - \delta^i_m\delta^j_l\right)\left(\nabla_i v_j\right)v^l\boldsymbol{g}^m = \left(\nabla_l v_m\right)v^l\boldsymbol{g}^m - \left(\nabla_m v_l\right)v^l\boldsymbol{g}^m \\ &= \boldsymbol{v}\cdot\boldsymbol{\nabla}\boldsymbol{v} - \boldsymbol{\nabla}\boldsymbol{v}\cdot\boldsymbol{v}\end{aligned}$$

$$\boldsymbol{\nabla}\left(\frac{1}{2}\boldsymbol{v}\cdot\boldsymbol{v}\right) = \boldsymbol{g}^i\partial_i\left(\frac{1}{2}\boldsymbol{v}\cdot\boldsymbol{v}\right) = \frac{1}{2}\boldsymbol{g}^i\left[\left(\partial_i\boldsymbol{v}\right)\cdot\boldsymbol{v} + \boldsymbol{v}\cdot\left(\partial_i\boldsymbol{v}\right)\right] = \boldsymbol{g}^i\left(\partial_i\boldsymbol{v}\right)\cdot\boldsymbol{v} = \boldsymbol{\nabla}\boldsymbol{v}\cdot\boldsymbol{v}$$

上述推导中先后应用了式 (1.125a)、式 (1.22) 和式 (1.123a)。由上式可见式 (8.34) 成立。

将式 (8.33) 和式 (8.34) 代入欧拉方程，得

$$\frac{\partial \boldsymbol{v}}{\partial t}+\boldsymbol{\nabla}\left(\frac{1}{2}\boldsymbol{v}\cdot\boldsymbol{v}\right)+\boldsymbol{\Omega}\times\boldsymbol{v}=\boldsymbol{f}-\frac{1}{\rho}\boldsymbol{\nabla}p \tag{8.35}$$

上式称为兰姆–葛罗米柯 (Lamb-Громеко) 方程。

8.3.3 伯努利方程

在质量力有势 $\boldsymbol{f}=\boldsymbol{\nabla}U$ (U 为势函数)、正压流体 $p=p(\rho)$、定常流动 $\dfrac{\partial \boldsymbol{v}}{\partial t}=\boldsymbol{0}$ 条件下，式 (8.35) 变为

$$\boldsymbol{\nabla}\left(\int\frac{\mathrm{d}p}{\rho}+\frac{1}{2}\boldsymbol{v}\cdot\boldsymbol{v}-U\right)=\boldsymbol{v}\times\boldsymbol{\Omega} \tag{8.36}$$

上式推导中利用了下列关系，由梯度的定义对于正压流体，有

$$\begin{aligned}\boldsymbol{\nabla}\int\frac{\mathrm{d}p}{\rho}&=\boldsymbol{g}^k\frac{\partial}{\partial x^k}\int\frac{\mathrm{d}p}{\rho}=\boldsymbol{g}^k\frac{\partial}{\partial\rho}\left(\int\frac{1}{\rho}\frac{\mathrm{d}p}{\mathrm{d}\rho}\mathrm{d}\rho\right)\frac{\partial\rho}{\partial x^k}\\&=\boldsymbol{g}^k\left(\frac{1}{\rho}\frac{\mathrm{d}p}{\mathrm{d}\rho}\right)\frac{\partial\rho}{\partial x^k}=\boldsymbol{g}^k\frac{1}{\rho}\frac{\partial p}{\partial x^k}=\frac{\boldsymbol{\nabla}p}{\rho}\end{aligned} \tag{8.37}$$

在不可压缩流体情况下，$\rho=\rho_0$，可直接得到上式，即 $\boldsymbol{\nabla}\displaystyle\int\frac{\mathrm{d}p}{\rho_0}=\frac{\boldsymbol{\nabla}p}{\rho_0}$。

式 (8.36) 右端向量与 $\boldsymbol{v}$ 垂直，所以左端梯度与 $\boldsymbol{v}$ 垂直，即沿速度方向的分量为 0：

$$\frac{\partial}{\partial s}\left(\int\frac{\mathrm{d}p}{\rho}+\frac{1}{2}\boldsymbol{v}\cdot\boldsymbol{v}-U\right)=0$$

式中，s 沿 $\boldsymbol{v}$ 方向，即流线方向，故沿流线有

$$\int\frac{\mathrm{d}p}{\rho}+\frac{1}{2}\boldsymbol{v}\cdot\boldsymbol{v}-U=C \tag{8.38a}$$

若流体不可压缩，则得

$$\frac{p}{\rho_0}+\frac{1}{2}\boldsymbol{v}\cdot\boldsymbol{v}-U=C \tag{8.38b}$$

式 (8.38a) 和式 (8.38b) 中的 C 对于同一流线是常数，对于不同流线的常数不同。上式称为伯努利 (D. Bernoulli) 方程，实际上是欧拉方程在定常、正压、质量力有势条件下的积分，所以也称为伯努利积分。如果流场是无旋的，式 (8.36) 右端恒为 0，式 (8.38a) 左端保持不变，所以对于整个流场伯努利方程中的 C 是相同常数。

如果流场是非定常势流，$\dfrac{\partial \boldsymbol{v}}{\partial t}=\dfrac{\partial}{\partial t}\boldsymbol{\nabla}\varphi=\boldsymbol{\nabla}\dfrac{\partial\varphi}{\partial t}$，由兰姆–葛罗米柯方程，类似推导可得

$$\int\frac{\mathrm{d}p}{\rho}+\frac{1}{2}\boldsymbol{v}\cdot\boldsymbol{v}-U+\frac{\partial\varphi}{\partial t}=C(t) \tag{8.39a}$$

对于整个流场 $C(t)$ 是常数，但随时间改变。如果流场是非定常不可压缩势流，则有

$$\frac{p}{\rho_0}+\frac{1}{2}\boldsymbol{v}\cdot\boldsymbol{v}-U+\frac{\partial\varphi}{\partial t}=C(t) \tag{8.39b}$$

式 (8.39b) 称为 Lagrange 积分。

Bernoulli 积分和 Lagrange 积分给出了理想流体任一点的压强与速度的简单关系，在应用中有重要意义。

例 8.1 盛水容器底部开口 (见图 8.4)，距离液面深度为 h，试求水从开口流出的速度。

解： 水可认为是不可压缩非黏性流体，所受重力为有势力，在液面处取任意一点 A，在水出口处的点为 B，则两点的压力均为大气压 p_0，速度为 $v_{\mathrm{A}}=0$(忽略液面下降速度)，$v_{\mathrm{B}}=v$，重力势能为 $U_{\mathrm{A}}=hg$ (g 为重力加速度)，$U_{\mathrm{B}}=0$。由伯努利定律式 (8.38b)，有 $\dfrac{p_0}{\rho_0}+gh=\dfrac{p_0}{\rho_0}+\dfrac{1}{2}v^2$，所以 $v=\sqrt{2gh}$。

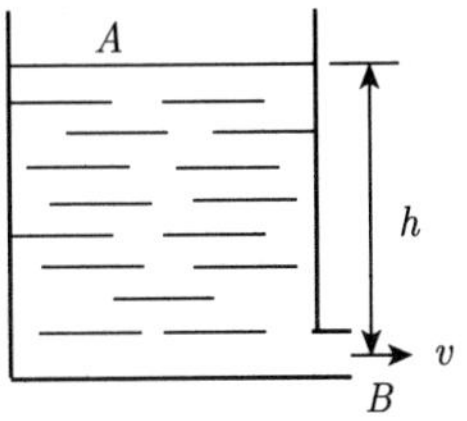

图 8.4 盛水容器

8.3.4 涡量守恒条件和 Kelvin 定理

流场内沿任一闭合曲线的速度环量为 $\Gamma=\oint_c \boldsymbol{v}\cdot\mathrm{d}\boldsymbol{x}$ (见式 (2.174))，利用 Stokes 定理，可以得到 $\Gamma=\int_A \boldsymbol{\Omega}\cdot\mathrm{d}\boldsymbol{a}$(见式 (2.175))，即速度环量等于以该闭合曲线为边界的曲面所通过的涡通量。Γ 的变化率为

$$\frac{\mathrm{d}\Gamma}{\mathrm{d}t}=\frac{\mathrm{d}}{\mathrm{d}t}\oint_c \boldsymbol{v}\cdot\mathrm{d}\boldsymbol{x}=\oint_c\left(\frac{\mathrm{d}\boldsymbol{v}}{\mathrm{d}t}\cdot\mathrm{d}\boldsymbol{x}+\boldsymbol{v}\cdot\mathrm{d}\boldsymbol{v}\right)=\oint_c\left(\frac{\mathrm{d}\boldsymbol{v}}{\mathrm{d}t}\cdot\mathrm{d}\boldsymbol{x}+\mathrm{d}\left(\frac{\boldsymbol{v}^2}{2}\right)\right)=\oint_c\frac{\mathrm{d}\boldsymbol{v}}{\mathrm{d}t}\cdot\mathrm{d}\boldsymbol{x}$$

将欧拉方程代入上式，由 Stokes 定理，可得

$$\frac{\mathrm{d}\Gamma}{\mathrm{d}t}=\oint_c\left(\boldsymbol{f}-\frac{\boldsymbol{\nabla}p}{\rho}\right)\cdot\mathrm{d}\boldsymbol{x}=\int_A\boldsymbol{\nabla}\times\left(\boldsymbol{f}-\frac{\boldsymbol{\nabla}p}{\rho}\right)\cdot\mathrm{d}\boldsymbol{a}$$

如果理想流体是正压流体且质量力有势 $\boldsymbol{f}=\boldsymbol{\nabla}U$，利用微分恒等式 (1.126a)，可知右端被积函数等于 0，所以

$$\frac{\mathrm{d}\Gamma}{\mathrm{d}t}=0 \tag{8.40}$$

式 (8.40) 称为 Kelvin 定理，即正压、质量力有势的理想流体沿任一闭合曲线的速度环量不随时间变化，或速度环量及涡通量守恒。

Kelvin 定理表明，在正压、质量力有势和理想流体三个条件下，某一时刻无涡旋的流动，以前和以后皆无旋；反之若某一时刻有旋，则以前和以后皆有旋。所以涡旋具有保持特性，这是理想流体的重要性质。但在黏性流体中，黏性导致剪应力和微团转动发生，例如流入边界层的流体，原来的无旋运动会变为有旋运动，所以 Kelvin 定理不成立。

8.4 牛顿黏性流体

当流动的雷诺数比较小，例如轴承动力润滑中的油膜、物体外部绕流中的边界层及其他小雷诺数流动，必须考虑黏性对运动的影响，通常可以采用牛顿黏性流体模型。

8.4.1 纳维–斯托克斯方程

在可压缩牛顿黏性流体本构方程式 (8.9) 中，静水压强 p 实际上包含两部分：

$$-p = -p' + \lambda \boldsymbol{\nabla} \cdot \boldsymbol{v} \tag{8.41}$$

式中，p' 是热力学压强 (即状态方程式 (8.20) 中的压强 p)，$\lambda \boldsymbol{\nabla} \cdot \boldsymbol{v}$ 是体积膨胀率引起的各向同性应力，λ 是材料常数 (称为膨胀黏性系数)

$$\lambda = \mu_v - \frac{2}{3}\eta \tag{8.42}$$

式中，μ_v 称为体积黏性系数 (或第二黏性系数)，通常很小可以略去，所以取

$$\lambda = -\frac{2}{3}\eta \tag{8.43}$$

式 (8.43) 称为 Stokes 条件。因此牛顿黏性流体本构关系式 (8.9) 可改写为

$$\boldsymbol{t} = -\left(p - \lambda \boldsymbol{\nabla} \cdot \boldsymbol{v}\right) \boldsymbol{I} + 2\eta \boldsymbol{d} \quad 或 \quad t_{kl} = -\left(p - \lambda v^m{}_{;m}\right) g_{kl} + 2\eta d_{kl} \tag{8.44}$$

其中热力学压强仍采用常用符号 p 表示 (即式 (8.41) 中的 p')。上式也可写作：

$$\boldsymbol{t} = -p\boldsymbol{I} + \boldsymbol{t}_d \tag{8.44a}$$

等号右端第 2 项 $\boldsymbol{t}_d = 2\eta \boldsymbol{d}'$ ($\boldsymbol{d}'$ 为变形率张量的偏量)，是应力张量的耗散部分，称为黏性应力或不可逆应力 (见式 (5.100))。如果放弃 Stokes 条件，则 $\boldsymbol{t}_d = \lambda \boldsymbol{\nabla} \cdot \boldsymbol{v} \boldsymbol{I} + 2\eta \boldsymbol{d}$。式 (8.44a) 右端第 1 项热力学压强是应力张量的非耗散部分。

由式 (8.44)，$t^{kl}{}_{;k} = -\left(p_{,k} - \lambda v^m{}_{;mk}\right) g^{kl} + \eta \left(v^k{}_{;k}{}^l + v^l{}_{;k}{}^{\mathrm{k}}\right)$，代入动量方程式 (8.17)，得到

$$\rho \frac{\mathrm{D}v^l}{\mathrm{D}t} = \rho f^l - p_{,k} g^{kl} + (\lambda + \eta) v^k{}_{;k}{}^l + \eta v^l{}_{;k}{}^{\mathrm{k}}$$

或

$$\rho \frac{\mathrm{d}\boldsymbol{v}}{\mathrm{d}t} = \rho \boldsymbol{f} - \boldsymbol{\nabla} p + (\lambda + \eta) \boldsymbol{\nabla}\boldsymbol{\nabla} \cdot \boldsymbol{v} + \eta \boldsymbol{\nabla} \cdot \boldsymbol{\nabla} \boldsymbol{v} \tag{8.45}$$

式 (8.45) 称为纳维–斯托克斯 (Navier-Stokes) 方程，是牛顿黏性流体力学的基本关系。在不可压缩情况下 ($\boldsymbol{\nabla} \cdot \boldsymbol{v} = 0$)，方程简化为

$$\rho_0 \frac{\mathrm{d}\boldsymbol{v}}{\mathrm{d}t} = \rho_0 \boldsymbol{f} - \boldsymbol{\nabla} p + \eta \boldsymbol{\nabla} \cdot \boldsymbol{\nabla} \boldsymbol{v} \tag{8.45a}$$

式中，p 是静水压强，与状态无关，由平衡条件确定。

8.4.2 边界层概念和特点

第 8.3.1 小节曾提到，大雷诺数流动中靠近物体表面的流体薄层需要考虑黏性的影响，该层称为边界层 (或附面层)。边界层外可以认为是非黏性流体，例如不可压缩或可压缩势流，边界层内为黏性有旋流动。当物体相对流体运动时，边界层产生阻力，高速运动时还会

产生大量热量 (气动力加热)，因此需要深入研究边界层。本节以平板层流边界层为例，简要讨论边界层的基本概念和特点。

若来流平行于平板、定常、匀速，平板上表面的边界层如图 8.5 所示，坐标轴 x 平行气流、沿平板平面，y 轴垂直平板平面，z 轴为宽度方向。假设平板宽度很大，可以认为 z 向速度为 0。理论和实验研究证明，除非常缓慢的流动之外，黏性对流动的影响只局限在物体表面附近很小的厚度 δ 之内，若平板在气流方向的特征尺寸为 l，则 $\delta \ll l$；在平板前缘 (驻点)δ 为 0，随 x 增加逐渐增大。平板表面的流速 $v_x = 0$，随 y 的增加迅速趋近远处流速 v，通常定义 $v_x = 0.99v$ 时的厚度为边界层厚度 δ。边界层厚度的数量级为

$$\delta \sim l/\sqrt{Re}, \quad Re = \frac{\rho v l}{\eta} = \frac{vl}{\nu} \tag{8.46}$$

式中，Re 为来流的雷诺数。

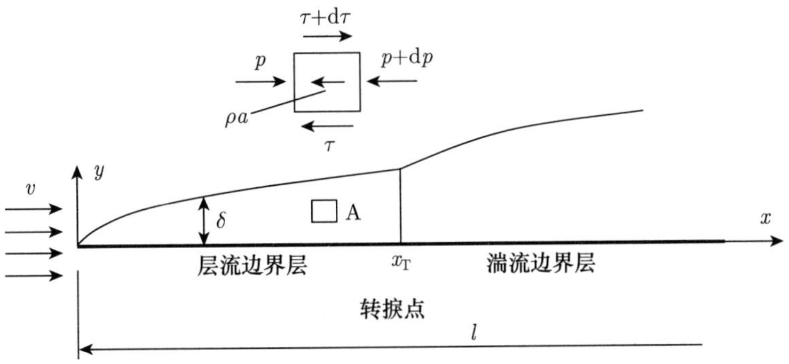

图 8.5 平板边界层

若板长 $l = 3\text{m}$，气流速度 $v = 100\text{m/s}$，空气的运动黏性系数 $\nu = 1.3 \times 10^{-5}\text{m}^2/\text{s}$，则 $Re \approx 2.3 \times 10^9$，可见 δ 很小。

观测发现，前缘以后的一段距离内边界层中的流动是平稳的层流，流线几乎平行平板，在某一点 x_T(实际是一小段) 之后流动出现随机脉动，变为湍流，该点称为转捩点，x_T 大小与 Re 有关。转捩点之前为层流边界层，之后为湍流边界层，后者的速度梯度比前者更大。

下面对于层流边界层内流体的流动和受力作近似分析。假设边界层内为定常、不可压缩、二维层流，不受质量力作用，Navier-Stokes 方程式 (8.45a) 变为

$$\left.\begin{aligned}\rho_0\left(v_x\frac{\partial v_x}{\partial x}+v_y\frac{\partial v_x}{\partial y}\right)&=-\frac{\partial p}{\partial x}+\eta\left(\frac{\partial^2 v_x}{\partial x^2}+\frac{\partial^2 v_x}{\partial y^2}\right)\\ \rho_0\left(v_x\frac{\partial v_y}{\partial x}+v_y\frac{\partial v_y}{\partial y}\right)&=-\frac{\partial p}{\partial y}+\eta\left(\frac{\partial^2 v_y}{\partial x^2}+\frac{\partial^2 v_y}{\partial y^2}\right)\end{aligned}\right\} \tag{8.47}$$

连续性方程为

$$\frac{\partial v_x}{\partial x}+\frac{\partial v_y}{\partial y}=0 \tag{8.48}$$

速度 v_x 的数量级为边界层外边缘速度 v，即 $v_x \sim v$，导数的量级为 $\dfrac{\partial(\,)}{\partial x} \sim \dfrac{(\,)}{l}$，$\dfrac{\partial(\,)}{\partial y} \sim$

$\dfrac{(\ )}{\delta}$。由式 (8.48) 可知，速度分量的量级关系为 $v_y \sim v_x \dfrac{\delta}{l} \ll v_x$。

式 $(8.47)_1$ 左端为 x 方向的惯性力，右端第 2 项为黏性力差，数量级分别为

$$X_1 = \rho_0 \left(v_x \frac{\partial v_x}{\partial x} + v_y \frac{\partial v_x}{\partial y} \right) \sim \rho_0 \frac{v^2}{l}, \quad X_2 = \eta \left(\frac{\partial^2 v_x}{\partial x^2} + \frac{\partial^2 v_x}{\partial y^2} \right) \approx \eta \frac{\partial^2 v_x}{\partial y^2} \sim \eta \frac{v}{\delta^2}$$

式 $(8.47)_2$ 左端 y 方向的惯性力和右端第 2 项黏性力差的数量级分别为

$$Y_1 = \rho_0 \left(v_x \frac{\partial v_y}{\partial x} + v_y \frac{\partial v_y}{\partial y} \right) \sim X_1 \frac{\delta}{l}, \quad Y_2 = \eta \left(\frac{\partial^2 v_y}{\partial x^2} + \frac{\partial^2 v_y}{\partial y^2} \right) \sim X_2 \frac{\delta}{l}$$

可见，与 x 方向比较，y 方向的惯性力和黏性力差很小。由式 $(8.47)_2$ 和式 $(8.47)_1$，分别得到

$$\frac{\partial p}{\partial y} \approx 0, \quad \frac{\text{惯性力}}{\text{黏性力差}} = \frac{X_1}{X_2} \sim \frac{\rho_0 v l}{\eta} \left(\frac{\delta}{l} \right)^2 = Re \left(\frac{\delta}{l} \right)^2 \tag{8.49}$$

上述分析表明，边界层流动有下列特点：(1) 由式 $(8.49)_2$ 和式 (8.46)，惯性力与黏性力差有相同的数量级；(2) 压强沿厚度方向不变，边界层内外压强相同。

根据数量级分析，将运动方程式 (8.47) 简化与连续方程一起，得到平板层流不可压缩层流边界层方程

$$\left. \begin{aligned} & v_x \frac{\partial v_x}{\partial x} + v_y \frac{\partial v_x}{\partial y} = -\frac{\partial p}{\rho_0 \partial x} + \nu \frac{\partial^2 v_x}{\partial y^2} \\ & \frac{\partial p}{\partial y} = 0 \\ & \frac{\partial v_x}{\partial x} + \frac{\partial v_y}{\partial y} = 0 \end{aligned} \right\} \tag{8.50}$$

式 (8.50) 称为 Prandtl 边界层方程。

当物体表面为曲面时，例如圆柱、球、旋转体、翼面等，取 x、y 分别为沿曲面方向和垂直曲面方向作为边界层坐标系，进行类似分析，并考虑可压缩性、温度和热的影响，可以给出类似的结论及边界层简化方程。边界层内边界满足流固界面条件，外边界条件可由理想流体绕流问题的解确定。边界层方程虽然得到简化，仍然是很复杂的非线性微分方程，难以精确求解，现已发展了各种近似解法。

8.5 Rivlin-Ericksen 流体的简单流动

本节介绍 Rivlin-Ericksen(R-E) 流体的两种简单流动：剪切测黏流和恒定伸长历史流动。剪切测黏流是一种剪切定常流动，变形率张量只有一个剪切变形率分量非零，可用于黏性函数测量等；恒定伸长历史运动 (例如单向拉伸流动)，常见于高聚合物溶液的纺丝和塑料制品成形过程。这些流动的速度场比较简单，可以先假设速度分布，再求变形率和应力，然后用平衡条件和边界条件确定静水压强和黏性系数，属于反逆解法，与弹性体简单问题的解法类似。通过这些简单问题的分析，可以看到 R-E 流体的流动与牛顿流体有很多不同特点。

8.5.1 平面剪切流

假设两个平行平板之间充满 2 次 R-E 流体，平板间距为 $2h$，x_3 方向宽度很大，上下平板分别以速度 $\bar{v}^{(1)}$，$\bar{v}^{(2)}$ 沿 x_1 方向匀速平行移动，$x_i\,(i=1,2,3)$ 为直角坐标系，如图 8.6 所示。

平板之间流体的运动，可以假设为 (若 $t=0$ 时 $x^i=X^i$)

$$x_1=X_1+v_1(x_2)\,t,\quad x_2=X_2,\quad x_3=X_3 \tag{8.51}$$

其中函数 $v_1(x_2)$ 待定。如果取 t 时刻的位置 x_i 为参考构形，则相对运动为

$$\xi_1=x_1+v_1(x_2)(\tau-t),\quad \xi_2=x_2,\quad \xi_3=x_3 \tag{8.52}$$

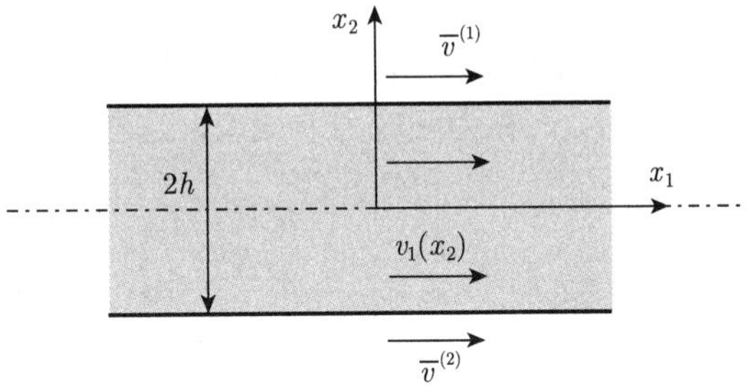

图 8.6　平行平板间的剪切流

由式 (8.51)，速度场只有 x_1 方向的分量：

$$\dot{x}_1=v_1(x_2),\quad \dot{x}_2=v_2=0,\quad \dot{x}_3=v_3=0 \tag{8.53}$$

速度梯度和变形率张量为

$$\boldsymbol{L}=\begin{bmatrix}0&v_{1,2}&0\\0&0&0\\0&0&0\end{bmatrix},\quad \boldsymbol{d}=\frac{1}{2}\left(\boldsymbol{L}+\boldsymbol{L}^{\mathrm{T}}\right)=\frac{1}{2}\begin{bmatrix}0&v_{1,2}&0\\v_{1,2}&0&0\\0&0&0\end{bmatrix} \tag{8.54}$$

规定张量分量的前后指标分别对应矩阵的行和列 (下同)。

相对变形梯度、相对 Cauchy-Green 变形张量和 R-E 张量为

$$\boldsymbol{F}_{(t)}=\frac{\partial\boldsymbol{\xi}}{\partial\boldsymbol{x}}=\begin{bmatrix}1&v_{1,2}(\tau-t)&0\\0&1&0\\0&0&1\end{bmatrix} \tag{8.55}$$

$$\begin{aligned}\boldsymbol{C}_{(t)}(\tau)=\boldsymbol{F}_{(t)}^{\mathrm{T}}(\tau)\cdot\boldsymbol{F}_{(t)}(\tau)&=\begin{bmatrix}1&v_{1,2}(\tau-t)&0\\v_{1,2}(\tau-t)&1+v_{1,2}^2(\tau-t)^2&0\\0&0&1\end{bmatrix}\\&=\boldsymbol{A}^{(0)}+\boldsymbol{A}^{(1)}(\tau-t)+\frac{1}{2}\boldsymbol{A}^{(2)}(\tau-t)^2+\cdots\end{aligned} \tag{8.56}$$

$$\boldsymbol{A}^{(0)}=\boldsymbol{I},\quad \boldsymbol{A}^{(1)}=2\boldsymbol{d},\quad \boldsymbol{A}^{(2)}=\begin{bmatrix}0&0&0\\0&2v_{1,2}^2&0\\0&0&0\end{bmatrix},\quad \boldsymbol{A}^{(k)}=0\ (k\geqslant 3) \tag{8.57}$$

由本构关系式 (8.7a)，Cauchy 应力为

$$\boldsymbol{t}=-p\begin{bmatrix}1&0&0\\0&1&0\\0&0&1\end{bmatrix}+\eta\begin{bmatrix}0&v_{1,2}&0\\v_{1,2}&0&0\\0&0&0\end{bmatrix}+\beta_1\begin{bmatrix}v_{1,2}^2&0&0\\0&v_{1,2}^2&0\\0&0&0\end{bmatrix}+\beta_2\begin{bmatrix}0&0&0\\0&2v_{1,2}^2&0\\0&0&0\end{bmatrix} \tag{8.58}$$

$$\left.\begin{aligned} t_{11} &= -p+\beta_1 v_{1,2}^2 \\ t_{22} &= -p+(\beta_1+2\beta_2)\, v_{1,2}^2 \\ t_{33} &= -p \\ t_{12} &= \eta v_{1,2} \\ t_{13} &= t_{23}=0 \end{aligned}\right\} \tag{8.58a}$$

上式表明，由于 η, β_1, β_2 非 0 且是 $\boldsymbol{d}$ 的函数，R-E 流体的剪切流动引起正应力差 $t_{11}-t_{33}$ 和 $t_{22}-t_{33}$，称为正应力差效应，这在牛顿流体中是不存在的。令

$$\left.\begin{aligned} \sigma^{(1)} &= t_{11}-t_{33}=\beta_1 v_{1,2}^2 \\ \sigma^{(2)} &= t_{22}-t_{33}=(\beta_1+2\beta_2)\, v_{1,2}^2 \\ \tau^{(12)} &= t_{12}=\eta v_{1,2} \end{aligned}\right\} \tag{8.59}$$

称为测黏函数，如果能够测得应力与剪切变形率 $v_{1,2}$ 的关系，便可确定 3 个黏性系数函数。

在应力表达式 (8.58a) 中还有 p 和 v_1 是待定的，确定 p 和 v_1 需要利用平衡方程和边界条件。将应力代入平衡方程，得到关系

$$\left.\begin{aligned} -p_{,1}+(\eta v_{1,2})_{,2} &= 0 \\ -p_{,2}+\left[(\beta_1+2\beta_2)\, v_{1,2}^2\right]_{,2} &= 0 \end{aligned}\right\} \tag{8.60}$$

因为速度只随 x_2 变化，所以材料参数 η,β_1,β_2 也只能是 x_2 的函数，同样地 $p_{,1}$ 是 x_2 的函数。将式 $(8.60)_1$ 对 x_2 积分，有

$$\eta v_{1,2}=p_{,1}x_2+c_1 \tag{8.61}$$

式中，除 c_1 外均为 x_2 的函数，所以积分常数 c_1 与 x_1 无关，必为常数。式 $(8.60)_2$ 对 x_2 积分，得

$$(\beta_1+2\beta_2)\, v_{1,2}^2=p+cx_1+c_2 \tag{8.62}$$

因为 $p_{,1}$ 是 x_2 的函数，p 与 x_1 成线性关系，所以式中积分常数只能是 x_1 的线性函数。上式对 x_1 取导数，得

$$-p_{,1}=c \quad (\text{常数}) \tag{8.63}$$

可见常数 c 是沿 x_1 方向单位长度的压强差，称为比推力。

边界条件可以有不同情况，例如两板静止，下板静止、上板匀速平行移动，两板不等速平行移动等。下面考虑两板静止情况，$\bar{v}^{(1)}=\bar{v}^{(2)}=0$，流体运动由端部压力推动，边界条件为 $v_1(\pm h)=0$。由于流场对 x_1 轴对称，因此

$$v_1(x_2)=v_1(-x_2),\quad v_{1,2}(x_2)=-v_{1,2}(-x_2),\quad v_{1,2}(0)=0 \tag{8.64}$$

由式 $(8.58\text{a})_4$、式 (8.61) 、式 (8.63) 和式 $(8.64)_3$，可得

$$t_{12}=\eta v_{1,2}=-cx_2 \tag{8.65}$$

可见剪应力沿 x_2 轴线性分布，如图 8.7 所示。对于牛顿流体，$\eta=$ 常数，上式可以积分，利用板面处无滑移边界条件，得到抛物线速度分布：

$$v_1 = \frac{c}{2\eta}\left(h^2 - x_2^2\right) \tag{8.66}$$

对于 R-E 流体，η 是变形率的函数，本例中可表示为 $\eta = \eta\left(v_{1,2}\right)$。显然在黏性函数未知时，无法求出速度和应力。通过下面的分析 [5] 可见，根据上述结果，能够通过实验测定黏性函数。

式 (8.65) 表明剪应力 t_{12} 是 $v_{1,2}$ 的函数，假如常数 c 已知，可以得到反函数，记作

$$v_{1,2} = \lambda\left(t_{12}\right) = \lambda\left(cx_2\right) \tag{8.67}$$

将上式积分，利用边界条件，得

$$v_1 = -\int_{x_2}^{h} v_{1,2}\mathrm{d}\varsigma = -\int_{x_2}^{h}\lambda\left(c\varsigma\right)\mathrm{d}\varsigma \tag{8.68}$$

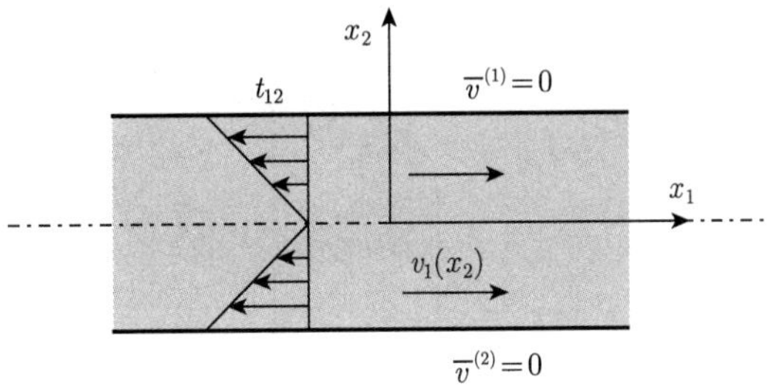

图 8.7　平行剪切流的剪应力

单位宽度平板之间的体积流量为

$$Q_V = 2\int_0^h v_1\mathrm{d}x_2 = -2\int_0^h\int_{x_2}^{h}\lambda\left(c\varsigma\right)\mathrm{d}\varsigma\mathrm{d}x_2 = -\frac{2}{c^2}\int_0^{ch}\left[\int_{\xi}^{ch}\lambda\left(\varsigma'\right)\mathrm{d}\varsigma'\right]\mathrm{d}\xi$$

其中 $\varsigma' = c\varsigma,\quad \xi = cx_2$。上式对 ξ 分部积分，得

$$Q_V = -\frac{2}{c^2}\int_0^{ch}\xi\lambda\left(\xi\right)\mathrm{d}\xi \tag{8.69}$$

式 (8.69) 说明体积流量 Q_V 是比推力 c 的函数，c^2Q_V 对 c 取偏导数，有

$$\frac{\partial}{\partial c}\left(c^2Q_V\right) = -\frac{\partial}{\partial c}\left[2\int_0^{ch}\xi\lambda\left(\xi\right)\mathrm{d}\xi\right] = -\frac{\partial}{\partial\left(ch\right)}\left[2\int_0^{ch}\xi\lambda\left(\xi\right)\mathrm{d}\xi\right]h = -2ch^2\lambda\left(ch\right)$$

所以反函数为

$$\lambda\left(ch\right) = -\frac{1}{2h^2c}\frac{\partial}{\partial c}\left(c^2Q_V\right) \tag{8.70}$$

其中比推力 c 和体积流量 Q_V 是可测量，因此上式可以确定平板表面处的 $\lambda\left(ch\right)$，即速度梯度。由式 (8.65) 和式 (8.70)，得到黏性系数 (作为速度梯度的函数)

$$\eta = \frac{t_{12}}{v_{1,2}} = \frac{-ch}{\lambda\left(ch\right)} = \frac{2c^2h^3}{\dfrac{\partial}{\partial c}\left(c^2Q_V\right)} \tag{8.71}$$

8.5.2　轴对称剪切流

轴对称剪切流有三种情况 (用圆柱坐标系表示，见图 8.8)：

(1) 轴向流动，速度梯度径向分量非 0 (泊肃叶 (Poiseuille) 流)，即

$$v_z = v\left(r\right),\quad v_r = 0,\quad v_\theta = 0 \tag{8.72a}$$

(2) 周向流动，速度梯度径向分量非 0 (库埃特 (Couette) 流)，即

$$v_\theta = \omega(r) \ \text{(角速度, 物理分量：} v_{\bar\theta} = r\omega(r)\text{)}, v_r = 0, v_z = 0 \tag{8.72b}$$

(3) 周向流动，速度梯度轴向分量非 0，即

$$v_\theta = \omega(z) \ \text{(角速度, 物理分量：} v_{\bar\theta} = r\omega(z)\text{)}, v_r = 0, v_z = 0 \tag{8.72c}$$

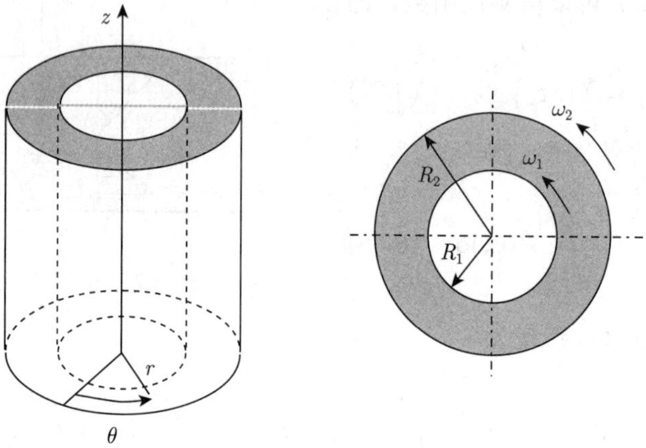

图 8.8 轴对称剪切流坐标系

以上流动的变形率只有一个剪切分量非 0，均为测黏流。若用 $x^i\,(i=1,2,3)$ 表示圆柱坐标，适当选择 x^i 的排列次序，可见式 (8.72a,b,c) 与平面剪切流的速度式 (8.53) 形式相同，只是坐标系不同。因此，可以通过类似的分析，得到类似的结果。下面只考虑 Couette 流。

取曲线坐标 $\left(x^1, x^2, x^3\right)$ 表示 (r,θ,z)，式 (8.72b) 对应运动变换 (以 t 时刻为参考构形)

$$\xi^2 = x^2 + \omega\left(x^1\right)(\tau - t), \quad \xi^1 = x^1, \quad \xi^3 = x^3 \tag{8.73}$$

ξ^i 是质点 x^i 在 τ 时刻的位置。速度为 $\boldsymbol{v} = \left.\dfrac{\partial \boldsymbol{\xi}}{\partial \tau}\right|_{\boldsymbol{x}} = \dfrac{\mathrm{d}\xi^i}{\mathrm{d}t}\boldsymbol{g}_i$，逆变分量和协变分量为

$$v^2 = \omega\left(x^1\right), \quad v^1 = v^3 = 0\ ; \quad v_2 = r^2\omega\left(x^1\right), \quad v_1 = v_3 = 0 \tag{8.74}$$

速度梯度为 $v_{i;j} = v_{i,j} - \mathit{\Gamma}_{ij}^m v_m$， 其中圆柱坐标系的 $\mathit{\Gamma}_{ij}^m$ 见第 1.20 节，所以

$$v_{2;1} = v_{2,1} - \mathit{\Gamma}_{21}^2 v_2 = r\omega + r^2\omega_{,r}\,, \quad v_{1;2} = -\mathit{\Gamma}_{12}^2 v_2 = -r\omega, \text{ 其余为 } 0 \tag{8.75}$$

变形率张量 $d_{ij} = \dfrac{1}{2}\left(v_{i;j} + v_{j;i}\right)$ 的张量分量和物理分量为

$$[d_{ij}] = \frac{1}{2}\begin{bmatrix} 0 & r^2\omega_{,r} & 0 \\ r^2\omega_{,r} & 0 & 0 \\ 0 & 0 & 0 \end{bmatrix}, \quad \left[d_{(ij)}\right] = \frac{1}{2}\begin{bmatrix} 0 & r\omega_{,r} & 0 \\ r\omega_{,r} & 0 & 0 \\ 0 & 0 & 0 \end{bmatrix} \tag{8.76}$$

相对变形梯度 $\boldsymbol{F}_{(t)}=\dfrac{\partial\boldsymbol{\xi}}{\partial\boldsymbol{x}}=\dfrac{\partial\xi^{i'}}{\partial x^j}\boldsymbol{g}_{i'}\boldsymbol{g}^j=F_{(t)j}^{\ \ i'}\boldsymbol{g}_{i'}\boldsymbol{g}^j$，混合分量和协变分量为

$$\left[F_{(t)j}^{i'}\right]=\begin{bmatrix}1&0&0\\\omega_{,r}(\tau-t)&1&0\\0&0&1\end{bmatrix},\quad\left[F_{(t)k'j}=g_{k'i'}F_{(t)j}^{i'}\right]=\begin{bmatrix}1&0&0\\r^2\omega_{,r}(\tau-t)&r^2&0\\0&0&1\end{bmatrix}$$

相对 Cauchy-Green 变形张量为 $\boldsymbol{C}_{(t)}=\boldsymbol{F}_{(t)}^{\mathrm{T}}\cdot\boldsymbol{F}_{(t)}$

$$\left[C_{(t)ij}\right]=\left[F_{(t)ik'}\right]\left[g^{k'l'}\right]\left[F_{(t)l'j}\right]=\begin{bmatrix}1+r^2\omega_{,r}^2(\tau-t)^2&r^2\omega_{,r}(\tau-t)&0\\r^2\omega_{,r}(\tau-t)&r^2&0\\0&0&1\end{bmatrix}\tag{8.77}$$

上式对 $(\tau-t)$ 展开，得 R-E 张量

$$\boldsymbol{A}^{(0)}=\boldsymbol{I},\quad\boldsymbol{A}^{(1)}=2\boldsymbol{d},\quad\boldsymbol{A}^{(2)}=2\begin{bmatrix}r^2\omega_{,r}^2&0&0\\0&0&0\\0&0&0\end{bmatrix}，物理分量\ A_{(ij)}^{(2)}=A_{ij}^{(2)}\tag{8.78}$$

将式 (8.76) 和式 (8.78) 代入本构方程式 (8.7a)，得到 Cauchy 应力的物理分量

$$\left.\begin{aligned}&\sigma_r=t_{(11)}=-p+(\beta_1+2\beta_2)\,r^2\omega_{,r}^2\\&\sigma_\theta=t_{(22)}=-p+\beta_1r^2\omega_{,r}^2\\&\sigma_z=t_{(33)}=-p\\&\sigma_{r\theta}=t_{(12)}=\eta r\omega_{,r}\\&\sigma_{rz}=t_{(13)}=0,\quad\sigma_{\theta z}=t_{(23)}=0\end{aligned}\right\}\tag{8.79}$$

上式与式 (8.58a) 比较可见，轴对称剪切流的应力分布与平面剪切流类似，这里的流动方向 θ 对应平面剪切流的 1 方向。三个测黏应力为

$$\left.\begin{aligned}&\sigma^{(1)}=t_{(11)}-t_{(33)}=(\beta_1+2\beta_2)\,r^2\omega_{,r}^2\\&\sigma^{(2)}=t_{(22)}-t_{(33)}=\beta_1r^2\omega_{,r}^2\\&\tau^{(12)}=t_{(12)}=\eta r\omega_{,r}\end{aligned}\right\}\tag{8.80}$$

由于流场只随 r 变化，因此本例中的黏性系数 η、β_1、β_2 只能是 r 的函数。上式说明，为了确定黏性系数与流动的关系，需要测量某一点处的测黏应力和速度梯度。

利用第 1.20 节圆柱坐标系中对称二阶张量的散度物理分量表达式，运动方程式 (8.17) 变为

$$\left.\begin{aligned}&\frac{\partial\sigma_r}{\partial r}+\frac{\partial\sigma_{r\theta}}{r\partial\theta}+\frac{\sigma_r-\sigma_\theta}{r}+\rho r\omega^2=0\\&\frac{\partial\sigma_{r\theta}}{\partial r}+\frac{2\sigma_{r\theta}}{r}=0\\&\frac{\partial\sigma_z}{\partial z}-\rho g=0\end{aligned}\right\}\tag{8.81}$$

式中, $r\omega^2$ 为向心加速度；g 为重力加速度。将式 (8.79) 代入上式，得

$$\left.\begin{aligned}&-p_{,r}+\left[(\beta_1+2\beta_2)\,r^2\omega_{,r}^2\right]_{,r}+2\beta_2r\omega_{,r}^2+\rho r\omega^2=0\\&(\eta r\omega_{,r})_{,r}+2\eta\omega_{,r}=0\\&-p_{,z}-\rho g=0\end{aligned}\right\}\tag{8.82}$$

设 z 轴垂直地面，流体充满内外圆柱面之间 (见图 8.8)，边界条件为

$$p=p_0(\text{上液面}),\ \omega\left(R_1\right)=\omega_1,\quad \omega\left(R_2\right)=\omega_2 \tag{8.83}$$

式中，R_1、R_2 分别为内外圆柱面的半径；ω_1、ω_2 分别为内外圆柱面的转速。

式 $(8.82)_3$ 表明，轴向应力 (即压强 p) 沿轴向的梯度 (比推力) 是常数。由式 $(8.79)_4$ 可见 $\sigma_{r\theta}$ 是 $r\omega_{,r}$ 的函数，所以 $r\omega_{,r}$ 是 $\sigma_{r\theta}$ 的反函数，并且与作用在圆柱面上的扭矩有关。通过测量扭矩，可以间接地得到 $r\omega_{,r}$ 与 $\sigma_{r\theta}$ 的函数关系，从而给出黏性系数。

如果忽略黏性系数 η 随 r 的变化，则可近似求出速度分布。由式 $(8.82)_2$，有

$$r\left(\eta\omega_{,r}\right)_{,r}+3\eta\omega_{,r}=0$$

令 $y=\eta\omega_{,r}$，用分离变量法求解上式，得

$$\eta\omega_{,r}=cr^{-3} \tag{8.84}$$

当 η 为常数时，将上式积分，则

$$\omega=-\frac{cr^{-2}}{2\eta}+d \tag{8.85}$$

利用边界条件式 $(8.83)_{1,2}$，可得

$$c=\frac{2\eta R_1^2R_2^2\left(\omega_1-\omega_2\right)}{R_1^2-R_2^2},\quad d=\frac{\omega_1R_1^2-\omega_2R_2^2}{R_1^2-R_2^2} \tag{8.85a}$$

将式 (8.85) 代入式 $(8.80)_3$，如果测得剪应力，便可确定黏性系数 η。

下面近似讨论 σ_z 的变化。将式 (8.84) 代入式 $(8.82)_1$，假设 β_1,β_2 是常数，可得

$$\sigma_{z,r}=-p_{,r}=\left(4\beta_1+6\beta_2\right)\frac{c^2}{\eta^2r^5}-\rho r\omega^2 \tag{8.86}$$

对于牛顿流体 ($\beta_1=\beta_2=0$)，式 (8.86) 表明随 r 的增加轴向压力变大、液面升高，呈凹形。对于非牛顿流体，由于 $2\beta_1+3\beta_2>0$ 导致上式右端大于 0，所以随 r 的增加轴向压力减小，液面呈凸形，即液面沿旋转的内柱面爬升，这种现象称为 Weissenberg 效应 (见图 8.9)，反映了非牛顿流体与牛顿流体不同的特点。

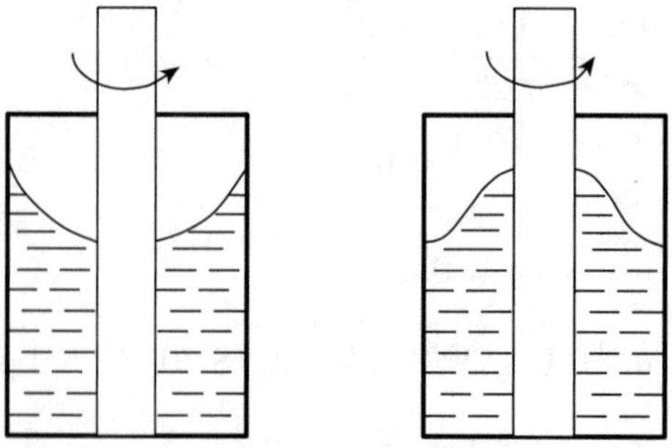
(a) (b)

图 8.9 Weissenberg 效应

(a) 牛顿流体；(b) 非牛顿流体

8.5.3 恒定单向拉伸历史流动

一般情况下，任一时刻 τ 的相对变形 $\boldsymbol{C}_{(t)}(\tau)$ 与 t 时刻参考构形及 τ 与 t 的时间间隔有关。如果 $\boldsymbol{C}_{(t)}(\tau)$ 的主值 $\lambda^2_{(t)k}$ 只与 τ 和 t 的时间间隔有关，与参考时间 t 无关，但主方向可以随 t 改变，这样的运动称为恒定伸长历史运动。恒定伸长历史运动应该满足下列关系：

$$\boldsymbol{C}_{(\bar{t})}(\Delta t)=\boldsymbol{Q}(t)\cdot\boldsymbol{C}_{(t)}(\Delta t)\cdot\boldsymbol{Q}^{\mathrm{T}}(t) \tag{8.87}$$

式中，$\Delta t=t-\tau=\bar{t}-\bar{\tau}$；$t$ 是当前参考时刻；$\bar{t}$ 是 t 以前的任一参考时刻；τ 和 $\bar{\tau}$ 是与各自参考时刻间距相同的两个任意时刻；正交张量 $\boldsymbol{Q}(t)$ 是 t 构形中主坐标系 $\boldsymbol{e}_{(t)k}$ 与 $\bar{t}$ 构形中主坐标系 $\boldsymbol{e}_{(\bar{t})k}$ 之间的刚性转动：

$$\boldsymbol{e}_{(\bar{t})k}=\boldsymbol{Q}(t)\cdot\boldsymbol{e}_{(t)k}\quad(k=1,2,3) \tag{8.88}$$

将张量标准型 $\boldsymbol{C}_{(t)}(\Delta t)=\lambda^2_{(t)k'}\boldsymbol{e}_{(t)k}\boldsymbol{e}_{(t)k}$ 和 $\boldsymbol{C}_{(\bar{t})}(\Delta t)=\lambda^2_{(\bar{t})k'}\boldsymbol{e}_{(\bar{t})k}\boldsymbol{e}_{(\bar{t})k}(k'=k$，但不求和) 代入式 (8.87)，利用式 (8.88)，可得 $\lambda^2_{(\bar{t})k}=\lambda^2_{(t)k}$，即 $\boldsymbol{C}_{(\bar{t})}(\Delta t)$ 与 $\boldsymbol{C}_{(t)}(\Delta t)$ 主值相同，主方向相差刚性转动，因此式 (8.87) 可以作为恒定伸长历史运动的定义。

下面讨论一种恒定伸长历史运动——不可压缩定常单向拉伸运动。

假设 $t=0$ 时刻物质点 (X_1,X_2,X_3) 在空间点 (x_1,x_2,x_3) 的位置时 (X_K,x_k 是直角坐标系)，速度为

$$v_1=kx_1,\quad v_2=-\frac{k}{2}x_2,\quad v_3=-\frac{k}{2}x_3 \tag{8.89}$$

k 为常数，显然 $\boldsymbol{\nabla}\cdot\boldsymbol{v}=0$，所以为不可压缩流动。

将上式写成微分形式

$$\frac{\mathrm{d}x_1}{x_1}=k\mathrm{d}t,\quad \frac{\mathrm{d}x_2}{x_2}=-\frac{k}{2}\mathrm{d}t,\quad \frac{\mathrm{d}x_3}{x_3}=-\frac{k}{2}\mathrm{d}t \tag{8.90}$$

经过积分，利用 $x_i|_{t=0}=X_i$，可得 t 时刻和 τ 时刻 X_K 点的位置 x_k 和 ξ_k：

$$x_1=X_1\mathrm{e}^{kt},\quad x_2=X_2\mathrm{e}^{-kt/2},\quad x_3=X_3\mathrm{e}^{-kt/2} \tag{8.91}$$

$$\left.\begin{aligned}\xi_1(\tau)&=X_1\mathrm{e}^{k\tau}=x_1\mathrm{e}^{k(\tau-t)}\\ \xi_2(\tau)&=X_2\mathrm{e}^{-k\tau/2}=x_2\mathrm{e}^{-k(\tau-t)/2}\\ \xi_3(\tau)&=X_3\mathrm{e}^{-k\tau/2}=x_3\mathrm{e}^{-k(\tau-t)/2}\end{aligned}\right\} \tag{8.91a}$$

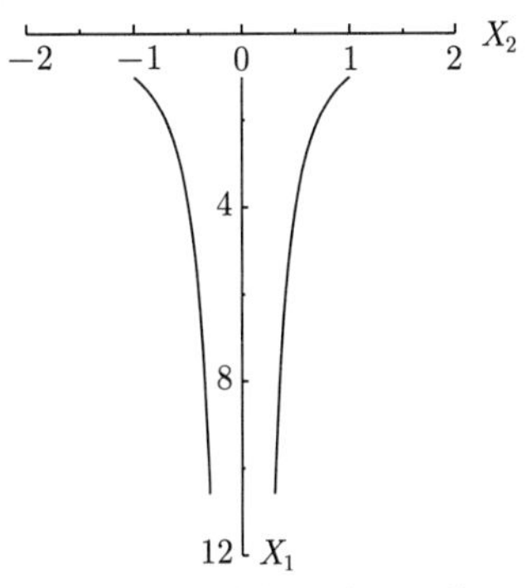

图 8.10 单向拉伸运动的迹线和流线

上式给出流场的迹线方程，图 8.10 所示为 $x_3=0$ 面内物质点 $X_1=1,X_2=\pm1,X_3=0$ 的运动轨迹 (取 $k=0.04\mathrm{s}^{-1}$)。

由式 (8.89)，速度梯度和变形率张量为

$$\boldsymbol{L}=\begin{bmatrix}k&0&0\\0&-k/2&0\\0&0&-k/2\end{bmatrix},\quad \boldsymbol{d}=\boldsymbol{L} \tag{8.92}$$

相对变形梯度和相对 Cauchy-Green 变形张量为

$$\boldsymbol{F}_{(t)}(\tau)=\frac{\partial\boldsymbol{\xi}}{\partial\boldsymbol{x}}=\begin{bmatrix}e^{k(\tau-t)} & 0 & 0\\ 0 & e^{-k(\tau-t)/2} & 0\\ 0 & 0 & e^{-k(\tau-t)/2}\end{bmatrix}\tag{8.93}$$

$$\boldsymbol{C}_{(t)}(\tau)=\boldsymbol{F}_{(t)}^{\mathrm{T}}(\tau)\cdot\boldsymbol{F}_{(t)}(\tau)=\begin{bmatrix}e^{2k(\tau-t)} & 0 & 0\\ 0 & e^{-k(\tau-t)} & 0\\ 0 & 0 & e^{-k(\tau-t)}\end{bmatrix}\tag{8.94}$$

上式表明，$\boldsymbol{C}_{(t)}(\tau)$ 的主值只与时间间隔 $\tau-t$ 有关，属于恒定伸长历史流动。比较式 (8.94) 和剪切流的变形式 (8.56) 及式 (8.77)，可见单向拉伸流动与剪切流动不同，与黏性无关，不是测黏流动。

将指数函数 $\boldsymbol{C}_{(t)}$ 展成 Taylor 级数，得

$$\boldsymbol{A}^{(0)}=\boldsymbol{I},\quad \boldsymbol{A}^{(1)}=2\boldsymbol{d}=\begin{bmatrix}2k & 0 & 0\\ 0 & -k & 0\\ 0 & 0 & -k\end{bmatrix},\quad \boldsymbol{A}^{(2)}=\begin{bmatrix}4k^2 & 0 & 0\\ 0 & k^2 & 0\\ 0 & 0 & k^2\end{bmatrix}\tag{8.95}$$

由本构关系式 (8.7a)，Cauchy 应力为

$$\left.\begin{aligned}t_{11}&=-p+2\eta k+4(\beta_1+\beta_2)k^2\\ t_{22}&=-p-\eta k+(\beta_1+\beta_2)k^2\\ t_{12}&=t_{23}=t_{13}=0\end{aligned}\right\}\tag{8.96}$$

p 与 k 的关系需要利用运动方程和边界条件确定。

恒定伸长历史运动可以描述高聚合物溶液在某些加工过程中的流动，例如纺丝、塑料制品成形等，纺丝过程可以认为是单轴拉伸流动。

习　题

8-1　已知流体平面运动的速度场为

$$v_x=-\frac{k}{4\pi}\frac{x^2}{y(x^2+y^2)},\quad v_y=\frac{k}{4\pi}\frac{y^2}{x(x^2+y^2)},\quad v_z=0$$

x,y,z 为直角坐标系，k 是常数，试求流线和涡线。(见文献 [3])

8-2　写出纳维–斯托克斯 (Navier-Stokes) 方程 (见式 (8.45)) 在直角坐标系和圆柱坐标系中的物理分量展开式。

8-3　已知牛顿流体的速度场为：$v_1=kx_1, v_2=-kx_2, v_3=0$。$x_1,x_2,x_3$ 为直角坐标系，k 是常数。

1. 证明该速度场是无旋场；

2. 求 Cauchy 应力张量；

3. 求加速度场；

4. 利用纳维–斯托克斯 (Navier-Stokes) 方程 (无体力)，求压强分布 (假设坐标原点压强为 p_0)；

5. 利用伯努利方程，求压强分布 (假设为理想流体)；

6. 求机械能转变的热耗散率 (提示：见式 (5.99c))；

答案：4.、5. $p=-\dfrac{\rho k^2}{2}\left(x_1^2+x_2^2\right)+p_0$；6. $4k^2\eta$。(见文献 [7])

8-4　理想气体的应力为 $\boldsymbol{\sigma}=-p\boldsymbol{I}$，试证明理想气体的绝热过程满足能量方程为

$$\rho\frac{\mathrm{d}e}{\mathrm{d}t}=-p\boldsymbol{\nabla}\cdot\boldsymbol{v}$$

式中，p 为气体的压强，ρ 为密度，e 为内能，$\boldsymbol{v}$ 为速度。

8-5　试证明可压缩牛顿流体满足熵不等式 (耗散函数非负) 的充分必要条件是

$$3\lambda+2\eta\geqslant 0,\quad \eta\geqslant 0;$$

不可压缩牛顿流体 ($I_d=0$) 耗散函数非负的充分必要条件是 $\eta\geqslant 0$。

提示：利用式 (5.99c)。

8-6　在亚音速气流中，常用空速管测量流速。空速管由内外两管组成 (见图 8.11)，内管前端开孔，用于测量驻点 (流速为 0) 的空气压强 p_0，外管侧面开孔测量气流的静压 p，将两种压强的空气分别引入膜盒内外，根据膜盒变形读取速度。试证明气流速度为 $v=\sqrt{\dfrac{2}{\rho}\left(p_0-p\right)}$ (ρ 为空气密度)。

8-7　理想 (无黏性) 液体在圆筒中绕垂直轴线 z 以等角速度 ω 转动 (见图 8.12)，试求液面的形状。

答案：$z=\dfrac{\omega^2r^2}{2g}$。

提示：参考第 8.5.2 小节。

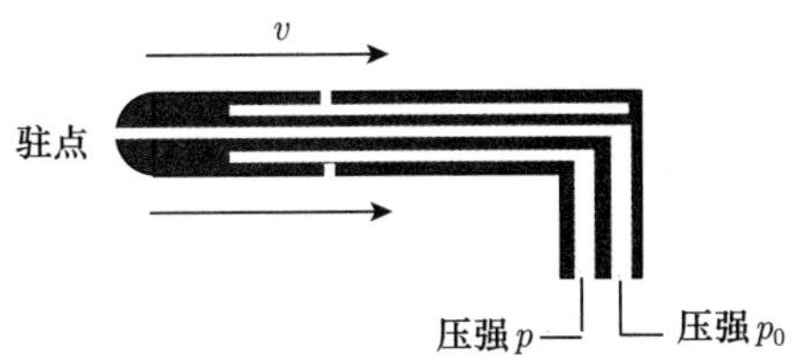

图 8.11　空速管

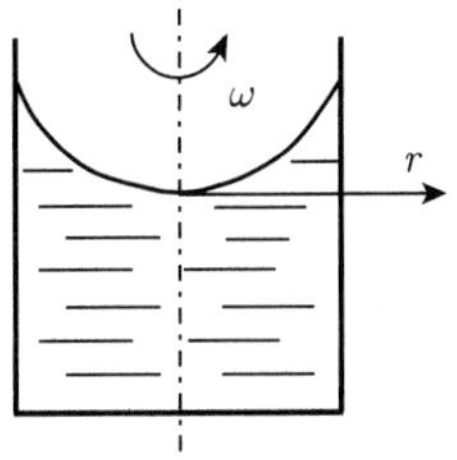

图 8.12　转动液体的液面

PART THREE

第三篇

广义连续介质力学

第三篇（第 9~12 章）为本书重点。本篇基于连续介质力学经典理论以及近年来发展的高阶理论，系统介绍广义连续介质力学的基本理论和若干实际应用，包括微极介质力学、偶应力理论、非局部介质理论和应变梯度弹性理论。广义连续介质力学是经典连续介质力学的扩展，它的各种理论以不同方式在本构关系中考虑二阶位移梯度的影响，因此可以分析尺寸效应，现已得到广泛应用。本篇内容注重基础性、连贯性和理论的发展过程及典型应用，可以作为研究生选修教材或参考书，也可供从事相关研究的科技工作者参考。

广义连续介质力学的特点及要点如下。第 2~8 章属于经典连续介质力学，也称为一阶理论，因为本构关系的运动自变量 $\boldsymbol{x}$ 只涉及位移的一阶梯度 $\boldsymbol{x}, X(x,\tau)$，即应变历史和当前转动 (式 (5.57))。第三篇第 9~12 章介绍的四种理论属于广义连续介质力学，也称为高阶理论，每一种理论的本构变量除位移的一阶梯度外还与位移的二阶梯度相关，即

(1) 微极介质。对于质点容易转动的微结构介质、粒状介质或变形状态，需要考虑质点转动自由度 (作为独立变量)。转动变形是转动梯度引起的，即曲率变形及其历史，而曲率决定于位移的二阶梯度 (或转动梯度)。由于引入质点转动自由度，因此几何、运动、应力等状态描述，守恒方程和本构关系必须作系统性的补充和改变。这就是第 9 章理论的主要内容。

(2) 偶应力理论。作为微极理论的简化，偶应力理论认为质点转动不是独立自由度，而是可以用位移场的固有转动代替，但是转动对于状态描述、守恒方

程和本构关系的影响与微极理论是类似的。这是第 10 章的主要内容。

(3) 非局部介质。对于微小结构 (微纳米尺度) 或急剧变化的变形状态，一点的应力需要考虑周围质点对该点的长程力作用，长程力是迅速衰减的，所以应力本构关系中增加一个积分项，被积函数是迅速衰减的影响函数与周围质点应变的乘积，这种影响可以更方便地近似用应力场的二阶导数表示。非局部效应主要反映在本构关系中，不改变介质的状态描述，对守恒方程的影响也可以略去。详细内容在第 11 章讨论。

(4) 应变梯度弹性。对于微小结构 (微纳米尺度) 或急剧变化的变形状态，一点的应力有时也需要考虑该点自己的应变梯度的影响，因而应该将与二阶位移梯度相关的变量 (即几种高阶应变和高阶应力) 引入状态描述、守恒方程和本构关系，成为应变梯度理论。第 12 章讨论小变形应变梯度弹性理论。

二阶位移梯度既包括高阶应变，也包括高阶转动变形 (曲率变形)。四种高阶理论在本构关系中所引入的二阶位移梯度是有区别的，即

(1) 微极介质。高阶变形只考虑质点刚性有限转动引起的曲率变形 (即扭曲变形张量)，也引入了有限转动对应变张量的影响，但未考虑应变梯度。

(2) 偶应力理论。与微极理论类似。

(3) 非局部介质。不是直接引入二阶位移梯度，而是通过一点周围迅速衰减的应变场作用反映高阶影响，相当于考虑了二阶应力梯度。

(4) 应变梯度弹性。通过二阶位移梯度分解，考虑其中部分量 (特别是应变梯度) 的影响。

上述区别表明,四种高阶理论具有不同的物理属性,因而有不同的尺寸效应。

在各种高阶理论的应力本构关系中二阶位移梯度的 m^{-1} 量纲，导致在高阶项中引入材料内部长度尺度参数作为因子 (有时隐含在高阶材料常数中)。因而高阶理论能够描述材料和结构力学行为的尺寸效应。材料内部长度与结构或运动的特征尺寸 (外部长度) 的比值 (相对内部长度) 决定尺寸效应。

不同的高阶理论有不同的内部长度，一个或者几个，它们对于确定尺寸效应显然至关重要。内部长度为 0 退化为经典理论、没有尺寸效应，相对内部长度越大，尺寸效应急剧增大；不同理论给出不同的尺寸效应，甚至相反。

近年来已有很多研究讨论内部长度的影响，但是如何确定一个具体问题的内部长度，目前这方面的理论和实验研究工作都很少，尚待进一步研究。

第 9 章 微极介质

本书第三篇广义连续介质力学，主要内容包括：微极介质理论 (第 9 章)、偶应力理论 (第 10 章)、非局部介质理论 (第 11 章) 和应变梯度弹性理论 (第 12 章)。

本章作为广义连续介质力学的一个重要部分，比较系统地介绍微极理论。微极介质 (micropolar continuum) 或称为 Cosserat 介质，这类物质具有微结构 (特别是约束较弱的微结构) 或者产生强烈的局部变形，因而内部微转动较大，除移动自由度外需要将质点的刚性转动也作为独立自由度，即独立变量。本章内容包括：微极介质的变形、运动、应力等状态描述，守恒定律和本构理论及本构关系；简要介绍微极几何非线性线弹性、超弹性、热弹性固体和微极黏弹性体以及微极黏性流体的一般理论。由于独立变量从一种变为两种，所以状态变量及其控制方程更多、更复杂。本章内容可参考文献 [47~49]。

9.1 微极介质的运动、变形、变形率

9.1.1 质点的移动、转动、运动变换、连续性公理

在物质点处取一个微元体，对于前面讨论的经典物质 (也称 Cauchy 介质)，微元体的运动、变形和变形率只依赖于单一位移场 (其中的转动 $\boldsymbol{R}$ 和自旋 $\boldsymbol{w}$ 决定于位移)，而对于微极介质还依赖于另一个独立的转动场。因此，微极介质可以看作是用位置和方位表示的物质点组成的连续体，每个物质点有 6 个自由度 (3 个移动和 3 个转动)，移动自由度就是前面用的 3 个位移分量，3 个刚体转动自由度用正常正交张量表示 (不含镜面映射)。这一物质模型首先由法国学者 Cosserat E. & F. 兄弟 [50] 在 1909 年提出，所以也称为 Cosserat 物质。

与经典介质一样，微极介质的质点位置和方位采用 t_0 时刻 (通常是变形前) 参考构形的物质坐标系和 t 时刻 (变形后) 即时构形的空间坐标系描述，这两个坐标系都参考于固定的某个 (或两个) 卡氏坐标系，所以讨论的问题属于三维欧几里得空间。

在 t_0 时刻参考构形中的任一物质点 $\boldsymbol{X}$ (点 P)，t 时刻运动到一一对应的点 $\boldsymbol{x}$ (点 p)，如图 9.1 所示。其中 $\boldsymbol{G}_K(K=1,2,3)$ 和 $\boldsymbol{g}_k(k=1,2,3)$ 分别是物质坐标系 $\left\{X^K,t_0\right\}$ 和空间坐标系 $\left\{x^k,t\right\}$ 的标架，$\boldsymbol{u}=\boldsymbol{x}-\boldsymbol{X}$ 是位移向量。移动运动变换 (即式 (2.1)) 为

$$\boldsymbol{x}=\boldsymbol{x}(\boldsymbol{X},t),\quad x^k=x^k\left(X^K,t\right) \tag{9.1}$$

物质点刚体转动变换为

$$\boldsymbol{\chi}=\boldsymbol{\chi}(\boldsymbol{X},t),\quad \chi^k{}_K=\chi^k{}_K\left(X^K,t\right) \tag{9.2}$$

式中，$\boldsymbol{\chi}=\chi^k{}_K\boldsymbol{g}_k\boldsymbol{G}^K$ 是正常正交张量，称为质点刚性转动张量，满足正交条件

$$\boldsymbol{\chi}\cdot\boldsymbol{\chi}^{\mathrm{T}}=\boldsymbol{i},\quad \boldsymbol{\chi}^{\mathrm{T}}\cdot\boldsymbol{\chi}=\boldsymbol{I},\quad \det\boldsymbol{\chi}=1 \tag{9.3}$$

将 $\boldsymbol{\chi}=\chi^k{}_K\boldsymbol{g}_k\boldsymbol{G}^K$、$\boldsymbol{\chi}^{\mathrm{T}}=\chi^{lL}\boldsymbol{G}_L\boldsymbol{g}_l=\chi_l{}^L\boldsymbol{G}_L\boldsymbol{g}^l$ 代入式 (9.3)，得到正交条件的分量形式

$$\chi^k{}_K\chi_l{}^K=\delta^k_l,\quad \chi^k{}_K\chi_k{}^L=\delta^L_K \tag{9.3a}$$

连续性公理要求运动变换式 (9.1) 和式 (9.2) 是单值、连续、可微的函数，并存在单值、连续、可微的反函数

$$\boldsymbol{X}=\boldsymbol{X}(\boldsymbol{x},t),\quad \boldsymbol{\chi}^{-1}=\boldsymbol{\chi}^{-1}(\boldsymbol{x},t),\quad \det\boldsymbol{\chi}^{-1}=1 \tag{9.4}$$

式中，$\boldsymbol{\chi}^{-1}=\boldsymbol{\chi}^{\mathrm{T}}$ 是 $\boldsymbol{\chi}$ 的逆张量，即它的转置。

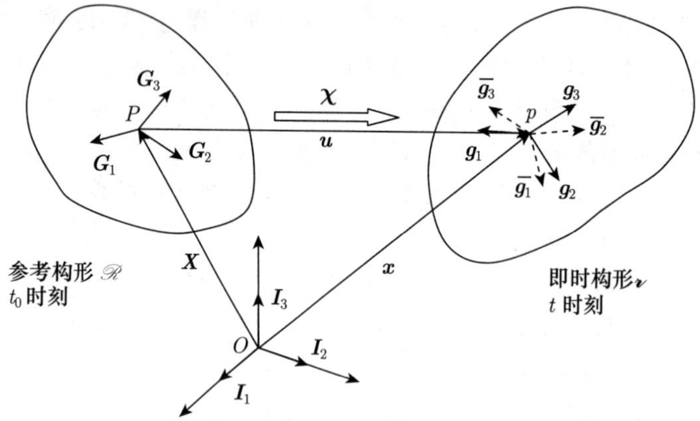

图 9.1 微极介质的坐标和运动

正常正交张量 $\boldsymbol{\chi}$ 可以用它的轴向单位向量 $\boldsymbol{n}$ 和按右手螺旋法则的转角 θ 表示

$$\boldsymbol{\chi}=\chi_{kl}\boldsymbol{g}^k\boldsymbol{g}^l=\cos\theta\boldsymbol{i}+(1-\cos\theta)\boldsymbol{n}\boldsymbol{n}-\sin\theta\boldsymbol{\varepsilon}\cdot\boldsymbol{n} \tag{9.5}$$

$$\chi_{kl}=\cos\theta g_{kl}+(1-\cos\theta)n_kn_l-\sin\theta\varepsilon_{klm}n^m \tag{9.5a}$$

式中，$\boldsymbol{\chi}$ 是刚性转动张量对应的一点张量，其轴向量可记作

$$\boldsymbol{\varphi}=\theta\boldsymbol{n} \tag{9.5b}$$

式 (9.5a) 后乘转移张量，可以得到 $\boldsymbol{\chi}$ 的两点张量分量

$$\chi_{kL}=\cos\theta g_{kL}+(1-\cos\theta)n_kN_L-\sin\theta\varepsilon_{klm}n^mg^l_L\quad (N_L=n_lg^l_L) \tag{9.5c}$$

由于物质点的转动相当于刚体，因此不必引入微元体，只需引入与质点方位固定的三个非共面单位向量组 $\boldsymbol{D}_K(K=1,2,3)$，称为方向子 (derictor)。变形后，经过刚性转动 $\boldsymbol{D}_K$ 变为方向子 $\boldsymbol{d}_k(k=1,2,3)$，刚性转动张量可以表为两点张量 $\boldsymbol{\chi}=\boldsymbol{d}_k\boldsymbol{D}_K=\chi^l_L\boldsymbol{g}_l\boldsymbol{G}^L\ \ (k=K)$。

若取标架 $\boldsymbol{G}_K$ 表示质点方位，如果 $\boldsymbol{G}_K$ 经过刚性转动 $\boldsymbol{\chi}$ 后变为即时构形中 $\boldsymbol{x}$ 点的向量组 $\bar{\boldsymbol{g}}_k$(见图 9.1)，则变形前后两组方向子及两个向量组 $\boldsymbol{G}_K$、$\bar{\boldsymbol{g}}_k$ 的关系为

$$\boldsymbol{d}_k=\boldsymbol{\chi}\cdot\boldsymbol{D}_K,\quad \boldsymbol{D}_K=\boldsymbol{\chi}^{\mathrm{T}}\cdot\boldsymbol{d}_k\quad 或\quad \boldsymbol{d}_k=\chi^K_k\boldsymbol{D}_K,\quad \boldsymbol{D}_K=\chi^k_K\boldsymbol{d}_k \tag{9.6}$$

$$\bar{\boldsymbol{g}}_k=\chi^K_k\boldsymbol{G}_K,\quad \boldsymbol{G}_K=\chi^k_K\bar{\boldsymbol{g}}_k \tag{9.6a}$$

如果取 $\bar{\boldsymbol{g}}_k$ 作为空间标架 $\boldsymbol{g}_k$，上述关系变为

$$\boldsymbol{g}_k=\chi^K_k\boldsymbol{G}_K,\quad \boldsymbol{G}_K=\chi^k_K\boldsymbol{g}_k \tag{9.6b}$$

可见 $\chi^k{}_K$ 和 $\chi_k{}^K$ 可作为转移张量 (见式 (1.177a,b))，用于张量的转移。

9.1.2 移动梯度，Cosserat 变形张量，纯变形

变形依赖于移动和转动的梯度。式 (2.6)、式 (2.6a) 给出了移动的梯度 (即变形梯度)

$$\boldsymbol{F}=\frac{\mathrm{d}\boldsymbol{x}}{\mathrm{d}\boldsymbol{X}}=\boldsymbol{x}\boldsymbol{\nabla}_{\boldsymbol{X}}=x^{k}{}_{,K}\boldsymbol{g}_{k}\boldsymbol{G}^{K},\quad \boldsymbol{F}^{-1}=\frac{\mathrm{d}\boldsymbol{X}}{\mathrm{d}\boldsymbol{x}}=\boldsymbol{X}\boldsymbol{\nabla}_{\boldsymbol{x}}=X^{K}{}_{,k}\boldsymbol{G}_{K}\boldsymbol{g}^{k}$$

并用于定义各种变形或应变张量，显然 $\boldsymbol{F}$ 中已包含刚性转动。

与经典介质不同，为了度量微极介质的纯变形，需要排除质点刚性转动的影响，因为刚性转动本身不产生变形。在 t_0 时刻任一点 P 取一线元 $\mathrm{d}\boldsymbol{X}$，经过移动和刚性转动 t 时刻变为 $\mathrm{d}\boldsymbol{x}=\boldsymbol{F}\cdot\mathrm{d}\boldsymbol{X}$，如图 9.2 所示。为了比较，将 $\mathrm{d}\boldsymbol{x}$ 平移到 P 点、并进行逆向刚性转动 $\boldsymbol{\chi}^{\mathrm{T}}$，得到

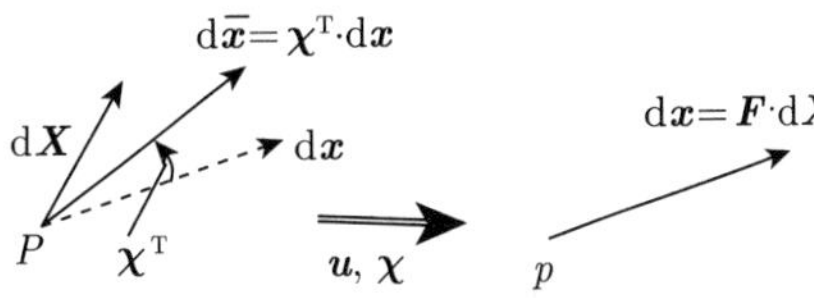

图 9.2 线元的变形

$$\begin{aligned}&\mathrm{d}\bar{\boldsymbol{x}}=\boldsymbol{\chi}^{\mathrm{T}}\cdot\mathrm{d}\boldsymbol{x}=\boldsymbol{\chi}^{\mathrm{T}}\cdot\boldsymbol{F}\cdot\mathrm{d}\boldsymbol{X}=\boldsymbol{E}^{*\mathrm{T}}\cdot\mathrm{d}\boldsymbol{X}\\&\boldsymbol{E}^{*}=\boldsymbol{F}^{\mathrm{T}}\cdot\boldsymbol{\chi},\quad E^{*}_{KL}=x^{k}{}_{,K}\chi_{kL}\end{aligned}\tag{9.7}$$

式中，$\boldsymbol{E}^{*}=E^{*}_{KL}\boldsymbol{G}^{K}\boldsymbol{G}^{L}$ 是物质描述法的非对称二阶张量，称为 Cosserat 变形张量。

若 $\boldsymbol{\chi}=\boldsymbol{R}$，微极介质退化为经典介质，式 (9.7) 变为 $\boldsymbol{E}^{*}=\boldsymbol{F}^{\mathrm{T}}\cdot\boldsymbol{R}=\boldsymbol{U}\cdot\boldsymbol{R}^{\mathrm{T}}\cdot\boldsymbol{R}=\boldsymbol{U}$(见式 $(2.71)_1$)，Cosserat 变形张量退化为右伸长张量。转动张量 $\boldsymbol{R}$ 依赖位移，但不影响纯变形，可以称为宏转动；质点刚性转动 $\boldsymbol{\chi}$ 不依赖位移，反映微结构的转动，可以称为微转动。上述退化表明，微转动 $\boldsymbol{\chi}$ 中已经包括宏转动 $\boldsymbol{R}$。

由式 (9.7)，得到 $\boldsymbol{E}^{*}$ 的逆张量

$$\boldsymbol{E}^{*-1}=\boldsymbol{\chi}^{\mathrm{T}}\cdot\boldsymbol{F}^{-\mathrm{T}},\quad E^{*-1KL}=\chi^{kK}X^{L}{}_{,k}\tag{9.8}$$

利用式 (9.6a)，$\boldsymbol{\chi}$ 作为转移张量，空间描述的 Cosserat 变形张量定义为

$$\boldsymbol{e}^{*}=\boldsymbol{\chi}\cdot\boldsymbol{E}^{*}\cdot\boldsymbol{\chi}^{\mathrm{T}},\quad e^{*}_{kl}=\chi_{k}{}^{K}\chi_{l}{}^{L}E^{*}_{KL}\tag{9.9}$$

将式 (9.7) 代入式 (9.9)，得到 $\boldsymbol{e}^{*}$ 和它的逆张量

$$\boldsymbol{e}^{*}=\boldsymbol{\chi}\cdot\boldsymbol{F}^{\mathrm{T}},\quad e^{*kl}=x^{k}{}_{,L}\chi^{lL},\quad \boldsymbol{e}^{*-1}=\boldsymbol{F}^{-\mathrm{T}}\cdot\boldsymbol{\chi}^{\mathrm{T}},\quad e^{*-1}_{kl}=\chi_{kK}X^{K}{}_{,l}\tag{9.10}$$

若 $\boldsymbol{\chi}=\boldsymbol{R}$，由式 $(2.71)_2$ 可得 $\boldsymbol{e}^{*}=V$。由定义式 (9.7)，利用式 (9.3)，不难得到下列变形张量间的关系

$$\boldsymbol{E}^{*}\cdot\boldsymbol{E}^{*\mathrm{T}}=\boldsymbol{C},\quad \boldsymbol{E}^{*-\mathrm{T}}\cdot\boldsymbol{E}^{*-1}=\boldsymbol{C}^{-1},\quad \boldsymbol{e}^{*-1}\cdot\boldsymbol{e}^{*-\mathrm{T}}=\boldsymbol{c},\quad \boldsymbol{e}^{*\mathrm{T}}\cdot\boldsymbol{e}^{*}=\boldsymbol{c}^{-1}\tag{9.11}$$

式中，$\boldsymbol{C}$，$\boldsymbol{C}^{-1}$，$\boldsymbol{c}$，$\boldsymbol{c}^{-1}$ 分别是 Green 变形张量、Piola 变形张量、Cauchy 变形张量和 Finger 变形张量。

第 2.4 节借助变形前、后线元给出了伸长、夹角、面积、体积等纯变形量与应变 $\boldsymbol{C}$ 的关系，由于 $\mathrm{d}\boldsymbol{x}=\boldsymbol{F}\cdot\mathrm{d}\boldsymbol{X}$，与 $\boldsymbol{\chi}$ 无关，所以第 2.4 节的结果适用于微极介质。可见质点的刚性转动不产生纯变形。

9.1.3 转动梯度，扭曲变形张量

与移动分析类似，可以引入质点转动梯度 (右梯度)

$$\boldsymbol{\chi}\boldsymbol{\nabla} = \frac{\mathrm{d}\boldsymbol{\chi}}{\mathrm{d}\boldsymbol{X}} = \frac{\mathrm{d}\boldsymbol{\chi}}{\mathrm{d}X^M}\boldsymbol{G}^M = \chi^k{}_{K:M}\boldsymbol{g}_k\boldsymbol{G}^K\boldsymbol{G}^M \tag{9.12}$$

式中，$\boldsymbol{\nabla} \equiv \boldsymbol{\nabla}_{\boldsymbol{X}}$ 是物质坐标系的微分算子 (下同)；$\boldsymbol{\chi}\boldsymbol{\nabla}$ 是三阶两点张量。

下面引入另一个更简单的描述质点刚性转动随位置变化的变量。对式 $(9.3)_2$ 取导数，有

$$\frac{\mathrm{d}}{\mathrm{d}X^K}\left(\boldsymbol{\chi}^{\mathrm{T}}\cdot\boldsymbol{\chi}\right) = \boldsymbol{\chi}^{\mathrm{T}}\cdot\boldsymbol{\chi}_{,K} + \boldsymbol{\chi}^{\mathrm{T}}_{,K}\cdot\boldsymbol{\chi} = 0$$

所以，$\boldsymbol{\chi}^{\mathrm{T}}_{,K}\cdot\boldsymbol{\chi} = -\boldsymbol{\chi}^{\mathrm{T}}\cdot\boldsymbol{\chi}_{,K} = -\left(\boldsymbol{\chi}^{\mathrm{T}}_{,K}\cdot\boldsymbol{\chi}\right)^{\mathrm{T}}$，可见 $\boldsymbol{\chi}^{\mathrm{T}}_{,K}\cdot\boldsymbol{\chi}$ 是反对称二阶张量。由式 (1.66)，该张张量可以表示为 $\left(\boldsymbol{\chi}^{\mathrm{T}}_{,K}\cdot\boldsymbol{\chi}\right)\cdot\boldsymbol{a} = \boldsymbol{\Gamma}_K\times\boldsymbol{a}$，其中，$\boldsymbol{\Gamma}_K$ 是 $\boldsymbol{\chi}^{\mathrm{T}}_{,K}\cdot\boldsymbol{\chi}$ 的轴向量，$\boldsymbol{a}$ 是任一向量，取 $\boldsymbol{a} = \boldsymbol{G}^L$，并在两端后面并积 $\boldsymbol{G}_L$，注意到 $\boldsymbol{G}^L\boldsymbol{G}_L = \boldsymbol{I}$，得到

$$\boldsymbol{\chi}^{\mathrm{T}}_{,K}\cdot\boldsymbol{\chi} = \boldsymbol{\Gamma}_K\times\boldsymbol{I} \tag{9.13}$$

式 (9.13) 前面叉乘 $\boldsymbol{G}^L$、后面点乘 $\boldsymbol{G}_L$，利用任意向量 $\boldsymbol{a},\boldsymbol{b},\boldsymbol{c}$ 的代数运算恒等式

$$\boldsymbol{a}\times(\boldsymbol{b}\times\boldsymbol{c}) = (\boldsymbol{a}\cdot\boldsymbol{c})\,\boldsymbol{b} - (\boldsymbol{a}\cdot\boldsymbol{b})\,\boldsymbol{c} \tag{9.14}$$

式 (9.13) 的右端变为 $\boldsymbol{G}^L\times\boldsymbol{\Gamma}_K\times\boldsymbol{G}_L = 2\boldsymbol{\Gamma}_K$，所以

$$\boldsymbol{\Gamma}_K = \frac{1}{2}\boldsymbol{G}^L\times\left[\left(\boldsymbol{\chi}^{\mathrm{T}}_{,K}\cdot\boldsymbol{\chi}\right)\cdot\boldsymbol{G}_L\right] = -\frac{1}{2}\boldsymbol{G}^L\times\left[\boldsymbol{G}_L\cdot\left(\boldsymbol{\chi}^{\mathrm{T}}\cdot\boldsymbol{\chi}_{,K}\right)\right] \tag{9.15}$$

式 (9.15) 也可以借助置换张量 $\boldsymbol{\varepsilon}$ 表示为

$$\boldsymbol{\Gamma}_K = -\frac{1}{2}\boldsymbol{\varepsilon} : \left(\boldsymbol{\chi}^{\mathrm{T}}\cdot\boldsymbol{\chi}_{,K}\right) \tag{9.15a}$$

下面讨论反对称二阶张量 $\boldsymbol{\chi}^{\mathrm{T}}\cdot\boldsymbol{\chi}_{,K}$ 及其轴向量 $\boldsymbol{\Gamma}_K$ 的物理意义。沿坐标线 X^L 取一单位向量 $\underline{\boldsymbol{G}}_L = \boldsymbol{G}_L/\sqrt{\boldsymbol{G}_{\underline{L}}\cdot\boldsymbol{G}_{\underline{L}}}(\underline{L} = L$，非求和)，随质点转动 $\boldsymbol{\chi}$ 后变为沿该物质线的单位向量 $\underline{\boldsymbol{C}}_L$，即单位随体标架。现在考察 $\underline{\boldsymbol{G}}_L$ 的变换

$$\left(\boldsymbol{\chi}^{\mathrm{T}}\cdot\boldsymbol{\chi}_{,K}\right)\cdot\underline{\boldsymbol{G}}_L = \boldsymbol{\chi}^{\mathrm{T}}\cdot\left[(\boldsymbol{\chi}\cdot\underline{\boldsymbol{G}}_L)_{,K} - \boldsymbol{\chi}\cdot\underline{\boldsymbol{G}}_{L,K}\right] = \boldsymbol{\chi}^{\mathrm{T}}\cdot\underline{\boldsymbol{C}}_{L,K} - \underline{\boldsymbol{G}}_{L,K}$$

上式右端第 1 项为变形后质点的指向 $\underline{\boldsymbol{C}}_L$ 沿坐标 X^K 的变化 (为了比较转动变化，通过逆转动消除刚性转动、回到参考构形)，第 2 项是标架 $\underline{\boldsymbol{G}}_L$ 本身随坐标 X^K 的变化，两者的差为刚性转动随位置变化引起的质点指向随坐标 X^K 的改变量，即曲率变形。因此，反对称二阶张量 $\boldsymbol{\chi}^{\mathrm{T}}\cdot\boldsymbol{\chi}_{,K}$ 及其轴向量 $\boldsymbol{\Gamma}_K$ 唯一地表示沿物质线 X^K 的质点转动变形 (曲率变化)。

类似于用应力向量与基向量并矢定义应力张量，可以引入下列并矢：

$$\boldsymbol{\Gamma} = \boldsymbol{\Gamma}_K\boldsymbol{G}^K \tag{9.16}$$

$\boldsymbol{\Gamma}$ 是非对称二阶张量 (物质描述法)，可用于表示微极介质质点的刚性转动变形。

将式 (9.15a) 代入式 (9.16)，注意到右梯度定义，可以得到 $\boldsymbol{\Gamma}$ 与刚性转动张量 $\boldsymbol{\chi}$ 及其梯度的关系

$$\boldsymbol{\Gamma}=-\frac{1}{2}\boldsymbol{\varepsilon}:\left(\boldsymbol{\chi}^{\mathrm{T}}\cdot\boldsymbol{\chi}\boldsymbol{\nabla}\right),\quad \Gamma_{KL}=\frac{1}{2}\varepsilon_{KMN}\chi_{k}{}^{M}{}_{:L}\chi^{kN}\tag{9.17}$$

$\boldsymbol{\Gamma}$ 称为扭曲张量 [49]。

将式 (9.5a) 代入式 (9.17)，经过运算，可以借助 $\boldsymbol{\chi}$ 的轴向量和转角表示扭曲张量

$$\Gamma_{KL}=N_{K}\theta_{,L}+\sin N_{K,L}-(1-\cos\theta)\,\varepsilon_{KMN}N^{M}N^{N}{}_{,L}\tag{9.17a}$$

利用式 (9.6b) 转移，空间描述的扭曲张量定义为

$$\boldsymbol{\gamma}=\boldsymbol{\chi}\cdot\boldsymbol{\Gamma}\cdot\boldsymbol{\chi}^{\mathrm{T}},\quad \gamma_{kl}=\chi_{k}{}^{K}\chi_{l}{}^{L}\Gamma_{KL}\tag{9.18}$$

9.1.4 Cosserat 变形张量和扭曲张量的不同定义

自微极理论提出以来，在文献中利用变形梯度张量 $\boldsymbol{F}$ 和转动张量 $\boldsymbol{\chi}$(或记作 $\boldsymbol{Q}$) 曾定义不同的 Cosserat 变形张量和扭曲张量，这些定义至今仍在应用。根据文献 [51]，表 9.1 列出了不同作者提出和使用的物质描述法的变形张量和扭曲张量定义。可见，变形张量主要是两种，即本书采用的张量 $\boldsymbol{F}^{\mathrm{T}}\cdot\boldsymbol{\chi}$(表中 $\boldsymbol{F}^{\mathrm{T}}\cdot\boldsymbol{Q}$) 和它的转置张量，扭曲张量主要是本书采用的定义和其负值。当变形张量改为其转置张量时，有关的张量公式很容易由原来的公式得到，所以下面我们只讨论本书采用的定义。

表 9.1　物质描述的变形张量和扭曲张量的各种定义 [51]($\boldsymbol{Q}\equiv\boldsymbol{\chi}$)

作者	变形张量	扭曲张量
Kafadar and Eringen (1971)	$\boldsymbol{F}^{\mathrm{T}}\cdot\boldsymbol{Q}$	$-\frac{1}{2}\boldsymbol{\varepsilon}:\left(\boldsymbol{Q}^{\mathrm{T}}\cdot\boldsymbol{Q}\boldsymbol{\nabla}\right)$
Stojanović (1972)	$\boldsymbol{F}^{\mathrm{T}}\cdot\boldsymbol{F}$	$\boldsymbol{F}^{\mathrm{T}}\cdot\frac{1}{2}\boldsymbol{\varepsilon}:\left(\boldsymbol{Q}^{\mathrm{T}}\cdot\boldsymbol{Q}\boldsymbol{\nabla}\right)$
Badur and Pietraszkiewicz (1986)	$\boldsymbol{Q}^{\mathrm{T}}\cdot\boldsymbol{F}$	$\frac{1}{2}\boldsymbol{\varepsilon}:\left(\boldsymbol{Q}^{\mathrm{T}}\cdot\boldsymbol{Q}\boldsymbol{\nabla}\right)$
Reissner (1987)	$\boldsymbol{F}^{\mathrm{T}}\cdot\boldsymbol{Q}$	$-\frac{1}{2}\left[\boldsymbol{\varepsilon}:\left(\boldsymbol{Q}^{\mathrm{T}}\cdot\boldsymbol{Q}\boldsymbol{\nabla}\right)\right]^{\mathrm{T}}$
Zubov (1990)	$\boldsymbol{F}^{\mathrm{T}}\cdot\boldsymbol{Q}$	$-\frac{1}{2}\left[\boldsymbol{\varepsilon}:\left(\boldsymbol{Q}^{\mathrm{T}}\cdot\boldsymbol{Q}\boldsymbol{\nabla}\right)\right]^{\mathrm{T}}$
Dłuzewski (1993)	$\boldsymbol{Q}^{\mathrm{T}}\cdot\boldsymbol{F}$	$\boldsymbol{Q}^{\mathrm{T}}\cdot\boldsymbol{\varphi}\boldsymbol{\nabla}$ ($\boldsymbol{\varphi}$: Euler 角)
Merlini (1997)	$\boldsymbol{F}-\boldsymbol{Q};\ \boldsymbol{Q}^{\mathrm{T}}\cdot\boldsymbol{F}-\boldsymbol{I}$	$-\boldsymbol{Q}\cdot\frac{1}{2}\boldsymbol{\varepsilon}:\left(\boldsymbol{Q}^{\mathrm{T}}\cdot\boldsymbol{Q}\boldsymbol{\nabla}\right);\ -\frac{1}{2}\boldsymbol{\varepsilon}:\left(\boldsymbol{Q}^{\mathrm{T}}\cdot\boldsymbol{Q}\boldsymbol{\nabla}\right)$
Steinmann and Stein (1997)	$\boldsymbol{Q}^{\mathrm{T}}\cdot\boldsymbol{F}$	$-\frac{1}{2}\boldsymbol{\varepsilon}:\left(\boldsymbol{Q}^{\mathrm{T}}\cdot\boldsymbol{Q}\boldsymbol{\nabla}\right)$
Nikitin and Zubov (1998)	$\boldsymbol{Q}^{\mathrm{T}}\cdot\boldsymbol{F}$	$-\frac{1}{2}\boldsymbol{\varepsilon}:\left(\boldsymbol{Q}^{\mathrm{T}}\cdot\boldsymbol{Q}\boldsymbol{\nabla}\right)$
Grekova and Zhilin (2001)	$\boldsymbol{F}^{\mathrm{T}}\cdot\boldsymbol{Q}$	$\frac{1}{2}\boldsymbol{\varepsilon}:\left(\boldsymbol{Q}^{\mathrm{T}}\cdot\boldsymbol{Q}\boldsymbol{\nabla}\right)$
Nistor (2002)	$\boldsymbol{F}^{\mathrm{T}}\cdot\boldsymbol{Q}$	$-\frac{1}{2}\left[\boldsymbol{\varepsilon}:\left(\boldsymbol{Q}^{\mathrm{T}}\cdot\boldsymbol{Q}\boldsymbol{\nabla}\right)\right]^{\mathrm{T}}$
Ramezani and Naghdabadi (2007)	$\boldsymbol{F}^{\mathrm{T}}\cdot\boldsymbol{Q}$	$\frac{1}{2}\boldsymbol{\varepsilon}:\left(\boldsymbol{Q}^{\mathrm{T}}\cdot\boldsymbol{Q}\boldsymbol{\nabla}\right)$
Pietraszkiewicz and Eremeyev (2009)	$\boldsymbol{Q}^{\mathrm{T}}\cdot\boldsymbol{F}-\boldsymbol{I}$	$-\frac{1}{2}\boldsymbol{\varepsilon}:\left(\boldsymbol{Q}^{\mathrm{T}}\cdot\boldsymbol{Q}\boldsymbol{\nabla}\right)$
本书	$\boldsymbol{F}^{\mathrm{T}}\cdot\boldsymbol{Q}$	$-\frac{1}{2}\boldsymbol{\varepsilon}:\left(\boldsymbol{Q}^{\mathrm{T}}\cdot\boldsymbol{Q}\boldsymbol{\nabla}\right)$

9.1.5 移动和转动速度，变形张量的物质导数

移动和刚性转动的时间变率为质点的速度向量 $\boldsymbol{v}$ 和转动速度张量 $\boldsymbol{\psi}$：

$$\boldsymbol{v} = \left.\frac{\mathrm{d}\boldsymbol{x}}{\mathrm{d}t}\right|_{\boldsymbol{X}}, \quad \boldsymbol{\psi} = \left.\frac{\mathrm{d}\boldsymbol{\chi}}{\mathrm{d}t}\right|_{\boldsymbol{X}} \tag{9.19}$$

由于 $\boldsymbol{\psi} = \frac{\mathrm{d}\boldsymbol{\chi}}{\mathrm{d}t} = \frac{\mathrm{D}\chi_{kK}}{\mathrm{D}t}\boldsymbol{g}^k\boldsymbol{G}^K = \frac{\mathrm{D}\chi_{kK}}{\mathrm{D}t}\boldsymbol{g}^k\left(\boldsymbol{g}^l\chi_l{}^K\right) = \psi_{kl}\boldsymbol{g}^k\boldsymbol{g}^l$，可以得到分量的关系：

$$\psi_{kl} = \frac{\mathrm{D}\chi_{kK}}{\mathrm{D}t}\chi_l{}^K, \quad \frac{\mathrm{D}\chi_{kL}}{\mathrm{D}t} = \psi_{kl}\chi^l{}_L \tag{9.20}$$

对式 $(9.3\mathrm{a})_1$ 取物质导数，有

$$\left.\begin{aligned} &\frac{\mathrm{D}}{\mathrm{D}t}\left(\chi_{kK}\chi_l{}^K\right)\boldsymbol{g}^k\boldsymbol{g}^l = \frac{\mathrm{D}\chi_{kK}}{\mathrm{D}t}\chi_l{}^K\boldsymbol{g}^k\boldsymbol{g}^l + \chi_{kK}\frac{\mathrm{D}\chi_l{}^K}{\mathrm{D}t}\boldsymbol{g}^k\boldsymbol{g}^l = \psi_{kl}\boldsymbol{g}^k\boldsymbol{g}^l + \psi_{lk}\boldsymbol{g}^k\boldsymbol{g}^l = 0 \\ &\psi_{kl} = -\psi_{lk} \end{aligned}\right\} \tag{9.21}$$

所以转动速度张量 $\boldsymbol{\psi}$ 是反对称二阶张量，其轴向量为 $\boldsymbol{\omega}$ (见式 (1.64) 和式 (1.65))

$$\omega_k = -\frac{1}{2}\varepsilon_{klm}\psi^{lm}, \quad \psi_{kl} = -\varepsilon_{klm}\omega^m \tag{9.22}$$

$\boldsymbol{\omega}$ 称为质点的刚性转动角速度向量，利用式 (9.20) 和式 (9.5a)，可以用转轴单位向量和转角表示

$$\omega_k = \dot{\theta}n_k + \sin\theta\dot{n}_k + (1-\cos\theta)\,\varepsilon_{klm}n^l\dot{n}^m \tag{9.23}$$

由式 (9.5a)、式 (9.5b) 和式 (9.20)、式 (9.23)，可以得到转动轴向量变率 $\dot{\boldsymbol{\varphi}}$ 与角速度 $\boldsymbol{\omega}$ 的关系

$$\boldsymbol{\omega} = \boldsymbol{\Lambda}\cdot\dot{\boldsymbol{\varphi}}, \quad \dot{\boldsymbol{\varphi}} = \boldsymbol{\Lambda}^{-1}\cdot\boldsymbol{\omega} \quad 或 \quad \omega_k = \Lambda_{kl}\dot{\varphi}^l, \quad \dot{\varphi}_l = \Lambda_{kl}^{-1}\omega^k \tag{9.24}$$

式中，转换张量 $\boldsymbol{\Lambda}$ 和逆张量 $\boldsymbol{\Lambda}^{-1}$ 的分量为

$$\Lambda_{kl} = \frac{\sin\theta}{\theta}g_{kl} + \left(1-\frac{\sin\theta}{\theta}\right)n_k\dot{n}_l - \left(1-\frac{\cos\theta}{\theta}\right)\varepsilon_{klm}n^m \tag{9.24a}$$

$$\Lambda_{kl}^{-1} = \frac{\theta}{2}\cot\frac{\theta}{2}g_{kl} + \left(1-\frac{\theta}{2}\cot\frac{\theta}{2}\right)n_ln_k + \frac{\theta}{2}\varepsilon_{lkm}n^m \tag{9.24b}$$

利用式 (2.123a)、式 $(9.20)_2$ 和变形张量定义，可以得到各种变形张量的物质导数

$$\dot{E}^*_{KL} = \frac{\mathrm{D}E^*_{KL}}{\mathrm{D}t} = \left(v_{l;k} + \psi_{kl}\right)x^k{}_{,K}\chi^l{}_L \tag{9.25}$$

$$\dot{\Gamma}_{KL} = \frac{\mathrm{D}\Gamma_{KL}}{\mathrm{D}t} = \omega_{r;l}x^l{}_{,L}\chi^r{}_K \tag{9.26}$$

$$\dot{e}^{*kl} = \frac{\mathrm{D}e^{*kl}}{\mathrm{D}t} = \frac{\mathrm{D}}{\mathrm{D}t}\left(x^k{}_{,L}\chi^{lL}\right) = v^k{}_{;m}e^{*ml} + e^{*km}\psi^l{}_m \tag{9.27}$$

$$\dot{\gamma}_{kl} = \frac{\mathrm{D}\gamma_{kl}}{\mathrm{D}t} = \frac{\mathrm{D}}{\mathrm{D}t}\left(\chi_k{}^K\chi_l{}^L\Gamma_{KL}\right) = \psi_{km}\gamma^m{}_l + \gamma_{km}\psi_l{}^m + \omega_{k;m}e^{*m}{}_l \tag{9.28}$$

式 (9.25) 和式 (9.26) 的证明如下：

$$\frac{\mathrm{D}E_{KL}^{*}}{\mathrm{D}t}=\frac{\mathrm{D}}{\mathrm{D}t}\left(x_{,K}^{k}\chi_{kL}\right)=\frac{\mathrm{D}x_{,K}^{k}}{\mathrm{D}t}\chi_{kL}+x^{k}{}_{,K}\frac{\mathrm{D}\chi_{kL}}{\mathrm{D}t}=\left(v_{l;k}+\psi_{kl}\right)x^{k}{}_{,K}\chi^{l}{}_{L}$$

$$\begin{aligned}\frac{\mathrm{D}\Gamma_{KL}}{\mathrm{D}t}&=\frac{1}{2}\varepsilon_{KMN}\frac{\mathrm{D}}{\mathrm{D}t}\left(\chi^{kM}{}_{:L}\chi_{k}{}^{N}\right)=\frac{1}{2}\varepsilon_{KMN}\left[\left(\frac{\mathrm{D}\chi^{kM}}{\mathrm{D}t}\right)_{:L}\chi_{k}{}^{N}+\chi^{kM}{}_{:L}\frac{\mathrm{D}\chi_{k}{}^{N}}{\mathrm{D}t}\right]\\&=\frac{1}{2}\varepsilon_{KMN}\left[\left(\psi^{km}\chi_{m}{}^{M}\right)_{:L}\chi_{k}{}^{N}+\chi^{kM}{}_{:L}\psi_{km}\chi^{mN}\right]\\&=\frac{1}{2}\varepsilon_{KMN}\left[\left(\psi^{km}{}_{:L}\chi_{m}{}^{M}\chi_{k}{}^{N}-\psi^{km}\chi_{k}{}^{M}{}_{:L}\chi_{m}{}^{N}\right)+\psi_{km}\chi^{kM}{}_{:L}\chi^{mN}\right]\\&=\frac{1}{2}\varepsilon_{KMN}\chi_{m}{}^{M}\chi_{k}{}^{N}\psi^{km}{}_{:L}=\frac{1}{2}\varepsilon_{Kmk}\psi^{km}{}_{:L}=\frac{1}{2}\varepsilon_{rmk}\chi^{r}{}_{K}\psi^{km}{}_{:L}\\&=\left(-\frac{1}{2}\varepsilon_{kmr}\psi^{km}\right)_{;l}x^{l}{}_{,L}\chi^{r}{}_{K}=\omega_{r;l}x^{l}{}_{,L}\chi^{r}{}_{K}\end{aligned}$$

9.1.6 相对变形张量及其物质导数、广义 Rivlin-Ericksen 张量

变形是考虑的状态与一个参考状态的比较，参考状态不一定是变形前构形，没有固定变形前构形的流体需要用 t 时刻构形作为参考构形 $\imath(t)$ (见第 8.1.2 小节)，有限变形下固体有时也参考 t 构形 (见第 6.2.3 小节)，这种方法称为相对描述法。第 2.3.5 小节介绍了经典介质的相对描述法和相对变形张量，第 2.14.2 小节给出了它们的物质导数，本节将上述内容用于微极介质。

微极介质的相对运动变换和相对刚体转动变换记作

$$\boldsymbol{\xi}=\boldsymbol{\xi}\left(\boldsymbol{X},\tau\right)=\boldsymbol{x}\left(\boldsymbol{X},\tau\right)-\boldsymbol{x}\left(\boldsymbol{X},t\right)\equiv\boldsymbol{\xi}_{(t)}\left(\boldsymbol{x},\tau\right)=\xi_{(t)}^{\alpha}\left(\boldsymbol{x},\tau\right)\boldsymbol{g}_{\alpha}\tag{9.29}$$

$$\boldsymbol{\chi}_{(t)}=\boldsymbol{\chi}_{(t)}\left(\boldsymbol{x},\tau\right)=\chi_{(t)}^{\alpha k}\left(\boldsymbol{x},\tau\right)\boldsymbol{g}_{\alpha}\boldsymbol{g}_{k}\tag{9.30}$$

式中，t,τ 是参考时刻和当前时刻；$\boldsymbol{g}_k$,$\boldsymbol{g}_\alpha$ 是 t 时刻参考标架 $\imath(t)$ 和 τ 时刻空间标架 $\imath(\tau)$(指标分别用小写英文字母和希腊字母表示，$\alpha=1,2,3$)。

根据有限转动的合成法则 (见第 1.10.2 小节)，$\boldsymbol{\chi}\left(\boldsymbol{X},\tau\right)=\boldsymbol{\chi}_{(t)}\left(\boldsymbol{x},\tau\right)\cdot\boldsymbol{\chi}\left(\boldsymbol{X},t\right)$，所以

$$\boldsymbol{\chi}_{(t)}\left(\boldsymbol{x},\tau\right)=\boldsymbol{\chi}\left(\boldsymbol{X},\tau\right)\cdot\boldsymbol{\chi}^{\mathrm{T}}\left(\boldsymbol{X},t\right),\quad \chi_{(t)\alpha k}\left(\boldsymbol{x},\tau\right)=\chi_{\alpha}{}^{K}\left(\boldsymbol{X},\tau\right)\chi_{kK}\left(\boldsymbol{X},t\right)\tag{9.31}$$

$\chi_{(t)\alpha k}$ 是 t 构形和 $\imath$ 构形的两点张量，表示两个构形质点的相对转动。

从式 (9.29) 的时间变率可见，移动速度与参考构形无关，即 $\boldsymbol{v}_{(t)}=\boldsymbol{v}$。由式 (9.31) 和式 (9.20)，得到相对转动速度

$$\dot{\chi}_{(t)\alpha k}=\frac{\mathrm{D}}{\mathrm{D}\tau}\chi_{(t)\alpha k}\left(\boldsymbol{x},\tau\right)=\frac{\mathrm{D}}{\mathrm{D}\tau}\chi_{\alpha}{}^{K}\left(\boldsymbol{X},\tau\right)\chi_{kK}\left(\boldsymbol{X},t\right)=\psi_{\alpha m}\left(\boldsymbol{X},\tau\right)\chi_{(t)k}^{m}\left(\boldsymbol{x},\tau\right)\tag{9.31a}$$

利用式 (2.46a) 和式 (9.31)，可得相对 Cosserat 变形张量和相对扭曲变形张量 (略去记号 $\boldsymbol{X}$)

$$\boldsymbol{E}_{(t)}^{*}=\boldsymbol{F}_{(t)}^{\mathrm{T}}\cdot\boldsymbol{\chi}_{(t)}=\boldsymbol{F}^{-\mathrm{T}}\left(t\right)\cdot\boldsymbol{F}^{\mathrm{T}}\left(\tau\right)\cdot\boldsymbol{\chi}\left(\tau\right)\cdot\boldsymbol{\chi}^{\mathrm{T}}\left(t\right)=\boldsymbol{F}^{-\mathrm{T}}\left(t\right)\cdot\boldsymbol{E}^{*}\left(\tau\right)\cdot\boldsymbol{\chi}^{\mathrm{T}}\left(t\right)\tag{9.32}$$

$$E_{(t)kl}^{*}\left(\tau\right)=X_{,k}^{K}\left(t\right)\chi_{l}{}^{L}\left(t\right)E_{KL}^{*}\left(\tau\right)\tag{9.32a}$$

$$\boldsymbol{\Gamma}_{(t)}=-\frac{1}{2}\boldsymbol{\varepsilon}:\left(\boldsymbol{\chi}_{(t)}^{\mathrm{T}}\cdot\boldsymbol{\chi}_{(t)}\boldsymbol{\nabla}_{\boldsymbol{x}}\right)=\boldsymbol{\chi}\left(t\right)\cdot\left[\boldsymbol{\Gamma}\left(\tau\right)-\boldsymbol{\Gamma}\left(t\right)\right]\cdot\boldsymbol{F}^{-1}\left(t\right)\tag{9.33}$$

$$\Gamma_{(t)kl}(\tau) = \chi_k^{\ K}(t)\,X^L_{\ l}(t)\left[\Gamma_{KL}(\tau) - \Gamma_{KL}(t)\right] \tag{9.33a}$$

上式的证明如下：

$$\begin{aligned}
\Gamma_{(t)kl}(\tau) &= \frac{1}{2}\varepsilon_{kmn}\chi_{(t)\alpha}{}^{m}{}_{:l}(\tau)\,\chi^{\alpha n}_{(t)}(\tau) = \frac{1}{2}\varepsilon_{kmn}\left[\chi_\alpha^{\ M}(\tau)\,\chi^m_{\ M}(t)\right]_{:L}X^L_{\ ,l}\chi^{\alpha N}(\tau)\,\chi^n_{\ N}(t)\\
&= \frac{1}{2}\varepsilon_{kmn}\left[\chi_\alpha{}^{M}{}_{:L}(\tau)\,\chi^m_{\ M}(t) + \chi_\alpha^{\ M}(\tau)\,\chi^m_{\ M:L}(t)\right]\chi^{\alpha N}(\tau)\,\chi^n_{\ N}(t)\,X^L_{\ ,l}\\
&= \frac{1}{2}\varepsilon_{KMN}\chi_k^{\ K}(t)\,\chi_\alpha{}^{M}{}_{:L}(\tau)\,\chi^{\alpha N}(\tau)\,X^L_{\ ,l}(t) +\\
&\quad\ \frac{1}{2}\varepsilon_{KMN}\chi_k^{\ K}(t)\,\chi_m^{\ M}(t)\,\chi^{mN}{}_{:L}(t)\,X^L_{\ ,l}(t)\\
&= \chi_k^{\ K}(t)\,X^L_{\ ,l}(t)\left[\Gamma_{KL}(\tau) - \Gamma_{KL}(t)\right]
\end{aligned}$$

由式 (9.32a) 和式 (9.33a)，相对变形张量和相对扭曲张量的相对物质导数为

$$\frac{\mathrm{D}}{\mathrm{D}t}E^*_{(t)kl}(\tau) = X^K_{\ ,k}(t)\,\chi_l^{\ L}(t)\,\frac{\mathrm{D}}{\mathrm{D}t}E^*_{KL}(\tau)$$

$$\frac{\mathrm{D}}{\mathrm{D}t}\Gamma_{(t)kl}(\tau) = \chi_k^{\ K}(t)\,X^L_{\ l}(t)\left[\frac{\mathrm{D}}{\mathrm{D}t}\Gamma_{KL}(\tau) - \Gamma_{KL}(t)\right]$$

在研究非线性流体时需要考虑相对变形的高阶物质导数，并引入相关的 Rivlin-Ericksen 张量 (见第 2.14.3 小节)，现在推广到微极介质。相对 Cosserat 变形张量和扭曲变形张量在参考时刻 t 的 n 阶物质导数为

$$\boldsymbol{a}_n(t) = \left.\frac{\mathrm{d}^n}{\mathrm{d}\tau^n}\boldsymbol{E}^*_{(t)}(\tau)\right|_{\tau=t},\quad \boldsymbol{b}_n(t) = \left.\frac{\mathrm{d}^n}{\mathrm{d}\tau^n}\boldsymbol{\Gamma}_{(t)}(\tau)\right|_{\tau=t}\quad (n=0,1,2,\cdots) \tag{9.34}$$

$\boldsymbol{a}_n$ 和 $\boldsymbol{b}_n$ 称为 n 阶广义 Rivlin-Ericksen 张量。利用式 (9.25)、式 (9.26) 和式 (9.31) ~ 式 (9.33)，可以得到 0 阶和 1 阶 R-E 张量：

$$a_{0kl}(t) = g_{kl},\quad b_{0kl}(t) = 0 \tag{9.34a}$$

$$a_{1kl} = \dot{E}^*_{(t)kl} = v_{l;k}(t) + \psi_{kl}(t),\quad b_{1kl} = \dot{\Gamma}_{(t)kl} = \omega_{k;l}(t) \tag{9.34b}$$

9.1.7 变形协调方程

变形协调方程即是变形可积条件。变形张量 $\boldsymbol{E}^*$、$\boldsymbol{\Gamma}$ 的 18 个分量与移动和转动位移 x^k、φ^k(转动张量的轴向量) 的 6 个分量的关系是式 (9.7) 与式 (9.17)，18 个超定的一阶非线性偏微分方程，它们必须满足可积条件，保证变形是单值存在的。Kafadar & Eringen[49] 证明，对于单连通域微极介质物体，E^*_{KL}, Γ_{KL} 可积的充分必要条件是

$$\varepsilon^{KMN}\left(E^*_{M}{}^{L}{}_{;N} + \varepsilon^{LPQ}\Gamma_{PN}E^*_{MQ}\right) = 0 \tag{9.35a}$$

$$\varepsilon^{KMN}\left(\Gamma^L_{\ N;M} + \frac{1}{2}\varepsilon^{LPQ}\Gamma_{PM}\Gamma_{QN}\right) = 0 \tag{9.35b}$$

证：对于单连通物体 B，$x^k_{\ ,K}$ 和 $\chi^k_{\ K:L}$ 可积的充分必要条件是求导次序可以交换：

$$x^k_{\ :KL} = x^k_{\ :LK},\quad \chi^k_{\ K:LM} = \chi^k_{\ K:ML} \tag{9.36}$$

由 $E^*_{KL} = x^k{}_{,K}\chi_{kL}$，有 $x^k{}_{,K} = E^*_{KL}\chi^{kL}$，所以式 (9.36) 给出

$$x^k{}_{:KL} = E^*_{KN;L}\chi^{kN} + E^*_{KN}\chi^{kN}{}_{:L} = E^*_{LN;K}\chi^{kN} + E^*_{LN}\chi^{kN}{}_{:K}$$

或 (两端乘以 χ_{kM})

$$E^*_{KM;L} - E^*_{LM;K} = E^*_{LN}\chi^{kN}{}_{:K}\chi_{kM} - E^*_{KN}\chi^{kN}{}_{:L}\chi_{kM}$$

但是，由式 (9.17)，可得 $\chi^{kM}{}_{:L}\chi_k{}^N = \varepsilon^{MNK}\Gamma_{KL}$，所以上式变为

$$E^*_{KM;L} - E^*_{LM;K} = E^*_{LN}\varepsilon^N{}_M{}^P\Gamma_{PK} - E^*_{KN}\varepsilon^N{}_M{}^P\Gamma_{PL}$$

或 (两端乘以 ε^{RKL})

$$\varepsilon^{RKL}\left(E^*_K{}^M{}_{;L} + \varepsilon^{MPN}E^*_{KN}\Gamma_{PL}\right) = 0 \qquad \text{(证毕)}$$

类似地，可以证明式 (9.35b)。

本节在连续性假设下，用几何方法研究微极介质的运动学，引入质点的移动 $\boldsymbol{x}$ 和转动 $\boldsymbol{\chi}$ (正常正交张量，轴向量 $\boldsymbol{\varphi}$) 作为独立场变量；利用移动梯度 $\boldsymbol{x\nabla}$ 和转动的梯度 $\boldsymbol{\chi\nabla}$ 并排除刚性转动影响，即借助 $\boldsymbol{\nabla x}\cdot\boldsymbol{\chi}$ 和 $\boldsymbol{\chi}^{\mathrm{T}}\cdot\boldsymbol{\chi\nabla}$，定义两个变形张量 $\boldsymbol{E}^*$ 和 $\boldsymbol{\Gamma}$；利用移动的时间变率 $\dot{\boldsymbol{x}}|_{\boldsymbol{X}}$(移动速度 $\boldsymbol{v}$) 和转动的时间变率 $\dot{\boldsymbol{\chi}}|_{\boldsymbol{X}}$(转动速度 $\boldsymbol{\psi}$，轴向量 $\boldsymbol{\omega}$)，表示变形速率 $\dot{\boldsymbol{E}}^*$ 和 $\dot{\boldsymbol{\Gamma}}$(即变形率张量)。为了清楚，将本节主要变量汇总，如表 9.2 所示。

表 9.2 微极介质运动学主要变量

独立变量	质点的移动	质点的刚性转动
运动变换及逆变换	1. $\boldsymbol{x} = \boldsymbol{x}(\boldsymbol{X}, t)$, $x^k = x^k\left(X^K, t\right)$ 2. $\boldsymbol{X} = \boldsymbol{X}(\boldsymbol{x}, t)$, $X^K = X^K\left(x^k, t\right)$ 3. 相对移动 $\boldsymbol{x}_{(t)}(\boldsymbol{x}, \tau) = \boldsymbol{x}(\boldsymbol{X}, \tau) - \boldsymbol{x}(\boldsymbol{X}, t)$	1. $\boldsymbol{\chi} = \boldsymbol{\chi}(\boldsymbol{X}, t)$, $\chi^k{}_K = \chi^k{}_K\left(X^K, t\right)$ 2. $\boldsymbol{\chi}^{-1} = \boldsymbol{\chi}^{\mathrm{T}}$，$\boldsymbol{\chi}$ 为正常正交变换 ($\det\boldsymbol{\chi} = 1$)： $\boldsymbol{\chi}\cdot\boldsymbol{\chi}^{\mathrm{T}} = \boldsymbol{i}$、$\chi^k_K\chi^K_l = \delta^k_l$；$\boldsymbol{\chi}^{\mathrm{T}}\cdot\boldsymbol{\chi} = \boldsymbol{I}$、$\chi^k{}_K\chi_k{}^L = \delta^L_K$ 3. $\boldsymbol{\chi}$ 的轴向量 ($\boldsymbol{\varphi} = \theta\boldsymbol{n}$) 表示： $\chi_{kK} = \chi_{kl}g^l_K$ $\chi_{kl} = \cos\theta g_{kl} + (1-\cos\theta)n_kn_l - \sin\theta\varepsilon_{klm}n^m$ 4. $\boldsymbol{\chi}$ 和 $\boldsymbol{\chi}^{\mathrm{T}}$ 可以用于张量的转移 5. 相对转动：$\boldsymbol{\chi}_{(t)}(\boldsymbol{x}, \tau) = \boldsymbol{\chi}(\boldsymbol{X}, \tau)\cdot\boldsymbol{\chi}^{\mathrm{T}}(\boldsymbol{X}, t)$
运动梯度	$\boldsymbol{F} = \boldsymbol{x\nabla} = x^k_{,K}\boldsymbol{g}_k\boldsymbol{G}^K$ ($\boldsymbol{\nabla}\equiv\boldsymbol{\nabla}_{\boldsymbol{X}}$) $\boldsymbol{F}^{-1} = \boldsymbol{X\nabla}_{\boldsymbol{x}} = X^K_{,k}\boldsymbol{G}_K\boldsymbol{g}^k$	1. $\boldsymbol{\chi\nabla} = \boldsymbol{\chi}_{,M}\boldsymbol{G}^M = \chi^k{}_{K:M}\boldsymbol{g}_k\boldsymbol{G}^K\boldsymbol{G}^M$ 三阶两点张量 2. $\boldsymbol{\chi}^{\mathrm{T}}_{,K}\cdot\boldsymbol{\chi}$ 反对称二阶张量，轴向量 $\boldsymbol{\Gamma}_K$： 表示质点的指向 (方向子) 随坐标 X^K 的变化 两者关系：$\boldsymbol{\chi}^{\mathrm{T}}_{,K}\cdot\boldsymbol{\chi} = \boldsymbol{\Gamma}_K\times\boldsymbol{I}$ $\boldsymbol{\Gamma}_K = \frac{1}{2}\boldsymbol{G}^L\times\left[\boldsymbol{G}_L\cdot\left(\boldsymbol{\chi}^{\mathrm{T}}\cdot\boldsymbol{\chi}_{,K}\right)\right]$
变形张量	1. Cosserat 变形张量及其逆： (物质描述和空间描述，非对称) $\boldsymbol{E}^* = \boldsymbol{F}^{\mathrm{T}}\cdot\boldsymbol{\chi}$, $E^*_{KL} = x^k{}_{,K}\chi_{kL}$ $\boldsymbol{E}^{*-1} = \boldsymbol{\chi}^{\mathrm{T}}\cdot\boldsymbol{F}^{-\mathrm{T}}, E^{*-1KL} = \chi^{kK}X^L{}_{,k}$ $\boldsymbol{e}^* = \boldsymbol{\chi}\cdot\boldsymbol{F}^{\mathrm{T}}, e^{*kl} = x^k{}_{,L}\chi^{lL}$ $\boldsymbol{e}^{*-1} = \boldsymbol{F}^{-\mathrm{T}}\cdot\boldsymbol{\chi}^{\mathrm{T}}, e^{*-1}_{kl} = \chi_{kK}X^K{}_{,l}$ 2. 相对 Cosserat 变形张量： $\boldsymbol{E}^*_{(t)}(\tau) = \boldsymbol{F}^{-\mathrm{T}}(t)\cdot\boldsymbol{E}^*(\tau)\cdot\boldsymbol{\chi}^{\mathrm{T}}(t)$ $E^*_{(t)kl}(\tau) = X^K{}_{,k}(t)\chi_l{}^L(t)E^*_{KL}(\tau)$	1. 扭曲变形张量：$\boldsymbol{\Gamma} = \boldsymbol{\Gamma}_K\boldsymbol{G}^K$(定义) (物质描述和空间描述，非对称) $\boldsymbol{\Gamma} = -\frac{1}{2}\boldsymbol{\varepsilon}:\left(\boldsymbol{\chi}^{\mathrm{T}}\cdot\boldsymbol{\chi\nabla}\right), \Gamma_{KL} = \frac{1}{2}\varepsilon_{KMN}\chi_k{}^M{}_{:L}\chi^{kN}$ $\boldsymbol{\gamma} = \boldsymbol{\chi}\cdot\boldsymbol{\Gamma}\cdot\boldsymbol{\chi}^{\mathrm{T}}, \gamma_{kl} = \chi_k{}^K\chi_l{}^L\Gamma_{KL}$ 2. 用 $\boldsymbol{\chi}$ 的轴向量表示：($N_K = n_kg^k_K$) $\Gamma_{KL} = N_K\theta_{,L} + \sin N_{K,L} - (1-\cos\theta)\varepsilon_{KMN}N^MN^N{}_{,L}$ 3. 相对扭曲变形张量： $\boldsymbol{\Gamma}_{(t)}(\tau) = \boldsymbol{\chi}(t)\cdot[\boldsymbol{\Gamma}(\tau) - \boldsymbol{\Gamma}(t)]\cdot\boldsymbol{F}^{-1}(t)$ $\Gamma_{(t)kl}(\tau) = \chi_k{}^K(t)X^L{}_l(t)[\Gamma_{KL}(\tau) - \Gamma_{KL}(t)]$
运动变率	速度向量 $\boldsymbol{v} = \dot{\boldsymbol{x}}\|_{\boldsymbol{X}}, v^k = \partial x^k/\partial t\|_{\boldsymbol{X}}$	迴转张量 $\boldsymbol{\psi} = \dot{\boldsymbol{\chi}}\|_{\boldsymbol{X}}$，$\psi_{kl} = \frac{\mathrm{D}\chi_{kK}}{\mathrm{D}t}\chi_l{}^K;\psi_{kl} = -\varepsilon_{klm}\omega^m$ $\boldsymbol{\psi}$ 为反对称二阶张量，轴向量 $\boldsymbol{\omega}$,$\omega_k = -\frac{1}{2}\varepsilon_{klm}\psi^{lm}$
变形率张量	$\dot{E}^*_{KL} = (v_{l;k} + \psi_{kl})x^k{}_{,K}\chi^l_L$ $\dot{e}^{*kl} = v^k{}_{;m}e^{*ml} + e^{*km}\psi^m_l$ R-E 张量 $\boldsymbol{a}_n(t) = \frac{\mathrm{d}^n}{\mathrm{d}\tau^n}\boldsymbol{E}^*_{(t)}(\tau)\Big\|_{\tau=t}$ $a_{0kl}(t) = g_{kl}$，$a_{1kl} = v_{l;k}(t) + \psi_{kl}(t), \cdots$	$\dot{\Gamma}_{KL} = \omega_{r;l}x^l{}_{,L}\chi^r{}_K$ $\dot{\gamma}_{kl} = \psi_{km}\gamma^m{}_l + \gamma_{km}\psi_l{}^m + \omega_{k;m}e^{*m}{}_l$ R-E 张量 $\boldsymbol{b}_n(t) = \frac{\mathrm{d}^n}{\mathrm{d}\tau^n}\boldsymbol{\Gamma}_{(t)}(\tau)\Big\|_{\tau=t}$ $(n = 0, 1, 2, \cdots)$ $b_{0kl}(t) = 0, b_{1kl} = \omega_{k;l}(t), \cdots$

9.2 微极介质的应力张量和偶应力张量

9.2.1 Cauchy 应力原理，应力张量

第 3 章所述应力理论的基础是 Cauchy 应力原理，即一点处某一面上的应力向量密度 $\boldsymbol{t}_n$ 和偶应力向量密度 $\boldsymbol{m}_n$ 只依赖于该面的单位外法线 $\boldsymbol{n}$，过该点法线相同的所有面上应力向量密度相同。所以应力向量密度和偶应力向量密度是 $\boldsymbol{n}$ 的奇函数 (见第 3.1 节)：

$$\boldsymbol{t}_n(\boldsymbol{x},\boldsymbol{n}) = -\boldsymbol{t}_{-n}(\boldsymbol{x},-\boldsymbol{n});\quad \boldsymbol{m}_n(\boldsymbol{x},\boldsymbol{n}) = -\boldsymbol{m}_{-n}(\boldsymbol{x},-\boldsymbol{n}) \tag{9.37}$$

但第 3 章未考虑外力偶作用及偶应力张量，不涉及微极介质。

对于沿协变标架切出的四面体元应用动量守恒定律，得到 Cauchy 应力向量 $\boldsymbol{t}^k$ 与任一方向应力向量密度 $\boldsymbol{t}_n$ 的关系 $\boldsymbol{t}_n\mathrm{d}a = \boldsymbol{t}^k\mathrm{d}a_k$ 和 $\boldsymbol{t}_n = \boldsymbol{n}\cdot\boldsymbol{g}_k\boldsymbol{t}^k$ (见式 (3.7) 和式 (3.8))。然后，由 $\boldsymbol{t}^k$ 的分解 $\boldsymbol{t}^k = t^{kl}\boldsymbol{g}_l$，定义 Cauchy 应力张量 $\boldsymbol{t} = t^{kl}\boldsymbol{g}_k\boldsymbol{g}_l$ (见式 (3.9))。将式 (3.7) 中即时构形的面元分量 $\mathrm{d}a_k$，用相应的参考构形面元分量 $\mathrm{d}A_K$ 表示，引入 Piola 应力向量 $\boldsymbol{\tau}^K$，即式 (3.17) $\boldsymbol{t}_n\mathrm{d}a = \boldsymbol{t}^k\mathrm{d}a_k = \boldsymbol{\tau}^K\mathrm{d}A_K$。由 $\boldsymbol{\tau}^K$ 分别沿即时标架和参考标架分解 $\boldsymbol{\tau}^K = \tau^{Kl}\boldsymbol{g}_l = T^{KL}\boldsymbol{G}_L$ (见式 (3.22) 和式 (3.26))，定义第 1 类和第 2 类 Piola-Kirchhoff 应力张量 $\boldsymbol{\tau}$ 和 $\boldsymbol{T}$，它们与参考构形、因而与变形相关。根据式 (3.17)，可以得到应力张量 $\boldsymbol{t}$、$\boldsymbol{\tau}$、$\boldsymbol{T}$ 之间的关系，即式 (3.29) ~ 式 (3.32)。

将上述分析方法推广到微极介质，在进行即时构形标架与参考构形标架转换时，需要考虑质点刚性转动的影响。微极介质的 Cauchy 应力向量和 Cauchy 应力张量为

$$\boldsymbol{t}_n = \boldsymbol{n}\cdot\boldsymbol{g}_k\boldsymbol{t}^k = \boldsymbol{n}\cdot\boldsymbol{t},\quad \boldsymbol{t} = t^{kl}\boldsymbol{g}_k\boldsymbol{g}_l \tag{9.38}$$

利用变形前后坐标面元转换关系式 (2.60)，物质描述的微极介质应力向量和应力张量为

$$\boldsymbol{\tau}^K = JX^K{}_{,k}\boldsymbol{t}^k = JX^K{}_{,k}t^{kl}\boldsymbol{g}_l,\quad \boldsymbol{\tau}^K = \tau^{Kl}\boldsymbol{g}_l,\quad \boldsymbol{\tau} = \boldsymbol{G}_K\boldsymbol{\tau}^K \tag{9.39}$$

式中，$\boldsymbol{\tau}^K$、$\boldsymbol{\tau} = \tau^{Kl}\boldsymbol{G}_K\boldsymbol{g}_l$ 分别为微极 Piola 应力向量和微极 Piola 应力张量。

比较前两式，可得

$$\tau^{Kl} = JX^K{}_{,k}t^{kl},\quad t^{kl} = J^{-1}x^k{}_{,K}\tau^{Kl} \tag{9.40}$$

将转换关系 $\boldsymbol{g}_l = \chi_l{}^L\boldsymbol{G}_L$ 代入式 (9.39)，引入应力张量 $\boldsymbol{T} = T^{KL}\boldsymbol{G}_K\boldsymbol{G}_L$，有

$$\boldsymbol{\tau}^K = JX^K{}_{,k}t^{kl}\chi_l{}^L\boldsymbol{G}_L = \tau^{Kl}\chi_l{}^L\boldsymbol{G}_L = T^{KL}\boldsymbol{G}_L \tag{9.39a}$$

$$T^{KL} = JX^K{}_{,k}\chi_l{}^Lt^{kl},\quad T^{KL} = \chi_l{}^L\tau^{Kl}\quad 及\quad t^{kl} = J^{-1}x^k{}_{,K}\chi^l{}_LT^{KL},\quad \tau^{Kl} = \chi^l{}_LT^{KL} \tag{9.40a}$$

$\boldsymbol{t}$、$\boldsymbol{\tau}$、$\boldsymbol{T}$ 均为非对称张量。式 (9.40) 和式 (9.40a) 给出微极介质应力张量的关系，可见刚性转动对于 $\boldsymbol{t}$、$\boldsymbol{\tau}$ 关系无显式影响 (因为面积元的变形已含在 $\boldsymbol{F}$ 中，与 $\boldsymbol{\chi}$ 无关)，而 $\boldsymbol{T}$ 的关系显含 $\boldsymbol{\chi}$(因为有 $\boldsymbol{G}_K$ 和 $\boldsymbol{g}_k$ 的转换与 $\boldsymbol{\chi}$ 有关)。

9.2.2 偶应力向量和偶应力张量

在即时构形中 $\boldsymbol{x}$ 点，沿标架 $\boldsymbol{g}_k$ 坐标面切出一个四面体 $\mathrm{d}v$(变形前为 $\mathrm{d}V$)，斜截面法线单位向量为 $\boldsymbol{n}$。以 $\boldsymbol{x}$ 为参考点，四面体的动量矩守恒定律可表示为 (见第 9.3.3 小节)

$$\frac{\mathrm{d}}{\mathrm{d}t}(\rho\boldsymbol{y}_c\times\boldsymbol{v}+\rho\boldsymbol{\sigma})\,\mathrm{d}v = (\rho\boldsymbol{y}_c\times\boldsymbol{f}+\rho\boldsymbol{l})\,\mathrm{d}v + \left(\boldsymbol{y}_{\underline{n}}\times\boldsymbol{t}_n+\boldsymbol{m}_n\right)\mathrm{d}a - \left(\boldsymbol{y}_{\underline{k}}\times\boldsymbol{t}^k+\boldsymbol{m}^k\right)\mathrm{d}a_k \tag{9.41}$$

式中，左端为移动和转动动量矩的时间变率，右端为力矩与力偶的矢量和；$\boldsymbol{y}_c$、$\boldsymbol{y}_{\underline{n}}$、$\boldsymbol{y}_{\underline{k}}$($\underline{n}=n,\underline{k}=k$ 非求和) 是以 $\boldsymbol{x}$ 为参考点四面体形心、斜截面中心和坐标面元中心的位置向量；$\boldsymbol{\sigma}$ 是刚性转动引起的动量矩密度；$\boldsymbol{l}$ 是单位质量的外加体力偶；$\boldsymbol{m}^k$ 是坐标面元的偶应力向量，坐标面元法向与 $\boldsymbol{g}^k$ 相同时 $\boldsymbol{m}^k$ 为正、相反时为负 (如图 9.3 所示，其中力偶用双箭头向量表示，与力偶转向符合右手法则)，与 $\boldsymbol{t}^k$ 类似；$\boldsymbol{m}^k/\sqrt{g^{\underline{kk}}}$ 是法向为 $\boldsymbol{g}^k$ 的坐标面上的偶应力向量密度。

式 (9.41) 中含 $\mathrm{d}v$ 的项和含 $\boldsymbol{y}_{\underline{n}}\mathrm{d}a$ 或 $\boldsymbol{y}_{\underline{k}}\mathrm{d}a_k$ 项与 $\mathrm{d}a$ 比较是高阶无限小量，因此得到

$$\boldsymbol{m}_n\mathrm{d}a=\boldsymbol{m}^k\mathrm{d}a_k \tag{9.42}$$

利用式 (3.4)，式 (9.42) 给出

$$\boldsymbol{m}_n=\boldsymbol{n}\cdot\boldsymbol{g}_k\boldsymbol{m}^k \tag{9.43}$$

将 $\boldsymbol{m}^k$ 沿协变标架分解 (见图 9.4)，得到 $\boldsymbol{m}^k=m^{kl}\boldsymbol{g}_l$，代入式 (9.43)，则

$$\boldsymbol{m}_n=\boldsymbol{n}\cdot m^{kl}\boldsymbol{g}_k\boldsymbol{g}_l=\boldsymbol{n}\cdot\boldsymbol{m},\quad \boldsymbol{m}=m^{kl}\boldsymbol{g}_k\boldsymbol{g}_l \tag{9.44}$$

式中，$\boldsymbol{m}$ 称为偶应力张量，是非对称的二阶张量 (空间描述)，其张量性可根据商法则由式 (9.44) 得出。式 (9.44) 表明利用偶应力张量可以确定任何面上的偶应力密度。

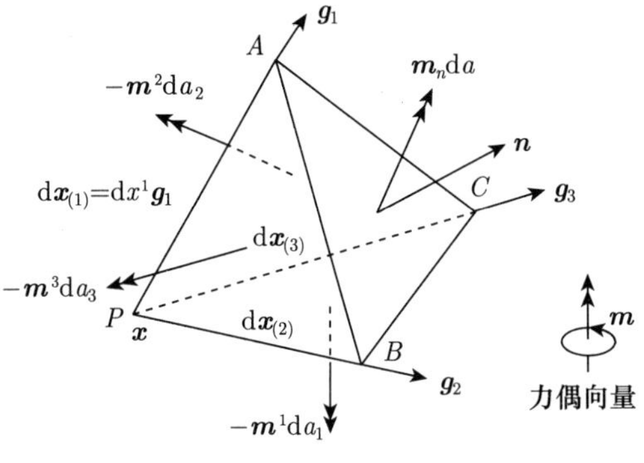

图 9.3 面积元与偶应力向量

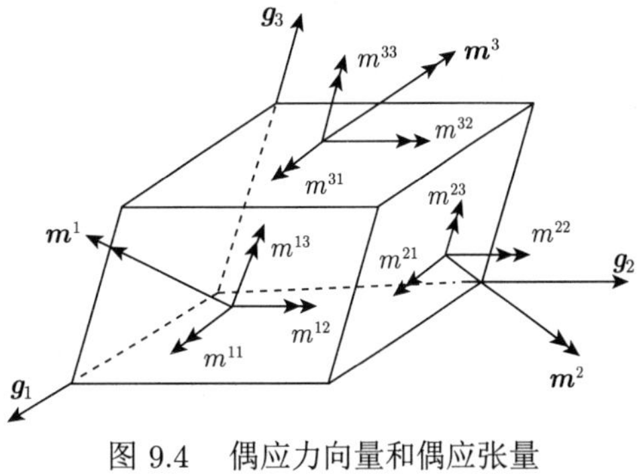

图 9.4 偶应力向量和偶应力张量

与应力张量类似，可以引入物质描述的偶应力向量和非对称偶应力张量

$$\boldsymbol{M}^K=JX^K_{,k}\boldsymbol{m}^k=JX^K_{,k}m^{kl}\boldsymbol{g}_l,\quad \boldsymbol{M}^K=\mu^{Kl}\boldsymbol{g}_l=M^{KL}\boldsymbol{G}_L \tag{9.45}$$

$$\mu^{Kl}=JX^K_{,k}m^{kl},\quad m^{kl}=J^{-1}x^k_{,K}\mu^{Kl},\quad m^{kl}=J^{-1}x^k_{,K}\chi^l_{\ L}M^{KL} \tag{9.46a}$$

$$M^{KL}=\mu^{Kl}\chi_l^{\ L},\quad M^{KL}=JX^K_{,k}\chi_l^{\ L}m^{kl},\quad \mu^{Kl}=M^{KL}\chi^l_{\ L} \tag{9.46b}$$

式中，$\boldsymbol{M}^K$ 为物质描述的偶应力向量，$\boldsymbol{\mu}=\mu^{Kl}\boldsymbol{G}_K\boldsymbol{g}_l$ 和 $\boldsymbol{M}=M^{KL}\boldsymbol{G}_K\boldsymbol{G}_L$ 为两种物质描述的偶应力张量。

9.2.3 应力张量和偶应力张量的主值

微极介质的应力张量和偶应力张量是非对称二阶张量，因此不存在对称二阶张量那样的 3 个主值 (主应力)、3 个相互垂直的主方向和简单的标准形表示。

第 1.9.3 小节讨论了非对称二阶张量主值 (特征值) 和主方向 (特征向量) 的各种情况。若用非对称二阶张量 $\boldsymbol{T}$ 代表第 9.2.1 小节和第 9.2.2 小节给出的各种应力张量和偶应力张量，$\boldsymbol{T}$ 的特征值有 3 种可能：(1) 有 1 个实特征值，取相应的特征向量作为一个基向量时，$\boldsymbol{T}$ 可简化为式 (1.77a)；(2) 有 3 个不同的实特征值，此时 3 个特征向量不垂直，若 2 个或 3 个特征值相等时，相应的特征向量不唯一，取特征向量作为标架时 $\boldsymbol{T}$ 可简化为式 (1.77b)；(3) 有 1 个实特征值、两个共轭复特征值，若取相应的特征向量作为一个基向量，$\boldsymbol{T}$ 可简化为式 (1.78)。

非对称二阶张量 $\boldsymbol{T}$ 还有一种借助双正交标架表示的简单形式。对 $\boldsymbol{T}$ 进行极分解，则

$$\boldsymbol{T}=\boldsymbol{S}\cdot\boldsymbol{Q}=S_{(i)}\boldsymbol{e}_i\boldsymbol{e}_i\cdot\boldsymbol{Q}=S_{(i)}\boldsymbol{e}_i\boldsymbol{e}_i'=S_{(1)}\boldsymbol{e}_1\boldsymbol{e}_1'+S_{(2)}\boldsymbol{e}_2\boldsymbol{e}_2'+S_{(3)}\boldsymbol{e}_3\boldsymbol{e}_3' \tag{9.47}$$

式中，$\boldsymbol{S}=\left(\boldsymbol{T}\cdot\boldsymbol{T}^{\mathrm{T}}\right)^{1/2}$ 是正定对称二阶张量；$S_{(i)}$ 为 $\boldsymbol{S}$ 主值；$\boldsymbol{e}_i$ 为主坐标系基向量；$\boldsymbol{Q}$ 是正交张量；$\boldsymbol{e}_i'=\boldsymbol{e}_i\cdot\boldsymbol{Q}$ 也是单位正交基。

式 (9.47) 是 $\boldsymbol{T}$ 借助双正交基的简单但非直接的表示形式。

9.3 守恒定律

9.3.1 惯性度量和质量守恒定律

刚体的惯性度量包括质量和转动惯量。微极介质的质点运动相当于刚体，所以微极介质的惯性度量也包括质量密度和惯性密度 (称为 Euler 张量密度)。

微极介质的质量密度 (即式 (4.2)) 为

$$\rho=\lim_{\Delta v\to 0}\frac{\Delta m}{\Delta v} \tag{9.48}$$

式中，Δm 是微小物质体积 Δv 中的质量。

若变形前在物质点 $\boldsymbol{X}$ 处取微元体 ΔV，质点为其质心，变形前的惯性密度 $\bar{\boldsymbol{I}}$ 定义为二次矩的极限

$$\rho_0\bar{I}^{KL}=\lim_{\Delta V\to 0}\frac{1}{\Delta V}\int_{\Delta V}\rho_{0(Y)}Y^KY^L\mathrm{d}V \tag{9.49a}$$

式中，$\boldsymbol{Y}=Y^K\boldsymbol{G}_K$ 是 ΔV 内任一点 Y 相对于质点 $\boldsymbol{X}$ 的位置向量；$\rho_{0(Y)}$ 是 Y 点的密度，ρ_0 是质心密度，$\bar{I}^{KL}$ 是二阶张量 $\bar{\boldsymbol{I}}=\bar{I}^{KL}\boldsymbol{G}_K\boldsymbol{G}_L$ 的逆变分量，由式 (9.49a) 可见 $\bar{\boldsymbol{I}}$ 是正定对称的。

类似地，若微元体 ΔV 变形后变为微元体 Δv，t 时刻惯性密度张量 $\bar{\boldsymbol{i}}=\bar{i}^{kl}\boldsymbol{g}_k\boldsymbol{g}_l$ 的定义为

$$\rho\bar{i}^{kl}=\lim_{\Delta v\to 0}\frac{1}{\Delta v}\int_{\Delta v}\rho_{(y)}y^ky^l\mathrm{d}v \tag{9.49b}$$

式中，$\boldsymbol{y}=y^k\boldsymbol{g}_k$，$\rho$，$\rho_{(y)}$ 是变形后的相对位置向量，质心密度和 y 点密度。

质点在做刚性转动 $\boldsymbol{\chi}$ 时 $y^k = \chi^k{}_K Y^K$，代入上述定义，得到变形前后转动惯量的关系

$$\bar{i}^{kl} = \chi^k{}_K \chi^l{}_L \bar{I}^{KL}, \quad \bar{I}^{KL} = \chi_k{}^K \chi_l{}^L \bar{i}^{kl} \tag{9.50}$$

为了应用方便，常采用另一种变形前后惯性张量密度定义及转换关系

$$\bar{J}^{KL} = \bar{I}^M{}_M G^{KL} - \bar{I}^{KL}, \quad \bar{j}^{kl} = \bar{i}^m{}_m g^{kl} - \bar{i}^{kl}, \quad \bar{j}^{kl} = \chi^k_K \chi^l_L \bar{J}^{KL}, \quad \bar{J}^{KL} = \chi_k{}^K \chi_l{}^L \bar{j}^{kl} \tag{9.51}$$

微极介质的质量守恒定律不受质点刚性转动的影响，与经典介质相同。物质描述和空间描述的微分形式质量守恒定律分别为 (即式 (4.9) 和式 (4.5a))

$$J\rho = \rho_0, \quad \frac{\mathrm{D}\rho}{\mathrm{D}t} + \rho v^m{}_{,m} = 0 \tag{9.52}$$

式中，J 为式 (2.9) 定义的体积变形。式 (9.52) 表明，密度的变化与刚性转动 $\boldsymbol{\chi}$ 无关。

守恒定律还要求微惯性守恒，即转动惯量的时间变率等于 0

$$\frac{\mathrm{d}\bar{\boldsymbol{I}}}{\mathrm{d}t} = \boldsymbol{0}, \quad \frac{\mathrm{d}\bar{\boldsymbol{J}}}{\mathrm{d}t} = \boldsymbol{0} \quad 或 \quad \frac{\mathrm{D}\bar{I}^{KL}}{\mathrm{D}t} = 0, \quad \frac{\mathrm{D}\bar{J}^{KL}}{\mathrm{D}t} = 0 \quad (物质描述、微分形式) \tag{9.53a}$$

$$\frac{\mathrm{d}}{\mathrm{d}t}\int_V \rho\bar{\boldsymbol{i}}\mathrm{d}v = \boldsymbol{0} \quad 或 \quad \frac{\mathrm{d}}{\mathrm{d}t}\int_V \rho\bar{\boldsymbol{j}}\mathrm{d}v = \boldsymbol{0} \quad (空间描述、积分形式) \tag{9.53b}$$

利用式 $(9.20)_2$ 和式 $(9.50)_2$、式 $(9.51)_2$，可得到上式的微分形式

$$\frac{\mathrm{D}\bar{i}^{kl}}{\mathrm{D}t} = \frac{\mathrm{D}}{\mathrm{D}t}\left(\chi^k{}_K \chi^l{}_{\mathrm{L}} \bar{I}^{KL}\right) = \left(\frac{\mathrm{D}\chi^k{}_K}{\mathrm{D}t}\chi^l{}_L + \chi^k{}_K \frac{\mathrm{D}\chi^l{}_L}{\mathrm{D}t}\right)\bar{I}^{KL} = \psi^k{}_m \bar{i}^{ml} + \psi^l{}_m \bar{i}^{km} \tag{9.53c}$$

$$\frac{\mathrm{D}\bar{j}^{kl}}{\mathrm{D}t} = \frac{\mathrm{D}}{\mathrm{D}t}\left(\chi^k{}_K \chi^l{}_{\mathrm{L}} \bar{J}^{KL}\right) = \left(\frac{\mathrm{D}\chi^k{}_K}{\mathrm{D}t}\chi^l{}_L + \chi^k{}_K \frac{\mathrm{D}\chi^l{}_L}{\mathrm{D}t}\right)\bar{J}^{KL} = \psi^k{}_m \bar{j}^{ml} + \psi^l{}_m \bar{j}^{km} \tag{9.53d}$$

9.3.2 动量守恒定律

微元体的速度包括质心移动速度和任一点相对于质心的转动速度 $\dot{\boldsymbol{y}}$，但后者对微元体的积分为 0，所以微元体的动量 $\mathrm{d}\boldsymbol{p}$ 和物体的总动量 $\boldsymbol{p}$ 为

$$\mathrm{d}\boldsymbol{p} = \lim_{\Delta v \to 0}\int_{\Delta V}\rho\left(\boldsymbol{v} + \frac{\mathrm{d}\boldsymbol{y}}{\mathrm{d}t}\right)\mathrm{d}v = \rho\boldsymbol{v}\mathrm{d}v, \quad \boldsymbol{p} = \int_V \rho\boldsymbol{v}\mathrm{d}v$$

由于质点刚性转动不影响动量，因此微极介质的动量守恒定律与经典介质相同，如第 4.2 节所述。空间描述的微分形式的动量守恒定律为 Cauchy 动量方程 (见式 (4.13))

$$\boldsymbol{\nabla}_{\boldsymbol{x}} \cdot \boldsymbol{t} + \rho(\boldsymbol{f} - \boldsymbol{a}) = \boldsymbol{0} \quad 或 \quad t^{kl}{}_{;k} + \rho\left(f^l - a^l\right) = 0 \tag{9.54}$$

物质描述的微分形式的动量守恒定律为 Boussinesq 动量方程 (见式 (4.17))

$$\tau^{Kl}{}_{:K} + \rho_0\left(f^l - a^l\right) = 0 \quad 或 \quad \boldsymbol{\nabla}_{\boldsymbol{X}} \cdot \boldsymbol{\tau} + \rho_0(\boldsymbol{f} - \boldsymbol{a}) = \boldsymbol{0} \tag{9.55}$$

将式 $(9.40\mathrm{a})_4$ 代入式 (9.55)，得到微极介质的 Kirchhoff 动量方程 (不同于式 (4.18))：

$$\left(\chi^l{}_L T^{KL}\right)_{:K} + \rho_0\left(f^l - a^l\right) = 0 \quad 或 \quad \boldsymbol{\nabla}_{\boldsymbol{X}} \cdot \left(\boldsymbol{T} \cdot \boldsymbol{\chi}^{\mathrm{T}}\right) + \rho_0(\boldsymbol{f} - \boldsymbol{a}) = \boldsymbol{0} \tag{9.56}$$

可见刚性转动对于动量方程的影响与应力类似，由于 $\boldsymbol{G}_K$ 和 $\boldsymbol{g}_k$ 的转换与 $\boldsymbol{\chi}$ 有关，刚性转动只显式影响与 $\boldsymbol{T}$ 相关的动量方程。

9.3.3 动量矩守恒定律

微元体内任一点的速度为 $\tilde{\boldsymbol{v}} = \dfrac{\mathrm{d}}{\mathrm{d}t}(\boldsymbol{x}+\boldsymbol{y}) = \boldsymbol{v}+\dot{\boldsymbol{y}} = \boldsymbol{v}+\boldsymbol{\omega}\times\boldsymbol{y}$，$\boldsymbol{v}$ 是质点 (质心) 速度。微元体对选定参考点 o 的动量矩密度为

$$\frac{\mathrm{d}\overline{\boldsymbol{M}}}{\mathrm{d}v} = \lim_{\Delta v\to 0}\frac{1}{\Delta v}\int_{\Delta v}(\boldsymbol{x}+\boldsymbol{y})\times\rho_{(y)}(\boldsymbol{v}+\boldsymbol{\omega}\times\boldsymbol{y})\,\mathrm{d}v = \rho\boldsymbol{x}\times\boldsymbol{v}+\rho\boldsymbol{\sigma} \tag{9.57}$$

式中，$\rho_{(y)}$ 和 ρ 是 $\boldsymbol{y}$ 和 $\boldsymbol{x}$ 点的密度；$\rho\boldsymbol{\sigma}$ 是转动动量矩密度

$$\begin{aligned}\rho\boldsymbol{\sigma} &= \lim_{\Delta v\to 0}\frac{1}{\Delta v}\int_{\Delta v}\boldsymbol{y}\times(\rho_{(y)}\boldsymbol{\omega}\times\boldsymbol{y})\mathrm{d}v = \lim_{\Delta v\to 0}\frac{1}{\Delta v}\int_{\Delta v}\rho_{(y)}(\boldsymbol{y}\cdot\boldsymbol{y}\boldsymbol{\omega}-\boldsymbol{\omega}\cdot\boldsymbol{y}\boldsymbol{y})\,\mathrm{d}v\\ &= \lim_{\Delta v\to 0}\frac{1}{\Delta v}\int_{\Delta v}\rho_{(y)}(\boldsymbol{y}\cdot\boldsymbol{y}\boldsymbol{i}-\boldsymbol{y}\boldsymbol{y})\cdot\boldsymbol{\omega}\mathrm{d}v = \lim_{\Delta v\to 0}\frac{1}{\Delta v}\int_{\Delta v}\rho_{(y)}\left[(\boldsymbol{i}:\boldsymbol{y}\boldsymbol{y})\,\boldsymbol{i}-\boldsymbol{y}\boldsymbol{y}\right]\cdot\boldsymbol{\omega}\mathrm{d}v\\ &= \rho\left[\left(\boldsymbol{i}:\bar{\boldsymbol{i}}\right)\boldsymbol{i}-\bar{\boldsymbol{i}}\right]\cdot\boldsymbol{\omega} = \rho\bar{\boldsymbol{j}}\cdot\boldsymbol{\omega}\end{aligned} \tag{9.57a}$$

式 (9.57a) 运算中用到了向量代数恒等式 (9.14)。式中引入的定义 $\bar{\boldsymbol{j}} = \left(\boldsymbol{i}:\bar{\boldsymbol{i}}\right)\boldsymbol{i}-\bar{\boldsymbol{i}}$ 即是式 $(9.51)_2$，$\boldsymbol{i}$ 是度量张量。

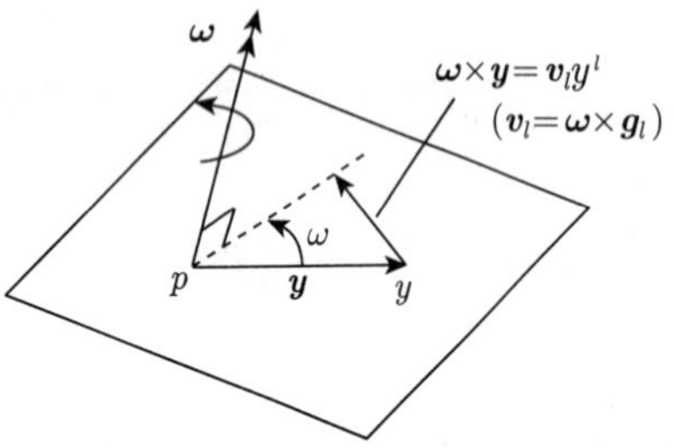

图 9.5 转动动量矩

为了说明 $\rho\boldsymbol{\sigma}$ 的物理意义，将式 (9.57a) 中被积函数表为 $\boldsymbol{y}\times\left(\rho_{(y)}\boldsymbol{\omega}\times\boldsymbol{y}\right) = y^k\boldsymbol{g}_k\times\left(\rho_{(y)}\boldsymbol{v}_l y^l\right)$，其中 $\boldsymbol{v}_l = \boldsymbol{\omega}\times\boldsymbol{g}_l$ 是 $\boldsymbol{g}_l$ 矢端对于 p 点速度向量 (见图 9.5)，因而 $\boldsymbol{v}_l y^l$ 和 $\rho\boldsymbol{v}_l y^l$ 分别是 y 点对于 p 点的速度向量和动量。可见 $\boldsymbol{y}\times\left(\rho_{(y)}\boldsymbol{\omega}\times\boldsymbol{y}\right)$ 是 y 点对于 p 点的动量矩，$\rho\boldsymbol{\sigma}$ 是 p 点作为刚体自转的动量矩密度。

与第 4.3 节类似，微极介质的动量矩守恒定律指出，动量矩的时间变率等于物体受到的合力矩，不同的是动量矩中包含质点转动的动量矩，外力矩包含外力偶矩：

$$\frac{\mathrm{d}}{\mathrm{d}t}\int_V(\rho\boldsymbol{x}\times\boldsymbol{v}+\rho\boldsymbol{\sigma})\mathrm{d}v = \oint_s(\boldsymbol{x}\times\boldsymbol{t}_n+\boldsymbol{m}_n)\mathrm{d}a+\int_v(\rho\boldsymbol{x}\times\boldsymbol{f}+\rho\boldsymbol{l})\mathrm{d}v \tag{9.58}$$

式中，$\boldsymbol{l}$ 是物体内单位质量的分布力偶，$\boldsymbol{t}_n$ 和 $\boldsymbol{m}_n(=\boldsymbol{n}\cdot\boldsymbol{m})$ 是物体表面单位面积的分布力和力偶。

利用式 (4.27)、式 (4.28) 和关于 $\boldsymbol{m}_n$ 面积分的散度定理，不难得到微分形式的动量矩守恒定律 (空间描述)

$$\boldsymbol{\nabla}_{\boldsymbol{x}}\cdot\boldsymbol{m}+\boldsymbol{\varepsilon}:\boldsymbol{t}+\rho\boldsymbol{l} = \rho\dot{\boldsymbol{\sigma}} \quad 或 \quad m^{kl}{}_{;k}+\varepsilon^{lmn}t_{mn}+\rho l^l = \rho\dot{\sigma}^l \tag{9.59}$$

如果不考虑偶应力和质点刚性转动 (经典介质)，式 (9.59) 给出 Cauchy 应力张量的对称性。

应用与第 9.2.3 小节类似的方法，可以得到物质描述的微分形式的动量矩守恒定律。在变形前沿协变标架 $\boldsymbol{G}_K$，以 $\mathrm{d}X^K$ 为边取一平行六面体B_0，变形后变为随体标架 $\boldsymbol{C}_K$ 和随

体坐标系 $\{X^K, t\}$ 中的平行六面体 B_t (图 9.6)，下面考虑其动量矩守恒。偶应力向量的合力偶为

$$\frac{\partial \boldsymbol{M}^1}{\partial X^1}\mathrm{d}X^1\mathrm{d}A_1 + \frac{\partial \boldsymbol{M}^2}{\partial X^2}\mathrm{d}X^2\mathrm{d}A_2 + \frac{\partial \boldsymbol{M}^3}{\partial X^3}\mathrm{d}X^3\mathrm{d}A_3 = \frac{\partial \boldsymbol{M}^K}{\partial X^K}\mathrm{d}V$$

注意到边长向量为 $\dfrac{\partial \boldsymbol{x}}{\partial X^{\underline{K}}}\mathrm{d}X^{\underline{K}}$($\underline{K}$ 不求和)，应力向量的合力矩为

$$\frac{\partial \boldsymbol{x}}{\partial X^1}\mathrm{d}X^1 \times \boldsymbol{\tau}^1\mathrm{d}A_1 + \frac{\partial \boldsymbol{x}}{\partial X^2}\mathrm{d}X^2 \times \boldsymbol{\tau}^2\mathrm{d}A_2 + \frac{\partial \boldsymbol{x}}{\partial X^3}\mathrm{d}X^3 \times \boldsymbol{\tau}^3\mathrm{d}A_3 = \frac{\partial \boldsymbol{x}}{\partial X^K} \times \boldsymbol{\tau}^K\mathrm{d}V$$

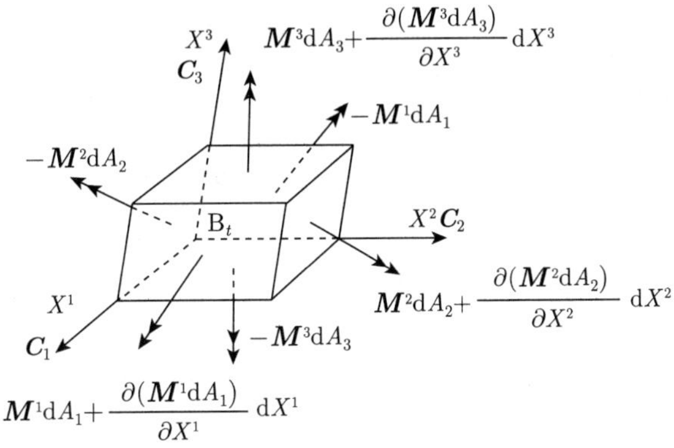

图 9.6 随体坐标中单元体 B_t 的偶应力向量

由 B_t 的动量矩守恒，得到微分形式的动量矩守恒定律 (物质描述)

$$\frac{\partial \boldsymbol{M}^K}{\partial X^K} + \frac{\partial \boldsymbol{x}}{\partial X^K} \times \boldsymbol{\tau}^K + \rho_0\left(\boldsymbol{l} - \dot{\boldsymbol{\sigma}}\right) = \boldsymbol{0} \tag{9.60}$$

利用式 $(9.45)_2$ 和式 $(9.46\mathrm{b})_3$，式 (9.60) 的分量形式 (物质描述) 为

$$\mu^{Kl}{}_{:K} + \varepsilon^l{}_{mn}x^m{}_{,K}\tau^{Kn} + \rho_0\left(l^l - \dot{\sigma}^l\right) = 0 \tag{9.60a}$$

$$\left(M^{KL}\chi^l{}_L\right)_{:K} + \varepsilon^l{}_{mn}x^m{}_{,K}\chi^n{}_L T^{KL} + \rho_0\left(l^l - \dot{\sigma}^l\right) = 0 \tag{9.60b}$$

或

$$\boldsymbol{\nabla}_{\boldsymbol{X}} \cdot \boldsymbol{\mu} + \boldsymbol{\varepsilon} : (\boldsymbol{F} \cdot \boldsymbol{\tau}) + \rho_0\left(\boldsymbol{l} - \dot{\boldsymbol{\sigma}}\right) = \boldsymbol{0} \tag{9.60c}$$

$$\boldsymbol{\nabla}_{\boldsymbol{X}} \cdot \left(\boldsymbol{M} \cdot \boldsymbol{F}^{\mathrm{T}}\right) + \boldsymbol{\varepsilon} : \left(\boldsymbol{F} \cdot \boldsymbol{T} \cdot \boldsymbol{\chi}^{\mathrm{T}}\right) - \rho_0\left(\boldsymbol{l} - \dot{\boldsymbol{\sigma}}\right) = \boldsymbol{0} \tag{9.60d}$$

9.3.4 能量守恒定律、功共轭对

微元体单位体积的移动动能为 $K_{(t)} = \dfrac{1}{2}\rho\boldsymbol{v}^2$，对质心的转动动能为

$$\begin{aligned}
K_{(r)} &= \lim_{\Delta v\to 0}\frac{1}{2\Delta v}\int_{\Delta v}\rho_{(y)}\left(\boldsymbol{\omega}\times\boldsymbol{y}\right)\cdot\left(\boldsymbol{\omega}\times\boldsymbol{y}\right)\mathrm{d}v \\
&= \lim_{\Delta v\to 0}\frac{1}{2\Delta v}\int_{\Delta v}\rho_{(y)}\omega^i y^j\varepsilon_{ijk}\boldsymbol{g}^k\cdot\omega_l y_m\varepsilon^{lmn}\boldsymbol{g}_n\mathrm{d}v \\
&= \lim_{\Delta v\to 0}\frac{1}{2\Delta v}\int_{\Delta v}\rho_{(y)}\omega^i\omega_l\left(\delta_i^l\delta_j^m - \delta_j^l\delta_i^m\right)y^j y_m\mathrm{d}v \\
&= \frac{1}{2}\rho\left(\bar{i}^m{}_m\boldsymbol{i} - \bar{\boldsymbol{i}}\right):\boldsymbol{\omega}^2 = \frac{1}{2}\rho\bar{\boldsymbol{j}}:\boldsymbol{\omega}^2 = \frac{1}{2}\rho\boldsymbol{\sigma}\cdot\boldsymbol{\omega}
\end{aligned}$$

微极介质的能量守恒定律指出，物体内能与动能之和的时间变率等于外力功率及热量增加率之和，即积分形式的能量守恒定律

$$\frac{\mathrm{d}}{\mathrm{d}t}\int_V\left(\rho e+\frac{1}{2}\rho\boldsymbol{v}^2+\frac{1}{2}\rho\boldsymbol{\sigma}\cdot\boldsymbol{\omega}\right)\mathrm{d}v=\oint_s(\boldsymbol{t}_n\cdot\boldsymbol{v}+\boldsymbol{m}_n\cdot\boldsymbol{\omega})\mathrm{d}a+\int_v(\rho\boldsymbol{f}\cdot\boldsymbol{v}+\rho\boldsymbol{l}\cdot\boldsymbol{\omega})\,\mathrm{d}v-\oint_s\boldsymbol{q}\cdot\boldsymbol{n}\mathrm{d}\boldsymbol{a}+\int_v\rho h\mathrm{d}v \tag{9.61}$$

式中，e 是单位质量内能，$\boldsymbol{q}$ 是热流量 (流出为正)，h 是单位质量热源。

与式 (4.45) 不同的是，动能中增加了质点的转动动能，外力功率中增加了表面力偶和体力偶的功率。注意到

$$\frac{\mathrm{d}}{\mathrm{d}t}\int_V\frac{1}{2}\rho\boldsymbol{\sigma}\cdot\boldsymbol{\omega}\mathrm{d}v=\int_V\frac{1}{2}\rho\left(\dot{\boldsymbol{\sigma}}\cdot\boldsymbol{\omega}+\boldsymbol{\sigma}\cdot\dot{\boldsymbol{\omega}}\right)\mathrm{d}v$$

$$\oint_s\boldsymbol{m}_n\cdot\boldsymbol{\omega}\mathrm{d}a=\oint_s\mathrm{d}\boldsymbol{a}\cdot(\boldsymbol{m}\cdot\boldsymbol{\omega})=\int_v\boldsymbol{\nabla}_{\boldsymbol{x}}\cdot(\boldsymbol{m}\cdot\boldsymbol{\omega})\,\mathrm{d}v=\int_v(\boldsymbol{\nabla}_{\boldsymbol{x}}\cdot\boldsymbol{m}\cdot\boldsymbol{\omega}+\boldsymbol{m}:\boldsymbol{\nabla}\boldsymbol{\omega})\,\mathrm{d}v$$

类似式 (4.46) 的推导，利用式 (4.35)、式 (4.37) 和动量守恒定律，以及由式 (9.59) 点乘 $\boldsymbol{\omega}$，有

$$\rho\dot{\boldsymbol{\sigma}}\cdot\boldsymbol{\omega}-\boldsymbol{\nabla}_{\boldsymbol{x}}\cdot\boldsymbol{m}\cdot\boldsymbol{\omega}-\rho\boldsymbol{l}\cdot\boldsymbol{\omega}=\boldsymbol{\varepsilon}:\boldsymbol{t}\cdot\boldsymbol{\omega}=-\boldsymbol{t}:\boldsymbol{\psi}$$

可以得到空间描述法的微分形式的能量守恒定律

$$\rho\dot{e}-\boldsymbol{t}:(\boldsymbol{\nabla}_{\boldsymbol{x}}\boldsymbol{v}+\boldsymbol{\psi})-\boldsymbol{m}:\boldsymbol{\nabla}_{\boldsymbol{x}}\boldsymbol{\omega}+\boldsymbol{\nabla}_{\boldsymbol{x}}\cdot\boldsymbol{q}-\rho h=0 \tag{9.62a}$$

$$\rho\dot{e}-t^{kl}\left(v_{l;k}+\psi_{kl}\right)-m^{kl}\omega_{l;k}+q^k_{\ ;k}-\rho h=0 \tag{9.62b}$$

注意到式 (9.34b)，式 (9.62a) 和式 (9.62b) 也可表示为

$$\rho\dot{e}-\boldsymbol{t}:\dot{\boldsymbol{E}}^*_{(t)}-\boldsymbol{m}:\boldsymbol{\nabla}_{\boldsymbol{x}}\boldsymbol{\omega}+\boldsymbol{\nabla}_{\boldsymbol{x}}\cdot\boldsymbol{q}-\rho h=0 \tag{9.62c}$$

$$\rho\dot{e}-t^{kl}\dot{E}^*_{(t)kl}-m^{kl}\omega_{l;k}+q^k_{\ ;k}-\rho h=0 \tag{9.62d}$$

即内能的变率等于应力的功率、偶应力的功率、热量的流入、热量生成率之和。

利用式 $(9.52)_1$、式 $(9.40)_2$ 和式 $(9.46\mathrm{a})_2$，注意到由式 (4.47) 有 $Jq^k_{\ ;k}=q_0{}^K_{\ ;K}$，由式 (9.62a,c) 可以得到物质描述法的微分形式能量守恒定律

$$\rho_0\dot{e}-\boldsymbol{\tau}:\left(\boldsymbol{\nabla}_{\boldsymbol{X}}\boldsymbol{v}+\boldsymbol{F}^{\mathrm{T}}\cdot\boldsymbol{\psi}\right)-\boldsymbol{\mu}:\boldsymbol{\nabla}_{\boldsymbol{X}}\boldsymbol{\omega}+\boldsymbol{\nabla}_{\boldsymbol{X}}\cdot\boldsymbol{q}_0-\rho_0 h=0 \tag{9.63a}$$

$$\rho_0\dot{e}-\tau^{Kl}:\left(v_{l:K}+x^m_{\ ,K}\psi_{lm}\right)-\mu^{Kl}\omega_{l:K}+q^K_{0;K}-\rho_0 h=0 \tag{9.63b}$$

$$\rho_0\dot{e}-\boldsymbol{T}:\dot{\boldsymbol{E}}^*-\boldsymbol{M}:\dot{\boldsymbol{\varGamma}}^{\mathrm{T}}+\boldsymbol{\nabla}\cdot\boldsymbol{q}_0-\rho_0 h=0 \tag{9.64a}$$

$$\rho_0\dot{e}-T^{KL}\dot{E}^*_{KL}-M^{KL}\dot{\varGamma}_{LK}+q^K_{0;K}-\rho_0 h=0 \tag{9.64b}$$

式 (9.62c) 和式 (9.62d) 乘 J，分别与式 (9.63a,b) 和式 (9.64a,b) 相减，得到变形前单位体积应力功率和偶应力功率，两者之和为

$$w=w_{(t)}+w_{(r)} \tag{9.65}$$

应力功率为

$$w_{(t)} = J\boldsymbol{t} : \dot{\boldsymbol{E}}^*_{(t)} = \boldsymbol{\tau} : \left(\boldsymbol{\nabla}_{\boldsymbol{X}}\boldsymbol{v} + \boldsymbol{F}^{\mathrm{T}} \cdot \boldsymbol{\psi}\right) = \boldsymbol{T} : \dot{\boldsymbol{E}}^*$$

$$= Jt^{kl}\dot{E}^*_{(t)kl} = \tau^{Kl} : \left(v_{l:K} + x^m{}_{,K}\psi_m{}^l\right) = T^{KL} : \dot{E}^*_{KL} \tag{9.65a}$$

偶应力功率为

$$w_{(r)} = J\boldsymbol{m} : \dot{\boldsymbol{\Gamma}}_{(t)} = \boldsymbol{\mu} : \boldsymbol{\nabla}_{\boldsymbol{X}}\boldsymbol{\omega} = \boldsymbol{M} : \dot{\boldsymbol{\Gamma}}^{\mathrm{T}}$$

$$= Jm^{kl}\dot{\Gamma}_{(t)kl} = \mu^{Kl}\omega_{l:K} = M^{KL}\dot{\Gamma}_{LK} \tag{9.65b}$$

上式表明，$\boldsymbol{t}$ 和 $\boldsymbol{E}^*_{(t)}$、$\boldsymbol{T}$ 和 $\boldsymbol{E}^*$ 是应力-应变功共轭对，$\boldsymbol{m}$ 和 $\boldsymbol{\Gamma}_{(t)}$、$\boldsymbol{M}$ 和 $\boldsymbol{\Gamma}$ 是偶应力-转动变形的功共轭对。$\left(\boldsymbol{\nabla}_{\boldsymbol{X}}\boldsymbol{v} + \boldsymbol{F}^{\mathrm{T}} \cdot \boldsymbol{\psi}\right)$ 与 $\boldsymbol{\nabla}_{\boldsymbol{X}}\boldsymbol{\omega}$ 包含刚性转动，所以 $\boldsymbol{\tau}$ 与 $\boldsymbol{\mu}$ 对应的功率不是纯变形功率。

9.3.5 熵不等式

熵不等式 (热力学第二定律) 指出准静态热力学过程的变化方向，即系统耗散产生的熵不能减少。熵不等式不显含运动，包括质点的刚性转动，所以微极介质在准静态热力学过程中满足的熵不等式，其积分形式和微分形式与 Cauchy 介质相同，即式 (4.59) 以及式 (4.60)、式 (4.61)

$$\frac{\mathrm{D}}{\mathrm{D}t}\int_V \rho\eta \mathrm{d}v \geqslant -\oint_s \frac{1}{\theta}\boldsymbol{q} \cdot \mathrm{d}\boldsymbol{a} + \int_v \frac{\rho h}{\theta}\mathrm{d}v \tag{9.66}$$

空间描述：
$$\rho\dot{\eta} \geqslant \rho\frac{h}{\theta} - \boldsymbol{\nabla}_{\boldsymbol{x}} \cdot \left(\frac{\boldsymbol{q}}{\theta}\right) \tag{9.66a}$$

物质描述：
$$\rho_0\dot{\eta} \geqslant \rho_0\frac{h}{\theta} - \boldsymbol{\nabla}_{\boldsymbol{X}} \cdot \left(\frac{\boldsymbol{q}_0}{\theta}\right) \tag{9.66b}$$

式中，η 是单位质量的熵，θ 是绝对温度。

引入 Helmholtz 自由能 ψ，令 $e = \psi + \theta\eta$ (式 (4.65))，用 $\dot{\psi}$ 表示内能 $\dot{e}$，并利用能量守恒定律消去热源 h，上式可以表示成更常用的形式，即

空间描述：
$$\theta r = -\dot{\psi} - \dot{\theta}\eta + \frac{1}{\rho}\boldsymbol{t} : (\boldsymbol{\nabla}\boldsymbol{v} + \boldsymbol{\psi}) + \frac{1}{\rho}\boldsymbol{m} : \boldsymbol{\nabla}\boldsymbol{\omega} - \frac{1}{\rho\theta}\boldsymbol{q} \cdot \boldsymbol{\nabla}\theta \geqslant 0 \tag{9.67a}$$

物质描述：
$$\theta r = -\dot{\psi} - \dot{\theta}\eta + \frac{1}{\rho_0}\boldsymbol{T} : \dot{\boldsymbol{E}}^* + \frac{1}{\rho_0}\boldsymbol{M} : \dot{\boldsymbol{\Gamma}}^{\mathrm{T}} - \frac{1}{\rho_0\theta}\boldsymbol{q}_0 \cdot \boldsymbol{\nabla}\theta \geqslant 0 \tag{9.67b}$$

式中，r 是单位质量熵生成率。

由于根据能量守恒定律表示热源，式 (9.67a) 和式 (9.67b) 中引入了质点转动的影响，所以不同于经典介质的式 (4.67a) 和式 (4.67b)。式 (9.67a) 和式 (9.67b) 是微极介质本构关系的热力学基础。

9.3.6 间断条件

由于物质构造或运动的不连续性，介质中可能存在有限个场变量的间断面，在间断面两侧场变量发生跳跃变化，物理量的跳跃应该满足守恒定律，即间断条件 (如第 4.7.1 小节所述)。第 4.7.2 小节给出了建立间断条件的一般方法，见式 (4.77)，连续介质存在间断面

时，积分或微分形式的守恒定律只能用于不含间断面的域内，在间断面处应该用跳跃条件。本节应用式 (4.77) 建立微极介质的间断条件。

式 (4.77) 给出的积分或微分间断条件是

$$\int_{\sigma} \mathrm{d}a\boldsymbol{n} \cdot [\![(\boldsymbol{v}-\boldsymbol{c})\boldsymbol{\varphi}-\boldsymbol{b}]\!] = 0 \quad 或 \quad \boldsymbol{n} \cdot [\![(\boldsymbol{v}-\boldsymbol{c})\boldsymbol{\varphi}-\boldsymbol{b}]\!] = 0 \tag{9.68}$$

式中，$\boldsymbol{v}$ 是物质点的速度，$\boldsymbol{c}$ 是间断面的瞬时移动速度，$\boldsymbol{\varphi}$(向量或标量)、$\boldsymbol{b}$(二阶张量或向量) 是被考虑的场变量，$[\![\ ]\!]$ 是间断面两侧变量的差 (跳跃)，例如式 $(9.68)_2$ 表示

$$\boldsymbol{n} \cdot \left[\left(\boldsymbol{v}^{+}-\boldsymbol{c}\right)\boldsymbol{\varphi}^{+}-\boldsymbol{b}^{+}\right] - \boldsymbol{n} \cdot \left[\left(\boldsymbol{v}^{-}-\boldsymbol{c}\right)\boldsymbol{\varphi}^{-}-\boldsymbol{b}^{-}\right] = 0$$

若 $\boldsymbol{\varphi}$ 取密度 ρ，$\boldsymbol{b}$ 为 0 时，得到密度间断条件

$$\boldsymbol{n} \cdot [\![(\boldsymbol{v}-\boldsymbol{c})\rho]\!] = 0 \tag{9.69a}$$

当 $\boldsymbol{\varphi} = \rho\boldsymbol{v}$，$\boldsymbol{b} = \boldsymbol{t}$ 时，得到动量跳跃条件

$$\boldsymbol{n} \cdot [\![(\boldsymbol{v}-\boldsymbol{c})\rho\boldsymbol{v}-\boldsymbol{t}]\!] = 0, \quad [\![t^{kl}-\rho v^{l}\left(v^{k}-c^{k}\right)]\!]\, n_{k} = 0 \tag{9.69b}$$

当 $\boldsymbol{\varphi} = \rho\boldsymbol{\sigma}$，$\boldsymbol{b} = \boldsymbol{m}$ 时，得到动量矩跳跃条件

$$\boldsymbol{n} \cdot [\![(\boldsymbol{v}-\boldsymbol{c})\rho\boldsymbol{\sigma}-\boldsymbol{m}]\!] = 0, \quad [\![m^{kl}-\rho\sigma^{l}\left(v^{k}-c^{k}\right)]\!]\, n_{k} = 0 \tag{9.69c}$$

当 $\varphi = \rho e + \dfrac{1}{2}\rho\boldsymbol{v}^{2} + \dfrac{1}{2}\rho\boldsymbol{\sigma}\cdot\boldsymbol{\omega}$(单位体积的能量)，$\boldsymbol{b} = \boldsymbol{t}\cdot\boldsymbol{v} + \boldsymbol{m}\cdot\boldsymbol{\omega} - \boldsymbol{q}$ (单位体积输入功率和热流量) 时，得到能量跳跃条件

$$\boldsymbol{n} \cdot \left[\!\!\left[\left(\rho e + \frac{1}{2}\rho\boldsymbol{v}^{2} + \frac{1}{2}\rho\boldsymbol{\sigma}\cdot\boldsymbol{\omega}\right)(\boldsymbol{v}-\boldsymbol{c}) - \boldsymbol{t}\cdot\boldsymbol{v} - \boldsymbol{m}\cdot\boldsymbol{\omega} + \boldsymbol{q}\right]\!\!\right] = 0 \tag{9.69d}$$

$$n_{k}\left[\!\!\left[\left(\rho e + \frac{1}{2}\rho v^{m} v_{m} + \frac{1}{2}\rho\sigma^{m}\omega_{m}\right)\left(v^{k}-c^{k}\right) - t^{kl}v_{l} - m^{kl}\omega_{l} + q^{k}\right]\!\!\right] = 0$$

9.4 本构理论

9.4.1 微极介质本构关系的提出与特点

热力微极介质的守恒定律给出如下 5 组微分方程：

空间描述法 (即式 $(9.52)_2$、式 (9.53c)、式 (9.54)、式 (9.59)、式 (9.62b))：

质量守恒方程

$$\frac{\mathrm{D}\rho}{\mathrm{D}t} + \rho v^{m}{}_{;m} = 0$$

微惯性守恒方程

$$\frac{\mathrm{D}\bar{i}^{kl}}{\mathrm{D}t} = \psi^{k}{}_{m}\bar{i}^{ml} + \psi^{l}{}_{m}\bar{i}^{kl} \quad \left(\bar{i}^{kl} = \chi^{k}{}_{K}\chi^{l}{}_{L}\bar{I}^{KL}, \psi_{kl} = \frac{\mathrm{D}\chi_{kK}}{\mathrm{D}t}\chi_{l}{}^{K}\right)$$

动量守恒方程

$$t^{kl}{}_{;k}+\rho\left(f^l-a^l\right)=0\quad\left(a^l=\frac{\mathrm{D}v^l}{\mathrm{D}t}\right)$$

动量矩守恒方程

$$m^{kl}{}_{;k}+\varepsilon^{lmn}t_{mn}+\rho l^l=\rho\dot{\sigma}^l\quad\left(\sigma^l=\bar{j}^{lk}\cdot\omega_k,\quad \bar{j}^{kl}=\chi^k{}_K\chi^l{}_L\bar{J}^{KL},\quad \omega_k=-\frac{1}{2}\varepsilon_{klm}\psi^{lm}\right)$$

能量守恒方程

$$\rho\dot{e}-t^{kl}\left(v_{l;k}+\psi_{kl}\right)-m^{kl}\omega_{l;k}+q^k{}_{;k}-\rho h=0$$

物质描述法 (即式 $(9.52)_1$、式 $(9.50)_2$、式 (9.56)、式 (9.60b)、式 (9.64b))：
质量守恒方程

$$J\rho=\rho_0$$

微惯性守恒方程

$$\bar{I}^{KL}=\chi_k{}^K\chi_l{}^L\bar{i}^{kl}$$

动量守恒方程

$$\left(\chi^l{}_LT^{KL}\right)_{:K}+\rho_0\left(f^l-a^l\right)=0$$

动量矩守恒方程

$$\left(M^{KL}\chi^l_L\right)_{:K}+\varepsilon^l{}_{mn}x^m{}_{,K}\chi^n{}_LT^{KL}+\rho_0\left(l^l-\dot{\sigma}^l\right)=0$$

能量守恒方程

$$\rho_0\dot{e}-T^{KL}\dot{E}^*_{KL}-M^{KL}\dot{\varGamma}_{LK}+q^K_{0;K}-\rho_0h=0(E^*_{KL}=x^k{}_{,K}\chi_{kL},\varGamma_{KL}=\frac{1}{2}\varepsilon_{KMN}\chi_k{}^M{}_{:L}\chi^{kN})$$

空间描述法的变量是：ρ、v^k、$\bar{i}^{kl}$、χ_{kK}、t^{kl}、m^{kl}、e、q^k，共 35 个 (χ_{kK} 是正交张量，可以用 3 个轴向量分量 φ^k 表示)，方程共 14 个。物质描述法的变量是：ρ、x^k、$\bar{i}^{kl}$、χ_{kK}、T^{KL}、M^{KL}、e、q_0^K，共 35 个 (由式 (2.61)，$J=\sqrt{g/G}\det x^m{}_{,M}$ 不是独立变量)，方程也是 14 个；$\bar{I}^{KL}$ 是给定的微结构参数。所以，需要补充 21 个本构方程问题才是适定的，这些本构方程就是 9 个应力方程、9 个偶应力方程和 3 个热流量方程。上述分析是假设物体内部单位质量的分布力 $\boldsymbol{f}$ 和分布力偶 $\boldsymbol{l}$ 是给定的，否则，对于电磁介质，$\boldsymbol{f}$ 和 $\boldsymbol{l}$ 作为电场力或磁场力和电极矩或磁极矩决定于电场或磁场强度，因而力学变量与电磁学变量耦合。本书不讨论电磁介质力学。

热力微极介质本构方程数量远大于热力经典介质 (6 个应力方程和 3 个热流量方程)，这是由于增加了偶应力以及应力张量和偶应力张量的非对称性。

9.4.2 微极介质本构理论概述

第 5.2 节中介绍的 8 个本构公理是经典介质，也是微极介质本构理论的基础。

因果关系公理确定本构关系中的独立变量 (本构变量) 和因变量 (本构泛函)。热力微极介质的本构变量是质点的移动 $\boldsymbol{x}(\boldsymbol{X},t)$、转动轴向量 $\boldsymbol{\varphi}(\boldsymbol{X},t)$ 和温度 θ，本构泛函为

$$\left.\begin{aligned}
\boldsymbol{t}(\boldsymbol{X},t)&=\boldsymbol{t}\left(\boldsymbol{x}\left(\boldsymbol{X}',t'\right),\boldsymbol{\varphi}\left(\boldsymbol{X}',t'\right),\theta\left(\boldsymbol{X}',t'\right),\boldsymbol{X}\right)\\
\boldsymbol{m}(\boldsymbol{X},t)&=\boldsymbol{m}\left(\boldsymbol{x}\left(\boldsymbol{X}',t'\right),\boldsymbol{\varphi}\left(\boldsymbol{X}',t'\right),\theta\left(\boldsymbol{X}',t'\right),\boldsymbol{X}\right)\\
\boldsymbol{q}(\boldsymbol{X},t)&=\boldsymbol{q}\left(\boldsymbol{x}\left(\boldsymbol{X}',t'\right),\boldsymbol{\varphi}\left(\boldsymbol{X}',t'\right),\theta\left(\boldsymbol{X}',t'\right),\boldsymbol{X}\right)\\
\psi(\boldsymbol{X},t)&=\psi\left(\boldsymbol{x}\left(\boldsymbol{X}',t'\right),\boldsymbol{\varphi}\left(\boldsymbol{X}',t'\right),\theta\left(\boldsymbol{X}',t'\right),\boldsymbol{X}\right)\\
\eta(\boldsymbol{X},t)&=\eta\left(\boldsymbol{x}\left(\boldsymbol{X}',t'\right),\boldsymbol{\varphi}\left(\boldsymbol{X}',t'\right),\theta\left(\boldsymbol{X}',t'\right),\boldsymbol{X}\right)
\end{aligned}\right\}\tag{9.70}$$

式中，$\boldsymbol{X}'$ 是物体的所有物质点；根据确定性公理，时间 $t'\leqslant t$，即某一点处某一时刻的本构泛函由所有物质点本构变量的变化历史决定，与未来的变化无关。为了方便应用，采用自由能而不是内能作为本构泛函。

邻域公理指出，一点处的本构泛函主要受该点邻域物质点本构变量的影响，较远处质点的影响可以忽略。因此，可以将本构变量展开成 $\left(\boldsymbol{X}'-\boldsymbol{X}\right)$ 的 Taylor 级数，近似保留到 p 阶项，称为 p 阶梯度物质，最常见的是一阶物质，即一阶简单物质 (简称为简单物质，见第 5.3 节)。简单微极介质的一般本构关系为

$$\left.\begin{aligned}
\boldsymbol{t}(\boldsymbol{X},t)&=\boldsymbol{t}\left(\boldsymbol{x}_{,\boldsymbol{X}}(\boldsymbol{X},t'),\boldsymbol{\varphi}(\boldsymbol{X},t'),\boldsymbol{\varphi}_{,\boldsymbol{X}}(\boldsymbol{X},t'),\theta(\boldsymbol{X},t'),\theta_{,\boldsymbol{X}}(\boldsymbol{X},t'),\boldsymbol{X}\right)\\
\boldsymbol{m}(\boldsymbol{X},t)&=\boldsymbol{m}\left(\boldsymbol{x}_{,\boldsymbol{X}}(\boldsymbol{X},t'),\boldsymbol{\varphi}(\boldsymbol{X},t'),\boldsymbol{\varphi}_{,\boldsymbol{X}}(\boldsymbol{X},t'),\theta(\boldsymbol{X},t'),\theta_{,\boldsymbol{X}}(\boldsymbol{X},t'),\boldsymbol{X}\right)\\
\boldsymbol{q}(\boldsymbol{X},t)&=\boldsymbol{q}\left(\boldsymbol{x}_{,\boldsymbol{X}}(\boldsymbol{X},t'),\boldsymbol{\varphi}(\boldsymbol{X},t'),\boldsymbol{\varphi}_{,\boldsymbol{X}}(\boldsymbol{X},t'),\theta(\boldsymbol{X},t'),\theta_{,\boldsymbol{X}}(\boldsymbol{X},t'),\boldsymbol{X}\right)\\
\psi(\boldsymbol{X},t)&=\psi\left(\boldsymbol{x}_{,\boldsymbol{X}}(\boldsymbol{X},t'),\boldsymbol{\varphi}(\boldsymbol{X},t'),\boldsymbol{\varphi}_{,\boldsymbol{X}}(\boldsymbol{X},t'),\theta(\boldsymbol{X},t'),\theta_{,\boldsymbol{X}}(\boldsymbol{X},t'),\boldsymbol{X}\right)\\
\eta(\boldsymbol{X},t)&=\eta\left(\boldsymbol{x}_{,\boldsymbol{X}}(\boldsymbol{X},t'),\boldsymbol{\varphi}(\boldsymbol{X},t'),\boldsymbol{\varphi}_{,\boldsymbol{X}}(\boldsymbol{X},t'),\theta(\boldsymbol{X},t'),\theta_{,\boldsymbol{X}}(\boldsymbol{X},t'),\boldsymbol{X}\right)
\end{aligned}\right\}\tag{9.71}$$

记忆公理指出，某一时刻的本构泛函主要受相隔时间较短的本构变量历史的影响，相隔较长的历史影响可以忽略。在某些情况下 (例如流体)，可以对 $(t'-t)$ 展成 Taylor 级数，保留到 q 阶项，称为 q 阶变率物质 (见第 5.3 节)。

式 (9.71) 尚未考虑客观性公理和物质对称性公理。客观性公理与物质对称性公理是本构理论中两个重要原理。

9.4.3 本构关系的客观性分析

客观性公理指出，当观察者 (参考时空系) 做刚性运动时，本构关系具有形式不变性。相应地本构关系中的物理量应该具有客观性。物质坐标系与时间和时空系的运动无关，所以物质描述的变量是客观的 (Hill 客观性)。空间描述的物质点的变量所依赖的空间标架随时间和时空系的运动改变，向量 $\boldsymbol{u}$、二阶张量 $\boldsymbol{a}$ 的客观性及其标量、向量、二阶张量值泛函 $f_0(\boldsymbol{u},\boldsymbol{a})$、$\boldsymbol{f}_1(\boldsymbol{u},\boldsymbol{a})$、$\boldsymbol{f}_2(\boldsymbol{u},\boldsymbol{a})$ 的客观性定义分别为

$$\bar{\boldsymbol{u}}=\boldsymbol{Q}\cdot\boldsymbol{u},\quad \bar{\boldsymbol{a}}=\boldsymbol{Q}\cdot\boldsymbol{a}\cdot\boldsymbol{Q}^{\mathrm{T}}$$

$$f_0(\bar{\boldsymbol{u}},\bar{\boldsymbol{a}})=f_0(\boldsymbol{u},\boldsymbol{a}),\quad \bar{\boldsymbol{f}}_i(\bar{\boldsymbol{u}},\bar{\boldsymbol{a}})=\boldsymbol{f}_i(\boldsymbol{u},\boldsymbol{a}),i=1,2，\text{即}$$

$$f_0(\boldsymbol{u},\boldsymbol{a})=f_0\left(\boldsymbol{Q}\cdot\boldsymbol{u},\,\boldsymbol{Q}\cdot\boldsymbol{a}\cdot\boldsymbol{Q}^{\mathrm{T}}\right),\quad \boldsymbol{Q}\cdot\boldsymbol{f}_1(\boldsymbol{u},\boldsymbol{a})=\boldsymbol{f}_1\left(\boldsymbol{Q}\cdot\boldsymbol{u},\,\boldsymbol{Q}\cdot\boldsymbol{a}\cdot\boldsymbol{Q}^{\mathrm{T}}\right)$$

$$\boldsymbol{Q}\cdot\boldsymbol{f}_2(\boldsymbol{u},\boldsymbol{a})\cdot\boldsymbol{Q}^{\mathrm{T}}=\boldsymbol{f}_2\left(\boldsymbol{Q}\cdot\boldsymbol{u},\ \boldsymbol{Q}\cdot\boldsymbol{a}\cdot\boldsymbol{Q}^{\mathrm{T}}\right)$$

式中，$\bar{\boldsymbol{u}}$、$\bar{\boldsymbol{a}}$、$\bar{\boldsymbol{f}}_i(i=1,2)$ 是刚性转动时空系中的变量和泛函；$\boldsymbol{Q}$ 是正常正交变换。

可见，本构关系的客观性要求本构变量和本构泛函必须是客观的。

第 5.4 节讨论了经典介质的状态变量、守恒定律和本构关系的客观性，在力是客观量的假设下，证明 Cauchy 应力张量是客观的、动量方程是不客观的。对于微极介质，除第 5.4 节的有关结论外，类似地可以假设力偶因而偶应力向量是客观的，即 $\bar{\boldsymbol{m}}^k=\boldsymbol{Q}\cdot\boldsymbol{m}^k=\boldsymbol{m}^k\cdot\boldsymbol{Q}^{\mathrm{T}}$。由于 $\boldsymbol{m}=\boldsymbol{g}_k\boldsymbol{m}^k$，所以 $\bar{\boldsymbol{m}}=\bar{\boldsymbol{g}}_k\bar{\boldsymbol{m}}^k=\boldsymbol{Q}\cdot\boldsymbol{g}_k\boldsymbol{m}^k\cdot\boldsymbol{Q}^{\mathrm{T}}=\boldsymbol{Q}\cdot\boldsymbol{m}\cdot\boldsymbol{Q}^{\mathrm{T}}$，偶应力张量是客观的。

由式 (4.48)，$\boldsymbol{q}=J^{-1}\boldsymbol{F}\cdot\boldsymbol{q}_0$。注意到式 (5.29a)，有 $\bar{\boldsymbol{q}}=J^{-1}\bar{\boldsymbol{F}}\cdot\boldsymbol{q}_0=\boldsymbol{Q}\cdot\boldsymbol{q}$，即热流量是客观的。作为标量的自由能和熵自然是客观的。所以，式 (9.71) 中微极介质的 5 个本构泛函本身是客观的。

式 (9.71) 中与转动向量有关本构变量 $\boldsymbol{\varphi}(\boldsymbol{X},t')$、$\boldsymbol{\varphi}_{,\boldsymbol{X}}(\boldsymbol{X},t')$，可以换成更常用的转动张量及其导数 $\boldsymbol{\chi}(\boldsymbol{X},t')$、$\boldsymbol{\chi}_{,\boldsymbol{X}}(\boldsymbol{X},t')$。所以，以 $\boldsymbol{t}$ 为例，本构泛函变为

$$\boldsymbol{t}(\boldsymbol{X},t)=\boldsymbol{t}\left(\boldsymbol{x}_{,\boldsymbol{X}}(\boldsymbol{X},t'),\boldsymbol{\chi}(\boldsymbol{X},t'),\boldsymbol{\chi}_{,\boldsymbol{X}}(\boldsymbol{X},t'),\theta(\boldsymbol{X},t'),\theta_{,\boldsymbol{X}}(\boldsymbol{X},t'),\boldsymbol{X}\right) \tag{9.72a}$$

本构变量 $\boldsymbol{x}_{,\boldsymbol{X}}$、$\boldsymbol{\chi}$、$\boldsymbol{\chi}_{,\boldsymbol{X}}$ 可以分别表示为向量形式 $\boldsymbol{g}_k x^k{}_{,K}$、$\boldsymbol{g}_k\chi^k{}_K$、$\boldsymbol{g}_k\chi^k{}_{K:L}$，在刚性运动的时空标架中分别为 $\bar{\boldsymbol{g}}_{k'}x^{k'}{}_{,K}$、$\bar{\boldsymbol{g}}_{k'}\chi^{k'}{}_K$、$\bar{\boldsymbol{g}}_{k'}\chi^{k'}{}_{K:L}(\bar{\boldsymbol{g}}_{k'}=Q_{k'}{}^k\boldsymbol{g}_{\mathrm{k}})$，即 $\bar{\boldsymbol{x}}_{,\boldsymbol{X}}$、$\bar{\boldsymbol{\chi}}$、$\bar{\boldsymbol{\chi}}_{,\boldsymbol{X}}$。本构泛函 $\boldsymbol{t}$ 的客观性要求是，在刚性转动标架下式 (9.72a) 具有形式不变性：

$$\bar{\boldsymbol{t}}(\boldsymbol{X},t)=\boldsymbol{t}\left(\bar{\boldsymbol{x}}_{,\boldsymbol{X}}(\boldsymbol{X},t'),\bar{\boldsymbol{\chi}}(\boldsymbol{X},t'),\bar{\boldsymbol{\chi}}_{,\boldsymbol{X}}(\boldsymbol{X},t'),\theta(\boldsymbol{X},t'),\theta_{,\boldsymbol{X}}(\boldsymbol{X},t'),\boldsymbol{X}\right) \tag{9.72b}$$

式中，$\bar{\boldsymbol{t}}=\boldsymbol{Q}\cdot\boldsymbol{t}\cdot\boldsymbol{Q}^{\mathrm{T}}$、$\bar{\boldsymbol{x}}_{,\boldsymbol{X}}=\boldsymbol{Q}\cdot\boldsymbol{x}_{,\boldsymbol{X}}$、$\bar{\boldsymbol{\chi}}=\boldsymbol{Q}\cdot\boldsymbol{\chi}$、$\bar{\boldsymbol{\chi}}_{,\boldsymbol{X}}=\boldsymbol{Q}\cdot\boldsymbol{\chi}_{,\boldsymbol{X}}$，代入式 (9.72a)，得到

$$\begin{aligned}\boldsymbol{Q}(t)\cdot\boldsymbol{t}(\boldsymbol{X},t)\cdot\boldsymbol{Q}^{\mathrm{T}}(t)=&\boldsymbol{t}\big(\boldsymbol{Q}(t')\cdot\boldsymbol{x}_{,\boldsymbol{X}}(\boldsymbol{X},t'),\ \boldsymbol{Q}(t')\cdot\boldsymbol{\chi}(\boldsymbol{X},t'),\\&\boldsymbol{Q}(t')\cdot\boldsymbol{\chi}_{,\boldsymbol{X}}(\boldsymbol{X},t'),\ \theta(\boldsymbol{X},t'),\ \theta_{,\boldsymbol{X}}(\boldsymbol{X},t'),\boldsymbol{X}\big)\end{aligned} \tag{9.72c}$$

正交变换 $\boldsymbol{Q}$ 可以任意选取，令 $\boldsymbol{Q}(t)=\boldsymbol{\chi}^{\mathrm{T}}(\boldsymbol{X},t)$、$\boldsymbol{Q}(t')=\boldsymbol{\chi}^{\mathrm{T}}(\boldsymbol{X},t')$，代入式 (9.72c)。注意到

$$\boldsymbol{\chi}^{\mathrm{T}}(\boldsymbol{X},t')\cdot\boldsymbol{x}_{,\boldsymbol{X}}(\boldsymbol{X},t')=\boldsymbol{\chi}^{\mathrm{T}}(\boldsymbol{X},t')\cdot\boldsymbol{F}(\boldsymbol{X},t')=\boldsymbol{E}^*(\boldsymbol{X},t'),\quad \boldsymbol{\chi}^{\mathrm{T}}(\boldsymbol{X},t')\cdot\boldsymbol{\chi}(\boldsymbol{X},t')=\boldsymbol{I}$$

由式 (9.13) 和式 (9.16)，可得

$$\boldsymbol{\chi}^{\mathrm{T}}(\boldsymbol{X},t')\cdot\boldsymbol{\chi}_{,K}(\boldsymbol{X},t')=-\boldsymbol{\chi}^{\mathrm{T}}_{,K}\cdot\boldsymbol{\chi}=-\boldsymbol{\Gamma}_K\times\boldsymbol{I}=-\boldsymbol{G}_K\cdot\boldsymbol{\Gamma}^{\mathrm{T}}(\boldsymbol{X},t')\times\boldsymbol{I}$$

可见，式 (9.72a) 中本构泛函 $\boldsymbol{t}$ 中的本构变量，在客观性要求下应为客观量 $\boldsymbol{E}^*$、$\boldsymbol{\Gamma}$、θ、$\boldsymbol{\nabla}_{\boldsymbol{X}}\theta$，即

$$\boldsymbol{\chi}^{\mathrm{T}}(t)\cdot\boldsymbol{t}(\boldsymbol{X},t)\cdot\boldsymbol{\chi}(t)=\boldsymbol{t}\left(\boldsymbol{E}^*(\boldsymbol{X},t'),\ \boldsymbol{\Gamma}(\boldsymbol{X},t'),\ \theta(\boldsymbol{X},t'),\boldsymbol{\nabla}\theta(\boldsymbol{X},t'),\ \boldsymbol{X}\right) \tag{9.72d}$$

式 (9.72d) 两端前乘 $\boldsymbol{\chi}(t)$，后乘 $\boldsymbol{\chi}^{\mathrm{T}}(t)$，时间 t' 改用 τ ($\leqslant t$) 表示，得到满足客观性要求的微极介质一般应力本构关系

$$\boldsymbol{t}(\boldsymbol{X},t)=\boldsymbol{\chi}(t)\cdot\boldsymbol{t}\left(\boldsymbol{E}^*(\boldsymbol{X},\tau),\ \boldsymbol{\Gamma}(\boldsymbol{X},\tau),\ \theta(\boldsymbol{X},\tau),\boldsymbol{\nabla}\theta(\boldsymbol{X},\tau),\ \boldsymbol{X}\right)\cdot\boldsymbol{\chi}^{\mathrm{T}}(t) \tag{9.73a}$$

类似地，得到微极介质的其他一般本构关系

$$\boldsymbol{m}(\boldsymbol{X},t)=\boldsymbol{\chi}(t)\cdot\boldsymbol{m}\left(\boldsymbol{E}^*(\boldsymbol{X},\tau),\ \boldsymbol{\Gamma}(\boldsymbol{X},\tau),\ \theta(\boldsymbol{X},\tau),\boldsymbol{\nabla}\theta(\boldsymbol{X},\tau),\ \boldsymbol{X}\right)\cdot\boldsymbol{\chi}^{\mathrm{T}}(t) \tag{9.73b}$$

$$\boldsymbol{q}(\boldsymbol{X},t)=\boldsymbol{\chi}(t)\cdot\boldsymbol{q}\left(\boldsymbol{E}^{*}(\boldsymbol{X},\tau),\ \boldsymbol{\Gamma}(\boldsymbol{X},\tau),\ \theta(\boldsymbol{X},\tau),\nabla\theta(\boldsymbol{X},\tau),\ \boldsymbol{X}\right) \tag{9.73c}$$

$$\psi(\boldsymbol{X},t)=\psi\left(\boldsymbol{E}^{*}(\boldsymbol{X},\tau),\ \boldsymbol{\Gamma}(\boldsymbol{X},\tau),\ \theta(\boldsymbol{X},\tau),\nabla\theta(\boldsymbol{X},\tau),\ \boldsymbol{X}\right) \tag{9.73d}$$

$$\eta(\boldsymbol{X},t)=\eta\left(\boldsymbol{E}^{*}(\boldsymbol{X},\tau),\ \boldsymbol{\Gamma}(\boldsymbol{X},\tau),\ \theta(\boldsymbol{X},\tau),\nabla\theta(\boldsymbol{X},\tau),\ \boldsymbol{X}\right) \tag{9.73e}$$

式 (9.73) 说明微极介质的本构泛函与变形张量 $\boldsymbol{E}^{*},\boldsymbol{\Gamma}$ 和温度的历史及当前的转动 $\boldsymbol{\chi}(t)$ 有关，与转动历史无关，是经典介质应力本构关系式 (5.57) 的推广，刚性微转动同样没有记忆性。

9.4.4 本构关系的对称性分析

物质体的参考构形可以任意选择。如果在不同的参考构形中材料性质相同，称为材料在相关构形中具有对称性，有材料对称性的参考构形称为对称性构形，对称性构形间的转换构成的转换群称为材料的对称群，在对称群内本构关系具有形式不变性，也称为材料标架不变性 (见第 5.5 节)。本节简要介绍基于群论的微极介质对称性分析。

9.4.4.1 参考构形变换

首先需要引入参考构形变换，由于微极介质考虑质点刚性转动，参考构形变换更加复杂。像经典介质一样，体积变形会影响本构关系，参考构形变换本身不应该带来体积改变，所以变换必须是等体积变换。若 $\boldsymbol{H}$ 是从参考构形 $\bar{\mathscr{R}}$ 到 $\mathscr{R}$ 的等体积变换，则 $\det\boldsymbol{H}=\pm1$，如图 9.7 所示。$\mathrm{d}\overline{\boldsymbol{X}},\mathrm{d}\boldsymbol{X}$ 分别是两个参考构形中同一点相对于构形不同方位的线元，$\overline{\boldsymbol{F}}=\mathrm{d}\boldsymbol{x}/\mathrm{d}\overline{\boldsymbol{X}}$ 和 $\boldsymbol{F}=\mathrm{d}\boldsymbol{x}/\mathrm{d}\boldsymbol{X}$ 是各自的变形梯度，变量上加线"–"表示参考于构形 $\bar{\mathscr{R}}$。线元和变形梯度满足变换关系

$$\mathrm{d}\boldsymbol{X}=\boldsymbol{H}\cdot\mathrm{d}\overline{\boldsymbol{X}},\quad \mathrm{d}\overline{\boldsymbol{X}}=\boldsymbol{H}^{-1}\cdot\mathrm{d}\boldsymbol{X},\quad \overline{\boldsymbol{F}}=\boldsymbol{F}\cdot\boldsymbol{H} \tag{9.74}$$

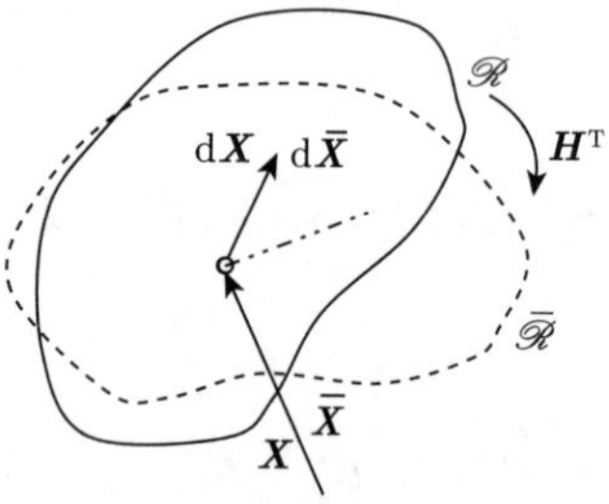

图 9.7 参考构形变换

描述微极介质的构形变换不仅要考虑位置向量 $\boldsymbol{X}$ 和变换 $\boldsymbol{H}$，还需要考虑独立的质点方位 $\boldsymbol{D}_K$ 和相应的构形变换，因为两种对称性可以不同，因此应该引入另一参考构形变换 $\boldsymbol{P}$。由于 $\boldsymbol{P}$ 只变换方位，所以定义为从参考构形 $\mathscr{R}$ 到 $\bar{\mathscr{R}}$ 的正交变换。方向子 $\boldsymbol{D}_K$ 和转动张量 $\boldsymbol{\chi}=\boldsymbol{d}_k\boldsymbol{D}_K$ 的构形变换为

$$\overline{\boldsymbol{D}}_K=\boldsymbol{P}\cdot\boldsymbol{D}_K,\quad \overline{\boldsymbol{\chi}}=\boldsymbol{d}_k\overline{\boldsymbol{D}}_K=\boldsymbol{\chi}\cdot\boldsymbol{P}^{\mathrm{T}}$$

$$\text{或}\ \overline{\boldsymbol{D}}_{K'}=P_{K'}{}^{K}\boldsymbol{D}_K,\quad \overline{\chi}^{kK'}=P^{K'}{}_{K}\chi^{kK} \tag{9.75}$$

第 9.4.3 小节指出，满足客观性要求的本构变量是 $\boldsymbol{E}^{*}(\boldsymbol{X},\tau)$ 和 $\boldsymbol{\Gamma}(\boldsymbol{X},\tau)$，下面讨论两者的构形变换。由式 (9.7)，考虑式 $(9.74)_3$、式 $(9.75)_2$，得到

$$\overline{\boldsymbol{E}}^{*}=\boldsymbol{H}^{\mathrm{T}}\cdot\boldsymbol{E}^{*}\cdot\boldsymbol{P}^{\mathrm{T}} \tag{9.76}$$

由式 (9.17)，注意到

$$\boldsymbol{\chi}=\boldsymbol{d}_k\boldsymbol{D}_K,\quad \boldsymbol{d}_k\nabla_{\boldsymbol{x}}=\boldsymbol{d}_k\nabla\cdot\boldsymbol{F}^{-1}\quad(\nabla\equiv\nabla_{\boldsymbol{X}}) \tag{9.77}$$

可见构形变换 $\boldsymbol{H}$ 和 $\boldsymbol{P}$ 都会影响 $\overline{\boldsymbol{\Gamma}}$。为了建立 $\overline{\boldsymbol{\Gamma}}$ 的变换，文献 [48] 引入 $\boldsymbol{\Gamma}$ 的另一个表达式用于对称性分析：

$$\boldsymbol{\Gamma}=\boldsymbol{\chi}^{\mathrm{T}}\cdot\boldsymbol{c}\cdot\boldsymbol{F}-\boldsymbol{B} \tag{9.78}$$

$$\boldsymbol{B}=\boldsymbol{D}_K\times\boldsymbol{D}_K\boldsymbol{\nabla},\quad \boldsymbol{c}=\boldsymbol{d}_k\times\boldsymbol{d}_k\boldsymbol{\nabla}_{\boldsymbol{x}} \tag{9.78a}$$

$\boldsymbol{B}$ 和 $\boldsymbol{c}$ 分别是参考构形和即时构形微结构曲率张量，表示变形前后方向子的方向随位置的变化，$\boldsymbol{\chi}^{\mathrm{T}}\cdot\boldsymbol{c}\cdot\boldsymbol{F}$ 将 $\boldsymbol{c}$ 变换到参考构形，与 $\boldsymbol{B}$ 的差可描述转动变形。$\boldsymbol{c}$ 不依赖参考构形。式 (9.78) 可以更清楚地表示 $\boldsymbol{\varGamma}$ 与参考构形的关系。利用式 (9.75)，可得到构形变换后的 $\overline{\boldsymbol{\varGamma}}$ 和 $\overline{\boldsymbol{B}}$

$$\overline{\boldsymbol{\varGamma}}=(\det\boldsymbol{P})\boldsymbol{P}\cdot\boldsymbol{\varGamma}\cdot\boldsymbol{H}+\boldsymbol{L},\quad \overline{\boldsymbol{B}}=(\det\boldsymbol{P})\boldsymbol{P}\cdot\boldsymbol{B}\cdot\boldsymbol{H}-\boldsymbol{L} \tag{9.79}$$

式中，$\det\boldsymbol{P}$ 是轴张量正交变换中引入的，$\boldsymbol{L}$ 的定义为

$$\boldsymbol{L}=\boldsymbol{P}\cdot\boldsymbol{Z}\cdot\boldsymbol{H},\quad \boldsymbol{Z}=\frac{1}{2}\boldsymbol{\varepsilon}:\left(\boldsymbol{P}^{\mathrm{T}}\cdot\boldsymbol{P}\boldsymbol{\nabla}\right) \tag{9.79a}$$

与 $\boldsymbol{\varGamma}$ 的定义式 (9.17) 比较，可见 $\boldsymbol{Z}$ 是正交变换 $\boldsymbol{P}$ 对应的“扭曲变形”，$\boldsymbol{Z}$ 构形变换后为 $\boldsymbol{L}$。

式 (9.79) 表明，$\overline{\boldsymbol{B}}$ 和 $\overline{\boldsymbol{\varGamma}}$ 涉及构形变换本身“变形”，即 $\boldsymbol{P}$ 产生的附加扭曲变形，$\boldsymbol{L}$ 是关于附加曲率变形的独立变换，需要在构形变换中考虑。

9.4.4.2 物质对称性要求

将三个独立的构形变换作为一个三元变换组 $(\boldsymbol{H},\boldsymbol{P},\boldsymbol{L})$，其中 $\boldsymbol{H}$ 为等体积变换，属于幺模群，$\boldsymbol{P}$ 是正交变换，属于正交变换群，$\boldsymbol{L}$ 在式 (9.79) 中是线性变换，属于线性变换群。变量 $(\boldsymbol{E}^*,\boldsymbol{\varGamma};\boldsymbol{X},\boldsymbol{B})$ 经过构形变换式 (9.76)、式 (9.79)、式 (9.79a)，变为 $\left(\overline{\boldsymbol{E}}^*,\overline{\boldsymbol{\varGamma}};\boldsymbol{X},\overline{\boldsymbol{B}}\right)$。

下面考虑等温情况。若构形变换 $(\boldsymbol{H},\boldsymbol{P},\boldsymbol{L})$ 前后自由能泛函保持形式不变，即

$$\psi\left(\overline{\boldsymbol{E}}^*(\boldsymbol{X},\tau),\overline{\boldsymbol{\varGamma}}(\boldsymbol{X},\tau);\overline{\boldsymbol{B}}\right)=\psi\left(\boldsymbol{E}^*(\boldsymbol{X},\tau),\boldsymbol{\varGamma}(\boldsymbol{X},\tau);\boldsymbol{B}\right) \tag{9.80a}$$

则 $(\boldsymbol{H},\boldsymbol{P},\boldsymbol{L})$ 属于材料对称群。类似地，可以得到等温情况下其他本构关系 (空间描述) 的形式不变性

$$\boldsymbol{t}\left(\overline{\boldsymbol{E}}^*(\boldsymbol{X},\tau),\overline{\boldsymbol{\varGamma}}(\boldsymbol{X},\tau);\overline{\boldsymbol{B}}\right)=\boldsymbol{t}\left(\boldsymbol{E}^*(\boldsymbol{X},\tau),\boldsymbol{\varGamma}(\boldsymbol{X},\tau);\boldsymbol{B}\right) \tag{9.80b}$$

$$\boldsymbol{m}\left(\overline{\boldsymbol{E}}^*(\boldsymbol{X},\tau),\overline{\boldsymbol{\varGamma}}(\boldsymbol{X},\tau);\overline{\boldsymbol{B}}\right)=\boldsymbol{m}\left(\boldsymbol{E}^*(\boldsymbol{X},\tau),\boldsymbol{\varGamma}(\boldsymbol{X},\tau);\boldsymbol{B}\right) \tag{9.80c}$$

式中，$\boldsymbol{B}$ 是参考构形方向子场 $\boldsymbol{D}_K$ 的曲率，不是本构变量。

由式 $(9.40\mathrm{a})_3$、式 $(9.74)_3$ 和式 $(9.75)_2$，$\boldsymbol{t}=J^{-1}\boldsymbol{F}\cdot\boldsymbol{T}\cdot\boldsymbol{\chi}^{\mathrm{T}}=J^{-1}\overline{\boldsymbol{F}}\cdot\overline{\boldsymbol{T}}\cdot\overline{\boldsymbol{\chi}}^{\mathrm{T}}=J^{-1}\boldsymbol{F}\cdot\boldsymbol{H}\cdot\overline{\boldsymbol{T}}\cdot\boldsymbol{P}\cdot\boldsymbol{\chi}^{\mathrm{T}}$, 因而 $\overline{\boldsymbol{T}}=\boldsymbol{H}^{-1}\cdot\boldsymbol{T}\cdot\boldsymbol{P}^{-1}$，所以物质描述的形式不变性为

$$\overline{\boldsymbol{T}}\left(\overline{\boldsymbol{E}}^*(\boldsymbol{X},\tau),\overline{\boldsymbol{\varGamma}}(\boldsymbol{X},\tau);\overline{\boldsymbol{B}}\right)=\boldsymbol{H}^{-1}\cdot\boldsymbol{T}\left(\boldsymbol{E}^*(\boldsymbol{X},\tau),\boldsymbol{\varGamma}(\boldsymbol{X},\tau);\boldsymbol{B}\right)\cdot\boldsymbol{P}^{-1} \tag{9.80d}$$

$$\overline{\boldsymbol{M}}\left(\overline{\boldsymbol{E}}^*(\boldsymbol{X},\tau),\overline{\boldsymbol{\varGamma}}(\boldsymbol{X},\tau);\overline{\boldsymbol{B}}\right)=\boldsymbol{H}^{-1}\cdot\boldsymbol{M}\left(\boldsymbol{E}^*(\boldsymbol{X},\tau),\boldsymbol{\varGamma}(\boldsymbol{X},\tau);\boldsymbol{B}\right)\cdot\boldsymbol{P}^{-1} \tag{9.80e}$$

式 (9.80) 是微极介质物质对称性对本构泛函的要求，其中 $\left(\overline{\boldsymbol{E}}^*,\overline{\boldsymbol{\varGamma}},\overline{\boldsymbol{B}}\right)$ 由构形变换式 (9.76)、式 (9.79)、式 (9.79a) 给出。在由对称群中的变换得到的构形中，材料性质与原参考构形 $\mathscr{R}$ 中相同。

对称群依赖于一个给定的参考构形 (例如前面用到的 $\mathscr{R}$)，如果该构形改变，相应的新对称群可用第 5.5.2 小节所述的方法生成。

9.4.4.3 本构方程的其他形式和简单理想微极物质

材料对称群的研究可以用于精确定义流体、固体、流晶等理想微极物质，以及引入各向同性、半各向同性或各向异性微极介质等。

首先讨论本构方程的某些其他形式。由式 (9.32) 和式 (9.33)，得到

$$\boldsymbol{E}^*(\tau)=\boldsymbol{F}^{\mathrm{T}}(t)\cdot\boldsymbol{E}^*_{(t)}(\tau)\cdot\boldsymbol{\chi}(t),\quad \boldsymbol{\Gamma}(\tau)=\boldsymbol{\chi}^{\mathrm{T}}(t)\cdot\boldsymbol{\Gamma}_{(t)}(\tau)\cdot\boldsymbol{F}(t)+\boldsymbol{\Gamma}(t)$$

由于 $\boldsymbol{E}^*\cdot\boldsymbol{E}^{*\mathrm{T}}=\boldsymbol{F}^{\mathrm{T}}\cdot\boldsymbol{F}=\boldsymbol{C}$，$\boldsymbol{F}=\boldsymbol{R}\cdot\boldsymbol{C}^{1/2}=\boldsymbol{R}\cdot\left(\boldsymbol{E}^*\cdot\boldsymbol{E}^{*\mathrm{T}}\right)^{1/2}$，$\boldsymbol{\chi}=\boldsymbol{F}^{-\mathrm{T}}\cdot\boldsymbol{E}^*$，所以 $\boldsymbol{F}(t)$ 和 $\boldsymbol{\chi}(t)$ 可以用 $\boldsymbol{E}^*(t)$ 和正交张量 $\boldsymbol{R}(t)$ 表示，$\boldsymbol{E}^*(\tau)$、$\boldsymbol{\Gamma}(\tau)$ 可以用 $\boldsymbol{E}^*_{(t)}(\tau)$，$\boldsymbol{\Gamma}_{(t)}(\tau)$ 和 $\boldsymbol{E}^*(t)$，$\boldsymbol{R}(t)$ 表示，因此等温情况下的本构方程式 (9.73a) 可以表示为

$$\boldsymbol{t}(\boldsymbol{X},t)=\boldsymbol{\chi}(t)\cdot\boldsymbol{f}_2\left(\boldsymbol{E}^*_{(t)}(\boldsymbol{X},\tau),\boldsymbol{\Gamma}_{(t)}(\boldsymbol{X},\tau);\boldsymbol{E}^*(\boldsymbol{X},t),\boldsymbol{\Gamma}(\boldsymbol{X},t),\boldsymbol{R}(t),\boldsymbol{X}\right)\cdot\boldsymbol{\chi}^{\mathrm{T}}(t)$$

如果取时空系的刚性转动 $\boldsymbol{Q}=\boldsymbol{R}^{\mathrm{T}}(t)$，注意到

$$\bar{\chi}=\boldsymbol{Q}\cdot\chi=\boldsymbol{R}^{\mathrm{T}}\cdot\chi,\quad \overline{\boldsymbol{R}}=\boldsymbol{R}^{\mathrm{T}}\cdot\boldsymbol{R}=\boldsymbol{I},\quad \bar{\boldsymbol{t}}=\boldsymbol{Q}\cdot\boldsymbol{t}\cdot\boldsymbol{Q}^{\mathrm{T}}=\boldsymbol{R}^{\mathrm{T}}\cdot\boldsymbol{t}\cdot\boldsymbol{R} \tag{a}$$

上面加线“$-$”表示转动时空系中的变量。$\boldsymbol{E}^*_{(t)}$、$\boldsymbol{\Gamma}_{(t)}$、$\boldsymbol{E}^*$、$\boldsymbol{\Gamma}$ 与时空系无关，所以

$$\overline{\boldsymbol{E}}^*_{(t)}=\boldsymbol{E}^*_{(t)},\quad \overline{\boldsymbol{\Gamma}}_{(t)}=\boldsymbol{\Gamma}_{(t)},\quad \overline{\boldsymbol{E}}^*=\boldsymbol{E}^*,\quad \overline{\boldsymbol{\Gamma}}=\boldsymbol{\Gamma} \tag{b}$$

根据本构方程的客观性 (标架不变性)，有

$$\bar{\boldsymbol{t}}(\boldsymbol{X},t)=\overline{\boldsymbol{\chi}}(t)\cdot\boldsymbol{f}_2\left(\overline{\boldsymbol{E}}^*_{(t)}(\boldsymbol{X},\tau),\overline{\boldsymbol{\Gamma}}_{(t)}(\boldsymbol{X},\tau);\overline{\boldsymbol{E}}^*(\boldsymbol{X},t),\overline{\boldsymbol{\Gamma}}(\boldsymbol{X},t),\overline{\boldsymbol{R}}(t),\boldsymbol{X}\right)\cdot\overline{\boldsymbol{\chi}}^{\mathrm{T}}(t)$$

将式 (a) 和式 (b) 代入上式和偶应力张量、自由能表达式，得到

$$\boldsymbol{t}(\boldsymbol{X},t)=\boldsymbol{\chi}(t)\cdot\boldsymbol{f}_2\left(\boldsymbol{E}^*_{(t)}(\boldsymbol{X},\tau),\boldsymbol{\Gamma}_{(t)}(\boldsymbol{X},\tau);\boldsymbol{E}^*(\boldsymbol{X},t),\boldsymbol{\Gamma}(\boldsymbol{X},t),\boldsymbol{X}\right)\cdot\boldsymbol{\chi}^{\mathrm{T}}(t) \tag{9.81a}$$

$$\boldsymbol{m}(\boldsymbol{X},t)=\boldsymbol{\chi}(t)\cdot\boldsymbol{h}_2\left(\boldsymbol{E}^*_{(t)}(\boldsymbol{X},\tau),\boldsymbol{\Gamma}_{(t)}(\boldsymbol{X},\tau);\boldsymbol{E}^*(\boldsymbol{X},t),\boldsymbol{\Gamma}(\boldsymbol{X},t),\boldsymbol{X}\right)\cdot\boldsymbol{\chi}^{\mathrm{T}}(t) \tag{9.81b}$$

$$\psi(\boldsymbol{X},t)=\hat{\psi}\left(\boldsymbol{E}^*_{(t)}(\boldsymbol{X},\tau),\boldsymbol{\Gamma}_{(t)}(\boldsymbol{X},\tau);\boldsymbol{E}^*(\boldsymbol{X},t),\boldsymbol{\Gamma}(\boldsymbol{X},t),\boldsymbol{X}\right) \tag{9.81c}$$

式 (9.81a) 是经典介质本构方程式 (5.74) 的推广。

若微极介质是各向同性的，$\mathscr{R}$ 为非畸变构形 (见第 5.5.3 小节)，则构形变换组 $(\boldsymbol{H},\boldsymbol{P},\boldsymbol{L})$ 分别为 $(\boldsymbol{Q},\boldsymbol{Q},\boldsymbol{0})$ 时 ($\boldsymbol{Q}$ 是任意正交变换)，本构方程式 (9.81) 保持形式不变，即

$$\bar{\boldsymbol{t}}(\boldsymbol{X},t)=\overline{\boldsymbol{\chi}}(t)\cdot\boldsymbol{f}_2\left(\overline{\boldsymbol{E}}^*_{(t)}(\boldsymbol{X},\tau),\overline{\boldsymbol{\Gamma}}_{(t)}(\boldsymbol{X},\tau);\overline{\boldsymbol{E}}^*(\boldsymbol{X},t),\overline{\boldsymbol{\Gamma}}(\boldsymbol{X},t),\boldsymbol{X}\right)\cdot\overline{\boldsymbol{\chi}}^{\mathrm{T}}(t) \tag{c}$$

由于 $\bar{\boldsymbol{t}}=\boldsymbol{t}$，以及 $\overline{\boldsymbol{E}}^*_{(t)}=\boldsymbol{E}^*_{(t)}$、$\overline{\boldsymbol{\Gamma}}_{(t)}=\boldsymbol{\Gamma}_{(t)}$(与 t 时刻参考构形 $\mathscr{r}(t)$ 的变换无关)，所以

$$\boldsymbol{t}(\boldsymbol{X},t)=\overline{\boldsymbol{\chi}}(t)\cdot\boldsymbol{f}_2\left(\boldsymbol{E}^*_{(t)}(\boldsymbol{X},\tau),\boldsymbol{\Gamma}_{(t)}(\boldsymbol{X},\tau);\overline{\boldsymbol{E}}^*(\boldsymbol{X},t),\overline{\boldsymbol{\Gamma}}(\boldsymbol{X},t),\boldsymbol{X}\right)\cdot\overline{\boldsymbol{\chi}}^{\mathrm{T}}(t) \tag{d}$$

若取 $\boldsymbol{P}=\boldsymbol{\chi}$、$\boldsymbol{H}=\boldsymbol{\chi}^{\mathrm{T}}$，由式 $(9.75)_2$、式 (9.76)、式 $(9.79)_1$、式 (9.9)、式 (9.18)，有

$$\bar{\chi}=\boldsymbol{i},\quad \overline{\boldsymbol{E}}^*=\boldsymbol{\chi}\cdot\boldsymbol{E}^*\cdot\boldsymbol{\chi}^{\mathrm{T}}=\boldsymbol{e}^*,\quad \overline{\boldsymbol{\Gamma}}=\boldsymbol{\chi}\cdot\boldsymbol{\Gamma}\cdot\boldsymbol{\chi}^{\mathrm{T}}=\boldsymbol{\gamma}$$

将上式代入式 (d)，并用于偶应力张量 $\boldsymbol{m}$，得到各向同性微极介质的本构关系：

$$\boldsymbol{t}(\boldsymbol{X},t)=\boldsymbol{f}_3\left(\boldsymbol{E}_{(t)}^*(\boldsymbol{X},\tau),\boldsymbol{\Gamma}_{(t)}(\boldsymbol{X},\tau);\boldsymbol{e}^*(\boldsymbol{X},t),\boldsymbol{\gamma}(\boldsymbol{X},t),\boldsymbol{X}\right) \tag{9.82a}$$

$$\boldsymbol{m}(\boldsymbol{X},t)=\boldsymbol{h}_3\left(\boldsymbol{E}_{(t)}^*(\boldsymbol{X},\tau),\boldsymbol{\Gamma}_{(t)}(\boldsymbol{X},\tau);\boldsymbol{e}^*(\boldsymbol{X},t),\boldsymbol{\gamma}(\boldsymbol{X},t),\boldsymbol{X}\right) \tag{9.82b}$$

式 (9.82a) 是经典介质本构方程式 (5.76) 的推广。

类似第 5.6.2 小节 ~ 第 5.6.4 小节的分析，根据微极介质对称群的特点可以定义各种理想物质。

(1) 简单微极流体。通常流体是各向同性的，并具有最广泛的物质对称性，构形变换组 $(\boldsymbol{H},\boldsymbol{P},\boldsymbol{L})$ 的三个变换相应的群各自包含全部变换 (全部等体积变换、正交变换、线性变换)，变换必须是等体积的，即等质量密度 ρ，并保持微转动惯性 $\boldsymbol{j}$ 不变。微极流体的定义为：如果有参考构形 $\mathscr{R}$ 是非畸变构形，使得相对于 $\mathscr{R}$ 的材料对称群 $(\boldsymbol{H},\boldsymbol{P},\boldsymbol{L})$ 分别为，$\boldsymbol{H}$ 是全部等体积变换；$\boldsymbol{P}$ 是全部正交变换；$\boldsymbol{L}$ 是全部线性变换。这样的物质称为微极流体。

这说明应力和偶应力张量在 ρ 和 $\boldsymbol{j}$ 不变情况下不受参考构形的影响。一般说来，参考构形的选择影响变形度量 (变形张量)，所以这也意味着本构变量中依赖初始参考构形的 $\boldsymbol{e}^*(t)$、$\boldsymbol{\gamma}(t)$ 可以由当前密度 $\rho(t)$ 和微惯性 $\boldsymbol{j}(t)$ 替代。因此，对于微极流体，本构关系式 (9.82) 可以表为

$$\boldsymbol{t}(\boldsymbol{X},t)=\boldsymbol{f}_3\left(\boldsymbol{E}_{(t)}^*(\boldsymbol{X},\tau),\boldsymbol{\Gamma}_{(t)}(\boldsymbol{X},\tau);\rho(t),\boldsymbol{j}(t),\boldsymbol{X}\right) \tag{9.83a}$$

$$\boldsymbol{m}(\boldsymbol{X},t)=\boldsymbol{h}_3\left(\boldsymbol{E}_{(t)}^*(\boldsymbol{X},\tau),\boldsymbol{\Gamma}_{(t)}(\boldsymbol{X},\tau);\rho(t),\boldsymbol{j}(t),\boldsymbol{X}\right) \tag{9.83b}$$

式 (9.83a) 是经典流体本构关系式 (5.79) 的推广，本构泛函中的 $\boldsymbol{X}$ 表示物质的非均匀性，可以略去。根据记忆公理，$\boldsymbol{E}_{(t)}^*(\tau)$、$\boldsymbol{\Gamma}_{(t)}(\tau)$ 可以在 t 时刻对 τ 展成 Taylor 级数、保留低阶项，因而式 (9.83) 可借助 R-E 张量 $\boldsymbol{a}_i$、$\boldsymbol{b}_i$ 表示为

$$\boldsymbol{t}(\boldsymbol{X},t)=\boldsymbol{f}\left(\boldsymbol{a}_1(t),\boldsymbol{a}_2(t),\cdots,\boldsymbol{b}_1(t),\boldsymbol{b}_2(t),\cdots;\rho(t),\boldsymbol{j}(t)\right) \tag{9.84a}$$

$$\boldsymbol{m}(\boldsymbol{X},t)=\boldsymbol{h}\left(\boldsymbol{a}_1(t),\boldsymbol{a}_2(t),\cdots,\boldsymbol{b}_1(t),\boldsymbol{b}_2(t),\cdots;\rho(t),\boldsymbol{j}(t)\right) \tag{9.84b}$$

(2) 简单微极固体。固体可以有不同程度的物质对称性，对称群是部分正交变换，也可能是各向异性的 (对称群只包含反向变换) 或各向同性的 (对称群是全部正交变换)，本构方程依赖给定的参考构形 (作为非畸变构形)，非畸变构形不是任意的。微极固体的定义是：如果有一个非畸变参考构形 $\mathscr{R}$，使得相对于 $\mathscr{R}$ 的材料对称群 $(\boldsymbol{H},\boldsymbol{P},\boldsymbol{L})=(\boldsymbol{O},\boldsymbol{O},\boldsymbol{0})$，$\boldsymbol{O}$ 是正交变换子群，这样的物质称为微极固体。

所以，一般热力本构方程式 (9.73) 的本构变量中必然包括基于初始参考构形 $\mathscr{R}$ 的变量。另一方面，外载荷不变时固体的状态不变，所以本构方程与变形率无关。以 $\boldsymbol{E}^*(\tau)=\boldsymbol{E}^*(t)+\dot{\boldsymbol{E}}^*(t)(\tau-t)+\cdots$ 为例，式 (9.73) 的本构变量应为 $\boldsymbol{E}^*(t)$ 不含 $\dot{\boldsymbol{E}}^*(t),\cdots$，即

$$\boldsymbol{t}(\boldsymbol{X},t)=\hat{\boldsymbol{t}}\left(\boldsymbol{E}^*(\boldsymbol{X},t),\boldsymbol{\Gamma}(\boldsymbol{X},t),\theta(\boldsymbol{X},t),\boldsymbol{\nabla}\theta(\boldsymbol{X},t)\right) \tag{9.85a}$$

$$\boldsymbol{m}(\boldsymbol{X},t)=\hat{\boldsymbol{m}}\left(\boldsymbol{E}^*(\boldsymbol{X},t),\boldsymbol{\Gamma}(\boldsymbol{X},t),\theta(\boldsymbol{X},t),\boldsymbol{\nabla}\theta(\boldsymbol{X},t)\right) \tag{9.85b}$$

$$\psi(\boldsymbol{X},t)=\hat{\psi}\left(\boldsymbol{E}^*(\boldsymbol{X},t),\boldsymbol{\Gamma}(\boldsymbol{X},t),\theta(\boldsymbol{X},t),\boldsymbol{\nabla}\theta(\boldsymbol{X},t)\right) \tag{9.85c}$$

(3) 简单微极流晶 (液晶)。流晶可能是固体形态或流体形态，有不同的对称群。微极流晶的定义是：如果材料对称群 $(\boldsymbol{H}, \boldsymbol{P}, \boldsymbol{L})$ 不是全部等体积变换、全部正交变换、全部线性变换，只是其中的部分元素，这些元素不仅仅是正交变换，这样的物质称为微极流晶。

显然流晶的定义不同于固体也不同于流体，所以流晶既非固体也非流体，但兼有两者性质。等温流晶的一般本构关系为式 (9.81)，本构变量中既含变形张量也含变形率张量。

9.5 微极弹性固体

9.5.1 本构关系的热力学限制

热弹性固体一般本构关系式 (9.85) 考虑了客观性和物质对称性要求，本节引入热力学限制。由式 (9.85c)，有

$$\dot{\psi} = \frac{\partial \psi}{\partial \boldsymbol{E}^*} : \dot{\boldsymbol{E}}^* + \frac{\partial \psi}{\partial \boldsymbol{\Gamma}^{\mathrm{T}}} : \dot{\boldsymbol{\Gamma}}^{\mathrm{T}} + \frac{\partial \psi}{\partial \theta}\dot{\theta} + \frac{\partial \psi}{\partial \boldsymbol{\nabla}\theta} \cdot \boldsymbol{\nabla}\dot{\theta} \tag{9.86a}$$

由式 (9.25) 和式 (9.26)，有

$$\left.\begin{aligned} &\boldsymbol{\nabla v} + \boldsymbol{\psi} = \boldsymbol{F}^{-\mathrm{T}} \cdot \dot{\boldsymbol{E}}^* \cdot \boldsymbol{\chi}^{\mathrm{T}}, \quad \boldsymbol{t} : (\boldsymbol{\nabla v} + \boldsymbol{\psi}) = \boldsymbol{t} : \left(\boldsymbol{F}^{-\mathrm{T}} \cdot \dot{\boldsymbol{E}}^* \cdot \boldsymbol{\chi}^{\mathrm{T}}\right) = \left(\boldsymbol{F}^{-1} \cdot \boldsymbol{t} \cdot \boldsymbol{\chi}\right) : \dot{\boldsymbol{E}}^* \\ &\boldsymbol{\nabla\omega} = \boldsymbol{F}^{-\mathrm{T}} \cdot \dot{\boldsymbol{\Gamma}}^{\mathrm{T}} \cdot \boldsymbol{\chi}^{\mathrm{T}}, \quad \boldsymbol{m} : \boldsymbol{\nabla\omega} = \boldsymbol{m} : \left(\boldsymbol{F}^{-\mathrm{T}} \cdot \dot{\boldsymbol{\Gamma}}^{\mathrm{T}} \cdot \boldsymbol{\chi}^{\mathrm{T}}\right) = \left(\boldsymbol{F}^{-1} \cdot \boldsymbol{m} \cdot \boldsymbol{\chi}\right) : \dot{\boldsymbol{\Gamma}}^{\mathrm{T}} \end{aligned}\right\} \tag{9.86b}$$

将式 (9.86) 代入空间描述的熵不等式 (9.67a)，得到

$$\begin{aligned} -\left(\frac{\partial \psi}{\partial \theta} + \eta\right)\dot{\theta} - \frac{\partial \psi}{\partial \boldsymbol{\nabla}\theta} \cdot \boldsymbol{\nabla}\dot{\theta} + \left(\frac{1}{\rho}\boldsymbol{F}^{-1} \cdot \boldsymbol{t} \cdot \boldsymbol{\chi} - \frac{\partial \psi}{\partial \boldsymbol{E}^*}\right) : \dot{\boldsymbol{E}}^* + \\ \left(\frac{1}{\rho}\boldsymbol{F}^{-1} \cdot \boldsymbol{m} \cdot \boldsymbol{\chi} - \frac{\partial \psi}{\partial \boldsymbol{\Gamma}^{\mathrm{T}}}\right) : \dot{\boldsymbol{\Gamma}}^{\mathrm{T}} - \frac{1}{\rho\theta}\boldsymbol{q} \cdot \boldsymbol{\nabla}_{\boldsymbol{x}}\theta \geqslant 0 \end{aligned} \tag{9.86c}$$

式 (9.86c) 对任意的时间变率成立，充分必要条件是

$$\eta = -\frac{\partial \psi}{\partial \theta}, \quad \frac{\partial \psi}{\partial \boldsymbol{\nabla}\theta} = \boldsymbol{0}, \quad \boldsymbol{t} = \rho \boldsymbol{F} \cdot \frac{\partial \psi}{\partial \boldsymbol{E}^*} \cdot \boldsymbol{\chi}^{\mathrm{T}}, \quad \boldsymbol{m} = \rho \boldsymbol{F} \cdot \frac{\partial \psi}{\partial \boldsymbol{\Gamma}^{\mathrm{T}}} \cdot \boldsymbol{\chi}^{\mathrm{T}} \tag{9.87a}$$

$$-\frac{1}{\rho\theta}\boldsymbol{q} \cdot \boldsymbol{\nabla}_{\boldsymbol{x}}\theta \geqslant 0 \tag{9.87b}$$

将 $\dot{\psi}$ 代入物质描述的熵不等式 (9.67b)，得到

$$\begin{gathered} -\left(\frac{\partial \psi}{\partial \theta} + \eta\right)\dot{\theta} - \frac{\partial \psi}{\partial \boldsymbol{\nabla}\theta} \cdot \boldsymbol{\nabla}\dot{\theta} + \left(\frac{1}{\rho_0}\boldsymbol{T} - \frac{\partial \psi}{\partial \boldsymbol{E}^*}\right) : \dot{\boldsymbol{E}}^* + \\ \left(\frac{1}{\rho_0}\boldsymbol{M} - \frac{\partial \psi}{\partial \boldsymbol{\Gamma}^{\mathrm{T}}}\right) : \dot{\boldsymbol{\Gamma}}^{\mathrm{T}} - \frac{1}{\rho_0\theta}\boldsymbol{q}_0 \cdot \boldsymbol{\nabla}_{\boldsymbol{X}}\theta \geqslant 0 \end{gathered}$$

$$\eta = -\frac{\partial \psi}{\partial \theta}, \quad \frac{\partial \psi}{\partial \boldsymbol{\nabla}\theta} = \boldsymbol{0}, \quad \boldsymbol{T} = \rho_0 \frac{\partial \psi}{\partial \boldsymbol{E}^*}, \quad \boldsymbol{M} = \rho_0 \frac{\partial \psi}{\partial \boldsymbol{\Gamma}^{\mathrm{T}}} \tag{9.88a}$$

$$-\frac{1}{\rho_0\theta}\boldsymbol{q}_0 \cdot \boldsymbol{\nabla}_{\boldsymbol{X}}\theta \geqslant 0 \tag{9.88b}$$

式 (9.87) 和式 (9.88) 是空间描述和物质描述的简单微极热弹性体的本构方程。

9.5.2 非线性各向同性微极弹性本构方程

由式 (9.87) 和式 (9.88) 可见，只要给定函数 ψ 便可确定本构方程，但 ψ 是两个非对称变形张量的一般函数，非常复杂，很难应用表示定理得到函数形式，因此下面主要研究各向同性微极介质。第 6.4.2 小节给出经典介质非热超弹性 (Hyperelasticity) 本构关系，本节讨论微极情况。假设超弹性体存在应变能，等于应力所做的功，由式 (9.65)，有

$$\dot{\Sigma}=\rho_0\dot{W}=\rho_0\frac{\partial W}{\partial \boldsymbol{E}^*}:\dot{\boldsymbol{E}}^*+\rho_0\frac{\partial W}{\partial \boldsymbol{\Gamma}^{\mathrm{T}}}:\dot{\boldsymbol{\Gamma}}^{\mathrm{T}}=\boldsymbol{T}:\dot{\boldsymbol{E}}^*+\boldsymbol{M}:\dot{\boldsymbol{\Gamma}}^{\mathrm{T}}=w$$

式中，Σ 和 W 是单位体积和单位质量的应变能。在绝热条件 ($h=0$, $\boldsymbol{q}=\boldsymbol{0}$) 下，由能量方程式 (9.64b)，$W=e$；在等温条件下 ($\boldsymbol{\nabla}\theta=\boldsymbol{0}$, $\dot{\theta}=0$)，由熵不等式 (9.67b)(取等号)，$W=\psi$。所以，非线性微极超弹性一般本构关系为

$$\boldsymbol{T}=\rho_0\frac{\partial W}{\partial \boldsymbol{E}^*},\quad \boldsymbol{M}=\rho_0\frac{\partial W}{\partial \boldsymbol{\Gamma}^{\mathrm{T}}}\tag{9.89a}$$

利用式 $(9.40\mathrm{a})_3$ 和式 $(9.46\mathrm{a})_3$，得到

$$\boldsymbol{t}=\rho\boldsymbol{F}\cdot\frac{\partial W}{\partial \boldsymbol{E}^*}\cdot\boldsymbol{\chi}^{\mathrm{T}},\quad \boldsymbol{m}=\rho\boldsymbol{F}\cdot\frac{\partial W}{\partial \boldsymbol{\Gamma}^{\mathrm{T}}}\cdot\boldsymbol{\chi}^{\mathrm{T}}\tag{9.89b}$$

如果能够给定应变能函数，便可由式 (9.89) 得到具体形式的超弹性本构方程。

下面讨论各向同性超弹性微极介质。根据表示定理，以两个非对称二阶张量 $\boldsymbol{E}^*$、$\boldsymbol{\Gamma}$ 为变量的各向同性标量值函数 W，有 15 个独立的整基

$$\left.\begin{array}{l}I_1=\mathrm{tr}\boldsymbol{E}^*,\ I_2=\mathrm{tr}\boldsymbol{E}^{*2},\ I_3=\mathrm{tr}\boldsymbol{E}^{*3},\ I_4=\mathrm{tr}\boldsymbol{E}^*\cdot\boldsymbol{E}^{*\mathrm{T}},\ I_5=\mathrm{tr}\boldsymbol{E}^{*2}\cdot\boldsymbol{E}^{*\mathrm{T}}\\ I_6=\mathrm{tr}\boldsymbol{E}^{*2}\cdot\boldsymbol{E}^{*\mathrm{T}2},\ I_7=\mathrm{tr}\boldsymbol{E}^*\cdot\boldsymbol{\Gamma},\ I_8=\mathrm{tr}\boldsymbol{E}^{*2}\cdot\boldsymbol{\Gamma},\ I_9=\mathrm{tr}\boldsymbol{E}^*\cdot\boldsymbol{\Gamma}^2,\ I_{10}=\mathrm{tr}\boldsymbol{\Gamma}\\ I_{11}=\mathrm{tr}\boldsymbol{\Gamma}^2,\ I_{12}=\mathrm{tr}\boldsymbol{\Gamma}^3,\ I_{13}=\mathrm{tr}\boldsymbol{\Gamma}\cdot\boldsymbol{\Gamma}^{\mathrm{T}},\ I_{14}=\mathrm{tr}\boldsymbol{\Gamma}^2\cdot\boldsymbol{\Gamma}^{\mathrm{T}},\ I_{15}=\mathrm{tr}\boldsymbol{\Gamma}^2\cdot\boldsymbol{\Gamma}^{\mathrm{T}2}\end{array}\right\}\tag{9.90}$$

W 可以表为 15 个整基的函数

$$W=W\left(I_1,\ I_2,\ \cdots,\ I_{15}\right)\tag{9.91}$$

将式 (9.91) 代入式 (9.89a)，得到各向同性非线性微极超弹性本构方程 (物质描述)

$$T^{KL}=\rho_0\sum_{i=1}^{9}\frac{\partial W}{\partial I_i}\frac{\partial I_i}{\partial E^*_{KL}},\quad M^{KL}=\rho_0\sum_{i=7}^{15}\frac{\partial W}{\partial I_i}\frac{\partial I_i}{\partial \Gamma_{LK}}\tag{9.92a}$$

利用式 (9.9)、式 (9.18) 和应变能的客观性，W 也可以表示为变形张量 $\boldsymbol{e}^*$、$\boldsymbol{\gamma}$ 的函数，相应的空间描述的本构关系为

$$t^{kl}=\rho e^{*k}{}_{m}\frac{\partial W}{\partial e^*_{lm}}=\rho e^{*k}{}_{m}\sum_{i=1}^{9}\frac{\partial W}{\partial I_i}\frac{\partial I_i}{\partial e^*_{lm}},\quad m^{kl}=\rho e^{*k}{}_{m}\frac{\partial W}{\partial \gamma_{lm}}=\rho e^{*k}{}_{m}\sum_{i=7}^{15}\frac{\partial W}{\partial I_i}\frac{\partial I_i}{\partial \gamma_{lm}}\tag{9.92b}$$

式中，$I_i=I_i\left(\boldsymbol{e}^*,\boldsymbol{\gamma}\right)$，$i=1,\cdots,15$，函数形式与式 (9.90) 相同，但 $\boldsymbol{E}^*,\boldsymbol{\Gamma}$ 分别改为 $\boldsymbol{e}^*,\boldsymbol{\gamma}$。

利用 $I_i\left(\boldsymbol{e}^*,\boldsymbol{\gamma}\right)$ 的分量形式对 e^*_{kl},γ_{kl} 求导 (见第 1.22.3 小节和第 1.22.2 小节)，可以得到

$$\boldsymbol{t}=\alpha_1\boldsymbol{e}^*+\alpha_2\boldsymbol{e}^{*2}+\alpha_3\boldsymbol{e}^{*3}+\alpha_4\boldsymbol{e}^*\cdot\boldsymbol{e}^{*\mathrm{T}}+\alpha_5\left(\boldsymbol{e}^{*2}\cdot\boldsymbol{e}^{*\mathrm{T}}+\boldsymbol{e}^*\cdot\boldsymbol{e}^{*\mathrm{T}}\cdot\boldsymbol{e}^{*\mathrm{T}}+\boldsymbol{e}^*\cdot\boldsymbol{e}^{*\mathrm{T}}\cdot\boldsymbol{e}^*\right)+$$

$$\alpha_6\left(\boldsymbol{e}^{*2}\cdot\boldsymbol{e}^{*\mathrm{T}}\cdot\boldsymbol{e}^{*\mathrm{T}}+\boldsymbol{e}^{*}\cdot\boldsymbol{e}^{*\mathrm{T}}\cdot\boldsymbol{e}^{*\mathrm{T}}\cdot\boldsymbol{e}^{*}\right)+\alpha_7\boldsymbol{e}^{*}\cdot\boldsymbol{\gamma}+\alpha_8\boldsymbol{e}^{*}\cdot\boldsymbol{\gamma}^2+\alpha_9\left(\boldsymbol{e}^{*2}\cdot\boldsymbol{\gamma}+\boldsymbol{e}^{*}\cdot\boldsymbol{\gamma}\cdot\boldsymbol{e}^{*}\right) \tag{9.93}$$

$$\begin{aligned}\boldsymbol{m}=&\alpha_7\boldsymbol{e}^{*2}+\alpha_8\left(\boldsymbol{e}^{*}\cdot\boldsymbol{\gamma}\cdot\boldsymbol{e}^{*}+\boldsymbol{e}^{*2}\cdot\boldsymbol{\gamma}\right)+\alpha_9\boldsymbol{e}^{*3}+\alpha_{10}\boldsymbol{e}^{*}+\alpha_{11}\boldsymbol{e}^{*}\cdot\boldsymbol{\gamma}+\alpha_{12}\boldsymbol{e}^{*}\cdot\boldsymbol{\gamma}^2+\\&\alpha_{13}\boldsymbol{e}^{*}\cdot\boldsymbol{\gamma}^{\mathrm{T}}+\alpha_{14}\boldsymbol{e}^{*}\cdot\left(\boldsymbol{\gamma}\cdot\boldsymbol{\gamma}^{\mathrm{T}}+\boldsymbol{\gamma}^{\mathrm{T}}\cdot\boldsymbol{\gamma}+\boldsymbol{\gamma}^{\mathrm{T}}\cdot\boldsymbol{\gamma}^{\mathrm{T}}\right)+\alpha_{15}\boldsymbol{e}^{*}\cdot\left(\boldsymbol{\gamma}\cdot\boldsymbol{\gamma}^{\mathrm{T}}\cdot\boldsymbol{\gamma}^{\mathrm{T}}+\boldsymbol{\gamma}^{\mathrm{T}}\cdot\boldsymbol{\gamma}^{\mathrm{T}}\cdot\boldsymbol{\gamma}\right)\end{aligned} \tag{9.94}$$

式中，系数是变形张量 $\boldsymbol{e}^*$、$\boldsymbol{\gamma}$ 不变量的函数，上式是微极介质超弹性本构方程。

类似地，可以给出 $\boldsymbol{T}=\boldsymbol{T}(\boldsymbol{E}^*,\boldsymbol{\Gamma})$、$\boldsymbol{M}=\boldsymbol{M}(\boldsymbol{E}^*,\boldsymbol{\Gamma})$。

如果变形比较小，将 W 对 $\boldsymbol{E}^*$，$\boldsymbol{\Gamma}$ 展成 Taylor 级数，并保留到二次项，假设应变能是 $\boldsymbol{\Gamma}$ 的偶函数，则 W 可以简化为

$$W=W_0+a_1I_1+b_1I_1^2+b_2I_2+b_3I_4+b_4I_{10}^2+b_5I_{11}+b_6I_{13} \tag{9.95}$$

如果假设应变能不含 $\boldsymbol{E}^*$、$\boldsymbol{\Gamma}$ 的耦合项，利用一个非对称张量的各向同性标量值函数的表示定理，则 W 可以简化为

$$W=W_1\left(I_1\left(\boldsymbol{E}^*\right),I_2\left(\boldsymbol{E}^*\right),\cdots,I_6\left(\boldsymbol{E}^*\right)\right)+W_1\left(I_1\left(\boldsymbol{\Gamma}\right),I_2\left(\boldsymbol{\Gamma}\right),\cdots,I_6\left(\boldsymbol{\Gamma}\right)\right) \tag{9.96}$$

如第 9.4.1 小节所述，5 组守恒方程补充上述 9 个应力本构方程和 9 个偶应力本构方程之后，构成一组适定的非线性弹性固体的控制方程。这组方程十分复杂，很难实际应用，下面讨论控制方程的各种简化。

9.5.3 线性各向异性和各向同性微极弹性本构方程

在变形足够的小情况下，可以假设应变能 W 是应变 $\boldsymbol{E}\equiv\boldsymbol{E}^*-\boldsymbol{I}$、$\boldsymbol{\Gamma}$ 的二次函数

$$W=\frac{1}{2}\boldsymbol{E}:\boldsymbol{C}:\boldsymbol{E}+\boldsymbol{E}:\boldsymbol{B}:\boldsymbol{\Gamma}+\frac{1}{2}\boldsymbol{\Gamma}:\boldsymbol{D}:\boldsymbol{\Gamma} \tag{9.97}$$

如果 $\boldsymbol{E}$、$\boldsymbol{\Gamma}$ 无限小，上式是精确的。其中 $\boldsymbol{C}$、$\boldsymbol{D}$、$\boldsymbol{B}$ 是四阶弹性模量张量，具有对称性：

$$C_{ijkl}=C_{klij},\quad D_{ijkl}=D_{klij} \tag{9.97a}$$

将式 (9.97) 代入式 (9.89a) 和式 (9.89b)，得到各向异性线性微极固体的本构方程

$$\boldsymbol{T}=\boldsymbol{C}:\boldsymbol{E}+\boldsymbol{B}:\boldsymbol{\Gamma},\quad \boldsymbol{M}=\boldsymbol{E}:\boldsymbol{B}+\boldsymbol{D}:\boldsymbol{\Gamma} \tag{9.98a}$$

$$\boldsymbol{t}=\frac{\rho}{\rho_0}\boldsymbol{F}\cdot(\boldsymbol{C}:\boldsymbol{E}+\boldsymbol{B}:\boldsymbol{\Gamma})\cdot\boldsymbol{\chi}^{\mathrm{T}},\quad \boldsymbol{m}=\frac{\rho}{\rho_0}\boldsymbol{F}\cdot(\boldsymbol{E}:\boldsymbol{B}+\boldsymbol{D}:\boldsymbol{\Gamma})\cdot\boldsymbol{\chi}^{\mathrm{T}} \tag{9.98b}$$

由于 $\boldsymbol{E}$ 和 $\boldsymbol{\Gamma}$ 是非对称二阶张量，一般说来上式中有 171 个弹性常数 [48]，仍很复杂。在小变形下，$\boldsymbol{F}\approx\boldsymbol{\chi}\approx\tilde{\boldsymbol{I}}$，$\rho\approx\rho_0$，式 (9.98b) 简化为

$$\boldsymbol{t}=\boldsymbol{C}:\boldsymbol{e}+\boldsymbol{B}:\boldsymbol{\gamma},\quad \boldsymbol{m}=\boldsymbol{e}:\boldsymbol{B}+\boldsymbol{D}:\boldsymbol{\gamma} \tag{9.98c}$$

在各向同性情况下，根据二阶张量值线性二阶张量函数的表示定理，弹性张量可以表示为

$$\left.\begin{aligned}&\boldsymbol{C}=\lambda\boldsymbol{G}_K\boldsymbol{G}^K\boldsymbol{G}_L\boldsymbol{G}^L+\mu\boldsymbol{G}_K\boldsymbol{G}_L\boldsymbol{G}^L\boldsymbol{G}^K+(\mu+\kappa)\,\boldsymbol{G}_K\boldsymbol{G}_L\boldsymbol{G}^K\boldsymbol{G}^L\\&\boldsymbol{D}=\beta_1\boldsymbol{G}_K\boldsymbol{G}^K\boldsymbol{G}_L\boldsymbol{G}^L+\beta_2\boldsymbol{G}_K\boldsymbol{G}_L\boldsymbol{G}^L\boldsymbol{G}^K+\beta_3\boldsymbol{G}_K\boldsymbol{G}_L\boldsymbol{G}^K\boldsymbol{G}^L\\&\boldsymbol{B}=\boldsymbol{0}\end{aligned}\right\} \tag{9.99}$$

$$\left.\begin{aligned}C^{KLMN} &= \lambda G^{KL}G^{MN} + \mu G^{LM}G^{KN} + (\mu+\kappa)\,G^{KM}G^{LN}\\ D^{KLMN} &= \beta_1 G^{KL}G^{MN} + \beta_2 G^{LM}G^{KN} + \beta_3 G^{KM}G^{LN}\\ B^{KLMN} &= 0\end{aligned}\right\} \tag{9.99a}$$

$$\left.\begin{aligned}C^{klmn} &= \lambda g^{kl}g^{mn} + \mu g^{lm}g^{kn} + (\mu+\kappa)\,g^{km}g^{ln}\\ D^{klmn} &= \beta_1 g^{kl}g^{mn} + \beta_2 g^{lm}g^{kn} + \beta_3 g^{km}g^{ln}\\ B^{klmn} &= 0\end{aligned}\right\} \tag{9.99b}$$

将式 (9.99b) 代入式 (9.98c)，各向同性线性微极固体本构方程的分量形式为

$$t^{kl} = \lambda e^{m}{}_{m}g^{kl} + \mu e^{lk} + (\mu+\kappa)\,e^{kl},\quad m^{kl} = \beta_1\gamma^{m}{}_{m}g^{kl} + \beta_2\gamma^{lk} + \beta_3\gamma^{kl} \tag{9.100}$$

式中，系数 λ、μ、κ、β_1、β_2、β_3 是 6 个材料常数。将上式代入式 (9.97)，得到应变张量的二次型 W，假设应变能非负，则材料常数须满足下列要求：

$$\left.\begin{aligned}&3\lambda+2\mu+\kappa\geqslant 0,\quad 2\mu+\kappa\geqslant 0,\quad \kappa\geqslant 0\\ &3\beta_1+\beta_2+\beta_3\geqslant 0,\quad \beta_2+\beta_3\geqslant 0,\quad \beta_3-\beta_2\geqslant 0\end{aligned}\right\} \tag{9.100a}$$

9.5.4 变形张量的简化和线性化、内部特征长度

微极介质的运动包括两个独立运动：运动变换 $\boldsymbol{x}(\boldsymbol{X},t)$(或位移 $\boldsymbol{u}=\boldsymbol{x}-\boldsymbol{X}$) 和质点转动 $\boldsymbol{\chi}(\boldsymbol{X},t)$(或式 (9.5b) 给出的轴向量 $\boldsymbol{\varphi}=\theta\boldsymbol{n}$)，后者也称为微转动。利用正常正交张量的轴向量表达式 (9.5c)，可以证明正常正交张量的另一表示形式为

$$\boldsymbol{\chi} = \exp\bar{\boldsymbol{\varphi}}\cdot\tilde{\boldsymbol{I}},\quad \chi_{kK} = \exp\left(\bar{\varphi}_{ij}\right)g_{kK} \tag{9.101}$$

式中，$\bar{\varphi}_{ij}=\varepsilon_{ijk}\varphi^{k}$ 是轴向量 $\boldsymbol{\varphi}$ 对应的反对称二阶张量，$\tilde{\boldsymbol{I}}=g_{kK}\boldsymbol{g}^{k}\boldsymbol{G}^{K}$ 是转移张量。

将 $\boldsymbol{\chi}$ 对于 $\bar{\boldsymbol{\varphi}}$ 展成 Taylor 级数，有

$$\boldsymbol{\chi} = \exp\bar{\boldsymbol{\varphi}}\cdot\tilde{\boldsymbol{I}} = \left(\boldsymbol{i}+\bar{\boldsymbol{\varphi}}+\bar{\boldsymbol{\varphi}}^{2}/2!+\cdots\right)\cdot\tilde{\boldsymbol{I}} \tag{9.102}$$

$$\chi_{kK} = \exp\bar{\varphi}_{kl}g^{l}_{K} = g_{kK} + \bar{\varphi}_{kK} + \bar{\varphi}_{km}\bar{\varphi}^{m}{}_{K}/2+\cdots \tag{9.102a}$$

式 (2.34) 给出 $x^{k}{}_{,K}=g^{k}_{K}+U_{M;K}g^{kM}$。将 $x^{k}{}_{,K}$ 和 χ_{kK} 代入 $\boldsymbol{E}^{*}$、$\boldsymbol{e}^{*}$、$\boldsymbol{\varGamma}$，得到位移表达式

$$\left.\begin{aligned}E^{*}_{KL} &= \left(g^{k}_{K}+U_{M;K}g^{kM}\right)\exp\left(\bar{\varphi}_{kl}\right)g^{l}_{L}\\ e^{*}_{kl} &= \left(g_{km}+u_{k;m}\right)\left(\exp\bar{\varphi}_{lr}\right)g^{rm}\\ \varGamma_{KL} &= \frac{1}{2}\varepsilon_{KMN}\left(\exp\bar{\varphi}_{km}\right)_{;L}g^{mM}\exp\left(\bar{\varphi}^{kn}\right)g^{N}_{n}\\ \gamma_{kl} &= \exp\left(\bar{\varphi}_{km}\right)g^{mK}\varGamma_{KL}\exp\left(\bar{\varphi}_{ln}\right)g^{nL}\end{aligned}\right\} \tag{9.103}$$

式 (9.103) 在小变形、小转动条件下可以进一步简化。“大小”是相对的，无量纲量是与 1 比较，有量纲量是同量纲情况下的比较。下面在第 2.9 节的基础上讨论微极介质变形的简化。

应变张量通常是无量纲的 (分量的量纲与标架有关)，但 $\boldsymbol{\varGamma}$ 的定义表明其量纲是长度的负一次方，表示转动 $\boldsymbol{\chi}$ 梯度 (即微曲率变化)，其大小与 $\boldsymbol{\chi}$ 的变化长度有关。为了将扭曲变形张量无量纲化，需要引入一个长度 l_c，即引入无量纲的扭曲张量 $l_c\boldsymbol{\varGamma}$，$l_c$ 是微极物体的

一个特征尺寸，称为内部特性长度。l_c 表示微曲率的“变化长度”，即变化的剧烈程度，或从小到大的范围，它显然与微结构的尺寸 (例如颗粒大小) 有关，还与扭曲的宏观范围 (例如应力集中区域) 尺寸有关，因此不是单纯的材料常数，要根据问题的特点确定，有时需要引入不同大小、不同种类的内部特征长度，研究其影响。

将展开式 (9.102a) 代入式 (9.103)，利用置换张量关系式 (1.22)，注意到转移张量的导数为 0，保留到二次小量，可得应变张量的二次近似表达式 (物质描述和空间描述)

$$\left.\begin{aligned}&E^*_{KL}=G_{KL}+U_{L;K}+\bar{\varphi}_{KL}+U_{M;K}\bar{\varphi}^M{}_L+\bar{\varphi}_{KM}\bar{\varphi}^M{}_L/2\\&\varGamma_{KL}=\varphi_{K;L}+\varepsilon_{KMN}\varphi^M{}_{;L}\varphi^N/2\\&e^*_{kl}=g_{kl}+u_{k;l}+\bar{\varphi}_{lk}+u_{k;m}\bar{\varphi}_l{}^m+\bar{\varphi}_{lm}\bar{\varphi}^m{}_k/2\\&\gamma_{kl}=\varphi_{k;l}-\varepsilon_{kmn}\varphi^m{}_{;l}\varphi^n/2-\varepsilon_{lmn}g^{rm}\varphi_{k;r}\varphi^n\end{aligned}\right\}\tag{9.104}$$

式 (9.104) 中各项的数量级可能不同，通过数量级分析，尚可进一步简化。式 (9.104) 有 5 类项 (两种描述相同，以物质描述为例)：

$$U_{K;L},\quad \varphi_{K;L},\quad U_{M;L}\bar{\varphi}^M{}_K=\hat{W}_{ML}\bar{\varphi}^M{}_K,\quad \bar{\varphi}_{LM}\bar{\varphi}^M{}_K,\quad \varphi^M{}_{,L}\varphi^N\tag{9.105}$$

式中，由于 $\bar{\boldsymbol{\varphi}}$ 是反对称的，因此有式 $(9.105)_3$；$\hat{W}_{ML}=(U_{M;L}-U_{L;M})/2$ 是 $\boldsymbol{\nabla u}$ 的反对称分量；位移梯度 $U_{K;L}$ 的对称部分 $\hat{E}_{KL}=(U_{K;L}+U_{L;K})/2$ 表示变形 (线元长度和夹角变化，数量级为任意方向 $\boldsymbol{N}$ 的线元伸长率 $E_{(N)}$)、反对称部分 $\hat{W}_{ML}$ 表示宏转动 (由于运动 $\boldsymbol{x}(\boldsymbol{X},t)$ 引起的线元方向变化，数量级为线元的转角 φ)；φ^N 和 $\bar{\varphi}^M{}_K$ 表示微转动 (质点由于运动 $\boldsymbol{\chi}(\boldsymbol{X},t)$ 产生的方位变化，数量级为 $\bar{\varphi}$)；$l_c\varphi^M{}_{;L}$ 表示无量纲曲率变形 (质点转动梯度的无量纲化，数量级为 $\varGamma$)。

所以，上述 5 种项 (第二项无量纲化) 的数量级依次为

$$E_{(N)}\text{ 或 }\varphi,\ \varGamma,\ \varphi\bar{\varphi},\ \bar{\varphi}^2,\ \varGamma\bar{\varphi}\tag{9.105a}$$

第 2.9 节讨论了经典介质有限变形的常见情况，即小应变、小转动，并证明可以分为两种：经典线性 ($\varphi\sim E_{(N)}\ll 1$) 和中等非线性 ($\varphi^2\sim E_{(N)}\ll 1$)，$E_{(N)}$ 和 φ 是 $U_{K;L}$ 的对称部分和反对称部分的数量级。微极介质的应变度量除利用 $U_{K;L}$ 外，还引入了微转动及其梯度，所以式 (9.105) 中相应增加数量级 $\bar{\varphi}$ 和 $\varGamma$。无量纲曲率变形的数量级为 $l_c\varphi^M{}_{;L}\sim\bar{\varphi}l_c/a\equiv\varGamma$，$a$ 表示宏曲率变化的“变化长度”，可见 $\varGamma$ 与 $\bar{\varphi}$ 及 l_c/a 有关。

基于上述数量级分析，考虑式 (9.105) 中 5 类小项不同数量级组合，可以简化为下列情况：

(1) 宏微双中等非线性。当数量级满足关系 $\varphi^2\sim E_{(N)}\ll 1$、$\bar{\varphi}^2\sim\varGamma\ll 1$、$\varphi\sim\bar{\varphi}$ 时，即宏、微转动较大而微转动梯度很小，应变张量表达式为二次近似式 (9.104)。

(2) 宏中等非线性、微线性。当数量级满足关系 $\varphi^2\sim E_{(N)}\ll 1$、$\bar{\varphi}\sim\varGamma\sim E_{(N)}\ll 1$ 时，即宏转动较大而微转动及其梯度很小，略去数量级为 $|\boldsymbol{\varphi}|^2,|\boldsymbol{\nabla u}|\,|\boldsymbol{\varphi}|^2$ 及更小的项, 应变张量可以简化为

$$\left.\begin{aligned}&E_{KL}\equiv E^*_{KL}-G_{KL}=U_{L;K}+\bar{\varphi}_{KL}+\hat{W}_{MK}\bar{\varphi}^M{}_L\\&\varGamma_{KL}=\varphi_{K;L}\\&e_{kl}\equiv e^*_{kl}-g_{kl}=u_{k;l}+\bar{\varphi}_{lk}+u_{k;m}\bar{\varphi}_l{}^m\\&\gamma_{kl}=\varphi_{k;l}\end{aligned}\right\}\tag{9.106a}$$

式中，定义 $\boldsymbol{E}=\boldsymbol{E}^{*}-\boldsymbol{I}$、$\boldsymbol{e}=\boldsymbol{e}^{*}-\boldsymbol{i}$ 是常用于表示小变形的应变张量。

(3) 宏线性、微中等非线性。当数量级满足关系 $\varphi\sim E_{(N)}\ll 1$、$\bar{\varphi}^{2}\sim\Gamma\sim\varphi\ll 1$ 时，即宏转动很小而微转动及其梯度较大，略去数量级为 $|\boldsymbol{\varphi}|^{3},|\nabla\boldsymbol{u}|\,|\boldsymbol{\varphi}|$ 及更小的项, 应变张量可以简化为

$$\left.\begin{aligned}
&E_{KL}=U_{L;K}+\bar{\varphi}_{KL}+\bar{\varphi}_{KM}\bar{\varphi}^{M}{}_{L}/2\\
&\Gamma_{KL}=\varphi_{K;L}+\varepsilon_{KMN}\varphi^{M}{}_{;L}\varphi^{N}/2\\
&e_{kl}=u_{k;l}+\bar{\varphi}_{lk}+\bar{\varphi}_{lm}\bar{\varphi}^{m}{}_{k}/2\\
&\gamma_{kl}=\varphi_{k;l}-\varepsilon_{kmn}\varphi^{m}{}_{;l}\varphi^{n}/2-\varepsilon_{lmn}g^{rm}\varphi_{k;r}\varphi^{n}
\end{aligned}\right\}\tag{9.106b}$$

(4) 宏、微线性。当数量级满足关系 $\varphi\sim E_{(N)}\sim\bar{\varphi}\ll 1$ 时，即宏、微转动很小，应变张量可以线性化，略去数量级为 $|\boldsymbol{\varphi}|^{2},|\nabla\boldsymbol{u}|\,|\boldsymbol{\varphi}|$ 及更小的项，有

$$\left.\begin{aligned}
&E_{KL}\approx\tilde{E}_{KL}\equiv U_{L;K}+\bar{\varphi}_{KL}=U_{L;K}+\varepsilon_{KLR}\varphi^{R}\\
&\Gamma_{KL}\approx\tilde{\Gamma}_{KL}\equiv\varphi_{K;L}\\
&e_{kl}\approx\tilde{e}_{kl}\equiv u_{k;l}+\bar{\varphi}_{lk}=u_{k;l}+\varepsilon_{lkr}\varphi^{r}\\
&\gamma_{kl}\approx\tilde{\gamma}_{kl}\equiv\varphi_{k;l}
\end{aligned}\right\}\tag{9.106c}$$

式中，$\tilde{E}_{KL},\tilde{\Gamma}_{KL}$ 和 $\tilde{e}_{lk},\tilde{\gamma}_{kl}$ 均为线性应变张量，此时物质和空间描述的差别只是坐标系不同。

9.5.5 守恒方程的简化和线性化

第 9.4.1 小节汇总了空间描述和物质描述的守恒方程。可见在空间描述情况下几何非线性发生在微惯性张量及其物质导数。将式 (9.102a) 代入式 $(9.51)_3$，得到

$$\begin{aligned}
\bar{j}_{kl}=&\bar{j}^{0}_{kl}+\bar{j}^{0}_{ml}\varepsilon_{k}{}^{sm}\varphi_{s}+\bar{j}^{0}_{mk}\varepsilon_{l}{}^{sm}\varphi_{s}+\\
&\left(\bar{j}^{0}_{lm}\varepsilon_{k}{}^{sn}\varepsilon_{n}{}^{rm}/2+\bar{j}^{0}_{mn}\varepsilon_{l}{}^{sm}\varepsilon_{k}{}^{rn}+\bar{j}^{0}_{km}\varepsilon_{l}{}^{sn}\varepsilon_{n}{}^{rm}/2\right)\varphi_{s}\varphi_{r}
\end{aligned}\tag{9.107}$$

物质描述的动量和动量矩守恒方程的几何非线性来自 χ^{l}_{L} 和 $x^{m}{}_{,K}\chi^{n}{}_{L}$，由式 (9.102a),

$$\chi^{l}{}_{L}=\exp\bar{\varphi}^{l}{}_{m}g^{m}_{L}=g^{l}_{L}+\bar{\varphi}^{l}{}_{L}+\frac{1}{2}\bar{\varphi}^{l}{}_{m}\bar{\varphi}^{m}{}_{L}+\cdots\tag{9.108a}$$

$$\begin{aligned}
x^{m}_{,K}\chi^{n}{}_{L}&=\left(g^{m}_{K}+u^{m}{}_{:K}\right)\left(g^{n}_{L}+\bar{\varphi}^{n}{}_{L}+\bar{\varphi}^{n}{}_{r}\bar{\varphi}^{r}{}_{L}/2+\cdots\right)\\
&=g^{m}_{K}g^{n}_{L}+g^{n}_{L}u^{m}{}_{:K}+g^{m}_{K}\bar{\varphi}^{n}{}_{L}+u^{m}{}_{:K}\bar{\varphi}^{n}{}_{L}+g^{m}_{K}\bar{\varphi}^{n}{}_{r}\bar{\varphi}^{r}{}_{L}/2+\cdots
\end{aligned}\tag{9.108b}$$

在式 (9.107) 和式 (9.108) 中保留到不同阶小量，代入动量和动量矩方程，便得到不同的近似表达式。只保留 0 阶项，得到线性方程

空间描述:

$$\left.\begin{aligned}
&t^{kl}{}_{;k}+\rho(f^{l}-a^{l})=0\quad(a^{l}=\dot{v}^{l}\ )\\
&m^{kl}{}_{;k}+\varepsilon^{lmn}t_{mn}+\rho\left(l^{l}-\bar{j}^{0lm}\dot{\omega}_{m}\right)=0\quad(\omega_{m}=\dot{\varphi}_{m})
\end{aligned}\right\}\tag{9.109a}$$

物质描述:

$$\left.\begin{array}{l}T^{KL}{}_{:K}+\rho_0\left(f^L-a^L\right)=0 \qquad \left(a^L=\dot{U}^L\right)\\ M^{KL}{}_{;K}+\varepsilon^{LMN}T_{MN}+\rho_0\left(l^L-\bar{J}^{LM}\dot{\omega}_M\right)=0 \quad (\omega_M=\dot{\varphi}_M)\end{array}\right\} \tag{9.109b}$$

式中，$\bar{j}^{0ml}\equiv\bar{J}^{KL}g_K^m g_L^l$，$\rho\approx\rho_0$。

此时，对于平衡和应力而言，变形前后构形差别消失，应力张量 $\boldsymbol{t}$、$\boldsymbol{\tau}$ 、$\boldsymbol{T}$ 是同一张量，偶应力张量 $\boldsymbol{m}$ 、$\boldsymbol{\mu}$ 、$\boldsymbol{M}$ 是同一张量，式 (9.109a) 和式 (9.109b) 也是同一组方程，只是坐标系不同。

保留到 1 阶项，得到小应变、小转动几何非线性动量和动量矩守恒方程
空间描述：

$$\left.\begin{array}{l}t^{kl}{}_{;k}+\rho\left(f^l-a^l\right)=0\\ m^{kl}{}_{;k}+\varepsilon^{lmn}t_{mn}+\rho\left[l^l-\left(\bar{j}^{0lm}+\varepsilon^l{}_{sr}\varphi^s\bar{j}^{0rm}+\varepsilon^m{}_{sr}\varphi^s\bar{j}^{0rl}\right)\dot{\omega}_m\right]=0\end{array}\right\} \tag{9.110a}$$

物质描述：

$$\left.\begin{array}{l}\left[(\delta^L_M+\bar{\varphi}^L{}_M)T^{KM}\right]_{;K}+\rho_0\left(f^L-a^L\right)=0\\ \left[\left(\delta^L_N+\bar{\varphi}^L{}_N\right)M^{KN}\right]_{;K}+\left(\varepsilon^L{}_{KN}+\varepsilon^L{}_{MN}U^M{}_{;K}+\varepsilon^L{}_{KM}\bar{\varphi}^M{}_N\right)T^{KN}+\\ \quad\rho_0\left(l^L+\bar{J}^{LN}\dot{\omega}_N\right)=0\end{array}\right\} \tag{9.110b}$$

9.5.6　微极固体线弹性力学基本方程

以上 3 节给出了几何线性微极弹性固体基本方程中的几何方程式 (9.106c)、动量和动量矩守恒方程式 (9.109) 及物理线性本构方程式 (9.98a) 和式 (9.98b)。在几何线性和物理线性时，由于 $x^k{}_{,K}\approx\chi^k{}_K\approx g_K^k$,$\rho\approx\rho_0$，所以式 (9.98b) 与式 (9.98a) 相同，有

$$t^{kl}=C^{klmn}\tilde{e}_{mn}+B^{klmn}\tilde{\gamma}_{mn},\quad m^{kl}=B^{mnkl}\tilde{e}_{mn}+D^{klmn}\tilde{\gamma}_{mn} \tag{9.111}$$

式中，C^{klmn}、D^{klmn}、B^{klmn} 是微极弹性张量 $\boldsymbol{C}$、$\boldsymbol{D}$、$\boldsymbol{B}$ 的分量。将式 (9.106c) 代入上式，再将应力和偶应力张量代入式 (9.109a)，得到

$$\left.\begin{array}{l}C^{klmn}\left(u_{n;mk}-\varepsilon_{nmr}\varphi^r{}_{;k}\right)+B^{klmn}\varphi_{m;nk}+\rho(f^l-\ddot{u}^l)=0\\ B^{mnkl}\left(u_{m;nk}-\varepsilon_{nmr}\varphi^r{}_{;k}\right)+D^{klmn}\varphi_{m;nk}+\varepsilon^{lmn}\left[C_{mn}{}^{rs}\left(u_{r;s}-\varepsilon_{srq}\varphi^q\right)+B_{mn}{}^{rs}\varphi_{r;s}\right]+\\ \qquad\rho\left(l^l-\bar{j}^{0lm}\ddot{\varphi}_m\right)=0\end{array}\right\} \tag{9.112}$$

式 (9.112) 是各向异性线弹性微极固体的场方程。

假设材料是线性各向同性微极介质，将弹性张量的 6 参数表达式，即式 (9.99b)，代入式 (9.111)，得到

$$t^{kl}=\lambda g^{kl}\tilde{e}^m{}_m+\mu\tilde{e}^{lk}+(\mu+\kappa)\,\tilde{e}^{kl},\quad m^{kl}=\beta_1g^{kl}\tilde{\gamma}^m{}_m+\beta_2\tilde{\gamma}^{lk}+\beta_3\tilde{\gamma}^{kl} \tag{9.113}$$

应该指出，材料常数与应变定义有关，式 (9.99) 中的材料常数对应式 (9.106a) 的应变定义，特别是在线性应变情况下，式 (9.113) 中的 β_2、β_3 相应于 $\tilde{\boldsymbol{\gamma}}=\boldsymbol{\varphi}\boldsymbol{\nabla}$。由式 $(9.113)_2$ 可知 $\beta_i(i=1,2,3)$ 的量纲与弹性模量乘 l_c^2 相同。将式 (9.106c) 代入上式，然后再代入式 (9.109a)，有

$$\lambda g^{kl}u^m{}_{;mk}+\mu g^{lk}u^m{}_{;km}+(\mu+\kappa)\,g^{lm}u^k{}_{;mk}-(\mu+\kappa)\,g^{lm}u^k{}_{;mk}+(\mu+\kappa)\,g^{km}u^l{}_{;mk}-$$
$$\kappa\varepsilon^{lk}{}_r\varphi^r{}_{;k}+\rho(f^l-a^l)=0$$

利用式 (1.22)，得到

$$(\lambda+2\mu+\kappa)\,g^{kl}u^{m}{}_{;mk}-(\mu+\kappa)\,\varepsilon_{rst}\varepsilon^{lkt}g^{rm}u^{s}{}_{;mk}-\kappa\varepsilon^{lk}{}_{r}\varphi^{r}{}_{;k}+\rho(f^{l}-\ddot{u}^{l})=0 \tag{9.114}$$

$$(\lambda+2\mu+\kappa)\,\boldsymbol{\nabla\nabla}\cdot\boldsymbol{u}-(\mu+\kappa)\,\boldsymbol{\nabla}\times(\boldsymbol{\nabla}\times\boldsymbol{u})-\kappa\boldsymbol{\nabla}\times\boldsymbol{\varphi}+\rho(\boldsymbol{f}-\ddot{\boldsymbol{u}})=\mathbf{0} \tag{9.114a}$$

注意到向量微分恒等式 $\boldsymbol{\nabla}\times\boldsymbol{\nabla}\times\boldsymbol{u}=\boldsymbol{\nabla\nabla}\cdot\boldsymbol{u}-\boldsymbol{\nabla}\cdot\boldsymbol{\nabla}\boldsymbol{u}$，式 (9.114a) 也可表示为

$$(\lambda+\mu)\,\boldsymbol{\nabla\nabla}\cdot\boldsymbol{u}+(\mu+\kappa)\,\boldsymbol{\nabla}\cdot\boldsymbol{\nabla}\boldsymbol{u}-\kappa\boldsymbol{\nabla}\times\boldsymbol{\varphi}+\rho\,(\boldsymbol{f}-\ddot{\boldsymbol{u}})=\mathbf{0} \tag{9.114b}$$

类似地，可以得到

$$(\beta_1+\beta_2+\beta_3)\,g^{kl}\varphi^{n}{}_{;nk}-\beta_2\varepsilon_{rst}\varepsilon^{lkt}g^{rn}\varphi^{s}{}_{;nk}+\kappa\varepsilon^{lmn}u_{m;n}-2\kappa\varphi^{l}+\rho_0\left(l^{l}-\bar{j}^{0lm}\ddot{\varphi}_m\right)=0 \tag{9.115}$$

$$(\beta_1+\beta_2+\beta_3)\,\boldsymbol{\nabla\nabla}\cdot\boldsymbol{\varphi}-\beta_2\boldsymbol{\nabla}\times\boldsymbol{\nabla}\times\boldsymbol{\varphi}-\kappa\boldsymbol{\nabla}\times\boldsymbol{u}-2\kappa\boldsymbol{\varphi}+\rho_0\left(\boldsymbol{l}-\bar{\boldsymbol{j}}^{0}\cdot\ddot{\boldsymbol{\varphi}}\right)=\mathbf{0} \tag{9.115a}$$

$$(\beta_1+\beta_3)\,\boldsymbol{\nabla\nabla}\cdot\boldsymbol{\varphi}+\beta_2\boldsymbol{\nabla}\cdot\boldsymbol{\nabla}\boldsymbol{\varphi}-\kappa\boldsymbol{\nabla}\times\boldsymbol{u}-2\kappa\boldsymbol{\varphi}+\rho_0\left(\boldsymbol{l}-\bar{\boldsymbol{j}}^{0}\cdot\ddot{\boldsymbol{\varphi}}\right)=\mathbf{0} \tag{9.115b}$$

式 (9.114) 和式 (9.115) 是各向同性线弹性微极固体的场方程。如果材料常数 κ 很小或者 $\boldsymbol{u},\boldsymbol{\varphi}$ 的旋度很小，两组方程不耦合。

当 $\kappa=\beta_1=\beta_2=\beta_3=0$，$\boldsymbol{l}=\bar{\boldsymbol{j}}=\mathbf{0}$ 时，退化为经典线弹性问题，式 (9.114) 变为 Navier-Cauchy 方程，即式 (6.29a)。

线性微极固体的边界条件和初始条件是

在给定应力和偶应力的表面 S_σ：

$$t^{lk}n_l=\bar{t}^{k}_{(n)},\qquad m^{lk}n_l=\bar{m}^{k}_{(n)} \tag{9.116a}$$

在给定位移和转动的表面 S_u：

$$u^k=\bar{u}^k,\qquad \varphi^k=\bar{\varphi}^k \tag{9.116b}$$

在 $t=0$ 时：

$$\left.\begin{aligned} u^k(\boldsymbol{x},0)&=u_0^k(\boldsymbol{x}),\quad \dot{u}^k(\boldsymbol{x},0)=v_0^k(\boldsymbol{x})\\ \varphi^k(\boldsymbol{x},0)&=\varphi_0^k(\boldsymbol{x}),\quad \dot{\varphi}^k(\boldsymbol{x},0)=\omega_0^k(\boldsymbol{x})\end{aligned}\right\} \tag{9.117}$$

式中，n_l 是边界外法线单位向量；$\bar{t}^k_{(n)}$、$\bar{m}^k_{(n)}$、$\bar{u}^k$、$\bar{\varphi}^k$、$u_0^k(\boldsymbol{x})$、$v_0^k(\boldsymbol{x})$、$\varphi_0^k(\boldsymbol{x})$、$\omega_0^k(\boldsymbol{x})$ 是给定的边值或初值。

9.5.7 微极板壳基本理论

梁、板、壳是工程结构的基本构件。文献 [52] 基于三维微极固体基本关系的二维表示，假设质点刚性转动也是 Mindlin-Reissner 一阶剪切板壳的截面转动，建立了微极壳体理论，但该理论不能包含经典理论，因为合力偶不能作为弯矩。本节放弃上述假设给出更一般的一阶微极壳体基本关系。一阶理论的适用性较广，可用于中等厚度各向同性板壳、层合板壳，对于不太厚的夹芯板壳也有较好精度 [53]。假设壳体一个方向的位移或应力为零便得到微极梁理论。

9.5.7.1 曲面和壳体运动学

弹性微极壳体可认为是二维 Cosserat 介质的物质曲面 (见图 9.8) 沿法线方向加厚形成的，壳体运动学利用曲面运动学和沿厚度的变形假设建立。曲面的每个质点有 6 个自由度，包括三个移动自由度 $\boldsymbol{u}(X^{\alpha})\,(\alpha=1,2)$ 和三个刚性转动自由度。转动用转动张量 $\boldsymbol{\chi}(X^{\alpha})=\boldsymbol{d}^{k}\boldsymbol{D}^{K}(k=K=1,2,3)$ 或其轴向量 $\boldsymbol{\varphi}$ 表示，$\boldsymbol{D}^{K}$、$\boldsymbol{d}^{k}$ 是变形前后曲面物质点的方向子。

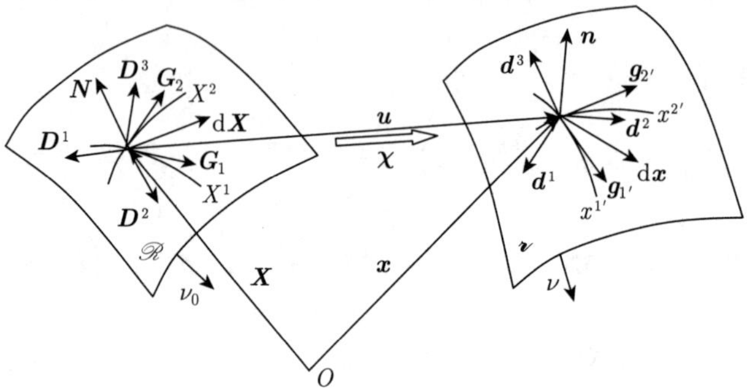

图 9.8 微极壳体质点的位移和转动

参考构形和即时构形的曲面坐标系分别为 $\{X^{\alpha}\}$、$\left\{x^{\alpha'}\right\}(\alpha=1,2,\alpha'=1',2')$，对应的标架分别为 $(\boldsymbol{G}_{\alpha},\boldsymbol{N})$、$(\boldsymbol{g}_{\alpha'},\boldsymbol{n})$、$\boldsymbol{N}$、$\boldsymbol{n}$ 是变形前后曲面的单位外法线向量。

$\boldsymbol{u}$、$\boldsymbol{\chi}$ 是定义域为曲面的空间变量，其分量为

$$\left.\begin{aligned}&\boldsymbol{u}=u^{\alpha}\boldsymbol{G}_{\alpha}+u^{3}\boldsymbol{N}=u^{\alpha'}\boldsymbol{g}_{\alpha'}+u^{3'}\boldsymbol{n}\\&\boldsymbol{\chi}=\chi^{k}{}_{K}\boldsymbol{g}_{k}\boldsymbol{G}^{K}=\chi^{\alpha'}{}_{\alpha}\boldsymbol{g}_{\alpha'}\boldsymbol{G}^{\alpha}+\chi^{\alpha'}{}_{3}\boldsymbol{g}_{\alpha'}\boldsymbol{N}+\chi^{3'}{}_{\alpha}\boldsymbol{n}\boldsymbol{G}^{\alpha}+\chi^{3'}{}_{3}\boldsymbol{n}\boldsymbol{N}\end{aligned}\right\}\tag{9.118}$$

物质曲面的变形度量是曲面的伸长变形张量和扭曲变形张量

$$\boldsymbol{E}^{*}=\boldsymbol{F}^{\mathrm{T}}\cdot\boldsymbol{\chi},\quad \boldsymbol{\varGamma}=-\frac{1}{2}\boldsymbol{\varepsilon}:\left(\boldsymbol{\chi}^{\mathrm{T}}\cdot\boldsymbol{\chi}\boldsymbol{\nabla}\right)\tag{9.119}$$

式中，$\boldsymbol{\chi}\boldsymbol{\nabla}=\left(\chi^{\alpha'}{}_{\alpha:\beta}\boldsymbol{g}_{\alpha'}\boldsymbol{G}^{\alpha}+\chi^{\alpha'}{}_{3:\beta}\boldsymbol{g}_{\alpha'}\boldsymbol{N}+\chi^{3'}{}_{\alpha:\beta}\boldsymbol{n}\boldsymbol{G}^{\alpha}+\chi^{3'}{}_{3:\beta}\boldsymbol{n}\boldsymbol{N}\right)\boldsymbol{G}^{\beta}$，$\boldsymbol{F}=\boldsymbol{x}\boldsymbol{\nabla}=\dfrac{\partial x^{\alpha'}}{\partial X^{\alpha}}\boldsymbol{g}_{\alpha'}\boldsymbol{G}_{\alpha}$，$\boldsymbol{\nabla}$ 是参考构形曲面内的微分算子。

将 $\boldsymbol{F}$，$\boldsymbol{\chi}\boldsymbol{\nabla}$ 和 $\boldsymbol{\chi}$ 的分量代入式 (9.119)，得到

$$\left.\begin{aligned}&\boldsymbol{E}^{*}=\chi_{\alpha'\beta}x^{\alpha'}{}_{,\alpha}\boldsymbol{G}^{\alpha}\boldsymbol{G}^{\beta}+\chi_{\alpha'3}x^{\alpha'}{}_{,\alpha}\boldsymbol{G}^{\alpha}\boldsymbol{N}\equiv E^{*}_{\alpha\beta}\boldsymbol{G}^{\alpha}\boldsymbol{G}^{\beta}+E^{*}_{\alpha3}\boldsymbol{G}^{\alpha}\boldsymbol{N}\\&\boldsymbol{\varGamma}=\frac{1}{2}\varepsilon_{\alpha\xi3}\left(\chi_{\alpha'}{}^{3}\chi^{\alpha'\xi}{}_{:\beta}+\chi^{3'3}\chi^{3'\xi}{}_{:\beta}-\chi_{\alpha'}{}^{\xi}\chi^{\alpha'3}{}_{:\beta}-\chi^{3'\xi}\chi^{3'3}{}_{:\beta}\right)\boldsymbol{G}^{\alpha}\boldsymbol{G}^{\beta}+\\&\frac{1}{2}\varepsilon_{3\xi\eta}\left(\chi_{\alpha'}{}^{\eta}\chi^{\alpha'\xi}{}_{:\alpha}+\chi^{3'\eta}\chi^{3'\xi}{}_{:\alpha}\right)\boldsymbol{N}\boldsymbol{G}^{\alpha}\equiv\varGamma_{\alpha\beta}\boldsymbol{G}^{\alpha}\boldsymbol{G}^{\beta}+\varGamma_{3\alpha}\boldsymbol{N}\boldsymbol{G}^{\alpha}\end{aligned}\right\}\tag{9.120}$$

利用式 (9.9) 和式 (9.18)，可以得到空间描述的变形张量 $\boldsymbol{e}^{*}$、$\boldsymbol{\gamma}$。

类似第 9.5.4 小节，可以用位移梯度 $\boldsymbol{\nabla u}$ 表示 $\boldsymbol{F}$，用 $\boldsymbol{\chi}$ 的轴向量 $\boldsymbol{\varphi}$ 和对应的反对称二阶转动张量 $\bar{\boldsymbol{\varphi}}$ 表示 $\boldsymbol{\chi}$。引入下列定义

$$\left.\begin{aligned}
&\boldsymbol{I}=\boldsymbol{G}^{\alpha}\boldsymbol{G}_{\alpha}+\boldsymbol{N}\boldsymbol{N}, \qquad \tilde{\boldsymbol{I}}=g^{\alpha'\alpha}\boldsymbol{g}_{\alpha'}\boldsymbol{G}_{\alpha}+g^{3'3}\boldsymbol{n}\boldsymbol{N}\\
&\boldsymbol{u}=u^{\alpha'}\boldsymbol{g}_{\alpha'}+u^{3'}\boldsymbol{n}, \qquad \boldsymbol{u}\boldsymbol{\nabla}=u^{\alpha'}{}_{;\alpha}\boldsymbol{g}_{\alpha'}\boldsymbol{G}^{\alpha}+u^{3'}{}_{;\alpha}\boldsymbol{n}\boldsymbol{G}^{\alpha}, \qquad (\ )\boldsymbol{\nabla}=(\ )_{;\alpha}\boldsymbol{G}^{\alpha}\\
&\tilde{\boldsymbol{u}}\equiv\boldsymbol{u}\cdot\tilde{\boldsymbol{I}}=u^{\alpha}\boldsymbol{G}_{\alpha}+u^{3}\boldsymbol{N}, \qquad \tilde{\boldsymbol{u}}\boldsymbol{\nabla}=u^{\alpha}{}_{;\beta}\boldsymbol{G}_{\alpha}\boldsymbol{G}^{\beta}+u^{3}{}_{;\beta}\boldsymbol{N}\boldsymbol{G}^{\beta}\\
&\bar{\boldsymbol{\varphi}}=\bar{\varphi}^{\alpha'\beta'}\boldsymbol{g}_{\alpha'}\boldsymbol{g}_{\beta'}+\bar{\varphi}^{3'\beta'}\boldsymbol{n}\boldsymbol{g}_{\beta'}+\bar{\varphi}^{\alpha'3'}\boldsymbol{g}_{\alpha'}\boldsymbol{n}\\
&\tilde{\boldsymbol{\varphi}}\equiv\tilde{\boldsymbol{I}}^{\mathrm{T}}\cdot\bar{\boldsymbol{\varphi}}\cdot\tilde{\mathbf{I}}=\tilde{\varphi}^{\alpha\beta}\boldsymbol{G}_{\alpha}\boldsymbol{G}_{\beta}+\tilde{\varphi}^{3\beta}\boldsymbol{N}\boldsymbol{G}_{\beta}+\tilde{\varphi}^{\alpha3}\boldsymbol{G}_{\alpha}\boldsymbol{N}\\
&\tilde{\boldsymbol{\varphi}}\nabla=\tilde{\varphi}^{\alpha\beta}{}_{;\gamma}\boldsymbol{G}_{\alpha}\boldsymbol{G}_{\beta}\boldsymbol{G}_{\gamma}+\tilde{\varphi}^{3\beta}{}_{;\gamma}\boldsymbol{N}\boldsymbol{G}_{\beta}\boldsymbol{G}_{\gamma}+\tilde{\varphi}^{\alpha3}{}_{;\gamma}\boldsymbol{G}_{\alpha}\boldsymbol{N}\boldsymbol{G}_{\gamma}
\end{aligned}\right\}$$

(9.121a)

式中，$\bar{\boldsymbol{\varphi}}$、$\tilde{\boldsymbol{\varphi}}$ 分别是空间描述和物质描述的反对称二阶转动张量；$\boldsymbol{u}$、$\tilde{\boldsymbol{u}}$ 分别是空间描述和物质描述的位移。实际上，$\bar{\boldsymbol{\varphi}}$、$\tilde{\boldsymbol{\varphi}}$ 是同一张量，$\boldsymbol{u}$、$\tilde{\boldsymbol{u}}$ 是同一向量，本来不需要区分，这里仅仅是为了区别两种描述法。利用式 (2.34) 和式 (9.102)，有

$$\left.\begin{aligned}
&\boldsymbol{F}=\tilde{\boldsymbol{I}}+\boldsymbol{u}\boldsymbol{\nabla}\\
&\boldsymbol{\chi}=\tilde{\boldsymbol{I}}+\bar{\boldsymbol{\varphi}}\cdot\tilde{\boldsymbol{I}}+1/2\bar{\boldsymbol{\varphi}}\cdot\bar{\boldsymbol{\varphi}}\cdot\tilde{\boldsymbol{I}}+\cdots\\
&\boldsymbol{\chi}\boldsymbol{\nabla}=\left(\bar{\boldsymbol{\varphi}}\cdot\tilde{\boldsymbol{I}}\right)\boldsymbol{\nabla}+1/2\left(\bar{\boldsymbol{\varphi}}\cdot\bar{\boldsymbol{\varphi}}\cdot\tilde{\boldsymbol{I}}\right)\boldsymbol{\nabla}+\cdots
\end{aligned}\right\} \tag{9.121b}$$

将上式代入式 (9.119)，保留到 $\boldsymbol{u}\boldsymbol{\nabla},\bar{\boldsymbol{\varphi}}$ 的二次小量，得到中等几何非线性微极壳体的中面变形张量和扭曲张量

$$\left.\begin{aligned}
&\boldsymbol{E}=\boldsymbol{E}^{*}-\boldsymbol{I}=\boldsymbol{\nabla}\tilde{\boldsymbol{u}}+\tilde{\boldsymbol{\varphi}}+\boldsymbol{\nabla}\tilde{\boldsymbol{u}}\cdot\tilde{\boldsymbol{\varphi}}+1/2(\tilde{\boldsymbol{\varphi}}\cdot\tilde{\boldsymbol{\varphi}})\\
&\boldsymbol{\Gamma}=-\frac{1}{2}\boldsymbol{\varepsilon}:\left[\tilde{\boldsymbol{\varphi}}\boldsymbol{\nabla}+\tilde{\boldsymbol{\varphi}}^{\mathrm{T}}\cdot\tilde{\boldsymbol{\varphi}}\boldsymbol{\nabla}+1/2\left(\tilde{\boldsymbol{\varphi}}\cdot\tilde{\boldsymbol{\varphi}}\right)\boldsymbol{\nabla}\right]
\end{aligned}\right\} \tag{9.122}$$

用对偶向量 $\boldsymbol{\varphi}$ 表示反对称二阶张量 $\tilde{\boldsymbol{\varphi}}$，即 $\tilde{\boldsymbol{\varphi}}=-\boldsymbol{\varepsilon}\cdot\boldsymbol{\varphi}$，利用式 (1.22) ~ 式 (1.24)，$\boldsymbol{E},\boldsymbol{\Gamma}$ 的分量为

$$\left.\begin{aligned}
&E_{\alpha\beta}=u_{\beta;\alpha}-\varepsilon_{\alpha\beta3}\varphi^{3}-\varepsilon_{3\beta\mu}(u^{3}{}_{,\alpha}\varphi^{\mu}-u^{\mu}{}_{;\alpha}\varphi^{3})-\\
&\qquad g_{\alpha\beta}\varphi^{3}\varphi_{3}-(g_{\alpha\beta}\varphi^{\mu}\varphi_{\mu}-\varphi_{\alpha}\varphi_{\beta})/2\\
&E_{\alpha3}=u_{3,\alpha}+\varepsilon_{3\alpha\beta}\varphi^{\beta}+\varepsilon_{3\mu\beta}u^{\mu}{}_{;\alpha}\varphi^{\beta}+g_{\alpha\beta}\varphi^{\beta}\varphi^{3}\\
&E_{3\alpha}=-\theta_{\alpha}-\varepsilon_{3\alpha\beta}\varphi^{\beta}-\varepsilon_{3\alpha\beta}\theta^{\beta}\varphi^{3}+\varphi_{\alpha}\varphi^{3}\\
&\Gamma_{\alpha\beta}=\varphi_{\alpha;\beta}+\varepsilon_{3\alpha\gamma}(\varphi^{3}\varphi^{\gamma}{}_{;\beta}-\varphi^{\gamma}\varphi^{3}{}_{;\beta})/2\\
&\Gamma_{3\alpha}=\varphi_{3,\alpha}+\varepsilon_{3\mu\gamma}(\varphi^{\mu}\varphi^{\gamma}{}_{;\alpha}-\varphi^{\gamma}\varphi^{\mu}{}_{;\alpha})/2\\
&\Gamma_{\alpha3}=0
\end{aligned}\right\} \tag{9.122a}$$

式中，假设 $\boldsymbol{u}$ 沿厚度直线分布、$\boldsymbol{\varphi}$ 沿厚度均布，所以令 $u_{\alpha,3}=-\theta_{\alpha}$，$\Gamma_{\alpha3}=0$，$\theta_{\alpha}$ 是垂直于 $\boldsymbol{G}_{\alpha}$ 的截面的转角 (见第 6.3.3.1 小节)，作为独立变量。

式 (9.122a) 中位移梯度 $u_{\beta;\alpha}$ 的反对称部分表示面内宏转动，$\varphi^{3}(=\varphi_{3})$ 是面内微转动，通常可以假设 $u_{\beta;\alpha}\ll u_{3;\alpha}$，$\varphi_{3}\ll\varphi_{\alpha}$，略去式 (9.122a) 中面内转动影响，中等非线性变形可以简化为

$$\left.\begin{aligned}&E_{\alpha\beta}=(u_{\beta;\alpha}+u_{\alpha;\beta})/2-(g_{\alpha\beta}\varphi^{\mu}\varphi_{\mu}-\varphi_{\alpha}\varphi_{\beta})/2\\&E_{\alpha3}=u_{3,\alpha}+\varepsilon_{3\alpha\beta}\varphi^{\beta}\\&E_{3\alpha}=-\theta_{\alpha}-\varepsilon_{3\alpha\beta}\varphi^{\beta}\\&\Gamma_{\alpha\beta}=\varphi_{\alpha;\beta}\\&\Gamma_{3\alpha}=\varepsilon_{3\mu\gamma}(\varphi^{\mu}\varphi^{\gamma}{}_{;\alpha}-\varphi^{\gamma}\varphi^{\mu}{}_{;\alpha})/2\\&\Gamma_{\alpha3}=0\end{aligned}\right\}\tag{9.122b}$$

略去式 (9.122) 中的非线性项，便得到线性中面应变张量和扭曲张量

$$\boldsymbol{E}=\boldsymbol{\nabla}\tilde{\boldsymbol{u}}+\tilde{\boldsymbol{\varphi}},\qquad \boldsymbol{\Gamma}=-\frac{1}{2}\boldsymbol{\varepsilon}:\tilde{\boldsymbol{\varphi}}\boldsymbol{\nabla}=\boldsymbol{\varphi}\boldsymbol{\nabla}\tag{9.123}$$

下面基于厚度方向的变形假设，建立微极壳体运动学。按 Reissner-Mindlin 一阶剪切理论，假设壳体沿厚度方向的物质线保持直线、质点刚性转动不变，任一点的应变张量和扭曲张量可以表示为

$$\left.\begin{gathered}\boldsymbol{E}=\boldsymbol{E}'+\boldsymbol{E}''+\boldsymbol{E}'''+X^3\boldsymbol{\kappa},\qquad \boldsymbol{\Gamma}=\boldsymbol{\Gamma}'+\boldsymbol{\Gamma}''\\ \boldsymbol{E}'=E_{\alpha\beta}\boldsymbol{G}^{\alpha}\boldsymbol{G}^{\beta},\quad \boldsymbol{E}''=E_{\alpha3}\boldsymbol{G}^{\alpha}\boldsymbol{N},\quad \boldsymbol{E}'''=E_{3\alpha}\boldsymbol{N}\boldsymbol{G}^{\alpha},\quad \boldsymbol{\kappa}=\kappa_{\alpha\beta}\boldsymbol{G}^{\alpha}\boldsymbol{G}^{\beta}\\ \boldsymbol{\Gamma}'=\Gamma_{\alpha\beta}\boldsymbol{G}^{\alpha}\boldsymbol{G}^{\beta},\quad \boldsymbol{\Gamma}''=\Gamma_{3\alpha}\boldsymbol{N}\boldsymbol{G}^{\alpha}\end{gathered}\right\}\tag{9.124}$$

$$\kappa_{\alpha\beta}=-(\theta_{\alpha;\beta}+\theta_{\beta;\alpha})/2\tag{9.124a}$$

式中，$\kappa_{\alpha\beta}$ 是中面曲率变形 (见第 6.3.3.1 小节)。为了方便，引入转角向量 $\boldsymbol{\theta}$，定义为

$$\boldsymbol{\theta}=-\theta_2\boldsymbol{G}_1+\theta_1\boldsymbol{G}_2$$

9.5.7.2 本构方程、内力和内力偶

线弹性各向同性微极介质本构关系式 (9.100)，在假设 $t^{33}=0$ 时可表为矩阵形式

$$\left.\begin{gathered}\begin{Bmatrix}t^{11}\\t^{22}\\t^{12}\\t^{21}\end{Bmatrix}=\boldsymbol{A}\begin{Bmatrix}E_{11}+X^3\kappa_{11}\\E_{22}+X^3\kappa_{22}\\E_{12}+X^3\kappa_{12}\\E_{21}+X^3\kappa_{21}\end{Bmatrix},\quad \boldsymbol{A}^0=\begin{bmatrix}\omega-\lambda^2/\omega&\lambda-\lambda^2/\omega&0&0\\\lambda-\lambda^2/\omega&\omega-\lambda^2/\omega&0&0\\0&0&\mu+\kappa&\mu\\0&0&\mu&\mu+\kappa\end{bmatrix}\\ \left[t^{13},t^{23}\right]^{\mathrm{T}}=\boldsymbol{H}\left[E_{13},E_{31},E_{23},E_{32}\right]^{\mathrm{T}},\quad \left[t^{31},t^{32}\right]^{\mathrm{T}}=\boldsymbol{H}\left[E_{31},E_{13},E_{32},E_{23}\right]^{\mathrm{T}}\\ \left[m^{11},m^{22},m^{12},m^{21},m^{31},m^{32}\right]^{\mathrm{T}}=\boldsymbol{G}\left[\Gamma_{11},\Gamma_{22},\Gamma_{12},\Gamma_{21},\Gamma_{31},\Gamma_{32}\right]^{\mathrm{T}}\end{gathered}\right\}\tag{9.125a}$$

$$\boldsymbol{H}^0=\begin{bmatrix}\mu+\kappa&\mu&0&0\\0&0&\mu+\kappa&\mu\end{bmatrix},\quad \boldsymbol{G}^0=\begin{bmatrix}\bar{\beta}&\beta_1&0&0&0&0\\\beta_1&\bar{\beta}&0&0&0&0\\0&0&\beta_3&\beta_2&0&0\\0&0&\beta_2&\beta_3&0&0\\0&0&0&0&\beta_3&0\\0&0&0&0&0&\beta_3\end{bmatrix}\tag{9.125b}$$

式 (9.125a,b) 中，$t^{\alpha\beta}$、$m^{\alpha\beta}$ 是第二类 Piola-Kirchhoff 应力张量和偶应力张量，$\boldsymbol{A}$、$\boldsymbol{H}$、$\boldsymbol{G}$ 是弹性矩阵，$\boldsymbol{A}^0$、$\boldsymbol{H}^0$、$\boldsymbol{G}^0$ 分别是它们在直角坐标系中的分量；其中，$\omega=\lambda+2\mu$，λ、μ

是 Lamé 常数，κ(也记作 μ_c) 是微剪切模量，有时略去 κ 对正应力的影响，$\bar{\beta}=\beta_1+\beta_2+\beta_3$，$\beta_1$、$\beta_2$、$\beta_3$ 与剪切模量 μ 和内部长度 l_c 有关，为了简单，常假设三者相等，均为 $l_c^2\mu$。在应用中，有时取剪切模量 $H_{12}^0=H_{24}^0=\mu-\kappa$。

截面内力 $\boldsymbol{N}$、剪力 $\boldsymbol{Q}$、弯矩 $\boldsymbol{M}_b$ 和合力偶 $\boldsymbol{M}_c$ 的定义为

$$N^{\alpha\beta}=\int_{-h/2}^{h/2}t^{\alpha\beta}\mathrm{d}X^3,\quad M_b^{\alpha\beta}=\int_{-h/2}^{h/2}t^{\alpha\beta}X^3\mathrm{d}X^3,\quad Q^{\alpha3}=\int_{-h/2}^{h/2}t^{\alpha3}\mathrm{d}X^3,\quad M_c^{i\beta}=\int_{-h/2}^{h/2}m^{i\beta}\mathrm{d}X^3$$

将式 (9.125) 代入上式，得到壳体本构关系

$$\left.\begin{aligned}
&\{\boldsymbol{N}\}=\left[N^{11},N^{22},N^{12},N^{21}\right]^{\mathrm{T}}=h\boldsymbol{A}\left[E_{11},E_{22},E_{12},E_{21}\right]^{\mathrm{T}}=h\boldsymbol{A}\{E'\}\\
&\{\boldsymbol{M}_b\}=\left[M_b^{11},M_b^{22},M_b^{12},M_b^{21}\right]^{\mathrm{T}}=\frac{h^3}{12}\boldsymbol{A}\left[\kappa_{11},\kappa_{22},\kappa_{12},\kappa_{21}\right]^{\mathrm{T}}=\frac{h^3}{12}\boldsymbol{A}\{\kappa\}\\
&\{\boldsymbol{Q}\}=\left[Q^{13},Q^{23}\right]^{\mathrm{T}}=kh\boldsymbol{H}\left[E_{13},E_{31},E_{23},E_{32}\right]^{\mathrm{T}}=kh\boldsymbol{H}\{\gamma\}\\
&\{\boldsymbol{M}_c\}=\left[M_c^{11},M_c^{22},M_c^{12},M_c^{21},M_c^{31},M_c^{32}\right]^{\mathrm{T}}\\
&\qquad=h\boldsymbol{G}\left[\varGamma_{11},\varGamma_{22},\varGamma_{12},\varGamma_{21},\varGamma_{31},\varGamma_{32}\right]^{\mathrm{T}}=h\boldsymbol{G}\{\boldsymbol{\varGamma}\}
\end{aligned}\right\}\tag{9.126}$$

式中，k 是剪切修正系数，对于各向同性材料 $k=5/6$(见第 6.3.3.1 小节)。引入纵截面剪力

$$\{\boldsymbol{Q}'\}=\int_{-h/2}^{h/2}t^{3\alpha}\mathrm{d}X^3=\left[Q^{31},Q^{32}\right]^{\mathrm{T}}=kh\boldsymbol{H}\left[E_{31},E_{13},E_{32},E_{23}\right]^{\mathrm{T}}\tag{9.126a}$$

第二类 Piola-Kirchhoff 内力向量 $\boldsymbol{S}^\alpha$、弯矩向量 $\boldsymbol{M}^\alpha$ 和力偶向量 $\boldsymbol{M}'^\alpha$ 定义为

$$\left.\begin{aligned}
&\boldsymbol{S}^\alpha=N^{\alpha\beta}\boldsymbol{G}_\beta+Q^{\alpha3}\boldsymbol{N},\quad \boldsymbol{M}'^\alpha=M_c^{\alpha\beta}\boldsymbol{G}_\beta+M_c^{3\alpha}\boldsymbol{N}\\
&\boldsymbol{M}^1=\boldsymbol{M}_b^{12}\boldsymbol{G}_1+M_b^{11}\boldsymbol{G}_2,\quad \boldsymbol{M}^2=M_b^{22}\boldsymbol{G}_1+M_b^{21}\boldsymbol{G}_2
\end{aligned}\right\}\tag{9.127a}$$

由式 $(9.40\mathrm{a})_4$ 和式 $(9.46\mathrm{b})_3$，得到第一类 Piola-Kirchhoff 内力、弯矩和力偶向量

$$\left.\begin{aligned}
&\overline{\boldsymbol{S}}^\alpha=\boldsymbol{S}^\alpha\cdot\boldsymbol{\chi}^{\mathrm{T}}=N^{\alpha\beta'}\boldsymbol{g}_{\beta'}+Q^{\alpha3'}\boldsymbol{n},\quad \overline{\boldsymbol{M}}^\alpha=\boldsymbol{M}^\alpha\cdot\boldsymbol{\chi}^{\mathrm{T}}=M_b^{\alpha\beta'}\boldsymbol{g}_{\beta'}+M_b^{\alpha3'}\boldsymbol{n}\\
&\overline{\boldsymbol{M}}'^\alpha=\boldsymbol{M}'^\alpha\cdot\boldsymbol{\chi}^{\mathrm{T}}=M_c^{\alpha\beta'}\boldsymbol{g}_{\beta'}+M_c^{3'\alpha}\boldsymbol{n}
\end{aligned}\right\}\tag{9.127b}$$

$$\left.\begin{aligned}
&N^{\alpha\beta'}=\chi^{\beta'}{}_\beta N^{\alpha\beta}+\chi^{\beta'}{}_3Q^{\alpha3},\qquad Q^{\alpha3'}=\chi^{3'}{}_\beta N^{\alpha\beta}+\chi^{3'}{}_3Q^{\alpha3}\\
&M_b^{\alpha i'}=\chi^{i'}{}_\beta M_b^{\alpha\beta}\quad(i'=1,2,3),\qquad M_c^{i\alpha'}=\chi^{\alpha'}{}_\beta M_c^{i\beta}\quad(i=1,2,3\neq\beta)
\end{aligned}\right\}\tag{9.127c}$$

9.5.7.3 平衡方程

根据图 9.9 给出的随体坐标系 $\{\boldsymbol{C}_\alpha,\boldsymbol{N}'\}$ 中边长为 $\mathrm{d}X^\alpha$ 的壳体单元的受力分析，壳单元体的力和力矩平衡方程为

$$\frac{\partial\overline{\boldsymbol{S}}^\alpha}{\partial X^\alpha}+\boldsymbol{f}_0=\boldsymbol{0},\quad \frac{\partial\overline{\boldsymbol{M}}^\alpha}{\partial X^\alpha}+\frac{\partial\boldsymbol{x}}{\partial X^\alpha}\times\overline{\boldsymbol{S}}^\alpha=\boldsymbol{0}\tag{9.128a}$$

式中，$\dfrac{\partial\boldsymbol{x}}{\partial X^\alpha}=\dfrac{\partial\boldsymbol{x}}{\partial x^{\alpha'}}\dfrac{\partial x^{\alpha'}}{\partial X^\alpha}=F^{\alpha'}{}_\alpha\boldsymbol{g}_{\alpha'}$ 是边长向量，$\boldsymbol{f}_0=f_0^{\alpha'}\boldsymbol{g}_{\alpha'}=f_0^\alpha\boldsymbol{G}_\alpha$ 是变形前壳体单位面积的分布外力。

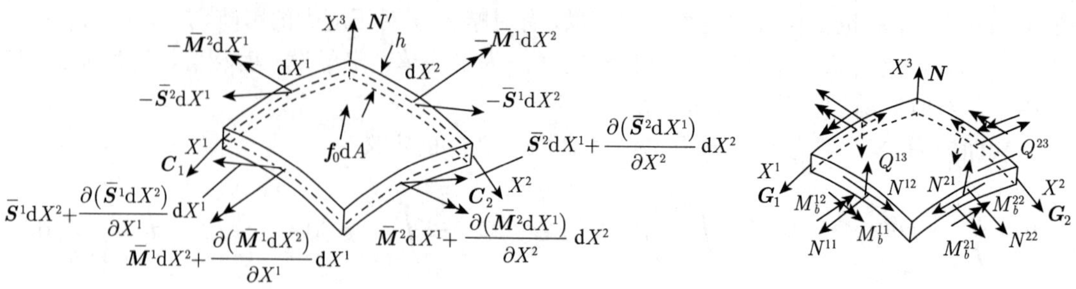

(a)　　　　(b)

图 9.9　随体坐标中壳单元体的受力分析 (a) 及单元体的内力和弯矩 (b)

应力与偶应力是不同的物理量、不能相加，力矩平衡与力偶平衡相互独立。力偶平衡源于分布外力偶和剪应力的反对称部分 (见式 (9.59))，特别是横向剪应力与纵向剪应力的非对称性，所以力偶平衡需要考虑纵向剪应力影响，本质上是无限小单元体的平衡。与前面类似的分析可以得到力偶平衡方程

$$\frac{\partial \bar{\boldsymbol{M}}'^{\alpha}}{\partial X^{\alpha}}+2\frac{\partial \boldsymbol{x}}{\partial X^{\alpha}}\times\bar{\boldsymbol{S}}'^{\alpha}+\boldsymbol{l}_0=\boldsymbol{0} \tag{9.128b}$$

式中，$\boldsymbol{l}_0$ 是分布力偶，$\bar{\boldsymbol{S}}'^{\alpha}=\boldsymbol{S}'^{\alpha}\cdot\boldsymbol{\chi}^T$ 为非对称剪应力向量的反对称部分，即

$$\boldsymbol{S}'^{\alpha}=\frac{1}{2}(N^{\alpha\beta}-N^{\beta\alpha})\boldsymbol{G}_{\beta}+\frac{1}{2}(Q^{\alpha 3}-Q^{3\alpha})\boldsymbol{N}\qquad(\alpha\neq\beta) \tag{9.128c}$$

将式 (9.128a,b) 后乘转移张量 $\tilde{\boldsymbol{I}}$，注意到 $\boldsymbol{\chi}^{\mathrm{T}}\cdot\tilde{\boldsymbol{I}}\approx\boldsymbol{I}+\tilde{\boldsymbol{\varphi}}$(见式 $(9.121\mathrm{b})_2$)，得到 Lagrange 描述的非线性平衡方程

$$\left.\begin{aligned}\frac{\partial}{\partial X^{\alpha}}\left[\boldsymbol{S}^{\alpha}\cdot(\boldsymbol{I}+\tilde{\boldsymbol{\varphi}})\right]+\boldsymbol{f}_0=\boldsymbol{0}\\ \frac{\partial}{\partial X^{\alpha}}\left[\boldsymbol{M}^{\alpha}\cdot(\boldsymbol{I}+\tilde{\boldsymbol{\varphi}})\right]+(\boldsymbol{G}_{\alpha}+\tilde{\boldsymbol{u}}_{,\alpha})\times\left[\boldsymbol{S}^{\alpha}\cdot(\boldsymbol{I}+\tilde{\boldsymbol{\varphi}})\right]=\boldsymbol{0}\\ \frac{\partial}{\partial X^{\alpha}}\left[\boldsymbol{M}'^{\alpha}\cdot(\boldsymbol{I}+\tilde{\boldsymbol{\varphi}})\right]+2(\boldsymbol{G}_{\alpha}+\tilde{\boldsymbol{u}}_{,\alpha})\times\left[\boldsymbol{S}'^{\alpha}\cdot(\boldsymbol{I}+\tilde{\boldsymbol{\varphi}})\right]+\boldsymbol{l}_0=\boldsymbol{0}\end{aligned}\right\} \tag{9.129a}$$

如果忽略变形对平衡的影响，即令 $\tilde{\boldsymbol{\varphi}}=\tilde{\boldsymbol{u}}_{,\alpha}=\boldsymbol{0}$，则得到 Lagrange 描述的线性平衡方程

$$\frac{\partial \boldsymbol{S}^{\alpha}}{\partial X^{\alpha}}+\boldsymbol{f}_0=\boldsymbol{0},\qquad\frac{\partial \boldsymbol{M}^{\alpha}}{\partial X^{\alpha}}+\boldsymbol{G}_{\alpha}\times\boldsymbol{S}^{\alpha}=\boldsymbol{0},\qquad\frac{\partial \boldsymbol{M}'^{\alpha}}{\partial X^{\alpha}}+2\boldsymbol{G}_{\alpha}\times\boldsymbol{S}'^{\alpha}+\boldsymbol{l}_0=\boldsymbol{0} \tag{9.129b}$$

上述平衡方程涉及基向量的导数，需要应用第 1.24 节曲面张量理论给出方程的分量形式。

9.5.7.4　位能原理、虚功原理

对于弹性、静力、等温微极壳体，假设系统是保守系，外力和外力偶是保守载荷、与位移和转动无关，系统的位能为

$$P(\boldsymbol{u},\boldsymbol{\theta},\boldsymbol{\varphi})=\int_A W(\boldsymbol{E},\boldsymbol{\kappa},\boldsymbol{\Gamma})\mathrm{d}a-\int_A(\boldsymbol{f}_0\cdot\boldsymbol{u}+\boldsymbol{l}_0\cdot\boldsymbol{\varphi})\,\mathrm{d}a-\int_{S_{\sigma}}(\boldsymbol{t}_s\cdot\boldsymbol{u}+\boldsymbol{m}_s\cdot\boldsymbol{\varphi})\mathrm{d}s \tag{9.130}$$

式中，A 是中面面积，S_σ 为已知载荷边界，$\boldsymbol{t}_s$ 和 $\boldsymbol{m}_s$ 是单位长度边界的已知力和力偶。

利用式 (9.126)，单位面积应变能可以表示为

$$W=\frac{1}{2}\left(\boldsymbol{N}^{\mathrm{T}}\cdot\boldsymbol{E}'+\boldsymbol{Q}^{\mathrm{T}}\cdot\gamma+\boldsymbol{M}_b^{\mathrm{T}}\cdot\kappa+\boldsymbol{M}_c^{\mathrm{T}}\cdot\boldsymbol{\Gamma}\right) \tag{9.131}$$

根据位能驻值原理，在一切几何可能位移和转动中，真实解满足变分方程

$$\delta P\left(\boldsymbol{u},\boldsymbol{\theta},\boldsymbol{\varphi}\right)=0 \tag{9.132}$$

虚功原理指出，平衡力系在虚位移上做的功等于零，由式 (9.129a,b) 得到

$$\begin{aligned}&\int_A\left\{\left[\frac{\partial}{\partial X^\alpha}\left(\boldsymbol{S}^\alpha\cdot(\boldsymbol{I}+\tilde{\boldsymbol{\varphi}})\right)+\boldsymbol{f}_0\right]\cdot\delta\tilde{\boldsymbol{u}}+\right.\\&\left[\frac{\partial}{\partial X^\alpha}\left(\boldsymbol{M}^\alpha\cdot(\boldsymbol{I}+\tilde{\boldsymbol{\varphi}})\right)+(\boldsymbol{G}_\alpha+\tilde{\boldsymbol{u}}_\alpha)\times(\boldsymbol{S}^\alpha\cdot(\boldsymbol{I}+\tilde{\boldsymbol{\varphi}}))\right]\cdot\delta\boldsymbol{\theta}+\\&\left.\left[\frac{\partial}{\partial X^\alpha}\left(\boldsymbol{M}'^{\alpha}\cdot(\boldsymbol{I}+\tilde{\boldsymbol{\varphi}})\right)+2\left(\boldsymbol{G}_\alpha+\tilde{\boldsymbol{u}}_{,\alpha}\right)\times\left(\boldsymbol{S}'^{\alpha}\cdot(\boldsymbol{I}+\tilde{\boldsymbol{\varphi}})\right)+\boldsymbol{l}_0\right]\cdot\delta\boldsymbol{\varphi}\right\}\mathrm{d}A=\boldsymbol{0}\end{aligned} \tag{9.133}$$

$$\begin{aligned}&\int_A\left[\left(\frac{\partial\boldsymbol{S}^\alpha}{\partial X^\alpha}+\boldsymbol{f}_0\right)\cdot\delta\tilde{\boldsymbol{u}}+\left(\frac{\partial\boldsymbol{M}^\alpha}{\partial X^\alpha}+\boldsymbol{G}_\alpha\times\boldsymbol{S}^\alpha\right)\cdot\delta\boldsymbol{\theta}+\right.\\&\left.\left(\frac{\partial\boldsymbol{M}'^{\alpha}}{\partial X^\alpha}+2\boldsymbol{G}_\alpha\times\boldsymbol{S}'^{\alpha}+\boldsymbol{l}_0\right)\cdot\delta\boldsymbol{\varphi}\right]\mathrm{d}A=\boldsymbol{0}\end{aligned} \tag{9.134}$$

式 (9.133) 和式 (9.134) 分别是非线性和线性虚功原理。

9.5.8 微极热弹性体

式 (9.87) 和式 (9.88) 给出了空间描述和物质描述的微极热弹性体的本构方程，然后基于应变能，讨论了等温和绝热情况下微极弹性基本方程及其简化。在热弹性情况下，温度成为独立变量，需借要助自由能建立本构方程，本节简要讨论微极热弹性基本方程及其简化。

由式 $(9.87\mathrm{a})_2$ 可见 ψ 与 $\theta_{,K}$ 无关，注意到 $e=\psi+\theta\eta$，所以

$$\dot{\psi}=\frac{\partial\psi}{\partial\boldsymbol{E}^*}:\dot{\boldsymbol{E}}^*+\frac{\partial\psi}{\partial\boldsymbol{\Gamma}^{\mathrm{T}}}:\dot{\boldsymbol{\Gamma}}^{\mathrm{T}}+\frac{\partial\psi}{\partial\theta}\dot{\theta},\quad \dot{e}=\dot{\psi}+\dot{\theta}\eta+\theta\dot{\eta} \tag{9.135}$$

将式 (9.135) 代入能量守恒方程式 (9.64b)，利用本构方程式 (9.88a)，得到

$$\rho_0\theta\dot{\eta}+q_{0\ ;K}^K-\rho_0h=0,\quad \rho_0\theta\dot{\eta}+\nabla\cdot\boldsymbol{q}_0-\rho_0h=0 \tag{9.136a}$$

式 (9.136a) 为物质描述的微极热弹性能量方程。该方程表明单位体积的热量变率等于流入的热量与生成的热量之和。由于 $q_{0\ ;K}^K=Jq^k_{\ ;k}$、$\rho_0=J\rho$，式 (9.136a) 的空间形式为

$$\rho\theta\dot{\eta}+q^k_{\ ,k}-\rho h=0,\quad \rho\theta\dot{\eta}+\nabla_{\boldsymbol{x}}\cdot\boldsymbol{q}-\rho h=0 \tag{9.136b}$$

由式 $(9.88\mathrm{a})_1$ 和式 $(9.135)_1$，用 ψ 表示 η，代入式 (9.136a)，得到

$$\rho_0\theta\left(\frac{\partial^2\psi}{\partial\theta^2}\dot{\theta}+\frac{\partial^2\psi}{\partial\theta\partial E_{KL}^*}\dot{E}_{KL}^*+\frac{\partial^2\psi}{\partial\theta\partial\Gamma_{KL}}\dot{\Gamma}_{KL}\right)-q_{0\ ;K}^K+\rho_0h=0 \tag{9.137}$$

式 (9.137) 是微极热弹性介质的热传导方程。

自由能和热流量是温度和变形张量的函数，一般说来，给定函数 $\psi = \psi(\theta, \boldsymbol{E}^*, \boldsymbol{\Gamma})$ 和 $\boldsymbol{q}_0 = \boldsymbol{q}_0(\theta, \boldsymbol{E}^*, \boldsymbol{\Gamma})$，便可给出本构关系，与第 9.3 节守恒方程和上述热传导方程一起，组成微极热弹性体的基本方程。当变形和转动足够小时，微极热弹性基本方程可以简化和线性化。

在小变形时，自由能 ψ 可以在参考温度 θ_0 和无初始应变下展成 Taylor 级数，并保留到 $\Delta\theta = \theta - \theta_0$，$\boldsymbol{E} \equiv \boldsymbol{E}^* - \boldsymbol{I}$，$\boldsymbol{\Gamma}$ 的二次函数，有

$$\begin{aligned}\psi =& \rho_0\left(\psi_0 - H_0\Delta\theta - \frac{C}{2\theta_0}\Delta\theta^2\right) - \boldsymbol{\beta} : \boldsymbol{E}\Delta\theta - \tilde{\boldsymbol{\beta}} : \boldsymbol{\Gamma}\Delta\theta + \\ & \frac{1}{2}\boldsymbol{E} : \boldsymbol{C} : \boldsymbol{E} + \boldsymbol{E} : \boldsymbol{B} : \boldsymbol{\Gamma} + \frac{1}{2}\boldsymbol{\Gamma} : \boldsymbol{D} : \boldsymbol{\Gamma}\end{aligned} \tag{9.138}$$

式 (9.138) 是式 (9.97) 的推广。其中 $\boldsymbol{C}$、$\boldsymbol{D}$、$\boldsymbol{B}$ 是四阶弹性模量张量，具有对称性 $C_{ijkl} = C_{klij}$ 和 $D_{ijkl} = D_{klij}$；ψ_0、H_0、C、$\boldsymbol{\beta}$ 和 $\tilde{\boldsymbol{\beta}}$ 是与 ρ_0、J_{KL}、$\boldsymbol{X}$ 有关的材料参数。将式 (9.138) 代入式 (9.88a) 和 (9.87a)，得到各向异性热线性微极固体的本构方程

$$\boldsymbol{T} = -\boldsymbol{\beta}\Delta\theta + \boldsymbol{C} : \boldsymbol{E} + \boldsymbol{B} : \boldsymbol{\Gamma}, \quad \boldsymbol{M} = -\tilde{\boldsymbol{\beta}}\Delta\theta + \boldsymbol{E} : \boldsymbol{B} + \boldsymbol{D} : \boldsymbol{\Gamma} \tag{9.139a}$$

$$\left.\begin{aligned}\boldsymbol{t} &= J^{-1}\boldsymbol{F}\cdot(-\boldsymbol{\beta}\Delta\theta + \boldsymbol{C} : \boldsymbol{E} + \boldsymbol{B} : \boldsymbol{\Gamma})\cdot\boldsymbol{\chi}^{\mathrm{T}} \\ \boldsymbol{m} &= J^{-1}\boldsymbol{F}\cdot\left(-\tilde{\boldsymbol{\beta}}\Delta\theta + \boldsymbol{E} : \boldsymbol{B} + \boldsymbol{D} : \boldsymbol{\Gamma}\right)\cdot\boldsymbol{\chi}^{\mathrm{T}}\end{aligned}\right\} \tag{9.139b}$$

$$\eta = H_0 + \frac{C}{\theta_0}\Delta\theta + \frac{1}{\rho_0}\left(\boldsymbol{\beta} : \boldsymbol{E} + \tilde{\boldsymbol{\beta}} : \boldsymbol{\Gamma}\right) \tag{9.139c}$$

由式 (9.139a)，$\boldsymbol{\beta} = -\dfrac{\partial \boldsymbol{T}}{\partial\theta} = -\dfrac{\partial^2\psi}{\partial\theta\partial\boldsymbol{E}}$ 和 $\tilde{\boldsymbol{\beta}} = -\dfrac{\partial \boldsymbol{M}}{\partial\theta} = -\dfrac{\partial^2\psi}{\partial\theta\partial\boldsymbol{\Gamma}}$ 称为热力系数张量；C 是等容比热 (见式 (6.244))。

与式 (6.247a) 的分析类似，注意到式 (4.48)，可以得到

$$\boldsymbol{q}_0 = -\boldsymbol{K}\cdot\boldsymbol{\nabla}\theta, \quad \boldsymbol{q} = J^{-1}\boldsymbol{F}\cdot\boldsymbol{q}_0 = -J^{-1}\boldsymbol{F}\cdot\boldsymbol{K}\cdot\boldsymbol{\nabla}\theta \tag{9.139d}$$

式中，$\boldsymbol{K} = K^{KL}\boldsymbol{G}_K\boldsymbol{G}_L$ 是热传导系数张量，$J = \rho_0/\rho$。

在几何线性情况下，$\boldsymbol{E} \approx \boldsymbol{e} \approx \tilde{e}$、$\boldsymbol{\Gamma} \approx \boldsymbol{\gamma} \approx \tilde{\gamma}$、$J \approx 1$、$\boldsymbol{F} \approx \boldsymbol{\chi} \approx \tilde{\boldsymbol{I}}$、$\boldsymbol{t} \approx \boldsymbol{T}$、$\boldsymbol{m} \approx \boldsymbol{M}$，式 (9.139) 进一步线性化为

$$\boldsymbol{t} = -\boldsymbol{\beta}\Delta\theta + \boldsymbol{C} : \tilde{e} + \boldsymbol{B} : \tilde{\gamma}, \quad \boldsymbol{m} = -\tilde{\boldsymbol{\beta}}\Delta\theta + \tilde{e} : \boldsymbol{B} + \boldsymbol{D} : \tilde{\gamma} \tag{9.140a}$$

$$\boldsymbol{q} = -\boldsymbol{K}\cdot\boldsymbol{\nabla}\theta, \quad \eta = H_0 + \frac{C}{\theta_0}\Delta\theta + \frac{1}{\rho_0}\left(\boldsymbol{\beta} : \tilde{e} - \tilde{\boldsymbol{\beta}} : \tilde{\gamma}\right) \tag{9.140b}$$

将式 (9.140a) 代入平衡方程式 (9.54) 和式 (9.59)，得到各向异性微极热弹性线性理论的位移和转动场方程

$$-\boldsymbol{\nabla}_{\boldsymbol{x}}\cdot(\boldsymbol{\beta}\Delta\theta) + \boldsymbol{\nabla}_{\boldsymbol{x}}\cdot(\boldsymbol{C} : \tilde{e} + \boldsymbol{B} : \tilde{\gamma}) + \rho(\boldsymbol{f} - \boldsymbol{a}) = \boldsymbol{0} \tag{9.141a}$$

$$-\nabla_{\boldsymbol{x}}\cdot\left(\tilde{\boldsymbol{\beta}}\Delta\theta\right)+\nabla_{\boldsymbol{x}}\cdot(\tilde{\boldsymbol{e}}:\boldsymbol{B}+\boldsymbol{D}:\tilde{\boldsymbol{\gamma}})+\nabla_{\boldsymbol{x}}\cdot[\boldsymbol{\varepsilon}:(-\boldsymbol{\beta}\Delta\theta+\boldsymbol{C}:\tilde{\boldsymbol{e}}+\boldsymbol{B}:\tilde{\boldsymbol{\gamma}})]+\rho\left(\boldsymbol{l}-\bar{\boldsymbol{j}}^{0}\cdot\dot{\boldsymbol{\omega}}\right)=\mathbf{0} \tag{9.141b}$$

式中，$\tilde{\boldsymbol{e}}$、$\tilde{\boldsymbol{\gamma}}$ 由式 $(9.106)_{3,4}$ 给出。

将式 (9.138) 代入热传导式 (9.137)，得到各向异性微极热弹性温度场方程

$$\rho_0 C\dot{\theta}+\theta\boldsymbol{\beta}:\dot{\boldsymbol{E}}+\theta\tilde{\boldsymbol{\beta}}:\dot{\boldsymbol{\Gamma}}+\nabla\cdot\boldsymbol{q}_0-\rho_0 h=0 \tag{9.142}$$

式 (9.142) 是式 (6.257) 的推广。

在小变形、小转动、小温度变化 ($\Delta\theta\ll\theta$) 下，注意到式 $(9.140\text{b})_1$，上式简化为线性温度场方程

$$\rho_0 C\dot{\theta}+\theta_0\boldsymbol{\beta}:\dot{\boldsymbol{e}}+\theta_0\tilde{\boldsymbol{\beta}}:\dot{\boldsymbol{\gamma}}-\boldsymbol{K}:\nabla\nabla\theta-\rho_0 h=0 \tag{9.143}$$

在几何线性、各向同性情况下，式 (9.138) 和式 (9.139d) 中系数是各向同性张量，$\boldsymbol{C}$、$\boldsymbol{D}$、$\boldsymbol{B}$ 由式 (9.99b) 给出，$\boldsymbol{\beta}$、$\tilde{\boldsymbol{\beta}}$、$\boldsymbol{K}$ 为

$$\beta^{kl}=\beta_0 g^{kl},\quad \tilde{\beta}^{kl}=0,\quad K^{kl}=K_0 g^{kl} \tag{9.144}$$

所以热弹性微极本构关系中，有 8 个材料参数：β_0、K_0、λ、μ、κ、β_1、β_2、β_3，对于非均匀材料它们是 $\boldsymbol{X}$ 的函数。利用上述参数关系，由式 (9.140)，得到线性热弹性微极本构方程

$$\left.\begin{aligned}t^{kl}&=-\beta_0\Delta\theta g^{kl}+\lambda\tilde{e}^{m}{}_{m}g^{kl}+\mu\tilde{e}^{lk}+(\mu+\kappa)\,\tilde{e}^{kl}\\ m^{kl}&=\beta_1 g^{kl}\tilde{\gamma}^{m}{}_{m}+\beta_2\tilde{\gamma}^{lk}+\beta_3\tilde{\gamma}^{kl}\end{aligned}\right\} \tag{9.145a}$$

$$\left.\begin{aligned}q_k&=-K_0\theta_{,k}\\ \eta&=H_0+\frac{C}{\theta_0}\Delta\theta+\frac{1}{\rho_0}\beta_0 e^{m}{}_{m}\end{aligned}\right\} \tag{9.145b}$$

将上式代入式 (9.141) 和式 (9.143)，类似式 (9.114) 和式 (9.115)，可以得到线性热弹性微极介质的场方程

$$(\lambda+\mu)\,\nabla\nabla\cdot\boldsymbol{u}+(\mu+\kappa)\,\nabla\cdot\nabla\boldsymbol{u}-\kappa\nabla\times\boldsymbol{\varphi}-\beta_0\nabla\theta+\rho_0\,(\boldsymbol{f}-\ddot{\boldsymbol{u}})=\mathbf{0} \tag{9.146a}$$

$$(\beta_1+\beta_3)\,\nabla\nabla\cdot\boldsymbol{\varphi}+\beta_2\nabla\cdot\nabla\boldsymbol{\varphi}-\kappa\nabla\times\boldsymbol{u}-2\kappa\boldsymbol{\varphi}+\rho_0\left(\boldsymbol{l}-\bar{\boldsymbol{j}}\cdot\ddot{\boldsymbol{\varphi}}\right)=\mathbf{0} \tag{9.146b}$$

$$\rho_0 C\dot{\theta}+\theta_0\beta_0\nabla\cdot\dot{\boldsymbol{u}}-K_0\nabla\cdot\nabla\theta-\rho_0 h=0 \tag{9.146c}$$

分别为力 (移动)、力偶 (转动) 和热的平衡方程。利用向量微分恒等式 $\nabla\times\nabla\times\boldsymbol{a}=\nabla\nabla\boldsymbol{a}-\nabla\cdot\nabla\boldsymbol{a}$，式 (9.146a,b) 也可分别表示为

$$(\lambda+2\mu+\kappa)\,\nabla\nabla\cdot\boldsymbol{u}-(\mu+\kappa)\,\nabla\times\nabla\times\boldsymbol{u}-\kappa\nabla\times\boldsymbol{\varphi}-\beta_0\nabla\theta+\rho_0\,(\boldsymbol{f}-\ddot{\boldsymbol{u}})=\mathbf{0} \tag{9.146d}$$

$$(\beta_1+\beta_3+\beta_2)\,\nabla\nabla\cdot\boldsymbol{\varphi}-\beta_2\nabla\times\nabla\times\boldsymbol{\varphi}-\kappa\nabla\times\boldsymbol{u}-2\kappa\boldsymbol{\varphi}+\rho_0\left(\boldsymbol{l}-\bar{\boldsymbol{j}}\cdot\ddot{\boldsymbol{\varphi}}\right)=\mathbf{0} \tag{9.146e}$$

可以看到，转动场方程式 (9.146b) 与常温情况式 (9.115b) 相同，没有显式温度，这是因为各向同性的热力系数 $\boldsymbol{\beta}$，使温度变化引起的温度应力是对称的，而对称应力不影响力偶平衡方程 (见式 (9.110a))。类似的原因，使 $\boldsymbol{e}$ 中的反对称转动张量 $\bar{\boldsymbol{\varphi}}$ 不出现在式 (9.146c) 中，因而该式与转动无关。

场方程式 (9.146) 包含 7 个方程和 7 个未知量 $\boldsymbol{u}$、$\boldsymbol{\varphi}$、θ，在多数情况下可以略去热传导方程中的位移，使温度场与位移场解耦 (参见第 6.5.3 小节)。给定物体边界和物体内初始时刻的位移、转动、温度或外力、外力偶、热流量，可以求解场方程。

9.6 微极塑性体

本节将第 6.6 节经典介质小变形塑性理论推广，建立微极固体的小变形塑性理论。塑性理论的主要内容是：(1) 给定屈服函数，判断屈服发生和加卸载；(2) 给定塑性势函数和硬化–软化函数，确定塑性变形演化。在关联塑性情况下，屈服函数与塑性势函数相同，非关联塑性时两者不同；(3) 利用上述结果建立弹塑性本构关系。在小变形情况下，不需要区分参考构形和即时构形。

9.6.1 微极介质的屈服函数，屈服、加卸载条件和一致性条件，多屈服面

Lippmann[54] 和后来许多作者 [55,56] 考虑偶应力作用，将 Mises 屈服准则推广和应用。各向同性微极介质屈服函数定义为

$$f(\boldsymbol{t},\boldsymbol{m},\boldsymbol{q})=\sqrt{3J_2}-Y_{\mathrm{p}},\quad J_2=\frac{1}{2}\left(\boldsymbol{t}':\boldsymbol{t}'+\boldsymbol{m}:\boldsymbol{m}/l_{\mathrm{p}}^2\right) \tag{9.147}$$

式中，$\boldsymbol{q}$ 是表示应力历史的变量，可以是标量或张量；$\boldsymbol{t}'$ 是应力偏量；l_{p} 是特征长度，为了简单有时假设与弹性特征长度 l_c 相同；Y_{p} 是硬化参量，通常为屈服强度。

在应用中屈服函数可能采用各种不同形式，例如文献 [56,57] 假设

$$f(\boldsymbol{t},\boldsymbol{m},\boldsymbol{q})=\sqrt{J_2}+\alpha t_{ii}-Y_{\mathrm{p}},\quad J_2=\frac{1}{2}\left(\boldsymbol{t}^s:\boldsymbol{t}^s+\boldsymbol{m}:\boldsymbol{m}/l_{\mathrm{p}}^2\right) \tag{9.148}$$

式中，α 是材料常数，可以验证：在单向应力 σ 作用下，当 $\alpha=1-1/\sqrt{3}$ 时上式变为 $\sigma-Y_{\mathrm{p}}=0$；$\boldsymbol{t}^s=(\boldsymbol{t}+\boldsymbol{t}^{\mathrm{T}})/2$ 是应力张量的对称部分。

式 (9.148) 考虑了平均应力 $t_{ii}/3$ 的影响和应力的非对称性。文献 [58] 采用的屈服函数是

$$f=\sqrt{3J_2}+\alpha_1\bar{t}-Y_{\mathrm{p}},\quad \bar{t}=t_{ii}/3 \tag{9.149}$$

式中，$J_2=a_1s_{ij}s_{ij}+a_2s_{ij}s_{ji}+a_3m_{ij}m_{ij}/l_{\mathrm{p}}^2$；$s_{ij}$ 是应力偏量；a_1、a_2、a_3、α、Y_{p} 是材料常数。可见，式 (9.149) 也考虑了平均应力的影响和应力的非对称性。

类似经典介质的 Tresca 屈服条件，在广义应力空间 $\{\boldsymbol{t},\boldsymbol{m}\}$ 中也可能有 N_f 个光滑、外凸、相交的屈服面，多屈服面的屈服函数为

$$f^{\beta}(\boldsymbol{t},\boldsymbol{m},\boldsymbol{q}),\quad \beta=1,\cdots,N_f \tag{9.150}$$

屈服函数应该满足下列条件：

$$f\leqslant 0\quad 或\quad f^{\beta}\leqslant 0,\quad \beta=1,\cdots,N_{act} \tag{9.151a}$$

$$\dot{f}=0\quad 或\quad \dot{f}^{\beta}=0,\quad \beta=1,\cdots,N_{act} \tag{9.151b}$$

式中，上加点“·”表示对广义时间的导数，对于率无关材料，广义时间可以是任一反映变形过程、单调增加的标量；如果不用导数，也可以用微分增量表示。$N_{act}(\leqslant N_f)$ 是 N_f 个屈服面中开动的 (active) 屈服面，即正在起作用的屈服面。式 (9.151a) 要求屈服函数非正；式 (9.151b) 称为一致性条件，给出从一个屈服面到邻近屈服面应满足的要求。

弹性应力状态的条件是，

$$f(\boldsymbol{t},\boldsymbol{m},\boldsymbol{q})<0 \quad \text{或} \quad f^{\beta}(\boldsymbol{t},\boldsymbol{m},\boldsymbol{q})<0, \quad \beta=1,\cdots,N_{act} \tag{9.152}$$

屈服条件是

$$f(\boldsymbol{t},\boldsymbol{m},\boldsymbol{q})=0 \quad \text{或} \quad f^{\beta}(\boldsymbol{t},\boldsymbol{m},\boldsymbol{q})=0, \quad \beta=1,\cdots,N_{act} \tag{9.153}$$

屈服状态下的加卸载条件形式上同经典介质，即式 (6.277)。在多屈服面情况下式中 f 需改为 f^{β}，加载条件应根据奇异屈服面理论确定。

9.6.2 微极介质的塑性势函数、正交法则、硬化软化函数

关联塑性的势函数与屈服函数相同。非关联塑性势函数形式通常类似屈服函数，例如与式 (9.149) 相应的塑性势，定义为

$$g(\boldsymbol{t},\boldsymbol{m},\boldsymbol{q})=\sqrt{3J_2}+\alpha_2\bar{t}-Y_g \tag{9.154}$$

式中，α_2、Y_g 为材料常数。多屈服面的塑性势为 $g^{\beta}(\boldsymbol{t},\boldsymbol{m},\boldsymbol{q})$，$\beta=1\cdots N_f$。

微极介质的线性应变张量 (见式 (9.106c)) 为

$$\tilde{e}_{kl}=u_{k;l}+\varepsilon_{lkr}\varphi^{r}, \quad \tilde{\gamma}_{kl}=\varphi_{k;l} \quad \text{或} \quad \tilde{\boldsymbol{e}}=\boldsymbol{u}\boldsymbol{\nabla}-\boldsymbol{\varepsilon}\cdot\boldsymbol{\varphi}, \quad \tilde{\gamma}=\boldsymbol{\phi}\boldsymbol{\nabla} \tag{9.155}$$

线性应变率可以分解为弹性和塑性两部分：

$$\dot{\tilde{\boldsymbol{e}}}=\dot{\tilde{\boldsymbol{e}}}^{\mathrm{e}}+\dot{\tilde{\boldsymbol{e}}}^{\mathrm{p}}, \quad \dot{\tilde{\gamma}}=\dot{\tilde{\gamma}}^{\mathrm{e}}+\dot{\tilde{\gamma}}^{\mathrm{p}} \tag{9.156}$$

其中弹性应变率满足线弹性率型本构方程 (见式 (9.98c))

$$\dot{\boldsymbol{t}}=\boldsymbol{C}:(\dot{\tilde{\boldsymbol{e}}}-\dot{\tilde{\boldsymbol{e}}}^{\mathrm{p}})+\boldsymbol{B}:(\dot{\tilde{\gamma}}-\dot{\tilde{\gamma}}^{\mathrm{p}}), \quad \dot{\boldsymbol{m}}=\boldsymbol{B}':(\dot{\tilde{\boldsymbol{e}}}-\dot{\tilde{\boldsymbol{e}}}^{\mathrm{p}})+\boldsymbol{D}:(\dot{\tilde{\gamma}}-\dot{\tilde{\gamma}}^{\mathrm{p}}) \tag{9.157}$$

式中，$\boldsymbol{B}':(\dot{\tilde{\boldsymbol{e}}}-\dot{\tilde{\boldsymbol{e}}}^{\mathrm{p}})=(\dot{\tilde{\boldsymbol{e}}}-\dot{\tilde{\boldsymbol{e}}}^{\mathrm{p}}):\boldsymbol{B}$。

对于各向同性介质，$\boldsymbol{B},\boldsymbol{B}'=0$，本构方程为

$$\dot{\boldsymbol{t}}=\boldsymbol{C}:(\dot{\tilde{\boldsymbol{e}}}-\dot{\tilde{\boldsymbol{e}}}^{\mathrm{p}}), \quad \dot{\boldsymbol{m}}=\boldsymbol{D}:(\dot{\tilde{\boldsymbol{\gamma}}}-\dot{\tilde{\boldsymbol{\gamma}}}^{\mathrm{p}}) \tag{9.157a}$$

根据正交法则，塑性应变率沿塑性势函数的梯度方向，令

$$\dot{\tilde{\boldsymbol{e}}}^{\mathrm{p}}=\dot{\lambda}\frac{\partial g}{\partial \boldsymbol{t}}=\dot{\lambda}\boldsymbol{g}_{t}, \quad \dot{\tilde{\gamma}}^{\mathrm{p}}=\dot{\lambda}\frac{\partial g}{\partial \boldsymbol{m}}=\dot{\lambda}\boldsymbol{g}_{m} \tag{9.158}$$

式中，$\dot{\lambda}$ 是位移控制的塑性应变率因子变率 (恒正)；势函数梯度 $\boldsymbol{g}_t$、$\boldsymbol{g}_m$ 是二阶张量，由当前应力和偶应力确定。

为了表示塑性应变的程度和变化过程，引入恒正标量累积塑性应变及其率 $\bar{\varepsilon}^{\mathrm{p}}$、$\dot{\bar{\varepsilon}}^{\mathrm{p}}$($\bar{\varepsilon}^{\mathrm{p}}$ 是 $\dot{\bar{\varepsilon}}^{\mathrm{p}}$ 的积分)，将式 (9.158) 代入，有

$$\dot{\bar{\varepsilon}}^{\mathrm{p}}=\sqrt{\frac{2}{3}(\dot{\tilde{\boldsymbol{e}}}^{\mathrm{p}}:\dot{\tilde{\boldsymbol{e}}}^{\mathrm{p}}+l_{\mathrm{p}}^{2}\dot{\tilde{\gamma}}^{\mathrm{p}}:\dot{\tilde{\gamma}}^{\mathrm{p}})}=\dot{\lambda}\sqrt{\frac{2}{3}(\boldsymbol{g}_t:\boldsymbol{g}_t+l_{p}^{2}\boldsymbol{g}_m:\boldsymbol{g}_m)} \tag{9.159}$$

为了确定应力历史变量 $\boldsymbol{q}$，例如式 (9.149) 中的 α_1、Y_p，需要给出 $\boldsymbol{q}$ 与累积塑性变形 $\bar{\varepsilon}^\mathrm{p}$ 的函数关系，类似经典塑性，它们可以由特定实验推广确定。由式 (9.159) 可见，$\boldsymbol{q}$ 是塑性应变因子 λ 的函数，即硬化软化函数 $\boldsymbol{q}(\dot{\bar{\varepsilon}}^\mathrm{p}(\lambda))$，所以屈服函数可以表为 $\boldsymbol{t},\boldsymbol{m},\lambda$ 的函数。

利用一致性条件，得

$$\left.\begin{aligned}&\dot{f}=\boldsymbol{f}_t:\dot{\boldsymbol{t}}+\boldsymbol{f}_m:\dot{\boldsymbol{m}}-H_\mathrm{p}\dot{\lambda}=0,\quad \dot{\lambda}=\frac{1}{H_\mathrm{p}}\left(\boldsymbol{f}_t:\dot{\boldsymbol{t}}+\boldsymbol{f}_m:\dot{\boldsymbol{m}}\right)\\&\boldsymbol{f}_t=\frac{\partial f}{\partial \boldsymbol{t}},\quad \boldsymbol{f}_m=\frac{\partial f}{\partial \boldsymbol{m}},\quad H_\mathrm{p}=-\frac{\partial f}{\partial \lambda}=-\frac{\partial f}{\partial \boldsymbol{q}}\cdot\frac{\partial \boldsymbol{q}}{\partial \lambda}\end{aligned}\right\}\tag{9.160}$$

将式 (9.157a) 代入上式 $\dot{f}$，得到

$$\left.\begin{aligned}&\dot{\lambda}=\left(\boldsymbol{f}_t:\boldsymbol{C}:\dot{\boldsymbol{e}}+\boldsymbol{f}_m:\boldsymbol{D}:\dot{\boldsymbol{\gamma}}\right)/h_\mathrm{p}\\&h_\mathrm{p}=H_\mathrm{p}+\boldsymbol{f}_t:\boldsymbol{C}:\boldsymbol{g}_t+\boldsymbol{f}_m:\boldsymbol{D}:\boldsymbol{g}_m\end{aligned}\right\}\tag{9.161}$$

9.6.3 微极介质的弹塑性本构方程

将式 (9.161) 给出的 $\dot{\lambda}$ 代入式 (9.158)，有

$$\begin{bmatrix}\dot{\boldsymbol{e}}^\mathrm{p}\\ \dot{\boldsymbol{\gamma}}^\mathrm{p}\end{bmatrix}=\frac{1}{h_\mathrm{p}}\begin{bmatrix}\boldsymbol{g}_t\\ \boldsymbol{g}_m\end{bmatrix}\left(\boldsymbol{f}_t:\boldsymbol{C}:\dot{\boldsymbol{e}}+\boldsymbol{f}_m:\boldsymbol{D}:\dot{\boldsymbol{\gamma}}\right)=\frac{1}{h_\mathrm{p}}\begin{bmatrix}\boldsymbol{g}_t\boldsymbol{f}_t:\boldsymbol{C} & \boldsymbol{g}_t\boldsymbol{f}_m:\boldsymbol{D}\\ \boldsymbol{g}_m\boldsymbol{f}_t:\boldsymbol{C} & \boldsymbol{g}_m\boldsymbol{f}_m:\boldsymbol{D}\end{bmatrix}:\begin{bmatrix}\dot{\boldsymbol{e}}\\ \dot{\boldsymbol{\gamma}}\end{bmatrix}\tag{9.162}$$

将式 (9.162) 代入式 (9.157a)，得到各向同性微极介质小变形弹塑性本构方程

$$\left.\begin{aligned}&\dot{\boldsymbol{t}}=\boldsymbol{C}^\mathrm{ep}:\dot{\boldsymbol{e}}+\boldsymbol{B}^\mathrm{ep}:\dot{\boldsymbol{\gamma}},\quad \dot{\boldsymbol{m}}=\boldsymbol{B}'^\mathrm{ep}:\dot{\boldsymbol{e}}+\boldsymbol{D}^\mathrm{ep}:\dot{\boldsymbol{\gamma}}\\&\boldsymbol{C}^\mathrm{ep}=\boldsymbol{C}-\frac{1}{h_\mathrm{p}}\boldsymbol{C}:\boldsymbol{g}_t\boldsymbol{f}_t:\boldsymbol{C},\quad \boldsymbol{B}^\mathrm{ep}=-\frac{1}{h_\mathrm{p}}\boldsymbol{C}:\boldsymbol{g}_t\boldsymbol{f}_m:\boldsymbol{D}\\&\boldsymbol{B}'^\mathrm{ep}=-\frac{1}{h_\mathrm{p}}\boldsymbol{D}:\boldsymbol{g}_m\boldsymbol{f}_t:\boldsymbol{C},\quad \boldsymbol{D}^\mathrm{ep}=\boldsymbol{D}-\frac{1}{h_\mathrm{p}}\boldsymbol{D}:\boldsymbol{g}_m\boldsymbol{f}_m:\boldsymbol{D}\end{aligned}\right\}\tag{9.163}$$

可见，尽管线性弹性时应变与扭曲不耦合，但弹塑性本构关系中两者是耦合的。

在多屈服面情况下，式 (9.160) 和式 (9.161) 对于不同的开动屈服面是不同的，分别记作 $\boldsymbol{g}_t^\beta,\boldsymbol{f}_t^\beta,h_\mathrm{p}^\beta$，式 (9.162) 的右端对开动屈服面 β 求和，所以有

$$\left.\begin{aligned}&\boldsymbol{C}^\mathrm{ep}=\boldsymbol{C}-\boldsymbol{C}:\sum\nolimits_{(\beta)}\left(\boldsymbol{g}_t^\beta\boldsymbol{f}_t^\beta/h_\mathrm{p}^\beta\right):\boldsymbol{C},\quad \boldsymbol{B}^\mathrm{ep}=-\boldsymbol{C}:\sum\nolimits_{(\beta)}\left(\boldsymbol{g}_t^\beta\boldsymbol{f}_m^\beta/h_\mathrm{p}^\beta\right):\boldsymbol{D}\\&\boldsymbol{B}'^{ep}=-\boldsymbol{D}:\sum\nolimits_{(\beta)}\left(\boldsymbol{g}_m^\beta\boldsymbol{f}_t^\beta/h_\mathrm{p}^\beta\right):\boldsymbol{C},\quad \boldsymbol{D}^\mathrm{ep}=\boldsymbol{D}-\boldsymbol{D}:\sum\nolimits_{(\beta)}\left(\boldsymbol{g}_m^\beta\boldsymbol{f}_m^\beta/h_\mathrm{p}^\beta\right):\boldsymbol{D}\end{aligned}\right\}\tag{9.164}$$

9.7 微极流体

应用较早和较多的典型微极流体，是磁性流体、聚合物悬浮液、液晶和其他有微结构的流体。在经典流体运动学中，借助自旋张量 (速度梯度的反对称部分) 已考虑微团 (流体

质点及其邻域) 的转动速度，而在微极流体中质点转动速度张量 ($\boldsymbol{\psi}$) 是作为与速度无关的独立变量。本节简要讨论微极流体的基本方程，特别是本构方程。

与可恢复的弹性固体不同，黏性流体是耗散介质，建立本构方程不仅需要引入自由能 (用于非耗散部分)，还需要引入耗散势 (用于耗散部分)。

9.7.1 本构关系的热力学限制、本构方程

等温各向同性微极流体的一般本构关系为式 (9.84)。如果略去高阶 E-R 张量，考虑温度和温度变化，以 t 时刻 $\boldsymbol{x}$ 为参考构形，则有

$$\boldsymbol{t}(\boldsymbol{x},t)=\boldsymbol{t}\left[\boldsymbol{a}(t),\boldsymbol{b}(t),\theta,\boldsymbol{\nabla}\theta,\rho(t),\bar{\boldsymbol{j}}(t)\right] \tag{9.165a}$$

$$\boldsymbol{m}(\boldsymbol{x},t)=\boldsymbol{m}\left[\boldsymbol{a}(t),\boldsymbol{b}(t),\theta,\boldsymbol{\nabla}\theta,\rho(t),\bar{\boldsymbol{j}}(t)\right] \tag{9.165b}$$

$$\psi(\boldsymbol{x},t)=\psi\left[\boldsymbol{a}(t),\boldsymbol{b}(t),\theta,\boldsymbol{\nabla}\theta,\rho(t),\bar{\boldsymbol{j}}(t)\right] \tag{9.165c}$$

$$\boldsymbol{q}(\boldsymbol{x},t)=\boldsymbol{q}\left[\boldsymbol{a}(t),\boldsymbol{b}(t),\theta,\boldsymbol{\nabla}\theta,\rho(t),\bar{\boldsymbol{j}}(t)\right] \tag{9.165d}$$

$$\eta(\boldsymbol{x},t)=\eta\left[\boldsymbol{a}(t),\boldsymbol{b}(t),\theta,\boldsymbol{\nabla}\theta,\rho(t),\bar{\boldsymbol{j}}(t)\right] \tag{9.165e}$$

式中，$\boldsymbol{a}(t)\equiv\boldsymbol{a}_1(t)$、$\boldsymbol{b}(t)\equiv\boldsymbol{b}_1(t)$ 是一阶广义 Rivlin-Ericksen 张量，即变形率张量，见式 (9.34b)；$\boldsymbol{\nabla}\equiv\boldsymbol{\nabla}_{\boldsymbol{x}}$(本节下同)。下面引入热力学限制。由式 (9.165c)，有

$$\dot{\psi}=\frac{\partial\psi}{\partial\boldsymbol{a}}:\dot{\boldsymbol{a}}+\frac{\partial\psi}{\partial\boldsymbol{b}}:\dot{\boldsymbol{b}}+\frac{\partial\psi}{\partial\theta}\dot{\theta}+\frac{\partial\psi}{\partial\boldsymbol{\nabla}\theta}\cdot\boldsymbol{\nabla}\dot{\theta}+\frac{\partial\psi}{\partial\rho^{-1}}\left(\rho^{-1}\right)^{\cdot}+\frac{\partial\psi}{\partial\bar{\boldsymbol{j}}}:\dot{\bar{\boldsymbol{j}}} \tag{9.166}$$

由式 (9.52) 和式 (9.53d)，$\dot{\rho}=-\rho v^m{}_{;m}$，$\dot{\bar{j}}^{kl}=\psi^k{}_m\bar{j}^{ml}+\psi^l{}_m\bar{j}^{km}$，代入上式，得到

$$\dot{\psi}=\frac{\partial\psi}{\partial a_{kl}}\dot{a}_{kl}+\frac{\partial\psi}{\partial b_{kl}}\dot{b}_{kl}+\frac{\partial\psi}{\partial\theta}\dot{\theta}+\frac{\partial\psi}{\partial\theta_{,k}}\dot{\theta}_{,k}+\frac{\partial\psi}{\partial\rho^{-1}}\rho^{-1}v^k{}_{;k}+\frac{\partial\psi}{\partial\bar{j}_{kl}}\left(\psi_k{}^m\bar{j}_{ml}+\psi_l{}^m\bar{j}_{km}\right) \tag{9.166a}$$

将 $\dot{\psi}$ 代入空间描述的熵不等式 (9.67a)，得到

$$\begin{aligned}&-\frac{\rho}{\theta}\left(\frac{\partial\psi}{\partial\theta}+\eta\right)\dot{\theta}+\frac{1}{\theta}\left(t^{kl}-\frac{\partial\psi}{\partial\rho^{-1}}g^{kl}\right)a_{kl}+\frac{1}{\theta}m^{kl}b_{kl}-\frac{1}{\theta^2}q^k\theta_{,k}-\\&2\frac{\rho}{\theta}\frac{\partial\psi}{\partial\bar{j}^{kl}}\bar{j}^{km}\psi^l{}_m-\frac{\rho}{\theta}\frac{\partial\psi}{\partial\theta_{,k}}\dot{\theta}_{,k}-\frac{\rho}{\theta}\frac{\partial\psi}{\partial a_{kl}}\dot{a}_{kl}-\frac{\rho}{\theta}\frac{\partial\psi}{\partial b_{kl}}\dot{b}_{kl}\geqslant 0\end{aligned} \tag{9.167}$$

式 (9.167) 对任意的时间变率成立，充分必要条件是

$$\frac{\partial\psi}{\partial\theta_{,k}}=0,\quad\frac{\partial\psi}{\partial a_{kl}}=0,\quad\frac{\partial\psi}{\partial b_{kl}}=0,\quad\eta=-\frac{\partial\psi}{\partial\theta} \tag{9.168}$$

所以，式 (9.167) 归结为

$$\frac{1}{\theta}\left(t_{\mathrm{d}}^{kl}a_{kl}+m^{kl}b_{kl}-\frac{1}{\theta}q^{k}\theta_{,k}-2\rho\frac{\partial\psi}{\partial\bar{j}^{kl}}\bar{j}^{km}\psi^{l}{}_{m}\right)\geqslant 0,\quad t_{\mathrm{d}}^{kl}=t^{kl}+p'g^{kl}\tag{9.169}$$

其中，t_{d}^{kl} 是耗散应力；$p'=-\dfrac{\partial\psi}{\partial\rho^{-1}}$ 是热力学压强，参见式 (8.41) 和式 (8.20)，是应力 t^{kl} 中的非耗散部分。

式 $(9.169)_1$ 的物理意义是热力学过程中耗散熵的时间变率非负。式 $(9.169)_2$ 给出：

对于可压缩流体 $$t^{kl}=-p'g^{kl}+t_{\mathrm{d}}^{kl}\tag{9.170a}$$

对于不可压缩流体 $$t^{kl}=-pg^{kl}+t_{\mathrm{d}}^{kl}\tag{9.170b}$$

式中，p 是静水压强。

下面证明耗散不等式 $(9.169)_1$ 左端第 4 项等于 0，即

$$\frac{\partial\psi}{\partial\bar{j}^{kl}}\bar{j}^{km}\psi^{l}{}_{m}=0\tag{9.171}$$

式 (9.168) 表明，$\psi=\psi\left(\theta,\ \rho^{-1},\ \bar{\boldsymbol{j}}\right)$，是对称二阶张量 $\bar{\boldsymbol{j}}$ 和两个标量的各向同性标量值函数，根据表示定理，可以表示为 $\psi=\psi\left(\theta,\ \rho^{-1},\ J_1,\ J_2,\ J_3\right)$，其中 J_1、J_2、J_3 是 $\bar{\boldsymbol{j}}$ 的 3 个不变量：$J_1=\mathrm{tr}\bar{\boldsymbol{j}}$、$J_2=\mathrm{tr}\bar{\boldsymbol{j}}^2$、$J_3=\mathrm{tr}\bar{\boldsymbol{j}}^3$(见式 (1.72))。所以

$$\frac{\partial\psi}{\partial\bar{j}^{kl}}=\frac{\partial\psi}{\partial J_1}g_{kl}+2\frac{\partial\psi}{\partial J_2}\bar{j}_{kl}+3\frac{\partial\psi}{\partial J_3}\bar{j}_{k}{}^{m}\bar{j}_{m}{}^{l}$$

将上式代入 $\dfrac{\partial\psi}{\partial\bar{j}^{kl}}\bar{j}^{km}\psi^{l}{}_{m}$，注意式中 $\boldsymbol{\psi}$ 是反对称二阶张量，它与对称二阶张量的双点积等于 0，即可证明式 (9.171) 成立。所以，耗散不等式变为

$$\frac{1}{\theta}\left(t_{\mathrm{d}}^{kj}a_{kl}+m^{kl}b_{kl}-\frac{1}{\theta}q^{k}\theta_{,k}\right)\geqslant 0\tag{9.172}$$

式 (9.172) 说明只有 $\boldsymbol{a}$、$\boldsymbol{b}$、$\boldsymbol{\nabla}\theta$ 是耗散本构变量，对偶的 $\boldsymbol{t}_{\mathrm{d}}$、$\boldsymbol{m}$、$\boldsymbol{q}$ 是耗散本构泛函。为了确定耗散本构方程，需要引入适当的耗散势 $\varphi=\varphi\left(\boldsymbol{a},\ \boldsymbol{b},\ \boldsymbol{\nabla}\theta\right)$，则

$$\boldsymbol{t}_{\mathrm{d}}=\frac{\partial\varphi}{\partial\boldsymbol{a}},\quad \boldsymbol{m}=\frac{\partial\varphi}{\partial\boldsymbol{b}},\quad \boldsymbol{q}=\frac{\partial\varphi}{\partial\boldsymbol{\nabla}\theta}\tag{9.173}$$

若取 φ 为二次函数 (假设 $\boldsymbol{a}$ 与 $\boldsymbol{b}$、$\boldsymbol{\nabla}\theta$ 不耦合)，得到线性热微极流体的本构方程

$$\left.\begin{aligned}&t_{\mathrm{d}}^{kl}=\lambda_V a^{m}{}_{m}g^{kl}+\left(\mu_V+\kappa_V\right)a^{kl}+\mu_V a^{lk}\\&m^{kl}=\alpha\varepsilon^{klm}\theta_{,m}+\alpha_V b^{m}{}_{m}g^{kl}+\beta_V b^{kl}+\gamma_V b^{lk}\\&q_k=\kappa\theta_{,k}-\beta\varepsilon_{klm}b^{lm}\end{aligned}\right\}\tag{9.174}$$

式中，λ_V、μ_V、κ_V、α_V、β_V、γ_V 是黏性系数；κ 和 α、β 是热传导系数和热力系数，一般情况下它们是密度、温度和温度梯度的函数。

9.7.2 微极流体基本方程

等温线性微极流体的基本方程包括运动方程、守恒方程和本构方程。

运动方程，即式 (9.34b) 和式 (9.22)：

$$a_{kl}=v_{l;k}(t)+\psi_{kl}(t),\quad b_{kl}=\omega_{k;l}(t),\quad \psi_{kl}=-\varepsilon_{klm}\omega^m \tag{9.175a}$$

守恒方程，即式 (9.52)、式 (9.53d)、式 (9.54) 和式 (9.59)：

惯性守恒： $$\frac{\mathrm{D}\rho}{\mathrm{D}t}+\rho v^m{}_{;m}=0(\text{可压缩})\quad 或\quad v^m{}_{;m}=0\quad(\text{不可压缩}) \tag{9.175b}$$

惯性矩守恒： $$\dot{\bar{j}}^{kl}\equiv\frac{\partial\bar{j}^{kl}}{\partial t}+\bar{j}^{kl}{}_{;m}v^m=\psi^k{}_m\bar{j}^{ml}+\psi^l{}_m\bar{j}^{km} \tag{9.175c}$$

动量守恒： $$t^{kl}{}_{;k}+\rho\left(f^l-a^l\right)=0,\quad a^l=\dot{v}^l\equiv\frac{\partial v}{\partial t}+v^l{}_{;m}v^m \tag{9.175d}$$

动量矩守恒： $$m^{kl}{}_{;k}+\varepsilon^{lmn}t_{mn}+\rho l^l=\rho\dot{\sigma}^l,\quad \dot{\sigma}^l=\bar{j}^{lm}\dot{\omega}_m \tag{9.175e}$$

本构方程：由式 (9.170) 和式 (9.174)，在等温情况下，有

$$t^{kl}=-pg^{kl}+t_{\mathrm{d}}^{kl},\quad t_{\mathrm{d}}^{kl}=\lambda_V a^m{}_m g^{kl}+(\mu_V+\kappa_V)\,a^{kl}+\mu_V a^{lk} \tag{9.175f}$$

$$m^{kl}=\alpha_V b^m{}_m g^{kl}+\beta_V b^{kl}+\gamma_V b^{lk} \tag{9.175g}$$

对于可压缩情况，$p\equiv p'=-\dfrac{\partial\psi}{\partial\rho^{-1}}$ 是热力学压强，ψ 是给定函数；在不可压缩情况条件下 ($v^m{}_{;m}=0$)，p 是静水压强，满足平衡方程，ρ 是给定的常量。

方程组式 (9.175) 的基本变量是 3 个移动速度 v^k、3 个转动速度 ω^k、6 个转动惯量 $\bar{j}^{kl}\left(=\bar{j}^{lk}\right)$ 和 1 个质量密度 ρ(可压缩情况，p' 是 ρ 的函数) 或静水压强 p(不可压缩情况)，共 13 个，其余为相关变量。基本方程是 3 个动量方程、3 个动量矩方程、6 个惯性矩方程和 1 个连续性方程 (式 $(9.175\mathrm{b})_1$，可压缩情况) 或不可压缩方程 (式 $(9.175\mathrm{b})_2$)，总共也是 13 个，其余为相关变量的补充方程，所以问题是适定的。上述方程中，运动方程和本构方程是线性的，其余是非线性的，在一定情况下可以适当简化或线性化。

利用物质导数定义表示惯性和惯性矩方程式 (9.175b,c)，与式 (9.146) 类似地推导位移和转动表示的平衡方程，可以得到线性微极流体的场方程

$$\frac{\partial\rho}{\partial t}+\left(\rho v^k\right)_{;k}=0,\quad p=-\frac{\partial\psi}{\partial\rho^{-1}}(\text{可压缩}),\quad v^m{}_{;m}=0\quad(\text{不可压缩}) \tag{9.176a}$$

$$\frac{\partial\bar{j}^{kl}}{\partial t}+v^m\bar{j}^{kl}{}_{;m}-\bar{j}^{km}\psi_m{}^l-\bar{j}^{lm}\psi_m{}^k=0,\quad \psi_{kl}=-\varepsilon_{klm}\omega^m \tag{9.176b}$$

$$-\boldsymbol{\nabla}p+(\lambda_V+\mu_V)\,\boldsymbol{\nabla\nabla}\cdot\boldsymbol{v}+(\mu_V+\kappa_V)\,\boldsymbol{\nabla}\cdot\boldsymbol{\nabla v}-\kappa_V\boldsymbol{\nabla}\times\boldsymbol{\omega}+\rho\,(\boldsymbol{f}-\dot{\boldsymbol{v}})=\mathbf{0}\quad(\text{可压缩}) \tag{9.176c}$$

$$-\boldsymbol{\nabla}p+(\mu_V+\kappa_V)\,\boldsymbol{\nabla}\cdot\boldsymbol{\nabla v}-\kappa_V\boldsymbol{\nabla}\times\boldsymbol{\omega}+\rho\,(\boldsymbol{f}-\dot{\boldsymbol{v}})=\mathbf{0}\quad(\text{不可压缩}) \tag{9.176d}$$

$$(\alpha_V+\beta_V)\boldsymbol{\nabla\nabla}\cdot\boldsymbol{\omega}+\gamma_V\boldsymbol{\nabla}\cdot\boldsymbol{\nabla\omega}-\kappa\boldsymbol{\nabla}\times\boldsymbol{v}-2\kappa\boldsymbol{\omega}+\rho\left(\boldsymbol{l}-\overline{\boldsymbol{j}}\cdot\dot{\boldsymbol{\omega}}\right)=\mathbf{0} \tag{9.176e}$$

当黏性系数 $\kappa_V=0$ 时，方程式 (9.176c,d) 退化为 Navier-Stokes 方程，即式 (8.45) 和式 (8.45a)。

微极流体的边界条件是：在给定速度边界 S_u 时 $\boldsymbol{v}=\overline{\boldsymbol{v}}$、$\boldsymbol{\omega}=\overline{\boldsymbol{\omega}}$；在给定力边界 S_σ 时 $\boldsymbol{n}\cdot\boldsymbol{t}=\overline{\boldsymbol{t}}_{(n)}$、$\boldsymbol{n}\cdot\boldsymbol{m}=\overline{\boldsymbol{m}}_{(n)}$。初始条件是：$t=0$ 时 $\boldsymbol{v}(\boldsymbol{x},0)=\boldsymbol{v}_0$、$\boldsymbol{\omega}(\boldsymbol{x},0)=\boldsymbol{\omega}_0$、$\rho(\boldsymbol{x},0)=\rho_0$、$\overline{\boldsymbol{j}}(\boldsymbol{x},0)=\overline{\boldsymbol{j}}_0$。其中，$\overline{\boldsymbol{v}}$、$\overline{\boldsymbol{\omega}}$ 是给定的边界速度和转速；$\overline{\boldsymbol{t}}_{(n)}$、$\overline{\boldsymbol{m}}_{(n)}$ 是给定的边界应力向量和偶应力向量 ($\boldsymbol{n}$ 是单位外法线向量)；$\boldsymbol{v}_0$、$\boldsymbol{\omega}_0$ 是初始速度场和转动速度场；ρ_0、$\overline{\boldsymbol{j}}_0$ 是初始密度场和转动惯量场。

9.8 微极黏弹性体

流晶 (或称液晶) 的响应不仅与当前 (t 时刻) 的运动有关，还依赖以前 (τ 时刻，$\tau=-\infty\sim t$) 的运动，既非固体也非流体。微极流晶的一般本构关系为式 (9.81)，本构变量包含 t 时刻的变形张量和 τ 时刻的相对变形张量，在流体中将后者在 t 时刻对 τ 展成 Taylor 级数，应用记忆公理本构泛函可以通过 t 时刻的变形率张量表示，变为本构函数。但是，流晶变形历史对本构响应泛函的影响更加复杂，需要借助衰减的影响函数表示，例如第 7 章中对于经典黏弹性介质引入的蠕变函数和松弛函数。本节根据文献 [47] 简要讨论微极黏弹性固体的本构方程。

作为耗散介质，黏弹性物质的本构方程需要引入自由能和耗散势，分别用于非耗散响应函数和耗散相应泛函。

微极黏弹性固体的本构变量包括二阶张量、向量和标量，简记作 Y：

$$Y(t)=\{\boldsymbol{E}^*,\ \boldsymbol{\varGamma},\ \theta\}(\text{可恢复部分})；\ Y(t-\tau')=\{\dot{\boldsymbol{E}}^*,\ \dot{\boldsymbol{\varGamma}},\ \boldsymbol{\nabla}\theta\ ,\dot{\theta}\ \}(\text{耗散部分})$$

式中，$\tau'=t-\tau\ \ (\tau=-\infty\sim t)$。

本构泛函简记作 Z：

$$Z(\boldsymbol{X},t)=\{\boldsymbol{t}_{\rm r},\ \boldsymbol{m}_{\rm r},\ \eta_{\rm r}\}(\text{可恢复部分})；\ Z(\boldsymbol{X},t)=\{\boldsymbol{t}_{\rm d},\ \boldsymbol{m}_{\rm d},\ \boldsymbol{q}_0,\ \eta_{\rm d}\}(\text{耗散部分})$$

本构泛函的形式为

$$Z(X,t)=F\{Y(t-\tau');Y(t)\},\quad 0\leqslant\tau'<\infty \tag{9.177}$$

泛函 F 是在区间 $0\leqslant\tau'<\infty$ 对本构变量历史 τ' 的积分，其中含有随 τ' 增加而衰减的影响函数，参见式 (7.61) 或式 (7.61a)。

令自由能 $\psi(t)=\psi(\boldsymbol{E}(t),\boldsymbol{\varGamma}(t),\theta(t))$，将 $\dot{\psi}=\dfrac{\partial\psi}{\partial\boldsymbol{E}^*}:\dot{\boldsymbol{E}}^*+\dfrac{\partial\psi}{\partial\boldsymbol{\varGamma}}:\dot{\boldsymbol{\varGamma}}+\dfrac{\partial\psi}{\partial\theta}\dot{\theta}$ 代入式 (9.67b)，η、$\boldsymbol{T}$、$\boldsymbol{M}$ 分成非耗散和耗散两部分，有

$$\theta r=-\dot{\psi}-\dot{\theta}(\eta_{\rm r}+\eta_{\rm d})+\frac{1}{\rho_0}(\boldsymbol{T}_{\rm r}+\boldsymbol{T}_{\rm d}):\dot{\boldsymbol{E}}^*+\frac{1}{\rho_0}(\boldsymbol{M}_{\rm r}+\boldsymbol{M}_{\rm d}):\dot{\boldsymbol{\varGamma}}^{\rm T}-\frac{1}{\rho_0\theta}\boldsymbol{q}_0\cdot\boldsymbol{\nabla}\theta\geqslant 0 \tag{9.178}$$

$$\theta r=-\left(\frac{\partial\psi}{\partial\theta}+\eta_{\rm r}\right)\dot{\theta}+\left(\frac{1}{\rho_0}\boldsymbol{T}_{\rm r}-\frac{\partial\psi}{\partial\boldsymbol{E}^*}\right):\dot{\boldsymbol{E}}^*+\left(\frac{1}{\rho_0}\boldsymbol{M}_{\rm r}-\frac{\partial\psi}{\partial\boldsymbol{\varGamma}}\right):\dot{\boldsymbol{\varGamma}}^{\rm T}-$$

$$\dot{\theta}\eta_{\mathrm{d}}+\frac{1}{\rho_0}\boldsymbol{T}_{\mathrm{d}}:\dot{\boldsymbol{E}}^{*}+\frac{1}{\rho_0}\boldsymbol{M}_{\mathrm{d}}:\dot{\boldsymbol{\Gamma}}^{\mathrm{T}}-\frac{1}{\rho_0\theta}\boldsymbol{q}_0\cdot\boldsymbol{\nabla}\theta\geqslant 0 \tag{9.178a}$$

在无耗散时，$\{\boldsymbol{T}_{\mathrm{d}},\ \boldsymbol{M}_{\mathrm{d}},\ \boldsymbol{q}_0,\ \eta_{\mathrm{d}}\}=0$，式 (9.178a) 取等号，由时间变率的任意性，可以得到

$$\boldsymbol{T}_{\mathrm{r}}=\rho_0\frac{\partial\psi}{\partial\boldsymbol{E}^{*}},\quad \boldsymbol{M}_{\mathrm{r}}=\rho_0\frac{\partial\psi}{\partial\boldsymbol{\Gamma}},\quad \eta_{\mathrm{r}}=-\frac{\partial\psi}{\partial\theta} \tag{9.179}$$

将式 (9.179) 代入式 (9.178a)，得到耗散不等式

$$-\dot{\theta}\eta_{\mathrm{d}}+\frac{1}{\rho_0}\boldsymbol{T}_{\mathrm{d}}:\dot{\boldsymbol{E}}^{*}+\frac{1}{\rho_0}\boldsymbol{M}_{\mathrm{d}}:\dot{\boldsymbol{\Gamma}}^{\mathrm{T}}-\frac{1}{\rho_0\theta}\boldsymbol{q}_0\cdot\boldsymbol{\nabla}\theta\geqslant 0 \tag{9.180}$$

由于耗散不等式的非负特性，可以引入耗散势泛函 $\varphi\left(Y\left(t-\tau'\right),Y\left(t\right)\right)\geqslant 0$，是在区间 $0\leqslant\tau'<\infty$ 对 τ' 的积分、含具有衰减特性的影响函数，其中 $Y\left(t\right)$ 分别为 $\dot{\boldsymbol{E}}^{*}$、$\dot{\boldsymbol{\Gamma}}$、$\boldsymbol{\nabla}\theta$、$\dot{\theta}$。根据耗散势的凸函数特性，得到耗散本构方程

$$T_{\mathrm{d}}^{KL}\left(X,t\right)=t_{\mathrm{d}}^{kl}X^{K}{}_{;k}\chi_{l}{}^{L}=\frac{\partial\varphi(Y\left(t-\tau'\right);\dot{E}^{KL})}{\partial\dot{E}^{KL}} \tag{9.181a}$$

$$M_{\mathrm{d}}^{KL}\left(X,t\right)=m_{\mathrm{d}}^{kl}X^{K}{}_{;k}\chi_{l}{}^{L}=\frac{\partial\varphi(Y(t-\tau');\dot{\Gamma}^{KL})}{\partial\dot{\Gamma}^{KL}} \tag{9.181b}$$

$$q_0^{K}\left(X,t\right)=q^{k}X^{K}{}_{;k}=\frac{\partial\varphi\left(Y\left(t-\tau'\right);\nabla^{K}\theta/\theta\right)}{\partial\left(\nabla^{K}\theta/\theta\right)} \tag{9.181c}$$

$$-\rho_0\eta_{\mathrm{d}}\left(\boldsymbol{X},t\right)=\frac{\partial\varphi(Y(t-\tau');\dot{\theta})}{\partial\dot{\theta}} \tag{9.181d}$$

非耗散与耗散之和，给出

物质描述：
$$\boldsymbol{T}=\boldsymbol{T}_{\mathrm{r}}+\boldsymbol{T}_{\mathrm{d}},\quad \boldsymbol{M}=\boldsymbol{M}_{\mathrm{r}}+\boldsymbol{M}_{\mathrm{d}},\quad \eta=\eta_{\mathrm{r}}+\eta_{\mathrm{d}} \tag{9.182a}$$

空间描述：
$$\boldsymbol{t}=\rho_0\boldsymbol{F}\cdot\boldsymbol{T}\cdot\boldsymbol{\chi}^{\mathrm{T}},\quad \boldsymbol{m}=\rho_0\boldsymbol{F}\cdot\boldsymbol{M}\cdot\boldsymbol{\chi}^{\mathrm{T}},\quad \boldsymbol{q}=\boldsymbol{F}\cdot\boldsymbol{q}_0 \tag{9.182b}$$

选取适当的自由能表达式和耗散势表达式，利用松弛试验结果，可以给出微极黏弹性固体的具体形式。

将黏性流体本构关系推广，引入转动变形，可以用于含有微结构的黏弹性流体 [59,60]，黏弹性微极流体的本构关系为

$$\boldsymbol{t}\left(\boldsymbol{X},t\right)=\boldsymbol{f}\left(\boldsymbol{a}_1\left(t\right),\boldsymbol{a}_2\left(t\right),\cdots,\ \boldsymbol{b}_1\left(t\right),\boldsymbol{b}_2\left(t\right),\cdots;\ \rho\left(t\right),\boldsymbol{j}\left(t\right),\boldsymbol{\gamma}\left(t\right)\right) \tag{9.183a}$$

$$\boldsymbol{m}\left(\boldsymbol{X},t\right)=\boldsymbol{h}\left(\boldsymbol{a}_1\left(t\right),\boldsymbol{a}_2\left(t\right),\cdots,\ \boldsymbol{b}_1\left(t\right),\boldsymbol{b}_2\left(t\right),\cdots;\ \rho\left(t\right),\boldsymbol{j}\left(t\right),\boldsymbol{\gamma}\left(t\right)\right) \tag{9.183b}$$

9.9 应用实例

线性和非线性微极介质模型可以描述具有复杂微结构介质的力学行为，例如：多晶体、泡沫材料 (如塑料泡沫、橡胶泡沫等)、多孔或多细胞固体、格栅结构、颗粒物质、磁性流体和液晶等，其中的材料粒子或微结构的转动自由度是重要的。此外，也可以描述应力集中、应变局部化等局部转动较大的情况。本节给出微极理论的一些典型应用实例，这些实例引自不同的作者，文中采用的变形度量也不尽相同 (见第 9.1.4 小节)，不同的变形张量定义可能导致材料常数差别。

9.9.1 平面应变岩体孔边应力集中的微极有限元分析

一些实际测试发现，岩石试件孔边应力集中系数低于经典弹性理论解，无法用经典理论解释，其原因是在应变急剧变化时需要考虑材料微结构和内禀长度的影响。文献 [61] 基于微极理论，进行了平面应变、单向拉伸条件下孔边应力场有限元分析。

考虑带有圆、椭圆、菱形三种中心孔的平面应变微极介质岩体的单向拉伸，如图 9.10(a) 所示。面内 x,y 轴方向的位移和绕与 x,y 轴垂直的 z 轴的转角分别为 u_x、u_y、ω_z，z 向位移和绕 x,y 轴转角 u_z、ω_x、ω_y 为 0。线性平面应变和面内曲率变形分量为

$$\left.\begin{aligned}&\varepsilon_x=\frac{\partial u_x}{\partial x},\quad \varepsilon_y=\frac{\partial u_y}{\partial y},\quad \varepsilon_{xy}=\frac{\partial u_y}{\partial x}-\omega_z,\quad \varepsilon_{yx}=\frac{\partial u_x}{\partial y}+\omega_z\\&\kappa_{zx}=\kappa_{xz}=\frac{\partial \omega_z}{\partial x},\quad \kappa_{zy}=\kappa_{yz}=\frac{\partial \omega_z}{\partial y}\end{aligned}\right\}\tag{9.184a}$$

式中 κ_{zx}、κ_{zy} 分别是面内转动沿 x,y 方向的变化 (曲率)，曲率变形引起线性分布的面内应变。

在微极理论中质点转动 ω_z 是局部的，其范围可以用一个内部长度 l_c 表示，面内局部变形可以近似表为 $\varepsilon_{cx}=\kappa_{zx}l_c$，$\varepsilon_{cy}=\kappa_{zy}l_c$，相应的弯曲应力为 $m_{zx}l_c$，$m_{zy}l_c$。

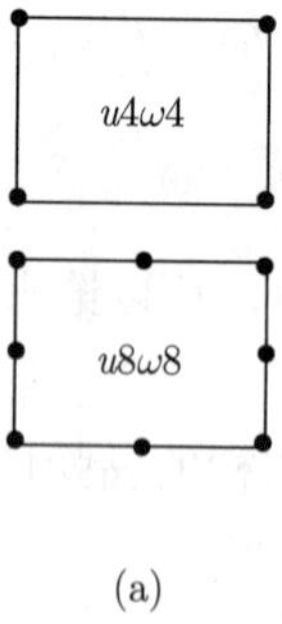

(a)

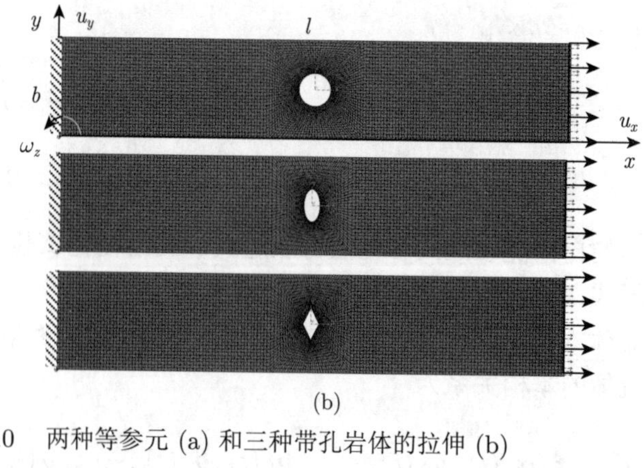

(b)

图 9.10 两种等参元 (a) 和三种带孔岩体的拉伸 (b)

根据式 (9.100)，为了减少材料常数适当简化，假设微极线弹性本构关系为

$$\left.\begin{aligned}&\sigma_x=(\lambda+2G)\,\varepsilon_x+\lambda\varepsilon_y,\quad \sigma_y=\lambda\varepsilon_x+(\lambda+2G)\,\varepsilon_y,\quad \sigma_z=\lambda\,(\varepsilon_x+\varepsilon_y)\\&\tau_{xy}=(G+G_c)\,\varepsilon_{xy}+(G-G_c)\,\varepsilon_{yx},\quad \tau_{yx}=(G-G_c)\,\varepsilon_{xy}+(G+G_c)\,\varepsilon_{yx}\\&m_{zx}=2Gl_c^2\kappa_{zx},\quad m_{zy}=2Gl_c^2\kappa_{zy}\end{aligned}\right\}\tag{9.184b}$$

用单元节点自由度 $[\overline{u}_{xk},\overline{u}_{yk},\overline{\omega}_{zk}]_{k=1\cdots n}^{\mathrm{T}}$ 表示单元内的位移和转动，有

$$u_x=\sum_{k=1}^{n}N_{uk}\overline{u}_{xk},\quad u_y=\sum_{k=1}^{n}N_{uk}\overline{u}_{yk},\quad \omega_z=\sum_{k=1}^{n}N_{\omega k}\overline{\omega}_{zk}(\text{节点数 } n=4 \text{ 或 } 8)\tag{9.184c}$$

式中，$N_{uk},N_{\omega k}$ 是多项式形函数。将式 (9.184c) 代入式 (9.184a)，基于位能原理和常规有限元法，可以建立 4 节点和 8 节点平面应变微极等参元，分别记作 $u4\omega4, u8\omega8$(见图 9.10(a))。

利用上述单元带孔岩体的计算模型如图 9.10(b) 所示。圆孔直径 $r=19.9\text{mm}$，椭圆长轴与 r 相同，短轴为 $r/2$，菱形长、短对角线分别为 r 和 $r/2$，材料的弹性模量为 $E=2\times10^5\text{MPa}$ 泊松比为 $\nu=0.3$，G_c 和 l_c 在一定范围内变化，左端固定、右端加均布拉力 $6\times10^8\text{N/m}^2$。

文献 [61] 给出了孔边应力集中系数 k 随参数 G_c/G(当 $l_c=r$ 时) 和 l_c/r(当 $G_c=G$ 时) 变化的有限元计算结果，如图 9.11(a) 和图 9.11(b) 所示 (曲线数据取自原文，单元为 $u8\omega8$)。图 9.11(a) 表明，当 l_c 不变时随微极剪切模量增大应力集中系数减小、趋于常数，孔的曲率越大下降越多。图 9.11(b) 表明，当 G_c 不变时随内部长度增大 (或孔的曲率减小)，应力集中系数有类似的变化。可见介质的微极特性 ($G_c>0$) 使应力集中明显减弱，程度与内部尺寸和微极剪切模量有关。

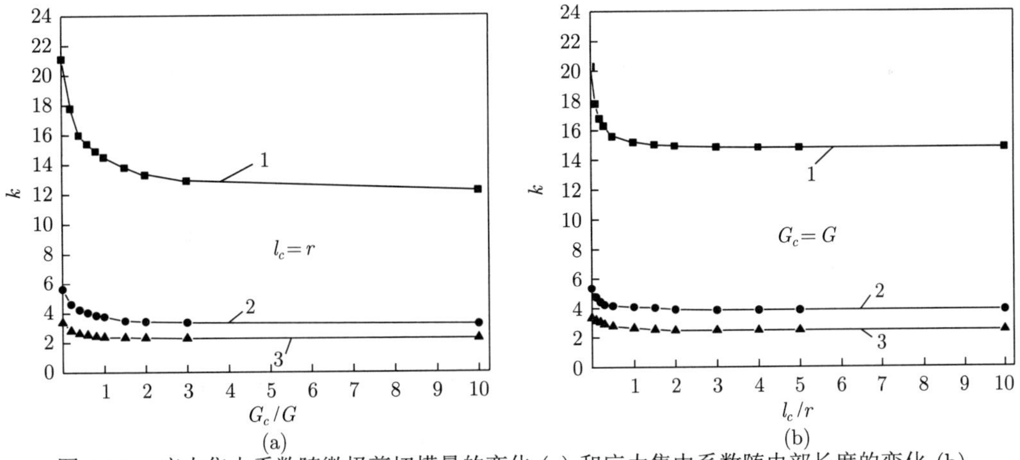

图 9.11 应力集中系数随微极剪切模量的变化 (a) 和应力集中系数随内部长度的变化 (b)

1—菱形孔；2—椭圆孔；3—圆孔

9.9.2 腹板夹层梁的微极理论静力学分析

Karttunen & Reddy 等人 [62] 将二维微极理论应用于一维腹板夹层梁。

夹层板壳结构可以有效提高刚度–重量比、稳定性和抗弯性能，广泛用于装备和结构。确定夹层板总体响应的最简单有效的途径，是基于一阶剪切理论简化为等效单层板。这一理论限于薄面板，对于厚面板，需考虑面板与夹心截面转角不一致性，经典 Temoshenko

梁 (T 梁) 理论不再适用，为了考虑厚面板效应可以引入偶应力，即“偶应力 T 梁”。但偶应力理论假设微转动与位移梯度表示的宏转动一致，因而可能导致结果过刚。文献 [62] 在 T 梁中引入独立的微转动，提出下面的“微极 T 梁”模型。另一种常见的夹层板模型是折线假设，相当于层板的层离散模型，也能单独考虑面板的横向剪切，但自由度增加。文献 [53] 表明可以采用一种改进的一阶理论夹层板模型，在面板不太厚时可以给出与折线假设相同的精度。

9.9.2.1　平面应力微极理论

夹层梁如图 9.12 所示，L、h、b 分别为梁的长度、高度和厚度。作为平面应力微极问题，在 $\{x,y\}$ 坐标系中横截面任一点的位移 U_x,U_y 和转动可以通过形心的挠度 u_y 和转角表示

$$U_x(x,y)=y\phi(x),\quad U_y(x,y)=u_y(x),\quad \Psi(x,y)=\psi(x) \tag{9.185a}$$

其中，ϕ 是形心处截面的转角；Ψ 是微极理论中的独立转动，假设沿厚度不变、等于形心的独立转动 ψ，如果 $\psi\equiv 0$ 即是经典 T 梁 (转角的正方向如图 9.12 所示)。由式 (9.106c)，有

$$\left.\begin{array}{ll}\varepsilon_x=U_{x,x}=y\phi_{,x}, & \varepsilon_{xy}=U_{y,x}-\Psi=u_{y,x}-\psi\\ \varepsilon_y=U_{y,y}=0, & \varepsilon_{yx}=U_{x,y}+\Psi=\phi+\psi\end{array}\right\} \tag{9.185b}$$

宏转动 ϕ 和微转动 ψ 的导数引起的曲率变形分别为

$$\kappa_x=\phi_{,x},\quad \kappa_y=0,\quad \kappa_{xz}=\Psi_{,x}=\psi_{,x},\quad \kappa_{yz}=\Psi_{,y}=0 \tag{9.185c}$$

假设平面应力微极梁任一点的非对称应力、偶应力 (见图 9.13) 与应变、曲率满足线性本构关系 (若 $\sigma_y=0$)

$$\begin{Bmatrix}\sigma_x\\ \tau_{xy}\\ \tau_{yx}\\ m_{xz}\end{Bmatrix}=\begin{bmatrix}E & 0 & 0 & 0\\ 0 & G+G_c & G-G_c & 0\\ 0 & G-G_c & G+G_c & 0\\ 0 & 0 & 0 & 2Gl_c^2\end{bmatrix}\begin{Bmatrix}\varepsilon_x\\ \varepsilon_{xy}\\ \varepsilon_{yx}\\ \kappa_{xz}\end{Bmatrix} \tag{9.185d}$$

式中，m_{xz} 是偶应力；E、G 是弹性模量和剪切模量；G_c、l_c 是 Cosserat 模量和内部长度。

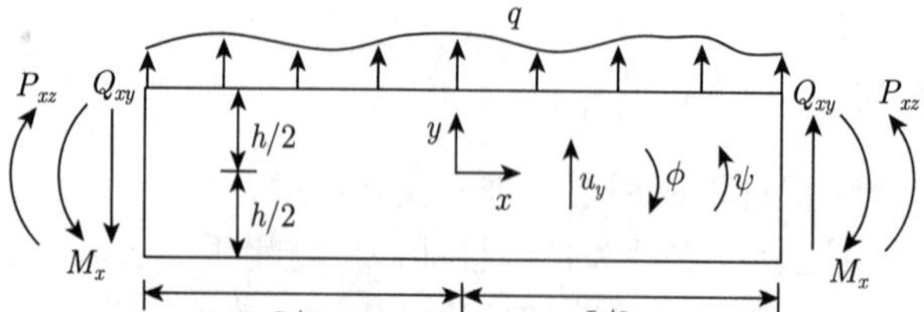

图 9.12　夹层梁的几何、位移和内力

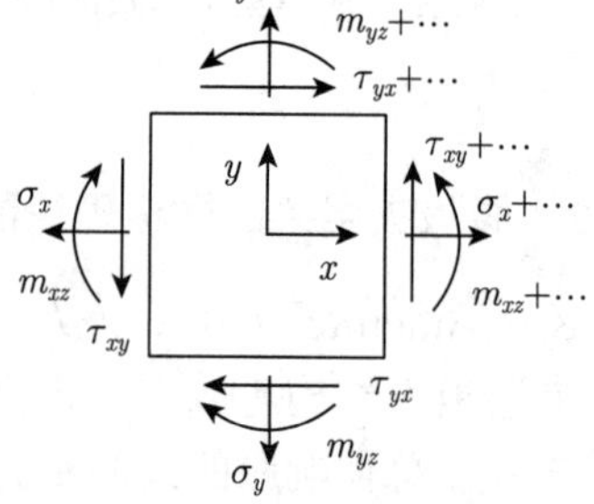

图 9.13　应力和偶应力

由动量和动量矩守恒方程式 (9.110a)，平面应力线性平衡方程为

$$\sigma_{x,x}+\tau_{yx,y}=0,\quad \tau_{xy,x}+\sigma_{y,y}=0,\quad m_{xz,x}+m_{yz,y}+\tau_{xy}-\tau_{yx}=0 \tag{9.185e}$$

9.9.2.2 微极夹层梁理论及求解

将上述微极平面应力方程用于微极 T 梁，引入梁的内力，弯矩、内力偶、剪力

$$M_x=\int_A y\sigma_x\mathrm{d}A,\quad P_{xz}=\int_A m_{xz}\mathrm{d}A,\quad Q_{yx}=\int_A \tau_{yx}\mathrm{d}A,\quad Q_{xy}=\int_A \tau_{xy}\mathrm{d}A \tag{9.185f}$$

将式 (9.185e) 沿厚度积分，假设无 x 方向分布外力和外力偶，得到微极夹层梁的平衡方程

$$M_{x,x}-Q_{xy}=0,\quad Q_{xy,x}+q=0,\quad P_{xz,x}+Q_{xy}-Q_{yx}=0 \tag{9.185g}$$

由式 (9.185d) 可得对称和反对称剪应力

$$\tau_s\equiv\frac{1}{2}\left(\tau_{xy}+\tau_{yx}\right)=\frac{1}{2}G\left(\varepsilon_{xy}+\varepsilon_{yx}\right),\quad \tau_a\equiv\frac{1}{2}\left(\tau_{xy}-\tau_{yx}\right)=\frac{1}{2}G_c\left(\varepsilon_{xy}-\varepsilon_{yx}\right) \tag{9.185h}$$

将式 (9.185d) 代入式 (9.185f)，再将式 (9.185f) 代入平衡方程式 (9.185g)，得到位移表示的平衡方程

$$\left.\begin{aligned}&D_x\phi''-D_s\left(u_y'+\phi\right)-D_a\left(u_y'-\phi-2\psi\right)=0\\&D_s\left(u_y''+\phi'\right)+D_a\left(u_y''-\phi'-2\psi'\right)=-q\\&D_{xz}\psi''+D_a\left(u_y'-\phi-2\psi\right)=0\end{aligned}\right\} \tag{9.185i}$$

式中，$()'\equiv\partial\,()/\partial x$；刚度系数 D_x、D_{xz}、D_s、D_a 是利用式 (9.185f) 得到的，定义为

$$\left.\begin{aligned}M_x=D_x\phi',\quad P_{xz}=2D_{xz}\psi',\quad Q_s\equiv(Q_{xy}+Q_{yx})/2=D_s\left(u_y'+\phi\right)\\Q_a\equiv(Q_{xy}-Q_{yx})/2=D_a\left(u_y'-\phi-2\psi\right)\end{aligned}\right\} \tag{9.185j}$$

常微分方程组式 (9.185i) 可以用消去法得到 ψ 的 5 阶常微分方程，考虑边界条件，求得解析解。这里不再赘述。

9.9.2.3 周期性腹板夹芯梁的等效刚度

为了将上述微极 T 梁模型用于周期性腹板夹芯梁，首先要用均匀化方法确定式 (9.185j) 定义的刚度系数，即等效刚度。考虑腹板夹芯梁的一个胞元，面板和腹板的刚度如图 9.14(a) 所示，图 9.14(b) 和图 9.14(c) 分别给出单位剪力 ($Q_{s,C}=1$)、单位弯矩 ($M_{x,C}=1$) 和单位力偶 ($P_{xz,C}=1$) 作用下胞元的内力和变形，利用定义式 (9.185j) 或变形能等效，可以得到相应的刚度系数

$$D_x=\frac{1}{2}h^2EA_f,\quad D_{xz}=2EI_f,\quad D_s=D_a=\frac{6}{s}\left(\frac{12s}{h^2EA_f}+\frac{s}{EI_f}+\frac{h}{EI_w}\right)^{-1} \tag{9.185k}$$

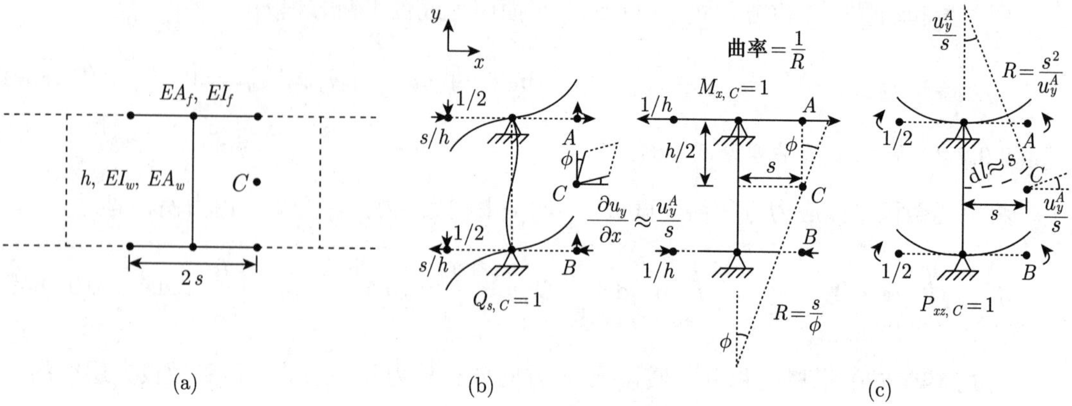

图 9.14 面板和腹板的刚度

(a) 胞元；(b) 胞元的剪切；(c) 胞元的宏、微弯曲

9.9.2.4 部分计算结果和讨论

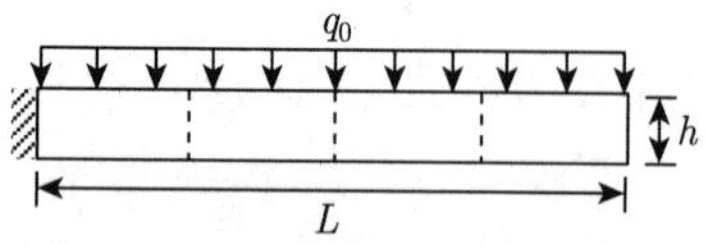

图 9.15 腹板夹芯悬臂梁

考虑一个 4 胞元腹板夹芯悬臂梁 (见图 9.15)，受均布荷载 $q_0 = 1000\text{N/m}$，面板和腹板厚度为 3mm 和 4mm 钢板，弹性模量和泊松比为 $E = 210\text{GPa}, \nu = 0.3$，梁的长、高、宽分别为 $L = 0.48\text{m}$，$h = 0.043\text{m}$，$b = 0.05\text{m}$，胞元长度 $2s = l_c = 0.12\text{m}$，计算结果如图 9.16 和图 9.17 所示。

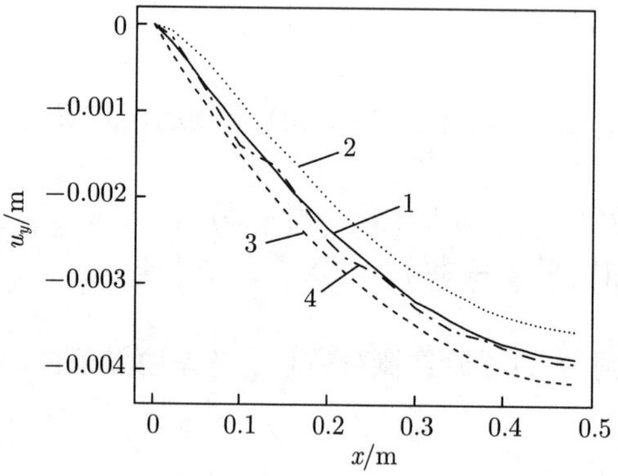

图 9.16 挠度随 x 的变化

1—微极；2—偶应力；3—经典；4—2D 有限元

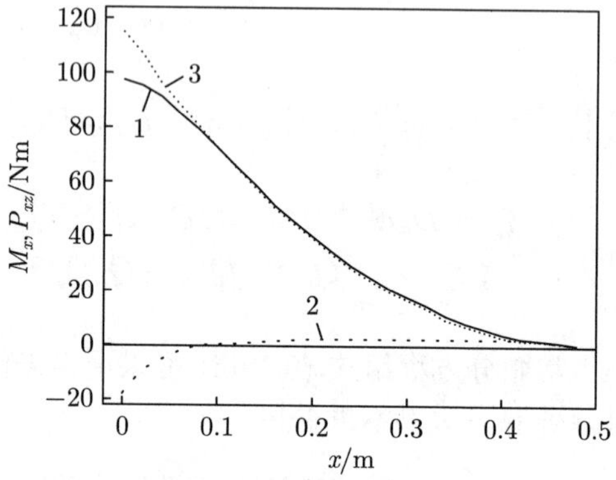

图 9.17 力矩随 x 的变化

1—M_x；2—P_{xz}；3—$M_x - P_{xz}$

图 9.16 给出挠度沿梁长度的分布，采用四种模型计算：微极理论、偶应力理论 (见第 10 章)、经典理论 Timoshenko 梁 (解析法) 和 2D 板的组合 (有限元法)，其中 2D 有限元为最精确的解。由图可见，微极夹层梁理论比偶应力理论和经典理论结果更好，最接近 2D 有限元结果，这是因为转动自由度、偶应力 m_{xz} 及其截面内合力偶 P_{xz} 的引入，能较好地反映剪应变和剪应力及其合力的非对称性。偶应力梁理论由于强制转动假设 (见第 10.1.1 小节)，使得它与 2D 模型和微极模型比较过于刚硬，因而挠度偏小。

图 9.17 给出截面力矩沿 x 轴的变化，包括正应力引起的弯矩 M_x、偶应力引起的力偶 P_{xz} 和截面的总力矩 $M_x - P_{xz}$。可见，P_{xz} 仅在支点 (固定端) 附近较大，而且与 M_x 同向 (两者正向定义相反)，离开支点一定距离时基本为 0，由式 $(9.185\text{g})_3$ 可知，P_{xz} 随 x 的变化引起反对称剪应力，所以在夹层梁的支点附近发生微转动，引起应力的非对称性等微极介质特征，远离支点时衰减。文中算例表明，类似的情况也出现在夹层梁的集中载荷附近。

9.9.3 基于微极弹性理论的缺口骨试件强度有限元分析 [63]

由于微结构、材料性能及物理化学过程复杂，骨和有植入的骨及其模拟是连续介质力学中难解决的问题，从实际和理论观点看来，在各种骨模拟中用多孔植入体进行骨重建是最重要的问题之一。细观多孔生物材料适于骨组织的再生，这种材料的力学分析像骨质一样应该考虑微观尺度结构。

对骨和生物材料进行可靠的数值分析是困难的，因为微观几何十分复杂。实际骨质可以看作是带有高度不规则微结构的空隙固体 (见图 9.18)，在受力时其中的微结构相 (胞、梁等) 可以有力矩存在，这自然地导致微极介质模型的适用性，可以用等效微极介质代替实际骨质。与用实际骨结构或梁格栅模型比较，这种替代既大大简化了计算又能保证精度，在早期和近期的研究中已得到应用和实验验证。下面简要介绍 Eremeyev 等人 [63] 应用线性微极理论进行骨及骨重建生物陶瓷材料进行的强度分析，研究重点是骨质的微极本构关系、有限元法和应力集中影响。

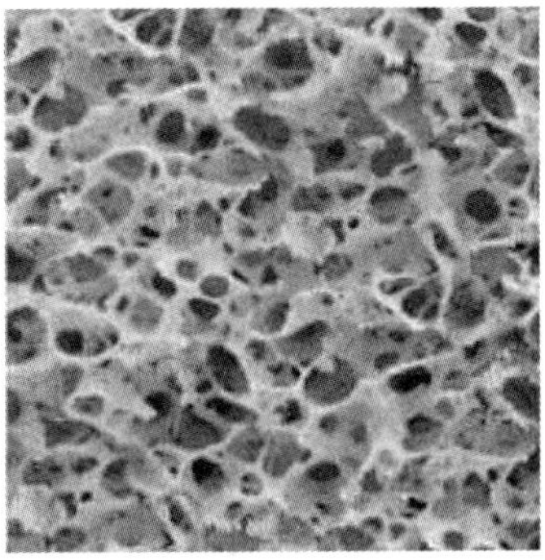
图 9.18 真实的骨结构

9.9.3.1 微极弹性理论、弹性模量

对于位移向量 $\boldsymbol{u}$ 和独立的微转角向量 $\boldsymbol{\theta}$(即式 (9.106c) 中的 $\boldsymbol{\varphi}$)，在直角坐标系下，线性应变张量和扭曲张量为

$$\varepsilon_{ij} = u_{j,i} + e_{ijk}\theta_k, \quad \kappa_{ij} = \theta_{i,j} \tag{9.186a}$$

无体积力和体力偶时，微极介质的平衡方程为

$$\sigma_{ji,j} = 0; \quad m_{ji,j} + e_{imn}\sigma_{mn} = 0 \tag{9.186b}$$

上述应力和应变是功共轭的和非对称的，满足线弹性本构方程 (矩阵形式)

$$[\boldsymbol{\sigma}, \boldsymbol{m}]^{\mathrm{T}} = [\boldsymbol{C}]\,[\boldsymbol{\varepsilon}, \boldsymbol{\kappa}]^{\mathrm{T}} \tag{9.187a}$$

$$\left.\begin{aligned}
\boldsymbol{\sigma} &= [\sigma_{xx}, \sigma_{yy}, \sigma_{zz}, \sigma_{xy}, \sigma_{yx}, \sigma_{yz}, \sigma_{zy}, \sigma_{xz}, \sigma_{zx}]^{\mathrm{T}} \\
\boldsymbol{m} &= [m_{xx}, m_{yy}, m_{zz}, m_{xy}, m_{yx}, m_{yz}, m_{zy}, m_{xz}, m_{zx}]^{\mathrm{T}} \\
\boldsymbol{\varepsilon} &= [\varepsilon_{xx}, \varepsilon_{yy}, \varepsilon_{zz}, \varepsilon_{xy}, \varepsilon_{yx}, \varepsilon_{yz}, \varepsilon_{zy}, \varepsilon_{xz}, \varepsilon_{zx}]^{\mathrm{T}} \\
\boldsymbol{\kappa} &= [\kappa_{xx}, \kappa_{yy}, \kappa_{zz}, \kappa_{xy}, \kappa_{yx}, \kappa_{yz}, \kappa_{zy}, \kappa_{xz}, \kappa_{zx}]^{\mathrm{T}}
\end{aligned}\right\} \tag{9.187b}$$

$$[\boldsymbol{C}] = \begin{bmatrix} \boldsymbol{A} & \boldsymbol{0} \\ \boldsymbol{0} & \boldsymbol{B} \end{bmatrix}, \quad \boldsymbol{A} = \begin{bmatrix} \boldsymbol{A}_1 & \boldsymbol{0} & \boldsymbol{0} & \boldsymbol{0} \\ \boldsymbol{0} & \boldsymbol{A}_2 & \boldsymbol{0} & \boldsymbol{0} \\ \boldsymbol{0} & \boldsymbol{0} & \boldsymbol{A}_2 & \boldsymbol{0} \\ \boldsymbol{0} & \boldsymbol{0} & \boldsymbol{0} & \boldsymbol{A}_2 \end{bmatrix}, \quad \boldsymbol{B} = \begin{bmatrix} \boldsymbol{B}_1 & \boldsymbol{0} & \boldsymbol{0} & \boldsymbol{0} \\ \boldsymbol{0} & \boldsymbol{B}_2 & \boldsymbol{0} & \boldsymbol{0} \\ \boldsymbol{0} & \boldsymbol{0} & \boldsymbol{B}_2 & \boldsymbol{0} \\ \boldsymbol{0} & \boldsymbol{0} & \boldsymbol{0} & \boldsymbol{B}_2 \end{bmatrix} \tag{9.187c}$$

$$\boldsymbol{A}_1 = \begin{bmatrix} \lambda+2\mu+\kappa & \lambda & \lambda \\ \lambda & \lambda+2\mu+\kappa & \lambda \\ \lambda & \lambda & \lambda+2\mu+\kappa \end{bmatrix}, \quad \boldsymbol{A}_2 = \begin{bmatrix} \mu+\kappa & \mu \\ \mu & \mu+\kappa \end{bmatrix} \tag{9.187d}$$

$$\boldsymbol{B}_1 = \begin{bmatrix} \alpha+\beta+\gamma & \alpha & \alpha \\ \alpha & \alpha+\beta+\gamma & \alpha \\ \alpha & \alpha & \alpha+\beta+\gamma \end{bmatrix}, \quad \boldsymbol{B}_2 = \begin{bmatrix} \gamma & \beta \\ \beta & \gamma \end{bmatrix} \tag{9.187e}$$

式中，λ、μ、κ、α、β、γ 是 6 个弹性模量，即式 (9.100) 中的模量 λ、μ、κ、β_1、β_2、β_3。可以引入另外 6 个弹性参数，G、ν、N、l_t、l_b、ψ，表示骨质弹性模量，两组量的关系和逆关系为

$$\begin{cases} G = \dfrac{2\mu+\kappa}{2} \\ \nu = \dfrac{\lambda}{2\lambda+2\mu+\kappa} \\ N^2 = \dfrac{\kappa}{2(\mu+\kappa)} \end{cases}, \quad \begin{cases} \kappa = \dfrac{2GN^2}{1-N^2} \\ \mu = G\left(1-\dfrac{N^2}{1-N^2}\right) \\ \lambda = \dfrac{2G\nu}{1-2\nu} \end{cases}$$

$$\begin{cases} l_t^2 = \dfrac{\beta+\gamma}{2\mu+\kappa} \\ l_b^2 = \dfrac{\gamma}{2(2\mu+\kappa)} \\ \psi = \dfrac{\beta+\gamma}{\alpha+\beta+\gamma} \end{cases}, \quad \begin{cases} \alpha = l_t^2(2\mu+\kappa)\dfrac{1-\psi}{\psi} \\ \beta = \left(l_t^2-2l_b^2\right)(2\mu+\kappa) \\ \gamma = 2l_b^2(2\mu+\kappa) \end{cases} \tag{9.188a}$$

式中，G、ν 是剪切模量和泊松比；l_t、l_b 是扭转和弯曲特征长度；N 表示宏–微变形耦合程度；ψ 表示曲率变形间的比值。根据实验结果，计算中采用的弹性参数值为

$$G = 4000\text{MPa}, \quad \nu = 0.25, \quad N \geqslant 0.5, \quad l_t = 0.00022\text{m}, \quad l_b = 0.00045\text{m}, \quad \psi = 1.5 \tag{9.188b}$$

9.9.3.2 微极有限元法

文献 [63] 用通常方法建立了一个 8 节点六面体微极等参元，节点 i 的自由度为 $[u_x, u_y, u_z, \theta_x, \theta_y, \theta_z]_i^{\mathrm{T}}$，取自然坐标系 $\{\xi, \eta, \mu\}$ 中的形函数为

$$N_i(\xi,\eta,\mu) = \frac{1}{8}(1+\xi\xi_i)(1+\eta\eta_i)(1+\mu\mu_i) \tag{9.188c}$$

利用 $\{\xi, \eta, \mu\}$ 与 $\{x, y, z\}$ 的坐标变换以及式 (9.186a) 和式 (9.188c)，可以给出应变矩阵 $\boldsymbol{B}_i$ 和应力矩阵 $\boldsymbol{C}\boldsymbol{B}_i$，进而形成单元刚度矩阵，方法与经典连续介质有限元相同。

9.9.3.3 缺口骨试件单向拉伸

试件尺寸为 $L = 0.03\text{m}$，$H = 0.01\text{m}$，$d = 0.001 \sim 0.0005\text{m}$(见图 9.19)，材料性能由式 (9.188b) 给出，基于微极弹性模型和经典弹性模型，分别用上述微极单元和商业软件经典单元进行了三维有限元分析。计算结果表明，微极模型的应力集中程度低于经典模型，随缺口尺寸减小，下降程度增加。图 9.20 给出缺口附近 Mises 应力分布云图。

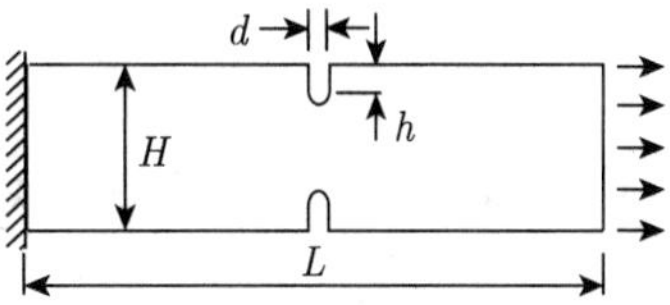

图 9.19 缺口骨试件

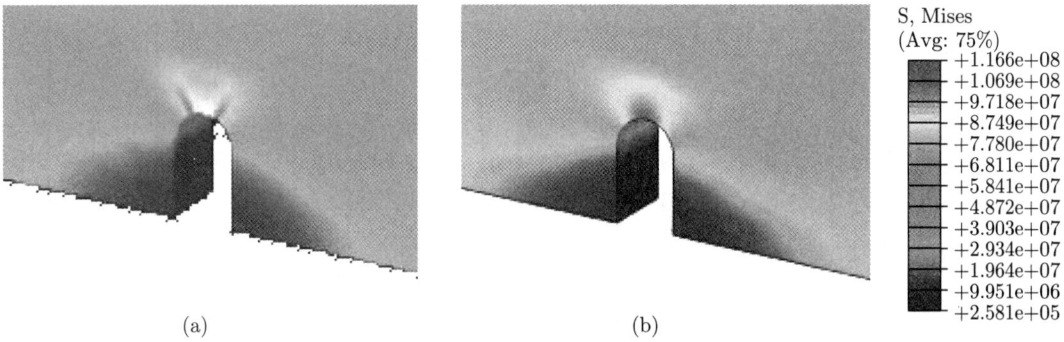

图 9.20 缺口附近 Mises 应力分布

(a) 微极；(b) 经典

9.9.4 基于非关联微极塑性理论的应变局部化分析 [58]

大多数岩土是多孔材料、可渗透液体，孔隙中所含液体的压力影响岩土强度，因而表现出依赖压力的黏聚–摩擦本构行为，需要用摩尔–库仑 (M-C，Mohr-Coulomb) 塑性模型或德鲁克–普拉格 (D-P，Drucker-Prager) 塑性模型描述。这两个模型的屈服函数和塑性势均与静水压强有关，因而不同于与静水压强无关金属类材料的 Tresca 或 Mises 塑性模型。此外，M-C 模型和 D-P 模型的屈服函数与塑性势是不同函数，所以称为非关联塑性；而 Tresca 和 Mises 塑性模型的屈服函数与塑性势相同，所以是关联塑性。在无摩擦情况下，前两个模型分别相当于 Tresca 和 Mises 模型，因此，它们可以看作是后者对于压力敏感材料的推广。

在加载状态下，随等效应变增加等效应力下降的现象称为材料软化 (见图 6.28)。岩体的强度分布很不均匀，并且随围压和温度变化。通常强度较低的节理层首先发生软化，随软化区域的迅速扩展形成剪切带 (应变局部化)。在地壳运动中，节理层在围岩蕴藏能量的驱动下断裂，形成断层和地震。剪切带的发生是一种材料不稳定现象，与结构不稳定类似，在解路径上对应奇异点和不唯一性。应变局部化是材料不稳定性的一种表现和断裂前兆。由于应变高度集中、局部转动增大，转动自由度常常不可忽略，采用微极介质模型是一种有效的分析方法。

在剪切时可引起体积膨胀 (剪胀)，是岩体的另一特点。由于剪胀，剪力方向与运动方向不一致，其夹角为剪胀角。

微极介质的德鲁克–普拉格非关联塑性模型，由式 (9.163)、式 (9.164) 给出。将上述理论用于平面应力状态，令 xy 平面内的位移和法向 z 的转角为 u_x, u_y, ω_z，则应变分量为

$$\varepsilon_{xx}=u_{x,x},\quad \varepsilon_{yy}=u_{y,y},\quad \varepsilon_{xy}=u_{y,x}-\omega_z,\quad \varepsilon_{yx}=u_{x,y}+\omega_z,\quad \kappa_{xz}=\omega_{z,x},\quad \kappa_{yz}=\omega_{z,y} \tag{9.189a}$$

式中，κ_{xz}、κ_{yz} 是平面内曲率变形。应变和应变率可以分成弹性和塑性两部分：

$$\boldsymbol{\varepsilon}=\boldsymbol{\varepsilon}^{\mathrm{e}}+\boldsymbol{\varepsilon}^{\mathrm{p}};\quad \dot{\boldsymbol{\varepsilon}}=\dot{\boldsymbol{\varepsilon}}^{\mathrm{e}}+\dot{\boldsymbol{\varepsilon}}^{\mathrm{p}},\quad \boldsymbol{\varepsilon}=[\varepsilon_{xx},\varepsilon_{yy},\varepsilon_{zz},\varepsilon_{xy},\varepsilon_{yx},l_c\kappa_{xz},l_c\kappa_{yz}]^{\mathrm{T}} \tag{9.189b}$$

式中，l_c 是特征长度。假设线弹性微极增量本构关系为 $\dot{\boldsymbol{\sigma}}=\boldsymbol{D}^{\mathrm{e}}:\dot{\boldsymbol{\varepsilon}}^{\mathrm{e}}=\boldsymbol{D}^{\mathrm{e}}:(\dot{\boldsymbol{\varepsilon}}-\dot{\boldsymbol{\varepsilon}}^{\mathrm{p}})$，即

$$\left\{\begin{matrix}\dot{\sigma}_{xx}\\ \dot{\sigma}_{yy}\\ \dot{\sigma}_{zz}\\ \dot{\sigma}_{xy}\\ \dot{\sigma}_{yx}\\ \dot{m}_{xz}/l_c\\ \dot{m}_{yz}/l_c\end{matrix}\right\}=\begin{bmatrix}\lambda+2\mu & \lambda & \lambda & 0 & 0 & 0 & 0\\ \lambda & \lambda+2\mu & \lambda & 0 & 0 & 0 & 0\\ \lambda & \lambda & \lambda+2\mu & 0 & 0 & 0 & 0\\ 0 & 0 & 0 & \mu+\mu_c & \mu-\mu_c & 0 & 0\\ 0 & 0 & 0 & \mu-\mu_c & \mu+\mu_c & 0 & 0\\ 0 & 0 & 0 & 0 & 0 & 2\mu & 0\\ 0 & 0 & 0 & 0 & 0 & 0 & 2\mu\end{bmatrix}\left\{\begin{matrix}\dot{\varepsilon}^{\mathrm{e}}_{xx}\\ \dot{\varepsilon}^{\mathrm{e}}_{yy}\\ \dot{\varepsilon}^{\mathrm{e}}_{zz}\\ \dot{\varepsilon}^{\mathrm{e}}_{xy}\\ \dot{\varepsilon}^{\mathrm{e}}_{yx}\\ l_c\dot{\kappa}^{\mathrm{e}}_{xz}\\ l_c\dot{\kappa}^{\mathrm{e}}_{yz}\end{matrix}\right\} \tag{9.189c}$$

式中，λ、μ 是 Lamé 常数；μ_c 是微剪切模量，略去了 μ_c 对正应力的影响。

为了计算塑性应变率，对于 xy 平面内理想塑性平面应力状态，取

$$J_2=\frac{1}{2}\left(s_{xx}^2+s_{yy}^2+s_{zz}^2\right)+a_1\sigma_{xy}^2+2a_2\sigma_{xy}\sigma_{yx}+a_1\sigma_{yx}^2+a_3\left[(m_{zx}/l_c)^2+(m_{zy}/l_c)^2\right] \tag{9.190a}$$

式中，$\boldsymbol{s}=\boldsymbol{\sigma}-\frac{1}{3}(\mathrm{tr}\boldsymbol{\sigma})\boldsymbol{I}$，$a_1$、$a_2$、$a_3$ 是材料塑性常数。式 (9.190a) 的矩阵形式为 $J_2=\frac{1}{2}\boldsymbol{\sigma}^{\mathrm{T}}\boldsymbol{P}\boldsymbol{\sigma}$，

$$\boldsymbol{P}=\begin{bmatrix}2/3 & -1/3 & -1/3 & 0 & 0 & 0 & 0\\ -1/3 & 2/3 & -1/3 & 0 & 0 & 0 & 0\\ -1/3 & -1/3 & 2/3 & 0 & 0 & 0 & 0\\ 0 & 0 & 0 & 2a_1 & 2a_2 & 0 & 0\\ 0 & 0 & 0 & 2a_1 & 2a_2 & 0 & 0\\ 0 & 0 & 0 & 0 & 0 & 2a_3 & 0\\ 0 & 0 & 0 & 0 & 0 & 0 & 2a_3\end{bmatrix} \tag{9.190b}$$

屈服函数和塑性势可表示为 (矩阵形式)

$$f=\left(\frac{3}{2}\boldsymbol{\sigma}^{\mathrm{T}}\boldsymbol{P}\boldsymbol{\sigma}\right)^{1/2}+\alpha\boldsymbol{\sigma}^{\mathrm{T}}\boldsymbol{\pi}-k,\quad \boldsymbol{\pi}=[1/3,\ 1/3,\ 1/3,\ 0,\ 0,\ 0,\ 0]^{\mathrm{T}} \tag{9.191a}$$

$$g=\left(\frac{3}{2}\boldsymbol{\sigma}^{\mathrm{T}}\boldsymbol{P}\boldsymbol{\sigma}\right)^{1/2}+\beta\boldsymbol{\sigma}^{\mathrm{T}}\boldsymbol{\pi} \tag{9.191b}$$

式中，α、β、k 是材料常数。

由塑性势的正交法则，塑性应变率为

$$\dot{\boldsymbol{\varepsilon}}^{\mathrm{p}} = \dot{\lambda}\frac{\partial g}{\partial \boldsymbol{\sigma}} = \dot{\lambda}\boldsymbol{M}, \quad \boldsymbol{M} = \frac{\partial g}{\partial \boldsymbol{\sigma}} = \frac{3\boldsymbol{P\sigma}}{2\sqrt{3/2\boldsymbol{\sigma}^{\mathrm{T}}\boldsymbol{P\sigma}}} + \beta\boldsymbol{\pi} \quad (\text{矩阵形式}) \tag{9.192a}$$

塑性应变因子增量 $\dot{\lambda}$ 由一致性条件 $\dot{f}=0$ 确定，对于理想塑性有

$$\dot{\lambda} = \frac{\boldsymbol{N}:\boldsymbol{D}^{\mathrm{e}}:\dot{\boldsymbol{\varepsilon}}}{\boldsymbol{N}:\boldsymbol{D}^{\mathrm{e}}:\boldsymbol{M}}, \quad \boldsymbol{N} = \frac{\partial f}{\partial \boldsymbol{\sigma}} = \frac{3\boldsymbol{P\sigma}}{2\sqrt{3/2\boldsymbol{\sigma}^{\mathrm{T}}\boldsymbol{P\sigma}}} + \alpha\boldsymbol{\pi} \quad (\text{矩阵形式}) \tag{9.192b}$$

将式 $(9.192\mathrm{a})_1$ 代入式 (9.189c)，利用式 $(9.192\mathrm{b})_1$，可以得到平面应力弹塑性本构关系 (理想塑性、各向同性硬化情况)

$$\dot{\boldsymbol{\sigma}} = \left(\boldsymbol{D}^{\mathrm{e}} - \frac{\boldsymbol{D}^{\mathrm{e}}:\boldsymbol{MN}:\boldsymbol{D}^{\mathrm{e}}}{\boldsymbol{N}:\boldsymbol{D}^{\mathrm{e}}:\boldsymbol{M}}\right):\dot{\boldsymbol{\varepsilon}} \equiv \boldsymbol{D}^{\mathrm{ep}}:\dot{\boldsymbol{\varepsilon}} \tag{9.193}$$

若采用位移增量法，第 n 步的状态变量已经求出，根据步长控制因子，求解控制方程得到下一步位移增量，再由应变–位移关系，求出应变增量 $\Delta\boldsymbol{\varepsilon}_{n+1}$；为了求应力增量，需采用返回映射算法 (或切向预测径向返回算法)。

算例 1　平面应变剪切层的弹塑性分析

考虑一个很长的纯剪切层 (见图 9.21)，厚度是单位值 (平面应变)，高度和长度分别为 h、L。沿长度分为 m 个长度为 l 的单元 (段)，假设其中第 i 单元强度弱化 (损伤)、首先进入塑性，剪应变 $\gamma = \tau/\mu + \gamma^{\mathrm{p}}$，其余的仍为弹性，剪应变 $\gamma = \tau/\mu$。

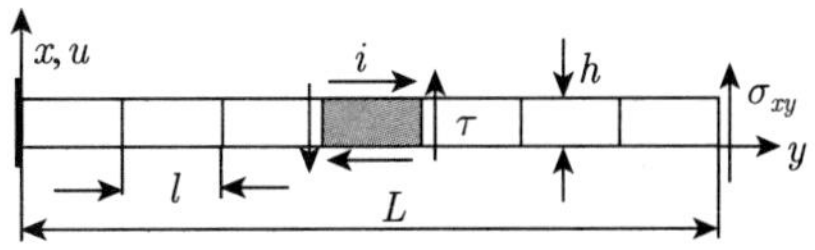

图 9.21　剪切层

首先应用经典塑性模型。纯剪切时屈服函数和塑性势为 $f=\tau+\alpha p-k$ 和 $g=\tau+\beta p$ (p 为体积变形)。剪应变塑性增量为 $\dot{\gamma}^{\mathrm{p}} = \dot{\lambda}\dfrac{\partial g}{\partial \tau} = \dot{\lambda}$，体积应变塑性增量为 $\dot{\varepsilon}_v^{\mathrm{p}} = \dot{\lambda}\dfrac{\partial g}{\partial p} = \dot{\lambda}\beta$，故 $\dot{\gamma}^{\mathrm{p}} = \dot{\lambda} = \dot{\varepsilon}_v^{\mathrm{p}}/\beta$。在比例加载时，有

$$\gamma^{\mathrm{p}} = \frac{\varepsilon_v^{\mathrm{p}}}{\beta}, \quad \varepsilon_v = \varepsilon_v^{\mathrm{e}} + \varepsilon_v^{\mathrm{p}} = \frac{p}{k} + \varepsilon_v^{\mathrm{p}}, \quad \gamma^{\mathrm{p}} = \frac{\varepsilon_v - \varepsilon_v^{\mathrm{e}}}{\beta} = \frac{\varepsilon_v}{\beta} - \frac{p}{\beta k}$$

式中，k 是体积模量。由屈服条件，$p = \dfrac{k-\tau}{\alpha}$，所以单元 i 的剪应变为 $\gamma = \dfrac{\tau}{\mu} + \dfrac{\tau-k}{\alpha\beta k} + \dfrac{\varepsilon_v}{\beta}$。若取 $\varepsilon_v = 0$，剪切层右上角的位移解析解为

$$u = \gamma l + (m-1)l\frac{\tau}{\mu} = ml\frac{\tau}{\mu} + l\frac{\tau-k}{\alpha\beta k} \tag{9.194}$$

再应用微极塑性模型。将方程式 (9.189a)~ 式 (9.193) 用于图 9.21 所示的剪切层，引入微剪切模量和特征长度，采用有限元法求解，不再赘述。

给定材料常数：$E=10000\mathrm{MPa}$、$\nu=0.25$、$L=ml=100\mathrm{mm}$、$\alpha=0.2$、$\beta=-0.2$、$k=100\mathrm{MPa}$、$\mu_{\mathrm{c}}=2000\mathrm{MPa}$、$l_c=2\mathrm{mm}$, $5\mathrm{mm}$。分别应用非关联经典塑性模型和微极塑性模型求解，计算结果如图 9.22~ 图 9.25 所示。

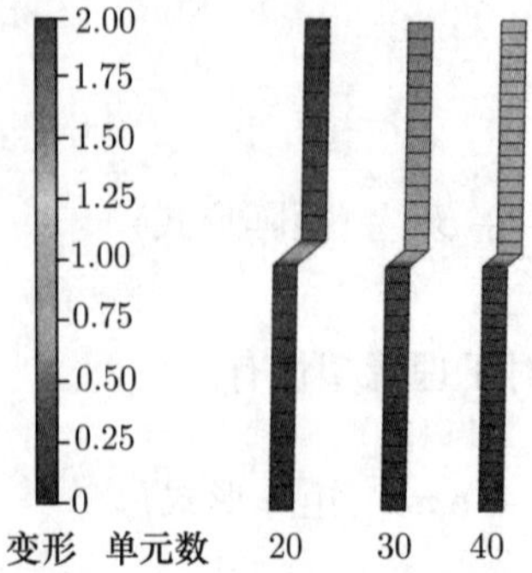

图 9.22 变形–网格关系 ($\tau = 20$MPa，经典理论)

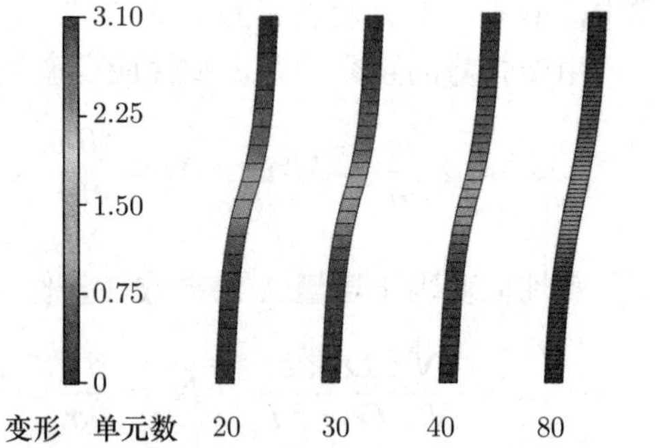

图 9.23 变形–网格关系 ($u = 3.1$mm，$l_c = 5$mm，微极理论)

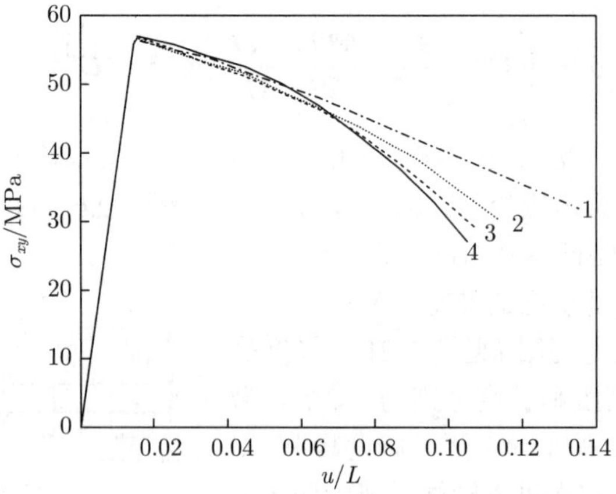

图 9.24 载荷–位移关系 (微极理论)

1—20 单元；2—30 单元；3—40 单元；4—80 单元

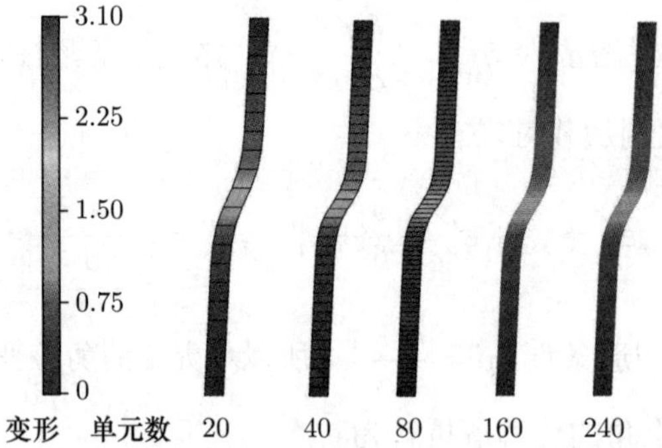

图 9.25 变形–网格关系 ($u = 3.1$mm，$l_c = 2$mm，微极理论)

上述结果表明，非关联经典塑性模型计算结果与单元 (段) 大小相关，网格加密可能不收敛到物理真实解 (见式 (9.194) 和图 9.22)，应变局部化限于单个单元 (见图 9.22)。与此不同，非关联微极塑性模型的收敛性明显改善，计算结果随网格的细化收敛于真解，即真实的载荷峰值后载荷–位移曲线 (见图 9.24) 和变形形态 (见图 9.25)，应变局部化宽度增加、与特征长度有关 (比较图 9.23 和图 9.25)。非关联经典模型收敛性不佳的原因是，在突发的软化过程中控制方程椭圆性丧失、奇异点出现，并且只限于一个单元。类似的非线性结构

逐渐损伤失效 (局部或总体软化) 引起的收敛困难或不收敛问题，也在其他结构中存在，例如蜂窝夹芯板的后屈曲 [42]，需要进行特殊处理，但没有网格依赖性。非关联微极塑性模型收敛性改善的原因是，局部微转动和内部特征长度的引入，使得应变局部化影响范围扩大，既有利于计算收敛，也更接近物理实际。

算例 2　平面应力单向压缩板的弹塑性分析

为了研究剪切带形成及网格依赖性，考虑一个单向压缩板，长、宽分别为 $L=200\text{mm}$、$W=100\text{mm}$，以均匀位移 V 加载、无边界剪力，为了引起非均匀应力场、引发局部化和避免完善结构分支路径计算困难，在左边界中部设置一个矩形缺陷单元 (以灰色表示)，其内聚力下降 16.7%，如图 9.26 所示。

有限元计算分别采用非关联经典 D-P 模型和微极 D-P 塑性模型和二次三角形单元离散，6 种不同网格密度和方向用于网格依赖性分析 (见图 9.27)。图 9.28 和图 9.29 给出了计算结果。

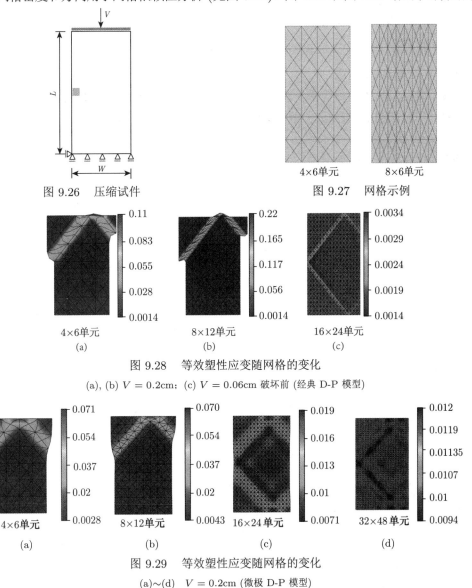

图 9.26　压缩试件

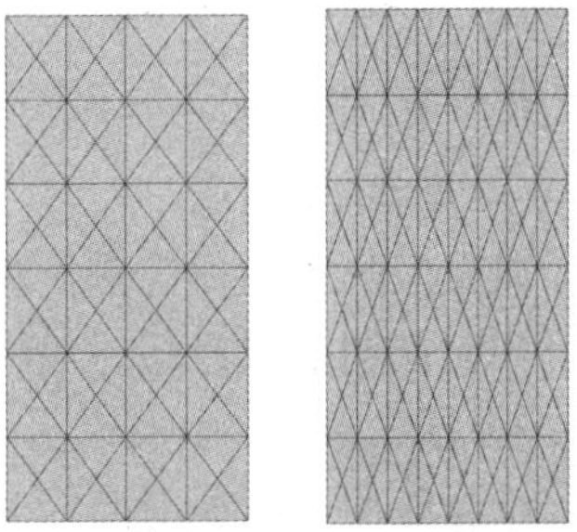

4×6单元　　8×6单元

图 9.27　网格示例

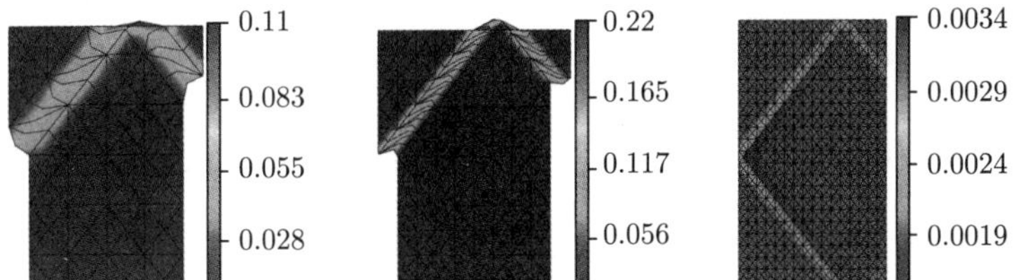

4×6单元 (a)　　8×12单元 (b)　　16×24单元 (c)

图 9.28　等效塑性应变随网格的变化

(a), (b) $V=0.2\text{cm}$；(c) $V=0.06\text{cm}$ 破坏前 (经典 D-P 模型)

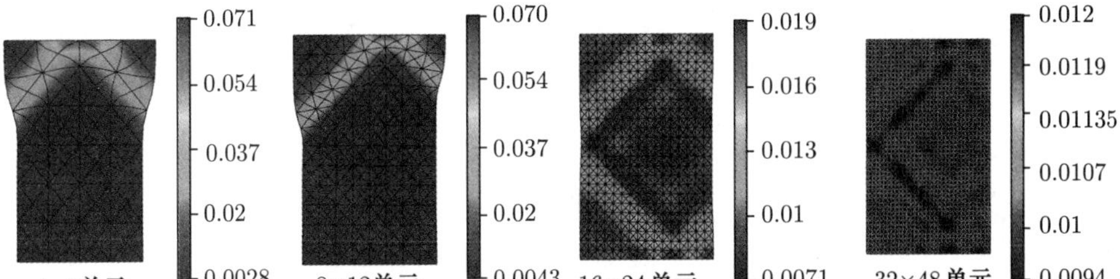

4×6单元 (a)　　8×12单元 (b)　　16×24单元 (c)　　32×48单元 (d)

图 9.29　等效塑性应变随网格的变化

(a)~(d)　$V=0.2\text{cm}$ (微极 D-P 模型)

由图 9.28 可见，随网格加密，剪切带宽度不断减小，从网格 (b) 到网格 (c) 解发生跳跃变化，未收敛于物理真实解，所以非关联经典塑性模型计算结果具有网格依赖性。图 9.29 表明，随网格细化，剪切带逐渐变化并趋于收敛。这一结论与算例 A 类似。

习　题

9-1　试证明轴向量 $\varGamma_K$ 的表达式 (9.15a)。

提示：令 $\boldsymbol{\chi}^{\mathrm{T}}\cdot\boldsymbol{\chi}_{,K}=A_{MNK}\boldsymbol{G}^M\boldsymbol{G}^N$，代入式 (9.15)，进行叉积运算。

9-2　说明刚性转动对于偶应力张量 $\boldsymbol{m}$, $\boldsymbol{\mu}$, $\boldsymbol{M}$ 相互关系的影响。

提示：参考应力关系。

9-3　试由积分形式的动量矩守恒定律推导其微分形式。

提示：参考第 4.3 节，式 (4.29) 非 0。

9-4　推导式 (9.87a) $\boldsymbol{t}=\rho\boldsymbol{F}\cdot\dfrac{\partial\psi}{\partial\boldsymbol{E}^*}\cdot\boldsymbol{\chi}^{\mathrm{T}}$、$\boldsymbol{m}=\rho\boldsymbol{F}\cdot\dfrac{\partial\psi}{\partial\boldsymbol{\varGamma}^{\mathrm{T}}}\cdot\boldsymbol{\chi}^{\mathrm{T}}$。

提示：参见式 (9.86)。

9-5　以微极热弹性体为例，说明热力学第二定律在本构方程中的应用。

9-6　如何证明微极介质一般应力本构关系与转动历史无关。

提示：根据第 9.4.3 小节说明。

9-7　结合应用实例说明微极介质理论的工程应用。

第 10 章　偶应力理论

偶应力理论是微极理论的简化。与微极介质类似，偶应力理论考虑了质点刚性转动的影响，但是并不是作为独立自由度，而是用 Cauchy 介质的固有转动代替，从而减少了微极介质的自由度和材料常数，便于应用，但有时结果偏刚硬。本章在第 9 章基础上简要介绍线弹性经典偶应力理论和一种常用的修正偶应力理论及其应用。

10.1　经典偶应力理论

为了研究偶应力的影响，Mindlin & Tiersten [64] 将小变形下的宏转动作为质点强制微转动，建立了经典偶应力理论。这种带有强制微转动的介质也称为伪 Cosserat 连续介质 (Cosserat pseudo-continuum) 或强制微转动介质，是微极介质的一种简化。

10.1.1　基本假设和场方程

对位移梯度进行加法分解，有

$$\left.\begin{aligned} &\nabla_k u_l = \nabla_k u_l' + \nabla_k u_l'', \\ &\nabla_k u_l' = (\nabla_k u_l + \nabla_l u_k)/2, \quad \nabla_k u_l'' \equiv -\hat{w}_{kl} = (\nabla_k u_l - \nabla_l u_k)/2 \end{aligned}\right\} \tag{10.1}$$

式中，$\nabla_k u_l'$、$\nabla_k u_l''$ 为对称和反对称位移梯度，前者是无限小应变 $\hat{e}_{kl}$，后者即微小宏转动 $-\hat{w}_{kl}$(见式 (2.100))。

假设质点的微转动 $\boldsymbol{\varphi}$(即微极介质的质点刚性转动，式 (9.5b)) 与宏转动重合，即

$$\varphi^k \equiv -\varepsilon^{klm}\overline{\varphi}_{lm}/2 = -\varepsilon^{klm}\nabla_m u_l''/2, \quad \overline{\varphi}_{lm} = \hat{w}_{lm} = (\nabla_m u_l - \nabla_l u_m)/2 \tag{10.2}$$

式中，$\overline{\varphi}_{lm}$ 是与微转动轴向量 φ^k 对应的反对称二阶张量。

将上式代入线性应变张量，有

$$\tilde{e}_{kl} = (u_{k;l} + u_{l;k})/2, \quad \gamma_{kl} = \varphi_{k;l} = -\varepsilon_{krs}\overline{\varphi}^{rs}{}_{;l}/2 = \varepsilon_{krs}\nabla_l\nabla^s u^r/2 \tag{10.3}$$

将式 (10.3) 代入线性各向同性微极介质本构关系式 (9.113)，得到

$$\left.\begin{aligned} t'^{kl} &= \lambda g^{kl}\nabla_m u^m + (\mu + \kappa/2)\left(\nabla^k u^l + \nabla^l u^k\right) \\ m^{kl} &= \beta_2\varepsilon^{lrs}\nabla^k\nabla_s u_r/2 + \beta_3\varepsilon^{krs}\nabla^l\nabla_s u_r/2 \end{aligned}\right\} \tag{10.4}$$

可见应力张量 $\boldsymbol{t}'$ 是对称的，这是由于强制微转动假设，改变了应变张量的非对称性。微极介质力矩平衡方程式 $(9.109\mathrm{a})_2$ 表明，存在偶应力和体力偶时，会引起反对称的应力张

量 $\boldsymbol{t}''$(式中，$\varepsilon^{lmn}t_{mn} = \varepsilon^{lmn}t''_{mn} \neq 0$)。由式 $(9.109\text{a})_2$ 点乘 ε_{lrs}，利用式 (1.22) 和式 $(10.4)_2$，得到

$$t''^{kl} = -\beta_2 \nabla_m \nabla^m \left(\nabla^k u^l - \nabla^l u^k\right)/4 - \rho\left(\varepsilon^{mkl} l_m/2 + \bar{j}\left(\nabla^l \ddot{u}^k - \nabla^k \ddot{u}^l\right)/4\right) \tag{10.5}$$

应力张量等于对称和反对称部分的和，$\boldsymbol{t} = \boldsymbol{t}' + \boldsymbol{t}''$，仍然满足力平衡条件式 $(9.109\text{a})_1$。可见，偶应力理论的应力只有对称部分是本构方程引入的，反对称部分来自力偶平衡方程。将应力张量 $\boldsymbol{t}$ 代入平衡条件式 $(9.109\text{a})_1$，可得

$$(\lambda + 2\mu + \kappa)\nabla^l \nabla_m u^m - (\mu + \kappa/2 + \beta_2/4\nabla_m \nabla^m)\nabla_k\left(\nabla^k u^l - \nabla^l u^k\right) +$$

$$\rho\left(f^l - \varepsilon^{mkl}\nabla_k l_m/2\right) - \rho\left(\ddot{u}^l + \bar{j}\nabla_k\left(\nabla^l \ddot{u}^k - \nabla^k \ddot{u}^l\right)/4\right) = 0 \tag{10.6}$$

利用微分恒等式 $\boldsymbol{\nabla} \times \boldsymbol{\nabla} \times \boldsymbol{u} = \boldsymbol{\nabla}\boldsymbol{\nabla} \cdot \boldsymbol{u} - \boldsymbol{\nabla} \cdot \boldsymbol{\nabla}\boldsymbol{u}$，上式的无坐标记法为

$$(\lambda + 2\mu + \kappa)\boldsymbol{\nabla}\boldsymbol{\nabla} \cdot \boldsymbol{u} - (\mu + \kappa/2 - \beta_2/4\boldsymbol{\nabla} \cdot \boldsymbol{\nabla})\boldsymbol{\nabla} \times \boldsymbol{\nabla} \times \boldsymbol{u} +$$

$$\rho(\boldsymbol{f} + \boldsymbol{\nabla} \times \boldsymbol{l}/2) - \rho\left(\ddot{\boldsymbol{u}} + \bar{j}\boldsymbol{\nabla} \times \boldsymbol{\nabla} \times \ddot{\boldsymbol{u}}/4\right) = 0 \tag{10.6a}$$

或

$$(\lambda + \mu + \kappa/2)\boldsymbol{\nabla}\boldsymbol{\nabla} \cdot \boldsymbol{u} + (\mu + \kappa/2)\boldsymbol{\nabla} \cdot \boldsymbol{\nabla}\boldsymbol{u} + (\beta_2/4\boldsymbol{\nabla} \cdot \boldsymbol{\nabla})\boldsymbol{\nabla} \times \boldsymbol{\nabla} \times \boldsymbol{u} +$$

$$\rho(\boldsymbol{f} + \boldsymbol{\nabla} \times \boldsymbol{l}/2) - \rho\left(\ddot{\boldsymbol{u}} + \bar{j}\boldsymbol{\nabla} \times \boldsymbol{\nabla} \times \ddot{\boldsymbol{u}}/4\right) = 0 \tag{10.6b}$$

式 (10.6b) 考虑了转动惯性 $\bar{j}$，如果略去转动惯性，则变为

$$(\lambda + \mu')\boldsymbol{\nabla}\boldsymbol{\nabla} \cdot \boldsymbol{u} + \mu'\boldsymbol{\nabla} \cdot \boldsymbol{\nabla}\boldsymbol{u} + \eta(\boldsymbol{\nabla} \cdot \boldsymbol{\nabla})\boldsymbol{\nabla} \times \boldsymbol{\nabla} \times \boldsymbol{u} + \rho(\boldsymbol{f} + \boldsymbol{\nabla} \times \boldsymbol{l}/2 - \ddot{\boldsymbol{u}}) = 0 \tag{10.6c}$$

$$\mu' = \mu + \kappa/2, \quad \eta = \beta_2/4 \tag{10.7}$$

式 (10.6c) 就是 Mindlin-Tiersten 方程 [64]。其中 λ、μ' 是考虑偶应力影响的 Lamé 参数，μ' 是剪切模量，η 称为扭曲模量。

上面基于强制微转动假设，由线弹性微极介质基本方程出发，退化得到考虑偶应力作用的位移场方程。与线弹性 Cosserat 微极介质的场方程式 (9.114a) 和式 (9.114b) 比较，变量数从 6 个 (u^l, φ^l) 降为 3 个 (u^l)，材料常数也从 6 个减为 3 个，极大地简化了线性微极介质的场方程，因此力偶应力理论得到了广泛应用，但强制转动假设使结果偏于刚硬。

10.1.2 内部长度影响分析

假设应变能密度 W 恒正，正定性的充分必要条件是 3 个材料常数满足

$$\mu' > 0, \quad 3\lambda + 2\mu' > 0, \quad \eta > 0 \tag{10.8}$$

前两式即微极介质的条件式 (9.100a) 的前两式，是合理的。扭曲模量 η 的符号很重要，因为它的正与负影响方程式 (10.6c) 解的性质。算例表明，$\eta < 0$ 时解的唯一性丧失，因此

应变能 W 的正定性假设是正确的。若 $\mu'>0$、$\eta>0$，可以取 $l=\sqrt{\eta/\mu'}$ 作为材料特征长度。

场方程式 (10.6c) 的物理意义是微元体的力平衡条件，前两项是应力影响，第 3 项是偶应力影响，第 4 项是外力和惯性力。如果第 3 项与前两项比较很小，偶应力可以略去。若 $\boldsymbol{u}$ 的变化长度 (即导数) 的数量级为 a，所以 $|\boldsymbol{\nabla u},\ \boldsymbol{\nabla}\cdot\boldsymbol{u},\ \boldsymbol{\nabla}\times\boldsymbol{u}|\sim|\boldsymbol{u}|/a$ 则前两项与第 3 项的数量级比可表示为

$$|(\lambda+\mu')\boldsymbol{\nabla\nabla}\cdot\boldsymbol{u}+\mu'\boldsymbol{\nabla}\cdot\boldsymbol{\nabla u}|:|\eta(\boldsymbol{\nabla}\cdot\boldsymbol{\nabla})\boldsymbol{\nabla}\times\boldsymbol{\nabla}\times\boldsymbol{u}|\sim 1:l^2/a^2 \tag{10.9}$$

如果 $l=0$ 则无偶应力影响，许多实验证明，同物体尺寸和通常遇到的波长相比，l 可能很小。但是，尽管 l 很小，当物体的特征尺寸或波长的尺寸 ($\sim a$) 小到 l 量级时，它的影响仍然是重要的。数量级分析式 (10.9) 表明，略去偶应力影响的误差量级为 l^2/a^2。

10.1.3 应用

10.1.3.1 波的传播

假设体力和体力偶为 0，对位移运动方程分别取散度和旋度，注意在微分算子运算中 $\boldsymbol{\nabla}^2(\equiv\boldsymbol{\nabla}\cdot\boldsymbol{\nabla})$ 相当于标量，得到

$$c_1^2\boldsymbol{\nabla}^2\boldsymbol{\nabla}\cdot\boldsymbol{u}=\boldsymbol{\nabla}\cdot\ddot{\mathbf{u}},\quad c_2^2\left(1-l^2\boldsymbol{\nabla}^2\right)\boldsymbol{\nabla}^2\boldsymbol{\nabla}\times\boldsymbol{u}=\boldsymbol{\nabla}\times\ddot{\mathbf{u}} \tag{10.10}$$

式中，$l^2=\eta/\mu'$；$c_1^2=(\lambda+2\mu')/\rho$；$c_2^2=\mu'/\rho$。

式 $(10.10)_1$ 是散度 (膨胀)$\boldsymbol{\nabla}\cdot\boldsymbol{u}$ 的波动方程，式 $(10.10)_2$ 是旋度 (转动)$\boldsymbol{\nabla}\times\boldsymbol{u}$ 的波动方程。可见膨胀的传播速度 c_1 不受偶应力影响，而转动的传播受偶应力的影响。例如，考虑平面波，令波动 $\boldsymbol{\nabla}\times\boldsymbol{u}$ 的解为

$$\boldsymbol{\nabla}\times\boldsymbol{u}=\boldsymbol{d}A\exp\left[\mathrm{i}\xi\left(\boldsymbol{n}\cdot\boldsymbol{x}-ct\right)\right]=\boldsymbol{d}A\exp\left[\mathrm{i}\left(\xi\boldsymbol{n}\cdot\boldsymbol{x}-\omega t\right)\right] \tag{10.11}$$

式中，$\boldsymbol{d}$ 是 $\boldsymbol{\nabla}\times\boldsymbol{u}$ 方向的单位向量，A 是振幅，ξ 是单位长度的波数 (波长的倒数)，$\boldsymbol{n}$ 是波的单位法线向量，ω 是圆频率。

将式 (10.11) 代入转动波动方程，得到

$$c^2=c_2^2\left(1+l^2\xi^2\right),\quad \omega^2=\xi^2c_2^2\left(1+l^2\xi^2\right) \tag{10.12}$$

求解 ξ^2 的二次方程式 $(10.12)_2$，得到两个根

$$\xi_1^2=\left[\left(1+4l^2\omega^2c_2^{-2}\right)^{1/2}-1\right]\Big/(2l^2),\quad \xi_2^2=-\left[\left(1+4l^2\omega^2c_2^{-2}\right)^{1/2}+1\right]\Big/(2l^2) \tag{10.13}$$

式中，ξ_1 是实根、对应转动波动；ξ_2 是虚根、非波动。

式 (10.12) 和式 (10.13) 给出了特征长度对频率和波长的影响。

10.1.3.2 孔边应力集中 [65]

考虑受平面应力作用、小变形下厚度为 1 的微元体 $\mathrm{d}x \times \mathrm{d}y$，无体力和体力偶，四边应力和偶应力如图 10.1 所示，图中 $(\sigma_x, \sigma_y, \tau_{xy}, \tau_{yx})$、$(m_x, m_y)$ 为平面应力分量和平面偶应力分量。微元体的平衡方程为

$$\left.\begin{aligned} &\frac{\partial \sigma_x}{\partial x} + \frac{\partial \tau_{yx}}{\partial y} = 0, \quad \frac{\partial \sigma_y}{\partial y} + \frac{\partial \tau_{xy}}{\partial x} = 0 \\ &\frac{\partial m_x}{\partial x} + \frac{\partial m_y}{\partial y} + \tau_{xy} - \tau_{yx} = 0 \end{aligned}\right\} \tag{10.14}$$

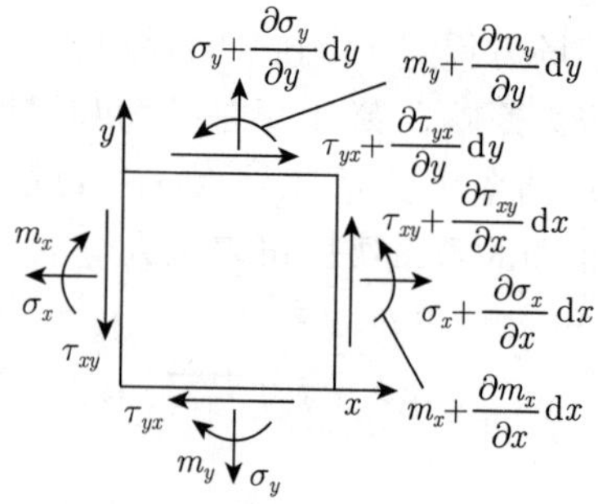

图 10.1 平面应力微元体的平衡

在分析板中孔边应力场问题时，上式需转换成极坐标形式，引入应力函数满足平衡方程，再求解应力函数表示的变形协调方程，不再赘述。这里只列出文献 [65] 给出的部分典型结果，如图 10.2 所示。算例表明，在简单拉伸和纯剪切情况下，偶应力对孔的应力集中的影响可以使应力集中系数显著降低，影响程度与材料长度和孔直径的比值 l/a 有关，比值越大影响越大。

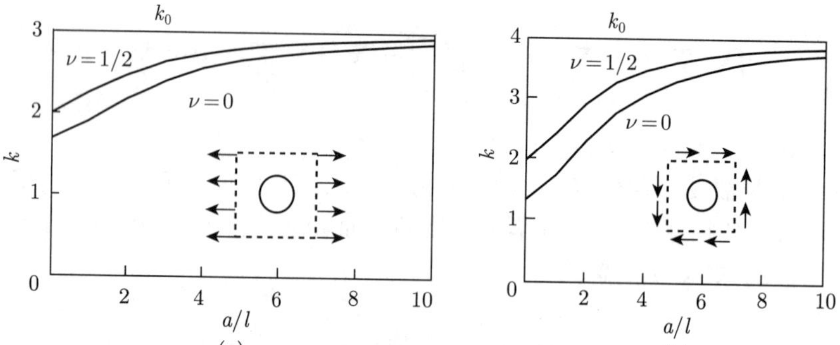

(a) (b)

图 10.2 板中圆孔的应力集中系数 k 随比值 a/l 的变化 [65]

(a) 简单拉伸；(b) 纯剪切

a—孔径；l—材料特征长度；ν—泊松比；k_0—不考虑偶应力的应力集中系数

10.2 修正的偶应力理论

Yang 等人 [66] 在小变形下，提出一种修正的偶应力理论。与经典偶应力理论一样，修正理论的力和力偶平衡方程是基于微极介质平衡方程，即式 (9.54) 和式 (9.59)，并假设质点的刚性转动等于位移场的固有转动。两个理论的区别是本构关系。

10.2.1 偶应力张量的对称性

为了进一步简化本构关系、减少材料常数，Yang 等人提出的修正理论认为，在力偶平衡问题中，像力的等效平移需要附加一个力偶一样，力偶不能自由平行移动，而是应该附加一个力偶矩 (力偶向量与两点间位置向量的叉积)，如图 10.3 所示。图中 $\boldsymbol{L}_A$ 是作用于 A 点的力偶向量，$\boldsymbol{L}'_A, \boldsymbol{L}''_A$ 是作用于 B 点的两个方向相反、大小与 $\boldsymbol{L}_A$ 相等、与 $\boldsymbol{L}_A$ 平行的

力偶，自相平衡，所以图 10.3(a) 与图 10.3(b) 等效；图 10.3(c) 将力偶对 $\boldsymbol{L}_A, \boldsymbol{L}''_A$ 用一个等效的力偶矩表示，$\boldsymbol{M}'_A = (\boldsymbol{x}_B - \boldsymbol{x}_A) \times \boldsymbol{L}_A$ 是力偶的矩。在平衡条件中应该保持力偶矩的平衡，所以增加力偶矩平衡方程。

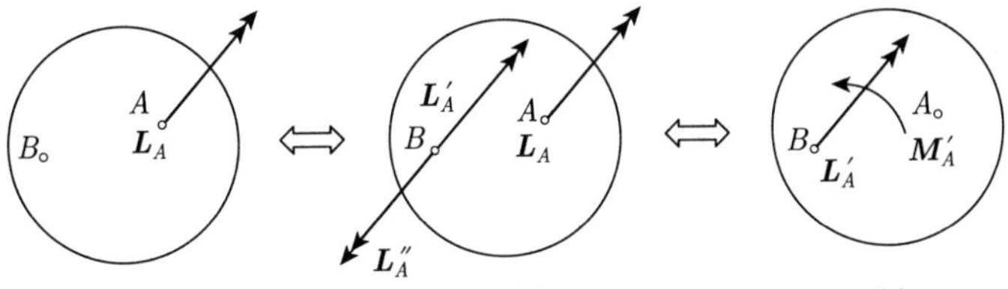

图 10.3　力偶的等效平移 [66]

为了推导力偶矩的平衡方程，考虑任一点处的体积单元 (见图 10.4)，以单元中心为参考点，注意到体力偶和非对称应力张量合力偶作用于参考点，偶应力张量的变化是高阶小量，有

$$\mathrm{d}x^1\boldsymbol{g}_1 \times \boldsymbol{m}^1 da_1 + \mathrm{d}x^2\boldsymbol{g}_2 \times \boldsymbol{m}^2 da_2 + \mathrm{d}x^3\boldsymbol{g}_3 \times \boldsymbol{m}^3 da_3 = \boldsymbol{g}_k \times \boldsymbol{m}^k \mathrm{d}v = \boldsymbol{0}$$

式中，$\mathrm{d}v = \mathrm{d}x^1\mathrm{d}a_1 = \mathrm{d}x^2\mathrm{d}a_2 = \mathrm{d}x^3\mathrm{d}a_3 = \varepsilon_{123}\mathrm{d}x^1\mathrm{d}x^2\mathrm{d}x^3$ 是单元体的体积，$\boldsymbol{m}^k = m^{kl}\boldsymbol{g}_l$。所以

$$\boldsymbol{g}_k \times \boldsymbol{g}_l m^{kl} = \boldsymbol{0} \quad 即 \quad m^{kl} = m^{lk} \tag{10.15}$$

可见，力偶矩的平衡条件导致偶应力张量的对称性。

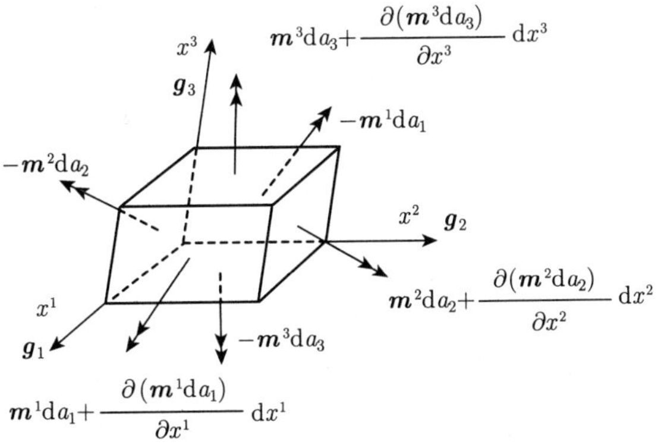

图 10.4　单元体的偶应力向量矩平衡

10.2.2　本构关系和基本方程

对于任一体积 v' 应用虚功原理，利用 Gauss 定理和平衡方程，有

$$\begin{aligned}\int_{v'} \delta W \mathrm{d}v' &= \int_{v'} (\delta\boldsymbol{u} \cdot \boldsymbol{f} + \delta\boldsymbol{\theta} \cdot \boldsymbol{l})\mathrm{d}v' + \int_{S'} (\delta\boldsymbol{u} \cdot \boldsymbol{t}_n + \delta\boldsymbol{\theta} \cdot \boldsymbol{m}_n)\mathrm{d}S' \\ &= \int_{v'} [\delta\boldsymbol{u} \cdot (\boldsymbol{\nabla} \cdot \boldsymbol{t} + \boldsymbol{f}) + \delta\boldsymbol{u}\boldsymbol{\nabla} : \boldsymbol{t} + \delta\boldsymbol{\theta}(\boldsymbol{\nabla} \cdot \boldsymbol{m} + \boldsymbol{l}) + \delta\boldsymbol{\theta}\boldsymbol{\nabla} : \boldsymbol{m}]\mathrm{d}v'\end{aligned}$$

$$= \int_{v'} (\delta\boldsymbol{\varepsilon} : \boldsymbol{t}' + \delta\boldsymbol{\chi} : \boldsymbol{m})\mathrm{d}v' \tag{10.16}$$

式中，W 是单位体积应变能 (即内力的虚功)；$\boldsymbol{\theta}$ 是强制转动的转角向量；$\boldsymbol{t}'$ 是对称应力；位移梯度 $\boldsymbol{u}\boldsymbol{\nabla}$ 的加法分解为线性应变张量 $\boldsymbol{\varepsilon}$ 和无限小转动张量 $\boldsymbol{w}$(对偶向量是 $\boldsymbol{\theta}$)；$\boldsymbol{\chi}$ 是转动梯度 $\boldsymbol{\theta}\boldsymbol{\nabla}$ 的对称部分，即

$$\left.\begin{aligned}&\boldsymbol{u}\boldsymbol{\nabla} = \boldsymbol{\varepsilon} + \boldsymbol{w},\ \boldsymbol{\varepsilon} = (\boldsymbol{u}\boldsymbol{\nabla} + \boldsymbol{\nabla}\boldsymbol{u})/2,\quad \boldsymbol{w} = (\boldsymbol{u}\boldsymbol{\nabla} - \boldsymbol{\nabla}\boldsymbol{u})/2,\quad \boldsymbol{\theta} = -E : \boldsymbol{w}/2\\&\boldsymbol{\theta}\boldsymbol{\nabla} = \boldsymbol{\chi} + \gamma,\ \boldsymbol{\chi} = (\boldsymbol{\theta}\boldsymbol{\nabla} + \boldsymbol{\nabla}\boldsymbol{\theta})/2,\quad \gamma = (\boldsymbol{\theta}\boldsymbol{\nabla} - \boldsymbol{\nabla}\boldsymbol{\theta})/2\end{aligned}\right\} \tag{10.17}$$

上述关系用于式 (10.16) 的推导。此外，还注意到

$$\left.\begin{aligned}&\delta\boldsymbol{u}\boldsymbol{\nabla} : \boldsymbol{t} = \delta(\boldsymbol{\varepsilon} + \boldsymbol{w}) : (\boldsymbol{t}' + \boldsymbol{t}'') = \delta\boldsymbol{\varepsilon} : \boldsymbol{t}' + \delta\boldsymbol{w} : \boldsymbol{t}'' = \delta\boldsymbol{\varepsilon} : \boldsymbol{t}' - \delta\boldsymbol{\theta}\cdot\boldsymbol{E} : \boldsymbol{t}''\\&\delta\boldsymbol{\theta}\boldsymbol{\nabla} : \boldsymbol{m} = \delta(\boldsymbol{\chi} + \boldsymbol{\gamma}) : \boldsymbol{m} = \delta\boldsymbol{\chi} : \boldsymbol{m},\quad \gamma = (\boldsymbol{\theta}\boldsymbol{\nabla} - \boldsymbol{\nabla}\boldsymbol{\theta})/2\end{aligned}\right\} \tag{10.18}$$

式 (10.16) 说明，只有应变梯度的对称部分、转动梯度 (曲率) 的对称部分产生应变能，它们的共轭变量是对称应力张量和偶应力张量，反对称曲率不影响应变能。所以有

$$\delta W = \boldsymbol{t}' : \delta\boldsymbol{\varepsilon} + \boldsymbol{m} : \delta\boldsymbol{\chi},\quad \boldsymbol{t}' = \frac{\partial W}{\partial \boldsymbol{\varepsilon}},\quad \boldsymbol{m} = \frac{\partial W}{\partial \boldsymbol{\chi}} \tag{10.19}$$

对于线弹性各向同性体，假设

$$W = \frac{1}{2}\lambda(\mathrm{tr}\boldsymbol{\varepsilon})^2 + \mu(\boldsymbol{\varepsilon} : \boldsymbol{\varepsilon} + l^2\boldsymbol{\chi} : \boldsymbol{\chi}) \tag{10.20}$$

式中，l 是内部长度。由式 (10.19)，得到只有一个长度尺度参数的本构关系

$$\boldsymbol{t}' = \lambda\boldsymbol{I}(\mathrm{tr}\boldsymbol{\varepsilon}) + 2\mu\boldsymbol{\varepsilon},\quad \boldsymbol{m} = 2l^2\mu\boldsymbol{\chi} \tag{10.21}$$

式中，应力张量 $\boldsymbol{t}'$、应变张量 $\boldsymbol{\varepsilon}$、偶应力张量 $\boldsymbol{m}$、曲率张量 $\boldsymbol{\chi}$，均为对称二阶张量，便于应用。

将几何关系式 (10.17) 代入式 (10.21)，得到

$$\left.\begin{aligned}t'^{kl} &= \lambda g^{kl}\nabla_m u^m + \mu\left(\nabla^k u^l + \nabla^l u^k\right)\\m^{kl} &= l^2\mu(\varepsilon^{krs}\nabla^l\nabla_s u_r + \varepsilon^{lrs}\nabla^k\nabla_s u_r)/2\end{aligned}\right\} \tag{10.22}$$

将 m^{kl} 代入平衡方程式 $(9.109\mathrm{a})_2$，点乘 ε_{lrs}，得到反对称应力

$$t''^{kl} = -l^2\mu\nabla_m\nabla^m\left(\nabla^k u^l - \nabla^l u^k\right)/4 - \rho\left(\varepsilon^{mkl}l_m/2 + \bar{j}\left(\nabla^l\ddot{u}^k - \nabla^k\ddot{u}^l\right)/4\right) \tag{10.23}$$

将 $\boldsymbol{t} = \boldsymbol{t}' + \boldsymbol{t}''$ 代入力平衡方程式 $(9.109\mathrm{a})_1$，得到

$$\begin{aligned}&(\lambda + 2\mu)\,\boldsymbol{\nabla}\boldsymbol{\nabla}\cdot\boldsymbol{u} - \left(\mu - l^2\mu/4\boldsymbol{\nabla}\cdot\boldsymbol{\nabla}\right)\boldsymbol{\nabla}\times\boldsymbol{\nabla}\times\boldsymbol{u} +\\&\rho\left(\boldsymbol{f} + \boldsymbol{\nabla}\times\boldsymbol{l}/2\right) - \rho\left(\ddot{\boldsymbol{u}} + \bar{j}\boldsymbol{\nabla}\times\boldsymbol{\nabla}\times\ddot{\boldsymbol{u}}/4\right) = 0\end{aligned} \tag{10.24}$$

继续应用微分恒等式 $\boldsymbol{\nabla}\times\boldsymbol{\nabla}\times\boldsymbol{u} = \boldsymbol{\nabla}\boldsymbol{\nabla}\cdot\boldsymbol{u} - \boldsymbol{\nabla}\cdot\boldsymbol{\nabla}\boldsymbol{u}$，上式可以表示为

$$\begin{aligned}&(\lambda + \mu)\,\boldsymbol{\nabla}\boldsymbol{\nabla}\cdot\boldsymbol{u} + \mu\boldsymbol{\nabla}\cdot\boldsymbol{\nabla}\boldsymbol{u} + \left(l^2\mu/4\boldsymbol{\nabla}\cdot\boldsymbol{\nabla}\right)\boldsymbol{\nabla}\times\boldsymbol{\nabla}\times\boldsymbol{u} +\\&\rho\left(\boldsymbol{f} + \boldsymbol{\nabla}\times\boldsymbol{l}/2\right) - \rho\left(\ddot{\boldsymbol{u}} + \bar{j}\boldsymbol{\nabla}\times\boldsymbol{\nabla}\times\ddot{\boldsymbol{u}}/4\right) = 0\end{aligned} \tag{10.24a}$$

10.2.3 应用

考虑如图 10.5 所示的无限宽平板受柱面弯曲，M 为单位宽度的弯矩，板的长度和厚度分别为 a 和 h，取坐标面 xy 为板的中面，x、z 轴分别沿长度和厚度方向。根据 Kirchhoff 板理论，利用平面应变条件和假设 $\sigma_{zz}=0$，位移和应变为

$$
\begin{aligned}
&u(x,z)=u_0(x)+z\theta_y(x), \quad v(x,z)=0, \quad w(x,z)=w(x,0)=w_0(x)\\
&\varepsilon_{zx}=(u_{,z}+w_{,x})/2=0, \quad \theta_y(x)=-w_{0,x}, \quad \theta_x=\theta_z=0\\
&\varepsilon_{xx}=\kappa z, \quad \varepsilon_{zz}=-\nu\varepsilon_{xx}/(1-\nu), \quad \varepsilon_{yy}=\varepsilon_{xy}=\varepsilon_{zy}=0\\
&\chi_{xy}=\kappa/2, \ \chi_{xx}=\chi_{yy}=\chi_{zz}=\chi_{xz}=\chi_{yz}=0
\end{aligned}
$$

式中，$\kappa=\theta_{y,x}$ 是中面沿 x 方向的曲率，纯弯曲时 $\varepsilon_{xx}(x,0)=0$，所以可取 $u_0=0$。

利用本构关系式 (10.21)，对称应力和偶应力为

$$
\begin{aligned}
&t'_{xx}=2\mu\kappa z/(1-\nu), \quad t'_{yy}=2\mu\nu\kappa z/(1-\nu), \quad t'_{zz}=t'_{xy}=t'_{xz}=t'_{zy}=0\\
&m_{xy}=\mu l^2\kappa, \quad m_{xx}=m_{yy}=m_{zz}=m_{zy}=m_{zx}=0
\end{aligned}
$$

由力偶平衡方程得到，反对称应力 $\boldsymbol{t}''=\boldsymbol{0}$。上下表面的应力与合力偶为零；两端面的合力矩 $\tilde{M}_y$、合力偶 $\tilde{m}_y$ 和合成弯矩 M 分别为

$$
\begin{aligned}
&\tilde{M}_y=\int_{-h/2}^{h/2} zt'_{xx}\mathrm{d}z=D_0\kappa, \quad D_0=\frac{Eh^3}{12(1-\nu^2)}\\
&\tilde{m}_y=\tilde{m}=\int_{-h/2}^{h/2} m_{xy}\mathrm{d}z=\mu l^2 h\kappa\\
&M=\tilde{M}_y+\tilde{m}_y=D\kappa, \quad D=D_0[1+6(1-\nu)l^2/h^2]
\end{aligned}
$$

式中，D_0 和 D 分别是常规板和偶应力板的弯曲刚度。

结果表明，由于考虑偶应力影响，板的弯曲刚度具有尺寸效应，与常规板刚度的比值 D/D_0 随板厚的减小而增大，如图 10.6 所示。由上述公式可见，弯曲刚度提高的原因是：对于同样的曲率变形 κ，偶应力板的弯矩 M 等于常规板的弯矩 $\tilde{M}_y$ 与合成偶应力向量 $\tilde{m}_y$ 之和，所以 $M>\tilde{M}_y$，$D>D_0$。

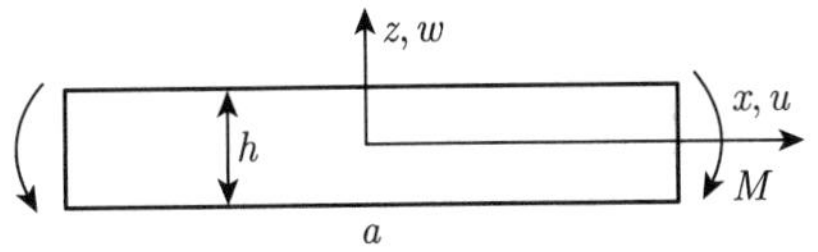

图 10.5 无限宽平板的纯弯曲

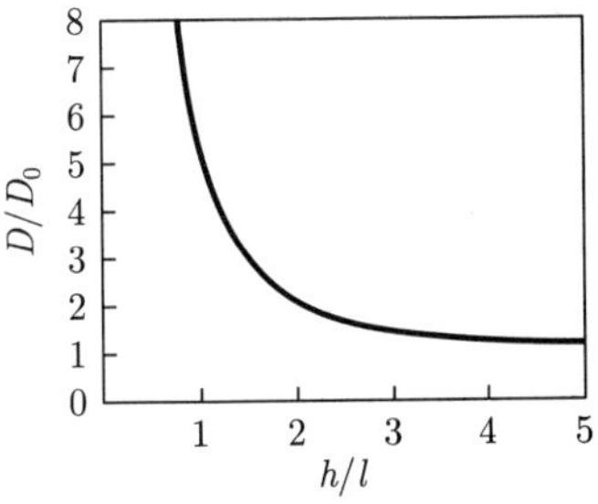

图 10.6 偶应力对弯曲刚度的影响

10.3 适用性讨论

本章讨论了小变形各向同性线弹性固体的偶应力理论 (经典理论和修正理论)。偶应力理论以微极介质理论为基础，加以简化、减少了自由度和与内部长度相关的材料常数，

因而更简单、便于应用。与微极理论一样，偶应力理论的目的也是考虑局部转动带来的影响。各向同性线弹性微极固体的场方程为式 (9.114b)，偶应力理论的场方程是式 (10.6b) 或式 (10.24a)，可见两者的场方程是类似的，主要差别是第 3 项微转动 φ 和宏转动 $\boldsymbol{\theta}$(作为强制微转动) 及其代替引起的影响，所以在线弹性情况下的应用也应该是类似的。但应用强制微转动毕竟限制了实际微转动，因此增加了材料的刚性，使预测结果偏于刚硬，如第 9.9 节中例 9.2 应用实例所表明的那样。

比较式 (10.6b) 和式 (10.24a) 可见，两种偶应力理论的场方程没有本质区别，但偶应力张量的对称性不同。第 10.1.2 小节关于经典理论内部长度影响的分析，也适用于修正理论，这一分析结果与第 10.2.3 小节应用实例的结论一致。

习 题

10-1 说明偶应力理论与线弹性微极理论的相同点和区别。

10-2 根据偶应力理论场方程，说明尺寸效应的原因及其误差分析。

第 11 章　非局部介质

本章是广义连续介质力学的另一个重要组成部分，非局部介质 (nonlocal continuum) 考虑了物质内部微结构中分子 (或原子) 间长程力 (long-range interatomic attractions) 的影响。分子 (或原子) 之间存在的固有引力称为分子 (或原子) 间力或范德华力 (Van der Waals force)，力的作用范围很小 (数倍分子直径量级)，随距离增加迅速衰减。在经典介质中不考虑这种长程力作用，所以对整个物体成立的积分形式的守恒定律也对无限小体积成立，没有尺寸效应。但是当应力、变形在小范围内急剧变化或者研究对象本身尺寸很小时，则需要考虑长程力的影响和相关的尺寸效应，否则不能给出准确结果。

本章讨论非局部连续介质的守恒定律、本构关系和基本方程，特别是非局部线性与非线性弹性固体和非局部黏性流体的一般理论，给出部分应用算例。本章主要参考文献 [67]。

11.1　非局部介质的状态变量概述

非局部连续介质受质点间长程力作用，各点状态相互影响，但每一点的状态描述不变 (这不同于微极介质)，所以变形、运动和应力的状态描述与第 2 章和第 3 章经典介质 (Cauchy 介质) 相同，即基于 Lagrange 坐标系 $\{X^K, t_0\}$ 的物质描述法、基于 Euler 坐标系 $\{x^k, t\}$ 的空间描述法和基于相对坐标系 $\{\xi, \tau\}$ 的相对描述法，给出了各种状态变量定义和变量间的某些关系，下面做一概述 (详见第 2 章和第 3 章)。

11.1.1　变形几何学

t_0 时刻参考构形$\mathscr{R}$中任一物质点 $\boldsymbol{X}$，在 t 时刻即时构形 $\imath$ 中的位置为运动变换 $\boldsymbol{x}=\boldsymbol{x}(\boldsymbol{X},t)$，由此得到变形梯度张量 $\boldsymbol{F}=\boldsymbol{x}\boldsymbol{\nabla}_{\boldsymbol{X}}$，用于表示变形和转动。

变形度量为：

右 Cauchy-Green 变形张量 $\boldsymbol{C}=\boldsymbol{F}^{\mathrm{T}}\cdot\boldsymbol{F}$，Lagrange 应变张量 $\boldsymbol{E}=(\boldsymbol{C}-\boldsymbol{I})/2$ 等 (物质描述法)；

Cauchy 变形张量 $\boldsymbol{c}=\boldsymbol{F}^{-\mathrm{T}}\cdot\boldsymbol{F}^{-1}$，左 Cauchy-Green 变形张量 $\boldsymbol{b}=\boldsymbol{c}^{-1}=\boldsymbol{F}\cdot\boldsymbol{F}^{\mathrm{T}}$，Euler 应变张量 $\boldsymbol{e}=(\boldsymbol{i}-\boldsymbol{c})/2$ 等 (空间描述法)；

相对变形张量 $\boldsymbol{C}_{(t)}=\boldsymbol{F}_{(t)}^{\mathrm{T}}\cdot\boldsymbol{F}_{(t)}$；$\boldsymbol{c}_{(t)}=\boldsymbol{F}_{(t)}^{-\mathrm{T}}\cdot\boldsymbol{F}_{(t)}^{-1}$ 等，其中，$\boldsymbol{F}_{(t)}(\tau)=\boldsymbol{F}(\tau)\cdot\boldsymbol{F}^{-1}(t)$ 是相对变形梯度 (相对描述法)。

变形梯度的极分解 $\boldsymbol{F}=\boldsymbol{R}\cdot\boldsymbol{C}^{1/2}=\boldsymbol{c}^{-1/2}\cdot\boldsymbol{R}$，将应变度量与转动张量 $\boldsymbol{R}$ 分开，$\boldsymbol{R}$ 作为转动度量是应变主坐标系的刚性转动。

变形前 $\boldsymbol{N}$ 方向线元 (dS) 与变形后线元 (ds) 的长度之比：$\mathrm{d}s/\mathrm{d}S=\sqrt{\boldsymbol{N}\cdot\boldsymbol{C}\cdot\boldsymbol{N}}$；面积变化关系：$\mathrm{d}\boldsymbol{a}=J\boldsymbol{F}^{-\mathrm{T}}\cdot\mathrm{d}\boldsymbol{A}$；体积变化的比值：$\mathrm{d}v/\mathrm{d}V=J=\sqrt{III_{\boldsymbol{C}}}$。

11.1.2　运动学

将运动变换中的时间作为变量，任一质点的速度为 $\boldsymbol{v} = \boldsymbol{x}_{,t}(\boldsymbol{X}$ 不变)，速度梯度为 $\boldsymbol{L} = \boldsymbol{v}\boldsymbol{\nabla}$，用于表示变形速率和转动速率。

变形速率度量包括：

变形率张量 $\boldsymbol{d} = (\boldsymbol{v}\boldsymbol{\nabla} + \boldsymbol{\nabla}\boldsymbol{v})/2$、应变率 $\dot{\boldsymbol{c}}$ 等 (空间描述法)；

应变率 $\dot{\boldsymbol{C}} = 2\boldsymbol{F}^{\mathrm{T}} \cdot \boldsymbol{d} \cdot \boldsymbol{F}$、$\dot{\boldsymbol{E}} = \dot{\boldsymbol{C}}/2$、$\dot{\boldsymbol{C}}^{-1}$ 等 (物质描述法)；

相对变形率 (对 t 的 k 阶导数)$\boldsymbol{C}_{(t)}^{(k)}(t) = (-1)^k \boldsymbol{A}^{(k)}(t)$，其中 $\boldsymbol{A}^{(k)}(t)$ 是 Rivlin-Ericksen 张量。

速度梯度的加法分解：$\boldsymbol{L} = \boldsymbol{d} + \boldsymbol{w}$,　$\boldsymbol{w} = (\boldsymbol{L} - \boldsymbol{L}^{\mathrm{T}})/2$，将应变速率度量 $\boldsymbol{d}$ 与旋率 $\boldsymbol{w}$ 分开，$\boldsymbol{w}$ 作为转动速率度量是变形率 $\boldsymbol{d}$ 主坐标系的刚性转动速率。

变形前 $\boldsymbol{N}$ 方向线元的长度变化率是 $\mathrm{d}\dot{s}/\mathrm{d}S = \boldsymbol{n} \cdot \boldsymbol{d} \cdot \boldsymbol{n} = d_{(n)}$；面积变化率是 $\mathrm{d}\dot{\boldsymbol{a}} = \boldsymbol{\nabla} \cdot \boldsymbol{v}\mathrm{d}\boldsymbol{a} - \boldsymbol{\nabla}\boldsymbol{v} \cdot \mathrm{d}\boldsymbol{a}$；体积变化率是 $\mathrm{d}\dot{v}/\mathrm{d}V = \boldsymbol{\nabla} \cdot \boldsymbol{v}$。

11.1.3　应力状态

任一方向 $\boldsymbol{n}$(变形前为 $\boldsymbol{N}$) 的应力向量密度为 $\boldsymbol{t}_n$(用变形前单位面积表示时为 $\boldsymbol{t}_N$)，协变标架坐标面上的应力向量密度是 Cauchy 应力向量 $\boldsymbol{t}^k$，随体标架坐标面上的应力向量密度 (变形前的单位面积) 是 Piola 应力向量 $\boldsymbol{\tau}^K$。由平衡条件给出三者的关系为：$\boldsymbol{t}_n = \boldsymbol{n} \cdot \boldsymbol{g}_k \boldsymbol{t}^k$，$\boldsymbol{\tau}^K = JX^K_{,k}\boldsymbol{t}^k$。

将应力向量沿不同标架分解，得到 Euler 应力张量 $\boldsymbol{t}$、第一类和第二类 P-K 应力张量 $\boldsymbol{\tau}$、$\boldsymbol{T}$：

$$\boldsymbol{t}^k = t^{kl}\boldsymbol{g}_l, \quad \boldsymbol{\tau}^K = \tau^{Kl}\boldsymbol{g}_l, \quad \boldsymbol{\tau}^K = T^{KL}\boldsymbol{C}_L = T^{KL}x^l{}_{,L}\boldsymbol{g}_l$$

应力张量与应力向量密度的关系为

$$\boldsymbol{t}_n = \boldsymbol{n} \cdot \boldsymbol{t} = \boldsymbol{t} \cdot \boldsymbol{n}(\text{空间描述}), \quad \boldsymbol{t}_N = \boldsymbol{N} \cdot \boldsymbol{\tau}(\text{物质描述})$$

11.2　守恒定律

经典连续介质的守恒定律包括积分形式和在局部化假设下得到的微分形式。本节放弃局部化假设，由于积分中已经包含长程力作用，非局部连续介质守恒定律的积分形式与经典连续介质相同，但微分形式需考虑长程力的影响。

11.2.1　质量守恒

含有间断面的非局部介质的质量守恒定律 (即式 (4.81)) 为

$$\int_{v-\sigma} (\dot{\rho} + \rho\boldsymbol{\nabla} \cdot \boldsymbol{v})\,\mathrm{d}v + \oint_{\sigma} \mathrm{d}a\boldsymbol{n} \cdot [\![(\boldsymbol{v} - \boldsymbol{c})\,\rho]\!] = 0 \tag{11.1}$$

式中，ρ、$\boldsymbol{v}$ 是 t 时刻物质点的密度和速度，σ、$\boldsymbol{c}$ 是间断面和间断面相对物体的移动速度。

因为放弃了局部化假设，所以被积函数不再像局部理论中那样处处为 0，而是一个非零的量，可写成与局部理论相似的形式：

$$\dot{\rho} + \rho\boldsymbol{\nabla} \cdot \boldsymbol{v} = \hat{\rho} \quad (\text{在 } v - \sigma \text{ 内}), \quad \boldsymbol{n} \cdot [\![\rho(\boldsymbol{v} - \boldsymbol{c})]\!] = \hat{R} \quad (\text{在 } \sigma \text{ 上}) \tag{11.2}$$

式中，$\hat{\rho}$ 和 $\hat{R}$ 称为在 $v-\sigma$ 内和 σ 上的非局部剩余量，表示长程力对于局部质量变化的影响。将式 (11.2) 代入式 (11.1)，得到剩余量需满足的条件

$$\int_{v-\sigma} \hat{\rho} \mathrm{d}v + \int_{\sigma} \hat{R} \mathrm{d}a = 0 \tag{11.2a}$$

即整个物体的质量保持不变，长程力只引起局部质量迁移效应。

对于化学稳定的物质，可以不考虑质量的局部效应，所以下面将假设剩余量为 0，即

$$\hat{\rho} = \hat{R} = 0, \quad \frac{\partial \rho}{\partial t} + \nabla \cdot (\rho \boldsymbol{v}) = \dot{\rho} + \rho \nabla \cdot \boldsymbol{v} = 0, \quad \boldsymbol{n} \cdot [\![\rho (\boldsymbol{v} - \boldsymbol{c})]\!] = 0 \tag{11.3}$$

因此局部化假设下的质量守恒定律和间断条件，仍适用于非局部介质。

11.2.2 动量守恒

含有间断面的非局部介质的动量守恒定律 (即式 (4.83)) 为

$$\int_{v-\sigma} \left(\frac{\partial \rho \boldsymbol{v}}{\partial t} + \nabla \cdot (\rho \boldsymbol{v}\boldsymbol{v}) - \nabla \cdot \boldsymbol{t} - \rho \boldsymbol{f} \right) \mathrm{d}v + \int_{\sigma} \mathrm{d}a \boldsymbol{n} \cdot [\![(\boldsymbol{v} - \boldsymbol{c}) \boldsymbol{v} \rho - \boldsymbol{t}]\!] = 0 \tag{11.4}$$

引入剩余量，上式的局部形式为

$$\frac{\partial \rho \boldsymbol{v}}{\partial t} + \nabla \cdot (\rho \boldsymbol{v}\boldsymbol{v}) - \nabla \cdot \boldsymbol{t} - \rho \boldsymbol{f} = -\rho \hat{\boldsymbol{f}} \quad (\text{在 } v-\sigma \text{ 内}) \tag{11.5}$$

$$[\![\boldsymbol{t}_n - \boldsymbol{n} \cdot (\boldsymbol{v} - \boldsymbol{c}) \boldsymbol{v} \rho]\!] = \hat{\boldsymbol{F}} \quad (\text{在 } \sigma \text{ 上}) \tag{11.6}$$

其中，$\boldsymbol{t}_n = \boldsymbol{n} \cdot \boldsymbol{t}$。应用式 (11.3) 和式 (2.118b) 可得 $\dfrac{\partial \rho \boldsymbol{v}}{\partial t} + \nabla \cdot (\rho \boldsymbol{v}\boldsymbol{v}) = \rho \boldsymbol{a}$，代入式 (11.5) 有

$$\nabla \cdot \boldsymbol{t} + \rho (\boldsymbol{f} - \boldsymbol{a}) = \rho \hat{\boldsymbol{f}} \quad (\text{在 } v-\sigma \text{ 内}) \tag{11.7}$$

式 (11.7) 和式 (11.6) 分别是微分形式的非局部动量守恒定律和间断条件，$\hat{\boldsymbol{f}}$ 和 $\hat{\boldsymbol{F}}$ 是非局部剩余量。将式 (11.5) 和式 (11.6) 代入式 (11.4)，得到剩余量需要满足的条件

$$\int_{v-\sigma} \rho \hat{\boldsymbol{f}} \mathrm{d}v + \int_{\sigma} \hat{\boldsymbol{F}} \mathrm{d}a = 0 \tag{11.8}$$

11.2.3 动量矩守恒

第 4.3 节给出局部化假设下无间断面的积分动量矩守恒定律 (即式 (4.26)) 为

$$\frac{\mathrm{d}}{\mathrm{d}t} \int_V \rho \boldsymbol{x} \times \boldsymbol{v} \mathrm{d}v = \oint_s \boldsymbol{x} \times \boldsymbol{t}_n \mathrm{d}a + \int_v \rho \boldsymbol{x} \times \boldsymbol{f} \,\mathrm{d}v \tag{11.9}$$

根据式 (4.26) 和式 (4.27)，由上式得到非局部有间断面的积分动量矩守恒定律

$$\int_{v-\sigma} \left[\frac{\partial (\rho \boldsymbol{x} \times \boldsymbol{v})}{\partial t} + \boldsymbol{v} \cdot \nabla (\rho \boldsymbol{x} \times \boldsymbol{v}) - \nabla \cdot (\boldsymbol{x} \times \boldsymbol{t}) - \rho \boldsymbol{x} \times \boldsymbol{f} \right] \mathrm{d}v +$$

$$\int_{\sigma} \mathrm{d}a\boldsymbol{n} \cdot [\![(\boldsymbol{v}-\boldsymbol{c})\rho\boldsymbol{x} \times \boldsymbol{v} - \boldsymbol{x} \times \boldsymbol{t}]\!] = 0 \tag{11.10}$$

式中，域 $v-\sigma$ 内的被积函数可以表示为 (参见习题 11-1)

$$\frac{\partial(\rho\boldsymbol{x}\times\boldsymbol{v})}{\partial t} + \boldsymbol{v}\cdot\boldsymbol{\nabla}(\rho\boldsymbol{x}\times\boldsymbol{v}) - \boldsymbol{\nabla}\cdot(\boldsymbol{x}\times\boldsymbol{t}) - \rho\boldsymbol{x}\times\boldsymbol{f} = t^{kl}\boldsymbol{g}_l\times\boldsymbol{g}_k - \boldsymbol{x}\times\rho\hat{\boldsymbol{f}} \tag{a}$$

间断面 σ 上的被积函数为

$$[\![\boldsymbol{n}\cdot(\boldsymbol{v}-\boldsymbol{c})\,\rho\boldsymbol{x}\times\boldsymbol{v} - \boldsymbol{x}\times\boldsymbol{t}_n]\!] = -[\![\boldsymbol{n}\cdot(\boldsymbol{v}-\boldsymbol{c})\,\rho\boldsymbol{v} - \boldsymbol{t}_n]\!]\times\boldsymbol{x} = -\boldsymbol{x}\times\hat{\boldsymbol{F}} \tag{b}$$

将式 (a) 和式 (b) 代入式 (11.10)，得到考虑非局部影响的微分形式的动量矩守恒定律

$$\left.\begin{aligned}
&t^{kl}\boldsymbol{g}_l\times\boldsymbol{g}_k = \boldsymbol{x}\times\rho\hat{\boldsymbol{f}}\\
&[\![\boldsymbol{n}\cdot(\boldsymbol{v}-\boldsymbol{c})\rho\boldsymbol{v} - \boldsymbol{t}_n]\!]\times\boldsymbol{x} = \boldsymbol{x}\times\hat{\boldsymbol{F}}\\
&\int_{v-\sigma}\boldsymbol{x}\times\rho\hat{\boldsymbol{f}}\mathrm{d}v + \int_{\sigma}\boldsymbol{x}\times\hat{\boldsymbol{F}}\mathrm{d}a = \boldsymbol{0}
\end{aligned}\right\} \tag{11.11}$$

可见，如果应用动量方程和间断条件的非局部形式 (即式 (11.7) 和式 (11.6))，动量矩守恒定律及其间断条件不需要引入新的剩余量，只需补充剩余量条件式 $(11.11)_3$。

11.2.4 能量守恒

无间断面时的能量守恒定律积分形式 (即式 (4.45)) 为

$$\frac{\mathrm{D}}{\mathrm{D}t}\int_{V}\left(\rho e + \frac{1}{2}\rho\boldsymbol{v}\cdot\boldsymbol{v}\right)\mathrm{d}v = \oint_{s}\left(t^{kl}v_l - q^k\right)n_k\mathrm{d}a + \int_{v}\rho\left(f^kv_k + h\right)\mathrm{d}v \tag{11.12}$$

利用从无间断面到有间断面的转换关系式 (4.75)，注意到 $\dfrac{\partial\varphi}{\partial t} + \boldsymbol{\nabla}\cdot(\boldsymbol{v}\varphi) = \dot{\varphi} + \boldsymbol{\nabla}\cdot\boldsymbol{v}\varphi$，取 $\varphi = \rho e + 1/2\rho\boldsymbol{v}\cdot\boldsymbol{v}$、$\boldsymbol{b} = \boldsymbol{t}\cdot\boldsymbol{v} + \boldsymbol{q}$、$g = \rho(\boldsymbol{f}\cdot\boldsymbol{v} + h)$ 时，有间断面的能量守恒定律为

$$\begin{aligned}
&\int_{v-\sigma}\left[\frac{\mathrm{D}}{\mathrm{D}t}\left(\rho e + \frac{1}{2}\rho\boldsymbol{v}\cdot\boldsymbol{v}\right) + v^k_{;k}\left(\rho e + \frac{1}{2}\rho\boldsymbol{v}\cdot\boldsymbol{v}\right) - \boldsymbol{\nabla}\cdot(\boldsymbol{t}\cdot\boldsymbol{v} - \boldsymbol{q}) - \rho(\boldsymbol{f}\cdot\boldsymbol{v} + h)\right]\mathrm{d}v +\\
&\int_{\sigma}\mathrm{d}an_k[\![(v^k - c^k)\left(\rho e + \frac{1}{2}\rho\boldsymbol{v}\cdot\boldsymbol{v}\right) - t^{kl}v_l + q^k]\!] = 0
\end{aligned} \tag{11.13}$$

注意到

$$\begin{aligned}
&\int_{v-\sigma}\frac{\mathrm{D}}{\mathrm{D}t}\left[\left(\rho e + \frac{1}{2}\rho\boldsymbol{v}\cdot\boldsymbol{v}\right) + v^k_{;k}\left(\rho e + \frac{1}{2}\rho\boldsymbol{v}\cdot\boldsymbol{v}\right)\right]\mathrm{d}v\\
&= \int_{v-\sigma}\left[(\dot{e} + \dot{\boldsymbol{v}}\cdot\boldsymbol{v})\,\rho + \left(e + \frac{1}{2}\boldsymbol{v}\cdot\boldsymbol{v}\right)\left(\dot{\rho} + \rho v^k_{;k}\right)\right]\mathrm{d}v
\end{aligned} \tag{c}$$

$$\oint_s \left(t^{kl}v_l + q^k\right) n_k \mathrm{d}a = \int_{v-\sigma} (t^{kl}{}_{;k}v_l + t^{kl}v_{l;k} - q^k{}_{;k})\mathrm{d}v - \int_\sigma [\![t^{kl}v_l - q^k]\!] n_k \mathrm{d}a \tag{d}$$

将式 (c)、式 (d) 代入式 (11.13)，引用质量守恒定律，得到

$$\int_{v-\sigma} \left[\left(t^{kl}{}_{;k} + \rho f^l - \rho a^l\right) v_l - \rho \dot{e} + t^{kl}v_{l;k} - q^k{}_{;k} + \rho h\right] \mathrm{d}v +$$
$$\int_\sigma [\![-\rho\left(e + \frac{1}{2}\boldsymbol{v}\cdot\boldsymbol{v}\right)\left(v^k - c^k\right) + t^{kl}v_l - q^k]\!] n_k \mathrm{d}a = 0 \tag{11.13a}$$

式 (11.13a) 给出含有间断面的介质整体的能量平衡。将式 (11.7) 代入式 (11.13a)，得到

$$\int_{v-\sigma} \left(\rho \hat{f}^l v_l - \rho \dot{e} + t^{kl}v_{l;k} - q^k{}_{;k} + \rho h\right) \mathrm{d}v +$$
$$\int_\sigma [\![-\rho\left(e + \frac{1}{2}\boldsymbol{v}\cdot\boldsymbol{v}\right)\left(v^k - c^k\right) + t^{kl}v_l - q^k]\!] n_k \mathrm{d}a = 0 \tag{11.14}$$

所以能量守恒定律的非局部微分形式为

$$\rho\dot{e} - t^{kl}v_{l;k} + q^k{}_{;k} - \rho h = \rho\hat{h}, \quad \hat{h} \equiv \hat{e} - \hat{f}^k v_k \quad (\text{在 } v-\sigma \text{ 内}) \tag{11.15a}$$

$$[\![\rho\left(e + \frac{1}{2}v\cdot v\right)\left(v^k - c^k\right) - t^{kl}v_l + q^k]\!] n_k = \hat{E} \quad (\text{在 } \sigma \text{ 上}) \tag{11.15b}$$

式中，$\hat{e}$、$\hat{E}$ 是能量剩余量；$\hat{h}$ 是热剩余量。将式 (11.15b) 代入式 (11.14)，能量剩余量满足的条件为

$$\int_{v-\sigma} \rho\hat{h}\mathrm{d}v - \int_\sigma \hat{E}\mathrm{d}a = 0 \tag{11.16}$$

11.2.5 熵不等式

无间断面介质的积分形式熵不等式 (即式 (4.59)) 为

$$\frac{\mathrm{D}}{\mathrm{D}t}\int_V \rho\eta\mathrm{d}v + \oint_s \frac{1}{\theta}\boldsymbol{q}\cdot\mathrm{d}\boldsymbol{a} - \int_v \frac{1}{\theta}h\rho\mathrm{d}v \geqslant 0 \tag{11.17}$$

应用从式 (4.76) 到式 (4.77) 的转换，取 $\varphi = \rho\eta$、$\boldsymbol{b} = -\boldsymbol{q}/\theta$、$g = \rho h/\theta$，有间断面时的熵不等式为

$$\int_{v-\sigma}\left[\frac{\partial(\rho\eta)}{\partial t} + \boldsymbol{\nabla}\cdot(\boldsymbol{v}\rho\eta) + \boldsymbol{\nabla}\cdot(\boldsymbol{q}/\theta) - \rho h/\theta\right]\mathrm{d}v +$$
$$\int_\sigma \mathrm{d}a\boldsymbol{n}\cdot[\![(\boldsymbol{v}-\boldsymbol{c})\rho\eta + \boldsymbol{q}/\theta]\!] \geqslant 0 \tag{11.18}$$

利用质量守恒定律式 (11.3)，式 (11.18) 变为

$$\int_{v-\sigma}\left[\rho\dot{\eta} + \boldsymbol{\nabla}\cdot(\boldsymbol{q}/\theta) - \rho h/\theta\right]\mathrm{d}v + \int_\sigma \mathrm{d}a\boldsymbol{n}\cdot[\![(\boldsymbol{v}-\boldsymbol{c})\rho\eta + \boldsymbol{q}/\theta]\!] \geqslant 0 \tag{11.19}$$

引入剩余量，得到非局部微分熵不等式

$$\rho\dot{\eta} + \boldsymbol{\nabla}\cdot(\boldsymbol{q}/\theta) - \rho h/\theta - \hat{\gamma} \geqslant 0 \tag{11.20a}$$

$$\boldsymbol{n}\cdot[\![(\boldsymbol{v}-\boldsymbol{c})\,\rho\eta + \boldsymbol{q}/\theta]\!] - \hat{\Gamma} \geqslant 0 \tag{11.20b}$$

式中，$\hat{\gamma}$、$\hat{\Gamma}$ 是非间断面和间断面上的熵剩余量。

11.3 对于长程力和非局部守恒定律的讨论

需要指出，一个原子所受的原子间引力只存在于几个原子的距离内，随距离的增加迅速衰减消失，在晶格动力学计算中很少超过 10 个邻近原子，所以可粗略认为作用距离为 10 倍原子间距，NaCl 晶体大约为 10^{-7}cm，显然 NaCl 晶体的内聚距离为 $r_c \leqslant 10^{-7}$cm。在连续介质力学中容许考虑的距离 (体积元的尺寸) 比内聚距离大得多。对于每种材料可以定义一个特征半径 r_c，在半径末端内聚力下降到参考点的 0.1% 左右，如果考虑的体积元半径达到 r_c，则可认为非局部剩余量消失。体积元半径小于 r_c 的情况很难出现，因此上述非局部守恒定律可以很高的精度保留它们的局部形式，所以上面引入的非局部剩余量很少实际应用，通常取为 0。实际上，第 11.2 节引入的剩余量并未详细讨论，也没给出具体确定剩余量的理论和方法，只是一种理论表示。

材料的非局部特性主要通过本构方程起作用。

11.4 非局部本构方程概述

11.4.1 非局部介质本构方程的提出

在第 11.2 节的讨论中放弃了局部化假设，基于含有间断面的连续介质整体 (积分) 守恒定律，在本构泛函中引入非局部剩余量，考虑长程力的局部效应，建立了下述微分形式的非局部守恒定律。

(1) 质量守恒：

$$\dot{\rho} + \rho v^{m}{}_{;m} = \hat{\rho} \quad (\text{在 } v-\sigma \text{ 内}); \quad [\![\rho\left(v^k - c^k\right)]\!]n_k = \hat{R} \quad (\text{在 } \sigma \text{ 上}) \tag{11.21a}$$

若忽略质量的非局部性 (化学稳定物质)，式 (11.21a) 变为

$$\dot{\rho} + \rho v^{m}{}_{;m} = 0; \quad [\![\rho\left(v^k - c^k\right)]\!]n_k = 0 \tag{11.21b}$$

(2) 动量守恒：

$$t^{kl}{}_{;k} + \rho\left(f^l - \dot{v}^l\right) = \rho\hat{f}^l \quad (\text{在 } v-\sigma \text{ 内}); \quad [\![t^l_n - n_k\left(v^k - c^k\right)v^l\rho]\!] = \hat{F}^l \quad (\text{在 } \sigma \text{ 上}) \tag{11.21c}$$

(3) 动量矩守恒 (忽略非局部剩余量)：

$$t^{kl} = t^{lk}$$

(4) 能量守恒：

$$\left.\begin{aligned} &\rho\dot{e} - t^{kl}v_{l;k} + q^{k}{}_{;k} - \rho h = \rho\hat{h} \quad (\text{在 } v-\sigma \text{ 内}),\\ &[\![\rho\left(e + 1/2v\cdot v\right)\left(v^k - c^k\right) - t^{kl}v_l + q^k]\!]n_k = \hat{E} \quad (\text{在 } \sigma \text{ 上}) \end{aligned}\right\} \tag{11.21d}$$

本构方程是本构泛函与本构变量 x^k 和 θ(温度) 的关系。在给定体力 f^l 和热供应 h 时，式 (11.21b)、式 (11.21c)、式 (11.21d) 中待求的本构响应泛函为 $\rho, v_k, t^{kl}(=t^{lk}), q^k, e$ 和剩余量 $\hat{\rho},\hat{f}^l,\hat{h}$(不考虑间断面的剩余量)，共 19 个，守恒定律有 5 个方程，所以需要补充 14 个本构方程，其中包括应力张量与应变或 (和) 应变率方程 (6 个)、热流量方程 (3 个) 和剩余量本构关系 (5 个)。

11.4.2 非局部介质本构方程的理论基础

建立本构方程的理论基础是在第 5.2 节给出的 8 个本构公理，此外还需要考虑非局部连续介质的特点。剩余量产生的原因是考虑了任一参考物质点 $\boldsymbol{X}$ 周围所有质点 $\boldsymbol{X}'$ 对 $\boldsymbol{X}$ 的长程原子间效应，原子间力是两点间距 $\left|\boldsymbol{X}'-\boldsymbol{X}\right|$ 的函数，不是单独 $\boldsymbol{X}$ 的函数，与 $\boldsymbol{X}$ 点的状态不直接 (显式) 相关，例如 $\hat{\boldsymbol{f}}$ 应该 $\boldsymbol{f}$ 无关。因此，可以假设：$\boldsymbol{X}$ 处的非局部剩余量不能与 $\boldsymbol{X}$ 点的状态显式相关。这一假设也称为非局部性公理。

非局部连续介质本构关系的客观性公理指出，本构响应泛函和非局部剩余量的本构方程在空间参考标架的如下任意刚性运动和时间等值平移中 (即式 (5.5)、式 (5.6))，保持形式不变：

$$\overline{\boldsymbol{x}}\left(\boldsymbol{X},\boldsymbol{t}\right)=\boldsymbol{Q}\left(t\right)\cdot\boldsymbol{x}\left(\boldsymbol{X},t\right)+\boldsymbol{b}\left(t\right);\quad \bar{t}=t+t^0$$

式中，$\boldsymbol{b}$ 是移动向量，$\boldsymbol{Q}$ 是正常正交张量；t^0 是新的时间起点。

非局部剩余量由原子间力引起，应该是客观的。

等温一阶梯度物质 (一阶简单物质) 自由能的客观性，可给出下列形式不变性：

$$\psi\left(\boldsymbol{Q}\cdot\boldsymbol{x}'+\boldsymbol{b},\ \boldsymbol{Q}\cdot\boldsymbol{x}'_{,K},\ \theta'\right)=\psi\left(\boldsymbol{x}',\ \boldsymbol{x}'_{,K},\ \theta'\right) \tag{11.22}$$

式中，$\boldsymbol{x}'$ 是 t 时刻物质点 $\boldsymbol{x}$ 周围的物质点。

若 $\boldsymbol{Q}=\boldsymbol{i}$(平移)，式 (11.22) 对于移动的客观性表明，变量 $\boldsymbol{x}'$ 应改为 $\boldsymbol{L}'=\boldsymbol{x}'-\boldsymbol{x}$。以向量为自变量的标量值函数不变性的充分必要条件是可以表示为自变量点积函数，即表示为

$$D'=\boldsymbol{L}'\cdot\boldsymbol{L}',\quad C'_K=\boldsymbol{L}'\cdot\boldsymbol{x}'_{,K},\quad C'_{KL}=\boldsymbol{x}'_{,K}\cdot\boldsymbol{x}'_{,L} \tag{11.23}$$

C'_{KL} 是 Green 变形张量。

D' 可以用 C'_K 和 C'_{KL} 表示，注意到 $X^K{}_{,k}C'_K=L'_lx'^l{}_{,K}X^K{}_{,k}=L'_k$，有

$$D'=L'_kL'_lg'^{kl}=X'^K{}_{,k}C'_KX'^L{}_{,l}C'_Lg'^{kl}=C'_KC'_LC'^{-1KL} \tag{11.24}$$

所以 ψ 可表为

$$\psi=\psi\left(C'_K,C'_{KL},\theta'\right) \tag{11.25}$$

式中，变量 C'_K,C'_{KL},θ' 属于 $\boldsymbol{X}'\,(\neq\boldsymbol{X})$ 点，也属于 $\boldsymbol{X}$ 点，为了将两者的影响分开，令

$$\psi=\psi\left(\overline{C'}_K,\overline{C'}_{KL},\overline{\theta'};\ C_{KL},\theta\right) \tag{11.26}$$

式中，

$$\overline{C'}_K=C'_K-C_K=C'_K,\quad \overline{C'}_{KL}=C'_{KL}-C_{KL},\quad \overline{\theta'}=\theta'-\theta,\quad C_{KL}=g_{kl}x^k{}_{,K}x^l{}_{,L} \tag{11.26a}$$

物质点 $\boldsymbol{X}$ 的参考构形可以是给定的 t_0 时刻构形，也可以采用 t 时刻构形，即相对描述法 (见第 2.3.5 小节)。非局部效应来自 $\boldsymbol{X}$ 附近的所有质点，必然是包含随距离 $|\boldsymbol{X}'-\boldsymbol{X}|$ 衰减的函数 (影响函数) 的体积分，并与局部效应叠加。下面将应用客观性公理和热力学限制，具体讨论非局部固体和流体的本构方程和场方程。

11.5 非局部弹性固体

11.5.1 非局部弹性固体的本构方程

非局部弹性固体的本构响应变量是 t^{kl}, q^k, η, ψ 和剩余量 $\hat{\rho}$, $\hat{f}^l$, $\hat{h}$。自由能式 (11.26) 可以简记为

$$\psi = \psi\left(\boldsymbol{F}', \boldsymbol{G}\right) \tag{11.27}$$

$$\boldsymbol{F}' \equiv \left\{C'_K, \bar{C}'_{KL}, \bar{\theta}'\right\}; \quad \boldsymbol{G} \equiv \left\{C_{KL}, \theta\right\} \tag{11.27a}$$

$\boldsymbol{F}'$、$\boldsymbol{G}$ 与变形有关，假设是连续可微的，而且 $\boldsymbol{F}'$ 可以定义为下列形式的内积：

$$\left(\boldsymbol{F}'_1, \boldsymbol{F}'_2\right) = \int_{V-\sigma} H\left(\left|\boldsymbol{X}'-\boldsymbol{X}\right|\right) \boldsymbol{F}'_1\left(\boldsymbol{X}'\right) \cdot \boldsymbol{F}'_2\left(\boldsymbol{X}'\right) \mathrm{d}V\left(\boldsymbol{X}'\right) \tag{11.28}$$

式中，$\boldsymbol{F}'_1$、$\boldsymbol{F}'_2$ 是完备的内积空间中的任意两组函数，该空间内可以定义正交函数族，用于未知函数的逼近 (类似的方法参见第 7.7.1 小节，那里是时间域，这里是空间域)；$H\left(\left|\boldsymbol{X}'-\boldsymbol{X}\right|\right)$ 是随 $\left|\boldsymbol{X}'-\boldsymbol{X}\right|$ 的增加迅速衰减的正值函数，称为影响函数，例如

$$H\left(\left|\boldsymbol{X}'-\boldsymbol{X}\right|\right) = \exp\left[-\alpha\left(\boldsymbol{X}\right)\left|\boldsymbol{X}'-\boldsymbol{X}\right|\right], \quad \alpha\left(\boldsymbol{X}\right) > 0 \tag{11.29}$$

可见，自由能泛函 ψ 式 (11.27) 包含两部分。与 $\boldsymbol{F}'$ 相关的部分为形式类似式 (11.28) 的体积分，是衰减函数，对应非局部响应；与 $\boldsymbol{G}$ 相关的部分是连续、可微函数，不衰减，对应局部响应。ψ 的时间变率为

$$\dot{\psi} = \dot{\psi}_1 + \dot{\psi}_2 = \frac{\partial \psi}{\partial \boldsymbol{G}} \circ \dot{\boldsymbol{G}} + \int_{V-\sigma} \frac{\partial \psi}{\partial \boldsymbol{F}'}\left(\boldsymbol{F}'; \boldsymbol{G}, \boldsymbol{L}'\right) \circ \dot{\boldsymbol{F}}'\left(\boldsymbol{L}'\right) \mathrm{d}V' \tag{11.30}$$

式中，$\circ$ 表示与变量相应的乘积；$\dot{\psi}_1$ 是局部自由能的时间变率，$\dot{\psi}_2$ 是非局部自由能的时间变率，具体形式为

$$\dot{\psi}_1 = \frac{\partial \psi}{\partial \theta}\dot{\theta} + \frac{\partial \psi}{\partial C_{KL}}\dot{C}_{KL} = \frac{\partial \psi}{\partial \theta}\dot{\theta} + 2\frac{\partial \psi}{\partial C_{KL}} x^k{}_{,K} x^l{}_{,L} v_{l;k} \tag{a}$$

$$\begin{aligned}
\dot{\psi}_2 &= \int_{V-\sigma}\left(\frac{\partial \psi}{\partial C'_K}\dot{C}'_K + \frac{\partial \psi}{\partial \bar{C}'_{KL}}\dot{\bar{C}}'_{KL} + \frac{\partial \psi}{\partial \bar{\theta}'}\dot{\bar{\theta}}'\right)\mathrm{d}V' \\
&= \int_{V-\sigma}\left\{\frac{\partial \psi}{\partial C'_K}\left[\left(v'_k - v_k\right)x'^k_{,K} + L'_k v'^k_{;l} x'^l_{,K}\right] + \right. \\
&\quad \left. \frac{\partial \psi}{\partial \bar{C}'_{KL}}\left(\dot{C}'_{KL} - \dot{C}_{KL}\right) + \frac{\partial \psi}{\partial \bar{\theta}'}\left(\dot{\theta}' - \dot{\theta}\right)\right\}\mathrm{d}V'
\end{aligned} \tag{b}$$

将 $\dot{\eta}=\frac{1}{\theta}\left(\dot{e}-\dot{\theta}\eta-\dot{\psi}\right)$ 代入熵不等式 (11.20a)，利用能量守恒定律式 (11.15a) 消去 e，并将式 (a) 和式 (b) 表示的 $\dot{\psi}$ 代入，利用下列诸式 (亦见式 (2.123a) 和式 (2.147))

$$\dot{C}'_K=\dot{L}'_k x'^k{}_{,K}+L'_k\dot{x}'^k{}_{,K}=\left(v'_k-v_k\right)x'^k{}_{,K}+L'_k v'^k{}_{;l}x'^l{}_{,K}$$

$$\dot{C}_{KL}=2x^k{}_{,K}x^l{}_{,L}d_{kl}=2x^k{}_{,K}x^l{}_{,L}v_{k;l},\quad \dot{C}'_{KL}=2x'^k{}_{,K}x'^l{}_{,L}v'_{k;l}$$

可以得到

$$-\frac{\rho}{\theta}\left(\frac{\partial\psi}{\partial\theta}+\eta-\int_{V-\sigma}\frac{\partial\psi}{\partial\bar{\theta}'}\mathrm{d}V'\right)\dot{\theta}+\frac{1}{\theta}\left[t^{kl}-2\rho\left(\frac{\partial\psi}{\partial C_{KL}}+\int_{V-\sigma}\frac{\partial\psi}{\partial\bar{C}'_{KL}}\mathrm{d}V'\right)x^k{}_{,K}x^l{}_{,L}\right]v_{l;k}+$$
$$\frac{\rho}{\theta}\left(\int_{V-\sigma}\frac{\partial\psi}{\partial C'_K}x'^k{}_{,K}\mathrm{d}V'-\hat{f}^k\right)v_k-$$
$$\frac{1}{\theta^2}q^k\theta_{,k}-\frac{\rho}{\theta}\int_{V-\sigma}\left[\frac{\partial\psi}{\partial C'_K}\left(v'_k x'^k{}_{,K}+L'_k v'^k{}_{;l}x'^l{}_{,K}\right)+\frac{\partial\psi}{\partial\bar{C}'_{KL}}\dot{C}'_{KL}+\frac{\partial\psi}{\partial\bar{\theta}'}\dot{\theta}'\right]\mathrm{d}V'+$$
$$\frac{1}{\theta}\rho\hat{e}-\hat{\gamma}\geqslant 0 \tag{11.31}$$

式 (11.31) 中时间变率 $\dot{\theta}$ 的任意性及 $v_{l;k},v_k$ 的非客观性，要求它们的系数恒为 0，余下的部分非负，即

$$\eta=-\frac{\partial\psi}{\partial\theta}+\int_{V-\sigma}\frac{\partial\psi}{\partial\bar{\theta}'}\mathrm{d}V' \tag{11.32}$$

$$\left.\begin{aligned}t^{kl}&=2\rho\left(\frac{\partial\psi}{\partial C_{KL}}+\int_{V-\sigma}\frac{\partial\psi}{\partial\bar{C}'_{KL}}\mathrm{d}V'\right)x^k{}_{,K}x^l{}_{,L}\\T^{KL}&=2\rho_0\left(\frac{\partial\psi}{\partial C_{KL}}+\int_{V-\sigma}\frac{\partial\psi}{\partial\bar{C}'_{KL}}\mathrm{d}V'\right)\end{aligned}\right\} \tag{11.33}$$

$$\hat{f}^k=\int_{V-\sigma}\frac{\partial\psi}{\partial C'_K}x'^k{}_{,K}\mathrm{d}V' \tag{11.34}$$

$$\varphi\equiv\frac{\rho}{\theta}\left(\hat{e}-D\right)-\hat{\gamma}\geqslant 0 \tag{11.35}$$

$$D=\frac{1}{\rho\theta}q^k\theta_{,k}+\int_{V-\sigma}\left[\frac{\partial\psi}{\partial C'_K}\left(v'_k x'^k{}_{,K}+L'_k v'^k{}_{;l}x'^l{}_{,K}\right)+\frac{\partial\psi}{\partial\bar{C}'_{KL}}\dot{C}'_{KL}+\frac{\partial\psi}{\partial\bar{\theta}'}\dot{\theta}'\right]\mathrm{d}V' \tag{11.35a}$$

根据客观性公理，耗散势 φ 应该是客观量，但式中 $\frac{\partial\psi}{\partial C'_K}$ 的系数是不客观的 (因为变形梯度是不客观的，见式 (5.29a))，因此必有 $\frac{\partial\psi}{\partial C'_K}=0$，即自由能不含 C'_K。由式 (11.27) 和式 (11.34)，得到

$$\psi=\psi\left(\bar{C}'_{KL},\bar{\theta}';\ C_{KL},\theta\right),\quad \hat{f}^k=0 \tag{11.36}$$

$\hat{f}^k=0$ 表明非局部与局部动量方程相同，不受原子间长程力影响。这可以解释为，随距离 $\left|\boldsymbol{X}'-\boldsymbol{X}\right|$ 衰减的长程力对于微元的作用自相平衡，不影响非局部平衡条件。类似的解释也可以用于动量矩守恒定律不引起相关的剩余量。

热流量 q^k 是不可逆的耗散变量，按局部化假设，可以表为 $-\boldsymbol{\nabla}\theta$ 的线性函数，见式 (6.247a)。

本节的分析表明，非局部弹性固体本构泛函和剩余量服从熵不等式和客观性公理，本构方程形式为式 (11.32)、式 (11.33) 和式 $(11.36)_2$，并且满足耗散条件式 (11.35)。

11.5.2　线性非局部弹性固体的本构方程——积分形式

基于式 (11.32) 和式 (11.33)，只需要给定自由能式 $(11.36)_1$ 的函数形式，便可得到具体的本构方程。为此分为两步，第 1 步先取单位体积自由能 $\varSigma=\rho_0\psi$ 为 $\bar{C}'_{KL},\bar{\theta}'$ 的线性函数

$$\varSigma=\varSigma_0\left(\boldsymbol{C},\theta,\boldsymbol{X}\right)+\int_{V-\sigma}\left[\varSigma_0'\left(\boldsymbol{C},\theta,\boldsymbol{X},\boldsymbol{\varLambda}\right)\overline{\theta}'\left(\boldsymbol{\varLambda}\right)+\varSigma_2'^{KL}\left(\boldsymbol{C},\theta,\boldsymbol{X},\boldsymbol{\varLambda}\right)\overline{C}'_{KL}\left(\boldsymbol{\varLambda}\right)\right]\mathrm{d}V' \tag{11.37}$$

式中，$\boldsymbol{\varLambda}\equiv\boldsymbol{X}'-\boldsymbol{X}$；$\varSigma_0$ 是 $\boldsymbol{C}$、θ、$\boldsymbol{X}$ 的函数；$\varSigma_0'$、$\varSigma_2'^{KL}$ 是 $\boldsymbol{C}$、θ、$\boldsymbol{X}$、$\boldsymbol{\varLambda}$ 的函数。

将式 (11.37) 代入式 (11.32) 和式 (11.33)，得到

$$\eta=-\frac{1}{\rho_0}\frac{\partial\varSigma_0}{\partial\theta}-\frac{1}{\rho_0}\int_{V-\sigma}\left(\frac{\partial\varSigma_0'}{\partial\theta}\overline{\theta}'+\frac{\partial\varSigma_2'^{KL}}{\partial\theta}\overline{C}'_{KL}-\varSigma_0'\right)\mathrm{d}V' \tag{11.38a}$$

$$T^{KL}=2\frac{\partial\varSigma_0}{\partial C_{KL}}+2\int_{V-\sigma}\left(\frac{\partial\varSigma_0'}{\partial\overline{C}'_{KL}}\overline{\theta}'+\frac{\partial\varSigma_2'^{MN}}{\partial\bar{C}'_{KL}}\bar{C}'_{MN}-\varSigma_2'^{KL}\right)\mathrm{d}V' \tag{11.38b}$$

第 2 步将式 (11.37) 中的材料函数系数展开成应变张量 $\boldsymbol{E}\,(=(\boldsymbol{C}-\boldsymbol{I})/2)$ 的 Taylor 级数

$$\left.\begin{aligned}&\varSigma_0=\varSigma_{00}+\varSigma_{01}^{KL}E_{KL}+\frac{1}{2}\varSigma_{02}^{KLMN}E_{KL}E_{MN}+\cdots\\&\varSigma_0'=\varSigma_{00}'+\varSigma_{01}'^{KL}E'_{KL}+\cdots\\&\varSigma_2'^{KL}=\varSigma_{20}'^{KL}+\varSigma_{21}'^{KLMN}E'_{MN}+\cdots\end{aligned}\right\} \tag{11.39}$$

式中，材料常数 $\varSigma_{00}$、$\varSigma_{01}^{KL}$、$\varSigma_{02}^{KLMN}$ 可以是 θ 和 $\boldsymbol{X}$ 的函数，称为局部材料模量；$\varSigma_{00}'$、$\varSigma_{01}'^{KL}$、$\varSigma_{20}'^{KL}$、$\varSigma_{21}'^{KLMN}$ 可以是 θ 和 $\boldsymbol{X}'-\boldsymbol{X}$ 的函数，称为非局部材料模量。

显然，材料模量有下列对称性：

$$\left.\begin{aligned}&\varSigma_{01}^{KL}=\varSigma_{01}^{LK},\quad\varSigma_{02}^{KLMN}=\varSigma_{02}^{LKMN}=\varSigma_{02}^{KLNM}=\varSigma_{02}^{MNKL},\\&\varSigma_{01}'^{KL}=\varSigma_{01}'^{LK},\quad\varSigma_{20}'^{KL}=\varSigma_{20}'^{LK},\quad\varSigma_{21}'^{KLMN}=\varSigma_{21}'^{LKMN}=\varSigma_{21}'^{KLNM}\end{aligned}\right\} \tag{11.40}$$

将式 (11.39) 代入式 (11.38)，利用式 $(11.33)_1$，略去 $\boldsymbol{E}$ 高次项，得到非局部线弹性本构方程

$$\eta=-\frac{1}{\rho_0}\frac{\partial\varSigma_{00}}{\partial\theta}-\frac{1}{\rho_0}\frac{\partial\varSigma_{01}^{KL}}{\partial\theta}E_{KL}-$$

$$\frac{1}{\rho_0}\int_{V-\sigma}\left[\frac{\partial\Sigma'_{00}}{\partial\theta}(\theta'-\theta)+\frac{2\partial\Sigma'^{KL}_{20}}{\partial\theta}(E'_{KL}-E_{KL})-\Sigma'_{00}-\Sigma'^{KL}_{01}E_{KL}\right]\mathrm{d}V' \tag{11.41}$$

$$\begin{aligned}T^{KL}=&\Sigma^{KL}_{01}+\Sigma^{KLMN}_{02}E_{MN}+\int_{V-\sigma}\left[\Sigma'^{KL}_{01}(\theta'-\theta)+\right.\\&\left.2\Sigma'^{KLMN}_{21}(E'_{MN}-E_{MN})-2\Sigma'^{KL}_{20}-2\Sigma'^{KLMN}_{21}E_{MN}\right]\mathrm{d}V'\end{aligned} \tag{11.42a}$$

$$\begin{aligned}t^{kl}=&J^{-1}T^{KL}x^{k}_{,K}x^{l}_{,L}=J^{-1}\left\{\Sigma^{KL}_{01}+\Sigma^{KLMN}_{02}E_{MN}+\int_{V-\sigma}[\Sigma'^{KL}_{01}(\theta'-\theta)+\right.\\&\left.2\Sigma'^{KLMN}_{21}(E'_{MN}-E_{MN})-2\Sigma'^{KL}_{20}-2\Sigma'^{KLMN}_{21}E_{MN}]\mathrm{d}V'\right\}x^{k}_{,K}x^{l}_{,L}\end{aligned} \tag{11.42b}$$

式中，Σ^{KL}_{01} 是局部初应力；Σ'^{KL}_{01} 是与温差有关的非局部初应力，无初应力时两者为 0。

在几何线性情况下，有下列近似关系：

$$J=1+e^{m}_{m} \tag{11.43}$$

$$e_{kl}=\frac{1}{2}(u_{k;l}+u_{l;k}),\quad w_{kl}=\frac{1}{2}(u_{k;l}-u_{l;k}) \tag{11.44}$$

式中，J 是体积比；e_{kl} 和 w_{kl} 是无限小应变张量和无限小转动张量。

由式 (2.27) 和式 (2.34)，可得

$$E_{KL}=x^{k}_{,K}x^{l}_{,L}e_{kl}=\left(g^{k}_{K}+u^{k}_{\ :K}\right)\left(g^{l}_{L}+u^{l}_{\ :L}\right)e_{kl}\approx g^{k}_{K}g^{l}_{L}e_{kl} \tag{11.45}$$

借助转移张量，可以利用物质描述的材料模量定义它们的空间描述：

$$\left.\begin{aligned}\alpha^{kl}&=\left(\Sigma^{KL}_{01}-2\int_{V-\sigma}\Sigma'^{KL}_{20}\mathrm{d}V'\right)g^{k}_{K}g^{l}_{L}\\\sigma^{klmn}&=\left(\Sigma^{KLMN}_{02}-2\int_{V-\sigma}\Sigma'^{KLMN}_{21}\mathrm{d}V'\right)g^{k}_{K}g^{l}_{L}g^{m}_{M}g^{n}_{N}\\\sigma'^{kl}&=\Sigma'^{KL}_{01}g^{k}_{K}g^{l}_{L}\\\sigma'^{klmn}&=\Sigma'^{KLMN}_{21}g^{k}_{K}g^{l}_{L}g^{m}_{M}g^{n}_{N}\end{aligned}\right\} \tag{11.46}$$

弹性模量 $\alpha^{kl},\sigma^{klmn}$ 为局部量，可以是 $\boldsymbol{x}$ 和 θ 的函数，$\sigma'^{kl},\sigma'^{klmn}$ 是非局部量，可以是 $\boldsymbol{x}'$ 和 θ' 的函数，并且具有如下对称性：

$$\left.\begin{aligned}\alpha^{kl}=\alpha^{lk},\quad&\sigma^{klmn}=\sigma^{lkmn}=\sigma^{klnm}=\sigma^{mnkl}\\\sigma'^{kl}=\sigma'^{lk},\quad&\sigma'^{klmn}=\sigma'^{lkmn}=\sigma'^{klnm}=\sigma'^{mnkl}\end{aligned}\right\} \tag{11.47}$$

利用式 (11.43)~ 式 (11.45)，式 (11.42b) 可以简化为

$$\begin{aligned}t^{kl}=&\alpha^{kl}(1-e^{m}_{\ m})+\alpha^{km}(e^{l}_{\ m}+w^{l}_{\ m})+\alpha^{lm}(e^{k}_{\ m}+w^{k}_{\ m})+\\&\sigma^{klmn}e_{mn}+\int_{v-\sigma}\left[\sigma'^{kl}(\theta'-\theta)+\sigma'^{klmn}e'_{mn}\right]\mathrm{d}v'\end{aligned} \tag{11.48}$$

式 (11.48) 为非均匀、各向异性、非局部线弹性本构方程。以初应力项为例，式 (11.48) 的推导如下：

$$
\begin{aligned}
&J^{-1}\left\{\Sigma_{01}^{KL}-2\int_{V-\sigma}\Sigma_{20}^{\prime KL}\mathrm{d}V'\right\}x^{k}{}_{,K}x^{l}{}_{,L}\\
&=\left(1-e_{m}^{m}\right)\left\{\Sigma_{01}^{KL}-2\int_{V-\sigma}\Sigma_{20}^{\prime KL}\mathrm{d}V'\right\}\left(g_{K}^{k}+u^{k}{}_{:K}\right)\left(g_{L}^{l}+u^{l}{}_{:L}\right)\\
&=\left(1-e_{m}^{m}\right)\left\{\Sigma_{01}^{KL}-2\int_{V-\sigma}\Sigma_{20}^{\prime KL}\mathrm{d}V'\right\}\left(g_{K}^{k}g_{L}^{l}+g_{K}^{k}u^{l}{}_{:L}+g_{L}^{l}u^{k}{}_{:K}+\cdots\right)\\
&=\left(1-e_{m}^{m}\right)\alpha^{kl}+(1-\cdots)\left\{\Sigma_{01}^{KL}-2\int_{V-\sigma}\Sigma_{20}^{\prime KL}\mathrm{d}V'\right\}g_{K}^{k}u_{;m}^{l}g_{L}^{m}+\\
&\quad(1-\cdots)\left\{\Sigma_{01}^{KL}-2\int_{V-\sigma}\Sigma_{20}^{\prime KL}\mathrm{d}V'\right\}g_{L}^{l}u_{;m}^{k}g_{K}^{m}\\
&\approx\left(1-e_{m}^{m}\right)\alpha^{kl}+\alpha^{km}\left(e_{m}^{l}+w_{m}^{l}\right)+\alpha^{lm}\left(e_{m}^{k}+w_{m}^{k}\right)
\end{aligned}
$$

在等温情况下，式 (11.48) 变为

$$
\begin{aligned}
t^{kl}=&\alpha^{kl}\left(1-e_{m}^{m}\right)+\alpha^{km}\left(e_{m}^{l}+w_{m}^{l}\right)+\alpha^{lm}\left(e_{m}^{k}+w_{m}^{k}\right)+\\
&\sigma^{klmn}e_{mn}+\int_{v-\sigma}\sigma^{\prime klmn}e_{mn}^{\prime}\mathrm{d}v' \qquad (11.48\mathrm{a})
\end{aligned}
$$

如果没有初应力，式 (11.48a) 变为更简单的形式

$$
t^{kl}=\sigma^{klmn}e_{mn}+\int_{v-\sigma}\sigma^{\prime klmn}e_{mn}^{\prime}\mathrm{d}v' \qquad (11.48\mathrm{b})
$$

式 (11.48b) 为非均匀、等温、无初应力、各向异性、非局部线弹性本构方程。右端第 1 项是局部应力，第 2 项是非局部应力，随 $|\boldsymbol{x}'-\boldsymbol{x}|$ 的增加迅速衰减。这两种应力的各向异性可以不同，甚至宏观各向同性物质，在长程力作用的范围内可能是各向异性的。

如果局部和非局部均为各向同性物质，利用表示定理式 (1.166)，由式 (11.48)~式 (11.48b) 相应得到

$$
\begin{aligned}
t^{kl}=&\alpha_{0}g^{kl}\left(1-e_{m}^{m}\right)+\lambda g^{kl}e_{m}^{m}+2\left(\mu+\alpha_{0}\right)e^{kl}+\\
&\int_{v-\sigma}\left[\alpha_{0}^{\prime}g^{kl}\left(\theta'-\theta\right)+\lambda' g^{kl}e_{m}^{\prime m}+2\mu' e^{\prime kl}\right]\mathrm{d}v' \qquad (11.49\mathrm{a})
\end{aligned}
$$

$$
t^{kl}=\alpha_{0}g^{kl}\left(1-e_{m}^{m}\right)+\lambda g^{kl}e_{m}^{m}+2\left(\mu+\alpha_{0}\right)e^{kl}+\int_{v-\sigma}\left(\lambda' g^{kl}e_{m}^{\prime m}+2\mu' e^{\prime kl}\right)\mathrm{d}v' \qquad (11.49\mathrm{b})
$$

$$
t^{kl}=\lambda g^{kl}e_{m}^{m}+2\mu e^{kl}+\int_{v-\sigma}\left(\lambda' g^{kl}e_{m}^{\prime m}+2\mu' e^{\prime kl}\right)\mathrm{d}v' \qquad (11.49\mathrm{c})
$$

式 (11.49) 为非均匀、各向同性、非局部线弹性本构方程；式 (11.49a)、式 (11.49b) 和式 (11.49c) 分别为非等温、等温和等温无初应力情况。式中，$\boldsymbol{e}'\equiv\boldsymbol{e}(\boldsymbol{x}')$ 是 $\boldsymbol{x}'$ 的函数；α_0、λ、μ 为局部弹性常数，只是 $\boldsymbol{x}$ 的函数 (λ、μ 是 Lamé 常数)；α_0'、λ'、μ' 为非局部弹性常数，只是 $\boldsymbol{x}-\boldsymbol{x}'$ 的函数，随距离 $|\boldsymbol{x}-\boldsymbol{x}'|$ 的增加迅速衰减。

11.5.3 等温非局部线弹性本构方程的简化——微分形式、弹性核 [68]

引入 δ 函数，式 (11.49c) 可以改写为

$$t^{kl}(\boldsymbol{x},t)=\int_{v-\sigma}\left[\left(\lambda\delta(|\boldsymbol{x}'-\boldsymbol{x}|)+\lambda'\right)g^{kl}e'^{m}_{m}+2\left(\mu\delta(|\boldsymbol{x}'-\boldsymbol{x}|)+\mu'\right)e'^{kl}\right]\mathrm{d}v'$$

$$=\int_{v-\sigma}\alpha\left(|\boldsymbol{x}'-\boldsymbol{x}|,\tau\right)\sigma^{kl}\mathrm{d}v' \tag{11.50}$$

式中，$\boldsymbol{\sigma}^{kl}$ 是 $\boldsymbol{x}'$ 点的经典 (局部) 应力张量

$$\sigma^{kl}=\begin{cases}\lambda g^{kl}e^{m}_{m}(\boldsymbol{x}')+2\mu e^{kl}(\boldsymbol{x}') \text{ (各向同性)}\\ \sigma'^{klmn}e_{mn}(\boldsymbol{x}') \quad \text{(各向异性)}\end{cases} \tag{11.50a}$$

函数 α 是随 $|\boldsymbol{x}'-\boldsymbol{x}|$ 衰减的因子，称为非局部模量或弹性核，在一维、二维、三维时量纲分别为长度的 −1、−2、−3 次方，τ 是表征衰减特性的参数，$\tau=e_0a/l$，a 是内部特征长度 (例如晶格参数、颗粒距离等)，l 是外部特征长度 (例如裂纹长度、波长等)，e_0 是无量纲材料常数，可借助非局部理论弹性波弥散计算结果与点阵动力学结果拟合给出。

弹性核 α 具有下列特性:

(1) 在 $\boldsymbol{x}'=\boldsymbol{x}$ 时取得最大值

$$\alpha(0,\tau)=\max\alpha\left(|\boldsymbol{x}'-\boldsymbol{x}|,\tau\right) \tag{11.51a}$$

(2) 当 $\tau\to 0$ 时趋于狄拉克函数 δ，即内部特征长度 $a\to 0$ 时极限是经典弹性

$$\lim_{\tau\to 0}\alpha\left(|\boldsymbol{x}'-\boldsymbol{x}|,\tau\right)=\delta\left(|\boldsymbol{x}'-\boldsymbol{x}|\right) \tag{11.51b}$$

(3) 当 $\tau\to 1$ 时 (外部特征尺寸与微小的内部特性尺寸相当)，非局部理论应该近似原子点阵动力学，式 (11.50) 应回归成原子点阵动力学方程。

(4) 因此可以用与原子点阵动力学理论 (或实验) 相比较的方法，确定给定材料的弹性核 α。

下面是非局部模量的一些实例 ($\overline{\boldsymbol{x}}\equiv\boldsymbol{x}'-\boldsymbol{x}$):

一维:

$$\left.\begin{array}{l}\alpha\left(|\overline{\boldsymbol{x}}|,\tau\right)=\begin{cases}\dfrac{1}{l\tau}\left(1-\dfrac{|\overline{\boldsymbol{x}}|}{l\tau}\right) & \text{当}\ |\overline{\boldsymbol{x}}|\leqslant l\tau\\ 0 & \text{当}\ |\overline{\boldsymbol{x}}|\geqslant l\tau\end{cases}\\ \alpha\left(|\overline{\boldsymbol{x}}|,\tau\right)=\dfrac{1}{2l\tau}\exp\left(-|\overline{\boldsymbol{x}}|/l\tau\right)\end{array}\right\} \tag{11.52a}$$

二维:

$$\alpha(|\overline{\boldsymbol{x}}|,\tau)=\frac{1}{\pi l^2\tau}\exp\left(-\overline{\boldsymbol{x}}\cdot\overline{\boldsymbol{x}}/l^2\tau\right) \tag{11.52b}$$

三维:

$$\left.\begin{aligned}&\alpha(|\overline{\boldsymbol{x}}|,\tau)=\frac{1}{8(\pi t)^{3/2}}\exp\left(-\overline{\boldsymbol{x}}\cdot\overline{\boldsymbol{x}}/4t\right), \qquad t=l^2\tau/4\\&\alpha(|\overline{\boldsymbol{x}}|,\tau)=\frac{1}{4\pi l^2\tau^2\sqrt{\overline{\boldsymbol{x}}\cdot\overline{\boldsymbol{x}}}}\exp\left(-\overline{\boldsymbol{x}}\cdot\overline{\boldsymbol{x}}/\tau l\right)\end{aligned}\right\} \tag{11.52c}$$

非局部模量的上述性质类似于热传导方程的点源影响函数。我们知道，无限长杆件热传导问题的温度场 $u(x,t)$ 满足方程

$$u_{,t}=a^2u_{,xx}\quad(-\infty<x<\infty,\ t>0),\quad u(x,0)=\varphi(x) \tag{11.53}$$

式中，a^2 为传导系数。该问题的解为

$$u(x,t)=\int_{-\infty}^{\infty}G(x,\xi,t)\varphi(\xi)\,\mathrm{d}\xi,\quad G(x,\xi,t)=\frac{1}{2a\sqrt{\pi t}}\exp\left[-\frac{(\xi-x)^2}{4a^2t}\right] \tag{11.53a}$$

式中，G 是在 x 点加瞬间点热源时的温度场 (点源影响函数)，满足方程 $G_{,t}=a^2G_{,xx}$。

因此，非局部模量和非局部应力场可以假设满足类似的方程，得到类似的解，即

$$\nabla^2\alpha-\frac{\partial\alpha}{\partial\tau}=0,\quad \alpha(\boldsymbol{x},0)=\delta(\boldsymbol{x}) \tag{11.54a}$$

$$\nabla^2\boldsymbol{t}-\frac{\partial\boldsymbol{t}}{\partial\tau}=\boldsymbol{0},\quad \boldsymbol{t}(\boldsymbol{x},0)=\boldsymbol{\sigma}(\boldsymbol{x}) \tag{11.54b}$$

$$\boldsymbol{t}(\boldsymbol{x},t)=\int_{v-\sigma}\alpha(|\boldsymbol{x}'-\boldsymbol{x}|,\tau)\,\boldsymbol{\sigma}(\boldsymbol{x}')\,\mathrm{d}v'\quad(\text{即式 (11.50)}) \tag{11.54c}$$

式 (11.54) 说明可以引入一个 $\boldsymbol{x}$ 域内的微分算子 $\mathfrak{L}$，使得

$$\mathfrak{L}\alpha(|\boldsymbol{x}'-\boldsymbol{x}|,\tau)=\delta(|\boldsymbol{x}'-\boldsymbol{x}|) \tag{11.55}$$

用于式 (11.54c)，则有

$$\mathfrak{L}\boldsymbol{t}(\boldsymbol{x})=\int_{v-\sigma}\left[\mathfrak{L}\alpha(|\boldsymbol{x}'-\boldsymbol{x}|,\tau)\right]\boldsymbol{\sigma}(\boldsymbol{x}')\,\mathrm{d}v'=\boldsymbol{\sigma}(\boldsymbol{x}) \tag{11.56}$$

如此一来，积分形式的本构方程变为微分形式，从而便于非局部线弹性问题的求解。对于平面非局部问题，文献 [68] 给出

$$\mathfrak{L}=1-\tau^2l^2\nabla^2,\quad \left(1-\tau^2l^2\nabla^2\right)\boldsymbol{t}=\boldsymbol{\sigma},\quad \tau=e_0a/l \tag{11.57}$$

11.5.4 等温非局部线弹性固体基本方程

等温非局部线弹性固体基本方程包括：

(1) 局部和非局部线性应变张量

$$e_{kl}=\frac{1}{2}\left(u_{k;l}+u_{l;k}\right),\quad e'_{kl}=\frac{1}{2}\left(u'_{k;l}+u'_{l;k}\right)$$

(2) 质量、动量和动量矩守恒方程

$$\rho\approx\rho_0\ \ (\hat{\rho}=0),\quad t^{kl}{}_{;k}+\rho\left(f^l-\ddot{u}^l\right)=0\ \ \ (\hat{\boldsymbol{f}}=\boldsymbol{0}),\quad t^{kl}=t^{lk}$$

(3) 本构方程：式 (11.48a)(各向异性) 或式 (11.49)、式 (11.50)、式 (11.56)、式 (11.57)(各向同性)。

将位移表示的线性应变代入式 (11.48a)，再计算应力张量的散度，注意到 $u'_{k;l}$ 是 $\boldsymbol{x}'$ 的函数，σ'^{klmn} 是 $\boldsymbol{x}'-\boldsymbol{x}$ 的函数，故 $\sigma'^{klmn}{}_{;k}=-\sigma'^{klmn}{}_{;k'}$，所以无初应力时有

$$\begin{aligned}t^{kl}{}_{;k}&=\alpha^{kl}u^m{}_{;mk}+\alpha^{km}u^l{}_{;mk}+\sigma^{klmn}u_{m,nk}-\int_{v-\sigma}\sigma'^{klmn}{}_{;k'}u'_{m;n}\mathrm{d}v'\\&=\alpha^{kl}u^m{}_{;mk}+\alpha^{km}u^l{}_{;mk}+\sigma^{klmn}u_{m,nk}-\int_{v-\sigma}\left(\sigma'^{klmn}u'_{m;n}\right)_{;k'}\mathrm{d}v'+\\&\quad\int_{v-\sigma}\sigma'^{klmn}u_{m';n'k'}\mathrm{d}v'\end{aligned}$$

式中，$()_{;k'}\equiv\partial()\big/\partial x^{k'}$；$u'_{m;n}\equiv u_{m';n'}$。对右端第 4 项应用 Gauss 定理，得到

$$\begin{aligned}t^{kl}{}_{;k}=&\alpha^{kl}u^m{}_{;mk}+\alpha^{km}u^l{}_{;mk}+\sigma^{klmn}u_{m,nk}+\int_{v-\sigma}\sigma'^{klmn}u'_{m;nk}\mathrm{d}v'-\\&\int_{s-\sigma}\left(\sigma'^{klmn}u'_{m;n}\right)n_k\mathrm{d}a'-\int_{\sigma}[\![\sigma'^{klmn}u'_{m;n}]\!]n_k\mathrm{d}a'\end{aligned}$$

式中，s 是体积 v 的表面。将上式用于动量守恒方程，有

$$\begin{aligned}&\alpha^{kl}u^m{}_{;mk}+\alpha^{km}u^l{}_{;mk}+\sigma^{klmn}u_{m,nk}+\int_{v-\sigma}\sigma'^{klmn}u'_{m;nk}\mathrm{d}v'-\\&\int_{s-\sigma}\left(\sigma'^{klmn}u'_{m;n}\right)n_k\mathrm{d}a'-\int_{\sigma}[\![\sigma'^{klmn}u'_{m;n}]\!]n_k\mathrm{d}a'+\rho\left(f^l-\ddot{u}^l\right)=0\quad(\text{在 } v-\sigma \text{ 内})\end{aligned}\tag{11.58}$$

$$t^k_n=\bar{t}^k\quad(\text{在 } s-\sigma),\quad [\![t^k_n-n_l\left(v^l-c^l\right)v^k\rho]\!]=0\quad(\text{在 } \sigma \text{ 上})\tag{11.58a}$$

$$t^k_n=\sigma^{klmn}e_{mn}n_l+\int_{v-\sigma}\sigma'^{klmn}e'_{mn}n_l\mathrm{d}v'\tag{11.58b}$$

式中，$\bar{t}^k$ 是给定的单位面积表面力分量，$t^k_n=n_lt^{kl}$ 是单位外法线向量为 $\boldsymbol{n}$ 的表面应力向量密度分量。式 (11.58) 为各向异性线性非局部位移场方程。

在无初应力、各向同性物质时，场方程式 (11.58) 变为

$$\left.\begin{array}{l}(\lambda+\mu)\, u^{k}{}_{;kl}+\mu u_{l;k}{}^{k}+\displaystyle\int_{v-\sigma}\left[(\lambda'+\mu')\, u'^{k}{}_{;kl}+\mu' u'{}_{l;k}{}^{k}\right]\mathrm{d}v'- \\ \quad\displaystyle\int_{s-\sigma} t'^{k}{}_{l} n_{k}\mathrm{d}a'-\int_{\sigma}[\![t'^{k}{}_{l}]\!] n_{k}\mathrm{d}a'+\rho\,(f_{l}-\ddot{u}_{l})=0 \\ t'^{k}{}_{l}=\lambda' u'^{m}{}_{;m}\delta_{l}^{k}+\mu'\left(u'^{k}{}_{;l}+u'{}_{l;}{}^{k}\right)\end{array}\right\} \tag{11.59}$$

边界条件和间断条件 ($\hat{\boldsymbol{F}}=\mathbf{0}$) 分别为

$$t_{n}^{k}=\bar{t}^{k},\quad [\![t_{n}^{k}-n_{l}\,(v^{l}-c^{l})\, v^{k}\rho]\!]=0 \tag{11.60}$$

$$t_{n}^{k}=\left(\lambda g^{kl}e_{m}^{m}+2\mu e^{kl}\right) n_{l}+\int_{v-\sigma}\left(\lambda' g^{kl}e'^{m}_{m}+2\mu' e'^{kl}\right) n_{l}\mathrm{d}a'$$

场方程式 (11.58) 和式 (11.59) 是很难求解的积分偏微分方程，为了改善求解困难，可以将式 (11.55) 引入的算子 $\mathfrak{L}$ 用于平衡方程 $\boldsymbol{\nabla}\cdot\boldsymbol{t}+\rho\,(\boldsymbol{f}-\boldsymbol{a})=\mathbf{0}$，使积分偏微分方程转换为微分场方程，即

$$\boldsymbol{\nabla}\cdot\boldsymbol{\sigma}+\rho\mathfrak{L}\,(\boldsymbol{f}-\boldsymbol{a})=\mathbf{0},\quad \boldsymbol{\sigma}=\mathfrak{L}\boldsymbol{t}=(1-\tau^{2}l^{2}\boldsymbol{\nabla}^{2})\boldsymbol{t} \tag{11.61}$$

式中，$\boldsymbol{\sigma}$ 是局部应力张量、用经典方程表示，因而场方程已不含积分项，同样转换应力边界条件，便得到常用的线弹性非局部微分场方程。

11.6 非局部黏性流体

11.6.1 非局部 Stokes 流体的本构方程

11.6.1.1 应力本构方程

局部流体的本构泛函依赖变形率张量 d_{kl}(Stokes 流体或一次 Rivlin- Ericksen 流体，见式 (8.8))，与应变无关。在非局部流体中，除局部变形率 d_{kl} 外，考虑非局部效应，还需要引入类似固体中采用的非局部变形量 (式 (11.23)) 及其时间变率，利用式 (2.123a)，有

$$\left.\begin{array}{l}B_{K}\equiv\boldsymbol{x}_{,K}\cdot(\boldsymbol{x}'-\boldsymbol{x}),\quad D_{KL}\equiv\boldsymbol{x}_{,K}\cdot\left(\boldsymbol{x}'_{,L}-\boldsymbol{x}_{,L}\right),\quad \boldsymbol{x}'=\boldsymbol{x}\left(\boldsymbol{X}'\right) \\ \dot{B}_{K}=\dot{\boldsymbol{x}}_{,K}\cdot(\boldsymbol{x}'-\boldsymbol{x})+\boldsymbol{x}_{,K}\cdot\left(\dot{\boldsymbol{x}}'-\dot{\boldsymbol{x}}\right)=v_{r;k}x^{k}{}_{,K}\,(x'^{r}-x^{r})+x^{k}{}_{,K}\,(v'_{k}-v_{k}) \\ \dot{D}_{KL}=\dot{\boldsymbol{x}}_{,K}\cdot\left(\boldsymbol{x}'_{,L}-\boldsymbol{x}_{,L}\right)+\boldsymbol{x}_{,K}\cdot\left(\dot{\boldsymbol{x}}'_{,L}-\dot{\boldsymbol{x}}_{,L}\right) \\ \qquad =v_{r;s}x^{s}{}_{,K}\left(x'^{r}{}_{,L}-x^{r}{}_{,L}\right)+x^{r}{}_{,K}\left(v'_{r;s}x'^{s}{}_{,L}-v_{r;s}x^{s}{}_{,L}\right)\end{array}\right\} \tag{11.62}$$

流体没有固定的初始参考构形，采用以 t 时刻构形为参考构形的相对描述，为此在上两式中，令 $\boldsymbol{X}=\boldsymbol{x}$，$\boldsymbol{X}'=\boldsymbol{x}'$，由 $\dot{B}_{K}$ 和 $\dot{D}_{KL}$ 分别得到非局部变形率向量和张量的相对描述：

$$\beta_{k}=v_{r;k}\,(x'^{r}-x^{r})+v'_{k}-v_{k},\quad \gamma_{kl}=v'_{k;l}-v_{k;l} \tag{11.63}$$

这样，我们可以取下列自由能表达式用于非局部 Stokes 流体：

$$\psi = \psi\left[r^{-1}(\boldsymbol{x}'), \beta_k(\boldsymbol{x}'), \gamma_{kl}(\boldsymbol{x}');\ d_{kl}, \rho^{-1}, \theta\right] \tag{11.64}$$

式中，$r^{-1} = \rho^{-1}(\boldsymbol{x}') - \rho^{-1} \equiv \rho'^{-1} - \rho^{-1}$。

需要说明的是，自由能是客观量，所以它的变量必须是客观的。d_{kl} 的客观性已在式 (5.36) 中证明，下面证明 β_k 和 γ_{kl} 的客观性。若刚性运动为式 (5.5)，利用式 (5.35) 和式 (5.34a) 有

$$\begin{aligned}
\overline{\boldsymbol{\beta}} &= (\overline{\boldsymbol{x}}' - \overline{\boldsymbol{x}}) \cdot \overline{\boldsymbol{\nabla}\boldsymbol{v}} + \overline{\boldsymbol{v}}' - \overline{\boldsymbol{v}} = (\overline{\boldsymbol{x}}' - \overline{\boldsymbol{x}}) \cdot \overline{\boldsymbol{L}} + \overline{\boldsymbol{v}}' - \overline{\boldsymbol{v}} \\
&= (\boldsymbol{x}' - \boldsymbol{x}) \cdot \boldsymbol{Q}^{\mathrm{T}} \cdot \left(\boldsymbol{Q} \cdot \boldsymbol{L} \cdot \boldsymbol{Q}^{\mathrm{T}} + \dot{\boldsymbol{Q}} \cdot \boldsymbol{Q}^{\mathrm{T}}\right) + \boldsymbol{Q} \cdot \boldsymbol{v}' + \dot{\boldsymbol{Q}} \cdot \boldsymbol{x}' + \dot{\boldsymbol{b}} - \boldsymbol{Q} \cdot \boldsymbol{v} - \dot{\boldsymbol{Q}} \cdot \boldsymbol{x} - \dot{\boldsymbol{b}} \\
&= (\boldsymbol{x}' - \boldsymbol{x}) \cdot \boldsymbol{L} \cdot \boldsymbol{Q}^{\mathrm{T}} + \boldsymbol{Q} \cdot \boldsymbol{v}' - \boldsymbol{Q} \cdot \boldsymbol{v} = \boldsymbol{\beta} \cdot \boldsymbol{Q}^{\mathrm{T}} = \boldsymbol{Q} \cdot \boldsymbol{\beta} \\
\overline{\boldsymbol{\gamma}} &= \overline{\boldsymbol{L}}' - \overline{\boldsymbol{L}} = \boldsymbol{Q} \cdot \boldsymbol{L}' \cdot \boldsymbol{Q}^{\mathrm{T}} + \dot{\boldsymbol{Q}} \cdot \boldsymbol{Q}^{\mathrm{T}} - \boldsymbol{Q} \cdot \boldsymbol{L} \cdot \boldsymbol{Q}^{\mathrm{T}} - \dot{\boldsymbol{Q}} \cdot \boldsymbol{Q}^{\mathrm{T}} = \boldsymbol{Q} \cdot \boldsymbol{\gamma} \cdot \boldsymbol{Q}^{\mathrm{T}}
\end{aligned}$$

根据客观性定义，β_k 和 γ_{kl} 是客观的。

类似第 11.4.1 小节的分析，式 (11.64) 可以表示为

$$\psi = \psi\left(\boldsymbol{F}', \boldsymbol{G}\right) \tag{11.65}$$

$$\boldsymbol{F}' \equiv \left\{r^{-1}, \beta_k, \gamma_{kl}\right\}, \quad \boldsymbol{G} \equiv \left\{d_{kl}, \rho^{-1}, \theta\right\} \tag{11.65a}$$

自由能泛函 ψ 中与 $\boldsymbol{F}'$ 相关部分的函数形式为衰减函数的体积分,可定义内积式 (11.28) 描述非局部响应，与 $\boldsymbol{G}$ 相关的部分是连续、可微、不衰减的函数，描述局部响应。ψ 的时间变率为

$$\dot{\psi} = \frac{\partial \psi}{\partial \boldsymbol{G}} \circ \dot{\boldsymbol{G}} + \int_{v-\sigma} \frac{\partial \psi}{\partial \boldsymbol{F}'}\left(\boldsymbol{F}'; \boldsymbol{G}, \boldsymbol{L}'\right) \circ \dot{\boldsymbol{F}}'\left(\boldsymbol{L}'\right) \mathrm{d}v' \tag{11.66}$$

式中，$\circ$ 表示与变量相应的乘积；右端两项分别是局部自由能的时间变率和非局部自由能的时间变率，具体形式为

$$\begin{aligned}
\dot{\psi} = {}& \frac{\partial \psi}{\partial \theta}\dot{\theta} + \frac{\partial \psi}{\partial \rho^{-1}}\left(\rho^{-1}\right)^{\cdot} + \frac{\partial \psi}{\partial d_{kl}}\dot{d}_{kl} + \int_{v-\sigma} \frac{\partial \psi}{\partial r^{-1}}\left(r^{-1}(\boldsymbol{x}'), \cdots, \theta\right)\left(r^{-1}\right)^{\cdot} \mathrm{d}v' + \\
& \int_{v-\sigma} \frac{\partial \psi}{\partial \beta_k}\left(r^{-1}(\boldsymbol{x}'), \cdots, \theta\right)\dot{\beta}_k \mathrm{d}v' + \int_{v-\sigma} \frac{\partial \psi}{\partial \gamma_{kl}}\left(r^{-1}(\boldsymbol{x}'), \cdots, \theta\right)\dot{\gamma}_{kl} \mathrm{d}v'
\end{aligned} \tag{11.67}$$

将 $\dot{\eta} = \dfrac{1}{\theta}\left(\dot{e} - \dot{\theta}\eta - \dot{\psi}\right)$ 代入熵不等式 (11.20a)，利用能量守恒定律式 (11.16a) 消去式 (11.20a) 中的 e，并将式 (11.67) 代入，考虑到下列诸式

$$\left.\begin{aligned}
&\left(\rho^{-1}\right)^{\cdot} = -\rho^{-2}\dot{\rho} = \rho^{-1}v^{k}{}_{;k}, \quad \dot{d}_{kl} = \frac{1}{2}\left(\dot{v}_{k;l} + \dot{v}_{l;k}\right), \quad \left(r^{-1}\right)^{\cdot} = -\rho'^{-1}v'^{k}{}_{;k} - \rho^{-1}v^{k}{}_{;k} \\
&\dot{\beta}_k = \dot{v}_{r;k}\left(x'^{r} - x^{r}\right) + v_{r;k}\left(v'^{r} - v^{r}\right) + \dot{v}'_k - \dot{v}_k, \quad \dot{\gamma}_{kl} = \dot{v}'_{k;l} - \dot{v}_{k;l}
\end{aligned}\right\} \tag{11.68}$$

可以得到

$$
-\frac{\rho}{\theta}\left(\frac{\partial\psi}{\partial\theta}+\eta\right)\dot{\theta}+\frac{1}{\theta}\left(t^{kl}-g^{kl}\frac{\partial\psi}{\partial\rho^{-1}}+g^{kl}\int_{v-\sigma}\frac{\partial\psi}{\partial r^{-1}}\mathrm{d}v'-\rho\int_{v-\sigma}\frac{\partial\psi}{\partial\beta_k}v'^{l}\mathrm{d}v'\right)v_{l;k}+
$$
$$
\frac{\rho}{\theta}\left(v^{l}{}_{;k}\int_{v-\sigma}\frac{\partial\psi}{\partial\beta_k}\mathrm{d}v'-\hat{f}^{l}\right)v_l+\frac{\rho}{\theta}\dot{v}_k\int_{v-\sigma}\frac{\partial\psi}{\partial\beta_k}\mathrm{d}v'-
$$
$$
\frac{1}{\theta^2}q^k\theta_{,k}-\frac{\rho}{\theta}\left\{\frac{1}{2}\left(\frac{\partial\psi}{\partial d_{kl}}+\frac{\partial\psi}{\partial d_{lk}}\right)+\int_{V-\sigma}\left[\left(x'^{k}-x^{k}\right)\frac{\partial\psi}{\partial\beta_l}-\frac{\partial\psi}{\partial\gamma_{kl}}\right]\mathrm{d}v'\right\}\dot{v}_{k;l}-
$$
$$
\frac{\rho}{\theta}\int_{v-\sigma}\left(\frac{\partial\psi}{\partial r^{-1}}\rho'^{-1}v'^{k}{}_{;k}+\frac{\partial\psi}{\partial\beta_k}\dot{v}'_k+\frac{\partial\psi}{\partial\gamma_{kl}}\dot{v}'_{k;l}\right)\mathrm{d}v'+\frac{1}{\theta}\rho\hat{e}-\hat{\gamma}\geqslant 0 \tag{11.69}
$$

式中，带撇项和含有 r^{-1}、β_k、γ_{kl} 的项均与 $\boldsymbol{x}'$ 相关。时间变率 $\dot{\theta}$、$\dot{v}_k$、$\dot{v}_{l;k}$ 的任意性及 v_k 的非客观性，要求它们的系数恒为 0，余下的部分非负，即式 (11.69) 可以分为可逆 (用下标 r 表示) 与不可逆 (用下标 d 表示) 两部分，可逆部分等于 0，不可逆部分非负，所以有

$$
\eta=-\frac{\partial\psi}{\partial\theta},\qquad t_{\mathrm{r}}^{kl}=g^{kl}\left(\frac{\partial\psi}{\partial\rho^{-1}}-\int_{v-\sigma}\frac{\partial\psi}{\partial r^{-1}}\mathrm{d}v'\right),\qquad \hat{f}^{l}=v^{l}{}_{;k}\int_{v-\sigma}\frac{\partial\psi}{\partial\beta_k}\mathrm{d}v' \tag{11.70}
$$

$$
\int_{v-\sigma}\frac{\partial\psi}{\partial\beta_k}\mathrm{d}v'=0,\qquad \frac{1}{2}\left(\frac{\partial\psi}{\partial d_{kl}}+\frac{\partial\psi}{\partial d_{lk}}\right)+\int_{v-\sigma}\left[\left(x'^{k}-x^{k}\right)\frac{\partial\psi}{\partial\beta_l}-\frac{\partial\psi}{\partial\gamma_{kl}}\right]\mathrm{d}v'=0 \tag{11.71}
$$

$$
-\frac{1}{\theta^2}q^k\theta_{,k}+t_{\mathrm{d}}^{kl}d_{kl}+\frac{1}{\theta}\rho\left(\hat{e}-h_{\mathrm{d}}\right)-\hat{\gamma}\geqslant 0 \tag{11.72}
$$

式中，t_{d}^{kl} 进行了对称化，即令 $t_{\mathrm{d}}^{(kl)}=\dfrac{1}{2}\left(t_{\mathrm{d}}^{kl}+t_{\mathrm{d}}^{lk}\right)$，并且记 $t_{\mathrm{d}}^{kl}\equiv t_{\mathrm{d}}^{(kl)}$(下同)；定义

$$
t_{\mathrm{d}}^{kl}=t^{kl}-t_{\mathrm{r}}^{kl} \tag{11.73}
$$

其中，t_{r}^{kl} 是非耗散应力；t_{d}^{kl} 是耗散应力，

$$
h_{\mathrm{d}}=\int_{v-\sigma}\left[\frac{\partial\psi}{\partial r^{-1}}\rho'^{-1}v'^{k}{}_{;k}-\frac{\partial\psi}{\partial\beta_k}\dot{v}'_k-\frac{\partial\psi}{\partial\gamma_{kl}}\dot{v}'_{k;l}\right]\mathrm{d}v'+v_{l;k}\int_{v-\sigma}\frac{\partial\psi}{\partial\beta_k}v'^{l}\mathrm{d}v' \tag{11.74}
$$

上面基于热力学框架，得到非局部热流体的本构关系，包括本构方程式 (11.70)、对自由能的限制条件式 (11.71) 和耗散不等式 (11.72)，其中耗散应力可以取

$$
t_{\mathrm{d}}^{kl}=t_{\mathrm{d}}^{kl}\left(\beta_k,\gamma_{kl};\ d_{kl},\theta\right) \tag{11.75}
$$

热流量 q^k 是不可逆耗散变量，若不考虑长程力效应，是 $-\boldsymbol{\nabla}\theta$ 的线性函数，见式 (6.247a)。

在给定 ψ 和 t_{d}^{kl} 的函数形式 (例如截断的幂级数) 后，便可得到 Stokes 非局部黏性流体的本构泛函 η、q^k、t^{kl} 与变量 β_k、γ_{kl}、d_{kl}、θ、ρ 的本构方程的具体形式。

11.6.1.2 能量方程

将式 (11.70)、式 (11.71)、式 (11.74) 代入式 (11.67)，应用式 (11.68)，可以得到 $\dot{\psi}$ 的简单表示：

$$\dot{\psi} = -\eta\dot{\theta} + \rho^{-1}t_{\mathrm{r}}^{kl}v_{k;l} - h_{\mathrm{d}} \tag{11.76}$$

将式 (11.76) 代入 $\dot{e} = \theta\dot{\eta} + \dot{\theta}\eta + \dot{\psi}$，再将 $\dot{e}$ 代入能量守恒方程式 (11.15a)，得

$$\rho\theta\dot{\eta} - t_{\mathrm{d}}^{kl}d_{kl} + q^{k}_{\ ;k} - \rho(h + \hat{h} - h_{\mathrm{d}}) = 0 \tag{11.77}$$

式 (11.77) 即非局部 Stokes 流体的能量方程。在给定 t_{d}^{kl} 的函数形式后，便可得到方程的具体形式。

其他守恒方程已在第 11.2 节给出，不再赘述。以上便是非局部 Stokes 流体的基本方程。

11.6.2 非局部 Newton 流体的基本方程

11.6.2.1 本构方程

对于线性 (Newton) 流体，耗散应力式 (11.75) 可以表示为线性函数

$$t_{\mathrm{d}}^{kl} = a^{klmn}d_{mn} + \int_v \left[b^{klm}\left(\boldsymbol{x},\boldsymbol{x}'\right)\beta_m\left(\boldsymbol{x}'\right) + c^{klmn}\left(\boldsymbol{x},\boldsymbol{x}'\right)\gamma_{mn}\left(\boldsymbol{x}'\right)\right]\mathrm{d}v' \tag{11.78a}$$

式中，a^{klmn}、b^{klm} 和 c^{klmn} 是物质模量，一般情况下是 θ 和 ρ 的函数。由式 $(11.70)_2$，非耗散应力为

$$t_{\mathrm{r}}^{kl} = -pg^{kl} + \int_v \sigma'\left(|\boldsymbol{x}' - \boldsymbol{x}|\right)g^{kl}\mathrm{d}v' \tag{11.78b}$$

式中，p 是静水压力，σ' 是非局部张力，对于可压缩流体两者为 θ 和 ρ 的函数。所以，总应力张量为

$$t^{kl} = -pg^{kl} + a^{klmn}d_{mn} + \int_v \left(\sigma' g^{kl} + b^{klm}\beta_m + c^{klmn}\gamma_{mn}\right)\mathrm{d}v' \tag{11.79}$$

式中，β_m 和 γ_{mn} 是非局部变形率向量和变形率张量。式 (11.79) 是各向异性非局部线性黏性流体的本构方程。

对于各向同性情况，模量 a^{klmn} 和 c^{klmn} 是四阶各向同性张量，分别为

$$\left.\begin{aligned} a^{klmn} &= \lambda_1 g^{kl}g^{mn} + \mu_1\left(g^{km}g^{ln} + g^{kn}g^{lm}\right) \\ c^{klmn} &= \lambda_v' g^{kl}g^{mn} + \mu_v'\left(g^{km}g^{ln} + g^{kn}g^{lm}\right) \end{aligned}\right\} \tag{11.80a}$$

式中，黏性系数 λ_1、μ_1 是 θ、ρ 的函数；λ_v'、μ_v' 是 θ、ρ 和距离 $|\boldsymbol{x}' - \boldsymbol{x}|$ 的函数，随距离迅速衰减。式 c^{klmn} 的对称性是近似的，因为 γ_{mn} 非对称。利用各向同性张量条件式 (1.154)，容易证明

$$b^{klm} = 0 \tag{11.80b}$$

所以，各向同性非局部线性黏性流体的本构方程为

$$t_{kl} = \left(-p + \lambda_1 d^{m}_{\ m}\right)g_{kl} + 2\mu_1 d_{kl} +$$

$$\int_v \left\{\left[\sigma' + \lambda'_v\left(d'^m_{\ m} - d^m_{\ m}\right)\right] g_{kl} + 2\mu'_v\left(d'_{kl} - d_{kl}\right)\right\} \mathrm{d}v' \tag{11.81}$$

式 (11.81) 也可改写为紧凑形式

$$t_{kl} = \left(-p + \lambda_v d^m_{\ m}\right) g_{kl} + 2\mu_v d_{kl} + \int_v \left[\left(\sigma' + \lambda'_v d'^m_{\ m}\right) g_{kl} + 2\mu'_v d'_{kl}\right] \mathrm{d}v' \tag{11.82}$$

式中

$$\lambda_v = \lambda_1 - \int_v \lambda'_v \mathrm{d}v', \qquad \mu_v = \mu_1 - \int_v \mu'_v \mathrm{d}v' \tag{11.82a}$$

黏性系数 λ_v、μ_v 是 θ、ρ 的函数。

11.6.2.2 能量方程

利用给定的 ψ 得到式 (11.77) 的具体形式后，可以将能量方程线性化。本节不考虑热传导影响，因而不需要用能量方程。

11.6.2.3 动量方程

非局部流体的动量方程为式 (11.7)，如果略去剩余量的影响，有

$$t^{kl}_{\ ;k} + \rho\left(f^l - \dot{v}^l\right) = 0 \tag{11.83}$$

11.6.2.4 速度场方程

将应力张量代入动量方程前，首先由式 (11.82) 求应力散度，注意到 σ'、λ'_v、μ'_v 只是 $\boldsymbol{x}' - \boldsymbol{x}$ 的函数；$\boldsymbol{d}'$ 是 $\boldsymbol{x}'$ 的函数，所以

$$t^{kl}_{\ ;k} = \left(-p_{,k} + \lambda_v d^m_{\ m;k}\right) g^{kl} + 2\mu_v d^{kl}_{\ ;k} + \int_v \left[\left(\sigma'_{,k} + \lambda'_{v,k} d'^m_{\ m}\right) g^{kl} + 2\mu'_{v,k} d'^{kl}\right] \mathrm{d}v'$$

由于 $(\sigma',\ \lambda'_v,\ \mu'_v)_{,k} = -(\sigma',\ \lambda'_v,\ \mu'_v)_{,k'}$，上式可改写为

$$\begin{aligned} t^{kl}_{\ ;k} = {} & \left(-p_{,k} + \lambda_v d^m_{\ m;k}\right) g^{kl} + 2\mu_v d^{kl}_{\ ;k} - \int_v \left[\left(\sigma' + \lambda'_v d'^m_{\ m}\right) g^{kl} + 2\mu'_v d'^{kl}\right]_{,k'} \mathrm{d}v' + \\ & \int_v \left(\lambda'_v d'^m_{\ m;k'} g^{kl} + 2\mu'_v d'^{kl}_{\ ;k'}\right) \mathrm{d}v' \end{aligned} \tag{11.84}$$

对右端第 3 项应用散度定理，得到

$$\begin{aligned} t^{kl}_{\ ;k} = {} & \left(-p_{,k} + \lambda_v d^m_{\ m;k}\right) g^{kl} + 2\mu_v d^{kl}_{\ ;k} + \int_v \left(\lambda'_v d'^m_{\ m;k'} g^{kl} + 2\mu'_v d'^{kl}_{\ ;k'}\right) \mathrm{d}v' - \\ & \int_{s-\sigma} t'^{kl} n_k \mathrm{d}a' - \int_\sigma [\![t'^{kl}]\!] n_k \mathrm{d}a' \end{aligned} \tag{11.85}$$

$$t'^{kl} \equiv \left(\sigma' + \lambda'_v d'^m_{\ m}\right) g^{kl} + 2\mu'_v d'^{kl} \tag{11.85a}$$

将式 (11.85) 用于动量方程，有

$$\left(-p_{,k}+\lambda_v d^m{}_{m;k}\right)g^{kl}+2\mu_v d^{kl}{}_{;k}+\int_v\left(\lambda_v' d'^m{}_{m;k'}g^{kl}+2\mu_v' d'^{kl}{}_{;k'}\right)\mathrm{d}v'-$$

$$\int_{s-\sigma}t'^{kl}n_k\mathrm{d}a'-\int_\sigma[\![t'^{kl}]\!]n_k\mathrm{d}a'+\rho\left(f^l-\dot{v}^l\right)=0\quad(\text{在 } v-\sigma \text{ 内})\tag{11.86}$$

将变形率张量 d_{kl}、d'_{kl} 的速度表达式代入式 (11.86)，得到

$$\left(-p_{,k}+(\lambda_v+\mu_v)\,v^m{}_{;mk}\right)g^{kl}+\mu_v v^l{}_{;k}{}^k+\int_v\left((\lambda_v'+\mu_v')\,v'^m{}_{;mk}g^{kl}+\mu_v' v'^l{}_{;k}{}^k\right)\mathrm{d}v'-$$

$$\int_{s-\sigma}t'^{kl}n_k\mathrm{d}a'-\int_\sigma[\![t'^{kl}]\!]n_k\mathrm{d}a'+\rho\left(f^l-\dot{v}^l\right)=0\tag{11.87a}$$

式 (11.87a) 为可压缩非局部 Newton 流体的速度场方程。对于不可压缩情况 (即 $u^m{}_{;m}=0$)，有

$$-p_{,k}g^{kl}+\mu_v v^{lk}_{;k}+\int_v\mu_v' v'^l{}_{;k}{}^k\mathrm{d}v'-$$

$$\int_{s-\sigma}t'^{kl}n_k\mathrm{d}a'-\int_\sigma[\![t'^{kl}]\!]n_k\mathrm{d}a'+\rho\left(f^l-\dot{v}^l\right)=0\tag{11.87b}$$

式 (11. 87a) 和式 (11.87b) 的不变性记法分别为

$$-\boldsymbol{\nabla}p+(\lambda_v+\mu_v)\,\boldsymbol{\nabla}\boldsymbol{\nabla}\cdot\boldsymbol{v}+\mu_v\boldsymbol{\nabla}\cdot\boldsymbol{\nabla}\boldsymbol{v}+\int_v\left[(\lambda_v'+\mu_v')\,\boldsymbol{\nabla}\boldsymbol{\nabla}\cdot\boldsymbol{v}'+\mu_v'\boldsymbol{\nabla}\cdot\boldsymbol{\nabla}\boldsymbol{v}'\right]\mathrm{d}v'-$$

$$\int_{s-\sigma}\boldsymbol{n}\cdot\boldsymbol{t}'\mathrm{d}a'-\int_\sigma[\![\boldsymbol{n}\cdot\boldsymbol{t}']\!]\mathrm{d}a'+\rho\left(\boldsymbol{f}-\dot{\boldsymbol{v}}\right)=\boldsymbol{0}\tag{11.88a}$$

$$-\boldsymbol{\nabla}p+\mu_v\boldsymbol{\nabla}\cdot\boldsymbol{\nabla}\boldsymbol{v}+\int_v\mu_v'\boldsymbol{\nabla}\cdot\boldsymbol{\nabla}\boldsymbol{v}'\mathrm{d}v'+\rho\left(\boldsymbol{f}-\dot{\boldsymbol{v}}\right)=\boldsymbol{0}\tag{11.88b}$$

对于局部 Newton 流体，式中积分项为 **0**，上式退化为经典 Navier-Stokes 方程。

11.7 应用实例

本节给出非局部理论的几个典型应用实例，说明非局部理论在微纳米结构中的应用及对力学行为的影响。

11.7.1 在拉–弯载荷作用下碳纳米管非局部尺寸效应的静力学分析

1991 年 Iijima[69] 首次提出碳纳米管 (CNTs) 以来，由于具有很高的杨氏模量、拉伸强度和承受高应变的能力以及优异的力、电、热性能，CNTs 已在复合材料、纳米电子器件、纳米电子机械系统和装置中得到应用，在纳米技术、纳米工程等众多领域发挥重要作用，现已成为广泛研究的课题。纳米管的尺寸很小，材料微观尺度的影响不可忽视，为了研究尺寸效应，通常有分子动力学 (MD) 模拟和连续模拟两种方法。对于大量分子原子而言，MD 方法伴随巨大计算量难以应用，基于连续介质概念的模拟更为有效，其中包括经典局部理论和非局部理论。Lim 和 Xu [70] 用解析法分析了拉–弯耦合作用下碳纳米管梁柱的静力问题，给出非局部渐近精确解，讨论了尺寸效应的重要影响。

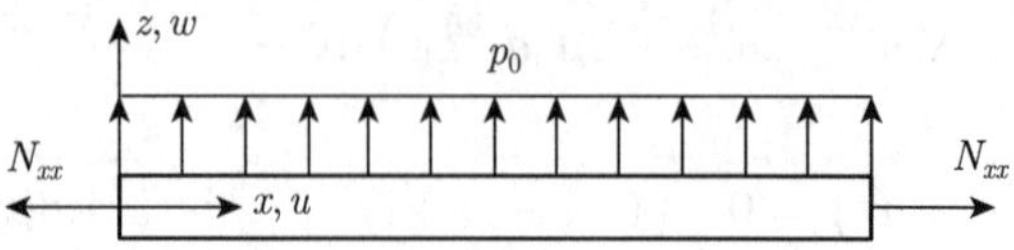

图 11.1　横向力和轴向力作用下纳米梁柱的拉伸–弯曲

纳米管梁柱如图 11.1 所示，长度、截面面积、弯曲刚度为 L, A, EJ，N_{xx}, p_0 为两端所受拉力和均布横向载荷，边界条件可为简支、固定、自由，采用伯努利梁和中等非线性 (Kármán) 假设。$\{x, z\}$ 为形心坐标系，u, w 是截面中心的轴向位移和挠度，任一点的轴向应变为

$$\varepsilon_{xx}=\frac{\mathrm{d}u}{\mathrm{d}x}+\frac{1}{2}\left(\frac{\mathrm{d}w}{\mathrm{d}x}\right)^2-z\frac{\mathrm{d}^2w}{\mathrm{d}x^2} \tag{11.89}$$

应用二维非局部弹性理论 (式 (11.57))，非局部应力 $\boldsymbol{t}$ 满足

$$t_{xx}-\tau^2L^2\frac{\mathrm{d}^2t_{xx}}{\mathrm{d}x^2}=E\varepsilon_{xx}\quad\left(\tau=\frac{e_0a}{L}\right) \tag{11.90}$$

式中，a 是内部特征长度 (取碳—碳键的长度)；L 是外部特征长度 (取碳纳米管长度)；e_0 是材料常数，用于适当调节，为了与分子动力学计算结果或实验结果相匹配。

式 (11.90) 为二阶常微分方程，以 τ 为小参数的渐近解 (渐近本构关系) 可表示为

$$t_{xx}=E\sum_{n=0}^{\infty}\tau^{2n}\frac{\partial^{2n}\varepsilon_{xx}}{\partial\overline{x}^{2n}}\quad(\ \overline{x}=x/L) \tag{11.91}$$

由式 (11.91) 得到单位体积应变能

$$e=\int_0^{\varepsilon_{xx}}t_{xx}\mathrm{d}\varepsilon_{xx}=E\sum_{n=0}^{\infty}\tau^{2n}\int_0^{\varepsilon_{xx}}\frac{\partial^{2n}\varepsilon_{xx}}{\partial\overline{x}^{2n}}\mathrm{d}\varepsilon_{xx}=\frac{E}{2}\left[\varepsilon_{xx}^2+\tau^2\left(\varepsilon_{xx,\overline{x}}\right)^2+O\left(\tau^4\right)\right] \tag{11.92}$$

系统的应变能和外力功分别为

$$U=\int_V e\mathrm{d}V,\quad W=N_{xx}\left[u\left(L\right)-u\left(0\right)-\frac{1}{2}\int_0^L w_{,x}^2\mathrm{d}x\right]+\int_0^L p_0w\mathrm{d}x \tag{11.93}$$

将几何关系式 (11.89) 代入渐近的位能原理 $\delta\left(U-W\right)=0$，略去 τ^4 和更高阶项，可以得到 Euler 方程和力边界条件，即 w 的 6 阶常微分平衡方程和简支、固支、悬臂边界条件。然后，利用解析法求出在 p_0 和 N_{xx} 共同作用下，不同边界的纳米梁柱拉伸–弯曲渐近精确的解析解，这里不再赘述。

图 11.2 和图 11.3 给出两端简支和两端固定的部分无量纲计算结果。在选取尺度系数 τ 时，令 $a=0.12\mathrm{nm}$，$L=10\mathrm{nm}$，$e_0=0\sim0.167$，所以 $\tau=0\sim0.2$。可见，(1) 纳米管拉–弯耦合作用下尺寸效应明显，经典局部理论不能给出合理的结果，需要应用非局部理论；(2) 非局部作用的影响使纳米管的弯曲刚度增大；(3) 随尺度系数的增加，影响变大。

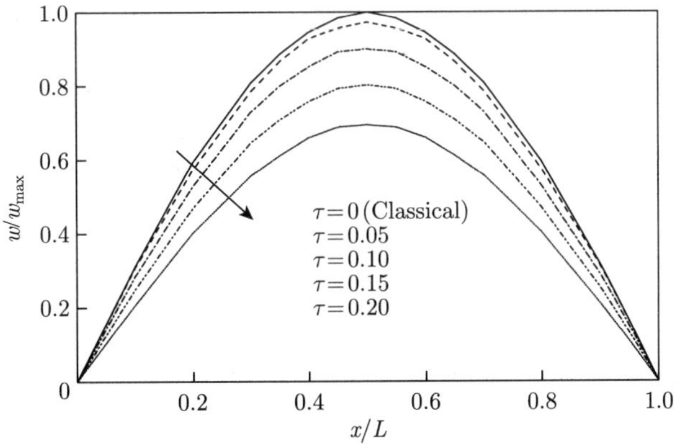

图 11.2 非局部尺度 τ 对简支梁柱在拉–弯载荷下无量纲挠度的影响

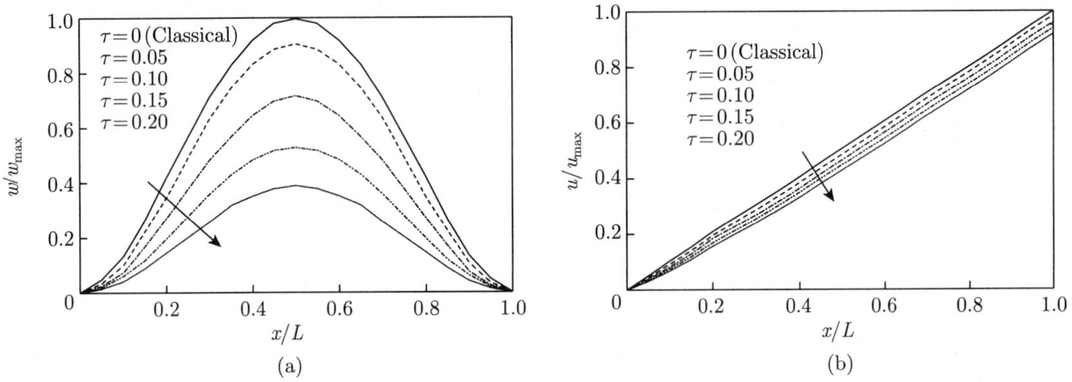

图 11.3 非局部尺度 τ 对固支梁柱在拉–弯载荷下的影响

(a) 无量纲挠度；(b) 无量纲伸长

11.7.2 压电纳米简支矩形平板的热–电–力耦合自由振动分析

压电材料由于自身的电力耦合效应在智能结构和智能系统中得到各种实际应用，多种压电纳米材料 (例如 ZnO、ZnS、PZT、GaN、$BaTiO_3$ 等) 及其结构 (例如纳米线、带、环等) 受到关注。压电纳米结构的尺度可以从数百纳米到几纳米变化，因而尺寸效应显著，这已被很多实验和原子理论模拟证实。经典连续介质理论与内部尺度无关，不能满足纳米结构计算需求。广义的高阶理论发展改进了经典理论，例如应变梯度理论、偶应力理论、微极理论和非局部理论，借助引入内禀长度可以表征纳米结构的尺寸效应。在各种高阶理论中，Eringen 提出的非局部弹性理论被普遍用于分析纳米结构的尺寸效应。非局部理论将一个内部尺寸作为材料常数引入本构关系，基于该理论的尺寸效应分析已成为常用的研究方法，发展出了非局部纳米梁、板、壳模型，用于分析纳米结构的弯曲、屈曲、线性和非线性振动、后屈曲和波的传播。

Liu C 等人 [71] 基于非局部理论，研究了压电纳米简支矩形 Kirchhoff 平板的热–电–力耦合自由振动，用解析法求解固有频率，讨论了非局部参数、几何参数和外加轴力、电压、温度变化的影响。

线性压电材料平板在直角坐标系下的基本方程为 (无体力、无体电荷)

$$t_{ij}(\boldsymbol{x}) = \int_V \alpha(|\boldsymbol{x}' - \boldsymbol{x}|, \tau)[c_{ijkl}\varepsilon_{kl}(\boldsymbol{x}') - e_{kij}E_k(\boldsymbol{x}') - \lambda_{ij}\Delta T]\,\mathrm{d}V' \tag{11.94a}$$

$$D_i(\boldsymbol{x}) = \int_V \alpha(|\boldsymbol{x}' - \boldsymbol{x}|, \tau)[e_{ikl}\varepsilon_{kl}(\boldsymbol{x}') - \kappa_{ik}E_k(\boldsymbol{x}') + p_i\Delta T]\,\mathrm{d}V' \tag{11.94b}$$

$$t_{ij,j} = \rho\ddot{u}_i, \qquad D_{i,i} = 0 \tag{11.94c}$$

$$\varepsilon_{ij} = \frac{1}{2}(u_{i,j} + u_{j,i}), \qquad E_i = -\varPhi_{,i} \tag{11.94d}$$

式中，t_{ij}、ε_{ij}、D_i、E_i、u_i、$\varPhi$ 分别是非局部应力张量、线性应变张量、电位移向量 (与电场强度反向为正)、电场强度、位移向量、电位势；c_{ijkl}、e_{kij}、κ_{ik}、λ_{ij}、p_i、ρ 分别是弹性模量、压电常数、介电常数、热模量、热电常数、质量密度；ΔT 是温度变化；α 是非局部模量；$\tau = e_0a/l$ 是尺度系数，e_0 是材料常数。

方程组式 (11.94) 的基本未知量是 4 个 $(u_i, \varPhi)$，控制方程式也是 4 个 (式 (11.94c))。为了避免求解困难，采用积分本构方程的等效微分形式

$$t_{ij} - (e_0a)^2\nabla^2 t_{ij} = c_{ijkl}\varepsilon_{kl} - e_{kij}E_k - \lambda_{ij}\Delta T \qquad (= \sigma_{ij}) \tag{11.95a}$$

$$D_i - (e_0a)^2\nabla^2 D_i = e_{ikl}\varepsilon_{kl} - \kappa_{ik}E_k + p_i\Delta T \tag{11.95b}$$

式 (11.95a, b) 等号的左端分别是局部应力和局部电位移，可以用常用形式表示 (假设面内各向同性)，有

$$\left.\begin{aligned} t_{xx} - (e_0a)^2\nabla^2 t_{xx} &= \overline{c}_{11}\varepsilon_{xx} + \overline{c}_{12}\varepsilon_{yy} - \overline{e}_{31}E_z - \overline{\lambda}_{11}\Delta T \\ t_{yy} - (e_0a)^2\nabla^2 t_{yy} &= \overline{c}_{12}\varepsilon_{xx} + \overline{c}_{11}\varepsilon_{yy} - \overline{e}_{31}E_z - \overline{\lambda}_{11}\Delta T \\ t_{xy} - (e_0a)^2\nabla^2 t_{xy} &= 2\overline{c}_{66}\varepsilon_{xy} \end{aligned}\right\} \tag{11.95c}$$

$$\left.\begin{aligned} D_x - (e_0a)^2\nabla^2 D_x &= \overline{\kappa}_{11}E_x + \overline{p}_1\Delta T \\ D_y - (e_0a)^2\nabla^2 D_y &= \overline{\kappa}_{11}E_y + \overline{p}_1\Delta T \\ D_z - (e_0a)^2\nabla^2 D_z &= \overline{e}_{31}\varepsilon_{xx} + \overline{e}_{31}\varepsilon_{yy} + \overline{\kappa}_{33}E_z + \overline{p}_3\Delta T \end{aligned}\right\} \tag{11.95d}$$

$$\left.\begin{aligned} &\overline{c}_{11} = c_{11} - \frac{c_{13}^2}{c_{33}}, \quad \overline{c}_{12} = c_{12} - \frac{c_{13}^2}{c_{33}}, \quad \overline{c}_{66} = c_{66}, \quad \overline{e}_{31} = e_{31} - \frac{c_{13}e_{33}}{c_{33}}, \quad \overline{\kappa}_{11} = \kappa_{11} \\ &\overline{\kappa}_{33} = \kappa_{33} - \frac{e_{33}^2}{c_{33}}, \quad \overline{\lambda}_{11} = \lambda_{11} - \frac{c_{13}\lambda_{33}}{c_{33}}, \quad \overline{p}_1 = p_1, \quad \overline{p}_3 = p_3 - \frac{e_{33}\lambda_{33}}{c_{33}} \end{aligned}\right\} \tag{11.95e}$$

式中，c_{ij}、e_{ij}、κ_{ij}、λ_{ij}、p_i 分别为平面应力弹性常数、压电常数、介电常数、热模量和热电常数。

现在将上述基本理论用于压电材料纳米板的振动。考虑一个四边简支矩形纳米板，边长和厚度为 l_a、l_b、h，边界受均布面内双向轴力 p_0(压或拉)，板上下表面施加均布正负电压 V_0 和均匀温度变化 ΔT，压电介质极化方向沿 z 轴方向，参见图 11.4。采用 Kirchhoff 平板理论，任一点 x、y、z 向位移分量 u_1、u_2、u_3 与中面位移 u,v,w 的关系为

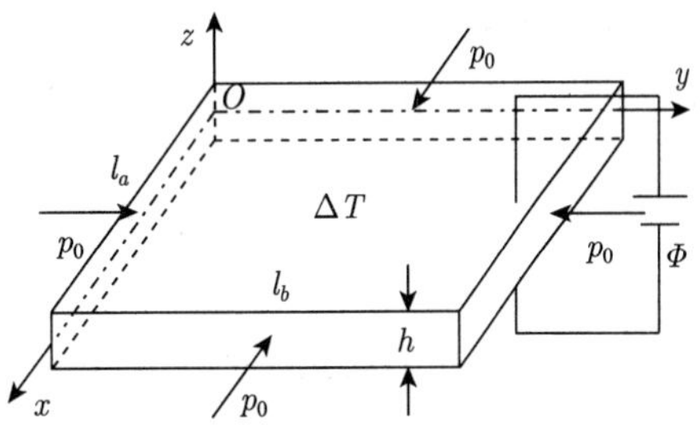

图 11.4 纳米平板

$$\left.\begin{aligned}u_1(x,y,z,t)&=u(x,y,t)-z\frac{\partial w(x,y,t)}{\partial x}\\u_2(x,y,z,t)&=v(x,y,t)-z\frac{\partial w(x,y,t)}{\partial y}\\u_3(x,y,z,t)&=w(x,y,t)\end{aligned}\right\}\tag{11.96}$$

假设电位势沿板厚的分布为余弦和线性变化的组合

$$\varPhi(x,y,z,t)=-\cos(\beta z)\,\phi(x,y,t)+\frac{2zV_0}{h}\mathrm{e}^{\mathrm{i}\varOmega t},\qquad \beta=\pi/h\tag{11.97}$$

式中，$\phi(x,y,t)$ 是待求的中面电位势，V_0 是给定的外加电压，$\varOmega$ 是压电纳米板的固有频率。

由式 (11.96) 和式 (11.97)，可以得到应变和电场强度

$$\left.\begin{aligned}&\varepsilon_{xx}=\frac{\partial u}{\partial x}-z\frac{\partial^2 w}{\partial x^2},\quad \varepsilon_{yy}=\frac{\partial v}{\partial y}-z\frac{\partial^2 w}{\partial y^2},\quad \varepsilon_{xy}=\frac{1}{2}\left(\frac{\partial u}{\partial y}+\frac{\partial v}{\partial x}\right)-z\frac{\partial^2 w}{\partial x\partial y}\\&\varepsilon_{xz}=\varepsilon_{yz}=\varepsilon_{zz}=0\end{aligned}\right\}\tag{11.98a}$$

$$\left.\begin{aligned}&E_x=-\frac{\partial\varPhi}{\partial x}=\cos(\beta z)\frac{\partial\phi}{\partial x},\qquad E_y=-\frac{\partial\varPhi}{\partial y}=\cos(\beta z)\frac{\partial\phi}{\partial y}\\&E_z=-\frac{\partial\varPhi}{\partial z}=-\sin(\beta z)\,\phi-\frac{2V_0}{h}\mathrm{e}^{\mathrm{i}\varOmega t}\end{aligned}\right\}\tag{11.98b}$$

压电平板的应变能 $\varPi_s$、动能 $\varPi_k$ 和外力功 $\varPi_F$ 分别为

$$\varPi_s=\frac{1}{2}\int_A\int_{-h/2}^{h/2}U\mathrm{d}z\mathrm{d}A,\quad \delta U=t_{xx}\delta\varepsilon_{xx}+t_{yy}\delta\varepsilon_{yy}+2t_{xy}\delta\varepsilon_{xy}-D_x\delta E_x-D_y\delta E_y-D_z\delta E_z\tag{11.99a}$$

$$\varPi_k=\frac{1}{2}\int_A\rho h\left(\dot{u}^2+\dot{v}^2+\dot{w}^2\right)\mathrm{d}A\tag{11.99b}$$

$$\varPi_F=\frac{1}{2}\int_A\left[(N_{Px}+N_{Tx}+N_{Ex})\,w_{,x}^2+(N_{Py}+N_{Ty}+N_{Ey})\,w_{,y}^2\right]\mathrm{d}A\tag{11.99c}$$

式中，N_{Px}、N_{Tx}、N_{Ex} 和 N_{Py}、N_{Ty}、N_{Ey} 是外力、温差、电位势在边界沿 x 和 y 方向的轴力。

$$N_{Px}=N_{Py}=p_0,\quad N_{Tx}=N_{Ty}=\lambda_{11}h\Delta T,\quad N_{Ex}=N_{Ey}=-2e_{31}V_0\tag{11.99d}$$

将式 (11.98a) 和式 (11.98b) 代入 Π_s，对厚度积分，引入内力：轴力 $N_{\alpha\beta}$、弯矩 $M_{\alpha\beta}$ $((\alpha,\beta)=(x,y))$，应用 Hamilton 变分原理

$$\delta\int_0^t (\Pi_s+\Pi_k-\Pi_F)\,\mathrm{d}t=0 \tag{11.100}$$

通过变分运算，可以得到下列关于 w、ϕ 的 Euler 方程 (与 u,v 不耦合) 和边界条件 (略去推导过程)：

$$\begin{aligned}&-D_{11}\frac{\partial^4 w}{\partial x^4}-2D_{12}\frac{\partial^4 w}{\partial x^2\partial y^2}-D_{11}\frac{\partial^4 w}{\partial y^4}-4D_{66}\frac{\partial^4 w}{\partial x^2\partial y^2}+F_{31}\left(\frac{\partial^2\phi}{\partial x^2}+\frac{\partial^2\phi}{\partial y^2}\right)-\\&\left[1-(e_0a)^2\nabla^2\right]\left[(N_{Px}+N_{Tx}+N_{Ex})\frac{\partial^2 w}{\partial x^2}+(N_{Py}+N_{Ty}+N_{Ey})\frac{\partial^2 w}{\partial y^2}\right]\\&=\left[1-(e_0a)^2\nabla^2\right]\rho h\frac{\partial^2 w}{\partial t^2}\end{aligned} \tag{11.101a}$$

$$X_{11}\frac{\partial^2\phi}{\partial x^2}+X_{11}\frac{\partial^2\phi}{\partial y^2}-F_{31}\frac{\partial^2 w}{\partial x^2}-F_{31}\frac{\partial^2 w}{\partial y^2}-X_{33}\phi=0 \tag{11.101b}$$

当 $x=0,\ l_a$：

$$\left.\begin{aligned}&w=\phi=0\\&D_{11}\frac{\partial^2 w}{\partial x^2}+D_{12}\frac{\partial^2 w}{\partial y^2}+2D_{66}\frac{\partial^2 w}{\partial x\partial y}-F_{31}\phi-h\left(N_{Px}+N_{Tx}+N_{Ex}\right)\frac{\partial w}{\partial x}=0\end{aligned}\right\} \tag{11.101c}$$

当 $y=0,\ l_b$：

$$\left.\begin{aligned}&w=\phi=0\\&D_{12}\frac{\partial^2 w}{\partial x^2}+D_{11}\frac{\partial^2 w}{\partial y^2}+2D_{66}\frac{\partial^2 w}{\partial x\partial y}-F_{31}\phi-h\left(N_{Py}+N_{Ty}+N_{Ey}\right)\frac{\partial w}{\partial y}=0\end{aligned}\right\} \tag{11.101d}$$

式中

$$\{D_{11},D_{12},D_{66}\}=\int_{-h/2}^{h/2}\{c_{11},c_{12},c_{66}\}z^2\mathrm{d}z,\qquad F_{31}=\int_{-h/2}^{h/2}e_{31}\beta z\sin(\beta z)\mathrm{d}z$$

$$X_{11}=\int_{-h/2}^{h/2}\kappa_{11}\cos^2(\beta z)\mathrm{d}z,\qquad X_{33}=\int_{-h/2}^{h/2}\kappa_{33}\beta^2\sin^2(\beta z)\mathrm{d}z$$

方程组 (11.101a～d) 给出非局部纳米平板自由振动的特征值问题，可以用分离变量法求解。假设特征函数为

$$\left.\begin{aligned}w(x,y,t)&=W_{mn}\sin\frac{m\pi x}{l_a}\sin\frac{n\pi y}{l_b}\mathrm{e}^{\mathrm{i}\omega t}\\\phi(x,y,t)&=\varPhi_{mn}\sin\frac{m\pi x}{l_a}\sin\frac{n\pi y}{l_b}\mathrm{e}^{\mathrm{i}\omega t}\end{aligned}\right\} \tag{11.102}$$

式中，$\mathrm{i}=\sqrt{-1}$，$W_{mn}\sin\dfrac{m\pi x}{l_a}\sin\dfrac{n\pi y}{l_b}$ 和 $\Phi_{mn}\sin\dfrac{m\pi x}{l_a}\sin\dfrac{n\pi y}{l_b}$ 是振动模态，m、n 是 x、y 方向的半波数，$\omega=\Omega l_a\sqrt{\rho h/A_{110}}$ 是对应的无量纲固有频率，记作 ω_{mn}。

可以看到,式 (11.102) 满足全部边界条件,将式 (11.102) 代入式 (11.101a) 和式 (11.101b)，便可得到特征方程，即 ω_{mn} 与板的非局部参数、性能参数、几何参数、外加轴力、电压、温差的解析关系。

下面是有关非局部尺寸参数影响的部分计算结果。

板的材料为 PZT-4(锆钛酸铅压电陶瓷)，材料性能和几何尺寸如下：

c_{11}、c_{12}、c_{13}、c_{66} 分别为 132GPa、71GPa、73GPa、115GPa; e_{31}、e_{33} 分别为 $-4.1\mathrm{C/m^2}$、$14.1\mathrm{C/m^2}$；

κ_{11}、κ_{33} 分别为 $5.841\times10^{-9}\mathrm{C/(V{\cdot}m)}$、$7.124\times10^{-9}\mathrm{C/(V{\cdot}m)}$；$\lambda_{11}$、$\lambda_{33}$ 分别为 4.738×10^{-5}、4.529×10^{-5}；

$p_1=p_3=0.25\times10^{-4}\mathrm{C/(m^2\cdot K)}$，$\rho=7500\mathrm{kg/m^3}$，$l_a=l_b=50\mathrm{nm}$，$h=5\mathrm{nm}$。

表 11.1 和表 11.2 给出的计算结果表明，随材料内部尺寸的增加纳米压电平板的固有频率下降，考虑非局部尺寸效应是必要的。非局部参数 $\mu=e_0a/l_a$ 对不同阶无量纲固有频率有重要影响，随外部尺寸减小，固有频率降低，高阶频率相当于外部尺寸减小，所以影响更加显著。

表 11.1　不同内部尺寸简支纳米平板的固有频率 ($p_0=V_0=\Delta T=0$)

$(e_0a)^2$ /nm^2	Ω_{11}/GHz	$\Omega_{11}/\Omega_{11a=0}$
0	69.1217	1.0000
1	63.1678	0.9139
2	58.5276	0.8467
3	54.7796	0.7925

表 11.2　非局部参数 $\mu=e_0a/l_a$ 对不同阶无量纲固有频率的影响 ($p_0=V_0=\Delta T=0$)

ω	$\mu=0$	$\mu=0.1$	$\mu=0.2$	$\mu=0.3$	$\mu=0.4$	$\mu=0.5$
ω_{11}	0.6634	0.6063	0.4959	0.3981	0.3253	0.2723
ω_{12}	1.6518	1.3517	0.9579	0.7081	0.5538	0.4523
ω_{22}	2.6328	1.9681	1.2911	0.9247	0.7130	0.5781
ω_{13}	3.2829	2.3290	1.4759	1.0443	0.8012	0.6479

11.7.3 纳米梁的弯曲、屈曲和振动 [72]

Thai 在文献 [72] 中提出一种非局部高阶剪切变形梁理论，利用 Eringen 非局部微分本构方程，分析纳米梁的弯曲、屈曲、振动 (图 11.5)。将挠度分为弯曲、剪切两部分，分别引起弯曲应变和剪应变，剪应变采用非线性分布 (z 的 2 次函数)。在直角坐标系 xz 中

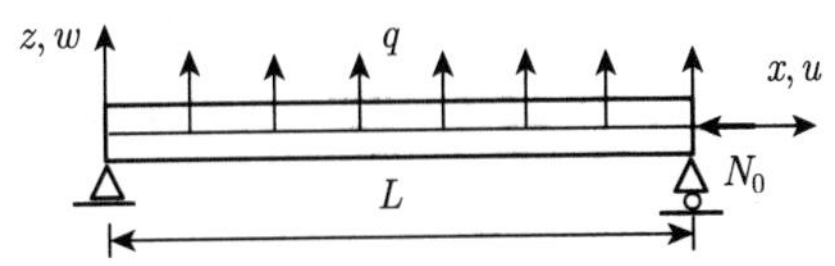

图 11.5　纳米梁

的位移和应变为

$$\left.\begin{array}{l} u_1 = u(x,z,t) = u(x,t) - z w_{b,x} - f(z) w_{s,x}, \quad f(z) = -\dfrac{1}{4}z + \dfrac{5}{3}z\,(z/h)^2 \\ u_3 = w(x,z,t) = w_b(x,t) + w_s(x,t) \end{array}\right\} \tag{11.103}$$

$$\varepsilon_x = u_{,x}, \quad \gamma_{xz} = (-f w_{s,x})_{,z} + w_{s,x} = g w_{s,x}, \quad g = 1 - f_{,z} \tag{11.104}$$

采用微分形式的非局部本构关系

$$\left.\begin{array}{l} t_x - \mu t_{x,xx} = E\varepsilon_x, \quad \mu = (e_0 a)^2 \\ t_{xz} - \mu t_{xz,xx} = G\gamma_{xz} \end{array}\right\} \tag{11.105}$$

式中，μ 是非局部参数，a 是内部特征长度，e_0 是无量纲因子。

一般说来，单壁碳纳米管可取 $e_0 a < 2\text{nm}$。

基于 Hamilton 变分原理，$\int_0^T (\delta U + \delta V - \delta K)\mathrm{d}t = 0$，可以建立运动方程，其中应变能、外力势能、动能的变分为

$$\begin{aligned} \delta U &= \int_0^L \int_A (t_x \delta\varepsilon_x + t_{xz}\delta\gamma_{xz})\mathrm{d}A\mathrm{d}x \\ \delta V &= \int_0^L q\delta(w_b + w_s)\mathrm{d}x - \int_0^L N_0 \delta(w_{b,x} + w_{s,x})^2/2\mathrm{d}x \\ \delta K &= \int_0^L \int_A \rho(\dot{u}_1\delta\dot{u}_1 + \dot{u}_3\delta\dot{u}_3)\mathrm{d}A\mathrm{d}x \\ &= \int_0^L \{m_0\left[\dot{u}\delta\dot{u} + (\dot{w}_b + \dot{w}_s)\delta(\dot{w}_b + \dot{w}_s)\right] + m_2 \dot{w}_{b,x}\delta\dot{w}_{b,x} + m_2\dot{w}_{s,x}\delta\dot{w}_{s,x}/84\} \end{aligned}$$

式中，$(m_0, m_2) = \int_A (1, z^2)\rho\mathrm{d}A$；$q$、$N_0$ 是分布载荷和均布的轴力。将应变代入、引入内力 (轴力、弯曲弯矩、剪切弯矩、剪力)

$$(N, M_b, M_s) = \int_A (1, z, f) t_x \mathrm{d}A, \quad Q = \int_A g t_{xz}\mathrm{d}A$$

可以得到运动方程

$$\left.\begin{array}{l} N_{,x} = m_0 \ddot{u} \\ M_{b,xx} + q - N_0(w_b + w_s)_{,xx} = m_0(\ddot{w}_b + \ddot{w}_s) - m_2 \ddot{w}_{b,xx} \\ M_{s,xx} + Q_{,x} + q - N_0(w_b + w_s)_{,xx} = m_0(\ddot{w}_b + \ddot{w}_s) - m_2\ddot{w}_{s,xx}/84 \end{array}\right\} \tag{11.106}$$

当 N_0 和时间导数为零时为弯曲问题，当 q 和时间导数为零时为屈曲问题，当 q、N_0 均为零时为自由振动问题。利用本构方程，内力可表示为

$$\left.\begin{array}{l} N - \mu N_{,xx} = EA u_{,x}, \quad M_b - \mu M_{b,xx} = -EI w_{b,xx} \\ M_s - \mu M_{s,xx} = -EI w_{s,xx}/84, \quad Q - \mu Q_{,xx} = 5GA w_{s,xx}/6 \end{array}\right\} \tag{11.107}$$

式中，A、I 分别是截面面积和惯性矩。

由式 (11.107) 消去式 (11.106) 中的内力，得到位移形式的平衡方程

$$\left.\begin{aligned}&EAu_{,xx}=m_0(\ddot{u}-\mu\ddot{u}_{,xx})\\&-EIw_{b,xxxx}+q-\mu q_{,xx}-N_0(w_{,xx}-\mu w_{,xxxx})\\&\quad=m_0(\ddot{w}-\mu\ddot{w}_{,xx})-m_2(\ddot{w}_{b,xx}-\mu\ddot{w}_{b,xxxx})\qquad(w=w_b+w_s)\\&-(EI/84)w_{s,xxxx}+(5/6)GA+q-\mu q_{,xx}-N_0(w_{,xx}-\mu w_{,xxxx})\\&\quad=m_0(\ddot{w}-\mu\ddot{w}_{,xx})-(m_2/84)(\ddot{w}_{s,xx}-\mu\ddot{w}_{s,xxxx})\end{aligned}\right\}\tag{11.108}$$

可见 u 与 w_b, w_s 不耦合。简支边界条件为

$$w_b=w_s=M_b=M_s=0,\quad x=0,L\tag{11.109}$$

利用正弦级数可以求得解析解，取 μ 为 0、1、2、3、4nm^2，$L=10$nm，$q=q_0$(均布)，计算结果见表 11.3 和表 11.4，可见非局部参数 μ 和外部几何参数 L/h 对纳米梁的挠度、屈曲载荷和振动频率的影响。

表 11.3　简支纳米梁的挠度 $\overline{w}=100EI/(q_0L^4)$、屈曲载荷 $\overline{N}=N_{cr}L^2/(EI)$ 和振动频率 $\overline{\omega}=\omega L^2\sqrt{m_0/EI}$

L/h	5			10			20			100		
μ/nm^2	0	2	4	0	2	4	0	2	4	0	2	4
$\overline{w}$	1.432	1.703	1.974	1.335	1.590	1.845	1.310	1.562	1.813	1.302	1.553	1.803
$\overline{N}$	8.952	7.476	6.418	9.623	8.036	6.899	9.807	8.190	7.031	9.867	8.241	7.074
$\overline{\omega}$	9.275	8.476	7.853	9.708	8.871	8.220	9.828	8.982	8.322	9.868	9.018	8.356

表 11.4　简支纳米梁的振动频率 (不同模态，$L/h=5$)

模态阶数 n	1			2			3		
μ/nm^2	0	2	4	0	2	4	0	2	4
$\overline{\omega}$	9.275	8.476	7.853	32.185	24.059	20.041	61.575	36.953	28.857

表 11.3 和表 11.4 的结果表明：(1) 非局部纳米梁的挠度比经典纳米梁 ($\mu=0$) 增大，说明弯曲刚度下降 (软化)，μ 越大下降幅度越大，并呈线性关系 (即与 a/L 成平方关系)。应该指出，这一结论与例 11.1 的结论相反，其原因看来与受力情况和计算模型的差别有关，即没有轴力和有轴力、考虑与不考虑剪切变形和应变梯度。由此可见，影响非局部尺寸效应的因素不仅仅是内部长度，还与变形和应力状态及理论模型相关，第 12 章将进一步讨论。(2) 非局部纳米梁的屈曲载荷低于经典纳米梁。(3) 非局部纳米梁的一阶固有频率低于经典纳米梁，而且高阶频率下降幅度更大，因为阶数提高对于波长而言相当于 a/L 增大。显然，后两个结论与刚度下降一致。

11.8　适用性讨论

本章的前 6 节介绍了非局部连续介质力学的基本理论，第 7 节通过典型实例，用较大的篇幅介绍了理论的实际应用，下面做一个简单总结和讨论。

(1) 连续介质的非局部效应源于大量分子 (原子) 间力形成的长程力，长程力的作用范围很小，体现在任一质点附近的非局部物质特性 (例如非局部弹性模量、非局部黏性系数等) 随距离迅速衰减。影响非局部效应的另一个因素是非局部变形及其梯度，在应力张量表达式中是非局部变形或变形率对应的应力 (包含在式 (11.49a) 和式 (11.79) 的体积分中)，在微分形式的本构关系中表现为非局部项的内部长度系数和应力梯度，参见式 (11.57)。

事实上，近来的一些研究表明，影响非局部尺寸效应的因素不仅仅是非局部内部长度，还与变形和应力状态、计算模型相关，例如在第 11.7.1 小节实例得出的结论与第 11.7.3 小节实例结论不相同，本书第 12 章将做进一步讨论。

(2) 上述基本性质决定了非局部理论的应用范围是小尺度情况，例如研究对象本身很小 (纳米器件、微机电结构等) 或者固体的集中载荷、裂纹尖端、角点 $\cdots$ 等很小区域，这里的变形梯度和应力梯度很大、附加内聚力的影响显著，因此存在尺寸效应，表现为材料内部尺寸的影响。所以，非局部理论需要引入内部特征长度 l(例如粒子距离、格栅参数、C—C 键的距离等)，如果外部特征长度 L(例如裂纹长度、波长、载荷变化长度等) 与 l 比值数量级为 $L/l\sim 1$ 时，经典局部理论失效，必须采用原子理论或非局部理论。在动力问题中，有一个类似的尺度 T/τ，其中 T 是外部特征时间 (例如加载时间尺度)，τ 是内部特征时间 (例如信号从一个分子传到下一个分子的时间尺度)，当 $T/\tau\sim 1$ 时，经典理论失效。但是非局部参数本身还与非材料性能因素有关，不是经过严格研究确定的，需要借助非局部理论分析与分子动力学模拟结果或者专门实验结果相比较确定。

(3) 非局部介质整体的守恒定律 (积分形式) 与经典介质相同，从整体到局部守恒定律 (微分形式) 的推导方法也相同，两者的差别在于本章放弃了局部化假设 (即被积函数处处为 0)，引入 “非局部剩余量”，但原子间力的作用范围远远小于常见的体积元，所以实际应用的是局部守恒定律。

(4) 本构理论和本构方程是本章的主要内容，也是从连续力学角度描述长程力效应的关键。第 11.4 节的非局部介质本构理论是经典介质本构理论在本构变量方面的推广，主要是引入非局部一般本构变量，证明它们的客观性。

(5) 第 11.5 节和第 11.6 节基于热力学框架，建立非局部热弹性固体 (非线性和线性) 和黏性流体 (Stokes 非线性流体和 Newton 线性流体) 的本构方程，但限于讨论基本方程。这两节的内容和方法类似，首先是确定客观本构变量，然后基于热力学限制，建立一般的本构关系，再具体给出非线性、线性、各向异性、各向同性本构方程，最后导出位移场或速度场方程的具体形式。

习　题

11-1 试推导式 (11.12)。

提示：利用散度定义和导数运算，第 11.2 节式 (a) 等号左端改写为

$$
\boldsymbol{x}\times\frac{\partial(\rho\boldsymbol{v})}{\partial t}+\frac{\partial\boldsymbol{x}}{\partial t}\times\rho\boldsymbol{v}+\boldsymbol{g}^k\cdot(\boldsymbol{v}\boldsymbol{x}\times\rho\boldsymbol{v})_{,k}-\boldsymbol{g}^k\cdot(\boldsymbol{x}\times\boldsymbol{t})_{,k}-\rho\boldsymbol{x}\times\boldsymbol{f}
$$

$$
=\boldsymbol{x}\times\frac{\partial(\rho\boldsymbol{v})}{\partial t}+\frac{\partial\boldsymbol{x}}{\partial t}\times\rho\boldsymbol{v}+\boldsymbol{v}\cdot\boldsymbol{g}^k(\boldsymbol{x}\times\rho\boldsymbol{v})_{,k}-\boldsymbol{g}^k\cdot(\boldsymbol{g}_k\times\boldsymbol{t}+\boldsymbol{x}\times\boldsymbol{t}_{,k})-\rho\boldsymbol{x}\times\boldsymbol{f}
$$

$$= \boldsymbol{x} \times \frac{\partial (\rho \boldsymbol{v})}{\partial t} + \boldsymbol{v} \times \rho \boldsymbol{v} + \boldsymbol{v} \cdot \boldsymbol{g}^k (\boldsymbol{x} \times \rho \boldsymbol{v})_{,k} + \boldsymbol{g}^k \cdot \boldsymbol{t} \times \boldsymbol{g}_k - \boldsymbol{g}^k \cdot (\boldsymbol{x} \times \boldsymbol{t}_{,k}) - \rho \boldsymbol{x} \times \boldsymbol{f}$$

$$= \boldsymbol{x} \times \left[\frac{\partial (\rho \boldsymbol{v})}{\partial t} + \boldsymbol{v} \cdot \boldsymbol{\nabla} (\rho \boldsymbol{v}) - \nabla \cdot \boldsymbol{t} - \rho \boldsymbol{f} \right] + t^{kl} \boldsymbol{g}_l \times \boldsymbol{g}_k$$

$$= \boldsymbol{x} \times [\rho \boldsymbol{a} - \boldsymbol{\nabla} \cdot \boldsymbol{t} - \rho \boldsymbol{f}] + t^{kl} \boldsymbol{g}_l \times \boldsymbol{g}_k$$

$$= t^{kl} \boldsymbol{g}_l \times \boldsymbol{g}_k - \boldsymbol{x} \times \rho \hat{\boldsymbol{f}}$$

11-2　试推导熵不等式 (11.31)。

11-3　试推导线性本构方程式 (11.48)。

提示：利用式 (2.34)，参考初应力项的推导，略去高阶小量。

11-4　试证明 Newton 流体的模量 $b^{klm} = 0$，即式 (11.80b)。

提示：利用式 (1.154)，取反射变换。

第 12 章　局部和非局部应变梯度弹性

第 11 章比较详细地介绍了非局部理论及其在微纳米材料和微结构尺寸效应研究中的应用。实验、理论分析和数值模拟均表明，微结构的尺寸效应不仅与应力的非局部性有关，还受到应变梯度的影响，而且两者对结构刚度的影响有时是相反的，即与经典梁理论的弯曲刚度比较，非局部效应常常使刚度下降，而应变梯度效应使刚度提高，并导致各种力学行为的不同变化，例如影响微纳米梁的挠度、屈曲、振动和波的传播等。本章简要介绍小变形应变梯度弹性理论和小变形非局部应变梯度弹性理论及其应用。

12.1　二阶梯度物质的几何关系、本构关系，Mindlin 五参数本构模型

在第 5.3 节讨论的一阶简单物质 (或一阶物质) 一般本构关系中，假设应力本构泛函决定于位移的一阶梯度。实验表明，当结构尺度或变形的特征长度小到微米量级时，需要考虑位移的二阶梯度及其历史，对于固体需要考虑位移二阶梯度，这样的物质称为二阶简单物质 (或应变梯度物质、二阶物质)。应变梯度量纲是 m^{-1}，在与应变一起表示应力函数时，必然要引入一个材料长度因子 (内部长度尺度参数)，作为本构关系的材料参数，反映材料尺寸的影响。因而与一阶物质模型不同，应变梯度理论可以描述尺寸效应。

为了方便，本章采用直角坐标系。

一阶位移梯度 $\boldsymbol{\nabla u}$ 可以分解为对称和反对称两部分，它们的分量为

$$\left.\begin{aligned} u_{i,j} &= \varepsilon_{ij} + w_{ij} \\ \varepsilon_{ij} = (u_{i,j}+u_{j,i})/2, \quad & w_{ij} = (u_{i,j}-u_{j,i})/2, \quad \theta_i = e_{ipq}w_{qp}/2 \end{aligned}\right\} \tag{12.1}$$

式中，$\boldsymbol{\varepsilon}$、$\boldsymbol{w}$、$\boldsymbol{\theta}$ 分别为无限小应变张量、无限小转动张量、转动向量 ($\boldsymbol{w}$ 的对偶向量)，e_{ipq} 是置换张量。在小变形下 $\boldsymbol{\varepsilon}$ 表示变形，$\boldsymbol{w}$、$\boldsymbol{\theta}$ 表示转动。

二阶位移梯度 $\boldsymbol{\eta} = \boldsymbol{\nabla\nabla u}$ 的分量为

$$\eta_{ijk} = \nabla_i \nabla_j u_k = u_{k,ij} \tag{12.2}$$

显然，η_{ijk} 是三阶张量，前两个指标对称，共有 18 个独立分量。对于后两个指标进行加法分解，得到

$$\eta_{ijk} = \varepsilon_{jk,i} + w_{jk,i} \tag{12.2a}$$

式中，$\varepsilon_{jk,i}$ 是应变梯度，$w_{jk,i}$ 是转动梯度。后者与曲率张量 $\boldsymbol{\chi}$(转动向量 $\boldsymbol{\theta}$ 的梯度) 的关系为

$$\chi_{ij} = \theta_{i,j} = e_{ipq}w_{qp,j}/2 = e_{ipq}\eta_{jqp}/2, \quad w_{mn,j} = e_{mni}\chi_{ij} \tag{12.3}$$

式 $(12.3)_2$ 的推导利用了式 (1.22)。将 η_{ijk} 后两个指标和前两个指标分别缩并，有

$$\eta_{ijj} = \varepsilon_{jj,i} = \varepsilon_{,i}, \quad \eta_{iik} = \varepsilon_{ik,i} + w_{ik,i} \tag{12.4}$$

式中，ε 是体积变形；$\varepsilon_{,i}$ 是体积变形梯度。

小变形二阶简单物质的变形度量是 $\boldsymbol{\varepsilon}$ 和 $\boldsymbol{\eta}$。在等温条件下，弹性体的本构关系决定于应变能函数 (见第 6.4.2 小节)。小变形应变梯度物质的应变能密度不仅依赖应变 $\boldsymbol{\varepsilon}$，还依赖二阶位移梯度 $\boldsymbol{\eta}$，即

$$W = W(\boldsymbol{\varepsilon}, \boldsymbol{\eta}) \tag{12.5}$$

$\boldsymbol{\varepsilon}$ 和 $\boldsymbol{\eta}$ 的共轭变量为 $\boldsymbol{\sigma}$ 和 $\boldsymbol{\tau}$

$$\boldsymbol{\sigma} = \frac{\partial W}{\partial \boldsymbol{\varepsilon}}, \quad \boldsymbol{\tau} = \frac{\partial W}{\partial \boldsymbol{\eta}} \quad 或 \quad \sigma_{ij} = \frac{\partial W}{\partial \varepsilon_{ij}}, \quad \tau_{ijk} = \frac{\partial W}{\partial \eta_{ijk}} \tag{12.6}$$

式中，$\boldsymbol{\sigma}$ 是经典应力张量；$\boldsymbol{\tau}$ 是高阶应力张量 (三阶张量，前两个指标对称)。

由式 (12.6) 可见，只要给出应变能密度的函数形式，即可得到本构关系。

Mindlin(1965)[73] 定义的应变能密度为

$$W = \frac{1}{2}\lambda\varepsilon_{ii}\varepsilon_{jj} + \mu\varepsilon_{ij}\varepsilon_{ij} + a_1\eta_{ijj}\eta_{ikk} + a_2\eta_{iik}\eta_{kjj} + a_3\eta_{iik}\eta_{jjk} + a_4\eta_{ijk}\eta_{ijk} + a_5\eta_{ijk}\eta_{kji} \tag{12.7}$$

式中，λ、μ 是 Lamé 常数；a_1、$\cdots$、a_5 是 5 个二阶弹性常数，需要引入 5 个内部长度尺度参数。利用式 (12.6)，便可建立相应的本构关系。基于虚功原理，可以给出平衡方程和边界条件，在线性情况下，平衡方程只含应力 $\boldsymbol{\sigma}$ 和 $\boldsymbol{\tau}$。

由式 (12.7) 可以看到，5 个高阶附加项中第 1 项是体积变形梯度对应的应变能，其余各项中应变梯度与转动梯度相耦合，即两类变形机制耦合，从而导致两类共轭变量的耦合，这使得基于上述应变能密度的应变梯度理论过于复杂、难以实际应用。

12.2 Lam 等三参数应变梯度弹性理论

Lam 等人 (2003)[74] 在分析二阶位移梯度的构成 (应变梯度和转动梯度) 基础上，提出一种新的独立的二阶变形梯度度量和相应的共轭应力度量，并加以简化，应变能密度只含 3 个材料长度参数，建立了便于应用的三参数弹性应变梯度理论。将这一理论用于微米尺度平面应变悬臂梁的弯曲分析，计算结果与精细的实验测试结果相符合，证明应变梯度效应使结构刚度提高。

12.2.1 二阶位移梯度的分解、三参数本构关系

式 (12.2a) 表明，基于后两个非对称指标的对称性分解，二阶位移梯度可表示为应变梯度与转动梯度之和，但这种分解未考虑另一个指标。另一方面，在线弹性各向同性本构关系中，体积变形与应变偏量对应力的贡献由不同的弹性常数确定，这种迹与无迹的分解为二阶位移梯度的合理分解提供了参考。下面进行这两种分解。

Lam 等人采用 Fleck & Hutchinson(1997)[75] 的方法，考虑 3 个指标将二阶变形梯度分解为

$$\eta_{ijk} = \eta^{\mathrm{s}}_{ijk} + \eta^{\mathrm{a}}_{ijk} \tag{12.8}$$

$$\eta_{ijk}^{\mathrm{s}}=\frac{1}{3}(\eta_{ijk}+\eta_{jki}+\eta_{kij}),\quad \eta_{ijk}^{\mathrm{a}}=\eta_{ijk}-\eta_{ijk}^{\mathrm{s}}=\frac{2}{3}(e_{ikl}\chi_{lj}+e_{jkl}\chi_{li}) \tag{12.8a}$$

式中，η_{ijk}^{s} 称为伸长梯度，对任何两个指标对称、主要与应变有关；η_{ijk}^{a} 称为转动梯度，对任何两个指标反对称、主要与转动相关。

由式 (12.2a)，当任何两个指标 ik, jk, ij(下式括号内指标) 分别对称或反对称时，η_{ijk} 与应变梯度和转动梯度的关系分别为

$$\left.\begin{array}{l}\text{对称 } \eta_{(i)j(k)}=\varepsilon_{ik,j},\quad \eta_{i(j)(k)}=\varepsilon_{jk,i},\quad \eta_{(i)(j)k}=(\varepsilon_{jk,i}+\varepsilon_{ik,j}+w_{jk,i}+w_{ik,j})/2\\ \text{反对称 } \eta_{(i)j(k)}=w_{ik,j},\quad \eta_{i(j)(k)}=w_{jk,i},\quad \eta_{(i)(j)k}=(\varepsilon_{jk,i}-\varepsilon_{ik,j}+w_{jk,i}-w_{ik,j})/2\end{array}\right\} \tag{12.9}$$

可见 η_{ijk}^{a} 主要与 $\boldsymbol{w}$ 有关，称为转动梯度，而 η_{ijk}^{s} 主要描述应变梯度，称为伸长梯度，但在 ij 对称或反对称时两者与 $\boldsymbol{\varepsilon}$ 和 $\boldsymbol{w}$ 均相关。

η_{ijk}^{s} 对 ij 取迹可以区分不同的梯度，即

$$\eta_{ijk}^{\mathrm{s}}=\eta_{ijk}^{(0)}+\eta_{ijk}^{(1)} \tag{12.10}$$

$$\eta_{ijk}^{(0)}=(\delta_{ij}\eta_{mmk}^{\mathrm{s}}+\delta_{jk}\eta_{mmi}^{\mathrm{s}}+\delta_{ki}\eta_{mmj}^{\mathrm{s}})/5,\quad \eta_{ijk}^{(1)}=\eta_{ijk}^{\mathrm{s}}-\eta_{ijk}^{(0)} \tag{12.10a}$$

式中，$\eta_{ijk}^{(0)}$ 是对于 ij 的迹、η_{ijk}^{s} 的球形部分，当 i、j、k 不等时为零，当 $i=j$ 时等于迹向量：$\eta_{iik}^{(0)}=3\eta_{mmk}^{\mathrm{s}}+2\delta_{ik}\eta_{mmi}^{\mathrm{s}}$；$\eta_{ijk}^{(1)}$ 是 η_{ijk}^{s} 的无 ij 迹部分或偏斜部分 (伸长梯度偏量)。

由对称应变梯度定义，利用式 (12.4) 和式 $(12.3)_1$，有

$$\eta_{mmk}^{\mathrm{s}}=\eta_{kmm}^{\mathrm{s}}=\frac{1}{3}(2\eta_{kmm}+\eta_{mmk})=\frac{1}{3}(2\varepsilon_{,k}+e_{kpq}\chi_{pq})=\frac{1}{3}(2\varepsilon_{,k}+e_{kpq}\chi_{pq}^{\mathrm{a}}) \tag{12.11}$$

式中，$\varepsilon_{,k}$ 表示体积变形梯度 (或称为膨胀梯度)；χ_{ij}^{a} 是曲率张量的反对称部分。

曲率张量的对称性分解为

$$\chi_{ij}=\chi_{ij}^{\mathrm{s}}+\chi_{ij}^{\mathrm{a}},\quad \chi_{ij}^{\mathrm{s}}=(\chi_{ij}+\chi_{ji})/2,\quad \chi_{ij}^{\mathrm{a}}=(\chi_{ij}-\chi_{ji})/2 \tag{12.12}$$

由式 (12.11) 和式 $(12.10\mathrm{a})_1$ 可见，如果不考虑反对称曲率 χ_{ij}^{a} 影响 (将在本节后面说明)，$\eta_{ijk}^{(0)}$ 只与体积应变梯度有关，因此式 (12.10) 可以看作是三阶对称张量的球形与偏斜张量分解。

综上所述，通过二阶位移梯度张量 $\boldsymbol{\eta}$ 的对称分解和其对称分量 $\boldsymbol{\eta}^{\mathrm{s}}$ 的迹分解，有

$$\eta_{ijk}=\eta_{ijk}^{(0)}+\eta_{ijk}^{(1)}+\eta_{ijk}^{\mathrm{a}} \tag{12.13}$$

式中，$\eta_{ijk}^{(0)}$ 是体积应变梯度、$\eta_{ijk}^{(1)}$ 是偏斜应变梯度，两者主要描写应变梯度；η_{ijk}^{a} 是反对称二阶位移梯度，只与转动梯度相关。

应该指出，对称/反对称分解和迹/无迹分解都是正交分解 (重点积为零、没有交叉项)，这三种分量区分了应变和转动两类不同变形梯度，而且考虑了球形张量和偏斜张量的不同影响，适合作为高阶基本变形。以上述分解为基础，Lam 等人建议线弹性应变梯度物质的应变能密度为

$$W=\frac{1}{2}\lambda\varepsilon_{ii}\varepsilon_{jj}+\mu\varepsilon_{ij}\varepsilon_{ij}+c_0\eta_{ijk}^{(0)}\eta_{ijk}^{(0)}+c_1\eta_{ijk}^{(1)}\eta_{ijk}^{(1)}+c_2\eta_{ijk}^{\mathrm{a}}\eta_{ijk}^{\mathrm{a}} \tag{12.14}$$

式中，c_0、c_1、c_2 是三个附加材料常数。由式 (12.6)，高阶共轭应力为

$$\left.\begin{aligned}&\tau_{ijk}^{(0)} = 2c_0\eta_{ijk}^{(0)}, \quad \tau_{ijk}^{(1)} = 2c_1\eta_{ijk}^{(1)}, \quad \tau_{ijk}^{\mathrm{a}} = 2c_2\eta_{ijk}^{\mathrm{a}} \\ &\tau_{ijk}^{(0)} = \frac{1}{5}(\delta_{ij}\tau_{mmk}^{\mathrm{s}} + \delta_{jk}\tau_{mmi}^{\mathrm{s}} + \delta_{ki}\tau_{mmj}^{\mathrm{s}}), \quad \tau_{ijk}^{(1)} = \tau_{ijk}^{\mathrm{s}} - \tau_{ijk}^{(0)}\end{aligned}\right\} \tag{12.15}$$

式中，τ_{ijk}^{s}、τ_{ijk}^{a} 是 τ_{ijk} 的对称和反对称部分。

利用式 $(12.10\mathrm{a})_1$、式 $(12.8\mathrm{a})_2$ 和式 (12.11)，借助 ε、χ_{ij} 表示 $\eta_{ijk}^{(0)}$、η_{ijk}^{a}，线弹性、各向同性材料的应变能可以写成更便于应用的形式

$$\begin{aligned}W &= \frac{1}{2}k\varepsilon_{ii}\varepsilon_{jj} + \mu\varepsilon'_{ij}\varepsilon'_{ij} + a'_0\varepsilon_{,i}\varepsilon_{,i} + a'_1\eta_{ijk}^{(1)}\eta_{ijk}^{(1)} + a'_2\chi_{ij}^{\mathrm{s}}\chi_{ij}^{\mathrm{s}} \\ &= \frac{1}{2}k\varepsilon_{ii}\varepsilon_{jj} + \mu\varepsilon'_{ij}\varepsilon'_{ij} + \mu l_0^2\varepsilon_{,i}\varepsilon_{,i} + \mu l_1^2\eta_{ijk}^{(1)}\eta_{ijk}^{(1)} + \mu l_2^2\chi_{ij}^{\mathrm{s}}\chi_{ij}^{\mathrm{s}}\end{aligned} \tag{12.16}$$

式中，k 是体积模量，ε'_{ij} 是应变偏量，$a'_i = \mu l_i^2$ $(i = 0, 1, 2)$ 是材料常数，l_i 是三个材料长度尺度。式 (12.16) 中再次用了应变能只与曲率张量的对称部分 χ_{ij}^{s} 有关的假设。

由式 (12.16)，$\varepsilon_{ij}, \varepsilon_{,i}, \eta_{ijk}^{(1)}, \chi_{ij}^{\mathrm{s}}$ 的功共轭应力为

$$\sigma_{ij} = k\delta_{ij}\varepsilon_{mm} + 2\mu\varepsilon'_{ij}, \quad p_i = 2\mu l_0^2\varepsilon_{mm,i}, \quad \tau_{ijk}^{(1)} = 2\mu l_1^2\eta_{ijk}^{(1)}, \quad m_{ij} = 2\mu l_2^2\chi_{ij} \tag{12.17}$$

式中，σ_{ij} 是常规应力，其余为高阶应力。

在修正的偶应力理论中 (第 10.2.1 小节)，根据力偶矩的平衡条件证明偶应力张量的对称性，所以式 (12.17) 中的曲率张量应该是对称的。可令 $\chi_{ij} \equiv \chi_{ij}^{\mathrm{s}}$(下同)，这也是前面假设“不考虑反对称曲率 χ_{ij}^{a} 影响”的原因。根据对应的高阶变形，p_i、$\tau_{ijk}^{(1)}$、m_{ij} 可以分别称为高阶平均应力、高阶偏斜应力和偶应力。

12.2.2 运动方程、边界条件

二阶物质体积 V 的虚功原理为

$$\begin{aligned}&\int_V (\sigma_{ij}\delta\varepsilon_{ij} + p_i\delta\varepsilon_{,i} + \tau_{ijk}^{(1)}\delta\eta_{ijk}^{(1)} + m_{ij}\delta\chi_{ij})\mathrm{d}V \\ &= \int_V f_k\delta u_k\mathrm{d}V + \int_S (t_k\delta u_k + r_k D\delta u_k + q_k\delta\theta_k)\mathrm{d}S + \sum_m \oint_{C_m} p'_k\delta u_k\mathrm{d}s\end{aligned} \tag{12.18}$$

式中，f_k 是给定的单位体积体力，t_k、r_k、q_k 是单位表面积的面力、高阶面力和力偶 (给定或者未知)，$D = \boldsymbol{n} \cdot \boldsymbol{\nabla} = (\ )_{,n}$ 是表面法向梯度算子，C_m 是表面上第 m 个面积的边界线，p'_k 是边界线上单位长度载荷。此外，式中应用了关系 $m_{ij}\delta\chi_{ij}^{\mathrm{a}} = 0$，即 $m_{ij} = m_{ji}$。

利用式 $(12.8\mathrm{a})_1$、式 (12.10)、式 (12.10a) 和式 $(12.3)_1$，引入下列变分关系

$$\delta\varepsilon_{ij} = (\delta u_{j,i} + \delta u_{i,j})/2, \qquad \delta\varepsilon_{,i} = (\delta u_m)_{,mi}, \qquad \delta\chi_{ij} = \delta\theta_{i,j} = \frac{1}{2}e_{ipq}(\delta u_q)_{,jp}$$

$$\delta\eta_{ijk}^{(1)} = \frac{1}{3}[(\delta u_k)_{,ij} + (\delta u_i)_{,jk} + (\delta u_j)_{,ki}] - \frac{1}{5}[\delta_{ij}(\delta u_k) + \delta_{jk}(\delta u_i) + \delta_{ki}(\delta u_j)]_{,mm}$$

将上述各式代入虚功方程式 (12.18)，应用散度定理，用位移变分表示其导数变分。应该指出，上式中的后面 3 式均为二阶导数，所以需要两次应用散度定理，第 2 次是用曲面散度定理，举例如下：

$$\begin{aligned}\int_V \tau_{ijk}\delta\eta_{ijk}\mathrm{d}V &= \int_V \tau_{ijk}\delta u_{k,ij}\mathrm{d}V = \int_S n_i\tau_{ijk}\delta u_{k,j}\mathrm{d}S - \int_V \tau_{ijk,i}\delta u_{k,j}\mathrm{d}V \\ &= \int_S (n_i\tau_{ijk}\delta u_{k,j} - n_j\tau_{ijk,i}\delta u_k)\mathrm{d}S + \int_V \tau_{ijk,ij}\delta u_k \mathrm{d}V\end{aligned} \tag{a}$$

式中，$\int_S n_i\tau_{ijk}\delta u_{k,j}\mathrm{d}S$ 首先需要进行位移梯度分解，即 $\nabla_j = n_j D + D_j$，D 和 D_j($\boldsymbol{D}$ 的分量) 为曲面法向梯度算子和面内梯度算子向量，然后应用 Stokes 曲面散度定理，有

$$\begin{aligned}\int_S n_i\tau_{ijk}\delta u_{k,j}\mathrm{d}S &= \int_S n_i\tau_{ijk}(n_j D + D_j)\delta u_k \mathrm{d}S \\ &= \int_S [n_i\tau_{ijk}n_j D\delta u_k + D_j(n_i\tau_{ijk}\delta u_k) - D_j(n_i\tau_{ijk})\delta u_k]\mathrm{d}S \\ &= \int_S [n_i\tau_{ijk}n_j D\delta u_k + (D_l n_l)n_i n_j \tau_{ijk}\delta u_k - D_j(n_i\tau_{ijk})\delta u_k]\mathrm{d}S - \\ &\quad \oint_C n_i k_j \tau_{ijk}\delta u_k \mathrm{d}s\end{aligned} \tag{b}$$

式中，C 是 S 的边界，k_j 是 C 在 S 面内的单位法线向量。

将式 (b) 代入式 (a) 即可 (举例完)。

将类似的运算用于虚功方程，可以得到小变形平衡方程 (略去推导过程)：

$$\sigma_{ik,i} - \frac{1}{2}e_{jlk}m_{ij,il} - p_{i,ik} - \tau^{(1)}_{ijk,ij} + f_k = 0 \tag{12.19a}$$

或用不变性记法表示为

$$\boldsymbol{\nabla}\cdot\boldsymbol{\sigma} + \frac{1}{2}\boldsymbol{E}:(\boldsymbol{\nabla\nabla}\cdot\boldsymbol{m}) - \boldsymbol{\nabla\nabla}\cdot\boldsymbol{p} - \boldsymbol{\nabla\nabla}:\boldsymbol{\tau}^{(1)} + \boldsymbol{f} = \boldsymbol{0}$$

在已知外力边界 S_σ 或已知位移边界 S_u，满足边界条件

$$\left.\begin{aligned}&n_j\left(\sigma_{jk} - \frac{1}{2}e_{jkl}m_{il,i} - \delta_{jk}p_{i,i} - \tau^{(1)}_{ijk,i}\right) + (D_l n_l)(n_p p_p n_k + n_i n_j \tau^{(1)}_{ijk} + n_p n_q n_r \tau^{(1)}_{pqr} n_k) - \\ &\frac{1}{2}e_{jlk}D_l(n_p m_{pq} n_q n_j) - D_k(p_p n_p) - D_j(n_i\tau^{(1)}_{ijk}) - D_l(n_i n_j \tau^{(1)}_{ijl} n_k) = \bar{t}_k \quad 或 \quad u_k = \bar{u}_k \\ &n_i m_{ij} - (n_p m_{pq} n_q) n_j + e_{jlk} n_l n_p n_q \tau^{(1)}_{pqk} = \bar{q}_j \quad 或 \quad (\delta_{ij} - n_i n_j)\theta_i = \bar{\theta}_j \\ &n_i p_i + n_i n_j n_k \tau^{(1)}_{ijk} = \bar{r} \quad 或 \quad n_i n_j \varepsilon_{ij} = \bar{\varepsilon}_n\end{aligned}\right\} \tag{12.19b}$$

或用不变性记法表示为

$$\boldsymbol{n}\cdot\left[\boldsymbol{\sigma} - \frac{1}{2}\boldsymbol{E}\cdot(\boldsymbol{\nabla}\cdot\boldsymbol{m}) - \boldsymbol{\nabla}\cdot\boldsymbol{pI} - \boldsymbol{\nabla}\cdot\boldsymbol{\tau}^{(1)}\right] + \boldsymbol{D}\cdot\boldsymbol{n}(\boldsymbol{n}\cdot\boldsymbol{pn} + \boldsymbol{nn}:\boldsymbol{\tau}^{(1)} + \boldsymbol{nnn}\vdots\boldsymbol{\tau}^{(1)}\boldsymbol{n}) +$$

$$\frac{1}{2}\boldsymbol{E}:\boldsymbol{D}(\boldsymbol{n}\cdot\boldsymbol{m}\cdot\boldsymbol{nn})-\boldsymbol{D}(\boldsymbol{p}\cdot\boldsymbol{n})-\boldsymbol{D}\cdot(\boldsymbol{n}\cdot\boldsymbol{\tau}^{(1)})-\boldsymbol{D}\cdot(\boldsymbol{nn}:\boldsymbol{\tau}^{(1)}\boldsymbol{n})=\bar{\boldsymbol{t}} \quad 或 \quad \boldsymbol{u}=\overline{\boldsymbol{u}}$$

$$\boldsymbol{n}\cdot\boldsymbol{m}-\boldsymbol{n}\cdot\boldsymbol{m}\cdot\boldsymbol{nn}+2\boldsymbol{E}:(\boldsymbol{nnn}:\boldsymbol{\tau}^{(1)})=\overline{\boldsymbol{q}} \quad 或 \quad (\boldsymbol{I}-\boldsymbol{nn})\cdot\boldsymbol{\theta}=\overline{\boldsymbol{\theta}}$$

$$\boldsymbol{n}\cdot\boldsymbol{p}+\boldsymbol{nnn}\vdots\boldsymbol{\tau}^{(1)}=\overline{r} \quad 或 \quad \boldsymbol{nn}:\boldsymbol{\varepsilon}=\overline{\varepsilon}_n$$

式中，$\bar{t}_i$、$\bar{q}_i$ 或 $\overline{u}_i$、$\bar{\theta}_i$ 是给定的面力和面力偶或位移和转角，$\overline{\varepsilon}_n$、$\overline{r}$ 是给定的表面法向伸长率 (参见小变形下的式 (2.53)) 和相应的伸长应力。

在第 m 个相邻表面交界线 C_m，满足关系

$$\left.\begin{array}{c}\left[\!\left[\dfrac{1}{2}(n_p m_{pq} n_q)e_{jlk}n_j k_l+k_k(p_i n_i)+k_j n_i \tau^{(1)}_{ijk}+n_i n_j k_l \tau^{(1)}_{ijl} n_k\right]\!\right]=\overline{p'}_k \\ \text{或} \qquad u_k=\overline{u}_k\end{array}\right\} \tag{12.19c}$$

或用不变性记法表示为

$$\left[\!\left[\frac{1}{2}(\boldsymbol{n}\cdot\boldsymbol{m}\cdot\boldsymbol{n})\boldsymbol{nk}:\boldsymbol{E}+\boldsymbol{kp}\cdot\boldsymbol{n}+\boldsymbol{nk}:\boldsymbol{\tau}^{(1)}+\boldsymbol{nnk}\vdots\boldsymbol{\tau}^{(1)}\boldsymbol{n}\right]\!\right]=\overline{\boldsymbol{p'}} \quad 或 \quad \boldsymbol{u}=\overline{\boldsymbol{u}}$$

式中，记号 $[\![\ ]\!]$ 表示边界线两侧相应量的差值 (跳跃值)，$\overline{p'}$、$\overline{u}$ 是给定值。

上面给出小变形下应变梯度介质的平衡方程和边界条件，这是关于常规 (一阶) 应力 $\boldsymbol{\sigma}$ 和 3 个高阶应力 $\boldsymbol{p}$、$\boldsymbol{\tau}^{(1)}$、$\boldsymbol{m}$ 的一组复杂的线性方程，在内部平衡中考虑了它们的一阶和高阶变化，在边界平衡中引入了高阶面力和力偶。

12.2.3 应变梯度梁

在高阶理论中应用较多的是梁理论。假设梁的坐标系为 $\{x_i\}(i=1,2,3)$，对应 $\{x,y,z\}$，x 为梁的轴线，y、z 是宽度方向和高度方向，坐标面 1-2 是梁的中面 (参考面)；位移为 u_i，对应 u、v、w，如图 12.1 所示。与普通梁理论类似，应变梯度梁在 y 方向采用平面应力或平面应变假设，所以相关的应力或应变为零，位移 v 不是变量；在 z 方向，假设位移是坐标 z 的函数，因而有 Euler-Bernoulli 梁、Timoshenko 梁和高阶剪切理论梁等，因此理论的建立与普通梁类似。与普通梁理论不同的是，新引入了高阶变形 γ_i、$\eta^{(1)}_{ijk}$、χ_{ij} 和与之共轭的高阶应力 p_i、$\tau^{(1)}_{ijk}$、m_{ij}，因此应变梯度梁理论需要考虑高阶变量带来的变化。

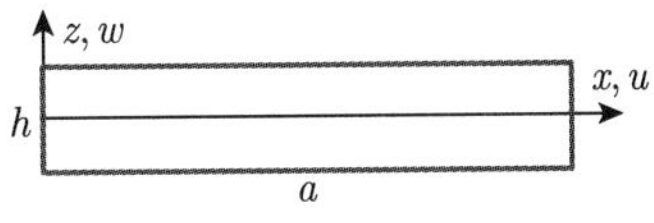

图 12.1 应变梯度梁

下面讨论平面应变梁，即在很大的宽度中考虑单位宽度。

12.2.3.1 平衡方程

对于平面应力和平面应变问题，式 (12.19a,b,c) 中的变量只需考虑

$$\sigma_{11},\sigma_{13},\sigma_{33};\ \ p_1,p_3;\ \ \tau^{(1)}_{111},\tau^{(1)}_{113},\tau^{(1)}_{133},\tau^{(1)}_{333};\ \ m_{12},m_{32} \tag{12.20}$$

所以应变梯度平面问题的三维平衡方程和边界条件为

$$\left.\begin{aligned}&(\sigma_{11}-p_{1,1}-\tau^{(1)}_{111,1})_{,1}+\left(\sigma_{13}-\frac{1}{2}m_{12,1}-p_{3,1}-2\tau^{(1)}_{113,1}-\frac{1}{2}m_{32,3}-\tau^{(1)}_{133,3}\right)_{,3}=0\\&\left(\sigma_{33}+\frac{1}{2}m_{32,1}-p_{1,1}-2\tau^{(1)}_{133,1}-p_{3,3}-\tau^{(1)}_{333,3}\right)_{,3}+\left(\sigma_{13}+\frac{1}{2}m_{12,1}-\tau^{(1)}_{113,1}\right)_{,1}=0\end{aligned}\right\} \tag{12.21a}$$

$$\left.\begin{aligned}&\sigma_{33}-p_{1,1}-p_{3,3}-3\tau^{(1)}_{133,1}-\tau^{(1)}_{333,3}=q_{\pm h/2}\\&\sigma_{13}-\frac{1}{2}m_{12,1}-2\tau^{(1)}_{113,1}-p_{3,1}-\frac{1}{2}m_{32,3}-\tau^{(1)}_{133,3}=0\\&m_{32}+2\tau^{(1)}_{113,1}=0,\qquad p_3+\tau^{(1)}_{333}=0\end{aligned}\right\}\ \forall z=h/2 \tag{12.21b}$$

$$\left.\begin{aligned}&\sigma_{11}-p_{1,1}-\tau^{(1)}_{111,1}-p_{3,3}-3\tau^{(1)}_{113,3}=\bar{t}_1\\&\sigma_{13}+\frac{1}{2}m_{12,1}-\tau^{(1)}_{113,1}+\frac{1}{2}m_{23,3}-p_{1,3}-2\tau^{(1)}_{133,3}=\bar{t}_3\\&m_{12}-2\tau^{(1)}_{113}=\overline{g}_2,\qquad p_1+\tau^{(1)}_{111}=\overline{r}\\&\pm(p_3+3\tau^{(1)}_{113})=\overline{P}_1,\quad \pm(p_3+3\tau^{(1)}_{113})=\overline{P}_3\quad \forall z=\pm h/2\end{aligned}\right\}\ \forall x=0,a \tag{12.21c}$$

式中，$\bar{q}_{\pm h/2}$ 是上下表面单位面积法向载荷 (假设无切向载荷、无体积力)；$\bar{t}_1$、$\bar{t}_3$、$\overline{g}_2$、$\overline{r}$ 是左右端面单位面积 x、z 向载荷和两个高阶载荷；$\overline{P}_1$、$\overline{P}_3$ 是上下表面与左右端面交线上的单位长度载荷。

Lam 等人 [74] 引入下列单位宽度矩形横截面应力的合力与合力矩：

$$\left.\begin{aligned}&N=\int_{-h/2}^{h/2}\sigma_{11}\mathrm{d}z,\qquad Q=\int_{-h/2}^{h/2}\left(\sigma_{13}+\frac{1}{2}m_{12,1}-\tau^{(1)}_{113,1}\right)\mathrm{d}z\\&M=\int_{-h/2}^{h/2}(z\sigma_{11}+m_{12}+p_3+\tau^{(1)}_{113})\mathrm{d}z\\&N^h=\int_{-h/2}^{h/2}(p_1+\tau^{(1)}_{111})\mathrm{d}z,\qquad M^h=\int_{-h/2}^{h/2}z(p_1+\tau^{(1)}_{111})\mathrm{d}z\end{aligned}\right\} \tag{12.22}$$

式中，N、Q、M 是单位宽度的轴力、剪力和弯矩；N^h、M^h 是高阶轴力和弯矩。

内力和内力矩满足平衡条件 (假设无体力和分布切向力) 和边界条件

$$N_{,x}-N^h_{,xx}=0,\qquad Q_{,x}+\overline{q}=0,\qquad M_{,x}-M^h_{,xx}-Q=0 \tag{12.23a}$$

$$\left.\begin{aligned}&N-N^h_{,x}=\overline{N}\equiv\int_{-h/2}^{h/2}\bar{t}_1\mathrm{d}z+\overline{P}_1\big|_{z=-h/2}+\overline{P}_1\big|_{z=h/2}\\&Q=\overline{Q}\equiv\int_{-h/2}^{h/2}\bar{t}_3\mathrm{d}z+\overline{P}_3\big|_{z=-h/2}+\overline{P}_3\big|_{z=h/2}\\&M-M^h_{,x}=\overline{M}\equiv\int_{-h/2}^{h/2}(z\bar{t}_1+\bar{g}_2)\mathrm{d}z+\frac{h}{2}\overline{P}_1\Big|_{z=-h/2}+\frac{h}{2}\,\overline{P}_1\big|_{z=h/2}\\&N^h=\overline{N}^h\equiv\int_{-h/2}^{h/2}\bar{r}\mathrm{d}z,\qquad M^h=\overline{M}^h\equiv\int_{-h/2}^{h/2}z\bar{r}\mathrm{d}z\end{aligned}\right\}\tag{12.23b}$$

可以验证式 (12.23a, b) 是式 (12.21a, b, c) 沿厚度或乘以 z 沿厚度的积分。式 (12.23a) 分别是梁的微段在 x, z 方向的平衡方程和力矩的平衡方程，式 (12.23b) 是两端的力边界条件。两端的位移边界条件是给定的中面位移 $u, w(z=0)$、端面转角和伸长率的和以及矩。

12.2.3.2 本构方程及其位移表示

由式 (12.17)，二维应变梯度本构方程为

$$\sigma_{ij}=\lambda\delta_{ij}\tilde{\varepsilon}+2\mu\varepsilon_{ij},\quad p_i=2\mu l_0^2\tilde{\varepsilon}_{,i},\quad \tau^{(1)}_{ijk}=2\mu l_1^2\eta^{(1)}_{ijk},\quad m_{2j}=2\mu l_2^2\chi_{2j}\tag{12.24}$$

式中，下标 i、j、k 取 1,3；$\tilde{\varepsilon}=c(\varepsilon_{11}+\varepsilon_{33})$ 平面应变时 $c=1$，平面应力时 $c=1-\nu$。

利用三维应变定义，可以得到平面问题应变–位移关系

$$\left.\begin{aligned}&\varepsilon_{ij}=(u_{j,i}+u_{i,j})/2,\qquad \tilde{\varepsilon}_{,i}=cu_{m,mi},\qquad \chi_{2j}=\frac{1}{4}e_{2pq}u_{q,jp}\\&\eta^{(1)}_{ijk}=\frac{1}{3}(u_{k,ij}+u_{i,jk}+u_{j,ki})-\frac{2c}{15}(\delta_{ij}u_{m,mk}+\delta_{jk}u_{m,mi}+\delta_{ki}u_{m,mj})-\\&\qquad\frac{c'}{15}(\delta_{ij}u_{k,mm}+\delta_{jk}u_{i,mm}+\delta_{ki}u_{j,mm})\end{aligned}\right\}\tag{12.25}$$

式中，所有下标取 1,3；在平面应变时系数 $c'=1$，在平面应力时，若 $i=j=k$，则 $c'=c$，否则 $c'=1$。

将式 (12.25) 代入式 (12.24)，在利用式 (12.22) 建立内力本构关系时，需要假设位移沿厚度的分布。为此，可采用幂级数展开的渐近法表示位移随厚度的变化，在平面应变假设下 $(v=0)$，令

$$u=\sum_{i=0}^{\infty}a_i(x)z^i,\qquad w=\sum_{i=0}^{\infty}b_i(x)z^i\tag{12.26}$$

可以给出低阶近似的内力形式的本构关系、平衡方程和边界条件 (不考虑轴向力)

$$M=D\kappa,\quad M^h=D^h\kappa^h,\qquad \kappa=-w_{0,xx},\quad \kappa^h=-w_{0,xxx}\tag{12.27a}$$

$$M_{,xx}-M^h_{,xxx}-\overline{q}=0\tag{12.27b}$$

$$\left.\begin{aligned}&Q=M_{,x}-M^h_{,xx}=\overline{Q}\quad 或\quad w_0=\overline{w}_0\\&M-M^h_{,x}=\overline{M}\quad 或\quad w_{0,x}=\overline{w}_{0,x}\\&M^h=0\quad 或\quad w_{0,xx}=\overline{w}_{0,xx}\end{aligned}\right\}\ (在\ x=0,a)\tag{12.27c}$$

式中

$$\left.\begin{aligned}&D=D_0(1+b_h^2/h^2),\qquad D^h=D_0\delta^2,\qquad D_0=Eh^3/[12(1-\nu^2)]\\&b_h^2=6(1-2\nu)l_0^2+\frac{2}{5}(4-\nu)l_1^2+3(1-\nu)l_2^2\\&\delta^2=\frac{l_0^2}{2}(1-2\nu)+\frac{l_1^2}{10}\left(\frac{8l_1^2}{15}+\frac{l_2^2}{4}\right)^{-1}\left[\left(\frac{2l_1^2}{3}+\frac{l_2^2}{2}\right)-\left(\frac{2l_1^2}{3}-\frac{l_2^2}{4}\right)\nu\right]\end{aligned}\right\}\tag{12.28}$$

式 (12.28) 表明，应变梯度的影响是弯曲刚度提高，即 $D>D_0$ (D_0 是经典梁的弯曲刚度)。

12.3 悬臂梁弯曲实验、理论的验证

考虑一平面应力悬臂梁，材料是环氧树脂，长度和高度分别为 a、h，宽度为 b(计算中取 1)，在自由端受剪力 $\overline{Q}$ 作用 (图 12.2)。将式 (12.27a) 代入式 (12.27b)，得到中面位移 w_0 的 6 阶常微分方程和 6 个边界条件：

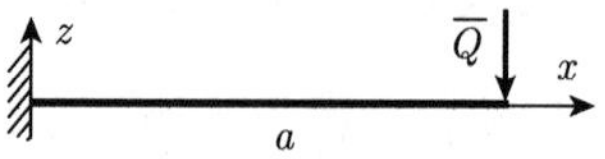

图 12.2 悬臂梁弯曲

$$\begin{aligned}&Dw_{0,xxxx}+D^hw_{0,xxxxxx}=0\\&w_0=w_{0,x}=0,\qquad M^h=0\quad(x=0)\\&M_{,x}-M^h_{,xx}=\overline{Q},\qquad M-M^h_{,x}=0,\qquad M^h=0\quad(x=a)\end{aligned}$$

可以求得上述方程的解

$$w_0=w_c+\frac{\overline{Q}}{D}\left[\varepsilon^2x+\varepsilon^3\left(\frac{\mathrm{e}^{(a-x)/\varepsilon}+\mathrm{e}^{-(a-x)/\varepsilon}-\mathrm{e}^{x/\varepsilon}+\mathrm{e}^{-x/\varepsilon}}{\mathrm{e}^{a/\varepsilon}-\mathrm{e}^{-a/\varepsilon}}+\frac{1-\mathrm{e}^{a/\varepsilon}}{1+\mathrm{e}^{a/\varepsilon}}\right)\right]\tag{12.29}$$

式中，$w_c=\dfrac{\overline{Q}}{D}\left(\dfrac{1}{6}x^3-\dfrac{1}{2}ax^2\right)$ 是经典梁挠度的 D_0/D 倍；$\varepsilon^2=\dfrac{D^h}{D}=\dfrac{(\delta/h)^2}{1+(b_h/h)^2}h^2$；$b_h$、$\delta$ 是 l_0、l_1、l_2 和 ν 的函数，见式 (12.28)。

注意到 $\varepsilon\ll a$，端点挠度为

$$w_0(a)=\frac{\overline{Q}}{D}\left(-\frac{1}{3}a^3+\varepsilon^2a+2\varepsilon^3\frac{2-\mathrm{e}^{a/\varepsilon}}{\mathrm{e}^{a/\varepsilon}-\mathrm{e}^{-a/\varepsilon}}\right)\approx-\frac{\overline{Q}a^3}{3D}\tag{12.30}$$

由式 (12.30) 可见，测定 $\boldsymbol{w}_0(a)$ 便可测得应变梯度悬臂梁的弯曲刚度。按应变梯度理论预测的弯曲刚度为式 (12.28)，与经典弯曲刚度的理论比值 (假设 $l_0=l_1=l_2=l$) 是

$$D/D_0=1+b_h^2/h^2=1+(10.6-15.4\nu)l^2/h^2\tag{12.31}$$

图 12.3 和图 12.4 中给出一组精细实验的结果及其与理论分析结果的比较。图 12.3 为弹性模量随厚度的变化，其中拉伸弹性模量是拉伸实验结果，可见没有应变梯度时不存在尺寸效应；弯曲弹性模量是根据弯曲刚度进行尺寸效应理论修正后的结果，可见两者一

致性良好。这也说明理论预测的合理性。图 12.4 给出 4 种不同厚度时悬臂梁弯曲刚度 $D'(D/h^3)$ 的测量结果 (空心点) 及其与应变梯度理论预测曲线 (细实线) 和经典理论结果 (粗实线) 的比较，预测曲线计算中假设内部尺寸参数 $b_h = 24\mu\text{m}$。图 12.4 表明，随纳米级厚度的减小，应变梯度尺寸效应使弯曲刚度显著增大，理论预测曲线与实验结果符合良好。

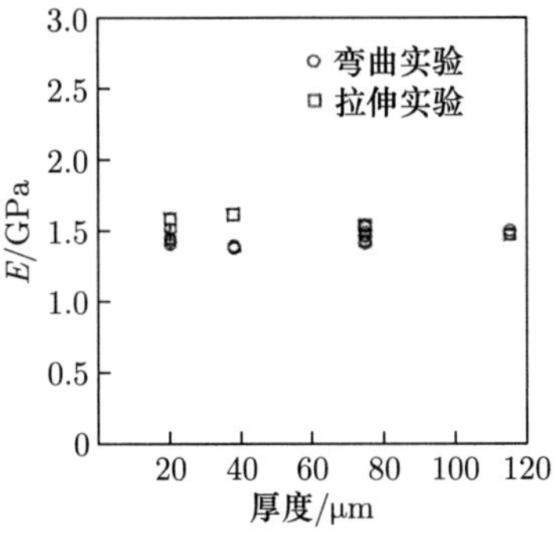

图 12.3 拉伸和弯曲弹性模量随厚度的变化 [74]

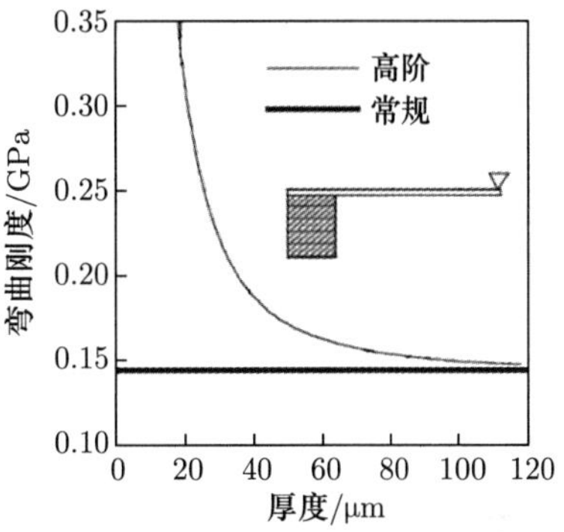

图 12.4 应变梯度梁与常规梁的弯曲刚度 $D'(D/h^2)$ 随厚度的变化 (理论与实验比较)[74]

由式 (12.31) 理论分析结果可见，微尺度结构的应变梯度尺寸效应还与材料性质有关，特别是泊松比有重要影响，随泊松比的减小，尺寸效应加大。

12.4 非局部应变梯度弹性理论

非局部理论和应变梯度理论都能反映微纳米材料和微纳米结构的尺寸效应，但描述完全不同的物理属性，为了将两个理论联系起来统一表示内部尺寸的影响，Lim 等人 (2015) [76] 考虑应变场和应变梯度场的非局部效应，作为一种高阶非局部应变梯度弹性系统，同时引入非局部和应变梯度两种尺寸效应。本节根据文献 [76] 简单介绍该理论。

12.4.1 热力学框架、本构关系

由式 (11.50)，任一点 $\boldsymbol{x}$ 的非局部应力为

$$\sigma_{ij} = C_{ijkl}\int_V \alpha_0(|\boldsymbol{x}-\boldsymbol{x}'|, e_0 a)\varepsilon'_{kl}\mathrm{d}V' \tag{12.32}$$

式中，σ_{ij} 是非局部应力 (即式 (11.50) 中的 t_{ij})，C_{ijkl} 是弹性模量，α_0 是核函数，e_0、a 是无量纲材料常数和非局部内部长度。

将上式推广，考虑应变梯度场的影响，引入高阶应力张量

$$\sigma^{(1)}_{ijm} = C_{ijkl}\int_V \alpha_1(|\boldsymbol{x}-\boldsymbol{x}'|, e_1 a)\varepsilon'_{kl,m}\mathrm{d}V' \tag{12.33}$$

式中，$\varepsilon'_{kl,m}$ 是 $\boldsymbol{x}'$ 点的应变梯度，α_1、e_1 是高阶核函数和高阶材料常数。

上述本构关系可以从热力学框架推导得出。假设任一点 $\boldsymbol{x}$ 的内能密度为

$$e=\frac{1}{2}\varepsilon_{ij}C_{ijkl}\int_V\alpha_0(|\boldsymbol{x}-\boldsymbol{x}'|,e_0a)\varepsilon'_{kl}\mathrm{d}V'+\frac{l^2}{2}\varepsilon_{ij,m}C_{ijkl}\int_V\alpha_1(|\boldsymbol{x}-\boldsymbol{x}'|,e_1a)\varepsilon'_{kl,m}\mathrm{d}V' \tag{12.34}$$

将率形式的非局部能量守恒定律式 (11.15a) 推广，考虑高阶应力的功率，有

$$\rho\dot{e}=\sigma_{kl}\dot{\varepsilon}_{kl}+\sigma^{(1)}_{klm}\dot{\varepsilon}_{kl,m}-\boldsymbol{\nabla}\cdot\boldsymbol{q}+\rho h+\rho\hat{h} \tag{12.35}$$

式中，$\sigma_{kl}\dot{\varepsilon}_{kl}$ 和 $\sigma^{(1)}_{klm}\dot{\varepsilon}_{kl,m}$ 是应力和高阶应力的功率。

非局部熵不等式为式 (11.20a)

$$\rho\dot{\eta}+\boldsymbol{\nabla}\cdot(\boldsymbol{q}/\theta)-\rho h/\theta-\hat{\gamma}\geqslant 0$$

引入 Helmholtz 自由能 $\psi=e-\theta\eta$，将 $\dot{\eta}=(\dot{e}-\dot{\theta}\eta-\dot{\psi})/\theta$ 代入上式，利用式 (12.35) 消去内能 e，注意到剩余量的积分为零，得到上式的积分形式

$$\int_V(-\rho\dot{\psi}-\rho\eta\dot{\theta}+\sigma_{kl}\dot{\varepsilon}_{kl}+\sigma^{(1)}_{klm}\dot{\varepsilon}_{kl,m}-q_k\theta_{,k}/\theta)\mathrm{d}V\geqslant 0 \tag{12.36}$$

对于等温过程，$\dot{\theta}=\theta_{,k}=0$，有

$$\int_V(-\rho\dot{\psi}+\sigma_{kl}\dot{\varepsilon}_{kl}+\sigma^{(1)}_{klm}\dot{\varepsilon}_{kl,m})\mathrm{d}V\geqslant 0 \tag{12.37}$$

任一点 $\boldsymbol{x}$ 的单位体积非局部自由能可以表示为

$$\rho\psi(\boldsymbol{x})=\int_V F[\varepsilon_{kl}(\boldsymbol{x}'),\varepsilon_{kl,m}(\boldsymbol{x}'),\boldsymbol{x}';\varepsilon_{kl}(\boldsymbol{x}),\varepsilon_{kl,m}(\boldsymbol{x}),\boldsymbol{x}]\mathrm{d}V' \tag{12.38}$$

只要给定函数 F，将 $\dot{\psi}$ 代入式 (12.37)，便可利用时间变率的任意性，给出本构关系。如果取自由能为式 (12.34)，便可得到本构关系

$$\boldsymbol{\sigma}=\int_V\alpha_0(\boldsymbol{x}',\boldsymbol{x},e_0a)\boldsymbol{C}:\boldsymbol{\varepsilon}'\mathrm{d}V',\quad \boldsymbol{\sigma}^{(1)}=l^2\int_V\alpha_1(\boldsymbol{x}',\boldsymbol{x},e_1a)\boldsymbol{C}:\boldsymbol{\nabla}\boldsymbol{\varepsilon}'\mathrm{d}V' \tag{12.39}$$

即前面假设的本构关系式 (12.32) 和式 (12.33)。式中有 3 个材料参数：e_0a、e_1a、l，前两个是衰减因子，后一个是应变梯度内部长度尺度。上述推导表明，非局部应力 $\boldsymbol{\sigma}$ 与非局部高阶应力 $\boldsymbol{\sigma}^{(1)}$ 分别是应变 $\boldsymbol{\varepsilon}$ 与应变梯度 $\boldsymbol{\nabla}\boldsymbol{\varepsilon}$ 的功共轭变量。

一维本构方程为

$$\sigma_{xx}=\int_0^L E\alpha_0(x,x',e_0a)\varepsilon'_{xx}\mathrm{d}x',\quad \sigma^{(1)}_{xx}=l^2\int_0^L E\alpha_1(x,x',e_1a)\varepsilon'_{xx,x}\mathrm{d}x' \tag{12.40}$$

将式 (12.40) 代入一维总应力 $t_{xx}=\sigma_{xx}-\sigma^{(1)}_{xx,x}$，得到积分本构关系。利用式 (11.57)、式 (12.40) 可以借助算子 $\mathfrak{L}_i=1-(e_ia)^2\nabla^2$ 表示为微分形式

$$[1-(e_0a)^2\nabla^2]\sigma_{xx}=E\varepsilon_{xx},\quad [1-(e_1a)^2\nabla^2]\sigma^{(1)}_{xx}=E\varepsilon_{xx,x} \tag{12.40a}$$

式 (12.40a) 两端分别前乘算子 $\mathfrak{L}_1$ 和 $\mathfrak{L}_0$、相加，得到总应力一维微分本构关系

$$[1-(e_1a)^2\nabla^2][1-(e_0a)^2\nabla^2]t_{xx}=E[1-(e_1a)^2\nabla^2]\varepsilon_{xx}-El^2[1-(e_0a)^2\nabla^2]\varepsilon_{xx,xx} \quad (12.41)$$

假设 $e_0=e_1=e$，保留到 ∇^2，上式简化为

$$[1-(ea)^2\nabla^2]t_{xx}=E(\varepsilon_{xx}-l^2\varepsilon_{xx,xx}) \quad (12.41a)$$

如果 $ea=0$ 或 $l=0$，上述式分别退化为一维应变梯度理论或一维非局部理论。

12.4.2 基本方程

在单位体积体力、面力和高阶面力 $\boldsymbol{f},\boldsymbol{t}^{(0)},\boldsymbol{t}^{(1)}$ 作用下，Hamilton 原理给出

$$\delta\Pi_{\mathrm{H}}=\delta\int_{t_1}^{t_2}(w+T-W)\mathrm{d}t=0 \quad (12.42)$$

式中，w、T、W 是体积 V 的外力功、动能和应变能，分别如下。

$$w=\int_V \boldsymbol{f}\cdot\boldsymbol{u}\mathrm{d}V+\int_S(\boldsymbol{t}^{(0)}\cdot\boldsymbol{u}+\boldsymbol{t}^{(1)}\cdot D\boldsymbol{u})\mathrm{d}S \quad (\text{其中}, D=\boldsymbol{n}\cdot\boldsymbol{\nabla}\text{是法向梯度算子})$$

$$\delta\int_{t_1}^{t_2}w\mathrm{d}t=\int_{t_1}^{t_2}\left[\int_V \boldsymbol{f}\cdot\delta\boldsymbol{u}\mathrm{d}V+\int_S(\boldsymbol{t}^{(0)}\cdot\delta\boldsymbol{u}+\boldsymbol{t}^{(1)}\cdot D\delta\boldsymbol{u})\mathrm{d}S\right]\mathrm{d}t \quad (12.42a)$$

$$T=\int_V\frac{1}{2}\rho\dot{\boldsymbol{u}}\cdot\dot{\boldsymbol{u}}\mathrm{d}V$$

假设 $\delta\boldsymbol{u}(t_1)=\delta\boldsymbol{u}(t_2)=\boldsymbol{0}$，利用分部积分，有

$$\begin{aligned}\delta\int_{t_1}^{t_2}T\mathrm{d}t&=\delta\int_{t_1}^{t_2}\int_V\frac{1}{2}\rho\dot{\boldsymbol{u}}\cdot\dot{\boldsymbol{u}}\mathrm{d}V\mathrm{d}t=\int_V\int_{t_1}^{t_2}\int_V\rho\dot{\boldsymbol{u}}\cdot\delta\dot{\boldsymbol{u}}\mathrm{d}t\mathrm{d}V\\&=\int_V\rho\left[\dot{\boldsymbol{u}}\cdot\delta\dot{\boldsymbol{u}}\big|_{t_1}^{t_2}-\int_{t_1}^{t_2}\ddot{\boldsymbol{u}}\cdot\delta\boldsymbol{u}\mathrm{d}t\right]\mathrm{d}V=-\int_{t_1}^{t_2}\int_V\rho\ddot{\boldsymbol{u}}\cdot\delta\boldsymbol{u}\mathrm{d}V\mathrm{d}t\end{aligned} \quad (12.42b)$$

在等温情况下，弹性应变能为 $W=\int_V\rho\psi\mathrm{d}V$，$\psi$ 是单位质量的自由能 (见第 6.4.2 小节)，取自由能为式 (12.34)，即

$$\rho\psi=\frac{1}{2}\boldsymbol{\varepsilon}:\int_V\alpha_0(\boldsymbol{x}',\boldsymbol{x},e_0a)\boldsymbol{C}:\boldsymbol{\varepsilon}'\mathrm{d}V'+\frac{l^2}{2}\boldsymbol{\nabla}\boldsymbol{\varepsilon}\vdots\int_V\alpha_1(\boldsymbol{x}',\boldsymbol{x},e_1a)\boldsymbol{C}:\boldsymbol{\nabla}\boldsymbol{\varepsilon}'\mathrm{d}V'$$

注意到 $\sigma_{ij}=\sigma_{ji}$，$\sigma_{ijk}=\sigma_{jik}$，利用加法分解 $\boldsymbol{\nabla}\delta\boldsymbol{u}=\delta\boldsymbol{\varepsilon}+\delta\boldsymbol{w}$，可得

$$\delta W=\int_V(\boldsymbol{\sigma}:\boldsymbol{\nabla}\delta\boldsymbol{u}+\boldsymbol{\sigma}^{(1)}\vdots\boldsymbol{\nabla}\boldsymbol{\nabla}\delta\boldsymbol{u})\mathrm{d}V \quad (12.42c)$$

对于式 (12.42c) 积分中的两项应用和两次应用散度定理，有

$$
\begin{aligned}
\delta W=&\int_S(\boldsymbol{n}\cdot\boldsymbol{\sigma})\cdot\delta\boldsymbol{u}\mathrm{d}S-\int_V(\boldsymbol{\nabla}\cdot\boldsymbol{\sigma})\cdot\delta\boldsymbol{u}\mathrm{d}V+\int_S(\boldsymbol{n}\cdot\boldsymbol{\sigma}^{(1)}):\boldsymbol{\nabla}\delta\boldsymbol{u}\mathrm{d}S-\\
&\int_S(\boldsymbol{n}\cdot\boldsymbol{\nabla}\cdot\boldsymbol{\sigma}^{(1)})\cdot\delta\boldsymbol{u}\mathrm{d}S+\int_V(\boldsymbol{\nabla}\cdot\boldsymbol{\nabla}\cdot\boldsymbol{\sigma}^{(1)})\cdot\delta\boldsymbol{u}\mathrm{d}V\\
=&-\int_V[\boldsymbol{\nabla}\cdot(\boldsymbol{\sigma}-\boldsymbol{\nabla}\cdot\boldsymbol{\sigma}^{(1)})]\cdot\delta\boldsymbol{u}\mathrm{d}V+\int_S[\boldsymbol{n}\cdot(\boldsymbol{\sigma}-\boldsymbol{\nabla}\cdot\boldsymbol{\sigma}^{(1)})]\cdot\delta\boldsymbol{u}\mathrm{d}S+\\
&\int_S(\boldsymbol{n}\cdot\boldsymbol{\sigma}^{(1)}):\boldsymbol{\nabla}\delta\boldsymbol{u}\mathrm{d}S
\end{aligned}
$$

将第 3 项积分内的梯度分解为表面内梯度 $\tilde{\boldsymbol{\nabla}}$ 和法向梯度 $\boldsymbol{n}D$，即 $\boldsymbol{\nabla}=\tilde{\boldsymbol{\nabla}}+\boldsymbol{n}D$，得到

$$
\begin{aligned}
\delta W=&-\int_V[\boldsymbol{\nabla}\cdot(\boldsymbol{\sigma}-\boldsymbol{\nabla}\cdot\boldsymbol{\sigma}^{(1)})]\cdot\delta\boldsymbol{u}\mathrm{d}V+\\
&\int_S[\boldsymbol{n}\cdot(\boldsymbol{\sigma}-\boldsymbol{\nabla}\cdot\boldsymbol{\sigma}^{(1)})+\boldsymbol{L}\cdot(\boldsymbol{n}\cdot\boldsymbol{\sigma}^{(1)})]\cdot\delta\boldsymbol{u}\mathrm{d}S+\int_S(\boldsymbol{nn}:\boldsymbol{\sigma}^{(1)})\cdot D\delta\boldsymbol{u}\mathrm{d}S
\end{aligned}
\tag{12.42d}
$$

式中，算子 $\boldsymbol{L}=\boldsymbol{n}\tilde{\boldsymbol{\nabla}}\cdot\boldsymbol{n}-\tilde{\boldsymbol{\nabla}}$。

将式 (12.42a,b,d) 代入式 (12.42)，得到

$$
\begin{aligned}
\delta\int_{t_1}^{t_2}\Pi_{\mathrm{H}}\mathrm{d}t=\int_{t_1}^{t_2}\bigg\{&\int_V\left[\boldsymbol{\nabla}\cdot\left(\boldsymbol{\sigma}-\boldsymbol{\nabla}\cdot\boldsymbol{\sigma}^{(1)}\right)+\boldsymbol{f}-\rho\ddot{\boldsymbol{u}}\right]\cdot\delta\boldsymbol{u}\mathrm{d}V-\\
&\int_S\left[\boldsymbol{n}\cdot\left(\boldsymbol{\sigma}-\boldsymbol{\nabla}\cdot\boldsymbol{\sigma}^{(1)}\right)+\boldsymbol{L}\cdot\left(\boldsymbol{n}\cdot\boldsymbol{\sigma}^{(1)}\right)-\boldsymbol{t}^{(0)}\right]\cdot\delta\boldsymbol{u}\mathrm{d}S-\\
&\int_S\left(\boldsymbol{nn}:\boldsymbol{\sigma}^{(1)}-\boldsymbol{t}^{(1)}\right)\cdot D\delta\boldsymbol{u}\mathrm{d}S\bigg\}\mathrm{d}t=0
\end{aligned}
\tag{12.43}
$$

式 (12.43) 给出非局部应变梯度介质的线弹性平衡方程和边界条件

$$\boldsymbol{\nabla}\cdot\boldsymbol{t}+\boldsymbol{f}-\rho\ddot{\boldsymbol{u}}=\boldsymbol{0},\quad \boldsymbol{t}=\boldsymbol{\sigma}-\boldsymbol{\nabla}\cdot\boldsymbol{\sigma}^{(1)} \tag{12.44}$$

$$\boldsymbol{n}\cdot\boldsymbol{t}+\boldsymbol{L}\cdot(\boldsymbol{n}\cdot\boldsymbol{\sigma}^{(1)})=\overline{\boldsymbol{t}}^{(0)},\quad \boldsymbol{nn}:\boldsymbol{\sigma}^{(1)}=\overline{\boldsymbol{t}}^{(1)}\quad (\text{在}S_t\text{上}) \tag{12.44a}$$

$$\boldsymbol{u}=\overline{\boldsymbol{u}},\quad D\boldsymbol{u}=\overline{\boldsymbol{u}}^{(1)}\quad (\text{在}S_u\text{上}) \tag{12.44b}$$

式中，$\boldsymbol{t}$ 是总应力张量；$\overline{\boldsymbol{t}}^{(0)}$、$\overline{\boldsymbol{t}}^{(1)}$、$\overline{\boldsymbol{u}}$、 $\overline{\boldsymbol{u}}^{(1)}$ 分别是已知外力表面上给定的面力、高阶面力以及已知位移表面上给定的位移、法向位移梯度。

式 (12.44)、式 (12.44a,b) 和本构关系式 (12.39) 或它的微分形式 (式 (12.40a)) 是线弹性非局部应变梯度理论的基本方程。

12.4.3 非局部应变梯度梁

本节将上述三维理论，并考虑几何非线性用于 Euler-Bernoulli 梁。取坐标轴 x,z 为梁的轴线和截面高度方向，相应的位移为 u,w，根据 E-B 梁的基本假设，横截面的应变和应

力线性分布，截面任一点应变 ε_{xx}、截面中心应变 ε_{0xx}、截面轴力和弯矩、高阶轴力和弯矩为

$$\left.\begin{array}{l}\varepsilon_{xx}=\varepsilon_{0xx}-zw_{,xx},\quad \varepsilon_{0xx}=u_{,x}+\dfrac{1}{2}w_{,x}^2\\ N=\displaystyle\int_A t_{xx}\mathrm{d}A,\quad M=\int_A zt_{xx}\mathrm{d}A,\quad N^{(1)}=\int_A \sigma_{xx}^{(1)}\mathrm{d}A,\quad M^{(1)}=\int_A z\sigma_{xx}^{(1)}\mathrm{d}A\end{array}\right\}\tag{12.45}$$

用下面的变形后单元体受力分析 (图 12.5)，可以推导平衡方程。

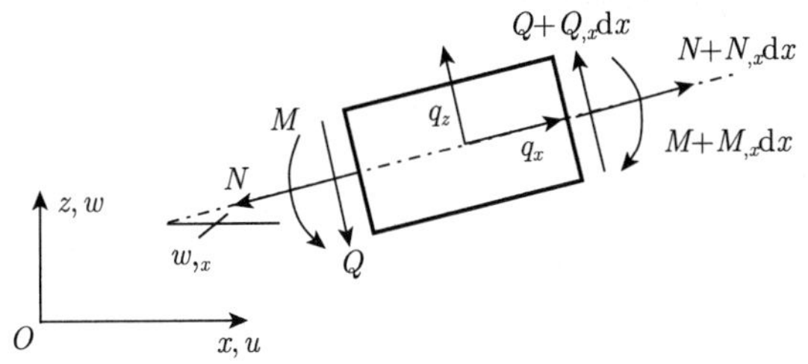

图 12.5 梁单元体受力分析

变形后轴线切向平衡，给出

$$N_{,x}+q_x=0\tag{12.46a}$$

变形后轴线法向平衡，给出

$$Q_{,x}+Nw_{,xx}+q_z=0\tag{12.46b}$$

力矩平衡方程为 $Q=M_{,x}$，代入上式，得到

$$M_{,xx}+Nw_{,xx}+q_z=0\tag{12.46c}$$

式中，q_x、q_z 是变形轴线的切向和法向载荷，近似等于单位长度外载荷 p_x、p_z 和惯性力

$$q_x\approx p_x-\rho\ddot{u},\quad q_z\approx p_z-\rho\ddot{w}\tag{12.46d}$$

边界条件和初始条件是

$$\left.\begin{array}{l}x=0,L:u=0\quad 或\quad N=\overline{N}\\ \qquad\qquad u_{,x}=0\quad 或\quad N^{(1)}=\overline{N}^{(1)}\\ x=0,L:w=0\quad 或\quad Q=M_{,x}+Nw_{,x}=\overline{Q}\\ \qquad\qquad w_{,x}=0\quad 或\quad M=\overline{M}\\ \qquad\qquad w_{,xx}=0\quad 或\quad M^{(1)}=\overline{M}^{(1)}\\ t=t_1,t_2:u=0\quad 或\quad \dot{u}=0,\quad w=0\quad 或\quad \dot{w}=0\end{array}\right\}\tag{12.47}$$

利用式 (12.41a) 和式 (12.45)，得到内力本构关系

$$\left.\begin{array}{l}\left[1-(ea)^2\nabla^2\right]N=EA(\varepsilon_{0xx}-l^2\varepsilon_{0xx,xx})\\ \left[1-(ea)^2\nabla^2\right]M=-EI(w_{,xx}-l^2w_{,xxxx})\end{array}\right\}\tag{12.48}$$

将上式代入平衡方程式 (12.46a,c)，得到位移表示的运动方程

$$EA[u_{,xx}+w_{,x}w_{,xx}-l^2(u_{,xxxx}+3w_{,xx}w_{,xxx}+w_{,x}w_{,xxxx})]+[1-(ea)^2\nabla^2]q_x=0 \quad (12.49a)$$

$$-EI(w_{,xxxx}-l^2w_{,xxxxxx})+EA[u_{,x}+w_{,x}^2/2-l^2(u_{,xxx}+w_{,xx}^2+w_{,x}w_{,xxx})]w_{,xx}+$$
$$(1-(ea)^2\nabla^2)q_z=0 \quad (12.49b)$$

将式 (12.48) 代入式 (12.47)，得到位移表示的边界条件。

在线弹性情况下，E-B 梁的平衡方程为

$$EA(u_{,xx}-l^2u_{,xxxx})+[1-(ea)^2\nabla^2](p_x-\rho\ddot{u})=0 \quad (12.50a)$$

$$-EI(w_{,xxxx}-l^2w_{,xxxxxx})+[1-(ea)^2\nabla^2](p_z-\rho\ddot{w})=0 \quad (12.50b)$$

以轴向压缩的简支梁为例，边界条件为

$$\left.\begin{array}{l} x=0:\ \ u=u_{,xx}=0;\quad x=L:EAu_{,x}=\overline{N},\ \ u_{,xx}=0 \\ x=0、L:\ \ w=w_{,xx}=w_{,xxx}=0 \end{array}\right\} \quad (12.51)$$

上述方程表明，线性非局部应变梯度 E-B 梁的 u、w 不耦合，而非线性梁两者是耦合的。

12.4.4 应用实例

12.4.4.1 简支梁的屈曲 [77]

Li 等人 [77](2015) 将非局部应变梯度理论用于梁的轴压屈曲和后屈曲分析。用总应力 $\boldsymbol{t}$ 表示的梁的弯矩为 $M=\int_A zt_{xx}\mathrm{d}A$，将式 (12.41a) 两端乘 z 对截面积分，得到 (即式 $(12.48)_2$)

$$\left(1-(ea)^2\nabla^2\right)M=\left(1-l^2\nabla^2\right)(-EIw_{,xx}) \quad (12.52)$$

由式 (12.46a)，若 $q_x=0$，则 ε_{xx} 是常数，$N=EA(u_{,x}+w_{,x}^2/2)$。对 N 积分，注意到 $u(0)=0$，$u(L)=-\dfrac{N_0L}{EA}$，其中 $N_0=-N(L)$，即端部压力。所以有

$$N=\frac{EA}{2L}\int_0^L w_{,x}^2\mathrm{d}x-N_0 \quad (12.53)$$

将式 (12.53) 代入式 (12.46c)，若 $q_z=0$，得到

$$M_{,xx}+w_{,xx}\left(\frac{EA}{2L}\int_0^L w_{,x}^2\mathrm{d}x-N_0\right)=0 \quad (12.54)$$

式 (12.52) 对 x 取二阶导数，将式 (12.54) 代入，得到受轴压作用非线性梁的平衡方程

$$\left(1-(ea)^2\nabla^2\right)\left[\left(N_0-\frac{EA}{2L}\int_0^L w_{,x}^2\mathrm{d}x\right)w_{,xx}\right]+\left(1-l^2\nabla^2\right)EIw_{,xxxx}=0 \quad (12.55)$$

在式 (12.55) 中令位移的高次项为 0，即为非局部应变梯度轴压简支梁的屈曲方程：

$$\left(1-(ea)^2\nabla^2\right)\left(N_0 w_{,xx}\right)+\left(1-l^2\nabla^2\right)EIw_{,xxxx}=0 \tag{12.56}$$

假设 $w=\sin(n\pi x/L)$，代入式 (12.56)，可以求得 n 阶临界载荷。略去求解过程，一阶临界载荷为

$$N_{cr}=N_{cr0}\frac{1+\pi^2\zeta^2}{1+\pi^2\tau^2} \tag{12.57}$$

$$N_{cr0}=\frac{EI\pi^2}{L^2},\quad \tau=\frac{ea}{L},\quad \zeta=\frac{l}{L} \tag{12.57a}$$

式中，N_{cr0} 是经典简支梁的临界载荷，τ、ζ 是无量纲的非局部和应变梯度内部特征长度。

利用式 (12.57)，图 12.6 给出参数 τ、ζ 对临界载荷的综合影响。可见非局部特征长度使临界载荷降低，应变梯度特征长度使临界载荷提高，两者的影响可以互相抵消，在相等时没有影响。这说明两种影响机制不同，两个参数在实验和理论上的区分需要进一步研究。

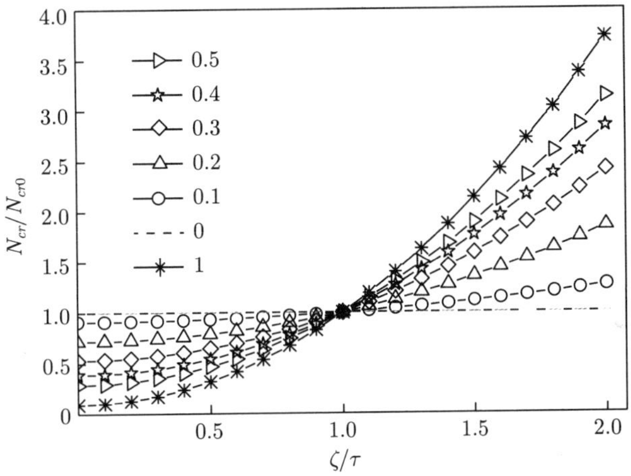

图 12.6 内部尺寸参数对临界载荷的影响

τ—非局部参数；ζ—应变梯度参数 [77]

12.4.4.2 简支梁的弯曲

下面考察非局部和应变梯度两种特征长度对弯曲的影响。为了简单、便于求解，考虑正弦分布载荷 q 作用下的线弹性简支梁 (图 12.7)，$q=q_c\sin(\pi x/L)$。由式 (12.50b)，平衡方程为

$$-EI(w_{,xxxx}-l^2 w_{,xxxxxx})-(1-(ea)^2\nabla^2)q=0 \tag{12.58}$$

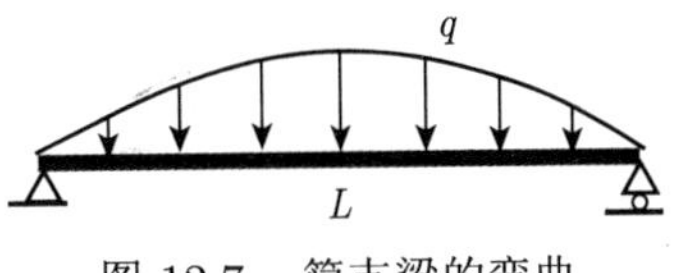

图 12.7 简支梁的弯曲

假设 $w=w_c\sin(\pi x/L)$，代入上式，得到

$$w_c=\frac{1+\pi^2\tau^2}{1+\pi^2\zeta^2}w_{0c},\quad w_{0c}=-\frac{q_c L^4}{\pi^4 EI} \tag{12.59}$$

式中，w_{0c} 是经典简支梁在正弦载荷作用下的中点挠度，$w_0 = w_{0c}\sin(\pi x/L)$。

梁的弯曲刚度为 $D = -M/w_{,xx}$，经典梁的弯曲刚度为 $D_0 = -M/w_{0,xx}$，利用式 (12.59)，得到刚度比

$$\frac{D}{D_0} = \frac{1+\pi^2\zeta^2}{1+\pi^2\tau^2}, \quad \tau = \frac{ea}{L}, \quad \varsigma = \frac{l}{L} \tag{12.60}$$

可以看到，这一结果与屈曲结果式 (12.57) 相同，因此两个特征长度参数 (ea/L 和 l/L) 对于弯曲刚度的影响与屈曲载荷相似，即 ea/L 增大 D 下降，l/L 增大 D 提高，两种作用非线性叠加。但需要指出，非局部和应变梯度效应不仅决定于内部尺寸特征参数，还与载荷、结构、材料、分析模型等因素相关，上述结果是在特定情况下得到的。

习 题

12-1 说明五参数本构模型 (Mindlin) 与三参数本构模型 (Lam 等) 的本质区别。

提示：考虑二阶位移梯度的对称性分解。

12-2 说明三参数本构模型的简化方法。

参考文献

[1] 黄克智, 薛明德, 陆明万. 张量分析 [M]. 2 版. 北京：清华大学出版社, 2003.

[2] 黄克智. 非线性连续介质力学 [M]. 北京：清华大学出版社, 北京大学出版社, 1989.

[3] Eringen A C. Mechanics of continua (Second edition)[M]. Robert E. Krieger Publishing Company, Inc., 1980. 程昌钧, 俞焕然, 译. 连续统力学 [M]. 北京：科学出版社, 1991.

[4] 匡震邦. 非线性连续介质力学 [M]. 上海：上海交通大学出版社, 2002.

[5] 黄筑平. 连续介质力学基础 [M]. 北京：高等教育出版社, 2003.

[6] 李松年, 黄执中. 非线性连续统力学 [M]. 北京：北京航空学院出版社, 1987.

[7] Lai W M, Rubin D, Krempl E. Introduction to continuum mechanics (Third edition)[M]. 1978. 康振黄, 陈君楷, 等, 译. 连续介质力学引论 [M]. 成都：四川科学技术出版社, 1985.

[8] 黄克智, 黄永刚. 固体本构关系 [M]. 北京：清华大学出版社, 1999.

[9] 杨挺青, 罗文波, 徐平, 等. 粘弹性理论与应用 [M]. 北京：科学出版社, 2004.

[10] 董曾南, 章梓雄. 非粘性流体力学 [M]. 北京：清华大学出版社, 2003.

[11] 郭仲衡. 张量 (理论和应用)[M]. 北京：科学出版社, 1988.

[12] 郑泉水. 张量函数的表示理论 [J]. 力学进展, 1996, 26: 114-137.

[13] B. Новожщлов. 非线性弹性力学基础 [M]. 朱兆祥, 译. 北京：科学出版社, 1958.

[14] 周又和，郑晓静. 电磁固体结构力学 [M]. 北京：科学出版社, 1999.

[15] Lemaitre J, Chaboche J L. 固体材料力学 [M]. 余天庆, 吴玉树, 译. 北京：国防工业出版社, 1997.

[16] 余寿文, 冯西桥. 损伤力学 [M]. 北京：清华大学出版社, 1997.

[17] Lemaitre J. 损伤力学教程 [M]. 倪金刚, 陶春虎, 译. 北京：科学出版社, 1996.

[18] Fung Y C. Foundations of solid mechanics[M]. Prentice-Hall, New Jersey, 1965. 欧阳岂, 马文华, 王开福, 译. 固体力学基础 [M]. 上海：上海科技出版社, 1966.

[19] Washizu K. Variational methods in elasticity and plasticity (Third edition)[M]. Pergamon Press, 1982.

[20] Pian T H H. Derivation of element stiffness matrices by assumed stress distribution[J]. Aiaa Journal, 2012, 2(3):1333-1336.

[21] Atluri S N, Gallagher R H, Zienkiewitz O C, et al. Hybrid and mixed finite element methods[M]. New York: Wiley, 1983.

[22] 唐立民, 刘迎曦, 陈万吉. 有限元分析中的拟协调元 [J]. 大连工学院学报, 1980, 19(2): 135-147.

[23] 吕和祥, 刘迎曦. 有限元中的拟协调元及在构造双曲壳单元上的应用 [J]. 大连工学院学报, 1981, 20 (1): 75-78.

[24] Ashwell D C, Sabir A B. A new cylindrical element based on simple independent strain functions[J]. Int. J. Mech. Sci., 1972, 14: 171-183.

[25] Huang B Z, Shenoy V B, Atluri S N. A quasi–conforming triangular laminated shell element based on a refined first–order theory[J]. Computational Mechanics, 1994, 13: 295-314.

[26] Ziegler H. Principles of structural stability (Second edition)[M]. Birkhäuser Verlage Basel und Stuttgart, 1977. 任文敏, 黎佑铭, 译. 结构稳定性原理 [M]. 北京：高等教育出版社, 1992.

[27] Fung Y C, Sechler E E. Instability of thin elastic shells, Structural Mechanics[C]//Proc. First Symp., Naval Struct. Mech., Pergamon Press, 1960.

[28] 朱兆祥. 弹性结构的动力屈曲 [M]//材料和结构的不稳定性. 北京：科学出版社, 1993: 157-172.

[29] Koiter W T. The stability of elastic equilibrium[D]. Delft, 1945.

[30] Koiter W T. Current trends in the theory of buckling, Proc. IUTAM Symp. on Buckling of Structures, 1974. Buckling of structures, edited by Budiansky B, 1974: 1-16.

[31] Mindlin R D. Influence of rotatory inertia and shear on flexural motions of isotropic, elastic plates[J]. J. Appl. Mech., 1951, 18(73): 31-38.

[32] Reddy J N. A simple higher-order theory of laminated composite plates[J]. J. Appl. Mech., 1964, 51: 745-752.

[33] 黄克智, 夏之熙, 薛明德, 等. 板壳理论 [M]. 北京：清华大学出版社, 1987.

[34] Whitny J M. Shear correction factors for orthotropic laminates under static loads[J]. J. Appl. Mech., Trans. ASME, 1973, 40: 302-304.

[35] Pagano J N. Exact solution for rectangular bidirectional composite and sandwith plates[J]. J. Composite Materials, 1970, 40: 20-34.

[36] von Kármán T, Tsien H S. Buckling of thin spherical shells by external pressure[J]. J. Aero. Sci., 1939, 7: 43-50.

[37] Huang B Z, Atluri S N. A simple method to follow post-buckling paths in finite element analysis[J]. Computers & Structures, 1995, 57 (3): 477-489.

[38] Wriggers P, Wagner W, Miehe C. A quadratically convergent procedure for the calculation of stability points in finite element analysis[J]. Comp. Meth. in Appl. Mech. Eng., 1988, 70: 329-347.

[39] Budiansky B. Theory of buckling and postbuckling behavior of elastic structures[J]. Advances in Applied Mechanics, 1974, 14: 1-65.

[40] 黄宝宗, 姜泽亚. 中面内边界条件对圆柱曲板屈曲的影响 [J]. 计算结构力学及其应用, 1986, 3 (4): 26-32.

[41] 黄宝宗, 杨文成, 沈祥富. 薄壁结构屈曲和初始后屈曲的局部分析及其精度 [J]. 力学学报, 1991, 22 (1): 103-109.

[42] Li D, Huang B Z. Secondary buckling and failure behaviors of composite sandwich panels with weak and strong cores under in–plane shear loading[J]. Aerospace Science and Technology, 2019, 119: 46-54.

[43] Gao Y C. Large deformation field near a crack tip in a rubber-like material[J]. Theor. Appl. Pract. Mech., 1997, 26: 155-162.

[44] Mullins L. Softening of rubber by deformation[J]. Rubber Chem. Technol., 1969, 42: 339-362.

[45] Guo Z, Sluys L J. Computational modelling of the stress–softening phenomenon of rubber–like materials under cyclic loading[J]. European J. Mech. A/Solids, 2006, 25: 877-896.

[46] 徐秉业, 沈新普, 崔振山. 固体力学 [M]. 北京：中国环境出版社, 2003.

[47] Eringen A C. Microcontinuum Field Theories I: Foundations and Solids[M]. Springer-Verlag New York, 1999.

[48] Eremeyev V A, Lebedev L P, Altenbach H. Foundations of Micropolar Mechanics[M]. Springer, Heidelberg New York Dordrecht London, 2012.

[49] Kafadar C B, Eringen A C. Micropolar media- I the classical theory[J]. Int. J. Engng Sci., 1971, 9: 271-305.

[50] Cosserat E, Cosserat F. Théorie des Corps Déformables[M]. Hermann Editeurs, Paris, 1909.

[51] Pietraszkiewicz W, Eremeyev V A. On natural strain measures of the non-linear micropolar continuum[J]. Int. J. of Solids and Struc., 2009, 46: 774-787.

[52] Altenbach H, Eremeyev V A, Lebedev L P. H. Micropolar shells as two-dimensional generalized continua models[M]//Mechanics of Generalized Continua, Altenbach et al. (eds.). Springer-Verlag Berlin Heidelberg, 2011: 23-55.

[53] Li D, Huang B Z. Study on shear postbuckling failure of composite sandwich plates by a quasiconforming finite element method[J]. Composites Science and Technology, 2015, 119: 46-54.

[54] Lippmann H. Eine Cosserat–Theorie des plastischen Flieens[J]. Acta Mech., 1969, 8: 93-113.

[55] Altenbach H, Eremeyev V A. Strain rate tensors and constitutive equations of inelastic micropolar materials[J]. International Journal of Plasticity, 2014, 63: 3-17.

[56] Iordache M M, Willamb K. Localized failure analysis in elastoplastic Cosserat continua[J]. Comput. Methods Appl. Mech. Eng., 1998,151: 559-586.

[57] de Borst R. Simulation of strain localization: A reappraisal of the Cosserat continuum[J]. Eng. Comput., 1991, 8: 317-332.

[58] Sabet S A. Application of a Cosserat Continuum Model to Non-associated Plasticity[D]. University of Sheffield UK, 2020.

[59] Yeremeyev V A, Zubov, L M. The theory of elastic and viscoelastic micropolar liquids[J]. J. Appl. Math. Mech., 1999, 63: 755-767.

[60] Altenbach H, Eremeyev V A. Strain rate tensors and constitutive equations of inelastic micropolar materials[J]. International Journal of Plasticity, 2014, 63: 3-17.

[61] Tang H, Guan Y. Finite element analysis of stress concentration problems based on Cosserat continuum model[J]. Applied Mechanics and Materials, 2011, 99-100, 939-943.

[62] Karttunen A T, Reddy J N, Romano J. Micropolar modeling approach for periodic sandwich beams[J]. Composite Structures 185 (2018) 656-664.

[63] Eremeyev V A, Skrzat A, Vinakurava A. Application of the Micropolar Theory to the Strength Analysis of Bioceramic Materials for Bone Reconstruction[EB/OL]. https://www. researchgate. net/publication/309542222.

[64] Mindlin R D, Tiersten H F. Effects of couple-stresses in linear elasticity[J]. Arch Ration Mech. Anal., 1962, 11: 415-448.

[65] Mindlin R D. Infuence of couple stresses on stress concentrations[J]. Experimental Mechanics, Jan., 1963: 1-7.

[66] Yang F, Chong A C M, Lam D C C, et al. Couple stress based strain gradient theory for elasticity[J]. International Journal of Solids and Structures 39 (2002) 2731-2743.

[67] Eringen A C. Nonlocal continuum field theories[M]. Springer, New York, 2002.

[68] Eringen A C. On differential equations of nonlocal elasticity and solutions of screw dislocation and surface waves[J]. J. Appl. Phys., 1983, 54: 4703–4710.

[69] Iijima S. Helical microtubules of graphitic carbon[J]. Nature, 1991, 354: 56-58.

[70] Lim C W, Xu R. Analytical solutions for coupled tension-bending of nanobeam-columns considering nonlocal size effects[J]. Acta. Mech., 2012, 223: 789-809.

[71] Liu C, Ke L L, Wang Y S, et al. Thermo-electro-mechanical vibration of piezoelectric nanoplates based on the nonlocal theory[J]. Composite Structures, 2013, 106: 167-174.

[72] Thai Huu-Tai. A nonlocal beam theory for bending, buckling and vibration of nanobeams[J]. International Journal of Engineering Science, 2012, 52: 56-64.

[73] Mindlin R D. Second gradient of strain and surface-tension in linear elasticity[J]. International Journal of Solids Structures, 1965, 1: 417-438.

[74] Lam D C C, Yang F, Chong A C M, et al. Experiments and theory in strain gradient elasticity[J]. Journal of the Mechanics and Physics of Solids, 2003, 51: 1477-1508.

[75] Fleck N A, Hutchinson J W. Strain gradient plasticity[M]//Hutchinson J W, Wu T Y. Advances in Applied Mechanics. New York: Academic Press, 1997: 295-361.

[76] Lim C W, Zhang G, Reddy J N. A higher-order nonlocal elasticity and strain gradient theory and its applications in wave propagation[J]. Journal of the Mechanics and Physics of Solids, 2015, 78: 298-313.

[77] Li L, Hu Y. Buckling analysis of size-dependent nonlinear beams based on a nonlocal strain gradient theory[J]. International Journal of Engineering Science, 2015, 97: 84-94.